热力发电厂水处理

（第五版）上册

武汉大学水质工程系　周柏青　陈志和　主编

中国电力出版社
CHINA ELECTRIC POWER PRESS

内 容 提 要

本书共十八章，分上、下册。上册内容为水的净化，共十章，主要内容包括电厂用水的水质概述，水的混凝，沉淀与澄清，过滤，反渗透、渗透和纳滤，离子交换除盐，电除盐及电吸附技术，凝结水精处理，循环冷却水处理，火力发电厂废水处理；下册内容为金属的腐蚀及其防止，共八章，主要内容包括给水系统的腐蚀及其防止，汽包锅炉的结垢、积盐及其防止，锅炉的腐蚀及其防止，汽包锅炉的水、汽质量监督，直流锅炉机组的水化学工况，汽轮机和发电机内冷水系统的腐蚀及其防止，凝汽器的腐蚀及其防止，化学清洗和停用保护。

本书主要供从事电厂化学工作的工人、技术人员阅读，可作为电厂化学专业的培训教材，还可供从事水质科学技术、环境工程、水务工程、给水排水等专业人员参考。

图书在版编目(CIP)数据

热力发电厂水处理/武汉大学水质工程系，周柏青，陈志和主编. —5版. —北京：中国电力出版社，2018.11(2023.7重印)

ISBN 978-7-5198-2703-8

Ⅰ.①热… Ⅱ.①武… ②周… ③陈… Ⅲ.①热电厂-水处理 Ⅳ.①TM621.4

中国版本图书馆CIP数据核字(2018)第280609号

出版发行：中国电力出版社
地　　址：北京市东城区北京站西街19号(邮政编码100005)
网　　址：http://www.cepp.sgcc.com.cn
责任编辑：何　郁　徐　超　韩世韬
责任校对：黄　蓓　李　楠　郝军燕
装帧设计：郝晓燕
责任印制：吴　迪

印　　刷：三河市百盛印装有限公司
版　　次：1976年9月第一版　2019年3月第五版
印　　次：2023年7月北京第四次印刷
开　　本：880毫米×1230毫米　32开本
印　　张：32
字　　数：847千字
印　　数：3001—3600册
定　　价：**108.00**元

前　言

《热力发电厂水处理》(上、下册)自1976年第一版发行以来,历经了1984年第二版、1996年第三版和2009年第四版,深受广大读者的欢迎。为了适应目前电厂水处理技术的发展,满足读者的需要,现对第四版进行了修订。在这次修订中,补充了许多近年发展起来的新技术、新工艺,并删除了一些陈旧的内容。

本书仍分上、下两册,上册主要讲述水质净化处理,下册主要讲述以控制热力发电厂水汽系统的腐蚀为主要目的的水质调节处理。

与第四版相比,本书增加的主要内容包括电混凝、磁混凝、微电解混凝、氧化混凝,高效澄清池,渗透、纳滤,电吸附,超声波、静电、磁场、电化学循环水处理,硫酸盐、硅酸盐、磷酸盐水垢析出的判断,闭式循环冷却水系统的氧腐蚀及其防止,火力发电厂节水技术与零排放等;删减的主要内容包括泥渣悬浮澄清池,反渗透膜元件的组装等。

本书由武汉大学周柏青、陈志和主编。第一、六、八章由陈志和编写,第二至四章由周柏青与中国人民解放军海军工程大学王晓伟合编,第五、九章由周柏青编写，第七章由周柏青与原武汉艺达水处理工程有限公司邹向群合编，第十章由武汉大学刘广容编写，第十一、十二、十五、十七章由武汉大学李正奉编写，第十三、十四、十六章由武汉大学谢学军编写，第十八章由湖北省电力试验研究院喻亚非编写。全书由周柏青、陈志和统稿。原中国电力企业联合会标准化中心杜红纲担任了本书的审稿工作，并提出了许多宝贵的意见，在此谨表诚挚的感谢！

本书内容涉及面较广，并限于编者水平，疏漏之处，敬请读者批评指正。

编　者

2018年10月15日

于武汉大学

第四版前言

《热力发电厂水处理》（上、下册）自1976年第一版、1984年第二版和1996年第三版发行以来，深受广大读者的欢迎。为了符合目前电厂水处理发展，满足读者的需要，又对第三版进行了重新修订。在这次修订中，增添了许多近年来发展起来的新技术，并删除了一些陈旧的内容。

本书第四版仍分上、下两册，上册主要讲述水质净化处理，下册主要讲述以控制热力发电厂水汽系统的腐蚀为主要目的的水质调节处理。

与第三版相比，第四版在内容编排上做了大幅调整，并进行了一些内容的增减。增补的主要内容包括微滤，超滤，纤维过滤，盘式过滤，自清洗过滤，电除盐，废水处理，给水处理方式及其运行控制，直流锅炉的水化学工况及其运行控制，汽包锅炉炉水的低磷酸盐处理、平衡磷酸盐处理和氢氧化钠处理，锅炉烟气侧的腐蚀与防护，汽轮机的腐蚀及其防止，发电机内冷水系统的腐蚀与防护等；删减的主要内容包括沉淀软化、连续床离子交换、蒸馏、闪蒸、电渗析、协调pH-磷酸盐处理、水处理系统设计等。

《热力发电厂水处理》（上、下册）由武汉大学周柏青、陈志和主编，具体分工为武汉大学陈志和编写第一、六、八章；武汉大学周柏青和海军工程大学王晓伟合作编写第二～四章；武汉大学周柏青编写第五、九章；武汉艺达水处理工程有限公司邹向群和武汉大学周柏青合作编写第七章；武汉大学黄梅编写第十章；武汉大学李正奉编写第十一、十二、十五、十七章；武汉大学谢学军编写第十三、十四、十六章；湖北省电力试验研究院喻亚非编写第十八章。全书由周柏青、陈志和统稿。

大唐国际发电股份有限公司安洪光审阅了本书的编写提纲，中国电力企业联合会标准化部杜红纲审稿，他们都提出了许多宝贵的意见，在此谨表诚挚的感谢！

本书涉及面较广，加之编者水平所限，错漏之处，敬请读者批评指正。

作　者

2008年10月23日

于武汉大学

第三版前言

《热力发电厂水处理》（上、下册）自 1976 年第一版和 1984 年修订版发行以来，受到广大读者的欢迎。今为了满足读者的需要，重新作了修订，作第三版出版。在这次修订中，采用了我国法定计量单位，增添了许多近年发展起来的新技术，并删除了一些陈旧的内容。

本书第三版仍分上、下两册，上册主要讲述水质的净化，下册主要讲述热力发电厂机炉系统水处理。修订中，力求内容简明易懂，切合实际；阐述原理，尽量说明物理与化学性能，避免繁复的公式推导；对于常用的水处理方法、系统、设备和数据，以及某些实践经验，都做了必要的介绍，以供读者参考。

本书内容的选材和安排，以我国现实情况为主，适当选用了一些对我国有一定参考价值的国外资料。

本书修订工作的分工如下：上册第一、二、三和七章：施燮钧，第四、五和六章：王蒙聚，第八章：肖作善，上册由施燮钧统稿；下册第十五章：施燮钧，第十六章：王蒙聚，其余各章均由肖作善修订，并由肖作善统稿。

本书第一版部分章节是由杨炳坤同志编写的。在修订第二版的过程中，陈绍炎、钱达中、黄锦松、赵连璞等校内外诸同志曾对一些章节提出了宝贵的意见。这次第三版经窦照英同志全文审阅，他提供了许多宝贵的建议。作者谨对上列同志表示衷心的感谢。

由于我们水平有限，书中一定尚有疏漏和欠妥之处，诚恳希望读者批评指正。

作　者

写于武汉水利电力大学

1994 年 12 月

第二版前言

能源是发展国民经济的重要物质基础，为了适应工农业生产的需要和节约燃料，我国热力发电厂今后仍将向高参数大容量的汽轮发电机机组发展。为了保证这些机组的安全经济运行，对电厂水处理将有更为严格的技术要求。因此，提高电厂化学水处理工作人员的业务水平，也就成为当务之急。

我们教研室编写的《热力发电厂水处理》（上、下册），自1976年出版以来，受到了广大读者的欢迎，这对我们是一个极大的鼓舞。在这次修订中，我们除勘正了原书中的一些错误外，还删除了烦琐的内容，增添了近年来水处理工作中发展起来的新技术，以满足读者的需要。

本书修订本仍分上下两册，上册主要讲述水的净化，下册主要讲述热力发电厂机炉系统内的水处理。修订中，力求内容简明易懂，切合实际；阐述原理，尽量说明其物理与化学的性能，避免繁复的公式推导；关于常用的水处理方法、系统、设备和数据，以及某些实践经验，都作了必要的介绍，以供读者参考。

本书内容的选材和安排，以我国现实情况为主，适当选用了一些对我国有一定参考价值的国外资料。

本书第一版由我室施燮钧、肖作善、王蒙聚和杨炳坤同志编写，施燮钧同志统编。这次修订本的修改工作具体分工如下：上册第五、六两章和第四章部分内容由王蒙聚同志修订，其余各章由施燮钧同志修订，并由施燮钧同志统编；下册第十五章由施燮钧同志修订，第十六章由王蒙聚同志修订，其余各章由肖作善同志修订，并由肖作善同志统编。

本书在修订过程中，中南电力设计院黄锦松同志和吉林电力试验研究所赵连璞同志以及我室陈绍炎同志和钱达中同志等对一些章节提出了可贵的意见，对此表示衷心感谢。

由于我们水平有限，书中一定还有错漏和欠妥之处，诚恳希望读者批评指正。

武汉水利电力学院电厂化学教研室

1983年6月

目　录

上　册

下　册

第一章　电厂用水的水质概述

第一节　电厂用水的水源及水质特点

目前，电厂用水的水源主要有两种：地表水和地下水。另外，中水也正逐渐成为电厂用水的一种水源。

一、地表水

地表水是指流动或静止在陆地表面的水，主要是指江河水、湖泊及水库水和海水，它们是电厂用水的主要水源。

1. 江河水

江河水流域面积广阔，又是敞开流动的水体，所以水质易受自然条件影响。这种水的化学组分具有多样性与易变性。通常江河水中悬浮物和胶体杂质含量较多，浊度高于地下水。由于我国幅员辽阔，大小河川纵横交错，自然地理条件相差悬殊，因而各地区江河水的浊度也相差很大。

我国黄土高原、黄河水系，水土流失严重，悬浮物和含沙量较高，变化范围也很大。冬季枯水季节悬浮物含量有时仅几十毫克每升至几百毫克每升。而夏季多雨季节，可增加到几克每升至数百克每升。东北、华东和中南地区大部分河流的浊度均较低，平均悬浮物含量 50～400mg/L。

江河水的含盐量及硬度较低，其含盐量一般在 50～500mg/L，硬度一般在 1.0～8.0mmol/L，是电厂用水最合适的水源。江河水最大的缺点是易受工业废水、生活污水及其他各种人为的污染。表 1-1 列出了我国不同地区江河水的水质组成。

表 1-1　　我国不同地区江河水的水质组成　　mg/L

江河	阳离子			阴离子			含盐量
	Ca^{2+}	Mg^{2+}	$Na^{+}+K^{+}$	HCO_3^-	SO_4^{2-}	Cl^-	
长江（武汉段）	39.03	9.78	8.4	110.6	37.04	15.8	221
黄河（甘肃段）	50.44	21.44	50.80	188.83	98.09	57.08	502
湘江（湘潭段）	27.4	5.4	2.7	65.88	17.9	11.8	138
赣江（南昌段）	16.88	2.47	5.63	45.34	8.53	9.6	90.4
珠江（广州段）	34.61	5.36	22.36	76.25	23.54	49.0	210
额尔齐斯河（新疆）	71.14	4.27	38.86	128.14	107.30	28.0	385

注　表中数据为 2003 年实测值。

2. 湖泊及水库水

湖泊及水库水主要由江河水和降水补给，水质与江河水类似。但由于水的流动性小、储存时间长，经过长期自然沉淀，因此浊度较低。水的流动性小，透明度高，又给水中生物特别是藻类的繁殖创造了良好的条件，因而，湖泊及水库水一般含藻类较多，使水产生颜色和味道。因为进出水交替缓慢，停留时间比江河水长，当含有较多的氮与磷时，就会使湖水富营养化。又由于水的不断蒸发，故含盐量往往比江河水高。按其含盐量分，有淡水湖、微咸水湖和咸水湖，前两种可作为电厂用水的水源。

3. 海水

海水由于长年的蒸发浓缩作用，所以其显著的特点是含盐量高，约 35g/L。其中以氯化钠的含量为最高，约占含盐量的 89%；其次是硫酸盐和硅酸盐；钙、镁离子总量一般为 50～60mmol/L，有时高达 100～200mmol/L。

各地海水水质基本上是相似的，各主要离子之间的比例基本上是稳定的，只有 HCO_3^-、CO_3^{2-} 含量的变化较大。常见离子含量的次序依次是（$Na^+ + K^+$）$>Mg^{2+}>Ca^{2+}$，$Cl^- > SO_4^{2-} >$（$HCO_3^- + CO_3^{2-}$）。（$HCO_3^- + CO_3^{2-}$）在海水中含量最小，这是因为它们随内陆水流入海洋后，参与了碳酸盐平衡移动的化学反应，一部分 HCO_3^- 转变成 CO_3^{2-}，并与海水中的 Ca^{2+} 反应生成 $CaCO_3$，而 $CaCO_3$ 被水中海生生物吸收组成其骨骼而沉积下来。

海水中的 CO_2 含量很少，约十分之几毫克每升，这是海水中 CO_2 与大气中 CO_2 间形成稳定平衡的结果。所以，上层海水中 CO_2 与大气中的相近，随海水深度增加，CO_2 含量也略有增大。海水的 pH 值主要决定于 CO_2 的含量，其变化范围较小，上层海水的 pH 值在 8.1～8.3，随深度增大，pH 值略降低，但一般不低于 7.6。

虽然海水属于地表水，但由于其含盐量高，必须经过淡化处理才能应用，未经过淡化处理的海水主要限于用来冷却换热设备。位于海滨的火力发电厂，主要用海水作为凝汽器的冷却水。

此外，还有一种称为大气水的水，大气水是指自然界的雨水和雪水，也称降水，它是通过水的蒸发和凝结过程而形成的天然水，所以比较洁净。但是这种水中仍有少量杂质，这是因为在它们从空中降至地面的过程中，受到大气的污染。大气水中除含有 O_2、CO_2、N_2 及一些惰性气体外，还含有少量的离子组分。由于降雨过程中，对大气进行了“洗涤”，所以大气水的离子组分不仅决定于降雨本身的化学组成、降雨量大小及空气中杂质的种类与数量，而且还取决于降雨时的物理条件，如降雨形式、气温、风向、云层高度和雨前天气等。

大气水的含盐量一般不大于 40～50mg/L，硬度一般不大于 0.07～0.1mmol/L。这种水的纯度虽然高，但是由于很难收集，加之它的量决定于气候条件，所以不能用作电厂用水的水源。但它是江河水的主要来源。

二、地下水

存在于地球表面以下土壤和岩层中的水称为地下水。

地下水是由雨水和地表水经过地层的渗流而形成的。水在地层渗透过程中，通过土壤和砂砾的过滤作用，悬浮物和胶体已基本或大部分去除，所以地下水浊度普遍较低。又由于地下水流经岩层时，溶解了各种可溶性物质，因而水中含盐量通常高于地表水。含盐量的多少及盐类的成分，则取决于地下水流经地层的矿物质成分、地下水的埋深和与岩石接触的时间等。NaCl、Na_2SO_4、$MgCl_2$、$MgSO_4$和$CaCl_2$，以及其他易溶盐类，最易溶于地下水。地下水含盐量一般在100～5000mg/L，硬度通常在2～10mmol/L。我国水文地质条件比较复杂，各地区地下水含量相差很大。一般情况下，多雨地区如东南沿海地区及西南地区，由于地下水受大量雨水补给，故含盐量相对低些；干旱地区如西北、内蒙古等地，地下水含盐量较高。在土壤中含有较多有机物时，氧气在生物氧化中被消耗，产生CO_2、H_2S等气体，此气体溶于水中，使水具有还原性。具有还原性的水与高价铁锰矿石反应，使它们以低价离子形态进入水中，因此地下水游离CO_2含量高，并普遍含有Fe^{2+}和Mn^{2+}。溶解氧在地层中消耗后得不到补充，所以地下水中溶解氧含量很少。

地下水受外界影响小，水质比较稳定，是电厂用水的主要水源之一。表1-2列出了我国不同地区地下水的水质组成。

表1-2　　我国不同地区地下水的水质组成　　mg/L

地区	阳离子			阴离子			含盐量
	Ca^{2+}	Mg^{2+}	$Na^{+}+K^{+}$	HCO_3^-	SO_4^{2-}	Cl^-	
河南沁北	91.24	24.9	11.2	223.3	117.2	16.6	503.4
石家庄	98.2	24.0	23.31	232.0	119.04	34.16	550
西安	30.48	35.73	58.88	313.02	38.42	34.03	518.6
呼和浩特	12.0	8.88	273.75	394.67	136.32	115.23	956

注　表中数据为2000～2003年间的实测值。

三、中水

中水主要是指城市排水和生活污水经过处理后达到一定的水质标准，可在一定范围内重复使用的非饮用杂用水，也称为再生水。

中水回用的水质首先要满足卫生要求，主要指标有细菌总数、大肠杆菌群数、余氯量、悬浮物、生物需氧量、化学耗氧量；其次要满足感观要求，其衡量指标有色度、浊度、臭味等；此外，还要求水质不会引起设备管道的严重腐蚀和结垢，主要指标有 pH 值、浊度、溶解性物质和蒸发残渣等。

中水是水资源有效利用的一种形式。在火力发电厂中，经处理后的中水主要用于循环冷却水的补充水，未经处理的中水可作为消防、绿化、道路清洁、冲厕等用水。

第二节　天然水中的杂质及特征

水在自然循环过程中，能溶解大气中、地表面和地下岩层中的许多物质，而且在天然水的流动过程中还会夹带一些固体物质，而使天然水体中不同程度地含有各种杂质。

天然水中杂质有的呈固态，有的呈液态或气态，它们大多以分子态、离子态或胶体颗粒存在于水中。表 1-3 为天然水中常见的杂质。

表 1-3　　天然水中常见的杂质

悬浮物	胶体杂质		主要离子		溶解气体		生物生成物
	无机物	有机物	阴离子	阳离子	主要气体	微量气体	
硅铝铁酸盐、砂粒、黏土、微生物	$SiO_2 \cdot nH_2O$ $Fe(OH)_3 \cdot nH_2O$ $Al_2O_3 \cdot nH_2O$	腐殖质	Cl^- SO_4^{2-} HCO_3^- CO_3^{2-}	Na^+ K^+ Ca^{2+} Mg^{2+}	O_2 CO_2	N_2 H_2S CH_4	NH_3、NO_3^- NO_2^-、PO_4^{3-} HPO_4^{2-} $H_2PO_4^-$

天然水中杂质种类很多，按其性质可分为无机物、有机物和微生物；按分散体系，即水中杂质颗粒的大小，分为悬浮物、胶体和溶解物质。水处理实践表明，只要杂质尺寸处在同一范围内，无论是何种杂质，其去除方法基本相同。因此，水处理应用中是按分散体系进行分类的，下面介绍这些杂质的情况。

一、悬浮物

这类杂质是指颗粒直径在 10^{-4}mm 以上的微粒。它们在水中是不稳定的，在重力或浮力的作用下易于分离出来。比水重的悬浮物，当水静置时或流速较慢时会下沉，在天然水中常见的此类物质是沙子和黏土类无机物。比水轻的悬浮物，当水静置时会上浮，这类物质中常见的是动植物生存过程中产生的物质或死亡后腐败的产物，它们是一些有机物。此外，还有些密度与水相近的，它们会悬浮在水中，如细菌、藻类、纤维素等。

水中悬浮物的存在，使水体变浑浊。

二、胶体

胶体是指颗粒直径约为 10^{-6}～10^{-4}mm 的微粒。胶体颗粒在水中有布朗运动，它们不能靠静置的方法自水中沉淀下来。而且，胶体表面因带电，同类胶体之间有同性电荷的斥力，不易相互黏合成较大的颗粒，所以胶体在水中是比较稳定的。

胶体大都是由许多不溶于水的分子组成的集合体，在天然水中，属于这一种胶体的主要是铁、铝和硅的化合物，是一些无机物，属无机胶体；有些溶于水的高分子化合物也被看作胶体，这是因为它们的分子较大，具有与胶体相似的性质，它们是因动植物腐烂而形成的有机胶体，多为大分子的有机物，其中主要是腐殖质，尽管它们对水的浊度影响不大，但它们是水体产生颜色和味道的主要原因。此外，还有无机胶体上吸附了大分子的有机物构成的混合胶体。

水中胶体物质的存在，使水在光照下显得浑浊。

三、溶解物质

溶解物质是指颗粒直径小于 10^{-6}mm 的微粒。它们大都以离子或溶解气体状态存在于水中，现概述如下。

1. 离子态杂质

天然水中含有的离子种类甚多，但在一般的情况下，它们总是一些常见的离子，如 Ca^{2+}、Mg^{2+}、Na^{+}、K^{+} 等阳离子及 HCO_3^-、CO_3^{2-}、Cl^-、SO_4^{2-} 等阴离子，它们是工业水处理中需要去除的主要离子。在天然水的pH值范围内，硅酸化合物一般不以离子形式存在，当水的pH值较高时，会有少量H_2SiO_3电离出$HSiO_3^-$。

天然水中离子态杂质来自水流经地层时溶解的某些矿物质。例如，石灰石（$CaCO_3$）和石膏（$CaSO_4 \cdot 2H_2O$）的溶解。$CaCO_3$在水中的溶解度虽然很小，但当水中含有游离态CO_2时，$CaCO_3$被转化为较易溶的$Ca(HCO_3)_2$而溶于水中。其反应为

$$CaCO_3 + CO_2 + H_2O \longrightarrow Ca^{2+} + 2HCO_3^-$$

石膏则直接溶解，即

$$CaSO_4 \cdot 2H_2O \longrightarrow Ca^{2+} + SO_4^{2-} + 2H_2O$$

又如白云石（$MgCO_3 \cdot CaCO_3$）和菱镁矿（$MgCO_3$），也会被含游离CO_2的水溶解，其中$MgCO_3$溶解反应可表示为

$$MgCO_3 + CO_2 + H_2O \longrightarrow Mg^{2+} + 2HCO_3^-$$

由于上述反应，所以天然水中都存在Ca^{2+}、Mg^{2+}、HCO_3^-、SO_4^{2-}。在含盐量不大的水中，Mg^{2+}的含量（mmol/L）一般为Ca^{2+}的25%～50%，在含盐量大于1000mg/L的水中，Mg^{2+}的含量和Ca^{2+}的含量大致相等，甚至超过。水中Ca^{2+}、Mg^{2+}是形成水垢的主要成分。

含钠的矿石（如钠长石）在风化过程中易于分解，释放出Na^+，所以地表水和地下水中普遍含有Na^+。因为钠盐的溶解度很高，在自然界中一般不存在Na^+的沉淀反应，所以在高含盐量水中，Na^+是主要阳离子。天然水中K^+的含量远低于Na^+，这是因为含钾的矿物比含钠的矿物抗风化能力强，所以K^+比Na^+较难转移至天然水中。

天然水中K^+的含量不高，而且化学性质与Na^+相似，因此在水质分析中，常以（$K^+ + Na^+$）之和表示它们的含量，并取加权平均值25作为两者的摩尔质量。

天然水中都含有Cl^-，这是因为水流经地层时，溶解了其中

的氯化物。所以 Cl^- 几乎存在于所有的天然水中。此外，某些地区的地下水中还含有较多的 Fe^{2+} 和 Mn^{2+}。

2. 溶解气体

天然水中常见的溶解气体有氧气（O_2）和二氧化碳（CO_2），有时还有硫化氢（H_2S）、二氧化硫（SO_2）和甲烷（CH_4）等。

当 O_2 和 CO_2 分压力为 0.101MPa 时，不同温度时它们在地表水中的溶解度见表 1-4。

表 1-4　不同温度时 O_2 和 CO_2 在地表水中的溶解度

水温（℃）	0	10	20	30	40	50	60	80	100
O_2（mg/L）	69.5	53.7	43.4	35.9	30.8	26.6	22.8	13.8	0
CO_2（mg/L）	3350	2310	1690	1260	970	760	580		

地表水中 O_2 的主要来源是大气中 O_2 的溶解。因为空气中氧的体积百分数为 20.95%，所以地表水中 O_2 的含量大致在几毫克每升至十几毫克每升，见表 1-5。

因地下水不与大气相接触，地下水中氧的含量一般低于地表水。

表 1-5　不同温度时地表水中 O_2 的含量

水温（℃）	0	5	10	15	20	25	30	40	50	60	70	80	90	100
O_2（mg/L）	14.5	12.8	11.3	10.1	9.1	8.3	7.5	6.5	5.6	4.8	3.9	2.9	1.6	0

天然水中 CO_2 的主要来源为水中或泥土中有机物的分解和氧化，也有因地层深处进行的地质过程而生成的，其含量在几毫克每升至几百毫克每升。地表水中 CO_2 含量常不超过 20～30mg/L，地下水中 CO_2 含量较高，有时达到几百毫克每升。

地表水中 CO_2 并非来自大气，而恰好相反，它会向大气中析出，因为大气中 CO_2 的体积百分数只有 0.03%～0.04%，与之相对应的含量（20℃）仅为 0.5～0.7mg/L。

地下水中有时含有少量硫化氢，它多是在特殊地质环境中生成的，一般不足几毫克每升。

水中 O_2 和 CO_2 的存在是使金属发生腐蚀的主要原因之一。

此外，水中还有各种生物生成物，如 NH_3、NO_3^-、NO_2^-、PO_4^{3-} 等。

四、有机物

天然水中含有有机物，有机物虽然按其形态也有悬浮态、胶体和溶解状态三种形式，但由于其特殊性，这里仍将其作为杂质的一个类别介绍。

天然水中的有机物是复杂的分子集合体，部分是相对分子质量为 10^3～10^6 的小颗粒胶体，部分是小于 1000 的物质及部分可溶物。一般来说，在 COD_{Mn} 低于 1.5mg/L 的水中主要是可溶性离子态有机物，含量超过 2.5～3mg/L 的水中则有较多的胶体态物质。

天然水中的有机物有两种不同的来源，一种是自然界生态循环中形成的，另一种是人类生产活动中造成的，如工业废水、生活污水。这里仅讨论生态循环中形成的有机物。

来自生态循环中形成的有机物主要是腐殖质。腐殖质来自土壤中，是因动植物腐烂而分解出来的一些产物。腐殖质中的有机物按其性质大体上可分为腐殖酸和富维酸，腐殖酸主要表现为可溶于碱性溶液，但不溶于酸性溶液（pH＝1），在水中多呈胶体状态；富维酸可溶于酸（pH＝1），在水中多是溶解状态。有报道称，腐殖酸的相对分子质量约为 30 000～50 000，富维酸约为 1000～10 000。腐殖质的分子结构大都是以苯环为基本骨架，由醚链 R－O－R′连接起来，带有羧基、酚基、铜基、醇基、羰基等。

地表水中有机物的含量，COD_{Mn} 一般为 1～10mg/L，并随季节有规律地变化，通常是夏季高而冬季低；地下水有机物含量很少，COD_{Mn} 约为 1mg/L。

水中有机物在进行生物氧化分解时，需要消耗水中的溶解氧，如果缺氧，则发生腐败，恶化水质、破坏水体。天然水中有机物不但影响水处理过程的进行（如降低混凝沉淀效果、污染离子交换树脂和分离膜等），而且进入锅炉后会受热分解为低分子有机酸，造成热力设备酸性腐蚀。因此，有机物是水处理中必须去除的杂质。

五、微生物

微生物是对个体微小的单细胞和结构简单的多细胞，以及没有细胞结构的低级生物的总称。

天然水中的微生物种类繁多，分为动物界和植物界两大类，常见的有藻类、细菌、真菌和原生动物，其中藻类、细菌和真菌对用水系统的影响较大。微生物的生长受下列因素的影响：温度、光照、水的 pH 值、溶解氧及水中营养物质的浓度等。

藻类广泛分布于各种水体和土壤中，是水体产生黏泥和臭味的主要原因之一。藻类的细胞内含有叶绿素，它能进行光合作用，其结果一是使水中溶解氧增加，二是使水的 pH 值上升。细菌是自然界中分布最广、个体数量最多的有机体，它们通常是以单细胞或多细胞的菌落生存，在循环水中常见的细菌主要有铁细菌、硫酸盐还原菌和硝化细菌。真菌是具有丝状营养体的单细胞微小植物的总称，真菌大量繁殖时会形成一些丝状物，附着于金属表面形成黏泥。

微生物在循环冷却水系统中极易生长繁殖，其结果使水的颜色变黑，发出恶臭，同时会形成大量黏泥。黏泥沉积在换热器内，使传热效率降低和水流阻力增加；沉积在金属表面的黏泥会引起垢下腐蚀；在冷却系统构筑物上形成黏泥，严重影响冷却水系统的正常运行。

第三节　电厂用水的水质指标

所谓水质是指水和其中杂质共同表现出的综合特性，也就是常说的水的质量，而表示水中杂质个体成分或整体性质的项目，称为水质指标，它是衡量水质好坏的参数。

由于各种工业生产过程对水质的要求不同，所以采用的水质指标也有差别。

火力发电厂用水的水质指标有两类：一类是表示水中杂质离子组成的成分指标，如 Ca^{2+}、Mg^{2+}、Na^{+}、K^{+}、Fe，HCO_3^-、CO_3^{2-}、Cl^-、SO_4^{2-}、NO_3^-、NO_2^-、SiO_2、CO_2 等；另一类是表示某些化合物之和或表征某种特性，这些指标是由于技术上的需要而专门制定的，故称为技术指标，如表 1-6 所列，下面介绍火力发电厂用水中几种主要技术指标的含义。

表 1-6　　火力发电厂用水中几种主要技术指标的含义

指标名称	常用符号	常用单位
pH 值	pH	—
全固体	QG	mg/L
悬浮固体	XG	
浊度	ZD	FTU、NTU
透明度	TD	cm
溶解固体	RG	mg/L
灼烧减少固体	SG	
含盐量	YL	
	c	mmol/L

指标名称	常用符号	常用单位
电导率	DD	μS/cm
硬度	YD 或 H	mmol/L
碳酸盐硬度	YD_T 或 H_T	
非碳酸盐硬度	YD_F 或 H_F	
碱度	JD 或 B	
酸度	SD 或 A	
化学耗氧量（以 O_2 计）	COD	mg/L O_2
生化需氧量（以 O_2 计）	BOD	
总有机碳	TOC	

一、悬浮固体和浊度

1. 悬浮固体

悬浮固体是反映水中悬浮物含量的一项指标，它是水样在规定的条件下，经孔径为 3～4μm 玻璃过滤器过滤能够分离出来的固体，单位为 mg/L。这项指标仅能表征水中颗粒较大的悬浮物，而没有包括那些能穿透滤层的颗粒小的悬浮物及胶体，所以有较大的局限性。此法需要将水样过滤，滤出物需经烘干和称量等手续，操作麻烦，不宜用作现场的监督指标。

2. 浊度

浊度是反映水中悬浮物和胶体含量的一个综合性指标，它是利用水中悬浮物和胶体颗粒对光的透射或散射作用来表征其含量的一种指标，即表示水浑浊的程度。

利用测量透射光强度的浊度仪称为透射光浊度仪，测得的浊度称为透射光浊度；利用测量散射光强度的浊度仪称为散射光浊度仪，测得的浊度称为散射光浊度。此外，还可对透射光和散射光均进行测量，测得的浊度称为积分球浊度。

浊度通过专用仪器测定，操作简便。由于标准水样浊度的配制方法不同，所使用的单位也不相同，目前以福马肼聚合物［由硫酸肼 $N_2H_4SO_4$ 和六次甲基四胺（CH_2）$_6N_4$ 配制成的浑浊液］作为浊度标准的对照溶液，与水样相比较，所测得的浊度单位用福马肼单位（FTU 或 NTU）。

早期还曾用过高岭土或硅藻土配制浊度标准液，并用杰克逊烛光浊度仪进行测量，这种浊度单位为杰克逊浊度单位（JTU）。也有采用硅藻土浊度标准，并用透射型浊度仪进行测量的 TU 浊度单位。

此外，还有用透明度这一指标来反映水中悬浮物和胶体含量的。透明度是利用水中悬浮物和胶体物质的透光性来表征其含量的另一种指标，即表示透明水深的指标，单位用 cm 表示。水的透明度与浊度成反比，水中悬浮物和胶体含量越高，其透明度越低。由于它是通过人的眼睛观察水层透明深度来确定水中悬浮物含量的，因此它带有人为的随意性。

二、含盐量

含盐量是表示水中溶解盐类的指标。它是水中各种溶解盐类的总和，由水中各离子含量通过计算求出。含盐量有两种表示方法：一是质量表示法，即将水中各种阴离子和阳离子以质量含量（mg/L）为单位全部相加；二是物质的量浓度表示法，即将水中阳离子（或阴离子）均按带一个电荷的离子为基本单元，计算其浓度（mmol/L），然后将它们（阳离子或阴离子）相加。计算含盐量的阳离子和阴离子不包括 H^+ 和 OH^-。

由于水质全分析比较麻烦，所以常用溶解固体近似表示或用电导率衡量水中含盐量的多少。

1. 溶解固体

溶解固体是指在规定的条件下，水样经过滤除去悬浮物后，经蒸发、干燥所得的残渣重量，单位用 mg/L 表示。这种方法实际测得的是在蒸发时水中不挥发性物质的质量，主要是水中各种溶解性盐类。溶解固体只能近似表示水中溶解盐类的含量，这是因为在过滤时水中的胶体及部分有机物与溶解盐类一样能穿过滤层；蒸干时某些物质的湿分和结晶水不能除尽；有些有机物分解了；在蒸干过程中水中原有的碳酸氢盐全部转换为碳酸盐（$2HCO_3^- \longrightarrow CO_3^{2-} + CO_2\uparrow + H_2O$），$CO_2$ 析出，H_2O 蒸发。

2. 电导率

表示水中离子导电能力大小的指标，称作电导率。由于溶于水的盐类都能电离出具有导电能力的离子，所以电导率是表征水中溶解盐类的一种替代指标。水越纯净，含盐量越小，电导率越小。

水电导率的大小除与水中离子含量有关外，还与离子的种类有关，单凭电导率不能计算水中含盐量，在水中离子组成比较稳定的情况下，可根据试验求得电导率与含盐量的关系，将测得的电导率换算成含盐量。水的导电能力还与水的温度有关，一般情况下，温度每改变 1℃，电导率将发生 1.4%的变化。电导率的常用单位为微西每厘米（μS/cm）。

火力发电厂水汽质量标准中采用的“氢电导”是指水样经过氢型强酸阳离子交换树脂彻底交换后测得的电导率。用氢电导表示水汽质量是为了消除其中氨的影响，同时也增加了测定结果的可比性。

另外，也有用电阻率来表示水的纯度的，电阻率与电导率互为倒数关系，电阻率的常用单位为 MΩ·cm。

有资料介绍，溶解固体在50～5000mg/L时，电导率与溶解固体（RG）有如下式关系：

$$\lg RG = 1.006\lg DD - 0.125 \tag{1-1}$$

式中：RG为溶解固体，mg/L；DD为水的电导率，μS/cm。

三、硬度

硬度是表征水中易结水垢物质的指标，它是指水中某些易形成沉淀的二价和二价以上的金属离子。在天然水中，形成硬度的物质主要是钙、镁离子，所以通常认为硬度就是指水中这两种离子的含量。水中钙离子含量称钙硬（H_{Ca}），镁离子含量称镁硬（H_{Mg}），总硬度是指钙硬和镁硬之和，即$H=H_{Ca}+H_{Mg}=[1/2Ca^{2+}]+[1/2Mg^{2+}]$。根据$Ca^{2+}$、$Mg^{2+}$与阴离子组合形式的不同，又将硬度分为碳酸盐硬度和非碳酸盐硬度。

1. 碳酸盐硬度（H_T）

碳酸盐硬度是指水中钙、镁的碳酸盐及碳酸氢盐的含量。此类硬度在水沸腾时就析出沉淀而从水中消失，所以有时也叫暂时硬度。

2. 非碳酸盐硬度（H_F）

非碳酸盐硬度是水中除碳酸盐硬度外的其他硬度，主要是水中钙、镁的硫酸盐、氯化物。

硬度的单位为mmol/L，这是一种最常用的表示物质浓度的方法，是我国的法定计量单位。在美国，硬度的单位为mg/L $CaCO_3$，它是将水中硬度离子全部换算成$CaCO_3$，以mg/L为单位；在德国，硬度的单位是德国度（°G），它是将水中硬度离子全部换算成CaO，以mg/L为单位，1°G相当于10mg/L CaO所形成的硬度。

以上几种硬度单位的关系为

$$1\text{mmol/L}=2.8°\text{G}=50\text{mg/L } CaCO_3$$

四、碱度和酸度

1. 碱度

表征水中碱性物质的指标是碱度，碱度是指水中能接受

H^+，与强酸进行中和反应的物质的含量。形成碱度的物质有：

（1）强碱，如 NaOH、$Ca(OH)_2$ 等，它们在水中完全电离，以 OH^- 形式构成碱度。

（2）弱碱，如 NH_4OH，它们在水中部分电离出 OH^-。

（3）强碱弱酸盐，如碳酸盐、磷酸盐等，它们水解时产生 OH^-。

天然水中的碱度成分主要是碳酸氢盐，在少数 pH 值较高（>8.3）的天然水中，除碳酸氢盐外，还有少量碳酸盐。天然水中有时还有少量的腐殖酸盐。

水中常见的碱度形式是 OH^-、CO_3^{2-} 和 HCO_3^-，当水中同时存在 HCO_3^- 和 OH^- 的时候，就发生如式（1-2）的化学反应，即

$$HCO_3^- + OH^- \longrightarrow CO_3^{2-} + H_2O \tag{1-2}$$

故一般说水中不能同时含有 HCO_3^- 和 OH^-。根据这种假设，水中的碱度可能有五种不同的形式：只有 OH^-；只有 CO_3^{2-}；只有 HCO_3^-；同时有 OH^- 和 CO_3^{2-}；同时有 CO_3^{2-} 和 HCO_3^-。

水中的碱度是用中和滴定法测定的，所用的标准溶液是 HCl 或 H_2SO_4 溶液，酸与各种碱度成分的反应为

$$OH^- + H^+ \longrightarrow H_2O \tag{1-3}$$

$$CO_3^{2-} + H^+ \longrightarrow HCO_3^- \tag{1-4}$$

$$HCO_3^- + H^+ \longrightarrow H_2O + CO_2 \tag{1-5}$$

如果水的 pH 值较高，用酸滴定时，式（1-3）～式（1-5）将依次进行。当用甲基橙作指示剂，因终点时的 pH 值大约为 4.2，所以上述三个反应都可以进行到底，所测得的碱度是水的全部碱度，也叫全碱度、甲基橙碱度，简称碱度；如用酚酞作指示剂，终点时的 pH 值大约为 8.3，此时只进行式（1-3）和式（1-4）的反应，所测得的碱度称为酚酞碱度。因此，测定水中碱度时，所用的指示剂不同，碱度值也不同。

碱度的常用单位为 mmol/L，与硬度一样。

2. 酸度

表征水中酸性物质的指标是酸度，酸度是指水中能提供H^+，与强碱进行中和反应的物质的含量。形成酸度的物质有强酸、强酸弱碱盐、弱酸和酸式盐。

天然水中酸度的成分主要是碳酸，一般没有强酸酸度。在水处理过程中，如氢离子交换器出水有强酸酸度。

水中酸度的测定是用强碱标准溶液来滴定的。所用指示剂不同，所得到的酸度不同。如用甲基橙作指示剂，测出的是强酸所形成的酸度，故称强酸酸度，简称酸度。用酚酞作指示剂，测定的酸度除强酸酸度（如果水中有强酸酸度）外，还有H_2CO_3酸度（即CO_2酸度）和HCO_3^-的盐类，它是水中酸性物质对碱的全部中和能力，故称总酸度。

酸度并不等于水中H^+的浓度，水中H^+的浓度常用pH值表示，它表示呈离子状态的H^+数量；而酸度则表示中和滴定过程中可与强碱进行反应的全部H^+数量，其中包括原已电离的和将要电离的两个部分。同样道理，碱度并不等于水中氢氧离子的浓度，水中OH^-的浓度常用pOH表示，是指呈离子状态的OH^-数量。

五、表示水中有机物的指标

天然水中的有机物种类繁多，成分也很复杂。因此很难进行逐类测定，通常是利用有机物的可氧化特性，用某些指标间接地反映它的含量，如化学氧化、生物氧化和燃烧等三种氧化方法，都是以有机物在氧化过程中所消耗的氧或氧化剂的数量来表示有机物可氧化程度的。

1. 化学耗氧量（COD）

化学耗氧量是指在规定条件下，用氧化剂处理水样时，氧化水样中有机物所消耗该氧化剂的量，即为化学耗氧量。计算时折合为氧气（O_2）的质量浓度，简写代号为COD，常用单位为mg/L。化学耗氧量越高，表示水中有机物越多。常采用的氧化剂有重铬酸钾（$K_2Cr_2O_7$）和高锰酸钾（$KMnO_4$）。氧化剂不同，测得化学耗氧量不同，有机物的含量也不同。如用 $K_2Cr_2O_7$ 作氧化剂，在强酸加热沸腾回流的条件下，以银离子作催化剂，则可氧化水中 85%～95%以上的有机物，但一些直链的、带苯环的有机物不能被完全氧化，这种方法基本上能反映水中有机物的总量。如用 $KMnO_4$ 作氧化剂，只能氧化约 70%的一些比较容易氧化的有机物，并且有机物的种类不同，所得的结果也有很大差别，所以这项指标具有明显的相对性，目前它较多地用于轻度污染的天然水和清水的测定。

用 $KMnO_4$ 作氧化剂测得的有机物含量用 COD_{Mn} 表示，用 $K_2Cr_2O_7$ 作氧化剂测得的有机物含量用 COD_{Cr} 表示。

2. 生化需氧量（BOD）

生化需氧量是指在特定条件下，水中的有机物进行生物氧化时所消耗溶解氧的量，即为生化需氧量，单位用 mg/L 表示。因为水中有机物可作为微生物的营养源，微生物在消化水中有机物的同时，按一定比例吸收水中溶解氧，在体内对有机物进行生物氧化，所以水中微生物需要的氧量间接反映了水中有机物的多少。

构成有机体的有机物大多是碳水化合物、蛋白质和脂肪等，其组成元素是碳、氢、氧、氮等，因此不论有机物的种类如何，有氧分解的最终产物总是二氧化碳、水和硝酸盐。

生物氧化的整个过程一般可分为两个阶段，第一个阶段主要是有机物被转化为二氧化碳、水和氨的过程；第二个阶段主要是氨转化为亚硝酸盐和硝酸盐的过程。对于工业用水，因为氨已经是无机物，它的进一步氧化对环境卫生的影响较小，所以，生化需氧量通常只指第一阶段有机物氧化所需的氧量。

通常都以 5 天作为测定生化需氧量的标准时间，称为 5 天生化需氧量，用 BOD_5 表示。试验证明，一般有机物的 5 天生化需氧量约为第一阶段生化需氧量的 70%左右，因此，BOD_5 具有一定的代表性。

3. 总有机碳（TOC）

总有机碳是指水中有机物含碳的总量，它是以碳的数量表示水中含有机物的量。因为有机物均含有碳元素，因此可以测定其含碳量来反映有机物的量。直接测定有机物中的碳含量并不容易，所以常将其转换成易于测定的物质。例如，将水样中有机物在900℃高温和加催化剂的条件下气化、燃烧，使其变成CO_2，然后用红外线测定CO_2的量。因为在高温下水样中的碳酸盐也分解产生CO_2，故上面测得的为水样中的总碳（TC）。为此，在测定总碳的同时，还需对同一水样中的碳酸盐在150℃分解产生的CO_2（有机物却不能被分解氧化）进行测定，测得无机碳（IC），前者与后者之差即为总有机碳。

此外，用仪器测定有机物完全燃烧所消耗氧的量，称总需氧量（TOD）。

上述COD、BOD、TOC、TOD都只能笼统反映水被有机物污染的程度，不能区分有机污染物的具体组成，也无法知道有机物的真正含量。

六、活性硅和非活性硅

天然水中的硅酸化合物比较复杂。有溶解态的，它们多是单分子、双分子等硅酸化合物；有胶态的，它们是硅酸聚合度增大时，由溶解态转化成胶态的；有吸附态的，如吸附在泥沙、黏土上，悬浮在有机物颗粒或铁铝化合物颗粒上。

依据硅的测定方法，硅酸化合物可分为活性硅和非活性硅，两者之和称为全硅。全硅和活性硅的测定方法是在沸腾的水浴锅上加热已酸化的水样，并用氢氟酸将全部硅转化为氟硅酸，然后加入三氯化铝或硼酸，使硅成为活性硅，用钼蓝（黄）法进行测定，测得的是全硅。采用先加三氯化铝或硼酸，后加氢氟酸，再用钼蓝（黄）法测定含硅量，则为活性硅含量。非活性硅是由测得的全硅减去活性硅而求得的。活性硅主要是溶解态硅。

水中硅酸化合物由于形态复杂，通常统一写成SiO_2。

第四节　天然水的分类

通常，天然水有两种分类方法，一种是按主要的水质指标，另一种是按水中盐类的组成。现分述如下。

一、按主要的水质指标分类

天然水可按其含盐量或硬度分类，因为这两种指标可代表水受矿物质污染的程度。

1. 按含盐量分类

天然水按其含盐量分类见表1-7。

表1-7　　按含盐量分类

类别	低含盐量水	中等含盐量水	较高含盐量水	高含盐量水
含盐量（mg/L）	＜200	200～500	500～1000	＞1000

我国江河水大都属于低含盐量和中等含盐量水，地下水大部分是中等含盐量水。

另外，也有将含盐量在1000mg/L以上的水又进行了如下的分类，即含盐量在1000～2500mg/L者为微咸水，2500～5000mg/L者为咸水，大于5000mg/L者为盐水。

2. 按硬度分类

天然水按其硬度分类见表1-8。

表1-8　　按硬度分类

类别	极软水	软水	中等硬度水	硬水	极硬水
硬度（mmol/L）	＜1.0	1.0～3.0	3.0～6.0	6.0～9.0	＞9.0

根据此种分类，我国天然水的水质是由东南沿海的极软水，向西北经软水和中等硬度水而递增至硬水。

二、按水中盐类的组成分类

水中的溶解盐类都是呈离子状态存在的，但有时为了研究问题方便起见，人为地将水中阴、阳离子结合起来，写成化合物的形式，这称为水中离子的假想结合。这种表示方法的原则是优先结合溶解度较小的化合物，即钙和镁的碳酸氢盐最易转化成沉淀物，所以令它们首先假想结合，其次是钙、镁的硫酸盐，而阳离子 Na^+ 和 K^+ 及阴离子 Cl^- 都不易生成沉淀物，所以列于最后。根据这一原则，对于水中常见离子，阳离子按 Ca^{2+}、Mg^{2+}、（$Na^+ + K^+$）的顺序排列，阴离子按 HCO_3^-、SO_4^{2-}、Cl^- 的顺序排列。又根据电中性原则，即全部阳离子的总浓度等于全部阴离子的总浓度作图解，如图 1-1 所示。图中 ab 段代表 $Ca(HCO_3)_2$，bc 段代表 $Mg(HCO_3)_2$，cd 段代表 $MgSO_4$，其余是 $Na^+ + K^+$ 的盐类。

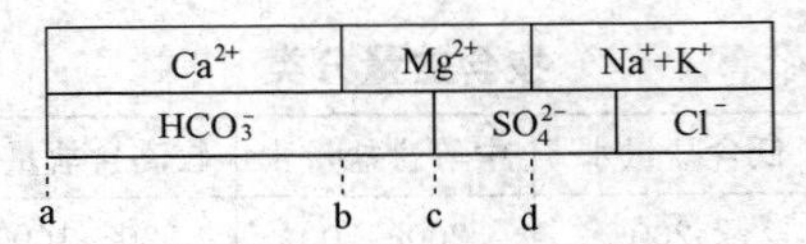

图 1-1　水中离子的假想结合

根据天然水中碱度（*B*）和硬度（*H*）之间的数量关系，可将天然水分为碱性水和非碱性水。

1. 碱性水

碱度大于硬度的水，即 $[HCO_3^-] > [1/2Ca^{2+}] + [1/2Mg^{2+}]$ 称为碱性水，它的图解如图 1-2 所示。在此种水中，硬度都是由碳酸氢盐形成的，没有非碳酸盐硬度，而有 Na^+ 和 K^+ 的碳酸氢盐。

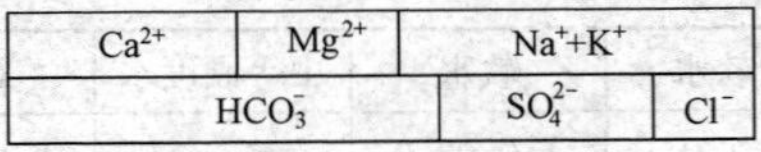

Ca^{2+}	Mg^{2+}	$Na^+ + K^+$	
HCO_3^-		SO_4^{2-}	Cl^-

图 1-2　碱性水图解

在碱性水中，碱度与硬度的差值称为过剩碱度（B_G），有时称为“负硬”，相当于 Na^+ 和 K^+ 的碳酸氢盐量，即

$$B_G = B - H \tag{1-6}$$

2. 非碱性水

碱度小于硬度的水，即 $[HCO_3^-] < [1/2Ca^{2+}] + [1/2Mg^{2+}]$称为非碱性水，此时水中有非碳酸盐硬度（$H_F$）存在。

非碱性水又可分为两类：一类称为钙硬水，其特征为钙含量大于碳酸氢根，即 $[1/2Ca^{2+}] > [HCO_3^-]$，如图 1-3（a）所示；另一类称为镁硬水，其特征为钙含量小于碳酸氢根，即$[1/2Ca^{2+}] < [HCO_3^-]$，如图 1-3（b）所示。

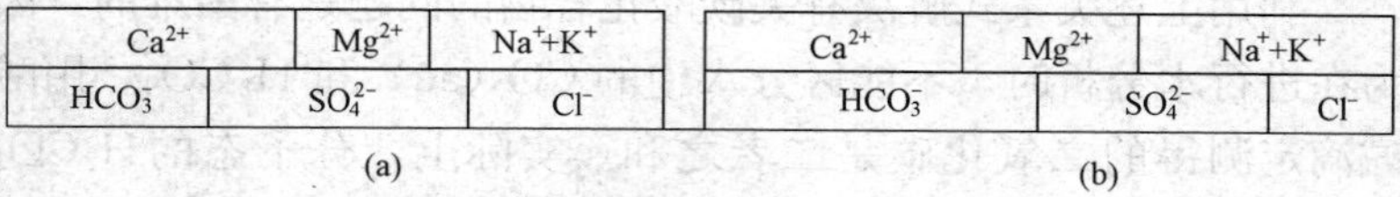

Ca^{2+} | Mg^{2+} | Na^++K^+
HCO_3^- | SO_4^{2-} | Cl^-
(a)

Ca^{2+} | Mg^{2+} | Na^++K^+
HCO_3^- | SO_4^{2-} | Cl^-
(b)

图 1-3　非碱性水中钙、镁的分配关系
（a）钙硬水；（b）镁硬水

此外，根据天然水中阴离子的相对量，还分为碳酸盐型水和非碳酸盐型水。$[HCO_3^-] > [1/2SO_4^{2-}] + [Cl^-]$ 的水称为碳酸盐型水，反之 $[HCO_3^-] < [1/2SO_4^{2-}] + [Cl^-]$ 的水称为非碳酸盐型水。我国天然水多数为碳酸盐型水。

第五节　天然水中的几种主要化合物

一、碳酸化合物

碳酸和它的盐类统称碳酸化合物，在天然水中特别是在含盐量较低的水中，含量最大的化合物常常是碳酸化合物。而且，在自然界发生的自然现象中，如天然水对酸、碱的缓冲性，沉淀的生成与溶解等，碳酸也常常起非常重要的作用。

1. 碳酸化合物的存在形式

水中碳酸化合物通常有以下四种形式：溶于水的气体二氧化碳 $[CO_2(aq)]$，分子态碳酸（H_2CO_3），碳酸氢根（HCO_3^-）及碳酸根（CO_3^{2-}）。在水溶液中，这四种碳酸化合物之间有下列几种化学平衡：

$$CO_2(aq)+H_2O \rightleftharpoons H_2CO_3 \tag{1-7}$$

$$H_2CO_3 \rightleftharpoons H^+ + HCO_3^- \tag{1-8}$$

$$HCO_3^- \rightleftharpoons H^+ + CO_3^{2-} \tag{1-9}$$

若把上述平衡式综合起来可得到

$$CO_2\ (aq)\ +H_2O \rightleftharpoons H_2CO_3 \rightleftharpoons H^+ + HCO_3^- \rightleftharpoons 2H^+ + CO_3^{2-} \tag{1-10}$$

利用上述关系式解决有关碳酸化合物的问题是有困难的，因为在进行水分析时，不能区分水中的 CO_2(aq）和 H_2CO_3，用酸碱滴定测得的二氧化碳是二者之和。实际上，分子态的H_2CO_3的形态只占总量的 1%以下，故实际工作中可将 CO_2(aq）和 H_2CO_3一起用 CO_2表示，此时式（1-10）可表示为

$$CO_2 + H_2O \rightleftharpoons H^+ + HCO_3^- \rightleftharpoons 2H^+ + CO_3^{2-} \tag{1-11}$$

2. 碳酸化合物的形态与 pH 值的关系

碳酸为二元弱酸，可进行分级电离。不同温度下有着不同的电离平衡常数，如在 25℃时的平衡常数值为

$$K_1 = \frac{f_1[H^+]f_1[HCO_3^-]}{[CO_2]} = 4.45\times10^{-7} \tag{1-12}$$

$$K_2 = \frac{f_1[H^+]f_2[CO_3^{2-}]}{f_1[HCO_3^-]} = 4.69\times10^{-11} \tag{1-13}$$

式中：K_1为 H_2CO_3的一级电离平衡常数；K_2为 H_2CO_3的二级电离平衡常数；f_1、f_2为 1 价离子和 2 价离子的活度系数。

其中，[ ] 表示相应物质的浓度，mol/L。

碳酸化合物在各种溶液中的相对含量主要取决于该溶液的 pH 值。

设碳酸化合物总浓度为 c mol/L，则

$$[CO_2] + [HCO_3^-] + [CO_3^{2-}] = c \tag{1-14}$$

所以 $$\frac{[CO_2]}{c}+\frac{[HCO_3^-]}{c}+\frac{[CO_3^{2-}]}{c}=1$$

根据 H_2CO_3 一级电离平衡常数式（1-12）和二级电离平衡常数式（1-13），以及式（1-14），并假定在稀溶液中 f_1 和 f_2 可视为 1，那么可解得一定 pH 值条件下各种碳酸化合物的相对量，如式（1-15）～式（1-17）所示。

$$\frac{[CO_2]}{c}=\left(1+\frac{K_1}{[H^+]}+\frac{K_1K_2}{[H^+]^2}\right)^{-1} \tag{1-15}$$

$$\frac{[HCO_3^-]}{c}=\left(\frac{[H^+]}{K_1}+1+\frac{K_2}{[H^+]}\right)^{-1} \tag{1-16}$$

$$\frac{[CO_3^{2-}]}{c}=\left(\frac{[H^+]^2}{K_1K_2}+\frac{[H^+]}{K_2}+1\right)^{-1} \tag{1-17}$$

根据式（1-15）～式（1-17），可绘制如图 1-4 所示的水中各种碳酸化合物的相对量与 pH 值的关系曲线。

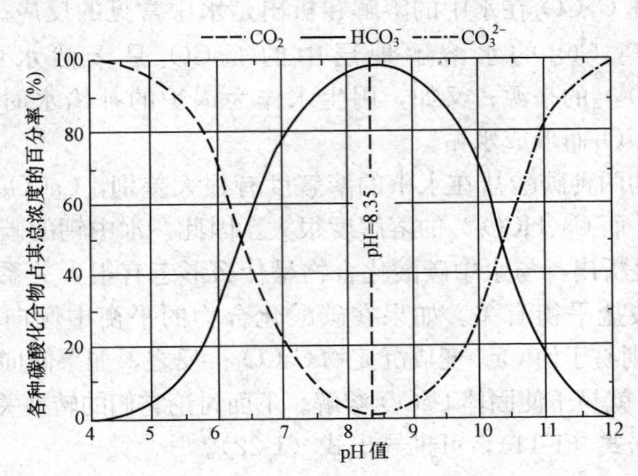

图 1-4　水中各种碳酸化合物的相对量与 pH 值的关系（25℃）

由图 1-4 可知，当 pH≤4.2 时，水中碳酸化合物基本都是 CO_2；当 pH＝4.2～8.3 时，CO_2 和 HCO_3^- 同时存在；当 pH＝8.3 时，98%以上的碳酸化合物呈 HCO_3^- 状态；当 pH≥8.3 时，HCO_3^- 和 CO_3^{2-} 同时存在。

由图 1-4 中不同 pH 值时碳酸化合物的存在形式可知，在 pH＜8.3 时，碳酸进行的是一级电离，将式（1-12）等号两边取

负对数并加以整理，可求得不同碳酸化合物含量时水的pH值

$$pH=pK_1+\lg[HCO_3^-]-\lg[CO_2]+\lg f_1 \quad (1\text{-}18)$$

对于稀溶液，$f_1=1$，$\lg f_1=0$；在25℃时，$pK_1=6.35$，所以

$$pH=6.35+\lg[HCO_3^-]-\lg[CO_2] \quad (1\text{-}19)$$

对于pH<8.3的天然水来说，因为水中HCO_3^-的浓度实际上就是水中的碱度（B），于是式（1-19）可变成

$$pH=6.35+\lg[B]-\lg[CO_2] \quad (1\text{-}20)$$

当水的pH＞8.3时，由碳酸的二级电离平衡常数式（1-13），可求得

$$pH=10.33+\lg[CO_3^{2-}]-\lg[HCO_3^-] \quad (1\text{-}21)$$

3. 碳酸钙的溶解平衡

固体$CaCO_3$在水中的溶解和析出是水中常见的反应。例如，含有游离CO_2的水溶解地层中的$CaCO_3$是天然水中含有$Ca(HCO_3)_2$的来源；又如，用生水作为锅炉的补给水时，会因析出$CaCO_3$而形成水垢。

钙的两种碳酸盐在水中的溶解度有很大差别，$CaCO_3$的溶解度很小，而$Ca(HCO_3)_2$的溶解度很大。因此，水中钙的碳酸盐是溶解还是析出，与水中碳酸化合物呈什么形态有很大关系，也就是与碳酸盐平衡有关。如果在碳酸化合物的平衡中倾向于生成CO_3^{2-}，则易于使Ca^{2+}变成沉淀物$CaCO_3$；反之，如果倾向于生成HCO_3^-，就易于使固体$CaCO_3$溶解。下面讨论它们的转换关系。

根据式（1-11），可推导出式（1-22）。

$$H^+ + HCO_3^- \rightleftharpoons CO_2$$
$$+)\ HCO_3^- \rightleftharpoons H^+ + CO_3^{2-}$$

$$2HCO_3^- \rightleftharpoons CO_2 + CO_3^{2-}$$
$$\quad\quad\quad\quad \upharpoonleft\downharpoonright Ca^{2+}$$
$$CaCO_3\downarrow \quad (1\text{-}22)$$

式（1-22）表示$CaCO_3$的沉淀溶解平衡，由该式可知，HCO_3^-和CO_3^{2-}间的转换关系，取决于水中游离CO_2量。如果向

水中送入 CO_2，则 HCO_3^- 增多，CO_3^{2-} 减少；反之，如果减少水中游离 CO_2，则 HCO_3^- 减少，CO_3^{2-} 增多。

根据式（1-22）还可推论出，当水中游离 CO_2 增多时，因反应向生成 HCO_3^- 的方向转移，CO_3^{2-} 减少，会促使固体 $CaCO_3$ 溶解；当 CO_2 减少时，反应向生成 CO_3^{2-} 的方向转移，会促使 Ca^{2+} 沉淀成 $CaCO_3$。若水中 CO_2 的浓度恰好足以维持 $CaCO_3$ 呈饱和状态，则此水既不会使 $CaCO_3$ 溶解，也不会析出 $CaCO_3$，这时的 CO_2 浓度称为该溶液的平衡 CO_2 浓度，它是用来判断某一水溶液是否被 $CaCO_3$ 所饱和的标准。

如果水中实际游离 CO_2 含量小于此平衡值，则此水是 $CaCO_3$ 的过饱和溶液，是不稳定的，在其流经的管道中会析出 $CaCO_3$。反之，如果大于此平衡值，则此水对于含 $CaCO_3$ 的材料（如混凝土）有侵蚀性。CO_2 浓度大于平衡值的水对于金属管道也有侵蚀性，因为当它在管道内流经时不会生成 $CaCO_3$ 覆盖层，所以暴露于水中的金属易遭到腐蚀。

二、硅酸化合物

在天然水中，硅酸化合物也是常见的杂质。硅酸化合物来自水流经地层时与含有硅酸盐和铝硅酸盐岩石的反应。地下水的硅酸化合物含量通常比地表水多，天然水中硅酸化合物（以 SiO_2 计）含量一般在 1～20mg/L 内，地下水有高达 60mg/L 的。

1. 硅酸化合物的存在形式

硅酸是一种复杂的化合物，它的形态多，在水中有离子态、分子态和胶态。硅酸的通式为 $xSiO_2 \cdot yH_2O$。当 x 和 y 都等于 1 时，分子式可写成 H_2SiO_3，称为偏硅酸；当 $x=1$，$y=2$ 时，分子式为 H_4SiO_4，称为正硅酸；当 $x>1$ 时，硅酸呈聚合态，称为多硅酸，如 $2SiO_2 \cdot H_2O$ 或 $H_2Si_2O_5$，称为二偏硅酸，当 x、y 较大时，随着聚合度的增大，在水中的溶解度下降，形成胶体硅［$H_4SiO_4 \rightleftharpoons SiO_2(s) + 2H_2O$］。离子态和单分子硅酸能溶解于水，当单分子硅酸聚合成多分子硅酸时，即形成胶体悬浮在水中。

2. 硅酸化合物与 pH 值的关系

硅酸是一种二元弱酸，它在水中存在两种平衡，一个是溶解平衡，即

$$SiO_2\ (s) + H_2O \rightleftharpoons H_2SiO_3 \qquad (1\text{-}23)$$

另一个是电离平衡，即

$$H_2SiO_3 \rightleftharpoons HSiO_3^- + H^+ \qquad 25℃时，K_1 = 2\times10^{10}\ (1\text{-}24)$$

$$HSiO_3^- \rightleftharpoons SiO_3^{2-} + H^+ \qquad 25℃时，K_2 = 1\times10^{12}\ (1\text{-}25)$$

硅酸化合物各种形态可以互相转化，提高水温或增大水的 pH 值，都有利于胶体硅向溶解态硅的转变。不同 pH 值时水中各种硅酸化合物的相对含量见表 1-9。

表 1-9　　不同 pH 值时水中各种硅酸化合物的相对含量

硅酸形式	pH 值						
	5	6	7	8	9	10	11
H_2SiO_3	100	99.9	99.0	90.9	50.0	8.9	0.8
$HSiO_3^-$		0.1	1.0	9.1	50.0	91.0	98.2
SiO_3^{2-}						0.1	1.0

由表 1-9 中的数据可看出，当 pH＜8 时，溶于水的硅酸化合物几乎都是呈分子态 H_2SiO_3，$HSiO_3^-$ 的量非常少。当 pH 值增大到超过 9 时，SiO_2 的溶解度明显地增大，此时 H_2SiO_3 电离成 $HSiO_3^-$ 的量增多。只有在碱性较强的水中才会出现 SiO_3^{2-}。此外，当水的 pH 值较高，且水中溶解的硅酸化合物较多时，它们还会形成高电荷多聚体离子。

在火力发电厂的用水中，硅酸化合物是一种有害的杂质。锅炉给水中的硅酸化合物会在热负荷很高的炉管内形成水垢；在高参数机组中，硅酸会溶于蒸汽，在蒸汽通流部位和汽轮机内析出盐垢。所以，它是炉水处理中的主要清除对象。

三、铁的化合物

在天然水中的铁有离子态的（如溶解态的亚铁离子 Fe^{2+} 和高铁离子 Fe^{3+}），以及含铁化合物［如胶体的和颗粒态的

Fe_2O_3、Fe_3O_4、Fe $(OH)_3$等]。

溶解态的 Fe^{2+} 通常存在于地下水中，这是由于地下水溶解氧浓度偏低及偏中性或微酸性，所以二价铁化合物在地下水中的溶解度较大，且比较稳定。但当地下水流出地面暴露于大气后，由于水中 CO_2 散失、pH 值升高及溶解氧浓度增加，故 Fe^{2+} 会很快发生以下氧化反应

$$4Fe^{2+}+3O_2+6H_2O \longrightarrow 4Fe(OH)_3\downarrow \tag{1-26}$$

反应生成的 Fe $(OH)_3$ 溶解很小，很容易形成胶体颗粒或沉淀，所以地表水溶解态的 Fe^{2+} 很少。

四、含氮化合物

天然水体中含氮化合物主要有 N_2、NO_2^-、NO_3^- 和 NH_4^+，其中 N_2 主要来自于空气中氮气的溶解。在天然水中氮气是稳定的，只有在固氮生物（如豆科植物）内部，N_2 在还原条件下才转变为 NH_4^+，即

$$N_2+8H^++6e \longrightarrow 2NH_4^+ \tag{1-27}$$

但天然水中生物固氮很少，水中含氮化合物主要来源于含氮有机物的降解和农用氮肥。天然水体中的含氮有机物在微生物的作用下，逐渐分解为简单的氮化合物（如氨基酸，含有 $-NH_2$），在有氧环境中，经亚消化细菌作用变为 NO_2^-，再由消化细菌作用变为 NO_3^-。在缺氧环境中，NO_3^- 在还原细菌作用下变为 NH_4^+ 或 NH_3。

第二章 水的混凝

天然水中含有泥沙、黏土、腐殖质、菌藻等悬浮物和胶体，工业用水和生活用水要求将它们去除。悬浮颗粒的直径大于0.1μm，胶体的粒径处于0.001～0.1μm，其中尺寸较大的杂质可依靠自然沉降除去，尺寸较小的杂质在有限的沉淀时间内无法依靠重力沉降下来，需要通过混凝处理，帮助它们聚集成大颗粒而除去。混凝就是向水中投加化学药剂，削弱这些物质间的相互排斥力，并通过药剂与颗粒之间的吸附、架桥和网捕等多种作用，促进细小的悬浮物和胶体互相黏结生成易于沉淀的大颗粒的过程。混凝过程中，水中的部分有机物、藻类、细菌和病毒等也能一并去除，因为这些物质有的本身具有悬浮物和胶体的性质，有的则能吸附在悬浮物和胶体上。

第一节 胶体化学基础

一、水中胶体稳定的原因

胶体的稳定性是指胶体颗粒长期在水中保持悬浮状态的特性，是胶体运动性质的表现。在水处理中，凡沉降速度十分缓慢的胶体粒子、微小悬浮颗粒，均可认为是稳定的。胶体的稳定性有“动力学稳定”和“聚集稳定”之分。动力学稳定包括两个方面：一方面胶体颗粒很小，自然沉降速度非常缓慢，加之布朗运动不断干扰自然沉降，故而长时间悬浮在水中；另一方面，胶体颗粒的比表面积很大，具有额外的表面自由能，因布朗运动有相互碰撞而聚集的倾向。但是，同一水体中胶体颗粒带有同号电荷，因静电斥力作用阻碍这种聚集，从而使胶体颗粒具有聚集稳定性。

水中的胶体可分为亲水胶体和憎水胶体。天然水中的亲水胶体主要是有机物，由于它们表面的极性基团对水分子的强烈吸附，使颗粒周围包裹了一层较厚的水化膜，从而阻止了颗粒在相碰后发生聚集，因此水化层增加了亲水胶体稳定性；对于憎水胶体，由于发生电离、吸附带电离子或与水中的离子发生离子交换等原因而带有电荷，使胶体颗粒间相互排斥，不能聚集，而长期稳定地存在于水中。

二、胶体的双电层模型

如图 2-1（a）所示，胶体颗粒从里到外依次可分为胶核、吸附层和扩散层三部分。胶核是许多分子和离子组成的集合体，由于胶核带有一定的电荷［图 2-1（a）中胶核带负电］，故它会吸引相反电荷的离子［即反离子，图 2-1（a）中反离子带正电］而被包围，形成与胶核紧密结合的吸附层，厚度为 δ；在吸附层之外区域，反离子的数量随远离胶核距离的增大而减少，这一区域称为扩散层。吸附层和扩散层组成了双电层，胶核和双电层组成的整体称为胶团。当胶体颗粒在水中运动时，扩散层中距离胶核较远的反离子因受到胶核的吸引力较小而不随胶核运动，只有吸附层中的反离子和扩散层中的部分反离子随着胶核一起运动，于是在扩散层内出现了一个滑动面，又称切动面。滑动面以内的部分胶团称为胶粒，所以胶体带电实质就是胶粒带电，而整个胶团则不带电。

胶粒的带电特性可用胶团内某处电位解释。如图 2-1（b）所示，滑动面与溶液主体之间的电位差称为 ζ 电位，又称动电电位、Zeta 电位；胶核表面处与溶液主体之间的电位差称为胶体的表面电位 φ_0，也即热力学电位；吸附层与扩散层交界处的电位称为 Stern 电位，以 φ_d 表示。因为在足够稀的溶液中，在扩散层中胶核所束缚的反离子有限，故可认为 ζ 与 φ_d 的值大致相等。

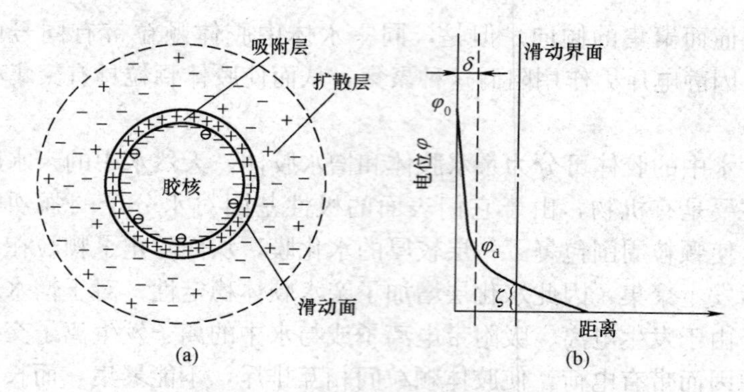

图 2-1　胶体的结构核双电层中的电位分布

（a）胶体结构；（b）双电层中的电位分布

ζ 电位的大小取决于滑动面内反离子浓度。ζ 电位的绝对值越大，说明进入滑动面内的反离子越少，胶粒荷电量越多，故胶粒之间的静电斥力越大，胶粒的聚集稳定性越高。ζ 电位可用专用仪器测定。

胶体双电层可等效成一个厚度为 L 的平板双电层，L 可按式（2-1）计算：

$$L=\left(\frac{\varepsilon kT}{2n_0Z^2\mathrm{e}^2}\right)^{\frac{1}{2}} \tag{2-1}$$

式中：ε 为水的介电常数；k 为波尔兹曼常数；T 为水温；n_0 为溶液主体（$\varphi=0$）处单位体积中的正离子或负离子的数量；Z 为电解质价数；e 为常数。

式（2-1）表明，双电层厚度（L）随水中离子的浓度（n_0）和价数（Z）的增加，以及温度（T）的降低而变薄，即双电层被压缩，结果是电势 φ 随距离下降得更快，由于切动面的位置几乎不变，所以 ζ 电位的绝对值随之减少。

胶体双电层模型是解释胶体稳定性的基础。德兰维奥（DL-VO）理论认为，胶体颗粒能否聚集取决于颗粒之间的作用力即引力与斥力的合力。由于胶体是由许多分子组成的，所以颗粒间的引力是各分子间引力（即范德华力）的总和。斥力则是由于胶体颗粒带同号电荷，颗粒之间存在静电排斥。范德华引力和静电斥力产生的势能分别称为吸引势能（E_A）和排斥势能（E_R），如图 2-2 所示。当胶体颗粒间的距离大于 Oc 时，双电层没有相互重叠，排斥势能为零，吸引势能也很小，胶体颗粒不会聚集；随着距离的不断靠近，两颗粒的双电层发生重叠，排斥势能和吸引势能均不断增加。当距离在 a 与 c 之间时，排斥势能占有优势，总势能（E_T）为正值，胶体颗粒之间的作用合力为排斥力，结果是胶体不能相互聚集，即保持稳定状态；当距离在 O 与 a 之间时，吸引能占有优势，E_T 为负值，这种情况下，胶体颗粒之间的作用合力为吸引力，结果是胶体相互发生聚集，即胶体失去稳定性。胶体颗粒间距离到达 b 点时，E_T 最大，该最大值称为排斥势能峰 E_0，它是胶体颗粒相互靠近的屏障。由于胶粒的布朗运动的动能远小于 E_0，所以胶粒不能通过布朗运动而实现聚集。

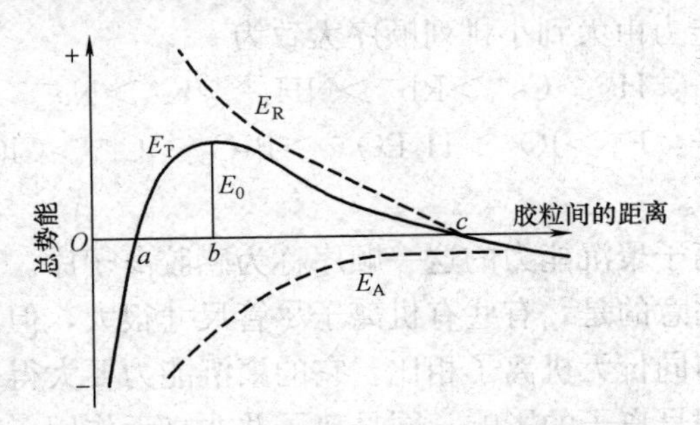

图 2-2　胶体颗粒间的势能与距离的关系

三、胶体的脱稳

为使胶体颗粒发生聚集，必须通过降低 ζ 电位或其他方式使胶体失去稳定性，即胶体脱稳。胶体脱稳方法通常有以下几种。

1. 投加电解质

电解质溶入水中后，胶粒相互聚集、变大，以至沉淀，这种聚集沉淀过程称为聚沉。电解质使胶体聚沉的主要原因是它的反离子进入扩散层中，双电层厚度减薄，ζ 电位绝对值下降，胶体的带电量减少。使胶体聚沉所需要的电解质最低浓度称为聚沉值，单位为mmol/L。聚沉值越小，表明电解质破坏胶体稳定性的能力越强。

舒耳泽（Schulze）和哈迪（Hardy）研究了电解质对聚沉的影响，总结出三条规律，分别是电解质价数、大小和同号离子对聚沉的影响规律。

（1）反离子价数的影响。对胶体起脱稳作用的主要是反离子，反离子价数越高，脱稳效果越好，反离子聚沉值大致与其价数的6次方成反比，如1、2和3价反离子的聚沉值之比为$(1/1)^6$ ∶ $(1/2)^6$ ∶ $(1/3)^6$。正因为如此，混凝剂通常是含高价反离子的电解质，如三价的铁盐和铝盐。

（2）反离子大小的影响。同价反离子的聚沉值虽然接近，但仍有差异，特别是1价离子的差异尤为明显。一般，反离子水化半径越大，越不易被胶体吸附，聚沉能力因而越弱。例如，1价离子聚沉能力由大到小排列顺序大致为

正离子：$H^+ > Cs^+ > Rb^+ > NH_4^+ > K^+ > Na^+ > Li^+$。

负离子：$F^- > IO_3^- > H_2PO_4^- > BrO_3^- > Cl^- > ClO_3^- > Br^- > I^- > CNS^-$。

同价离子聚沉能力的这一顺序称为感胶离子序。

值得注意的是，有些有机离子尽管尺寸很大，但由于吸附能力很强，与同价无机离子相比，它的聚沉能力要大得多。

（3）同号离子的影响。同号离子并非毫无作用，特别是大尺寸的同号离子，由于与胶体之间存在着强烈的范德华引力而被胶体吸附后，可以明显改变胶体表面性质。

有时，向胶体溶液中加入少量电解质，当浓度超过聚沉值时胶体发生聚沉，此时胶体的ζ电位趋近于零。但当电解质浓度继续增加到一定数值后，聚沉的胶体会吸附过量反离子而重新带电，又返回溶液中形成所谓的再稳定胶体，此时胶体所带电荷符号与原先相反。若再加入电解质，胶体又会由于反离子的作用而发生聚沉。此时，溶液中电解质浓度已经很大，胶体表面对离子的吸附已经饱和，故再进一步增加电解质浓度也不能使沉淀重新

分散。上述这种稳定的胶体随电解质浓度增加发生“脱稳—再稳定—再脱稳”的现象叫作不规则聚沉，多发生在以大尺寸离子或高价离子为聚沉剂的场合。

2. 投加相反电荷的胶体

当向水中加入带与原有胶体电荷相反的胶体时，电荷相反的胶粒之间发生吸附、电中和，两者ζ电位都降低，从而导致胶粒聚沉，称为互沉。互沉的程度与两种胶体比例有关，在等电点，互沉最完全。若投加的胶体量不足，则ζ电位的降低值不足以使胶体完全脱稳，互沉不完全；若投加量过大，则会使胶体重新带电，出现再稳定现象。

3. 投加高分子絮凝剂

许多高分子能直接引起胶体聚沉，这种现象称为高分子的絮凝作用，这种能使胶体发生聚沉的高分子称为高分子絮凝剂。

早期使用的高分子絮凝剂多是高分子电解质，它们的作用被认为是简单的电性中和作用。但后来发现，一些非离子型，甚至是带同号电荷的高分子，也能引起胶体脱稳。因此，电中和并不是高分子絮凝作用的唯一原因。现在认为，在高分子浓度较稀时，同一高分子链同时吸附在多个胶体颗粒表面上，通过“搭桥”将两个或多个胶体颗粒拉扯在一起，导致絮凝，如图 2-3（a）所示，这种胶体与絮凝剂的结合物称为絮粒或矾花。“搭桥”的必要条件是胶体颗粒上存在空闲的吸附活性点，以及同一高分子链上存在多个对胶体有很强亲和力的基团。倘若高分子浓度很大，胶体表面已完全被吸附的高分子所覆盖，阻止了胶体颗粒间

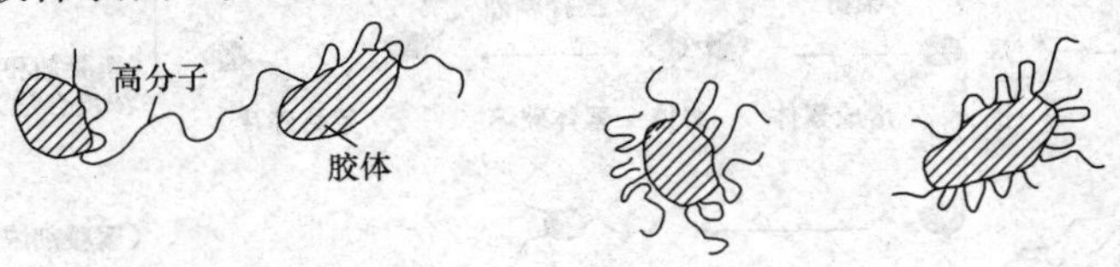

图 2-3　高分子的絮凝与保护作用

（a）絮凝（低浓度）作用；（b）保护（高浓度）作用

的聚结，即胶体不再会通过“搭桥”而絮凝，此时高分子对胶体的空间阻碍作用，又称保护作用。如图 2-3（b）所示。

高分子絮凝剂的分子量、电离度、用量及水流的搅拌强度对其絮凝效果影响较大。

（1）分子量：一般来说，分子量大对搭桥有利，絮凝效率高；但是分子量不能太大，因为它会发生链段间的自相重叠，削弱搭桥作用。

（2）电离度：高分子电离度越大，分子越扩展，越有利搭桥；但是，若它的带电符号与胶体相同，则电离度越大，越不利于它在胶体上的吸附。所以，往往存在最佳电离度，此时高分子絮凝剂的絮凝效果最好。聚丙烯酰胺通常是在电离度为 30%左右的状态下使用，正是这个道理。

（3）用量：用量太小，搭桥就少，用量太大，则反而起保护作用。实验证明，最佳絮凝区大约相当于胶体颗粒表面积的一半为吸附的高分子所覆盖。

（4）搅拌强度：水流紊动或搅拌可为高分子和胶体提供碰撞机会，也即搭桥的机会。因此，搅拌强度不够，则胶体难以脱稳生成絮粒，相反，搅拌强度太大，又会将已生成的矾花打碎。图 2-4 是高分子絮凝模式示意。

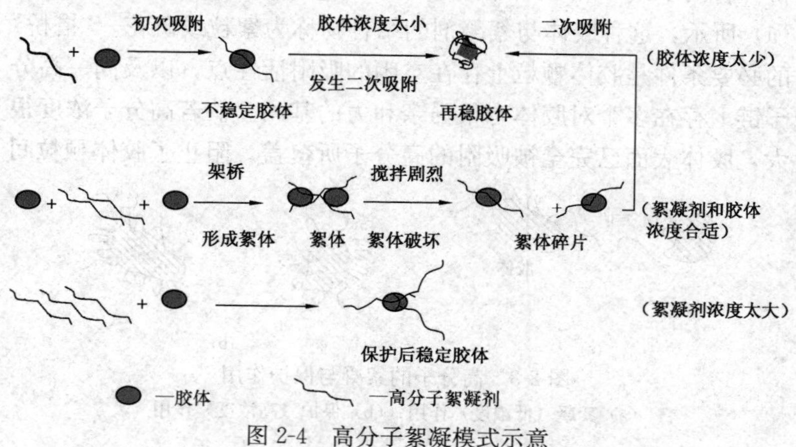

图 2-4　高分子絮凝模式示意

第二节　混凝的原理及其过程

一、混凝原理

下面以混凝剂 $Al_2(SO_4)_3$ 为例，说明混凝的原理。

$Al_2(SO_4)_3$ 投入水中，会发生一系列化学反应：

(1) 电离：$Al_2(SO_4)_3 \rightleftharpoons 2Al^{3+} + 3SO_4^{2-}$

(2) 水化：$Al^{3+} + nH_2O \rightleftharpoons [Al(H_2O)_n]^{3+}$　　$(n=6\sim10)$

(3) 水解：$Al^{3+} + H_2O \rightleftharpoons Al(OH)^{2+} + H^+$

$Al(OH)^{2+} + H_2O \rightleftharpoons Al(OH)_2{}^+ + H^+$

$Al(OH)_2{}^+ + H_2O \rightleftharpoons Al(OH)_3 + H^+$

$Al(OH)_3 + H_2O \rightleftharpoons Al(OH)_4^- + H^+$（pH 值较高时）

(4) 聚合：上述反应的同时，还会发生聚合反应，生成多核铝羟基络离子，如聚合成带正电荷的 $Al_2(OH)_2^{4+}$、$Al_8(OH)_{20}^{4+}$、$Al_{24}(OH)_{60}^{12+}$、$Al_{54}(OH)_{144}^{18+}$ 等，当 pH>8 时，还可能生成带负电荷的 $Al_8(OH)_{26}^{2-}$。

(5) 沉淀：$Al(OH)_3$ 互相聚集，生成沉淀物 $[Al(OH)_3]_m$ (s)：

$$mAl(OH)_3 \rightleftharpoons [Al(OH)_3]_m\,(s)\downarrow$$

从上面的反应可看出，混凝剂投入水中，其生成的产物形态复杂，通常是各种产物的混合体。产物带电量差别很大，对于单核产物如 Al^{3+}、$Al(OH)^{2+}$、$Al(OH)_3$、$Al(OH)^{4-}$ 和 AlO_2^- 等，电荷可在 +3～−1 变化，一般规律是随 pH 值增加，电荷符号从正向负变化；对于聚合物（含多个铝的产物），其电荷可在 +4～+18 变化，当 pH 值较高时，甚至出现带负电的聚合离子 $Al_8(OH)_{26}^{2-}$。

上述反应产物对胶体和悬浮物有如下脱稳作用。

1. 降低胶体 ζ 电位绝对值

混凝剂生成的带正电荷离子进入胶体的双电层，使其厚度减薄，也可说是所生成的带正电荷离子与带负电荷的胶体发生了电中和，使胶体颗粒的ζ电位绝对值下降，从而削弱了胶体因带电而存在的静电斥力。

2. 吸附架桥作用

沉淀物［$Al(OH)_3$］$_m$、铝羟基络离子尤其是带正电的铝羟基络离子，类似高分子絮凝剂，具有较长分子链。这些分子链能吸附水中浊质颗粒，而且同一条分子链上可吸附多个浊质颗粒，同一个浊质颗粒又可吸附在多个分子链上，这样原来处于分散的许多细小浊质颗粒被分子链拉扯在一起不能分开，形成絮状沉淀物，俗称矾花。细小矾花进一步互相黏合，越长越大，最后生成粒径达几毫米的粗大矾花。

从矾花的组成上看，它实际上是混凝剂与浊质的混合物。在矾花中，分子链连接在浊质颗粒间，像桥梁一般，故称为架桥物质。由于投入水中的混凝剂中所含的铝与浊质一起生成矾花，故在正常情况下，清水中并不因为投入铝盐而使铝含量增加。

3. 网捕作用

［$Al(OH)_3$］$_m$沉淀物及生成的矾花是一种网状絮凝体，在下沉的过程中，像一个张开的网，卷扫水中浊质共同沉淀。

二、混凝过程

混凝过程是指从向原水中投加混凝剂后直到形成最终大颗粒矾花的整个过程，它可分为两个阶段：凝聚阶段和絮凝阶段。凝聚阶段是从投药开始到生成微小矾花的过程，经过该过程胶体已脱稳，并具有相互聚集的能力；絮凝阶段是指在外力作用下微小矾花最终长大成大矾花的过程。完成絮凝过程的设备称为絮凝池或反应池。混凝过程的相互关系见表2-1。

矾花进一步长大必须同时具备两个条件：①胶体具有良好的絮凝性能，即胶体必须完全脱稳；②反应池的搅拌强度既可提供给微絮粒足够的碰撞频率，又应尽量避免打碎矾花。

矾花的长大就是矾花的粒径增加或颗粒数的减少，它实际上是数量较多的微小矾花逐步聚集成粒径较大而数量较少的大颗粒矾花。假设在絮凝过程中矾花总体积不变，则实际上颗粒数的变化也就反映了粒径的变化。

表 2-1 混凝过程的相互关系

阶段	凝聚			絮凝	
过程	投药及混合	脱稳		异向絮凝	同向絮凝
作用	药剂扩散	水解	脱稳	脱稳胶体聚集	微絮粒进一步长大
动力	质量迁移	溶解平衡	各脱稳机理	布朗(Brown)运动	能量消耗
处理构筑物	混合池				反应池
胶体状态	原始状态	脱稳胶体		微小矾花	大颗粒矾花
尺寸(μm)	0.1～0.001			5～10	500～2000

微小矾花相互碰撞是颗粒数变化的前提，否则矾花不可能长大。当然，颗粒的碰撞并不等于聚集。如果颗粒不具备彼此结合的能力，即使碰撞也不可能黏附在一起，这种碰撞就是无效碰撞。以 η 值表示碰撞黏附的成功率，η 值定义为矾花碰撞后黏附成功的次数与总碰撞次数的比值，它是衡量矾花絮凝能力的指标。η 值的大小主要取决于混凝过程组织的好坏，好则 η 值高。研究结果表明，η 值一般在 0.010～0.448。

在反应池中絮粒还受到水流剪切力的影响。随着絮粒粒径的变大，所受剪切力也随之增加。因此，絮粒不可能无限长大下去，当破碎力与矾花之间的黏附力达到平衡时，矾花长大到最大粒径（d_{max}）后则不再继续变化。在其他条件一定时，d_{max} 取决于剪切力的大小。

（1）碰撞的原因。引起颗粒碰撞的原因是：①水流搅拌或者说水流的紊动；②颗粒的布朗运动；③颗粒间的沉速差异。研究结果表明，水流搅拌是反应池中颗粒碰撞的主要原因。

在紊动的水流中，由外力所施加的能量造成大尺度涡旋，大涡旋再逐步产生较小的涡旋，把能量逐步传递分配给为数众多的小涡旋。小涡旋与颗粒的尺寸接近，约为 0.06～0.20cm。大尺度的涡旋对颗粒碰撞不起主要作用，只是起了将颗粒均匀地扩散到整个断面的作用。颗粒之间的碰撞是靠小涡旋实现的。

（2）矾花长大的规律。若不考虑矾花破碎的影响，并假定矾花为球形，矾花颗粒接触聚集时密度保持不变，则絮凝反应可表示为

$$n=n_0 e^{-k\eta c_0 Gt}$$
$$d=d_0 e^{\frac{k\eta c_0 Gt}{3}} \tag{2-2}$$

式中：t 为絮凝时间；n_0、n 为絮凝开始和经过时间 t 的单位体积中矾花的颗粒数；k 为与水流流态有关的系数；c_0 为矾花的体积浓度，即单位水体积中所有矾花的体积之和；η 为碰撞黏附成功率；G 为速度梯度；d_0、d 为絮凝开始和经过时间 t 的矾花粒径。

式（2-2）说明：①随着絮凝反应时间延长，矾花颗粒总数随时间呈指数关系衰减，而矾花粒径呈指数关系增长；②当进入反应池时，若 d_0 相同，则尽管混凝条件、反应池类型及反应条件有差异，但只要保持 $k\eta c_0 Gt$ 值相同，将达到相同的絮凝效果。故可将 $k\eta c_0 Gt$ 作为絮凝效果的判断准数。

图 2-5 是考虑了颗粒破碎影响后矾花粒径与絮凝时间的关系

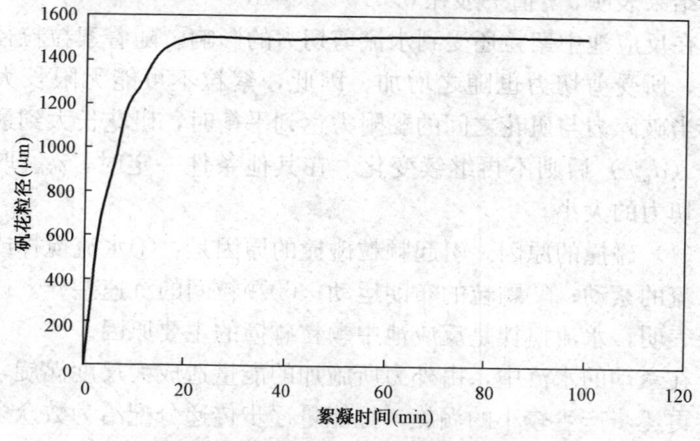

图 2-5　矾花粒径与絮凝时间的关系示意

示意。起初，矾花尺寸大致为 5～10μm，当絮凝反应大约进行到 25～30min 时，矾花长大到 1400～1600μm，这时黏附力与剪切力达到平衡，之后矾花尺寸不再增加。从理论上讲，水在反应池中的停留时间应以矾花正好长大到 d_{max} 为上限，过多地延长停留时间是没有必要的。

三、影响混凝效果的因素

混凝过程是一个复杂的物理化学过程。混凝剂投入水中后，药剂的扩散、水解及胶粒的脱稳、聚集和长大等阶段与混凝剂加药量、水的 pH 值、水温、水力条件和原水水质等因素密切相关。

1. 混凝剂加药量

混凝剂的用量对于混凝效果有重要影响。图 2-6 表示出了原水胶体浓度 S 不同时（$S_1 < S_2 < S_3 < S_4$），混凝剂加药量对剩余浊度和凝聚范围的影响。从图 2-6 可做以下两点推论。

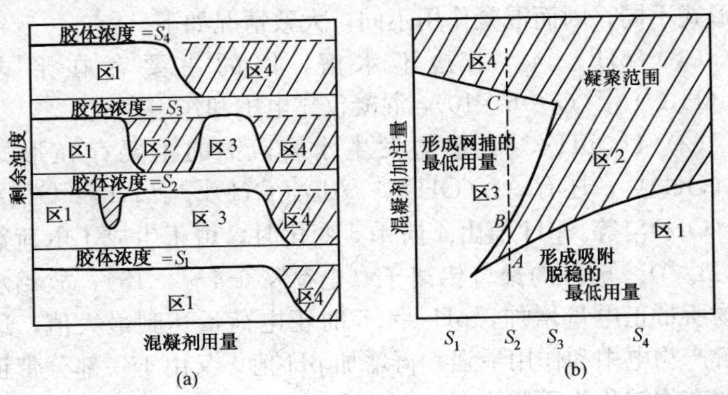

图 2-6 混凝剂加药量对剩余浊度和凝聚范围的影响

(a) 混凝剂用量与剩余浊度的关系；(b) 胶体浓度与混凝剂用量的关系

(1) 浊度低的水是难处理的一种水。因为水中浊质太低，颗粒间距离大，接触碰撞的机会减少，而架桥物的分子链长度是有限的，吸附架桥难度增加，为达到良好混凝效果，混凝剂用量比较高。图中 S_1 就是这种情况。

（2）浊度中等的水，用药量如果不当，可能不但不能除去胶体颗粒，反而会使胶体出现再稳定现象。例如浊度 S_2 的水，随着用药量增加，当达到 A 点时浊质能很好地脱稳，当用药量超过 B 点，而位于 B、C 之间时，虽然用药量比 A 点高，但由于投药量大，胶体颗粒表面被大量架桥物所覆盖而重新带电，混凝效果恶化。当用药量很大超过 C 点，因生成大量 $[Al(OH)_3]_m$ 沉淀而卷扫浊质下沉。此种情况下，虽然残留浊度小，但造成药品浪费，还会因生成大量沉淀物增加了混凝处理的污泥量，加重后续沉淀池的负担。

混凝剂的加药量应根据生水水质、运行条件、设备形式及水处理后的水质要求，经混凝试验确定。

2. 水的 pH 值

水的 pH 值对混凝的影响，因混凝剂品种而异，对铝盐影响大，对聚合铝影响小。以铝盐为例，pH 值不同，铝在水中的存在形式不同，因而混凝作用不同，大致情况如下。

（1）$pH<4$：铝盐不水解，铝的主要存在形式为 $[Al(H_2O)_n]^{3+}$（$n=6\sim10$），混凝仅靠电中和作用完成。

（2）$4<pH<6$：铝盐发生水解，铝的主要存在形式为 $Al_8(OH)_{20}^{4+}$，还有 $Al_6(OH)_{15}^{3+}$、$Al_{54}(OH)_{144}^{18+}$、$Al_{13}(OH)_{34}^{5+}$、$Al_7(OH)_{17}^{4+}$ 等。pH 值由 4 向 4.5 变化时，由于生成了电荷数比 $Al(H_2O)_n^{3+}$ 更多的聚合铝离子（电荷从 $+4\sim+18$），故铝水解产物所带正电量增加，$pH=4.5$ 时正电荷量达到最大值，这时水解产物电中和作用最强。再增加 pH 值，又由于一部分带正电荷的产物转化为不带电的 $Al(OH)_3$，故产物电荷量减少，电中和能力减弱。

（3）$6<pH<8$：铝的主要存在形式为沉淀物 $[Al(OH)_3]_m$。因为 $[Al(OH)_3]_m$ 的吸附架桥能力最强。因此在此 pH 值范围内，除去水中浊质主要通过吸附架桥和网捕作用完成。

（4）$pH>8$：铝的主要存在形式是 $Al(OH)_4^-$、$Al_8(OH)_{26}^{2-}$。当 $pH=8.3$ 时，产物不带电，失去电中和作用。随后部分

$[Al(OH)_3]_m$因 pH 值增加而溶解成 $Al(OH)_4^-$ 等负离子，这时仅有吸附架桥作用。

pH 值对混凝后水中残留铝量有影响，pH 值过低或过高，残留铝量都比较多。例如 pH<4，沉淀物 $Al(OH)_3$ 发生以下酸性溶解，生成 Al^{3+}。

$$Al(OH)_3 + 3H^+ \rightleftharpoons Al^{3+} + 3H_2O$$

pH>8.3，沉淀物 $Al(OH)_3$ 又会发生以下碱性溶解，生成 $Al(OH)_4^-$ 等。

$$Al(OH)_3 + OH^- \rightleftharpoons Al(OH)_4^-$$

水中残留铝量多，必将加重后面阳离子交换器的负担，严重时可引起阳离子交换树脂中毒。此外，人们长期饮用含铝量高的水，可能导致未老先衰。

$Al_2(SO_4)_3$ 混凝处理的 pH 值一般为 6.5～7.5。

当采用铁盐做混凝剂时，由于铁与铝相比，铁的水解产物溶解度小，不易发生碱性溶解和酸性溶解，故铁盐比铝盐的使用 pH 值范围宽，一般为 6.0～8.4。

此外，由于 pH 值会影响水中有机物的存在形态，因而影响混凝去除有机物的效果。当水的 pH 值较低时，水中腐殖质为带负电荷的腐殖酸胶体，去除率高；当 pH 值较高时，腐殖质转换为溶解性的腐殖酸盐，去除率低。

3. 水温

水温对混凝效果有明显影响：①无机盐类混凝剂在水解时需要吸收热量，故水温低时，水解困难，混凝能力下降；②水温低时水的黏度大，颗粒相互碰撞的运动阻力大，不利于胶粒脱稳凝聚；③水温低时，胶体颗粒水化作用增强，妨碍胶体凝聚。对于寒冷地区，进行水的混凝处理时，可通过投加助凝剂、增加混凝剂加药量和提高原水温度等途径提高混凝效果。

4. 水力条件

混凝过程中的水力条件对絮凝体的形成有较大影响。混凝过程的两个阶段（混合、反应）对水力条件的要求不相同。混合阶段的要求是使药剂迅速均匀地扩散到全部水体，并为水解和脱稳创造良好条件，并不要求形成大的絮凝体。因此，混合阶段应该是剧烈搅拌、快速完成，一般持续时间为几秒钟至一分钟。不过，对于高分子絮凝剂，由于它们无须经过水解过程，所以，混合阶段只需保证药剂在水中均匀分散。反应阶段是脱稳胶粒相互聚集并成长为大颗粒矾花的过程，因此这一过程的搅拌强度应随着矾花长大而逐渐降低，以免打碎大颗粒矾花。

由水体流动引起的颗粒碰撞在胶体的脱稳及生成矾花阶段起着主要作用，常用速度梯度定量描述水体流动状态。速度梯度 G 定义为两个相邻水层的水流速度差 $\mathrm{d}v$ 与它们之间距离 $\mathrm{d}y$ 之比，即

$$G=\frac{\mathrm{d}v}{\mathrm{d}y}$$

G（s^{-1}）与单位体积水流所消耗的搅拌功率 P（W/m^3）及水的动力黏度 μ（$N\cdot s/m^2$）的关系为

$$G=\sqrt{\frac{P}{\mu}}$$

增加 G 值，即增加搅拌强度，这样就增多了胶体颗粒之间的碰撞机会，有利于脱稳和矾花的形成，但 G 值太大，反而导致矾花破裂。在混合阶段，速度梯度 G 为 500～1000s^{-1}，混合时间应在 10～30s 内完成，最多不超过 2min；在絮凝阶段，相应 G 值为 20～70s^{-1}，反应时间为 15～30min。

5. 原水水质

除水的 pH 值外，原水的浊度、碱度和有机物含量等水质因素对混凝效果也有影响。

（1）浊度。如前所述，原水浊度低时，颗粒碰撞概率降低，混凝效果较差。为提高低浊度原水的混凝效果，可采取两种措施：①在投加铝盐或铁盐的同时投加高分子助凝剂，如活化硅酸或聚丙烯酰胺；②投加黏土等矿物颗粒，增加混凝剂水解产物的聚结中心，提高颗粒碰撞概率，增加絮凝体密度。如果原水浊度

过高，为了减少混凝剂的用量，通常也投加助凝剂。

（2）碱度。碱度对于加入混凝剂后水的pH值变化具有缓冲作用。铝盐或铁盐混凝剂在水解过程中会产生H^+，从而导致水的pH值下降，如果原水碱度过低，水的pH值下降过多可能影响混凝剂的继续水解，此时需要投加石灰等碱性药剂弥补碱度的不足。

（3）有机物含量。当水中含有大量分子较大的有机物（如腐殖质）时，它们会吸附在胶体的表面，起到保护胶体的作用，降低混凝的效果。对此可采用加氯等方法破坏这些有机物。

6. 接触介质

在混凝处理时，如果在水中保持一定数量的泥渣，可明显提高混凝处理的效果。这种泥渣一般是前期混凝处理过程生成的新鲜絮状物，它具有吸附、催化、结晶核心和过滤等作用。泥渣的作用详见第三章。

第三节 混凝剂与助凝剂

混凝剂是能够起到混凝作用的化学药剂的统称。有时将起到凝聚作用的药剂称为凝聚剂，起到絮凝作用的药剂称为絮凝剂。目前，混凝剂、凝聚剂和絮凝剂三者名称并没有严格区分使用。

随着水处理技术的发展，混凝剂品种不断增加，可大致分为无机混凝剂和有机絮凝剂两大类。无机混凝剂主要为铝盐和铁盐及其聚合物；有机絮凝剂在电厂水处理中应用较多的主要是聚丙烯酰胺和阳离子型的聚二甲基二烯丙基氯化铵。为了增强混凝效果，在混凝处理中有时还投加助凝剂。

一、无机混凝剂

目前用得最广的混凝剂是铝盐，其次为铁盐。

1. 铝盐

用作混凝剂的铝盐有硫酸铝、硫酸铝钾、结晶氯化铝和聚合铝等，常用硫酸铝和聚合铝。

（1）硫酸铝。分子式为$Al_2(SO_4)_3 \cdot xH_2O$，常用含有18个结晶水的$Al_2(SO_4)_3 \cdot 18H_2O$，它易溶于水，水溶液呈酸性，当水温低时，水解困难。固体产品为白色或微带灰色的粒状或块状，液体产品为微绿色或微灰黄色，技术标准为GB/T 31060—2014《水处理剂　硫酸铝》。

硫酸铝若主要用于去除水中有机物时，可在pH值4.0～7.0使用，若主要用于去除水中悬浮物时，可在pH值5.7～7.8使用，若主要用于处理浊度高而色度低的水时，可在pH值6.0～7.8使用。

用于饮用水处理时，铝盐或其溶液所含杂质和添加物含量不得使处理过的饮用水危害人体健康。

（2）硫酸铝钾。硫酸铝钾也称钾明矾，分子式为$AlK(SO_4)_2 \cdot 12H_2O$、$Al_2(SO_4) \cdot K_2SO_4 \cdot 24H_2O$，相对分子质量依次为474.39、948.78。硫酸铝钾为无色透明、半透明状、粒状或晶状粉末，技术标准为HG/T 2565－2007《工业硫酸铝钾》。

（3）结晶氯化铝。分子式为$AlCl_3 \cdot 6H_2O$，相对分子质量241.43，为橙黄色或浅黄色结晶体，技术标准为HG/T 3541—2011《水处理剂　氯化铝》。

上述铝盐最适用于浊度中等、水温不太低的原水，对于水生物（如藻）多、色度大、低浊低温的原水，效果不理想。

（4）聚合氯化铝。简记为PAC，化学式为$[Al_2(OH)_nCl_{6-n}]_m$，它是多个羟基氯化铝单体的聚合物，其中n为1～5的任何整数，m为小于等于10的整数。聚合氯化铝还曾经用过另外两个名称：碱式氯化铝（用符号BAC表示）和羟基氯化铝络合物。PAC产品有液体和固体两种。液体产品为无色、淡灰色、淡黄色或棕色透明或半透明状液体，无沉淀；固体产品为白色、淡灰色、淡黄色或棕褐色晶粒或粉末，技术标准为GB/T 22627—2014《水处理剂　聚氯化铝》。

聚合氯化铝是在深入分析了硫酸铝混凝原理的基础上开发出

来的。如前所述，硫酸铝投入原水后，需要经过一系列反应才能形成混凝能力较强的聚合物和 $[Al(OH)_3]_m$ 沉淀物。由于这中间要经过多个反应环节，造成硫酸铝固有弱点：在水中易生成一些无效或微效成分。聚合氯化铝就是针对这一问题研制出来的新一代铝盐混凝剂。它通过控制生产条件，使聚合氯化铝产品正处于具有良好吸附架桥能力的状态，这样投入原水后即刻提供高价羟基铝离子，并还会继续生成氢氧化铝。

聚合氯化铝中羟基（OH）和铝（Al）的比值称为盐基度，用 B 表示：

$$B=\frac{[OH^-]}{\left[\frac{1}{3}Al^{3+}\right]}$$

B 值的大小对混凝效果有较大的影响，B 值越高，越有利于吸附搭桥，但聚合氯化铝也越容易发生沉淀。

聚合氯化铝混凝效果优于硫酸铝等一般的铝盐，例如，它的矾花不仅形成快，而且颗粒大、密度高，所以沉降性能好；加药量少，一般为硫酸铝的 1/2；适应能力强，对于高浊度、高色度水的处理效果也比较好；受水温影响小；适用的 pH 值范围宽。

2. 铁盐

水处理用铁盐有硫酸亚铁、氯化铁和聚合硫酸铁等，以硫酸亚铁和聚合硫酸铁应用最多。

铁盐和铝盐类似，通过水解、聚合等过程，产生各种形态的中间产物，最终与胶体一起生成矾花。但与铝盐相比，铁盐生成的絮体比重大，沉降速度快，受水温影响小。此外，铁盐允许使用的 pH 值范围宽，即使在 pH＝10 时也能取得良好的净水效果，而这时铝盐水解产物带负电，失去絮凝能力。不过，使用铁盐时，一旦运行不正常，水中残留铁就会增加。

用于饮用水处理时，铁盐或其溶液所含杂质和添加物含量不得使处理过的饮用水危害人体健康。

（1）硫酸亚铁。俗称绿矾，分子式为 $FeSO_4\cdot 7H_2O$，相对分子质量为278.01，固体产品为淡绿色或淡黄色结晶，技术标准为GB/T 10531－2016《水处理剂　硫酸亚铁》。硫酸亚铁易溶于水，在水中离解出的亚铁离子（Fe^{2+}）只能生成简单的单核络合物，混凝效果不如三价铁盐。为解决这一问题，可另外加入氧化剂（如Cl_2）、直接利用水中溶解氧或曝气增氧的办法将Fe^{2+}氧化成Fe^{3+}。为增强溶解氧的氧化能力，可适当加入石灰[$Ca(OH)_2$]，将水的pH值提高到8.5以上。

$$4Fe^{2+}+2Cl_2 \rightleftharpoons 4Fe^{3+}+4Cl^-$$

$$4Fe^{2+}+8OH^-+2H_2O+O_2 \rightleftharpoons 4Fe(OH)_3\downarrow$$

硫酸亚铁还是发电厂冷却水系统中铜管凝汽器的一种缓蚀剂，常用于铜管的预膜。

（2）氯化铁。分子式为$FeCl_3 \cdot 6H_2O$，相对分子质量为162.21。产品按用途分为Ⅰ型和Ⅱ型，Ⅰ型用于饮用水处理，Ⅱ型用于工业水处理。固体产品为褐绿色晶体，液体产品为红棕色溶液，技术标准为GB/T 4482—2006《水处理剂　氯化铁》。氯化铁易溶于水，其溶液腐蚀性强。

（3）聚合硫酸铁。化学式为$[Fe_2(OH)_n(SO_4)_{3-n/2}]_m$，简记为PFS，技术标准为GB/T 14591—2016《水处理剂　聚合硫酸铁》。PFS是在聚合氯化铝的启迪下开发出来的产品。水处理用聚合硫酸铁产品按用途分为Ⅰ型和Ⅱ型，其中，Ⅱ型用于工业水处理。液体产品呈红褐色、透明，固体产品呈淡黄色、无定型。工业水处理用聚合硫酸铁为红褐色溶液，无沉淀。

与聚合氯化铝类似，聚合硫酸铁的盐基度B值的大小对混凝效果有较大的影响。聚合硫酸铁中羟基（OH）和铁（Fe）的比值称为盐基度，用B表示：

$$B=\frac{[OH^-]}{\left[\frac{1}{3}Fe^{3+}\right]}$$

二、有机絮凝剂

与无机絮凝剂相比，有机絮凝剂具有适应性强、用量少、絮凝效果好、所生成的矾花沉降速度快等优点。有机絮凝剂均为高分子，既有天然改性的（如淀粉改性絮凝剂），也有合成的。水处理中使用最多的是合成的聚丙烯酰胺，近年来阳离子型的聚合季铵盐也得到逐步应用，典型的是聚二甲基二烯丙基氯化铵。

1. 聚丙烯酰胺

聚丙烯酰胺又称3号絮凝剂，简称PAM，结构式为

$$\left[CH_2-\underset{\displaystyle COO-NH_2}{\underset{|}{CH}} \right]_n$$

PAM是一种线型高分子聚合物，分子量为150万～800万。固体聚丙烯酰胺为白色或微黄色粒状或粉状；胶体聚丙烯酰胺为无色或微黄色透明胶体。分子量根据用户要求确定，但与标称值的相对偏差不大于10%，水解度与标称值的绝对差值不大于2%。非离子型产品，水解度不大于5%。PAM技术标准为GB/T 17514—2008《水处理剂　聚丙烯酰胺》。值得注意的是，聚丙烯酰胺是由丙烯酰胺聚合而成，其中还剩余有少量未聚合的丙烯酰胺单体。这种单体是有毒的，应予以控制，特别是饮用水处理中应将单体的含量降低到0.05%以下。

由于聚丙烯酰胺具有很长的分子链，因此可借助键合作用在固体颗粒之间架桥，形成较大絮粒。聚丙烯酰胺的絮凝效果与聚合物的相对分子质量密切相关。提高聚合物相对分子质量，有利于增大絮凝剂在水相的流体力学尺寸或体积，从而提高絮凝网捕能力，有效降低絮凝剂用量。

聚丙烯酰胺有非离子型、阴离子型和阳离子型等三种。

在使用非离子型聚丙烯酰胺时，通常加入一定比例的氢氧化钠，进行碱化（水解），使其一部分转化成阴离子型聚丙烯酰胺，结构式为

$$\left[CH_2-\underset{\displaystyle CONH_2}{\underset{|}{CH}}-CH_2-\underset{\displaystyle COONa}{\underset{|}{CH}} \right]_n$$

它的—COONa基团在水中离解成带负电荷的羟酸基团

—COO^-。由于负电荷的排斥作用，使阴离子型聚丙烯酰胺高分子链充分伸展，增加了它吸附、碰撞、架桥、网捕细小矾花颗粒的机会，提高了絮凝效果。水解应在现场进行，水解比（碱化比）以1：0.2为宜，即1g聚丙烯酰胺加入0.2g氢氧化钠，如果现场条件允许水解时间超过8h，则可减少氢氧化钠用量，如选用1：0.01～1：0.05的水解比。

聚丙烯酰胺广泛用于饮用水、工业用水、工业废水的处理，是使用最多的一种高分子絮凝剂。它对于高浊度水、低浊度水和废水等都有显著效果。聚丙烯酰胺也可作为助凝剂与其他混凝剂同时使用，产生良好的混凝效果。一般情况下，当原水浊度较低时，宜先投加其他混凝剂，后投聚丙烯酰胺（相隔半分钟为宜），使杂质颗粒先行脱稳到一定程度，为聚丙烯酰胺大分子的絮凝作用创造有利条件；如原水浊度较高，宜先投聚丙烯酰胺，后投其他混凝剂，让聚丙烯酰胺先在较高浊度水中充分发挥作用，吸附一部分胶粒，使浊度有所降低，其余胶粒由其他混凝剂脱稳，再由聚丙烯酰胺吸附，这样可降低其他混凝剂用量。

2. 聚二甲基二烯丙基氯化铵

聚二甲基二烯丙基氯化铵简称PDMDAAC，是典型的阳离子型高分子絮凝剂，技术标准为GB/T 33085—2016《水处理剂 聚二甲基二烯丙基氯化铵》。目前，市售的“ST絮凝剂”主要成分就是聚二甲基二烯丙基氯化铵。与非离子型和阴离子型相比，阳离子型絮凝剂不仅具有较强的吸附架桥能力，而且还具有一定的电荷中和能力，特别适用于胶体含量高的水和有色废水的处理。也可与无机絮凝剂配合使用，降低处理成本和提高混凝效果。

单体二甲基二烯丙基氯化铵的结构为

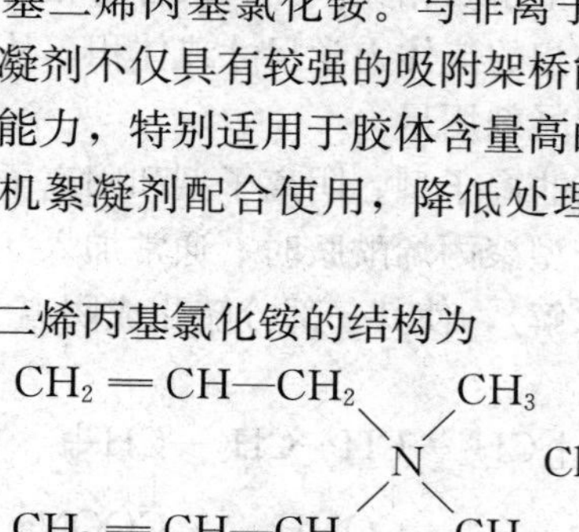

$$
\begin{array}{l}
CH_2=CH-CH_2 \quad\quad CH_3 \\
\quad\quad\quad\quad\quad\quad\quad \diagdown \;\; \diagup \\
\quad\quad\quad\quad\quad\quad\quad\;\; N \quad\quad Cl \\
\quad\quad\quad\quad\quad\quad\quad \diagup \;\; \diagdown \\
CH_2=CH-CH_2 \quad\quad CH_3
\end{array}
$$

由单体聚合成的PDMDAAC正电荷密度高、水溶性好、造价低廉，是美国公共卫生署允许用作自来水净化剂的人工合成聚电解质。PDMDAAC具有用量少、絮体大、沉降速度快、残余浊度低和污泥量少等优点。

3. 天然高分子混凝剂

天然高分子混凝剂通常低毒、易降解、原料丰富和价格低廉，具有良好的应用前景，主要有淀粉、木质素、动物胶、树胶、甲壳素等。为了它的絮凝性能，已开发出天然改性高分子絮凝剂，如木质素季铵型阳离子絮凝剂、木质素接枝共聚物絮凝剂、改性淀粉絮凝剂、淀粉接枝共聚物絮凝剂、羧酸磷酸化淀粉、壳聚糖类、羧甲基壳聚糖类、甲壳多聚糖类、阳离子单宁等。

三、助凝剂

凡是能提高或改善混凝剂作用效果的药剂均可称为助凝剂。例如，当因原水碱度不足导致铝盐水解困难时，可投加石灰等碱性物质促进铝盐的水解；当原水受有机物污染时，可用氯气等氧化剂破坏有机物的干扰；当采用硫酸亚铁时，可用曝气或投加氯气将 Fe^{2+} 氧化成 Fe^{3+} 等。澄清池启动投运或原水浊度较低时，有时向水中投加黄泥，促使泥渣层的快速形成和增加絮凝晶核，提高混凝效果，所以，这里黄泥也可称为助凝剂。

在早期水处理中，曾使用过一些天然聚合物作为助凝剂，如活化硅酸、骨胶和海藻酸钠等。后来，又人工合成了许多有机高分子絮凝剂，如上述的聚丙烯酰胺和聚二甲基二烯丙基氯化铵作为助凝剂，与无机混凝剂联合使用，可获得良好的效果。

活化硅酸是水玻璃（$Na_2SiO_3 \cdot xH_2O$）经过加酸活化，发生水解、聚合反应生成的阴离子型无机高分子。它作为助凝剂时可有效提高低温低浊水的絮凝效果，加药量为2～4mg/L。骨胶是由动物皮、骨骼或蹄爪等熬制而成的，是一种链状天然高分子，使用时需先将固体骨胶颗粒加热溶化，其用量需通过试验确定。海藻酸钠又名海藻胶、褐藻酸钠，是天然多糖类碳水化合物，用海洋植物加碱处理制得，处理高浊度水效果较好，但价格较贵。

第四节　混凝剂加药系统

一、加药量的确定

由于混凝过程的复杂性和水源的多样性，所以混凝剂实际加药量应根据原水水质（pH 值、碱度、浊度、有机物含量）、处理后水质要求，以及运行条件（水温、澄清池类型等），通过试验，在表 2-2 参考加药量范围内确定最佳用量，试验方法为 GB/T 16881—2008《水的混凝、沉淀试杯试验方法》。

表 2-2　　常用混凝剂参考加药量

混凝剂	加药量（mg/L）	计量形式	混凝剂	加药量（mg/L）	计量形式
硫酸铝	33～77	$Al_2(SO_4)_3 \cdot 18H_2O$	三氯化铁	27～63	$FeCl_3 \cdot 6H_2O$
聚合铝	5～8	Al_2O_3	聚合铁	5～10	Fe^{3+}
硫酸亚铁	42～97	$FeSO_4 \cdot 7H_2O$			

二、混凝剂的溶解与配制

液体药剂可直接稀释后投加；固体混凝剂通常配制成一定浓度的溶液后投加。一般，混凝剂的配制浓度小于 10%，助凝剂的配制浓度小于 0.5%。配制过程中先在溶解箱中将块状或粒状的固体溶解成浓溶液，然后将浓溶液送入溶液箱中，加水配制成稀溶液。混凝剂的溶解和投加流程，如图 2-7 所示。

为促进药剂迅速溶解和稀释，在溶解池和溶液池中应采取搅拌措施。搅拌方式有以下 5 种：①人工搅拌，是一种最古老的混

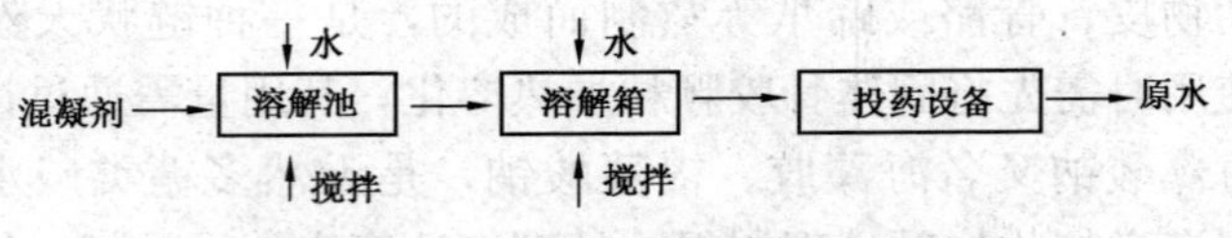

图 2-7　混凝剂的溶解和投加流程

合搅拌方式；②利用水对固体药剂的冲击进行搅拌，如图 2-8（a）所示；③用电机带动搅拌叶轮进行搅拌，如图 2-8（b）所示；④用水泵进行水力搅拌，如图 2-8（c）所示；⑤用压缩空气鼓泡搅拌。对于难溶的药剂或在水温较低时，可用热水或通入蒸汽的办法促进其溶解。

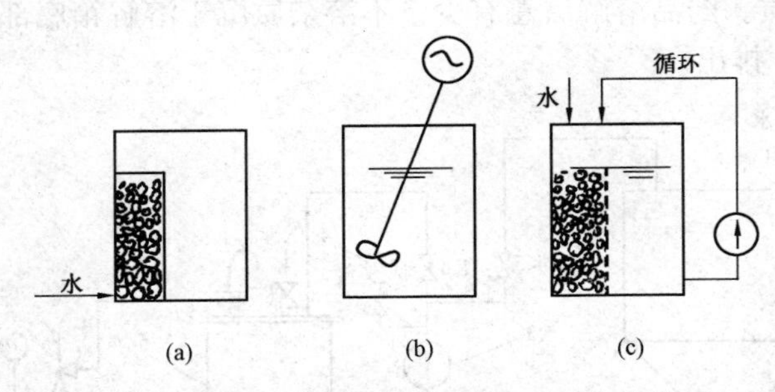

图 2-8 配制混凝剂的搅拌方式
（a）水力冲击搅拌；（b）机械搅拌；（c）水泵循环搅拌

三、混凝剂的投加

混凝剂的投加方式一般分为重力式和压力式。前者利用溶液箱与投药点的落差，药液自流进入泵前的吸水管内或沉淀池和澄清设备的进水管内；后者是用水射器（喷射泵）或计量泵将药液加到设备的进水管上。

水射器投加利用高压水通过水射器喷嘴和喉管之间所产生的真空抽吸作用将药液吸入，同时随水的余压注入原水管中。计量泵是通过机械连杆系统带动活塞（柱塞式）或隔膜（隔膜式）往复运动，将药液不断吸入并排出，输出流量的大小可通过改变活塞（或隔膜）的冲程或往复频率来调节。

图 2-9 是固体混凝剂的溶解配制投加系统。大致工作过程是首先把固体药品投入溶解箱（1）中，通过阀 K1 加水到规定水位高度后，启动溶液泵（3），溶解箱药液经过循环搅拌回路“过滤器（2）—K4—溶液泵（3）—K5—溶解箱（1）”循环搅拌。当药品完全溶解和混合均匀后，停止循环搅拌。溶解箱上部的清

液（浓度较大）经过“过滤器（2）—K4—溶液泵（3）—K6”进入计量箱（5）中。如果需要，可通过 K7 加水稀释到所需浓度。打开阀 K9 和 K10，启动计量泵（一般为活塞泵），药液升压后送往澄清池中。调节活塞泵的冲程即可调节加药量，用流量计指示流量。过滤器（2）的作用是去除固体药品溶解所产生的机械杂质。药品溶解后总有少量不溶杂质沉于溶解箱底部，可通过阀 K2 排出。

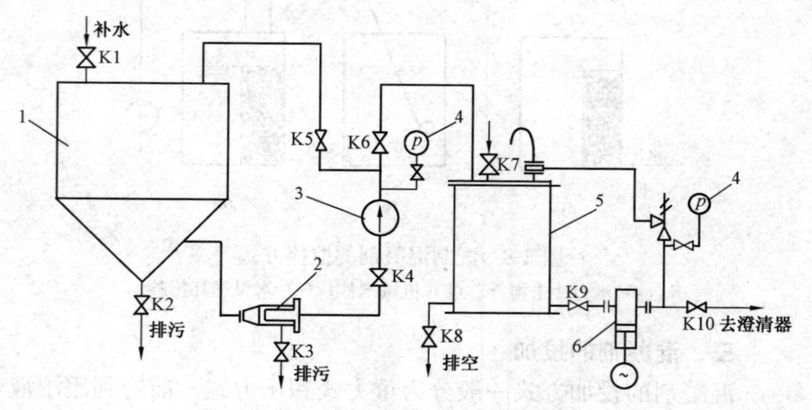

图 2-9　固体混凝剂的溶解配制投加系统

1—溶解箱；2—过滤器；3—溶液泵；4—压力表；5—计量箱；6—计量泵
K1—溶解箱加水阀；K2—溶解箱排空阀；K3—排污阀；K4—溶液泵进口阀；K5—循环阀；K6—溶液泵后出口阀；K7—计量箱加水阀；K8—计量箱排空阀；K9—计量泵进口阀；K10—计量泵出口阀

四、药液与水的混合

为保证混凝效果，要求投加到原水中的药液快速、均匀地扩散到整个水体中。

铝盐和铁盐的混凝反应速度很快，从进入水中开始，形成单核羟基络合物所需时间约 10^{-10}s，至形成聚合物的时间也只有约 10^{-2}～1s；吸附搭桥所需时间，铝盐约为 10^{-4}s，分子量为几百万的聚合物约为 1s 至几秒，所以应快速进行药液与水的混合。

药液在水体中分布均匀非常重要，如果分布不均匀，则在药液局部过浓的水体中，水解后 pH 值急剧下降，导致混凝反应不能在最佳 pH 值范围内进行，絮凝效果差；而在药液局部过稀的水体中，水解产物少，导致搭桥困难，胶体难以脱稳，絮凝效果同样很差。

从混凝反应速度和药液分布均匀性两方面考虑，混合过程可采用强烈快速搅拌，或者采用在水流断面上多点投药，使药液快速均匀分散于整个水体。不过一旦胶体脱稳生成微小矾花后，则应降低搅拌强度，以免打碎矾花。

下面介绍一些混合方法。

1. 水泵混合

水泵混合是将加注点设在水泵吸水管的进口处，依靠水泵的吸力将药剂和水一起吸入水泵，再利用水泵叶轮的旋转，使药剂均匀分散于原水中。此种混合形式混合效果好，不额外消耗能量，不需设混合装置，适应性强。但当水泵距离澄清池过远时，则含有混凝剂的原水在管道流动过程中，会过早地形成絮凝体。这些絮凝体一旦在管道中破碎，则很难重新聚集，不利于后续絮凝，当管中流速低时，还可能形成沉淀，堵截管道。因此，当水泵与澄清池之间的距离大于 150m 时不宜采用。

2. 管道混合

管道混合是将混凝剂药液加入澄清池进水管即生水管中，利用水流把药剂扩散于水体中的一种混合形式。这种方式不需要其他特殊的混合设备，布置简单，应用比较广泛。药液加入管道的布置有多种形式，如图 2-10 所示。根据水力学知识可知，管内过水断面上水流流速呈抛物线分布，管壁处流速最小，管中心处流速最大，所以药液流出口越靠近管中心，混合强度越大。比较图 2-10 中各种形式，可知图 2-10（a）混合效果最差，图 2-10（b）和图 2-10（c）混合效果较好，图 2-10（d）是多点投药，所以加药均匀性最好，但孔眼易堵塞。图 2-10（a）适用于小管径加药，图 2-10（b）目前应用最广泛，因为它与图 2-10（c）和图 2-10（d）相比，安装较方便。

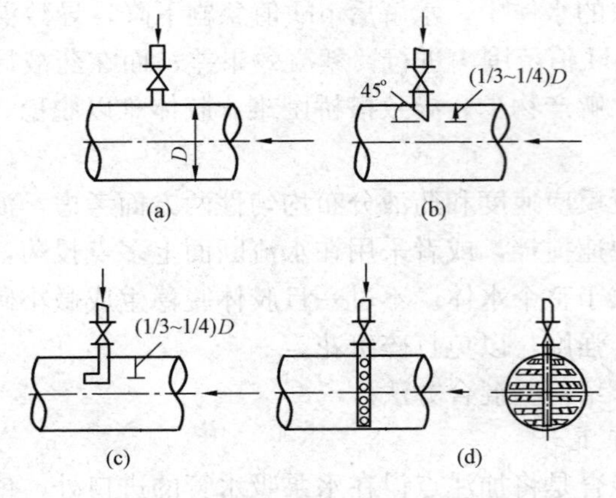

图 2-10　管道混合的药液注入方式

管道混合一般要求投药点至管道末端出口的距离不小于 50 倍管道直径，管内流速在 1.5～2.0m/s，混合管段的水头损失不小于 3～4kPa（0.3～0.4mH_2O），这大致相当于 G 值为 200～500s^{-1}。当管道内流量变化较大时，会明显影响效果。

3. 管式混合器混合

管式混合器混合是在进水管道设有一管式静态混合器，混合器内安装若干固定混合元件，每一混合单元由若干固定叶片按一定角度交叉组成，当加入了药剂的原水经过混合器时，能被这些混合单元分割、改向并形成旋涡，以达到药剂均匀分散于原水的目的。管式静态混合器混合效果好、构造简单、安装方便，无活动部件，不增加维修工作量。缺点是水头损失较大，且当流量减小时混合效果下降。图 2-11 是一种管式静态混合器的示意。

4. 机械搅拌混合

机械搅拌混合设有专门的混合池，在混合池内以电动机驱动搅拌器对加入了药剂的原水进行搅拌，以达到药剂在原水中均匀分散的目的。搅拌速度可根据进水流量和浊度变化调节，以达到所要求 G 值。这种混合方式混合效果好、适应流量范围广，缺点是设置机械设备增加了管理和维修工作量。

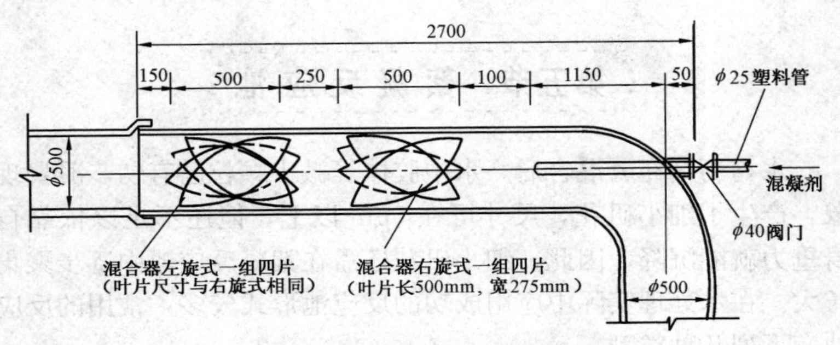

图 2-11 某螺旋桨片管式静态混合器

机械搅拌混合池的 G 值大致为 $500s^{-1}$，水在混合池停留时间为 1～2min。

5. 分流隔板混合池

分流隔板混合池是利用隔板使水流局部受阻，改变流向而产生湍流来达到混合的装置，有多种形式，图 2-12 是某种分流隔板混合池。

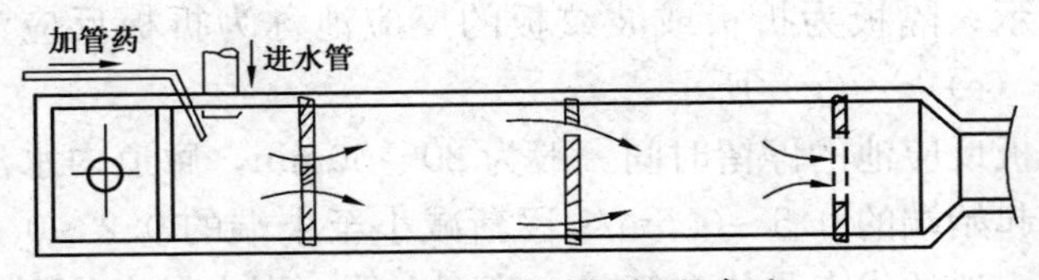

图 2-12 某种分流隔板混合池

6. 跌水式混合

跌水式混合是利用水位突然跌落所产生的水流局部搅动而达到混合的目的，如图 2-13 所示。为达到良好的混合目的，上、下游的水位落差应大于 5kPa（0.5mH_2O），过堰流速最好大于 3m/s。

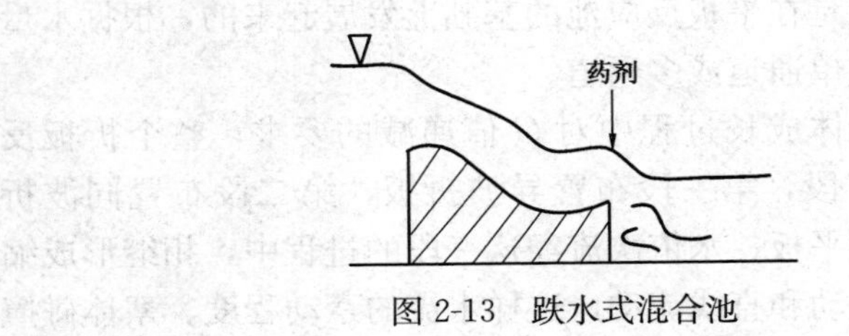

图 2-13 跌水式混合池

第五节 絮凝反应池

水与药剂充分混合后，水中胶体等微小颗粒已有初步凝聚现象，产生了细小矾花，尺寸可在5μm以上，但还不足以依靠自身重力就能沉降，因此，细小矾花还需在絮凝反应池中逐步聚集长大。在水处理实际中应用成功的反应池形式较多，常用的反应池有下列几种类型。

1. 隔板反应池

隔板反应池是在池内设有许多平板构成一道道的廊道。廊道的宽度和深度根据絮凝体聚集所要求的G值而定。水流在隔板之间来回流动，不断改变流向，形成紊动而完成矾花长大的过程。如果水流方向是水平的，则称为水平隔板反应池；若水流沿隔板上下流动，则称为垂直隔板反应池。这两种隔板反应池又有多种形式，隔板为平板的反应池称为平板反应池，如图2-14（a）～（d）所示；隔板为折板或波纹板的反应池称为折板反应池，如图2-14（e）～（g）所示。

平板反应池的停留时间一般为20～30min，廊道内水流流速一般从起始端的0.5～0.6m/s逐渐减小至末端的0.2～0.3m/s。这种反应池的优点是构造简单、管理方便、当水量变化不大时絮凝效果好。缺点是停留时间长、反应池容积大；当水量变化大时，絮凝效果不稳定。这种反应池不适用于小型水处理厂，因为水量过小时，廊道过窄或过浅，这就增加了反应池的建造、管理和维修困难。

折板反应池是在平板反应池的基础上发展起来的，根据水量的大小可设计成单通道或多通道。

为满足絮凝体成长过程中对G值递减的要求，整个折板反应池可设计成三段，第一段布置异波折扳，第二段布置同波折板，第三段布置平板。水依次流经这三段的过程中，相继形成缩放流动、曲折流动和直线流动，这样水流的紊动程度、絮体碰撞

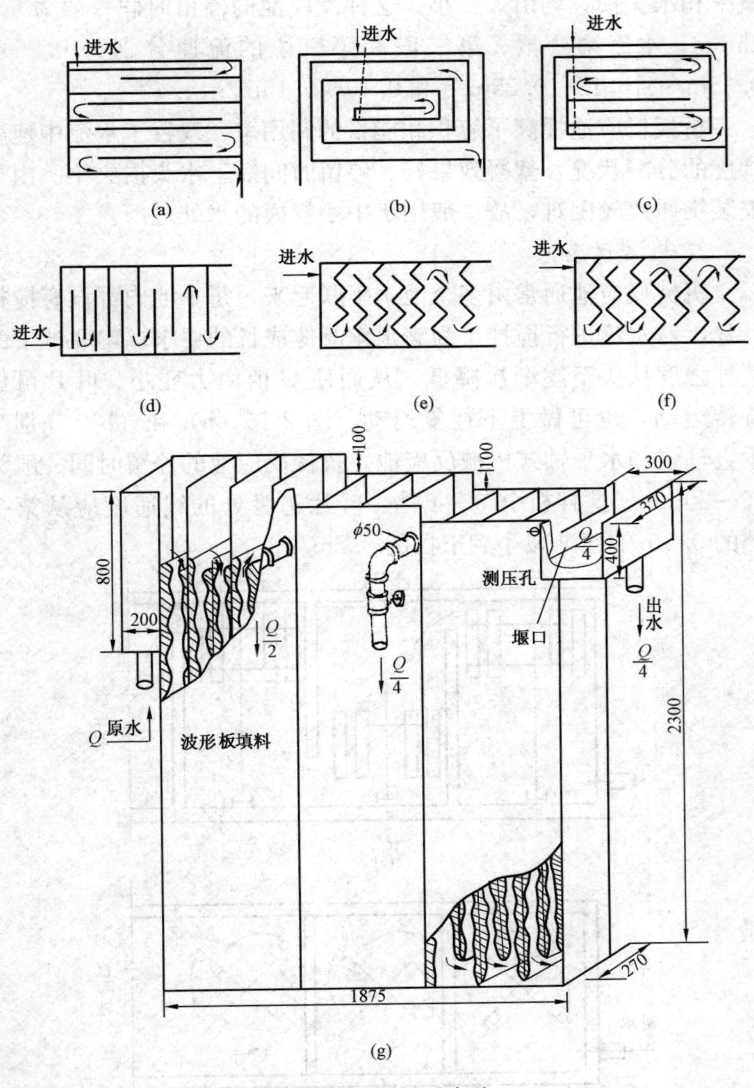

图 2-14 隔板反应池

(a) 来回式；(b) 回流式；(c) 来回—回流组合式；
(d) 平板；(e) 同波折板；(f) 异波折板；(g) 波纹板

概率和水头损失均由大变小。这种反应池的停留时间一般为6～15min，水流第一段、第二段和第三段的流速分别为0.25～0.35m/s、0.15～0.25m/s和0.10～0.15m/s。

折板反应池提高了容积和能量的利用率，改善了水流中速度梯度的分配状况，絮凝效果好、停留时间短、水头损失小。由于安装维修比较困难，故一般用于中小规模的水处理厂。

2. 机械反应池

机械反应池通常由多个池子串联起来，每个池内都设有搅拌叶片，对水流进行搅拌。为满足絮凝体成长的要求，串联池子的搅拌强度从头至尾渐次降低，从而使 G 值由大变小。叶片可做旋转运动，也可做上下往复运动。图2-15（a）和（b）分别为垂直轴式和水平轴式机械反应池。机械反应池的停留时间一般为15～20min，搅拌机分3～4挡，叶片边缘处的线速度应从第一挡的0.5m/s逐渐减小到末挡的0.2m/s。

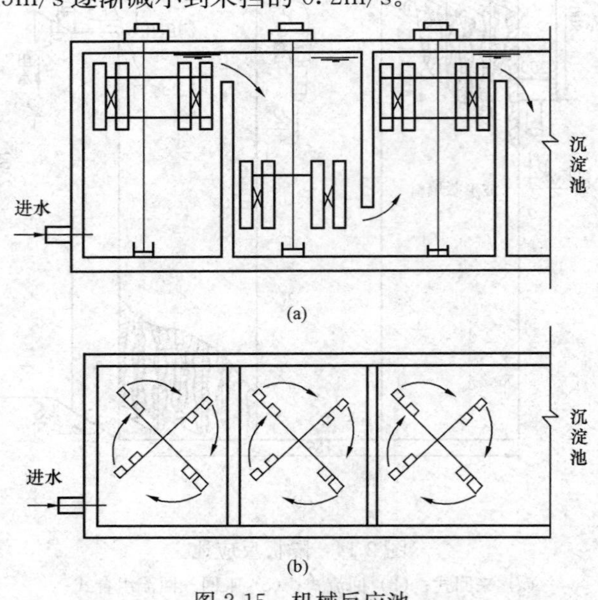

图2-15　机械反应池

（a）垂直轴式；（b）水平轴式

机械反应池的优点是可根据水量、水质的变化随时调节各个池子的搅拌强度，以达到最佳 G 值。因此，絮凝效果好、消耗能量少、可适用于各种规模的水处理厂。缺点是需要一套机械设备，工程造价高、设备管理维护工作量大。

3. 旋流反应池

水以较高流速沿反应池切线进入，螺旋运动以完成矾花长大的反应池称为旋流反应池。图 2-16（a）为单级旋流反应池，一

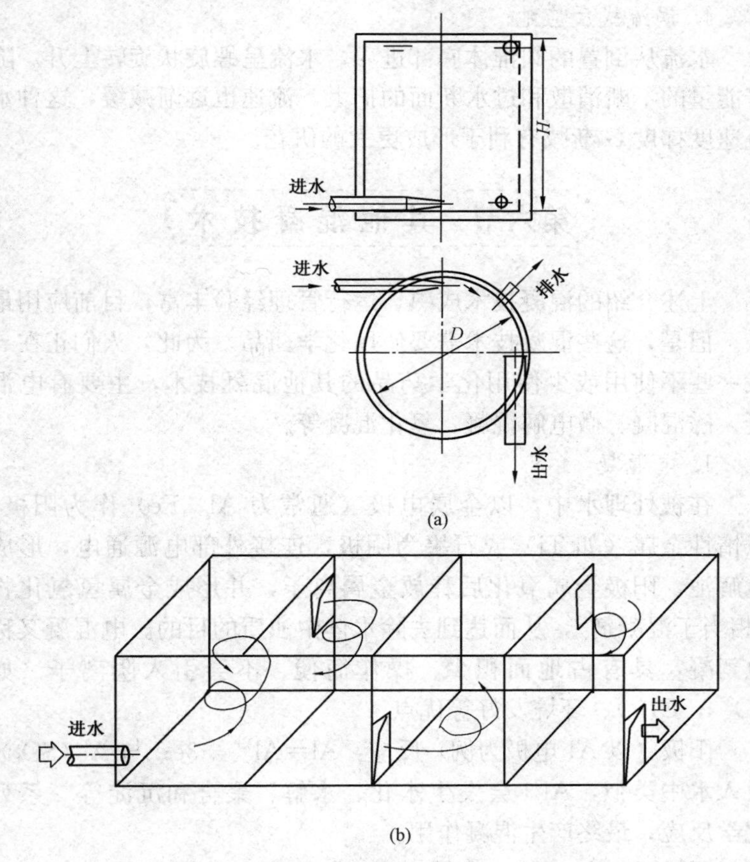

图 2-16 旋流反应池
（a）单级旋流反应池；（b）穿孔旋流反应池

般为圆形，从底部进水从上部出水。图 2-16（b）为穿孔旋流反应池的示意。穿孔旋流反应池由数格（如 6 格）组成，格与格之间由孔口连通，孔口则做上下对角布置。在反应池内，水流穿孔流动，使池内水流发生旋转，接力式地维持水流紊动而不致随时间衰减，因而混合效果持续稳定。穿孔旋流反应池的絮凝时间一般为 15～25min，孔口流速由大到小，起端孔流速一般为 0.6～1.0m/s，末端孔流速一般为 0.2～0.3m/s。

4. 涡流式反应池

水流从倒置的圆锥体底部进入，水流呈螺旋状旋转上升。随着能量的不断消散和过水断面的扩大，流速也逐渐减缓，这种水流速度梯度 G 渐减有利于形成更大的矾花。

第六节　其他混凝技术

上述介绍的混凝技术成熟、运行管理经验丰富，目前应用最广。但是，这些混凝技术需要使用化学药品。为此，人们正在寻找一些不使用或少使用化学药品的其他混凝技术，主要有电混凝、磁混凝、微电解混凝、氧化混凝等。

1. 电混凝

在被处理水中，以金属电极（通常为 Al、Fe）作为阳极，以惰性金属（如 Ti）或石墨为阴极，连接外部电源通电，形成电解池，阳极金属氧化后释放金属离子，并形成金属氢氧化物（相当于混凝剂），从而达到去除水体中浊质的目的。电混凝又称电絮凝，具有占地面积少、操作简便、不会引入阴离子（如 SO_4^{2-}，Cl^-）、环境友好等优点。

阳极（以 Al 电极为例）反应：$Al=Al^{3+}+3e$；与 $Al_2(SO_4)_3$ 投入水中类似，Al^{3+} 会发生水化、水解、聚合和沉淀等一系列化学反应，最终产生混凝作用。

阴极反应：$2H_2O+2e=H_2+2OH^-$。生成的微小 H_2 泡附着在悬浮颗粒上，并一起上浮到水面。因此，电混凝还具有气浮作用。

影响电混凝效果的因素主要有 pH 值、电混凝时间、电流密度、极板间距、共存离子等。这些因素如果控制不当，则效果不佳。

电混凝存在的问题是阳极极化和污泥沉积，导致电极导电性能降低，金属电解溶出速率衰减，电流效率下降，混凝效果变差。

2. 磁混凝

磁混凝主要有两种方式：外加磁场改善混凝条件、投加磁粉-混凝剂。前者称为磁场混凝，就是利用电磁感应装置，磁化聚合硫酸铁（PFS）或磁化被 PFS 处理过的水，然后进行混凝处理，形成磁性矾花；后者称为磁粉混凝，就是所投加的磁粉与混凝剂共同作用，同样使悬浮物、胶体形成磁性矾花。两种方式还利用磁场力，或者利用磁性矾花比重大的特点，加速磁性矾花沉降，提高混凝效率。

磁场的主要作用：一是提高了粒子内能，促进 PFS 水解生成更多的多核羟基络合物，因而增强了 PFS 对胶体的电中和、吸附架桥和卷扫的能力；二是磁场具有压缩胶体双电层、加快矾花成长、密实矾花絮体的作用。

影响磁场混凝效果的因素主要有磁场强度、频率、磁化时间、pH 值、PFS 剂量等；影响磁粉混凝的主要因素有磁粉粒径、磁场强度、磁粉-混凝剂的投加顺序等。

此外，有人研究了磁性 Fe_3O_4 纳米晶的混凝作用。磁性 Fe_3O_4 纳米晶带正电荷，加之它颗粒小、比表面积大，能吸附在胶体表面上，具有电中和、架桥、卷扫胶体的作用，脱稳后的磁性胶体在磁场中加速沉降。

3. 微电解混凝

微电解混凝又称为内电解混凝、铁屑过滤混凝、腐蚀电池法混凝，它是利用铁-炭粒料在水中形成微小原电池所产生的电解产物净化水质的，主要用于去除有机物，包括脱色。微电解混凝的主要装置为铁炭反应柱，柱内充填铁屑/活性炭（Fe/AC）或铁屑/焦炭（Fe/C）颗粒，水通过铁炭反应柱发生如下反应：

阳极：$Fe=Fe^{2+}+2e$，$Fe=Fe^{3+}+3e$。

阴极：$2H^{+}+2e=2[H]=H_2$（酸性条件），$O_2+4H^{+}+4e=2H_2O$（酸性充氧条件），$O_2+2H_2O+4e=4OH^{-}$（中性或碱性条件）。

上述电解产物具有双重作用：①混凝作用：Fe^{2+}、Fe^{3+}及其水解聚合产物，特别是多核羟基聚合物$Fe_2(OH)_2^{4+}$、$Fe_3(OH)_4^{5+}$、$Fe_5(OH)_9^{6+}$、$Fe_5(OH)_8^{7+}$、$Fe_5(OH)_7^{8+}$、$Fe_6(OH)_{12}^{6+}$、$Fe_7(OH)_{12}^{9+}$、$Fe_7(OH)_{11}^{10+}$、$Fe_{12}(OH)_{34}^{2+}$等，可通过电中和、架桥、卷扫等途径除去胶体、悬浮物；②还原作用：Fe^{2+}、[H]能将氧化性大分子有机物还原成小分子有机物，这种还原作用还可破坏发色物质的化学结构。

4．氧化混凝

氧化混凝实质是氧化和混凝两种方法的联合运用，利用氧化与混凝的互补性，强化混凝对有机物的去除效果，同时还可明显提高废水的可生化性，为废水的生化处理创造有利条件。

根据氧化方法，氧化混凝可分为电化学氧化混凝、电脉冲氧化混凝、Fenton氧化混凝、光催化氧化混凝、臭氧氧化混凝、超声氧化混凝、微波辅助氧化混凝、超临界氧化混凝。目前，这些氧化混凝技术拓宽了传统混凝技术应用范围，特别是在难降解废水领域中引起广泛关注。

氧化混凝的共同特点是通过氧化，将难降解大分子有机物氧化成小分子有机物甚至无机物，从而提高混凝去除有机物的效果和废水的可生化性。

氧化混凝易受诸多因素影响，随着这些影响因素的深入研究，这一技术必将实用化、大众化。

第三章　沉淀与澄清

水中粒径大的悬浮物和经过混凝生成的大尺寸矾花可以利用其与水之间的密度差，在重力作用下自然沉降，这就是沉淀处理。在电厂水处理中，通常将混凝和沉淀结合在一个构筑物中进行，此即澄清处理。经过沉淀或澄清处理后，水中悬浮固体含量可降到 20mg/L 以下。

第一节　颗粒的沉降速度

固体颗粒在水中的沉降受到许多因素的影响，包括颗粒本身的特性（密度、粒径和形状）、水的密度和黏度、水中悬浮物含量和水流状态等。在静止水中，如果颗粒沉降时没有受到其他颗粒和构筑物壁面的影响，则发生的是自由沉降；如果在沉降过程中还受到周围颗粒的干扰，这种沉降叫作拥挤沉降或干扰沉降。在流动水流中，颗粒的沉降过程更为复杂。

一、自由沉降

自由沉降过程中，悬浮颗粒在水中受到三个力的作用，即重力（F_g）、浮力（F_b）和阻力（F_d），如图 3-1 所示。重力向下，浮力向上，阻力与颗粒的运动方向相反（即向上）。

如果悬浮颗粒为圆球，其密度为 ρ_p，直径为 d_p，水的密度为 ρ，则

重力
$$F_g = \frac{\pi}{6} d_p^3 \rho_p g$$

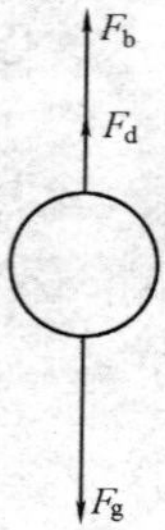

浮力 $$F_b=\frac{\pi}{6}d_p^3\rho g$$

阻力 $$F_d=\xi A_p\cdot\frac{1}{2}\rho u^2$$

$$A_p=\frac{\pi}{4}d_p^2$$

式中：g 为重力加速度；ξ 为阻力系数；A_p 为颗粒在水平面上的投影面积；u 为沉降速度，简称沉速。

图 3-1 悬浮颗粒在水中受到的力

由牛顿第二定理 $\vec{F}=m\vec{a}$，得

$$\vec{F}=F_g-F_b-F_d=\frac{\pi d_p^3\rho_p}{6}\frac{du}{dt}$$

颗粒从静止开始沉降，有一个瞬间（约 0.1s）加速过程，在此过程中阻力迅速增加到与浮力和重力达到均衡，即合力 $\vec{F}$ 为零，加速过程结束，之后颗粒保持等速沉降运动，等速沉降速度记作 u_t，即

$$\vec{F}=F_g-F_b-F_d=0$$

$$\frac{\pi}{6}d_p^3\rho_p g-\frac{\pi}{6}d_p^3\rho g-\zeta\frac{\pi}{4}d_p^2\cdot\frac{1}{2}\rho u_t^2=0$$

$$u_t=\sqrt{\frac{4gd_p g(\rho_p-\rho)}{3\rho\xi}} \tag{3-1}$$

ξ 与水、颗粒之间的相对运动的流态有关，阻力测定结果表明，当雷诺数 $Re<2$ 时

$$\xi=24/Re \tag{3-2}$$

$$Re=\frac{u_t d_p\rho}{\mu} \tag{3-3}$$

式中：μ 为水的动力黏度。

将式（3-2）和式（3-3）代入式（3-1），得到颗粒自由沉降的沉速公式为

$$u_t=\frac{d_p^2 g(\rho_p-\rho)}{18\mu} \tag{3-4}$$

式（3-4）称为斯托克斯（Stokes）公式。由斯托克斯公式可知，颗粒的粒径（d_p）和密度（ρ_p）越大，沉速越快；因为水温增加，水的黏度（μ）和密度（ρ）降低，所以沉速也加快；如果 $\rho_p-\rho<0$，即颗粒比水轻，则沉速为负值，表明颗粒不是下沉，而是上浮。

对于非球形颗粒，其沉速小于等体积球形颗粒的沉降速度，可采用经验公式修正。

二、拥挤沉降

当水中悬浮颗粒浓度较大，则颗粒下沉产生的上涌水流和尾流对周围颗粒下沉有影响，使沉速降低。在沉淀池的进水区和积泥区附近，一般发生这种沉降。拥挤沉速可表示为

$$u'_t=\beta u_t \tag{3-5}$$

式中：u'_t 为拥挤沉速；β 为沉速降低系数，$\beta<1$，为颗粒体积浓度的函数，可用经验公式计算。

三、压缩沉降

随着沉降的进行，水中全部颗粒都不断向底部聚集，当这里的浓度增加至颗粒间相互接触时，此后发生的沉降是压缩沉降，又称污泥浓缩。沉淀池积泥区中的沉降、松土的自然板结都可看成这种沉降。压缩沉降过程中，先沉降的颗粒将承受上部沉泥的重量，颗粒间空隙中的水由于压力增加和结构变形被挤出，使污泥浓度增加。压缩沉降过程中污泥厚度随时间呈指数规律减薄，即

$$h-h_\infty=(h_0-h_\infty)e^{-kt} \tag{3-6}$$

式中：h_0、h 和 h_∞ 为沉降时间 $t=0$、t 和 $+\infty$ 时污泥层厚度；k 为系数；t 为沉降时间。

四、絮凝沉降

天然水中胶体或矾花大都具有絮凝能力，特别是经过混凝处理后的悬浮颗粒，颗粒碰撞后发生聚集，随着颗粒的下沉，粒径（d_p）也不断增加，沉速加快，虽然目前尚无较为理想的公式计算，但可通过多嘴沉降筒的沉降试验测定颗粒的沉降效率。

多嘴沉降筒沉降试验的方法是取一定量的水样置于多口沉降管中，使水中悬浮物在静止条件下自然沉降。在沉降过程中测定不同水深处颗粒浓度随时间的变化，再根据颗粒浓度随时间变化数据计算颗粒的沉降效率与沉降时间和水深的关系。

第二节 平流沉淀池

沉淀池是根据矾花和泥沙等悬浮物与水之间的密度差，利用重力作用实现固液分离的水处理构筑物。

用沉淀池分离悬浮固体具有较好的技术经济效益。一般，沉淀池承担了去除水中 80%～90% 悬浮固体的任务，排泥浓度（1%～2%）比滤池（小于 0.1%）的高得多，水耗仅为滤池的 5%～10%；沉淀池的造价只有滤池的 1/2 左右，电耗为滤池的 1/4 左右。

悬浮颗粒在沉淀池中的沉降，除取决于颗粒本身沉速外，还受池内水流的影响。例如，处于流动水体中的颗粒，一方面在重力作用下沉降，另一方面随水流迁移。

一、理想沉淀池

理想沉淀池是为了研究沉淀效率而虚拟的理论模型，如图 3-2 所示。该模型假设：①沉淀区内的水流在任何一点处为水平流动，且流速完全相同，即水流为活塞流；②从进水区进入沉淀区的悬浮颗粒浓度及分布在过水断面上完全一致，且在沉降过程中沉速不变；③任何颗粒一接触池底，即被认为有效去除，而不

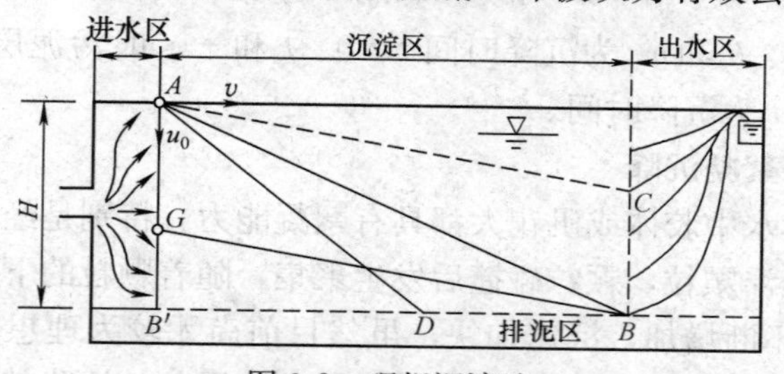

图 3-2　理想沉淀池

会被水流重新搜起。

假设：理想沉淀池的长、宽和深依次为 L、W 和 H；水流的水平流速为 v；水在沉淀区的停留时间（简称沉淀时间）为 t_t；沉速为 u_t 的颗粒去除量与其原有量的比值为 r；进水流量为 q_V；沉淀区的有效水容积为 V。

在理想沉淀池中，某沉速为 u_0 的颗粒从池顶 A 点出发，它随水流以 v 的速度做水平运动的同时，以 u_0 的速度向池底沉降。如果运动轨迹正好与直线 AB 重合，则该颗粒正好在水流离开沉淀区时沉到池底（B 点）而被去除；如果从 A 点出发的颗粒沉速（u_t）小于 u_0，即 $u_t < u_0$，则它的运动轨迹为虚直线 AC，显然，它还未来得及沉到池底时，就已经随水流离开了沉淀区；如果从 A 点出发的颗粒沉速大于 u_0，则它的运动轨迹为实直线 AD，这说明该颗粒在 B 点以前已沉入池底。所以，u_0 可理解为刚好能 100％去除那种颗粒的沉降速度，又称为截留速度或临界速度。

颗粒从 A 点出发到离开沉淀区所花费的时间 $t = L/v$，而它沉降到池底所需要的时间 $t_t = H/u_t$。对于运动轨迹为 AB 的颗粒，$u_t = u_0$ 且 $t = t_t$，即

$$t_t = \frac{L}{v} = \frac{H}{u_0} \tag{3-7}$$

$$u_0 = \frac{Hv}{L} = \frac{HvW}{LW} = \frac{q_V}{LW} = \frac{q_V}{A} \tag{3-8}$$

$$A = LW$$

式中：A 为沉淀池的面积。

q_V/A 称为表面负荷或溢流率，表示单位沉淀池面积在单位时间内处理的水量。式（3-8）也表明，在水平流速不变的情况下，降低池深可减小截留速度。

如果通过改变条件使 u_0 减小，则有更多的小颗粒能 100％去除，沉淀池沉淀效率提高。为了减小 u_0，可从三个方面着手：①在沉淀池设计方面：根据式（3-7）和式（3-8），延长停留时

间、降低沉淀水深、增加沉淀面积，或者说降低表面负荷，可提高沉淀效率；②在沉淀池运行方面：降低进水流量、避免水流短路等，同样可提高沉淀效率；③在颗粒沉降特性方面：如组织好混凝过程，提高颗粒沉速。降低沉淀池水深、提高沉淀效率的设计思想也是浅层沉淀理论的核心内容。

二、平流沉淀池

1. 构造

平流沉淀池是一种矩形池子，也称矩形沉淀池，如图 3-2 所示。整个池子可分为进水、沉淀、出水和排泥四个区。

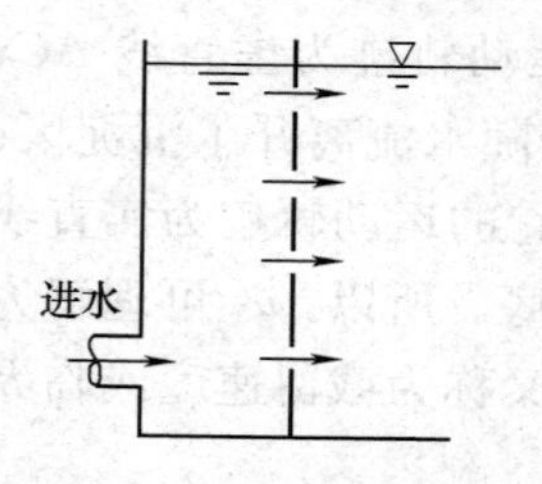

图 3-3　进口穿孔墙

（1）进水区。进水区的作用是使水流均匀分布在整个进水截面上，并尽量减少扰动。进水区内设有进水渠（管）和穿孔墙，通过穿孔墙将水流均匀分布，如图 3-3 所示。为保证穿孔墙的强度，墙孔所占面积不宜过大，一般为总面积的 6%～8%；孔口断面应做成沿水流方向逐渐扩大的喇叭状，以减少进口射流；为防止混凝生成的矾花破碎，孔口流速宜小于 0.15～0.2m/s；最上一排孔必须经常淹没在水面下 12～15cm；最下一排孔应在沉淀池积泥区顶面以上 0.3～0.5m，以免冲起积泥。

（2）沉淀区。沉淀区是颗粒进行沉降的区域。通常，单格沉淀池的宽度为 3～8m，有效水深为 3.0～3.5m，长度与宽度之比大于 4，长度与深度之比大于 10。

（3）出水区。出水区应尽量减少对沉淀区正常水流的影响，让清水流量在整个池宽上均匀流出；不让清水把正在沉淀过程中的，甚至已经沉淀到池底的污泥带出池外。出口通常采用溢流堰、淹没式孔口或锯齿三角堰，分别如图 3-4（a）～图 3-4（c）所示。若采用孔口出水，孔口流速宜为 0.6～0.7m/s，孔径 20～30mm，孔口在水下 12～15cm，孔口水流应能自由跌落到水渠中。出水堰的简单布置就是沿池宽方向设置一出水渠，如图

3-4（d）所示。但为了减少单位长度出水渠的出水量，以降低进入出水渠的水流上升流速，不至于过快而带起矾花，可设置出水支渠，以增加堰长，如图 3-4（e）和图 3-4（f）所示。

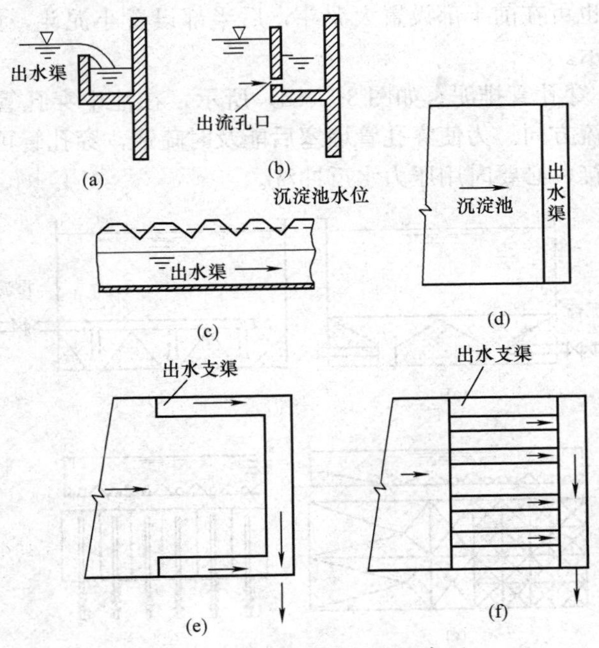

图 3-4　平流沉淀池的出口布置

（a）溢流堰；（b）淹没式孔口；（c）锯齿三角堰；（d）出水渠；（e）U 形出水渠；（f）指型出水渠

（4）排泥区。排泥区是为了收集从沉淀区沉降下来的悬浮固体而设置的，这一区域的深度和底部的构造与排泥方法有关，排泥区的底也就是沉淀池的底。常用的排泥方式有以下几种。

1）机械排泥。由行车带动排泥装置沿池移动，通过排泥泵或虹吸装置将池底污泥排出。这种排泥方式比较彻底，一般不需要放空清池，而且不需要污泥斗，可减少沉淀池的深度，是目前应用较多的一种排泥方式。

2）斗式排泥。在池底设置坡度大于 30°的排泥斗，每个斗设置有排泥阀，通过底部排泥管排出污泥，如图 3-5（a）所示；或者布置多吸入口排泥管，同时排出几个斗中的污泥，如图 3-5（b）所示。如果排泥不彻底，应进行放空清淤。为减少排泥斗数量，也可在前半部设置大泥斗，后半部设置小泥斗，如图 3-5（c）所示。

3）穿孔管排泥。如图 3-5（d）所示，在池中穿孔管一般垂直于水流方向。为使穿孔管堵塞后能及时疏通，穿孔管可与压力水管连接，必要时用压力水反冲洗。

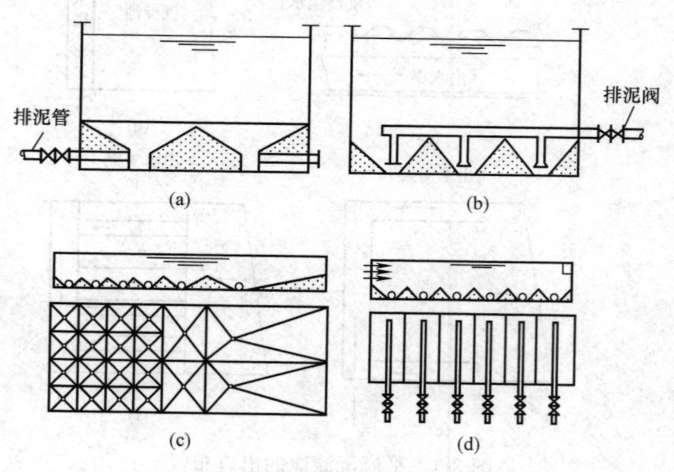

图 3-5　平流沉淀池的排泥布置

（a）普通斗式排泥；（b）多吸入口排泥管的斗式排泥；（c）大、小泥斗排泥；（d）穿孔管排泥

2. 工艺参数

（1）沉淀时间。沉淀时间指水流在沉淀池中的停留时间，是平流沉淀池设计的一项重要指标。沉淀时间应根据原水水质、水温等，参考相似条件下的运行经验确定，一般为 1～3h。当原水悬浮物的密度小、色度及有机物浓度高、水温低时，沉淀时间应适当增加。

（2）表面负荷。应根据原水浊度大小、水温高低和沉淀方式选择，示例见表 3-1。

表 3-1 平流沉淀池的表面负荷

序号	沉淀方式	原水悬浮固体（mg/L）	表面负荷［m^3/（m^2·d)］
1	混凝沉淀	10～250	45～75
2		＞500	25～40
3		低浊度高色度	30～40
4		低温低浊度	25～35
5	自然沉淀		10～15

（3）水平流速。水平流速高，有利于增强水流的稳定性，也有利于颗粒的再絮凝。但是，水平流速太高，又会引起水流对底泥的冲刷和出水挟带颗粒。水平流速一般为 10～25mm/s。

三、影响沉淀效率的因素

平流沉淀池工作过程中存在许多不利于颗粒沉降的因素，使实际沉淀效率不如理想沉淀池的高。这些不利因素包括：①水流不稳定，因而沉淀效率不稳定；②水流紊动，可能激起已沉淀的颗粒和导致颗粒的不规则下沉；③水体中存在异重流，导致部分水流的沉淀时间缩短；④存在水流死区。

异重流是指由于水流密度的差异而引起的流速不同甚至流动方向相反的现象。密度差可能是由于温度、悬浮物含量或含盐量的不同而引起的。当进水密度大于池中水体密度时，水流便会潜入池体的下部流动，原来池中密度较小的水便浮在池子上部流动。反之，当进水的密度较小时，则会浮在池子上部，径流至出水口。

1. 水流稳定性

水流稳定性可用弗劳德数表示，它是水流运动过程中惯性力与重力的比值，即

$$Fr=\frac{v^2}{Rg} \tag{3-9}$$

对于平流沉淀池：$R = WH/(W + 2H)$。

式中：Fr 为弗劳德数；v 为水平流速；R 为过水断面的水力半径；g 为重力加速度。

Fr 增大，表明惯性力作用加强，重力作用相对减小，水流对温度差、密度差和风力等影响的抵抗力增强，沉淀池中的水流稳定性好。平流沉淀池的 Fr 数一般采用 $10^{-5} \sim 10^{-4}$。

2. 水流紊动性

水流紊动性可用雷诺数表示，它是水流惯性力与黏滞力的比值。平流沉淀池沉淀区的雷诺数可用式（3-10）计算：

$$Re = \frac{\rho R v}{\mu} \tag{3-10}$$

式中：Re 为雷诺数；v 为水平流速；μ 为水的动力黏度。

平流沉淀池的 Re 数范围大致为 4000～20 000，属于紊流。在紊流状态下，过水断面上的流速分布更均匀一致；但是水流因紊动而挟带颗粒的作用增强，当紊动很大时，还会造成对池底沉泥的冲刷。

加大沉淀池的水平流速，一方面提高了 Re 数而不利于沉淀；另一方面提高了 Fr 数而增强了水流的稳定性，从而提高了沉淀效果。一般来说，水平流速通常可在很宽的范围内变化而不致对沉淀效果有明显影响。

3. 容积利用系数

有时为了判断沉淀池的水流状况，如水流在沉淀池中的流动是否均匀，池内是否有异重流、短路或水流死区，通常采用测定沉淀池容积利用系数的方法。

容积利用系数是水在沉淀池中的实际停留时间和理论停留时间的比值：

$$\beta = t_{SH}/t_L \tag{3-11}$$

式中：β 为容积利用系数；t_{SH} 为实际停留时间；t_L 为理论停留时间。

β 越接近于 1，表明池中水流越接近理想沉淀池的水流。

理论停留时间可用沉淀池容积 V 除以设计流量 q_V 求得，即 $t_L=V/q_V$；实际停留时间则只能通过试验测定，方法是在沉淀池进口处一次加入若干量的示踪物质（如 Cl^-），不断地测定出水中示踪物质的浓度，然后以浓度为纵坐标，时间为横坐标，画出示踪物质浓度随时间变化的曲线。用求重心的办法找出该曲线所围面积的中心点，该点对应的时间定义为实际停留时间。

平流沉淀池的容积利用系数一般为35%～60%。

第三节　斜板（管）沉淀池

根据浅池沉淀设计原理，在沉淀池总容积一定时，把普通平流沉淀池改造成多层沉淀池，这样增加了沉淀面积，从而使沉淀效率提高，但这种多层的结构使排泥困难。为解决排泥问题，出现了斜板（管）沉淀池。

1. 原理

斜板（管）沉淀池是在沉淀区内放置众多与水平面成一定角度的斜板或斜管，让水流从上、下或水平方向（只适用于斜板）流过斜板（管），使水中的颗粒在斜板（管）中沉淀，形成的泥渣在重力作用下沿斜板（管）滑至池底。

从改善沉淀池的水力条件来看，由式（3-9）和式（3-10）可知，由于斜板（管）沉淀池的水力半径大大减小，弗劳德数大为提高，而雷诺数则大为降低。一般来说，斜板沉淀池中的水流基本属于层流状态；斜管沉淀池的水力半径则更小，Re 数多在200以下，甚至低于100。斜板沉淀池的 Fr 一般为 $10^{-3}\sim10^{-4}$，斜管的 Fr 会更大。因此，斜板（管）满足了沉淀池中水流的稳定性和层流的要求。

斜板（管）提高沉淀效率的主要原因是降低了颗粒沉淀水深、改善了颗粒沉降的水力学条件、附加了斜板（管）的接触絮凝作用。

2. 结构

根据水流方向与斜板（管）倾斜方向的关系，斜管或斜板沉淀池主要有三种类型，如图 3-6 所示。上向流的水流方向与污泥滑行方向相反，故又称异向流；下向流的水流方向与污泥的滑行方向相同，故又称同向流；横向流的形式只有斜板沉淀池才能采用，水流呈水平方向流过斜板。

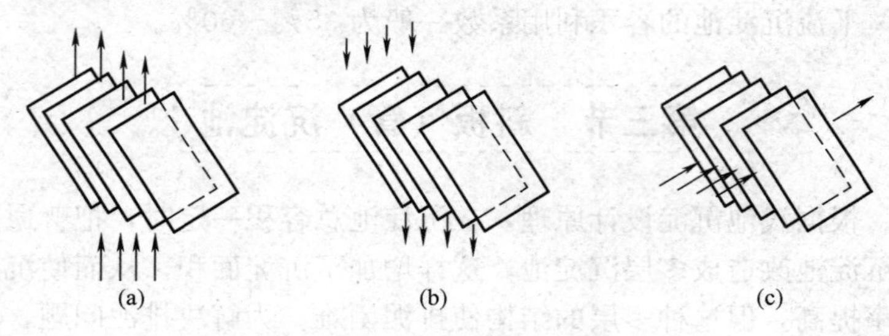

图 3-6 斜板沉淀池分类

(a) 上向流；(b) 下向流；(c) 横向流

为充分利用沉淀池的空间，通常是将许多斜管或斜板密集在一起，安装在池子的沉淀区。它们可排列成截面有规则的几何图形，如正方形、长方形或正六边形（蜂窝形）等，参见图 3-7。

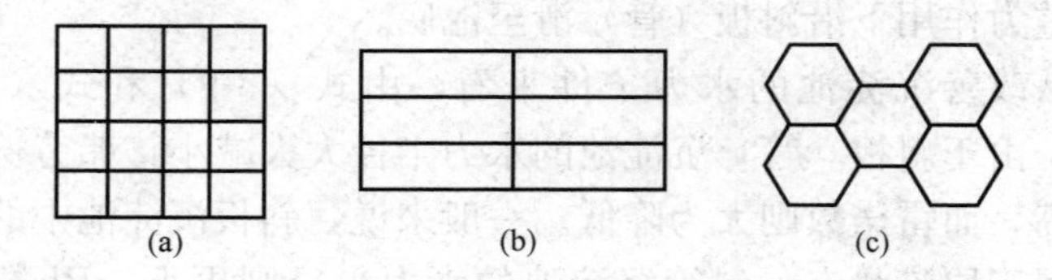

图 3-7 斜板或斜管簇的截面

(a) 正方形单元；(b) 长方形单元；(c) 正六边形（蜂窝形）单元

图 3-8 为异向流斜管沉淀池。从反应池出来的水通过穿孔配水槽，从斜管的下部进入，沉淀后的清水从集水槽流出。斜管由支架支撑，在沉淀池的底部设有穿孔排泥管。

选用斜管或斜板的材料时，应考虑其耐久性、便于加工、取材方便和造价低等因素。目前广泛采用聚氯乙烯或聚丙烯塑料加

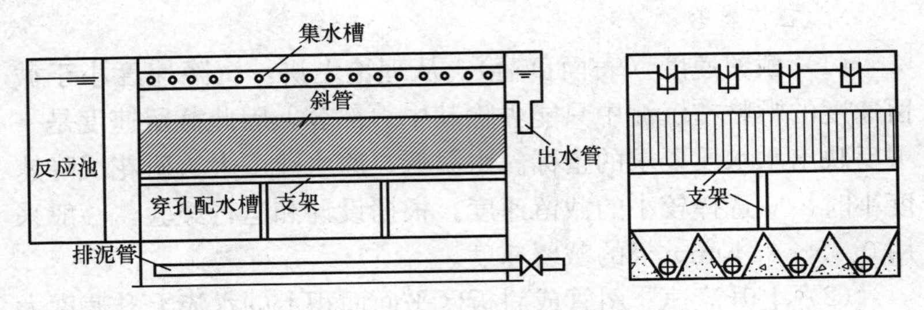

图 3-8　异向流斜管沉淀池

工斜管或斜板。

（1）倾角。从沉降效果来看，倾角是越小越好。但从排泥需要来看，则要求保持足够的倾角。研究表明，对于异向流斜板或斜管，倾角不应小于 45°～60°，通常以 60°为宜；对于同向流斜板或斜管，倾角不应小于 30°～40°，通常以 40°为宜；对于用水力冲泻沉泥的，斜板或斜管只需倾斜至能顺利排水即可，倾角一般为 5°。

（2）管径或板距。对于正六边形断面，一般用内切圆直径作为管径，而对于矩形或平板断面则以板垂直间距为板距。管内或板间沉淀区的水深与管径或板距成正比，管径或板距越小，沉降效率越高；但是过小的管径或板距将给其加工带来困难，使用时也容易被污泥堵塞。综合考虑这些因素，斜板或斜管的管径或板距大致为 25～35mm，目前有定型产品。

（3）管长或板长。增加管长或板长，虽然提高了沉淀效率，但也相应增加了其安装高度，增加了池子造价；由于斜管或斜板的入口和出口存在着受进水水流和出水水流干扰的过渡区，所以，管长或板长过短，有效沉降区所占比例太小，沉淀效率下降。根据经验，沉淀段的管长或板长一般可取 2～2.5m，滑泥段的管长或板长一般可取 0.5m。

近年来，有些学者研究了翼片斜板（或迷宫斜板）、螺旋斜板及其沉淀效率。

3. 工艺参数

（1）截留速度（表面负荷）。从理论上讲，沉降速度小于截留速度的颗粒在沉淀中只能去除其中一部分，因此截留速度是一项反映出水水质要求的指标。水温低、原水浊度大、矾花沉降速度小时，应选择较小的截留速度。根据设计和运行经验，一般采用0.15～0.40mm/s的截留速度。

（2）上升流速。斜管或斜板区平面面积上的水流上升速度大致范围为1.5～4.5mm/s。

不少沉淀池运行一段时间后，在出水口附近形成一层泥毯。泥毯首先出现在斜管或斜板组装体的缝隙周围，然后逐渐蔓延，如不及时排走，则可遍及整个水面而影响水质，还会增加支撑的载荷甚至出现斜管或斜板倒塌事故。

第四节 澄清原理

澄清处理是将混合、反应和沉淀三个过程集成在一个构筑物——澄清池中完成的，如图3-9所示。澄清池将池内已经生成的浓度高的大矾花群（即泥渣）送入澄清池的进水中，一起进行混凝、反应和沉淀过程，并参与池内的内循环，从而获得比较理想的净水效果。一体化的设计还可减少占地面积，降低工程造价。

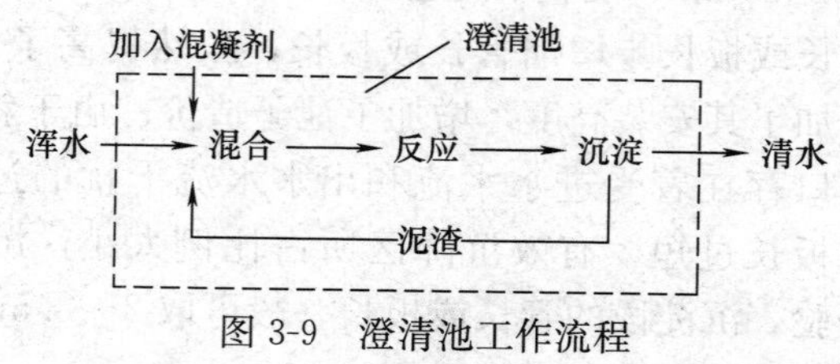

图3-9 澄清池工作流程

一、澄清机理

澄清处理的重要特征是利用泥渣对颗粒的絮凝和过滤作用来提高出水水质。

由本章第二节可知，为提高沉淀池的效率，可考虑：①提高矾花沉速 u_t；②降低沉淀池的水深 H，如采用本章第三节介绍的斜管或斜板沉淀池；③延长水在池中的停留时间 t。澄清池就是按①和③两项要求，创造一定的物理化学条件，以改善沉淀效率的水处理构筑物。

1. 泥渣的絮凝作用

由式（3-4）可知，增加矾花颗粒直径，可提高其沉速。根据第二章矾花长大公式 $d=d_0\exp(k\eta c_0 Gt/3)$ 可知，通过改变条件以提高 $\eta c_0 Gt$ 值即可增加 d，而达到提高沉速的目的。

澄清池运行时，泥渣返送回原水后，加速了矾花的形成与长大，这是因为：①进入原水的泥渣相当于提高了悬浮颗粒的初始浓度 c_0，缩短了颗粒间距离，使颗粒之间的碰撞次数增加；②由于返送回原水的是新生泥渣，这种泥渣颗粒具有较高的活性，可起到晶核和吸附等作用，提高了颗粒间碰撞的成功率，即提高了 η；③回流的泥渣及其携带的新生矾花一般要在池内循环几个周期后方才退出循环，然后进入污泥浓缩室。这种循环与沉淀池中矾花一次性通过沉淀区相比，沉淀时间 t 延长了，与此相应的反应时间 t 也延长了。

研究发现，泥渣的絮凝是以微小矾花吸附于原有大颗粒矾花之上的形式进行的，其絮凝效果用式（3-12）表示：

$$c_t = c_0 e^{-Kt} \qquad K \approx GV_f \tag{3-12}$$

式中：c_0 为新生微小矾花的浓度；c_t 为经过时间 t 搅拌后，剩余新生微小矾花的浓度；K 为接触絮凝系数；t 为搅拌时间；V_f 为矾花的体积浓度。

由式（3-12）可看出，水中微小矾花浓度随搅拌时间 t 按指数规律衰减，原有大颗粒矾花的体积浓度（V_f）、搅拌的速度梯度（G）和搅拌时间（t）三者的乘积越大，微小矾花浓度衰减速度越快。

2. 泥渣的过滤作用

澄清池运行时，总保持着一定高度的泥渣层，它是由大颗粒、高浓度的矾花形成的。投加混凝剂后的原水与回流的泥渣一起，经过搅拌混合生成微小矾花后，必须穿过泥渣层。这种泥渣层类似滤层，通过筛分和吸附等作用，一方面促使微小矾花迅速生成粗粒矾花，另一方面将这些矾花截留在泥渣层中。泥渣的过滤效果用式（3-13）表示：

$$c_x = c_0 e^{-K'x} \tag{3-13}$$

$$K' \approx 0.65 V_f q/d$$

式中：c_0 为泥渣层入口处水中微小矾花的浓度；c_x 为离泥渣层入口距离 x 处水中残余的微小矾花浓度；x 为离泥渣层入口处的厚度；K'为泥渣过滤系数；q 为泥渣过滤效率；d 为矾花粒径。

由式（3-13）可知，水中微小矾花浓度（c_x）随泥渣层厚度 x 按指数规律衰减，其衰减速度由泥渣层中原有大颗粒矾花的体积浓度（V_f）及其粒径（d）、泥渣过滤效率（q）和泥渣层厚度（x）决定。这也是澄清池控制泥渣沉降比的道理所在。

另外，根据斜板或斜管沉淀原理可知，将斜板或斜管安装在澄清池的分离区或清水区可提高澄清效率。

二、澄清池

目前，澄清池有多种类型，但其共同特征是利用了泥渣的净水作用。澄清池按照工作原理可分为泥渣循环式和泥渣悬浮式两类，表 3-2 列出了两类澄清池的主要特点。泥渣循环式澄清池内，除了悬浮泥渣层外，还有相当一部分泥渣从分离区回流到进水区，与加有混凝剂的原水混合、接触絮凝，然后再进入分离区；泥渣悬浮式澄清池内，加药后的原水自下向上通过一层悬浮的泥渣层，水中微小颗粒在泥渣层中接触絮凝和吸附，泥渣层起到类似过滤的作用。

表 3-2　泥渣循环式和泥渣悬浮式澄清池的主要特点

类型		特点
泥渣循环式	机械搅拌澄清池	对水量和水质变化的适应性较强，适用于处理悬浮固体在 3000mg/L 以内（短期 5000～10 000mg/L）的水源

续表

类型		特点
泥渣循环式	水力循环澄清池	对水量和水质变化的适应性较差，常用于原水悬浮固体在2000mg/L以下（短期5000mg/L）的中小型水厂
泥渣悬浮式	悬浮泥渣澄清池	对水量和水温的变化比较敏感，适用于进水流量的变化不大于10%、进水悬浮固体小于3000mg/L（单层式）或3000～10 000mg/L（双层式）的水源
	脉冲澄清池	对水量和水温的变化比较敏感。适用于处理悬浮固体小于3000mg/L（短期5000～10 000mg/L）的水源

第五节 机械搅拌澄清池

机械搅拌澄清池又名加速澄清池或机械加速澄清池，它利用机械搅拌的提升作用来完成泥渣的回流和接触絮凝，图3-10所示为机械搅拌澄清池示意。

一、工作原理

机械搅拌澄清池工作原理是加药后的原水由进水管进入三角形环形槽，从槽孔流入第一反应室内，原水和反应室内的泥渣通过搅拌叶轮桨板进行混合；第一反应室中存在着大量活性泥渣，在此区域内颗粒间的碰撞和黏附频繁，胶体很快脱稳生成微小矾花（微絮粒）。经由叶轮的提升，原水和泥渣混合物进入第二反应室。在第二反应室内，微絮粒在泥渣絮凝和过滤双重作用下进一步黏附，最后成长成大颗粒矾花，携带着大颗粒矾花的水进入清水分离区后，因流速的骤然降低，矾花在重力作用下克服上升水流的携带，向下沉降。清水上升到清水区，由上部集水支槽汇集后流入环形集水干槽，所有集水干槽的水均流入出水总槽，最后流出池外。在分离区中，沉淀下来的泥渣一部分沉入泥渣浓缩室，压缩沉降后，浓缩后的污泥由排泥装置排出池外，另一部分泥渣则返回到第一反应室再次与原水混合，回流的泥渣量比较

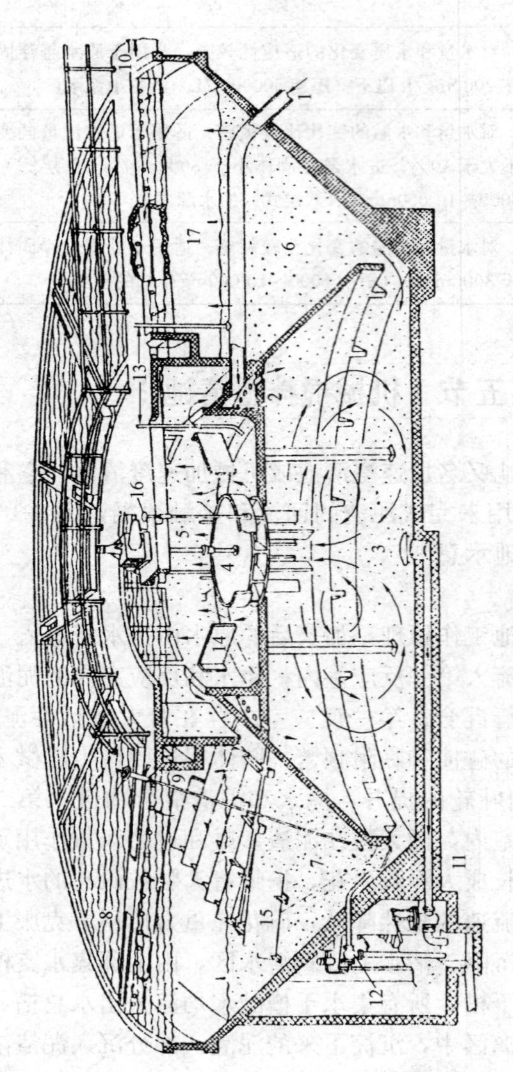

图3-10 机械搅拌澄清池示意

1—进水管；2—三角形环形槽；3—第一反应区（混合絮凝区）；4—叶轮及桨板；5—第二反应区（絮凝区）；6—清水分离区；7—泥渣浓缩室；8—集水支槽；9—环形集水干槽；10—出水总槽；11—放空管；12—排泥阀；13—加药管；14—导流板；15—沉淀导板；16—调流机构；17—清水区

大，一般为进水量的3～5倍。所以，在澄清池中，总有一部分泥渣在循环流动，起加速澄清作用。回流量可通过调流机构控制。第二反应区在辐射方向设有几个导流板，目的在于消除搅拌所产生的旋流运动，有利于分离区的工作。叶轮顶和第二反应室顶板间的距离称为开启度，叶轮转速一定时，开启度的大小决定了回流量的大小。

加速澄清池通过机械作用提供给混凝、反应和沉淀过程一个比较定型的水流，工作稳定，因此对于水温变化、进水流量或原水悬浮固体浓度的变化等，有较大的适应能力。

二、结构

1. 进水系统

大多数澄清池从池子中部进水，也有从底部进水的。

（1）中部进水。中部进水系统由进水管和设置在池体中部的布水装置组成。布水装置又称配水装置，从几何形状看有三角环形槽（简称“环形槽”）和环形管两种形式，前者一般适用于小型池子。在环形槽和环形管上均匀地开着许多孔眼或缝隙，以便进水均匀地分配到第一反应室四周。实践证明，这种开孔配水不易堵塞且易做到布水均匀。图3-11是缝隙和孔眼布水方式示意，孔径100mm左右。这种装置的环形槽高度约为进水管外径加0.2～0.3m，三角槽壁面上（如第二反应室侧壁或三角槽斜边）常开设人孔，目的在于清除槽内淤泥。

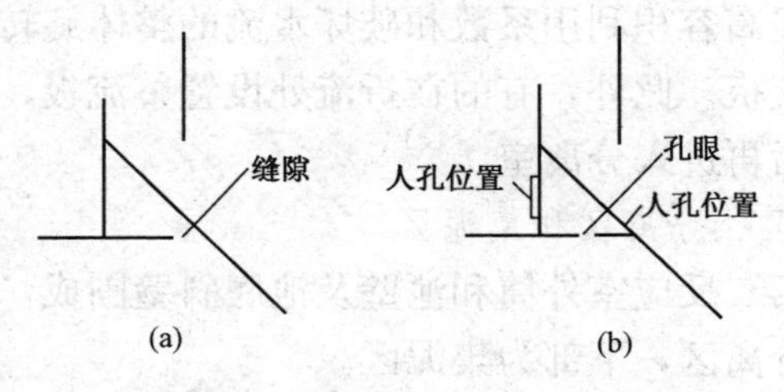

图3-11　缝隙和孔眼布水方式示意
（a）缝隙布水；（b）孔眼布水

(2) 底部进水。底部进水是指离池底一定高度的中央进水。底部进水又可分伞形帽布水和环形管布水两种方式。伞形帽布水如图 3-12（a）所示，在进水管出口之上安装一个伞形帽，帽边缘加一折檐。进水经伞形帽反弹向下流动，然后再往上翻，避免了进水水流冲击池中的泥渣层。环形管布水如图 3-12（b）所示，它由底部进水管上开一排均匀向心孔的环形管组成。底部进水方式的缺点是妨碍底部排泥。

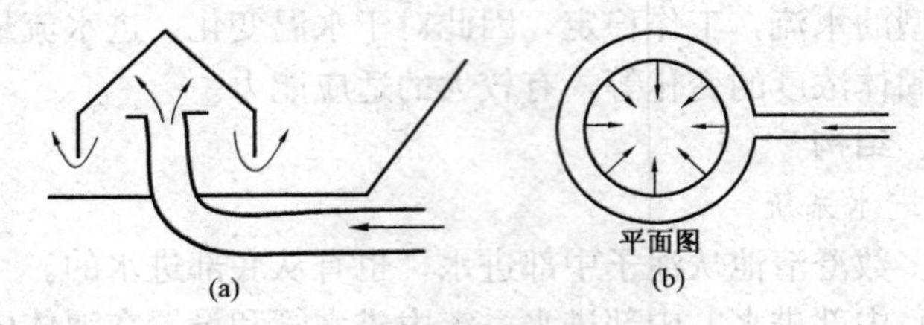

图 3-12　底部进水方式
（a）伞形帽布水；（b）环形管布水

2. 第一反应室

第一反应室由倾角 45°～60°的伞形板、倾角约 45°的外圆斜壁和坡度约 7.5％的池底等三部分围成。

3. 第二反应室

第二反应室由直径不相等的两个同心圆筒上下错开一定高度组成，两圆筒间形成折流区。为充分利用水流动能，促使水流更好地紊动，提高容积利用系数和破坏水流的整体旋转，内筒的内侧常设有导流板。此外，有的在折流处设置整流板，使旋转水流变成径向流后再进入分离室。

4. 清水区、分离区和集泥区

它们由第二反应室外筒和池壁及池底斜壁围成，上部为清水区，中部为分离区，下部为集泥区。

5. 出水系统

出水系统主要有三种形式：①沿池壁内（或外）侧砌成环形集水槽，常用于小型澄清池；②在清水区中部设置环形集水槽，常用于中型澄清池；③清水区内设置环形加辐射集水槽，常用于大型澄清池。清水流入集水槽内的方式主要有三种形式：平口堰、三角堰和孔口出流等。由于所有堰口标高不易做到完全一致，因而出水均匀性难以保证。相比之下，孔口出流比较容易做到集水均匀。所以，目前采用孔口出水较为普遍。孔口流速一般为0.4～0.6m/s。为消除集水槽水位波动对孔口流量的影响，槽内的孔口之下留有0.05～0.07m的跌落高度，即自由出水。

6. 排泥系统

为保证澄清池正常运行，必须通过排泥维持池内适当的泥渣浓度和泥渣层高度。

调节泥渣层的浓度和高度的方法有：

（1）根据第二反应室泥渣的沉降比适时排泥。沉降比的测定方法是取出水样（泥水混合物），倒入100mL量筒内，静沉5min后，测定沉降下来的泥渣体积。沉淀下来的泥渣体积与水样总体积之比定义为5min沉降比。例如，打开第二反应室采样管阀门，排水至水样泥浆浓度稳定，然后用100mL量筒取水样，立即沉降5min后，马上根据泥水分界面位置读取泥渣层体积和泥水总体积，若泥渣层体积和泥水体积分别为18mL和80mL，则5min沉降比为18/80＝22.5％。沉降比越大，表明池中泥渣浓度越高。第二反应室的最佳沉降比，视具体情况根据实际运行经验确定，一般在5％～20％。如果澄清池运行中，测得的第二反应室沉降比大于规定值，则应排泥。

（2）将分离室内的泥渣面控制在第二反应室外筒底口水平面稍下。检测泥渣面的方法：①用光电管探测泥渣面；②在分离室泥渣面处设置取样管取水样观察；③在池外壁设置观察窗直接观看泥渣面位置。

澄清池的排泥方式有重力排泥、机械排泥、连续排泥、间歇排泥和自动排泥等。为减少排泥耗水量，澄清池集泥区设有污泥浓缩器，将泥渣浓缩后再排泥。

（1）重力排泥。依靠泥渣本身重力从池底中心的排泥管排泥。

（2）机械排泥。利用池底的刮泥机把污泥汇集在池底中心，然后从池底排泥管排出池外。池子直径大、池底坡度小，不宜用重力排泥，而应采用机械排泥。池底排泥管常设在池底中心，兼作放空排水之用。

（3）连续排泥。这是连续不断地将浓缩泥渣从排泥管排出，由于这种排泥方式泥渣流动缓慢，所以泥渣容易沉积而堵塞排泥管。

（4）间歇排泥。就是通过快开阀门，突然打开几秒钟至几分钟，实施快速排泥，然后关闭一段时间后再次快速排泥。这种排泥方式由于泥渣快速运动，管内污泥不致堆积。间歇排泥的快速启闭阀的周期和开启历时都可调整，以适应排泥量的变化。该阀动作比较频繁，宜用自动阀，又因它处在泥水环境下工作，容易失灵或损坏，为检修方便，快开阀前一般设有检修闸阀。

（5）自动排泥。上述排泥方式如果是人工操作，则受人为因素影响，可能出现排泥过量或不足，前者导致循环泥渣浓度下降，损失水量多；后者造成循环混渣中衰老泥渣多，泥渣层高度太高，分离区太小，部分污泥来不及沉淀而随清水带出池外。此外，两者都降低了泥渣的絮凝效果。因此，排泥应该适量。自动排泥可解决这一问题，如自动采集泥渣浓缩室泥渣层界面的浊度或泥位等参数，自动控制排泥阀开度、启闭间歇等，实现循环泥渣浓度的稳定，保持泥渣活性。

7. 搅拌及调流系统

（1）叶轮和桨板。制作材料有塑料和钢板。用钢板制作时应进行防腐处理，如在钢板外包裹环氧树脂和玻璃布，也可涂刷过氯乙烯漆。叶轮中叶片皆为径向布置，叶片一般为 6 或 8 片，涡轮转速一般为 15～5r/min。桨板高度（或长度）为第一反应室高度的 1/3 左右。图 3-13 所示为机械搅拌澄清池专用搅拌机。

（2）调流系统。搅拌机下部的桨板起搅拌作用，上部的叶轮起提升作用，一般用同一根轴驱动，但是同轴驱动时搅拌强度和

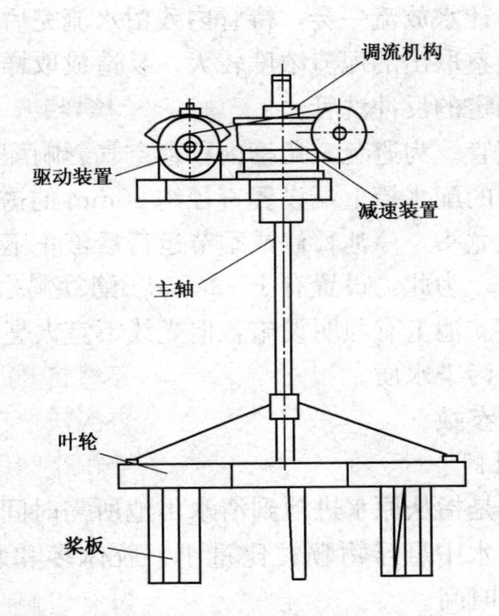

图 3-13　机械搅拌澄清池专用搅拌机

提升水量两者间难以协调，也就是规定的搅拌强度所应有的转速与规定的提升水量所应有的转速并不正好相等，当转速达到提升水量要求时，有可能搅拌强度不够，当加大转速保证搅拌强度时，又因提升水量太大，大量水冲击分离室内泥渣层，造成矾花上浮。为了协调或缓解上述矛盾，澄清池设有调流措施，以便运行时调整提升水量，达到最好处理效果，如升降转动轴以调整提升叶轮的出口宽度。当然最彻底的解决办法是采用同心套轴，外面一根带动涡轮，里面一根驱动桨板。

8. 辅助系统

（1）加药点。混凝剂和助凝剂一般加入进水管中，也有加入第一反应室或第二反应室进口处的。

（2）操作室。池子顶盖上安装的机电设备常需设置操作室或遮阳棚，以免日晒雨淋，影响设备正常运转。

（3）取样管。为了掌握澄清池运行情况，在进水管、第一反应室、第二反应室、分离区、清水区等处设置取样管。取样时，先开启阀门，让水放流一会，待管内残留水流完后，再取样。从第一、二反应室取出的泥渣浓度较大，易造成取样管堵塞，有时在池外设置固定的反冲洗管。

（4）透气管。为避免三角槽内积存空气影响配水均匀，在进水管方向对面的配水槽上端设置直径约 50mm 的透气管。

（5）冲洗龙头。停池检修或季节运行后停止不用时，需用高压水冲洗池子。为此，设置有 1～3 个高压水龙头。

（6）照明。池上有照明设施，但光线不宜太亮以免晚上招引飞虫跌入水中污染水质。

三、工艺参数

1. 停留时间

停留时间是指从原水进池到清水出池所需时间，约为 1.2～1.5h。一般，水中悬浮物颗粒比重小、胶体多和水温低时，宜采用较长停留时间。

2. 回流倍数

回流倍数是指回流泥渣量与进水量之比，又称回流比。增加回流倍数相当于增加了返送回原水中的污泥量，一方面有利于混凝，但另一方面增加了搅拌机械的电耗和缩短了水在第一、二反应区的停留时间，不利于矾花的长大。实践证明，回流倍数一般控制在 3～5 为宜。

3. 水流速度

为满足混合、反应到沉淀不同过程对速度梯度 G 由大到小和停留时间 t_S 由短到长的不同要求，澄清池设计时，通过增加水流沿程过水断面积和区域容积的办法实现流速（相当于 G）的递减和 t_S 的递增。

（1）进水管中水流速度 v_1。一般为 0.7～1m/s。

（2）槽孔（缝隙）流速 v_2。一般为 0.4～0.5m/s。

（3）第二反应室上升流速 v_3、下降流速 v_5 和折流速度 v_4。第二反应室水流量为搅拌机提升的水量，它为原水水量与回流水量之和。按提升水量计，v_3 和 v_5 一般为 50mm/s 左右（通常 v_3 可

略大于 v_5），v_4 一般为 100mm/s。

（4）回流泥渣通过缝隙速度 v_6。速度大有利于冲刷缝隙处池底污泥，避免第一反应室底部污泥停滞和堆积，因为长时间堆积的污泥活性低。要提高这一流速，必须变窄缝隙，但是过小的缝隙往往造成回流缝隙堵塞。实践证明，为了池底不积泥和防止缝隙堵塞，v_6 控制在 50mm/s 左右为宜。

（5）分离区上升流速 v_7。从泥、水分离效果看，分离区上升流速越小越好，但增加了池径，一般采用 1～2mm/s。

四、运行管理

1. 准备工作

澄清池投运前应做好各项准备工作。例如，将池内打扫干净，检查池体、阀门、测量装置和机电设备等是否正常、操作是否灵活，池内各种部件是否错动，估计各种加药量，配制各种药液，补充机电设备润滑油，开通冷却水等。

2. 空池启动

首先启动加药系统，将池水充满。为使池内尽快形成泥渣层，达到所需泥渣浓度，可采取如下措施。

（1）将进水流量减少到设计流量的 1/2～1/3。

（2）适当降低提升叶轮高度和转速，以便减少提升水量，延长混合反应时间。

（3）适当增加投药量，一般为正常投药量的 1～2 倍。

（4）向原水中投加一些黏土帮助泥渣形成。

（5）将其他澄清池的泥浆引入欲投运的澄清池中。

（6）向第二反应室内投加一定量的熟石灰。

从不同采样管取水样，分析池内各部位的泥渣沉降比，若第一反应室及池子底部泥渣沉降比开始逐步提高，则表明活性泥渣在形成。当泥渣面之上清水逐渐清晰时，通过排泥控制泥渣面高度，以不超过导流室出口为宜。此时，第二反应室泥渣 5min 沉降比一般在 10%～20%。在泥渣面形成且出水浊度达到设计要求时，可逐步提高转速，增加进水流量。每次提升的幅度不宜太高，流量增加的时间间隔不小于1h，直至达到设计负荷后稳定运行。

若采取了降低进水流量、增加药剂用量和添加黏土等措施，即使是在低温、低浊度期间启动，从空池启动到正常运行也只需2～3h。在启动过程中，如果第二反应室泥渣5min沉降比小于2%～3%或其上升速度很慢，就可考虑投加黏土。对于浊度较高的原水，可不另加黏土，在增加药剂用量，调好叶轮转速，减少叶轮开启度的情况下，1h左右即可投入正常运行。

运行正常后，定时记录或测定进水流量、进水及出水的浊度、pH值、沉降比及加药量。

3. 搅拌速度及提升叶轮开启度

正常情况下，搅拌桨叶片外缘线速度采用0.4～0.6m/s效果较好，这时提升叶轮的开启度一般为叶轮厚度的0.25～0.75。当需要调整回流量时，可通过改变叶轮转速及其开启度来实现，调节速度必须缓慢。

4. 加药点位置

不少电厂运行实践证实，原水与药剂先行快速充分混合后，再与回流活性泥渣混合，效果较好。所以，加药点以选择在澄清池前的进水管或进口的配水井最好，第一反应室次之，而第二反应室较差。对于聚丙烯胺（3号絮凝剂）助凝剂，其加药点宜选择在第一反应室，因为若将它加在进水管或配水井中，会立即产生大量沉淀。

5. 排泥

掌握了排泥的适宜时机，就可做到出水水质好、池底不积泥、排泥耗水少、处理药耗低。应根据第二反应室泥渣5min沉降比或分离室泥渣面高度适时排泥。可参照分离区矾花上浮情况和按长期运行中摸索的排泥规律，安排排泥。

6. 停运期间的保养

澄清池停运期间，若停池时间较短，搅拌机和刮泥机均不宜停止运转，而宜采取间歇运转，以防止泥渣沉积压耙；若停池时间较长，应及时清除池内污泥，防止时间过长腐败发臭。停运期间应保护好所有设备不致损坏。

短期停池后再次启动时，宜在进水前半小时将药剂加至第一反应室，以便加快出水质量合格速度。在运转过程中，应连续加药。

第六节　水力循环澄清池

一、结构

水力循环澄清池的池体可用钢筋混凝土筑成，截面为圆形，池内主要由喷嘴、混合室、喉管、反应室、分离室、泥渣浓缩室和集水槽等组成，如图 3-14 所示。

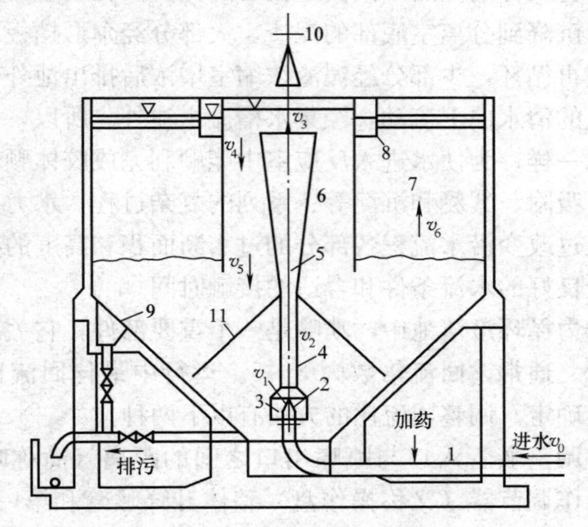

图 3-14　水力循环澄清池

1—进水管；2—喷嘴；3—混合室；4—喉管；
5—第一反应室；6—第二反应室；7—分离室；
8—集水槽；9—污泥斗；10—调节器；11—伞形挡板

二、工作原理

在水力循环澄清池中，泥渣的循环是利用喷射器原理，即利用进水本身动能，通过喷嘴的高速射流造成喷嘴外围负压，将数倍于进水流量的活性污泥吸入喉管，促使泥渣与原水混合后，在池内循环流动。所以，喷射器相当于机械搅拌澄清池的机械搅拌装置。

水力循环澄清池工作过程与机械搅拌澄清池类似。原水在进水管中或泵的吸水侧加入药剂后，从喷嘴高速冲出，通过混合室，进入喉管，这样便在混合室中造成负压，吸入周围大量回流泥渣。在喉管中，由于水的快速流动，水、药剂和泥渣可得到充分的混合。水流依次流经第一反应室和第二反应室的过程中，过水断面逐渐扩大，水流速度逐渐降低，因而速度梯度 G 逐渐减小，停留时间依次增加，这有利于胶体脱稳和矾花长大。矾花长大后的水进入分离室后，因流速显著降低，矾花在重力作用下与水分离。沉降到分离室底部的泥渣，大部分经伞形挡板下的缝隙流入池底再循环，少部分经泥渣浓缩室增浓后排出池外。从分离室中产生的清水向上流动，经集水槽流出池外。所以，同机械搅拌澄清池一样，为使水进入反应室中能顺利完成胶体颗粒间的接触碰撞、吸附、絮凝和沉淀等一系列的复杂过程，水力循环澄清池也是通过改变沿水流程各部分的过水断面积和高度的办法，创造了一个良好的水流条件和合适的接触时间。

在水力循环澄清池中，喷嘴是一个重要部件，它关系到回流的泥渣量。通常，回流倍数为 3～5。运行中最佳回流比应通过调整试验确定。调整回流比的方法有以下两种。

（1）调整喉管入口与喷嘴出口之间的距离（简称喉嘴距）。可采用操作调节器（又称操作盘）整体升降喉管和第一反应室，或只升降喉管的办法调节喉嘴距。喉嘴可调距离一般为喷嘴直径的 2 倍。整体升降的好处是不易卡死失灵，但升降重量大；只升降喉管侧正好与它相反。

（2）将澄清池放空，更换不同口径的喷嘴。

从实际生产运行中发现，第二反应室的高度对净水效果影响较大。第二反应室高度较高的池子，其运转正常、出水水质好；

否则，运行不稳定，出水水质差。按第二反应室的停留时间为2min左右考虑，相应高度应在3m以上。

在池中设置伞形挡板（又称伞形罩）的目的是防止第二反应室出口水流被喷嘴直接吸入喉管而短路，迫使分离室的活性泥渣沿伞形挡板下缘回流到池底，以保证泥渣循环更加完善。为避免伞顶积泥，其斜面倾角宜大于45°。伞形挡板与池底间的泥渣回流缝隙宽度一般为200～300mm。

三、工艺参数

国内水力循环澄清池的实际运行数据和建议数据，见表3-3。

表3-3 国内水力循环澄清池的实际运行数据和建议数据

参数	实际数据	建议数据	参数	实际数据	建议数据
回流倍数	3～5	3～5	第二反应室下降流速 v_4（mm/s）	16～120	40～50
喷嘴流速 v_1（m/s）	7～13.6	7～9	第二反应室出口流速 v_5（mm/s）	—	—
喉管流速 v_2（m/s）	1.46～5.7	2～3	第二反应室停留时间 t_3（s）	26～390	30～100
喉管混合时间 t_1（s）	0.11～1.1	0.5～1.0	分离区上升流速 v_6（mm/s）	0.55～1.5	1.0～1.2
第一反应室出口流速 v_3（mm/s）	36～200	50～80	分离区停留时间 t_4（s）	31～90	50～60
第一反应室停留时间 t_2（s）	11～72	15～30	总停留时间（min）	33～95	70～90

水力循环澄清池有结构简单、容易建造、投资低和运行管理方便的优点；其缺点是池子不宜太大，单池出水不宜超过300m^3/h。水力循环澄清池还有运行稳定性差的问题，如流量或水温的变动，易使泥渣层扰动，甚至出现矾花跑入清水中的所谓“翻池”现象。

四、运行管理

可参考本章第五节机械搅拌澄清池的“四、运行管理”的有关内容。现将不同之处叙述如下：运行前，将喉嘴距设定在2倍喷嘴直径左右；启动过程中调整喉嘴距，使泥渣回流正常；短期停池（停运8～24h）后重新运行时，由于池内泥渣呈压实状态，故宜先开启底部放空阀门，排出池底少量泥渣，并控制较大的进水量和适当加大投药量，使底部泥渣松动活化，然后降到正常进水量的2/3左右运行一段时间，待出水水质稳定后转入正常运行。

在正常温度运行时，如果清水区出现大量气泡，则可能原因是加药量过多或池内泥渣回流不畅，泥渣沉积池底，日久发酵后形成大块松散腐殖物，并夹带气体浮出水面。

运行时清水区矾花数量明显上升，甚至引起翻池现象，可能有下列原因：进水水温高于澄清池内水温1℃以上；强烈阳光照晒造成池水对流；流量太高，引起上升流速太快；投药中断；排泥不适时等。

第七节　高效澄清池

一般，上述机械搅拌澄清池和水力循环澄清池称为普通澄清池。近十余年来，人们对普通澄清池进行了多方面的技术改造，澄清效率明显提高。此外，人们还根据澄清理论，构建了澄清效率更好的新型澄清池，如将反应区、分离区分别单独设置，各自优化设计。为与普通澄清池区别，这些效率较高的澄清池称为高效澄清池，具有代表性的是微砂澄清池、高密度澄清池。

普通澄清池改造成高效澄清池的技术措施主要是沉淀区增设斜板（管）和设置微涡旋装置。

（1）增设斜板（管）。根据浅池沉淀理论，在澄清池的沉淀区增设斜板（管），可以提高沉淀效率。这是因为：一方面，在不增加沉淀区总容积前提下增加了沉淀面积，降低了矾花的沉降水深；另一方面，沉淀区被斜板（管）分割后，矾花沉降过程中的 Re 数下降，Fr 数升高，矾花与水分离速度加快，澄清池出水稳定性提高。增设斜板（管）的主要效果表现在澄清池的出水浊度下降、出力增加、适应性增强。

（2）设置微涡旋装置。澄清过程中药剂的扩散、颗粒碰撞、矾花成长等受水流涡旋控制。涡旋是指各种大小涡旋的集合，其中微小涡旋是影响澄清过程的主要水力学因素，因为大涡旋主要是携带药剂、颗粒、矾花运动，难以造成药剂混合和颗粒碰撞，只有尺度和颗粒粒径近似的微小涡旋，才能有效促使胶体的脱稳和絮凝。在澄清池的反应区设置涡旋装置，可以抑制大涡旋，增加微小涡旋数量，提高澄清效果。设置的微涡旋装置主要有网格、折板等，其中折板又分为同波折板、异波折板和平行折板。微涡旋装置提供的水力学条件能较好地满足胶体脱稳、矾花成长和沉降分离诸过程对 G 值递减的要求。为实现 G 值递减，设置的网格通常是分段的，通过改变各段网格孔眼大小调整水流速度。例如，某高效澄清池中，反应区安放了四段网格，第 1～4 段依次放置 5 层、4 层、2 层和 2 层网格，且网格的孔眼逐段增大。另外，在澄清池进水管上安装管式微涡混合器，它能使药剂快速分散、混合、水解，强化胶体脱稳过程，提高混凝效果。

1. 微砂澄清池

微砂澄清池的基本原理是利用异相成核强化絮凝过程，即在常规混凝处理过程中投加微小砂粒，以增加晶核浓度，提高胶体颗粒的碰撞效率，加速矾花形成。此外，包裹砂粒的矾花比重大，沉淀速度快。因此，加入的微砂缩短了絮凝和沉淀的时间，提高了澄清效果。微砂澄清池的代表有 ACTIFLO 澄清池、循环絮凝澄清池和快速絮凝澄清池。以 ACTIFLO 澄清池为例，它联合运用微砂强化混凝和斜板高效沉淀，在高分子絮凝剂的作用下，悬浮颗粒黏附于细砂上，在斜板中完成沉淀后，细砂经泥沙分离器分离后循环利用。

2. 高密度澄清池

高密度澄清池又称增效澄清池，是法国某公司开发的一种高效澄清设备，主要由混合区、反应区、斜管沉淀区、浓缩区等组成。运行时，在混合区，依靠搅拌器完成泥渣、药剂和原水的快速混合和胶体脱稳，然后经叶轮将泥水提升至反应区，脱稳胶体聚集成矾花，最后进入斜管沉淀区泥水分离，澄清水进入集水槽，沉淀泥渣收集在污泥斗内浓缩。浓缩的泥渣一部分经循环泵输送至混合区，剩余部分外排。

高密度澄清池与普通机械搅拌澄清池相比具有以下特点：①采用矩形池体，简化了池型，降低了施工难度及费用；②设置池外污泥回流泵，因而回流污泥量稳定；③设置斜管，澄清效率高。

第四章 过 滤

水经过澄清处理后，悬浮固体通常为 10～20mg/L。这种水还不能直接送入后续除盐系统，如逆流再生离子交换器要求悬浮固体不超过 2mg/L。进一步降低水中悬浮固体的方法之一就是过滤处理。

在重力或压力差作用下，水通过多孔材料层的孔道，悬浮物被截留在介质上的过程，称为过滤。用于过滤的多孔材料称为滤料或过滤介质。过滤设备中堆积的滤料层称为滤层或滤床。装填粒状滤料的钢筋混凝土构筑物称为滤池；装填粒状滤料的钢制设备称为过滤器，运行时相对压力大于零的过滤器又称机械过滤器。悬浮杂质在滤床表面截留的过滤称为表面过滤，在滤床内部截留的过滤称为深层过滤或滤床过滤。水流通过滤床的空塔流速简称滤速。慢滤池的滤速一般为 0.1～0.3m/h，快滤池的滤速一般大于 5m/h。快滤池出力大，适应性广，运行维护简便，应用非常普遍。快滤池经过一百多年的发展，已演变成多种池型：按水流方向分，有下向流、上向流、双向流和辐射流滤池；按构成滤床的滤料品种数目分，有单层滤料、双层滤料和三层滤料滤池；按阀门个数分，有四阀滤池、双阀滤池、单阀滤池和无阀滤池，等等。过滤设备通常位于沉淀池或澄清池之后，进水浊度一般在 20NTU 以下，滤出水浊度一般在 2NTU 以下。当原水浊度低于 50NTU 时，也可采用原水直接过滤或接触混凝过滤。接触混凝过滤是指过滤器进水中加入了混凝剂的过滤方式。有的滤床孔隙沿着过滤水流方向由大变小，采用这种滤床进行的过滤称为变孔隙过滤。

有的水源虽然悬浮物含量较低（如低于5mg/L），但为了除硅或除铁除锰，常用接触混凝过滤或锰砂过滤。过滤不仅可降低水的浊度，而且随浊度的降低可同时去除水中的有机物。此外，过滤还可去除微生物，包括细菌甚至病毒，这可提高饮用水处理的质量和改善消毒效果。“过滤”和“反洗”是过滤设备两个最基本的操作。过滤设备的运行实际上是“过滤→反洗→过滤→反洗……”的周而复始。

第一节　过滤介质

一、过滤精度

过滤精度是表示过滤材料孔隙大小（如孔径）的指标，因尚未形成各行业共同认可的明确定义，故多种称谓共存，如过滤比、过滤效率、公称过滤精度、绝对过滤精度和名义过滤精度等。

（1）过滤比（记作β）又称分离率，指过滤前后同一尺寸颗粒的浓度之比。

（2）过滤效率（E_C）是过滤材料滤除某一尺寸颗粒的百分数。过滤比与过滤效率的关系见表4-1。

（3）公称过滤精度是过滤器制造厂为划分孔径等级而给定的数值。

（4）绝对过滤精度是指在规定的测试条件下，能够通过过滤材料的最大硬质球形颗粒的直径，它是过滤器元件中的最大孔径。

（5）名义过滤精度是指95%的颗粒能够滤除的颗粒直径，即该颗粒的β=20、E_C=95%。

过滤器说明书给出的过滤精度通常为公称过滤精度。

表4-1　过滤比与过滤效率的关系

过滤比β	1	2	5	10	20	50	100	1000
过滤效率E_C（%）	0	50	80	90	95	98	99	99.9

二、过滤介质的种类

过滤介质有粒状、粉状、纤维状、膜状、沟状和网状等多种。

（一）粒状

粒状过滤介质应当具备如下条件：①有足够的机械强度，以降低破损率，延长使用寿命；②有足够的化学稳定性，不能污染水质；③具有合适的颗粒级配和空隙率。

水处理中广泛使用的粒状滤料有石英砂、无烟煤、活性炭、陶瓷等；此外，也使用磁铁矿、柘榴石。

（二）粉状

水处理中使用的粉状过滤介质有粉末活性炭、纤维素纸浆粉和离子交换树脂粉。

1. 粉末活性炭

活性炭是以含碳为主的物质（如煤、木屑、果壳等），经高温炭化和活化制得的，90%能通过孔径为200目筛子的活性炭称为粉末活性炭（PAC）。在水处理中，粉末活性炭主要通过直接投加在澄清设备的进水中，以吸附水中有机物。目前，活性炭有300多个品种，主要类别有：①根据生产的原材料分，有木质活性炭、果壳活性炭和煤质活性炭等；②根据几何形状分，有颗粒炭（包括球状炭和柱状炭）、粉末炭和纤维炭，电厂常用颗粒炭；③根据用途分，有药用炭、水处理用炭、味精用炭、糖用炭、工业炭、空气净化炭和催化剂载体炭等；④根据制造方法分，有气体活化炭（物理炭）、化学活化炭（化学炭）和混合活化炭（气体和化学活化并用炭）等。

2. 纤维素纸浆粉

纤维素纸浆粉简称纸浆粉，是将干的纸浆板粉碎、过筛而得的粉状滤料。纸浆粉通常作为助滤剂，可以单独或与其他粉末滤料一起铺设在滤元表面，构成覆盖过滤器。纸浆粉的缺点是所含杂质污染水质。

3. 离子交换树脂粉

离子交换树脂粉，简称粉末树脂，类似纸浆粉，通常铺设在滤元表面，构成离子交换树脂覆盖过滤器，用于凝结水的过滤除铁和除盐。

（三）纤维状

纤维状过滤介质主要有两类：一类是由纤维材料制成的纤维球和纤维束长丝；另一类是将纤维丝卷绕在多孔骨架上构成的纤维滤芯。

1. 纤维球和纤维束长丝

纤维球和纤维束长丝，简称纤维滤料，是以聚酯纤维（锦纶、涤纶）、聚丙烯纤维或聚丙烯腈纤维为素材，加工而成的纤维球或长纤维束。纤维球有以下几种：①实心纤维球：在实心球体表面上贴附着长2～50mm的纤维丝；②中心结扎纤维球：以纤维球直径长度作为节距，用细绳将纤维丝束扎起来，在结扎间的中央处切断纤维束，形成大小一致的纤维球；③卷缩纤维中心结扎纤维球：将卷曲度高的纤维束结扎、切断后形成的纤维球，特点是弹性好。常用的纤维球是以聚酯纤维为素料，用中间结扎或热熔黏结的方法制成的球形绒团，所用的纤维丝直径为20～80μm，制成的球体直径为10～55mm。长纤维束有以下几种：①棒状纤维束：将卷曲纤维长丝集束，用黏合剂喷雾收束，纤维丝之间形成多点接触的棒状，类似于去外皮的香烟滤嘴；②常规纤维束：将纤维长丝拉直后构成束状，然后采用悬挂或两端固定的方式充填在过滤设备中。此外，还有彗星式纤维过滤材料，这是一种不对称构型的过滤材料，一端为松散的纤维丝束，另一端纤维丝束固定在密度较大的实心体内，外形像彗星一样。

与粒状滤料相比，纤维滤料具有比重轻、比表面积大和空隙率高的特点，因而具有过滤精度高、阻力小、纳污容量大等优点。采用纤维滤料的过滤设备，可通过水力或机械的方式改变纤维滤床的孔隙分布，实现变孔隙过滤。

2. 纤维滤芯

纤维滤芯有线绕式和熔喷式两种，都是将纤维按特定工艺缠绕在多孔骨架（聚丙烯或不锈钢材质）上面制成的。线绕式滤芯用的是纺织纤维线（丙纶线、脱脂棉线等）；熔喷式滤芯以聚丙烯纤维丝为素材，通过熔喷工艺将其缠绕在骨架上。通过控制缠绕工艺，纤维滤芯可以形成滤芯内层纤维细、结构紧密、孔径小，而外层纤维粗、结构疏松、孔径大的分层结构，实现变孔隙深层过滤，实现不同大小的颗粒在芯中分层滤截。这种滤芯能有效地去除水中的悬浮物、微粒、铁锈等杂物。在水处理中广泛应用于反渗透前的保安过滤和纯水制备系统的终端过滤。常见的滤芯长度有 250mm（约 10in）、500mm（约 20in）、750mm（约 30in）和 1000mm（约 40in）等，外径为 55、63mm 或 65mm，内径 28mm 或 30mm。公称过滤精度有 1、5、10、20、30、50、75μm 和 100μm 等。

（四）膜状

膜状过滤介质主要有微滤膜、超滤膜、反渗透膜、渗透膜、纳滤膜，本章介绍微滤膜、超滤膜，其他膜则在第五章介绍。

1. 微滤膜

微滤膜通常为对称结构，孔径一般在 0.1～10μm，孔隙率高达 80%，厚度在 150μm 左右。按材质可分为聚合物膜和无机膜两大类。常见的聚合物膜有醋酸-硝酸混合纤维素（CA-CN）、聚丙烯（PP）、聚氯乙烯（PVC）、聚四氟乙烯（PTFE）、聚偏氟乙烯（PVDF）、聚酰胺（如尼龙 66）、聚砜和聚碳酸酯等。无机微滤膜则是用氧化铝或氧化锆陶瓷、玻璃、金属氧化物等制得的。

水处理中微滤器常用多个滤芯组装而成，滤芯形式有线绕滤芯、PP 喷熔滤芯、折叠滤芯、陶瓷滤芯、不锈钢滤芯等多种，如图 4-1 所示。微滤器可以有效地去除流体中的悬浮物、微粒、铁锈等杂物，广泛应用于制药、微电子、食品饮料、生物、化工、水处理、实验室及国防等领域的气体、液体过滤分离及检测。

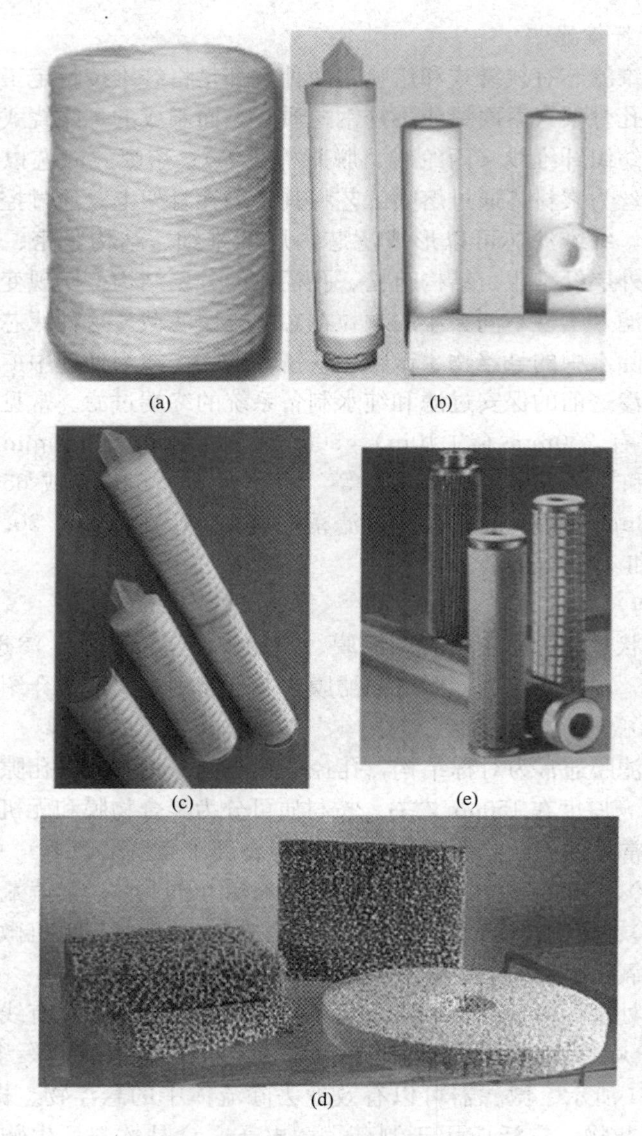

图 4-1　5 种微孔滤芯外观
（a）线绕滤芯；（b）PP 喷熔滤芯；（c）折叠滤芯；
（d）陶瓷滤芯；（e）不锈钢滤芯

（1）线绕滤芯。线绕滤芯又称蜂房式线绕滤芯，它是由纺织纤维线（如丙纶线、脱脂棉线、玻璃纤维线）依各种特定的方式在内芯（又称多孔骨架，如聚丙烯管、不锈钢管）上缠绕而成，具有外疏内密的蜂窝状结构。一般，滤芯长 5～40in（127～1016mm），外直径 40～63mm，内直径 28mm 或 30mm；过滤精度 1～50μm；工作温度与绕线和骨架材料有关，如丙纶线和聚丙烯骨架的滤芯应低于 60℃，玻璃纤维线和不锈钢骨架的滤芯应低于 200℃；工作压降为 0.01～0.2MPa。

（2）PP 喷熔滤芯。PP 喷熔滤芯是用聚丙烯粒子，经过加热熔融、喷丝、牵引、成形而制成的管状滤芯。一般，滤芯长 5～60in（127～1524mm），外直径 60～120mm，内直径 28mm 或 30mm；过滤精度 0.5～100μm；工作温度－10～55℃；工作压降 0.02～0.2MPa。

（3）折叠滤芯、折叠滤芯是用微孔滤膜折叠制作的管状过滤器件，过滤面积大，容易反洗。膜材料主要有聚醚砜膜（PES）、聚四氟乙烯膜（PTFE）、聚偏氟乙烯膜（PVDF）、尼龙膜（N6/N66）、混纤膜（CN-CA）、聚丙烯膜（PP）和活性炭纤维膜（ACF）等。一般，滤芯长 5～40in（127～1016mm），外直径 10～300mm；过滤精度 0.05～100μm，常用 0.05、0.1、0.22、0.45、1、3μm 和 5μm；工作温度与膜材料有关，如聚四氟乙烯（PTFE）滤芯可在 90℃下使用，还可在 125℃下蒸汽消毒，玻璃纤维线和不锈钢骨架的滤芯应低于 200℃；工作压降 0.02～0.2MPa。滤芯接头主要有 222 接头、226 接头、平口等国际通用的三种形式。

（4）陶瓷滤芯。陶瓷滤芯一般由硅藻土和黏土经配料、混料、成型、高温烧结制成，有管式和板式两种滤元，具有耐酸碱腐蚀、耐高温、孔径分布均匀等特点，过滤精度有 0.22、0.45、1、3、5、10、20、30μm 等规格。

（5）不锈钢滤芯。有多种方法制作滤孔，如不锈钢板冲孔，用不锈钢丝缠绕、编织，以及用不锈钢纤维烧结等，在过滤精度

1～200μm 有许多规格。不锈钢滤芯耐高温（＜300℃）、耐高压（＜30MPa）、抗腐蚀和阻力小，可经化学清洗、高温或超声波清洗后反复使用。

反渗透系统中常用 5μm 过滤精度的滤芯作为保安过滤器的滤元，用 20～100μm 过滤精度的微滤器作为超滤的前置过滤设备。

2. 超滤膜

超滤膜一般为双层结构：①表皮层：薄而孔小，厚度大致为 0.1～1μm，孔径一般为 0.002～0.1μm，表皮层的作用是截留杂质；②支撑层：厚而孔大，厚度大致为 125μm，孔径一般超过 0.1μm。

超滤膜材料见表 4-2，水处理中一般用聚偏氟乙烯（PVDF）、聚丙烯（PP）材料的超滤膜。

表 4-2　超滤膜材料

序号	种　类	名　　称
1	纤维素酯	（1）醋酸纤维素（CA）。 （2）三醋酸纤维素（CTA）。 （3）醋酸硝酸混合纤维素（CA-CN）
2	聚砜类	（1）聚砜（PSF）。 （2）聚醚砜（PES）
3	聚烯烃	（1）聚丙烯（PP）。 （2）聚丙烯腈（PAN）。 （3）聚乙烯醇（PVA）。 （4）聚氯乙烯（PVC）
4	含氟聚合物	（1）聚偏氟乙烯（PVDF）。 （2）聚四氟乙烯（PTFE）
5	其他	（1）聚砜酰胺（PSA）。 （2）聚苯硫醚（PPS）。 （3）无机膜材料：如陶瓷（Al_2O_3，ZrO_2）、玻璃和金属等

超滤膜可滤除细菌、胶体、悬浮物、蛋白质等大分子物质，

表 4-3 是某超滤膜的过滤效果。

表 4-3　　某超滤膜的过滤效果

水中杂质	滤除效果
悬浮物，微粒大于 2μm	100%
淤塞指数（SDI）	出水小于 1
病原体	>99.99%
浊度	出水小于 0.5NTU
溶解性总固体	>30%
胶体硅、胶体铁、胶体铝	>99.0%
微生物	99.999%

注　膜的切割分子量为 10 万道尔顿（葡聚糖）；道尔顿（Dalton）为分子的质量单位，简写为 Da、D，1 道尔顿为碳同位素^{12}C 原子质量为 1/12，相当于 1.661×10^{-24}g。

超滤膜有板框式（板式）、中空纤维式、管式、卷式等多种结构。

（五）沟状

沟状过滤介质是由许多叠在一起的盘片组成的。盘片的两面刻有沟槽，沟槽的尺寸决定了过滤精度。多张盘片被压紧在一起时，相邻盘片的沟槽形成水流通道，图 4-2 是三种形状通道示意。当原水从盘片外部进入时，大尺寸的颗粒被拦截在外缘沟槽中，而比较小的颗粒则可随水流沿沟槽进入盘片内部，由于沿程孔隙逐渐减小，于是小颗粒也能被截留在盘片内部沟槽中。当沟槽累积了大量杂质后，改变进出水流方向，压紧的盘片自动松

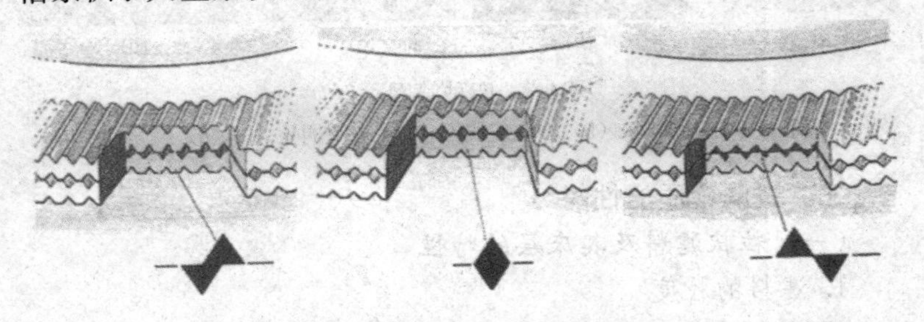

图 4-2　盘片沟槽形成的三种过滤通道形状

开，并喷射压力水冲刷盘片，使盘片高速旋转，通过冲刷和旋转作用，使盘片得到清洗。然后再改变进出水流向，恢复初始的过滤状态。

盘式过滤器的过滤精度取决于沟槽大小，通常有 20、50、100、200μm 多种规格，工作压力 0.28～0.8MPa，工作温度 4～70℃，使用 pH 值范围为 5～11.5，过滤时压力损失一般为 0.001～0.08MPa。

（六）筛网

筛网过滤介质是具有网眼的硬质片状物，过滤精度取决于网眼大小。一般，在过滤精度 10μm～20mm 内有许多种规格的筛网。

筛网种类较多。根据几何形状分，有平板状和筒状等筛网；根据网眼形状分，有圆孔、长圆孔、长方孔、正方孔、三角孔、菱形孔、凸形孔、六角孔、八字孔、十字孔、梅花孔、鱼鳞孔、楔形（V 形）孔等筛网；根据网眼形成机制分，有冲孔网、编织网、电焊网；根据材质分，有不锈钢、碳钢、镀锌钢、铜和塑料材质的筛网；根据过滤对象分，有过滤空气、液体、粉末固体的筛网。图 4-3 列举了四种筛网。

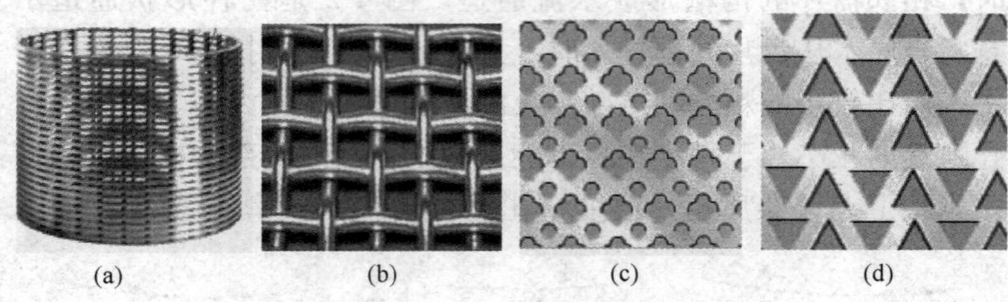

(a) (b) (c) (d)

图 4-3　四种筛网示例

(a) 楔形长方孔电焊网；(b) 方孔编织网；(c) 梅花冲孔网；(d) 三角冲孔网

三、过滤介质的性能

（一）粒状滤料及其床层的特性

1. 滤料的粒度

滤料的粒度（又称滤料的级配）包括滤料的粗细和大小的分

散程度两个方面，常用一组标准筛过筛滤料获得粒度信息。图4-4是某粒状滤料的筛分曲线，图中纵坐标表示小于某一筛孔孔径的滤料所占的质量分率，横坐标表示筛孔孔径即滤料的粒径。筛分曲线沿横轴延伸越长，说明滤料颗粒的大小差别越大；曲线整体在横轴上的位置表示了滤料的整体粗细。在实际应用中，更常用的表示方法是从筛分曲线上选取以下几个代表点来描述滤料粒度特性。

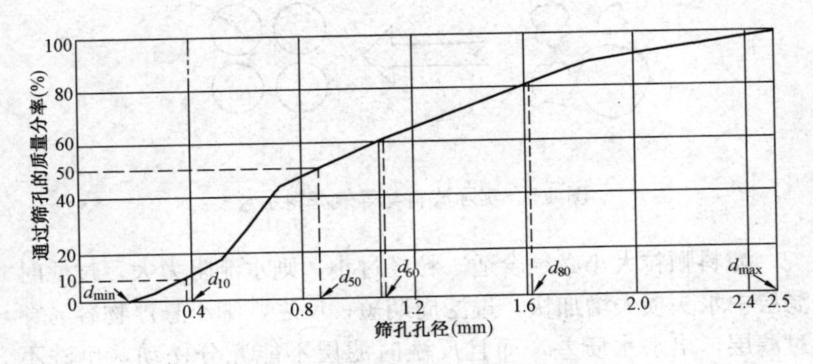

图4-4 某粒状滤料的筛分曲线

(1) 粒径。表征滤料粒径的代表点是有效粒径 d_{10}、平均粒径 d_{50}、最大粒径 d_{max} 和最小粒径 d_{min}、当量粒径 d_e。①d_{10}：表示10%质量的滤料能通过的筛孔孔径；②d_{50}：表示50%质量的滤料能通过的筛孔孔径；③d_{max} 和 d_{min}：共同给出了滤料大小的界限，表示所有滤料粒径均处在这一范围内，水处理一般要求石英砂滤料的粒径范围为0.5～1.2mm；④d_e：又称等效粒径，是基于以下认识而虚拟的粒径指标。滤料的过滤性能主要由滤料颗粒的表面积决定，因此，在保持表面积相等的前提下，可将形状不规则、大小参差不齐的实际滤料颗粒群，假想成等径球形滤料群（等效滤料），如图4-5所示。此等效球形滤料颗粒的直径称为等效粒径，也称当量粒径。经数学推导，可得当量粒径的计算公式为

$$d_e = \frac{1}{\alpha \sum (p_i / d_{p_i})} \tag{4-1}$$

$$d_{p_i} = (d_i + d_{i+1}) / 2$$

式中：p_i为粒径介于（d_i，d_{i+1}）范围内滤料的质量分率；d_{p_i}为粒径介于（d_i，d_{i+1}）范围内的滤料的平均粒径；α为形状系数，定义为实际滤料表面积与等体积球形滤料表面积之比，$\alpha > 1$。

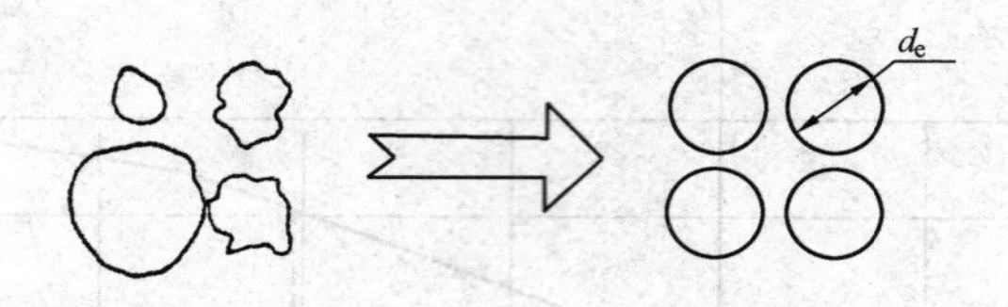

图 4-5　实际滤料与等效滤料示意

滤料颗粒大小必须合适。粒径过小，则水流阻力大，过滤时滤层中水头损失增加快，过滤周期短；反之，细小悬浮物容易穿过滤层，出水水质差，而且反洗时滤层不能充分松动，反洗不彻底。

（2）不均匀系数。不均匀系数反映了滤料的大小分布，国内一般用k_{80}表示，定义为 80％质量的滤料能通过的筛孔孔径（d_{80}）与有效粒径（d_{10}）的比值，即$k_{80} = d_{80}/d_{10}$。不均匀系数也可用k_{60}表示，它是 60％质量的滤料能通过的筛孔孔径（d_{60}）与有效粒径（d_{10}）的比值，即$k_{60} = d_{60}/d_{10}$。不均匀系数k_{80}一般不应超过 2.0，否则反洗流量不易控制和滤层不同深度处孔隙差别太大，这都对过滤不利。

粒度指标可从图 4-4 所示的筛分曲线上查得（d_e需通过查出p_i和d_{p_i}计算求得）。从图上查得$d_{10} = 0.38$mm，$d_{50} = 0.86$mm，$d_{60} = 1.10$mm，$d_{80} = 1.62$mm，$d_{min} = 0.125$mm，$d_{max} = 2.50$mm；然后求得$k_{80} = 4.26$，$k_{60} = 2.89$，计算得$d_e = 0.59$mm（假设$\alpha = 1.2$）。

2. 滤料的机械强度

粒状滤料应当具有足够的机械强度，因为在反洗过程中，处于流态化的滤料颗粒之间会不断碰撞和摩擦，强度低的滤料容易破碎，而破碎的细小滤料会增加滤层阻力，使过滤周期缩短。

常用磨损率和破碎率表征滤料的机械强度。测定方法是将一定质量粒径大于 0.5mm 的洁净干燥滤料置于含钢珠的振荡机内振荡一定时间后，粒径小于 0.25mm 和粒径介于 0.25～0.5mm 的滤料的质量与样品总质量比值的百分数分别称为磨损率和破损率。具体测定步骤参见 CJ/T 43—2005《水处理用滤料》。水处理中要求石英砂和无烟煤滤料的磨损率和破损率之和小于 2%。

3. 滤料的化学稳定性

滤料必须化学稳定，以免污染水质。一般，石英砂在中性、酸性介质中比较稳定，在碱性介质中有溶解现象；无烟煤在酸性、中性和碱性介质中都比较稳定。因此，当过滤碱性水（如经石灰处理后的水）时，不能用石英砂，而宜用无烟煤或大理石。

CJ/T 43—2005《水处理用滤料》规定用盐酸（水与浓 HCl 体积比为 1∶1）可溶率表征滤料化学稳定性，要求石英砂和无烟煤滤料的盐酸可溶率小于 3.5%。

4. 粒状滤料床层

(1) 滤层厚度。滤层厚度是指滤料在过滤设备中的堆积高度。过滤时，达到某规定水质所需要的滤层厚度，称为悬浮杂质的穿透深度。穿透深度加上一定安全因素的厚度（如增加 400mm）即为滤层的设计厚度。研究结果表明，穿透深度与滤速的 1.56 次方和滤料有效粒径的 2.46 次方的乘积成正比。因此，滤速或滤料粒径太大，细小悬浮物容易穿透滤层，出水水质差。不过，滤速或粒径不能太小，因为杂质的穿透能力差，滤层中的污泥局部集中、滤层堵塞快、水流阻力大、过滤能耗高、过滤周期短。所以，滤速和滤料粒径必须合适。

(2) 孔隙率。滤层的孔隙即滤料之间的空隙。孔隙率表示单位堆积体积滤料层中空隙的体积。滤层的孔隙率与滤料颗粒形状、粗细程度、堆积时的松密程度等有关。均径的球状颗粒层，孔隙率在0.26～0.48。非均径颗粒床层，因小颗粒可嵌入大颗粒之间的孔隙中，孔隙率减少。颗粒越带棱角，越偏离球形，则孔隙率越大，甚至高达0.6以上。一般，石英砂滤料层的孔隙率在0.38～0.43。滤层的孔隙既是水流通道，又是储泥空间。过大的孔隙率，悬浮杂质易穿透；过小的孔隙率，则储泥空间小、过滤周期短、水流阻力大。虽然孔隙率对过滤有影响，但是目前人们还不能像控制粒度和层高那样自由地选择孔隙率使之最佳，一般任其自然。

（3）滤床中滤料的排列。单层滤料滤床在水流反冲洗后，由于水力分级作用，呈现上层滤料粒径小、滤层孔隙率小，下层滤料粒径大、孔隙率大的层态。水流自上而下地在滤层孔隙间行进过程中，杂质首先接触到的是截污能力最强的上层细滤料，大颗粒悬浮物最先被除去，剩下一些小颗粒悬浮物被输送到下一层。由于下层滤料比上一层粒径大，其截留能力不及上一层，故需要比较厚的一层滤料去拦截这些微小悬浮物，越往下层，这一现象越明显。从整体上看，这种过滤方式是用截污能力最强的细滤料（表层）去拦截水中最容易除去的大颗粒杂质，用截污能力最弱的粗滤料（底层）去拦截水中最难除去的小颗粒杂质，也就是说沿着水流方向，滤床截污能力由强到弱的变化与水中杂质先易后难的分级筛除很不适应。所以，这种滤床出水水质差，过滤周期短。这种过滤，事实上会造成污泥绝大部分堆积在上层，导致局部阻力增长过快，因而总的水头损失大。

从上面分析可知，单层滤料向下流过滤的固有缺陷是沿过滤水流方向滤料颗粒由小到大排列。消除这一缺陷有两条途径：一是改变水流方向，让水自下而上通过滤料层，即采用向上流过滤；二是用多层滤料，即通过选择密度不同的两种或三种滤料，做到反冲洗后轻而粗的滤料在上层，细而重的滤料处于下层，形成上粗下细的较佳排列。多层滤料过滤器中每种滤料装填一定高度形成一层，各层叠加共同构成滤床。多层滤床客观上受滤料种类的限制，不可能装填无限层，现已用于生产实际的只有双层滤床（如无烟煤一石英砂）和三层滤床（如煤一砂一磁铁矿）。

（二）颗粒活性炭的性能

活性炭是最常用的多孔吸附剂，它的比表面积可达 500～1700m^2/g，因而具有很强的吸附作用。活性炭以优异、广谱的吸附性能著名，可强烈吸附种类繁多的溶质，故有人称之为万能吸附剂。活性炭是用木材、果壳或煤炭等含碳原料在高温下经过炭化和活化制成的。

生产活性炭的原材料主要有四类：①植物：如木材、锯末、果核、果壳、椰壳、棉花秸、蔗糖渣等；②矿物：如各种煤和石油残渣等；③废弃物：如动物的骨头和血，废旧的塑料和橡胶等；④纤维：如聚丙烯、聚丙烯腈、沥青纤维等。净化水用煤质颗粒活性炭标准见 GB/T 7701.2—2008《煤质颗粒活性炭　净化水用煤质颗粒活性炭》，木质净水用活性炭标准见 GB/T 13803.2—1999《木质净化水用活性炭》。表示活性炭性能的指标有密度、粒度、比表面积、着火点、水分、灰分、未炭化物、氰化物、硫化物、重金属、pH 值、强度、酸溶物、氯化物、脱色率、比表面积、碘吸附值、亚甲蓝吸附值、CCl_4吸附值、焦糖吸附值、苯酸吸附值和装填密度等。

在水处理中，用活性炭可吸附水中的有机物（包括苯酚、农药、油脂等）、臭味、颜色、病毒、重金属和洗涤剂等。活性炭过滤是反渗透系统中除去余氯的有效手段，以保护反渗透膜免遭氧化。

（三）纤维滤床的特性

表示纤维滤床特性的指标有纤维直径、孔隙尺寸、比表面积和孔隙率等。其中孔隙尺寸、比表面积与过滤时纤维的挤压状态、纤维丝弯曲程度有关。从理论上讲，平行纤维丝束受挤压时存在着三角形和方格形等两种极端排列，其中三角形排列为稳态，方格形排列为非稳态。

（1）纤维直径。一般，用作滤料的纤维直径为 20～50μm。

（2）孔隙尺寸。直径为20～50μm的纤维，稳态排列的孔隙尺寸为3.2～8.1μm，非稳态的孔隙尺寸大致是稳态的2倍多。

（3）比表面积。直径为20～50μm的纤维，稳态排列的比表面积为20.7万～8.3万m^2/m^3，非稳态排列的比表面积为15.7万～6.3万m^2/m^3。

（4）孔隙率。直径为20～50μm的纤维，稳态和非稳态排列的孔隙率分别为10.3%和21.5%。

纤维滤料的截污能力明显高于粒状滤料，原因是纤维滤料的孔隙尺寸小，大约为粒状滤料的1/25，而比表面积大，大约为粒状滤料的29倍。这里，粒状滤料的直径为0.85mm，孔隙尺寸和比表面积分别为136μm和4928m^2/m^3。

经过混凝沉淀处理后，水中悬浮颗粒粒径大都在2～30μm。所以，纤维滤床的孔隙尺寸与粒状滤料床相比，更适合过滤这些悬浮颗粒。

（四）滤膜的特性

表示滤膜性能的指标有孔特性、水通量、截留率、截留分子量和跨膜压差等。

1. 孔特性

常用平均孔径、最大孔径、孔隙率和孔径分布等物理量表征滤膜的孔特性。

膜孔径通常采用泡压法测定。测定原理：先用液体（水）充满膜孔，然后测定空气穿过膜孔而以气泡形式冒出所需的压力（称泡点压力），根据式（4-2）计算膜孔的半径为

$$r = 2\sigma\cos\theta/p \tag{4-2}$$

式中：r为膜孔的半径；σ和θ为液体界面张力、液体与膜之间的接触角，可用专用仪器测定；p为泡点压力。

一般，以出现第一个气泡时所测压力计算最大孔径，而以气泡最多时所测压力计算平均孔径。

孔隙率是指膜孔体积占整个膜体积的百分率；孔径分布则是膜中不同孔径的孔数占膜总孔数的比率。

2. 水通量

水通量又称透水通量、透过通量，是指单位时间单位有效膜面积透过的水体积，单位为 L/(m^2 · h) 或 m^3/ (m^2 · h)，商品膜通常标出了纯水通量，它是在 25℃、0.1MPa 下用洁净的新膜所测得的透过通量。根据透水通量和组件的膜面积，可计算单支膜组件的产水量。

3. 截留率

截留率又称去除率、滤除率，是指一定分子量的溶质被滤膜所截留的百分数，即

$$R = \frac{c_b - c_p}{c_b} \times 100\% \quad (4\text{-}3)$$

式中：R 为截留率，%；c_b、c_p 为进水和透过水中的溶质浓度。去除率有时用“log”形式表示，例如，去除率 3log、6log 依次表示去除率为 99.9%和 99.999 9%。通常，人们将膜过滤装置的进水、透过水和浓缩水分别称为料液、透过液和浓缩液。

4. 截留分子量

截留分子量又称切割分子量（MWCO），一般是指能被滤膜截留住 90%的溶质最小分子量，单位为道尔顿（Dalton，简记为 D）。截留分子量小，表明膜孔径小。通过测定膜对一系列不同分子量标准物质的截留率，做如图 4-6 所示的“截留率-分子量”曲线，即可确定截留分子量。图 4-6 中 A、B 和 C 分别代表三种膜。

同一张膜，其孔径不可能完全相同，而是分布在一定范围内，表现为膜对不同分子量的溶质具有不同的截留率。图 4-6 中，曲线越陡，表明膜的截留分子量范围越狭窄，孔径越均匀一致，性能越好；曲线整体越靠近纵轴，表明膜孔径越小，过滤能力越强，但过滤阻力越大。

分子量相等的不同溶质，可因组成元素、化学键的不同，它们的外形尺寸、与膜的相互作用力等有明显差异，所以，截留分子量与测定时所用的标准物质有关。

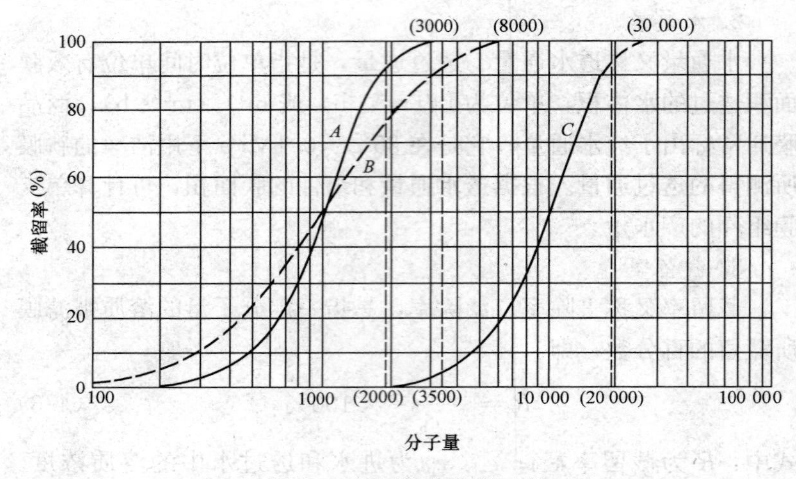

图 4-6　滤膜筛分曲线示意

5. 跨膜压差

跨膜压差指水透过超滤膜时的压降，相当于进水与透过水之间的压力差，常用 TMP 表示。孔径小、水温低、水通量大，则跨膜压差大；随着膜污染的加重，跨膜压差增加，当增加到某一规定值时，应进行清洗。

此外，表示滤膜性能的指标还有 pH 值范围、最高使用温度、强度和化学耐久性等。

第二节　过　滤　原　理

一、粒状滤料过滤原理

（一）截污原理

过滤过程中，滤床中滤料颗粒间的空隙构成水流通道，水进入滤床后就在弯曲的空隙间流动。滤层的孔隙分布很像一个网，整个滤层就是由许多筛网层层叠加而成，形成拦截水中悬浮杂质的屏障。这种筛孔不是普遍的筛孔，它既能机械筛除比孔眼大的杂质，又能吸附比孔眼小的部分杂质不让其通过，剩余的比孔眼小的杂质被输送到下游，由下层滤料滤除，最后只剩下少量微小杂质残留在出水中。原水杂质是随水在滤层流动过程中被滤料筛除或吸附的。

滤床中滤料的截污机理比较复杂，一般认为包括迁移、黏附和剥落三个过程。迁移过程是指滤层孔隙水中悬浮杂质运动到滤料表面上，这一过程也称输送过程、碰撞过程；黏附过程是指滤料对其表面处的悬浮杂质的黏合，这一过程又称吸附过程或吸着过程；剥落过程是指水流剪切力将已经黏附的杂质从滤料表面剥离下来的过程。

1. 迁移过程

迁移的途径（如图 4-7 所示）主要有：①布朗运动：较小的悬浮杂质颗粒，由于布朗运动与滤料颗粒发生碰撞；②惯性运动：水通过滤料空隙所形成的弯弯曲曲通道时，被迫经常改变流动方向，而具有一定质量的悬浮杂质又具有力图保持原运动方向不变的惯性，这样杂质可能沿水流切线方向被抛至滤料表面；③重力沉降：具有一定质量的杂质，在重力作用下脱离流线而直接沉降在滤料颗粒上；④拦截：尺寸较大的悬浮杂质颗粒，被空隙小的滤料层阻拦不能前进，直接与滤料颗粒接触；⑤水力作用：在滤料表面附近存在着水流速度梯度，非规则形状杂质在力矩作用下，会产生转动而脱离流线与滤料颗粒表面接触。另外，

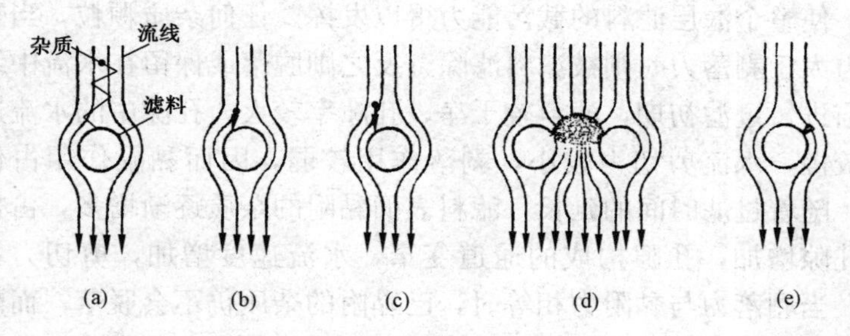

图 4-7　迁移途径示意

（a）布朗运动；（b）惯性运动；（c）重力沉降；
（d）拦截；（e）水力作用

杂质在水流紊动下也会跨越流线运动至滤料表面。

2. 黏附过程

关于悬浮杂质与滤料间的黏附力，目前研究得还不透彻，仅能笼统列举如下：机械筛除、化学键、范德华力、絮凝和生物作用等。这些作用与原水条件、药品的添加量、添加药品的种类和滤料特性等因素有关。当水中杂质迁移至滤料表面上时，在上述若干种力的共同作用下，被黏附于滤料颗粒表面上，或者黏附在滤料表面上原先黏附的杂质上。在接触絮凝过滤时，絮凝颗粒的架桥作用比较明显，这时滤料颗粒或已黏附污泥的滤料颗粒类似晶种，可加速絮凝颗粒长大。黏附力主要决定于滤料和水中杂质表面的物理化学性质及它们之间的亲合力。因此，从这一概念出发，可以说过滤效果主要取决于颗粒的表面性质，而增大杂质尺寸或缩小孔隙尺寸对提高过滤效果不一定有利。因为杂质尺寸太大或滤料太细、孔隙太狭窄，易形成表层机械筛滤，水中杂质集中堆积在滤料表层，孔隙很快堵塞，水中杂质难以输送到下游滤层中，表层以下的绝大部分滤料不能发挥过滤作用。

3. 剥落过程

滤料空隙中水流产生的剥落作用涉及两个方面问题。一方面，剥落导致杂质与滤料颗粒间的碰撞无效；另一方面，剥落有利于杂质输送到滤层内部，进行深层过滤，避免了污泥局部聚积，使整个滤层滤料的截污能力得以发挥。任何杂质颗粒，当黏附力大于剥落力时则被滤料滤除，反之则脱落或保留在水流中继续前进。过滤初期，滤料较干净，孔隙率较大，孔隙中的水流速度较慢，水流剪切力较小，剥落作用较弱，因而黏附作用占优势；随着过滤时间的延长，滤料表面黏附的杂质逐渐增多，占据的孔隙增加，孔隙构成的通道变窄，水流速度增加，剪切力增大，当剥落力与黏附力相等时，已黏附的杂质仍不会脱落，而随水流输送到此处的杂质也不能被截留，继续被水流携带到后续较为清洁的滤料层中滤除。上述过程持续下去，层层滤料的截污能力逐步得以发挥。

黏附力由滤料和杂质的性质决定，剥落力则由过滤操作的外部条件（如滤速）决定。滤速快，滤速波动幅度大，或者滤速上升速度快，水流剪力大，剥落作用强。滤速突变会破坏黏附力与剥落力之间的平衡，因而对过滤过程有影响。试验结果表明，其影响程度与过滤进程有关，滤速变化若处于过滤阶段的中期或前期，出水端尚有大量干净滤料保持着较强的应变能力，因而对出水水质影响不大，若处于失效点附近，则滤速降低，出水浊度减少，反之出水浊度增加。例如某过滤器，当运行至出水浊度 11.5NTU 时，滤速由 25m/h 突然降低至 10m/h，4min 后出水浊度降低至 4.4NTU，8min 后降低至 0.3NTU，此时又将滤速恢复至 25m/h，出水浊度又回升到 10NTU。因此，生产实际中应尽量避免在过滤进行到接近失效时增加滤速。

剪切力随水温递减。水温低，水的黏度大，水流的剪切力大，因而杂质的穿透深度大。设计滤层时，应考虑当地气候条件，低温地区或低温季节时间长的地区宜先选择较高的滤层、较小的滤料粒径和较低的滤速。

（二）过滤过程

在过滤过程中，水中的悬浮物被滤床截留，随着滤层中杂质截留量的增加，水流流过滤层的水头损失也相应增加，当水头损失增加到一定程度以致产水流量或出水水质达不到要求时，过滤设备就要停止过滤实施反冲洗，清除滤层中的污泥，恢复滤料过滤能力。从过滤开始到反冲洗结束这一阶段的工作时间称为工作周期，从过滤开始至过滤结束这一阶段的实际工作时间称为过滤周期。实际工作时间是滤池过滤运行的有效时间，不包括滤池停止运行所占用的时间。过滤周期由滤床特性、原水水质、过滤速度等因素决定。一般，工作周期为 12～24h。过滤器的产水量取决于滤速（以 m/h 计），滤速相当于滤池负荷。滤池负荷以单位时间、单位过滤截面积上的过滤水量计，单位为 $m^3/(m^2 \cdot h)$ 或 m/h。当进水浊度在 15NTU 以下时，单层滤料池的滤速为 8～10m/h，双层滤料池的滤速为 10～14m/h，三层滤料池的滤速为 18～20m/h。

1. 水头损失和出水水质

在过滤初期，杂质截留主要发生在最上一层滤料中，而大部分下层滤料尚处在等待状态。随着过滤的进行，上层滤料污泥不断增多，孔隙减少，水流通道变窄。其结果，一方面使水流阻力增加即 h_{ft} 增加，另一方面水流速度增大，对已截留的污泥冲刷剥落作用增强，迫使一部分杂质输送到下一层滤除，这时水中悬浮物的截留带从上层转移到下一层。继续过滤，截留带进一步向下推进，当截留带前沿接近最底部滤层后再继续过滤，则出水浊度增加。过滤过程中水头损失 h_{ft} 和出水浊度 ρ 呈现图 4-8 所示的变化趋势。

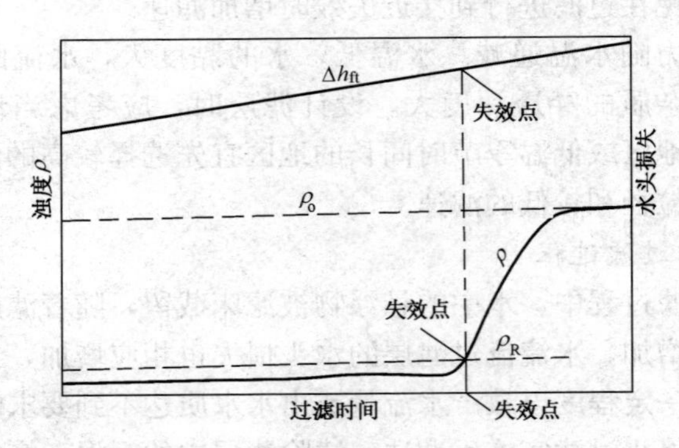

图 4-8　水头损失和出水水质的变化

计算滤层水头损失的公式有多种形式，式（4-4）是其中的一种：

$$h_{ft}=h_{fo}+\frac{KuC_0t}{1-m} \tag{4-4}$$

式中：h_{ft} 为滤层的水头损失；h_{fo} 为清洁滤层的水头损失，用式（4-5）计算；K 为比例系数，由试验确定；u 为滤速；C_0 为原水浊度；t 为过滤时间；m 为滤层孔隙率。

$$h_{fo}=\frac{180\mu(1-m)^2}{\rho g m^3 d_e^2}uL \tag{4-5}$$

式中：μ 为水的动力黏度；L 为滤层厚度；ρ 为水的密度；g 为重力加速度；d_e 为滤料当量粒径。

式（4-4）和式（4-5）表明，水头损失由三个方面因素决定：①滤层特性：孔隙小、滤料细、滤床高的滤层阻力大；②进水水质：进水浊度高时水头损失大；③操作条件：提高滤速、降低水温或延长过滤时间，则水头损失上升。

2. 失效点的控制

为保证出水水质，控制制水能耗，过滤器通常运行了一段时间后停止过滤，然后反冲洗，清除滤层中的污泥，恢复滤料过滤能力。例如，当过滤器运行到出水浊度达到规定的允许值 ρ_R（如 3NTU）或者进出口压差达到规定的允许值（如 29.4kPa）时，则认为滤床失效而不再运行。图 4-8 曲线上滤床失效所对应的状态点称为失效点。

失效点是由滤床特性和操作条件决定的。失效并不意味着滤床完全丧失截污能力。从滤出水水质来看，失效点是出水水质经时曲线上水质合格与不合格的分界点。显然，人为规定的允许压差或允许浊度不同，失效点不一样，运行周期也不同。一般情况下，过滤器失效时，滤床仍残留相当多的截污容量。挖掘残留截污潜力，推迟失效点的到来，一直是过滤研究的重要课题。

过滤终点是过滤器运行的停止点。过滤终点与失效点是两个不同而又紧密相关的概念。终点以失效点作为停止过滤的目标，但常因操作和检测等方面的原因，它可能比失效点提前也可能滞后，往往不会正好停止在失效点上。生产实际中，多保守地在失效点之前结束过滤。由于与失效点对应存在着唯一的水头损失、出水浊度和过滤时间，所以，过滤器是否失效，可从出水浊度、进出口压差和过滤时间是否超过允许值这三个方面中任一项指标来判断。

（三）反冲洗

反冲洗简称反洗、冲洗，因水流方向与过滤的水流方向相反，故称反洗。

1. 冲洗方式

反冲洗可采用水冲洗或空气辅助擦洗的方式。水冲洗是让冲洗水以较大的流速沿着与过滤相反的方向通过滤层，使滤料呈悬浮状态，利用水流剪切力和滤料间的碰撞摩擦作用，将滤层截留的杂质剥离下来，随水排出。空气辅助冲洗则是采用空气和水交替或混合进行清洗，空气在滤料间隙穿过，促使孔隙胀缩，造成滤料颗粒的升落、旋转、碰撞和摩擦，使附着的杂质脱落后随水排出。

2. 反冲洗原理

反冲洗造成滤料洁净的主要原因是水流剪切作用和滤料间碰撞摩擦作用。

（1）剪切作用。剪切力与冲洗流速和滤层膨胀率有关，冲洗流速小，水流剪切力也小；冲洗流速过大，滤层膨胀率过大，剪切力也会降低。计算结果表明，膨胀率为80％～100％，或者膨胀后的孔隙率为0.68～0.7时，剪切力最大。

（2）碰撞摩擦作用。反冲洗时颗粒间碰撞摩擦频率和冲量也与滤层膨胀率有关。膨胀率过大，滤料颗粒之间距离太大，碰撞机会和冲量总和减少；膨胀率过小，水流紊动强度或扰动强度过小，同样也会导致碰撞频率和冲量下降。贝里斯（Baylis）和寺岛等认为，20％～30％的膨胀率所对应的冲量和碰撞频率最大。

按剪切力最大要求，应采用高的膨胀率，按冲量最大要求，则应采用低的膨胀率。兼顾剪切力和摩擦力，目前推荐使用的膨胀率约为50％。

3. 反冲洗条件的控制

反冲洗对过滤运行至关重要，如果反冲洗强度或冲洗时间不够，滤层中的污泥得不到及时清除，当污泥积累较多时，滤料和污泥可能黏结在一起变成泥球甚至泥毯，过滤过程严重恶化；如果反冲洗强度过大或历时太长，则细小滤料流失，甚至底部承托层（如卵石层）错动而引起漏滤料现象，而且耗水量也必然增大。因此，反冲洗的关键是控制合适的反冲洗强度（或膨胀率）

和适当的冲洗时间。较理想的反冲洗操作应该是有效、经济且不会产生故障。

（1）反冲洗膨胀率。膨胀率用反冲洗时滤层增加的厚度与滤层原厚度比值的百分数来表示，即

$$e=\frac{L-L_0}{L_0}\times 100\%$$

式中：e 为滤层膨胀率；L_0 为滤层膨胀前的高度；L 为滤层膨胀后的高度。

当反冲洗流速一定时，则滤料粒径不同，膨胀率也不同，粒径小的滤料膨胀率大，粒径大的滤料膨胀率小。对于同质滤料层，反冲洗时，细滤料趋向上部，粗滤料趋向下部，形成上细下粗的排列方式，滤料的膨胀率自上而下减少。鉴于上层细滤料截留污物比较多，反冲洗时，应尽量满足这层滤料对膨胀率的要求，同时下层最大的滤料也应达到最小流化程度，即刚刚开始膨胀的程度。通常，单层、双层滤床的 e 为 45％～50％，三层滤料滤床的 e 约为 55％。

（2）反冲洗强度。反冲洗时，单位时间、单位过滤截面积上反冲洗水量，称为反冲洗强度，简称反洗强度，用 q 表示，单位为 $L/(m^2 \cdot s)$。反洗强度取决于滤料的粒度和密度，当要求的膨胀率一定时，滤料越粗和密度越大，需要的反洗强度也越大。膨胀率和冲洗强度是从两个不同角度表示同一反冲洗强弱程度的指标，膨胀率是用滤床流态化程度表示反冲洗强弱的，而反冲洗强度则是以反洗水流速大小表示反冲洗强弱的。因此，生产中可用其中一个指标作为控制的依据。

（3）反冲洗时间。滤床反冲洗时，即使反冲洗强度符合要求，若反冲洗时间不足，也不能洗净滤料。反冲洗时间可通过试验确定。图 4-9 所示是某砂滤池洗净进度随冲洗时间变化，它表明随着冲洗的进行，滤层中残留污泥不断减少，排水浊度随之下降，例如，当反冲洗约 4min 时，滤料中绝大部分污泥被除去；反冲洗至 8min 时，滤料已基本恢复干净；当反冲洗约 15min 以

后，继续反冲洗对恢复滤池过滤能力并无帮助。由于反冲洗的难易与污泥附着力大小有关，故实际工作中应根据具体情况选择合适的反冲洗方式和条件。

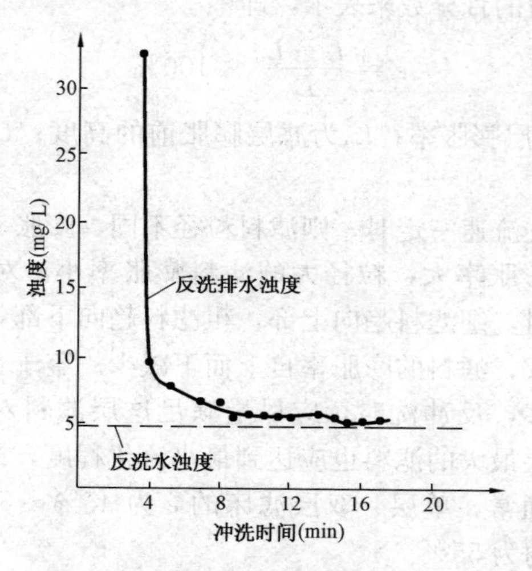

图 4-9　某砂滤池洗净进度随冲洗时间变化

一般，水反洗的控制条件见表 4-4，气-水联合清洗的控制条件见表 4-5。

表 4-4　　水反洗的控制条件

滤层形式		冲洗强度［L/(m² · s)］	反冲洗时间(min)
重力式过滤	无烟煤	10	5～10
	石英砂	12～15	5～10
	无烟煤＋石英砂	13～16	5～10
	无烟煤＋石英砂＋重质矿石	16～18	5～10
压力式过滤	细石英砂	10～12	10～15
	石英砂	12～15	5～10
	无烟煤	10～12	5～10

续表

滤层形式		冲洗强度［L/(m²·s)］	反冲洗时间(min)
压力式过滤	石英砂＋无烟煤	13～16	5～10
	无烟煤＋石英砂＋重质矿石	16～18	5～10

注 1. 水温每增减1℃，冲洗强度相应增减1%。

2. 由于全年水温、水质有变化，应考虑有适当调整冲洗强度的可能。

3. 选择冲洗强度应考虑所用混凝剂品种的因素。

4. 无阀滤池冲洗时间可采用低限。

表 4-5　　气-水联合清洗的控制条件

冲洗方式	冲洗强度 q［L/(m²·s)］			
	气洗	水洗	气-水合洗	
			气洗	水洗
先用空气擦洗，再用水低速反冲洗	10～20	3～5		
先用空气擦洗，再用水高速反冲洗	15～25	10～15		
先同时用空气和水低速反冲洗，再用水低速反冲洗		4～5	8～16	2.5～4
先同时用空气和水低速反冲洗，再用水高速反冲洗		4～5	8～16	2.5～4

注 上述各种反冲洗方法的反冲洗时间，气洗控制在2～5min；水单独反冲洗控制在2～4min。

二、活性炭吸附过滤原理

活性炭主要是通过吸附作用去除水中有机物、色度或嗅味物质，通过还原作用去除水中余氯，通过过滤作用去除水中悬浮固体。活性炭具有发达的多孔结构和特殊的表面化学性质，因而具有很强的吸附能力。

（一）活性炭的物理结构

活性炭是疏水性的吸附剂，能选择性吸附非极性物质（如有机物）。此外，碳本身就是还原剂，利用这一特性可去除水中氧化剂（如余氯）。

活性炭中碳微晶间的强烈交联形成了发达的微孔结构，制造过程中的活化反应使微孔扩大为大小不同的孔隙，孔隙表面的一部分被烧掉，结构出现不完整，加之灰分和其他杂原子的存在，使其结构产生缺陷和不饱和键，缺陷处的氧和杂原子使活性炭产生吸附能力。

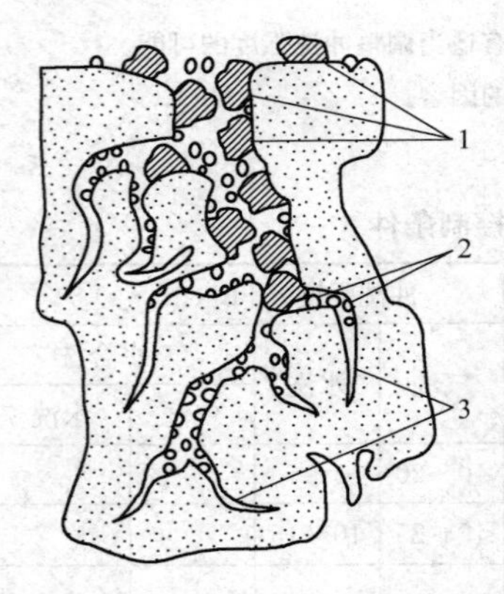

图 4-10　活性炭孔径分布示意
1—大孔；2—中孔；3—微孔

活性炭有三种类型的孔道，如图 4-10 所示。大孔直径超过 50nm，中孔（又称过渡孔）直径为 2～50nm，微孔直径小于 2nm。微孔还可进一步划分，直径小于 0.8nm 的孔称为一级微孔，直径为 0.8～2nm 的孔称为二级微孔。活性炭孔道壁面是吸附溶质的工作面，此工作面积的大约 90％由微孔形成。单位质量活性炭内部孔道的壁面积称为比表面积，常用单位为 m^2/g。大孔、中孔和微孔的比表面积依次约为 0.5～2、20～70m^2/g 和 500～1500m^2/g。大孔构成溶质在活性炭内部迁移的通道，吸附容量有限；中孔提供进入微孔的通道，并能吸附分子量较高的物质；微孔是吸附溶质的主要场所，可以吸附低分子量的气体和溶液中的小分子，但分子量较高的分子不能进入微孔内。如果用活性炭吸附小分子物质，可使用微孔较多的产品；如果要吸附较大的分子，则要选用有较多中孔的产品。活性炭孔隙的状况，取决于生产原料和制造方法。

（二）表面化学性质

对活性炭吸附能力有重要影响的是含氧官能团和含氮官能团。

（1）含氧官能团。含氧官能团可能有以下 8 种存在形式：羧基、酸酐、内酯基、乳醇基、羟基、羰基、醌基和醚基，其中前

5种表现出酸性。一般，氧原子越多，酸性越强。含氧多的酸性活性炭具有阳离子交换特性，含氧少的碱性活性炭具有阴离子交换特性。

（2）含氮官能团。含氮官能团可能有以下5种存在形式：酰胺基、酰亚胺基、乳胺基、吡咯基和吡啶基，这些基团使活性炭表现碱性及阴离子交换特性。

（三）吸附原理

吸附是自然界普遍存在的现象，它发生在两相的界面上，如墙面附着灰尘。常见的两相界面是指气体与固体（记作气-固）或液体与固体（记作液-固）之间的接触面。两相接触后，气体或液体混合物中的组分聚集在固体表面的现象称为吸附，吸附的逆现象称为脱附，又称解吸。这里，固体物质称为吸附剂，聚集在固体表面的物质称为吸附质。固体表面包括外表面和内部孔隙的壁面（简称内表面）。目前，生产实际中使用的吸附剂具有非常发达的孔隙，它的内表面积远远超过外表面积，所以，吸附剂性能强弱主要取决于内表面积和孔隙的大小，以及壁面的物理化学性质。

活性炭吸附的动力是由于固体表面存在着对溶质的吸引力，吸引力的源泉为分子间引力和化学键，这两种不同引力产生两种不同的吸附现象，分别为物理吸附和化学吸附。

1. 物理吸附

由分子间引力所导致的吸附称为物理吸附。分子间引力通称范德华力，它是取向力、诱导力和色散力的总称。物理吸附的特征是吸附质与吸附剂不发生化学作用，吸附与脱附是可逆的。

2. 化学吸附

由固体表面与吸附质之间的化学键引起的吸附称为化学吸附。类似化学反应，化学吸附需要活化能，故又称为活化吸附。

此外，如果溶质尺寸超过了孔径，即使存在很大的引力，溶质也不能进入孔道，吸附不会发生，这种阻挡现象称为筛分作用。

物理吸附与化学吸附的区别在于：①吸附热：物理吸附的吸附热与气体的液化热相近，低于 10kJ/mol，容易解吸；化学吸附的吸附热与化学反应热相近，一般超过 42kJ/mol，不易解吸；②选择性：物理吸附没有多大的选择性；化学吸附具有较高的选择性；③温度效应：物理吸附不需要活化能，吸附与脱附速度快，与温度关系不明显，但吸附量随温度递减；化学吸附则不同，吸附与脱附速度慢，并随温度递增明显；④吸附层厚度：物理吸附的溶质在吸附剂表面既可形成单分子层，也可堆积成多分子层；化学吸附则是单分子层或单原子层。

天然水中有机物包括两类：①天然有机物：主要是腐殖质，有溶解、胶体和颗粒状等三种形式，前两种由许多种有机物组成，如腐殖质、蛋白质、脂类、碳水化合物、羧酸、氨基酸等，分子尺寸为 0.5～400nm，分子量为 200～10^5 道尔顿，能透过 0.45μm 微孔滤膜，也是细菌生长的营养物；②有机污染物：主要是合成有机物。一般，天然有机物的含量比有机污染物的含量高几个数量级。

活性炭通常是三种孔道并存，吸附主要靠微孔完成，如果过渡孔太少，有机物不能顺利进入微孔，则活性炭吸附容量不能完全发挥而很快失效。

人们习惯用比表面积、碘吸附值、亚甲蓝吸附值、CCl_4 吸附值等指标衡量活性炭吸附能力。但是，在生产实际中，有时碰到使用这些指标良好的活性炭吸附天然水中有机物时效果并不理想的情况。所以，宜以实际水源通过试验选用活性炭。

3. 影响因素

（1）活性炭的结构及特性。活性炭吸附有机物主要在微孔中进行，微孔所占孔容和表面积的比例越大，吸附容量越大。此外，由于活性炭表面带微弱的电荷，水中极性溶质竞争活性炭表面的活性位置，致使活性炭对非极性溶质的吸附量降低，而对某些金属离子产生离子交换吸附或络合反应。

（2）吸附质的性质。吸附质的有机物分子量和溶解度对吸附性能也有影响。一般来说，有机物分子量增加，吸附量也增加。可是另一方面也经常出现随着分子量增大，吸附速度降低的现象。据文献介绍，当活性炭微孔大小为有机物分子的3～6倍时，则能有效地吸附，如果这个比值小，则由于分子筛的作用而使扩散阻力增加、吸附速度降低。另外，活性炭是一种疏水性物质，因此有机物的疏水性越强越易被吸附。换言之，在水中溶解度越小的有机物越易被活性炭吸附。

（3）水的pH值。在多数情况下，先把水的pH值降低到2～3，然后再进行活性炭吸附往往可以提高有机物去除率。这是因为水中的有机酸在低pH值下电离的比例较小，为活性炭提供了容易吸附的条件。

（4）温度和共存物质。活性炭对水中有机物的吸附，温度的影响可以忽略不计。一般天然水中存在的无机离子对活性炭吸附有机物也几乎没有影响。但汞、铬、铁等金属离子含量较高时，则可能在活性炭表面发生氧化、还原反应，还可以沉淀、积累在炭粒内，使活性炭的孔径变小，影响活性炭的吸附效果。

当活性炭中的键位被占满和吸附层厚至范德华引力消失时，吸附过程停止，称为吸附平衡或吸附饱和。失去吸附能力的饱和活性炭可通过加热脱附、气化或氧化吸附质和溶剂萃取等方法再生。

（四）过滤原理

活性炭过滤器中充填的粒状活性炭层具有粒状过滤床层相同的过滤作用，水经过活性炭层过滤后，悬浮固体含量降低。

（五）除氯原理

活性炭除氯效率很高，一般，氯消毒的水经过活性炭床脱氯后，残留氯含量小于0.1mg/L。

水中余氯有三种形态：Cl_2、HClO和ClO^-。研究结果表明，活性炭脱氯反应为一级反应，余氯的脱除效率由高到低的顺序为Cl_2>HClO>ClO^-。活性炭脱氯是基于以下活性炭与余氯的氧化还原反应：

$$C+Cl_2+2H_2O \longrightarrow CO_2+4H^++2Cl^-$$

$$C+2HClO \longrightarrow CO_2+2H^++2Cl^-$$

$$C+2ClO^- \longrightarrow CO_2+2Cl^-$$

水的 pH 值、水温、活性炭种类等对脱氯有影响。一般，pH 值升高，余氯中 ClO^- 比例增加，脱氯反应速度下降；水温增加 20℃，脱氯反应速度大约增加 2 倍；高质量的椰子壳活性炭的脱氯反应速度大致是低质量活性炭的 10 倍。

在水处理中，活性炭过滤器可有三种作用：吸附作用、还原作用和过滤作用。相对其他滤料来说，活性炭比较贵，因此，人们通常不将活性炭作为过滤介质使用。但是，只要水中有悬浮固体存在，则活性炭的过滤作用必然存在，为了减轻悬浮固体对活性炭孔道的堵塞，活性炭过滤器通常运行一段时间后，采用反冲洗方式去除堵塞物。值得指出的是，反冲洗不能去除活性炭中吸附的有机物。当活性炭被吸附的有机物饱和后，一是更换新的活性炭，二是对活性炭进行再生。因为活性炭再生工艺复杂，所以目前最为普遍的做法是更换活性炭。

三、滤膜的过滤原理

（一）截留机理

杂质颗粒被滤膜截留，根据微粒在膜中截留位置，可分为表面截留和内部截留，如图 4-11 所示。截留机理主要有以下 3 种。

（1）筛分。筛分指膜拦截比其孔径大或与孔径相当的微粒，也称机械截留。

（2）吸附。微粒通过物理化学吸附而被膜截获。因此，即使微粒尺寸小于孔径，也能因吸附而被膜截留。

（3）架桥。微粒相互推挤导致都不能进入膜孔或卡在孔中不能动弹。筛分、吸附和架桥既可发生在膜表面，也可发生在膜内部。

（二）浓差极化

用滤膜进行的过滤又称膜滤。在膜滤过程中，滤液将溶质带到膜表面，溶剂透过膜成为透过液，而溶质由于膜的截留作用，

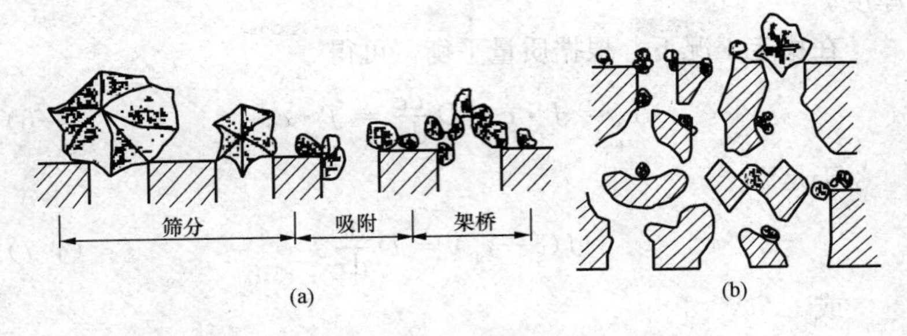

图 4-11　滤膜的截留原理示意
（a）膜表面的截留；（b）膜内部的截留

使其部分或全部不能穿过膜，而在膜表面积累，结果是膜表面溶质浓度上升，形成膜表面溶质浓度 c_m 高于主体溶液浓度 c_b 的浓度梯度边界层，即浓差极化。由于 c_m 高于 c_b，浓度梯度形成的同时也出现了溶质由膜表面向主体溶液方向的反向扩散，如图 4-12 所示。

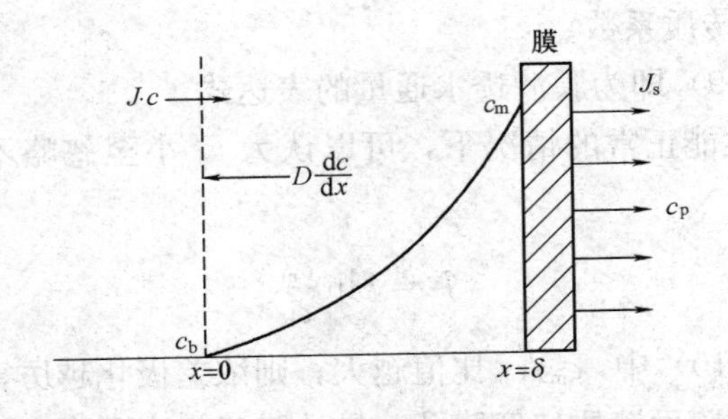

图 4-12　膜过滤过程中的浓差极化

图 4-12 中，$J\cdot c$ 为透过通量与溶质浓度的乘积，即溶质向膜表面迁移的通量；$D\dfrac{dc}{dx}$ 为反向扩散的溶质通量，其中，D 为溶质扩散系数，$\dfrac{dc}{dx}$ 为溶质的浓度梯度；x 为离开膜表面的距离；c_p 为透过液中溶质浓度；J_s 为溶质透过膜的通量；δ 为浓度边界层

厚度。

在稳定工况下，根据质量平衡，可得

$$J_s = J \cdot c - D\frac{dc}{dx} = J \cdot c_p \tag{4-6}$$

于是

$$J(c - c_p) = D\frac{dc}{dx} \tag{4-7}$$

或

$$J \cdot dx = D\frac{dc}{c - c_p} \tag{4-8}$$

根据边界条件：$x = 0$，$c = c_b$；$x = \delta$，$c = c_m$。对式（4-8）积分得

$$J = \frac{D}{\delta}\ln\frac{c_m - c_p}{c_b - c_p} = k\ln\frac{c_m - c_p}{c_b - c_p} \tag{4-9}$$

$$k = \frac{D}{\delta}$$

式中：k 为传质系数。

式（4-9）即为膜滤透水通量的表达式。

在膜性能正常的情况下，可以认为 c_p 小至忽略不计，则式（4-9）变为

$$J = k\ln\frac{c_m}{c_b} \tag{4-10}$$

式（4-10）中，c_m/c_b 比值越大，则浓差极化越厉害。浓差极化的危害是膜面溶质堵塞膜孔，导致膜滤效率下降，特别是当膜面溶质沉淀析出时更为严重。

式（4-9）和式（4-10）提示，提高膜表面水流速度或水流紊乱度，可降低边界层厚度 δ，减轻浓差极化，因而水通量增加；适当提高水温，水的黏度下降，可降低边界层厚度 δ 和提高扩散系数 D，同样可减轻浓差极化，提高水通量。这也说明，浓差极化既可以发生，也可通过改变条件而削弱，故浓差极化是可逆的。

（三）膜污染

与浓差极化不同，膜污染是指料液中的颗粒、胶体或大分子溶质通过物理吸附、化学作用、机械截获在膜表面或膜孔内沉积，造成膜孔堵塞的现象。

膜污染是一个复杂的过程，污染程度主要与污染物和膜之间的静电作用和疏水作用有关。

1. 静电作用

因静电吸引或排斥，膜易被异号电荷杂质所污染，而不易被同号电荷杂质所污染。膜表面荷负电或荷正电的原因是膜表面某些极性基团（如羧基、胺基等）在与溶液接触后发生了解离。在天然水的 pH 值条件下，水中的胶体、杂质颗粒和有机物一般荷负电，因此，这些物质会造成荷正电膜的污染。阳离子絮凝剂（如铝盐）带正电荷，所以它可引起荷负电膜的污染。杂质和膜的极性越强，电荷密度越高，膜与杂质之间的吸引力或排斥力越大。另外，杂质和膜表面极性基团的解离与 pH 值有关，所以，膜的污染也受 pH 值影响。

2. 疏水作用

一般，疏水性的膜易受疏水性杂质的污染，原因是膜与污染物之间存在范德华力吸引力。据估计，每个“$—CH_2—$”基团的范德华吸引能为 2.5kJ/mol，于是一个含 12 个碳原子的有机物的范德华吸引能为 30kJ/mol，此值超过了两个各具一个单位同号电荷基团之间的静电排斥能。也就是说，如果有机物和膜各带一个单位的同号电荷，当有机物碳原子数超过 12 时，则该有机物与膜之间的疏水吸附能就大于静电排斥能，从而导致膜的有机物污染。因此，当疏水吸引作用超过静电排斥作用时，膜就会被污染；疏水作用越强，污染越严重。

（四）滤膜的清洗

只要滤膜投入运行，则膜必然发生污染。当污染到一定程度后，则应该进行清洗。下面以超滤膜为例，说明滤膜的清洗技术。

为获得较好的清洗效果，需要控制好运行周期、清洗压力、清洗流量、清洗时间、清洗液温度、清洗剂浓度和清洗方式等。

1. 运行周期

超滤装置在两次清洗之间的实际工作时间称为运行周期。久穿的衣服，因为太脏而不易洗净。超滤膜也一样，若长时间使用而不清洗，则污染过度，很难清洗干净。运行周期主要取决于进水水质，当进水中悬浮颗粒、有机物和微生物含量较高时，应缩短运行周期，提高清洗频率。跨膜压差的增加和水通量的下降是膜污染的客观反映，所以，可根据跨膜压差或水通量变化程度决定是否需要清洗。中空纤维超滤膜的运行周期一般为10～60min。

2. 清洗压力

反冲洗时，必须将压力控制在膜厂商的规定值以下，以防膜受损。例如，HYDRAcap中空纤维组件的反洗压力一般应小于0.24MPa。

3. 清洗流量

提高流量可提高除污效果，但不能太高，否则会造成膜组件的损坏。反冲洗时，反洗流量通常控制在正常运行水通量的2～4倍。例如，HYDRAcap中空纤维组件正常运行水通量为59～145L/（m^2·h），反洗流量为298～340L/(m^2·h)。

4. 清洗时间

每次清洗时间的长短应从清洗效果和经济性两方面来考虑。清洗时间长可提高清洗效果，但耗水量增加；而且，有些附着力强的污染物，即使延长清洗时间，也难以将其清洗掉。所以，实际操作时可根据反洗排水的污浊程度，决定清洗是否需要延续、清洗液配方是否需要改进，以及其他清洗条件是否需要强化。如果清洗效果不理想，则可尝试化学清洗或空气擦洗。通常，中空纤维膜的反洗时间为30～60s。

5. 清洗液温度

从微观上来看，膜的化学清洗过程包括化学药剂向膜表面的传质，药剂和污染物发生反应和反应产物返回主体溶液三个步骤。温度可改变清洗反应的化学平衡，提高化学反应的速率，增加污染物和反应产物的溶解度，所以，在膜组件允许的使用温度范围内，可适当提高清洗液温度。

6. 清洗剂浓度

适当地提高清洗剂浓度，可加快溶污反应速度，增强清洗剂向污垢内部的渗透力，获得较好的清洗效果。但是，若清洗剂浓度过高，既造成药品浪费，还可能伤害膜过滤设备。表 4-6 是超滤装置的常用化学清洗剂。

表 4-6　超滤装置的常用化学清洗剂

污染物类型	常见的污染物质	化学清洗配方
无机物	碳酸钙、铁盐和无机胶体	pH=2 的柠檬酸、HCl 或 $H_2C_2O_4$ 溶液
	硫酸钡、硫酸钙等难溶性无机盐	1%左右的 EDTA 溶液
有机物	脂肪、腐质酸、有机胶体等	pH≈12 的 NaOH 溶液
	油脂及其他难洗净的有机污染物	0.1%～0.5%的十二烷基磺酸钠、Triton X-100 等
微生物	细菌、病毒等	1%的 H_2O_2 或 500～1000mg/L 的 NaClO 溶液

7. 清洗方式

常用清洗方式有正洗、反洗、气洗、化学清洗等。

(1) 正冲洗，又称正洗、顺洗、快洗，是以 1.5～2.0 倍的产水流量对膜浓水表面的大流量冲洗，目的是将进水侧流道中杂质冲出膜组件。正洗频率通常为一次 10～60min。为减少冲洗水耗，可用超滤进水作为正洗水。

(2) 反冲洗，简称反洗，又称逆向清洗，是与过滤水流方向相反的冲洗，通常是将等于或优于透过水质量的水从膜组件的产水侧送入，从进水侧排出，因为反洗水透过膜的方向与过滤方向相反，所以可以扩张膜孔和松解膜表面的污物，提高了清洗效果。反洗频率通常为一次 10～60min。

（3）化学强化反冲洗。为提高反洗效果，可在反洗水中加入杀菌剂、酸或碱等药剂，以增强反洗效果。一般，杀菌时，投加 15mg/L 的次氯酸钠或 30mg/L 的过氧化氢；酸洗时，投加 0.5%～1.0%的柠檬酸、草酸或盐酸；碱洗时，投加 0.1%～2.0%的 NaOH。化学强化反冲洗的频率视进水水质而定，水质差时可每次反洗都加药。

（4）气洗。让无油压缩空气通过膜的进水侧表面，通过压缩空气与水的混合振荡作用，松解并冲走膜外表面的污物。气洗频率通常为一次 2～24h。

（5）化学清洗。就是用适当的化学试剂，如酸、碱、氧化剂、洗涤剂等，采用循环流动、浸泡等方式，将膜装置污物清洗下来。化学清洗时，清洗液从组件进水口送入，在透过水阀门关闭和打开的条件下分别清洗一段时间（30～60min）。一般，当跨膜压差达到 0.15～0.2MPa 或标准化产水量下降 15%时，则应进行化学清洗。

四、纤维滤料过滤原理

早期过滤理论主要以“单一纤维模型”为基础，认为纤维对悬浮颗粒的捕集是依靠 4 种捕集机理的联合作用：①惯性效应；②截留效应；③扩散效应；④静电效应。

现代过滤理论认为纤维对悬浮颗粒的捕集效率是截留效应、布朗扩散效应、沉淀效应和压力效应等的集合，可能存在 7 种捕集机理：拦截、惯性碰撞、扩散、静电吸引、映像力、电泳力和沉淀（重力）。例如，静电映像力沉积概念为无外界电场，当带电微粒接近中性纤维时，纤维表面会感应出等量的异号电荷，位置相当于微粒在纤维表面镜像处；感应电荷对带电微粒产生吸引力，此力称为映像力，此种沉积机理称为映像力沉积机理。

由纤维球滤料构成的滤层上部比较松散，纤维球基本仍为球状，球与球之间的孔隙比较大；而在床层下部，由于水力作用和自身重力作用，纤维球堆积得比较密实，球丝之间互相穿插，从而形成一种上部孔隙率大、下部孔隙率小的理想分布，这有利于深层过滤。当水自上而下流过纤维球床层时，水中悬浮颗粒之间、悬浮颗粒与纤维表面相互作用，使杂质附着于纤维表面，从而使水得到净化。

纤维球过滤过程中，水流绕过球的背面向下流动，减小了球背面对杂质的吸附截留作用；另一方面，相邻球的纤维丝互相交叉和挤压，也使该区域成为过滤的“盲区”。因此，在滤层中真正参与过滤过程的这部分滤料孔隙率将远小于纤维球孔隙率的平均值，截污能力不能充分发挥。

纤维束滤料在过滤设备中有两种状态，即过滤时的压实状态，反洗时的松散状态。纤维滤料的过滤效率可用式（4-11）表达

$$c = c_0 e^{-\frac{9}{4}(1-\varepsilon)\eta \frac{d_p^2}{d_c^3} L} \tag{4-11}$$

式中：c_0和c为水通过滤层前后悬浮固体颗粒的浓度；ε为滤层孔隙率；η为碰撞效率，是有效碰撞数次与总碰撞次数之比；d_p为悬浮颗粒直径；d_c为纤维直径；L为滤层厚度。

式（4-11）表明，减小滤层孔隙率和纤维直径，可提高过滤效率。纤维滤料的截污能力明显高于粒状滤料，原因是纤维滤料的孔隙尺寸和孔隙率都明显小于粒状滤料，它的孔隙尺寸和孔隙率大约是粒状滤料的1/25和1/4。

纸浆粉和粉末树脂等粉状滤料通常覆盖在滤芯表面，用在凝结水处理的覆盖过滤器中。这种过滤介质的过滤原理见第八章。

第三节 过滤设备

一、重力式无阀滤池

图4-13是重力式无阀滤池构造示意。过滤时，水顺次经过进水分配槽、进水管、虹吸上升管、顶盖下面的挡板后，均匀地

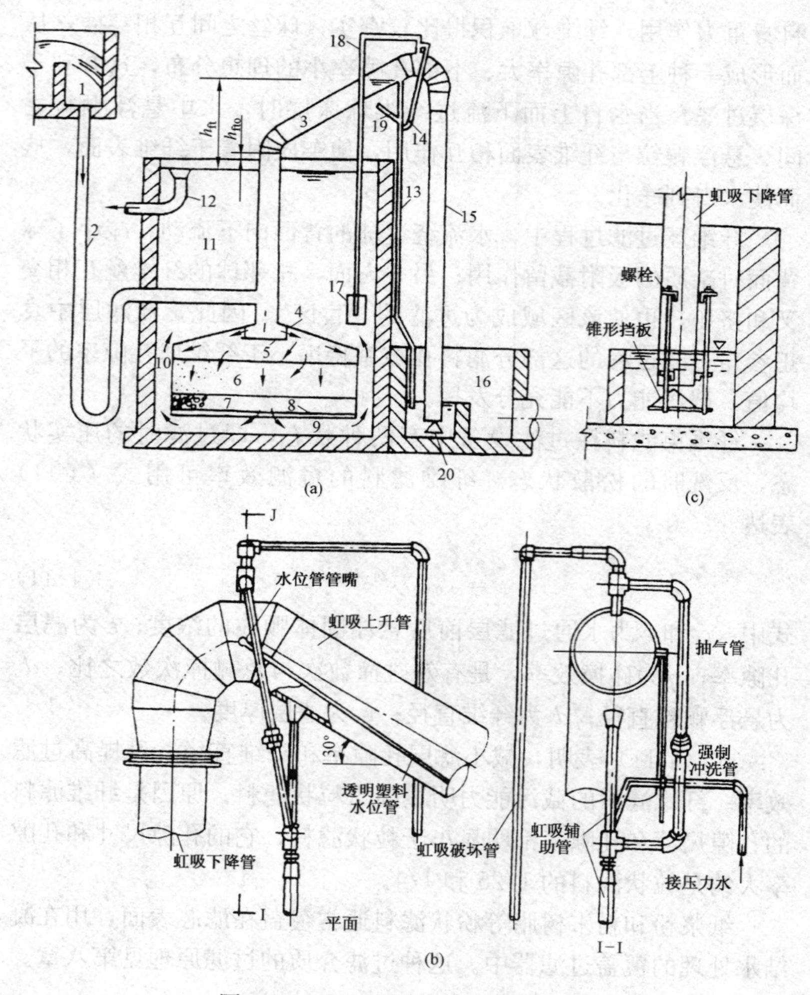

图 4-13　重力式无阀滤池构造示意

（a）结构示意；（b）虹吸辅助管；（c）冲洗强度调节器

1—进水分配槽；2—进水管；3—虹吸上升管；4—伞形顶盖；5—挡板；6—滤料层；7—承托层；8—配水系统；9—底部配水区；10—连通管；11—冲洗水箱；12—出水渠；13—虹吸辅助管；14—抽气管；15—虹吸下降管；16—水封井；17—虹吸破坏斗；18—虹吸破坏管；19—强制冲洗管；20—冲洗强制调节器

分布在滤料层上。过滤后的水通过承托层、小阻力配水系统、底部配水区，经连通管（渠）上升后进入冲洗水箱中。当水箱水位达到出水渠的溢流堰顶后，溢入渠内，最后流入清水池。水流方向如图 4-13 中箭头方向。过滤刚开始时，虹吸上升管与冲洗水箱中的水位差为过滤起始水头损失 h_{ft0}。随着过滤时间的推移，滤料层水头损失逐渐增加，虹吸上升管中水位相应逐渐升高，排挤管内空气从虹吸下降管出口端穿过水封进入大气。当水位上升到虹吸辅助管的管口时，水从辅助管流下，下降水流在管中形成的真空使抽气管不断将虹吸管中空气抽出，虹吸管中真空度逐渐增大。其结果，一方面虹吸上升管中水位升高，另一方面虹吸下降管将水封井中的水吸上一定高度。当下降管中的上升水与上升管中的水汇合后，在冲洗水箱水位与排水井的水位之间的较大落差作用下，促使水箱内的水循着过滤相反方向进入虹吸管，滤料层因而受到反冲洗。冲洗废水由排水水封井流入下水道。冲洗过程中，水箱内水位逐渐下降。当水位下降到虹吸破坏斗以下时，虹吸破坏管将小斗中的水吸完。管口与大气相通，虹吸破坏，冲洗结束，过滤重新开始。如果在滤池水头损失还未到达规定值而又因某种原因需要提前冲洗时，可进行人工强制冲洗，这就是在辅助管与抽气管相连接的三通上部接一根强制冲洗管，强制冲洗水高速经过虹吸辅助管进入水封井，使虹吸很快形成。

无阀滤池失效水头损失一般为 14.7～19.6kPa，滤速为 10m/h，反冲洗强度为 12～15L/（m^2·s），反洗历时 4～5min。

二、压力过滤器

图 4-14 所示为机械过滤器，其由进水管、出水管、筒体、滤层和阀门等组成。在进水管和出水管上分别安装有压力表 p_1 和 p_2，过滤时 p_1 与 p_2 之差 $h_{ft}=p_1-p_2$，相当于过滤器的水头损失。出水管上还接有浊度计 z，用以监测滤出水浊度 ρ。滤料的堆积高度即滤层厚度通常在 700～1200mm。

1. 过滤

过滤时，关闭进反洗水阀 K3、排反洗水阀 K4、进压缩空气

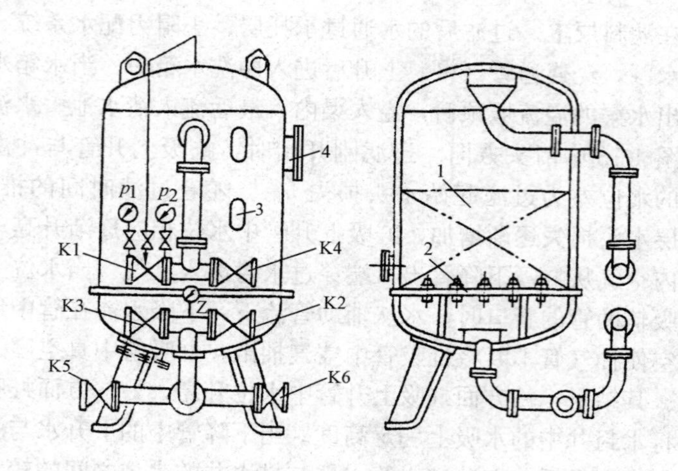

图 4-14　机械过滤器

1—滤层；2—多孔板水帽配水系统；3—视镜；4—人孔
K1—进水阀；K2—出水阀；K3—进反洗水阀；K4—排反洗水阀；K5—进压缩空气阀；K6—正洗排水阀

阀 K5，以及出水阀 K2，开启进水阀 K1 和正洗排水阀 K6，浑水自上而下流经滤料层，不合格出水经 K6 排放。当排水浊度满足要求时，关闭 K6，打开 K2，过滤正式开始。

图 4-15 为某石英砂滤层不同深度处水中浊度的经时变化。图中曲线 ρ_2、ρ_3、ρ_4 和 ρ_5 分别代表深度 200、400、600mm 和 800mm 处浊度的经时变化。可以看出，随着过滤的进行，截留带依次向纵深推进，水中浊度依 $\rho_2 \rightarrow \rho_3 \rightarrow \rho_4 \rightarrow \rho_5$ 曲线排列的先后顺序上升。

2. 反洗

反洗时，关闭进水阀 K1 和出水阀 K2，开排反洗水阀 K4 和进反洗水阀 K3，反洗水由过滤器底部经配水系统，均匀分配在整个滤料层水平截面上。控制反洗水流量，使滤层发生流态化，滤料在悬浮状态下得以清洗，冲洗至滤料基本干净为止。冲洗水经排水阀排入地沟。冲洗结束后，过滤重新开始。

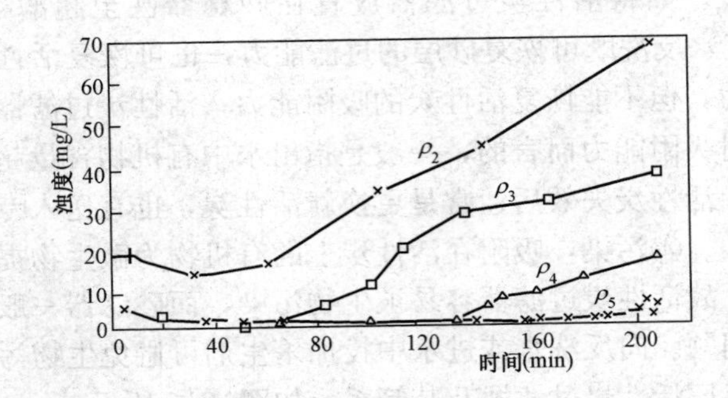

图 4-15　某石英砂滤层不同深度处水中浊度的经时变化

测定条件：滤料 d_{50}＝0.995mm；k_{80}＝2.04；

滤层总厚度为 100mm；进水浊度 ρ_0＝148.2mg/L；v＝15.51m/h；

水温为 20～21℃；原水混凝剂 PAC 投加量为 10mg/L

表示过滤设备运行的技术经济指标主要有出水水质、截污容量和水头损失。出水水质一般以周期出水平均水质表示，如用出水平均浊度表示；截污容量指过滤开始到过滤结束期间单位体积滤料截留的污泥量，以 g/L（滤料）计；水头损失通常是水通过滤层前后的压降，有时还将承托层及配水系统的水头损失包含在内。

三、活性炭吸附过滤器

活性炭吸附过滤器又称吸附设备，也称为活性炭过滤器。

活性炭吸附过滤器通常装填粒状活性炭，因与砂滤设备工作过程非常类似，故又称活性炭过滤器。活性炭过滤器与砂滤器的差别是：①滤床：由活性炭层构成吸附的床层，床层较高，一般在 2m 及以上。②作用：砂滤器的作用是滤除水中悬浮物。活性炭过滤器主要有三种作用：吸附作用、还原作用和过滤作用。吸附作用：活性炭内孔道吸附水中有机物和微生物；还原作用：活性炭还原余氯等氧化剂；过滤作用：活性炭颗粒之间空隙类似砂滤床，同样可筛除水中悬浮物。由于悬浮物堵塞活性炭孔道，使其丧失吸附、还原能力，故水在进入活性炭过滤器之前，应尽量降低浊度，如将活性炭过滤器放置在砂滤器甚至超滤器之后。③反洗：水反洗既可恢复砂层的过滤能力，也可恢复活性炭层的过滤能力，但不能恢复活性炭的吸附能力；活性炭过滤器的失效通常是对吸附能力而言的，一般是指出水中有机物含量超过了某一限值，活性炭失效后通常是更换新活性炭，也有送入专用设备中再生的。④污染：吸附在活性炭上的有机物为微生物提供了充足养料，故活性炭过滤器容易被生物污染，而砂滤器一般不会出现这一问题。向反洗水或进水中投加杀生剂可避免生物污染。

某电厂活性炭过滤器及其管系，如图 4-16 所示。

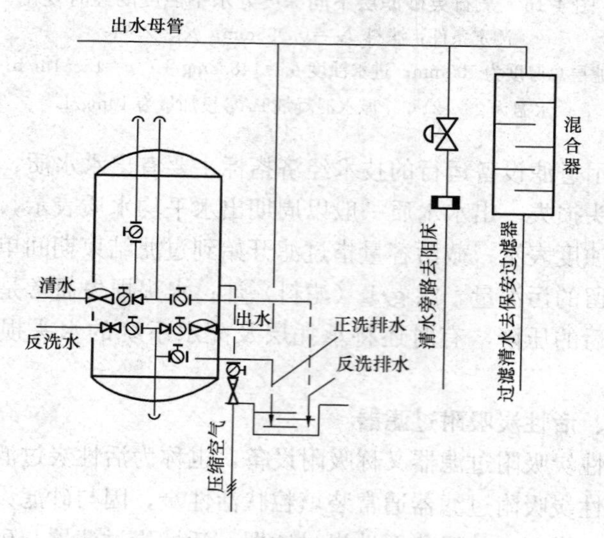

图 4-16　某电厂活性炭过滤器及其管系

（1）设备规格。过滤器是筒体的外径为 3024mm，壁厚为 12mm，高度为 4250mm，内衬厚度为 5mm 以上的耐酸橡胶；炭层高度为 2000mm；上部进水装置形式为支管母管式，下部出水装置形式为穹形多孔板；设备上有吊盖、人孔、观察窗、流量表、压力表和取样阀等。设计压力：0.6MPa；工作温度：0～50℃。主要阀门：进水阀、出水阀、反洗进水阀、反洗排水阀、正洗排水阀、空气进口阀和排气口。

（2）操作条件。

1）过滤：流速为 7～12m/h（相当于流量 50～85t/h），正常流量 75t/h，过滤周期为 168h。

2）擦洗空气流量为 10.8m^3/min，气源压力为 58.8kPa。

3）出水水质：*SDI*≤2，游离氯小于 0.1mg/L。

四、滤芯过滤器

1. 结构

图 4-17 为工业上使用的微滤滤芯过滤器，又称精密过滤器。根据所需流量，内部可安装几只至几十只滤芯。有的滤芯过滤器只安装一只滤芯，可用于小流量过滤或家用饮用水过滤。

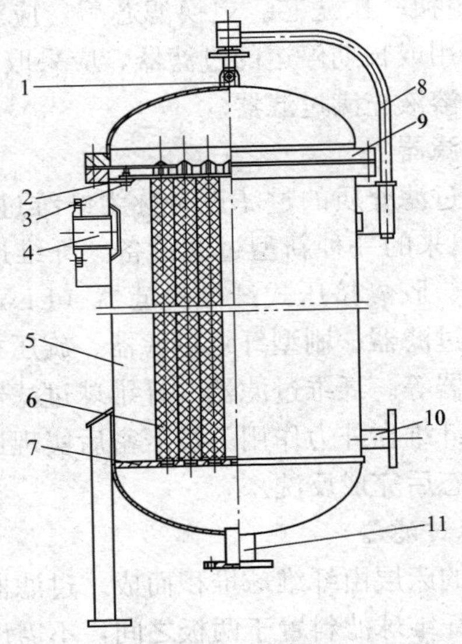

图 4-17　微滤滤芯过滤器（精密过滤器）

1—排气口；2—支架；3—上多孔板；
4—进水口；5—罐体；6—滤芯；
7—下多孔板；8—吊盖装置；
9—法兰；10—排污口；11—出水口

2. 使用注意事项

（1）由于滤芯的清洗效率低，并存在生物污染的可能，一般不建议采用可冲洗式滤芯过滤器。

（2）为防止管道中的杂质、焊渣等污染滤芯，必须在管道和过滤器冲洗完成后再装入滤芯。

（3）固定滤芯的两端处是运行故障的多发部位，因此，安装和更换滤芯时应仔细检查，发现压盖松动和脱落，或者滤芯之间的连接翅片变形，应及时纠正。另外，为避免在运输过程中两端紧固螺母松动，滤芯最好现场组装。

（4）定期检查、及时更换过滤器滤芯。一般，每月检查一次过滤器；当过滤器运行至进口压差大于 0.15MPa 时更换滤芯，或者 2～3 个月更换一次滤芯。更换滤芯后，应对过滤器进行彻底清洗。对于备用或长期停运的过滤器，应采取防止细菌繁殖的措施，如用甲醛溶液充满过滤器。

五、纤维过滤器

以纤维作为过滤介质的过滤设备称为纤维过滤器，是 20 世纪 80 年代开发出来的一种新型过滤设备。纤维过滤器类型主要有纤维球过滤器、胶囊挤压式纤维过滤器（LLY 高效过滤器）、活动孔板式纤维过滤器、刷型纤维过滤器、旋压式纤维过滤器和活塞式纤维过滤器等。纤维过滤器（纤维球过滤器除外）的一个显著工作特点是纤维在外力作用下被压密后实现过滤，在外力消失呈自然疏散状态后完成反洗。

（一）纤维球过滤器

这种过滤器的床层由纤维球堆积而成。过滤器内设置上、下两块多孔挡板，纤维球滤料置于两板之间，不需设承托层。原水自上而下经过滤层，反洗方式是气水同时反冲洗或先气洗后再气水反冲洗，以便节省反冲洗水，也可采用机械搅拌辅助水力反冲洗。

纤维球过滤器的技术参数：①滤层高度：一般为 1.2m；②滤速：25～30m/h；③悬浮物去除率：≥85%；④工作周期：

8～48h；⑤截污容量：2～12kg/m^3；⑥水头损失：0.02～0.15MPa；⑦水反洗强度：6～10L/(m^2·s)；⑧水反洗时间：10～20min；⑨自用水率：1%～3%。

因为纤维球柔性好、可压缩、比表面积大、孔隙率高和密度小，所以纤维球过滤器具有以下特点：①纤维球的孔隙分布不均匀，球心处纤维最密，球边处纤维最松；在床层中，纤维球之间的纤维丝相互穿插；过滤时，床层在水压及上层截泥和滤料的自重作用下，形成滤层空隙沿水流方向逐渐变小的理想分布状态；②深层过滤明显，截污容量大；③纤维球容易流化，反洗强度低，自用水量少，但纤维球易流失；④球中心部位的纤维密实，反洗时无法实现疏松，截留的污物难以彻底清除，故一般需要联合使用机械搅拌或压缩空气清洗，增加球间碰撞频率和摩擦力。

纤维球过滤器在生产实际应用中不断完善，主要涉及以下几个方面：①对纤维进行改性处理，增强亲水憎油性能，制成防油改性纤维球，用于含油污水的过滤；②增加滤料压紧装置，过滤时压板下行，将滤料压紧，反洗时压板上行，释放膨胀空间。这样，既稳定了滤层孔隙结构，又保证了过滤精度。

（二）纤维束过滤器

1. 胶囊挤压式纤维过滤器

（1）结构。将长度约1m的纤维束的一端悬挂在过滤器上部的多孔板上，另一端系上重坠而下垂，纤维束中有一个或多个胶囊。过滤时胶囊充水或充气，将周围纤维束挤压成密实状态，以保证过滤精度；反洗时胶囊排水或排气，纤维束恢复成松散状态，以提高反洗效果。

胶囊装置分为外囊式和内囊式两种，如图4-18所示。为保障纤维加压室密度的均匀性，可设置多个胶囊。

胶囊挤压式纤维过滤器的滤速一般为20～40m/h，截污容量是砂滤器的2～4倍。

因为充满水的胶囊相当于一个挡水板，所以过滤时承受着很大的推力。计算结果表明，直径为3m的过滤器，胶囊承受的推

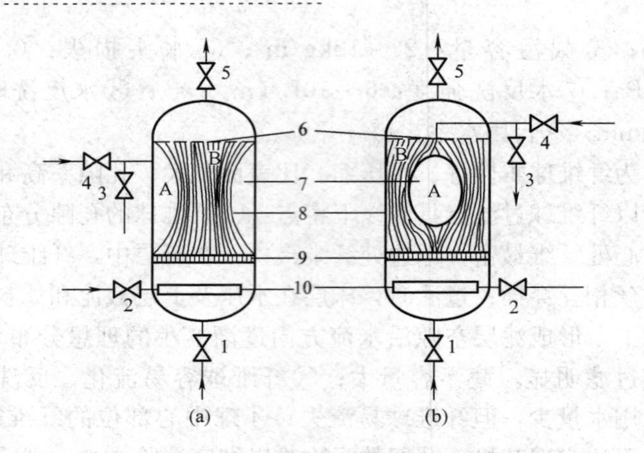

图 4-18 胶囊挤压式纤维过滤器

（a）外囊式；（b）内囊式

1—进水阀；2—压缩空气阀；3—加压室泄水阀；4—加压室充水阀；
5—出水阀；6—多孔隔板；7—胶囊；8—纤维；9—管形重坠；10—配气管
A—加压室；B—过滤室

力超过 100 000N，此推力是导致胶囊移位而撕破的原因。胶囊损坏也是这种过滤器的常见故障。

为彻底解决胶囊破损问题，有的过滤器取消了胶囊，取而代之是其他挤压装置，如多孔推力板、旋压器和活塞等。取消胶囊的过滤器统称无囊式纤维过滤器。

（2）工作过程。下面以常见的 LLY 高效过滤器（如图 4-19 所示）为例，说明胶囊式纤维过滤器的工作过程。

1）滤床充水。启动清水泵，打开排气阀和下向洗进水阀，待水充满滤床后，打开下向排水阀。

2）下向洗。打开压缩空气进口阀，向滤床送入空气，清洗空气压力调节至 0.05MPa，调节过滤器下向洗进水阀、下向排水阀的开度，使滤床在下向洗过程中保持满水状态（以排气阀总有水排出为准），这样可使纤维不断摆动、相互摩擦，以清洗掉附着的悬浮物。下向洗强度为 6～10L/(m^2 · s)，相应流速为 30m/h，下向清洗时间为 10min。下向洗过程中若采用罗茨风机

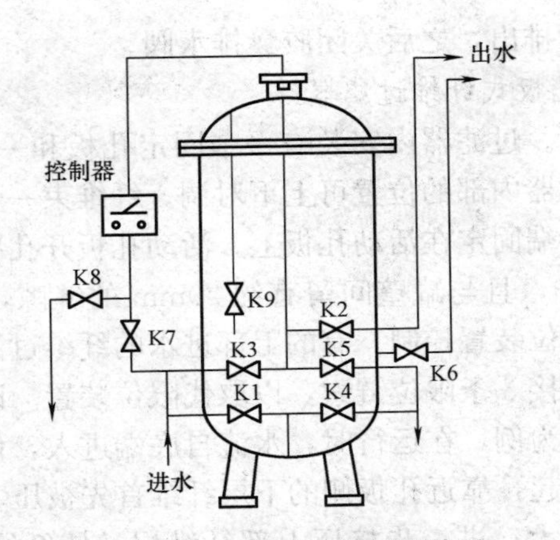

图 4-19　LLY 高效过滤器管系

K1—原水进水阀；K2—清水出口阀；K3—下向洗进水阀；K4—下向排水阀；K5—上向排水阀；K6—压缩空气进口阀；K7—胶囊充水阀；K8—胶囊排水阀；K9—排气阀

送气，吹洗强度为 60L/(m^2 · s)；风压为 0.05MPa。若采用压缩空气吹洗，强度为 40L/(m^2 · s)，风压为 0.1MPa。

3）上向洗。打开上向排水阀，关闭下向洗进水阀、出水阀，再打开上向洗入口阀（即原水进水阀），调节其开度，进行上向洗。使上向洗强度为 3～5L/（m^2 · s），相应流速在 10～15m/h，上向清洗时间为 30min。

4）排气。上向洗结束后，只关闭空气入口阀，滤床内残留的空气在水流的冲击下排出，排气时间约 5min。

5）胶囊充水。打开胶囊充水阀，进行胶囊充水。

6）投运。用水自下而上通过过滤器，控制适当流速（一般为 30m/h），待出水合格后，向外送水。

7）失效和胶囊排水。当出水悬浮固体含量大于 1mg/L 或进出口差压大于 0.1MPa 时，高效过滤器失效，停止运行。打开胶囊排水阀，再关闭清水出口阀，让滤床憋压（0.1MPa 左右），将胶囊内的水排出，之后关闭胶囊排水阀。

2. 活动孔板式纤维过滤器

(1) 结构。过滤器内安装有一个固定孔板和一个活动孔板，两孔板在过滤器内部的位置可上下对调。纤维束一端固定在出水孔板上，另一端固定在活动孔板上。活动孔板开孔率为固定孔板开孔率的50%，且与罐壁间留有约20mm的缝隙，移动幅度受到罐壁上的限位装置控制。有的上部进水的纤维过滤器，在活动孔板的上部连接3条限位链索，以取代限位装置。以活动孔板在下部的过滤器为例，在运行时，水流自底端进入，依靠水流压力将活动孔板托起，靠近孔板侧的下层纤维首先被压弯，被压弯的纤维层阻力增大，进一步挤压上部纤维层，使纤维密度逐渐加大，相应的滤层孔隙逐渐减小，形成变孔隙滤床。在清洗时，纤维滤层拉开，处于放松状态，水自上而下，空气由下至上，进行水-气联合清洗。活动孔板式纤维束过滤器管系，如图4-20所示。

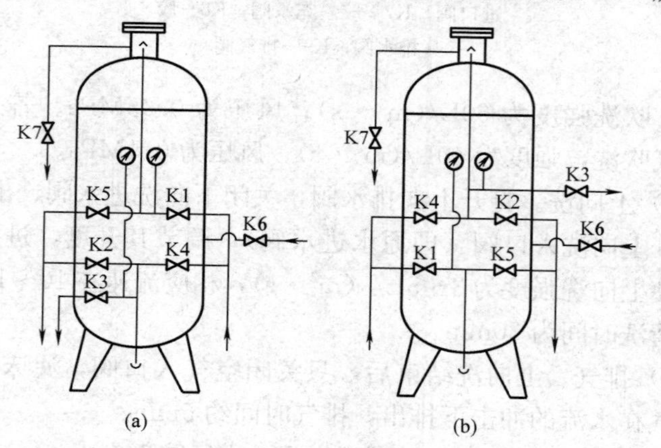

图 4-20　活动孔板式纤维束过滤器管系

(a) 活动孔板在上；(b) 活动孔板在下

K1—原水进水阀；K2—正洗水出口阀；K3—清水出口阀；K4—反洗水入口阀；K5—反洗水出口阀；K6—空气入口阀；K7—空气排放阀

对于小直径过滤器，活动孔板可采用比重小的非金属材料，而对于大直径过滤器，为保证孔板强度，需要采用金属材料，这时需要在孔板上加装浮体，增加活动孔板的浮力，提高孔板随压力差变化的自行调节位置能力。

有的过滤器依靠机械装置控制活动孔板的位置。这种过滤器的活动孔板位于过滤器上端，通过螺杆、滑轮绳索、液压或气压活塞来调节位置。需要过滤时，则孔板下移，把纤维压实到需要的高度，原水从上端进入，滤出水从下端流出。当出水水质不合格或进出口压差大于 0.1MPa，则提升孔板到最高位置，以松散纤维层，然后用压缩空气和水冲洗。

活动孔板式纤维过滤器的主要缺点是活动孔板固定在定位调节机构上，结构复杂、成本较高，而且每次过滤和清洗都要进行调节。

(2) 工作过程。下面以活动孔板在下的纤维过滤器为例，说明活动孔板式纤维束过滤器的工作过程。

正常运行时，原水从底部进入过滤器，在水力作用下，下部活动孔板和纤维束向上移动，滤层在压密状态下进行过滤。失效后按“气水反洗→水反洗→正洗”的步骤进行清洗，具体步骤见表 4-7。

表 4-7　活动孔板式纤维束过滤器工作步骤

阀门编号	阀门	开关状态			
		正洗	运行	气水反洗	水反洗
K1	原水进水阀	○	○	×	×
K2	正洗水出口阀	○	×	×	×
K3	清水出口阀	×	○	×	×
K4	反洗水入口阀	×	×	○	○
K5	反洗水出口阀	×	×	○	○
K6	空气入口阀	×	×	○	×
K7	空气排放阀	×	×	○	○

注　○表示阀门开启；×表示阀门关闭。

六、超滤器

（一）膜组件的类型

膜组件主要有平板式、管式、螺旋卷式、中空纤维式、垫式、浸没式和可逆螺旋式，电厂水处理中常用中空纤维式。

1. 平板式膜组件

如图 4-21 所示，膜堆由多个平板膜单元叠加而成，膜与膜之间用隔网支撑，以形成水流通道。将膜堆装入耐压容器中，就构成了平板式膜组件。

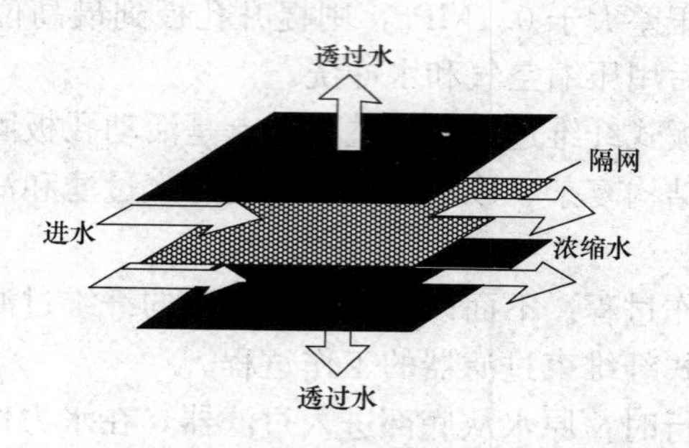

图 4-21　平板式超滤组件示意

2. 管式膜组件

在多孔管内壁或外壁上刮出一层超滤膜，得到内压或外压式膜管；也可在管内壁先覆上滤布，再涂上超滤膜构成内压式膜管。把多个膜管装配在一起就成为管式组件，如图 4-22 所示。膜管直径多为 5mm，可用海绵球清洗。

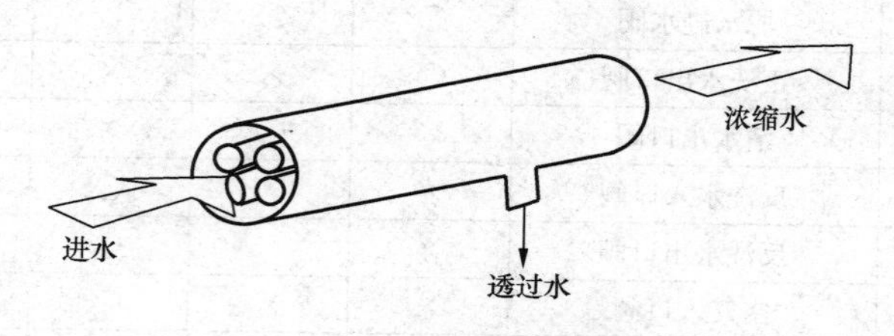

图 4-22　管式超滤组件示意

图 4-23 为薄层流道管式超滤组件。在钢套内装有一支八角形的芯棒，芯棒外周沿纵向刻有深 0.38mm 或 0.76mm 的沟槽。超滤膜刮制在芯棒的周围，膜的外部有支撑网套。原水在沟槽与膜之间的"薄层流道"内流动，透过膜的水从支撑网套流到外部。60 根这种管膜组装成一支管式组件。

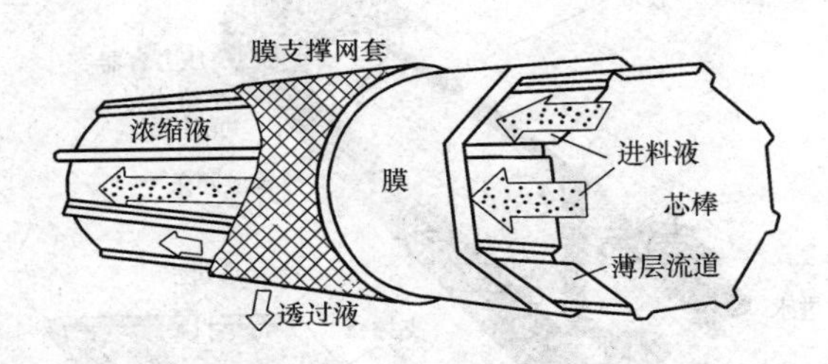

图 4-23　薄层流道管式超滤组件

3. 螺旋卷式膜组件

与卷式反渗透膜元件（详见第五章）结造类似，区别在于它是用超滤膜制作膜袋的。

4. 中空纤维式膜组件

中空纤维膜实际上是很细的管状膜，一般外径为 0.5～2.0mm，内径为 0.3～1.4mm。几百甚至上万根中空纤维膜并排捆扎成一个膜组件。它有内压式和外压式两种：前者进水在纤维管内流动，从管外壁收集透过水，外压式则正好相反。

5. 垫式膜组件

RochemFM 垫式组件如图 4-24 所示，其基本单元是膜垫。每个膜垫的中间为一块支撑板，两张透过水收集网紧贴在支撑板的正反两面，然后用两张矩形超滤膜包夹在最外层。支撑板起增加组件强度的作用。膜垫中间穿有两根透过水收集管，通过橡胶隔条将膜垫与收集管之间的缝隙密封，隔条同时起到将膜垫与膜垫之间隔开的作用，以形成进水通道。进水经两膜垫之间的空隙通道流过，变成浓缩水，水则从膜垫上下两面透过超滤膜，经透过水收集隔网收集后，进入透过水收集管，再由组件两端引出。

另外，橡胶隔条的厚度可在 1～3mm 调节，用以调整膜垫之间的间隔，从而改变进水流道的厚度。通常，27 个膜垫叠在一起形成一个膜堆，并由两个半筒封装起来。

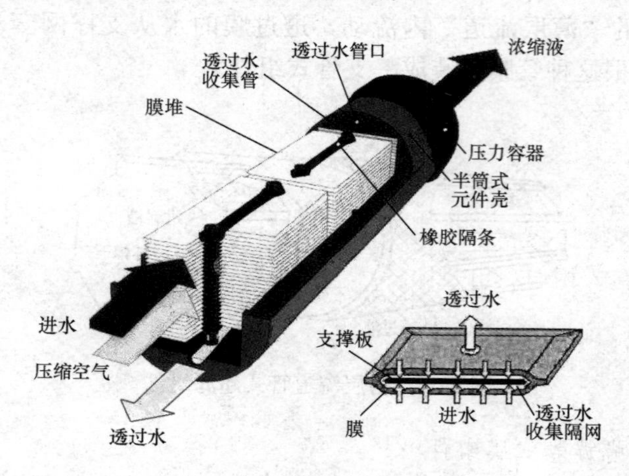

图 4-24　RochemFM 垫式组件

6. 浸没式膜组件

某浸没式膜组件外观如图 4-25 所示，它是一种没有外壳的

图 4-25　浸没式膜组件外观

外压式中空纤维组件，纤维两端安装集水管，组件直接放入被处理水中，既可用抽吸透过水的方式实现真空过滤，也可提高进水压头实现重力过滤。

膜组件底部通常装有曝气装置，利用气泡上升产生的紊流对纤维进行擦洗。另外，采用了间歇抽吸或用透过水频繁反冲洗的脉冲运行方式，避免了污物过多堆积，防止污物在膜面形成稳固层。

7. 可逆螺旋式膜组件

可逆螺旋式膜组件（RS 组件）的结构如图 4-26（a）所示，与螺旋卷式相似，也是由膜袋与原水隔网组成的，不同的是 RS

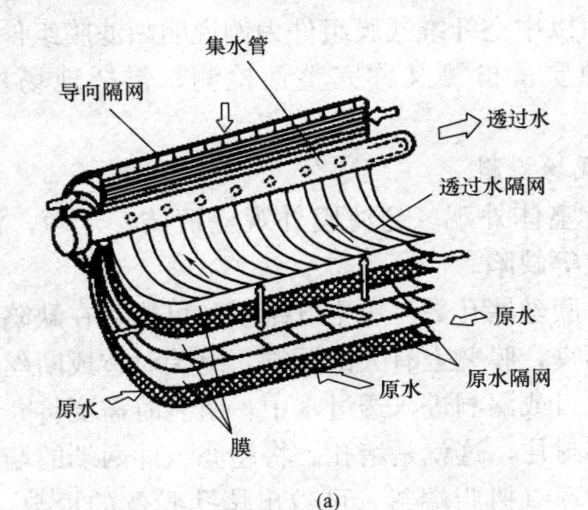

(a)

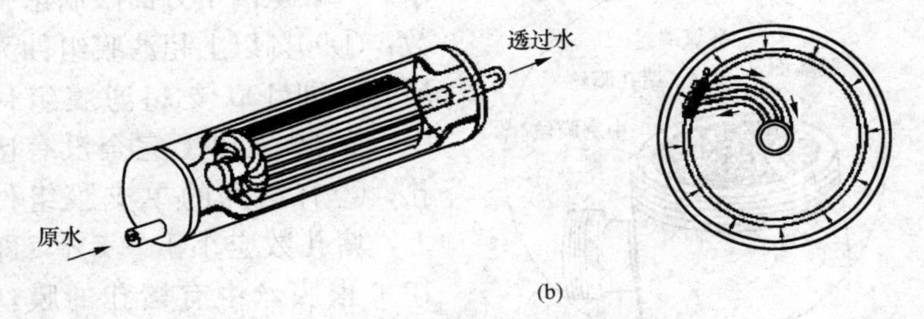

(b)

图 4-26 可逆螺旋式膜组件的结构

（a）结构；（b）运行

组件并不围中心水管多层卷绕，各膜袋的开口端与中心的透过水收集管相连，而外端直接搭接在外周导向隔网上，此隔网还能起到预过滤的作用。

如图 4-26（b）所示，过滤时，原水从进水管进入后充满整个组件，从组件两端和四周的各个方向流到膜表面，外周隔网将水中较大的颗粒捕获，而微细悬浮物和微生物则被超滤膜截留，透过水沿着透过水隔网流至中心管后再被引出。反洗时，反洗水从中心集水管进入膜的透过水侧，在膜的进水侧形成背压，较大颗粒自外周剥离，微细颗粒等则自膜表面洗脱。

（二）膜组件质量的检测

下面以中空纤维式膜组件为例说明超滤膜组件的质量检测方法，这种质量检测又称完整性检测，包括现场检测和实验室检测。

1. 现场检测

（1）整体外观。超滤膜外观应清洁、干净，没有污染、划伤、裂纹等缺陷。

（2）膜丝堵孔数。中空纤维膜丝可能存在缺陷，如制膜过程中浇铸不良，膜壁上有大的漏洞，组装时造成断丝。防止原水直接从断丝口或漏洞进入透过水中，组装时需要将断丝或有漏洞的膜丝两端封住，这就是堵孔。将超滤组件两端的端盖拧下后露出超滤膜的环氧树脂端封，可数出堵孔膜丝的根数，如图 4-27 所示。一般从两个方面限制堵孔数：①90％以上超滤膜组件无堵孔，即 100 支超滤膜组件中，有 90 支以上完全没有堵孔；②有堵孔的单支膜组件上，堵孔数应小于 0.5％，即 1000 根膜丝中有堵孔的膜丝不应超过 5 根。降低堵孔数的措施之一就是在纺丝过程中采

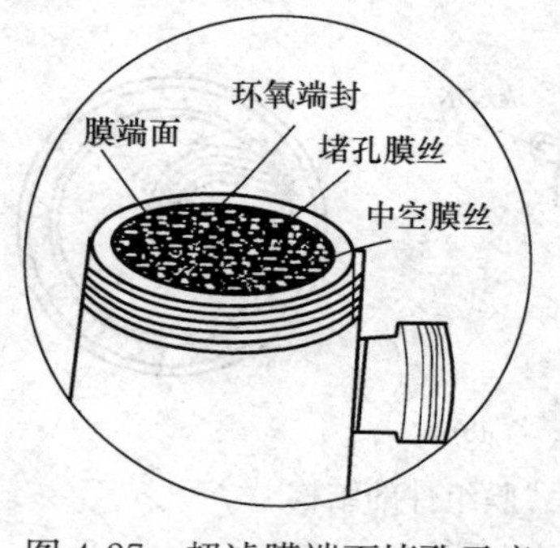

图 4-27　超滤膜端面堵孔示意

用膜丝全检法，即每根膜丝都经过 0.15MPa 气压的渗漏检测。

(3) 膜丝断面。膜丝直径应大小一致、壁厚均匀。膜丝直径误差直接反映了纺丝水平，对于直径 1～2mm 的膜丝，误差一般应控制在±0.05mm 以内。

(4) 端封表面。环氧端封表面应平整光滑，没有凸凹不平，整束膜丝在整个滤壳圆周上均匀分布，没有偏向一侧或膜丝扭转、弯曲现象。

2. 实验室检测

实验室检测常用泡点法检测膜丝缺陷。泡点检测方法的基本原理：先在膜一侧充满液体，然后在膜的另一侧施加压缩空气，逐渐增加压力。当压力较小时，由于液体-膜界面张力作用，空气不能穿透膜，当压力升高到某一临界点时，空气会从一个或多个孔中逸出，此临界压力称为泡点压力。假设完整无损膜的泡点压力为 p'，如果某膜的实际泡点压力 p 明显低于 p'，则该膜存在缺陷。观察液体一侧是否出现连续气泡，或者监测气体一侧压力是否下降，可判断膜及其组件的完整性。

(1) 气泡观察法。如图 4-28 (a) 所示，膜组件充满水后，向进水侧缓慢通入无油压缩空气，并逐渐提高进气压力，当产水侧有气泡逸出时，记下空气压力值，如果此压力小于厂家规定压

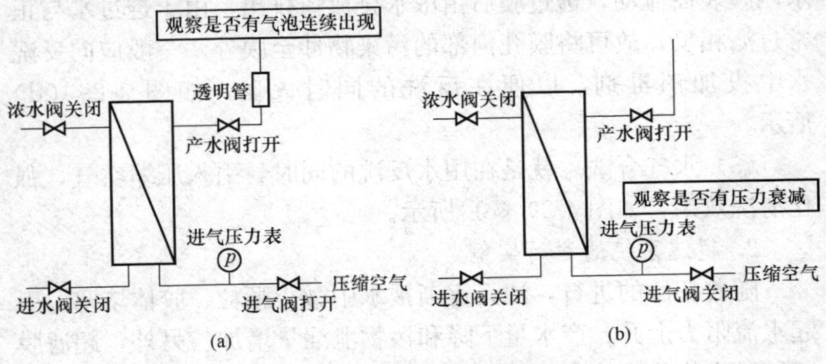

图 4-28　超滤膜组件完整性检测原理示意

(a) 气泡观察法；(b) 压力衰减法

力（如操作压力、泡点压力），则膜及其组件存在泄漏点。

（2）压力衰减法。如图 4-28（b）所示，膜组件充满水后，打开产水阀门，向进水侧缓慢通入无油压缩空气，提高进气压力至小于泡点压力的某预定值。开始（大约持续 2min）会有少量水透过膜，待压力稳定在预定值时，关闭进气阀，保持压力 10min 后，若压力降超过允许值（如 0.03MPa），则膜组件存在泄漏。

（三）超滤系统的运行

1. 基本运行方式

中空纤维超滤装置主要有以下五种运行方式。

（1）死端过滤。就是没有浓水排放的过滤方式，即进水全部透过膜而成为产品水，故又称全量过滤，如图 4-29（a）所示。

（2）错流过滤。就是有浓水排放的过滤方式，即进水沿膜表面流动，浓缩后经浓水排放口排出，透过水垂直透过膜表面，穿过膜后成为产品水，经产品水排放口收集，如图 4-29（b）所示。

（3）正洗。又称顺洗，即用流量较大的水流快速冲洗浓水侧的膜表面，将膜表面的污染物冲掉，如图 4-29（c）所示。

（4）反洗。就是反向过滤，即与过滤方向相反，进水沿产品水侧膜表面流动，透过膜后由浓水排放口排出，由于透过水与正常过滤相反，故可将膜孔内部的污染物冲至膜外。一般应向反洗水中投加消毒剂，以便在反洗的同时灭菌，如图 4-29（d）所示。

（5）水气合洗。就是在用水反洗的同时，引入压缩空气，强化清洗效果，如图 4-29（e）所示。

2. 超滤系统的运行实例

随着超滤的进行，滤元逐渐被水中微小颗粒、胶体堵塞，引起水流阻力上升、产水量下降和污物泄漏量增加。另外，超滤膜截留微生物能力较强，那些从杀菌过程中侥幸逃生的微生物就会在超滤膜表面聚积，并在那里生长繁殖，导致超滤膜的生物污

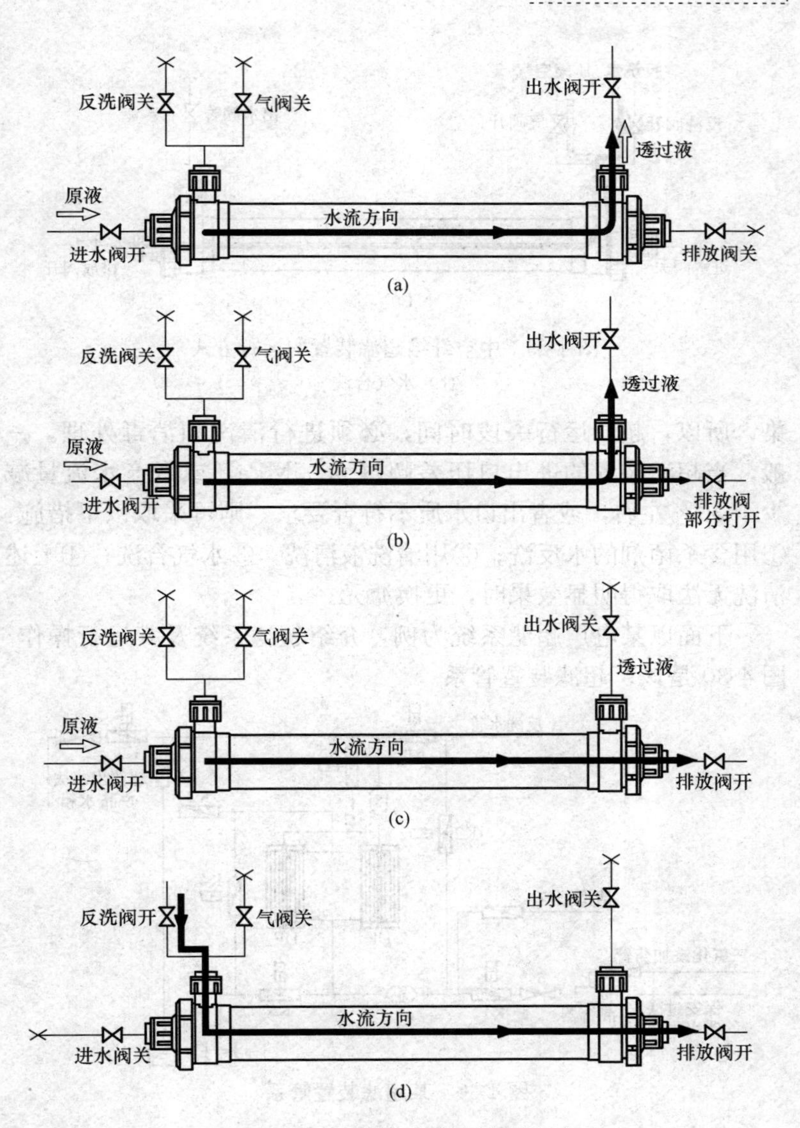

图 4-29　中空纤维超滤装置的运行方式

(a) 死端过滤；(b) 错流过滤；(c) 正洗；(d) 反洗

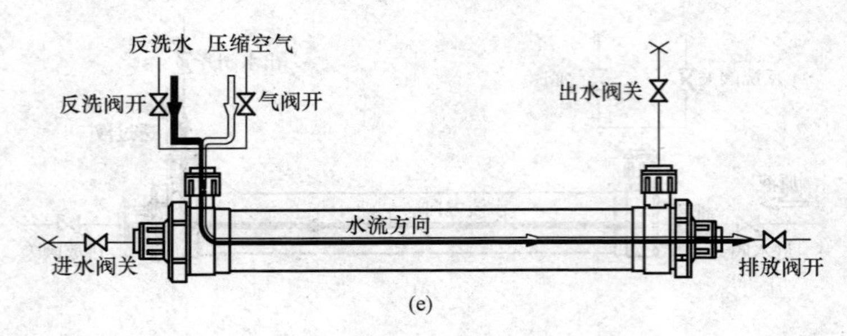

图 4-29　中空纤维超滤装置的运行方式
(e) 水气合洗

染，所以，超滤运行一段时间，必须进行清洗和消毒处理。一般，当超滤装置的进出口压差超过 0.05MPa，或者产水流量减少了 30%左右，或者出口水质不符合要求，则可采取以下措施：①用含杀菌剂的水反洗；②用清洗液清洗；③水气合洗；④上述清洗无法取得明显效果时，更换滤元。

下面以某电厂超滤系统为例，介绍超滤系统及其运行操作。图 4-30 是该厂超滤装置管系。

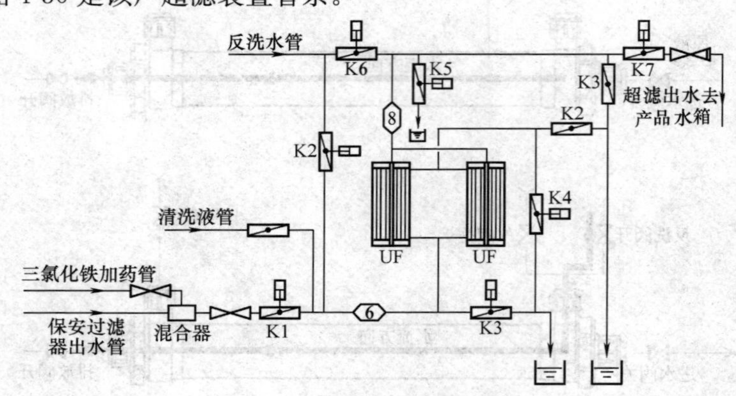

图 4-30　某超滤装置管系

（1）超滤系统组成。该系统以循环冷却水排污水作为水源，排污水经过弱酸氢离子交换软化、除碳和保安过滤后，进入超滤系统。超滤系统由以下超滤装置、超滤给水泵（也称增压泵）、反洗装置、超滤产品水箱等组成。

1）超滤膜组件。它为滤元压力容器一体化产品。

a. 膜元件。超滤膜元件简称滤元。滤元为中空纤维式，截留分子量150 000D,单根滤元产水流量2.4～6.9m^3/h,使用年限3年。

b. 压力容器。安装滤元的压力容器尺寸为225mm×1500mm（直径×长度），型号为HYDRAcap60，材料为ABS，工作压力为0.15MPa。12个超滤膜组件组合成一套超滤装置，每套出力55m^3/h，共5套。

2）反洗装置。反洗水来自反渗透浓盐水的回收水箱，由反洗水泵经反洗水管送入超滤装置。反洗水泵型号为CR64-2-1，共2台。单台泵流量80m^3/h，扬程0.3MPa，电机功率11kW，转速2900r/min。

3）产品水箱。5套超滤装置共用1个产品水箱，水箱直径6480mm，容积200m^3。

4）清洗系统。超滤与反渗透共用一套清洗系统，清洗系统包括清洗箱、清洗泵、保安过滤器，以及与RO装置连接的可拆卸管道、接头等，清洗液经清洗液管进入超滤装置。

超滤装置按全量过滤方式运行，5套超滤装置的“过滤—反洗”轮换进行，过滤时间为30min，然后进行反洗。反洗过程中，次氯酸钠计量泵自动投入运行。

（2）超滤装置对进水要求。超滤装置对进水要求为：①水温：5～40℃；②浊度：＜5NTU；③余氯：1～2mg/L；④pH值：2～13。

超滤装置的胶体硅去除率大于98%，产品水SDI＜2。

（3）超滤系统的启动。按以下操作步骤启动（投运）超滤装置：①按表4-8操作内容进行启动前的各项准备；②启动除碳风机，打开除碳器进口门；当除碳水箱液位超过1/2后，启动除碳水泵，打开除碳水泵出口门，调整除碳水泵出口总门开度，使除碳水箱液位稳定；③启动次氯酸钠加药泵，调整流量（预定值为4.6L/h），使加药量达到要求；④启动软水泵；⑤启动保安过滤器：打开保安过滤器的空气门、进水门，当保安过滤器内空气全部排出后（标志为空气门开始排水）后关闭空气门；⑥启动超滤装置：打开超滤装置的出水门、进水门；⑦启动氯化铁加药泵向系统加药，调整流量（预定值为6.9L/h），使加药量达到要求；⑧启动还原剂加药泵向系统加药，调整流量（预定值为9.2L/h），使加药量达到要求；⑨调整软水泵出口手动门，使流量达到预定值110m^3/h。

表4-8　超滤装置启动前的检查

序号	操作内容	序号	操作内容
1	所投超滤检修完毕，完好备用	13	保安过滤器的入口隔绝门和出口门处于打开位置
2	软水箱液位高于2/3		
3	产品水箱液位低于2/3	14	保安过滤器反排门处于关闭位置
4	在线仪表处于完好备用状态	15	超滤装置的清洗液入口门、出水门和上部排水门处于关闭位置
5	加药设备完好，加药箱液位高于2/3，NaClO浓度为10%，混凝剂（$FeCl_3$）浓度为5%，还原剂浓度为5%	16	产品水箱入口门处于打开位置
		17	次氯酸钠溶液箱的进水门和出口门、次氯酸钠计量泵的进口门和出口门、次氯酸钠计量泵出口母管门处于打开位置
6	各阀门开关灵活、完好备用且处于关闭状态		
7	除碳水泵、软水泵处于良好备用状态	18	次氯酸钠溶液箱排污门处于关闭位置
8	弱酸处理系统运行正常	19	还原剂溶液箱的进水门和出水门、还原剂计量泵的入口门和出口门、还原剂计量泵出口母管门处于打开位置
9	除碳水箱排空门、除碳水泵出口门处于关闭状态		
10	除碳水箱出口门、除碳水泵入口门、除碳水泵出口母管总门处于打开位置	20	还原剂溶液箱排污门处于关闭位置
11	软水箱的入口门和出口门、软水泵入口门处于打开位置	21	三氯化铁溶液箱的进水门和出水门、三氯化铁计量泵出口母管门处于打开位置
12	软水箱排污门、软水泵出口门处于关闭位置	22	三氯化铁溶液箱排污门处于关闭位置

（4）超滤系统的停运。按下列操作步骤停运超滤装置：①停运超滤给水泵；②关闭保安过滤器的进水门；③关闭超滤装置的进水门和出水门。

（5）超滤系统的反洗。按下列操作步骤反洗超滤装置：①按表 4-9 操作内容进行反洗前的各项准备；②打开超滤装置的排污门和正洗进水门；③启动超滤反洗水泵，打开超滤反洗水泵出口管道隔离门；④打开超滤装置的反洗下排水门和反洗进水门；⑤关闭超滤装置的正洗进水门和排污门；⑥打开超滤装置反洗上排水门，关闭超滤装置的反洗下排水门；⑦关闭超滤反洗水泵的出口管道门，停止超滤反洗水泵，关闭超滤装置的反洗进水门和反洗上排水门。

反洗条件为：①反洗水温：5～40℃；②反洗水压力：0.24MPa；③反洗水流量：$80m^3/h$；④反洗水水源：反渗透装置的浓盐水；⑤反冲洗方式及反洗频率：自动定时反洗，每 30min 反洗一次，反洗持续时间 30～60s；⑥反洗自用水率：12%～13%。

当反洗效果不好时，应查明原因，改进反洗工艺；当确认无法通过反洗恢复过滤能力时，应考虑用清洗液清洗；当确认清洗无效时，应考虑更换滤元。

表 4-9　超滤装置反洗前的检查

序号	操作内容	序号	操作内容
1	浓盐水回收水箱液位高于 6m	4	在线仪表处于完好备用状态
2	各阀门开关灵活、完好备用且处于关闭状态	5	浓盐水回收水箱出口门、超滤反洗水泵的入口门、出口门和出口管道隔绝门处于打开状态
3	超滤反洗水泵处于良好备用状态	6	超滤装置清洗液的入口门、出水门和上部排水门处于关闭状态

（6）超滤装置的运行记录。超滤系统运行过程中，应做好运行数据的记录，分析运行数据，主要内容为：①每两小时记录一次进水压力、进水温度、产水压力、淡水流量、产水浊度，每周测定一次进水 COD_{Mn}、产水 COD_{Mn} 和产水 SDI_{15}；②计算产水压

力指数，当其值比初始值下降了20%以上时，应考虑对超滤系统进行化学清洗。产水压力指数按式（4-12）计算：

$$QI = \frac{Q_P}{TMP} \tag{4-12}$$

式中：QI 为产水压力指数；Q_P 为产水流量，应根据膜厂商温度校正系数换算成25℃时的值；TMP 为跨膜压差，为进水平均压力减去产水压力。全量过滤时，进水平均压力为进水压力；错流过滤时，进水平均压力为进水压力与浓水压力的平均值。

3. 常见故障与消除

（1）跨膜压差过高或上升过快。原因：通常是超滤膜发生了污染，一般是清洗方法不当或不彻底造成的。消除措施：调整清洗参数，如提高正冲洗和反冲洗的频率、冲洗流量或延长冲洗时间；增加化学清洗频率；若为死端过滤，则尝试错流过滤，提高过滤流速，降低回收率。

（2）产水水质变差。原因：主要是膜破损或密封件泄漏，还有可能是进水水质变差。消除措施：对组件进行完整性测试；修补或更换膜组件；检查进水水质，重点解决浊度和有机物异常升高问题。

（3）产水流量减小。原因：水温下降；进水压力减小；组件发生了污染。消除措施：提高水温，如投运加热器；恢复进水压力；清洗膜组件。

4. 系统保养

膜组件在储存和停运期间必须采取保养措施，以防止膜组件中微生物滋长、膜脱水，而导致膜性能的不可逆下降。超滤组件在出厂时都是采用保护液保护并密封，通常可储存一年。膜组件一旦拆封，则应尽快装入系统使用，始终保持润湿状态；组件在存放期间应避免阳光直接照射和紫外线的照射；气温低时可加入甘油防冻；组件在运输过程中应轻拿轻放，避免撞击；超滤系统停机前，必须使用超滤产水或RO淡水冲洗整个系统，以便置换出膜组件内存原水；停机后，应按生产厂商的说明，根据停机时间长短，采取相应措施进行保养，例如，若停机时间小于24h，一般无须特殊保养，保持组件内充满水即可；若停机2～3d，则每天运行30～60min；若停机3～7d，则用浓度大致为20mg/L的NaClO溶液保护；若停机7d以上，则用浓度为1%、pH值为3～6的$NaHSO_3$溶液保护，如果pH<3应及时更换新配制的溶液；若停机时间更长，则可用0.1%～1.0%的戊二醛溶液保护，每6个月更换一次。

七、盘式过滤装置

1. 结构

盘片式过滤器的结构如图4-31所示，主要由盘片及其支撑装置、弹簧活塞式压紧部件、单向阀、出入口、壳体等部分组成。盘片及其支撑装置居中安装在圆筒形壳体内，上部压紧装置可在进水压力作用下将盘片压紧，也可在外加流体压力作用下松开压盖。下部漏斗式橡胶筒套单向阀允许通过盘片进入内腔的过滤水流至出口，并能阻止清洗水从单向阀进入内腔。盘片内周通常有三根直立的清洗导管，导管的上端封闭，下端与出口相通，每根导管上有一列喷嘴，清洗时压力水可从喷嘴喷出。

过滤时，原水从入口进入过滤器的外腔，在原水压力作用下，压紧部件的弹簧受力压缩，十字杆向下运动，带动压盖将盘片压紧。原水从盘片四周进入，悬浮颗粒物被截留在盘片外部或沟槽内，滤出水则到达内腔后作用于单向阀，单向阀发生内向变形，露出出水狭缝，于是滤出水经狭缝流向出水口，如图4-31(a)所示。

清洗时，切断原水，压紧部件所受原水压力消失，而外加压力流体进入压力控制连通管，使压盖从压紧状态松开，接着清洗水从出水口进入，单向阀发生外向变形，阻止水流通过出水狭缝。于是，清洗水只能进入三根清洗导管，从导管的喷嘴喷出。喷射流不断冲刷盘式，并使盘片旋转，脱落污物随冲洗水由外腔流至出口，从排污管排出，如图4-31(b)所示。清洗时间约为20s，清洗水耗约为0.5%。

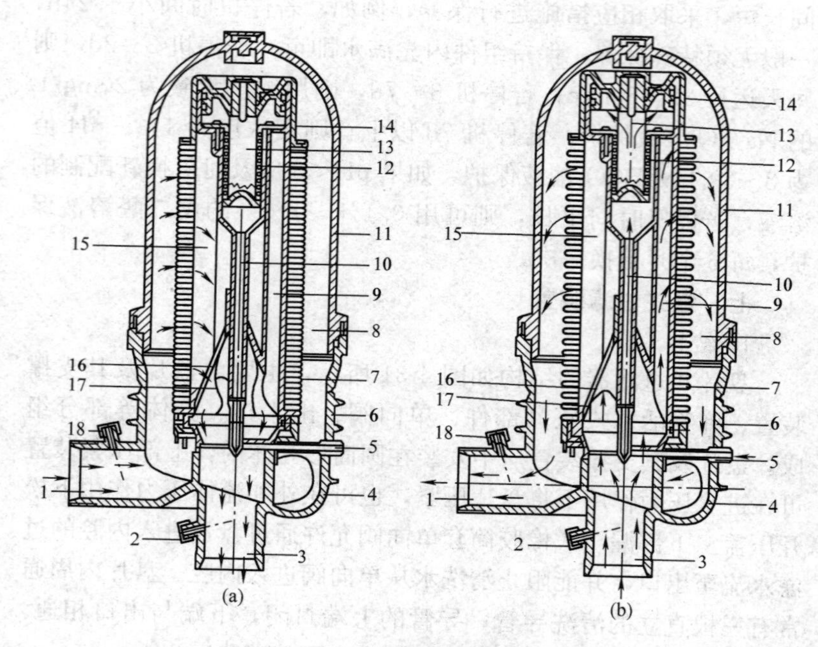

图 4-31　盘片式过滤器结构

(a) 过滤状态；(b) 反洗状态

1—入口；2—出口压力测点；3—出口；4—出入口壳体；5—加压流体入口；6—下部壳体；7—盘片；8—外腔；9—清洗喷嘴导管；10—压力控制连通管；11—上部壳体；12—弹簧；13—十字杆；14—压盖；15—内腔；16—出水狭缝；17—漏斗式单向阀；18—入口压力测点

通常由 2～11 个盘式过滤单元并联成一组，单元轮流清洗，全组连续供水。

2. 系统

盘片过滤系统一般根据系统出力大小，由一个或多个盘片过滤器单元组合而成。系统多采用自动控制，实现各单元轮流过滤和反洗状态的自动切换，确保系统连续出水。清洗介质分别来源于自身滤出水、外系统水源和辅助空气储水罐，依次称为内源清洗过滤系统、外源清洗过滤系统和空气辅助清洗过滤系统。

下面以 3 个过滤单元组成的内源清洗过滤系统（如图 4-32 所示）为例，介绍内源清洗过滤系统的工作过程。

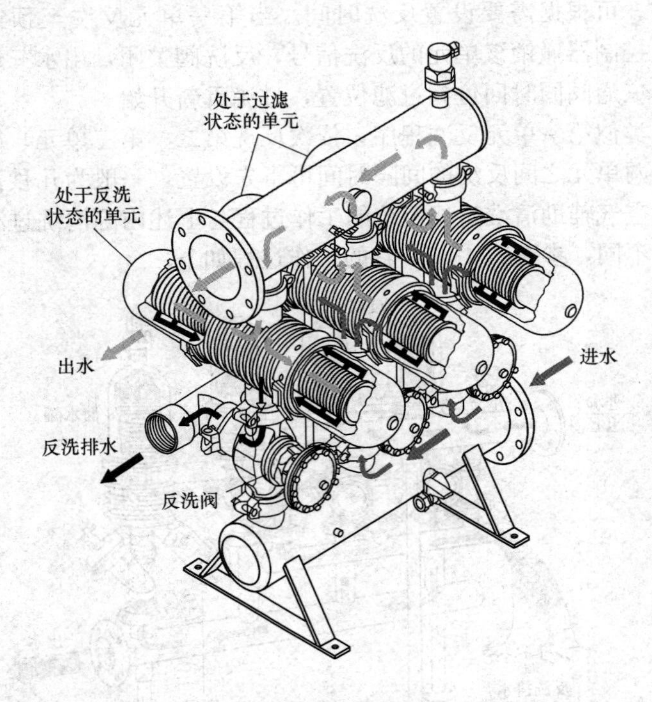

图 4-32 内源清洗过滤系统

过滤时，原水从进水母管通过进口三通阀流入每个过滤单元，过滤后的清水通过出口三通阀汇流到出水母管。当某个单元需要反洗时，则将该单元的出水三通阀和进口三通阀同时切换至反洗位置、反洗排水阀（简称反洗阀）打开，出水母管的清水利用自身压力反流至该单元，实现反冲洗，反洗排水经反洗阀流入排放母管。

当压差或过滤时间达到规定值时，控制器则向第一单元发出启动反洗的电信号，第一单元的进口三通阀改变方向，切断进水，反洗阀打开，形成反洗通道：出水母管→出水三通阀→

盘片→反洗阀→排水母管。此时，出水在自身压力作用下进入第一单元进行反冲洗，而其他单元照常过滤。反洗时间一般为 15s 左右，可根据需要设置反洗时间。当第一单元反洗至预定时间后，控制器撤销该单元的反洗信号，反洗阀关闭，出水三通阀和进口三通阀同时回位到过滤位置，过滤重新开始。

类似第一单元反洗程序，依次反洗第二、第三单元，循环往复。两单元之间反洗的间隔时间可事先设置，一般为几秒钟。

空气辅助清洗过滤系统的工作过程与上述内源清洗过滤系统有些不同，参看图 4-33，它的工作过程如下。

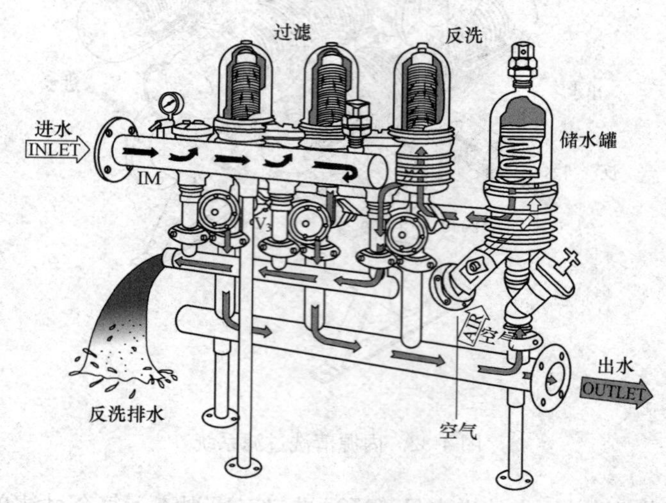

图 4-33　空气辅助清洗过滤系统

过滤开始后，当出水压力大于 1kPa 时，小部分滤出水优先经过单向阀流入储水罐，大部滤出水进入出水总管。

当压差或过滤时间达到规定值时，压缩空气隔膜阀首先打开，压缩空气进入储水罐，大约 1～3s 后（延时时间可以设置），第一单元的进、出口三通阀同时切换至反洗位置，进水和出水被切断，打开反洗排水阀，储水罐的水在压缩空气推力下，进入第一单元，实施反洗，而其他单元照常过滤。反洗时间一般为

7～15s。

类似第一单元反洗程序，依次反洗第二、第三、……、第 n 单元，循环往复。两单元之间反洗的间隔时间可事先设置，一般为 10～30s。

八、自清洗过滤器

目前，有许多种自动清洗过滤设备（见表 4-10）正在各行业中使用。

表 4-10　自动清洗过滤设备类别

分类依据	类　别	特　　征
过滤精度	低精度过滤器	液体通道由孔径为 2～10mm 的圆孔或锥孔构成
	中精度过滤器	液体通道由孔径为 0.2～2mm 的 V 形断面构成
	高精度过滤器	液体通道由孔径为 0.03～0.2mm 的 V 形断面及其特种编织网构成
	超高精度过滤器	液体通道由孔径小于 30μm 的特种编织网或烧结网构成
主管道接口方位	直通式过滤器	进出口管道在同一中心线上
	非直通式过滤器	进出口管口不在同一中心线上
过滤网筒数量	单筒式过滤器	过滤单元由一个过滤筒构成
	双筒式过滤器	由粗滤筒和精滤筒组成过滤单元
供水方式	连续式过滤设备	个别过滤单元反洗，大部分过滤单元运行，以保障正常供水量
	间断式过滤设备	反洗期间中止供水
壳体材料	滤池	混凝土构筑物；一般在大气压下工作
	过滤器	主要是钢制设备；一般在高于大气压下工作
用途	水过滤设备	水固分离
	气体过滤设备	气固分离
	油过滤设备	油固分离、油水分离

用于水过滤的自清洗过滤器大都具有以下特点：①安装方便，可在任何地方以任意方向安装，如可在室内外、田间、地边、无人看管的野外的管道上，呈水平、垂直、倾斜、倒置安装；②体积小、重量轻、维护量小，如产水量 750m^3/h 的 MCFM 312LP 过滤器，长 5.72m，高 1.45m，重 360kg；③规

格多，用户选择空间大，接管直径 DN25～DN2500、过滤精度 30～3000μm、单台处理能力 20～40 000m^3/h 的范围均有产品；④自动化程度高，有的过滤器配备了 PCL 控制器，可实现自动运行；⑤阻力小，压力损失为 0.01～0.05MPa，工作压力为 0.2～2.5MPa，因而可直接利用主管道水压工作；⑥可根据差压、时间或手动方式控制反洗。

1. 设备构造

因生产厂家而异，自清洗过滤器主要由以下几部分组成：进水管、出水管、排污管、壳体、粗滤网滤筒（简称粗滤筒）、细滤网滤筒（简称细滤筒）、反洗驱动装置、排污阀（电动、气动或液动）、压力表及差压计（开关）、控制器和控制箱等。

图 4-34 和图 4-35 分别为 FILTOMAT 有活塞和无活塞型自清洗过滤器构造，图 4-36 为 TECLEEN 自动清洗过滤器结构。

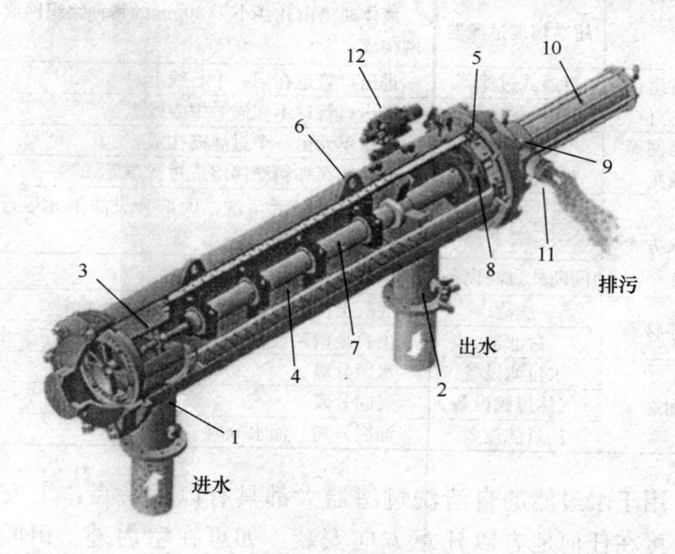

图 4-34　FILTOMAT 公司 M100P 系列活塞型自动清洗过滤器结构

1—进水管；2—出水管；3—粗滤网；4—细滤网；5—转子组件；6—吸嘴；7—集污管；8—液动转子；9—冲洗阀；10—活塞；11—排污管；12—冲洗控制器

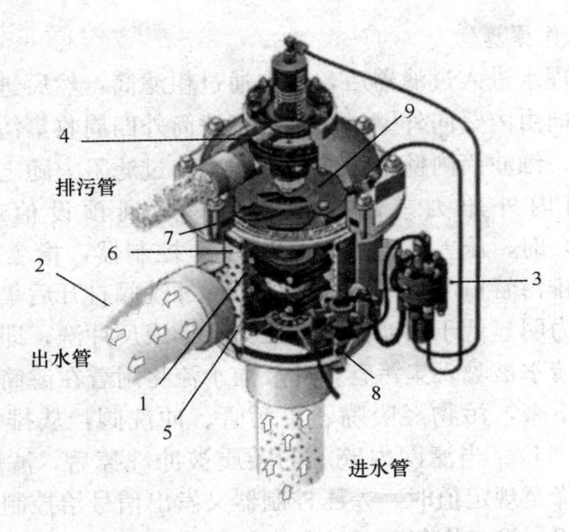

图 4-35　FILTOMAT 公司 M100C 系列无活塞型自动清洗过滤器结构

1—细滤网；2—出水管；3—冲洗控制器；4—冲洗阀；5—吸嘴；6—集污管；7—液动转子；8—吸污器组件；9—转子室阀

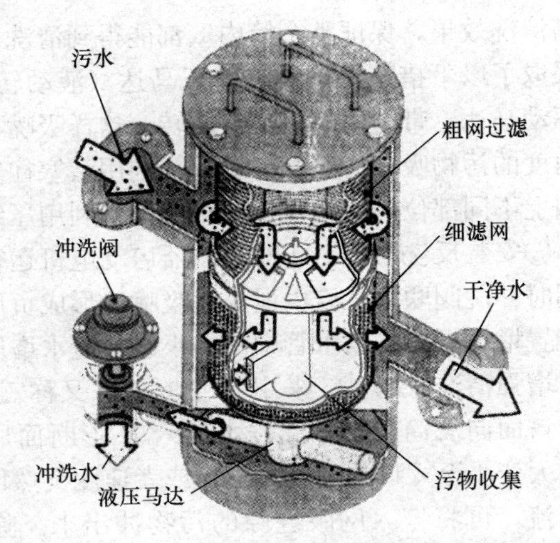

图 4-36　TECLEEN 自动清洗过滤器结构

2. 工作原理

被处理水进入过滤器后，首先通过粗滤筒，然后进入细滤筒内腔，径向由内壁向外壁过滤，从细滤筒外四周收集清水。随着过滤进行，细滤筒内壁截留的污物增多，过滤阻力随之增加，导致细滤筒内外压力差增大。当压差达到预设值（0.03～0.05MPa）时，压差传感器将信号传至控制器，指令冲洗阀打开，因为排污管口与大气相通，所以，冲洗阀打开后集污管上的吸嘴口压力明显低于细滤筒外侧压力，形成反冲洗，即吸嘴处的细滤筒外清水被吸入集污管，此反向水流将附着在滤筒内壁上的污物剥落下来，污物经吸嘴、集污管、冲洗阀，从排污管排出（参照图4-34）。当滤网内壁上的杂质被冲洗掉后，滤网内外侧间压差下降至规定值时，差压控制器又发出信号给控制器，指令冲洗阀关闭，设备恢复到过滤状态。因为反洗时，主要是与吸嘴相接触的小部分滤网处清水反流，而其他大部分滤网仍在正常过滤，所以可连续供水。

反冲洗时间为6～150s，它与反冲洗装置结构、冲洗频率、设备出力、生产厂家等有关。

为提高清洗效果，保证整个筒内壁都能得到清洗，一些自清洗过滤器采取了以下措施：①设置液压马达（液动转子），利用反冲洗水驱动马达，带动污物收集器旋转，这样吸嘴可将整个滤网上不同角度的污物吸走；②配备活塞，利用活塞往复运动带动吸嘴将滤网上不同部位的污物吸走，有的设备利用压缩空气推动活塞运行；③安装反洗电机，差压控制器启动电机运行，带动吸嘴旋转，同时冲洗阀联动，腔内泄压，吸嘴口形成负压，将污物吸走；④配置增压泵，将出水管中的一小部分清水增压，对滤网反冲洗，以增强清洗效果；⑤采用V形断面（又称三角形断面）滤网，其开口面向滤筒外侧，反洗水进入V形断面后，流口截面积迅速由大变小至入口的几分之一，或者速度突然增加数倍而形成高速水流，可将楔入网眼缝隙的污物冲出来。除根据差压外，还可根据时间或手动控制反冲洗过程。

为实现连续供水，有的过滤器采用多支滤芯，在反洗过程中，只有处于反洗区域的一、二只滤芯在进行反洗，随着反洗区域的位移逐个把所有滤芯反洗完毕，而不在反洗区域的滤芯仍在进行过滤工作。

3. 安装位置

自清洗过滤器可安装在被处理水管道上，如图 4-37 所示，过滤器检修时，打开旁通阀，关闭进水阀和出水阀。

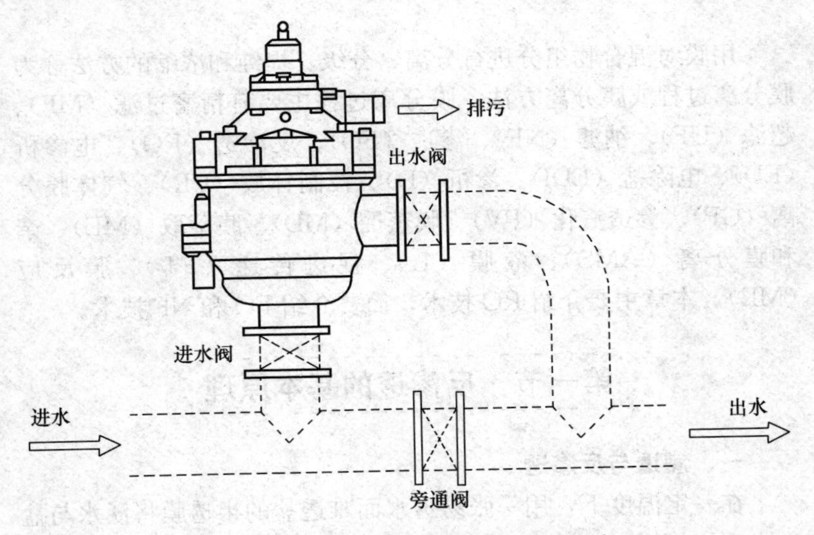

图 4-37 某自动清洗过滤器的安装示意

第五章　反渗透、渗透和纳滤

用膜对混合物组分进行分离、分级、提纯和浓缩的方法称为膜分离过程或膜分离方法。膜分离过程主要有精密过滤（MF）、超滤（UF）、纳滤（NF）、渗透（FO）、反渗透（RO）、电渗析（ED）、电除盐（EDI）、渗析（D）、控制释放（CR）、气体膜分离（GP）、渗透汽化（PV）、膜蒸馏（MD）、膜萃取（ME）、亲和膜分离（AMS）、液膜（L）、促进传递（FT）、膜反应（MR）。本章主要介绍 RO 技术，简要介绍 FO 和 NF 技术。

第一节　反渗透的基本原理

一、渗透与反渗透

在一定温度下，用一张易透水而难透盐的半透膜将淡水与盐水隔开，如图 5-1 所示，由于淡水中水的化学位比盐水中水的化学位高，从热力学观点看，水分子会自动从左边淡水室穿过半透膜向右边盐水室转移，这一过程称为渗透，如图 5-1（a）所示。这时，虽然盐在右室中的化学位比在左室中的高，但由于膜的半透性，难以发生盐从右室进入左室的迁移过程。随着左室中的水不断进入右室，右室含盐量下降，加之右室水位升高和左室水位下降，导致右室水的化学位增加，直到与左室中水的化学位相等，渗透停止。这种对溶剂（这里为水）的膜平衡称渗透平衡，如图 5-1（b）所示。平衡时淡水液面与同一水平面的盐水液面所承受的压力分别为 p 和 $p+\rho gh$，后者与前者之差（ρgh）称为渗透压差，简称渗透压，用 $\Delta\pi$ 表示。这里，p 表示大气压力，ρ 表示水的密度，g 表示重力加速度，h 表示两室水位差。若在右边盐水液面上施加一个超过渗透压差的外压（即 $\Delta p>\Delta\pi$，Δp 为外加压差，简称外压），则可驱使右室中的一部分水分子循渗透相反的方向穿过膜进入左室，即盐水室中的水被迫反渗透到左室淡水中，如图 5-1（c）所示。反渗透过去的水分子随压力的增加而增多。因此，可以利用反渗透从盐水中获得淡水。

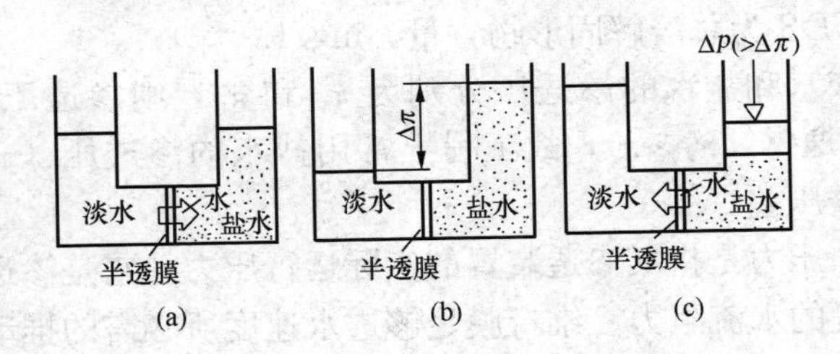

图 5-1 渗透与反渗透现象
（a）渗透；（b）渗透平衡；（c）反渗透

反渗透脱盐必须满足两个基本条件：①半透膜具有选择性透水而难透盐的特性；②盐水与淡水两室间的外加压差（Δp）大于渗透压差，即净推动压力（$\Delta p-\Delta\pi$）>0。

这里将符合条件①的半透膜称为反渗透膜。目前，常见的反渗透膜材料为芳香聚酰胺和醋酸纤维素。

二、渗透压与操作压力

渗透压是选择反渗透装置给水泵的重要依据，涉及反渗透运行成本。对于盐水，渗透压与含盐量、盐的种类和水温有关。

计算渗透压公式较多，工程上常用简化公式，例如用式(5-1)近似计算：

$$\pi=R\times(t+273)\times\sum c_i \tag{5-1}$$

式中：π 为渗透压，MPa；R 为气体常数，0.008 31MPa · L/(mol · K)；t 为水温，℃；$\sum c_i$ 为溶质浓度之和，它包括溶质的阳离子、阴离子和未电离的分子，mol/L。

计算反渗透装置的渗透压时，必须考虑到反渗透对盐的浓缩所引起$\sum c_i$ 的增加。

渗透压也可用经验公式估计：

$$\pi = 2.04 \times 10^{-7} \times (t + 320) \times TDS \quad TDS < 20\,000\text{mg/L}$$

$$\pi = 2.04 \times 10^{-5} \times (t + 320) \times (0.011\,7 \times TDS - 34) \quad TDS > 20\,000\text{mg/L} \tag{5-2}$$

式中：TDS 为总溶解固形物含量，mg/L。

设淡水和盐水的渗透压分别为 π_1 和 π_2，则渗透压差 $\Delta\pi = \pi_2 - \pi_1$。通常，$\pi_2 \gg \pi_1$，故工程上常用盐水的渗透压（$\pi_2$）近似代替渗透压差（$\Delta\pi$）。

操作压力是指反渗透装置的实际运行压力，它是渗透压、反渗透装置的水流阻力、维持膜足够透水速度所必需的推动压力之和。实际操作压力大致是渗透压的 2～20 倍，甚至更高一些。例如，海水渗透压约为 2.5MPa，实际操作压力一般为 5.5～8.0MPa。

三、选择性透过模型

下面介绍两种解释反渗透膜选择性透过现象的模型。

1. 氢键结合水—空穴有序扩散模型

图 5-2 为氢键结合水—空穴有序扩散模型示意。该模型将醋酸纤维素膜描述为结晶区域和非结晶区域两部分，水和溶质不能进入结晶区域，但可以进入非结晶区域。因此，可以把非结晶区域看成细孔或空穴，把结晶区域看成孔壁。进入细孔中的水有两种：一种水称为结合水，它是水分子上的氢与孔道内壁羰基上的氧以氢键的形式结合在一起的水；另一种水称为自由水，是受羰基上的氧原子影响较小的那部分水，大多位于孔道中央。结合水排列整齐，有类似冰的构造，不能溶解盐类。自由水与普通水的构造相同，能溶解盐类。非结晶区域越大，普通水所占比例越大，膜内溶解的盐越多，因而盐透过膜的量也越多。在压力推动下，氢键断开，结合的水分子解脱下来，并转移到下一个羰基上

的氧原子处形成新的氢键，这一新的氢键又会在压力作用下断开，于是水分子通过这一连串有序的氢键形成与断开，向淡水侧方向转移，直至穿过膜层进入淡水室。与此同时，含有盐分的普通水也会在压力作用下通过空穴中央穿过膜进入淡水室，这种迁移称为空穴扩散。

醋酸纤维素膜大致分为两层，表面一层比较致密，孔径较小，通过这一层的主要是结合水，如图 5-2（a）所示。但是膜表面存在某些缺陷，会有少量溶解有盐类的普通水通过这一层；下层为多孔层，如图 5-2（b）所示，主要起支撑作用，结合水和普通水都能顺利通过该层。由于通过致密层的结合水多于普通水，所以从醋酸纤维素膜的另一侧流出的是含盐量较少的淡水。

2. 优先吸附—毛细管流模型

该模型认为，膜内具有许多细小孔道，类似毛细管，当膜与盐水接触时，会优先吸附水分子，而排斥盐分。这样，在“膜—盐水”界面处富集了一层厚度为 δ 的纯水分子层（简称纯水层）。在压力推动下，纯水层经过毛细管孔道流出，于是从盐水中分离出淡水。

依据这一模型，毛细管孔径（ϕ）的大小对产品水的质量和流量有显著的影响。当 $\phi=2\delta$ 时，毛细管正好为纯水层所充满，主体溶液中的盐不能进入毛细管中，这时纯水流量最大，透过水中不含盐类；当 $\phi<2\delta$ 时，纯水层在毛细管中相互挤压或重叠，这时虽然盐不能通过毛细管，但纯水流量减少；当 $\phi>2\delta$ 时，毛细管中心存在着直径为“$\phi-2\delta$”的盐水溶液流，虽然透过水的流量大，但因含盐量多而水质较差。所以，毛细管的最佳孔径为 2δ。

四、反渗透方程

计算水和盐透过反渗透膜速度的公式称为反渗透方程。研究者依据的反渗透理论不同，所导出的反渗透方程也有差异，式（5-3）为其代表。

$$J_s = B(c_2 - c_3)$$

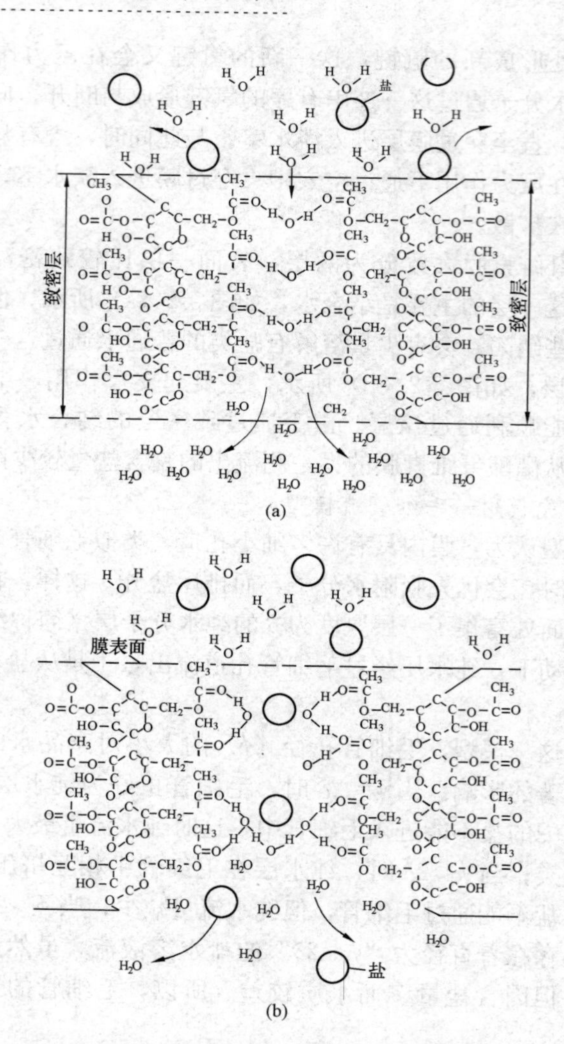

图 5-2　氢键结合水—空穴有序扩散模型示意
（a）致密层；（b）多孔层

$$J_v = A(\Delta p - \Delta\pi) \tag{5-3}$$

式中：J_s 为盐的透过速度；B 为比例系数；c_2 为盐水侧膜表面处盐的浓度；c_3 为淡水侧膜表面处盐的浓度；J_v 为溶液（主要为

水）的透过速度；A 为纯水透过系数。

第二节 反渗透膜

一、材料

人们根据脱盐的要求，从大量高分子材料中筛选出醋酸纤维素（CA）和芳香聚酰胺（PA）两大类膜材料。此外，复合膜的表皮层还用到其他一些特殊材料。

1. 醋酸纤维素

醋酸纤维素又称乙酰纤维素或纤维素醋酸酯。常以含纤维素的棉花、木材等为原料，经过酯化和水解反应制成醋酸纤维素，再加工成反渗透膜。

2. 聚酰胺

聚酰胺膜材料包括脂肪族聚酰胺和芳香族聚酰胺两类。20 世纪 70 年代应用的主要是脂肪族聚酰胺膜，如尼龙-4 膜、尼龙-6 膜和尼龙-66 膜；目前使用最多的是芳香族聚酰胺膜，膜材料有芳香族聚酰胺、芳香族聚酰胺-酰肼及一些含氮芳香聚合物等。

3. 复合膜

复合膜的特征是由两种以上的材料制成，它是用很薄的致密层与较厚的多孔支撑层复合而成的。多孔支撑层又称基膜，起增强机械强度作用；致密层也称表皮层，起脱盐作用，故又称脱盐层，也称活性层。脱盐层厚度一般为 500×10^{-10} m，也有薄至 200×10^{-10} m。

由单一材料制成的非对称膜，有下列不足之处：①致密层与支撑层之间存在着易被压密的过渡层；②表皮层厚度的最薄极限约为 1000×10^{-10} m，很难通过减少膜厚度来降低推动压力；③脱盐率与透水速度相互制约，因为同种材料很难脱盐与支撑两者均优。复合膜较好地解决了上述问题，它可以分别针对致密层的功能要求选择一种脱盐性能最优的材料，针对支撑层的功能要求选择另一种机械强度高的材料。复合膜脱盐层可以做得很薄，有利于降低推动压力；它消除了过渡区，抗压密能力强。

基膜材料以聚砜应用最普遍，其次为聚丙烯和聚丙烯腈。因为聚砜原料价廉易得，制膜简单，机械强度高，抗压密能力强，化学性能稳定，无毒，能抗微生物降解。为了更进一步增加多孔支撑层的强度，常用聚酯无纺布增强。

脱盐层的材料主要为芳香聚酰胺。此外，还有聚哌嗪酰胺、丙烯—烷基聚酰胺与缩合尿素、糠醇与三羟乙基异氰酸酯、间苯二胺与均苯三甲酰氯等。

二、断面结构

从外形看，膜大致可分为两类：均相膜和非均相膜。

非均相膜又称非对称结构膜，简称非对称膜或不对称膜，外形特征是在垂直于膜表面的截面上孔隙分布不均匀，由表向里孔隙尺寸渐增，表层孔隙最小，底层孔隙最大。这种膜目前应用最为广泛。

膜的结构包括宏观结构和微观结构。前者是指膜的几何形状，主要有板式、管式、卷式和中空纤维式四种；后者是指膜的断面结构和结晶状态等。下面介绍膜的断面结构。

1. 非对称膜的断面结构模型

（1）双层结构模型。双层结构模型即“致密层一多孔层”结构模型，如图 5-3 所示。致密层较薄，厚度小于 1μm；多孔层较厚，厚度约为 100～150μm。表皮层孔隙最小，故称致密层，又因为该层决定了膜对溶质和溶剂的选择透过性，故致密层又称活性层。致密层细孔孔径小于 10nm。多孔层起支撑致密层及增强整个膜的机械强度作用，故多孔层又称支撑层。多孔层的孔径在数微米以下。

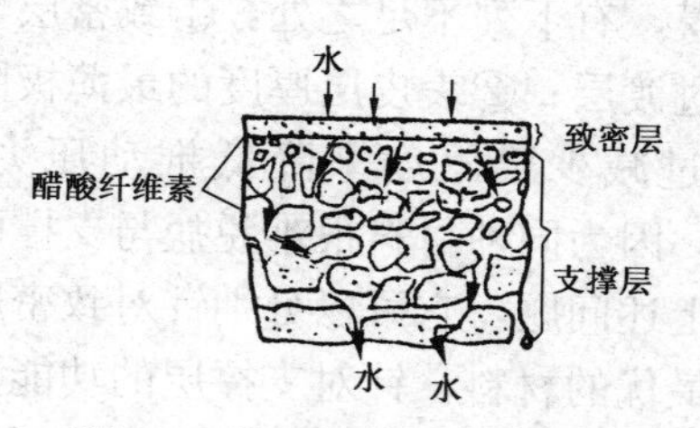

图 5-3　膜双层结构断面模型

（2）三层结构模型。事实上，致密层与多孔层之间并无明确的分界面，为此，有人提出了“致密层—过渡层—多孔层”结构模型，如图5-4所示。上层（A）是致密层，该层孔径小于10nm；中间层为过渡层（B），比致密层的孔径大，但仍有孔径小于10nm的细孔；底层（C）是多孔层，有孔径50nm以上的细孔。

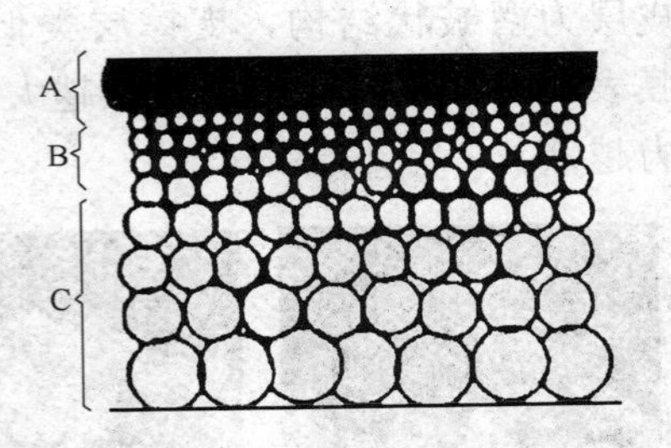

图5-4　膜三层结构断面模型
A—致密层；B—过渡层；C—多孔层

膜的非对称结构，决定了膜的方向性。当致密层面向高压侧时，可获得预期的脱盐率；反之，致密层就会在反方向压力作用下破裂而丧失脱盐能力。膜的致密层表面与多孔层表面相比，平滑且有光泽。

2. 复合膜的断面结构

一般，复合膜的断面结构模型如图5-5所示，大致分三层。表层为超薄膜层，又称功能层，厚度约0.2μm（2000Å）；中间一层为多孔层，厚度约60μm；底层为一层较厚的支撑层，厚度约150μm。目前市场上大部分复合膜的超薄层为交联全芳香族聚酰胺，多孔层为聚砜，支撑层为聚酯不织布（无纺布）。

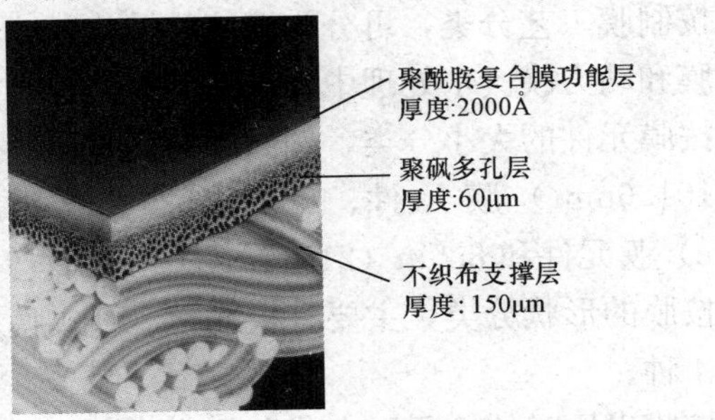

图5-5　复合膜的断面结构模型

图5-6是某公司的低压反渗透膜片（UTC-70）、超低压反渗透膜片（UTC-70U）和极超低压反渗透膜片（UTC-70UL）断面的场发射-扫描电镜（FE-SEM）形貌，由图5-6可见，表

皮层为褶皱状结构，支撑层类似海绵结构。显然，褶皱越高，膜表面与水接触的比表面积越大，透水速度越快，所需推动压力越低。

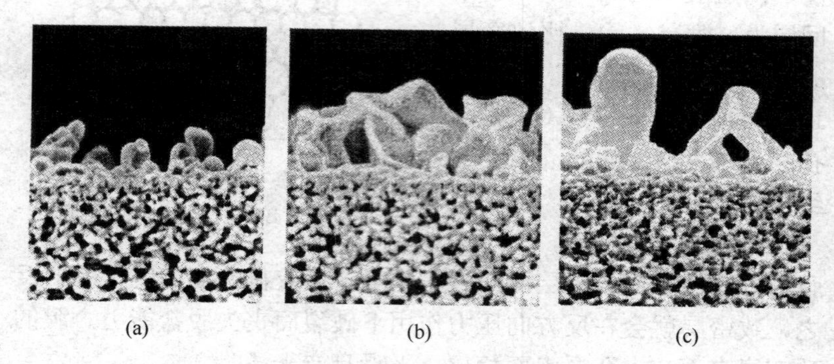

图 5-6 反渗透膜的断面 FE-SEM 形貌
（a）UTC-70；（b）UTC-70U；（c）UTC-70UL

三、分类

基于不同考虑，膜的分类有许多方法。

（1）按膜材料分类，主要有醋酸纤维素膜和芳香聚酰胺膜。此外，还有聚酰亚胺膜、磺化聚砜膜、磺化聚砜醚膜等。

（2）按制膜工艺分类，可分为溶液相转化膜、熔融热相转变膜、复合膜和动力膜。水处理中普遍使用复合膜。

（3）按膜元件的大小分类，例如，卷式膜元件按元件直径分有 4in（101.6mm）膜元件、6in（152.4mm）膜元件、8in（203.2mm）膜元件和 8.5in（215.9mm）膜元件等。

（4）按膜的形状分类，主要有板式膜、管式膜、卷式膜和中空纤维膜 4 种。

（5）按膜出厂时的检测压力分类，分别将膜出厂时检测压力为 150psi（1.03MPa）、225psi（1.55MPa）和 420psi（2.90MPa）的膜划分为超低压膜、低压膜和中压膜。

（6）按膜的用途分类，有苦咸水淡化膜、海水淡化膜、抗污染膜等多个品种。

（7）按膜结构特点分类，可分为均相膜和非对称膜。水处理中常用非对称膜。

（8）按传质机理分类，有活性膜和被动膜之分。活性膜是在溶液透过膜的过程中，透过组分的化学性质可改变；被动膜是指溶液透过膜的前后化学性质没有发生变化。目前所有反渗透膜都属于被动膜。

四、膜的抗污染

提高膜元件抗污染能力的方法有：①改变膜的带电状态，降低膜与污染物的静电吸引力；②提高膜表面的光滑度，减少膜面微观凹凸不平处对污染物的隐藏概率；③提高膜材料的亲水性或疏水性，削弱膜与疏水性污染物或亲水性污染物之间的范德华引力；④优化进水通道结构，不但可为污染物顺利通过创造条件，而且还可增强清洗效果；⑤增加膜的叶片数，缩短淡水通道长度，减少淡水通道压力损失，以便膜沿程净推动压力趋于相同，尽量保持膜面不同地方水通量大小相等，降低浓差极化程度；⑥采用自动卷膜，减少膜层之间水流通道的过水截面积差异，均匀分配沿程水流阻力。

五、性能

1. 脱盐率

脱盐率又称除盐率，通称分离度、截留率，记作 R，定义为进水含盐量经反渗透分离成淡水后所下降的分率，按式（5-4）计算。

$$R=\frac{c_f-c_p}{c_f}\times 100\% \tag{5-4}$$

式中：c_f 为进水含盐量，mg/L；c_p 为淡水含盐量，mg/L。

水处理中常用进水的 TDS 或电导率作为 c_f，淡水的 TDS 或电导率作为 c_p。

反渗透膜的分离度与以下五类因素有关。

（1）操作条件。操作条件包括压力、浓水流量、回收率、水温和 pH 值。分离度随操作压力和浓水流量递增，随回收率和水温递减；对于天然水，碳酸化合物的各种形态是 pH 值函数，若降低给水 pH 值，则 CO_2分率增加，因为 CO_2很容易透过膜，所以淡水电导率升高。

（2）污染程度。膜被水垢、生物黏泥、铁铝硅化合物污染后，分离性能变差。

（3）溶液特性。溶液特性包括溶质的尺寸、电荷、电离度、极性和支链数，以及溶质浓度等。一般，溶质尺寸大、电荷多、电离度高、极性强、支链多的溶质，去除率高。在含盐量较低的范围内（如小于 800mg/L），除盐率随含盐量递增；在含盐量较高的范围内（如大于 1000mg/L），除盐率随含盐量递减。

（4）膜特性。孔径小、介电常数低的膜分离效果好；膜厚度对分离效果无影响。

（5）设备状况。膜袋密封损伤、串联膜元件间密封不严、膜片划伤等，因浓水泄漏到淡水中，故脱盐率下降。

反渗透膜的脱盐率一般大于 98%。随着反渗透膜使用年限的增加，脱盐率必然呈下降趋势，但其衰减速度应在允许的范围内，否则，若脱盐率明显下降，则提示膜可能出现了污染、划伤或密封不严等问题。

2. 透过速度

（1）水通量（J_w）。在单位时间、单位有效膜面积上透过的水量称为水通量，又称透水速度，通称溶剂透过速度，用 J_w 表示。水通量单位可用 GFD [gal/(ft^2 · d)]、LMH [L/(m^2 · h)] 和 MMD[m^3/(m^2 · d)]表示。1MMD＝24.54GFD＝41.67LMH。操作压力大、水温高、含盐量低，回收率小、膜孔隙大，则 J_w 也大；浓差极化严重或沉积物较多时，J_w 明显下降。反渗透装置运行时，为减轻膜的污染速度，通常需要将 J_w 控制在膜选用导则规定的范围内，该规定值与水源有关，井水的较高，地表水的较低。

（2）盐透过速度（J_s）。在单位时间、单位膜面积上透过的盐量，又称透盐率、透盐速度和盐通量，通称溶质透过速度，用

J_s 表示。水温和回收率低、含盐量和膜孔径小、膜材料对盐的排斥力大，则 J_s 小；浓差极化严重时，J_s 显著增加。一般情况下，J_s 受压力影响较小。

(3) 溶液透过速度（J_v）。在单位时间、单位膜面积上透过的溶液量。透过液包括盐和水两部分，故 $J_v=J_w+J_s$。一般情况下，$J_w \gg J_s$，所以 $J_v \approx J_w$，故生产中通常不区分 J_w 与 J_v，而等同使用。

一般，水通量大的膜，盐透过速度也快。

3. 回收率

反渗透系统从盐水中获得的淡水分率称为水的回收率，简称回收率，如回收率65%表示用1t盐水可生产出0.65t淡水。被处理水的含盐量越高，允许的回收率越低。例如，反渗透处理海水时回收率一般为30%～40%，处理江河水时回收率一般为70%～85%。

4. 耐氧化能力

膜的耐氧化能力与膜材料有关。芳香聚酰胺膜和复合膜比醋酸纤维素膜更易受到水中氧化剂的侵蚀。水中常见的氧化剂有游离氯、次氯酸钠、溶解氧和六价铬等。膜被氧化后，化学结构和形态结构发生了不可逆破坏。为减轻反渗透膜的氧化程度，反渗透装置进水中允许的游离氯最高含量，醋酸纤维素膜为1mg/L，芳香聚酰胺膜和复合膜为0.1mg/L。

5. 纯水透过系数

膜的纯水透过能力用纯水透过系数 A 表示。A 也是膜总孔隙的量度。A 值与测定时的温度和压力有关。当压力一定时，温度增加，水的黏度减少，因而透水速度增加。一般情况下，温度每增加1℃，透水速度约增加2%～3%。不过，温度太高，可能导致膜材料变软而发生压密，透水速度反而下降。通常以25℃时的 A 值作为标准值，其他温度条件下的透水系数 A_t 用式(5-5)计算。

$$A_t = \frac{A_{25}}{f_T} \tag{5-5}$$

式中：A_{25}为25℃时的A值；A_t为t℃时的A值；f_T为校正系数，查产品说明书获得，当缺乏这方面的数据时，也可从图5-7中获取。

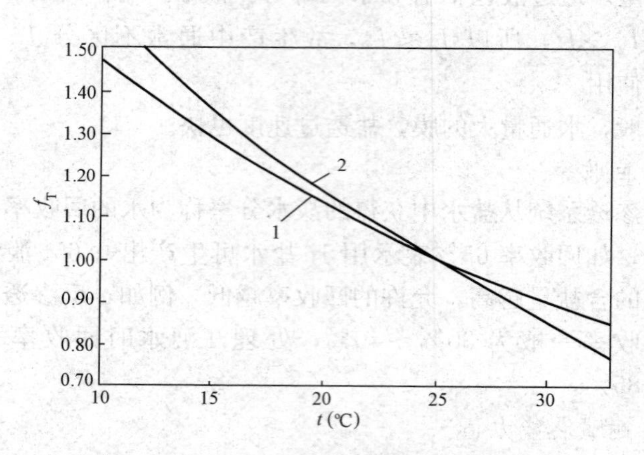

图5-7　A值的温度修正曲线

1—用黏度修正的曲线；2—用分子扩散系数修正的曲线

f_T的倒数称为温度校正因子，用T_{cf}表示。通常以25℃时的淡水流量作为标准值，其他温度条件下的实际淡水流量可以校正到标准值。标准流量等于实际流量除以T_{cf}。在10～30℃，陶氏膜的温度校正系数可按式（5-6）估算：

$$T_{cf} = e^{k\left(\frac{1}{298}-\frac{1}{273+t}\right)} \tag{5-6}$$

式中：t为水温，℃；k为与水温有关的常数，$t<25$℃时，$k=2640$；$t\geqslant25$℃时，$k=3020$。

温度不变时，A值随压力（Δp）呈负指数规律下降，即

$$A = A_0 \cdot e^{-\alpha\Delta p}$$

式中：A_0为外推至$\Delta p=0$时的A值，它是膜初始孔隙的量度；α为膜对压力敏感性的量度常数，反映了膜的压密效应。

6. 流量衰减系数

即使在正常运行条件下，反渗透膜也会在压力的长期作用下，随着运行时间的延长，孔隙率缓慢减少，水通量缓慢下降，这种现象称为膜的压密。在生产实践中人们发现，J_v 与运行时间 τ 的 m 次方成反比，即

$$J_{vt} \propto J_{vt0}/(\tau/t_0)^m$$

式中：J_{vt} 为运行时间 $\tau=t$ 时溶液透过速度；J_{vt0} 为运行时间 $\tau=t_0$ 时溶液透过速度；m 为流量衰减系数，$m>0$；τ 为运行时间，$\tau>t_0$。

对于新的反渗透膜，运行开始 24～48h 之后透水速度趋于稳定，所以 t_0 常取 24～48h。

除压力外，膜表面物质的沉积、膜的水解、水中有机物长期与膜接触而使膜溶解、膜表面微生物繁殖或细菌侵蚀、膜被氧化和水温季节性下降等原因也会引起膜透水速度的下降。提高操作压力固然可以增加透水量，但会加重膜的压密，所以生产中应将操作压力控制在允许范围内。

7. 抗水解能力

该能力与高分子材料的化学结构和介质性质有关。当高分子链中具有易水解的—CONH、—COOR、—CN、—CH_2—O 时，就会在酸或碱的作用下发生水解或降解反应，于是膜被破坏。例如，芳香聚酰胺膜分子中的—CONH 在酸或碱的作用下 C—N 断裂后生成羧酸或羧酸盐；醋酸纤维素膜（CA 膜）分子链中的—COOR在酸或碱作用下更易水解，图 5-8 是温度和 pH 值对 CA 膜水解速度的影响。为降低水解速度，一般将 CA 膜使用 pH 值控制在 5～6。

8. 耐热抗寒能力

耐热抗寒能力取决于高分子材料的化学结构。如前所述，水温增加，有利于提高脱盐率、透水速度及减轻浓差极化，但膜变软、氧化和水解的速度快。反渗透膜本身含有许多水分，结冰时体积增加，造成膜的永久性破坏。一般，水处理用 RO 膜最低使

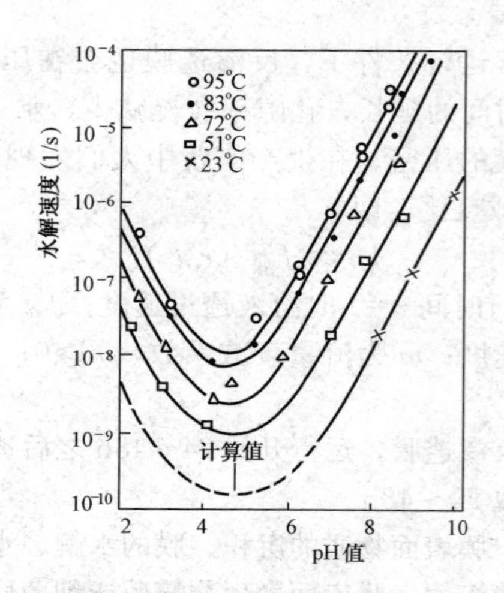

图 5-8　温度和 pH 值对 CA 膜水解速度的影响

用温度为 5℃，最高使用温度为 40～45℃。

9. 机械强度

在压力作用下，膜会被压缩变形，导致透过速度下降。膜的变形可分为弹性变形和非弹性变形，当压力较低时，膜处于弹性变形范围，压力消失后，膜的透过能力可恢复；当压力较高时，膜处于非弹性变形范围，将发生不可逆压实，压力消失后膜的透过能力不能恢复。压力越大，水温越高，作用时间越长，膜发生非弹性变形的可能性就越大。不同的膜元件允许的运行压力不同，应注意查阅相关产品说明书。卷式 RO 膜元件（海水淡化膜除外）的最高运行压力一般为 4.1MPa。

10. 物质迁移系数

物质迁移系数是表示反渗透装置运行时浓差极化的指标。由于水透过膜的量远大于盐透过膜的量，导致膜表面处盐浓度 c_2 升高，反渗透方程式（5-3）中 $\Delta\pi$ 增加，水透过速度下降，盐透过速度增加。膜两侧浓度有如下关系。

$$\frac{c_2 - c_3}{c_1 - c_3} = \exp\left(\frac{J_v}{k}\right) \tag{5-7}$$

式中：c_1为高压侧主体溶液中盐浓度；k为物质迁移系数。

物质迁移系数可表达成如下形式。

$$k \propto D \cdot u^n \cdot \exp(0.005T) \quad (5\text{-}8)$$

式中：D为盐的扩散系数；u为高压侧水流速度；n为系数，随装置不同而异，一般为0.6～0.8；T为温度。

式（5-7）中，当$k \to +\infty$时，$c_2 = c_1$，膜不发生浓差极化；当k为任一有限正值时，$c_2 > c_1$，即膜表面处浓度大于主体溶液浓度；k值越小，差值“$c_2 - c_1$”越大，浓差极化越厉害。浓差极化发生后，膜透过性能下降，膜表面可能析出沉淀物。增强水流紊动、提高浓水流速和缩短浓水流程是减少浓差极化的有效途径。

生产实际中是通过保持足够的浓水流量而减轻浓差极化的。该浓水流量的最低限值称为最小浓水流量。

第三节　反渗透膜元件（膜组件）

反渗透膜必须与其他器件组合成具有引进高压盐水、收集淡水和排放浓水功能的设备后才能用于生产实际。这种具有进出水功能的反渗透脱盐单元称为膜元件。膜元件通常按水处理工艺需要，可多个膜元件组合起来形成一个较大的脱盐单元，这种单元称膜组件。多个膜组件又可进一步组合成更大的脱盐单元，形成反渗透装置。由于膜形状及膜装置的多样性，膜元件与膜组件之间的界线有的比较清楚，有的比较模糊。例如，卷式反渗透装置中膜元件与膜组件之间界线明确，一般是多个膜元件串联在一个压力容器内构成一个膜组件；中空纤维式反渗透装置中，每根纤维本身就具有进水、出水功能，故它就是膜元件。习惯上，膜元件的概念仅用于卷式反渗透装置。

广义地讲，反渗透装置应包括所有膜组件、连接管道、阀门、仪表及高压泵等相关设备，甚至可延伸到整个反渗透系统；狭义地讲，反渗透装置仅指膜组件本身。

一、形式

膜元件（膜组件）有4种形式：平板式、圆管式、螺旋卷式和中空纤维式。前三者又分别简称为板式、管式和卷式。管式又可分为内压管式、外压管式和套管式。中空纤维式也有内压式和外压式两种。这些组件均有自己独特的优点，因而不可能将其中任何一种淘汰。电厂水处理以卷式应用最为普遍；中空纤维式主要用于海水淡化领域；管式和板式主要用于食品和环保方面。对膜元件（膜组件）的基本要求是：①尽可能高的膜装填密度，膜装填密度是指单位体积膜装置中膜的面积（m^2/m^3）；②不易浓差极化；③抗污染能力强；④清洗和换膜方便；⑤价格便宜。

二、组成

膜元件（膜组件）的基本组成包括膜、膜的支撑物或连接物、水流通道、密封、外皮、进水口和出水口等。

1. 膜

膜是膜元件乃至反渗透系统的核心部分，详见本章第二节。

2. 支撑物

支撑物又称连接物。反渗透膜在组装成膜元件过程上，为了固定膜使其具有一定形状和强度，需要支撑物。例如，对于平板膜，一般将它平铺在平滑的多孔支撑体上，以免受压时膜破裂；对于螺旋卷式膜，一般将隔网夹在两膜之间，隔网既是支撑物又是水流通道；对于管式膜，通常将膜涂敷在多孔管上，管内外形成浓淡水通道；中空纤维膜比较特殊，由于本身很细，机械强度高，故不需外加支撑物。由于支撑物兼有搅拌功能，所以选择合适的支撑物，对于改善水流状态，防止浓差极化非常重要。

3. 水流通道

从盐水进入开始直到浓水和淡水流出器件的全部水流空间称为水流通道。大多数水流通道是通过膜与膜之间的支撑体、导流板或隔网来实现的。图5-9（a）和图5-9（b）主要用于平板膜装置，导流板厚度在0.5～1.0mm；图5-9（c）隔网普遍用于卷式反渗透膜元件，水流在隔网的间隙中流动。管式膜装置水流通道在管内和管外，内压膜管进水和浓水在管内流动，淡水在管外流动，外压膜管则正好相反。中空纤维膜的水流通道与管式膜类似，通常是浓水在纤维外壁流动，淡水从纤维管内收集。良好的水流通道应该是水流分布均匀，没有死角，流速合适，不易浓差极化，容易清洗和占用空间小。

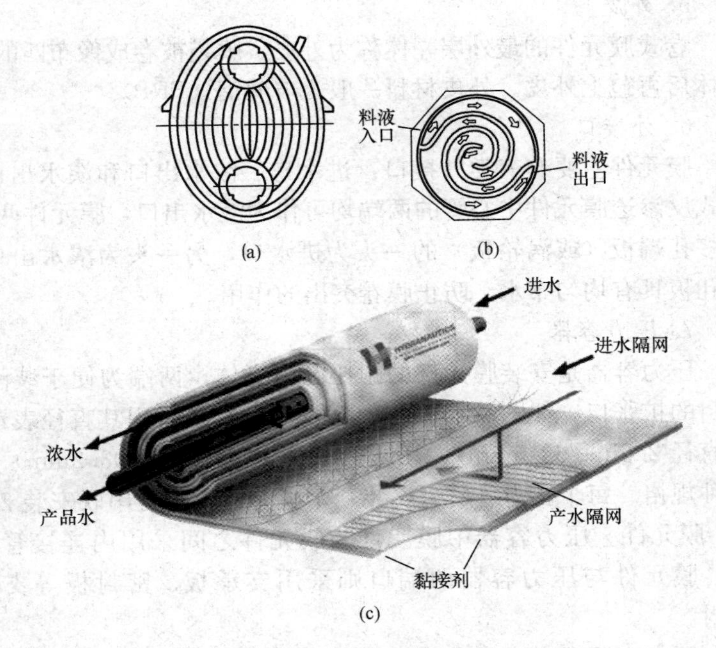

图 5-9　水流通道示意

(a) 空心导流板；(b) 涡轮导流板；(c) 卷式膜元件隔网

4. 密封

反渗透需要在一定压力下才能进行，为防止浓淡水互窜，必须采取密封措施，让这两股水流各行其道。密封位置主要在膜与膜之间、膜与支撑物之间、膜元件之间，以及与外界接口处等。膜元件不同，对密封的要求也不同。例如，螺旋卷式膜元件主要是将重叠的两张膜的三边密封形成膜袋，以及串联膜元件中心管之间的密封；中空纤维膜元件的密封主要在纤维一端的环氧管板密封和另一端的环氧封头密封；其他膜元件可用橡胶垫圈或O形圈等方法加以密封。

密封损坏导致脱盐率下降是反渗透装置运行中的常见故障之一。

5. 外皮

卷式膜元件的最外层壳体称为外皮，膜袋被卷成像布匹的圆柱体后再包上外皮。外皮材料一般为玻璃钢（FRP）。

6. 外接口

膜元件主要有三类外接口：进水口、浓水出口和淡水出口。卷式反渗透膜元件中心管的两端均可作为淡水出口，膜元件两头的多孔端板（或涡轮板）的一头为进水口，另一头为浓水出口。多孔板具有均匀布水、防止膜卷突出的作用。

7. 压力容器

压力容器是安装膜元件的耐压圆柱壳体，两端为便于装配、密封的扩张口，如图5-10所示。压力容器规格常用其直径表示，有直径2.5in（63.5mm）、4in（101.6mm）、8in（203.2mm）等多种规格。每个压力容器可安装一个膜元件，也可串联安装2～7个膜元件。压力容器中膜元件与膜元件之间采用内连接管连接，膜元件与压力容器两端口则采用支承板、密封板等支撑密封。

压力容器端口因厂家不同而有不同结构，如给水（或浓水）口有端接和侧接之分。给水从压力容器一端进入沿轴线方向流动，由另一端浓水口排出，透过膜的淡水则绕中心管螺旋前进，最后进入中心管，由中心管的一端或两端排出。

为防止膜卷在给水压力推动下凸出，膜元件的浓水排出端应有阻止膜卷凸出的装置。

卷式膜元件和膜组件是应用最广泛的反渗透构件之一，外观如图5-11所示。

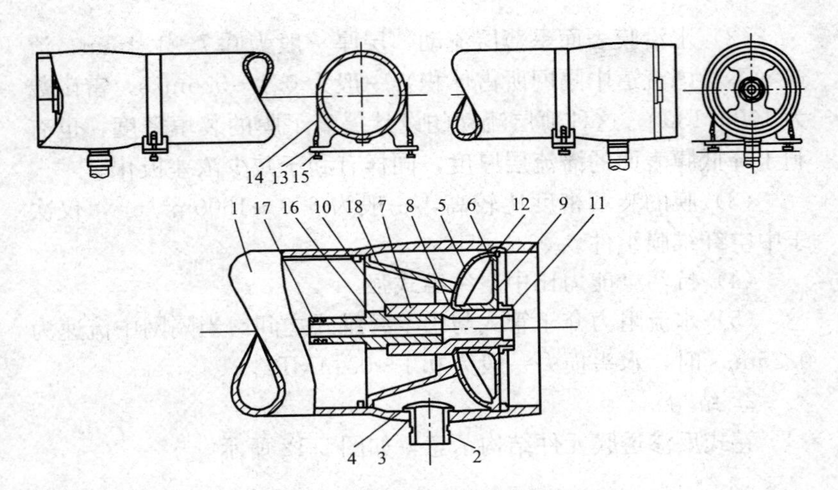

图 5-10　压力容器示意

1—外壳；2—进水/浓水管；3、12—固定环；4—进水/浓水密封；5—蝶形金属端板；6—端板密封；7—淡水管；8—淡水密封；9—固定板；10—适配器密封；11—紧固螺母；13—底托；14—包箍组件；15—包箍螺母；16—适配器；17—淡水密封；18—锥形推环

图 5-11　某卷式反渗透膜元件（膜组件）外观

三、卷式膜元件（膜组件）

1. 特点

（1）水流通道由隔网空隙构成，水在流动过程中被隔网反复切割、反复汇集呈波浪状起伏前进，提高了水流紊动强度，减少了浓差极化。

（2）水沿膜表面呈薄层流动，层厚一般为0.7～1.1mm，流速（不考虑流道中隔网所占体积）一般为0.1～0.6m/s，雷诺数为100～1300。这种薄层流动的设计提高了膜的装填密度，也有利于降低膜表面的滞流层厚度，同样有利于减少浓差极化。

（3）膜的装填密度比较高，一般为650～1600m^2/m^3，仅次于中空纤维膜组件。

（4）抗污染能力比中空纤维式强。

（5）水流阻力介于管式与中空纤维式之间，当隔网中流速为0.25m/s时，水头损失一般为0.1～0.14MPa。

2. 结构

卷式反渗透膜元件结构示意，如图5-12所示。

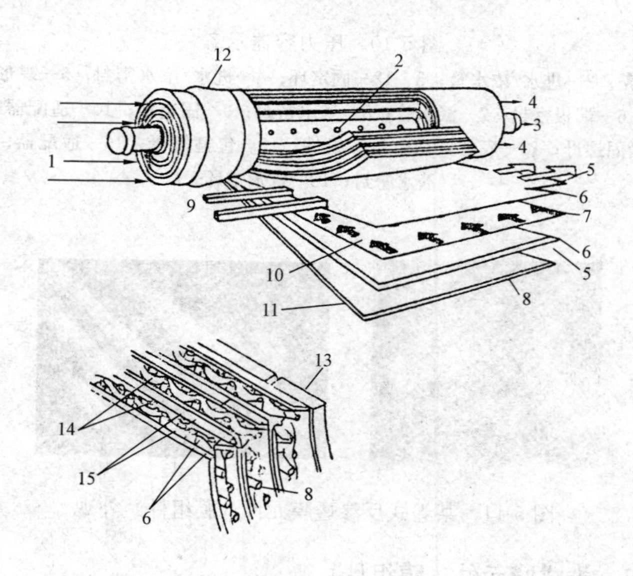

图5-12　卷式反渗透膜元件结构示意

1—进水；2—透过水集水孔；3—透过水；4—浓缩水；5—进水隔网；6—膜；7—透过水隔网；8—黏结剂；9—进水流动方向；10—透过水流动方向；11—外套；12—组件外壳；13—中心透过水集水管；14—膜间支撑材料；15—多孔支撑材料

膜元件核心部分由膜、进水隔网和透过水隔网围中心管卷绕而成。膜、透过水隔网、膜和进水隔网排列顺序为

膜 1/透过水（产品水）隔网/膜 2/进水或给水（浓水）隔网/膜 3/透过水（产品水）隔网/膜 4/……

（透过水（产品水）隔网：透过水通道；进水或给水（浓水）隔网：进水和浓水通道；透过水（产品水）隔网：透过水通道）

膜 1 与膜 2、膜 3 与膜 4 密封形成一个膜袋，透过水隔网位于袋中，膜袋开口与多孔中心管相连。膜袋连同进水隔网一起在中心管外缠绕成卷。缠绕的膜袋数目称为叶数。用一个膜袋缠绕所做成的膜元件称为一叶型膜元件；将多个膜袋叠放在一起缠绕做成的膜元件称为多叶型膜元件。若膜面积相同，则多叶型与一叶型相比，给水、淡水流程短，阻力小。一般，8in(203.2mm)膜元件的膜袋长度为 750～1300mm，膜叶数为 15～20。

在膜元件内部，膜的脱盐层面对给水隔网，承托层面对透过水隔网。透过水隔网构成透过水通道，并起支撑膜的作用。进水隔网构成进水和浓水通道，并起扰动水流防止浓差极化作用。多孔中心管与透过水通道相通，收集透过水。在压力推动下，原水在进水隔网中流动，水量不断减少，浓度不断增加，最后变成浓水从下游排出。透过水在透过水隔网内流动，流量不断增加，最后进入中心淡水管。

在图 5-12 所示的膜元件中，透过水绕中心管流动，进水和浓水与中心管平行流动。因为膜袋的长度一般比中心管长，所以这种膜元件进水和浓水的流程比透过水的短，水的回收率低。又由于透过水流程长，所以水流阻力大，膜卷内圈与外圈的透水速度相差较大。另外，平行中心管流动的水流还可能引起膜卷外凸。图 5-13 是进水和透过水都绕中心管流动的膜元件结构。

透过水隔网可用树脂增强涤纶织物、人造纤维布、编织聚酯布和玻璃珠等，布厚度一般为 0.3mm 左右，玻璃珠一般为 3 层，中间层粒径为 0.1～0.2mm，表层和底层的粒径为 0.015～

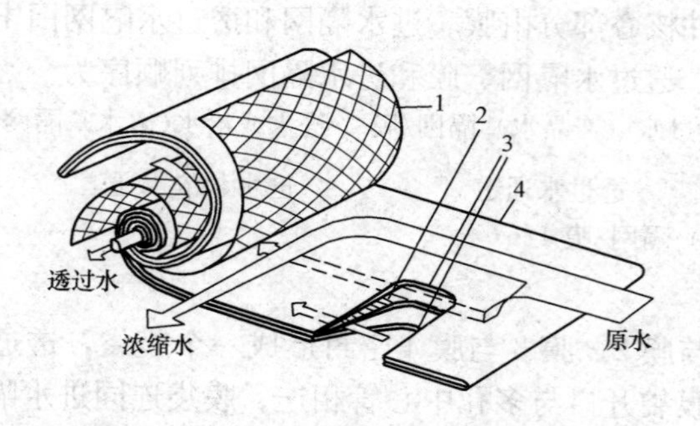

图 5-13　日本东丽公司卷式反渗透膜元件结构
1—进水和浓水隔网；2—透过水隔网；3—膜；4—侧面密封

0.06mm；给水隔网一般采用聚丙烯挤出网或其他聚烯烃挤出网材，厚度一般为 0.71mm 或 0.78mm；中心管为聚氯乙烯或其他塑料管材，中心管直径与膜元件大小有关，4in（101.6mm）膜元件约为 20mm，8in（203.2mm）膜元件约为 30mm；压力容器材料主要有玻璃钢（FRP）和不锈钢等，大小应与膜元件相匹配。

3. 规格

一般，卷式反渗透膜元件直径为 2～8in（50.8～203.2mm），长度为 12～80in（304.8～2032mm），质量 4～20kg。在此尺寸范围内可组合成许多规格。例如，2521 膜元件的直径为 2.4in（61.0mm），长 21in（533.4mm）；4040 膜元件的直径为 4in（101.6mm），长 40in（1016mm）；8040 膜元件的直径为 8in（203.2mm），长 40in（1016mm）。

膜元件的规格和安装尺寸可查膜产品说明书。

4. 性能

一般用下列指标表达膜元件的性能：脱盐率、水通量，以及脱盐率和水通量的年衰减速度。由于反渗透膜的脱盐率和水通量与测定条件（如压力、温度、回收率、pH 值、含盐量和运行时间等）有关，故应注意说明书所标称的测定条件。

5. 使用条件

为保证膜长期稳定安全运行，膜生产厂家规定了膜元件使用时所限制的条件，包括操作压力、进水流量、温度、进水 pH 值范围、进水浊度、进水 SDI、进水余氯、浓缩水与透过水量的比例和压力损失等。使用时必须将反渗透装置控制在这些条件规定范围内。

（1）操作压力。由于膜元件机械强度的限制，一般规定了最高运行压力，反渗透装置必须在低于此压力下运行。海水淡化膜元件的最高运行压力一般为 6.9MPa，其他膜元件的最高运行压力一般为 4.1MPa。大多数情况下，反渗透装置的实际运行压力要比上述规定值小得多。

（2）进水流量。限制最高进水流量的目的是保护压力容器始端的第 1 根膜元件的“进水—浓水”压力降不超过 10psi（0.07MPa）。过高的进水流量可能会使膜元件中出水端凸出和隔水网变形，从而损坏膜元件。表 5-1 列出了某公司膜元件所允许的最高进水流量。

表 5-1 某公司膜元件所允许的最高进水流量和最低浓水流量

膜元件直径					
	(in)	4	6	8	8.5
	(mm)	101.6	152.4	203.2	215.9
最高进水流量（m^3/h）		3.6	8.8	17.0	19.3
最低浓水流量（m^3/h）		0.7	1.6	2.7	3.2

（3）浓水流量。反渗透装置运行时，如果浓水流量太小，浓水侧的膜表面水流速度太慢，一方面容易产生严重的浓差极化，另一方面水流携带盐类能力下降，膜元件污染速度加快。因此，需要对最低浓水流量进行限制。表 5-1 列出了某公司膜元件所允许的最低浓水流量。

（4）温度。提高水温虽然有利于增加产水量，但过高的温度会导致膜高分子材料的分解及机械强度的下降。所以，根据膜材料耐温能力规定了膜元件的最高使用温度，反渗透膜元件的最高使用温度一般为40～45℃。

（5）进水pH值范围。为防止膜高分子水解，需要控制进水pH值。醋酸纤维素膜（CA膜）使用的pH值范围比较窄，一般为5～6；聚酰胺膜（PA膜）使用的pH值范围比较宽，一般为2～11，但不同厂商规定其产品使用的pH值范围存在一些差异。

（6）进水浊度。控制进水浊度的目的在于防止浊质颗粒划伤高压泵和膜，以及这些颗粒堵塞膜孔道和膜元件的水流通道。膜元件水流通道越狭窄，对进水浊度的要求越严格，不同膜元件对浊度要求从严到宽的顺序为中空纤维膜＞螺旋卷式膜＞管式膜＞板式膜。

（7）进水SDI。工程实际经验表明，给水SDI不合格的反渗透系统出现污堵的可能性很大，因此应保证给水SDI合格。但是，即使给水SDI合格，也难以确保反渗透系统不发生污堵故障。这既说明用SDI评价水质的积极意义和局限性，又告诉我们应从多方面或借助其他指标去综合评价水质。

SDI不适合评价污染严重的水质。

（8）进水余氯。限制进水余氯含量的目的是防止膜被氧化分解。由于醋酸纤维素膜比芳香聚酰胺膜的抗氧化能力稍强，故前者容许的余氯量比后者的大些。

（9）单支膜元件浓缩水与透过水量的比例。当进水流量一定时，降低浓缩水量与透过水量的比例，虽然提高了装置出力，但是由于浓水流量的下降会导致浓差极化增强，膜元件被污染、结垢的危险性增大，所以应该限制这一比例，使其不致低于某一数值，如某膜元件规定不低于5∶1，这相当于单支膜元件的水回收率不超过16.7%。最大回收率除与给水有关外，还与膜元件串联个数有关，如串联个数为2和4时，最大回收率分别约为30%和50%。

提高水的回收率，有利于减少浓水排放量，但是过高的回收率可能引起两个方面的问题。首先是膜表面的结垢问题，如当回收率为50%～75%时，原水盐类被浓缩成2～4倍，某些溶解度较小的盐可能达到过饱和而沉积在膜表面；其次，回收率过高，还会产生上述浓水流量太小所引发的问题。实际中应以浓水不结垢为原则确定水的最大回收率。

（10）单支膜元件压力损失。在其他条件不变的前提下，膜元件的水头损失与进水流量有关，进入膜元件的水量越大，则水流通过膜元件的压力损失（水头损失）越高，所以，控制膜元件的压力损失相当于控制进水流量，只不过以另一种方式控制进水最高流量而已。

（11）膜元件的允许透水量。当膜元件或膜组件数量一定时，提高运行压力可提高透水量。虽然大多数反渗透膜元件或膜组件允许压力高达4.1MPa，但是实际使用时，很少考虑在这么高的压力下运行。因为依靠提高压力来增加透水量，可能导致膜表面污染速度加快，缩短膜的使用寿命，表5-2为某厂商规定的反渗透膜元件允许透水量。

表5-2　某厂商规定的反渗透膜元件允许透水量

规格		透水量（m^3/d）			
外径×长度		市政废水	河水	井水	反渗透透过水
in×in	mm×mm				
4×40	101.6×1016	2.4～3.6	3.0～4.2	5.1～6.1	6.1～9.1
4×60	101.6×1524	3.6～5.5	4.5～6.4	7.7～9.1	9.1～13.6
8×40	203.2×1016	10～15	12～17.2	21～25	25～37
8×60	203.2×1524	16～24	20～28	34～40	40～60

一般，将1～8个膜元件串联起来装入压力容器便成为卷式膜组件。

对于以地表水作为水源的反渗透系统，一般可用6个40in（1016mm）长的膜元件串联装入同一个压力容器中，对于以井水或MF、UF和RO出水等SDI较低、污染较轻的水作为水源的反渗透系统，由于进水—浓水压降一般较小，因而每个压力容器可串联装入 7 个膜元件。

第四节　反渗透的给水预处理

为保障反渗透装置的安全稳定运行，通常需要在原水进入反渗透装置之前，将其处理成符合反渗透装置对进水的质量要求，这种位于反渗透装置之前的处理工序称为预处理或前处理。用反渗透法除盐时，要求透过水含盐量小于一定数值，例如，从海水制取饮用水，要求透过水含盐量小于 500mg/L。对于废水处理，既要考虑透过水是否符合排放标准，又要考虑浓水有无回用价值或后续处理是否简便。有时仅靠反渗透不能达到质量要求，则需要对反渗透的透过水或浓水做进一步处理。这种位于反渗透装置之后的处理工序称为后处理。例如，为了从盐水中制取电导率小于 0.2μS/cm 的锅炉补给水，反渗透装置之后往往连接离子交换装置或电除盐装置，用反渗透除去水中大部分盐类，用离子交换或电除盐进行深度除盐。反渗透的相关工艺如下。

原液→预处理→反渗透装置→透过水→后处理
↓
浓水→后处理

一、对给水的要求

这里所述的给水也称进水，是指反渗透装置第一根膜元件的入口水。为减轻反渗透膜在使用过程中可能发生的污染、浓差极化、结垢、微生物侵蚀、水解氧化、压密及高温变质等，保证反渗透装置长期稳定运行，根据运行经验，对反渗透装置的进水质量做了较为严格的规定。例如，某卷式芳香聚酰胺复合膜对进水水质的要求是 SDI＜5，浊度小于 1NTU，游离氯小于 0.1mg/L，水温小于或等于 45℃，压力小于或等于 4.1MPa，pH 值为 2～10。不同的生产厂家、不同的膜材料和膜元件，对进水质量的要求有所差异。例如，CA 膜可允许游离氯最高值达 1mg/L。当原水水质达不到上述要求时，则必须对原水进行预处理。

二、预处理工艺

水源不同，预处理方法不一样。为保证反渗透装置进水水质，必须针对不同水源，将各种水处理单元有机组合起来，形成一个技术上可行、经济上合算的预处理系统。水处理单元主要有混凝、澄清、过滤、吸附、消毒、脱氯（投加还原剂）、软化、加酸、投加阻垢剂、微孔过滤（精密过滤）和超滤等。

1. 地下水

与同地区的江、河、湖水相比，地下水的含盐量、硬度、碱度和 CO_2 含量较高，悬浮物和胶体的含量较少，色度、浊度和 pH 值较低，但可能存在较多的 Fe^{2+}、Mn^{2+} 和硅酸化合物等。地下水预处理系统见流程 1，但应注意以下几个问题：①防止深井泵取水带砂；②当水中铁锰含量高时（如 Fe＞0.3mg/L），应增加除铁除锰措施，如通过曝气或氧化将 Fe^{2+} 和 Mn^{2+} 氧化成高价状态，然后通过混凝过滤除去；③当地下水受到污染而生物活性较高（如地下水中细菌总数超过 1.0×10^4 cfu/mL，cfu 表示菌落数）时，应增加杀菌措施；④当水中 CO_2 或 HCO_3^- 含量较多时，可通过曝气或加酸脱除 CO_2；⑤当水中硅化合物含量超过 20mg/L 时，建议考虑去除措施或通过添加分散剂、调节 pH 值和温度等方法防止硅垢；⑥应留有应对地下水水质日趋恶化的预案，据调查，我国 97%以上的城市地下水受到严重污染，污染物一般以酚、氰、硝酸盐为主，铬、硫、汞次之，另外，随着地下水的开采，水位下降，含盐量逐年上升。

流程 1　地下水 → 砂滤器 →（酸、阻垢剂）→ 管道混合器 → 精密过滤器 →（反渗透装置进水）

2. 地表水

与地下水相比，地表水（这里不包括海水）由于工业废水、城市污水、农业排水、固体废弃物、大气污染物、农药和化肥等污染，成分比较复杂，尤其是悬浮物、胶体物质、有机物和微生物等含量较多，对反渗透膜的危害也大。地表水质与其水系所处环境密切相关。首先，应根据水源的悬浮物含量（SS）决定预处理方法，当水中SS<50mg/L时，可采用流程2所示的预处理系统；当SS>50mg/L时，则应在流程2之前，增加“混凝—沉淀”等去除悬浮物和胶体的手段。其次，还应注意以下几个问题：①水污染，江河、湖泊和水库与工农业生产和人民生活密切相关，直接接纳着工业废水和生活废水，污染严重时，水中氰化物、酚、石油类、氨氮化合物、重金属、砷等含量突出，这时，应根据污染物种类和浓度，在流程2之中增加一些针对性的有效去除设施（如生物氧化池、超滤）；②我国幅员辽阔，环境条件差别很大，水质复杂，所以，流程2不能看成是对所有地表水都适用的工艺，必须根据水源多样性，对众多的水处理方法进行灵活取舍，科学组合。

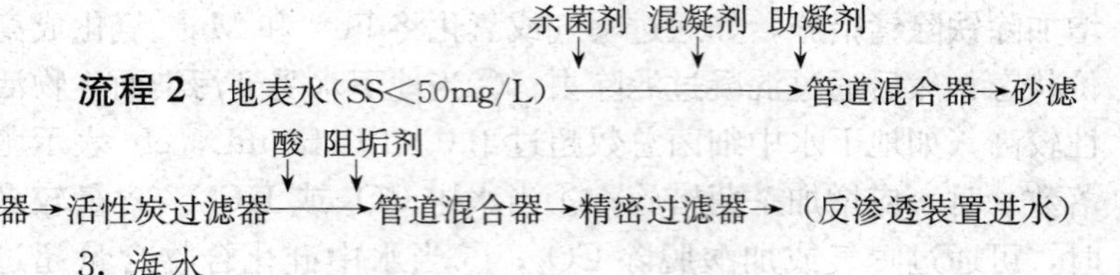

3. 海水

海水取水点离海边较近，潮汐和风浪对海岸的冲刷使海水夹带泥沙，陆地排水和养殖等会污染海水，因而所取海水一般含有较多的悬浮物、胶体、有机物、微生物（如藻类）和贝壳等，浊度和色度较大。周期性涨退潮是造成海水水质不稳定的主要原因之一，也直接影响预处理系统的正常运转。海水含盐量很高，具有很强的腐蚀性。为减少潮汐、风浪等的影响，可采用打井取水的方法。

海水的预处理手段主要有：①加氯或次氯酸钠杀菌灭藻；②用常规的混凝、澄清和过滤去除悬浮物及胶体；③加酸、阻垢剂防止碳酸盐、硫酸盐在膜表面结垢；④用活性炭吸附有机物和去除余氯；⑤加还原剂（如亚硫酸氢钠）去除余氯。

流程3是浙江省某500t/d反渗透海水淡化工程的预处理工艺（1997年），流程4是山东省某1000t/d反渗透海水淡化示范工程的预处理工艺（1999 年）。

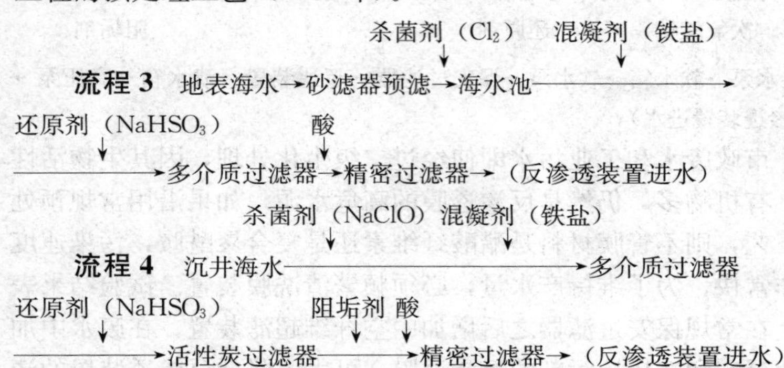

与其他水源的预处理工艺一样，流程 3 和流程 4 所示的海水预处理工艺也在不断革新。例如，用微滤、超滤代替常规混凝过滤，旨在改善反渗透装置的给水水质，减少混凝剂、杀菌剂和余氯脱除剂等化学药品的用量；增加纳滤设备，脱除硬度和总溶解固体，提高海水反渗透的操作压力和水的回收率。

4. 废水

在我国，水的供求矛盾日益突出，实施水的重复使用是解决这一矛盾的根本出路之一，如用市政废水、中水、工业排水作为工业水源。对于电厂，可用循环冷却水系统的排污水作为补给水或冲灰水的水源，用灰场澄清水反复冲灰或作为循环冷却水系统的补充水源。某电厂以循环冷却系统的排污水作为反渗透的水源，流程 5 是其预处理工艺。循环冷却水与地表水、地下水的水质差别在于：①微生物多：微生物在冷却水的温度和营养环境下繁殖较快；②水质复杂：水中除含有生水中原有的杂质外，还含有为了防垢、防腐和杀生而加入的阻垢剂、缓蚀剂和杀菌剂；③含盐量较高：生水补充到冷却水系统后，经过反复浓缩，含盐量明显升高；④结垢倾向较大：循环水浓缩倍数高达 5 以上，水质几乎处于结垢与不结垢的临界状态，如碳酸盐硬度接近极限值，pH 值位于微碱性区域。所以，冷却水在进入反渗透之前，应采用比流程 1 和流程 2 更为复杂的预处理工艺。

流程 5　冷却水→砂滤器→弱酸阳离子交换器→除碳器→除碳水箱→除碳水泵→软水箱（次氯酸钠↓）→软水泵→保安过滤器（还原剂↓）→超滤装置→清水箱→高压泵（阻垢剂↓）→（反渗透装置进水）

市政废水和工业污水即使经过二级生化处理，因其生物活性高、有机物多，仍然是反渗透膜的高危水源。如果沿用常规预处理工艺，则不管膜材料是醋酸纤维素还是复合聚酰胺，污染速度都非常快，为了维持产水量，必须频繁清洗膜装置。试验结果表明，在常规保安过滤器之后增加中空纤维超滤装置，在废水中加入絮凝剂和选择抗污染的反渗透膜，可大大降低反渗透装置的清洗频率。这里，超滤装置为可反洗的中空纤维，运行时频繁、短时、自动地进行冲洗（或反洗），以保持稳定的透水通量。资料报道，同一超滤装置处理市政二级排水时，用与不用絮凝剂的清洗频率明显不同，不用则 3～5d 清洗一次，用则 30d 以上清洗一次。超滤膜材料应是亲水的，以避免它对有机物的吸引，提高抗污能力。超滤膜的孔径比微滤膜（常作保安过滤的滤芯）的更小，所以，超滤器水质明显优于保安过滤器。反渗透膜多选用亲水、不带电、表面光滑的特殊膜，目的也在于增强膜的抗污染能力。

某热电有限公司以污水处理厂的二级生化处理出水（通称中水）为水源，反渗透系统的预处理是在中水深度处理岛完成的，流程 6 是预处理工艺。

流程 6　中水→调节池→提升泵→石灰澄清池（石灰乳、混凝剂、助凝剂↓）→变孔隙滤池（酸↓）→清水池（杀菌剂↓）→清水泵→高效过滤器→过滤水箱→软化水泵→钠离子交换器→弱酸氢离子交换器→除碳器→中间水箱→脱气水泵→10μm 保安过滤器→高压泵→（两级反渗透系统进水）

中水经管线输送进入调节池，由提升泵送入石灰澄清池，在澄清池中添加石灰乳、絮凝剂（聚合硫酸铁，PFS）、助凝剂（聚丙烯酰胺，PAM），实施软化和澄清处理。澄清水（SS≤

10mg/L，碳酸盐硬度小于或等于1.2mmol/L）加酸（H_2SO_4），降低pH值，除去过饱和$CaCO_3$，然后进入变孔隙滤池，进一步去除水中悬浮物，滤出水（SS≤2mg/L）经杀菌（ClO_2杀菌）后流入清水池，由清水泵送入高效过滤器，去除直径大于20μm的颗粒。高效过滤器出水进入过滤水箱，经软化水泵送入钠离子交换器和弱酸氢离子交换器，在石灰软化的基础上进一步去除硬度和碱度，弱酸氢离子交换器的出水经除碳器除去CO_2后送入保安过滤器除去微小颗粒杂质，最后进入两级反渗透系统。

近几年，随着超滤、超微滤膜技术的迅速发展，以超滤（如用截留分子量为2万～75万道尔顿的膜）、超微滤（如用孔径为0.1μm的膜）的方法取代常规的介质过滤或活性炭过滤，已在国内外逐渐得到应用。

三、除去悬浮固体

1. 给水的SDI值

由于膜元件内部的给水和浓水流道非常窄，容易卡住固体颗粒，造成堵塞，因此，应严格控制进水悬浮固体含量。从水质方面看，一是控制浊度，二是控制SDI值。例如，对于卷式组件，要求进水浊度小于1NTU，最好达到0.2NTU，SDI<5；对于中空纤维组件，则要求进水浊度小于0.3NTU，SDI<3。

除控制给水悬浮固体含量外，还应控制给水中大颗粒杂质，不让其进入反渗透装置。例如，应防止粒径大于5μm的固体颗粒进入高压泵和反渗透装置，以免划伤高压泵叶片，避免这些颗粒经高压泵加速后击穿膜元件而引起脱盐率下降。

SDI又称淤塞指数，它是表示微量固体颗粒的水质指标。测定浊度的方法一般为光学法，测定SDI的方法为过滤法。当水中固体颗粒浓度很小时，光学法灵敏度不够，而过滤法比较适用。测定SDI的装置示意如图5-14所示，具体步骤是用直径为47mm、平均孔径为0.45μm的微孔滤膜，在0.21MPa的压力下过滤水样，记录最初滤过500mL的水样所花费的时间t_0；继续过滤15min后，再记录滤过500mL水样所花费的时间t_{15}，用式

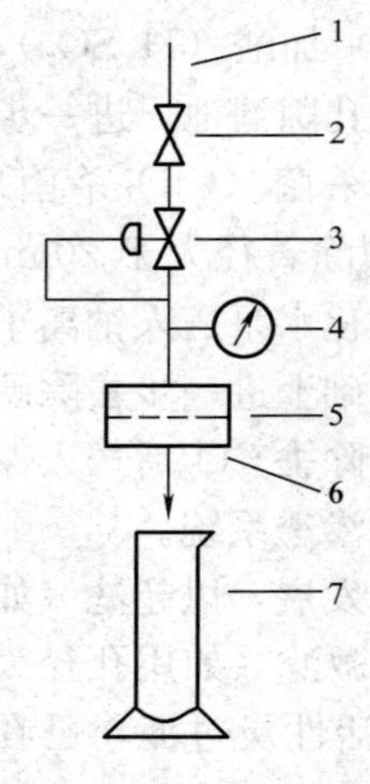

图 5-14 测定 SDI 的装置示意
1—测试水；2—阀门；3—调压阀；4—压力表；5—测试用膜；6—过滤器；7—量筒

(5-9) 计算 SDI_{15}：

$$SDI_{15}=\frac{100(t_{15}-t_0)}{15t_{15}} \quad (5-9)$$

通常，SDI_{15} 简记为 SDI。

从理论上讲，在上述过滤过程中，凡是粒径大于 0.45μm 的微粒、胶体和细菌大都被截留在膜面上，引起透水速度下降，过滤同等体积水样所需时间延长，所以 $t_0/t_{15}<1$。水中悬浮固体越多，t_0/t_{15} 值越小，SDI 越大；当水污染很严重时，$t_{15}\rightarrow+\infty$，SDI 趋近极限值 6.7；当水中杂质尺寸小于 0.45μm 时，$t_0\approx t_{15}$，SDI 接近于 0。

2. 深度除浊方法

为满足反渗透装置对进水浊度和 SDI 的要求，常在预处理系统中设置多层滤料过滤器、细砂过滤器、微滤器和超滤器等深度过滤装置。多层滤料过滤器又称多介质过滤器，常用无烟煤和石英砂所组成的双层滤料过滤器；细砂过滤器常用粒径为 0.3～0.5mm 的石英砂，层高为 800～1000mm，滤速约为 5m/h；微滤器孔径范围大都在 0.1～35μm，但也有孔径超过 300μm 的，微滤器有几十种孔径规格，以满足不同过滤精度的需要；超滤器的过滤精度用截留分子量表示，其值一般在 500～500 000 道尔顿，相应孔径近似为（20～1000）$\times10^{-10}$m。反渗透系统设计中，常用孔径 5μm 微滤器（俗称 5μ 过滤器）作为预处理系统中的最后一道处理工序，对反渗透装置起安全保障作用，故又称保安过滤器。也有用超滤器兼任保安过滤器的，它的出水水质优于微滤器。

四、防止结垢

盐水经过反渗透后，水中 98% 以上的含盐量被阻挡在浓水中，导致浓水含盐量上升，如水的回收率为 75%，即进水经反渗透浓缩后，其体积减少至原来的25%时，浓水中盐的浓度也大致增加至进水的4倍。盐类的这种浓缩是反渗透装置结垢的主要原因。在反渗透装置容易结垢的物质主要是溶解度较小的盐类和胶体等，如$CaCO_3$、$CaSO_4$、$BaSO_4$、$SrSO_4$、CaF_2和铁铝硅化合物等。对于特定的水质和系统，这些物质是否结垢，视浓水中它的浓度积是否超过了该条件下的溶度积而定，如果超过而又没有采取任何防垢措施，则有可能结垢。防止反渗透膜结垢的方法主要有：①加酸降低水中CO_3^{2-}及HCO_3^-的浓度，防止生成$CaCO_3$垢；②加阻垢剂控制$CaCO_3$、$CaSO_4$、$BaSO_4$和$SrSO_4$等垢的生成；③用钠离子交换法除去Ca^{2+}、Mg^{2+}、Ba^{2+}和Sr^{2+}等结垢性阳离子，或用弱酸氢离子交换法同时除去这些结垢性阳离子和结垢性阴离子（CO_3^{2-}、HCO_3^-）；④降低水的回收率，避免浓缩倍数过大。实际应用中，多采用①、②两种方法。

1. 加酸防止$CaCO_3$垢

（1）生成$CaCO_3$垢的原因。主要原因是反渗透膜几乎不透过Ca^{2+}、CO_3^{2-}和HCO_3^-，而CO_2的透过率几乎为100%。前者导致浓水Ca^{2+}和CO_3^{2-}的浓度增加，后者引起浓水CO_2减少，并使浓水pH值上升，而pH值的增大又会促使HCO_3^-电离出更多的CO_3^{2-}。

（2）加酸防垢的原理。加入的酸与CO_3^{2-}作用生成CO_2，即$2H^+ + CO_3^{2-} \rightleftharpoons CO_2 + H_2O$，降低了结垢性阴离子$CO_3^{2-}$的浓度。

（3）酸的选择。一般选择H_2SO_4或HCl。H_2SO_4价廉且反渗透膜对SO_4^{2-}去除率比对Cl^-的高，故更可取。但是，若水中Ca^{2+}、Ba^{2+}和Sr^{2+}含量高，经计算存在生成硫酸盐垢的危险时，则应该选择HCl。

（4）加酸量的计算。根据H_2SO_4或HCl与碳酸盐的化学反应，每加入1mg/L的H_2SO_4（按100%计）产生0.897mg/L的CO_2和减少1.244mg/L的HCO_3^-；同理，每加入1mg/L的HCl（按100%计）产生1.207mg/L的CO_2和减少1.674mg/L的

HCO_3^-。在水温25℃时，将反渗透进水pH值由pH_{f0}调整至pH_f时所需要加入的H_2SO_4或HCl量按式（5-10）计算。

$$G=\frac{[HCO_3^-]_{f0}[1-10^{(pH_f-pH_{f0})}]}{a\times 10^{(pH_f-6.35)}+b} \tag{5-10}$$

式中：G为加入的H_2SO_4（按100%计）或HCl（按100%计）量，mg/L；$[HCO_3^-]_{f0}$为加酸前的进水中的HCO_3^-浓度，mg/L；a为生成CO_2系数，H_2SO_4和HCl分别为0.897和1.207；b为HCO_3^-减少系数，H_2SO_4和HCl分别为1.244和1.674。

2. 阻垢剂防垢法

（1）特点。与加酸防垢法相比，阻垢剂防垢法的特点是：①药效广：目前加酸仅限于防止$CaCO_3$垢，而对其他结垢物质几乎无效；阻垢剂防垢法只要选择的药剂配方合适，就可预防$CaCO_3$、$CaSO_4$、$BaSO_4$和$SrSO_4$等多种垢物；②使用条件严：理论上只要加入酸量足够，预防$CaCO_3$垢的效果几乎不受其他条件限制；用阻垢剂预防垢时，一般要求在合适条件下使用，才不至于失效，例如，水中铁铝含量应小于0.1mg/L，pH值不宜超过8.5。

（2）防垢原理。阻垢剂通过络合、分散、干扰结晶过程等综合作用，阻止微溶盐结晶，削弱垢物附着力。

（3）阻垢剂的选择。目前阻垢剂商品较多。从化学成分看主要是低分子量有机物；从货源看主要为进口产品，但国产产品进入市场势头强劲。选择阻垢剂应注意如下事项：①使用条件；②是否滋生生物黏泥；③与膜材料、混凝剂、助凝剂是否兼容；④无毒。

（4）阻垢剂用量。按进水水量计，一般为2～4mg/L。比较准确的加药量，应根据水质条件通过模拟试验确定。

3. 控制指标

（1）碳酸盐垢。一般采用朗格利尔（Langelier）饱和指数（记作LSI）作为控制浓水碳酸盐不结垢的指标。生产实际中，为了预防反渗透装置的碳酸盐垢，对LSI的一般要求是进水不加任何阻垢剂时小于－0.2，进水用六偏磷酸钠（简记为SHMP）阻垢时小于0.5，进水用有机阻垢剂阻垢时小于1.8。

（2）硫酸盐垢。设 K_{SP} 和 I_{Pb} 分别为某难溶硫酸盐的溶度积和浓度积，根据沉淀生成与溶解理论，如果进水不加阻垢剂，则可以预测：当 $I_{Pb}>K_{SP}$ 时，则有可能生成硫酸盐垢；当 $I_{Pb}<K_{SP}$ 时，没有生成硫酸盐垢的可能。生产实际中，某些膜供应商推荐的控制硫酸盐垢生成的标准见表5-3。不过，不同的厂商可能有不大相同的控制标准。

表5-3　某厂商推荐的控制硫酸盐垢生成的标准

结垢物质	进水不加阻垢剂	进水加阻垢剂
$CaSO_4$	$I_{Pb}<0.8K_{SP}$	$I_{Pb}<2.3K_{SP}$
$BaSO_4$	$I_{Pb}<0.8K_{SP}$	$I_{Pb}<60K_{SP}$
$SrSO_4$	$I_{Pb}<0.8K_{SP}$	$I_{Pb}<8.0K_{SP}$

4. 阻垢剂投加系统

某厂阻垢剂投加系统如图5-15所示。阻垢剂的配制投加流程为取一定量的阻垢剂倒入阻垢剂配制箱中，打开阀K1，用淡水将阻垢剂稀释至浓度为5%～10%，启动搅拌器使阻垢剂完全溶解和混合均匀；打开阀门K2和K3，启动计量泵；打开K4和

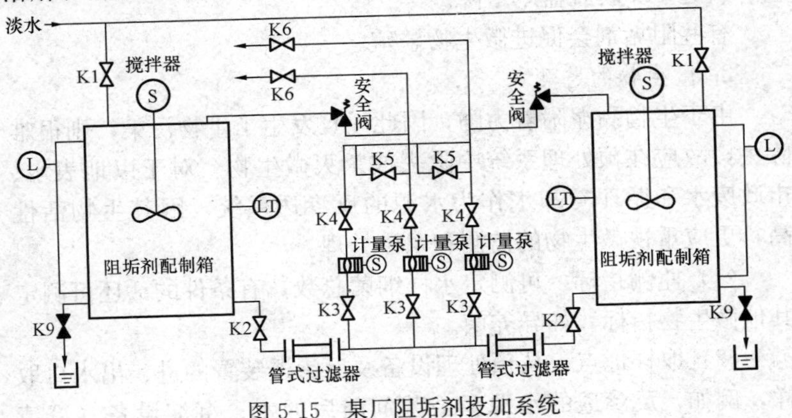

图5-15　某厂阻垢剂投加系统

K6，从箱中流出的阻垢剂溶液经管式过滤器除去杂质，由计量泵升压后，由K4、K5和K6加入高压泵的进水管中与超滤器出水汇合，经高压泵搅拌混合均匀后进入反渗透装置。阀K5作用是切换三台计量泵，实现两开一备的运行方式，即任何一台泵检修和停用，另外两台泵可相互独立地向两套反渗透装置中任何一套加药。

(1) 阻垢剂计量泵。阻垢剂计量泵为机械隔膜泵，共3台，两开一备；单台出力8L/h，扬程1MPa，电动机功率0.05kW；阻垢剂计量泵调节方式：根据在线流量计输出信号自动控制加药量。

(2) 阻垢剂溶液箱。阻垢剂溶液箱为直径760mm，壁厚4.5mm，总高度1080mm的钢衬胶圆筒容器，共2台；单个容积0.4m^3，电动搅拌器转速85r/min，功率0.37kW。

五、杀菌处理

1. 杀菌的必要性

水中有机物一般是微生物的饵料，含有微生物和有机物的水进入反渗透装置后，会在膜表面发生浓缩，造成膜的生物污染。生物污染会严重影响膜性能，如引起压差升高、膜元件变形和水通量下降。微生物（如细菌）会破坏醋酸纤维素高分子中的乙酰基，引起CA膜脱盐率下降。

有些阻垢剂会促进微生物繁殖。

2. 微生物的监测

由于生物黏泥附着力强，因此一旦发生了生物污染，则很难除去，故应在预处理系统中除去或杀灭微生物。对于以地表水、市政废水和循环冷却水作为水源的反渗透系统，因其生物活性高，更应重视微生物的监测和杀菌处理。

(1) 监测指标。可测定水样细菌总数，有条件的话还可测定其他微生物指标，如异养菌。

(2) 取样地点。从预处理设备及反渗透装置的进、出水口取样，例如，反渗透的水源、杀菌剂前后的水、沉淀设备（澄清池、沉淀池、活性污泥处理装置等）出水、过滤设备（砂滤池、多介质过滤器、活性炭过滤器、盘式过滤器、自清洗过滤器、保安过滤器、超滤器等）出水、反渗透装置的出水（浓水、产水）。

（3）取样频率。微生物多、水温高、生物污堵风险大，则可每日或隔日取样检测一次，否则，可每周甚至更长时间取样分析一次。

生物黏泥一般具有以下特点：①外观为黑色或棕色的黏液状物；②手感滑腻；③有臭味；④有机物含量高，一般超过 60%；⑤细菌多，一般超过 10^6 cfu/g。

3. 杀菌方法

防止微生物侵蚀的通用方法是对原水进行杀菌处理。常用的杀菌剂是具有氧化能力的氯化物，如 Cl_2、ClO_2、NaClO，此外还有 H_2O_2、O_3 和 $KMnO_4$ 等。一般很少用紫外线和臭氧杀菌，因为它们没有残余消毒能力。加氯点尽可能安排在靠前工序中，以便有足够接触时间，使水在进入膜装置之前完成消毒过程。若预处理的工艺流程长、设备多、水中微生物多、水温高、日照充足，则可多点投加杀菌剂。对于那些水流不畅或水流死角等微生物隐藏处、设备呼吸口、活性炭过滤器、超滤装置、精密过滤器，应定期消毒。避免使用透光容器，因为日光促进微生物生长。

应从以下几个方面选用反渗透系统的杀菌剂：①杀菌能力强；②对膜危害小；③环境友好；④可以安全地储运、投加；⑤与其他预处理用药剂兼容。

膜装置允许进水中余氯量视膜材料有所不同，当膜材料为醋酸纤维素时，要求有 0.2～1mg/L 的余氯量；当膜材料为复合膜时，加氯消毒后应除去残余氯，使余氯量为 0。消除余氯的方法主要有两种：①还原法：将 $NaHSO_3$ 或 Na_2SO_3 投加到水中，进行脱氯；②过滤法：利用活性炭的还原性除去余氯，习惯称之为活性炭吸附或活性炭过滤。

可根据反渗透装置浓水中的细菌数判断杀菌效果：①细菌数

小于 10^3 cfu/mL，则微生物已得到有效控制；②细菌数为 10^4～10^6 cfu/mL，应引起注意；③细菌数大于或等于 10^6 cfu/mL，则应加强杀菌。

4. 杀菌系统

用氧化性杀菌剂杀菌时，杀菌系统一般包括杀菌剂投加装置和杀菌剂脱除装置。某厂用 NaClO 作杀菌剂，用 $NaHSO_3$ 作还原剂，投加杀菌剂和还原剂的系统分别如图 5-16 和图 5-17 所示。

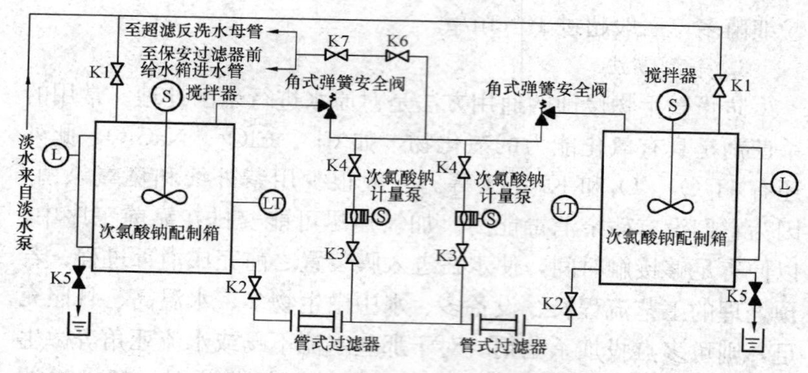

图 5-16　某厂杀菌剂投加系统

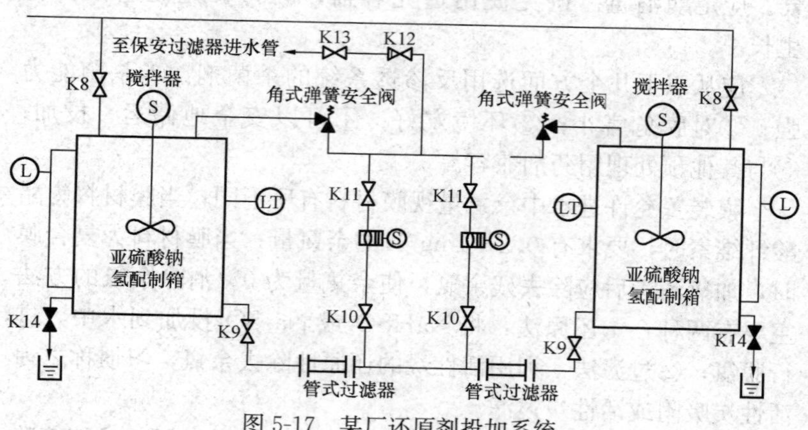

图 5-17　某厂还原剂投加系统

(1) 投药装置。次氯酸钠配制箱设有电动搅拌装置，搅拌电机功率为0.37kW；配制箱为760mm×4.5mm（直径×壁厚）的垂直圆筒，数量2台，容积为0.4m^3，总高度为1080mm；计量泵2台，单台流量为8L/h，扬程为1MPa，功率为0.05kW。

(2) 投药过程。用淡水在配制箱中配制一定浓度的次氯酸钠溶液；从箱中流出的次氯酸钠溶液经管式过滤器除去杂质，由次氯酸钠计量泵加入保安过滤器前的清水箱进水管中，与清水汇合后流入清水箱，利用水在清水箱中的停留时间杀菌。NaClO的加药量为2～3mg/L。

六、防止硅垢

大多数天然水中含1～50mg/L的溶解性硅酸化合物（以SiO_2形式表示）。当硅酸化合物在反渗透装置中浓缩至过饱和状态时，就会聚合成不溶性胶态硅酸沉积在膜表面。浓水中允许的SiO_2含量取决于SiO_2的溶解度。SiO_2的溶解度随水温递增，在pH=7的条件下，水温25℃和40℃时SiO_2的溶解度分别约为120mg/L和160mg/L；pH值高的水，SiO_2溶解度也高；水中共存金属氢氧化物会促进硅酸化合物沉积。为避免硅酸化合物的沉积，一般要求浓水中SiO_2浓度小于其所在条件下的溶解度。浓水中SiO_2的浓度近似等于进水中SiO_2浓度与浓缩倍数的积。增加水的回收率，浓缩倍数随之增加，因而浓水中SiO_2浓度也增加。因为在温度和pH值一定的条件下，SiO_2的溶解度基本为一定值，所以为保证浓水中SiO_2不沉积，允许的水回收率与进水SiO_2浓度存在着一定的制约关系。对于pH值近似中性的水源，反渗透装置允许的回收率与进水SiO_2浓度和温度的关系如图5-18所示。由该图可查得，对于回收率为75%的反渗透系统，水温20℃和40℃时允许的进水SiO_2浓度分别约为18mg/L和42mg/L。如果进水SiO_2浓度超过允许值，则应在预处理系统中考虑防止SiO_2沉积的措施，如提高水温、提高pH值、超滤除去胶体硅、石灰软化原水和降低水的回收率等。

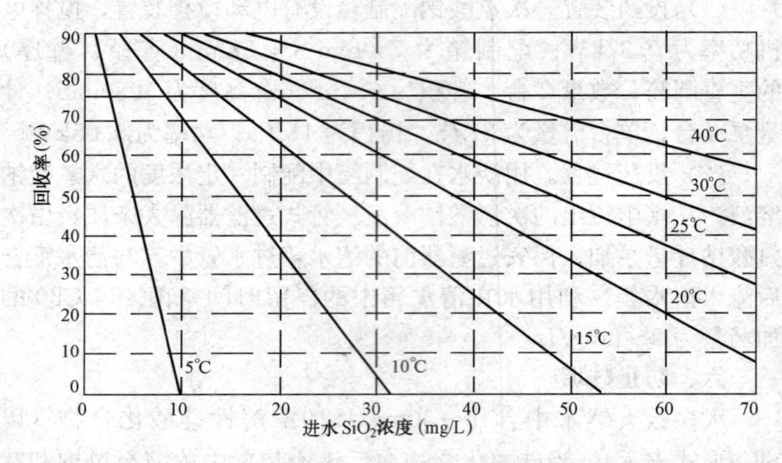

图 5-18　允许的进水 SiO_2 浓度与回收率和温度的关系

七、调整水温

反渗透膜适宜的温度范围一般为 5～40℃。适当地提高水温，有利于降低水的黏度，增加膜的透过速度。通常在膜的允许使用温度范围内，水温每增加 1℃，水的透过速度约增加 2%～3%；在高于膜的最高允许温度下使用，膜不仅变软后易压密，还会加快 CA 膜的水解和降低 $CaCO_3$ 的溶解度促其结垢。有时为防止 SiO_2 析出，也可提高水温，增加其溶解度。膜材料不同，最高允许使用温度不同。一般，醋酸纤维素膜最高允许使用温度为 40℃，芳香聚酰胺膜和复合膜的最高允许使用温度为 45℃。若水温超过最高允许温度时，应采取降温措施，如设置冷却装置。当水的温度太低时，应采取加热措施，如蒸汽加热、电加热等。

八、调整 pH 值

反渗透膜必须在允许的 pH 值范围内使用，否则可能造成膜的永久性破坏。例如，醋酸纤维素（CA）膜在碱性和酸性溶液中都会发生水解，而丧失选择性透过能力。醋酸纤维素膜可使用的 pH 值范围一般为 5～6，聚酰胺（PA）膜可使用的 pH 值范围一般为 3～10，但不同的厂商规定其产品使用的 pH 值范围存在一些差异。生产实际中，为防止 $CaCO_3$ 的析出，也需要往原水中加酸，以降低水的 pH 值。醋酸纤维素膜加酸后 pH 值一般控制在 5.5～6.2。天然水的 pH 值大多在 6～8，处于 PA 膜要求的范围内，而高于 CA 要求的值，故对于 PA 膜，原水加酸的目的是为了防止出现碳酸盐垢的生成，而对于 CA 膜，原水加酸的目的不仅是为了防止出现碳酸盐垢，而且是为了防止膜的水解。

九、除铁除锰

Fe、Mn 和 Cu 等过渡金属有时会成为氧化反应的催化剂，它们会加快膜的氧化和衰老，故应尽量除去这些物质。胶态铁锰（如氢氧化铁和氧化锰）还可引起膜的堵塞。铁的允许浓度随 pH 值和溶解氧量的不同而有所不同，通常为 0.1～0.05mg/L。如果配水管使用了易腐蚀的钢管且进水中又有较充足的氧时，那么配水管的溶出铁会影响膜装置运行，这时应考虑管道防腐。反渗透系统停运期间的腐蚀会造成启动时进水含铁量增加，应在该水进入反渗透装置前排放掉。

对于地表水，经加氯、澄清、过滤后，水中铁锰含量一般是合格的；对于地下水，特别是富含铁锰的地下水，应采取除去铁锰的措施，例如，曝气原水，使铁生成 $Fe(OH)_3$ 沉淀，然后利用接触氧化过滤法加以除去；加 $NaHSO_3$ 除去溶解氧，以阻止铁锰氧化，使其保持溶解状态。

十、除去有机物

有机物的危害：①助长生物繁殖，因为有机物是微生物的饵料；②污染膜，有机物特别是带异号电荷的有机物，牢固地吸附在 RO 膜表面，且很难清除干净；③破坏膜材料，当有机物浓缩到一定程度后，可溶解有机膜材料。有机物污染可引起反渗透装置脱盐率和产水量下降。

水中有机物种类繁多，不同的有机物对反渗透膜的危害也不一样，因而在反渗透预处理系统设计时，很难给出一个定量指标，但如果水中总有机碳（TOC）的含量超过 2～3mg/L 时，则应引起足够的重视。

对于胶态有机物可用混凝、石灰处理等方法除去，对于溶解性有机物则用以下方法去除。

（1）氧化法。氧化法就是利用有机物的可氧化性，向水中投加氧化剂，如用 Cl_2、$NaClO$、H_2O_2、O_3 和 $KMnO_4$ 等，将有机物氧化成无机物，如 CO_2。

（2）吸附法。一般用活性炭或吸附树脂除去有机物。

（3）生化法。如用膜生物反应器除去有机物。

澄清、石灰处理、活性炭吸附和超滤都有去除有机物的作用，四种方法的去除效果都与有机物分子量密切相关。据资料介绍，若石灰处理时将 pH 值控制在 11.0～11.5 内，则可除去 35%～40%的有机物；混凝去除有机物的效果与有机物分子量密切相关，例如，分子量超过 10 000 的有机物去除率在 90%以上，分子量在 1000～10 000 内的有机物去除率大致为 10%～30%。目前，混凝澄清处理对天然水源有机物的去除率一般为 20%～40%。试验数据表明，活性炭对分子量 500～3000 内的有机物去除效果较好。

第五节　反渗透装置及其运行

一、反渗透装置

反渗透装置由膜组件、高压泵及相关仪表、阀门和管件组成。对于海水淡化系统，还配备有能量回收装置。

1. 给水泵

反渗透装置的给水泵又称高压泵，为反渗透装置的运行提供动力。

某厂反渗透装置高压泵供水管系如图 5-19 所示，高压泵为丹麦格兰富产多级立式离心泵，型号为 CRN90-6，共 2 台，每套反渗透装置 1 台。单台泵流量 78.4m^3/h，扬程 1.46MPa，电机功率 45kW，转速 2900r/min，泵壳、叶轮和轴的材料为 316SS。

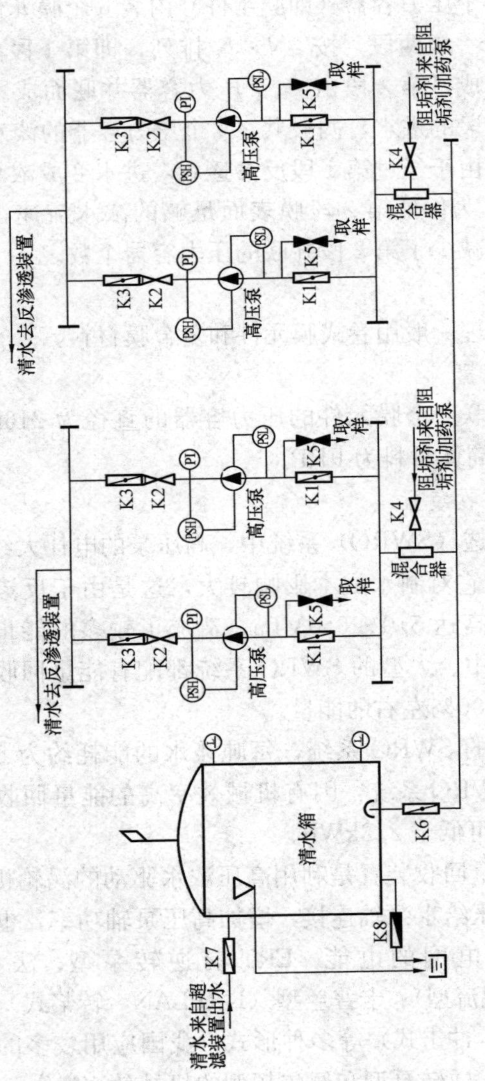

图 5-19　某厂反渗透装置高压泵供水管系

2. 膜组件

一般，每个压力容器（即膜组件）内装 6 个膜元件，膜组件的排列方式为一级两段，按 $2N:N$ 排列，即第 1 段由 $2N$ 个压力容器并联而成，第 2 段由 N 个压力容器并联而成。第 1 段的浓水作为第 2 段的进水，两段共 $3N$ 个压力容器的淡水汇集一起流入淡水箱。由于经过第 1 段反渗透后，进水变成浓水后水量减少了约 50%，为保证第 2 段膜表面足够的浓水流速，减少浓差极化，故相应减少了第 2 段并联的压力容器个数。

3. 膜元件

电厂水处理一般用卷式膜元件和复合膜材料。

4. 压力容器

一般，串联 6 个膜元件的压力容器的直径为 216mm，长度为 6558mm，筒体材料为 FRP。

5. 能量回收装置

海水反渗透（SWRO）系统中，高压泵的电耗大约占运行费用的 35%，故它对制水成本影响较大，这是由于反渗透装置排出的浓水压力高达 5.0～6.0MPa，造成了较多的能量损失。为此，如今所建中、大型的 SWRO 系统都配有能量回收装置，可回收高压浓水 90%左右的能量。

早期投产的 SWRO 系统，每吨淡水的能耗约为 5～6kWh；近期投产的 SWRO 系统，因有机械效率高的能量回收装置，每吨淡水的能耗可低至 2.2kWh。

最初的能量回收装置是利用高压浓水驱动的涡轮机（ERT），涡轮机可与高压给水泵轴连接，增加高压泵轴功率，也可与发电机连接，增加电网的电能。ERT 有逆转泵型、法兰西斯型（FRANCIS，混流型）、卡普兰型（KAPLAN，转桨式）和佩尔顿型（PELTON，冲击式）等多种形式，我国应用较多的是逆转泵型和佩尔顿型。逆转泵型和佩尔顿型的机械效率❶分别约为 70%

❶ 机械效率定义为回收的流体能量占流体总可回收能量的百分比。

和 90%，前者结构简单，但对流量变化的适应能力差，后者则正好与它相反。

20 世纪 80 年代末，出现了一种新的“功交换器”，例如，压力交换器（PE）和功交换器（WE）利用液体压力直接交换原理，可把浓海水的压能直接传递给低压海水，机械效率为 90%～95%。功交换器能在很大的流量变化范围内保持稳定，结构简单，操作方便，大幅度降低了 SWRO 能耗，已逐渐成为能量回收的有效手段。目前已有两种基本的功交换器投入市场：一种是利用阀和活塞实现能量交换，另一种是仅用一个圆柱形转子实现能量交换。

压力交换器采用一个多沟槽的无轴陶瓷转子在压力容器内旋转，连续地把高压浓水中的能量直接传递给低压海水。转子置于一个两端带有封盖的压力容器内，两端封盖开有高、低压水通道。封盖和转子之间的密封区把转子分成高压区和低压区。转子转动时，其沟槽首先与低压海水连通，低压海水注满沟槽，并置换出低压浓水。转子继续转动，沟槽越过密封区，和高压浓水通道连通，高压浓水注满沟槽，并把压力传递给低压海水，置换出高压海水。如此循环，如同无数水枪在不停地装入低压海水，然后射出高压海水。转子转速很快，可达 1000r/min。有这种能量回收装置的反渗透系统，高压泵只需要提供大致相当于产品水的那部分水量的反渗透能量。

6. 工艺性能

作为预脱盐的反渗透系统，脱盐率大于或等于 97%，若以海水为水源，则水的回收率一般为 35%～40%，若以其他水为水源，则水的回收率一般为 75%。

下面以图 5-19 和图 5-20 所示的反渗透系统为例，介绍反渗透装置的启动、投运和停运操作。

二、启动与投运

（1）参照表 5-4 做好启动前的各项准备工作。

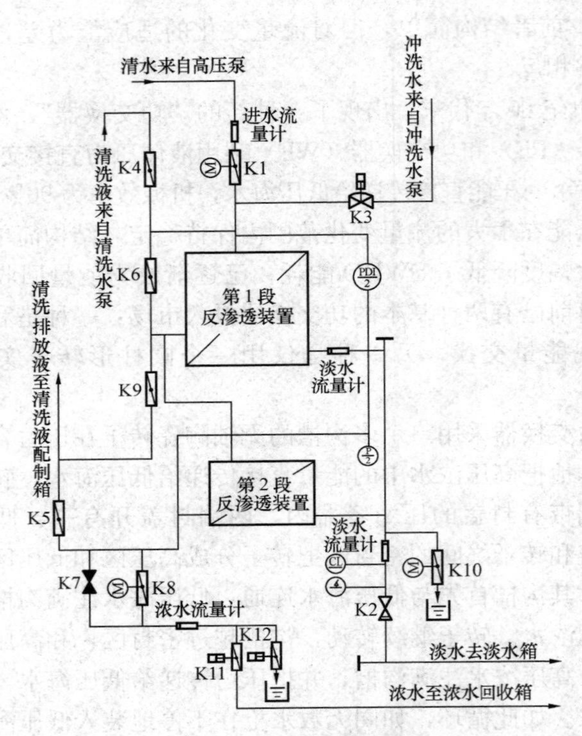

图 5-20　某厂反渗透装置管系

表 5-4　　　　反渗透装置启动前的检查

序号	操作内容	序号	操作内容
1	预处理设备能正常投运	4	超滤产水箱液位高于 1/2，淡水箱液位低于 2/3
2	阻垢剂、还原剂等加药系统具备投药条件，药液箱液位在 2/3 以上	5	检查高压泵的盘车及润滑情况，核对高低压力开关连锁报警是否正常，高压泵能正常工作
3	反渗透的进水水质合格：SDI＜5，温度小于 45℃，余氯小于 0.1mg/L，浊度小于 1NTU，细菌数小于 10^3 cfu/mL，pH＝2～11	6	反渗透保护装置良好，如压力安全泄放阀设定正确、反渗透与投药计量泵间能连锁停机

续表

序号	操作内容	序号	操作内容
7	压力表、流量表、氧化还原表和电导表能正确检测	12	清水箱出口门、高压泵入口阀门处于打开位置
8	在反渗透装置首次启动或维修后再启动前，检查反渗透压力容器与管道连接是否有误	13	高压泵出口门处于关闭位置
9	检查给水，第2段的浓水，第1段产品水和总产品水的取样点是否有代表性	14	反渗透装置清洗液的入口门K4、K6和出口门K5、K9、反渗透装置浓水排放调节门K7处于关闭位置（如图5-20所示）
10	检查管件和压力容器严密无泄漏	15	浓盐水回收水箱入口门处于打开位置
11	保证浓水流量控制门处于打开位置，其开度处于待调整状态	16	阻垢剂、还原剂的药液箱出口门、计量泵入口门和出口门处于打开位置；药液箱排污门处于关闭位置

（2）确认保安过滤器、超滤器和还原剂投加装置运行正常。

（3）启动阻垢剂计量泵，开始投加阻垢剂。

（4）参考图5-20，依次打开反渗透装置浓水排放电动阀K8、浓水排放阀K12和不合格淡水的排放阀K10。

（5）以低压、低流量对反渗透装置进行排气和冲洗。一般，冲洗时间为30～60min，水压为0.2～0.4MPa，流量符合化学清洗时的建议值，如每支4in压力容器冲洗流量为0.6～3.0m^3/h，每支8in压力容器冲洗流量为2.4～12.0m^3/h。注意检查设备配管连接状态及阀门有无漏水现象。冲洗结束后关闭浓水排放K12和不合格淡水的排放阀K10（如图5-20所示）。

（6）启动高压泵。当高压泵启动后，微开高压泵出口阀K3（如图5-19所示），打开高压泵出口电动慢开阀K2（如图5-19所示）、浓水排放阀K12和不合格淡水的排放阀K10（如图5-20所示），缓缓加大高压泵出口阀K3开度（如图5-19所示），保证升压速度不超过0.4～0.6MPa/min，或者升压到正常运行状态的时间不少于 30～60s，膜元件进水从开始到流量达到规定值的时间不少于 30～60s。开启浓水回收阀 K11，关闭浓水排放阀 K12。

（7）调整反渗透装置浓水排放阀 K8（如图 5-20 所示），观察第 1 段反渗透装置进水压力表，使其压力逐渐升高，直到浓水流量、淡水流量和一段压力达到规定值。

（8）调整阻垢剂计量泵流量至规定值。

（9）当反渗透淡水质量达到要求后，打开淡水阀 K2（如图 5-20 所示），关闭不合格淡水排放阀 K10（如图 5-20 所示），向淡水箱供水。

（10）反渗透装置投入运行后，监测有关指标，如余氯量、SDI、氧化还原电位（ORP）；进水、各段产水及系统出水的电导率；进水的 pH 值、硬度、碱度、温度等；各段的压力、流量等，不合格时应及时调整，同时计算浓水 LSI 值，判断在目前的水回收率下反渗透系统有无污垢形成。

表 5-5 是某厂反渗透系统高压泵、RO 装置控制阀状态表。表中“○”表示“开启”，未注明的表示“关闭”。

表 5-5　某厂反渗透系统高压泵、RO 装置控制阀状态表

状态		运行				停机				
运行步骤	序号	1	2	3	4	5	6	7	8	9
	步序	启动1	启动2	启动3	运行	预停1	预停2	预停3	低压冲洗	停机
泵阀状态	超滤产水泵（P202）	○	○	○	○	○				
	高压泵（P301）		○	○	○	○				
	还原剂计量泵（WP301）	○	○	○	○	○				
	阻垢剂计量泵（WP302）		○	○	○	○				
	冲洗水泵（P302）								○	
	进水阀（XV301）	○		○	○					
	浓排阀（XV302）	○						○	○	
	冲洗阀（XV303）								○	
时间		3～5min	2～5s	20～30s		5～10s	2～5s	5～10s	5～10min	

注　还原剂加药泵和进水阀连锁，其他加药泵和高压泵连锁。

三、停机

1. 条件

当遇到下列情况之一时，应停止反渗透装置的运行：① RO进水水质不合格，包括预处理系统不能正常运行；② 反渗透装置自身不能正常运行；③ 后续深度除盐设备不能正常运行或需要停运；④ 指令停运，如检修停运、清洗停运等。

2. 操作

(1) 关闭高压泵电动慢开阀。

(2) 当压力降至 0.5MPa 左右时停运高压泵。

(3) 关闭反渗透装置所有阀门，如浓水排放阀、淡水阀。

3. 注意事项

(1) 防结垢。停机后应立即用淡水或进水将反渗透装置中残留的浓水冲洗出来，以免浓水难溶盐结晶成垢。

(2) 防背压。膜产水侧高于浓水侧的压力差称为背压。由于反渗透膜元件耐压的方向性，即膜脱盐层面对高压水时，耐压强度高，反之支撑层面对高压水时，产水从支撑层向脱盐层方向回流，回流水可导致脱盐层从支撑层剥离，甚至破裂。所以，一般要求反渗透膜在任何情况下所承受的背压不得高于 30kPa (5psi)。如果产水管线带压，当高压泵停止运行后，则可能出现较大的背压现象，所以，设计时应在产水管线上设置爆破膜、快速止回阀或自动排放阀，并与高压泵连锁，以便及时对产水隔离或泄压。应避免意外停机（如停电或因报警急停）所产生的背压和水锤对膜的损坏。

(3) 防脱水。停机冲洗结束后，应关严反渗透装置所有进、出口阀门，防止漏水漏气，以免膜脱水变形。

(4) 防回吸。反渗透装置停止运行后，淡水从膜的透过水侧向浓水侧的渗透现象称为淡水回吸，简称回吸。回吸的原因是浓水侧的盐浓度高于淡水侧的盐浓度，回吸的危害是回吸水流可导致脱盐层破裂。

(5) 防微生物。反渗透装置停运期间，必须采取措施抑制微生物生长。

四、停机冲洗

停机冲洗有两个目的：一是防止浓水侧亚稳态过饱和溶液的结晶沉积；二是防止淡水回吸。反渗透装置可设置程序启停装置，停用后能延时自动冲洗 10min 左右。停机冲洗的压力较低，一般在 0.3MPa 左右，故停机冲洗又称低压冲洗。

反渗透装置停运时间较短（如少于 15～30d），应每 1～3d 低压冲洗一次，防止微生物滋生。

1. 装置

停机冲洗装置的主要设备为冲洗泵，扬程在 0.3MPa 左右。

2. 操作

（1）打开反渗透装置的浓水排放阀、不合格淡水排放阀和冲洗水进口阀。

（2）启动冲洗水泵，并调整出口阀开度至规定流量，同时注意将装置中的气体完全排出。

（3）冲洗至进、出水电导率近似相等后，关严反渗透装置的进、出口所有阀门。冲洗时间一般为 30min 左右。

（4）停运冲洗水泵。

（5）每隔 1～3d 按上述步骤冲洗一次。

五、膜元件的保护

1. 长期保护

反渗透装置长期停运（如大于 15～30d）时，应将保护液充满反渗透装置，抑制微生物生长。操作步骤如下。

（1）用进水或淡水冲洗反渗透系统。

（2）用淡水配制杀菌液（又称保护液），并用杀菌液冲洗反渗透系统。

（3）杀菌液充满反渗透系统后，关严相关阀门，确认不漏。

（4）如果水温较低时（如低于 25℃），应每隔大约 30d 更换一次保护液；反之，则应每隔大约 15d 更换一次保护液。

（5）在反渗透系统重新投入使用前，用进水低压冲洗系统

1h，然后用进水高压冲洗系统 5～10min。无论是低压冲洗或高压冲洗时，淡水排放阀应打开。如果淡水中含有杀菌剂，则应延长冲洗时间。

当膜已经存在污染时，应先清洗后杀菌，如冲洗后先碱洗或酸洗，然后杀菌。

2. 保护液

储存膜元件时，为防止微生物侵蚀，可用加有杀菌剂的溶液浸泡保护，这种用于保护膜元件的杀菌液又称保护液。对于膜元件在运行中发生的微生物污染，也可用杀菌剂进行消毒。使用杀菌剂之前，应首先弄清楚膜材料，了解它对某些化学药品的限制。含有游离氯的杀菌剂可用于醋酸纤维素膜，不可用于复合膜。如果水中含有 H_2S 或溶解性铁离子和锰离子，则不宜使用氧化性杀菌剂。常用于膜元件的杀菌剂有如下几种。

（1）氯的氧化物。用于醋酸纤维素膜的保护，连续使用时，游离氯浓度一般为 0.1～1.0mg/L；冲击使用时，游离氯浓度可高达 50mg/L，接触时间不超过 1h。如果水中含有腐蚀产物，则游离氯加速膜的降解，这种情况可用氯胺代替游离氯，其最高浓度不超过 10mg/L。

（2）甲醛。适用于醋酸纤维素膜、复合膜和聚烯烃膜，使用浓度一般为 0.1%～1.0%。

（3）异噻唑啉酮。适用于醋酸纤维素膜、复合膜和聚烯烃膜，使用浓度一般为 15～20mg/L。商品名为 Kathon，市售溶液有两种规格：① 浓溶液：有效活性组分大约为 13.9%、密度为 1.32g/mL；② 稀溶液：有效活性组分大约为 1.5%、密度为 1.02g/mL。

（4）亚硫酸氢钠。可用于复合膜和聚烯烃膜。短期保护时，使用浓度一般为 500～1000mg/L；长期保护时，使用浓度一般为 1%。

3. 储存

某些公司膜元件出厂时，将膜元件密封在塑料袋中，袋中含有保护液。即使是为了确认同一包装的数量而需暂时打开时，也不要捅破塑料袋。

膜元件储存温度以5～10℃为宜。当温度低于0℃有冻结可能时，应采取防冻结措施；一般，储存温度不应超过45℃。

膜元件应避免阳光直射，不要接触氧化性气体。

六、化学清洗

根据经验，如果反渗透装置每隔3个月或更长时间清洗1次，则表明预处理和反渗透系统设计、运行是合理的；如果1～3个月清洗1次，则需要改进运行工况，提高预处理效果；如果不到1个月就得清洗1次，则需要增加预处理设备。

1. 判断

即使在正常运行情况下，反渗透膜也会逐渐被浓水中的无机物、微生物、金属氢氧化物、胶体和不溶有机物等污染，当膜表面沉积物积累到一定程度后，产水量或脱盐率就会下降到某一限值。一般，当反渗透装置出现下列情况之一时，则需要考虑对反渗透装置进行清洗，以恢复正常工作能力。

（1）标准化的淡水产量下降了10%以上。

（2）标准化的透盐率增加了10%以上。

（3）为维持正常的淡水流量，经温度校正后给水与浓水间的压差增加了10%以上。

（4）已证实装置内部有严重污染物或结垢物。

（5）RO装置长期停用前。

（6）RO装置的例行维护。

判断是否对反渗透系统实施清洗前，还应综合考虑以下可能产生上述现象的其他原因：操作压力下降，如压力控制装置失灵和高压泵运行异常等引起压力下降；进水温度降低，如加热器故障、寒潮或季节变化引起水温降低；进水含盐量升高，如海水倒灌等引起含盐量升高；预处理异常；膜损伤、串联膜元件中心管不对中、压力容器O形密封圈密封不严等原因导致浓水渗入淡水。

因为反渗透装置的产水流量和透盐率与水温、压力、含盐量、回收率和膜的使用时间等条件有关，所以，只有将不同时期的产水流量和透盐率换算到相同基准条件下，才能正确判断膜性能的真正变化趋势。

标准化的基准点可以是设计的启动条件，也可以是新膜投运后50～100h之后的实际条件，一般以新膜投产正常后的24～48h内的温度和压力作为以后产水量和透盐率换算的标准条件或基准条件。例如，按下式计算标准化产水量。

$$Q_{pn}=\frac{(p_{fo}-\Delta p_o/2-p_{po}-\pi_{fo})}{(p_f-\Delta p/2-p_p-\pi_f)}\times\frac{T_{cfo}}{T_{cf}}\times Q_p \qquad (5\text{-}11)$$

式中：Q_{pn}和Q_p分别为标准化产水量和实际产水量；p_{fo}、Δp_o、p_{po}、π_{fo}和T_{cfo}依次为投运初期的进水压力、浓水侧进出水压差、淡水压力、浓水平均渗透压和温度校正因子；p_f、Δp、p_p、π_f和T_{cf}依次为反渗透装置运行一段时间后的进水压力、浓水侧进出水压差、淡水压力、浓水平均渗透压和温度校正因子。

浓水平均渗透压根据式（5-2）计算，式中TDS用浓水的平均值代替，即

$$\overline{TDS}=\frac{\ln\left(\frac{1}{1-Y}\right)}{Y}\times TDS_f \qquad (5\text{-}12)$$

式中：TDS_f、$\overline{TDS}$分别为进水和浓水平均溶解固形物含量，mg/L；Y为水的回收率。

可使用膜供应商提供的标准化软件完成上述计算过程。

2. 污染物

反渗透膜元件中常见的污染物主要有$CaCO_3$、$CaSO_4$、$BaSO_4$、$SrSO_4$、金属氧化物、硅沉积物、有机物和生物黏泥。在阻垢剂投加系统或加酸系统出现故障时，$CaCO_3$有可能沉积在膜元件中。应将$CaCO_3$消除在萌芽状态，以免长大的晶体损伤膜表面。如早期发现了$CaCO_3$，可采取降低进水pH值至3.0～5.0运行1～2h的方法除去。对于沉淀时间较长的$CaCO_3$垢，则

应采取化学清洗的方法进行循环清洗或通宵浸泡。应确保清洗液的 pH 值不超过允许范围（如不低于 1 和不超过 12），否则会造成膜的永久性损坏，特别是温度较高时更应注意。当清洗液 pH 值超过允许范围，可用 $NH_3 \cdot H_2O$、NaOH 或 H_2SO_4、HCl 调节 pH 值。

膜的污染是一个渐变过程，任其发展，终将会降低其性能甚至损坏膜元件，所以宜早期采取措施，消除污染物。

3. 配方

不同的污染物会对膜造成不同程度的损害，不同的污染物应该用不同的清洗液。表 5-6 列出了复合膜的常见污染物及其清洗液配方。对于聚酰胺膜，配制清洗剂的水应不含游离氯。

表 5-6　常见污染物及其清洗液配方

污染物	清洗液
碳酸盐垢	首选清洗液：0.2%HCl，pH=2，最高温度 45℃。 可选清洗液：2%柠檬酸或 1.0%$Na_2S_2O_4$，或者 0.5%H_3PO_4
硫酸盐垢	首选清洗液：0.1% NaOH + 1.0% Na_4EDTA，pH = 12，最高温度 30℃
铁污染物	首选清洗液：1.0% $Na_2S_2O_4$，pH = 5，最高温度 30℃，或者 0.5%H_3PO_4。 可选清洗液：2%柠檬酸或 1.0%NH_2SO_3H，或者 0.5%H_3PO_4
有机物	首选清洗液：先用 0.1%NaOH，pH=12，最高温度 30℃的清洗液清洗，然后用 0.2%HCl，pH=2，最高温度 45℃的清洗液清洗；或者先用 0.1%NaOH，0.025%十二烷基磺酸钠，pH=2，最高温度 30℃的清洗液清洗，再用 0.2% HCl，pH = 2，最高温度 45℃的清洗液清洗。 可选清洗液：先用 0.1%NaOH、1.0%Na_4EDTA，pH=12，最高温度 30℃的清洗液清洗，再用 0.2%HCl，pH=2，最高温度 45℃的清洗液清洗

注　Na_4EDTA 为乙二胺四乙酸四钠。

4. 设备

即使反渗透预处理系统的设计和运行符合规范，膜仍然避免不了污染，一般半年或更长时间需要清洗一次反渗透装置。所以，反渗透系统设计时应考虑设计一套专用清洗系统。清洗系统一般由清洗泵、药剂配制箱、5～20μm保安过滤器、加热器、相关管道阀门和控制仪表等组成，如图5-21所示。

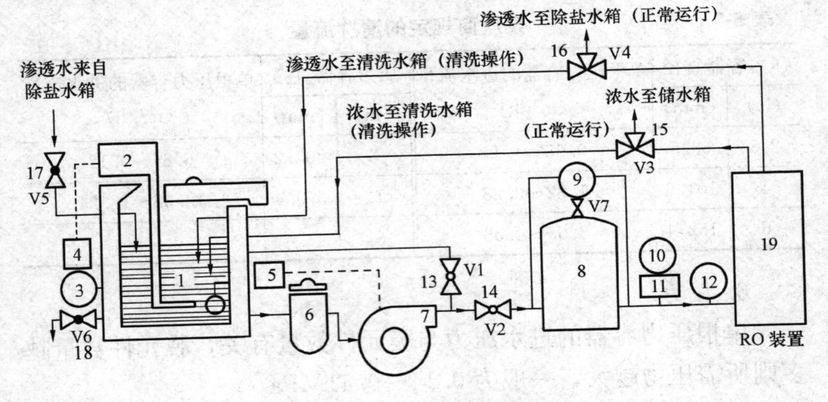

图5-21 清洗系统

1—药剂配制箱；2—加热器；3—温度指示器；4—温度控制器；5—低液位停泵开关；6—保安过滤器；7—低压泵；8—精密过滤器；9—差压计；10—流量表；11—流量传送器；12—压力表；13—泵循环阀门；14—流量控制阀门；15—浓水阀门；16—淡水阀门；17—淡水进水阀门；18—排空阀门；19—反渗透装置

（1）清洗剂配制箱。材料可用聚丙烯、玻璃纤维增强塑料、聚氯乙烯和钢罐内衬橡胶等。配制箱应设温度计和可移动箱盖。

提高清洗温度可增加清洗效果，温度一般不低于15℃。由于反渗透膜耐热性的限制，清洗温度也不宜高于40℃。在特别寒冷或特别炎热地区，可考虑加热或冷却措施。

箱体容积应考虑反渗透装置、保安过滤器和有关管道的水容积，近似为每次需要清洗的压力容器空壳容积、相关的保安过滤器空塔容积和有关管道的水容积之和。

（2）清洗泵。可用玻璃钢泵或耐腐蚀泵，扬程应能克服保安过滤器、反渗透装置和管道等的阻力，一般为0.2～0.5MPa。

某厂2套出力75m³/h的反渗透装置，清洗剂配制箱材料为碳钢衬橡胶，容积为4m³，清洗泵流量8m³/h，扬程0.20MPa，电机功率7.5kW，转速2900r/min。

5. 流量

膜供应商对膜元件的清洗流量有一定限制，见表5-7。

表5-7　某厂商规定的清洗流量

压力容器直径		单根压力容器的进水流量	压力容器直径		单根压力容器的进水流量
(in)	(mm)	(m³/h)	(in)	(mm)	(m³/h)
2.5	63.5	0.68～1.14	8	203.2	6.84～9.12
4	101.6	1.82～2.28	11	279.4	13.68～18.24
6	152.4	3.65～4.56			

6. 压力

单根压力容器的进水压力与膜元件数量有关，膜元件数量越多则所需压力越大，一般为0.14～0.41MPa。

7. 操作

清洗方式有静态浸泡和循环清洗等。静态浸泡就是用清洗液浸泡膜，时间视污染程度差别较大，大致为1～24h；循环清洗的一般步骤如下。

(1) 用泵将淡水从药剂配制箱（或其他水源）送入压力容器中，并排放几分钟。

(2) 用淡水在药剂配制箱中配制清洗液。

(3) 用清洗液对压力容器循环清洗1h或达到预定时间，清洗流量可参考表5-7确定。当污染特别严重时，清洗流量可提高到表5-7数值的150%。这时，清洗压降较大，一般控制每根膜元件不超过0.10～0.14MPa。刚开始进药清洗时，可用表5-7流量之值的50%将已加热的清洗液送入压力容器中，控制压力，以能克服进水到出水之间的压降且又没有淡水流出为宜。为避免清洗液被稀释，可打开浓水排放阀门，先排出系统积水后再进行清洗。对反渗透系统可分段进行清洗。清洗方向与运行方向相同，不允许反向清洗，否则可能引起膜卷凸出而损坏膜元件。

(4) 循环清洗完成后，再用淡水将药剂配制箱洗干净。

(5) 用淡水冲洗上述压力容器。

(6) 冲洗结束后，在淡水排出阀打开状态下运行反渗透系统，直到淡水清洁、无泡沫或无清洗液，通常需要15～30min。

七、仪表

为保证RO装置安全经济运行和运行监督，应装设有关仪表和控制设备。

1. 温度表

淡水产量与温度有关，加之膜使用温度的限制，故进水应安装温度表，大型反渗透系统还要求能自动记录温度；为防止水温过高损坏反渗透膜，对有进水加热器的反渗透系统应安装温度超温报警、超温水自动排放和自动停运反渗透装置的设备。

2. 压力表

反渗透装置淡水水质、水量和膜的压密化与运行压力有关，所以应安装进水压力表、各段出水压力表和排水压力表，用于监控运行压力和计算各段压降；保安过滤器进出口应安装压力开关或压差表，以便了解滤芯堵塞情况；高压泵出口应安装压力表，进口和出口应安装压力开关，以便进水压力偏低时报警停泵或出口压力偏高且持续有一定时间仍不恢复正常时报警停泵。高压泵出口装设慢开门装置（控制阀门开启速度）和压力开关，以防启动时膜组件受高压水的冲击，以及延时压力偏高报警和停泵。高压泵进口装压力开关，压力低时停泵。

温度和压力还是对淡水流量和脱盐率进行“标准化”换算的依据，以便对反渗透系统不同运行时间的性能进行比较和故障诊断。

3. 流量表

每段应安装淡水流量表，监督运行中淡水流量变化。流量表应单独安装以便对RO性能数据进行“标准化”换算；应安装浓水排水流量表，运行中监督和控制浓水排放量，严防浓水断流的现象发生；淡水和浓水的流量表应具有指示、累计和记录功能。

根据各段淡水流量表和排水流量表可计算各段的进水流量、回收率和整个 RO 系统回收率。

应安装进水流量表，主要用于 RO 加药量的自动控制，除应具备指示和累计功能外，还应有信号输出以调节加药量。

4. 电导率表

应安装进水和淡水电导率表，且应具有指示、记录和报警功能，当电导率异常时可排放不合格淡水，保护下游设备。由进水和淡水电导率计算 RO 系统脱盐率。

5. pH 表

当进水需加酸调 pH 值时，加酸后的进水管上需安装 pH 表。该表除应具有指示、记录和超限报警外，还应具有自动排放不合格进水和停运反渗透系统，以及与流量表配合时应能对加酸量进行调节。

6. 余氯表

使用 CA 膜时进水中必须保持 0.1～0.5mg/L 游离氯，但最大值不得超过 1mg/L。使用 PA 膜则不允许进水有游离氯。因此，进水管上必须安装氯表，且应具有指示、记录和超限报警功能。

7. 氧化还原电位表

氧化还原电位表又称 ORP 表。如果用氧化性杀菌剂控制微生物，进水应安装具有指示、记录和超限报警功能的氧化还原电位表。

8. 硬度表

若预处理系统中有软化器时，应在其出口安装硬度在线仪表，以监督是否失效。

上述仪表宜每隔三个月校准一次。

八、运行记录

1. 启动记录

必须从启动开始就对有关数据记录、备案，记录应包括启动和投运初期的预处理系统和反渗透装置的运行数据。

2. 运行数据

运行数据的日变化、月变化是把握反渗透系统运行状态的重要资料。运行数据应包括以下内容：①各段产品水和浓水的流量；②各段给水、浓水、产品水的压力，保安过滤器、自清洗过滤器、超滤器的进水和出水压力；③给水温度；④原水、给水的余氯；⑤给水氧化还原电位；⑥给水、产品水、浓水的 pH 值；⑦系统的给水、产品水，以及各段给水、产品水、浓水的电导率和 TDS；⑧保安过滤器、自清洗过滤器、超滤器的出水、反渗透装置的给水、浓水的 SDI 和浊度；⑨加酸前后给水、最后一段浓水的 LSI（浓水 TDS＜10 000mg/L）或 S&DSI（浓水 TDS＞10 000mg/L）。这里，LSI 和 S&DSI 分别为郎格利尔饱和指数和史蒂夫-戴维斯饱和指数；⑩各种药剂日用量。

第六节 反渗透装置的故障与对策

反渗透装置的故障现象集中表现在淡水水质、产水量或运行压力的异常，主要特征是淡水电导率上升、产水量减少或运行压力增加。

一、故障原因

膜组件故障主要是膜氧化变质、脱盐层磨损、机械损伤、污染、膜压密等原因引起的。

1. 膜氧化变质

膜被给水中 Cl_2、O_2 或其他氧化剂氧化后，会出现盐通量和水通量升高现象。通常，第一段比第二段的膜易氧化。解剖膜元件，取出一小片膜，与亚甲基蓝溶液接触，膜背面若有黑色出现，则表明膜被氧化；若膜背面仍然为白色，则膜未受伤害。

2. 脱盐层磨损

脱盐层磨损主要是悬浮颗粒和难溶盐晶体与脱盐层相互摩擦

的结果。前者是随进水带入的外形尖锐的金属物颗粒和其他颗粒，损伤的主要部位是最前端膜元件；后者则是由于浓缩过程中新生的难溶盐，损伤的主要部位是最后端膜元件。可用显微镜检查膜表面损伤程度。当发生脱盐层损伤后，应采取以下措施：①更换膜元件；②改善预处理工艺；③投运前彻底清洗给水管路；④加强阻垢处理或降低回收率。

3. 机械损伤

膜组件的机械损伤可能造成给水或浓水渗入产品水中，引起脱盐率下降、产品水流量升高。机械损伤可通过真空试验确诊。

机械损伤的形式主要有以下几种：①O形圈泄漏，如忘记装O形密封圈、装配位置不当、密封材料老化、水锤冲击造成元件移位等；②膜卷窜动，如果串联膜元件之间间隙较大，在压力和温差作用下膜卷窜动，可造成膜黏结线破裂甚至膜的破裂；③膜破裂，主要是背压过高，引起脱盐层与支撑层分离，而发生破裂；将背压损坏的膜元件的口袋打开时，通常会看到进水侧黏结线、靠近外侧黏结线、外层黏结线及浓水侧黏结线的边缘破裂；④连接件损坏。

4. 污染

预处理效果不好的系统，膜容易发生污染。当水中污染物在膜组件的水流通道沉积后，水流阻力增加、产水量下降和压降上升。污染物还会堵塞膜孔，偶尔可见短暂的脱盐率上升现象，之后在压力推动下透过膜而进入淡水中，引起淡水质量下降。

反渗透装置的污染物主要有以下几种：①胶体；②金属氧化物；③微生物；④有机物；⑤药剂不兼容物，如阻垢剂与絮凝剂反应的胶状物；⑥水垢。上述污染物中，水垢一般发生在最后一段的最后一根膜元件上，其他污染一般发生在第1段。

5. 膜压密

膜压密一般是由压力和温度过高、水锤冲击引起。膜压密后，产品水流量下降，解剖膜元件，有时可看到膜体嵌入透过水隔网之内的现象。

二、故障诊断

1. 检验仪表

为了排除因仪表故障所显示、记录的失真数据，应检验压力表、流量计、pH 表、电导率仪、温度计等，保证数据准确；对于已记录的异常数据，应查明原因，予以标记。失真数据不得作为故障诊断依据。

2. 检查操作数据

检查和校核操作记录，包括配药、投药记录，反渗透装置的启停、运行记录，水质化验记录，膜组件的安装、清洗、保养记录，检修记录等。

对反渗透装置的产水量、电导率数据进行标准化计算。

3. 排查机械故障

重点调查膜组件的 O 形圈、盐水密封环、泵、管道和阀门是否损坏，反渗透装置振动是否较大，消除背压装置是否失灵，加热器工作是否正常等。对于膜组件，可用真空查漏法、着色查漏法和插管查漏法，以判断有无机械损伤。

（1）真空查漏法。检测步骤：①排放膜元件内存水；②密封产水管一端管口，另一端与真空系统连接；③抽真空，当绝对压力达到 10～30kPa 时，关闭阀门，若压力上升速度超过 20kPa/min，则表明有泄漏。

（2）着色查漏法。让一种染料溶液透过膜，检测产品水中染料浓度，若染料透过率超过 0.5%，则意味着存在泄漏。可用 1.5g/L 的 NaCl 水溶液配制甲基紫浓度为 100mg/L 的染料溶液进行试验。检测步骤：①启动反渗透系统，当流量、压力和水温稳定后，向进水中加入染料溶液，稳定运行 30min；②分别测定进水和产品水中染料浓度，计算染料透过率；③试验结束后，用水彻底冲洗反渗透系统。

（3）插管查漏法。如果压力容器内漏，则因含盐量较高的浓水进入淡水中，泄漏点对应膜元件的中心管位置处产品水电导率增加，增加幅度与泄漏量有关。检测步骤：①确定泄漏膜组件，测定每个压力容器（膜组件）淡水电导率，因为同段膜组件淡水电导率应该基本相同，所以，若某膜组件电导率较大，则该组件存在泄漏；②确定膜组件中泄漏位置，拆掉正在泄漏的膜组件中心产品水管堵头或淡水收集母管的端帽；③将一根塑料管插入产品水管中不同部位，测定沿程不同部位电导率，电导率明显上升的位置就是泄漏点。

4. 评估加药系统

重点评估阻垢剂、杀菌剂、还原剂、酸等投加装置是否正常。阻垢剂的高剂量可导致膜污染，低剂量则导致结垢；杀菌剂量不足，膜则发生生物污堵，反之还原剂量相对减少，可导致膜氧化破坏；加酸量不当，碳酸盐、金属氢氧化物可能沉积，膜可能水解变质，过多的硫酸剂量，还有硫酸盐结垢的危险。

5. 鉴定污染物

根据诊断需要，选择进行以下工作：①根据水质资料，分析进水中可能存在的污染物成分；②分析 SDI 膜片、过滤器的截留物成分；③解剖膜元件，分析污染物成分。

三、故障对策

反渗透装置的故障与对策，见表 5-8。

表 5-8　反渗透装置的故障与对策

症状		原因		对策
产水流量	产水电导率	直接原因	间接原因	
增加	增加	膜氧化损伤	进水氧化剂多，如加氯量太大；还原剂量不足	更换膜元件；调整加药量
增加	增加	膜损伤渗漏	背压、水锤冲击；固体颗粒磨损，如漏滤料、硫酸盐析出	消除背压；降低升压速度；消除停机淡水管正压；改善保安过滤和超滤

续表

症状		原因		对策
产水流量	产水电导率	直接原因	间接原因	
增加	增加	O形圈泄漏	老化；安装缺陷；振动	重新安装；更换O形圈
增加	增加	中心产水管泄漏	安装不对中或损坏	重新安装；更换膜元件
减少	增加	水垢	阻垢剂和加酸的剂量不够；回收率太高	清洗；调整加药量；增加浓水排放量
减少	不变	胶体污染	预处理不当，如混凝效果欠佳	清洗；改善预处理
减少	不变	生物污染	水源污染；杀菌不彻底；过滤设备生物繁殖	加强杀菌；过滤设备消毒
减少	不变	有机物污染	原水污染；混凝不良；活性炭失效	清洗；改善预处理；更换活性炭
减少	不变	油、阳离子聚电解质污染	水源污染；药剂不兼容	清洗；更换药剂
减少	减少	膜压密	水温偏高；运行压力高	更换膜元件；调整加热器运行工况

第七节　渗　透

渗透是指溶剂（常指水）由低浓度区域透过选择性透过膜（半透膜）迁移到高浓度区域的过程，有时为了强调与反渗透的显著不同，又称正渗透。低浓度溶液和高浓度溶液分别称为原料液和汲取液。原料液简称料液，汲取液又称驱动溶液，简称驱动液。渗透是自然界中广泛存在的一种自发过程，它无须外加能量

（如压力）即可实现。

一般，渗透膜为双层结构：皮层和支撑层。皮层也称致密层、活性层，支撑层又称多孔支撑层。皮层决定渗透膜的选择透过性，支撑层决定膜的机械强度。

根据溶剂渗透方向，渗透可分为正渗透（FO）和压力阻尼渗透（PRO）。FO是指溶剂依次透过皮层、支撑层，最后进入汲取液的过程；PRO是指溶剂依次透过支撑层、皮层，最后进入汲取液的过程。显然，FO实际是皮层面向原料液、支撑层面向汲取液的渗透过程；PRO与FO相反，实际上是支撑层面向原料液、皮层面向汲取液的渗透过程。

本节无特殊说明时，渗透即为正渗透，原料液即为盐水溶液，简称水溶液。

一、渗透原理

对于盐水溶液，水分子的化学位随盐浓度递减，因此，FO是指水通过选择性渗透膜从高水化学位区域向低水化学位区域的迁移过程。FO脱盐的基本原理是借助选择性透过膜，采用高浓度溶液从低浓度盐水溶液中汲取水分子，然后将汲取足够水分子的高浓度溶液进行水与溶质的分离，最终获得除盐水。例如，利用NH_3和CO_2混合水溶液（汲取液）从盐水中汲取水分子，然后低温（如60℃）蒸馏汲取液，NH_3和CO_2蒸发，蒸馏剩余液即为除盐水。

1. 传质方程

渗透过程实际是两个过程的叠加，即溶剂渗透过程和溶质渗透过程。前者是溶剂自发地从料液迁移到汲取液的过程，常用溶剂通量表征；后者是因膜不可能完全截留溶质，故有少量溶质从高浓度区域扩散到低浓度区域，常用溶质通量表征。溶剂通量、溶质通量用式（5-13）描述：

$$\left.\begin{aligned} J_W &= A \times \Delta\pi \\ J_s &= B\Delta c \end{aligned}\right\} \qquad (5\text{-}13)$$

式中：J_W为溶剂通量，当溶剂为水时，则常称水通量，也称透水速度；A 为溶剂透过系数；$\Delta\pi$ 为汲取液与原料液之间的渗透压差，详见本章第一节；J_s为溶质通量，当溶质为盐时，则称盐通量，也称透盐速度；B 为溶质渗透系数；Δc 为膜两侧溶液浓度差。

为提高水通量，可采取以下措施：①改善膜结构，减轻浓差极化；②增加膜的亲水性，强化水的渗透迁移；③选择合适汲取液，改善溶质特性以提高渗透压差；④降低溶液黏度，提高溶剂扩散系数；⑤提高料液和汲取液的流速，减轻浓差极化。

FO 膜对料液溶质（i）或汲取液溶质（j）的截留率用式(5-14)表达：

$$\left.\begin{aligned} R_i &= \frac{c_{ri} - c_{di}}{c_{ri}} \\ R_j &= \frac{c_{dj} - c_{rj}}{c_{dj}} \end{aligned}\right\} \tag{5-14}$$

式中：R_i 、R_j 分别为料液溶质（i）和汲取液溶质（j）的截留率；c_{ri}、c_{di}分别为料液和汲取液的溶质（i）浓度；c_{dj}、c_{rj}分别为汲取液和原料液的溶质（j）浓度。

一般，主要是汲取液中溶质扩散到料液中，减少这种溶质扩散的主要措施是提高膜的选择性。

2. FO 膜材料

FO 膜是渗透的核心部件之一。优良渗透膜材料应具备：①致密层的溶质截留率高；②较强亲水性，水通量大，耐污染；③支撑层薄，孔隙率高；④机械强度好；⑤具有良好的耐酸、碱、盐的能力，pH 值适应范围宽。

目前，FO 膜材料主要有基于反渗透的 FO 膜材料、三乙酸纤维素（CTA）、乙酸纤维素（CA）、聚苯并咪唑（PBI）、聚酰胺（PA）、复合膜材料。例如，HTI 公司的乙酸纤维素类 FO 膜，采用相转化法制备，膜为两层结构（如图 5-22 所示）：致密层和多孔支撑层。另外，多孔支撑层内镶嵌聚酯网丝以提高强度。致密层非常致密（类似于反渗透膜），多孔支撑层孔径约为

0.5nm，膜厚度约为 50μm，水通量可以达到 43.2L/(m^2·h)。图 5-23 是某 PBI 中空纤维 FO 膜，厚度为 68μm，在 pH＝7.0 条件下膜表面呈正电性，亲水性较好，抗污染能力较强。因中空纤维自身具有较强支撑能力，故这种膜强度高。PBI 中空纤维 FO 膜为双层结构：皮层（选择性外层）和多孔支撑层。皮层位于中空纤维外层，孔径约为 0.32nm，Mg^{2+} 和 SO_4^{2-} 的截留率为 99.99%，NaCl 截留率约为 97%。22.5℃ 时，以 2mol/L 的 $MgCl_2$ 为驱动液，按 PRO 操作方式的水通量为 9.02L/(m^2·h)。

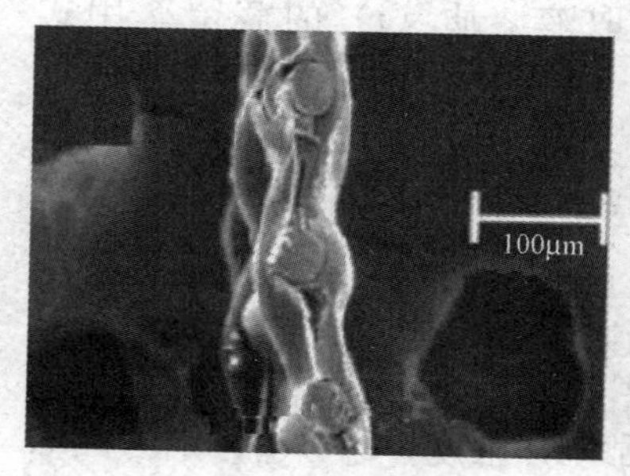

图 5-22　HTI 公司的 FO 膜 SEM 截面

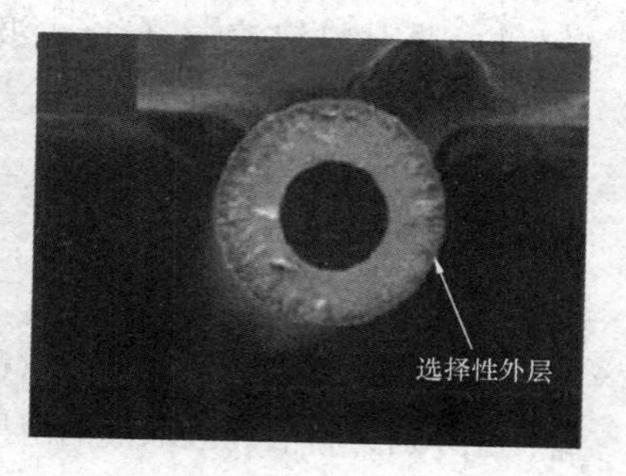

图 5-23　PBI 中空纤维 FO 膜的 SEM 截面

3. 汲取液

汲取液是提供渗透压的主体，故选择合适的汲取液是应用 FO 的技术关键之一。汲取液是具有高渗透压的溶液，由汲取溶质（驱动溶质）和溶剂（一般是水）组成。已研究的汲取液主要有 NH_4HCO_3 水溶液、NH_4HCO_3 和 NH_4OH 的混合液、磁性铁蛋白溶液、磁性纳米粒子溶液、高浓度葡萄糖溶液、NaCl 水溶液、$MgCl_2$ 水溶液等。

驱动溶质应具备以下特征：①溶解度高，分子量小，以便产生较高渗透压；②与渗透膜化学兼容，不溶解膜，也不与膜发生化学反应；③可方便、经济地实现溶剂与溶质的分离，能够重复使用；④无毒。

汲取液的再生方法包括磁场分离、蒸馏、结晶等。

4. 浓差极化

研究表明，渗透的水通量实际值明显低于理论值，主要原因是渗透过程中出现了浓差极化。渗透的浓差极化包括两类：外浓差极化和内浓差极化。

（1）外浓差极化（ECP）。渗透过程中膜两侧表面溶质浓度与主体溶液溶质浓度不相同的现象称为外浓差极化。外浓差极化的原因是膜透水不透溶质，以及膜表面存在滞留层。外部浓差极化有两种类型：浓缩型外浓差极化和稀释型外浓差极化。料液中溶剂透过膜后，膜表面处料液溶质浓度升高的现象称为浓缩型外浓差极化；溶剂渗透进入汲取液后，膜表面处汲取液溶质浓度下降的现象称为稀释型外浓差极化。

（2）内浓差极化（ICP）。渗透过程中膜多孔支撑层内部出现溶质浓度梯度的现象称为内浓差极化。内部浓差极化有两种类型：稀释型内浓差极化和浓缩型内浓差极化。前者是指正渗透（FO）过程中（即皮层面向料液），支撑层内的汲取液因料液溶剂迁入导致溶质浓度下降的现象；后者是指压力阻尼渗透（PRO）过程中（即多孔支撑层面向料液），支撑层内的料液因溶剂透过皮层导致溶质浓度升高的现象。

无论是外浓差极化还是内浓差极化，都会导致 $\Delta\pi$ 减小，溶剂通量下降。减轻外部浓差极化的方法主要有提高料液流速和温度、设置湍流促进器、设计合理的流通结构等；减轻内部浓差极化的方法主要有改善膜结构和膜性能。

5. 膜污染

膜污染是导致 FO 运行过程中水通量下降的主要原因之一。膜污染机理分两类：膜表面吸附溶质和形成滤饼层（凝胶层），前者是指渗透过程中膜在范德华力或化学键作用下吸附污染物，后者是指渗透过程中膜表面污染积累成滤饼层，它主要是由于溶液中污染物与膜表面已吸附的污染物之间的相互作用。

膜污染物一般为溶解性无机物、胶体和悬浮物、有机物及微生物。溶解性无机物的常见元素为 Fe、Al、Si、Ca、S、C、O，一般形成沉淀物；胶体和悬浮物通常形成滤饼；有机物一般是腐殖酸、蛋白质、多糖、氨基糖、核酸，以及微生物。Ca^{2+}可促进腐殖酸污染；有机污染与有机物分子内部黏附力关系密切，如果污染物之间存在强黏附力，则引起污染物在膜表面快速积聚，导致严重的膜污染。

二、应用研究

FO具有低能耗、环境友好等特点，具有广阔的应用前景，它有望用于海水脱盐、发电、处理废水、生产饮料、回收太空水、液态食品加工等。

1. 淡化海水

近几年来，美国Yale大学的Elimelech和McCutcheon等开发了一种FO适用于海水的脱盐系统（图5-24），以NH_3/CO_2混合水溶液为驱动液，从盐水汲取水分子，然后蒸发回收驱动液，NH_3/CO_2气体返回驱动液重复使用，蒸发残液即为产品水。研究表明，50℃时料液（盐水）为0.5mol/L的NaCl，驱动液为6mol/L铵盐，膜两侧渗透压差达到22.5MPa，使用HTI公司的FO膜，水通量为25L/(m^2·h)，盐的截留率大于95%。软件

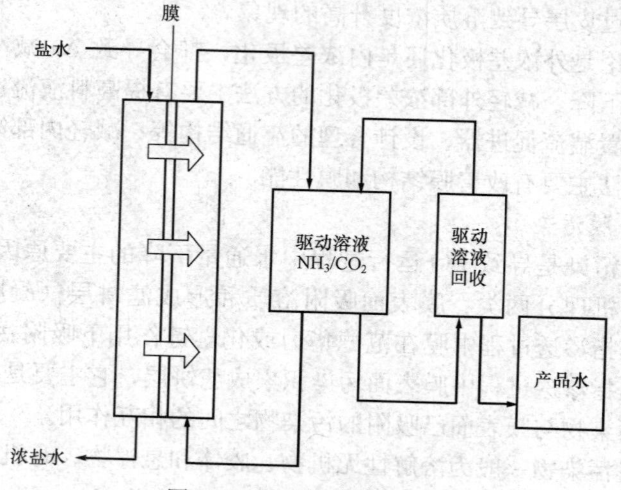

图5-24　FO海水脱盐系统

模拟结果表明，当驱动液浓度为 1.5mol/L 时，FO 比多级闪蒸（MSF）和 RO 分别节省能量 85%和 72%，整个 FO 过程电能消耗为 0.25kW·h/m^3，低于目前脱盐技术的电能消耗（1.6～3.02kW·h/m^3）。

2. 处理废水和垃圾渗出液

垃圾渗出液成分复杂，通常含有机物、重金属、氨氮和溶解性固体（TDS）。Osmotek 使用 FO 系统处理垃圾渗出液，处理后 TDS 低于 100mg/L。

废水处理产生的淤泥中常含有高浓度氨氮、磷酸盐、重金属、TOC、TDS、色素和 SS，Holloway 等联合使用 FO 和 RO 技术浓缩淤泥，结果表明：磷、氨和总凯氏氮（TKN）除去率分别大于 99%、87%和 92%，色素和气味几乎全部脱除。在 FO 操作条件下，水通量在 20h 内基本保持恒定，之后用 NaOH 清洗后水通量几乎完全恢复。

3. 发电

20 世纪 70 年代，以色列的 Loeb 提出了基于渗透发电的构想。参见流程图 5-25，淡水通过过滤器进入 FO 装置后沿着膜一侧表面流动，海水通过过滤器、压力交换器后进入 FO 装置后沿膜另一侧表面流动。在渗透压作用下淡水渗透到海水中，由此而稀释的海水一分为二：一部分冲动涡轮发电机产生电能，另一部

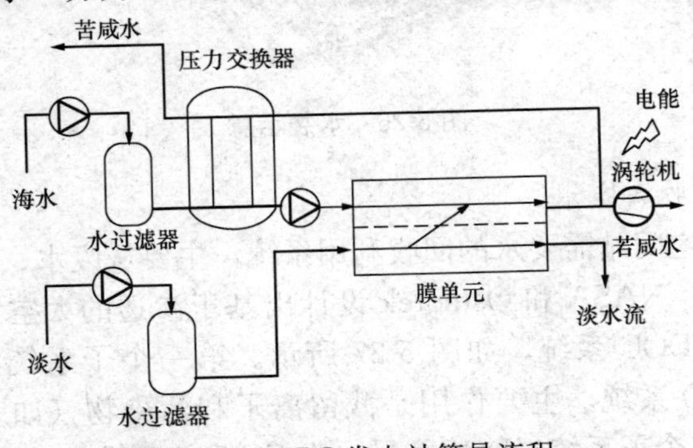

图 5-25 PRO 发电站简易流程

分通过压力交换器为海水加压。PRO 发电的优点是无 CO_2 排放，输出稳定，占地少，操作灵活，成本可低至每千瓦时 0.058 美元。从图 5-25 渗透膜的两侧压力看，海水侧明显高于淡水侧，因此，渗透膜应该是皮层面向海水、支撑层面向淡水，即应该是基于 PRO 方式发电。

4. 生产饮料

美国 HTI 公司开发的基于渗透的水袋（hydration bag）已商品化，某型号水袋示意如图 5-26 所示，它为双层袋，内袋为渗透膜袋，外袋为非渗水材料袋，内袋装入外袋中。原水装入内袋与外袋之间的夹层中，内袋装入可饮用的驱动液（如糖类或浓缩饮料），原水中水分子渗透进入驱动液中，稀释的驱动液作为饮料。水袋质量轻，携带方便，价格低。以某产品为例，100g 驱动液生产 3～5L 饮料，可满足一人一天的饮用。

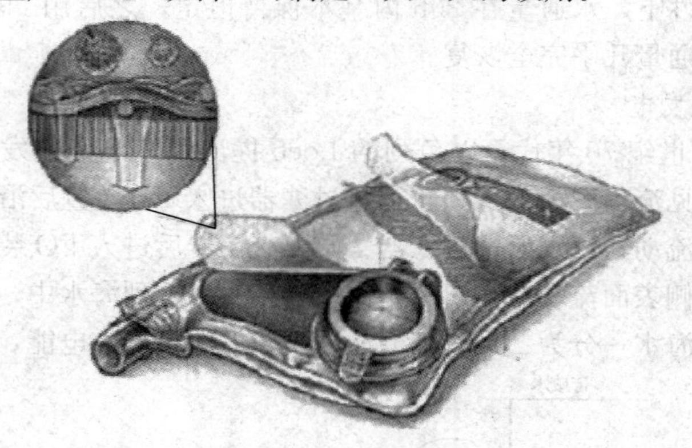

图 5-26　水袋示意

5. 回收太空水

载人空间站需要水的回收利用系统，主要从废水、尿和湿空气回收水。NASA 和 Osmotek 设计出基于渗透的太空水回收系统，称为 DOC 系统，如图 5-27 所示。第一个子系统（DOC 1 号）为 FO 系统，主要作用是截留离子和污染物（如表面活性剂）；第二个子系统（DOC 2 号）为 FO 和渗透蒸馏（OD）的联用过程，主要作用是脱除尿素。

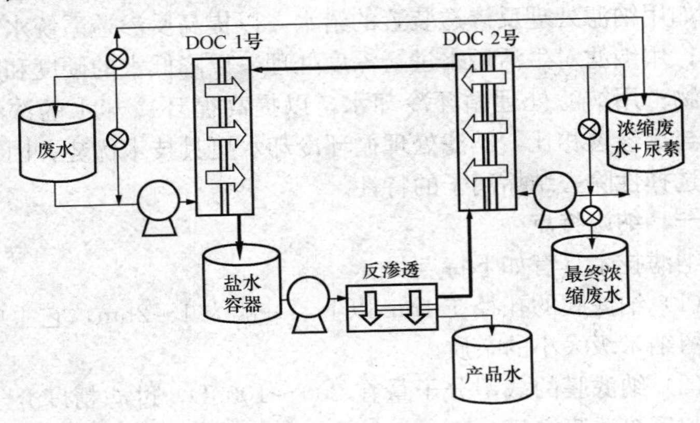

图 5-27 DOC 系统流程示意

6. 食品和医药方面的运用

渗透可在低温、低压、低污染下进行，适用于液体食品的浓缩；渗透膜一般具有纳米或微米级多孔，物质在膜中迁移取决于扩散速度，因此，可通过控制膜孔大小实现物质扩散速度的控制，进而制造出控制释放膜，这种膜可用于控制药物释放时间，实现药物的定点、定量输送。

目前，渗透技术大多处于试验阶段，尽管已有商品化 FO 膜，但因渗透过程中内浓差极化严重，水通量较低，故距离工业化应用还有一段很长的路程。另外，在具体应用领域，FO 膜的使用性能有待考查。将来，渗透商业化的工作主要集中在膜制备、渗透装置设计和渗透工艺设计等方面。

第八节 纳 滤

纳滤简写为 NF，是 20 世纪 80 年代末问世的一种膜分离技术，已成功用于软化、除有机物、垃圾渗透液的深度处理等领域。

在水处理中，纳滤的主要用途是除去结垢离子和有机污染物，如用纳滤处理反渗透装置的给水，以提高反渗透系统水的回收率；用纳滤对生活用水进行深度处理，以降低水的硬度和有机污染物；用纳滤处理循环冷却水，以提高循环冷却水的浓缩倍数。与反渗透相比，纳滤处理循环冷却水更具技术优势，因为它具有选择性除去结垢离子的特性。

一、纳滤特点

纳滤技术具有如下特点。

（1）纳滤膜的孔径在1nm以上，一般为1～2nm，它主要用于截留纳米级大小的杂质。

（2）纳滤膜的截留分子量在200～1000D，过滤精度介于超滤膜和反渗透膜之间。

（3）纳滤膜通常具有荷电性，一般带负电。因此，纳滤膜既具有机械筛分作用，又具有电排斥作用。

（4）与反渗透类似，纳滤的推动力为压力，但因纳滤膜阻力较小，故操作压力较低，一般为0.5～1.0MPa。

（5）为减轻膜的结垢、污染，纳滤装置的进水必须进行预处理。此外，纳滤过程中需要不断地排放浓水；水的回收率一般为80%左右。

（6）纳滤膜的脱盐率与膜种类有关，对二价离子的去除率在90%以上，一价离子的去除率在10%～80%。

二、纳滤原理

迄今为止，对于纳滤膜的研究多集中在应用方面，而有关纳滤膜的制备、传质机理、性能表征等方面的研究还不够系统、深入。

（一）纳滤方程

Spiegler-Kedem基于非平衡热力学原理，提出了式（5-15）所示的计算截留率的方程，这一方程也称Spiegler-Kedem方程：

$$R=\frac{\sigma(1-F)}{1-\sigma F} \tag{5-15}$$

$$F=\exp\left(-\frac{1-\sigma}{P_{\mathrm{s}}}J_{\mathrm{v}}\right)$$

式中：R 为截留率；σ 为反射系数；P_s为溶质透过系数，m/s；J_v为水通量。

从式（5-15）可知，膜的特征参数可用双参数 σ 和 P_s 表达；反射系数相当于水通量无限大时的截留率；截留率随反射系数递增，当反射系数增加到 1 时，则截留率上升到 100%，也即溶质被膜完全阻挡。

（二）纳滤模型

已建立了一些描述纳滤分离机理的模型，主要有细孔模型、TMS 模型、空间电荷模型、Donnan 平衡模型、溶解-扩散模型等，其中，细孔模型和 TMS 模型数学表述简单，目前应用最为广泛。不过，由于纳滤膜通常带电，其分离机理比超滤膜和反渗透膜更加复杂，仅用单个模型很难解释所有纳滤现象，故目前多个模型并存，以待完善。

1. 细孔模型

细孔模型假设：纳滤膜具有均一的细孔结构，细孔半径为 r_p；溶质为均一大小的刚性球体，球体半径为 r_s；溶质透过细孔的方式是对流扩散和分子扩散，前者的推动力是膜两侧的压力差，后者的推动力是膜两侧的浓度差（又称浓度梯度）。根据细孔模型，膜的反射系数和溶质透过系数为

$$\sigma = 1 - \left(1 + \frac{16}{9}\eta^2\right)(1-\eta)^2\left[2-(1-\eta)^2\right] \tag{5-16}$$

$$P_s = D_s(1-\eta)^2(A_t/\Delta x) \tag{5-17}$$

$$\eta = r_s/r_p$$

式中：r_s、r_p 分别为溶质半径和膜孔半径；D_s 为溶质扩散系数，m/s；$A_t/\Delta x$ 为膜的孔隙率与厚度之比，m^{-1}。

式（5-16）表明，反射系数随着 η 的增加而增大，即反射系数随着溶质半径的增加或膜孔半径的减少而增大，或者说纳滤膜的孔径越小、溶质的尺寸越大，则溶质的除去率越高，这正是膜机械筛分作用的体现。

2. TMS 模型

这一模型由 Teorell-Meyer 和 Sievers 提出，故称 TMS 模

型。TMS模型假设：膜分离层为一凝胶相的微孔结构，其上固定电荷分布均匀且对被分离的电解质或离子作用相同。对于1-1型电解质（如NaC1）的单一组分体系，带负电荷膜的反射系数和溶质透过系数可由TMS模型与扩展的Nernst-Planck方程联合得到下列公式：

$$\sigma = 1 - \frac{2}{(2\alpha - 1)\zeta + \sqrt{\zeta^2 + 4}} \tag{5-18}$$

$$P_s = D_s(A_t/\Delta x)(1 - \sigma) \tag{5-19}$$

$$\alpha = \frac{D_1}{D_1 + D_2}$$

$$D_s = \frac{2D_1 D_2}{D_1 + D_2}$$

式中：D_1和D_2分别为电解质阳离子和阴离子的扩散系数；ζ为膜的体积电荷密度（x）与膜面电解质浓度（c）之比。

如果已知膜的结构参数（r_p、$A_t/\Delta x$）、膜的荷电特性（ζ），以及电解质特性（r_s、D_1和D_2），则可根据式（5-16）～式（5-19）计算膜反射系数（σ）和溶质透过系数（P_s），进而根据Spiegler-Kedem方程式（5-15）求得膜的截留率与水通量的关系。

三、影响因素

研究表明，纳滤膜特性（如孔径、孔径分布、膜厚度、孔隙率、粗糙度、表面电荷、亲疏水性等）、溶液特性（溶质的尺寸、电荷、疏水性、浓度，以及溶液的pH值等）、操作条件（压力、过滤时间、膜面流速、水温等），以及膜污染都会影响纳滤膜的截留率和水通量。

1. 纳滤膜特性

纳滤膜通常由表皮层和支撑层组成。表皮层致密，常带有荷电的化学基团，其特性决定了膜的截留性能，这层也是水通过的主要阻力层；支撑层疏松，水通过的阻力小，主要起增强膜机械强度的作用。

纳滤膜的孔径、孔径分布、孔隙率、粗糙度、表面电荷、亲疏水性、厚度与制膜条件、膜材料有关。纳滤膜的厚度远大于膜孔径，而且大多数纳滤膜浸湿后带有电荷，溶质在纳米级膜孔内透过时，受许多因素影响。因此，纳滤膜截留溶质的方式有多种，例如，按溶质颗粒大小截留，按电荷截留，按不同扩散系数截留，按不同溶解度即亲疏水性截留，按分子极性截留，按感交离子序截留等。

（1）膜孔。一般，水通量随膜孔径递增，截留率随膜孔径递减；孔径较大的纳滤膜，易发生膜孔堵塞，反之，则易发生浓差极化和滤饼层污染；水通量和溶质透过速度随孔隙率递增。由于膜孔并非均一大小，孔径大都呈对数正态分布，故纳滤膜的表面透水、截留溶质的能力具有微观不均匀性。类似超滤膜（参照图4-6），可用纳滤膜截留曲线描述孔径分布。纳滤膜孔径分布越窄，选择分离性越好。若纳滤膜截留率为90%和10%所对应的分子量相差5～10倍，则可认为膜的选择分离性能良好。

（2）膜的粗糙度。纳滤膜表面具有一定的粗糙度。粗糙度增加，则膜表面积增大，水通量随之增加。粗糙度对膜污染有重要影响，如粗糙度影响膜表面污染层形貌，表面光滑的膜倾向于形成致密的污染层，水通量衰减较快，表面粗糙度大的膜倾向形成疏松的污染层，水通量衰减较慢。不过，粗糙度太大，污染物容易沉积到膜的凹处，污染速度加快。

（3）膜的荷电性。膜表面电荷变化影响膜的静电排斥作用和空间筛分作用。纳滤膜荷电量增加，膜与同号电荷离子之间、膜孔内壁之间的静电排斥力增加，前者导致离子难以进入膜孔而增加离子截留率，后者导致膜孔径增大（膜溶胀）而降低溶质截留率。膜的荷电特性与使用纳滤的目的密切相关，如可利用荷正电纳滤膜的静电吸引作用，除去水中带负电的胶体微粒、细菌内毒素，也可利用荷正电纳滤膜的静电排斥作用，除去带正电的氨基酸、蛋白质。

（4）膜的亲疏水性。膜的亲疏水性与膜的表面能、膜面电荷、官能团等因素有关。表面能和膜面电荷高，膜含极性基团

（如$-OH$、$-COOH$、$-NH_2$、$-SO_3$）多，则亲水性强，水通量上升。亲疏水性对于膜的抗污染能力有较大影响，通常是膜越亲水，表面能越高，与蛋白质等污染物之间相互作用力越小，越耐污染，即使污染物沉积在膜表面，也是可逆的，易于清洗。

总之，纳滤膜特性是溶质除去率的主要决定条件，表5-9为某试验结果。

表5-9　两种NF膜的平均除去率　%

NF膜									
种类	标准除去率	TDS	硬度	NH_4^+	碱度	Cl^-	F^-	NO_2^-	SO_4^{2-}
NF膜1	70	95.4	94.6	91.6	94	91.7	90.1	76.0	98.1
NF膜2	90	67	55.7	65.9	68	65	62.8	51.8	78.7

注　摘自《中国给水排水》（Vol. 25 No. 5）杨庆娟等人论文《纳滤膜去除饮用水中无机离子的中试研究》。

2. 溶液特性

一般，电荷多、尺寸大、空间位阻强的溶质截留率高；同分异构体有机物依邻位→间位→对位的顺序，不同形状分子有机物依球形→支链→线性分子的顺序，截留率下降；对于荷电膜，同离子价态高，反离子价态低，膜电荷多，则截留率高；对于中性膜，扩散系数大的溶质截留率低；对于两性膜，膜在等电点时的截留率最低。

纳滤膜具有一定的弹性和带电性，若环境条件（如pH值、浓度、温度等）发生了变化，则会削弱或增强膜孔壁间的静电斥力，从而导致膜孔的收缩或溶胀，溶质截留率随之升降。

（1）溶质尺寸。溶质尺寸越大，受膜机械筛分作用越强，故截留率越高。

（2）溶质电荷。溶质电荷越多，与膜之间的Donnan排斥力越大，故截留率越高。如截留率：$SO_4^{2-}>Cl^-$，$Ca^{2+}>Na^+$。

（3）溶质亲疏水性。根据“相似相溶”原理，极性或结构相似的物质易于相互吸附，因此溶质的亲疏水性对截留率有影响。

例如，溶质亲水性增强，则因水合作用增强而尺寸增大，截留率上升；疏水性有机物易被疏水膜吸附，虽然过滤初期截留率较大，但随着过滤时间的延长，截留率降低、水通量衰减、污染加快。

（4）溶质浓度。电解质浓度升高，膜的反射系数下降，溶质透过膜的扩散能力上升，截留率下降。

（5）溶液 pH 值。pH 值对于纳滤膜的荷电性质和溶质的解离状态有影响，进而影响纳滤膜的分离性能。此外，随着 pH 值的增加，有机物和钙的沉积趋势增强，膜污染程度增加。

3. 操作条件

操作条件对膜的孔隙率、厚度、浓差极化、污染速度有影响。

（1）操作压力。操作压力对水通量和截留率均有影响：①水通量：当没有发生明显浓差极化和膜污染时，水通量一般随操作压力线性增加；②截留率：一方面，随着操作压力增加，水通量增大，故截留率增大；另一方面，膜两侧溶质浓度差增大，盐通量上升，截留率下降。两者相互部分抵消，截留率随操作压力变化平缓，如某试验结果显示，截留率随压力先少许降低后缓慢增加，最后趋于某一定值。另外，截留率越低的物质，受压力影响越大，如 Na^{+}、Cl^{-} 与 Ca^{2+}、Mg^{2+}、SO_4^{2-} 相比，截留率受压力的影响更加明显。

（2）过滤时间。过滤时间对水通量和截留率也有影响：①水通量：随着过滤时间的延长，膜面浓差极化程度和膜污染物逐渐积累，导致水通量随过滤时间递减；②截留率：截留率一般随过滤时间递减，原因是异号离子在荷电纳滤膜的静电吸引下穿过膜、水通量衰减，以及溶质在膜面浓度增加而导致扩散透过膜的通量上升。

（3）膜面流速。膜表面水流速度增加，因剪切力增大，污染速度下降，而且膜表面污染物倾向形成疏松结构；反之，污染速度快，膜表面污染物倾向形成密实结构。

（4）水温。水温对纳滤影响包括以下几个方面：膜的厚度与孔隙率的比值随水温的升高而增大（孔壁膨胀），溶质透过膜的难度增加；水通量和溶质通量随水温的上升而增加，引起截留率升降；溶质的水化、解离和溶解随水温而变。

4. 膜污染

膜污染对截留率的影响主要依赖于污染物引起膜孔径的变化。例如，粒径小于膜孔的污染物在膜孔中的吸附，引起膜孔窄化或膜孔堵塞，可导致额外的筛分效应，故溶质截留率因污染而增加。污染物尺寸越大，所形成的滤饼层孔隙率也越大，因而水通量衰减越慢。污染还会引起膜表面形貌的变化，粗糙度较大的膜，污染物填充凹处后粗糙度下降；相反，表面光滑的膜，污染后粗糙度增大。

疏水性大分子有机物是引起疏水性膜污染的主要物质之一，蛋白质、多糖等亲水性大分子有机物容易在膜表面沉积，往往也是引起膜通量衰减的主要物质。

四、纳滤膜元件

复合纳滤膜材料主要有三种系列：芳香聚酰胺类、聚哌嗪酰胺类、磺化聚醚砜类。纳滤膜元件的主要类型是卷式，结构与RO卷式膜元件类似（参照图5-12）。下面主要介绍NF、HNF和TMN系列膜元件。

1. NF系列膜元件

NF系列膜为聚酰胺复合膜，陶氏（Dow）公司产。膜元件的主要型号有NF200-400、NF270-400、NF90-400，有效膜面积均为400ft^2（37m^2）；$CaCl_2$除去率分别为35%～50%、40%～60%、85%～95%；$MgSO_4$除去率分别为97%、>97%、>97%。NF200、NF270和NF90可有效脱除TOC类杂质，如杀虫剂、除草剂和THM（三卤代烷）前驱物[1]。膜元件技术参数（以NF270-400为例）：直径约为8in（约201mm）；长为40in（约1016mm）；透水量约为50m^3/d；操作条件：操作压力小于4.1MPa；进水温度小于45℃；

[1] 前驱物，又称母体物、先质。某些一次污染物能转化成二次污染物，则前者为后者的前驱物。

进水 SDI＜5；进水自由氯浓度小于 0.1mg/L；连续使用 pH 值：3～10，短期使用（如 30min 左右）pH 值：1～12；进水流量小于 $16m^3/h$。

2. HNF 系列膜元件

HNF 系列膜为聚酰胺复合膜，海德能（Hydranautics）公司产。膜元件主要有三个系列：HNF40、HNF70、HNF90，直径主要有 4in（约 101mm）和 8in（约 201mm）两种，长度通常为 40in（约 1016mm），水的回收率为 15％。4in（约 101mm）和 8in（约 201mm）膜元件的有效膜面积分别为 $75ft^2$（$7.0m^2$）、$375ft^2$（$35m^2$）。HNF40、HNF70、HNF90 系列膜元件 NaCl 去除率分别为 35％～45％、65％～75％和 85％～95％，$MgSO_4$ 去除率分别为：＞90％、95％、＞95％，4in（101.6mm）膜元件透水量分别为 $9.46m^3/d$、$8.7m^3/d$ 和 $7.2m^3/d$，8in（203.2mm）膜元件透水量分别为 $36m^3/d$、$38m^3/d$ 和 $32m^3/d$。操作条件：操作压力小于 4.1MPa；进水温度：5～45℃；进水 SDI＜5；进水自由氯浓度小于 0.1mg/L；连续使用 pH 值：3～10，短期使用（如 30min 左右）pH 值：1～11。

3. TMN 系列膜元件

TMN 系列膜为聚酰胺复合膜，东丽公司（Toray Industries, Inc.）产，适合于以地表水和大多数井水为水源的市政用水的硬度软化、色度除去等深度处理，可有效去除杀虫剂、除草剂、THM 前驱物质等有机化合物、细菌和病毒。膜元件主要型号：TMN10、TMN20-370、TMN20-400，前者直径为 4in（约 101mm），后两者直径为 8in（约 201mm），长度通常为 40in（约 1016mm），水的回收率为 15％。TMN10、TMN20-370、TMN20-400 膜元件的有效膜面积分别为 $75ft^2$（$7.0m^2$）、$370ft^2$（$34m^2$）和 $400ft^2$（$37m^2$），NaCl 去除率均为 85％，透水量分别为 $5.5m^3/d$、$28m^3/d$ 和 $30m^3/d$。操作条件：操作压力小于 2.1MPa；进水温度小于 40℃；进水 SDI＜5；进水自由氯浓度：检测不到；连续使用 pH 值：2～11，短期使用（如 30min 左右）pH 值：1～12。

五、纳滤工艺

目前，纳滤已成功应用于水处理工程，从应用纳滤的目的看，主要是需要比较彻底地去除污染物（如有机物、重金属）和结垢性物质（如硬度、SO_4^{2-}、HCO_3^- 等）的场合，需要有限地去除盐类（如 NaCl）的场合；从应用纳滤的领域看，主要是饮用水净化、海水和苦咸水的软化，以及垃圾渗滤液深度处理。

1. 饮用水处理

主要用于生产直饮水、净化微污染水。目前应用比较成熟的直饮水处理工艺有 UF、NF 和 RO。从处理水的纯净度看，UF 产水纯净度最低，水中仍残留较多有害物；RO 产水纯净度最高，但水中有益的微量元素和矿物质也被除去了；NF 产水纯净度介于 UF 水和 RO 水之间，既保留了部分有益的微量元素和矿物质，也除去了水中有害物质，作为饮用水最为合适。此外，纳滤处理微污染水是未来发展方向。

（1）工艺流程：代表性工艺见流程 1 和流程 2。

流程 1： 自来水→原水箱→增压泵→活性炭吸附过滤器→（阻垢剂↓）精密过滤器→高压泵→NF（↑浓水）→淡水→杀菌器→保安过滤器→直饮水

流程 2： 河水→增压泵→（PAC↓）澄清器→（ClO_2↓）清水池→增压泵→多介质过滤器→精密过滤器→高压泵→NF（↑浓水）→淡水→活性炭吸附过滤器→（ClO_2↓）自来水池

（2）技术效果：有人对流程 1 进行了试验研究，其中，NF 膜元件为 ESNA1-4040（标准脱盐率为 70%），试验结果：①有机物去除率较高：当原水中 COD_{Mn} 和 TOC 平均浓度分别为 4.54mg/L 和 7.82mg/L，UV_{254} 平均为 $0.14cm^{-1}$ 时，经流程 1 处理后，COD_{Mn}、TOC 和 UV_{254} 的平均去除率依次为 83.8%，

84.7%和 91.9%；②除浊能力强：当原水浊度为 1.85～2.37NTU，出水浊度一直小于 0.2NTU，平均去除率为 93.7%；③矿物质的去除率与膜标准脱盐率相当：NF 对 Cl^-、F^-、总碱度、SO_4^{2-}、硬度、Fe 和 Mn 的平均去除率分别为 67.3%，69.1%，71.6%、75.0%、71.3%、74.1%和 73.4%；④有毒物质的去除比较彻底：当进水阿特拉津和壬基酚（代表内分泌干扰物）分别为 513.5μg/L 和 724.6μg/L 时，去除率分别为 88.8%和 90.1%；当进水藻毒素为 20.6～315.3μg/L 时，出水检测不出，去除率为 100%；在进水 Cr^{6+} 为 1000μg/L 左右时，平均去除率为 91.3%。

2. 海水和苦咸水软化

与江河水相比，海水和苦咸水的结垢性物质（如 Ca^{2+}、Mg^{2+}、SO_4^{2-}）含量高，这也是制约海水和苦咸水淡化系统水回收率的主要原因之一。与 RO 相比，NF 在降低结垢性物质、TDS 和有机物方面具有明显的经济优势，因为它在较小的推动压力下即可获得较大的水通量，故制水成本低。NF 一般作为海水淡化工艺的预处理单元或用来直接淡化苦咸水。

（1）工艺流程。代表性工艺见流程 3 和流程 4。

阿垢剂　酸（↓加入保安过滤器前）；浓水（↑自 NF 排出）

流程 3： 海水→潜水泵→砂滤池→保安过滤器→UF→增压泵→NF→淡水

阻垢剂　pH 调节剂（↓加入精密过滤器前）；浓水（↑自 NF 排出）

流程 4： 苦咸水→原水箱→增压泵→多介质过滤器→精密过滤器→高压泵→NF→淡水→杀菌

（2）技术效果。表 5-10 是某海水和苦咸水的 NF 效果，其中 NF-Ⅰ～NF-Ⅳ分别代表四种不同的 NF 膜。表 5-10 数据表明，不同 NF 膜、不同物质的去除率差别较大。

表 5-10　某海水和苦咸水的NF效果

指标	海水							苦咸水		
	进水（mg/L）	出水（mg/L）			去除率（%）			进水	出水	去除率（%）
		NF-Ⅰ	NF-Ⅱ	NF-Ⅲ	NF-Ⅰ	NF-Ⅱ	NF-Ⅲ		NF-Ⅳ	NF-Ⅳ
含盐量	33 000	5640	13 100	17 800	82.91	60.30	46.06			
Na^+	13 621.97	2379.31	7029.12	7655.67	82.53	48.40	43.80	811.41	243.5	69.99
Ca^{2+}	490.76	4.49	128.19	147.11	99.09	73.88	70.02	145.11	9.36	93.55
Mg^{2+}	1382.72	10.09	147.89	237.65	99.27	89.30	82.81	43.00	6.20	85.58
SO_4^{2-}	2434.21	11.31	6.72	26.48	99.54	99.72	98.91	1572.86	19.58	98.76
HCO_3^-								70.56	13.11	81.42
Cl^-								429.13	203.57	52.56
TDS								3062.25	388.79	87.30

3. 垃圾渗滤液处理

垃圾在堆放、填埋过程中，经过有机物降解、微生物分解、雨水冲淋，形成高浓度、高毒性有机废水，这种废水称为垃圾渗滤液（简称渗滤液）。渗滤液中污染物浓度高于城市污水的近百倍，毒性比城市污水的大得多，因而对环境危害较大。

处理渗滤液的方法主要有回灌法、物化法、生化法、膜法。由于渗滤液成分复杂、污染物浓度变化幅度大，仅用单一方法不能实现渗滤液的无害化，必须联合运用多种处理方法，按照 GB 16889—2008《生活垃圾填埋场污染物控制标准》，对渗滤液深度处理。当今渗滤液深度处理技术的标志就是 MBR 和 NF 的应用。

（1）工艺流程：代表性工艺见流程 5。

流程 5： 渗滤液→调节池→提升泵→反硝化池→硝化池→MBR→透过液→增压泵→NF→透过水→达标排放

MBR→浓缩液→反硝化池

NF→浓水→脱水机→清水→调节池

脱水机→干污泥→填埋场

（2）技术效果：某渗滤液 COD_{Cr} 为 12 600～27 500mg/L、BOD_5 为 3000～8000mg/L、SS 为 500～800mg/L、NH_3-N 为 1390～2300mg/L，采用流程 5 深度处理后，NF 透过水：COD_{Cr} ＜100mg/L、BOD_5 ＜5mg/L、SS＜1mg/L、NH_3-N 平均值为 9.4mg/L。此外，Pb、Mn 的去除率均在 95％左右，Cr^{6+} 去除率达到 90％，而且 NF 透过水中 Pb、Mn、Cr^{6+} 含量远优于排放标准。表 5-11 是两工程中垃圾渗滤液的 NF 效果。

表 5-11　两工程中垃圾渗滤液的 NF 效果

指标	单位	工程 1			工程 2		
		NF 进水	NF 透过水	去除率（％）	NF 进水	NF 透过水	去除率（％）
COD_{Cr}	mg/L	265	75	71.7	500～800	＜160	～75

续表

指标	单位	工程1			工程2		
		NF进水	NF透过水	去除率（%）	NF进水	NF透过水	去除率（%）
BOD_5	mg/L	30	10	69.7			
NH_3-N	mg/L	23	8	65.2	5.6～8.6	4～8	～15
电导率	μS/cm	2780	2680	3.6	9000～13 000	～5000	～55
pH值		7.3	7.2		7.2		
颜色		黄色	无色				

第六章　离子交换除盐

除去水中溶解盐类的处理工艺称除盐，离子交换法除盐是目前普遍采用的除盐方法之一。离子交换法是指某些材料遇水时，能将本身具有的离子与水中带同类电荷的离子进行交换反应的方法，这些材料称离子交换剂。在离子交换技术应用的初期，采用的只是天然的和无机质的交换剂，目前普遍应用于水处理中的离子交换剂是合成的离子交换树脂。

水处理中常用到的离子交换有 Na^+ 交换、H^+ 交换和 OH^- 交换。根据应用目的的不同，它们组合成的工艺有为除去水中硬度的 Na^+ 交换软化处理，为除去硬度并降低碱度的 H-Na 离子交换软化降碱处理，以及为除去水中全部溶解盐类的 H-OH 离子交换除盐处理。

第一节　离子交换树脂和离子交换原理

离子交换树脂是一类带有活性基团的网状结构的高分子化合物。离子交换树脂的分子结构中，可以人为地分为两个部分：一部分称为离子交换树脂的骨架，它是高分子化合物的基体，具有庞大的空间结构，支撑着整个化合物；另一部分是带有可交换离子的活性基团，它化合在高分子骨架上，起提供可交换离子的作用。活性基团也是由两部分组成：一是固定部分，与骨架牢固结合，不能自由移动，称为固定离子；二是活动部分，遇水可电离，并能在一定范围内自由移动，可与周围水中的其他带同类电荷的离子进行交换反应，称为可交换离子。

一、离子交换树脂的合成、分类和命名方法

1. 离子交换树脂的合成

目前，常用的离子交换树脂合成过程一般分为两个阶段：高分子聚合物骨架的制备和在高分子聚合物骨架上引入活性基团的反应，即首先将单体（进行高分子聚合的主要原料）制备成球状颗粒的高分子聚合物，然后在这种高分子聚合物上进行有机高分子反应，使之带上所需的活性基团。苯乙烯系树脂的合成就属这种情况。

也有些离子交换树脂是由已具备活性基团的单体经过聚合，或在聚合过程中同时引入活性基团，直接一步制得的，如丙烯酸系树脂。

下面简要介绍苯乙烯系离子交换树脂和丙烯酸系离子交换树脂的合成方法。

（1）苯乙烯系离子交换树脂。

1）第一步，共聚。

苯乙烯＋二乙烯苯$\xrightarrow{\text{共聚}}$聚苯乙烯

（单体）（交联剂）　（聚合物）

这里苯乙烯是主体原料，二乙烯苯的作用是在聚苯乙烯线性高分子间搭桥成网，故称之为交联剂。聚合物中有了交联剂便成了体型高分子化合物，成为不溶的固体。在聚合物中交联剂的质量百分数称为树脂的交联度，用符号 DVB 表示。共聚制得的聚合物不含可交换离子，为惰性树脂，习惯称白球。

2）第二步，引入活性基团。在白球上引入各种活性基团，可制得交换离子不同的树脂。例如，白球经浓 H_2SO_4 处理（即磺化），引入 $-SO_3H$ 活性基团，制得强酸性阳离子交换树脂 $R-SO_3H$；如果白球用氯甲醚处理后，再进行胺化，可制得阴离子交换树脂。用叔胺胺化制得的是季铵型阴树脂，因季铵为强碱，故它是强碱性阴树脂。用于胺化的叔胺有两种：三甲胺

[N$(CH_3)_3$]和二甲基乙醇胺[$(CH_3)_2NC_2H_4OH$]，用前者胺化所得产品为Ⅰ型强碱性阴树脂，用后者胺化所得产品为Ⅱ型强碱性阴树脂，Ⅰ型的碱性比Ⅱ型强，Ⅱ型的交换容量比Ⅰ型的大。如果胺化时采用NH_3、伯胺或仲胺，则所得产品均为弱碱性阴树脂。

由于合成阴树脂的反应比较复杂，所得产品的活性基团并不单一，例如，强碱性阴树脂上常带有弱碱基团，弱碱性阴树脂上又常有一些强碱基团。

(2) 丙烯酸系离子交换树脂。用丙烯酸甲酯或甲基丙烯酸甲酯代替苯乙烯，并与二乙烯苯共聚，制得丙烯酸共聚物，共聚物直接水解得丙烯酸系弱酸性阳树脂 R—COOH，若将共聚物进行胺化，还可得到丙烯酸系弱碱性阴树脂。

为了书写化学式的方便，常把树脂骨架和固定离子用 R 表示，酸性阳树脂表示成 RH，碱性阴树脂表示成 ROH。这种表示方法不能反映树脂酸碱性的强弱，所以有时把固定离子也表示出来，如强酸性阳树脂表示为 $R-SO_3H$，弱酸性阳树脂表示为 R—COOH，强碱性阴树脂表示为 $R-N(CH_3)_3OH$（季铵Ⅰ型）、$R-N(CH_3)_2(C_2H_4OH)OH$（季铵Ⅱ型），弱碱性阴树脂表示为 $R\equiv NHOH$（叔胺型）、$R=NH_2OH$（仲胺型）和 $R-NH_3OH$（伯胺型）。

2. 离子交换树脂的分类

(1) 按活性基团的性质分类。离子交换树脂根据其带活性基团或可交换离子的带电性质，可分为阳离子交换树脂和阴离子交换树脂。带有酸性活性基团，能与水中阳离子进行交换的称阳离子交换树脂；带有碱性活性基团，能与水中阴离子进行交换的称阴离子交换树脂。按活性基团上可交换离子（如 H^+ 或 OH^-）电离的强弱程度，阳离子交换树脂又可分为强酸性阳离子交换树脂和弱酸性阳离子交换树脂，阴离子交换树脂又可分为强碱性阴离子交换树脂和弱碱性阴离子交换树脂。

此外，按活性基团的性质还可分为螯合性、两性及氧化还原性树脂等。

（2）按离子交换树脂的孔型分类。按孔型的不同，离子交换树脂可分为凝胶型和大孔型两大类。

1）凝胶型树脂。这种树脂是由苯乙烯和二乙烯苯混合物在引发剂存在下进行悬浮聚合得到的具有交联网状结构的聚合物，因这种聚合物呈透明或半透明状态的凝胶结构，所以称凝胶型树脂，它在干的状态下没有网孔，当浸入水中吸收水分后，网孔张开，平均孔径约1～2nm。与大孔型树脂相比，凝胶型树脂的孔眼很小，且大小不一。凝胶型树脂因其孔径小，不利于离子运动，直径较大的分子（如有机物）通过时，容易堵塞网孔，再生时也不易洗脱下来。

凝胶型树脂的机械强度较差，这是因为苯乙烯和二乙烯苯的共聚反应（主反应）的同时，存在苯乙烯分子之间的聚合反应（副反应），而苯乙烯聚合物为线型高分子，机械强度较差。超凝胶型树脂就是最大限度地抑制副反应，而得到的一种机械强度较高的树脂。

2）大孔型树脂。这类树脂的制备方法和凝胶型树脂的不同主要是高分子聚合物骨架的制备。制备大孔结构高分子聚合物骨架时，要在单体混合物中加入致孔剂，待聚合反应完成后，再将致孔剂抽提出来，这样便留下了永久性网孔，称物理孔。所用的致孔剂应能与单体混溶，但不参加化学反应，常用的致孔剂是甲苯、汽油等。

大孔型树脂的特点是在整个树脂内部无论干或湿、收缩或溶胀都存在着比凝胶型树脂更多、更大的孔，孔径一般在20～100nm，因此比表面积大（几百到数百平方米每克）。所以，大孔型树脂具有抗有机物污染的能力，因为截留在网孔中的有机物容易在再生过程中洗脱出来。大孔型树脂由于孔隙占据一定的空间，离子交换基团含量相应减少，所以交换容量比凝胶型树脂低些。为此，在大孔型树脂的制备过程中，采取了对网孔的大小和孔隙率的多少加以适当控制，以提高其交换容量，使其更符合实际应用的要求，这就是人们说的第二代大孔型树脂。

大孔型树脂的交联度通常要比凝胶型树脂的大，大分子不易降解，所以大孔型树脂的抗氧化能力较强，机械强度较高。对于凝胶型树脂来说，如果采用增大交联度的办法来提高其机械强度，则因制成的树脂网孔过小，离子交换速度缓慢，而失去了应用意义。通常，凝胶型树脂的交联度在7%左右，而大孔型树脂的交联度可高达16%～20%。

(3) 按合成离子交换树脂的单体种类分类。按合成树脂的单体种类不同，离子交换树脂还可分为苯乙烯系、丙烯酸系。此外，还有酚醛系、环氧系、乙烯吡啶系和脲醛系等，但它们未在水处理领域中应用。

3. 离子交换树脂的命名方法

离子交换树脂的命名是根据 GB/T 1631—2008《离子交换树脂命名系统和基本规范》制定的。现将其命名方法简述如下。

(1) 名称。离子交换树脂的全名称由分类名称、骨架名称、基本名称依次排列组成。基本名称为离子交换树脂。大孔型树脂在全名称前加“大孔”两字。分类属酸性的在基本名称前加“阳”字；分类属碱性的，在基本名称前加“阴”字。

(2) 型号。离子交换树脂产品的型号由三位阿拉伯数字组成，第一位数字代表产品类别（活性基团代号），第二位数字代表骨架组成（骨架代号），第三位数字为顺序号。代号数字的意义见表6-1和表6-2。

表6-1　活性基团代号（第一位数字）

代号	0	1	2	3	4	5	6
活性基团	强酸性	弱酸性	强碱性	弱碱性	螯合性	两性	氧化还原性

表6-2　骨架代号（第二位数字）

代号	0	1	2	3	4	5	6
骨架类别	苯乙烯系	丙烯酸系	酚醛系	环氧系	乙烯吡啶系	脲醛系	氯乙烯系

凡属大孔型树脂，在型号前加“大”字的汉语拼音首位字母“D”；凡属凝胶型树脂，在型号前不加任何字母，交联度值可在型号后用“×”连接阿拉伯数字表示。

对于不同床型使用的树脂可在其型号后加专用符号，见表6-3。

表 6-3　不同床型树脂的专用符号

床　型	软化器	混床	浮动床	双层床	凝结水混床	凝结水单床	三层混床
专用符号	R	MB	FC	SC	MBP	P	TR

此外，某些特殊用途的树脂分别加注下述字符组表示：“－NR”—核级树脂，“－ER”—电子级树脂，“－FR”—食品级树脂。

二、离子交换树脂的性能指标

1. 粒度

粒度是表示树脂颗粒大小和均匀程度的一项指标。离子交换树脂的颗粒大小不可能完全一样，所以一般不能简单地用一个粒径指标来表示。目前有关粒度的标准，除规定树脂“有效粒径”和“均一系数”外，还规定了树脂粒度范围和限定大于粒度范围上限或小于粒度范围下限粒径的百分数。

有效粒径是指筛上保留 90％树脂体积的相应试验筛筛孔孔径（mm），用符号 d_{90} 表示。

均一系数是指筛上保留 40％树脂体积的相应试验筛筛孔孔径与保留 90％树脂体积的相应试验筛筛孔孔径的比值，用符号 K_{40} 表示，即

$$K_{40}=\frac{d_{40}}{d_{90}} \tag{6-1}$$

显然，均一系数是一个大于 1 的数，越趋近于 1，则组分越狭窄，树脂的颗粒也越均匀。

树脂的粒度分布是通过对树脂进行筛分来测定的，根据粒度

分布曲线，求得有效粒径和均一系数。由于树脂通常是在湿态下使用的，所以在进行树脂粒度分布测定时，是将完全水化了的树脂在湿态下进行筛分测定。

离子交换树脂应颗粒大小适中。若颗粒太小，则水流阻力大；若颗粒太大，则交换速度慢。若颗粒大小不均，小颗粒夹在大颗粒之间，会使水流阻力增加，其次也不利于树脂的反洗，因为若反洗强度大，会冲走小颗粒；而反洗强度小，又不能有效地松动大颗粒。

2. 密度

离子交换树脂的密度是指单位体积树脂所具有的质量，单位常用“g/mL”表示。因为离子交换树脂是多孔的粒状物质，所以有真密度和视密度之分。所谓真密度是相对树脂的真体积而言，视密度是相对树脂的堆积体积而言。由于在水处理工艺中，树脂都是在湿状态下使用的，所以与水处理工艺有密切关系的是树脂的湿真密度和湿视密度。

（1）湿真密度。湿真密度是指树脂在水中经充分溶胀后的真密度。

湿真密度（ρ_Z）＝湿树脂质量/湿树脂的真体积

湿树脂的真体积是指树脂在湿状态下的颗粒体积，此体积包括颗粒内网孔的体积，但颗粒和颗粒间的空隙体积不应计入。

树脂的湿真密度与其在水中所表现的水力特性有密切关系，它直接影响到树脂在水中的沉降速度和反洗膨胀率，是树脂的一项重要实用性能，其值一般在1.04～1.30g/mL。树脂的湿真密度随其交换基团的离子型不同而改变。

（2）湿视密度。湿视密度是指树脂在水中充分溶胀后的堆积密度。

湿视密度（ρ_S）＝湿树脂质量/湿树脂的堆积体积

树脂的湿视密度一般为0.60～0.85g/mL。树脂的湿视密度不仅与其离子型有关，还与树脂的堆积状态有关，即与大小颗粒混合的程度及堆积密实程度有关。

树脂的湿视密度与湿真密度有如下关系：

$$\rho_S = (1-P)\rho_Z \tag{6-2}$$

式中：ρ_S、ρ_Z为树脂湿视密度、湿真密度；P 为树脂层空隙率。

在已知 ρ_S和 ρ_Z的情况下，可根据式（6-2）计算相应条件下树脂层的空隙率。空隙率越大，说明树脂颗粒均匀性越好。

树脂的密度与其交联度有关，若交联度高，由于树脂的结构紧密，所以密度也越大。

通常阳树脂的密度大于阴树脂的，强型树脂的密度大于弱型树脂的。

3. 含水率

含水率是离子交换树脂固有的性质。为使交换离子在树脂颗粒内部能自由运动，树脂颗粒内须含有一定的水分。树脂的含水率是指单位质量的湿树脂（除去表面水分后）所含水分的百分数，一般在50%左右。

$$\text{含水率}(W) = \frac{\text{湿树脂质量} - \text{干树脂质量}}{\text{湿树脂质量}} \times 100\%$$

含水率可反映树脂的交联度和孔隙率的大小，树脂含水率大则表示它的孔隙率大和交联度低。

测定树脂含水率的关键是如何除去表面水分，而又能保持内部水分不损失。除去颗粒表面水分的方法有吸干法、抽滤法和离心法。

4. 溶胀和转型体积改变率

当将干的离子交换树脂浸入水中时，其体积会膨胀变大，这种现象称为溶胀。

离子交换树脂有两种溶胀现象，一种是不可逆的，即新树脂经溶胀后，如重新干燥，它不再恢复到原来的大小；另一种是可逆的，即当树脂浸入水中时，其体积会胀大，而干燥时又会复原。

造成离子交换树脂溶胀现象的基本原因是活性基团上可交换离子的溶剂化作用。离子交换树脂颗粒内部存在着很多极性活性基团，由于离子浓度的差别，极性活性基团与树脂颗粒外围水溶液之间产生渗透压，这种渗透压可使颗粒从外围水溶液中吸取水分来降低其离子浓度。因为树脂颗粒是不溶的，所以这种渗透压力被树脂骨架网络弹性张力抵消而达到平衡，表现出溶胀现象。树脂的溶胀性决定于以下因素。

（1）树脂的交联度。交联度越大，溶胀性越小。

（2）活性基团。此基团越易电离，则树脂的溶胀性就越强；此基团越多或吸水性越强，溶胀性也越大。

（3）溶液中离子浓度。溶液中离子浓度越大，则树脂颗粒内部与外围水溶液之间的渗透压差越小，所以树脂的溶胀性就越小。

（4）可交换离子。可交换离子价数越高，溶胀性越小；对于同价离子，水合能力越强，溶胀性就越大。

强酸性阳树脂中不同离子的溶胀性大小顺序为 $H^+ > Mg^{2+} > Na^+ > K^+ > Ca^{2+}$。001×7 阳树脂由 Na 型转为 H 型时，体积大约增大 5%～8%；由 Ca 型转为 H 型时，体积大约增大 12%～13%。

强碱性阴树脂中不同离子的溶胀性大小顺序为 $OH^- > HCO_3^- \approx CO_3{}^{2-} > SO_4^{2-} > Cl^-$。201×7 阴树脂由 Cl 型转为 OH 型时，体积大约增大 15%～20%。

弱型树脂转型体积改变很明显，尤其是弱酸性阳树脂，由 H 型转为 Na 型时，体积一般可增大 60%～70%；由 H 型转为 Ca、Mg 型时，可增大 10%～30%。弱碱性阴树脂由游离碱型转为 Cl 型时，体积一般增大 15%～20%。

因此，当树脂由一种离子型转为另一种离子型时，其体积就会发生改变，此时树脂体积改变的百分数称为树脂转型体积改变率。

离子交换树脂的溶胀性对它的使用工艺有很大影响。例如，干树脂直接浸泡于纯水中时，由于颗粒的强烈溶胀，而会发生颗粒破裂的现象；又如，在交换器运行的制水和再生过程中，由于树脂离子形态的反复变化，会引起颗粒的不断膨胀和收缩，反复的膨胀和收缩会促使颗粒破裂、发生裂纹和机械强度降低。

5. 交换容量

交换容量是表示离子交换树脂交换能力大小的一项性能指标。

按树脂计量方式的不同，其单位有两种表示方法：一种是质量表示方法，即单位质量离子交换树脂中可交换的离子量，通常用 mmol/g 表示，这里的质量可用湿态质量，也可用干态质量（干态时应加以标注）；另一种是体积表示法，即单位体积离子交换树脂中可交换的离子量，通常用 mmol/L 表示，这里的体积是指湿状态下树脂的堆积体积或真体积（真体积时应加以标注）。

作为树脂基本性能的交换容量有全交换容量、中性盐分解容量和弱酸（或弱碱）基团交换容量。全交换容量是指单位质量或体积的离子交换树脂中所有可交换离子的总量。对于阴离子交换树脂，由于强碱性阴树脂中同时含有弱碱基团，弱碱性阴树脂中也同时含有强碱基团，所以还常用中性盐分解容量来表示其中强碱基团量的多少。所谓中性盐分解容量是指树脂能与中性盐进行交换反应的交换容量。全交换容量与中性盐分解容量之差，即为弱碱基团交换容量。

体积交换容量与质量交换容量有以下关系：

$$q_V = q_m(1-W)\rho_S \tag{6-3}$$

式中：q_V为体积交换容量，mmol/mL；q_m为干态质量交换容量，mmol/g；W 为树脂含水率；ρ_S为树脂湿视密度，g/mL。

树脂的交换容量与其离子形态有关，这是因为树脂在不同离子形态时，其质量和体积是不相同的。规定的树脂基准离子形态是强酸性阳树脂为 Na 型，弱酸性阳树脂为 H 型，强碱性阴树脂为 Cl 型，弱碱性阴树脂为 OH 型。

作为树脂工艺性能的交换容量是工作交换容量，所谓工作交换容量是指树脂在具体工艺条件下实际发挥的交换容量。

6. 机械强度

树脂的机械强度是指树脂在各种机械力作用下，抵抗破坏的能力，包括它的耐磨性、抗渗透冲击性等。树脂在实际应用中，由于摩擦、挤压、周期性转型使其体积胀缩，以及高温、氧化等，都有可能造成树脂颗粒的破裂，而影响树脂的使用寿命。在生产实践中，上述因素的出现和影响往往是错综复杂的。

DL 519—1993《火力发电厂水处理用离子交换树脂验收标准》规定采用磨后圆球率和渗磨圆球率来判断树脂的机械强度。此法是按规定称取一定量的湿树脂，放入装有瓷球的滚筒中滚磨，磨后的树脂圆球颗粒占样品总量的百分数即为树脂的磨后圆球率；若将树脂用酸、碱反复转型，然后用前述方法测得树脂的磨后圆球率，称为树脂的渗磨圆球率。前者用来评价凝胶型树脂的机械强度，后者用来评价大孔型树脂的机械强度，渗磨圆球率表示树脂的耐渗透压能力。DL/T 519—2014《发电厂水处理用离子交换树脂验收标准》规定凝胶型树脂和大孔型树脂的机械强度均用渗磨圆球率这一指标表示。

电厂锅炉补给水除盐处理中常用的国产树脂是 001×7、001×7MB强酸性苯乙烯系阳离子交换树脂和 201×7、201×7MB 强碱性苯乙烯系阴离子交换树脂，以及 D301 大孔弱碱性苯乙烯系阴离子交换树脂和 D113 大孔弱酸性丙烯酸系阳离子交换树脂。表 6-4 和表 6-5 分别列出了 DL/T 519—2014《发电厂水处理用离子交换树脂验收标准》中上述树脂的技术要求。

表 6-4　001×7、001×7MB、D113 阳树脂的技术要求

指标名称	001×7（氢型/钠型）	001×7MB（氢型/钠型）	D113（氢型）
含水率（%）	51～56/45～50		45～52
全交换容量（mmol/g）	≥5.0/≥4.5		≥10.8
体积交换容量（mmol/mL）	≥1.75/≥1.9	≥1.7/≥1.8	≥4.4
湿视密度（g/mL）	0.73～0.83/0.77～0.87		0.72～0.80

续表

指标名称	001×7 （氢型/钠型）	001×7MB （氢型/钠型）	D113（氢型）
湿真密度 （g/mL）	1.17～1.22/1.25～1.29		1.14～1.20
粒度（%）	（0.315～1.250mm） ≥95.0 （<0.315mm） ≤1.0	（0.500～1.250mm） ≥95.0 （<0.500mm） ≤1.0	（0.315～1.250mm） ≥95.0 （<0.315mm） ≤1.0
有效粒径（mm）	0.40～0.70	0.55～0.90	0.40～0.70
均一系数	≤1.60	≤1.40	≤1.60
渗磨圆球率 （原样测定） （%）	≥60.00		≥95
转型膨胀率 （H→Na）（%）	—		≤70.00
氢型率（%）	—		≥98.00

注　有效粒径、均一系数和粒径范围、下限粒度测定用钠型，渗磨圆球率测定用原样树脂。

表 6-5　　201×7、201×7MB、D301 阴树脂的技术要求

指标名称	201×7 （氢氧型/氯型）	201×7MB （氢氧型/氯型）	D301 （游离胺型）
全交换容量 （mmol/g）	≥3.8/—		≥4.80
强型基团容量 （mmol/g）	≥3.6/≥3.5		≤1.00
体积交换容量 （mmol/mL）	≥1.10/≥1.35		≥1.45
含水率（%）	53～58/42～48		48.00～58.00

续表

指标名称	201×7（氢氧型/氯型）	201×7MB（氢氧型/氯型）	D301（游离胺型）
湿视密度（g/mL）	0.66～0.71/0.67～0.73		0.65～0.72
湿真密度（g/mL）	1.06～1.09/1.07～1.10		1.030～1.060
有效粒径（mm）	0.40～0.70	0.50～0.80	0.400～0.700
均一系数	⩽1.60	⩽1.40	⩽1.60
粒度（%）	（0.315～1.250mm）⩾95	（0.400～0.900mm）⩾95	（0.315～1.250mm）⩾95
	（<0.315mm）⩽1	（>0.900mm）⩽1	（<0.315mm）⩽1
渗磨圆球率（原样测定）（%）	⩾60		⩾90
转型膨胀率（OH→Cl）（%）	—		⩽28

注 有效粒径、均一系数和粒径范围、上限粒度及下限粒度测定用氯型，渗磨圆球率测定用原样树脂。

三、离子交换树脂的选择性

离子交换树脂对不同的离子有不同的亲合力，吸着各种离子的能力不同，这种性能就是离子交换树脂的选择性。在离子交换水处理工艺中，离子交换树脂的选择性影响着树脂的制水和再生过程，是树脂应用中的一个重要性能。

离子交换树脂的选择性主要取决于被交换离子的结构。这有两个规律：一是离子电荷越多，则越易被树脂吸着，这是因为离子电荷越多，与树脂中固定离子的静电引力越大，因而亲合力也越大；二是带有相同电荷的离子，水合离子半径小者较易被吸着，这是因为水合离子半径小，电荷密度大，因此与固定离子的静电引力大。

树脂的交联度，对树脂的选择性也有重要影响。交联度越大，树脂对不同离子之间的选择性差异也越大；交联度越小，这种选择性差别也越小。此外，离子交换树脂的选择性还与溶液浓度有关。

在离子交换水处理中，往往需要知道水中何种离子优先被树脂吸着，何种离子较难被吸着，即所谓选择性顺序。选择性顺序关系到各种离子在树脂层中的排列情况，根据这个顺序，可判断水通过交换器时何种离子最容易泄漏于出水中。

强酸性阳树脂，在稀溶液中对常见阳离子的选择性顺序为

$$Fe^{3+} > Al^{3+} > Ca^{2+} > Mg^{2+} > K^{+} \approx NH_4^{+} > Na^{+} > H^{+}$$

对于弱酸性阳树脂，如羧酸型阳树脂对 H^{+} 的亲合力比对 Fe^{3+} 的还强，其选择性顺序为

$$H^{+} > Fe^{3+} > Al^{3+} > Ca^{2+} > Mg^{2+} > K^{+} \approx NH_4^{+} > Na^{+}$$

强碱性阴树脂在稀溶液中，对常见阴离子的选择性顺序为

$$SO_4^{2-} > NO_3^{-} > Cl^{-} > OH^{-} > HCO_3^{-} > HSiO_3^{-}$$

弱碱性阴树脂的选择性顺序为

$$OH^{-} > SO_4^{2+} > NO_3^{-} > Cl^{-} > HCO_3^{-}$$

弱碱性阴树脂对 HCO_3^{-} 交换能力很差，对 $HSiO_3^{-}$ 甚至不交换。

在浓溶液中，由于离子间的干扰较大，且水合半径的大小顺序与在稀溶液中有些差别，其结果使各离子间的选择性差别较小，有时甚至出现有相反的顺序。

四、离子交换树脂的交换原理

有关离子交换的原理有多种解释，其中对离子交换树脂来说是双电层理论。

双电层理论认为，离子交换树脂上的可交换离子是由许多活性基团在水中发生电离作用而形成的，当离子交换树脂遇水时，离子交换树脂的可交换离子在水分子的作用下，有向水中扩散的倾向，从而使树脂活性基团上留有与可交换离子相反的电荷，形成正或负的电场，由于异性电荷的吸引力而抑制了可交换离子的进一步扩散。其结果是在浓差扩散和静电引力两种相反力的作用

下，形成了双电层式的结构，图 6-1 为 $R—SO_3H$树脂的双电层结构示意。由于离子交换树脂的骨架结构不变，所以交换作用是在水溶液中的离子和双电层中反离子之间进行的。

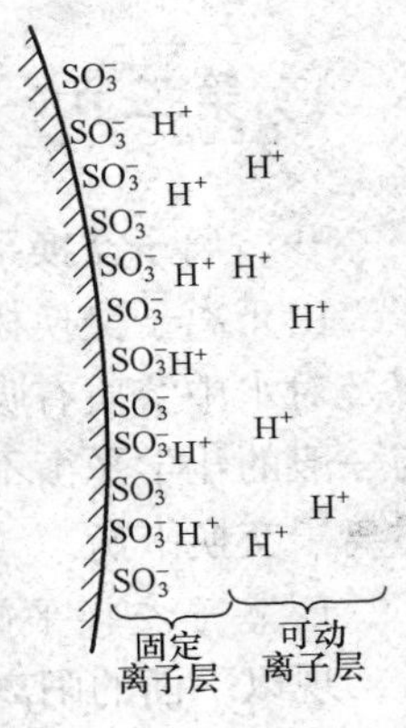

图 6-1　$R—SO_3H$ 树脂的双电层结构示意

在水溶液中，连接在树脂骨架上的活性基团（如$-SO_3H$）能离解出可交换离子（如 H^+），并向溶液中扩散，同时溶液中带同类电荷的离子（如 Na^+）也能扩散到整个树脂多孔结构的内部，这两种离子之间的浓度差推动了它们的扩散和相互交换。所以，改变离子浓度等环境条件，可促使树脂的可交换离子与水溶液中带同类电荷的离子进行可逆交换。而溶液中带相反电荷的离子（如 Cl^-），由于受到树脂活性基团负电场的排斥而不交换。

此外，由于离子交换树脂活性基团对各种离子的亲合力大小各不相同，所以在人为控制条件下，活性基团离解出的可交换离子就可与溶液中带同类电荷的离子发生交换。例如，磺酸型阳离子交换树脂（$R-SO_3H$）与含 NaCl 的稀溶液接触时，由于树脂上 H^+ 浓度大，而且磺酸基对 Na^+ 的亲合力比对 H^+ 大，所以树脂上的 H^+ 就与溶液中的 Na^+ 发生交换，使树脂活性基团上原来所带的 H^+ 进入溶液，而溶液中的 Na^+ 则交换到树脂上，此反应可用方程式表示为（右向箭头所示）

$$R-SO_3H+NaCl \underset{再生}{\overset{交换}{\rightleftharpoons}} R-SO_3Na+HCl$$

交换以后，树脂由原来的 H 型变成 Na 型，失去交换水中 Na^+ 的能力。若在 Na 型树脂中通入浓度较大的 HCl（如 5%），此时由于溶液中的 H^+ 浓度较大，则又可将树脂上的 Na^+ 置换下来，使树脂重新带上可交换的 H^+（上式中的左向箭头所示），恢复了树脂的交换能力，又可重新使用，这一过程称为再生。

第二节　离子交换平衡和离子交换速度

一、离子交换平衡

由于离子交换树脂的溶胀性而使其反应前后体积有所变化，以及对水中溶质有吸附和解吸的特点，所以它和水溶液间的平衡与一般的化学平衡不完全相同。目前，常用质量作用定律近似描述离子交换平衡。

1. 离子交换平衡常数

现以下面的阳离子交换反应为例，叙述离子交换平衡：

$$nRB + A^{n+} \rightleftharpoons R_nA + nB^+ \tag{6-4}$$

如果此反应不伴随有反应物质的吸附或解吸等过程，根据质量作用定律，当交换反应达到平衡时有

$$\frac{f_{R_nA}[1/nR_nA]f_B^n[B^+]^n}{f_{RB}^n[RB]^n f_A[1/nA^{n+}]} = K \tag{6-5}$$

式中：K 为平衡常数；$[1/nR_nA]$、$[RB]$ 分别为平衡时，树脂相中 A^{n+}、B^+ 的浓度，mol/L；$[1/nA^{n+}]$、$[B^+]$ 分别为平衡时，溶液相中 A^{n+}、B^+ 的浓度，mol/L；f_{R_nA}、f_{RB} 分别为平衡时，树脂相中 A^{n+}、B^+ 的活度系数；f_A、f_B 分别为平衡时，溶液相中 A^{n+}、B^+ 的活度系数。

式（6-5）中的 K 是假定没有吸附或解吸过程的条件下，离子交换的平衡常数。即使如此，由于树脂相中的离子活度现还无法测定，因此这种常数无法在实际中应用。

2. 选择性系数

鉴于上述原因，可将式（6-5）改写成如下形式

$$\frac{[1/nR_nA][B^+]^n}{[RB]^n[1/nA^{n+}]} = \frac{f_{RB}^n f_A}{f_{R_nA}f_B^n}K = K_B^A \tag{6-6}$$

这里，用 K_B^A 代替 $\frac{f_{RB}^n f_A}{f_{R_nA}f_B^n}K$，称为选择性系数。此系数仅表示离子交换平衡时，各种离子间一种量的关系。因为活度系数随

离子强度的变化而变化，故 K_B^A 在不同条件表现为不同数值，或者说在特定条件下 K_B^A 才为常数。

对于生产中常遇到的 $RH-Na^+$、$RNa-Ca^{2+}$ 离子交换，式(6-6)可具体化为

$$K_H^{Na}=\frac{[RNa][H^+]}{[RH][Na^+]} \tag{6-7}$$

$$K_{Na}^{Ca}=\frac{[\frac{1}{2}R_2Ca][Na^+]^2}{[RNa]^2[\frac{1}{2}Ca^{2+}]} \tag{6-8}$$

显然，选择性系数 K_B^A 大，则式（6-4）的离子交换反应易向右进行。

选择性系数的值会随溶液的浓度、离子组成、树脂的交联度及树脂被交换离子饱和的程度等因素而变化。但根据实际测得的数据表明，在一定范围内，其值的变动并不很大，因此可测得一些近似值。

表 6-6 列出了不同交联度时强酸性阳离子交换树脂在稀溶液中的选择性系数，表 6-7 列出了凝胶型和大孔型强酸性阳树脂 $RH-Na^+$ 交换不同溶液浓度时选择性系数的实测值（20℃）。

表 6-6 不同交联度时强酸性阳离子交换树脂在稀溶液中的选择性系数

交联度	K_H^{Li}	K_H^{Na}	$K_H^{NH_4}$	K_H^K	K_H^{Mg}	K_H^{Ca}
4%	0.8	1.2	1.4	1.7	22	31
8%	0.8	1.6	2.0	2.3	26	41
16%	0.7	1.6	2.3	3.1	24	49

表 6-7 凝胶型和大孔型强酸性阳树脂 $RH-Na^+$ 交换不同溶液时选择性系数的实测值（20℃）

树脂型号	溶液浓度	K_H^{Na}
凝胶型树脂 001×7	5mmol/L	1.46
大孔型树脂 D001	5mmol/L	1.68
	1mol/L	1.03

对于下面的阴离子交换反应

$$nRB + A^{n-} \rightleftharpoons R_nA + nB^- \tag{6-9}$$

在交换反应达到平衡时也有类似于式（6-6）的选择性系数表达式。

强碱Ⅰ型阴离子交换树脂在稀溶液中的选择性系数，见表6-8。

表 6-8　强碱Ⅰ型阴离子交换树脂在稀溶液中的选择性系数

$K_{Cl}^{NO_3}$	$K_{Cl}^{HSO_4}$	$K_{Cl}^{HCO_3}$	$K_{Cl}^{SO_4}$	$K_{Cl}^{CO_3}$	$K_{OH}^{NO_3}$	$K_{OH}^{HSO_4}$	$K_{OH}^{HCO_3}$	K_{OH}^{Cl}
3.5～4.5	2～3.5	0.3～0.8	0.11～0.15	0.01～0.04	65	35	6.0	10～20

3. 平衡曲线

选择性系数表达式还可用各种离子的浓度分率表示成另一种形式。

（1）等价离子交换。在离子交换水处理中，有代表性的等价离子交换是 Na^+ 与强酸 H 型树脂的交换。现以此交换反应为例，介绍选择性系数用浓度分率来表示的平衡关系。

$$RH + Na^+ = RNa + H^+ \tag{6-10}$$

令树脂中 RNa 和 RH 的浓度分率分别为 Y_{Na} 和 Y_H，则有

$$Y_{Na} = \frac{[RNa]}{[RNa] + [RH]} \quad Y_H = \frac{[RH]}{[RNa] + [RH]}$$

溶液中 Na^+ 和 H^+ 的浓度分率分别为 X_{Na} 和 X_H，则有

$$X_{Na} = \frac{[Na^+]}{[Na^+] + [H^+]} \quad X_H = \frac{[H^+]}{[Na^+] + [H^+]}$$

因为

$$Y_{Na} + Y_H = 1 \quad X_{Na} + X_H = 1$$

由此可推导出

$$K_H^{Na} = \frac{Y_{Na}}{(1-Y_{Na})} \frac{(1-X_{Na})}{X_{Na}} \quad 或 \quad \frac{Y_{Na}}{1-Y_{Na}} = K_H^{Na} \frac{X_{Na}}{1-X_{Na}} \tag{6-11}$$

同样道理，对于 ROH-Cl 离子交换可写成

$$K_{OH}^{Cl}=\frac{Y_{Cl}}{(1-Y_{Cl})}\frac{(1-X_{Cl})}{X_{Cl}} \quad 或 \quad \frac{Y_{Cl}}{1-Y_{Cl}}=K_{OH}^{Cl}\frac{X_{Cl}}{1-X_{Cl}} \tag{6-12}$$

故可将1价A离子和1价B离子的交换表示成以下通式

$$\frac{Y_A}{1-Y_A}=K_B^A\frac{X_A}{1-X_A} \tag{6-13}$$

由式（6-13）可看出，如果视K_B^A为定值，那么树脂相中A离子的浓度分率Y_A只与溶液中A离子的浓度分率X_A有关，其关系可用如图6-2所示的交换平衡曲线表示。

实际上，由于K_B^A不是定值，因此实测的曲线与理想曲线有差别。图6-3所示的是强酸性阳树脂H^+-Na^+离子交换时的实测平衡曲线，图中c_0为溶液中离子总浓度。

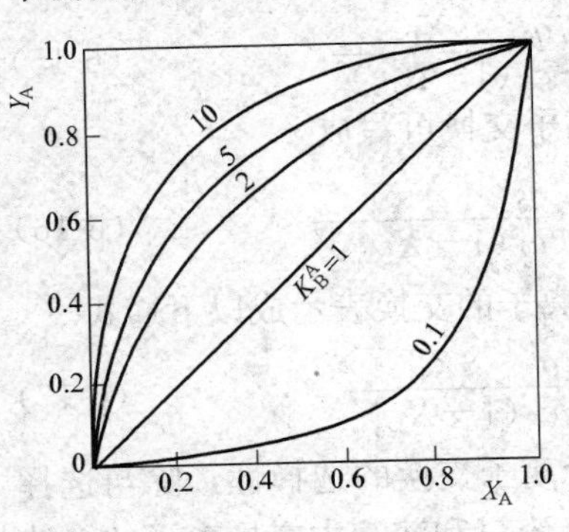

图6-2　1-1价离子交换的理想平衡曲线

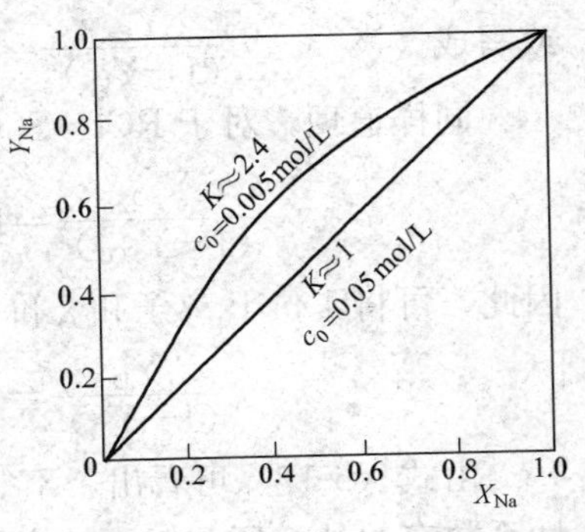

图6-3　H^+-Na^+离子交换的实测平衡曲线

由图6-3可看出：

1）当溶液的总浓度差别较大时，选择性系数明显不同，这说明选择性系数随溶液浓度的不同而有差异。

2）当溶液浓度一定时，实测曲线与理想曲线不完全重合，这说明选择性系数并不是定值。

（2）不等价离子交换。这里以Ca^{2+}与Na型树脂的交换反应为例，介绍不等价离子的交换平衡。

$$2RNa+Ca^{2+} \rightleftharpoons R_2Ca+2Na^+ \tag{6-14}$$

令 Ca^{2+}、Na^{+} 在树脂相和水中的浓度分率分别为

$$Y_{Ca}=\frac{[1/2R_2Ca]}{[1/2R_2Ca]+[RNa]}\quad Y_{Na}=\frac{[RNa]}{[1/2R_2Ca]+[RNa]}$$

$$X_{Ca}=\frac{[1/2Ca^{2+}]}{[1/2Ca^{2+}]+[Na^{+}]}\quad X_{Na}=\frac{[Na^{+}]}{[1/2Ca^{2+}]+[Na^{+}]}$$

并且有 $Y_{Ca}+Y_{Na}=1$，$X_{Ca}+X_{Na}=1$

式中的 $[1/2R_2Ca]+[RNa]$ 即为离子交换树脂的全交换容量，用 q_0 表示；$[1/2Ca^{2+}]+[Na^{+}]$ 即为水溶液中交换离子的总浓度，用 c_0 表示。

与推导式（6-11）相似，可将式（6-8）演变成下述形式

$$K_{Na}^{Ca}=\frac{c_0Y_{Ca}(1-X_{Ca})^2}{q_0(1-Y_{Ca})^2X_{Ca}}$$

或写成

$$\frac{Y_{Ca}}{(1-Y_{Ca})^2}=K_{Na}^{Ca}\frac{q_0}{c_0}\frac{X_{Ca}}{(1-X_{Ca})^2}\tag{6-15}$$

同样道理，对于 $RCl-SO_4$ 离子交换可写成

$$\frac{Y_{SO_4}}{(1-Y_{SO_4})^2}=K_{Cl}^{SO_4}\frac{q_0}{c_0}\frac{X_{SO_4}}{(1-X_{SO_4})^2}\tag{6-16}$$

因此，可将 1 价 B 离子和 2 价 D 离子的交换表示成以下通式

$$\frac{Y_D}{(1-Y_D)^2}=K_B^D\frac{q_0}{c_0}\frac{X_D}{(1-X_D)^2}\tag{6-17}$$

由式（6-17）可看出，不等价离子交换的选择性，除与选择性系数有关外，还与树脂的全交换容量和溶液中交换离子的总浓度有关。对于某种已确定的离子交换树脂来说，全交换容量是定值，而溶液中离子的总浓度在不同体系中往往有较大差别，因此不等价离子交换的选择性会因溶液浓度而有差异。

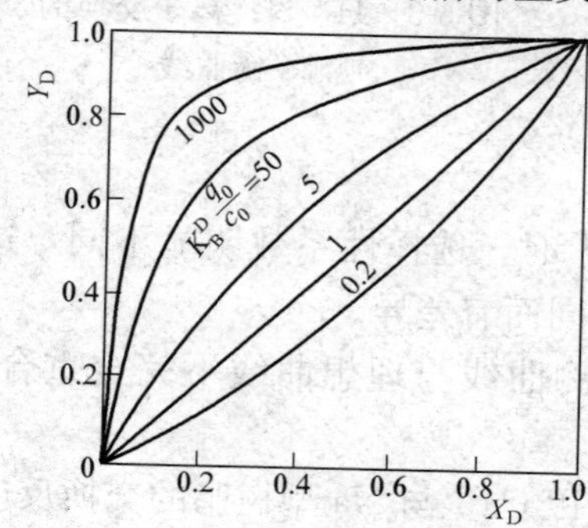

图 6-4　1-2 价离子交换的理想平衡曲线

根据给定的 $K_B^D\frac{q_0}{c_0}$ 值，用式（6-17）可做出如图 6-4 所示的不等价离子交换的理想平

衡曲线。若 K_B^D为常数，则图 6-4 中的曲线表示该树脂对不同浓度溶液的平衡关系。

由式（6-17）和图 6-4 可看出，对于不等价离子的交换，溶液浓度对选择性有较大的影响，溶液浓度越小，离子交换树脂越易交换高价离子，这种影响称为不等价离子交换的浓度效应。

离子交换软化处理的运行和再生都是异价离子之间的交换，因此存在浓度效应，这对软化器的运行很有好处。图 6-5所示为强酸性阳离子交换树脂 Na^+-Ca^{2+} 交换的实测平衡曲线，生产中被处理水的硬度通常为几个毫摩尔每升左右，所以离子交换大致按图 6-5中最上面一条曲线建立平衡。这时由图6-5可看出，不论进水中 Ca^{2+} 浓度分率大小，当树脂与进水平衡时，Y_{Ca}都将很大，这说明交换反应强烈地偏向树脂交换 Ca^{2+} 。同时还可看出，即使树脂再生不足，即 Y_{Ca} 较高，交换平衡时出水中 X_{Ca} 也近于零，这说明水中 Ca^{2+} 、Mg^{2+} 除去的仍很彻底。

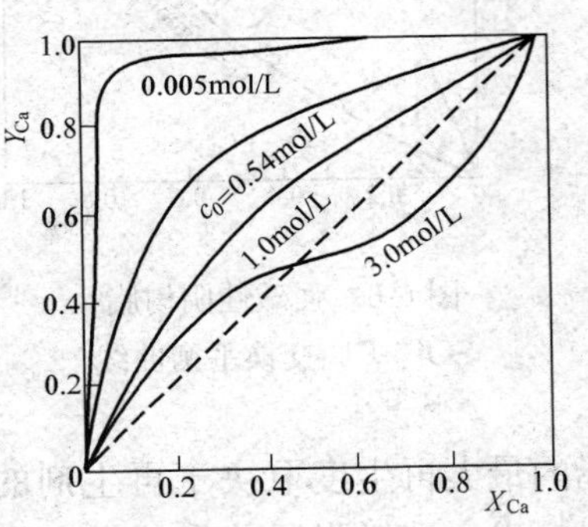

图 6-5　Na^+-Ca^{2+} 交换的实测平衡曲线

再生过程中，用的是较浓的 NaCl 溶液（5%～8%），离子交换大致按图 6-5 中 c_0＝1mol/L 的曲线建立平衡，离子交换树脂交换 Ca^{2+} 的倾向减小，而交换 Na^+ 的倾向加大。由图 6-5 可看出，只要再生液中 Ca^{2+} 的浓度分率 X_{Ca}不是很高，再生后树脂中 Ca^{2+} 的浓度分率 Y_{Ca} 都可降得很低，以致能保证制水时能较彻底的除去水中的硬度。

阴离子交换树脂的 SO_4^{2-}-Cl^- 交换平衡关系，也遵循浓度效应这一规律，如图 6-6 所示。由图可知，当 c_0＝0.005mol/L 时，树脂优先交换 SO_4^{2-}，而当 c_0 增加到 0.6mol/L 时，则 Cl^- 被优先交换。

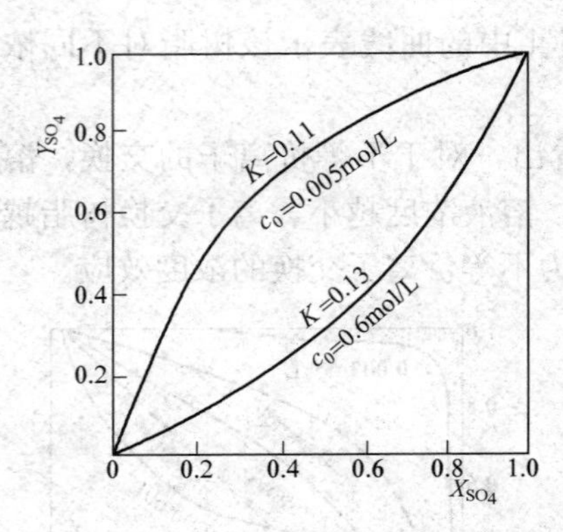

图 6-6　强碱性阴树脂 SO_4^{2-}-Cl^- 交换平衡曲线

4. 平衡计算

对于两组分的交换体系，应用离子交换平衡能帮助我们确定离子交换应用在技术上的可行性，以及计算离子交换水处理中某些极限值。

（1）计算树脂的最大再生度。再生后树脂层中再生态树脂的百分含量称树脂的再生度。树脂用无限量已知浓度的再生液进行再生得到的再生度称最大再生度。树脂的最大再生度取决于再生剂的纯度。对流式离子交换器再生时，出水端树脂层首先接触大量新鲜再生液，当再生剂量很大时，该处树脂与再生液可达到近于平衡状态，因此可根据再生液纯度，由平衡关系计算树脂可能达到的最大再生度。

一般工业盐酸中，NaCl 含量很低，因此阳树脂再生时可达到很高的再生度。例如，30％工业盐酸中，NaCl 的含量一般小于 0.02％，由此可计算出该酸中 Na^+ 的浓度分率 X_{Na} 小于 0.000 4，若 K_H^{Na} 取 0.8，根据式（6-11）可计算出树脂的最大再生度为 99.96％，接近 100％。

而一般工业液碱中含有较多的 NaCl。例如，隔膜法制得的 30％工业液碱中规定的 NaCl 含量小于或等于 5％，若按 4.6％计，由此可计算出该碱中 Cl^- 的浓度分率 X_{Cl} 近似为 0.095，若 K_{OH}^{Cl} 取 15，则可计算出阴树脂的最大再生度仅为 39％。如果想要提高树脂的再生度，以提高工作交换容量和改善出水水质，必须改用纯度更高些的碱。

（2）估算最好的出水水质。如果树脂的再生度已知，例如，某对流式 H 交换器出水端树脂再生度为 99.6％，选择性系数按 1.5 计，则根据式（6-11）可求得与该树脂平衡时水中 Na^+ 的浓度分率为 0.267%。若该交换器进水中的中性盐浓度为 1～3mmol/L，那么可算得最好的出水水质，即最低出水 Na^+ 浓度大约为 61～183μg/L。

（3）树脂失效度的计算。当交换器运行到进水与树脂平衡时，则交换不再进行，这时失效树脂含有从水中吸着离子的百分含量称为树脂的失效度。一般强酸 H 交换器进水离子浓度在几个毫摩尔每升左右，且水中没有游离酸，即水中 H^+ 的浓度分率 $X_H=0$，由此，根据式（6-11）可知，与进水达到交换平衡时，失效树脂层中 Na^+ 的浓度分率为 100%，即树脂的最大失效度可达 100%。当然，生产实际中当欲除离子的泄漏量达到某一值时即停止制水，所以树脂的实际失效度是没有达到 100%的。

二、离子交换速度

上述离子交换平衡是在某种具体条件下离子交换能达到的极限情况。在实际应用中，水总是以一定的速度在流过树脂层的过程中进行离子交换，因此反应时间是有限的，不可能让离子交换达到完全平衡状态。为此，研究离子交换速度有重要的实际意义。

1. 离子交换过程

离子交换是在水中离子与离子交换树脂的可交换基团间进行的。树脂的可交换基团不仅处于树脂颗粒的表面，而且大量的是处在树脂颗粒的内部，当树脂与水接触时，会在树脂颗粒表面形成一层很薄（10^{-3}～10^{-4}cm）的不流动的边界水膜。因此，离子交换过程是比较复杂的，它不单是离子间交换，还有离子在水中和在树脂颗粒内部的扩散过程。所以说离子交换速度实质上是表示水溶液中离子浓度改变的速度。

离子交换过程可分为七个步骤，以 RA 型树脂与水中 B 离子的交换为例，这七个步骤如图 6-7 所示。

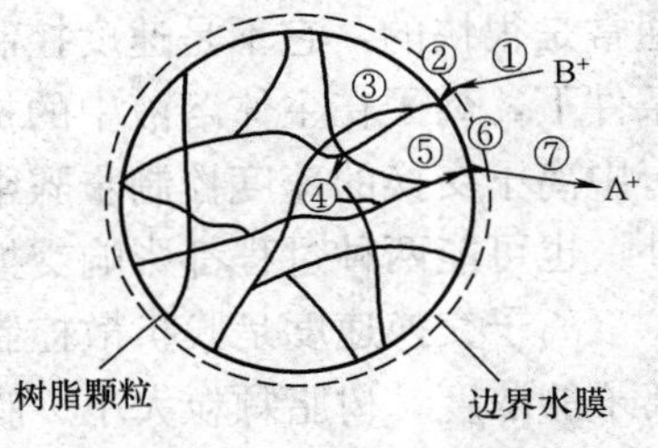

图 6-7　离子交换过程示意

（1）B 离子在水溶液中向

树脂颗粒表面扩散，到达边界水膜层，如图 6-7 中①所示。

（2）B 离子通过边界水膜扩散到树脂表面，如图 6-7 中②所示。

（3）B 离子在树脂颗粒网孔内扩散到活性基团近旁，如图 6-7 中③所示。

（4）B 离子和活性基团上的 A 离子发生化学交换，如图 6-7 中④所示。

（5）被交换下来的 A 离子在树脂颗粒网孔内向颗粒表面扩散，如图 6-7 中⑤所示。

（6）A 离子通过边界水膜扩散，如图 6-7 中⑥所示。

（7）A 离子从边界水膜向水溶液的扩散，如图 6-7 中⑦所示。

在整个交换过程中，七个步骤是同时进行的。由于整个体系必须维持电荷中性平衡，A^+ 与 B^+ 通过膜的速度必定相同，通过颗粒内部的速度也必定相同。（5）、（6）、（7）三个步骤与（3）、（2）、（1）应该同时发生、等速完成。第（2）、（6）步是交换离子在边界水膜中的扩散，称为膜扩散；第（3）、（5）步是交换离子在树脂颗粒内网孔中的扩散，称为颗粒扩散或内扩散。

2. 离子交换速度的控制步骤

由于离子交换必须相继地通过上述七个步骤才能完成，所以其中如有某一步骤的速度特别慢，则进行离子交换反应的大部分时间就消耗在这一步骤上，这个步骤称为速度控制步骤。

在前述的七个步骤中，第（4）步属于离子间的化学反应，通常是很快的，它不是速度控制步骤。在水溶液是流动或搅动的条件下，离子在主体溶液中的扩散通常也比较快。所以，实际运行中离子交换的速度控制步骤常常是膜扩散或颗粒扩散过程。此外，也可能两种过程都影响交换速度的中间状态。

离子交换速度是膜扩散控制还是颗粒扩散控制，取决于交换离子的浓度、树脂颗粒大小、膜厚度及扩散系数等。

实践证明，当速度控制步骤由溶液浓度决定时，若溶液浓度较低，则趋于膜扩散控制；若溶液浓度较高，则趋于颗粒扩散控制。

3. 影响离子交换速度的工艺条件

离子交换速度受许多工艺条件的影响，若速度控制步骤不同，则各条件对交换速度的影响也不同。

（1）水中离子浓度。水中离子浓度是影响扩散速度的重要因素，离子浓度越大，扩散速度越快。水中离子浓度对颗粒扩散和膜扩散有不同程度的影响，当水中离子浓度较大（如在 0.1 mol/L以上）时，膜扩散的速度已相当快，颗粒扩散的速度却不能提高到与之相当的程度，这时交换速度主要受颗粒扩散支配，即颗粒扩散为控制步骤，这相当于交换器再生时的情况。当水中离子浓度较小（如在 0.003mol/L 以下）时，膜扩散的速度就变得相当慢，支配着交换速度，成为控制步骤，这相当于交换器运行时的情况。

（2）树脂的交联度。树脂交联度对离子交换速度的影响是交联度越大，交换速度越慢。交联度对颗粒扩散的影响比对膜扩散的大，因为它对树脂网孔的大小有很大影响；对膜扩散，只是因为它影响树脂的溶胀率，而使颗粒外表面有所改变。所以，交联度大的树脂，其交换速度通常受颗粒扩散影响。

（3）树脂颗粒大小。当树脂颗粒减小时，不论是颗粒扩散还是膜扩散都会加快。颗粒越小，它的比表面积越大，水膜的比表面积也就越大，所以膜扩散速度相应增加。颗粒扩散速度受颗粒大小的影响更大，因为颗粒越小，离子在颗粒内的扩散距离越短。因此，这两方面的因素都会加快离子交换速度。但颗粒也不宜太小，否则会增大水流通过树脂层的阻力。

（4）流速与搅拌速度。树脂颗粒表面的水膜厚度与水的搅动或流动状况有关，水搅动得越激烈，水膜就越薄。因此，交换过程中提高水的流速或加强搅拌，可加快膜扩散速度，但不影响颗粒扩散。在离子交换器运行中，提高水的流速不仅可提高设备出力，还可加快离子交换速度。但是，水的流速也不是越高越好，流速太大时，水流阻力也会迅速增加。

由于再生过程是颗粒扩散控制，所以增加再生流速并不能加快交换速度，却减少了再生液与树脂的接触时间。因此，再生过程多在较低的流速下进行。

（5）水温。提高水温能提高离子的热运动速度和降低水的黏度，同时加快膜扩散速度和颗粒扩散速度，因此提高水温对提高离子交换速度是有利的。但水温也不宜过高，因为水温过高会影响树脂的热稳定性，尤其是强碱性阴树脂。

第三节　动态离子交换的层内过程

生产上水的离子交换处理是在离子交换器中连续进行的，即水在流动的情况下完成交换过程。这不但可连续制水，而且由于交换反应的生成物不断被排除，因此离子交换反应进行得较为完全。下面讨论水流过时树脂层内的离子交换过程。

一、树脂形态的转变和水质变化

1. 含一种离子的水通过单一树脂层

这里先研究只含有 1 种可交换离子的水（NaCl 水溶液）通过装有 RH 树脂层时的交换。

水通过树脂层初期，水中 Na^+ 首先与表层树脂中 H^+ 进行交换，水中一部分 Na^+ 转入树脂中，树脂中等摩尔量的 H^+ 转入水中。当水继续向下流动时，这种交换继续进行，因此水中 Na^+ 不断减少，H^+ 不断增加。在流经一定距离后，水中原有的 Na^+ 全部交换成 H^+。之后，继续向下流的水及其流过的树脂的组成都不再发生变化，交换器出水中全为 H^+，而 Na^+ 含量等于零，如图 6-8（a）所示。

随着水不断地流过，因上部进水端的树脂全部转为 RNa，故失去了继续交换的能力，交换进入下一层。这时在整个树脂层中形成三个层区，如图 6-8（b）所示：上部 *AB* 层区为失效层，树脂全为 Na 型，水流经这一层区时，Na^+ 含量不变；中部 *BC*

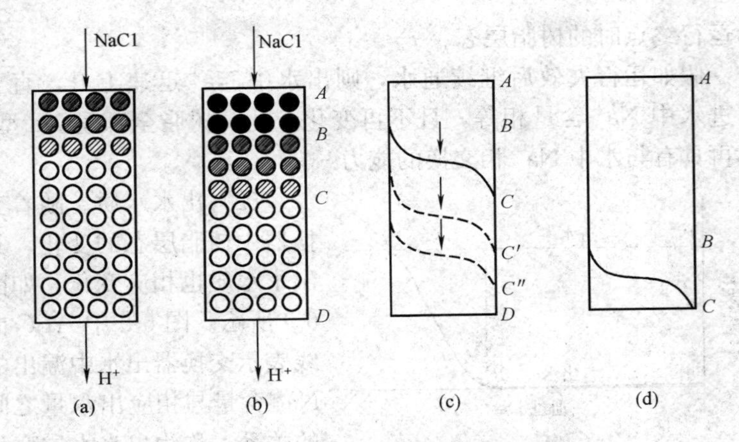

图 6-8　离子交换过程中树脂层态的变化

●—RNa；　⊘—RNa+RH；　○—RH

层区为工作层，在这一层区中，从 B 到 C，Na 型树脂逐渐减少至零，H 型树脂则逐渐增加到 100%，交换反应在这一层区中进行，水流过工作层后，其中 Na^+ 全部被交换除去；下部 CD 层区为未工作层，树脂仍全为 H 型，水通过这一层区时，水质不再发生任何变化。

（1）树脂层态。树脂层态是指各离子在树脂层中的分布状态。如果以纵向表示树脂层的高度，以横向表示树脂层中 H^+ 的浓度分率，那么就可将图 6-8（b）换成图 6-8（c）所示的 H 型树脂和 Na 型树脂沿树脂层高度分布的树脂层态。

随着流过水量的增加，树脂层中 H 型树脂不断减少，Na 型树脂不断增加。在树脂层态上表现为失效层逐渐加厚，工作层下移，未工作层逐渐缩小，如图 6-8（c）中逐渐下移的虚线所示。当未工作层最终消失，即工作层底端移至与出水端重合［如图 6-8（d）］时，如果 NaCl 水溶液继续通过树脂层，由于 Na^+-H^+ 交换不完全，故出水中开始有 Na^+，之后出水中 Na^+ 上升。当出水中 Na^+ 浓度达到规定的值时，即运行终点（这就是常说的失效），停止通水。图 6-8（c）为运行中的树脂层态，图 6-8（d）

为运行终点时的树脂层态。

假如运行失效后继续通水，则出水中 Na^+ 迅速上升，直至与进水中 Na^+ 含量相等，且不再变化。此时树脂全部呈 Na 型，不再具有与水中 Na^+ 相交换的能力。

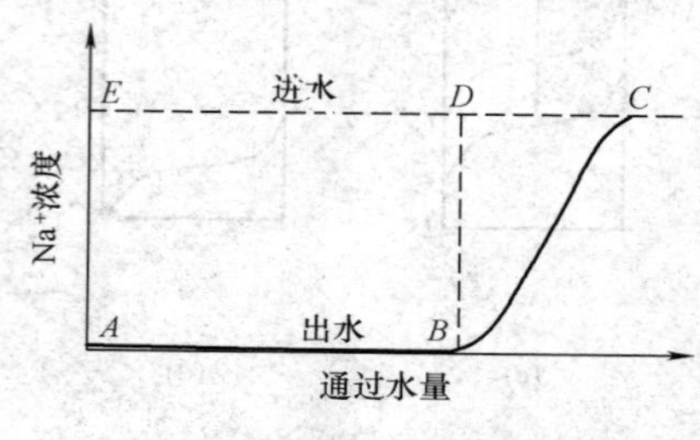

图 6-9　出水水质变化

（2）出水水质。随着交换器中树脂层态的变化，其出水水质也相应变化，如图 6-9 所示。图 6-9 中 *ABC* 曲线表示交换器出水中漏出的 Na^+ 含量与相应出水量之间的关系，称为出水水质变化曲线，图中 *B* 点为失效点。当出水中 Na^+ 含量升至与进水 Na^+ 含量完全相等时，出水端树脂层中 Na^+-H^+ 交换反应达到平衡，如图 6-9 中 *C* 点。

2. 含多种离子的水通过单一树脂层

天然水中通常含有 Ca^{2+}、Mg^{2+}、Na^+ 等多种阳离子及 HCO_3^-、$HSiO_3^-$、SO_4^{2-}、Cl^- 等多种阴离子，因此，离子交换过程就不像只含一种离子那么简单。下面讨论同时含有上述多种离子的水，由上而下通过装有 RH 树脂交换器的离子交换过程。

通水初期，水中各种阳离子都与树脂中的 H^+ 进行交换，依据它们被树脂吸着能力的大小，最上层以最易被吸着的 Ca^{2+} 为主，自上而下依次排列的顺序大致为 Ca^{2+}、Mg^{2+}、Na^+。随着通过水量的增加，进水中的 Ca^{2+} 也与生成的 Mg 型树脂进行交换，使 Ca 型树脂层不断扩大；当被置换下来的 Mg^{2+} 连同进水中的 Mg^{2+} 一起进入 Na 型树脂层时，又会将 Na 型树脂中的 Na^+ 置换出来，结果 Mg 型树脂层也会不断地扩大和下移；同理，Na 型树脂层也会不断地扩大和下移，逐渐形成 R_2Mg-Ca、RNa-Mg、RH-Na 的交换区域，如图 6-10 所示。图 6-10 中纵向代表树脂层高度，横向代表不同离子型树脂的相对量。当 RH-Na 交换区域移至最下端再继续通水时，则进水中选择性顺序居

于末位的 Na^+ 首先穿透，泄漏于出水中，但树脂对 Ca^{2+}、Mg^{2+} 的交换仍是完全的。之后，RNa-Mg 交换区域移至最下端，Mg^{2+} 泄漏于出水中，最后泄漏的是 Ca^{2+}。

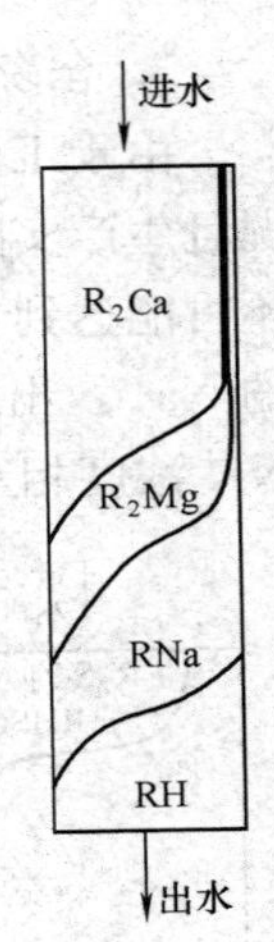

图 6-10　Ca、Mg、Na 在树脂层中的分布

出水水质的变化如图 6-11 所示。通水初期阶段，进水中所有阳离子均被交换成 H^+，其中一部分 H^+ 与进水中的 HCO_3^- 反应生成 CO_2 和 H_2O，其余以强酸酸度形式存在于水中，其值与进水中强酸阴离子总浓度相等。运行至 Na^+ 穿透时（a 点），出水中强酸酸度开始下降，之后随 Na^+ 泄漏量的增加，出水强酸酸度相应等量降低；当出水 Na^+ 浓度增加到与进水中强酸阴离子总浓度相等时（对应 b 点），出水中既无强酸酸度，也无碱度，再之后开始出现碱度；当 Na^+ 增加到与进水阳离子总浓度相等时（对应 c 点），碱度也增加到与进水碱度相等，至此，H 离子交换结束，相继开始进行 Na 离子交换；当运行至硬度穿透时（对应 d 点），出水 Na^+ 浓度又开始下降，最后进出水 Na^+ 浓度相等（对应 e 点），硬度也相等，树脂交换 Ca^{2+}、Mg^{2+}、Na^+ 的能力消耗殆尽。

由图 6-11 可知，在 H 离子交换阶段出水呈酸性；在 Na 离子交换阶段水中的碱度不变。

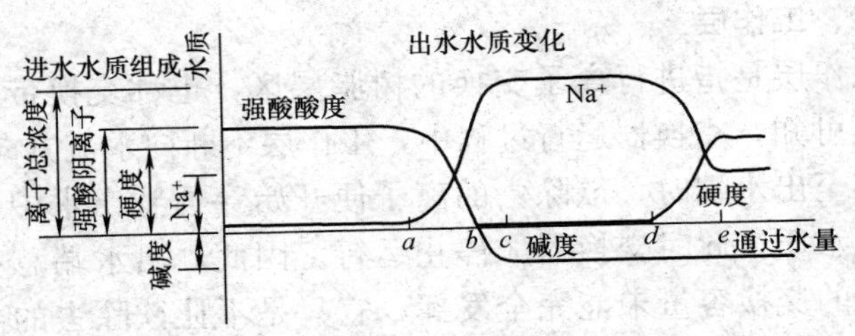

图 6-11　RH 树脂与水中 Ca^{2+}、Mg^{2+}、Na^+ 交换时的出水水质变化

3. 含多种离子的水通过非单一树脂层

由于工业再生剂不可能绝对纯，如工业盐酸中含有的 NaCl，况且生产实际中再生剂用量也不是无限度的，所以树脂的再生度不可能达到 100%。因此，图 6-11 中 a 点前的出水中仍含有微量的 Na^+，出水强酸酸度小于强酸阴离子总浓度，其差值与出水 Na^+ 浓度相等。

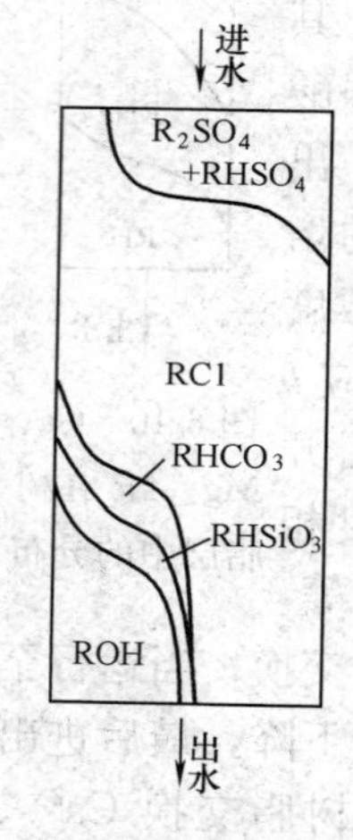

图 6-12 阴离子在树脂层中的分布

4. 阴离子交换的树脂层态

生产实践中，OH 交换器总是设置在 H 交换器之后，所以 OH 交换器进水中有强酸，如 HCl、H_2SO_4 等；也有弱酸，如 H_2CO_3、H_2SiO_3 等。含有上述多种阴离子的水与 ROH 阴树脂的交换也是按它们被树脂吸着能力的大小在树脂层中依次分布，尽管通水初期在上部树脂层中阴离子都参与交换，但之后的交换仍是依次排代分步进行的。在最上面进行的交换主要是 SO_4^{2-} 及少量的 HSO_4^-，其中以 HSO_4^- 进行交换的一般占进水 H_2SO_4 的约 5% 以下。下面树脂层中进行的 OH 交换是一个多组分参与的复杂交换过程，既有 Cl^- 的交换，也有 HCO_3^-、$HSiO_3^-$ 的交换，如图 6-12 所示。在这一层区中，除离子交换外，无论在水相或树脂相，还存在着弱酸 H_2CO_3、H_2SiO_3 电离平衡的转移。

二、工作层

工作层是指进行离子交换的树脂层区，也称交换带。由前面讨论可知，交换器运行过程中，工作层不断向水流方向推移。当它移至出水端时，欲除去的离子便开始穿透到出水中，为保证出水水质，此时交换器应停止运行。因此，出水端总有一部分树脂的交换容量未能完全发挥，它只是不让欲除去的离子穿透到出水中，起保护出水水质的作用，所以也有人称这一层树脂为保护层，保护层实质上就是工作层移动到出水端时的那部分树脂层。工作层越厚，交换器内树脂的交换容量利用率就越低。由此可知，生产中交换器停止运行时，树脂并没有100%失效。

影响工作层厚度的因素很多，这些因素大致可分为两个方面：一方面是影响水流沿交换器过水断面均匀分布的因素，若能使水流均匀，则可降低工作层厚度；另一方面是影响离子交换速度的因素，若能使此速度加快，则离子交换越易达到平衡，工作层便越薄。概括起来这些因素有树脂种类、树脂颗粒大小、进水离子浓度及离子比、出水水质的控制标准、水通过树脂层时的流速及其均匀性、水温等。

树脂颗粒小或提高水温，都因加快了离子交换速度而使工作层变薄；进水离子比值，如H交换器进水中HCO_3^-比值越大，由于HCO_3^-中和了交换产物中的H^+而促进了反应的进行，故工作层变薄；相反，当进水中强酸阴离子比值大时，工作层厚度增加；水中离子浓度增加，离子从交换开始到达平衡所需要的时间延长，故工作层变厚；流速快、水流均匀性差、水温低，则工作层厚。此外，出水水质的控制标准严格，工作层也就厚些。

对于给定的树脂和离子交换设备，工作层厚度主要取决于流速、水温和水中离子浓度。

试验研究发现，当进水中离子相对于树脂中离子与树脂的亲合力更大时，有利于达到离子交换平衡，即有利交换。在有利交换的运行过程中，如果保持一切条件不变，则工作层厚度不变，并以一定速度向水流方向推移。工作层向水流方向的平均推移速度可近似表示为

$$u_y = \frac{uc}{q} \tag{6-18}$$

式中：u_y为工作层的平均推移速度；u为水流速度；c为水中离子浓度；q为树脂的工作交换容量。

由式（6-18）可知，运行流速大或进水中离子浓度高都会使

工作层推移速度加快，而树脂的工作交换容量大则会降低工作层推移速度。

由图 6-9 可知，如果将 B 点作为运行终点，那么面积 $ABDE$ 的大小反映了交换器运行到终点时树脂所交换离子量的多少，而面积 $ABCDE$ 则反映了全部可利用的交换量。面积 $ABDE$ 所表示的量除以树脂体积，即为树脂的工作交换容量，面积 $ABCDE$ 所表示的量除以树脂体积，即为工作交换容量的极限值，称极限工作交换容量。由此可知，面积 $ABDE$ 与面积 $ABCDE$ 之比，就是树脂交换容量的利用率。

图 6-9 中面积 BCD 反映了运行终点时，工作层中残留的未发挥的交换量，称为残余交换容量。残余交换容量与工作层的厚度有关，因此，凡是影响工作层厚度的因素也都影响残余交换容量的大小。

第四节　一级复床除盐

原水一次性相继通过氢离子交换器和氢氧离子交换器的除盐称一级复床除盐。为统一起见，这里规定将装有强酸性阳树脂进行 H 离子交换的设备称 H 交换器（或阳床），将装有弱酸性阳树脂进行 H 离子交换的设备称弱酸 H 交换器（或弱酸阳床）；将装有强碱性阴树脂进行 OH 离子交换的设备称 OH 交换器（或阴床），将装有弱碱性阴树脂进行 OH 离子交换的设备称弱碱 OH 交换器（或弱碱阴床）。

一、一级复床除盐系统

图 6-13 所示为典型一级复床除盐系统，它由一个 H 交换器、一个除碳器和一个 OH 交换器串联而成。这样排列的理由是：

（1）系统的第一个交换器是 H 交换器，这是因为如果第一个是 OH 交换器，那么运行时有可能会在交换器中析出 $Mg(OH)_2$、$CaCO_3$ 沉淀物，其反应为

$$2ROH+SO_4^{2-} \longrightarrow R_2SO_4+2OH^-$$

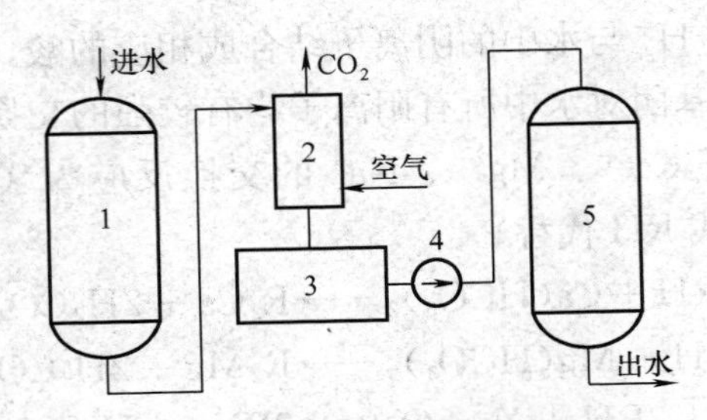

图 6-13　典型一级复床除盐系统
1—H 交换器；2—除碳器；3—中间水箱；
4—中间水泵；5—OH 交换器

$$ROH + Cl^- \longrightarrow RCl + OH^-$$

生成的 OH^- 会立即与水中 Ca^{2+} 、Mg^{2+} 反应生成沉淀：

$$Mg^{2+} + 2OH^- \longrightarrow Mg(OH)_2 \downarrow \quad (6\text{-}19)$$

$$Ca^{2+} + HCO_3^- + OH^- \longrightarrow CaCO_3 \downarrow + H_2O \quad (6\text{-}20)$$

生成的 $Mg(OH)_2$、$CaCO_3$ 会沉积在树脂颗粒表面，阻碍水和树脂接触，影响交换器正常运行。

第一个是 H 交换器也是为了提高 OH 交换器的除硅效果。同时，这样设置也比较经济，因为第一个交换器由于交换过程中反离子的影响，其交换能力不能得到充分发挥，而阳树脂交换容量大，且价格比阴树脂便宜，所以它放在前面比较合适。

（2）除碳器应设在 H 交换器之后、OH 交换器之前，这样可有效地将水中 HCO_3^- 以 CO_2 形式除去，以减轻 OH 交换器的负担和降低碱耗。因为经 H 离子交换后，在酸性条件下 HCO_3^- 才会以 CO_2 的形式存在，显然若除碳器放在 H 交换器之前是起不到这个作用的。除碳器不能放在 OH 交换器之后是因为含 CO_2 的水进入 OH 交换器后，在中性条件下它会以 HCO_3^- 形式被强碱树脂交换，所以若除碳器放在 OH 交换器后也就失去了它的价值。

二、复床除盐原理

原水在 H 交换器中经 H^+ 交换后，除去了水中的阳离子，

被交换下来的 H^+ 与水中的阴离子结合成相应的酸。强酸性阳树脂的 $-SO_3H$ 基团对水中所有阳离子均有较强的交换能力，与水中主要阳离子 Ca^{2+}、Mg^{2+}、Na^+ 的交换反应为（下列各式中 RSO_3H 用简式 RH 代替）

$$2RH + Ca(HCO_3)_2 \longrightarrow R_2Ca + 2H_2CO_3$$

$$2RH + Mg(HCO_3)_2 \longrightarrow R_2Mg + 2H_2CO_3$$

$$2RH + Na_2SO_4 \longrightarrow 2RNa + H_2SO_4$$

$$RH + NaCl \longrightarrow RNa + HCl$$

对于非碱性水，还进行以下交换反应

$$2RH + CaSO_4 \longrightarrow R_2Ca + H_2SO_4$$

$$2RH + MgSO_4 \longrightarrow R_2Mg + H_2SO_4$$

当水中有过剩碱度时，其交换反应为

$$RH + NaHCO_3 \longrightarrow RNa + H_2CO_3$$

实际上，含有多种离子的水通过强酸性 H 型阳树脂层时，尽管通水初期水中阳离子都参与交换，但之后由于水中 Ca^{2+}、Mg^{2+} 等高价离子已在树脂层的上游处被交换，并等量转为 Na^+，所以沿水流方向最前沿的离子交换仍是 H 型树脂与水中 Na^+ 的交换，即

$$RH + NaHCO_3 \longrightarrow RNa + H_2CO_3$$

$$2RH + Na_2SO_4 \longrightarrow 2RNa + H_2SO_4$$

$$RH + NaCl \longrightarrow RNa + HCl$$

经 H 离子交换后，水中产生了 H_2CO_3、H_2SO_4 和 HCl，水显强酸性。

在强酸性水质条件下，H_2CO_3 几乎全部以游离 CO_2 形式存在，因此连同水中原有的 CO_2 将在除碳器中被脱除。有关脱除 CO_2 的内容将在本章第八节中介绍。

水进入 OH 交换器后，以酸形式存在的阴离子与 ROH 强碱性阴树脂进行交换反应被从水中除去，被交换下来的 OH^- 与进

水中的 H^+ 中和，从而将水中溶解盐类除去而制得除盐水。其交换反应为

$$\left.\begin{array}{r}ROH + HCl \longrightarrow RCl + H_2O \\ 2ROH + H_2SO_4 \longrightarrow R_2SO_4 + 2H_2O \\ ROH + H_2SO_4 \longrightarrow RHSO_4 + H_2O \\ ROH + H_2CO_3 \longrightarrow RHCO_3 + H_2O \\ ROH + H_2SiO_3 \longrightarrow RHSiO_3 + H_2O\end{array}\right\} \quad (6\text{-}21)$$

由于工业碱中含有较多的 NaCl，即使用 42%的工业液碱（含 2%的 NaCl）再生，再生后的树脂层中仍有约 33%的 RCl 型树脂。因此，在进行上述交换的同时，树脂层上部进行的还有 SO_4^{2-}、HSO_4^- 与 RCl 的交换，即

$$2RCl + SO_4^{2-} \longrightarrow R_2SO_4 + 2Cl^-$$

$$RCl + HSO_4^- \longrightarrow RHSO_4 + Cl^-$$

在树脂层下部进行的依次是 Cl^-、HCO_3^-，以及 $HSiO_3^-$ 与 ROH 的交换，并存在着 H_2CO_3、H_2SiO_3 电离平衡的转移（由于 pH 值的改变）。正是由于这种原因，所以 ROH 树脂对弱酸阴离子的交换反应能得以进行，而且对 H_2CO_3、H_2SiO_3 的交换主要是以 HCO_3^-、$HSiO_3^-$ 形态进行的。

三、出水水质组成及水质变化

1. H 交换器的出水

经 H 离子交换后，水中各种溶解盐类转换成相应的酸，出水呈强酸性，$pH < 4.2$。

在生产实践中，树脂并未完全被再生成 H 型，因此运行时出水中总还残留有少量阳离子。由于树脂对 Na^+ 的选择性最小，所以出水中残留的是微量 Na^+。图 6-14 为 H 离子交换前后的水质组成。

图 6-15 所示是 H 交换器从正洗开始到运行失效之后的出水水质变化情况。图中 *a* 点之前的曲线表示交换器在正洗阶段随正洗水量增加出水水质的变化。在稳定工况下，制水阶段（*ab* 段）出水水质稳定，Na^+ 穿透（*b* 点）后，随出水 Na^+ 浓度升高，强

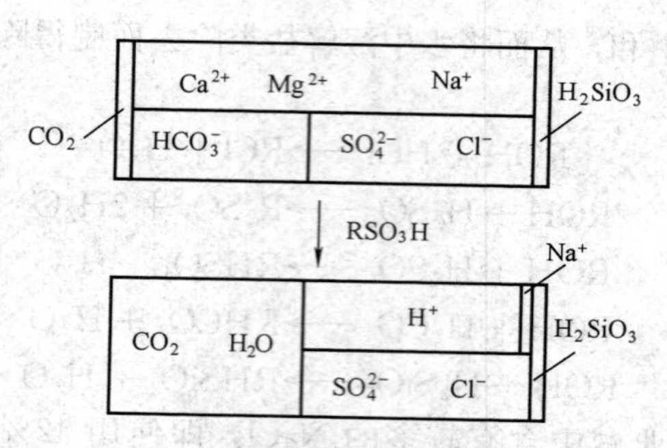

图 6-14　H 离子交换前后的水质组成

酸酸度相应降低，电导率先下降后又上升。

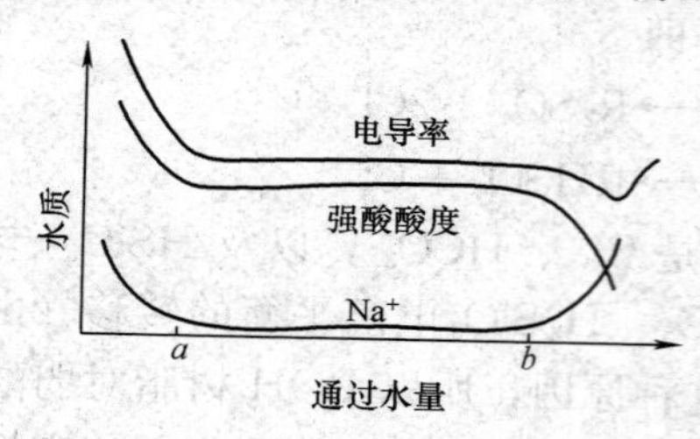

图 6-15　H 交换器出水水质变化

上述电导率的这种变化是因为尽管随 Na^+ 的升高，H^+ 等量下降，但由于 Na^+ 的导电能力小于 H^+，所以共同作用的结果是水的电导率下降。当 H^+ 降至与进水中 HCO_3^- 等量时，出水电导率最低。之后，由于交换产生的 H^+ 不足以中和水中的 HCO_3^-，所以随 Na^+ 和 HCO_3^- 的升高，电导率又开始升高。

因此，为除去水中 H^+ 以外的所有阳离子，除盐系统中 H 交换器必须在 Na^+ 穿透前，停止运行然后用酸溶液进行再生。

2. OH 交换器的出水

由于 H 交换器的出水中含有微量的 Na^+，因此进入 OH 交换器的水中除无机酸外，还有微量的钠盐，所以还存在树脂与微量钠盐进行的可逆交换，其反应为

$$ROH + Na\begin{cases}Cl\\HCO_3\\HSiO_3\end{cases} \rightleftharpoons R\begin{cases}Cl\\HCO_3\\HSiO_3\end{cases} + NaOH \qquad (6\text{-}22)$$

因此，OH 交换器正常运行时，出水中含微量的 NaOH，这

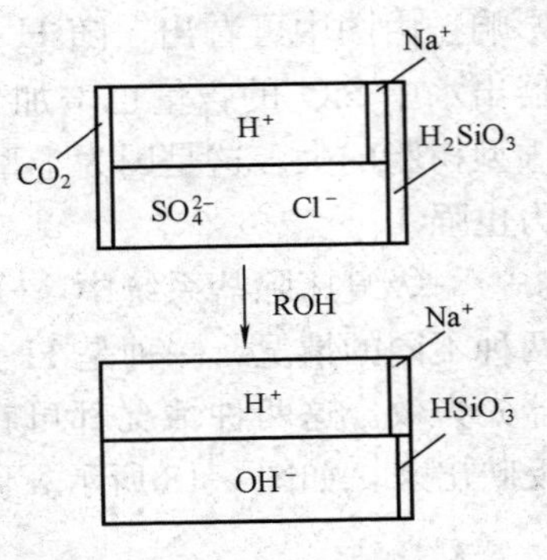

图 6-16　OH 离子交换前后的水质组成

正是一级除盐水的 pH 略大于 7 的原因所在。

强碱 OH 型阴树脂对水中强酸阴离子（SO_4^{2-}、Cl^-）的交换强于对弱酸阴离子的交换，对 $HSiO_3^-$ 的交换能力最差。而且由于存在如式（6-22）的可逆交换，因此出水中有少量 $HSiO_3^-$。图 6-16为 OH 离子交换前后的水质组成。

要提高 OH 交换器的出水水质和周期产水量，就必须创造条件提高除硅效果，以减少出水中硅的泄漏。由上述可知，如果进水中硅酸化合物呈 $NaHSiO_3$ 的形式，则用强碱 OH 型树脂是不能将其去除完全的，因为交换反应的生成物是强碱 NaOH，逆反应很强，如式（6-22）；如果进水中只有 H^+，交换反应就像式（6-21）的中和反应那样生成电离度很小的水，故除硅较完全。因此，减少 H 交换器出水中 Na^+ 泄漏量，即减少了 OH 交换器进水的 Na^+ 含量，就可提高除硅效果。

图 6-17 表示 H 交换器的漏 Na^+ 量对 OH 交换器除硅效果的

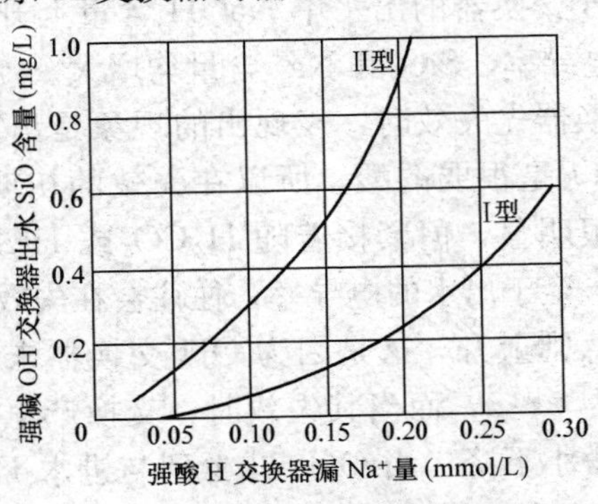

图 6-17　H 交换器漏 Na^+ 量对 OH 交换器除硅效果的影响

影响。由图中可看出，随 H 交换器漏 Na^+ 量的增加，OH 交换器出水中 SiO_2 的含量也增加，而且对Ⅱ型树脂除硅的影响比对Ⅰ型树脂的大。这是因为Ⅰ型树脂比Ⅱ型树脂碱性强，则除硅能力也强。

一级复床除盐系统中，OH 交换器运行末期出水水质变化有两种不同的情况，一种是 H 交换器先失效，另一种是 OH 交换器先失效。这两种情况都可在 OH 交换器出水水质变化曲线上反映出来，如图 6-18 所示。

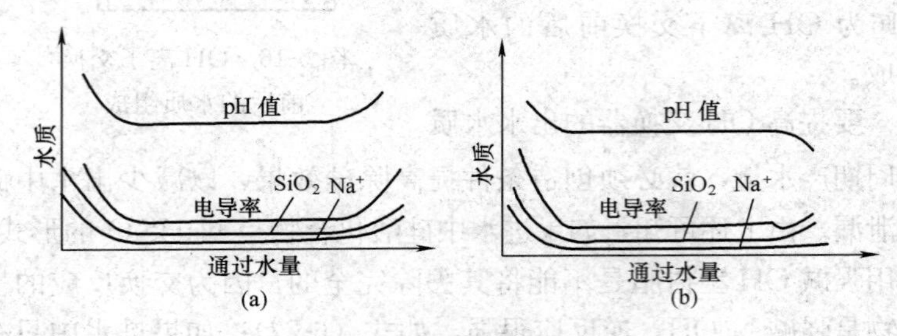

图 6-18　OH 交换器的出水水质变化

(a) H 交换器先失效时；(b) OH 交换器先失效时

当 H 交换器先失效时，相当于 OH 交换器进水中 Na^+ 含量增大，于是 OH 交换器的出水中 NaOH 含量上升，其结果是出水的 pH 值、电导率、SiO_2 和 Na^+ 含量均增大。

当 OH 交换器先失效时，表现出的现象是出水中 SiO_2 含量增大，因 H_2SiO_3 是很弱的酸，所以在失效的初期，对出水 pH 值的影响不是很明显，但紧接着随 H_2CO_3 或 HCl 漏出，pH 值就会明显下降。至于出水的电导率，往往会在失效点处先呈微小的下降，然后急剧上升，这是因为 OH 交换器未失效时，其出水 pH 值通常为 7～8，而当其失效时，交换产生的 OH^- 减少，所以电导率有微小下降。当 OH^- 减少到与进水 H^+ 正好等量时电导率最低。之后，由于出水中 H^+ 的增加而使电导率急剧增大。

一级复床除盐系统的出水水质能达到电导率小于 5μS/cm，SiO_2含量小于 100μg/L。

四、运行中的水质监督

1. 进水的水质监督

进入离子交换除盐系统的水，其浊度应小于 2NTU（对流），或小于 5NTU（顺流）。此外，为防止离子交换树脂氧化变质和被污染，进入除盐系统的水还应满足以下一些条件：游离氯含量应在 0.1mg/L 以下，Fe 含量应在 0.3mg/L 以下，高锰酸钾耗氧量应在 2mg/L 以下。

2. 出水的水质监督

一般情况下 H 交换器的出水中不会有硬度，仅有微量 Na^+。当交换器近失效时，出水中 Na^+ 浓度增加，同时 H^+ 浓度降低，并因此出现出水酸度和电导率下降及 pH 值上升。但用这后三个指标来确定交换器是否失效是很不可靠的，因为当进水水质或混凝剂加入量变化时，这三个指标的值也将相应发生变化。可靠的方法是对出水 Na^+ 进行监督，一般控制在 100～200μg/L。此外，也可采用差式电导仪对阳床出水进行连续监督。

OH 交换器一般用测定出水电导率和 SiO_2 含量的方法对其出水水质进行监督，当出水电导率大于 5μS/cm，或 SiO_2 > 100μg/L 时交换器停止运行。

五、失效树脂的再生

生产上，将树脂失去继续制备合格产品水的能力称为失效。失效树脂需经再生，才能恢复其交换能力，恢复树脂交换能力的过程称为再生。再生所用的化学药剂称为再生剂，根据离子交换树脂种类和离子交换目的的不同，再生剂有 NaCl、HCl（或 H_2SO_4）和 NaOH。

再生单位体积树脂所用纯再生剂的量，称为再生剂用量，通常用符号 L 表示，单位为 g/L 或 kg/m^3。

因离子交换反应是可逆的，故树脂运行中吸着的离子完全有可能由再生剂中带同类电荷的离子所取代。但实际上，再生反应只能进行到平衡状态，只用理论量的再生剂是不能使树脂的交换容量完全恢复的。因此，生产上再生剂的用量总要超过理论量。

增加再生剂用量可提高树脂的再生度，但当再生剂用量增加到一定程度后，再继续增加时，树脂的再生度增加却不多。采用过高的用量是不经济的，因此生产实际中树脂并不是彻底再生的。最佳再生剂用量应通过试验确定。

再生方式可分为顺流式、对流式、分流式和复床串联式，在这四种再生方式中，被处理水和再生液的流动方向，如图 6-19 所示。

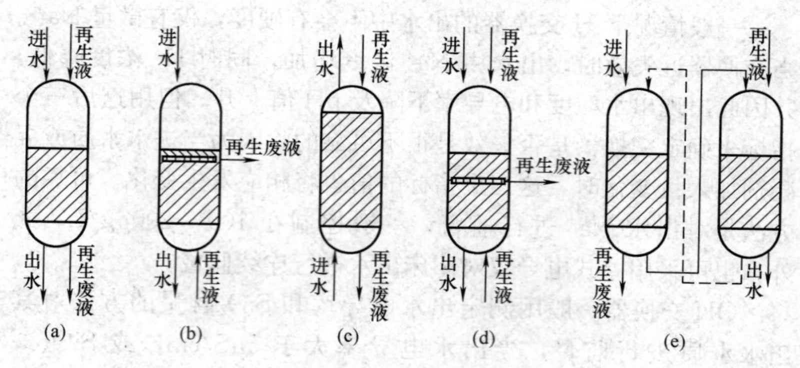

图 6-19　被处理水和再生液的流动方向

(a) 顺流式；(b)、(c) 对流式；(d) 分流式；(e) 复床串联式

树脂的再生是离子交换水处理工艺过程中最重要的环节，再生效果的好坏不仅对其工作交换容量和交换器出水水质有直接影响，而且在很大程度上决定着交换器运行的经济性。影响树脂再生效果的因素很多，除再生剂用量和再生方式外，还有再生剂种类、纯度及再生流速、温度、接触时间等。

1. H 交换器的再生

H 交换器失效后，必须用强酸进行再生，可用 HCl，也可用 H_2SO_4。再生时的交换反应为

$$R_2\left\{\begin{matrix}Ca\\Mg\\Na_2\end{matrix}\right. + 2HCl \longrightarrow 2RH + \left.\begin{matrix}Ca\\Mg\\Na_2\end{matrix}\right\}Cl_2$$

或 (6-23)

$$R_2\left\{\begin{matrix}Ca\\Mg\\Na_2\end{matrix}\right. + H_2SO_4 \longrightarrow 2RH + \left.\begin{matrix}Ca\\Mg\\Na_2\end{matrix}\right\}SO_4$$

由式（6-23）可知，再生产物中有易沉淀的 $CaSO_4$，因此当采用 H_2SO_4 再生时，应采取措施，以防止 $CaSO_4$ 的沉淀在树脂层中析出。

再生过程中是否析出 $CaSO_4$ 沉淀，与进水水质、再生流速和再生液浓度有关，如果进水中 Ca^{2+} 含量占全部阳离子 c_0 的比值（$1/2Ca^{2+}$）$/c_0$ 越大，则失效后树脂层中 Ca 型树脂的相对含量也越大。若用浓度高的 H_2SO_4 再生，就很容易在树脂层中析出 $CaSO_4$ 沉淀，故必须对 H_2SO_4 的浓度加以限制。图 6-20给出了进水 Ca^{2+} 浓度比值与允许的 H_2SO_4 再生液最高浓度的关系曲线。

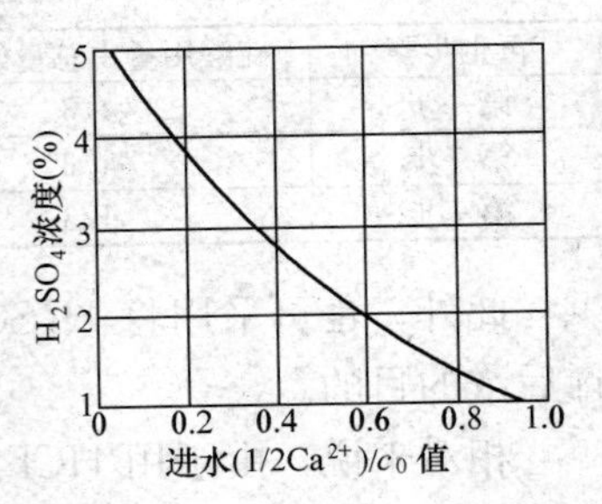

图 6-20　进水 Ca^{2+} 浓度比值与允许的 H_2SO_4 再生液最高浓度的关系曲线

除控制再生液的浓度外，加快再生流速也是有效的。这是因为 $CaSO_4$ 从过饱和到析出沉淀还需要一段时间。

为防止在树脂层中析出 $CaSO_4$ 沉淀，可采用以下再生方式。

（1）用低浓度的 H_2SO_4 溶液进行再生。再生液浓度通常为 0.5%～2.0%，这种方法比较简单，但要用大量稀 H_2SO_4，再生时间长，自用水量大，再生效果也较差。

（2）分步再生。先用较低浓度的 H_2SO_4 溶液以高流速通过交换器，然后用较高浓度的 H_2SO_4 溶液以较低的流速通过交换器。先用低浓度的目的是降低再生液中 $CaSO_4$ 的过饱和度，使它不易析出；先采用高流速的原因是 $CaSO_4$ 从过饱和到析出沉淀物需经过一段时间，故加快流速可防止 $CaSO_4$ 沉淀在树脂层中析出。分步再生有两步法和三步法。表 6-9 和表 6-10 是推荐的两步再生法和三步再生法。

表 6-9　　硫酸两步再生法

再生步骤	硫酸用量占总量的分率	浓度（%）	流速（m/h）
第一步	1/3～1/2	0.8～1.0	7～10
第二步	1/2～2/3	2.0～3.0	5～7

表 6-10　　硫酸三步再生法

再生步骤	硫酸用量占总量的分率	浓度（%）	流速（m/h）
第一步	1/3	0.8～1.0	8～10
第二步	1/3	2.0～4.0	5～7
第三步	1/3	4.0～6.0	4～6

此外，也可采用将 H_2SO_4 浓度不断增大的办法，以达到先稀后浓的目的。

相对来说，由于用 HCl 再生时不会有沉淀物析出，所以操作比较简单，HCl 也是目前应用最广的再生剂。再生液浓度一般为 2%～4%，再生流速一般为 5m/h 左右。

2. OH 交换器的再生

失效的强碱阴树脂可用 NaOH 或 KOH 进行再生，由于 KOH 价格较贵，所以一般都采用 NaOH 再生，其交换反应为

$$R_2SO_4 + 2NaOH \longrightarrow 2ROH + Na_2SO_4$$

$$RHSO_4 + 2NaOH \longrightarrow ROH + Na_2SO_4 + H_2O$$

$$RCl + NaOH \longrightarrow ROH + NaCl$$

$$RHCO_3 + NaOH \longrightarrow ROH + NaHCO_3$$

$$RHSiO_3 + NaOH \longrightarrow ROH + NaHSiO_3$$

当 NaOH 过量时，再生产物中的 $NaHCO_3$、$NaHSiO_3$ 会进一步转为 Na_2CO_3、Na_2SiO_3。

为有效除硅，除满足 OH 交换器进水水质条件外，还应提

高树脂的再生度。为此，除再生剂必须用强碱外，还必须满足以下条件：再生剂用量应充足，提高再生液温度，增加接触时间。

试验表明，再生剂用量达到某一定值后，对硅的再生效果才明显，因此增加再生剂用量，不仅能提高制水时的除硅效果，而且能提高树脂的交换容量；提高再生温度，可改善对硅的再生效果，但由于树脂热稳定性的限制，故再生温度也不宜过高，通常对于Ⅰ型强碱性阴树脂，再生温度为40℃左右，Ⅱ型为35℃左右；提高再生接触时间是保证硅酸型树脂得到良好再生的另一个重要条件，一般不得低于40min，而且随硅酸型树脂含量增加，再生接触时间应延长。

此外，再生剂不纯对强碱性阴树脂的再生效果影响很大。工业碱中的杂质主要是NaCl，强碱性阴树脂对Cl^-有较大的亲合力，Cl^-不仅易被树脂吸着，而且吸着后不易被再生。所以当用含NaCl较高的工业碱再生时，会大大降低树脂的再生度，导致工作交换容量降低，出水质量下降。

例如，目前隔膜法制得的2级30%工业液碱中规定的NaCl含量小于或等于5%，1级42%的工业液碱中NaCl含量小于或等于2%，用这样的碱再生强碱性阴树脂时，若K_{OH}^{Cl}按15计，则最大再生度分别为37%和66%。

OH交换器再生液浓度一般为1%～3%，再生流速小于或等于5m/h。

六、技术指标

交换器的出水水质、树脂的工作交换容量及再生剂比耗是离子交换树脂用于水处理时的主要技术指标，也是衡量交换器运行效果的重要指标。

1. 出水水质

H交换器的出水水质是指出水Na^+浓度，一般小于100μg/L。OH交换器出水水质是指出水电导率和SiO_2浓度。通常，一级复床除盐系统中OH交换器出水的电导率为1～8μS/cm，SiO_2为10～30μg/L，pH＞7，通常不超过8.3。交换器的出水水质主要取决于保护层树脂的再生度，因为对流再生离子交换器保护层的再生度高于顺流式的，故前者的出水水质优于后者。GB/T 12145—2016《火力发电机组及蒸汽动力设备水汽质量》规定一级复床出水水质为电导率小于或等于 5μS/cm、SiO_2 小于或等于 100μg/L、硬度约为 0μmol/L。

2. 工作交换容量

工作交换容量是指在具体条件下，单位体积树脂在制水阶段交换的离子量。

（1）工作交换容量的基本公式。在离子交换器的工作过程中，树脂交换的离子量等于水中离子的去除量。后者等于交换器的产水体积与水中离子浓度降低量的乘积，因此有

$$Q = \Delta c V_w \tag{6-24}$$

式中：Q 为树脂交换的离子量；Δc 为进出水的离子浓度差；V_w 为产水体积。

根据工作交换容量的定义，如果将式（6-24）中 Q 除以交换器中树脂的体积，即为树脂的工作交换容量。生产实际中，Δc 常用进水离子平均浓度和出水离子平均浓度之差求得，因此计算工作交换容量的基本公式为

$$q = \frac{(c_j - c_c) \cdot V_w}{V_R} \tag{6-25}$$

式中：q 为树脂的工作交换容量，mol/m³；c_j 为交换器进水中离子的平均浓度，mmol/L；c_c 为交换器出水中残留离子的平均浓度，mmol/L；V_w 为产水体积，m³；V_R 为交换器中树脂的堆积体积，m³。

（2）工作交换容量的影响因素。由前述可知，生产实际中交换器运行终点时树脂并未完全失效，失效树脂也并非是彻底再生的。因此，凡是影响残余交换容量和影响再生效果的因素都会影响工作交换容量。这些因素有以下几个方面：水质条件、运行条件、再生剂及再生条件，以及树脂层高度。其中，水质条件包括进水离子总浓度及各离子的比值；运行条件包括流速、水温及终

点时的浓度控制；再生条件包括再生剂用量、再生流速、再生液浓度等。此外，增加树脂层高度，也就增加了再生液流过树脂层的距离，从而提高了再生剂的利用率；增加树脂层高度意味着保护层厚度所占比例减小，所以工作交换容量有所提高。但在通常范围内，对工作交换容量的影响不大。

对于强酸性阳离子交换树脂来说，再生剂用量和进水硬度分率是主要影响因素，它们对工作交换容量的影响如图 6-21 所示。图中 P_Y 表示进水硬度分率，它是指进水中硬度占进水阳离子总浓度的比值。

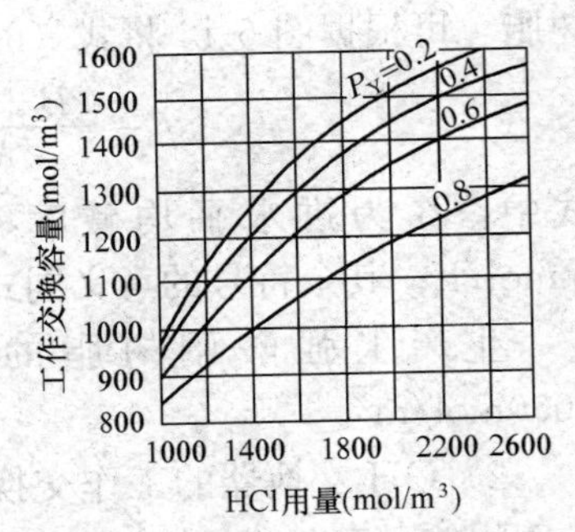

图 6-21　001×7 阳树脂对流 HCl 再生工作交换容量与再生剂用量和进水硬度分率 P_Y 的关系

由图 6-21 可知，增加再生剂用量，由于提高了树脂的再生度，所以会提高树脂的工作交换容量。由于运行制水时树脂基本按进水的离子比进行交换（勿略微量漏 Na^+），所以若进水硬度分率大，则失效树脂中硬度离子分率也大，由于树脂对 Ca^{2+}、Mg^{2+}、Na^+ 选择性的差别，Ca、Mg 型树脂的再生比 Na 型树脂困难得多，所以树脂中 Ca、Mg 离子分率越大，再生度就越低，工作交换容量也越低。同样道理，进水钙硬与总硬度之比较高时，也会使工作交换容量降低。

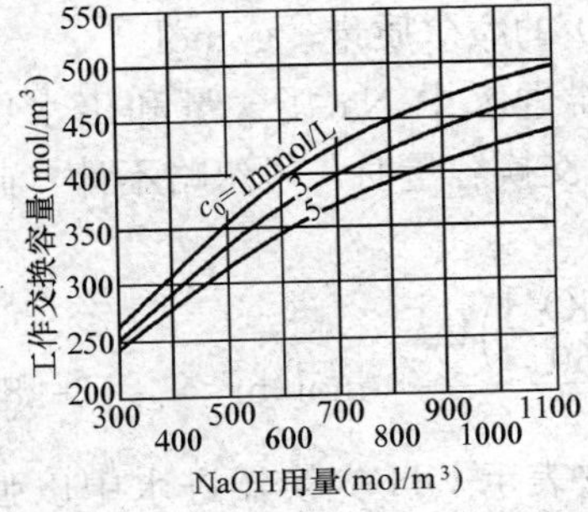

图 6-22　201×7 阴树脂对流再生时工作交换容量与再生剂用量和进水阴离子总浓度 c_0 的关系曲线

对于强碱性阴离子交换树脂，这里的水质条件是指进水阴离子总浓度，以及 H_2SO_4 酸度的浓度分率；再生条件中还包括再生剂不纯度、再生温度及再生时间等。图 6-22 为 201×7 阴树脂对流再生时工作交换容量与再生剂用量和进水阴离子总浓度 c_0 的关系曲线。

（3）工作交换容量的计算。工作交换容量根据运行数据，按下述方法进行计算。

1）H 交换器的工作交换容量。对于 H 交换器中的强酸性阳树脂，可根据图 6-14 将式（6-25）变换成如下形式：

$$q=\frac{(B+A)V_w}{V_R}\text{mol/m}^3 \tag{6-26}$$

式中：B 为进水平均碱度，mmol/L；A 为出水平均酸度，mmol/L；其余符号的意义同式（6-25）。

生产上强酸阳树脂的工作交换容量一般在 800～1000mol/m³。

2）OH 交换器的工作交换容量。对于 OH 交换器中的强碱性阴树脂，可根据图 6-16 将式（6-25）变换成如下形式：

$$q=\frac{\left(A+\frac{[Na^+]}{23}\times10^{-3}+\frac{[CO_2]}{44}+\frac{[SiO_2]}{60}-\frac{[SiO_2]_C}{60}\times10^{-3}\right)V_w}{V_R}\text{mol/m}^3 \tag{6-27}$$

式中：$[Na^+]$ 为 OH 交换器进水中以 Na 盐形式存在的阴离子量，μg/L；$[SiO_2]_C$ 为 OH 交换器出水残留 SiO_2 含量，μg/L；23、44、60 分别为 Na、CO_2、SiO_2 的摩尔质量，g/mol。

正常工作情况下，OH 交换器进水中 Na 盐含量和出水中 SiO_2 含量已经非常少，在计算工作交换容量时，可忽略不计，此时式（6-27）可简化为

$$q=\frac{\left(A+\frac{[CO_2]}{44}+\frac{[SiO_2]}{60}\right)V_w}{V_R}\quad\text{mol/m}^3 \tag{6-28}$$

式中：A 为进水平均强酸酸度，它表示 OH 交换器进水中以强酸形式存在的阴离子含量，mmol/L；$[CO_2]$ 为进水平均 CO_2 含量，mg/L；$[SiO_2]$ 为进水平均 SiO_2 含量，mg/L。

生产上复床除盐中的强碱阴树脂的工作交换容量一般在

250～300mol/m³。

3. 再生剂耗量和再生剂比耗

如前所述，再生剂用量增加时，树脂的再生度会提高，工作交换容量会增大，但再生剂的利用率则越来越低，从而导致经济性差。生产上常用一些表示再生剂利用率的指标，这就是再生剂耗量（W）和再生剂比耗（R）。

（1）定义。再生剂耗量是指恢复树脂 1mol 的交换能力，所消耗的纯再生剂的克数。再生剂为酸时称酸耗（W_s），再生剂为碱时称碱耗（W_j）。再生剂耗量（W）可按下式计算：

$$W = \frac{m}{(c_j - c_c)V_w} \quad \text{g/mol} \tag{6-29}$$

式中：m 为一次再生所用酸或碱的质量，g。

恢复树脂 1mol 的交换能力，实际用再生剂的量与理论量之比称为再生剂比耗，计算公式为

$$R = \frac{W}{M} \tag{6-30}$$

式中：M 为再生剂的摩尔质量，g/mol。

由于再生剂的实际用量是超过理论量的，所以再生剂比耗总是大于 1。

（2）酸耗（W_s），碱耗（W_j）和再生剂比耗（R）的计算。

1）H 交换器的酸耗和比耗。酸耗可根据式（6-29）变换成如下形式：

$$W_s = \frac{m}{(B + A)V_w} \quad \text{g/mol} \tag{6-31}$$

式中：m 为一次再生所用的纯酸量，g；$(B+A)V_w$ 为用 m 酸量再生后的制水阶段中所交换的离子总量，mol。

根据式（6-30），再生剂比耗为

$$R_{HCl} = \frac{W_{HCl}}{36.5} \tag{6-32}$$

$$R_{H_2SO_4} = \frac{W_{H_2SO_4}}{49} \tag{6-33}$$

式中：R_{HCl}、$R_{H_2SO_4}$ 分别为 HCl 和 H_2SO_4 的比耗；W_{HCl}、$W_{H_2SO_4}$

分别为 HCl 和 H_2SO_4的酸耗，g/mol；36.5、49 分别为 HCl 和 H_2SO_4的摩尔质量，g/mol。

生产上对流再生设备的比耗一般为 1.1～1.5，顺流再生的一般为 1.5～2.5，H_2SO_4再生的比耗高于 HCl 再生的比耗。比耗的倒数以百分率表示，就是再生剂利用率。

2）OH 交换器的碱耗和比耗。碱耗可根据式（6-29）变换成如下形式：

$$W_j = \frac{m}{\left(A + \frac{[CO_2]}{44} + \frac{[SiO_2]}{60}\right)V_w} \quad g/mol \tag{6-34}$$

式中：m 为一次再生所用的纯碱量，g；$\left(A + \frac{[CO_2]}{44} + \frac{[SiO_2]}{60}\right)V_w$ 为用 m 碱量再生后制水阶段中所交换的离子总量，mol。

根据式（6-30），再生剂比耗为

$$R_{NaOH} = \frac{W_{NaOH}}{40} \tag{6-35}$$

式中：R_{NaOH} 为 NaOH 比耗；W_{NaOH} 为 NaOH 碱耗，g/mol；40 为 NaOH 的摩尔质量，g/mol。

生产上对流再生 OH 交换器的比耗一般为 1.3～1.8，顺流再生比耗一般为 1.8～3.0。

在进水水质和运行条件不变的情况下，若工作交换容量越大，则周期制水量也越多。若比耗越高，则再生剂的利用率就越低，经济性越差。

第五节　带有弱型树脂床的复床除盐

在这种除盐系统中，除使用强酸性阳离子交换树脂和强碱性阴离子交换树脂外，还用了弱酸性阳离子交换树脂和（或）弱碱性阴离子交换树脂，组成强弱型树脂联合应用的除盐工艺。这里将强酸性阳离子交换树脂和强碱性阴离子交换树脂通称强型树脂，弱酸性阳离子交换树脂和弱碱性阴离子交换树脂通称弱型树脂。

强弱型树脂联合应用有多种组合方式，图 6-23 所示为强弱型树脂联合应用的几种常见工艺流程。图中，[H]表示强酸 H 交换器，[H_W]表示弱酸 H 交换器，[C]表示除碳器，[OH]表示强碱 OH 交换器，[OH_W]表示弱碱 OH 交换器。

原水 → [H_W] → [H] → [C] → [OH] → 除盐水

原水 → [H] → [OH_W] → [C] → [OH] → 除盐水

原水 → [H_W] → [H] → [OH_W] → [C] → [OH] → 除盐水

图 6-23　强弱型树脂联合应用的几种常见工艺流程

在上述工艺流程中，强弱型树脂是复床形式。此外，还可以是双层床、双室床、双室浮动床的联合应用床型，如图 6-24 所示，图中，R_S代表强型树脂，R_W代表弱型树脂。

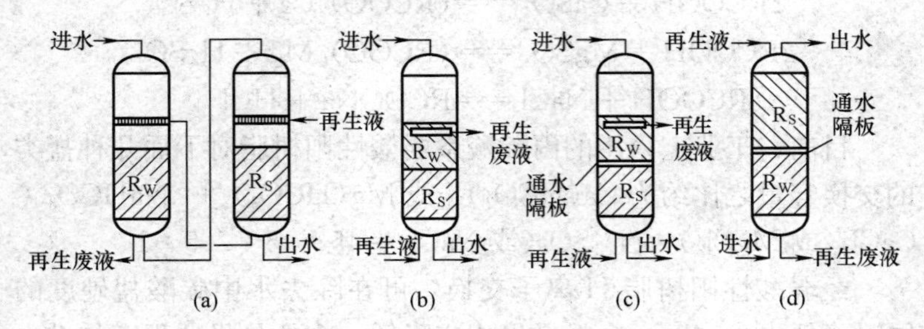

图 6-24　强弱型树脂联合应用的床型

（a）复床串联；（b）双层床；（c）双室床；（d）双室浮动床

一、弱型树脂的交换特性

1. 弱酸性阳树脂的交换特性

弱酸性阳树脂的活性基团是羧酸基—COOH，参与交换反应的可交换离子是 H^+。弱酸性阳树脂对水中 H^+ 的吸着能力最强，对 Ca^{2+}、Mg^{2+} 的亲合力远大于 Na^+。弱酸树脂之所以特别容易吸着 H^+，是因为（—COO）$^-$ 与 H^+ 结合产生的羧酸基离解度很小。

弱酸性阳树脂的$-COOH$基团对水中碳酸盐硬度有较强的交换能力，其交换反应为

$$2R-COOH+Ca(HCO_3)_2 \longrightarrow (R-COO)_2Ca+2H_2O+2CO_2$$

$$2R-COOH+Mg(HCO_3)_2 \longrightarrow (R-COO)_2Mg+2H_2O+2CO_2$$

反应中产生了H_2O并伴有CO_2逸出，从而促使了树脂上可交换的H^+继续离解，并和水中Ca^{2+}、Mg^{2+}进行交换反应。

弱酸性阳树脂对水中的$NaHCO_3$交换能力差，对水中非碳酸盐硬度和中性盐基本上无交换能力，这是因为交换反应产生的强酸抑制了树脂上可交换离子的电离。但某些酸性稍强些的弱酸性阳树脂，如D113丙烯酸树脂也具有少量中性盐分解能力。因此，当水通过H型D113树脂时，除与$Ca(HCO_3)_2$、$Mg(HCO_3)_2$和$NaHCO_3$起交换反应外，在通水初期还与中性盐发生微弱的交换反应，使出水有微量酸性。例如

$$2RCOOH+CaSO_4 \rightleftharpoons (RCOO)_2Ca+H_2SO_4$$

$$2RCOOH+MgSO_4 \rightleftharpoons (RCOO)_2Mg+H_2SO_4$$

$$RCOOH+NaCl \rightleftharpoons RCOONa+HCl$$

目前，工业上采用的丙烯酸系弱酸性阳树脂对下面几种盐类的交换容量之比约为$Ca(HCO_3)_2$[或$Mg(HCO_3)_2$]∶$NaHCO_3$∶$CaCl_2$(或$MgCl_2$)∶Na_2SO_4(或NaCl)＝45∶15∶2.5∶1。

经弱酸性阳树脂H离子交换，可在除去水中碳酸盐硬度的同时降低水中碱度，含盐量也相应降低。含盐量降低程度与进水水质组成有关，进水碳酸盐硬度高者，含盐量降低的比例也大些；残留硬度与进水非碳酸盐硬度有关，进水非碳酸盐硬度大者，交换反应后残留硬度也大；残留碱度与进水过剩碱度有关，进水过剩碱度大者，交换反应后残留碱度也大。

虽然弱酸性阳树脂的交换能力与强酸性阳树脂比较有局限性，但其工作交换容量比强酸性阳树脂高得多（一般在1800～2300mol/m^3，视水质条件可能更高）。此外，由于它与H^+的亲合力特别强，因而很容易再生，不论再生方式如何，都能得到较

好的再生效果。

2. 弱碱性阴树脂的交换特性

从化学结构上严格地讲，弱碱性阴树脂活性基团上并没有可离解的离子，因此无法进行离子间的交换反应。弱碱性阴树脂能除去水中的强酸可做如下解释：在弱碱基团的氮原子上有一对自由电子对，表现出了它的弱碱性。在水中，它可吸收极性分子（H_2O），并使 H 和 OH 的键能降低。但是，这个 OH^- 并不能离解出来，所以氮原子也始终不能带上电荷。但在酸性环境中，溶液中的 H^+ 很容易夺取这种 OH^- 而生成 H_2O，如叔胺型弱碱性阴树脂的反应为

$$R-\underset{CH_3}{\overset{CH_3}{\underset{|}{\overset{|}{N}}}}:H\cdots OH+H^++Cl^-\longrightarrow R-\underset{CH_3}{\overset{CH_3}{\underset{|}{\overset{|}{N}}}}:H-Cl+H_2O \tag{6-36}$$

根据式（6-36）的反应，因此称弱碱性阴树脂除去水中酸的反应为吸收更为合理。但从现象上看与用 Cl^- 置换树脂上 OH^- 的结果是一样的。因此，一般水处理书中还是按离子交换来解释弱碱性阴树脂在水处理中的交换反应。

OH 型弱碱性阴树脂只能与强酸性阴离子 SO_4^{2-}、NO_3^-、Cl^- 起交换反应，对弱酸性阴离子 HCO_3^- 交换能力很弱，对更弱的 $HSiO_3^-$ 则无交换能力。而且由于树脂上的活性基团在水中离解能力很低，若水的 pH 值较高，则水中 OH^- 会抑制交换反应的进行，所以弱碱树脂对强酸性阴离子的交换反应也只能在酸性溶液中才能进行彻底，或者说只有这些阴离子呈酸性状态时才能被交换，其交换反应如下：

$$R\equiv NHOH+HCl\longrightarrow R\equiv NHCl+H_2O$$

$$2R\equiv NHOH+H_2SO_4\longrightarrow (R\equiv NH)_2SO_4+2H_2O$$

在中性溶液中，弱碱性阴树脂与强酸阴离子的交换很不彻底。所以，用弱碱树脂处理水时，一般都是在 pH 值较低的条件

下进行的。

商品弱碱性阴树脂中几乎都含有少量强碱性基团（20%以下）。因此，在运行初期有除去部分 H_2CO_3 和 H_2SiO_3 的能力。

弱碱树脂具有较高的工作交换容量（一般在 800～1200 mol/m^3），但交换容量发挥的程度与运行流速及水温有密切的关系，流速过高或水温过低都会使工作交换容量降低。

由于弱碱树脂在对阴离子的选择性顺序中，OH^- 居于首位，所以这种树脂极容易用碱再生成 OH 型。另外，大孔型弱碱性阴树脂具有抗有机物污染的能力，运行中吸着的有机物可在再生时被洗脱下来。所以，若在强碱性阴树脂之前设置大孔弱碱性阴树脂，既可减轻强碱性阴树脂的负担，又能减轻强碱性阴树脂的有机物污染。

二、联合应用的水质条件及树脂配比

1. 水质条件

强弱型树脂联合应用的优点，只有在一定的水质条件下才能得以发挥。根据弱型树脂的交换特性，强弱型阳树脂联合应用适用的水质条件是碱度高（如大于 4mmol/L）或碳酸盐硬度较高（如大于 3mmol/L）；对于强弱型阴树脂的联合应用来说，则适用处理强酸阴离子含量较高（如大于 2mmol/L）或有机物含量较高的水（如 $COD_{Mn}>2mg/L$）。

2. 强、弱型树脂的配比

在强弱型树脂的联合应用中，两种树脂应保持合适的比例。确定这一比例的原则是首先要充分发挥弱型树脂交换容量大的特点，而弱型树脂未能交换的离子再由强型树脂交换除去。由于两种树脂是同步运行的，即具有相同的运行周期和周期产水量，所以两种树脂的比例可根据进水水质和它们的工作交换容量按下述公式计算。

（1）强、弱型阳树脂的体积比。根据周期产水量相等的原则，即

$$V_w = \frac{q_W V_{RW}}{H_T - \alpha} = \frac{q_S V_{RS}}{c_K - H_T + \alpha}$$

所以，强、弱型阳树脂的体积比为

$$\frac{V_{RS}}{V_{RW}} = \frac{q_W(c_K - H_T + \alpha)}{q_S(H_T - \alpha)} \tag{6-37}$$

式中：V_w为周期产水量，m^3；V_{RS}、V_{RW}为强酸性阳树脂和弱酸性阳树脂的体积，m^3；q_S、q_W为强酸性阳树脂和弱酸性阳树脂的工作交换容量，mol/m^3；c_K为进水中阳离子总浓度，mmol/L；H_T为进水中碳酸盐硬度，mmol/L；α为弱酸性阳树脂层出水中平均碳酸盐硬度残留量，mmol/L。

α值可按表 6-11 选用。

表 6-11　　α值参考数据

进水水质	硬碱比	1.0～1.4		1.5～2.0	
	H_T(mmol/L)	<2	>2	<3	>3
α值（mmol/L）		0.15～0.20	0.20～0.30	0.10～0.20	0.30～0.40

（2）强、弱型阴树脂的体积比。

根据
$$V_w = \frac{q_W V_{RW}}{c_S - \beta} = \frac{q_S V_{RS}}{c_W + \beta}$$

所以，强、弱型阴树脂的体积比为

$$\frac{V_{RS}}{V_{RW}} = \frac{q_w(c_W + \beta)}{q_S(c_S - \beta)} \tag{6-38}$$

式中：V_w为周期产水量，m^3；V_{RS}、V_{RW}为强碱性阴树脂和弱碱性阴树脂的体积，m^3；q_S、q_W为强碱性阴树脂和弱碱性阴树脂的工作交换容量，mol/m^3；c_S、c_W为进水中强酸性阴离子和弱酸性阴离子浓度，mmol/L；β为弱碱性阴树脂层运行终期时出水中允许漏过的酸度，mmol/L。

β值可按下述不同要求选取：①设置弱碱性阴树脂若以保护强碱性阴树脂免受有机物污染为目的，则β取 0；②若是为了充分发挥弱碱性阴树脂的交换容量，以提高平均工作交换容量为目的，则β可在出水酸度比（出水平均酸度占进水酸度的比值）为

0.1～0.2 取值，并保证强碱阴树脂层高度不低于 0.8m。

三、联合应用工艺中的运行和再生

在图 6-23 和图 6-24 所示的强、弱型阳树脂联合应用工艺中，运行时水先流经弱酸树脂层，除去水中绝大部分碳酸盐硬度，再流经强酸树脂层时，一方面除去水中残留的碳酸盐硬度，同时除去水中其他阳离子；再生时，再生液先流经强酸树脂层，使强酸树脂得到较充分的再生，而未被利用的酸再流经弱酸树脂层时，被弱酸树脂充分利用。

同样，在强、弱型阴树脂联合应用工艺中，运行时经 H 离子交换的水先流经弱碱树脂层，除去水中的强酸性阴离子，再流经强碱树脂层时，除去水中其他阴离子（包括弱碱树脂层运行终期时允许漏过的少量强酸阴离子）；再生时，再生液先流经强碱树脂层，使强碱树脂得到较充分的再生，当未被利用的碱再流经弱碱树脂层时，被弱碱树脂充分利用。

因此，在合适的水质条件下，强、弱型树脂的联合应用，不仅会提高树脂的平均工作交换容量，保证更好的出水水质，同时也会降低再生剂比耗。

1. 运行中的水质变化及水质监督

（1）弱酸树脂层出水。弱酸树脂层的出水水质是指出水中的碱度或硬度。

水经弱酸 H 离子交换后，水中硬度降低了，与其对应的碱度也降低了。出水中残留硬度和残留碱度与进水中硬碱比（硬度与碱度之比）有密切关系，如图 6-25 所示。图中水质 1 的硬碱比为 1.0，水质 2 的硬碱比为 0.69，水质 3 的硬碱比为 1.35。

由图可知，运行初期出水有微酸性，说明这种弱酸树脂对中性盐有微弱的分解能力，硬碱比越大，出水酸度维持时间越长。在进水硬碱比小于 1 即碱性水条件下，运行开始出水有酸度的时间很短，之后大部分时间有碱度，这是因为水中有过剩碱度所致。在该水质条件下，因水中 Ca^{2+}、Mg^{2+} 均以碳酸盐硬度形式存在，所以去除较彻底，硬度漏出时间迟。在进水硬碱比大于 1

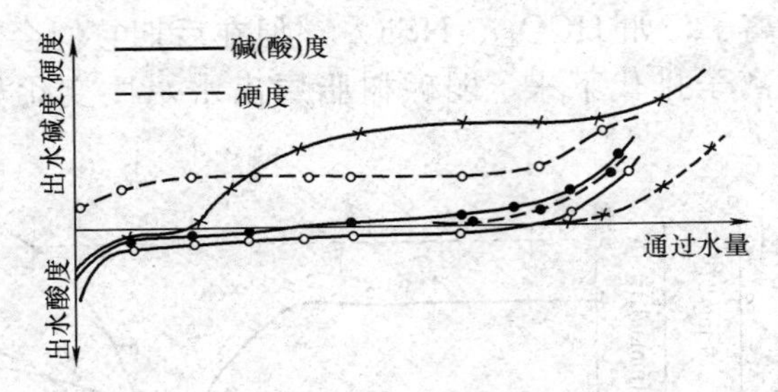

图 6-25 弱酸树脂层出水
水质与进水硬碱比的关系
●—水质 1；×—水质 2；○—水质 3

即非碱性水条件下，运行初期出水有酸度的时间较长，这是因为有少量中性盐参与交换的结果。由于进水中有非碳酸盐硬度，所以运行一开始就有硬度漏出。在进水硬碱比等于 1 的情况下，出水水质介于上述二者之间，运行初期硬度很低，直至碱度穿透后硬度才明显漏出。

因此，就整个周期而言，无论上述哪种水质情况，弱酸树脂交换基本上都是碳酸盐硬度。所以为了充分发挥弱酸树脂的交换容量，进水中碳酸盐硬度应占有较大的比例。在除盐系统中，弱酸 H 交换器是用出水硬度或碱度的变化作为运行的水质控制指标。

系统中的强酸树脂层总是放在弱酸树脂层之后（按运行水流方向），这时强酸树脂的作用是进一步除去弱酸树脂未能除去的水中的所有阳离子，其交换反应与上一节讲述的 H 离子交换反应一样，只是进水中 Ca^{2+}、Mg^{2+} 较低，因为大部分 Ca^{2+}、Mg^{2+} 已在弱酸树脂层中被除去。

（2）弱碱树脂层出水。弱碱树脂层的出水水质是指出水中的强酸酸度。

在除盐系统中，弱碱树脂总是放在 H 交换器之后，用以在酸性条件下除去水中的强酸性阴离子，如 SO_4^{2-}、NO_3^-、Cl^- 等。由于弱碱树脂中总含有少量强碱基团，所以运行初期也交换部分弱酸性阴离子，如 HCO_3^-、$HSiO_3^-$，但在后期它们会被进水中强酸性阴离子排代下来，弱碱树脂层出水水质变化如图 6-26 所示。

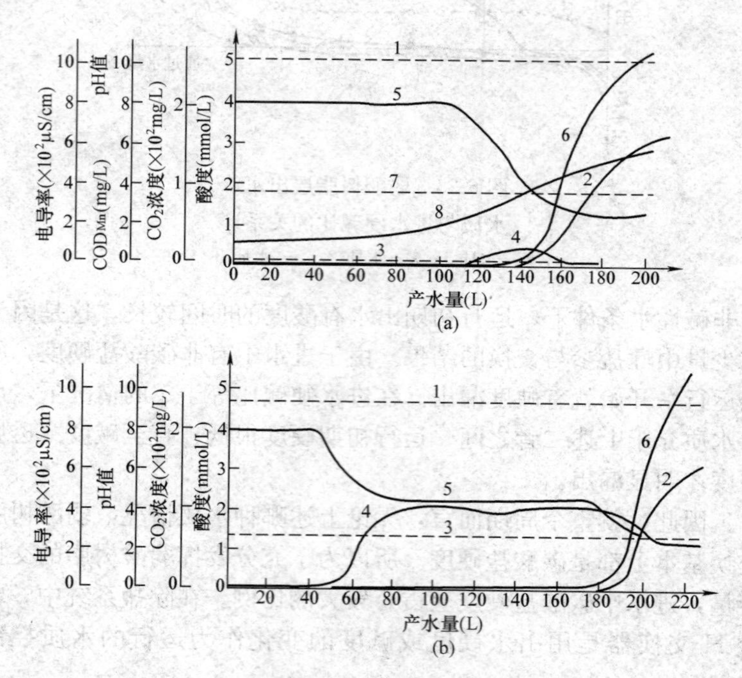

图 6-26　弱碱 OH 交换器出水水质变化

（a）CO_2＝5mg/L；（b）CO_2＝66mg/L

1—进水酸度；2—出水酸度；3—进水 CO_2；4—出水 CO_2；
5—出水 pH 值；6—出水电导率；7—进水 COD；8—出水 COD

尽管就整个运行周期而言，弱碱树脂并没有交换 CO_2，但进水中 CO_2 含量的多少，也就是说弱碱树脂放在除碳器之前或之后，对弱碱树脂交换容量的发挥却有较大影响。图 6-26（a）为进水 CO_2＝5mg/L，即除碳器在前时，弱碱树脂层的出水水质变化曲线；图 6-26（b）为进水 CO_2＝66mg/L，即除碳器在后时，弱碱树脂层的出水水质变化曲线。可以看出，出水 pH 值的变化

与水中 CO_2 的释放有关，即当 CO_2 释放时，水的 pH 值下降，在 CO_2 释放过程中，水的 pH 值大约维持在 4.4～4.6。显然 CO_2 释放时的低 pH 值条件，使树脂对水中强酸性阴离子的交换更为有利。也正因为这种原因，进水 CO_2 含量高者，出水酸度泄漏的时间推后，泄漏后的酸度曲线变化也更陡些。所以，在其他条件相同的情况下，进水 CO_2 含量高，工作层就薄些，树脂交换容量利用率也高些。因此，在离子交换除盐系统中，当强、弱型阴树脂是分别置于两个交换器中串联运行时，将弱碱 OH 交换器置于除碳器之前，对提高弱碱树脂的工作交换容量是有利的。

由图 6-26 可知，强酸性阴离子泄漏后，出水中出现了强酸酸度，电导率升高，之后强酸酸度和电导率急剧上升。因此，可用出水强酸酸度或电导率作为弱碱 OH 交换器运行终点时的水质控制指标。

生产中，当强弱型树脂联合应用于除盐时，通常只需监督串联其后的强型树脂的出水即可。

弱碱 OH 交换器制水的前半周期对有机物的去除率较高，之后逐渐有所降低。在酸度泄漏前后有机物去除率明显下降，甚至开始解吸出已吸着的有机物。因此，当弱碱交换器用于去除有机物保护强碱树脂时，宜在酸度泄漏时即停止运行。

2. 弱型树脂的再生

失效的弱型树脂很容易再生，不论再生方式如何，都能得到较好的再生效果。用作弱酸树脂再生剂的可以是 HCl、H_2SO_4，也可以是 H_2CO_3，当用强酸作再生剂时，比耗一般为1.05～1.10；用作弱碱树脂再生剂的可以是 NaOH，也可以是 NH_4OH、Na_2CO_3 或 $NaHCO_3$，当用强碱作再生剂时比耗一般为 1.2 左右，若同时兼顾除有机物时，再生剂比耗一般为 1.4 左右。

弱型树脂的再生通常都是与强型树脂串联进行的，即再生液先流经强型树脂，再流经弱型树脂，用强型树脂排液中未被利用的酸或碱再生弱型树脂。采用这种方式再生时，再生剂的用量是按下述原则确定的，即再生剂的总量除保证恢复强型树脂工作交换容量的理论用量外，其剩余量应能满足弱型树脂的需要。

因此，强、弱型树脂串联再生时需要再生剂总量为

$$m=M(q_S V_{RS}+Rq_W V_{RW})\times 10^{-3}\ (kg) \quad (6\text{-}39)$$

式中：q_S、q_W为强型树脂和弱型树脂的工作交换容量，mol/m^3；V_{RS}、V_{RW}为强型树脂和弱型树脂的体积，m^3；R 为弱型树脂的再生剂比耗；M 为再生剂的摩尔质量，g/mol。

生产中也可按经验数据选取，例如，阳双层床、双室床和双室浮动床再生时的 HCl 酸耗可按 40～50g/mol 选取，H_2SO_4 酸耗可按 60g/mol 选取；阴双层床、双室床和双室浮动床再生时的 NaOH 碱耗可按 50g/mol 选取。

3. 强、弱型阴树脂联合应用中胶态硅的析出和防止

下面以阴双层床为例来说明这个问题。

出现这一问题的原因是阴双层床再生过程中易发生硅化合物浓度过大和 pH 值偏低的情况，因而引起胶态硅化合物自水中析出。

阴双层床运行时，上层弱碱性阴树脂基本不交换硅酸，水中硅化合物大部分被下层强碱性阴树脂交换。再生时，再生液由下向上首先通过强碱树脂层，于是便将强碱性阴树脂中大量硅化合物置换至溶液中，从而使溶液中硅化合物浓度很大。当此溶液继续向上流动时，因为其中的再生剂逐渐被再生反应消耗掉，特别是当流至弱碱性阴树脂层时，由于再生反应很容易进行，所以 pH 值便迅速降低，从而提供了析出胶态硅化合物的条件。因此，胶态硅化合物有可能在弱碱性阴树脂层中析出。

制水时，由于胶态硅化合物随进水渐渐转变成硅酸而流至强碱性阴树脂层中，或由于胶态硅化合物的泄漏，而使交换器出水硅含量增大或提前失效。

为此，可采取在再生初期采用较低浓度（1%～2%）和较高流速（6～12m/h），提高再生液温度（35～40℃），以及选用适宜的 NaOH 比耗（1.2～1.4）等措施，以防止胶态硅化合物的析出，并且还可提高有机物的去除效果。

四、联合应用中工作交换容量的计算

由于弱型树脂极容易再生，所以影响弱型树脂工作交换容量的主要因素是进水水质和运行条件。影响弱酸树脂工作交换容量的水质条件主要是指进水的硬碱比；而影响弱碱树脂工作交换容量的水质条件主要是进水中 H_2SO_4 酸度分率和进水 CO_2 含量，进水 H_2SO_4 酸度分率大或 CO_2 含量高都会提高树脂的工作交换容量。运行流速过大或水温偏低都会降低树脂的工作交换容量。

工作交换容量和再生剂比耗的基本公式见式（6-25）和式（6-30）。这里以复床串联为例，就其工作交换容量的具体计算方法做如下简述。

1. 弱酸性阳树脂工作交换容量的计算

平均工作交换容量按式（6-26）计算，此时式中 B 为弱酸 H 交换器进水碱度，A 为强酸 H 交换器出水酸度，V_R 是强、弱型两种树脂体积的和。当需要单独计算弱酸性阳树脂的工作交换容量时，可按式（6-40）计算，即

$$q_w = \frac{(B_J - B_C)V_w}{V_{RW}} \quad mol/m^3 \tag{6-40}$$

式中：B_J、B_C为弱酸 H 交换器进水碱度和出水平均残留碱度，mmol/L；V_{RW}为弱酸 H 交换器中树脂体积，m^3。

2. 弱碱性阴树脂工作交换容量的计算

平均工作交换容量按式（6-28）计算，此时式中 A 为弱碱 OH 交换器进水酸度，V_R为强、弱型两种树脂体积的和。

弱碱性阴树脂的工作交换容量 q_W为

$$q_w = \frac{(A_J - A_C)V_w}{V_{RW}} \quad mol/m^3 \tag{6-41}$$

式中：A_J、A_C为弱碱 OH 交换器进水酸度和出水平均残留酸度，mmol/L；V_{RW}为弱碱 OH 交换器中树脂体积，m^3。

第六节　离子交换装置及其运行

生产实践中，水的离子交换处理是在称为离子交换器的装置

中进行的。离子交换装置的种类很多，按水和再生液的流动方向分为顺流再生式、对流再生式（包括逆流再生离子交换器和浮床式离子交换器）和分流再生式。按床型又分为单层（树脂）床、双层床、双室床、双室浮动床、满室床、双室阴阳床及混合床。按设备的功能又分为阳离子交换器（包括钠离子交换器和氢离子交换器）、阴离子交换器和混合离子交换器。

一、离子交换器的基本构成

离子交换器通常是由交换器本体、器内装置及体外管系构成的。

1. 交换器本体

交换器本体是一个由碳钢制成的圆柱形承压容器，通常设计压力为0.6MPa，工作温度为5～50℃。筒体上开有人孔、树脂装卸孔及用于观察交换器内部树脂状态的窥视孔。筒体及封头的内表面采用两层衬胶防腐，衬胶厚度为5mm，体内附件为一层衬胶，厚度为3mm。

2. 器内装置

交换器体内基本装置有上部进水（布水）装置、下部排水（集水、配水）装置、再生液分配装置，有的还有中间排液装置、压缩空气分配装置等。

（1）进水装置。进水装置的作用是均匀分布进水于交换器内树脂层面上，所以也称布水装置，它的另一个作用是均匀收集反洗排水。常用的进水装置如图6-27所示。

漏斗式及穹形孔板式进水装置结构简单，但反洗时应注意树脂的膨胀高度，以防树脂流失，漏斗、孔板的材料多为碳钢衬胶。十字管式是在十字管上开有许多小孔，管外绕不锈钢丝。孔板水帽式进水装置是在多孔板的孔中旋入水帽。

由于树脂层上方有较厚的水层，能帮助将进水均匀地分布于树脂层面上，因此这些进水装置都能做到布水均匀。

（2）排水装置。排水装置的作用是均匀收集处理过的水，也称集水装置，同时也起均匀分配反洗进水的作用，所以也称配水

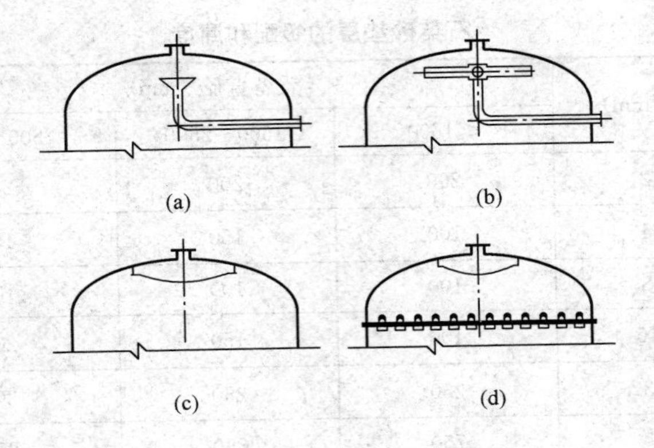

图 6-27　常用的进水装置
（a）漏斗式；（b）十字管式；（c）穹形孔板式；（d）孔板水帽式

装置。因该装置直接与树脂层相接触，所以对其布集水的均匀性要求较高，常用的排水装置有穹形孔板石英砂垫层式和多孔板水帽式，如图 6-28 所示。

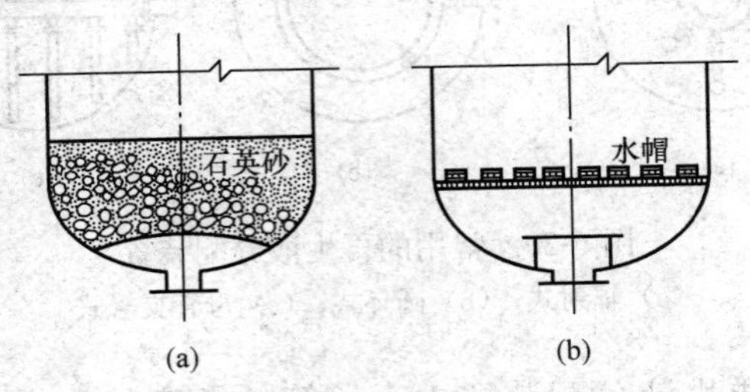

图 6-28　排水装置的常用形式
（a）穹形孔板石英砂垫层式；（b）多孔板水帽式

在穹形孔板石英砂垫层式的排水装置中，穹形孔板起支撑石英砂垫层的作用，其直径约为交换器直径的 1/3，常用材料为碳钢衬胶。多孔板水帽式的孔板材料为碳钢衬胶或不锈钢，水帽缝隙一般为 0.25～0.27mm。

石英砂垫层使用前应先用 5%～10%的 HCl 浸泡 8～12h，以除去其中的可溶性杂质。石英砂垫层的级配和厚度见表 6-12。

表 6-12　　石英砂垫层的级配和厚度

粒径（mm）	设备直径（mm）		
	≤1600	1600～2500	2500～3200
1～2	200	200	200
1～4	100	150	150
4～8	100	100	100
8～16	100	150	200
16～32	250	250	300
总厚度	750	850	950

（3）再生液分配装置。再生液分配装置应能保证再生液均匀地分布在树脂层面上，常用的再生液分配装置如图 6-29 所示。

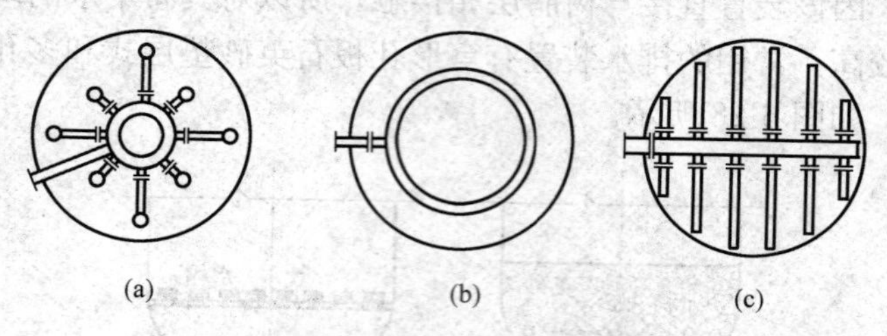

图 6-29　常用的再生液分配装置
（a）辐射式；（b）圆环式；（c）母管支管式

辐射式再生液分配装置中，长管的长度约为交换器直径的 3/4，短管的长度约为交换器直径的 1/2；圆环式再生液分配装置中，圆环直径约为交换器直径的 2/3；大直径交换器一般采用母管支管式，在支管的两侧下方 45°开孔，孔径一般为 $\phi6\sim\phi8$，支管外绕 T 形不锈钢丝。再生液分配装置距树脂层面约 200～300mm。

二、顺流再生离子交换器

顺流再生离子交换器是离子交换装置中应用最早的床型，这种设备运行时，水自上而下通过树脂层；再生时，再生液也是自上而下通过树脂层，即水和再生液的流向是相同的。

1. 交换器的结构

交换器体内设有进水装置、排水装置和再生液分配装置。交换器中装有一定高度的树脂，树脂层上面留有一定的反洗空间，如图 6-30（a）所示。外部管路系统如图 6-30（b）所示。树脂层上方的空间是为了在反洗时树脂层膨胀，并防止树脂颗粒被反洗水带走，其高度一般相当于树脂层高度的 80％～100％。当这一空间充满水时，称水垫层，水垫层在一定程度上可防止进水直冲树脂层面造成凸凹不平，从而使水流在交换器断面上均匀分布。

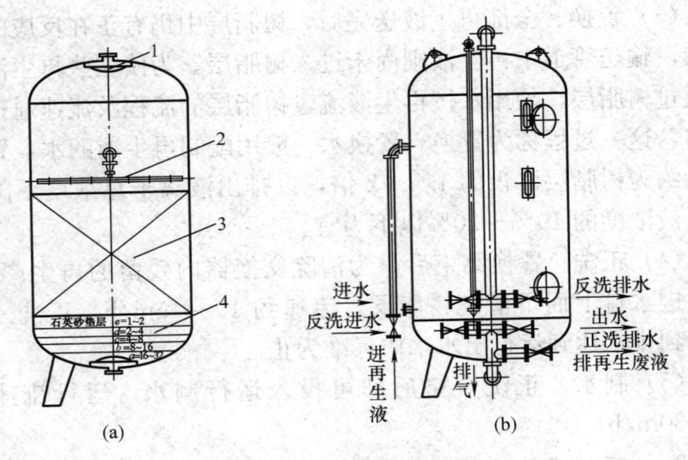

图 6-30　顺流再生离子交换器

（a）内部结构；（b）外部管路系统

1—进水装置；2—再生液分配装置；3—树脂层；4—排水装置

2. 交换器的运行

顺流再生离子交换器的运行通常分为五步，从交换器失效后算起为反洗、进再生液、置换、正洗和制水。这五个步骤，组成交换器的一个运行循环，称运行周期。

（1）反洗。交换器中的树脂失效后，在进再生液之前，先用水自下而上对树脂层进行短时间的强烈反洗。反洗的目的一是松动树脂层，二是清除树脂层中运行时截留的悬浮物。

反洗水应清澈，H 交换器可用清水，OH 交换器则用阳离子交换器的出水。反洗强度一般应控制在既能使树脂层表面的杂质和树脂碎屑被带走，又不使完好的树脂颗粒跑掉，而且树脂层又能得到充分松动。经验表明，反洗时使树脂层膨胀50%～60%效果较好，反洗要一直进行到排水不浑为止，一般需10～15min。

（2）进再生液。将一定浓度的再生液以一定流速自上而下流过树脂层。

（3）置换。全部再生液送完后，树脂层中仍有正在反应的再生液，输送管道中再生液则尚未进入树脂层。为使这些再生液全部通过树脂层，须用水按再生液流过树脂层的流程及流速通过交换器，这一过程称为置换。置换水一般用配制再生液的水，置换水量约为树脂层体积的 1.5～2 倍，以排出液离子总浓度下降到再生液浓度的 10%～20%以下为宜。

（4）正洗。置换结束后，为清除交换器内残留的再生产物，应用进水自上而下清洗树脂层，流速约 10～15m/h。正洗一直进行到排水达到运行出水水质标准为止。

（5）制水。正洗合格后即可投入运行制水，运行流速为20～30m/h。

3. 工艺特点

顺流再生 H 交换器运行失效后、再生前和再生后的树脂层态如图 6-31 所示。

分析图 6-31（a）可知，当运行失效时，进水中离子依据树脂对它们的选择顺序依次沿水流方向分布，最下部树脂的交换容量未能得到充分利用，尚存在一部分 H 型树脂。顺流再生离子交换器再生前树脂需进行反洗，试验表明，经反洗后各离子型树脂在床层中基本呈均匀分布状态，如图 6-31（b）所示。再生时，由于再生液由上而下通过树脂层，故上部树脂首先接触新鲜

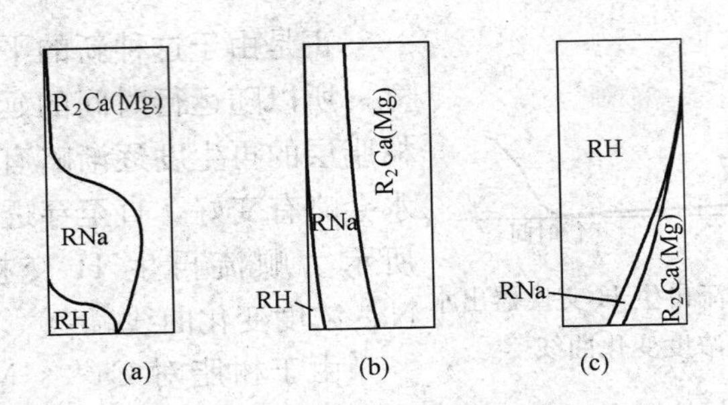

图 6-31　顺流再生 H 离子交换树脂层态

(a) 失效后；(b) 再生前；(c) 再生后

再生液得到较充分再生，由上而下树脂的再生度逐渐降低，下部未得到再生的主要是 Ca、Mg 型树脂，也有少量 Na 型树脂，如图 6-31（c）所示。在再生的初期，一部分被再生下来的高价离子流经下部树脂层时，会将下部树脂中的低价离子置换出来，使这部分树脂转为较难再生的高价离子型，底部未失效的 H 型树脂也会因再生产物通过而转成失效态，这就会使树脂再生困难，并多消耗再生剂，所以顺流再生的再生效果差。

如前所述，交换器中树脂的再生通常是不彻底的，必然是再生液进口端再生得较完全，出口端再生不完全。在顺流再生工艺中，由于水的流向和再生液的流向相同，所以与出水相接触的正好是再生最不完全的部分。因此，即使在进水端水质已处理得很好，而当它流至出水端时，又会与再生不完全的树脂达成新的平衡，使水质变差。表 6-13 中数据为顺流再生 H 交换器，运行中某一时刻由上而下不同测点处水中 Na^+ 浓度实测值。由表中数据可知，沿树脂层高度由上而下水质逐渐变差。

表 6-13　　顺流再生 H 交换器不同测点的 Na^+ 浓度

测点	1	2	3	4	5	6	7	8	出口
Na^+ (μg/L)	—	—	73	42	69	85	92	166	289

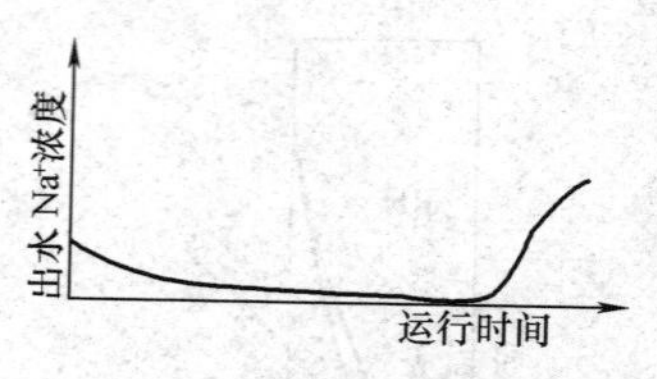

图 6-32　顺流再生 H 交换器出水 Na^+ 浓度变化曲线

正是由于这种新的平衡不断建立，所以随运行时间的延续，底部树脂层的再生度逐渐略有提高，出水会略有变好，直至穿透。图 6-32 所示为顺流再生 H 交换器出水 Na^+ 浓度变化曲线。

由于树脂对 Ca^{2+}、Mg^{2+} 的选择性比 Na^+ 强得多，以及离子交换平衡的浓度效应，一般来说，在出水端 Ca、Mg 型树脂含量小于 60%情况下，出水硬度仍近于零。

顺流再生离子交换器的设备结构简单，运行操作方便，工艺控制容易，对进水悬浮物含量要求不是很严格（浊度小于或等于 5NTU），故早期的离子交换多采用顺流再生工艺。但顺流再生的出水水质不理想，再生剂比耗高。在水的除盐处理中，顺流离子交换器适用于原水水质较好，以及 Na^+ 比值较低的水质，或者采用弱酸树脂和弱碱树脂时。

三、逆流再生离子交换器

为克服顺流再生工艺出水端树脂再生度低而导致出水水质差的缺点，现在广泛采用对流再生工艺，即运行时水流方向和再生时再生液流动方向相对进行的水处理工艺。习惯上将运行时水向下流动、再生时再生液向上流动的对流水处理工艺称为逆流再生工艺，采用逆流再生工艺的装置称为逆流再生离子交换器；将运行时水向上流动、再生时再生液向下流动的对流水处理工艺称为浮动床水处理工艺。这里先介绍逆流再生离子交换器。

1. 逆流再生的技术要求和相应措施

由于逆流再生工艺中再生液及置换水都是从下而上流动的，如果不采取措施，流速稍大时，就会发生和反洗那样使树脂层扰动的现象，这通常称为乱层。乱层会使树脂层疏松，并导致有利于再生的层态被打乱，影响再生效果。若再生后期发生乱层，那么会将上层再生差的树脂或多或少地翻到底部，这样就必然失去逆流再生工艺的优点。为此，在采用逆流再生工艺时，必须采取措施，以防止再生液向上流动时发生树脂乱层。

防止再生时树脂乱层可采取的措施是在交换器内增设中间排液装置和压脂层。此外，再生时采用气（或水）进行顶压，即顶压逆流再生，或者增大中间排液装置上的开孔面积，而无须顶压，即无顶压逆流再生。

2. 交换器的结构

逆流再生离子交换器（无顶压），如图 6-33 所示。与顺流再生离子交换器结构不同的地方是在树脂层表面处设有中间排液装置，以及在树脂层上面加压脂层。

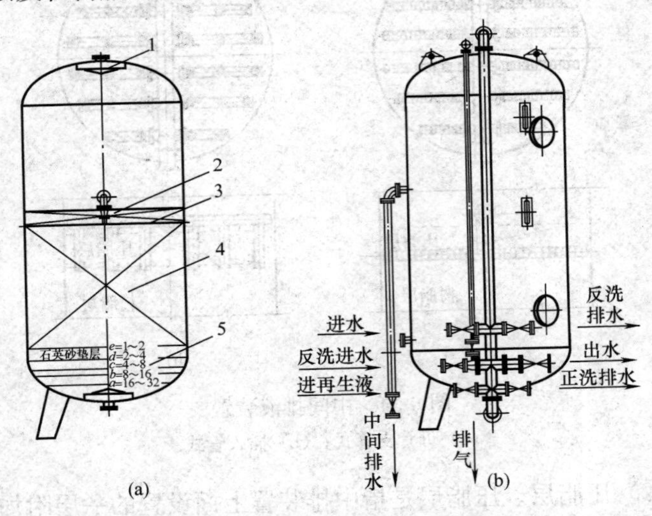

图 6-33　逆流再生离子交换器（无顶压）

(a) 内部结构；(b) 管路系统

1—进水装置；2—压脂层；3—中间排液装置；4—树脂层；5—排水装置

（1）中间排液装置。该装置的作用主要是使向上流动的再生液和清洗水能及时地从此装置排走，不会因为有水向树脂层上部空间流动而扰动树脂层，其次该装置还兼作小反洗的进水和小正洗的排水。

目前常用的形式是母管支管式，其结构如图6-34（a）所示。支管用法兰与母管连接，支管距离一般为150～250mm。目前多采用梯形绕丝的开孔支管，绕丝的缝隙为0.25mm。对于大直径的交换器，常采用碳钢衬胶母管和不锈钢支管，小直径交换器的支母管均采用不锈钢。此外，中间排液装置还有插入管式，如图6-34（b）所示。插入树脂层的支管长度一般与压脂层厚度相同，这种中排装置能承受树脂层上、下移动时较大的推力，不易弯曲、断裂。

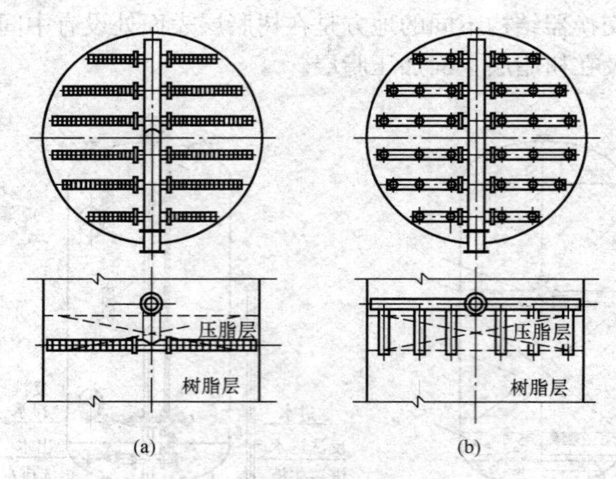

图6-34　中间排液装置

（a）母管支管式；（b）插入管式

（2）压脂层。压脂层是指中排装置上面设置的一层附加的树脂层（中排装置掩埋于压脂层之中）。设置压脂层的原意是为了在水向上流时，树脂不乱层，但实际上压脂层所产生的压力很小，并不能靠自身起到压脂作用。压脂层真正的作用，一是过滤掉运行时水中的悬浮物，使它不进入下部树脂中，这样便于将其洗去而又不影响下部的树脂层态；二是可使顶压空气或水通过压脂层均匀地作用于整个树脂层表面，从而起到防止树脂向上窜动的作用。

压脂层的材料，早期常用白球，目前一般都是用与床层同牌号的树脂，其厚度约为150～200mm。

3. 交换器的运行

在逆流再生离子交换器的运行操作中，制水过程与顺流式没有区别。再生操作随防止乱层措施的不同而异，下面以采用空气顶压的方法为例说明其再生操作，如图6-35所示。

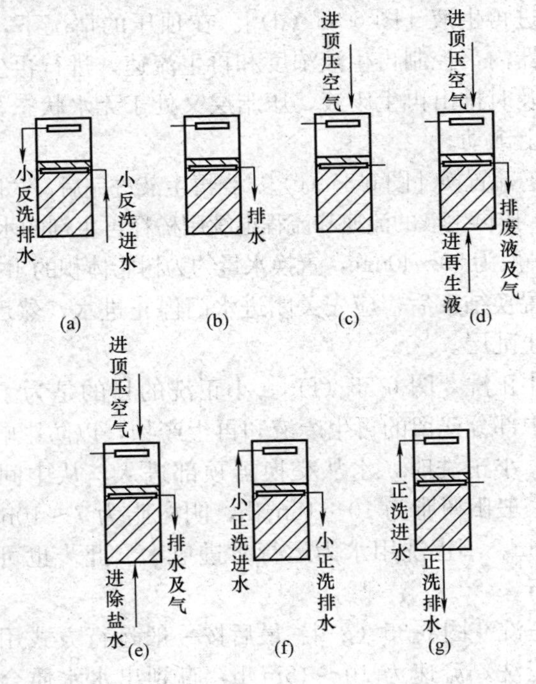

图6-35　逆流再生操作过程示意

(a) 小反洗；(b) 排水；(c) 顶压；(d) 进再生液；(e) 逆流置换；(f) 小正洗；(g) 正洗

(1) 小反洗［图6-35 (a)］。为保持有利于再生的失效树脂层不乱，不能像顺流再生那样每次再生前都对整个树脂层进行反洗，而只对中间排液管上面的压脂层进行反洗，以冲洗掉运行时积聚在压脂层中的污物。小反洗用水为该级交换器的进口水，流速一般为 5～10m/h，以不跑树脂为准，反洗一直到排水清澈为止，一般约 10～15min。

（2）排水［图 6-35（b）］。待树脂沉降下来后，打开中排排水门，排掉中间排液装置以上的水，使压脂层处于无水状态。

（3）顶压［图 6-35（c）］。从交换器顶部送入压缩空气，使气压维持在 0.03～0.05MPa。

（4）进再生液［图 6-35（d）］。在顶压的情况下，将再生液送入交换器内，控制再生液浓度和再生流速，进行再生。由于中排装置能及时排出再生废液，压脂层又处于无水状态，所以可避免树脂向上窜动。

（5）逆流置换［图 6-35（e）］。当再生液进完后，关闭再生计量箱出口门，按再生液的流速和流程继续用稀释再生剂的水进行置换。置换时间一般为 30～40min，置换水量约为树脂体积的 1.5～2 倍。

逆流置换结束后，应先关闭进水门停止进水，然后再停止顶压，以防止乱层。

（6）小正洗［图 6-35（f）］。小正洗的目的是为了洗去再生后压脂层中部分残留的再生废液和再生产物，以防影响运行时的出水水质。小正洗时，水从交换器顶部进入，从中间排液管排出，流速一般阳树脂为 10～15m/h，阴树脂为 7～10m/h，时间约 5～10min。小正洗用水为运行时进口水。此步也可用小反洗的方式进行。

（7）正洗［图 6-35（g）］。最后按一般运行方式用进水自上而下进行正洗，流速为 10～15m/h，直到出水水质合格，即可投入运行。

交换器经过多个周期运行后，整个树脂层被压实，而且下部树脂层也会受到一定程度的污染，因此必须定期地对整个树脂层进行大反洗。大反洗的目的除清除树脂层中的悬浮物外，还有松动树脂层的作用。由于大反洗扰乱了树脂层，所以大反洗后第一次再生时，再生剂用量应比平时增加 50%～100%。大反洗的周期应视进水的浊度而定，一般为 10～20 个周期。大反洗用水为运行时的进口水。

大反洗前应先进行小反洗，松动压脂层并去除其中的悬浮物。进行大反洗的流量应由小到大，逐步增加，以防中间排液装置损坏。

水顶压法就是用压力水代替压缩空气，使树脂层处于压实状态。即再生时将压力 0.05MPa 的水以再生流量的 0.4～1 倍引入交换器顶部空间，通过压脂层后，与再生废液一起由中间排液管排出。水顶压法的操作与气顶压法基本相同。

4. 无顶压逆流再生

如上所述，逆流再生离子交换器为保持再生时树脂层稳定，必须采用空气顶压或水顶压，这不仅增加了一套顶压设备和系统，而且操作也比较麻烦。研究指出，如果将中间排液装置上的孔开得足够大，使这些孔的水流阻力较小，并且保持中间排液装置以上仍有一定厚度的压脂层，那么在无顶压情况下逆流再生时就不会出现水面超过压脂层的现象，因而树脂层就不会发生扰动，这就是无顶压逆流再生。

研究结果表明，对于阳离子交换器来说，只要将中间排液装置的小孔流速控制在 0.1～0.15m/s 和压脂层厚度保持在100～200mm，就可在再生液的上升流速为 7m/h 时不需任何顶压措施，树脂层也能保持稳定，并能达到逆流再生的效果。对于阴离子交换器来说，因阴树脂的湿真密度比阳树脂小，小孔流速控制在不超过 0.1m/s，那么再生液上升流速为 4m/h 时，树脂层也是稳定的。但是，由于孔阻力减少，其排液均匀性差一些，因此无顶压逆流再生的中间排液装置的水平性更为重要。

无顶压逆流再生的操作步骤与顶压再生操作步骤基本相同，只是不进行顶压。

5. 工艺特点

逆流再生离子交换器再生前的树脂层态及再生后的树脂层态与顺流再生离子交换器是不相同的。由于逆流再生离子交换器再生前仅对压脂层进行小反洗，所以树脂层仍保持着运行失效时的层态，如图 6-36（a）所示。这种层态对再生液由下而上通过树脂层的再生极为有利，例如，对于 H 交换器来说，新鲜的酸再生液首先接触底部未失效的 H 型树脂，酸中 H^+ 未被消耗，进一步向上流动进入 Na 型树脂层区，将 Na 型树脂再生为 H 型树脂，再生液中尚未被消耗的 H^+ 及被置换出的 Na^+ 继续向上流动与 Mg 型树脂接触，将树脂转为 H 型和 Na 型，含有 H^+、Na^+ 的再生液和被置换下来的 Mg^{2+} 再继续通过 Ca 型树脂，使 Ca 型树脂得到再生，有文献称此为挂钩效应。由于再生液中的 H^+ 不是直接接触最难再生的 Ca 型树脂，而是先接触容易再生的 Na 型树脂，并依次进行排代，这样就大大提高了 H 型树脂的转换率，所以相同条件下，再生效果比顺流式好。由于出水端树脂的再生度最高［如图 6-36（b）所示］，所以运行时，可获得很好的出水水质。

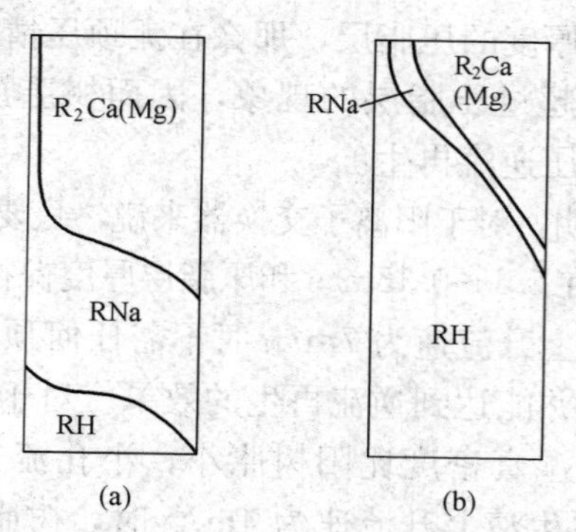

图 6-36　逆流再生 H 离子交换树脂层态

（a）失效后（即再生前）；（b）再生后

与顺流再生相比，逆流再生工艺具有以下优点。

（1）对水质适应性强。当进水含盐量较高或 Na^+ 比值较大而顺流工艺出水达不到水质要求时，可采用逆流再生工艺。

（2）出水水质好。由逆流再生离子交换器组成的复床除盐系统，强酸 H 交换器出水 Na^+ 含量低于 100μg/L，一般在 20～30μg/L；强碱 OH 交换器出水 SiO_2 低于 100μg/L，一般在 10～

20μg/L，电导率通常低于 2μS/cm。

（3）再生剂比耗低。一般不大于 1.5，视水质条件的不同，再生剂用量比顺流再生节约 50%～100%，因而排废酸、废碱量也少。

（4）自用水率低。一般比顺流的低 30%～40%，主要表现在正洗水量比顺流低。但逆流再生设备和运行操作更复杂一些，对进水浊度要求较严（≤2NTU），以减少大反洗次数。

四、分流再生离子交换器

再生方式采用再生液分别从树脂层上、下两端同时进入，废液自中部排出的一种水处理设备称为分流再生离子交换器。

1. 交换器结构

分流再生离子交换器的结构和逆流再生离子交换器基本相似，不同之处是在树脂层上部空间设有进再生液装置，另外中间排液装置设置在树脂层表面下约 400～600mm 处的位置，不设压脂层，其结构如图 6-37 所示。

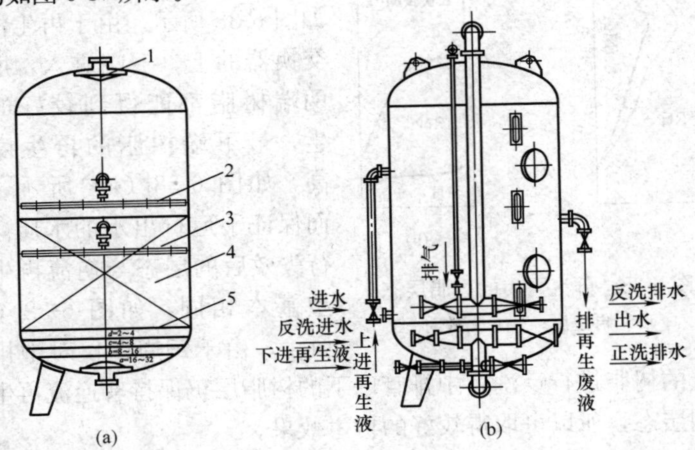

图 6-37　分流再生离子交换器

（a）内部结构；（b）管路系统

1—进水装置；2—上进再生液装置；3—中间排液装置；4—树脂层；5—排水/下进再生液装置

2. 工作过程

交换器失效后，先进行上部反洗，水由中间排液装置进入，由交换器顶部排出，使中排管以上的树脂得以反洗。然后进行再生，再生液分两股，小部分自上部、大部分自底部同时进入交换器，废液均从中间排液装置排出。由于上部和底部同时进再生液，故再生时不需顶压。置换的流程与进再生液相同。运行时水自上而下流过整个树脂层。在这种交换器中，下部树脂层为对流再生，上部树脂层为顺流再生，因此这种再生方式又称为对顺流再生法。

3. 工艺特点

（1）再生时，流过上部的再生液可起到顶压作用，所以无须另外用水或空气顶压；中排管以上的树脂起到了压脂层的作用，并且也获得了再生，所以交换器中树脂的交换容量利用率较高。

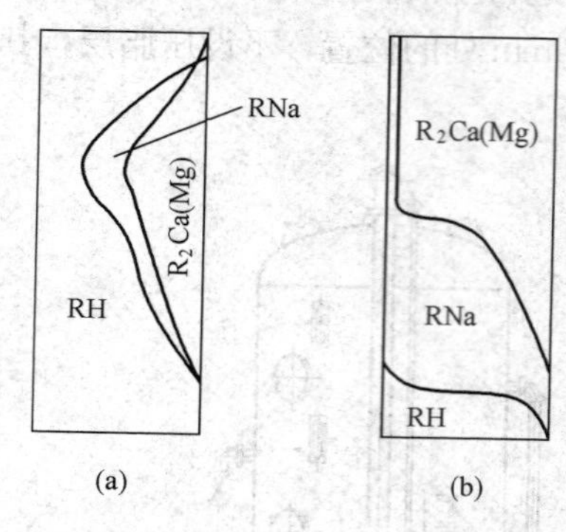

图 6-38　分流再生的树脂层态

（a）再生后；（b）失效时

（2）分流再生离子交换器运行失效和再生后的树脂层态如图 6-38 所示。由于再生液由交换器的上、下端进入，所以两端树脂都能得到较好的再生，最下端树脂的再生度最高，如图 6-38（a）所示，从而保证了运行出水的水质。运行失效后的层态与逆流再生床型基本相同，如图 6-38（b）所示。由于每周期仅对中排管以上的树脂进行反洗，中排管以下的树脂层仍保持着逆流再生的有利层态，所以可取得较好的再生效果。

（3）当用 H_2SO_4 进行再生时，这种再生方式可有效地防止 $CaSO_4$ 沉淀在树脂层中析出。因为分流再生时，可用两种不同浓度的再生液同时对上、下树脂层进行再生，由于上部树脂层中主要是 Ca 型树脂，最易析出 $CaSO_4$ 沉淀，为此可用较低浓度的

H_2SO_4以较高的流速进行再生，又因含有Ca^{2+}的水流经树脂层的距离短，所以可防止$CaSO_4$沉淀在这一层树脂中析出。而下部树脂层中主要是Mg型和Na型树脂，故可用最佳浓度的H_2SO_4和最佳的流速进行再生，保证了再生效果。

五、浮床式离子交换器

采用浮动床水处理工艺的设备称浮床式离子交换器，也简称浮动床或浮床，它是对流再生离子交换器的另一种床型。

浮动床的运行是在整个树脂层被托起的状态下（称成床）进行的，此时树脂仍保持密实状态，离子交换反应在水向上流动的过程中完成。树脂失效后，停止进水，使整个树脂层下落（称落床），故可进行自上而下的再生。浮动床工作过程示意如图6-39所示。

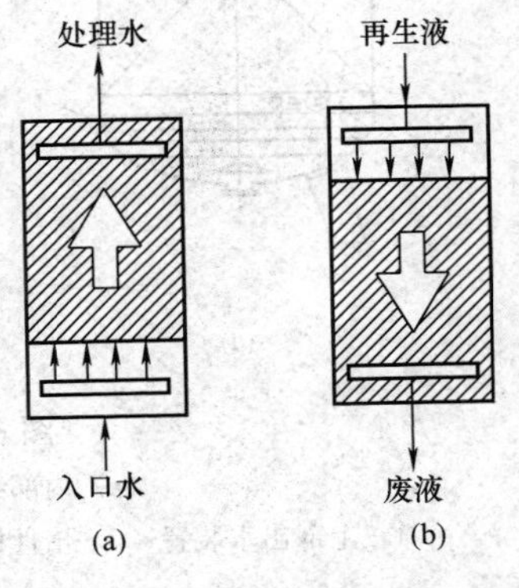

图6-39　浮动床工作过程示意
(a) 运行状态；(b) 再生状态

1. 交换器结构

浮动床如图6-40所示。

(1) 下部进水装置。下部进水装置起分配进水和汇集再生废液的作用。有穹形孔板石英砂垫层式、多孔板水帽式（如图6-28所示）。大、中型设备用得最多的是穹形孔板石英砂垫层式，但当进水浊度较高时，会因截污过多，石英砂清洗困难。

(2) 上部出水装置。上部出水装置起收集处理好的水、分配再生液和清洗水的作用。常用形式有多孔板夹滤网式、多孔板水帽式和弧形支管式。大直径浮动床多采用多孔板水帽式和弧形支管式的出水装置。弧形支管式出水装置如图6-41所示，该装置的多孔支管外包尼龙网或不锈钢绕丝。

多数浮动床出水装置兼作再生液分配装置，但由于再生液流量比进水流量小得多，故这种方式很难使再生液分配均匀。为此，通常在树脂层面以上填充厚度约200mm、密度小于水、粒

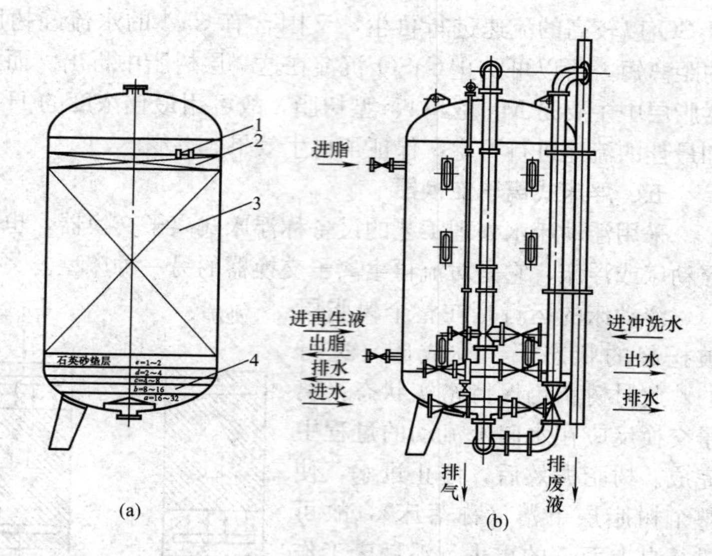

图 6-40　浮动床

(a) 内部结构；(b) 管路系统

1—上部出水装置；2—惰性树脂层；3—树脂层；4—下部进水装置

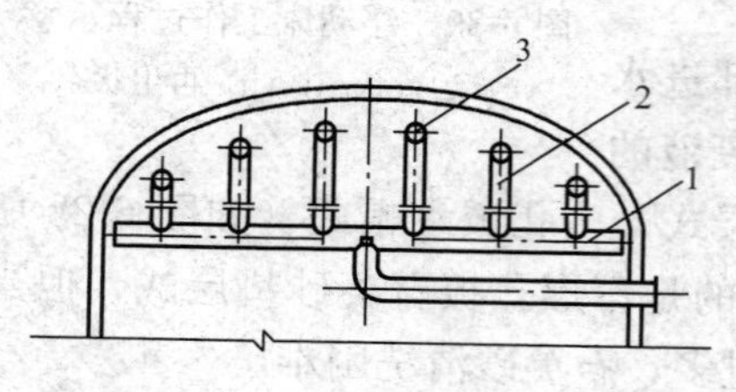

图 6-41　弧形支管式出水装置

1—母管；2—短管；3—弧形支管

径为 1.0～1.5mm 的惰性树脂层，以改善再生液分布的均匀性，或者采用带双流速水帽的出水装置，如图 6-42 所示，以适应运行和再生时不同流速的需要。

(3) 树脂层和水垫层。为防止成床或落床时树脂乱层，浮动床内树脂基本上是装满的。运行过程中，树脂层在上部，水垫层在下部；再生过程中，树脂层在下部，水垫层在上部。

水垫层的作用是作为树脂转型体积变化时的缓冲高度。水垫层不宜过厚，否则在成床或落床时，树脂容易乱层，这是浮动床

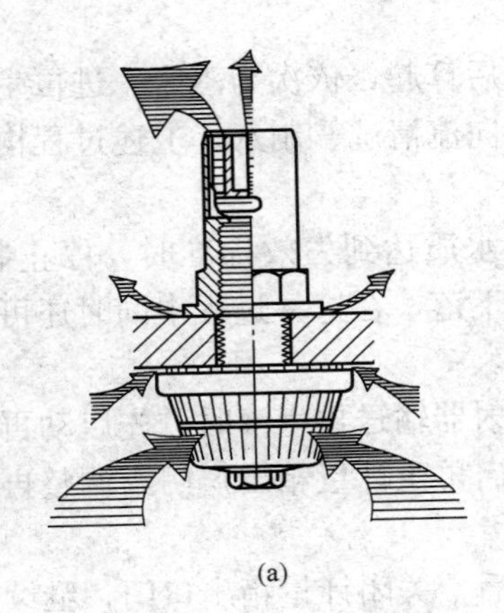
(a)

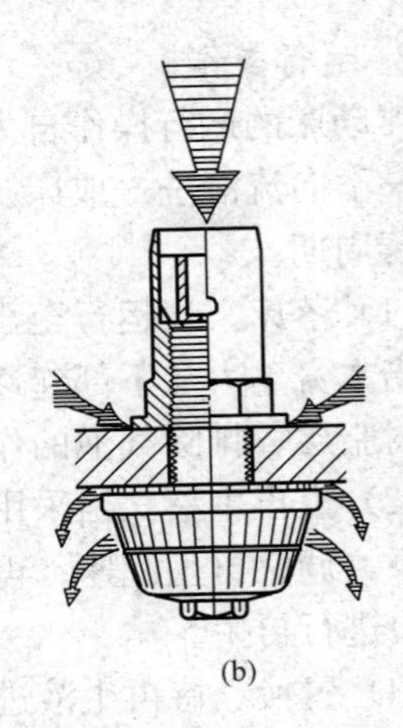
(b)

图 6-42　双流速水帽工作过程示意
(a) 运行时；(b) 再生时

最忌讳的；若水垫层厚度不足，则树脂层体积增大时会因没有足够的缓冲高度，而使树脂受压、挤碎及水流阻力增大。合理的水垫层厚度应是树脂在最大体积状态时，以 0～50mm 为宜。

(4) 惰性树脂层。树脂层上部为惰性树脂层，其作用一是防止碎树脂堵塞出水装置的滤网或水帽缝隙，二是提高液流分配的均匀性。惰性树脂层厚度一般为 200mm 左右。

(5) 倒 U 形排液管。浮动床再生时，如果废液直接由底部排出，则容易造成交换器内负压而漏入空气。由于交换器内树脂层以上空间很小，空气会进入上部树脂层并在那里积聚，使这里的树脂不能与再生液充分接触。为解决这一问题，常在再生排液管上加装如图 6-40 (b) 所示的倒 U 形管，并在倒 U 形管顶部开孔通大气，以破坏可能造成的虹吸，倒 U 形管顶应高出交换器上封头。

浮动床运行时，细颗粒树脂和树脂碎粒位于交换器顶部，接近出水装置，易被水流带出，为防止带出的树脂颗粒进入后续设备，应在出水管上装设树脂捕捉器。

2. 运行操作

浮动床的运行操作自失效后算起，依次为落床—进再生液—置换—下向流清洗—成床、上向流清洗—制水。上述过程构成一个运行周期。

（1）落床。当运行至出水水质达到失效标准时，停止制水，靠树脂本身重力从下部起逐层下落，在这一过程中同时还可起到疏松树脂层、排除气泡的作用。

（2）进再生液。当采用喷射器输送再生液时，先启动再生专用水泵，调整再生流速；再开启再生计量箱出口门，调整再生液浓度，进行再生。

（3）置换。待再生液进完后，关闭计量箱出口门，继续按再生流速和流向进行置换，置换水量约为树脂体积的 1.5～2 倍。

（4）下向流清洗。置换结束后，开清洗水门，调整流速至 10～15m/h 进行下向流清洗，一般需 15～30min。

（5）成床、上向流清洗。用进水以 20～30m/h 的较高流速将树脂层托起，并进行上向流清洗，直至出水水质达到标准时，即可转入制水。浮动床运行流速一般为 30～50m/h。

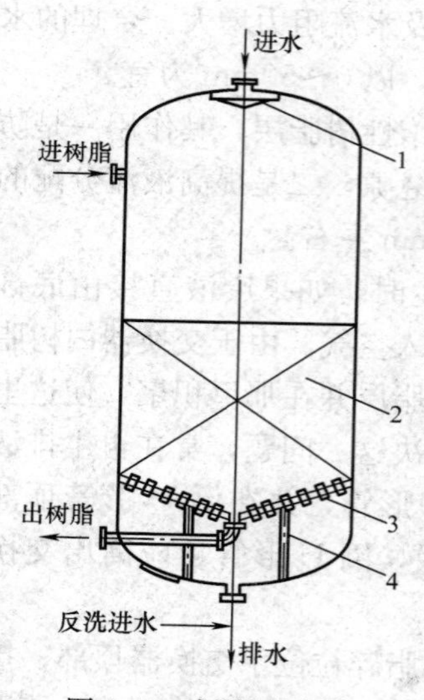

图 6-43　树脂清洗罐

1—布水装置；2—树脂层；3—水帽；4—支架

3. 树脂的体外清洗

由于浮动床内树脂几乎是装满的，没有反洗空间，故无法进行体内反洗。为此，要清洗树脂层截留的悬浮物，需将部分或全部树脂移至专用清洗罐内进行反洗，树脂清洗罐如图 6-43 所示。经清洗后的树脂送回交换器后再进行下一个周期的运行。清洗周期取决于进水中悬浮物含量的多少，一般是 10～20 个周期清洗一次。清洗方法如下。

（1）水力清洗法。它是将约一半的树脂输送到体外清洗罐中，然后在清洗罐和交换器串联的情况下进行水反洗，直至清洗干净，反洗时间通常为40～60min。

（2）气-水清洗法。它是将树脂全部送到体外清洗罐中，先用经净化的压缩空气擦洗5～10min，然后再用水以7～10m/h流速反洗至排水透明为止。该法清洗效果好，但清洗罐容积要比交换器大一倍左右。

（3）部分树脂清洗法。它是将约1/3的下部树脂移到清洗罐中，用水力或气-水清洗，清洗后的树脂送回浮动床上部。

清洗后的第一次再生，也应像逆流再生离子交换器那样增加50%～100%的再生剂用量。

4. 工艺特点

（1）成床状态应良好。为此，成床时，其流速应快速增大，不宜缓慢上升。在制水过程中，应保持足够的水流速度，不得过低，以避免出现树脂层下落的现象。为防止低流速时树脂层下落，可在交换器出口设回流管，当系统用水量较低时，可将部分出水回流到该级之前的水箱中。此外，浮动床制水周期中不宜停床，尤其是后半周期，否则会因落床树脂扰动而导致交换器提前失效。

（2）浮动床与逆流再生离子交换器一样，可获得较好的再生效果，再生后树脂层中的离子分布对保证运行时出水水质也是非常有利的。

（3）浮动床除具有对流再生工艺的优点外，还具有水流过树脂层时压力损失小的特点。这是因为它的水流方向与树脂重力方向相反，树脂层的压实程度较小，因而水流阻力也小，这也是浮动床可以高流速运行和树脂层可以较高的原因。

（4）浮动床体外清洗增加了设备和操作的复杂性，为不使体外清洗次数过于频繁，因此对进水浊度要求严格，一般应小于或等于2NTU。

六、双室阴阳离子交换器

将阴、阳树脂分别置于同一个交换器的上、下两室，水由下而上通过时先后完成 H 离子交换和 OH 离子交换的床型称为双室阴阳离子交换器，也称双室阴阳床。双室阴阳床属阴树脂和阳树脂联合应用的除盐装置，采用浮动床运行工艺。

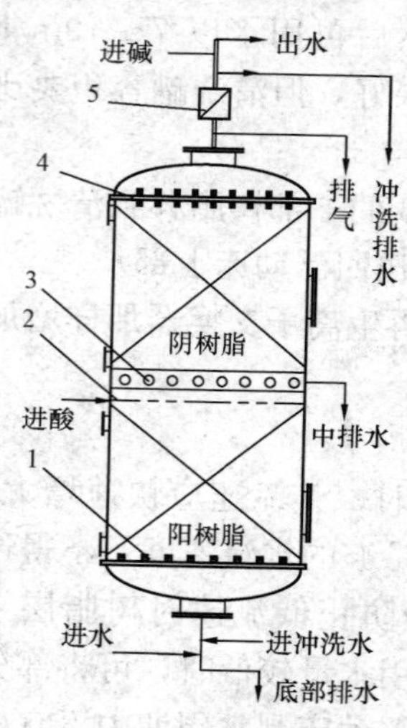

图 6-44　双室阴阳床结构
1—进水装置；2—布酸装置；3—中排装置；4—出水装置；5—树脂捕捉器

1. 双室阴阳床结构

双室阴阳床由上室和下室构成，上室装强碱性阴树脂，也称阴脂室；下室装强酸性阳树脂，也称阳脂室。双室阴阳床下室底部设有进水装置，其形式一般为多孔板＋单头水帽；上室顶部设有出水装置，其形式为多孔板＋双头水帽；两个室之间设有中间排水装置，用于下室树脂上向流清洗时排水，其形式为母支管 T 形绕丝。上、下室都设有树脂的进脂口和排脂口，在出水管上装有树脂捕捉器，双室阴阳床结构如图 6-44 所示。

2. 工作过程

双室阴阳床上、下两室以浮床方式串联运行。制水时，待处理水自下而上依次先后通过阳脂室和阴脂室完成除盐过程，两室之间的绕丝母支管用以勾通运行时水流通路。两室中的阴、阳树脂是单独再生的，都有独立的再生液分配装置和废液排放装置，阴树脂的再生废液由中排排水门排放，阳树脂的再生废液由底部排水门排放。

双室阴阳床的运行和再生操作与浮动床相同，依次为落床—进再生液—置换—下向流清洗—成床及上向流清洗—制水。进再生液、置换、下向流清洗是分别在上、下室中独立进行的，成床及上向流清洗按下述进行：先下室成床和清洗，由中排装置排水，待水质合格后再上室成床，并清洗，直至出水水质达到运行标准时，即可转入制水。

这种设备占地面积少、结构紧凑，具有逆流再生设备的优点，但增加了设备高度，结构较复杂。由于上、下室都是装满树脂的，所以不能在体内进行反洗，需另设体外清洗装置，定期体外清洗。双室阴阳床实质上就是阴床和阳床的上、下叠加，常用于阳床和阴床之间不需要设置除碳器的情况。

七、双层床和双室床

双层床和双室床都属于强、弱型树脂联合应用的离子交换装置。有关强、弱型树脂联合应用的适用水质、树脂配比，以及联合应用的运行和再生工艺都已在本章的第五节中作了详细介绍，这里仅对联合应用的床型作一简介。

1. 双层床

在除盐系统中的弱型树脂总是与相应的强型树脂联合使用，所以为了简化设备可将它们分层装填在同一个交换器中，组成双层床的形式。装填弱酸性阳树脂和强酸性阳树脂的称为阳双层床，装填弱碱性阴树脂和强碱性阴树脂的称为阴双层床。

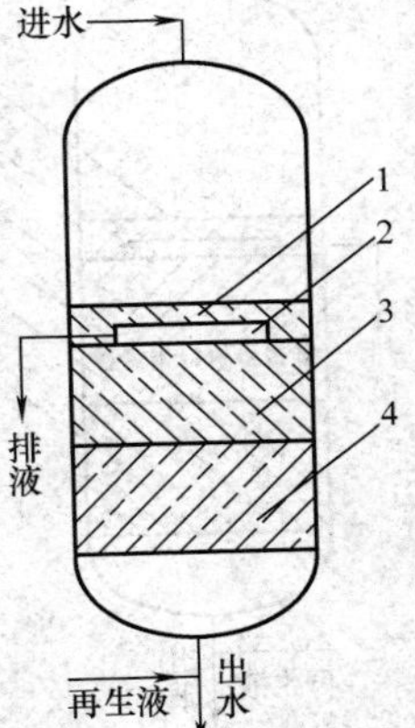

在双层床式的离子交换器中，通常是利用弱型树脂的密度比相应的强型树脂小的特点，反洗后弱型树脂处于上层，强型树脂处于下层。在交换器运行时，双层床中水的流向自上而下先通过弱型树脂层，后通过强型树脂层；而再生时，再生液的流向自下而上先通过强型树脂层，后通过弱型树脂层。所以，双层床离子交换器属逆流再生工艺，双层床结构示意，如图 6-45 所示。

图 6-45　双层床结构示意
1—压脂层；2—中间排液装置；3—弱型树脂层；4—强型树脂层

为使双层床中强型树脂和弱型树脂都能发挥它们的长处，它们应能较好地分层。为此，对所用树脂的密度、颗粒大小都有一定要求。

双层床的运行和再生操作与逆流再生离子交换器相同，所以双层床同时具备逆流再生工艺和强弱型树脂联合应用的特点。

双层床中的弱、强两种树脂虽然由于密度的差异，能基本做到分层，但要做到完全分层是很困难的。若在两种树脂交界处有少量树脂相混杂，对运行效果的影响并不大；若混层范围大，则混入强型树脂层中的弱型树脂不能发挥交换作用，混入弱型树脂层中的强型树脂得不到再生，使运行效果大大下降。因此，目前应用较少。

2. 双室床

双室床是将交换器分隔成上、下两室，弱、强树脂各处一室，强型树脂在下室，弱型树脂在上室，这样就避免了因树脂混层带来的问题。上、下两室间通常装有带双头水帽的隔板，以沟通上、下室的水流。为防止细碎的强型树脂堵塞水帽的缝隙，可在下室强型树脂的上面填充密度小而颗粒大的惰性树脂层。

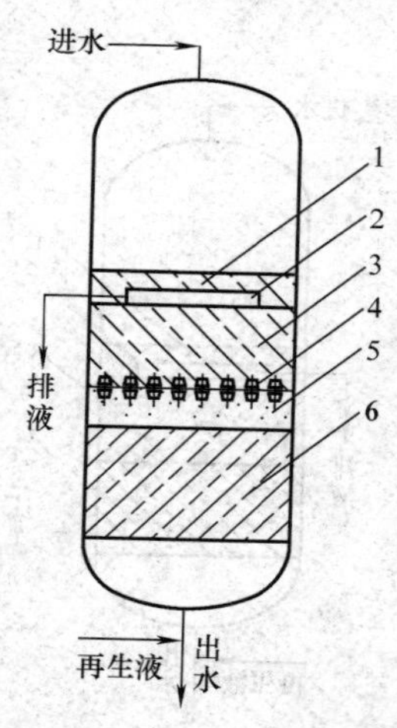

图 6-46　双室床结构示意
1—压脂层；2—再生排液装置；3—弱型树脂层；4—多孔板水帽；5—惰性树脂层；6—强型树脂层

在此种设备中，由于强、弱型树脂各处一室，不会混层，所以对树脂的密度、颗粒无特殊要求。上室中留有反洗空间，树脂的清洗在交换器内进行；下室是装满树脂的，所以不能在体内进行清洗，需另设体外清洗装置，这种双室床的结构示意如图 6-46 所示。此外，还有上、下室都装满树脂的双室床，也称双室逆流再生离子交换器，这种双室床上、下室中的树脂都需体外清洗，清洗装置与图 6-43 相同。

双室床的运行和再生操作与双层床相同。

3. 双室浮动床

在双室床中，如果将弱型树脂放下室，强型树脂放上室，运行时采用水自下而上的浮动床方式，则该设备称为双室浮动床。双室浮动床结构示意如图 6-47 所示，外部管路系统与普通浮动床相同。

在这种设备中，由于上、下室中是基本装满树脂的，所以不能在体内进行清洗，需另设专用的树脂清洗装置。

双室浮动床的运行和再生操作与普通浮动床相同，所以该床型具备浮动床工艺和强弱型树脂联合应用的特点。

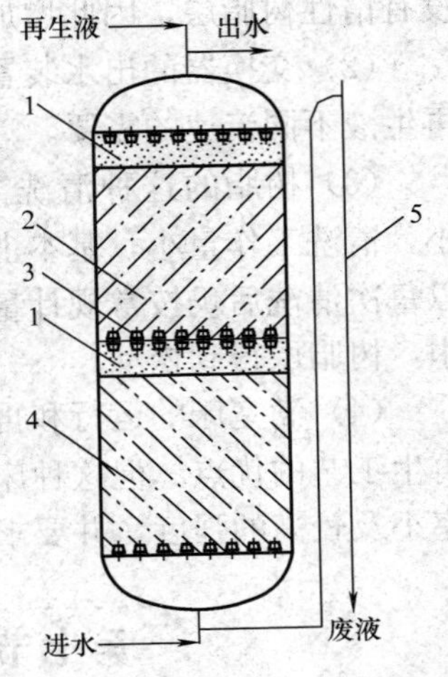

图 6-47　双室浮动床结构示意

1—惰性树脂层；2—强型树脂层；3—多孔板水帽；4—弱型树脂层；5—倒 U 形排液管

八、满室床

所谓满室床就是交换器内是装满树脂的，可以是单室满室床或双室满室床。其结构类似普通浮动床和双室浮动床，不同的是树脂层上面不设惰性树脂层。

满室床系统由满室床离子交换器和体外树脂清洗罐组成。

满室床运行时，进水由底部进入交换器，水流在由下而上流经树脂层的过程中完成交换反应，处理后的水由顶部出水装置引出。再生前先将树脂层下部约 400mm 高度的树脂移入清洗罐中进行清洗，清洗后的树脂再送回满室床树脂层的上部。接着的再生、置换、清洗与浮动床相同。

满室床运行出水的电导率一般为 1.0μS/cm 左右，$SiO_2 \leqslant 10\mu g/L$。

满室床的特点为：

（1）交换器内是装满树脂的，没有惰性树脂层。为防止细小颗粒的树脂堵塞出水装置的网孔或缝隙，采用了均粒树脂。由于没有惰性树脂层，因此增加了交换器空间的利用率。

（2）交换器的出水装置采用的是双流速水帽，以适应出水和再生液不同流速的需要。

（3）树脂的这种清洗方式有以下优点：清洗罐体积可以很小，清洗工作量小；基本上没有打乱有利于再生的失效层态，所以每次清洗后仍按常规计量进行再生；在树脂移出或移入的过程中，树脂层得到松动。

（4）满室床的运行和再生过程与浮动床一样，因此具有对流再生工艺的优点。但这种床型要求树脂粒度均匀、转型体积改变率小及较高的强度，并要求进水悬浮物小于1mg/L。

第七节　混合床除盐

所谓混合床就是将阴、阳树脂按一定比例均匀混合装在同一个交换器中，水通过时同时完成阴、阳离子交换过程的床型，简称混床。

经复床除盐处理的水，虽然水质已经很好，但其纯度仍然只能达到电导率小于5μS/cm，SiO_2＜100μg/L的程度。其主要原因是位于系统首位的H交换器的出水中有强酸，离子交换的逆反应倾向比较显著，以致出水中仍残留少量Na^+，而H交换器出水中的Na^+又会影响串联其后的OH交换器的出水水质。为解决这个问题，一是采取增加级数的办法来提高水质，但增加了设备的台数和系统的复杂性；二是同时进行阴离子交换反应和阳离子交换反应，这就是混合床除盐。

对水质要求很高时，混合床中所用树脂都必须是强型的，弱酸树脂和弱碱树脂组成的混合床出水水质很差，一般不采用。混合床中采用不同类型树脂时的出水水质比较见表6-14。

混合床按再生方式分为体内再生和体外再生两种，体外再生混合床将在第八章中介绍。本节介绍由强酸树脂和强碱树脂组成的体内再生混合床。

表 6-14 混合床中采用不同类型树脂时的出水水质比较

混床类别	强酸强碱混床	强酸弱碱混床	弱酸强碱混床	弱酸弱碱混床
阳树脂	强酸性	强酸性	弱酸性	弱酸性
阴树脂	强碱性	弱碱性	强碱性	弱碱性
水电导率（μS/cm）	0.1	1～10	1	100～1000
出水 SiO_2（mg/L）	0.02～0.1	不变	0.02～0.15	不变

一、混合床除盐原理

混合床可看作是由许许多多阴、阳树脂交错排列而组成的多级式复床。在混合床中，由于运行时阴、阳树脂是相互混匀的，所以阴离子的交换反应和阳离子的交换反应几乎是同时同地进行的。因此，经阳离子交换产生的 H^+ 和经阴离子交换产生的 OH^- 都不会累积起来，而是马上互相中和生成 H_2O，这就使交换反应进行得十分彻底，出水水质很好，其交换反应为

$$2RH+2R'OH+\left.\begin{matrix}Ca\\Mg\\(Na)_2\end{matrix}\right\}\left\{\begin{matrix}SO_4\\(Cl)_2\\(HCO_3)_2\\(HSiO_3)_2\end{matrix}\right.\longrightarrow R_2\left\{\begin{matrix}Ca\\Mg\\(Na)_2\end{matrix}\right.+R'_2\left\{\begin{matrix}SO_4\\(Cl)_2\\(HCO_3)_2\\(HSiO_3)_2\end{matrix}\right.+2H_2O \tag{6-42}$$

为区分阳树脂和阴树脂的骨架，式中将阴树脂的骨架用 R′表示，以示区别。

混合床中树脂运行失效后，应先将两种树脂分离，分别进行再生和清洗。然后再将两种树脂混合均匀，投入运行。

二、混合床结构

混合床离子交换器的本体是个圆柱形承压容器，有内部装置和外部管路系统。交换器的工作压力、工作温度及防腐措施与阴、阳离子交换器相同。内部主要装置有上部进水装置、下部排水装置、碱液分配装置、进酸装置及压缩空气装置，在阴、阳树脂分界处设有中间排液装置。混合床结构，如图 6-48 所示。

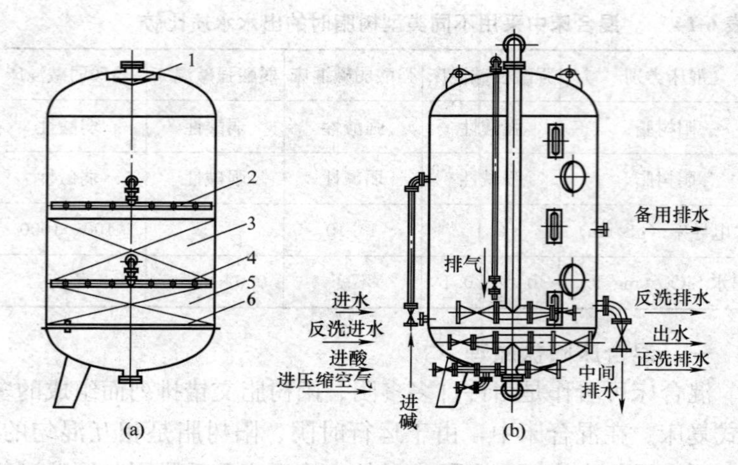

图 6-48　混合床结构

（a）内部结构（再生状态）；（b）管路系统

1—进水装置；2—碱液分配装置；3—阴树脂层；
4—中间排液装置；5—阳树脂层；6—下部排水/进酸装置

三、混合床中树脂

1. 对树脂性能的要求

（1）混合床中阳、阴树脂的再生是分别进行的，为便于阳、阴树脂的分离，两种树脂应有一定的密度差，一般为 0.15～0.20g/mL。

（2）树脂的分离效果不仅与树脂的密度有关，还与树脂颗粒大小有关，若树脂颗粒大小不均匀，则分层难度增加。此外，树脂颗粒范围过大，会增大水流阻力。因此，混床宜选用颗粒较均匀的树脂。

（3）树脂应有较高的机械强度。

2. 阳、阴树脂的比例

确定混合床中阳、阴树脂比例的原则是两种树脂同时失效，以获得树脂交换容量的最大利用率。由于两种树脂的工作交换容量不同、进水水质条件和对出水水质要求的差异，所以应根据具体情况确定混合床中阴、阳树脂的比例。

根据混合床中两种树脂运行周期相同或周期产水量相等的原则，阳、阴树脂的体积比可由式（6-43）计算求得。

$$\frac{V_{RK}}{V_{RA}}=\frac{q_A \cdot \Delta c_K}{q_K \cdot \Delta c_A} \tag{6-43}$$

式中：V_{RK}、V_{RA}为阳树脂和阴树脂的体积，m^3；q_K、q_A为阳树脂和阴树脂的工作交换容量，mol/m^3；Δc_K、Δc_A为需除去的阳离子浓度和阴离子浓度，mmol/L。

一般来说，混合床中阳树脂的工作交换量为阴树脂的2～3倍。因此，如果单独采用混合床除盐，则阳、阴树脂的体积比应为1∶(2～3)；若用于一级复床之后，因其进水pH值在7～8，所以阳树脂的比例应比单独混床时稍高一些。目前国内采用的强酸阳树脂与强碱阴树脂的体积比通常为1∶2。

四、运行操作

由于混床是将阴、阳树脂装在同一个交换器中工作的，再生前需将两种树脂分离，分别进行再生，运行制水前需将两种树脂均匀混合。因此，混合床一个运行周期应包括以下步骤：反洗分层—再生—树脂混合—正洗—制水。

1. 树脂的分离

混合床运行操作中的关键问题之一，就是如何将失效的阴、阳树脂分开，以便分别通入再生液进行再生。阳、阴树脂分离不彻底，产生交叉污染将降低树脂的再生度。

在水处理中，目前都是用水力筛分法对阴阳树脂进行分离。这种方法就是借反洗的水力将树脂悬浮起来，使树脂层达到一定的膨胀高度，维持一段时间，然后停止进反洗水，树脂靠重力沉降，由于阳、阴树脂的湿真密度不同，所以沉降速度不等，从而达到分层的目的。阴树脂的密度较阳树脂的小，分层后阴树脂在上，阳树脂在下。所以只要控制适当，可以做到两种树脂之间有一明显的分界面。

反洗开始时，流速宜小，待树脂层松动后，逐渐加大流速到10m/h左右，使整个树脂层的膨胀率在50%～70%，维持10～

15min，一般即可达到较好的分离效果。

新的 H 型阳树脂和 OH 型阴树脂有时还有抱团现象（即互相黏结成团），也使分层困难。为此，可在分层前先通入 NaOH 溶液以破坏抱团现象，同时还可使阳树脂转变为 Na 型，阴树脂再生成 OH 型，从而加大阳、阴树脂的湿真密度差，这对提高阳、阴树脂的分层效果有利。

2. 再生

这里只介绍体内再生法。体内再生法就是树脂在交换器内进行再生的方法。根据进酸、进碱和清洗步骤的不同，又可分为两步法和同时进行法。

(1) 两步法。所谓两步法是指酸、碱再生液不是同时，而是分先后进入交换器。它又可分为碱液先通过阴、阳树脂而后酸再通过阳树脂的两步法和碱、酸先后分别通过阴、阳树脂的两步法。在大型装置中一般采用后者，其操作过程如图 6-49 所示。

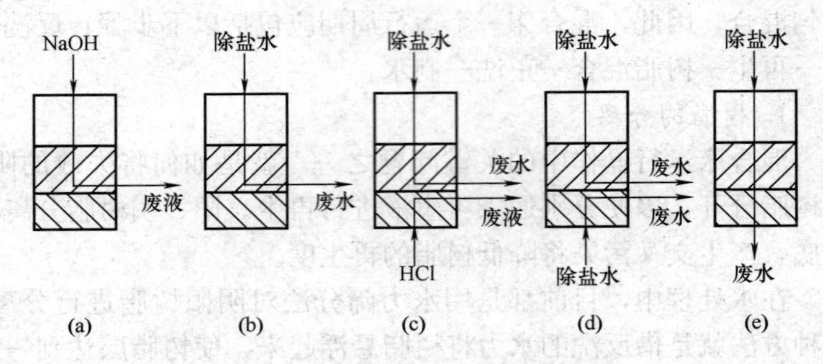

图 6-49 混合床两步再生法示意

(a) 阴树脂再生；(b) 阴树脂清洗；(c) 阳树脂再生，阴树脂清洗；(d) 阴、阳树脂各自清洗；(e) 正洗

具体做法是在反洗分层后，放水至树脂表面上 100～200mm 处，从上部送入碱液再生阴树脂，废液从阴、阳树脂分界处的中排管排出，接着按同样的流程清洗阴树脂，直至排水的 OH^- 降至 0.5mmol/L 以下（在上述过程中，也可用少量水自下部通过

阳树脂层，以减轻碱液对阳树脂的污染）。然后，由底部进酸再生阳树脂，废液由中排管排出。为防止酸液进入已再生好的阴树脂层中，同时需继续自上部通以小流量的水清洗阴树脂。阳树脂的清洗流程也和再生时相同，清洗至排水的酸度降至 0.5mmol/L 以下为止。最后进行整体正洗，即从上部进水底部排水，直至出水电导率小于 1.5μS/cm 为止。

（2）同时进行法。再生时，由混合床上、下同时分别进入碱液和酸液，并接着进清洗水，对阴、阳树脂分别进行清洗，由中排管同时排出。采用此法时，若酸液进完后，碱液还未进完，下部仍应以同样流速通清洗水，以防碱液窜入下部污染已再生好的阳树脂。同时进行法的操作过程如图 6-50 所示。

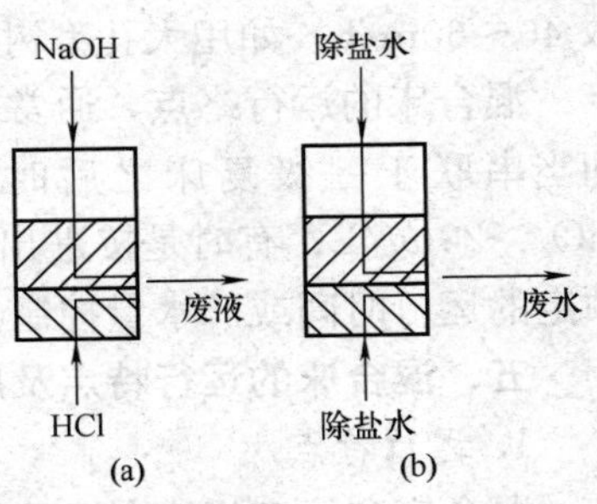

图 6-50 混合床同时再生法示意
（a）阴、阳树脂同时分别再生；
（b）阴、阳树脂同时分别清洗

混合床再生时，推荐的再生剂用量分别为 HCl80kg/m^3和 NaOH100kg/m^3。

3. 阴、阳树脂的混合

树脂再生和清洗后，在投入运行前必须将分层的阴、阳树脂重新混合均匀。阴、阳树脂混合不均匀，将降低树脂层的除盐能力，造成出水水质恶化和运行周期缩短。目前，常采用从底部通入压缩空气的办法搅拌混合，所用的压缩空气应经过净化处理，以防止压缩空气中有油类杂质污染树脂。压缩空气压力一般采用 0.1～0.15MPa，标准状态下流量为 2～3m^3/（m^2·min），混合时间主要视树脂是否混合均匀为准，一般为 0.5～1.0min。

为获得较好的混合效果，混合前应把交换器中的水面下降到树脂层表面上 100～150mm 处。此外，为防止树脂在沉降过程中又重新分层，可加大排水速度或采用进水迫使树脂迅速降落。

4. 正洗

混合后的树脂层，还要用除盐水以 10～20m/h 的流速进行正洗，直至出水水质合格后，方可投入运行。正洗后期的正洗排水可回收利用。

5. 制水

混合床的运行制水可采用较高的流速，通常对凝胶型树脂可取 40～60m/h，如用大孔型树脂可高达 100m/h 以上。

混合床的运行终点，通常是按规定的失效水质标准控制的，即当串联于一级复床之后时，出水电导率大于 0.2μS/cm 或 SiO_2＞20μg/L；有时是按进出口压力差控制的。此外，也可按预定的运行时间或产水量控制。

五、混合床的运行特点及应用

1. 运行特点

混合床和复床相比有以下优点：出水水质优良和出水水质稳定；间断运行对出水水质影响较小；终点明显。缺点是树脂交换容量的利用率低；再生剂比耗高；再生操作复杂，需要的时间长。

2. 应用

由于混合床具有上述特点，所以在对水质要求很高时，往往在一级复床除盐系统或反渗透脱盐系统后设置混合床进行深度除盐，以进一步提高水的纯度。混床进水应满足以下水质要求：电导率（25℃）小于 10μS/cm，SiO_2＜100μg/L，碳酸化合物小于 20μmol/L，含盐量小于 5mg/L。在这样的系统中，混床出水水质为电导率小于 0.2μS/cm，SiO_2＜10μg/L。

在处理凝结水时，由于被处理水的离子浓度低，才单独使用混合床。

第八节　水的脱碳处理及除碳器

脱除水中 CO_2 气体的处理工艺称为水的脱碳处理，脱除水中

CO_2气体的设备称为除二氧化碳器，简称除碳器。

在一级复床除盐系统中，水经 H 离子交换后，HCO_3^- 转变成了游离 CO_2，连同进水中原有的游离 CO_2，可很容易地由除碳器脱除，以减轻 OH 交换器的负担，这就是在除盐系统中设置除碳器的目的。

在原水碱度很低时，如低于 0.5mmol/L 或水经软化降碱处理时，除盐系统中也可不设除碳器，水中这部分碱度经 H 离子交换后生成的少量 CO_2，可在水流经 OH 交换器时以 HCO_3^- 形式被强碱树脂交换除去。

一、脱除 CO_2 的原理

水中碳酸化合物有式（6-44）的平衡关系

$$H^+ + HCO_3^- \rightleftharpoons H_2CO_3 \rightleftharpoons CO_2 + H_2O \qquad (6\text{-}44)$$

由式（6-44）可知，水中 H^+ 浓度越大，平衡越易向右移动。经 H 离子交换后的水呈强酸性，水的 pH 值低于 4.2（一般为 2～3），此时水中碳酸化合物几乎全部以游离 CO_2形式存在。

CO_2气体在水中的溶解度服从于亨利定律，即在一定温度下气体在溶液中的溶解度与液面上该气体的分压成正比。所以，只要降低与水相接触的气体中 CO_2的分压，溶解于水中的游离 CO_2 便会从水中解析出来，从而将水中游离 CO_2除去。除碳器就是根据这一原理设计的。

降低 CO_2气体分压的办法，一个办法是在除碳器中鼓入空气，即通常说的大气式除碳；另一个办法是从除碳器的上部抽真空，即通常说的真空式除碳。

二、大气式除碳器

1. 除碳器结构

大气式除碳器结构示意，如图6-51所示。本体是一个圆柱形常压容器，用钢板衬胶或塑料制成；上部有布水装置，下部有风室；器内装有填料层；下部出水口有水封，防止空气短路。除碳器风机一般都采用高效离心式风机。

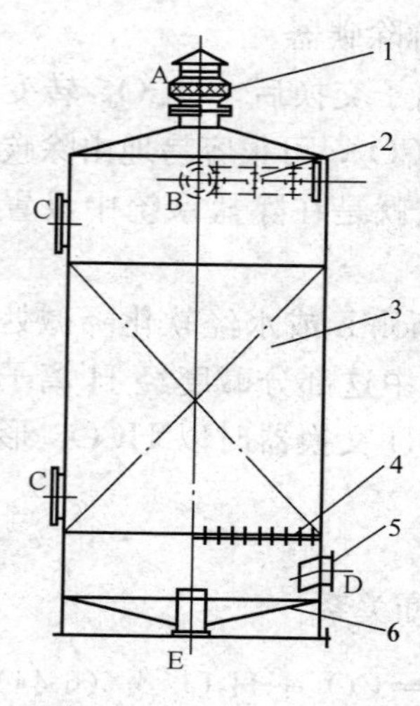

图 6-51　大气式除碳器结构示意

1—收水器；2—布水装置；3—填料层；4—格栅；5—进风管；6—出水锥底

A—排风口；B—进水口；C—人孔；D—进风口；E—出水口

2. 填料

除碳器中填料的作用是将水分散成许多水滴、水膜或小股水流，用以增大水与空气的接触面积。

过去常用瓷环作填料，近几年已逐渐被塑料多面空心球代替，塑料多面空心球有很大的比表面积（一般在几百平方米每立方米），规格有 $\phi25$、$\phi38$、$\phi50$ 等多种。

填料体积对 CO_2 的脱除效果有很大影响，它取决于处理的水量、需脱除 CO_2 的量和填料的技术性能。填料体积可按式（6-45）计算：

$$V = A/S \tag{6-45}$$

式中：V 为除碳器所需的填料体积，m^3；A 为除碳器所需填料的解析面积，m^2；S 为单位体积填料所具有的比表面积，m^2/m^3。

S 值可按选定的填料品种及规格查得，A 可按式（6-46）计算求得

$$A = \frac{G}{K \cdot \Delta\rho} \tag{6-46}$$

式中：G 为需脱除 CO_2 的量，kg/h；K 为 CO_2 的解吸系数，m/h，它与填料种类和水温有关；$\Delta\rho$ 为脱除 CO_2 的推动力，kg/m^3。

$\Delta\rho$ 按式（6-47）计算：

$$\Delta\rho = \frac{(\rho_1 - \rho_2)}{2.44\lg(\rho_2/\rho_1)} \times 10^{-3} \tag{6-47}$$

式中：ρ_1、ρ_2 为除碳器进、出水中 CO_2 含量，mg/L。

3. 工作过程

除碳器工作时，水从上部进入，经布水装置淋下，通过填料层后，从下部排入水箱。用来除CO_2的空气是由风机从除碳器底部送入，通过填料层后随脱除的CO_2一起由顶部排出。

在除碳器中，由于填料的阻挡作用，从上面流下来的水被分散，充分与空气接触。由于空气中CO_2的量很少，它的分压约为大气压的0.03%，所以当空气和水接触时，水中CO_2便会析出并被空气带走，排至大气。

4. 影响除CO_2效果的工艺条件

在20℃，当水中CO_2和空气中CO_2达到平衡时，水中CO_2应等于0.5～0.7mg/L，但在实际设备中它们尚未达到平衡。通过大气式除碳器后，一般可将水中CO_2含量降至5mg/L左右。

当处理水量、原水中碳酸化合物含量和对出水中CO_2的要求一定时，影响除CO_2效果的工艺条件如下。

（1）水温。脱除CO_2效果与水温有关，水温越高，CO_2在水中的溶解度越小，因此脱除的效果也就越好。

（2）水和空气的接触面积。比表面积大的填料能有效地将水分散成线状、膜状或水滴状，从而增大了水和空气的接触面积，也缩短了CO_2从水中析出的路程和降低了阻力，从而提高了CO_2从水中析出的速度。

（3）水和空气的流动工况。水和空气的逆向流动存在较大的浓度梯度，即沿水流方向接触的是新鲜空气，水中残留的CO_2含量低，从而可得到较高的除碳效果。

（4）风量和风压。为有效脱除水中的CO_2，应有足够的风量，通常在淋水密度为$60m^3/(m^2 \cdot h)$时，每处理$1m^3$的水需空气量$15～30m^3$（标准状态）。风机的风压与风管、填料支架的阻力及填料种类、填料高度有关，合适的风压是既能将解析出的CO_2吹脱，又不使水散失。

三、真空式除碳器

真空式除碳器是从除碳器上部抽真空，使水达到沸点而除去溶于水中的各种气体，所以也称除气器。这种方式不仅能除去水中的CO_2，而且能除去溶于水中的O_2和其他气体，因此对防止后面的阴树脂氧化和管道腐蚀也是有利的。

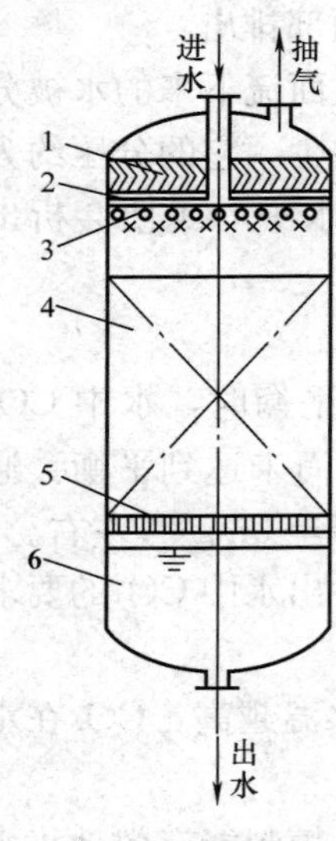

图 6-52　真空式除碳器结构

1—收水管；2—布水管；3—喷嘴；4—填料层；5—填料支撑；6—存水区

通过真空除碳器后，水中CO_2可降至3mg/L以下，残余O_2低于0.03mg/L。

1. 真空除碳器结构

真空除碳器结构如图 6-52 所示。由于真空除碳器是在负压下工作的，所以外壳要求具有密闭性和足够的强度。壳体下部设存水区，其容积应根据处理水量及停留时间决定，也可在下方另设卧式水箱（如图 6-53 所示）以增加存水的容积。布水装置上的喷嘴用以将水喷淋成雾状，并在填料表面形成水膜，增大CO_2的析出面积。真空式除碳器所用的填料及其高度与大气式除碳器的相同，淋水密度一般为40～60$m^3/(m^2 \cdot h)$。

2. 真空除碳系统

真空除碳系统由真空除碳器及真空系统组成。

真空状态可用水射器、蒸汽喷射器或真空机组形成。图 6-53 为水射器真空系统，图 6-54 为真空机组的真空系统。

真空除碳器内的真空度使输出水泵吸水困难，为保证水泵的正常工作条件，一般设计成高位式系统和低位式系统的布置方式。

（1）高位式系统。提高除碳器布置位置，增大除碳器内水面与水泵轴线的高度差，以满足输出水泵吸水所需的正水头，如图 6-53 所示。

（2）低位式系统。在水泵吸入管上增设一个水射器，以水射器的抽吸能力克服除碳器内的负压，维持输出水泵吸水所需的正水头，如图 6-54 所示。

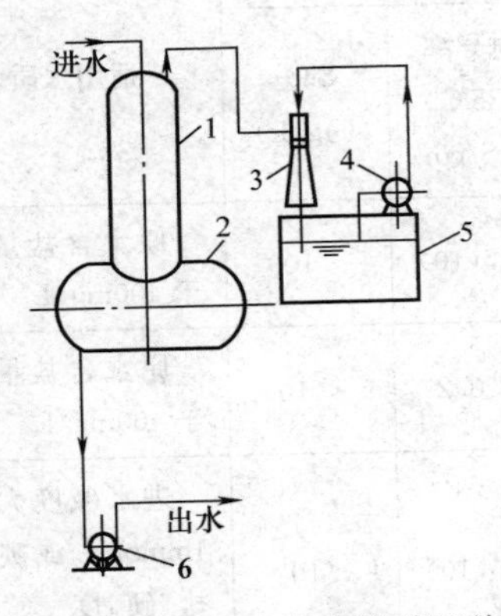

图 6-53　高位式真空除碳系统

1—除碳器；2—存水箱；

3—水射器；4—工作水泵；

5—工作水箱；6—输出水泵

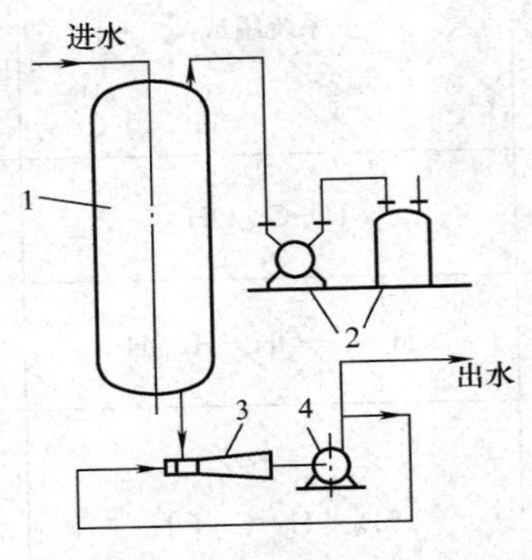

图 6-54　低位式真空除碳系统

1—除碳器；2—真空机组；

3—水射器；4—输出水泵

第九节　离子交换除盐系统

一、常用的除盐系统

为充分利用各种离子交换工艺的特点和各种离子交换设备的功能，在水处理应用中，常将它们组成各种除盐系统。

火力发电厂水处理系统的选择，主要是根据水源的水质特点和机组对水质、水量的要求。确定了机组对水质的要求后，就可根据原水水质特点及各种除盐系统所能达到的出水水质，进行综合分析，选取相应的水处理系统。选用系统的出水水质应能达到锅炉补给水的水质标准。

表 6-15 列出了常用的离子交换除盐系统及适用情况，现对表中各系统的特点做一简要说明。

表 6-15　常用的离子交换除盐系统及适用情况

序号	系统组成	出水水质		适用水质
		电导率（25℃）（μS/cm）	SiO_2（μg/L）	
1	H—C—OH	<5(10)	<100	原水含盐量小于 400mg/L
2	H—C—OH—H/OH	<0.2	<10	原水含盐量小于 400mg/L
3	H_W—H—C—OH	<5(10)	<100	进水碱度大于 4mmol/L 或碳酸盐硬度大于 3mmol/L
4	H_W—H—C—OH—H/OH	<0.2	<10	进水碱度大于 4mmol/L 或碳酸盐硬度大于 3mmol/L
5	H—C—OH_W—OH 或 H—OH_W—C—OH	<5(10)	<100	进水强酸阴离子大于 2mmol/L 或进水有机物较高（>2mmol/L）
6	H—C—OH_W—H/OH 或 H—OH_W—C—H/OH	<0.5	<100	进水强酸阴离子含量较高，且 SiO_2 含量低
7	H—C—OH_W—OH—H/OH 或 H—OH_W—C—OH—H/OH	<0.2	<20	进水强酸阴离子大于 2mmol/L 或进水有机物较高（>2mmol/L）

续表

序号	系统组成	出水水质		适用水质
		电导率（25℃）（μS/cm）	SiO_2（μg/L）	
8	H_W—H—C—OH_W—OH 或 H_W—H—OH_W—C—OH	＜5(10)	＜100	进水碱度高、强酸阴离子也高
9	H_W—H—C—OH_W—OH—H/OH H_W—H—OH_W—C—OH—H/OH	＜0.2	＜20	进水碱度高、强酸阴离子也高
10	RO—(C)—H/OH	＜0.1	＜10	原水含盐量大于400mg/L，TOC含量高
11	RO—H—（C）—OH—H/OH	＜0.1	＜10	原水含盐量大于400mg/L，TOC含量高
12	RO—RO—H/OH	＜0.1	＜10	原水含盐量及硅含量高
13	RO—RO—EDI	＜0.1	＜10	原水含盐量高，电导率或二氧化硅高
14	RO—RO—H—(C)—OH—H/OH	＜0.1	＜10	海水
15	S—H/OH	＜0.1	＜0.02	海水
16	S—H—OH—H/OH	＜0.1	＜0.02	海水

注　1. 表中（C）表示反渗透后根据进水水质情况设或不设除碳器；（10）指顺流再生时的出水电导率。

2. 表中符号：H—强酸H离子交换器；H_W—弱酸H离子交换器；OH—强碱OH离子交换器；OH_W—弱碱OH离子交换器；H/OH—混合离子交换器；C—除碳器；RO—反渗透器；EDI—电除盐；S—蒸馏装置。

表6-15中，系统1、3、5、8属一级复床除盐系统，其中，系统1是由一个强酸H交换器、除碳器和一个强碱OH交换器组成的常规一级复床除盐系统。系统3、5、8是在系统1的基础上增设了弱酸或（和）弱碱离子交换器，如系统3和系统1相比，增设了弱酸H交换器，故系统3适用于处理碱度高、碳酸盐硬度高的水；系统5是在系统1上增设了弱碱OH交换器，故系统5适用于处理强酸阴离子及有机物含量较高的水；系统8是系统1同时增设了弱酸H交换器和弱碱OH交换器，因而它适用于处理碱度及强酸阴离子都较高的水。

系统2、4、7、9都设有混床，所以其出水质量高。系统2是常规的一级复床＋混床系统，系统4、7、9分别是在系统3、5、8基础上加了混床，因此它们除适用处理系统3、5、8所适用的水质外，还具有出水水质优的特点。系统6的前级中仅有弱碱OH交换器，所以此系统适用于处理强酸阴离子含量高，但SiO_2含量低的水。

系统10、11、12、13的前级设置了反渗透装置，起预脱盐的作用，所以适用处理含盐量高的水；系统14前级设置了两级反渗透，系统15、16前级设置了蒸馏，所以系统14、15、16适用处理含盐量更高的水，如海水。

二、床型和树脂的选择

正确地选择床型和装填的树脂，对水处理系统的一次投资、运行成本、适应的进水水质条件、出水水质都有较大的影响。

1. 床型的选择

对常用床型的选择，一般有如下看法。

（1）进水悬浮物不稳定或经常大于2mg/L者，不宜采用逆流再生固定床和浮动床等对流再生的床型。

（2）当进水碱度比（即碱度/总离子量）偏低或进水钠离子比（钠离子/总离子量）偏高时，为保证出水水质，宜采用逆流再生固定床。

（3）进水水质变化较大、离子比值不稳定时，不宜采用双层床、双室床等强弱型联合应用的床型。

（4）单组设备出力小（如小于 $30m^3/h$）或低流速运行（如低于成床流速）的设备，或经常间歇供水或供水量不稳定的系统，不宜选用浮动床。

（5）弱型树脂一般都选用顺流再生的床型，因为弱型树脂再生效率高，在顺流再生条件下即可有较好的再生效果。

（6）弱-强型树脂联合应用，可采用串联的复床系统，也可采用双层床、双室床或双室浮动床。

2. 树脂的选择

在选用树脂时，除应考虑树脂的各项工艺性能外，还应结合进水水质、水质组分、床型等因素综合考虑，选用树脂的原则如下。

（1）弱型树脂一般具有再生剂比耗低、工作交换容量大的特点，在合适的水质条件下采用弱-强型树脂联合应用，可以扩大对进水含盐量的适用范围，提高水处理系统的经济性。

（2）混合床阴、阳树脂的湿真密度差应不小于 15%；凝结水混床宜采用高强度均粒径树脂。双层床内的强、弱两层树脂应能形成明显的界面，为此强、弱型树脂应有足够的湿真密度差。

（3）Ⅱ型强碱性阴树脂的工作交换容量比Ⅰ型树脂的大，但除硅能力比Ⅰ型树脂差，所以在进水强酸阴离子含量大、SiO_2含量较低或对出水 SiO_2要求不高时，可选用Ⅱ型强碱性阴树脂。

（4）除硅必须用强碱性阴树脂，一级复床＋混床除盐系统中的混床必须选用强酸性阳树脂和强碱性阴树脂。

（5）进水有机物含量较高时，为防止强碱性阴树脂的有机物污染，应选用抗有机物污染的阴树脂。

1）丙烯酸强碱性阴树脂抗有机物污染能力强，再生时有机物洗脱效果比凝胶型的好。所以，进水有机物含量较高时，阴床宜选用丙烯酸强碱性阴树脂。

2）大孔弱碱性阴树脂对有机物的吸附能力和再生时的洗脱效果均较好，在弱碱树脂-强碱树脂串联的复床系统或阴双层床中，可选用大孔弱碱性阴树脂。

3）大孔苯乙烯强碱性阴树脂对溶解态有机物的交换作用或对悬浮状有机物的吸附作用，以及再生时的洗脱效果均高于凝胶型强碱性阴树脂。所以阴离子交换器选用大孔型树脂，对防止阴树脂的有机物污染和保护混床树脂较为有利。

三、复床除盐系统的组合方式

复床除盐系统的组合方式一般分为单元制和母管制。

（1）单元制。图 6-55（a）为组合方式是单元制的一级复床除盐工艺流程，图中符号与表 6-12 中的相同。

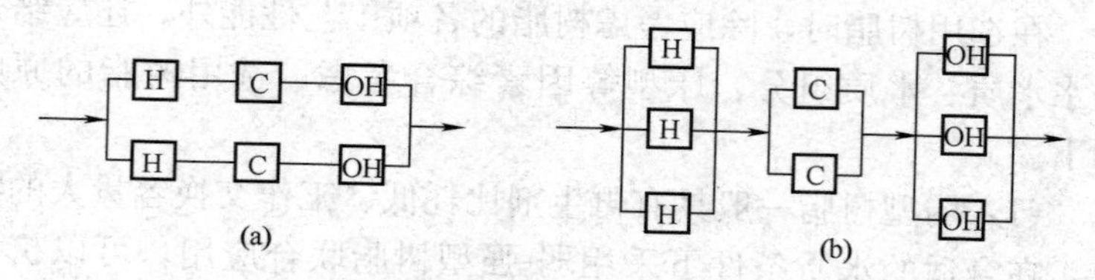

图 6-55　复床除盐系统的组合方式

（a）单元制；（b）母管制

该组合方式适用于进水离子比值稳定，交换器台数不多的情况。单元制系统中，通常 OH 交换器中阴树脂的装入体积富余 10%～15%，其目的是让 H 交换器阳树脂先失效，这样泄漏的 Na^+经过 OH 交换器后，在其出水中生成 NaOH，导致出水电导率发生显著升高，便于运行终点监督。此时，只需监督复床除盐系统中 OH 交换器出水的电导率和 SiO_2 即可。当电导率或 SiO_2 显示失效时，H 交换器和 OH 交换器同时停止运行，分别进行再生后，再投入运行。

此组合方式易自动控制，但 OH 交换器中树脂的交换容量往往未能充分利用，故碱耗较高。

（2）母管制。图 6-55（b）为组合方式是母管制的一级复床除盐工艺流程。该组合方式适用于进水离子比值变化较大，交换器台数较多的情况。在此组合方式中 H 交换器和 OH 交换器分别监督，失效者从系统中解列出来进行再生，与此同时将已再生好的备用交换器投入运行。此组合方式运行的灵活性较大。

四、再生系统

离子交换除盐装置的再生剂是酸和碱。所以，在用离子交换法除盐时，必须有一套用来贮存、配制、输送和投加酸、碱的再生系统。常用的酸有工业盐酸和工业硫酸，常用的碱是工业氢氧化钠。

液态的酸、碱常用贮存罐贮存。贮存罐有高位布置和低位（半地下）布置，当高位布置时［如图 6-56（a）所示］，槽车中酸、碱是用酸泵、碱泵送入贮存罐中的，再生时靠其自身的重力将一次的用量卸入计量箱中；当低位布置时［如图 6-56（b）所示］，运输槽车中的酸、碱靠其自身的重力卸入贮存罐中，再生时用酸泵或碱泵将一次的用量送入计量箱中，也可采用抽负压的办法输送。

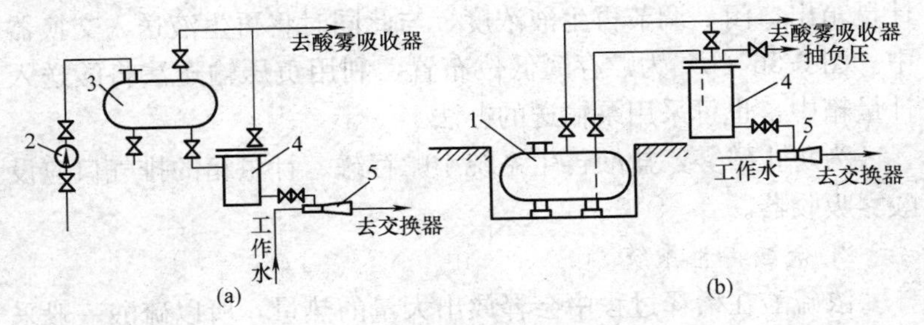

图 6-56 盐酸再生系统

（a）贮存罐高位布置；（b）贮存罐低位布置负压输送

1—低位贮存罐；2—酸泵；3—高位贮存罐；4—计量箱；5—喷射器

液态再生剂的输送常用方法有压力法、负压法和泵输送法。压力法是用压缩空气挤压酸、碱的输送方法，这种方式一旦设备发生漏损就有溢出酸、碱的危险；负压输送法就是利用抽负压使酸、碱在大气压力下自动流入，此法因受大气压的限制，输送高度不能太高；用泵输送比较简单易行。

将浓的酸、碱稀释成所需浓度的再生液，常用的配制方法有容积法、比例流量法和喷射器输送配制法。容积法是在溶液箱

（槽、池）内先放入定量的稀释水，再放入定量的再生剂，搅拌成所需浓度。比例流量法是通过计量泵或借助流量计，按比例控制稀释水和再生剂的流量，在管道（或混合器）内混合成所需浓度的再生液。喷射器输送配制法是用压力、流量稳定的稀释水通过喷射器，在抽吸和输送过程中配制成所需浓度的再生液，这种方法大都直接用在再生液投加的时候，即在配制的同时，将再生液投加至交换器中。

在再生液的输送、投加系统中，装有酸（或碱）浓度计和流量计，用来指示再生液浓度和再生流量。

1. 盐酸再生系统

盐酸再生系统如图 6-56 所示，其中图 6-56（a）为贮存罐高位布置，再生剂靠贮存罐与计量箱的位差，将一次的用量卸入计量箱。再生时，首先打开喷射器压力水门，调节流量，然后再开计量箱出口门，调节再生液浓度，与此同时将再生液送入交换器中。图 6-56（b）为贮存罐低位布置，利用负压输送法将酸送入计量箱中，也可采用泵输送的办法。

为防止酸雾，盐酸再生系统中贮存罐、计量箱的排气口应设酸雾吸收器。

2. 硫酸再生系统

浓硫酸在稀释过程中会释放出大量的热量，所以硫酸一般采用二级配制方法，即先在稀释箱中配制成 20%左右的硫酸，再用喷射器稀释成所需浓度并送入交换器中。

3. 碱再生系统

用于再生阴离子交换树脂的碱有液体的，也可用固体的。液体碱浓度一般为 30%～42%，其配制、输送与盐酸再生系统类似。固体碱通常含 NaOH 在 95%以上，一般先将其溶解成 30%～40%的浓碱液，存入碱贮存罐中，使用时再用喷射器稀释成所需浓度的再生液，并送入交换器中。

由于固体碱在溶解过程中及浓碱在稀释过程中会放出大量热量，溶液温度升高，为此溶解槽及其附设管路、阀门一般采用不锈钢材料。

提高碱再生液温度有利于硅的洗脱，碱再生液的加热有两种方式：一种是加热再生液，它是在水射器后增设蒸汽喷射器，用蒸汽直接加热再生液；另一种是加热配制再生液的水，它是在水射器前增设热水罐，用电或蒸汽将水加热。

碱再生系统中，贮存罐及计量箱的排气口宜设 CO_2 吸收器。

五、再生废液处理系统

在化学除盐系统中，废液主要是交换器的再生排放液及正洗、反洗排水，它们主要含有酸、碱和一些盐类及悬浮物。这部分废液通常采用中和法进行处理，即将 H 交换器再生排放的酸性废液和 OH 交换器再生排放的碱性废液相互中和，达到我国目前规定的 pH＝6～9 的排放标准。由于阳、阴离子交换器的再生往往不是同时进行的，且各自的排放量也不相等，因此要使两种排放液有效地中和，必须设置中和池。此外，为促使酸、碱废液充分混合，还必须在中和池内设置搅拌装置。常用的搅拌方法有两种，一是引入压缩空气搅拌，二是用泵抽取废液循环回流搅拌。

一般情况下，阴、阳离子交换器排放的废碱液和废酸液并非是等量的，因此为了中和过剩的酸（或碱）废液，常常还须投加碱（或酸）性药剂。这些药剂可直接投入中和池，也可投入位于中和池之后的 pH 值调节池进行二次中和。

早期的酸碱废液处理多数采用单项中和处理，pH 值达标后排放。目前一般采用就地收集，初步中和，然后送至工业废水处理站进行集中处理。

第十节 离子交换树脂的使用与维护

离子交换树脂的正确使用与维护是离子交换水处理能获得良好效果并延长树脂使用寿命的关键。

一、离子交换树脂的贮存

树脂在贮存期间，应采取妥善措施，以防止树脂失水、受冻和受热，以及微生物滋长。否则会影响树脂的稳定性，降低其交换容量，缩短其使用寿命。

1. 防止树脂失水

出厂的新树脂都是湿态，其含水量是饱和的，在运输过程和贮存期间应防止树脂失水。如果发现树脂已失水变干，应先用10%NaCl溶液浸泡，再逐渐稀释，以免树脂因急剧溶胀而破裂。

2. 防止树脂受热、受冻

树脂贮存过程中温度不易过高或过低，其环境温度一般宜在5～40℃。温度过高，则容易引起树脂变质、交换基团分解和滋长微生物；若在0℃以下，会因树脂网孔中水分冰冻使树脂体积膨大，造成树脂胀裂。如果温度低于5℃，又无保温条件，这时可将树脂浸泡在一定浓度的食盐水中，以达到防冻的目的。食盐水浓度可根据气温条件而定，食盐水浓度与冰点的关系见表6-16。

表6-16　食盐水浓度与冰点的关系

食盐水的百分含量（%）	5	10	15	20	33.5
冰点（℃）	−3.1	−7.0	−10.8	−16.3	−21.2

3. 防止微生物滋长

使用过的树脂长期在水中存放时，其表面容易滋长微生物，而使树脂受到污染，尤其是在温度较高的环境中。为此，长期存放的树脂，必须定期换水或用水反冲洗。

此外，树脂存放时，要避免直接接触铁容器、氧化剂和油脂类物质，以防树脂被污染或氧化降解，而造成树脂劣化。

二、新树脂使用前的预处理

新树脂中，常含有过剩的原料、反应不完全的低聚合物等杂质，除这些有机物外，树脂中还往往含有铁、铅、铜等无机杂质。树脂在使用过程中，这些杂质会逐渐溶解释发出来，影响水质。因此，新树脂在使用前必须进行预处理，以除去树脂中的可溶性杂质。

新树脂的预处理一般是用稀酸、稀碱溶液交替浸泡或动态清洗，用稀盐酸溶液除去其中的无机杂质（主要为铁的化合物），用稀氢氧化钠溶液除去有机杂质。

1. 水洗

将树脂装入交换器中，用清水反冲洗，以除去混在树脂中的机械杂质、细碎树脂粉末，以及溶解于水的物质。反冲洗时控制树脂层膨胀率在50%左右，直至排水黄色消失为止。阳树脂和阴树脂在酸、碱处理前都需先进行水洗。

2. 酸、碱处理

（1）阳树脂的酸、碱处理。将水洗后的阳树脂用约树脂体积两倍的2%～4%NaOH溶液浸泡4～8h后排掉，或小流量动态清洗。然后，用清水洗至排出液近中性为止。再通入约树脂体积两倍的5% HCl溶液，浸泡4～8h后排掉，或小流量动态清洗。然后，再用清水洗至近中性。

（2）阴树脂的酸、碱处理。将水洗后的阴树脂用约树脂体积两倍的5%HCl溶液浸泡4～8h后排掉，或小流量动态清洗。然后，用清水洗至排出液近中性。再通入约树脂体积两倍的2%～4% NaOH溶液，浸泡4～8h排掉，或小流量动态清洗。然后，再用清水洗至近中性。

树脂经上述处理后，阳树脂转为H型，阴树脂转为OH型。

预处理后的新树脂经过一个周期运行失效后，第一次再生时，酸、碱用量应为正常再生时的1.5～2倍，以保证树脂得到较充分的再生。

三、离子交换树脂的氧化降解与防止

树脂在应用中降解的主要原因是受氧化剂的氧化作用，如水中的游离氯、硝酸根及溶于水中的氧。当温度高时，树脂受氧化剂的作用更为严重，若水中有重金属离子，因其能起催化作用致使树脂氧化加剧。

总的来说，阴树脂的稳定性比阳树脂差，所以它对氧化剂和高温的抵抗能力也差，但由于它们在除盐系统中位置不同，所以受氧化的程度也不同。

1. 阳离子交换树脂的氧化

在除盐系统中，H 交换器处于首位，所以阳离子交换树脂受氧化剂侵害的程度最为强烈。

关于阳树脂的氧化过程，一般认为阳树脂的氧化结果使苯环间的碳链断裂。氧化作用最容易发生在叔原子上，所以凡是与苯环、羧基或酰胺基直接相连的碳链中的碳原子最易发生反应。

阳树脂氧化后，颜色变淡、含水量增加、树脂体积变大，因此易碎和体积交换容量降低。阳树脂氧化的碳链断裂产物由树脂上脱落下来后，变为可溶性物质。这些可溶性物质中有弱酸基，因此当它随水进入阴离子交换器时，首先被阴树脂吸着，吸着不完全时，就留在阴离子交换器的出水中，使水的质量降低。

树脂氧化降解后其性能是不能恢复的。为防止氧化，在水的预处理中若采用了加氯或以自来水为 H 交换器的进水时，应设法控制 H 交换器进水游离氯低于 0.1mg/L。除去水中游离氯常采用的方法是在 H 交换器之前设置活性炭过滤器，另外还可在水中投加一定量还原剂（如 Na_2SO_3或 $NaHSO_3$）进行脱氯。

2. 阴离子交换树脂的氧化

因 OH 交换器在除盐系统中都是布置在 H 交换器之后，水中强氧化剂都消耗在氧化阳树脂上了，所以一般只是溶于水中的氧对阴树脂起氧化作用。此外，再生过程中碱中所含的氧化剂（如 ClO_3^-、FeO_4^{2-}）也会对阴树脂起氧化作用。

阴树脂的氧化常发生在胺基上，而不是像阳树脂那样在碳链上，最易遭受侵害的部位是其分子中的氮原子。强碱阴树脂受到氧化剂侵害的结果是季铵基团逐渐降解、树脂的碱性减弱，甚至降为非碱性物质，反应如下：

$$R—N(CH_3)_3 \xrightarrow{[O]} R—N(CH_3)_2 \xrightarrow{[O]} R=N—CH_3 \xrightarrow{[O]} R\equiv N—CH_3 \rightarrow \text{非碱性物质}$$

强碱阴树脂在氧化过程中，表现出来的是交换基团总量和强碱交换基团数量逐渐减少，所以对中性盐分解能力，特别是除硅效果下降。

运行水温过高会使树脂的氧化速度加快。Ⅱ型强碱性阴树脂比Ⅰ型易受氧化。

防止强碱性阴树脂氧化的方法有在除盐系统中使用真空除气器，减少 OH 交换器进水中的氧含量；选用高纯度的碱，降低碱液中 Fe 和 $NaClO_3$ 的含量。

四、离子交换树脂的污染与防止

由运行经验得知，离子交换树脂受水中杂质污染是影响其长期可靠运行的主要问题。污染有多种原因，现分述如下。

1. 悬浮物污染

水中的悬浮物会堵塞在树脂颗粒间的空隙中，因而增大了床层水流阻力，若覆盖在树脂颗粒的表面上，会阻塞颗粒中微孔的通道，因而降低了树脂的工作交换容量。

防止这种污染，主要是加强原水的预处理，以减少水中悬浮物含量。交换器进水中的悬浮物含量越少越好，特别是对于对流式再生的设备。离子交换除盐系统要求进水悬浮物小于或等于 5mg/L（顺流再生交换器）和小于或等于 2mg/L（逆流再生交换器）。

此外，为了清除树脂层中的悬浮物，还必须做好交换器的反洗工作。

2. 铁化合物的污染

铁化合物污染在 H 交换器和 OH 交换器中都可能发生。

在 H 交换器中，易于发生离子性污染，这是由于阳树脂对 Fe^{3+} 的亲合力强，所以它吸着了 Fe^{3+} 后就不易再生下来，滞留在树脂颗粒中，变成不可逆交换。当原水预处理不当，而有胶态 $Fe(OH)_3$ 混入树脂，或系统中有铁的腐蚀产物时，在酸性溶液的作用下，它们溶解生成 Fe^{3+}，而被阳树脂吸着。

在 OH 交换器中，易于发生胶态和悬浮态 $Fe(OH)_3$ 的污染，这是因为再生阴树脂用的碱中常含有铁的化合物，特别是工业液碱，因此在 OH 交换器再生时它们易形成 $Fe(OH)_3$ 沉淀物，此外设备、管道的腐蚀产物在碱性介质中也会生成沉淀物。它们会覆盖在树脂颗粒表面或堵塞树脂网孔。

树脂受铁污染，一般是颜色变暗，由淡黄色变为红棕色，严重时变为褐色，铁化合物在树脂中积累，会降低其交换容量，也会污染出水水质。有时树脂中水分含量在短期内迅速增加，也说明存在着金属污染物，因为它促进氧化，加速解链。

为防止树脂铁污染，应尽量减少进水中 Fe 含量，离子交换除盐系统的进水要求 Fe 含量小于 0.3mg/L。如采用含铁较高的地下水时，应采用曝气处理和锰砂过滤除铁；用铁盐作混凝剂时，应提高混凝沉淀效果，防止铁离子进入除盐系统。

清除铁化合物的方法，通常是用高浓度盐酸（如 10%～15%）长时间（如 5～12h）与树脂接触。也可配用柠檬酸、氨基三乙酸、EDTA（乙二胺四醋酸）等络合剂进行综合处理。一般认为，每 100g 树脂中含铁量超过 150mg 时就要进行清洗。

由于工业盐酸含铁量较高，当酸洗被铁污染的阴树脂时，不仅不能清洗出树脂中的铁，相反还会（以 $FeCl_4^-$ 形式）交换到该树脂上去。因此，酸洗被铁污染的阴树脂宜用化学纯的盐酸。

3. 胶态硅的污染

胶态硅污染发生在强碱性阴树脂中。正常情况下，硅酸化合物通常不会污染强碱阴树脂，发生胶态硅污染的原因是再生不充分或树脂失效后没有及时再生。若再生用的碱量不足，再生液流经树脂层时先是发生硅化合物被再生下来的过程，如式（6-48）所示，随后当再生液继续流过时，因其 OH^- 减少 pH 值下降，再生下来的硅化合物会因水解而转化成硅酸，如式（6-49）所示。如果硅酸浓度较大，就会形成胶态硅酸。

$$RHSiO_3 + 2NaOH \rightarrow ROH + Na_2SiO_3 + H_2O \quad (6\text{-}48)$$

$$Na_2SiO_3 + 2H_2O \rightarrow H_2SiO_3 + 2NaOH \quad (6\text{-}49)$$

这种污染在对流式离子交换器中较容易发生，因为硅化合物常集中在树脂层的出水端。而在对流式设备的再生过程中，这些硅化合物必须流经整个树脂层，所以在再生液的流出端，易形成胶态硅化合物。当这些硅化合物积累量较多时，便会出现污染现象。

硅酸型阴树脂在放置过程中会不断发生变化，以致形成不易再生下来的胶态硅化合物。例如，若失效后的强碱OH交换器不及时再生，停放久了就会由于硅化合物的聚合作用而发生结块现象。所以，强碱OH交换器不宜在失效状态下存放。

阴树脂胶态硅污染的现象是树脂中硅含量增大，用碱液再生时这些硅不易洗脱下来，导致OH交换器的除硅效率下降。

为防止阴树脂胶态硅污染，树脂失效后应及时再生，再生剂用量应充足，增加再生接触时间。一旦发现析出胶态硅，可用稀的温碱液浸泡溶解。

五、阴树脂的有机物污染及复苏处理

有机物对强碱性阴树脂的污染是应用离子交换树脂以来所发生的严重问题之一。有机物污染是指离子交换树脂吸附了有机物之后，在再生和清洗时不能将它们解吸下来，以致树脂中的有机物量越积越多的现象。

1. 污染机理

凝胶型强碱性阴树脂之所以易受有机物污染，是由于其高分子骨架属于苯乙烯系，是憎水性的，而腐殖酸和富维酸也是憎水性的，因此两者之间的分子吸引力很强，难以在用碱液再生树脂时解吸出来。由于腐殖酸或富维酸的分子很大，以及凝胶型树脂网孔的不均匀性，因此一旦大分子有机物进入树脂网孔中后，容易卡在树脂凝胶结构的许多缠结部位。这些有机物一方面占据了阴树脂的交换位置，另一方面有机物分子上带负电荷的酸根离子与强碱性阴树脂之间发生了离子交换作用。

2. 污染后的症状

（1）清洗水量增大。在强碱性阴树脂被有机物污染的过程中，会发生再生后清洗用水量逐渐增大的现象。这是因为吸附的有机物上有羧酸基（—COOH），所以这些截留下来的有机物，就好像在阴树脂上增添了弱酸基团，起到阳离子交换树脂的作用。于是当用 NaOH 再生时，这些阳离子交换基团能转变成羧酸钠，如式（6-50）所示。

$$R'COOH + NaOH \longrightarrow R'COONa + H_2O \quad (6\text{-}50)$$

而在清洗时，R′COONa 又慢慢地水解，发生式（6-50）的可逆反应，如式（6-51）所示。

$$R'COONa + H_2O \longrightarrow R'COOH + NaOH \quad (6\text{-}51)$$

这样就会有 NaOH 不断地漏出，要使全部—COONa 因水解而恢复至—COOH 则需大量的清洗水。

（2）工作交换容量降低。有机物污染的另一症状是树脂的工作交换容量降低，这有两种可能的原因：一是活性基团被有机物遮盖；二是因正洗水量加大，正洗水中的阴离子消耗了树脂的一部分交换容量。

（3）出水水质恶化。树脂受到有机物污染后，由于运行中有机酸漏入水中，所以强碱阴床出水的电导率逐渐上升和 pH 值逐渐降低（可降至 5.4～5.7），也会因碱性基团受有机物污染而使除硅能力下降，以致在运行中提前漏硅。

（4）被有机物污染的树脂常常颜色变暗，由淡黄色到棕色，甚至到褐色，原先透明的珠体变成不透明。若将此树脂浸泡在碱性食盐水中，溶液会变成有颜色的。

3. 污染的判断

目前尚无关于强碱阴树脂被有机物污染程度的确切判断标准。有资料提出这样一个简易判别方法：将 50mL 被污染的树脂装入锥形瓶中，用除盐水摇动洗涤 3～4 次，以去除树脂表面污物，然后加 10%的 NaCl 溶液，剧烈摇动 5～10min 后，按溶液色泽判别污染程度，其大致关系见表 6-17。更多的仍是根据有机物污染的症状来判断树脂是否被污染和被污染程度。

表 6-17　　溶液色泽与树脂污染程度的大致关系

色泽	无色透明	淡草黄色	琥珀色	棕色	深棕或褐色
污染程度	不污染	轻度污染	中等污染	重度污染	严重污染

4. 污染的防止

防止有机物污染的基本措施是在除盐系统之前将水中有机物除去，如进入离子交换除盐系统的进水限定 $COD_{Mn}<2mg/L$。但因有机物的种类甚多，所以现在还没有可将它们全部除去的方法。因此，还需要合理地选择树脂，并在运行中采取适当的防止措施。

（1）加强水的预处理。胶态有机物可用混凝、沉淀的办法除去，也可用超滤法滤去或加氯破坏有机物，然后再用活性炭吸附除去余氯和有机物。

（2）采用抗有机物污染的树脂。丙烯酸系强碱性阴树脂的高分子骨架是亲水性的，分子骨架中没有苯环，所以它和有机物之间的分子引力较弱，进入树脂中的有机物在用碱再生时，能较顺利地被解吸出来。它能更有效地克服有机物被树脂吸着的不可逆倾向，提高了有机物在树脂中的扩散性，因此具有良好的抗有机物污染能力。

（3）设弱碱 OH 交换器。弱碱性阴树脂对有机物的亲合力比强碱性阴树脂小，而且大孔弱碱性阴树脂在运行时吸附的有机物在再生时容易被洗脱下来。所以，为防止有机物污染，可在除盐系统中的强碱性阴树脂前设大孔型弱碱 OH 交换器，也可将它与强碱性阴树脂做成双层床或双室床。

5. 有机物污染的复苏处理

离子交换树脂被有机物污染后，可用适当的方法处理，使它恢复原有的性能，这称为复苏处理。

研究发现，复苏液使树脂收缩程度大者，复苏效果好。这是因为当树脂体积缩小时，降低了树脂颗粒周围溶液中反离子向树脂颗粒内的渗透压，使依赖分子吸引力结合在树脂骨架上的有机物分子容易在复苏液的作用下“剥离”出来。同时还发现，在酸性条件下，有机物中腐殖质以极难电离的弱有机酸存在，分子引力大；而在碱性条件下，有机物以钠盐形式存在，增大了有机物的溶解性。

由此可见，树脂的收缩度和复苏液的酸碱性是影响阴树脂复苏效果的两个主要因素，所以阴树脂的复苏以采用碱性氯化钠溶液为好。

对于不同水质污染的阴树脂，复苏液的配比不同，常用两倍以上树脂体积的5%～12% NaCl和1%～2% NaOH混合溶液，浸泡16～48h复苏被污染的树脂，对于Ⅰ型强碱性阴树脂，溶液温度可取40～50℃，Ⅱ型强碱性阴树脂应不超过40℃。最适宜的复苏条件应通过试验确定，采用动态循环法复苏效果更好些。

如果阴树脂既被有机物污染，又被铁离子及其氧化物污染，则应首先除去铁离子及其氧化物，而后再除去有机物。

第七章 电除盐及电吸附技术

电除盐技术又称电去离子技术、填充式 EDI 技术，简记 EDI；电吸附技术也称 EST 技术，简记 EST，又称电容去离子技术，简记 CDI。

EDI 设备由阴阳离子交换膜、浓淡水隔板、混合离子交换树脂、正负电极和端压板等组成；EDI 技术核心是以离子交换树脂作为离子迁移的载体，以阳膜和阴膜作为鉴别阳离子和阴离子通过的关卡，在直流电场推动下，实现盐与水的分离。

EST 设备与 EDI 设备结构类似，但隔室没有填充离子交换树脂，浓、淡水隔板兼顾，一般没有离子交换膜。EST 技术核心是基于库仑定律的同电相吸、异电相斥的原理，利用带电电极吸附水中异号电荷物质，实现盐与水的分离。

EDI 具有以下特点：①水与盐分离的推动力为直流电场，这正是“电除盐”名称的来由；②大致适用于电导率低于20μS/cm的水源的深度除盐，用于生产电阻率 10～18.2MΩ·cm 或电导率 0.1～0.055μS/cm 的纯水、锅炉补给水和电子级水；③除盐非常彻底，不但能除去电解质杂质（如 NaCl），还能除去非电解质杂质（如 H_2SiO_3），其产品水质优于混合离子交换器的产水品质，故它常作为生产纯水的终端除盐技术；④生产除盐水的过程中只需电能，不用酸碱，有时使用少量的 NaCl；⑤必须不断排放极水和部分浓水，水的利用率一般为 80%～99%；⑥EDI 装置普遍采用模块化设计，便于维修和扩容；⑦具有替代混合离子交换除盐技术的发展前景。

EST 具有以下特点：①水与盐分离的推动力为直流电场；②大致适用于含盐量较高水源的初步除盐，如用于矿井水、循环冷却水、废水等水源的预脱盐；③除盐率较低，一般为 60%～70%；④除盐主要依靠电能，一般需要酸洗除垢；⑤必须再生，且需要排放一部分浓水，水的利用率一般为 60%～80%；⑥除盐率可连续调整；⑦再生时间长，一般占整个运行周期的 1/3～1/2。

EDI 的应用始于 20 世纪 90 年代，目前已在电子、医药、电力、化工等行业得到了广泛的应用。EDI 通常与 RO 联合使用，组成 RO-EDI 系统。

EST 是一项新兴的除盐技术，应用始于 1996 年，但迄今用户很少。虽然这一技术具有较好的、潜在的应用前景，不过，因为在电极材料、再生效率、装置结构等方面仍存在一些不足，所以有待深入研究，进一步完善。

本章主要介绍 EDI 技术，第六节简介 EST 技术。

第一节　离子交换膜

离子交换膜是一种具有选择透过性的功能高分子片状薄膜。离子交换膜的主体材料是离子交换树脂，因此，可用第 6 章的有关原理解读离子交换膜的微观结构和物理化学性能。

一、组成

离子交换膜的组成如下。

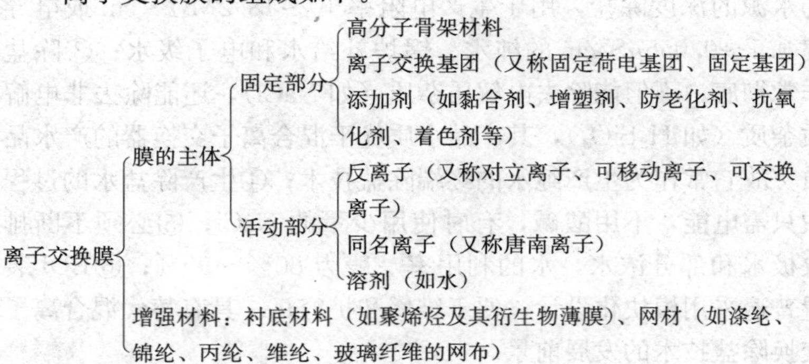

二、物理结构

膜的物理结构包括孔隙结构、交联结构、接枝结构、缠绕结构等，它们可因制备工艺的不同，差异很大。

（1）孔隙结构。与离子交换树脂颗粒类似，离子交换膜内有许多微孔，孔径多在几十纳米至200nm。这些微孔相互贯通形成输送物质的通道，如图7-1所示。

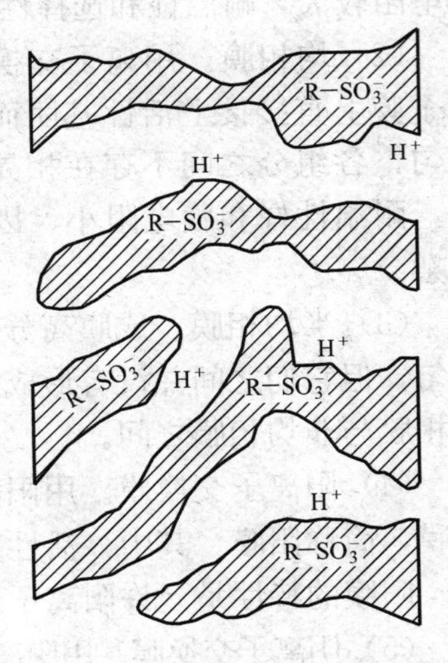

图7-1　磺酸型阳膜的孔隙结构

（2）交联结构。与离子交换树脂颗粒相同，交联结构是交联剂与单体的共聚反应而形成的体型网状结构。例如，苯乙烯系磺酸型离子交换膜，交联剂可用二乙烯苯，单体为苯乙烯。交联剂含量多的膜，选择性好，机械强度高，尺寸和化学稳定性好，但孔道窄，交换容量和含水率低，导电能力差。

（3）接枝结构。在引发剂或辐射源的作用下，单体与基膜通过接枝反应而生成的交联共聚体。膜的交换容量和含水率一般随接枝率递增。

（4）缠绕结构。缠绕结构是指离子交换树脂的高分子链与黏合剂、增强材料等以不规则方式相互交织在一起而形成的结构。这种交织的分子链之间也会形成许多孔道。

三、种类

离子交换膜的种类较多，按其相结构可分为异相膜、均相膜和半均相膜；按活性基团可分为阳离子交换膜（简称阳膜）和阴离子交换膜（简称阴膜）；按增强材料的有无可分为有网膜、无网膜和衬底膜；按材料种类又可分为有机离子交换膜和无机离子交换膜。

（1）异相膜。粉末离子交换树脂和黏合剂等材料以一定比例混合均匀制成的片状薄膜，因粉状树脂颗粒与黏合剂等其他组分之间存在相界面，故称异相膜或非均相膜。这类膜制作容易，但膜电阻较大，耐温性和选择性较差。

（2）均相膜。用离子交换树脂直接制成的薄膜，或者在高分子膜上直接接上活性基团而制成的膜。因膜中活性基团分布均匀，各组分之间不存在相界面，故称均相膜。这类膜选择性高，耐温性好和膜电阻小，因而应用最为广泛，但制作工艺较复杂。

（3）半均相膜。成膜高分子材料与离子交换基团结合得十分均匀，但它们之间并没有形成化学结合，其外观结构和性能介于异相膜与非均相膜之间。

（4）阳离子交换膜。用阳离子交换树脂制作的膜称阳离子交换膜，简称阳膜。其中，活性基团为$-SO_3H$的膜又称磺酸型阳膜。阳膜的特性是允许阳离子透过而不允许阴离子透过。

（5）阴离子交换膜。用阴离子交换树脂制作的膜称阴离子交换膜，简称阴膜。其中，活性基团为季铵基团［如$-N(CH_3)_3OH$］的膜又称季铵型阴膜。阴膜的特性是允许阴离子透过而不允许阳离子透过。

（6）有网膜。有网状材料增强的离子交换膜。

（7）无网膜。没有衬底或增强网的离子交换膜。

（8）衬底膜。以聚烯烃或其衍生物的薄膜为底材，通过化学法或辐照法使其与浸渍的单体接枝聚合，再导入活性基团而制成的离子交换膜。

（9）特种膜。特殊用途的膜。例如，双极膜是由阳离子和阴离子活性基团在一张膜内均匀分布的两性离子交换膜，可用于制造酸和碱；全氟磺酸或羧酸离子交换膜广泛用于氯碱工业。

四、性能

离子交换膜的主要性能见表7-1。

表 7-1 离子交换膜的性能指标

性能分类	意义	具体性能指标	符号	单位
交换性能	表征膜质量的基本指标	交换容量	A_R	mmol/g(干)
		含水量或含水率	W	%
机械性能	表征膜的尺寸稳定性与机械强度	厚度(包括干膜厚和湿膜厚)		mm
		线性溶胀率(干膜浸泡在电解质溶液中在平面两个方向上的溶胀度)	t_m	%
		爆破强度	E_W	MPa
		抗拉强度	B_S	kg/cm^2
		耐折强度		
		平整度		
传质性能	控制 EDI 的脱盐效果、电耗、产水质量等指标的因素	离子迁移数	$\bar{t}$	%
		水的电渗系数	β	$mL/(cm^2 \cdot mA \cdot h)$
		水的浓差渗透系数	K_W	$mL/[cm^2 \cdot h \cdot (mol/L)]$
		盐的扩散系数	K_S	$mmol/[cm^2 \cdot h \cdot (mol/L)]$
		液体的压渗系数	L_P	$mL/(cm^2 \cdot h \cdot MPa)$
电学性能	影响 EDI 能耗的性能指标	面电阻或面电阻率	R_S	$\Omega \cdot cm^2$
化学稳定性	膜对介质、温度、药剂及存放条件的适应能力	耐酸性		
		耐碱性		
		耐氧化性		
		耐温性		

(1) 交换容量。单位质量膜所含有的交换基团量称为交换容量，一般以每克干膜所含交换基团的毫摩尔数表示，单位为

mmol/g（干）。此外，也有用每克湿膜所含交换基团的毫摩尔数表示的，单位为mmol/g（湿）。交换容量高的膜，含水率高，导电性能好，但膜的尺寸稳定性差，机械强度低。交换容量对膜的选择性有较大影响。提高交换容量，一方面根据道南（Donnan）平衡，有利于增强膜的选择性，但是，另一方面高交换容量的膜，往往结构疏松，同名离子容易进入膜内，选择性反而下降。

（2）含水率。湿膜中水分的百分含量称为含水率，又称含水量。含水量随膜交联度递减，随交换基团浓度递增。此外，含水量还受交换基团酸碱强弱和浸泡液浓度的影响。一般，含水量大的膜，孔隙多，交换容量高，导电性能好，但选择性低，膜易溶胀变形。

（3）厚度。一般，厚度增加，膜的选择性和机械强度提高，但导电性能下降，电阻增加。为减少电耗，在保证机械强度和组装不渗漏的前提下，尽量降低膜厚度。

（4）溶胀率。同张膜在干态与湿态、不同介质或同一介质不同浓度的条件下，其尺寸不同的现象称溶胀性。溶胀是膜内水量增减的反映，所以，一切影响含水量的因素也会影响膜的溶胀性。伴随溶胀，膜的长度、宽度和厚度随之改变。常用线性溶胀率或面积溶胀率表示这种溶胀程度。线性溶胀率是指膜溶胀前后长度改变率或宽度改变率，面积溶胀率是指膜溶胀前后面积的改变率。习惯用正值表示膨胀，负值表示收缩。溶胀率小的膜，尺寸稳定性好，使用时不易弯曲和胀缩变形。

（5）爆破强度。膜面上能承受来自垂直方向的最大正压力称为爆破强度。

（6）抗拉强度。膜所能承受来自平行方向的最大拉力称为抗拉强度。

（7）迁移数与选择性。常用式（7-1）表示膜的选择性：

$$P=\frac{\bar{t}-t}{1-t}\times 100\% \tag{7-1}$$

式中：P 为膜的选择性；$\bar{t}$ 和 t 分别为膜内和膜外的反离子迁移数。

(8) 水的电渗系数。水溶液中，离子呈水化状态。这些水化水与其相伴离子结合紧密，在EDI过程中随离子一起运动。所以，离子从淡水室透过膜进入浓水室时，必然同时引起水的流失，淡水产量下降。这种现象称为水的电渗。水的电渗系数是指单位膜面积单位时间内通过一定电流后水透过膜的体积，用 β 表示，常用单位为mL/(cm² · mA · h)。离子半径越小，电荷越多，则水化能力越强，水的电渗系数越大。一般，阳离子的水化能力比阴离子的强，故阳膜的电渗水现象比阴膜明显。

(9) 水的浓差扩散系数。若离子交换膜两侧溶液的浓度不同，即使没有外加电场，也会有少量离子从高浓度区向低浓度区迁移，这种离子迁移同样伴随着水化水的迁移，这就是水的浓差扩散。水的浓差扩散系数是指膜在1mol/L的某电解质溶液中单位膜面积单位时间内水透过膜的体积，用 K_W 表示，常用单位为mL/[cm² · h · (mol/L)]。水的浓差扩散系数与膜孔隙率、含水量和厚度等有关。一般，异相膜比均相膜的浓差扩散系数大。

(10) 盐的扩散系数。当膜两侧的盐溶液存在浓度差时，盐由浓度较大的一侧向浓度较小的一侧扩散。膜在一定浓度下单位膜面积单位时间透过的盐量称为盐的扩散系数，用 K_S 表示，常用单位为mol/[cm² · h · (mol/L)]。膜的孔道小、弯曲程度大，或者离子水化半径大，温度低，则盐的扩散系数小。

(11) 液体的压渗系数。当膜两侧的溶液存在压力差时，溶液由压力较大的一侧向压力较小的一侧渗漏。膜在一定压差下单位膜面积单位时间渗漏的液体体积称为液体的压渗系数，用 L_P 表示，常用单位为mL/(cm² · h · MPa)。为防止浓水室溶液向淡水室压渗而降低淡水质量，运行时EDI的淡水压力应略高于浓水的压力。

(12) 面电阻。导电是离子交换膜的重要特征之一。膜的导电性能可用电导率、膜电阻、电阻率和面电阻任一指标表示，以面电阻常用。面电阻是面电阻率的简称，数值上等于膜电阻与测量电阻时所用膜面积的乘积。例如，用有效面积为 $9.6cm^2$ 的膜测量电阻，测得膜电阻为 0.5Ω，则该膜的面电阻为 $4.8\Omega \cdot cm^2$。厚度薄、交换容量高、活性基团电离能力强、交联度低的膜面电阻低，离子在膜内迁移速度快，EDI 脱盐效率高，电耗小。

（13）化学稳定性。离子交换膜应具备较强的耐氧化、耐酸碱、耐一定温度、耐辐照和抗腐蚀、抗水解的能力。

此外，膜应当光滑平整，无针孔，厚度合适均匀，有一定弹性等。

五、选择透过性

离子交换膜允许某种特定组分优先从其孔道通行的特性称选择透过性，简称选择性。例如，阳膜允许阳离子优先通行，而阻滞阴离子通行，阴膜则正好相反。膜的选择性及离子在膜中的迁移历程可用膜的筛选作用、静电作用和扩散作用加以说明。

（1）筛选作用。如图 7-1 所示，膜具有孔隙结构。这些孔隙类似筛孔，故能将不同体积的物质加以分离，那些水合半径小于孔道半径的离子、分子才有通行的可能性。

（2）静电作用。膜孔道是一种特殊通道，它受电场控制，一些组分被静电吸引而进入孔道，另一些组分则受静电排斥而阻挡在膜外。离子交换膜在湿的状态下，孔道内充满水，活性基团电离出的反离子进入水中，而留下带相反电荷的固定基团。此固定基团分布于孔道内壁，将孔道变成带有电场的孔道。例如，磺酸型阳膜活性基团“$-SO_3H$”上的反离子“H^+”电离后，“$-SO_3^-$”使孔道成为负电场；同理，季铵型阴膜的固定基团电离出“OH^-”使孔道成为正电场。根据异电相吸、同电相斥原理，膜吸引反离子而排斥同名离子，即阳膜选择性吸附阳离子让其顺利通行，而排斥阴离子，阴膜则正好相反，阴离子能顺利通行，而阳离子被排斥。由于孔道带电，所以即使水合半径小于孔道半径的荷电物质也因电场排斥作用而难以通行。

（3）扩散作用。离子交换膜的透过现象，可分为选择吸附、交换解吸和传递转移三个阶段。它们构成了膜内离子迁移行为的全过程。膜对离子所具有的传递迁移能力，通常称为扩散作用，或称溶解扩散作用。选择吸附依赖于孔道电场的正负，交换解吸依赖于树脂活性基团的特性，传递转移则依赖于外加电场力的推动。孔隙形成无数迂回曲折的通道，在通道口和内壁上分布有带电荷的固定基团，对进入膜内的离子进行着鉴别和选择性吸附。这种吸附—解吸—迁移的方式，就像接力赛那样，交替地一个传一个，直至把离子从膜的一侧输送到另一侧，这就是膜对离子定向扩散作用的全过程。

六、Donnan 平衡

将固定基团浓度为 $\bar{c}_R$ 的离子交换膜（简称膜相）放入浓度为 c 的电解质溶液（简称液相）中，膜内反离子便会解离，解离下来的离子通过孔道扩散出来进入液相，同时液相中的离子也扩散至膜相，两相离子相互扩散转移的结果，最后必然达到动态平衡，即膜内外离子虽然继续扩散，但它们各自迁移的速度相等，各种离子浓度保持不变。这种平衡称为 Donnan 平衡。Donnan 平衡理论是研究这种平衡状态下膜内外离子浓度的分布关系。图 7-2 为阳膜置于电解质溶液中的平衡情况，$\bar{c}_R$ 为膜中 SO_3^- 的浓度。

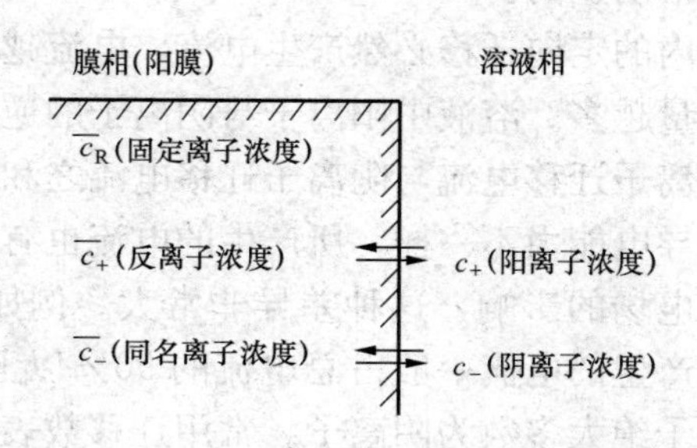

图 7-2　阳膜置于电解质溶液中的平衡情况

Donnan 平衡的标志是电解质在膜相的化学位 $\bar{\mu}$ 与在液相的化学位 μ 相等，即 $\bar{\mu}=\mu$，若假设各离子活度系数为 1，则此时

膜内外离子浓度可表达成

$$\bar{c}_+^{n_+} \times \bar{c}_-^{n_-} = c_+^{n_+} \times c_-^{n_-} \tag{7-2}$$

式中：n_+ 和 n_- 为 1 个电解质分子完全电离后的阳离子数和阴离子数。

对于 1-1 价电解质，$n_+ = n_- = 1$，液相中 $c_+ = c_- = c$，膜相中离子满足电中性条件，对于阳膜

$$\bar{c}_+ = \bar{c}_- + \bar{c}_R \tag{7-3}$$

从式（7-2）和式（7-3）解得

$$\bar{c}_+ = \sqrt{\left(\frac{\bar{c}_R}{2}\right)^2 + c^2} + \frac{\bar{c}_R}{2} \tag{7-4}$$

$$\bar{c}_- = \sqrt{\left(\frac{\bar{c}_R}{2}\right)^2 + c^2} - \frac{\bar{c}_R}{2} \tag{7-5}$$

所以，$\bar{c}_+ / \bar{c}_- > 1$，即对于阳膜来说，膜内阳离子浓度大于阴离子浓度。类似上述有关阳膜 Donnan 平衡的分析过程，可知，对于阴膜，膜内阴离子浓度大于阳离子浓度。这便是膜对离子选择吸附的客观反映。

假设阳膜 $\bar{c}_R = 6\text{mol/L}$，当此膜置于含盐量为 8mmol/L 的淡水中，并达到 Donnan 平衡时，$\bar{c}_+ / \bar{c}_- \approx 56$ 万倍。可见，膜的选择性吸附是非常明显的。

离子在膜内的定向迁移必然产生电流，电流越大，表明离子定向迁移的数量越多。溶液中阳离子与阴离子的逆向运动所产生的总电流为阳离子迁移电流与阴离子迁移电流之和。一般，阳离子与阴离子的导电能力不一样，所产生的电流也有差异。特别是在膜内，由于电场的影响，这种差异非常大。例如，在阴膜中，阴离子迁移所产生的电流一般占总电流的 90%以上，也就是说，穿透阴膜的离子绝大多数为阴离子。常用迁移数表示膜对某种离子选择性透过的多寡。某种离子迁移数是指该种离子的迁移电流与总电流之比。

设 $\bar{t}_+$ 和 $\bar{t}_-$ 为膜中阳离子和阴离子的迁移数，显然，$\bar{t}_+ + \bar{t}_- = 1$。以 1-1 价电解质为例，假设膜内阳离子与阴离子的淌

度相等，则

$$\left.\begin{aligned}\bar{t}_{+}&=\bar{c}_{+}/(\bar{c}_{+}+\bar{c}_{-})\\\bar{t}_{-}&=\bar{c}_{-}/(\bar{c}_{+}+\bar{c}_{-})\end{aligned}\right\}\tag{7-6}$$

$$\bar{t}_{+}=\frac{1}{2}+\frac{\frac{\bar{c}_{R}}{c}}{2\sqrt{\left(\frac{\bar{c}_{R}}{c}\right)^{2}+4}}\tag{7-7}$$

$\bar{c}_R$ 实际上是膜的交换容量，式（7-7）说明，膜的离子交换容量越高或被处理水含盐量越低，则膜的选择透过性越好。因为电解质浓度 c 为大于零的有限数值，故离子交换膜的选择透过性只能是小于 100％的某值。

七、传质途径

在 EDI 中，离子的传质途径包括对流、扩散、电迁移和离子交换等。离子在隔室主体溶液中的传质，主要靠流体微团的对流传质；离子在膜两侧层流边界层内的传质，主要靠扩散传质；离子通过离子交换膜，主要靠电迁移传质；离子通过树脂层则是靠离子交换传质。

（1）对流传质。在 EDI 中，主要是水流紊乱引起的强制对流传质。此外，还存在浓度差、温度差，以及重力场引起的自然对流传质。水流速度越快，对流传质的量越多。

（2）扩散传质。由离子浓度梯度引起的扩散传质速度符合菲克（Fick）扩散定理。离子的浓度梯度和扩散系数越大，则扩散传质的量越多；提高水温，可加快离子扩散速度，故有利于传质；提高水流速度或在水流通道安装隔网，增加水流紊乱度，可降低层流边界层厚度，同样有利于传质。

（3）电迁移传质。在直流电场作用下，离子的定向迁移称为电迁移传质。根据同电相吸、异电相斥原理，在 EDI 中，阳离子向负极迁移，阴离子向正极迁移。离子的电迁移速率与电位梯度、离子价数成正比。因此，提高 EDI 的外压电压，可增强除盐效率，但也增加了水的电离速度。

（4）离子交换传质。离子（以 Na^{+}、Cl^{-} 为例）通过扩散进

入树脂内部孔道中，与固定基团上可交换离子（H^+ 或 OH^-）进行离子交换反应，即

$$RH + Na^+ \xrightleftharpoons[\text{解吸}]{\text{交换}} RNa + H^+$$

$$ROH + Cl^- \xrightleftharpoons[\text{解吸}]{\text{交换}} RCl + OH^-$$

在直流电场推动下，RNa 上 Na^+ 和 RCl 的 Cl^-，又会解离下来，被电场推移到下一个位置的树脂处重复上述“交换—解吸”反应，这种“交换—解吸”循序进行，直到离子从淡水室迁移到离子交换膜表面，最后穿过膜进入浓水室。

第二节　电除盐的物理化学过程

一、除盐原理

图 7-3 为板框式 EDI 装置外观及膜堆结构示意。许多对阳膜

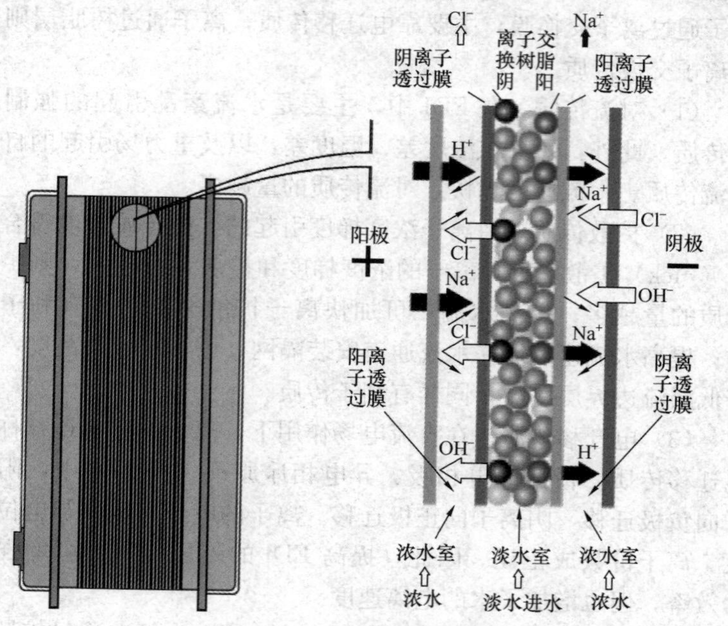

图 7-3　板框式 EDI 装置外观及膜堆结构示意

和阴膜（图中只画了一对膜）交替排列在阴阳两个电极之间，相邻两膜之间、膜与电极之间用隔板隔开，形成阳极室、“浓水室、淡水室……浓水室、淡水室”、阴极室。淡水室中填充有混合离子交换树脂。淡水进水和浓水进入隔室后，在直流电场作用下，阳离子（图中 Na^+、H^+）移向阴极，阴离子（图中 Cl^-、OH^-）移向阳极，由于离子交换膜的选择性透过性，淡水室中阳离子和阴离子分别顺利透过右边阳膜和左边阴膜，进入两边浓水室中；浓水室中离子迁移则相反，阳离子和阴离子分别被右边阴膜和左边阳膜阻挡，不能进入淡水室中；浓水室及淡水室中的水分子由于不带电荷，仍保留在各自室中。随着上述阳阴离子迁移过程的进行，淡水室中离子浓度下降，浓水室中离子浓度上升。因此，利用 EDI 可实现水与盐的分离。

EDI 除盐的依据是：①阳膜选择透过阳离子排斥阴离子，阴膜选择透过阴离子排斥阳离子；②在外加直流电场作用下，离子发生定向迁移，而不带电荷的水分子则不受电场驱动。

淡水室中混合离子交换树脂（简称树脂）的作用是：①利用离子交换特性传递离子，帮助离子迁移；②利用树脂良好的导电特性降低淡水室电阻，使离子在电导率很低的淡水中也能快速迁移；③促进弱电解质（如硅酸）的电离，提高其去除效率。因此，树脂降低了淡水室电阻，提高了杂质电离和迁移速度，是制备高纯水的必要条件之一。

二、除盐规律

EDI 去离子的一般规律如下。

（1）优选去除电荷高、尺寸小、选择性系数大的离子，如 H^+、OH^-、Na^+、Cl^-、Ca^{2+} 和 SO_4^{2-}，这类离子往往构成强电解质。淡水室中去除强电解质的区域称为第一区域，又称工作床，位于淡水室的进水区。

（2）其次去除中等强度电离的物质，如 CO_2。这类物质电离度越高，去除效率也越高。pH 值对于这类物质电离度有较大影响，例如，当 pH 值上升到 7.0 左右时，大部分 CO_2 转化为

HCO_3^-。因为带电的 HCO_3^- 比不带电的 CO_2 迁移速度快，所以提高 pH 值，有利于提高碳酸化合物的去除效率。

pH 值还会强烈影响产品水电阻率，以及 SiO_2 和硼酸的去除效率。淡水室中去除中等强度电离物质的区域称为第二区域，位于淡水室的中部。

（3）最后去除微弱强度电离的物质，如 SiO_2 和硼酸。所有的强电解质、中等强度电离物质去除到一定限度后，EDI 才能有效地去除这类物质。EDI 中去除微弱强度电离物质的区域称为第三区域，位于淡水室的出水区。

水在第三个区域的停留时间非常重要，停留时间越长，杂质的去除效率越高，产品水的电导率越低。EDI 模块的第二个区域和第三个区域总称抛光床。

为了提高 EDI 的产品水质，需要降低进水（通常为 RO 淡水）电导率、CO_2 含量，以便扩大第三个区域范围，提高微弱强度电离物质的去除率。

三、电极反应

电极反应随电解质的种类、电极材料及电流密度等条件的不同而有较大差异。

（1）阳极反应。以不溶性电极作为阳极，若水溶液主要成分为 NaCl，则阳极反应的主要产物为 Cl_2 和 O_2；若水溶液主要成分为硫酸盐或碳酸盐，则阳极反应的主要产物为 O_2；以可溶电极作为阳极时，还会发生电极的溶解。EDI 的阳极反应如下。

主要反应：$4OH^- - 4e = O_2\uparrow + 2H_2O$

次要反应：$2Cl^- - 2e = Cl_2$

上述反应使阳极水 pH 值下降，产生气泡。生成的 Cl_2 一般全溶于水，进而生成 HOCl、HCl 等；生成的 O_2，小部分溶于水，大部分以气泡形式逸出。所以，应注意阳极和靠近阳极的膜氧化、腐蚀问题。

（2）阴极反应。以不溶性电极作为阴极，无论是 NaCl、硫酸盐或碳酸盐等溶液，其阴极反应的主要产物为 H_2；如果溶液中含有重金属离子，如 Cu^{2+}、Fe^{2+}、Zn^{2+}、Pb^{2+} 等，则还会发生这些重金属离子在阴极上的还原沉积反应。EDI 的阴极反应如下。

$$2H^+ + 2e = H_2\uparrow$$

阴极反应的结果，使阴极水 H^+ 减少而呈碱性，$CaCO_3$ 和 $Mg(OH)_2$ 等可能在阴极表面上形成水垢。

由于 EDI 运行过程中极水不断地产生酸、碱、气体、沉积物等电极反应产物，还伴随发热。所以，为保证 EDI 正常运行，应及时、连续地排放极水，带走电极反应产物和热量，避免 H_2 与 O_2 混合可能引起的爆炸危险。

为降低阴极水的 pH 值，防止阴极室结垢，通常将 pH 值较低的阳极水引入阴极室，与 pH 值较高的阴极水中和后排放。

四、淡水室中的物理化学过程

淡水室中发生的物理化学过程包括以下八个方面。

(1) 反离子迁出。与膜固定基团电荷符号相反的离子迁移出淡水室。由于膜的选择透过性，故反离子迁移是主要过程，它也是脱盐过程。反离子的迁出过程既可发生在水相，也可发生在树脂相。

(2) 同名离子迁入。与膜固定基团电荷符号相同的离子迁入淡水室，即两侧浓水室中的阳离子穿过阴膜、阴离子穿过阳膜而进入淡水室，使淡水质量下降。同名离子迁入的原因是膜的选择性不能达到 100%，允许少量的同名离子通过。

(3) 离子交换迁出。阳离子和阴离子分别借助阳树脂和阴树脂进行接力式的传递而迁出淡水室。EDI 运行时，淡水室中的离子同时受到两种力量的作用：一是在树脂的离子交换作用下被树脂所吸着，二是在电场力作用下吸着的离子又会从树脂上脱吸下来向电极方向迁移。由于树脂颗粒排列紧密，树脂内部又有大量孔隙，所以，离子在电场驱动和离子交换的双重作用下，表现出不断地从树脂上一个交换点向下游的另一个交换点转移，最终进入浓水室。

（4）浓差扩散迁入。由于浓水的盐浓度比淡水的高，故在浓度差推动下，盐从浓水室向淡水室扩散，使淡水质量下降。

（5）水的渗透迁出。由于淡水中水的化学位比浓水中的高，水会渗透进入浓水室中，淡水产量下降。

（6）水的电渗。上述离子迁移的同时携带一定数量的水化水分子一起迁移。

（7）水的压渗。当浓水、淡水和极水之间存在压力差时，水会从压力高的一侧向压力低的一侧渗漏。因此，操作时应注意保持淡水压力略高于浓水压力、浓水压力略高于极水压力，防止浓水被压渗到淡水中，以及极水被压渗到浓、淡水中。

（8）水的电离迁出。当外加电流较大而超过 EDI 所具有的最大电流输送能力时，可造成淡水中的水分子电离生成 H^+ 和 OH^-，并在电场作用下迁入浓水室。

五、极化

EDI 的极化包括膜的极化、阳极极化和阴极极化。后两者符合一般电极极化的规律。膜的极化符合浓差极化规律，又称浓差极化。电除盐开始后，阳膜和阴膜极化示意如图 7-4 所示。随着外加电流的增加或 EDI 过程的进行，膜表面离子浓度不断下降，

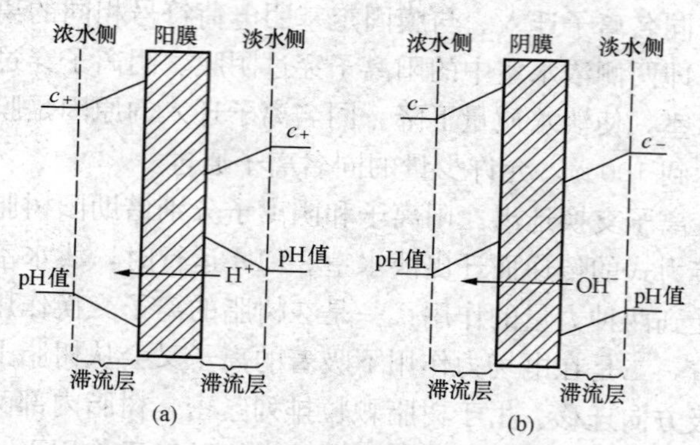

图 7-4　阳膜和阴膜极化示意

（a）阳膜极化；（b）阴模极化

c_+—阳离子浓度；c_-—阴离子浓度

当离子浓度下降至接近 10^{-7} mol/L（即水电离产生的 OH^- 或 H^+ 浓度的数量级）时，水电离产生的 OH^- 和 H^+ 开始大量迁移，以补充其他离子输送电荷的不足，与此对应的外加电流密度称为极限电流密度，它表示 EDI 在一定条件下最大输送电荷的能力。

（1）离子交换膜极化的原因。

1）外加电流密度超过了极限电流密度。

2）膜存在对阳离子与阴离子的选择透过性的差异。

3）膜表面存在滞流层，使膜表面处的离子得不到及时补充。显然，增加水温，提高水流速度，有利于提高极限电流密度；高选择性的膜，极限电流密度小，易发生极化。

（2）极化对 EDI 运行的影响。

1）引起 pH 值升降。水的极化电离，一方面电耗增加，另一方面，H^+ 和 OH^- 可使混合树脂维持在较高的再生度状态的 H 型和 OH 型。在电位梯度高的特定区域，水电离出大量的 H^+ 和 OH^-。由于 H^+ 与 OH^- 的迁移速度不同，所以这种 H^+ 与 OH^- 不等量迁移可造成局部区域 pH 值升降，即一部分区域呈酸性，另一部分区域呈碱性，这种 pH 值偏离中性的水有利于抑制细菌繁殖。

2）降低了电流效率。极化后，部分电流消耗于 H^+、OH^- 的迁移，降低了电流的除盐效率。

3）导致浓水室结垢。EDI 运行时，阳膜和阴膜的两边，都存在滞流层，如图 7-4 所示。阳膜极化后，淡水室阳膜滞流层中 H_2O 电离出 H^+ 和 OH^-，H^+ 透过阳膜，使浓水室阳膜表面 pH 值下降，留下的 OH^- 导致淡水室阳膜表面 pH 值上升；同理，阴膜极化后，淡水室阴膜表面 pH 值下降，浓水室阴膜表面 pH 值上升。EDI 运行时，淡水室中 Ca^{2+}、HCO_3^- 不断迁移到浓水室，导致浓水室阳膜表面 Ca^{2+} 浓度和阴膜表面 HCO_3^- 浓度增加。由于浓水室阴膜表面 HCO_3^- 浓度和 pH 值都增加，故结垢倾向最大。为防止 EDI 结垢，应严格控制进水的硬度和碳酸化合物含量。

第三节　EDI 装　置

EDI 装置通常采用模块化设计，即利用若干个 EDI 模块组合成一套 EDI 装置。如果其中的一个模块出现故障，可以维修或更换故障模块。

为使极室中产生的气体易于排净，EDI 模块一般设计为立式。

一、EDI 模块的分类

1. 按结构形式分类

按离子交换膜组装在 EDI 中的形状，EDI 模块可分为板框式和螺旋卷式两类，前者组装的是平板状离子交换膜，后者组装的是卷筒状离子交换膜。

（1）板框式 EDI 模块，简称板式模块。它的内部为板框式结构，主要由阳电极板、阴电极板、极框、离子交换膜、淡水隔板、浓水隔板及端板等部件按一定的顺序组装而成，设备的外形

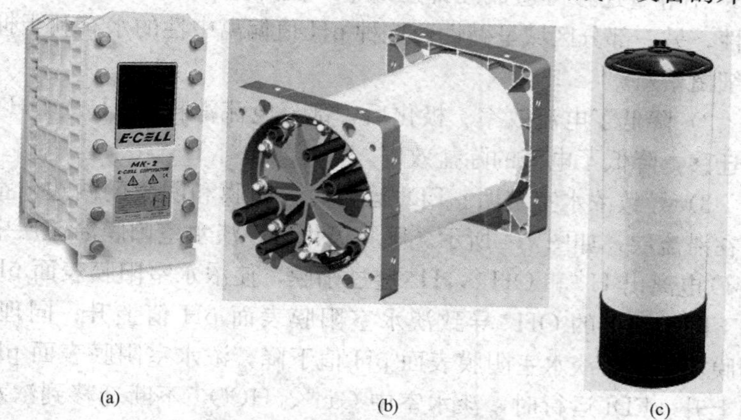

(a)　(b)　(c)

图 7-5　板框式和螺旋卷式 EDI 模块外观

（a）MK-2 系列板框模块；（b）VNX 型板框模块；

（c）EDI-210 型卷式模块

一般为方形或圆形，如图 7-5（a)、（b）所示。

（2）螺旋卷式 EDI 模块，简称卷式模块。它主要由电极、阳膜、阴膜、淡水隔板、浓水隔板、浓水配集管和淡水配集管等组成。它的组装方式与卷式 RO 相似，即按“浓水隔板→阴膜→淡水隔板→阳膜→浓水隔板→阴膜→淡水隔板→阳膜……”的顺序，将它们叠放后，以浓水配集管为中心卷制成型，其中，浓水配集管兼作 EDI 的负极，膜卷包覆的一层外壳作为阳极，设备的外形如图 7-5（c）所示。

2. 按运行方式分类

根据浓水处理方式，可将 EDI 模块分为浓水循环式和浓水直排式两类。

（1）浓水循环式 EDI 模块。浓水循环式 EDI 系统示意如图 7-6 所示，进水一分为二，大部分水由模块下部进入淡水室中脱盐，小部分水作为浓水循环回路的补充水。浓水从模块的浓水室出来后，进入浓水循环泵入口，升压后送入模块的下部，并在模块内一分为二，大部分水送入浓水室，继续参与浓水循环，小部分水送入极水室作为电解液，电解后携带电极反应的产物和热量而排放。为避免浓水的浓缩倍数过高，运行中需要连续不断地排出一部分浓水。当排放的浓水回收到 RO 进水中时，EDI 水的回收率可达到 99%。

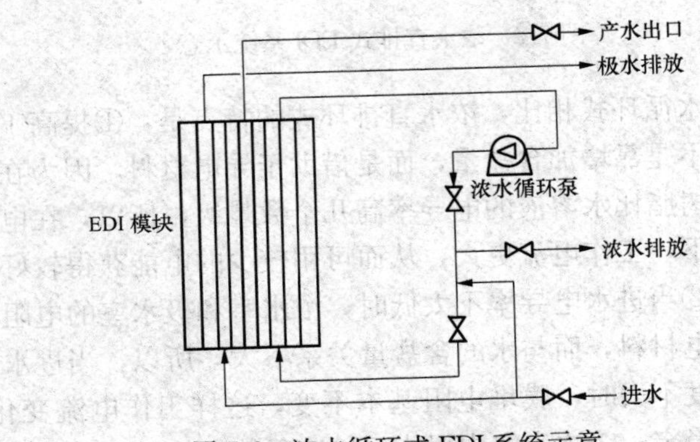

图 7-6　浓水循环式 EDI 系统示意

与浓水直排式相比，浓水循环式的特点是：①通过浓水循环浓缩，提高了浓水和极水的含盐量，从而提高了工作电流；②一部分浓水参与再循环，增大了浓水流量，即提高了浓水室的水流速度，因而膜面滞流层厚度减薄，浓差极化减轻，浓水系统结垢的可能性减少；③较高的工作电流使 EDI 模块中的树脂处于较多的 H 型和 OH 型状态，保证了 EDI 去除 SiO_2 等弱电解质的有效性。

（2）浓水直排式 EDI 模块。这种模块的特征是浓水全部外排或返回 RO 的进水口，如图 7-7 所示。例如，在浓水室和极水室填充了离子交换树脂等导电性材料，由于浓水、极水导电能力的提高，故可不设浓水循环系统。

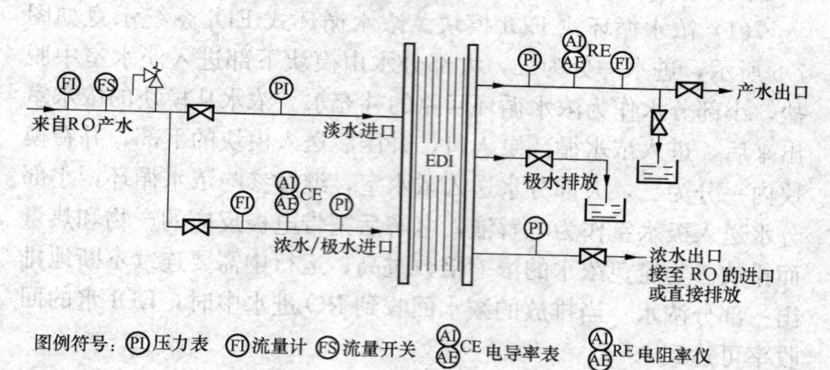

图 7-7 浓水直排式 EDI 系统示意

与浓水循环式相比，浓水直排环式的特点是：①提高工作电流的方法不是靠增加含盐量，而是借助于导电材料，因为在 EDI 模块中，树脂比水溶液的电导率高几个数量级，所以，在电压相同的情况下，工作电流更大，从而可用较少的电能获得较好的除盐效果；②当进水电导率不太低时，浓水室和极水室的电阻主要取决于导电材料，而与水的含盐量关系不大，所以，当进水电导率波动幅度不大时，膜堆电阻基本不变，这样工作电流变化小，脱盐过程稳定；③浓水室中树脂可迅速吸着迁移进来的可交换物质，包括 SiO_2 及 CO_2，这样降低了膜表面浓度，减轻了浓差极化，减缓了浓水室的结垢速度；④因无浓水循环，故系统简单；⑤浓水室的水流速度不高；⑥进水电导率太低时，EDI 装置可能无法适应。在此种情况下，可采取浓水循环或加盐措施。

二、EDI 模块的规格

（1）MK 系列模块。由加拿大 ECELL 公司生产，属于浓水循环式 EDI 模块，主要技术参数见表 7-2。

表 7-2　　ECELL 公司 MK 系列模块主要技术参数

序号	项目		技术参数			
			MK—1E 型	MK—2E 型	MK—2MINI 型	MK—2Pharm 型*
1	产水量（m^3/h）		1.36～2.84	1.7～3.41	0.57～1.14	1.59～4.09
2	回收率（%）		90～95	80～95	80～95	80～95
3	工作温度（℃）		4.4～38	4.4～38	4.4～38	4.4～38
4	进水压力	（bar）	3.1～6.9	3.1～6.9	3.1～6.9	3.4～6.9
		（kPa）	310～690	310～690	310～690	340～690
5	最大运行电压（V DC）		600	600	400	600
6	最大运行电流（A DC）		4.5	4.5	4.5	4.5
7	外形尺寸（宽×深×高）（cm×cm×cm）		30×45×61	30×49×61	30×27×61	30×48×61
8	产品水管材		PP(聚丙烯)	PP(聚丙烯)	PP(聚丙烯)	PP(聚丙烯)

* 医药及生物行业专用模块。

（2）XL 系列模块。由美国 Electropure 公司生产，属于浓水直排式，无加盐系统。XL 系列模块的流量范围为 56.8L/h～3.35m^3/h（0.25～14.74gpm），EXL 系列模块的流量范围为 3.0～7.0m^3/h（13.2～30.8gpm）。XL 系列模块性能见表 7-3，其中，XL-500 型模块主要技术参数见表 7-4。

表 7-3　　Electropure 公司 XL 系列模块性能

产品型号	流量范围（L/h）	工作电压（V DC）	外形尺寸（宽×高×深）（cm×cm×cm）	净重（kg）
XL-100-R	80～150	48（30～60）	22×56×17	19.0
XL-200-R	100～300	100（60～120）	22×56×19	21.0
XL-300-R	300～1000	150（120～160）	22×56×26	27.0
XL-400-R	600～1500	200（150～220）	22×56×29	30.5
XL-500-R	1300～2300	300（250～320）	22×56×37	35.5

表 7-4　　Electropure 公司 XL-500 型模块主要技术参数

序号	项目		技术参数	序号	项目	技术参数
1	产水量（m^3/h）		1.3～2.3	5	最大运行电压（V DC）	400
2	回收率（%）		80～95	6	最大运行电流（A DC）	6
3	工作温度（℃）		5～35	7	外形尺寸（宽×深×高）（cm×cm×cm）	36×21×56
4	进水压力	（bar）	1.5～4.0	8	产品水管材	PS（聚砜）
		（kPa）	150～400			

（3）IPLX 系列模块。IPLX 系列模块由美国 Ionpure 公司（1993 年并入 U. S. Filter 公司）生产，属于浓水直排式 EDI 模块，主要技术参数见表 7-5。

表 7-5　　Ionpure 公司 IPLX 系列模块主要技术参数

型号	高温专用模块		一般模块		
	IPLX10H	IPLX24H	IPLX10X	IPLX24X	IPLX30X
产水量（最小/正常/最大）（m^3/h）	0.55/1.1/1.65	1.4/2.8/4.2	0.55/1.1/1.65	1.4/2.8/4.2	1.65/3.3/4.95
回收率（%）	90～95	90～95	90	95	90
进水及产品水管规格	DN32	DN32	DN32	DN32	DN32
浓水管规格	DN20	DN20	DN20	DN20	DN20

续表

型号		高温专用模块		一般模块		
		IPLX10H	IPLX24H	IPLX10X	IPLX24X	IPLX30X
最大进水压力	(bar)	6.9	6.9	6.9	6.9	6.9
	(kPa)	690	690	690	690	690
正常运行压降	(bar)	1.1～1.4	1.1～1.4	1.1～1.4	1.1～1.4	1.1～1.4
	(kPa)	110～140	110～140	110～140	110～140	110～140
最高进水温度（℃）		80	80	45	45	45
外形尺寸（宽×深×高）(cm×cm×cm)		33×30×61	33×68×61	33×30×61	33×68×61	33×89×61
设备质量（kg）		50	100	50	100	114
运行质量（kg）		108.8	145	108.8	145	168

（4）VNX-X3 型模块。由美国 Ionpure 公司生产，是由三个 VNX 子模块进行内部连接而成，属于浓水直排式 EDI 模块。其中，VNX 子模块出力为 3.8m^3/h，既可单独使用，还可由两个组合成一个模块使用。VNX 子模块这种独特的内部连接方式，减少了 EDI 系统的连接管道和占地面积。VNX-X3 型模块正常的运行流量为 11.4m^3/h，最大流量为 17.0m^3/h，主要技术参数见表 7-6。

表 7-6　　美国 Ionpure 公司 VNX-X3 型模块主要技术参数

序号	项目		技术参数	序号	项目	技术参数
1	产水量（最小/正常/最大）(m^3/h)		5.7/11.4/17	5	电压（V DC）	0～600
2	回收率（%）		90～95	6	电流（A DC）	0～19.5
3	工作温度（℃）		5～45	7	外形尺寸（直径×宽×高×长）(cm×cm×cm×cm)	44.45×50.8×50.8×198.1
4	进水压力	(bar)	1.4～7	8	设备质量（kg）	276.7
		(kPa)	140～700			

注　VNX-X3 型模块由三个 VNX 子模块组成。

三、淡浓水隔板

（1）淡水隔板。淡水隔板位于EDI模块的淡水室中，作用是：①构成淡水室的水流通道；②支撑离子交换膜和离子交换填充材料；③改善淡水流态，降低离子迁移阻力。

（2）浓水隔板。浓水隔板位于EDI模块的浓水室中，作用是：①构成浓水室的水流通道；②强化水流紊乱，减薄层流层厚度，降低浓差极化程度，防止结垢。

淡浓水隔板通常为无回程形式，材质有聚乙烯、聚砜等；淡水隔板厚度一般为3～10mm，浓水隔板厚度一般为1～4.5mm；隔板内可填充隔网、离子交换树脂和离子交换纤维等。隔网主要起促湍，提高极限电流密度的作用。常用的隔网材料有聚氯乙烯、聚乙烯、聚丙烯、涂塑玻璃丝等。网孔形式有鱼鳞网、纺织网和窗纱网等。

隔板的结构、厚度对EDI性能有影响。例如，淡水隔板越厚，即离子由淡水室迁移至浓水室的距离越长，因而残留在淡水中的离子越多。另外，隔板结构还会影响树脂的密实程度等。

四、填充材料

EDI装置中的填充材料对EDI的性能有重要影响。

1. 填充材料种类

（1）离子交换树脂。一般选择均粒的强型树脂作为填充物，填充的强酸阳树脂和强碱阴树脂比例应与进水可交换阴、阳离子的比例相适应，如1∶2或2∶3等。使用均粒树脂的优点是空隙均匀、阻力小、不易偏流。

（2）离子交换纤维。离子交换纤维是一种以纤维素为骨架的离子交换剂，有阳离子交换纤维、阴离子交换纤维和两性离子交换纤维等三种。离子交换纤维的比表面积明显高于粒状离子交换树脂的，因而吸附离子能力强、再生性能好、离子迁移速度快、交换容量大、脱盐率高。离子交换纤维的外观有织物状、泡沫状、中空状、纤维层压品等。

2. 树脂的填充方式

离子交换树脂的填充方式对EDI装置的出水水质影响较大，具体的填充方式有以下两种。

（1）分层填充。从隔室出水端起，阳树脂与阴树脂交替分层填充，即第1层为阳树脂，第2层为阴树脂，第3层为阳树脂……，依次类推，直至填满隔室。有的厂家将阳、阴树脂制成同心柱体后填充，就是用阴树脂将阳树脂围成一个柱形，柱轴与两侧的离子交换膜垂直，并用惰性黏结材料将树脂柱定位在隔室中。

分层填充的EDI中，每层树脂中的反离子迁移得到加强，同名离子迁移受到削弱。例如，在阴树脂层中，阴离子迁移速率比阳离子的快，流过树脂层中水溶液的pH值升高，从而促进H_2CO_3、H_2SiO_3等弱酸性物质的解离，提高了HCO_3^-和$HSiO_3^-$的去除效果。同理，在阳树脂层中，由于流过树脂层中水溶液的pH值降低，有助于弱碱性物质的去除。

（2）混匀填充。就是将阳树脂与阴树脂混合均匀后，再填充到EDI中。混匀填充的EDI中，充分地利用了树脂层中各处水分子极化电离出的H^+及OH^-，以保持树脂的高再生度，这对去除弱酸弱碱性物质（如SiO_2、CO_2）有利。

五、EDI电极

电极所处的工作环境差，故电极材料应耐酸碱、抗腐蚀、不氧化和难极化。此外，电极结构应保证电流分布均匀、电流密度低、排气和极水流动通畅。

目前，常用钛涂层（如钛涂钌或铱等）材料作阳极，用不锈钢材料作阴极。

电极形式有多种，卷式EDI模块的阴电极为管式（同时还兼作模块的中心配集管），阳电极一般为板状或网状；板框式EDI模块的阳、阴电极一般为栅板式或丝状。

六、整流器

整流器输出的直流电压及电流应能满足EDI装置在各种运行条

件包括极端条件下的要求，即直流输出电压满足模块的最大电压值，直流输出电流为各模块的最大运行电流之和，且有一定余量。

当整流器输出功率较大时，为保证电源的稳定，应采用三相交流电输入，并设置隔离变压器。另外，为保证整流器的运行不对附近的分析仪表产生影响，整流器的直流输出电压纹波系数应小于最大输出量的5%。

整流器应具备以下功能：①电流输出连续可调；②有稳压、稳流及手动三种控制方式；③过流保护、快熔熔断、可控硅过压保护、合闸过电压冲击保护等；④通电指示及电压和电流指示。

七、测量仪表

EDI系统需配置各种压力表、流量表、温度计及水质监测仪表等。

（1）压力表。在EDI模块淡水的进出口、浓水的进出口及极水的出口等处应设置压力测量仪表，这样既可监测管路系统中各种水流的运行压力及压降，还可根据压力、压降值对装置的运行情况进行调整。

（2）流量表。可以是每个模块都安装一个流量开关以便报警，或者对一个框架内三路主要的水流（淡水、浓水及极水）分别设置流量表，以监测运行流量。

可选用带接点开关的浮子流量表或其他带信号输出的流量表，当通过EDI模块的流量过小或断流时，流量表应能发送信号至控制器，实现报警信号或停机。

（3）水质分析仪表。通常采用电导率表在线测量EDI装置的进水水质，采用电阻率仪在线测量EDI的产水水质。各监测仪表可与控制器结合成为系统保护装置的一部分。

另外也可采用多参数（或多通道）水质分析仪表同时监测整个EDI系统的几个参数，如流量、温度、电导率/电阻率等。

八、浓水循环泵

浓水循环泵的出力及扬程应根据EDI模块的性能参数来选取。其中，扬程一般高于浓水回流压力的0.2～0.3MPa，另加上浓水循环泵到模块间的压力损失。泵的最大扬程（关闭压头）不能超过 EDI 模块设计的内压值。

应选择流体接触部件为耐腐材料的泵（如不锈钢泵）。

九、系统管道及阀门

EDI 模块的外部接口有淡水进出口、浓水进出口和极水出口等，这些接口与对应的集水管之间通常采用软管或硬管连接，其管件的材质一般选用 PVC、UPVC、PP 等非金属管材。如果选用了不锈钢管道，则在 EDI 模块和不锈钢管道之间应留有足够的管线距离以防漏电。

设计淡水进水和浓水进水等的配水管路系统时，应尽量保证所有模块的进水压力相同，以及进水的流量相同，不同模块间压降的变化值应控制在±15%。配水管道的尺寸应略有余量，以降低管路系统的压降。

管路中的阀门可根据系统的需要设置，包括各种调节阀、阻断阀、隔离阀、排气阀、取样阀及卸压阀等，阀门材质应与管路材质匹配。如果采用金属阀门，应有安全的接地措施。

十、接地

EDI 系统充满水，环境潮湿，工作电压较高，必须从设备制造、设计、安装、调试、运行维护等环节，确保电气安全，防止触电事故。因此，电源和模块的正确接地非常重要。下面以 EXL 模块（图 7-8）为例，介绍 EDI 系统的接地。

（1）模块所有导电部件共用一根接地导线（绿色导线）与大地连接。因为水可导电，故所有进水口和出水口通过 T 形三通接地。

（2）直流（DC）电源必须与模块的阳极和阴极牢固连接。直流电源配线颜色是地线（0）为绿色，阴极（一）线为黑色，阳极（+）线为红色。

（3）电源通过直流（DC）系统接地。

（4）系统安装后，必须测试接地性能，确保运行过程中任何金属表面不带电。

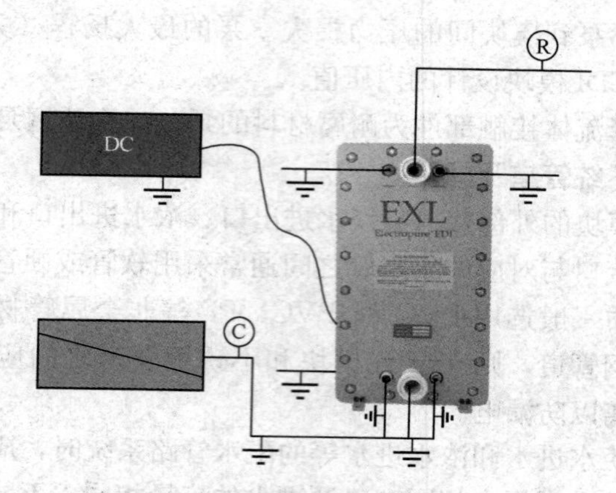

图 7-8　EXL 模块接地示意

十一、控制系统

（1）功能。EDI 装置的 PLC 控制系统应具有以下功能：①监视在线仪表的运行状况；②对整流器、浓水循环泵及加盐系统进行控制操作；③内部故障诊断及报警；④远程控制。

（2）操作界面。PLC 操作界面应能显示系统运行、备用的状态及报警信号。操作人员可通过操作界面操作和监控 EDI 系统，包括加盐等辅助系统。

（3）控制点及联动信号。连接到 PLC 系统的输出信号包括：①浓水循环泵运行信号；②整流器运行信号；③出水电阻率信号；④通用报警信号；⑤三室压力信号；⑥三室流量信号，等等。在下述联动信号报警时，PLC 应能自动停机：①浓水循环流量低；②浓水排放流量低；③极水排放流量低；④EDI 产水流量低。

（4）远程控制。当系统发出报警信号时，可通过远程 PLC 控制 EDI 系统的启停，如 EDI 装置出现产水流量过低等异常情况时，远程 PLC 可停运 EDI 装置中整流器、浓水循环泵等设备，一旦消除了故障，又可通过远程重新启动 EDI 系统。

（5）手动操作。整流器、浓水循环泵及加盐泵等都应设有手动/自动选择开关。

（6）辅助系统的控制。不经常工作或动作不频繁的设备可设计成手动操作，反之，则应设计成自动操作。对于清洗装置，由于清洗周期比较长，故通常采用手动操作；对于加盐装置，则可采用自动操作的方式控制盐的投加。加盐计量泵可由外部信号调节出力和控制启停。这些外部信号包括盐溶液箱的低液位信号、浓水循环泵的运行信号和浓水电导率信号等。当浓水循环泵启动且浓水电导率低于设定值时，PLC 控制加盐泵启动工作；当浓水循环泵停止运行或浓水电导率高于设定值时，PLC 控制加盐泵停止运行。

十二、加盐系统

若浓水室内没有充填导电材料，则浓水室靠离子传输电流。当进水电导率较低时，因为浓水室电阻较高，所以需要向浓水中加盐（一般用 NaCl），以维持模块较高的电流，保证足够的去除弱电离强度物质的能力。一般，要求浓水室的进水电导率为 10～100μS/cm，出水电导率为 40～100μS/cm。以二级反渗透(RO-RO)淡水作为 EDI 给水时，如果 RO 淡水电导率小于 2μS/cm，则应采取以下措施，将浓水进水电导率提高到上述范围内：①浓水循环；②浓水、极水加盐；③选择电导率大于 10μS/cm 的 RO 淡水（如第一级 RO 淡水）作为浓水和极水；④取消第二级 RO，或者以第一、二级 RO 淡水的混合水作为浓水和极水。对于第①种措施，应防止浓水循环浓缩可能造成硬度等危害物质累积，以及细菌的繁衍。对于第②种措施，为了减少杂质随盐进入系统，所用盐的纯度应达到分析纯及以上。

加盐系统一般采用一个溶液箱和两台计量泵（一用一备）的配置形式，盐溶液箱的容积和计量泵的出力可根据 EDI 装置的进水水质、水量确定。

十三、清洗装置

EDI 的化学清洗装置可根据 EDI 装置的容量进行配置，也可与反渗透的清洗装置共用（参阅第五章第五节），系统配置包括一只溶液箱、一台清洗水泵、一台精密过滤器、流量表、压力表和配套的阀门及管道等。

为节省占地面积、减少投资，也可在清洗时临时配置一套清洗装置。

十四、其他部件

其他部件包括端板（板框式EDI模块）、外壳（卷式EDI模块）、外部接管、电源接头、框架、螺栓等。

（1）端板。板框式EDI模块的端板通常采用轻型铝合金材料制成，以减轻重量，方便安装和维修。端板上一般喷涂了防腐涂料，以保证模块在潮湿环境中工作良好。

（2）外壳。卷式EDI模块的外壳通常采用玻璃钢制作，这样的外壳具有一定的强度、耐腐蚀能力和绝缘性能。

（3）外部接管。EDI模块的外部接管包括淡水进口、产品水出口、极水出口和浓水进出口等，一般使用非金属如PVC、UPVC及PP接管，以防止模块漏电，保证本体绝缘。

（4）电源接头。EDI模块一般采用专用的二相或三相接头与外部电源连接。

（5）框架。框架的材质一般为碳钢（外涂防腐涂料）或高强度的玻璃钢（FRP）。框架上有J形螺栓或L形托架等定位装置，以便在安装或更换EDI模块时定位模块。

（6）螺栓。螺栓及其扭矩大小对于控制EDI的内漏、外漏和产品水质量非常重要。

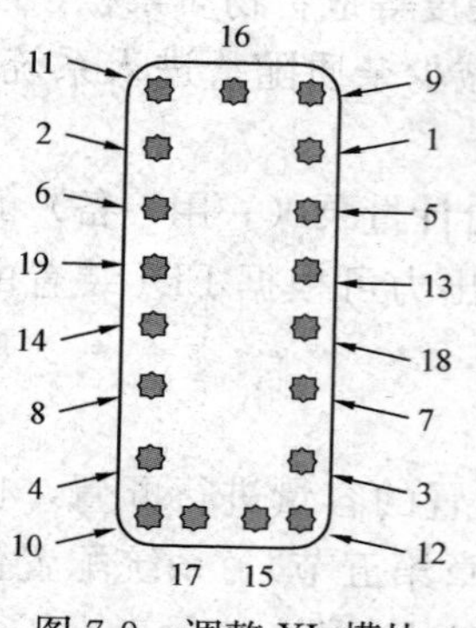

图7-9　调整XL模块扭矩的顺序

在以下时机，应重新调整模块的螺栓扭矩：①在安装防滑支架之后；②在用户现场调试操作之前；③在带压运行后；④使用第一个月，定期（如每周）调整扭矩，直到所有内部的塑料部件都被充分压缩、充实；⑤在产品水质量异常下降后。

扭矩调整顺序的原则是确保模块各部位扭矩均匀，尽量避免某点压力过大。图7-9是调整XL模块扭矩的顺序。按图中数字顺序均匀的上紧螺栓，每次增加的扭矩应低于 2.7N·m，直到所有的螺栓扭矩都达到了推荐值（20～27N·m）。调节模块转角处的螺栓要特别当心，防止紧固不当造成端板破裂。

第四节　EDI 装置的运行

为保证 EDI 装置的正常工作，EDI 装置的进水水质必须控制在规定的范围内，淡水、浓水、极水的流量及压力也应满足一定的要求，同时操作电流也不宜过大或过小。如果其中一个条件达不到要求，则系统无法制备出高品质的纯水。

一、EDI 对进水的要求

进水水质特别是进水中的污染物对 EDI 模块的寿命、运行性能、清洗频率及维护费用等方面有重要影响。进水主要污染物包括硬度、有机物（如 TOC）、固体颗粒（如 SDI）、金属（如 Fe、Mn）、氧化剂（如 Cl_2、O_3）和 CO_2。

（1）含盐量。EDI 工作电流中只有不到 30%的电流消耗于离子迁移，而约 70%的电流消耗于水的电离，故 EDI 的电能效率低。所以，EDI 适用于低含盐量（如电导率小于 6μS/cm 或含盐量小于 12mg/L）水的精处理，通常是用 EDI 对 RO 淡水进行深度除盐。一般用电导率、总可交换离子和当量电导率等指标表示含盐量。

1）电导率：进水电导率低，EDI 产品水质好，SiO_2 及 CO_2 等弱酸性物质的去除率高。进水电导率高，一方面工作床的深度增加，抛光床的深度减少，因而 EDI 去除弱电离物质（如 SiO_2）的能力减弱；另一方面需要增加电流，相应地增加了电解 H_2O 的能耗。

2）总可交换阴离子（TEA）及总可交换阳离子（TEC）：对于 EDI 模块，电导率不能准确反映进水中杂质的含量，因为有些杂质并不是以离子状态存在的，如硅酸化合物和碳酸。所以，常采用总可交换阴离子（TEA）或总可交换阳离子（TEC）

等指标表示进水杂质含量。TEA 中除包括水中离子态杂质外，还应包括 CO_2 等分子态杂质。

3）当量电导率（FCE）：可用 FCE 衡量 TEA 大小。FCE 按式（7-8）计算：

$$FCE = DD + 2.79[CO_2] + 1.94[SiO_2] \tag{7-8}$$

式中：FCE 为当量电导率，μS/cm；DD 为电导率，μS/cm；$[CO_2]$、$[SiO_2]$ 分别为 CO_2、SiO_2 浓度，mg/L。

（2）硬度。硬度是 EDI 的主要结垢物质。EDI 运行过程中，H_2O 会不断地电离出大量的 H^+ 和 OH^-。大量的 OH^- 迁移至浓水室阴膜表面，pH 值明显升高，加快了水垢的形成。因此，必须严格限制进水结垢物质含量，延长清洗周期。例如，要求进水硬度小于 1.0mg/L（以 $CaCO_3$ 计）。

（3）pH 值。进水 pH 值对弱电解质电离平衡有影响。弱电解质的电离度越高，与树脂发生交换反应的能力越强，在电场中迁移的份额越高。EDI 模块运行时，若进水 pH 值较低，意味着 CO_2 较多，也表明水中 CO_2 等弱酸性物质的电离度不高，结果是有较多 CO_2 留在淡水室，产品水电导率较高；若进水 pH 值过高，则又会产生另一个问题，即 EDI 模块易结垢。某卷式 EDI 装置，当进水 pH 值由 7 增加至 8.5 时，产品水电阻率由 14.3MΩ·cm上升至 17.5MΩ·cm。

EDI 运行过程中，淡水、浓水和极水的任何区域必须维持电中性。因此，在水的任何区域，如果阳离子杂质与阴离子杂质的迁移量不相等，则必然是其他离子（如 H^+、OH）弥补空缺，或者是 EDI 自动调节驱动力，直到所有阳离子与所有阴离子的迁移量相等。一般，水电离的 H^+、OH^- 在维持电中性过程中发挥着重要作用。如果进水中阳离子杂质与阴离子杂质含量相差较大，则产品水与浓水的 pH 值差别也大。

pH 值高低还会影响离子杂质的去除。例如，在淡水室中，若 pH 值较低，则有较多 H^+ 与阳离子杂质竞争迁移，导致阳离子杂质不能有效去除；反之，若 pH 值较高，则阴离子杂质不能有效去除。所以，EDI 除盐时淡水的理想 pH 值为 7.0。

(4) 氧化剂。如果进水中 Cl_2 和 O_3 等氧化剂的含量过高，则可导致树脂和膜的快速降解，离子交换能力和选择性透过能力衰退，除盐效果恶化，模块寿命缩短。树脂和膜的氧化产物为小分子有机物，溶入水中后，一方面使产品水 TOC 增加，另一方面污染阴树脂和阴膜。另外，被氧化降解的树脂机械强度下降，容易破碎，产生的碎片堵塞树脂间空隙，增加了水流阻力。一般，控制 Cl_2 和 O_3 等的浓度水平为零。

(5) 铁、锰。铁、锰的主要危害如下。

1) 中毒。树脂和膜的活性基团功能类似半导体的空穴，它是离子迁移的中转站。因为 Fe、Mn 与树脂活性基团间存在强大的亲和力，所以，它们一旦进入阳树脂和阳膜孔道，就会占据一些"中转站"，阻碍其他离子的接力传递。换句话说，Fe、Mn 与活性基团结合后，阳树脂和阳膜中能发挥作用的活性基团减少，导电能力下降，离子电迁移速度减少，电除盐效果变差。

2) 催化。Fe、Mn 还会扮演催化剂的角色，会加快树脂和膜的氧化速度，造成树脂和膜的永久性破坏。

3) 沉积。当 pH 值偏离中性区域时，Fe、Mn 转化成胶态(如氢氧化铁和氧化锰)而沉积。

(6) 颗粒杂质。颗粒杂质包括胶体和悬浮物，常以 SDI 表示其含量。颗粒杂质会污堵水流通道、树脂空隙、树脂和膜的孔道，导致模块的压降升高、离子迁移速度下降。一般，要求 EDI 进水 SDI$<$1.0。为降低 EDI 进水 SDI，可用 1μm 精度的保安过滤器过滤 EDI 的进水。

(7) 有机物。有机物主要污染树脂和膜。被污染的树脂和膜，传递离子的效率降低，膜堆电阻增加。

(8) CO_2。CO_2 随 pH 值的变化而呈不同形态分布，它们的影响可分为三个方面：一是 CO_3^{2-} 与 Ca^{2+}、Mg^{2+} 生成碳酸盐垢，其生成量与离子浓度、温度和 pH 值有关；二是呈分子态的 CO_2 不易被 EDI 去除，某试验结果表明，即使 CO_2 含量低至

5mg/L，也能显著降低产品水的电阻率；三是CO_2的存在显著影响 EDI 对SiO_2、硼酸的去除。

（9）硅酸化合物。在 EDI 中，硅酸是最难去除的杂质之一。硅酸的去除效果取决于它的电离。电离越多，受到电场的驱动力越大，与树脂的交换能力越强，去除率越高。pH 值在 7.0 附近，硅酸几乎不电离，去除效果差；当 pH 值升高到 9.8 左右时，去除效果显著。

硅酸对 EDI 运行的影响包括两个方面：一是在浓水室生成硅垢，二是需要强化 EDI 运行条件，才能去除彻底。

控制硅垢和提高除硅效果的措施如下。

1）优化 RO 系统，降低进水硅含量（小于 0.5mg/L）。例如，采用除硅能力强的 RO 膜、提高 EDI 进水 pH 值、采用 HERO（高效反渗透）技术。

2）减少进水CO_2含量，削弱硅酸的竞争对象。例如，用$MgO/CaCO_3$滤床过滤 RO 淡水、提高 RO 进水 pH 值至 8.3、采用多级 RO、用脱气膜去除 RO 淡水中的CO_2。

3）控制 EDI 电压，使抛光床区域的水能有效电离。

上述进水指标对 EDI 的影响还与模块结构、树脂和膜的性能、隔板水流通道、工作电流和电压及浓水循环与否有关，表 7-7～表 7-10 是几家 EDI 模块生产厂提出的进水水质要求。

表 7-7　加拿大 ECELL 公司 MK-2 系列模块对进水水质要求

序号	项目	MK-2E/Mini 型控制值	MK-2Pharm 型控制值
1	TEA（包括CO_2）（以$CaCO_3$计）（mg/L）	＜25.0	＜16.0
2	电导率（μS/cm）	＜60	＜40
3	pH 值	5.0～9.0	5.0～9.0
4	硬度（以$CaCO_3$计）（mg/L）	＜0.5	＜0.5
5	活性二氧化硅（mg/L）	＜0.5	＜0.5
6	TOC（mg/L）	＜0.5	＜0.5
7	余氯（mg/L）	＜0.05	＜0.05
8	Fe、Mn、H_2S（mg/L）	＜0.01	＜0.01
9	SDI（15min）	＜1.0	＜1.0

表 7-8 美国 Ionpure 公司 CEDI 对进水水质要求

序号	项目	控制值	序号	项目	控制值
1	电导率(μS/cm)	<40	5	TOC(mg/L)	<0.5
2	pH 值	12~11	6	余氯(mg/L)	<0.02
3	硬度(以 $CaCO_3$ 计)(mg/L)	<1.0	7	Fe、Mn、H_2S (mg/L)	<0.01
4	活性二氧化硅(mg/L)	<1.0			

表 7-9 美国 Electropure 公司的 EDI 模块对进水水质要求

序号	项目	控制值	推荐值
1	电导率(μS/cm)	1~20	1~6
2	当量电导率(μS/cm)	<50	<10
3	pH 值	5.0~9.5	7.0~7.5
4	硬度(以 $CaCO_3$ 计)(mg/L)	<1.0 (90%回收率时)	
5	二氧化硅(mg/L)	<0.5	<0.2
6	TOC(mg/L)	<0.5	检测不出
7	氧化剂(以 Cl_2、O_3 代表)(mg/L)	检测不出	检测不出
8	金属(如 Fe、Mn、变价金属)(mg/L)	<0.01	检测不出
9	总 CO_2(mg/L)	<5	<1
10	水温(℃)	5~40	20~30
11	SDI	<1	<0.5

表 7-10 OMEXELL 公司的卷式 EDI 模块对进水水质要求

序号	项目	控制值①	控制值②
1	TEA(以 $CaCO_3$ 计)(mg/L)	≤25	≤8
2	pH 值	6.5~9	7~9
3	硬度(以 $CaCO_3$ 计)(mg/L)	≤2	≤0.5
4	活性二氧化硅(mg/L)	≤0.5	≤0.2
5	TOC(mg/L)	≤0.5	≤0.3
6	余氯(mg/L)	≤0.05	≤0.05
7	Fe、Mn、H_2S(mg/L)	≤0.01	≤0.01
8	总 CO_2(mg/L)	≤5	≤3

① OMEXELL-210 模块。

② OMEXELL-210UPW 模块。

二、EDI模块的操作参数

1. 水温

（1）水温与产品水质量。EDI存在着一个适宜的运行水温。水温升高，离子活度增大，在电场作用下迁移加快，故产品水质提高。不过，水温高于35℃后，杂质离子不容易被树脂吸着，产品水质量下降；当水温低至2～5℃时，杂质迁移慢、树脂难吸着，产品水品质也会降低。表7-11是水温、电流对CDI-LX型模块出水水质的影响。

表7-11　水温、电流对CDI-LX型模块出水水质的影响

进水温度（℃）	10		17	
进水电导率（μS/cm）	6.45	5.94	6.61	6.51
进水 CO_2（mg/L）	1.88	1.88	1.88	1.88
进水 SiO_2（μg/L）	315.5	249.5	313.5	326.5
产品水电阻率（MΩ·cm）	14.3	16.3	16.2	17.2
产品水 SiO_2（μg/L）	27.5	6.5	13.5	3.5
SiO_2去除率（%）	91.3	97.4	95.7	98.9
电流（A DC）	3.22	5.99	3.21	6.01

（2）水温与水流阻力。水温增加，水的黏度降低，故水流通过三室（淡水室、浓水室和极水室）的阻力减小，即水通过三室的压力降减小。水温从25℃下降到5℃时黏度增加69.7%，压力降也相应大幅增加。

（3）水温与模块电阻。水温增加，模块电阻下降，在给定电压下电流增加。一般，水温增加1℃，模块电阻下降约2%。

（4）水温与电压。若维持除盐效果不变，则升高水温，可相应降低电压。例如，在水温2～35℃内，每升高10℃，可降低电压10%。

（5）水温与水的电导率/电阻率测量。水温对水的电阻率有显著影响。水温升高，离子杂质的导电能力增强，H_2O也电离出更多的H^+和OH^-参与导电，两者叠加，水的电导率增加，

电阻率下降。为消除水温的影响，一般通过仪表的温度校验，以25℃时电阻率或电导率表示水的纯度。

2. 压力与压降

EDI运行压力一般为2～7bar（200～700kPa）。由于内部密封条件的限制，运行压力不能太高，但是，运行压力太低时，无法保证出力。

EDI运行过程中，应保持淡水压力略高于浓水、极水压力，但压差不能太大，以避免淡水漏入浓水中。一般，淡水压力比浓水的高0.3～0.7bar（30～70kPa）。若淡浓水压差小于0.3bar（30kPa），则不足以保证浓水不渗入淡水；若其淡浓水压差高于0.7bar（70kPa），则可能造成EDI装置变形。

由于淡水室、浓水室和极水室水流通道不同，水流过三室的压力损失（或称压降）也不同，所以，即使进口处三者压力符合上述要求，但出口处可能偏离平衡状态。由此看来，运行时还应注意淡水的进出口压降（称淡水室压降）、浓水的进出口压降（称浓水室压降）、极水的进出口压降（称极室压降）和淡浓水间压降。影响压降的因素有流量、水温、隔室数量和水的回收率等。

（1）对于新模块，压降几乎随流量呈线性关系递增，如XL-500型EDI模块，淡水流量从6gpm（1gpm＝227L/h）增至10gpm时，压降从0.7bar（70kPa）增至1.7bar（170kPa）。

（2）水温升降，水的黏度减增，故压降相应减增。

（3）流量一定时，压降与隔室数量成反比。

（4）当进水总量不变时，提高水的回收率，相当于降低了分配给浓水室的水量，增加了淡水室流量，所以浓水室压降下降，淡水室压降上升。

极水流量较小，而且直接排放，所以，极室压降较低，一般小于2.5bar（250kPa）。

比较三室压降的运行值与初始值（或经验值），可帮助判断EDI模块的故障。例如，极水压降经验值，XL系列模块在极水流量为 10L/h（0.05gpm）时大约为 1.4bar（20psi，140kPa），EXL 系列模块在极水流量为 30L/h（0.15gpm）时大约为 2.4bar（35psi，240kPa）。如果在上述极水流量条件下运行的压力降高于这个值，则极水室可能发生堵塞、水温明显下降或结垢。

3. 流量

流量对水流阻力、产品水质、层流层厚度、离子迁移速度、极限电流和浓差极化都有影响，所以，控制合适的流量，对稳定 EDI 运行非常重要。一般，当其他条件不变时，淡水流量随淡水室压降近似呈直线关系递增。

（1）产水流量。产水流量又称淡水流量或产品水流量。流量低，滞流层厚、离子迁移慢、极限电流小和浓差极化程度大；流量高，虽然可能改善因流量低引发的上述问题，但是，运行压差大，水在淡水室停留时间短，盐类可能来不及从该室迁出，导致产品水质量差。所以，EDI 模块一般都有一个适宜的产水流量范围。

（2）浓水流量。除类似产水流量影响外，它还对膜表面结垢有显著影响。浓水流量越低，结垢越易发生；浓水流量高，对于浓水直排式 EDI 系统，则水耗高。所以，EDI 系统中一般采取了浓水循环或加盐的措施。此外，为避免浓水中离子过度积累，需要排放出少量浓水，补充相应量的进水。

（3）极水流量。极水流量应能保证冷却电极和及时地将电极反应产物带走，一般为进水流量的 1%～3%。

4. 回收率

EDI 模块的水回收率定义为

$$y=\frac{q_P}{q_F}\times 100\%=\frac{q_P}{q_P+q_B+q_E}\times 100\% \qquad (7\text{-}9)$$

式中：y 为水的回收率，%；q_F、q_P、q_B 和 q_E 为进水总流量、产水流量、浓水排放流量和极水排放流量，m^3/h。

EDI系统中，q_E 仅为 1%～3%，可将它看成对式（7-9）分母没有影响的定值。从式（7-9）可知，增加回收率，浓水排放量降低。因为在EDI模块的运行过程中，淡水中的盐分几乎全部迁移至浓水中，所以，浓水中盐浓度随回收率递增，浓水结垢倾向增加。为保证浓水室的结垢量不因回收率增加而增加，所以回收率越高，要求进水硬度越小，或者说，EDI模块允许的回收率与进水水质有关。例如，ECELL公司生产的MK-2型模块，当进水硬度小于0.1mg/L（以$CaCO_3$计）时，最高回收率为95%；当进水硬度大于1mg/L（以$CaCO_3$计）时，最高回收率则为80%。

5. 电压

电压过低，离子迁移驱动力小，产品水残留的盐类多。相反，电压过高，水分解太快，耗电量过大，过多的H^+和OH^-还会挤压其他杂质离子的迁移，加之同名离子从浓水室向淡水室的迁移量增加，同样出水水质不好。过高的电压也会造成极室产生大量气体。所以，EDI的工作电压应控制在一定的范围内。

EDI的适宜工作电压取决于模块内部单元的数目、水温、浓水电导率、回收率。一般，正常工作电压为5～8V/单元。

6. 电流

电流与迁移离子的总数成正比，这些离子包括杂质离子（如Na^+和Cl^-）和水电离的H^+和OH^-。

EDI的工作电流与水中离子浓度、水的回收率、水分解量和水温有关。进水离子浓度越高，运行电流越大；水的回收率越高，则浓水室的电阻越小，运行电流也越高；工作电压越高，水分解出H^+和OH^-量越多，所需要的运行电流也越高；水温升高，膜堆电阻下降，离子迁移速度加快，电流增大。

三、EDI的再生

下列三种情况可能导致树脂失效，因而需要对模块进行电再生：①化学清洗后的模块；②较长时间停运的模块；③在低电流甚至断电情况下运行了一段时间的模块。再生的目的是清除树脂吸着的多余离子，使H型和OH型树脂的份额恢复到正常水平，以及使EDI恢复到正常的工作状态。

电再生的实质就是水电离出的 H^+ 和 OH^- 与树脂中的杂质离子的交换反应。为提高再生度和再生速度，需要调整设备的运行工况，如提高工作电流，强化水的电离。表7-12是Electro-pure公司XL系列模块电再生条件。

表7-12　　XL系列模块电再生条件

型号	淡水流量(L/h)	浓水流量(L/h)	回收率(%)	电压(V DC)
XL-100R	50	10	80	60
XL-200R	110	25	80	120
XL-300R	350	70	80	120
XL-400R	700	120	85	250～300
XL-500R	1300	220	85	350～400
XL-500RL	1600	300	85	350～400
EXL-600	3000	530	85	350～450
EXL-700	4000	700	85	350～500

在对EDI模块进行再生时，可按正常的操作程序启动EDI系统。当模块进入再生过程时，初始运行电流较高，产品水质较差，此时产品水应外排。当产品水的电阻率逐步升高到合格值时，可停止再生，将装置按正常的程序投入运行。

四、EDI的运行控制

通常，EDI模块在额定工况下运行，产品水质量稳定可靠。但是，运行条件改变后，模块自调节功能大约在8～24h内可使EDI自动达到与新的条件相适应的另一稳定状态。例如，在电压降低或进水电导率增加后，树脂开始吸附增加的离子。这样，离子离开模块的量比进入模块的量少，工作床增厚，抛光床减薄，这种现象称为模块的离子填充状态。在电压增加或进水电导率下降后，树脂开始向淡水中释放吸附的离子。这样，离子离开模块的量比进入模块的量多，工作床减薄，抛光床增厚，这种现象称为模块的离子恢复状态，它是模块从过负荷向额定负荷的恢复过程。

在运行过程中，根据进出模块离子量的大小，可判断 EDI 的工作状态。设：Q_i和Q_o分别为进、出模块的离子量，则$Q_i=Q_o$，表示 EDI 处于稳定工作状态；$Q_i>Q_o$，表示 EDI 处于离子填充状态；$Q_i<Q_o$，表示 EDI 处于离子恢复状态。

（1）电压和电流。EDI 装置的工作电流随着工作电压递增（如图 7-10 所示），当工作电流超过极限电流时，H_2O开始电离出H^+和OH^-，膜堆电阻发生第 1 次突增，形成U-I曲线的第 1 个拐点（I_1，U_1），这些H^+、OH^-可将淡水室树脂所吸着的杂质离子置换下来，相当于电再生树脂；当工作电压继续增加至某值后，膜堆电阻发生第 2 次突增，形成U-I曲线的第 2 个拐点（I_2，U_2），这时H_2O大量电离，电再生作用更强，置换下来的杂质离子更多，EDI 装置的出水会出现一段时间的水质恶化。

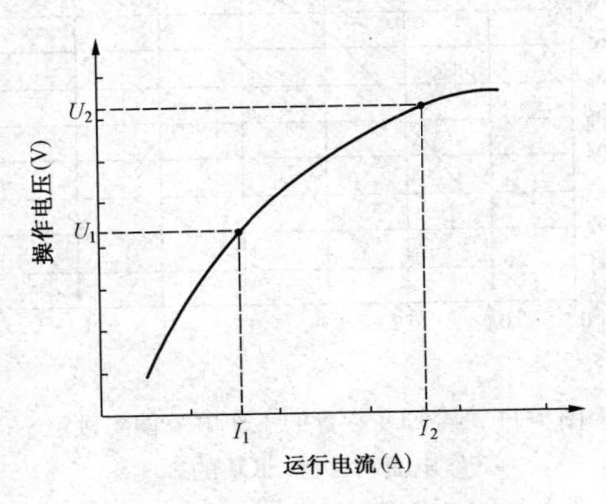

图 7-10　电压—电流曲线

图 7-10 中，第 1 拐点处的I_1称为 EDI 的极限电流，U_1称为 EDI 的分解电压；第 2 拐点处的I_2称为 EDI 的再生电流，U_2称为 EDI 的再生电压。

EDI 的工作电压应控制在 U_1 与 U_2 之间，当工作电压低于 U_1 时，因工作电流太小，故除盐不彻底；当工作电压高于 U_2 时，因大量的 H^+、OH^- 与杂质离子竞争迁移，故出水水质较差。

EDI 的工作电压或工作电流应随进水电导率递增，以增强离子的电迁移。但是，当进水电导率增加到某一数值后，即使通过加大工作电压或提高工作电流，也不能保证出水水质，这是由于所增加的工作电流更多地消耗在水的电解上，没有发挥电迁移离子的作用。如某 EDI 装置，当进水电导率大于 100μS/cm 时，则即使提高工作电流，也不能保证产品水质。

一般，在额定工况下产品水的质量最好，若偏离了额定工况，则除盐效果变差。图 7-11 是某 EDI 装置的工作电流（I）偏离额定工作电流（I_0）对去除 SiO_2 的影响。图 7-11 的进水水质为电导率：20μS/cm，CO_2：6mg/L。

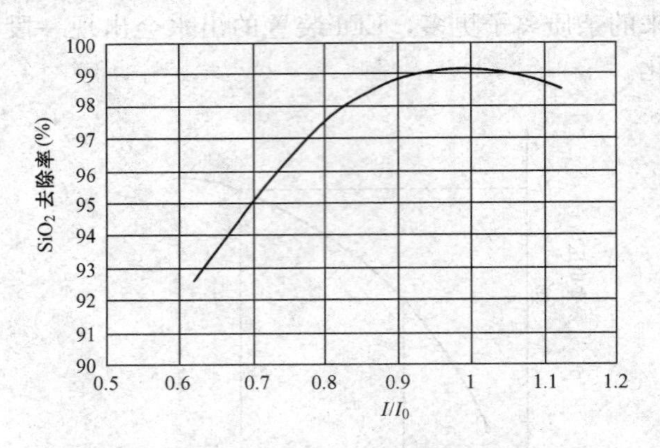

图 7-11　某 EDI 装置的工作电流偏离额定工作电流对去除 SiO_2 的影响

进水水质：电导率为 20μS/cm；CO_2 为 6mg/L；

I_0—额定工作电流；I—实际工作电流

（2）进水流量。提高进水流量，有利于增强传质，防止浓差极化，避免模块温升过高，但可能造成某些离子既来不及发生交换反应，又没有足够的时间迁出淡水室，加之随进水带入的盐量

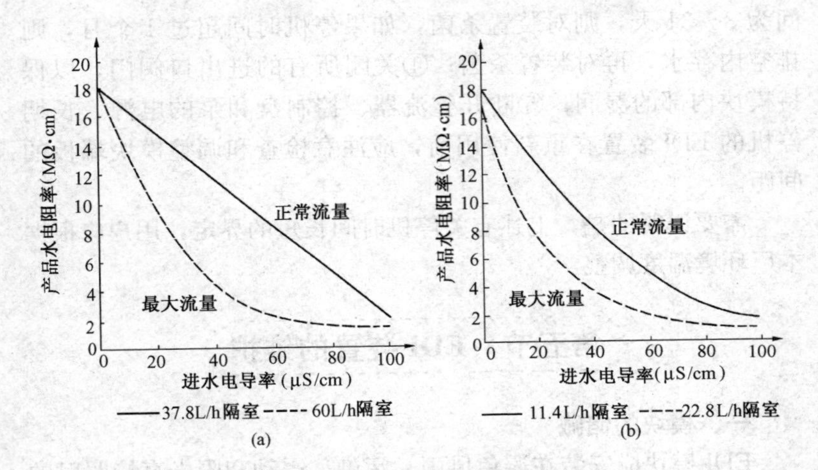

图 7-12　两个 EDI 装置的产品水电阻率与进水流量、进水电导率的关系

（a）H 系列 CDI 系统；（b）Compact CDI（C-040）系统

多，电流相对不足，结果是产品水电阻率下降。图 7-12 是两个 EDI 装置的产品水电阻率与进水流量、进水电导率的关系。EDI 模块中淡水室的水流速度一般控制在 20～50m/h。

（3）水温。EDI 运行温度一般控制在 5～35℃。

五、停机保护

EDI 装置停机后，应采取措施，防止微生物繁殖和防止脱水进气。停机时间少于 7 天的，称为短期停机；否则，称为长期停机。

1. 短期停机保护

短期停机是可能由于报警或工艺方面的原因而造成的停机。可参照下述步骤停运和保护 EDI 装置：①停运整流器；②停运浓水循环泵；③停运加盐装置；④关闭所有进出水阀门，停止向 EDI 装置进水；⑤保持模块内部的水分，防止模块脱水。

2. 长期停机保护

可参照下述步骤停运和保护 EDI 装置：①先按短期停机的程序①～④操作；②卸去 EDI 装置的内部压力；③如果停机时

间为 8～31 天，则对装置杀菌，如果停机时间超过 1 个月，则排空内存水，再对装置杀菌；④关闭所有的进出口阀门，以保持模块内部的湿润；⑤断开整流器、控制盘和泵的电源。长期停机的 EDI 装置在重新使用前，应注意检查和调整模块端板的间距。

需要说明的是，上述有关停机时间长短的界定，用户应根据本厂环境温度调整。

第五节　EDI 装置的维护

一、模块的储藏

EDI 模块应安装在避免风雨、污染、震动和阳光直接照射的环境中，一般安装在室内。由于模块内的树脂和膜耐温能力有限，要求使用和储藏的温度不低于 0℃且不高于 50℃。

短期储藏的注意事项：①确保模块密封；②膜和树脂不得脱水干燥。

长期储藏的注意事项：①按 EDI 模块的出厂状态，排出多余的水分，并保持内部湿润；②必须向模块内加入杀菌剂，然后封存。按此方法处理的模块最多可保存一年。

二、故障处理

表 7-13 列举了 EDI 装置的常见故障及其处理方法。

表 7-13　EDI 装置的常见故障及其处理方法

序号	故障现象	故障原因	处理方法
1	产品水质量差	进水水质超标	控制 EDI 装置的进水水质
		进水流量不符合要求	调整进水流量
		一个或多个模块没有电流或电流很低	检查所有的保险丝、电线接头及整流器的接地情况
		浓水压力比进水和产水压力高	重新调整浓水压力
		电极接线错误	检查电源接线情况

续表

序号	故障现象	故障原因	处理方法
1	产品水质量差	运行电流过低	检查浓水电导率是否过低，整流器的电流输出是否达到上限
		离子交换膜损坏	提高电流产品水质应升高，否则有可能是离子交换膜已损坏，应考虑更换模块
		锁紧螺栓锁紧力过小	按要求紧固锁紧螺栓
		模块有污堵或结垢现象	按清洗程序对模块进行清洗
2	产品水流量不足	个别模块堵塞	清洗模块
		进水压力低	提高进水压力
		流量设定不正确	重新设定流量
3	浓水电导率低	加盐装置工作不正常	检查加盐装置
		浓水循环流量低	减小浓水排放量
		进水电导率下降	向浓水中加盐
		阀门设置不正确	调节阀门增大流量
		浓水系统有结垢现象	检查进水水质是否符合要求，按清洗程序对模块进行清洗
		操作电压设定得太高	调低运行电压
		模块内树脂有分层现象	对模块进行检查处理

三、清洗

1. 污堵原因

随着运行时间的延长或偏离最佳工况运行时间较长，EDI 膜堆和管路可能沉积硬度、微生物、有机物、金属氧化物，引起污染或结垢，统称污堵。污堵原因包括以下几个方面。

（1）运行的积累。即使在正常运行条件下，EDI 系统也会慢慢结垢，长时间可积累较多垢物。EDI 模块结垢主要集中在浓水室阴膜表面和阴极室。

（2）进水水质不符合要求。如果进水中 Ca^{2+}、Mg^{2+} 的浓度超过规定值，就会引起 EDI 模块结垢。另外，进水中 SiO_2 含量过高，也会在模块内生成很难清除的硅垢。

（3）回收率太高。

（4）微生物滋生。EDI 模块运行过程中，可以连续地电离水分子，在模块内部形成一部分区域 pH 值升高，另一部分局部区域 pH 值降低，偏离中性的水有利于抑制微生物繁殖。所以，运行中的 EDI 装置不易发生微生物故障。但是，EDI 装置停运后，抑菌作用消失，模块内的细菌及微生物就会很快繁殖。停机时间越长，微生物危害越大；气温较高时，微生物问题更为突出。有的 EDI 装置在浓水循环回路中设置有紫外线杀菌器，就是为了防止浓水系统中微生物的繁殖。

2. 清洗时间

污垢虽然降低了 EDI 装置的运行效果，但并不意味着清洗越频繁越好，这是因为：①当污垢较少时，EDI 模块的富裕容量足以弥补污垢的影响；②清洗会耽误制水和消耗化学药品，清洗不当还会伤害模块。所以，应根据 EDI 装置的运行状况做出清洗判断，确定合适的清洗时间。

EDI 模块中若有污堵，则必然造成过水断面缩小，水流阻力系数（ζ）增加，引起流量下降和压降上升。因此，可根据流量（q_V）和压降（Δp）的变化决定清洗时间。由水力学有关知识可知，ζ、q_V 和 Δp 之间存在式（7-10）的关系：

$$\Delta p = k\zeta q_V^2 \tag{7-10}$$

式中：Δp 为浓水室或淡水室进出口压力差，MPa；k 为常数；ζ 为阻力系数；q_V 为浓水室或淡水室流量，m^3/h。

式（7-10）表明，即使 ζ 不变，q_V 的变化也可引起压降 Δp 变化，或者 Δp 的变化可引起 q_V 变化。因此，不能仅根据流量或压降这一单一指标的变化判断污垢的多少。将式（7-10）改写成式（7-11）的形式：

$$\sqrt{\frac{1}{k \times \zeta}} = \frac{q_V}{\sqrt{\Delta p}} \tag{7-11}$$

可以看出，比值 $q_V/\sqrt{\Delta p}$ 仅依赖于阻力系数 ζ。所以，可根据 $q_V/\sqrt{\Delta p}$ 的变化幅度判断污垢的多少。具体判断方法为用式（7-11）分别计算浓水室和淡水室的 $q_V/\sqrt{\Delta p}$，如果该值比初始值减少了 20%（偏离度），则应采取措施，清除污垢。

根据式（7-11）决定清洗时，还应注意水温对流量和压降的影响。

【例 7-1】 某 EDI 装置共装有四个 EDI 模块。投运初期，当浓水室的进出口压差为 0.05MPa，每个模块的浓水流量为1.15m^3/h。运行一段时间后，各模块的浓水流量与浓水室进出口压力见表 7-14 第 2～4 行。试判断哪个模块的浓水室需要清洗。

解： 将表 7-14 第 2～4 行数据代入式（7-11）计算，得到初始和运行后的 $q_V/\sqrt{\Delta p}$，分别见第 5～6 行。第 7 行结果表明，EDI-4 污堵最严重，其次是 EDI-2 和 EDI-3，而 EDI-1 污堵最轻，根据"20%"判断标准，应对 EDI-4 浓水室进行清洗，其余三个模块的浓水系统可继续正常运行。

表 7-14　某 EDI 装置运行情况分析

1	模块	EDI-1	EDI-2	EDI-3	EDI-4
2	模块浓水流量（m^3/h）	1.04	1.05	1.06	1.02
3	浓水进口压力（MPa）	0.36	0.36	0.37	0.36
4	浓水出口压力（MPa）	0.31	0.30	0.31	0.29
5	初始 $q_V/\sqrt{\Delta p}$	5.14	5.14	5.14	5.14
6	运行后 $q_V/\sqrt{\Delta p}$	4.65	4.29	4.33	3.86
7	$q_V/\sqrt{\Delta p}$ 偏离度（%）	9.53	16.54	15.76	24.90

3. 清洗方法

清洗前，应根据模块的运行状况或取出污垢进行分析，以确定污垢化学成分，然后用针对性强的清洗液，进行浸泡或动态循环清洗。根据污垢的主要成分，可将常见的污垢类型分为以下几种。

（1）钙镁垢。通常是由于进水水质未达到要求或回收率控制过高而造成。易发部位为浓水室和阴极室。

（2）硅垢。硅垢由进水硅酸浓度较高引起。硅垢较难去除。易发部位为浓水室和阴极室。

（3）有机物污染。如果进水中有机物含量过高，则树脂和膜就会发生有机物污染。易发部位为淡水室。

（4）铁锰污垢。当进水铁锰含量过高时，则引起树脂和膜的中毒。易发部位为淡水室。

（5）微生物污染。当进水生物活性较高或停用时间较长，气温较高时，可引起微生物污染。

对于钙镁垢，可用有机酸（如柠檬酸）、无机酸或螯合剂清洗；对于有机物污染，可用碱性食盐水或非离子型表面活性剂清洗；对于铁锰污垢可用螯合剂清洗。表 7-15 所示为某清洗消毒方案。

表 7-15　　某清洗消毒方案

序号	污垢类型	清洗方案
1	钙镁垢	配方 1
2	有机物污染	配方 3
3	钙镁垢、有机物及微生物污染	配方 1→配方 3
4	有机物及微生物污染	配方 2→配方 4→配方 2
5	钙镁垢及较重的生物污染同时存在	配方 1→配方 2→配方 4→配方 2
6	极严重的微生物污染	配方 2→配方 4→配方 3
7	顽固的微生物污染，并伴随无机物结垢	配方 1→配方 2→配方 4→配方 3

注　配方 1：1.8%HCl；配方 2：5%NaCl；配方 3：5%NaCl+1%NaOH；配方 4：0.04%过氧乙酸+0.2%过氧化氢。

四、消毒

当 EDI 模块需要长期贮存或发生微生物污染时，应选用合适的消毒剂进行消毒，常用的消毒剂有离子型和有机物消毒剂，如过氧乙酸、丙二醇等。

由于氧化型消毒剂对树脂和膜均有氧化作用，使用它将缩短模块寿命，应慎用。应注意消毒剂对模块的负面影响，尽量选用对树脂和膜无损害或副作用较小的化学药剂。由于树脂和膜耐温性能差，所以不能用温度高的热水（如 80～90℃）消毒。

用离子型消毒剂消毒后的模块，在下次开机前应进行再生；使用有机消毒剂消毒后，EDI 装置投运时需要经过较长的正洗时间，才能将产水 TOC 降低下来。

第六节 EST 技 术

一、除盐原理

参照图 7-13，电吸附装置的正、负电极分别与直流电源的正、负极连接，然后通电；进水在正、负电极之间的流运过程中，因电场作用，水中阳离子（⊕）和阴离子（⊖）分别向负、正极迁移，并吸附在电极表面附近。随着时间推移，电极表面富集的离子增加，水中盐类减少，出水成为淡水。当电极表面吸附的离子达到饱和程度时停止运行，进行再生，吸附离子解吸，电极恢复干净。然后，重复吸附除盐过程。因此，电吸附除盐就是“吸附—解吸”的循环往复。

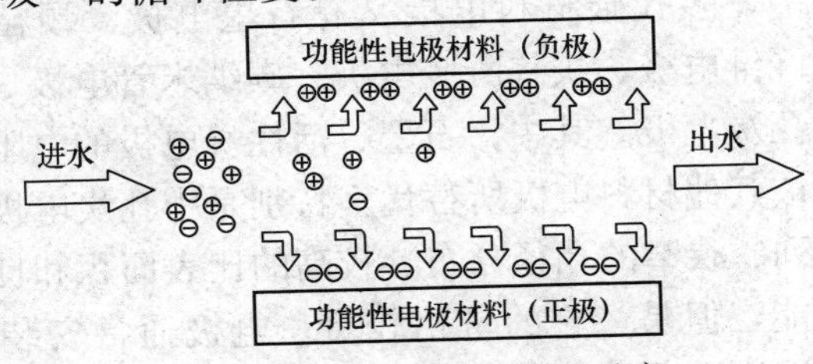

图 7-13 电吸附除盐原理示意

电吸附除盐的再生方法主要有短接放电和施加反向电场。短接放电就是切断电吸附装置电极的电源，将正、负极短接，电极所吸附的离子脱附，并随水外排；电极反接就是电极倒向，即电吸附装置的正、负电极分别与直流电源的负、正极连接，然后通电，这样正、负电极所吸附的阴、阳离子均受同性电排斥，快速脱附，并随水外排。

二、电吸附装置的结构

EST 装置与 EDI 装置的结构类似，但比较简单。两者主要差别在于：①电极与水室数：EDI 装置中一对阴阳极之间可有许多交替排列的淡水室、浓水室，还有极水室；EST 装置中，一对阴阳极之间只有一个水室，该水室也是极水室，在电吸附时排放淡水，在再生时排放浓水；因此，它兼任极水室、淡水室和浓水室；②电极反应：EDI 装置运行时电极上发生电化学反应，反应产物通过极水排放；EST 装置运行时电极上主要发生静电吸附，一般尽量避免发生电化学反应。此外，EST 装置不充填离子交换树脂，一般无须离子交换膜。

不同厂家的 EST 装置结构基本相同，例如，某 EST 装置的组装结构为将左端板、“正电极、隔板、负电极、隔板、正电极、隔板、负电极……”、右端板，依次从左到右排列叠加，然后通过螺栓和螺母拉紧固定而成。

（1）电极及电极框。电极是电吸附装置的关键部件之一，一般要求电吸附装置的电极比表面积大、孔隙发达、导电性强、化学/电化学稳定、易于成型等。适用于电吸附的电极材料主要是多孔碳。目前，多孔碳材料电极又有石墨电极、颗粒活性炭电极、活性炭纤维电极、炭气凝胶电极、碳纳米管电极、改性复合炭电极和中孔炭电极。其中，石墨、活性炭电极的电阻大、吸附容量低，正被其他材料电极所替代，特别是中孔炭电极，具有规则的中孔排列、狭窄的孔径分布、较高的比表面积和良好的导电率等优异性能，但是，它的价格较贵。电极通常安装在电极框内，电极框为绝缘材料。

（2）隔板。隔板又称隔网、导流板，一般用高分子绝缘材料制造，它具有构成水流通道、避免正负电极接触短路的双重作用。隔板厚度为 0.5～1mm，内填绝缘多孔材料，以便水流透过。此外，隔板上有进水口和出水口，在 EST 装置锁紧后，它们分别与其他部件的进水口、出水口贯通，构成电吸附装置内部的进水管和出水管。

（3）端板。端板的作用是将螺栓、螺母的紧固力转换成对电吸附内部器件的压紧力，保证电吸附装置成为刚性整体，不致漏水。

三、电吸附除盐系统及其运行

电吸附除盐系统主要由预处理设备、保安过滤器、电吸附装置、直流电源、控制柜、给水泵、再生泵等组成，以下参照图 7-14 说明电吸附除盐系统运行的大致步骤。

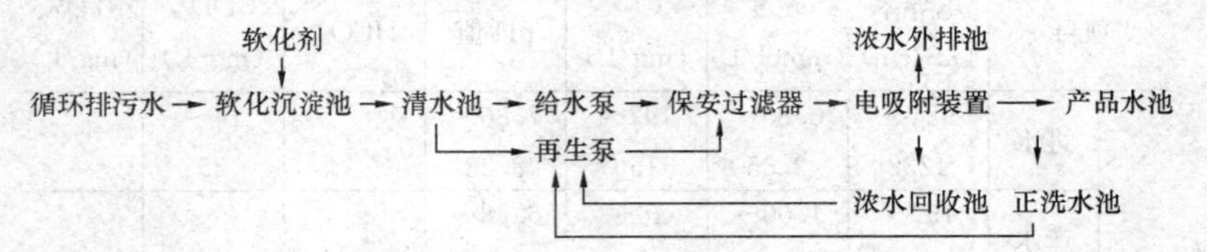

图 7-14　电吸附除盐系统运行的大致步骤

（1）软化沉淀。为避免电吸附装置结垢，需要降低循环排污水的碱度和硬度。图 7-14 示例是采用药剂软化的方法除硬降碱，循环排污水经软化沉淀处理后进入清水池。

（2）正洗。清水经给水泵增压，通过保安过滤器（过滤精度一般为 5μm）去除颗粒杂质后，进入电吸附装置，在外加直流电的作用下电吸附除盐。在电吸附的初始阶段，不合格产水排入正洗水池，作为再生的水源。

（3）制水。当正洗到产水合格后，产水送入产品水池。随着电吸附的进行，电极吸附的离子逐渐趋向饱和，产水含盐量逐渐上升。当产水质量（如电导率）不合格时，关闭直流电源，停止电吸附，进行再生。

（4）再生。阴阳极短接静置后，进行再生。再生水流动方向通常与正洗、制水方向相反，故又称反洗。可分两步再生：首先，用回收池浓水反洗电吸附装置，即浓水回收池的水经过再生泵升压、保安过滤器后反洗电吸附装置，反洗排水进入浓水外排池；其次，用回收的正洗水或清水反洗电吸附装置，即来自清水池或正洗水池的水经过再生泵升压、保安过滤器后，反洗电吸附装置，反洗排水进入浓水回收池。

四、技术效果及影响因素

1. 技术效果

电吸附的技术效果示例见表 7-16，表中去除率为平均值。表中数据表明，电吸附除盐并不彻底，仅适用于初步除盐。

表 7-16　电吸附的技术效果示例

项目		电导率 (μS/cm)	硬度 (mmol/L)	Cl^- (mg/L)	pH 值	HCO_3^-	COD_{Cr} (mg/L)	TDS (mg/L)
循环排污水	进水	924～1238	3.85～3.35	192～150	7.86～8.28		14～25	
	产水	197～442	1.00～0.55	46～74	6.28～7.14		2～11	
	去除率 (%)	67.4	78.5	65.7			62.3	
	进水	2900～6500	9～13	370～500		6～7.2		
	产水	763～1811	1.4～3.4	40～110		0.5～3.3		
	去除率 (%)	72.7	78			75.5		
RO 浓水	进水	2069～2680				142	142～186	1281～1738
	产水	528～834					49.2～75.8	285～626
	去除率 (%)	72.1					58.8	72.3

续表

项目		电导率（μS/cm）	硬度（mmol/L）	Cl^-（mg/L）	pH值	HCO_3^-	COD_{Cr}（mg/L）	TDS（mg/L）
污水	进水	947.31	1.68	105.6				
	产水	404.4	0.35	36.7				
	去除率（%）	57.0	83.6	61.1			～0	

2. 影响因素

对于特定的电吸附装置，影响技术效果的主要因素有电压、产水率、流速、含盐量等。

（1）电压。电极上电压升高，吸附离子能力增强，产水含盐量下降。但是，若电压过高，则可能发生电解反应，包括水的电解副反应，除盐率下降，电耗增加。

（2）产水率。产水率是指电吸附除盐的产水量占给水量的分率。增加产水率，意味着增加了浓水中盐的浓缩倍数，故产水电导率上升，除盐率下降。

（3）流速。流速或流量增加，一方面，水流紊乱程度增加，电极表面层流层厚度减薄，离子迁移到电极表面距离缩短，除盐率升高；另一方面，水流在电吸附装置中的停留时间缩短，一些离子来不及迁移到电极表面即随产水流出，导致除盐率下降。因此，应控制合适的给水流量。

（4）含盐量。一般，原水含盐量增加，淡水含盐量上升。

第八章　凝结水精处理

在火力发电厂的生产工艺中，凝结水是指利用冷却介质（水或空气）将汽轮机的排汽冷凝成的水。凝结水是锅炉给水的主要组成部分，所以给水的质量主要与凝结水的水质有关。由于现代高参数机组对锅炉给水的品质提出了越来越高的要求，因此，必须对凝结水进行深度净化处理。

第一节　概　　述

一、凝结水中的杂质

火力发电厂的汽轮机凝结水是蒸汽在汽轮机中做完功后冷凝形成的。照理，凝结水应该是很纯净的，但实际上在凝结水形成过程中或水汽循环过程中，因某些原因凝结水会受到一定程度的污染，所以在未经处理的凝结水中一般都含有一定量的杂质。

1. 凝结水中杂质的来源

（1）凝汽器泄漏。凝结水含有杂质的主要原因之一是冷却水从汽轮机凝汽器不严密的部位渗漏至凝结水中。凝汽器不严密部位通常是在换热管与管板的连接处，因为在汽轮机的长期运行过程中，由于工况的变动必然会使凝汽器内产生机械应力和热应力，加之水流冲刷作用，所以，使用中仍然会发生管子与管板连接处严密性降低，冷却水漏入凝结水中的现象。

当凝汽器的管子因制造缺陷或腐蚀而出现裂纹、穿孔或破损时，或者当管子与管板的固接不良或遭到破坏时，则冷却水漏到凝结水中的量会显著增大，这种现象称为凝汽器泄漏。

微量的泄漏也称渗漏，即使制造和安装质量很好的凝汽器，也会因长期运行和负荷变化等因素而导致凝汽器管与管板结合处的严密性降低，造成一定程度的渗漏。

凝汽器泄漏的冷却水量占汽轮机额定负荷时凝结水量的百分数称为凝汽器的泄漏率。凝汽器的泄漏率一般为 0.01%～0.05%，严密性较好的凝汽器泄漏率可达到 0.005%。即使如此，凝结水因泄漏而带入的盐量也是不可忽视的。目前认为，当用淡水作冷却水时，凝汽器的允许泄漏率一般应小于 0.02%；当用海水作冷却水时，凝汽器的允许泄漏率一般应小于 0.000 4%。

当冷却水漏入凝结水中时，该冷却水中各种杂质都将随之混入凝结水中。漏入凝结水中盐类的数量取决于冷却水的含盐量和凝汽器的泄漏率，凝结水因漏入冷却水而增加的含盐量 ΔS（μg/L）与凝汽器泄漏率 P 和冷却水含盐 S_L（mg/L）的关系为 $\Delta S=1000PS_L$，如图 8-1 所示。

凝结水因冷却水的泄漏而引起的污染程度还与汽轮机的负荷有关。因为汽轮机的负荷很低时，凝结水量大为减少，但漏入的冷却水并没有减少，所以这时凝结水污染最严重。

（2）金属腐蚀产物带入。火力发电厂中的热力设备及管道在运行和停运过程中，难免会受到各种形式的腐蚀，使凝结水中含有一定数量的金属腐蚀产物，其中主要是铁的氧化物，其次还有铜的氧化物。这些腐蚀产物的数量与许多因素有关，如给水中的溶解氧及 CO_2 含量、热力设备停用保护效果、凝结水的 pH 值及机组的运行工况等。凝结水中铁铜含量受机组负荷变化的影响最为敏感，因为负荷的变化会促进设备及管壁上腐蚀产物脱落，导致凝结水铁铜含量明显升高。机组启动过程中凝结水铁铜含量比正常运行值要高十几倍甚至几十倍，有时会持续 1～2 天才能达到凝结水回收标准，如图 8-2 所示。

含有金属腐蚀产物的给水进入锅炉本体后，就会在水、汽流

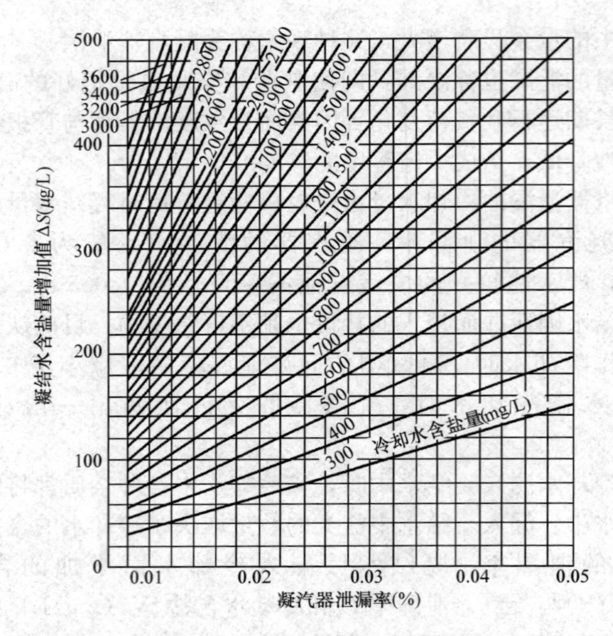

图 8-1　凝结水含盐量增加值与凝汽器泄漏率及冷却水含盐量的关系

通部位沉积，并进一步引起腐蚀。

（3）蒸汽中溶解的盐类进入凝结水中。蒸汽对很多盐类有一定的溶解能力，并且随压力的提高，溶盐能力增大，当蒸汽凝结成水时，这些盐类也随之进入凝结水中。此外，机组启动过程中，蒸汽通流部位盐类的溶解也会导致凝结水中含盐量增大。

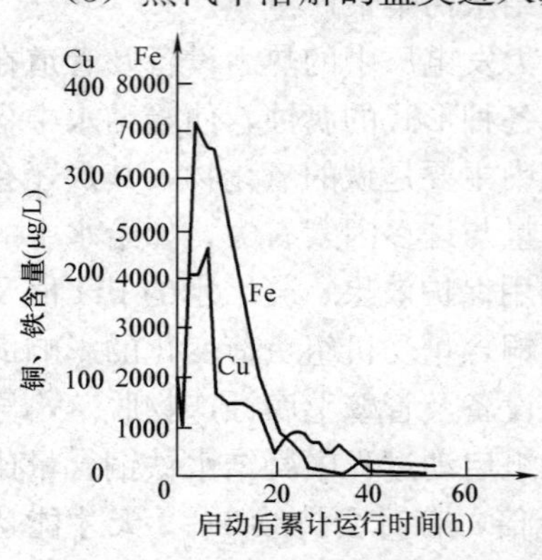

图 8-2　某机组启动过程中凝结水中铁、铜含量的变化

（4）空气漏入和补给水带入。在汽轮机的密封系统和给水泵的密封处，都有可能漏入空气，空气中的 CO_2

与给水中的NH_3形成NH_4HCO_3或$(NH_4)_2CO_3$，从而增加了水中的碳酸化合物含量，降低了水的pH值。空气的漏入还会增加凝结水中的溶解氧含量，将加速给水或凝结水系统的氧腐蚀。

目前，大型机组一般都采用将补给水补入凝汽器系统，因此当补给水处理系统运行不良或设备故障时，有可能将补给水中的各种杂质带入凝结水中。即使水处理设备正常运行，补给水的电导率小于0.2μS/cm的情况下，也会带入微量的盐类杂质。另外，除盐水在流过除盐水箱、除盐水泵和管道系统时，也会携带少量的机械杂质和溶解气体进入热力系统。

2. 凝结水中杂质的形态

综上所述，在机组运行过程中，凝结水会受到一定程度的污染，导致凝结水中含有一些杂质。这些杂质的类别概括起来有溶解盐类、金属腐蚀产物、悬浮物及有机物。

按其颗粒的大小，上述杂质可分为离子态、分子态、胶体物质和固体微粒的形态存在于凝结水中。

离子态杂质大部分是能溶解于水的盐类解离而成的；分子态杂质主要指水中的高分子有机物，以及水中以分子状态存在的一些无机的弱酸弱碱盐；胶体物质一部分是随冷却水带入的天然胶体，此外还有水中的腐蚀产物，如氢氧化铁、氢氧化铝等；凝结水中铁化合物的粒径很小，多是以固体微粒形态存在。

二、凝结水精处理的选用

是否设置凝结水精处理和如何选择凝结水精处理设备，不仅与锅炉炉型、机组参数、容量及负荷特性有关，而且还与凝汽器的管材、冷却水水质及锅炉的水化学工况有关。因此，选择的凝结水精处理设备，不仅要能在机组正常运行时去除凝结水中的微量金属腐蚀产物、溶解盐类和悬浮杂质，机组启动时能有效地去除凝结水中的腐蚀产物，而且即使在冷却水泄漏时也能在一定时间内有效地去除凝结水中的各种杂质，保证机组能按正常程序停机。

关于是否设置凝结水精处理，目前国内较一致的看法如下。

（1）直流炉供汽的机组，由于对给水品质要求高，全部凝结水应进行除盐处理，同时应设置前置过滤装置。

（2）亚临界压力汽包锅炉供汽的机组，全部凝结水宜进行除盐处理，对于600MW及以上机组，由于机组容量大，可考虑设置前置过滤装置。

（3）承担调峰负荷的超高压汽包炉机组，若无除盐装置，可设置供机组启动用的除铁装置。

（4）空冷机组，由于凝汽器面积大，凝结水中含铁的氧化物较高，应设置前置除铁装置。

出于对机组安全经济性的考虑，在火力发电厂亚临界压力及以上参数的汽包炉机组及直流炉机组中，设置凝结水精处理已成为一种普遍的趋势。

三、凝结水精处理系统结构特点

1. 精处理装置在热力系统中的位置

凝结水精处理系统与补给水处理不同之处之一，就是凝结水精处理串联于热力系统中，成为水汽系统的一个组成部分。由于树脂使用温度的限制，凝结水精处理装置在热力系统中一般都是设置在凝结水泵之后、低压加热器之前，这里水温不超过60℃，能满足树脂正常工作的基本要求。因此，凝结水精处理系统必须考虑以下特点。

（1）凝结水精处理系统的运行工况受机组运行工况的制约，其产水量取决于机组的运行负荷。

（2）凝结水精处理系统的出水是机组给水的主要组成部分，因此，其出水水质必须达到锅炉给水的质量要求。

（3）凝结水混床的交换剂为离子交换树脂，且出水直接进入热力系统，因此处理系统必须具备截留破碎树脂的功能。

（4）凝结水的水温较高，因此离子交换树脂对温度应有一定的承受能力。

2. 精处理装置在热力系统中的连接方式

精处理装置在热力系统中主要有两种连接方式，即低压系统方式和中压系统方式。

早期的凝结水精处理装置是在凝结水泵提供的1～1.3MPa压力下工作的，称为低压系统，如图8-3所示。在这种系统中，由于运行压力比较低，不足以克服低压加热器及管道、阀门的阻力而后进入压力较高的除氧器，为此需在精处理装置之后设置凝结水升压泵（简称凝升泵）。这就要求凝结水泵和凝结水升压泵同步同流量运行，操作困难，安全性差。

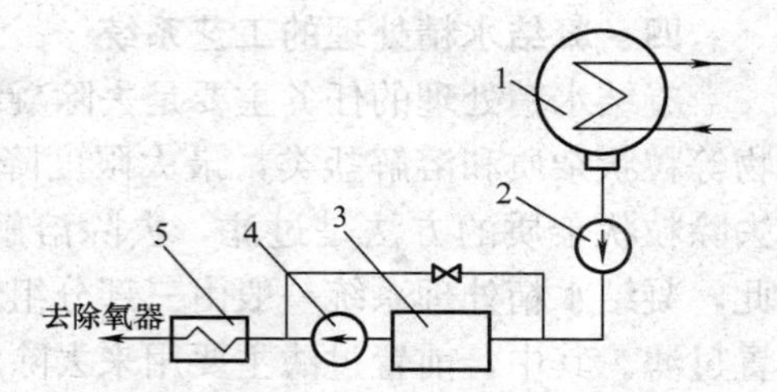

图8-3　低压凝结水处理装置在热力系统中的连接方式

1—凝汽器；2—凝结水泵；3—凝结水精处理装置；4—凝结水升压泵；5—低压加热器

为解决由于凝结水泵压力较低而出现的问题，可采用提高凝结水泵出口压力的办法，即将该泵的压力提升至4MPa，从而取消凝结水升压泵。这时的凝结水泵将水送入精处理装置处理后，借助剩余水头再将水经低压加热器送至后续设备，解决了凝结水泵与凝结水升压泵出力不平衡的问题。在该系统中，凝结水精处理装置在较高压力（3.0～3.5MPa）下运行，故称为中压凝结水精处理装置，在热力系统中的连接方式，如图8-4所示。

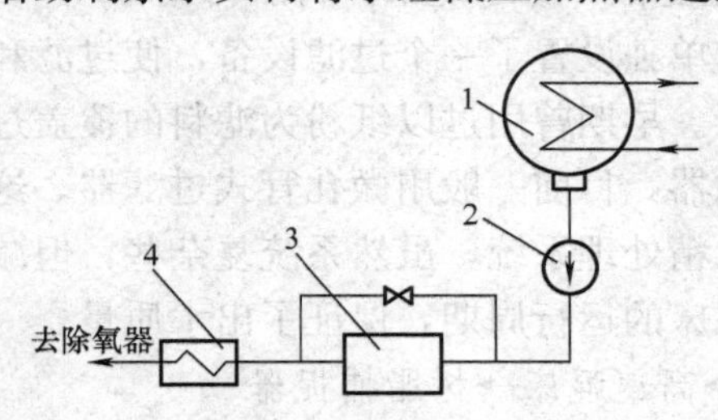

图8-4　中压凝结水处理装置在热力系统中的连接方式

1—凝汽器；2—凝结水泵；3—凝结水精处理装置；4—低压加热器

中压凝结水精处理装置使热力系统简化，不但节省投资，而且提高了系统运行的安全性。目前，亚临界及以上参数的机组，凝结水精处理一般都采用中压凝结水精处理装置。

四、凝结水精处理的工艺系统

凝结水精处理的任务主要是去除凝结水中的腐蚀产物、悬浮物等粒状杂质和溶解盐类，最大限度降低给水中的杂质。通常，去除粒状杂质的方法是过滤，去除溶解盐类的方法是除盐。因此，凝结水精处理系统一般由三部分组成：前置过滤—除盐—后置过滤。其中，前置过滤主要用来去除水中的金属腐蚀产物和悬浮杂质，后置过滤主要用于截留混床可能漏出的细碎树脂，目前已用树脂捕捉器代替。

综合目前国内外资料，凝结水精处理大体可分为以下六种工艺系统。

1. 凝结水→高速混床→树脂捕捉器

该工艺系统中的高速混床起过滤和除盐两种作用，过滤时截留在树脂层中的金属腐蚀产物必须借助空气擦洗才能去除，所以这种混床也称为空气擦洗高速混床。该系统虽然省去了过滤设备，但擦洗不彻底易造成树脂铁污染，多次空气擦洗易造成树脂破碎。

2. 凝结水→微孔管式过滤器→高速混床→树脂捕捉器

该工艺系统是在混床前单独设置了一个过滤设备，使过滤和除盐分开，也称前置过滤器。早期曾用过以纸粉为滤料的覆盖过滤器，后来也用过电磁过滤器，目前一般用微孔管式过滤器。这种设有前置过滤器的凝结水精处理系统，虽然系统复杂些，但减轻了树脂的污染，延长了混床的运行周期，保证了出水质量。

3. 凝结水→氢型阳床→高速混床→树脂捕捉器

该工艺系统是凝结水处理中较早应用的系统，其特点是在高速混床之前设置了一个氢型阳床，起前置过滤作用，同时可交换水中的氨，降低了混床进水的 pH 值，改善了混床的运行工况。

4. 凝结水→（过滤器）→阳床→阴床→（阳床）→树脂捕捉器

该工艺系统彻底解决了阴、阳树脂分离、混合带来的问题，据报道，“阳床→阴床→阳床”系统的出水水质略优于混床，运行稳定；但设备台数多，系统庞大，运行时系统压力损失较大。

5. 凝结水→粉末树脂覆盖过滤器→树脂捕捉器

该工艺系统中的粉末树脂覆盖过滤器起过滤和除盐作用。其优点是简化了工艺系统，并认为当凝汽器泄漏率很低时是比较经济的。但除盐能力有限，泄漏率较高时，由于粉末树脂更换过于频繁，而导致运行费用过高，操作麻烦。

6. 凝结水→粉末树脂覆盖过滤器→高速混床→树脂捕捉器

该工艺系统在粉末树脂过滤器之后又加了一个高速混床，提高了除盐能力，保证了出水的质量。但系统水温超过 60℃时，混床水须走旁路。

上述几种工艺系统中，在混床后都设置了一个树脂捕捉器，用于截留、捕捉混床出水中可能带有的树脂，严防树脂随水流直接进入热力系统。因为凝结水处理设备是串联于水汽系统中的，混床中一旦有树脂漏出就会进入炉水系统，树脂上的磺酸基就会受热分解产生低分子有机酸，对水汽系统造成严重腐蚀，因此必须严防混床树脂漏入水汽系统。

五、设置凝结水处理的好处

生产实践表明，机组设置了凝结水处理后的作用主要体现在以下几个方面。

（1）降低了凝结水的含盐量和铜铁腐蚀产物，提高了给水质量。

（2）减少了化学清洗次数，延长了清洗周期（清洗时间间隔）。

（3）设备投运时，水质合格快，缩短了机组启动时间。

（4）可减少因凝汽器泄漏带来的停机次数，微量泄漏时仍可保证机组正常运行，较大泄漏时可保证机组按正常程序停机。

第二节　凝结水过滤

凝结水过滤处理的目的，一是用于机组启动时去除凝结水中的金属腐蚀产物，二是去除冷却水漏入或补给水带入的悬浮固体和胶体。此外，在机组正常运行阶段，凝结水过滤还起到保护混床的作用，尤其是保护混床树脂不受污染。所以，高参数大容量机组的凝结水精处理系统中都设有前置过滤。

一、凝结水中杂质的特点及对过滤的要求

凝结水中的粒状杂质与天然水中的不同，具体表现为：①粒状杂质主要是金属腐蚀产物，而天然悬浮物含量低；②金属腐蚀产物是水汽系统中因设备、管道腐蚀而带入的，主要是以固体形态存在的铁和铜的氧化物；③这些腐蚀产物在凝结水中的含量与机组运行工况有关，在机组启动时含量很高，比正常运行时高出几十倍，运行中负荷的波动也会使其含量增大；④进入凝结水中的铁、铜氧化物，是以微粒形式存在于凝结水中，真正呈溶解状态的很少，有资料介绍，凝结水中铁化合物的粒径80%小于0.45μm，有些氢氧化铁甚至以胶体形态存在于水中。

防止铁、铜氧化物进入水汽系统的措施是凝结水过滤处理。根据凝结水处理的水量大、水温较高及水中杂质的特点，对过滤的要求如下。

（1）滤料的热稳定性和化学稳定性好，不污染水质。

（2）过滤面积大，以适应大流量的要求。

（3）滤料层的水流阻力小，以便高流速运行。

（4）滤料对除铁、铜腐蚀产物的选择性高。

二、过滤设备

目前常用的凝结水过滤设备主要有以下几种。

1. 微孔管式过滤器

微孔过滤是利用过滤材料的微孔截留和吸附水中粒状杂质的一种过滤工艺。

（1）结构。目前，常用的微孔管式过滤器的结构如图8-5所示，它是由一个承压外壳和壳体内装有若干根滤芯组成，滤芯固定在上、下多孔板上，器内设有进水装置、出水装置和布气装置，四个方向设进气口，过滤器顶部和下部各设有人孔。

(2) 滤芯。滤芯是过滤设备的关键部件，它直接影响着过滤器的性能、出力和过滤效果。一根滤芯就是一个过滤单元，滤芯的数量不同，处理水量就不同，可按要求设置。

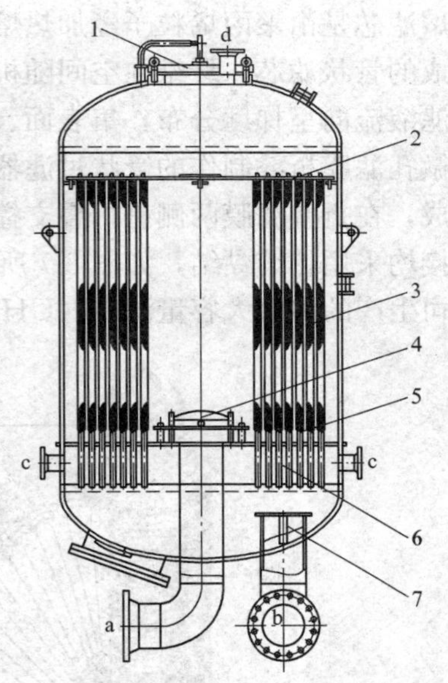

图 8-5 微孔管式过滤器的结构
1—人孔；2—上部滤芯固定装置；3—滤芯；4—进水装置；5—滤芯螺纹接头；6—布气管；7—出水装置
a—进水口；b—出水口；c—进气口；d—排气口

过滤器的滤芯一般做成管状，表面设有滤层。用于凝结水除铁的管状滤芯按其制造工艺有绕线式滤芯、喷熔滤芯和折叠滤芯之分，其外观如图 8-6 所示。

绕线式滤芯是各种具有良好过滤性能的纺织纤维线，按一定规律缠绕在多孔管骨架上制成，控制滤层缠绕密度及滤孔形状而形成不同精度的滤芯，内细外粗的线和内紧外松的绕线方式可使滤元微孔内小外大，从而实现深层过滤，绕线有聚丙烯纤维线、丙纶纤维线和脱脂棉纱线等，多孔管骨架一般由不锈钢管制成，管上开 $\phi 10$ 的孔。喷

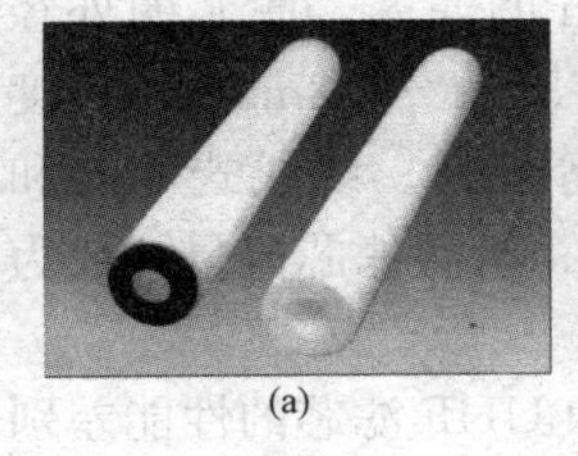
(a)

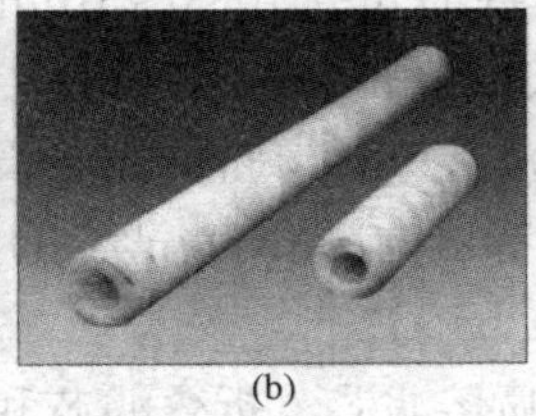
(b)

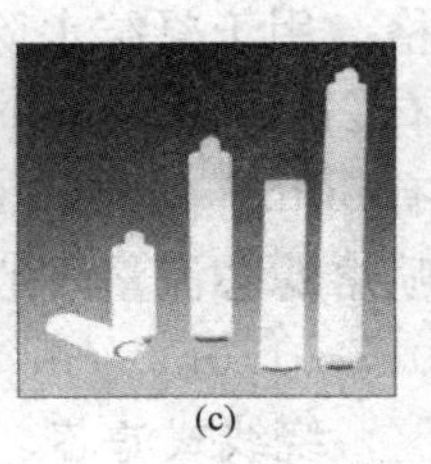
(c)

图 8-6 微孔滤芯
(a) 喷熔滤芯；(b) 绕线式滤芯；(c) 折叠滤芯

熔滤芯是由聚丙烯粒子经加热熔融、喷丝、牵引、接受成型而制成的管状滤芯，纤维在空间随机形成三维微孔结构，微孔孔径沿滤液流向呈梯度分布，集表面、深层过滤于一体。折叠滤芯是用微孔滤膜折叠制作的管状过滤器件，由芯柱、折叠滤膜和外壳构成，在折叠滤膜两侧有折叠支撑层，滤芯端盖密封及整体结构连接均采用热熔黏结，如图 8-7 所示。此外还有一种美国 PALL 公司生产的多褶大容量滤芯（UHF）。

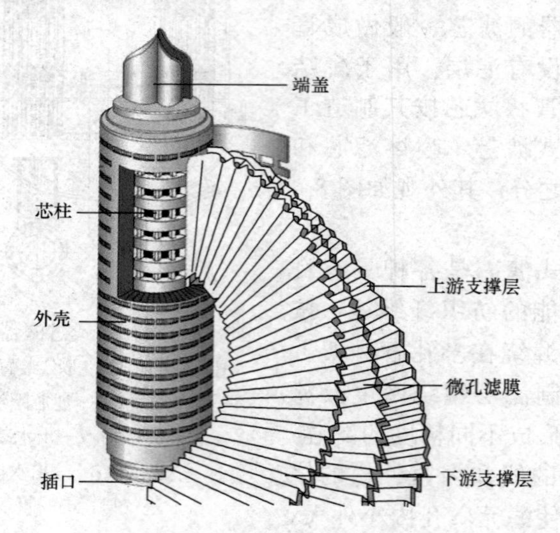

图 8-7　折叠滤芯结构示意

滤芯的规格以微孔大小、外径和长度表示，滤元有多种规格。用于凝结水除铁时可选用 5～10μm 的滤芯，滤芯的外径有 2in（50.8mm）、2.5in（63.5mm）、3in（76.2mm），长度有 60in（1524mm）、70in（1778mm）等规格。绕线式滤芯和喷熔滤芯流量一般为 8～10$m^3/(m^2 \cdot h)$；折叠滤芯流量一般为 0.7～1.0$m^3/(m^2 \cdot h)$。

绕线式滤芯、喷熔滤芯、折叠滤芯和 UHF 滤芯的性能差别见表 8-1。

表 8-1　绕线式滤芯、喷熔滤芯、折叠滤芯和 UHF 滤芯的性能差别

滤芯	绕线式滤芯	喷熔滤芯	折叠滤芯	UHF 滤芯
结构	简单	简单	略复杂	较复杂
强度	强	差	略差	较弱
膜面积	小些	小些	较大	大
单位膜面积的流量	大	大	小	—
运行压力	高	高	较低	较低
压力损失	小	略大	小	小
清洗难易	易	较易	一般	一般

（3）工作过程。微孔管式过滤器运行时，被处理水从下部进入筒体内的滤芯之间后，从滤芯外侧进入滤芯管内，向筒体底部汇集后引出，被处理水中的各种微粒杂质被滤层截留，完成过滤作用。随着被截流杂质的增多，水流阻力上升，当运行至进、出口压差为 0.08～0.1MPa 时作为运行终点，停止运行，进行反洗，去除污物后重新投入运行。其中，水冲洗强度约 $30m^3/(m^2 \cdot h)$，反洗用气强度约 $170m^3/(m^2 \cdot h)$（标准状态）。当多次运行、清洗后，水流阻力不能恢复到设计要求时，应更换滤芯。

微孔管式过滤器的除铁效率与进水中铁的含量有关，铁含量高者，去除效率也高。有资料介绍，10μm 滤芯的除铁效率不低于 60%，5μm 滤芯的除铁效率不低于 80%。

2. 电磁过滤器

电磁过滤器是利用磁性吸引的作用去除水中金属腐蚀产物的一种过滤设备。

（1）除铁原理。物质在外来磁场的作用下会显示磁性，这种现象称为物质的磁化。物质的磁化性能可用磁导率 μ 表示（μ 表示该物质的磁感应强度与外来磁场强度的比值），根据物质被磁化的程度不同，可将物质分为铁磁性物质、顺磁性物质和抗磁性物质。铁磁性物质即使在较弱的磁场中也能被强烈磁化而具有较

大的磁性，而且能较大程度地加强外来磁场，当取消外来磁场时，被磁化物质仍保留一定程度的磁性。顺磁性物质即使在强磁场中也只能被较弱的磁化，也能加强外来磁场，但一旦取消外来磁场，该物质的磁性就会消失。抗磁性物质在外来磁场中不但不会被磁化，反而会削弱外来磁场。铁磁性物质的μ值很大，一般几千以上，顺磁性物质的μ值大于1，抗磁性物质的μ值小于1，但都与1相近。

凝结水中铁的腐蚀产物主要有Fe_3O_4和Fe_2O_3，Fe_2O_3有两种形态，即α-Fe_2O_3和γ-Fe_2O_3。Fe_3O_4和γ-Fe_2O_3是铁磁性物质，α-Fe_2O_3是顺磁性物质。因此可利用磁性吸引的方法从水中去除这些腐蚀产物。

（2）电磁过滤器的结构。它的外壳是由非磁性材料制成的承压圆筒体，筒体外面环绕励磁线圈，励磁线圈外加屏蔽罩，在筒体内填充磁性材料，称为导磁基体。

根据导磁基体的不同，电磁过滤器由早期的钢球型电磁过滤器，到后来的钢毛型电磁过滤器，目前使用的为涡卷一钢毛复合基体作填料的高梯度电磁过滤器，如图8-8所示。这种电磁过滤器使用一种空隙率达95%、丝径只有几十个微米的钢毛与涡卷合起来作填料层（填料基本参数是钢毛OCr17，40～120μm；涡圈L750，ϕ12～ϕ36），填料层高度为800～1000mm，运行流速为400～800m/h。所以励磁线圈中通以直流电后，填料很快被磁化，并在磁性填料的空隙内形成极高的磁场梯度，这样不仅能去除水中铁磁性微粒，而且去除

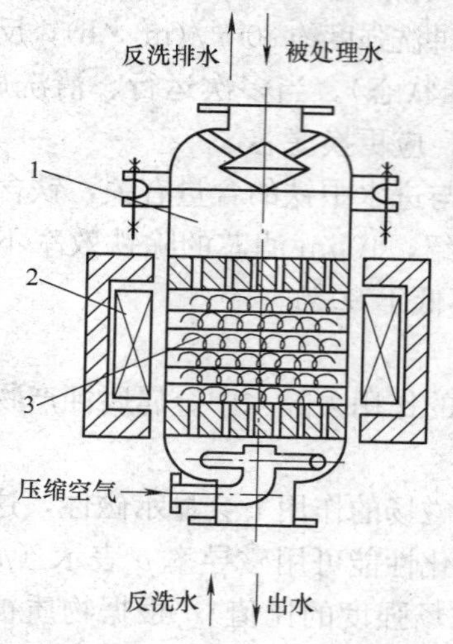

图8-8 高梯度电磁过滤器
1—筒体；2—励磁线圈；3—填料

水中顺磁性微粒的能力也大大增加。

(3) 电磁过滤器的工作过程。励磁线圈中通以直流电以产生定向磁场，填料被磁化，当被处理的凝结水从上向下通过被磁化了的填料层时，水中铁磁性的金属腐蚀产物微粒被填料吸住而去除。

运行终点通常以额定流量下的阻力上升值来确定，一般采用比初投运时阻力上升 0.05～0.1MPa 作为运行终点，也有用进、出口水的铁铜含量或按产水量来决定运行终点的。

电磁过滤器停止运行后，为去除填料上吸着的金属腐蚀产物，可在励磁线圈内通以逐渐减弱的交流电，使填料磁性尽快消失，然后从下向上通水反冲洗，反冲洗水流速约为运行流速的80%。也可先用压缩空气擦洗，气压为 0.2～0.4MPa，擦洗强度为 $1500m^3/(m^2 \cdot h)$（标准状态），擦洗时间为 4～6s；然后再用水进行反冲洗，水反冲洗强度为 $800m^3/(m^2 \cdot h)$，反冲洗时间为 10～12s。上述空气擦洗—水反冲洗操作可重复 2～4 次。

(4) 除铁效果。电磁过滤器在机组启动时除铁效果比较明显。有资料介绍，即使机组在冷态清洗阶段，除铁效率也可达80%以上，从机组启动到负荷正常并网，总的除铁效果可达到90%以上，高梯度电磁过滤器正常运行时出水中的含铁量一般小于 10μg/L。

电磁过滤器多用于空冷机组的凝结水除铁。过滤器运行操作方便，在机组启动时除铁效果明显。但投资费用较高，因此应用受到一定限制。另外在给水加氧工况时，由于铁的腐蚀产物多以 α-Fe_2O_3 形态存在，电磁过滤器除铁效率低，所以加氧工况机组的凝结水不宜采用电磁过滤器除铁。

3. 氢型阳床过滤器

用氢型阳床作为高速混床的前置过滤器时，阳树脂层高度一般为 600～1200mm，运行流速为 90～120m/h。采用空气擦洗技术和良好的再生，可取得满意的除铁效果。运行经验表明，当机组启动时，进水含铁量为 40～1000μg/L，出水含铁量可降至

5～40μg/L，平均除铁效率达到82%。机组正常运行时，出水含铁量小于5μg/L。氢型阳床作为前置过滤器时，不仅除铁效率高，而且可交换水中的氨，降低混床进水的pH值，从而延长混床的工作周期和减小混床出水的Cl^-含量。

氢型阳床中树脂具有过滤与离子交换双重作用，前者是由于树脂层类似粒状滤料层，具有截留粒状杂质的能力，主要过滤凝结水中腐蚀产物；后者是由于树脂化学特性决定它具有交换阳离子的能力，主要交换凝结水中NH_4^+、Na^+等离子。因此，前置氢型阳床也可称为前置氢型阳床过滤器。

水通过时，RH树脂与NH_4OH的NH_4^+发生交换反应，即

$$RH + NH_4OH \longrightarrow RNH_4 + H_2O$$

与水中盐类（以NaCl代表）的交换反应为

$$RH + NaCl \longrightarrow RNa + HCl$$

上述反应的结果，水中NH_4OH被中和，降低了混床进水的pH值，同时也减少了混床进水Na^+含量，从而改善了混床的工作条件。

氢型阳床运行至漏氨时即可停止运行，用酸进行再生，使树脂重新恢复为氢型。再生前应对失效树脂层进行清洗，即用压缩空气擦洗和水冲洗，反复操作可将树脂层中的金属腐蚀产物基本清除干净。阳床过滤器对阳树脂没有严格要求。

氢型阳床的结构与普通阳离子交换器基本相同，只是体内没有再生液的分配装置，采用体外再生。再生罐须单独设置，不能与混床的再生设备和系统混用，以免污染混床的树脂。

所谓“阳层混床”，实际上是“氢型阳床—混床”系统的变革，它是在凝结水混床树脂上面加一层厚约300～600mm的氢型阳树脂，起到前置氢型阳床的作用。即运行中，阳树脂层既可滤去90%以上的固体颗粒起过滤作用，又可交换水中的氨，降低混床进水的pH值，从而改善混床的水质条件，提高出水的水质，增大混床的周期产水量。

4. 粉末树脂覆盖过滤器

粉末树脂覆盖过滤器是将粉末树脂覆盖在滤元上作滤层的一种过滤方式。

(1) 过滤器结构。粉末树脂覆盖过滤器的结构与微孔管式过滤器相似，由一个承压外壳和内装若干根滤元组成。器内设置有进水装置、出水装置和布气装置，外部四个方向对称设置进气口。图 8-9 所示为某电厂空冷机组凝结水精处理系统中采用的一种粉末树脂覆盖过滤器结构。

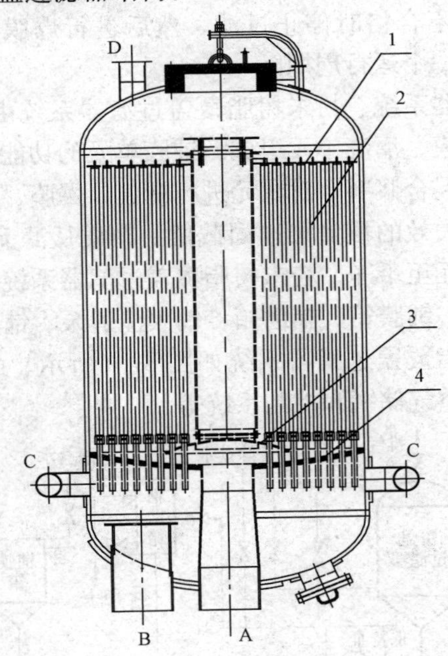

图 8-9　粉末树脂覆盖过滤器结构
1—条形压板；2—滤元；3—进水分配罩；4—隔板
A—进水口；B—出水口；C—进压缩空气口；D—排气口

滤元的滤芯是以不锈钢管或聚丙烯管作为骨架，在管外沿纵向刻有齿槽，齿槽内开有许多小孔，外绕聚丙烯纤维，精度为 5μm。滤元的覆盖层为粉末树脂，这种粉末树脂是用高纯度、大剂量的再生剂彻底再生和完全转型的强酸性阳树脂和强碱性阴树脂，并粉碎至一定细度（树脂粉粒径 40～60μm）后再混合制成的。

滤元直立吊装在器内，上端固定在条形压板上，滤元下端被固定在多孔板的孔内。这样，多孔板就将过滤器内腔分隔成两个区域：多孔板上部为过滤区，下部为集水区。过滤时，水由管外通过滤元覆盖层和管孔进入管内，在筒体下部汇集后流出，水中的颗粒杂质和盐类被覆盖层截留和交换。当过滤器进、出水压差或出水含铁量不合格时停止过滤，然后进行爆膜、反洗、铺膜后，再进入下一个运行周期。

（2）过滤器系统。粉末树脂覆盖过滤器系统由覆盖过滤器、铺膜单元，爆膜、反洗单元组成。铺膜单元的功能是配制粉末树脂与纤维粉的混合浆料，对滤元进行铺膜；爆膜、反洗单元的作用是将过滤器失效的覆盖层连同截留的杂质从滤元上吹脱下来，并用水冲洗滤元至干净。粉末树脂覆盖过滤器系统的主要设备包括覆盖过滤器、铺膜箱、辅助箱、铺膜注射泵、铺膜循环泵和保持泵，粉末树脂覆盖过滤器系统如图 8-10 所示。此外还设有反洗水泵、压缩空气储罐和控制系统等。

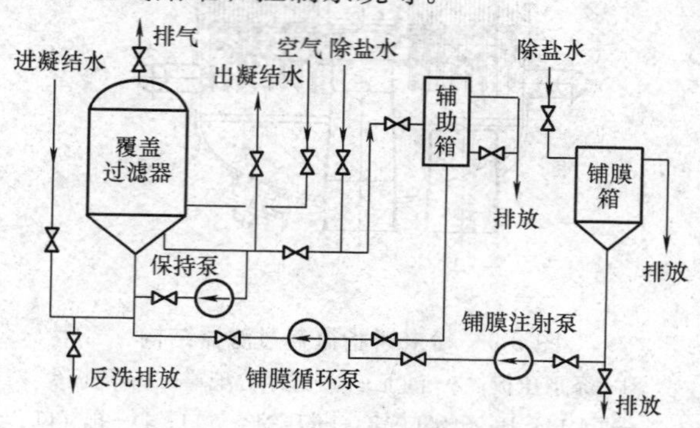

图 8-10　粉末树脂覆盖过滤器系统

（3）工作过程。粉末树脂覆盖过滤器的工作过程为铺膜—过滤—爆膜、反洗。

1）铺膜。铺膜就是将树脂粉的浆液均匀地铺在滤元表面，形成滤膜，厚度大约为3～6mm。在铺膜前先配制浆液，即将粉末树脂按一定的比例在纯水中混合均匀，并高速搅拌，使树脂粉发生溶胀。由于阴、阳树脂正、负电场的互相吸引作用而凝聚、黏结，产生抱团并形成不带电荷的具有过滤和交换性能的絮凝体，然后进行铺膜。铺膜开始时，首先启动铺膜循环泵、保持泵，用除盐水进行循环；然后启动铺膜注射泵，将粉末树脂浆料注入系统内进行铺膜；铺膜完成后，先停铺膜注射泵、再停铺膜循环泵，而保持泵需要在过滤器投入运行后方可停运。

2）过滤。过滤就是过滤器除铁除盐的制水过程。过滤器铺膜完成后即可投入过滤，当过滤器开始进水时，水压是通过保持泵进行逐渐升压达到最终的运行压力，目的是避免快速升压可能造成的树脂粉脱落及对滤元的冲击等。当系统正常运行时，保持泵停运。当负荷产生波动，流量和压力变化比较大时，即刻投运保持泵，以避免树脂粉脱落。过滤器滤元的过滤流量一般为8～10$m^3/(m^2 \cdot h)$，正常过滤时的压差为0.01～0.02MPa。当过滤器的出水电导率或进、出口压差达到设定值时，过滤器失效，退出运行。

3）爆膜、反洗。爆膜就是用泄压爆气的方法将失效的覆盖膜及其截留的杂质从滤元上吹脱下来。爆膜开始时，首先将过滤器内部的水排放到预定液位，然后向过滤器内部充入压缩空气，达到设定压力后快速将排放阀打开进行爆膜。然后用反洗水泵对滤元进行冲洗，同时反向继续充入压缩空气，避免脱落的树脂粉再粘到滤元表面。当过滤器内部的液位达到设定值时，停止冲洗，打开快速排放阀，将过滤器内的树脂粉排掉，反复冲洗直至滤元表面干净无附着物为止。

爆膜、反洗结束后，用反洗水泵将过滤器充满除盐水进入备用状态。爆膜、反洗过程的主要控制参数通常为爆膜时间5min，爆膜压缩空气压力0.6MPa，反洗时间40min。

粉末树脂覆盖过滤器主要用于空冷机组凝结水除铁的氧化

物，在机组启动期间，除铁率和除硅率可高达90%以上。但其除盐能力低，失效树脂无法再生和重复使用，因此增加了运行费用。

第三节　凝结水混床除盐

凝结水含盐量非常低，适合直接采用强酸树脂和强碱树脂组成的H/OH混床除盐（称氢型混床），采用分床式的阳、阴床系统，虽然彻底解决了阳、阴树脂的分离和混合问题，但过大的运行压差是其在使用中最主要的障碍，而采用混床既简化了系统，又节省了投资。

凝结水混床除盐原理与补给水混床的除盐相同，但鉴于其特定的工作环境，所以凝结水混床又有其自己的特点。

一、凝结水混床的工作特点

1. 进水含盐量低，pH值较高

凝结水中的溶解盐类主要来源于凝汽器漏入的冷却水和蒸汽带入的溶解盐类，其含量一般都很低。但由于给水加氨（NH_4OH），凝结水氨含量较高，一般为0.5～1.0mg/L，所以pH值也较高，一般为8.8～9.2。NH_4OH不仅消耗了大量混床树脂对阳离子（如Na^+）的交换容量，而且抵制了混床树脂对阴离子（如Cl^-）的交换。特别是阴树脂再生用碱的质量差时，可能出现出水质量低于进水的现象。

2. 处理水量大，运行流速高

机组的凝结水量约为锅炉额定蒸发量的70%，例如，300MW机组约为850m^3/h，600MW机组约为1550m^3/h。由于凝结水具有水量大和含盐量低的特点（尽管含氨量较高，但氨与氢型阳树脂的交换反应属酸碱中和，反应进行很快），所以宜采用高流速运行的混床，运行流速一般在100～120m/h，所以常称高速混床。但混床的运行流速也不可能无限提高，因为过高的运行流速会使水流阻力增加、树脂受压破碎。目前，国外凝结水混床的最高运行流速为 150m/h。

3. 工作压力较高

如前所述，目前普遍采用了中压凝结水处理系统，凝结水混床通常在 3.0～3.5MPa 的压力下工作。

4. 失效树脂宜体外再生

用于凝结水除盐处理的混床宜采用体外再生。所谓体外再生是将混床中的失效树脂外移到另一套专用的再生设备中进行，再生清洗后又将树脂送回混床中运行。凝结水混床之所以用体外再生，大致有以下几个原因。

(1) 可简化混床的内部结构，减少水流阻力，便于混床高流速运行。

(2) 混床失效树脂在专用的设备中进行反洗、分离和再生，设备可按其作用和需要设计，从而有利于获得较好的分离效果和再生效果。

(3) 采用体外再生时，酸碱管道与混床脱离，这样可避免因酸碱阀门误动作或关闭不严使酸碱漏入凝结水中。

(4) 在体外再生系统中有存放已再生好的树脂的贮存设备，所以能缩短混床的停运时间，提高混床的利用率。

二、凝结水混床的树脂比例

为了混床更有效地发挥除盐作用和获得最大周期产水量，应根据其工作条件选择合适的阳、阴树脂比例。

混床中阳、阴树脂的比例取决于两种树脂各自的工作交换容量和进水中欲去除的阳、阴离子浓度。对于补给水混床，由于混床进水 pH 值近似等于 7，阳树脂的工作交换容量约为阴水脂的 2 倍，所以补给水混床阳、阴树脂的体积比为 1∶2。凝结水混床是在高 pH 值条件下工作的，所以树脂的比例与补给水混床也不一样。

1. 凝结水氢型混床的树脂比例

对于给水加氨的水汽系统来说，其特点是凝结水的 pH 值较高，含有大量的氨，它们以 NH_4OH 形式存在于水中，并解离

出 NH_4^+ 和 OH^-。在离子交换过程中，NH_4^+ 的去除只消耗 RH 阳树脂的交换容量，而 OH^- 不消耗 ROH 阴树脂的交换容量，即欲去除的阳离子量远大于欲去除的阴离子量。因此，为保证混床中阳树脂与阴树脂同步失效，应增加阳树脂所占比例，目前常采用阳、阴树脂的体积比为 2∶1 或 1∶1。

对于采用带有前置氢过滤器的系统，由于大部分氨已被交换去除，因此混床阳、阴树脂的体积比一般采用 1∶2 或 2∶3；当给水采用加氧处理时，阳、阴树脂的体积比采用 1∶1。

2. 铵型混床的树脂比例

混床氢型阶段在交换进水中 NH_4^+ 的同时，也交换进水中的 Na^+，使阳树脂转变为铵型和钠型，当混床出水开始漏 NH_4^+ 时，由于出水 pH 值升高，所以氢型阶段树脂吸着的 Na^+ 在转型阶段会被水中的 NH_4^+ 排代出来进入出水中，有可能造成出水含钠量超标，为避免漏钠峰值的出现而造成出水含钠量超标，有人建议缩短氢型阶段的运行时间，即减少氢型阶段阳树脂吸着 Na^+ 的数量，为此需要减少混床阳树脂的量，将阳、阴树脂的体积比调整为 1∶2 或 2∶3 较为合适。

三、凝结水混床对树脂性能的要求

凝结水混床特定的运行环境，对树脂性能有以下特殊要求。

1. 机械强度

凝结水混床在高流速下运行，树脂颗粒要承受较大的水流压力，当树脂的机械强度不足以抵抗这样大的压力时，就会发生机械性破碎。树脂的碎粒不但会增大水流过树脂层时的压降，而且还会影响混床树脂的分离效果。选用高强度树脂的另一个原因是树脂再生前的空气擦洗和再生后的混合过程中，受压缩空气的强烈搅拌颗粒间互相碰撞和摩擦，以及树脂输送和分离转移等原因造成树脂磨损。此外，在中压凝结水处理系统中，混床从停运状态到投入运行压力提升速度快，或混床停运泄压速度快都可能造成树脂破裂。因此，用于凝结水高速混床的树脂应具有较高的机械强度。

常规凝胶型树脂的网孔小、交联度低，抵抗树脂“再生—失效”反复转型膨胀和收缩而产生的渗透应力较差，所以容易破裂。大孔型树脂的交联度较高，抗膨胀和收缩性能较好，因而不易破碎。凝结水混床的实际运行结果也表明，选用耐渗透压冲击较好的大孔型树脂或高强度凝胶型树脂，树脂破损率大大降低，混床压降可控制在 0.2MPa 以下。

2. 粒径

凝结水混床要求采用均粒树脂。所谓均粒树脂是指 90%以上重量的树脂颗粒集中在粒径偏差±0.1mm 这一狭窄范围内颗粒几乎相同的树脂，或树脂的均一系数小于 1.2。传统树脂的粒径范围较宽，一般在 0.3～1.2mm，最大粒径与最小粒径之比约为 3∶1～4∶1，而均粒树脂的粒径范围较窄，最大粒径与最小粒径之比约为 1.35∶1。凝结水混床之所以采用均粒树脂，是因为：

（1）便于树脂分离。阴、阳树脂的分离是靠水力反洗膨胀后，停止进水时沉降速度不同来实现的。沉降速度与树脂的密度和颗粒大小有关，阳树脂的密度比阴树脂的大，这是树脂分层的首要条件，但若树脂颗粒大小不均匀，导致密度大但粒径小的阳树脂沉降速度减小，密度小但粒径大的阴树脂沉降速度增大，则分层难度增加。当这些阳、阴树脂沉降速度相等时，则形成小颗粒阳树脂和大颗粒阴树脂互相掺杂的混脂区。

（2）树脂层压降小，便于混床高流速运行。水流过树脂层时的压降与树脂层的空隙率有关，而空隙率又与树脂的堆积状态有关，普通粒度树脂的粒径分布范围宽，小颗粒会填充在大颗粒的空隙之间，减少了树脂颗粒间的空隙，因此水流阻力大、压降大。均粒树脂无小颗粒树脂填充空隙，床层断面空隙率较大，所以水流阻力小、压降小。

（3）水耗低。再生后残留在树脂中的再生液和再生产物，在清洗期间必须从树脂颗粒内部扩散出来，清洗所需时间将由树脂层中最大的树脂颗粒所控制。由于均粒树脂颗粒均匀性好，有着较均匀地扩散距离，清洗时无大颗粒树脂拖长时间，所以清洗时间短，清洗水耗低。

3. 湿真密度

混床树脂的分离是基于阴、阳树脂的湿真密度不同，利用它们在水中的沉降速度不等，从而达到分层的目的。增大阴、阳树脂的湿真密度差固然有利于它们的分离，但同时也增加了两种树脂混合的难度。因此，只能在兼顾分离与混合的条件下，选择适当的湿真密度差，使分离和混合都能达到预期的效果。

4. 耐热性

凝结水混床的进水温度较高，特别是空冷机组，进水温度一般高于环境温度 30～40℃。因此，用于凝结水混床的树脂要求具有较高温度的承受能力。

凝结水混床树脂应满足 DL 5068—2014《发电厂化学设计规范》中的技术要求，见表 8-2。

表 8-2　　凝结水混床树脂的技术要求

树脂类型	凝胶型		大孔型	
	阳树脂（钠型）	阴树脂（氯型）	阳树脂（钠型）	阴树脂（氯型）
体积交换容量（mmol/mL）	≥1.90	≥1.35	≥1.80	≥1.20
湿视密度（g/mL）	0.77～0.87	0.67～0.73	0.77～0.85	0.65～0.73
湿真密度（g/mL）	1.25～1.29	1.07～1.10	1.25～1.28	1.06～1.10
有效粒径（mm）	0.65±0.05	0.55±0.05	0.55～0.80	0.50～0.71
均一系数	≤1.30			
粒度范围（%）	（0.63～0.81mm）≥95.0	（0.45～0.71mm）≥95.0	（0.50～1.25mm）≥95.0	（0.40～0.80mm）≥95.0
粒度上限（%）	—	（>0.80mm）≤1.0	—	（>0.80mm）≤1.0
粒度下限（%）	（0.50mm）≤1.0	—	（<0.50mm）≤1.0	—
渗磨圆球率（%）	≥90.0			

注　混床阴阳树脂的有效粒径之差的绝对值不大于 0.10mm。

四、凝结水混床的离子交换反应

凝结水混床除盐也遵循离子交换的基本理论。氢型混床（H/OH）中，氢型阳树脂（RH）和氢氧型阴树脂（ROH）与水中可交换的离子（以 NaCl 表示）发生反应，达到除盐的作用，其反应为

$$RH + ROH + NaCl \longrightarrow RNa + RCl + H_2O$$

由于给水加氨，凝结水中氨含量很高，所以除了除盐外，更多的是 RH 树脂对氨的交换，即

$$RH + NH_4OH \longrightarrow RNH_4 + H_2O$$

因为凝结水混床是在高氨含量、高 pH 值的进水条件下工作的，所以通常情况下，总是阳树脂先于阴树脂失效。阳树脂失效后主要转为铵型。

凝结水氢型混床以出水开始漏氨为运行终点，在氨泄漏之前出水电导率、Na^+ 和 Cl^- 都很低，出水 pH 值始终保持近中性。当混床运行到氨开始漏过时，出水电导率和 pH 值升高，漏 Na 量也增加。

由于凝结水混床是在高 pH 值条件下工作的，因此要达到相同的出水水质，凝结水混床树脂应具有比补给水混床更高的再生度。

五、凝结水混床的结构

在凝结水精处理系统中，用于去除水中溶解盐类的离子交换设备大都采用高速混床。高速混床外形壳体有柱型和球型两种，球型混床为垂直压力容器，承压能力高。中压系统多采用球型混床，对于超临界机组更倾向于球型混床。

混床的内部结构虽有不同，但对其要求是相同的，即除要求进、出水的水流分布均匀外，还要保证床内树脂层面平整，尤其是排出树脂应彻底。

图 8-11 所示为目前应用较多的一种中压球型混床的内部结构，其上部进水分配装置为二级布水形式，由挡水裙圈和多孔板＋水帽组成。进水首先经挡水板反溅至交换器的顶部，再通过进

水裙圈和多孔板上的水帽，使水流均匀地流入树脂层，从而保证了良好的进水分配效果。混床底部的集水装置采用双盘碟形设计，上盘安装有双流速水帽，出水经水帽汇入位于下碟形盘上的出水管。在上碟形盘中心处设置有排脂管，双速水帽反向进水可清扫底部残留的树脂，使树脂输送彻底，无死角，树脂排出率可达 99.9%以上。

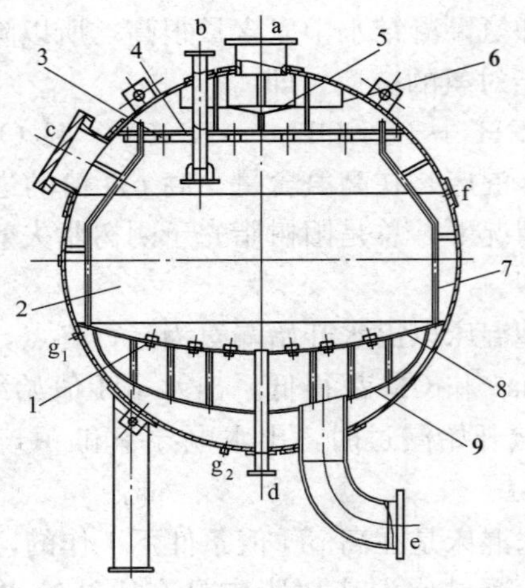

图 8-11　中压球型混床的内部结构

1—集水双流速水帽；2—树脂层；3—布水水帽；4—多孔板；5—挡水板；6—进水裙圈；7—平衡管；8—蝶形多孔盘；9—蝶形盘

a—进水口；b—进脂口；c—人孔；d—出脂口；e—出水口；f—视镜；g_1、g_2—底部排污口

双流速水帽工作示意如图 8-12 所示。在水帽的腔内安装一顶部开孔的环形罩，罩内设一可沿垂直轴上下移动的倒三角锥体。混床运行时，锥体落下，环形罩的孔打开，通过水帽绕丝缝隙的大量水由此送出；反方向进水时，锥体被水流推向上部，环形罩的孔被堵住，此时水只能沿水帽与孔板的缝隙处高流速喷出，对底部残留的树脂进行清扫。

另外，混床内上部多孔板与下部蝶形盘之间还设置有压力平衡管，可平衡床内的压差。

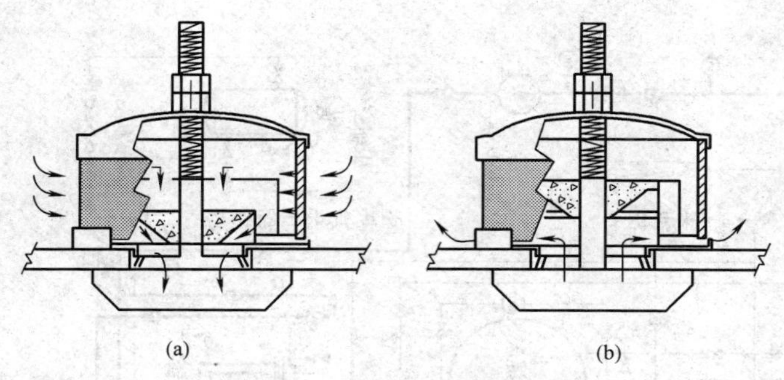

图 8-12　双流速水帽工作示意
（a）运行时；（b）反洗时

第四节　凝结水精处理系统及运行

一、凝结水精处理的工艺系统

如前所述，凝结水精处理有多种系统可选用，但基本构成不外乎前置过滤和除盐两大部分。图 8-13 所示为我国目前普遍采用一种凝结水精处理系统工艺流程，不同容量机组设置的台数有所差别，DL 5068—2014《发电厂化学设计规范》规定，300MW 机组凝结水精处理系统，每台机组由 2×50%（两台混床，每台出力为凝结水全流量的 50%）两台高速混床组成；对于 600MW 机组，规定由 2×50%两台过滤器和 3×50%（三台混床，每台出力为凝结水全流量的 50%）三台高速混床组成；对于 900MW 及以上机组，规定由 2×50%两台过滤器和 4×33.3%四台高速混床组成。

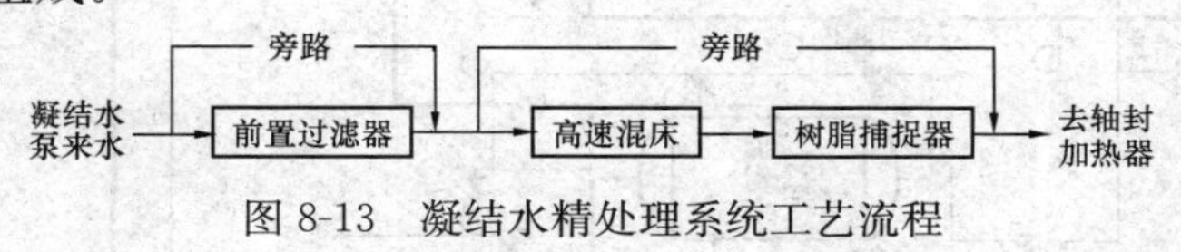

图 8-13　凝结水精处理系统工艺流程

高速混床后串一台树脂捕捉器，用于截留混床出水可能带有的细碎树脂。

图 8-14 为某 600MW 超临界压力机组凝结水精处理系统，每

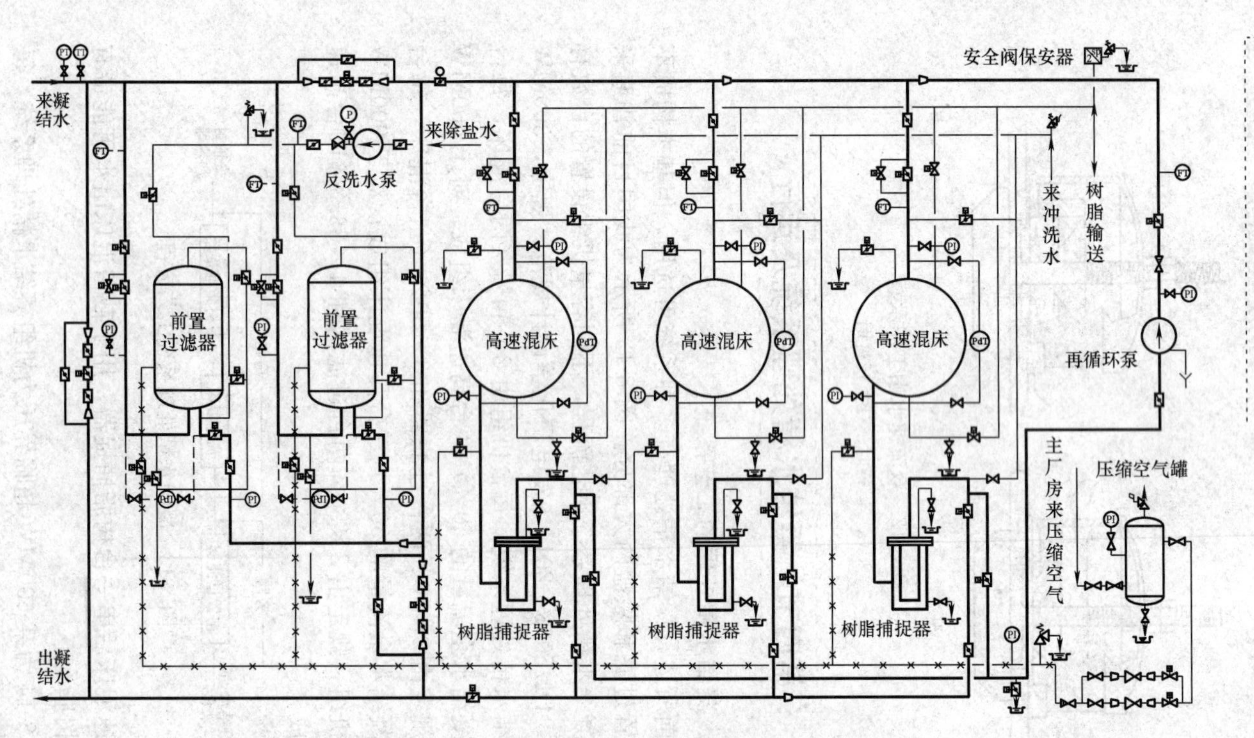

图 8-14　某 600MW 超临界压力机组凝结水精处理系统

台机组由2×50%两台微孔管式过滤器和3×50%三台球型高速混床组成，每台混床后都装有树脂捕捉器。过滤系统和混床系统都设有旁路单元，在凝结水进、出水母管之间还设有精处理旁路单元，混床还设有再循环单元。该机组凝结水精处理的技术参数如下。

（1）每台机组需处理的凝结水量：额定1480m^3/h，最大1550m^3/h。

（2）精处理系统入口压力：额定3.5MPa，最大4.0MPa。

（3）凝结水系统进水温度：正常运行温度不大于50℃，最高温度60℃。

（4）精处理系统进出口最大压差：0.35MPa。

这里以此系统为例，对其组成做一简介。

1. 微孔管式过滤器

精处理系统中设有两台微孔管式过滤器（如图8-5所示），单台出力为凝结水全流量的50%。过滤器进、出水管上装有一个差压变送器。

（1）技术参数：过滤器直径DN1600，设计出力710～847m^3/h，工作压力小于4.0MPa，工作水温小于50℃，最大运行压差0.12MPa。

（2）滤元：绕线式，长度70in（1778mm），滤元流量8～10m^3/(m^2·h)，骨架材料聚丙烯，过滤材料聚丙烯，微孔5μm（正常运行时），10μm（启动时），水冲洗强度30m^3/(m^2·h)，吹洗用气强度170m^3/(m^2·h)（标准状态）。

2. 高速混床

凝结水精处理系统中设有三台球型高速混床（如图8-11所示），单台出力为凝结水全流量的50%，两台运行，一台再生备用，混床进、出水管上装有一个差压变送器。

（1）设备参数。直径DN3200，设计出力710～847m^3/h，运行流速100～120m/h，工作压力小于4.0MPa，工作水温小于50℃，树脂层高度1200mm，阳、阴树脂比例1∶1，最大运行压差 0.35MPa。

（2）内部装置。进水配水装置：多孔板＋水帽（二级布水），材质 316L，水帽缝隙 1.5mm；出水集水装置：穹形多孔板＋水帽，材质 316L，水帽缝隙 0.25mm；进脂分配装置：挡板式，材质 316L；压缩空气布气装置：由出水集水装置兼。

3. 树脂捕捉器

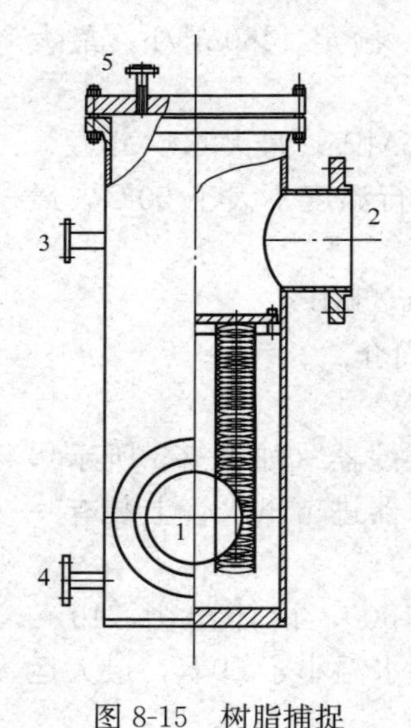

图 8-15 树脂捕捉器结构

1—凝结水进水口；2—凝结水出口；3—冲洗树脂进水口；4—排污口；5—排气口

混床出口安装有 DN600 树脂捕捉器，用于截留混床出水可能带有的细碎树脂，如图 8-15 所示。设备出力、设计压力、工作温度及材质、衬里与高速混床相同。内部滤元采用 316SS 材料制成，滤元 T 形绕丝，绕丝缝隙 0.2mm。一般情况下，运行压差 0.05MPa，当压差大于 0.10MPa 时，应对其进行反冲洗，洗去截留的细碎树脂微粒。树脂捕捉器配备有差压变送器，具有压差显示和报警功能，并配有冲洗滤芯的管路系统。

4. 再循环单元

混床系统中设有再循环单元，以供混床投运初期对其树脂进行循环正洗，其流量为一台混床流量的 50％～70％。再循环单元由再循环泵、再循环泵进水阀、出口阀及再循环管路组成。

5. 旁路

过滤系统进出水母管之间设有过滤器旁路单元，高速混床系统进出水母管间设有混床旁路单元，精处理系统进出水母管之间还设有精处理旁路单元。旁路单元包括一个自动开闭的旁路和一个手动旁路，自动旁路阀有 0～100％的开启状态，手动旁路阀为事故人工旁路阀。自动旁路上包括一个带电动操作装置的蝶阀和两个手动蝶阀，手动旁路上装一个手动蝶阀。

过滤器、混床均设有进水升压旁路门，用于投运时小流量进水升压。

此外，中压凝结水精处理系统中树脂输送管道上设有带滤网的安全泄放阀，以防止再生系统超压时损坏设备，同时防止树脂流失；输送树脂的管道上设有管道视镜，用以观测树脂的流动情况；在进水母管上装有温度表、压力表和电导表，在出水母管上装有在线钠表、硅表、电导表，在加氨母管上还装有在线 pH 表。

二、凝结水精处理系统的运行方式

1. 过滤单元的运行

机组启动初期，凝结水铁含量超过设定值时（如 1000μg/L），不进入混床系统，仅投入前置过滤器，迅速降低系统中的铁含量，使机组尽早转入运行阶段。正常工况时两台过滤器运行，凝结水 100% 处理；一台过滤器失效（进出口压差超过设定值或周期制水量达到设定值）时，过滤器旁路单元自动开启，通水量为凝结水量的 50%，失效过滤器解列并自动进行反洗。

失效的过滤器用水和压缩空气进行清洗，待清洗合格后重新投入运行或备用。过滤器清洗前应先进行卸压。

微孔管式过滤器管路系统如图 8-16所示。

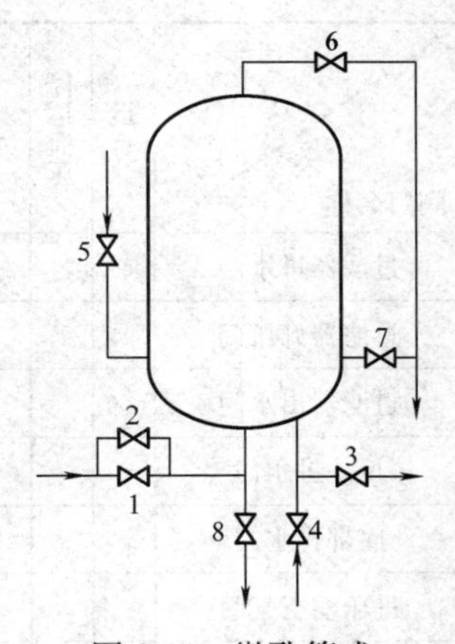

图 8-16 微孔管式过滤器管路系统

1—进水门；2—升压门；3—出水门；4—反洗进水门；5—进压缩空气门；6—上排气门；7—中排水门；8—底部排水门

滤元的清洗方式包括气擦洗和水冲洗，清洗按以下步骤进行。

（1）排水。开上排气门和中排水门，将滤元顶部以上的水排除。

（2）空气擦洗。开上排气门和进压缩空气门，对滤元进行空气吹洗。

（3）水冲洗。开反洗进水门和底

部排水门，由内向外对滤元进行水冲洗。

上述（2)、(3）可重复多次，至排水清澈。

（4）充水。开上排气门和反洗进水门向器内充水，至滤元顶部。

（5）曝气清洗。开进压缩空气门，使器内升压到约0.2MPa，然后快速开底部排水门，泄压排水，排出器内污物，此步可进行多次。

（6）充水。开排气门和反洗进水门向器内充水至排气门有水为止。

（7）升压。开进水升压门，升压至运行压力时即可转入运行。

过滤器运行步骤和阀门状态，见表8-3。

表8-3　　过滤器运行步骤和阀门状态

步骤 阀门名称	运行	停运泄压	排水	空气擦洗	水冲洗	空气擦洗	水冲洗	充水	曝气清洗		充水1	充水2	升压
									进气升压	泄压排水			
过滤器进水门	✓												
过滤器升压门													✓
过滤器出水门	✓												
反洗进水门					✓		✓	✓			✓	✓	
底部排水门					✓		✓			✓			
进压缩空气门				✓		✓			✓				
上排气门		✓	✓	✓		✓		✓				✓	
中排水门			✓								✓		

注　阀门名称如图8-16所示，✓指阀门呈开启状态。

2．混床单元的运行

机组在正常运行情况下，两台混床处于连续运行状态，凝结水经混床处理后进入热力系统。当一台混床失效（出水电导率或 SiO_2 超标，或进出口压差大于设定值）时，启动另一台备用混床并进行循环正洗，直至出水合格并入系统。同时将失效混床退出运行，并将失效树脂送至再生系统进行再生，然后将贮存塔中已再生清洗，并经混合后的树脂送入该混床备用。

在混床投运初期，如果出水水质不能满足要求，则通过再循环单元，用再循环泵将出水送回混床对树脂进行循环正洗，直至出水水质合格并入系统。

在正常运行期间，当凝结水温度高于设定值（如 50℃）或系统压差大于设定值（如 0.35MPa）时，混床旁路门自动打开，混床进、出口门关闭，凝结水 100%通过混床旁路。

三、凝结水混床运行操作步骤

高速混床管路系统，如图 8-17 所示。

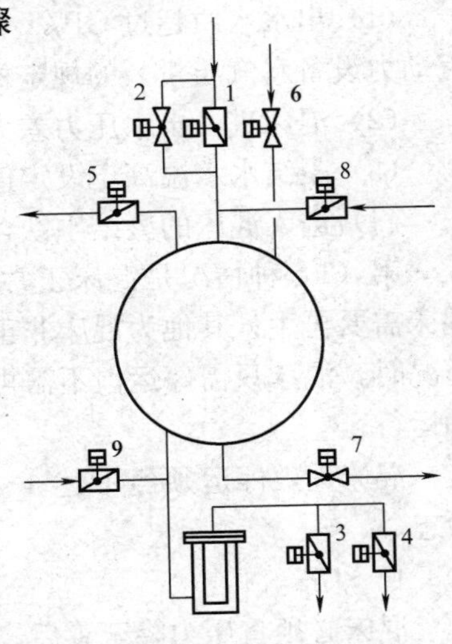

图 8-17　高速混床管路系统

1—进水门；2—进水升压门；3—出水门；4—再循环门；5—排气门；6—进脂门；7—出脂门；8—进冲洗水门；9—进压缩空气门

混床运行操作由十个步骤构成一个循环。这十个步骤为：① 升压；② 循环正洗；③ 运行；④ 卸压；⑤ 树脂送出；⑥ 树脂送入；⑦ 排水；⑧ 树脂混合；⑨树脂沉降；⑩ 充水。下面依次介绍每步操作及作用。

1. 升压

混床由备用状态表压力为零升到凝结水压力的过程称为升压。为使混床压力平稳逐渐上升，专设小管径升压进水旁路，以保证小流量进水。若直接从进水主管进水，因流量大进水太快，会造成压力骤增，可能引起设备机械损坏。所以升压阶段禁止从主管道进水升压。当床内压力升至与凝结水压力相等时，再切换至主管道进水。

2. 循环正洗

同补给水混床一样，凝结水混床中再生混合好的树脂在投入运行前，需经过正洗出水水质才能合格。不同之处是凝结水混床正洗出水不直接排放，而是经过专用的再循环单元送回混床对混床树脂进行循环清洗，直至出水水质合格。正洗水循环使用可节省大量凝结水，减少水耗。

3. 运行

运行是指混床除盐制水的阶段，合格的混床出水经加氨调节pH值后送入热力系统。运行过程中，当出现下列情况之一者，则停止混床运行。

（1）出水水质超过GB/T 12145—2016《火力发电机组及蒸汽动力设备水汽质量》的规定标准。

（2）混床进、出水压力差大于设定值（如0.35MPa）。

（3）凝结水水温高于设定值（如50℃）。

（4）进入混床的凝结水铁含量大于设定值（如1000μg/L）。

第（1）种情况是混床正常失效停运，出水水质不合格表明混床需要再生；其他为混床非正常停运或非失效停运，遇到这些情况时，混床只需停运但不需再生，等情况恢复正常后又继续启动运行。

混床失效停运须经下述4～10步操作，才能重新回到备用状态。

4. 卸压

混床必须将压力降至零后，才能解列退出运行。卸压是用排水或排气的方法将床内压力降下来，直至与大气压平衡。

5. 树脂送出

树脂送出是指将混床失效树脂外移至体外再生系统。其方法是启动冲洗水泵，利用冲洗水将混床中失效树脂送到体外再生系统的分离塔中。树脂送出前先用压缩空气松动树脂层，树脂送出后再用压缩空气将混床及管道内残留的树脂吹洗到分离塔。

6. 树脂送入

混床中失效树脂全部移至分离塔后，再将树脂贮存塔中经再生清洗并混合好的树脂送入混床。

7. 排水

树脂在送入混床的过程中会产生一定程度的分层，为保证混床出水水质，需要在混床内通入压缩空气进行第二次混合。但是水送树脂完成后，混床中树脂表面以上有较多的积水，若不排除，会影响混合效果。因为停止进气后，阴阳树脂会由于沉降速度不同而重新分开。为保证树脂混合效果，必须先将这部分积水放至树脂层面以上约100～200mm处。

8. 树脂混合

用压缩空气搅动树脂层，打乱阴、阳树脂的分层排列状态，达到阳树脂与阴树脂均匀混合。气量一般为2.3～2.4m^3/(m^2·min)(标准状态)，气压一般为0.1～0.15MPa，时间约10min。

9. 树脂沉降

被搅动均匀的树脂自然沉降。

10. 充水

充水就是将床内充满水。因为树脂沉降后，树脂层以上只有100～200mm深的水层，如果不将上部空间充满水，运行启动过程中树脂层中有可能脱水而进入空气。

至此，混床进入备用状态。混床的运行步骤及阀门状态，见表8-4。

表8-4　混床的运行步骤及阀门状态

步骤 阀门名称	升压	循环正洗	混床运行	停运泄压	松动树脂	树脂送出1	树脂送出2	树脂送入	充水	调整水位	树脂混合	树脂沉降	充水
进水门		√	√										
出水门			√										

续表

步骤 阀门名称	升压	循环正洗	混床运行	停运泄压	松动树脂	树脂送出1	树脂送出2	树脂送入	充水	调整水位	树脂混合	树脂沉降	充水
进压缩空气门					✓		✓				✓		
排气门				✓	✓			✓	✓	✓	✓	✓	✓
进冲洗水门						✓			✓				✓
再循环门		✓						✓		✓		✓	
升压门	✓												
进脂门								✓					
出脂门						✓	✓						
混合树脂进气门*					✓						✓		
输送树脂进气门*							✓						
总排水门*								✓		✓		✓	
再循环泵出口门*		✓											

注　阀门名称如图 8-17 所示，✓ 指阀门呈开启状态。

*　未在图中标出。

四、凝结水混床的进水水质要求

凝结水混床的进水即凝汽器排出的冷凝水，机组启动阶段与正常运行阶段，凝结水的水质相差很大。机组启动过程中杂质含量也在由多到少变化着，过早地回收水质很差的凝结水将会严重污染过滤介质和混床树脂；反之，若将进入水处理设备的水质控制得过于严格，则会延长机组的启动时间，且浪费大量的凝结水。GB/T 12145—2016《火力发电机组及蒸汽动力设备水汽质量》中对回收凝结水的质量做了规定，详见第十四章和第十五章。

五、凝结水混床的出水水质

混床正常运行情况下，其出水氢电导率都能达到 0.1～0.2μS/cm，含钠量小于 3～5μg/L，运行工况好者，出水氢电导率可达 0.07～0.08μS/cm。

混床的出水水质与树脂的再生度有关，由于再生剂用量不可能无限量大，以及再生剂中含有杂质等原因，树脂不可能得到完全再生，所以混床泄漏离子就难以完全避免。混床的出水水质应能满足相应参数机组凝结水的质量标准，GB/T 12145—2016《火力发电机组及蒸汽动力设备水汽质量》规定的凝结水经氢型混床处理后的质量标准，详见第 14 章和第 15 章。

影响凝结水混床出水水质有多方面的原因，根据凝结水混床的工作特点，这里主要讨论以下几个方面。

(1) 再生前阴、阳树脂的分离程度。混床树脂的彻底分离是提高树脂再生度的重要前提之一。树脂分离一般是采用水力筛分来完成的，体外再生混床都设有完善的树脂分离设备，但要做到彻底分离是不可能的，而且随树脂使用时间增长，树脂会有破碎，还会由于树脂的损失和比例失调，造成分离设备中阴、阳树脂界面的变动，这都会降低树脂的分离效果。

对于混杂的树脂，在阴、阳树脂分别再生后，则以失效型存在于再生好的树脂中，从而降低了树脂的再生度。两种树脂混合后，其中必有失效型的 RNa 阳树脂和 RCl 阴树脂，因此导致混床运行时出水中 Na^+、Cl^- 含量高。

(2) 运行前阴、阳树脂的混合程度。运行制水时，混床中阴、阳树脂应是混合均匀的，混合通常是借助压缩空气对水中树脂搅动而实现的。增大阴、阳树脂的湿真密度差对树脂分离固然是有益的，但另一方面，又会给运行前树脂的混合带来困难。

阴、阳树脂混合不均匀通常表现为上层阴树脂比例大，下层阳树脂比例大。树脂混合不均匀，会导致混床放氯（混床先吸着的 Cl^- 又释放到水中）。这是因为运行时上部 RH 树脂很快被 NH_4OH 消耗而失效，于是树脂在碱性条件下工作，使交换反应 $ROH + Cl^- \longrightarrow RCl + OH^-$ 逆向进行，使先吸着的 Cl^- 又释放到水中。

树脂混合不均匀，会使混床出水 pH 值偏低，带微酸性。这是因为当混床下层阳树脂较多时，有足够能力将水中阳离子交换成 H^+，在阴树脂放氯的情况下，混床出水中便有可能有极微量 HCl，由于水质很纯，故微量的酸会导致出水 pH 值显著降低。

（3）再生剂的纯度。再生剂不纯直接影响着再生效果，再生剂不纯主要是指再生用酸中的 Na^+ 含量和再生用碱中的 Cl^- 含量。目前再生用的酸多数为电解 NaCl 产生的氢气和氯气用水吸收而制得工业合成盐酸，其中 Na^+ 含量很低。而工业液碱中 NaCl 含量较高，不同生产工艺制得的工业液碱中 NaCl 含量差别也较大，如隔膜法 30％的碱中规定 NaCl≤5％，42％的碱中规定 NaCl≤2％；苛化法 42％的碱中规定 NaCl≤1.0％，45％的碱中规定 NaCl≤0.8％；离子膜法 32％的碱中规定 NaCl≤0.007％。

碱的不纯引起混床出水 Cl^- 含量增大，甚至比进水还大，这可用离子交换平衡来解释：Cl^- 与 OH^- 在离子交换过程中的选择性系数 $K_{OH}^{Cl}=10\sim20$，即 Cl^- 对树脂的亲合力比 OH^- 约大 10～20 倍，所以在再生时碱液中的 Cl^- 极容易被阴树脂吸着，当纯度很高的凝结水通过树脂时，阴树脂中的 Cl^- 与凝结水中的 Cl^- 会达到一个新的平衡。假如树脂中 Cl^- 含量高，则凝结水中的离子不但不能被交换，反而树脂中的 Cl^- 会释放到水中，使凝结水中 Cl^- 含量增高。因此，提高再生用碱的质量是解决混床放氯的根本措施。

（4）混床进水 pH 值。当混床中阴树脂再生度不高时，高 pH 值的混床进水会导致混床出水 Cl^- 比进水高。高 pH 值凝结水是为防止腐蚀给水加 NH_3 所致，由于混床进水水质很好，所以高 pH 值使水中 OH^- 的浓度分率增大，例如，当凝结水 pH 值在 8.8 以上时，OH^- 在水中的浓度分率已超过 95％，这样的水通过混床阴树脂时，将建立下述平衡：

$$ROH+Cl^- \rightleftharpoons RCl+OH^-$$

当树脂再生度不足，RCl 分率较大时，高 pH 值水将促使平衡向左进行，从而使出水中 Cl^- 增加。混床放氯在运行初期较少，越接近失效放 Cl^- 越多，这主要是由运行初期上层树脂释放的 Cl^- 进入下层时又被树脂吸着所致。

第五节　铵型混床

前面讲的是将 RH 型阳树脂和 ROH 型阴树脂混合构成的氢型混床（H/OH）。凝结水在含氨量小于 1mg/L 的情况下，混床以 H/OH 方式运行的出水水质（电导率小于或等于 0.15μS/cm）、运行周期（不低于 8 天）都能满足机组的要求，因此目前多数都是以 H/OH 型混床运行。但它的缺点是把不应该去除的 NH_4^+ 也去除了。由于热力系统为防止酸性腐蚀的需要，给水采用了加氨处理，当采用挥发性水工况时，凝结水 pH 值较高，含有大量的 NH_4^+。这些 NH_4^+ 进入混床后，会与阳树脂发生交换反应，降低阳树脂对水中 Na^+ 的交换容量，使运行周期缩短，周期制水量减少。另外，由于凝结水中 NH_4^+ 被混床树脂交换，为了防腐蚀需要，还必须在混床出口再次加氨，很不经济。为解决这个问题，提出了将混床中 RH 树脂转为 RNH_4 树脂，即由 RNH_4 阳树脂和 ROH 阴树脂构成的混床，此即铵型混床（NH_4/OH）。

一、铵型树脂的转型

实现铵型混床运行，首先要解决的问题是如何将阳树脂转成 RNH_4 型。直接从失效的阳树脂 RNa 转变成 RNH_4 很困难，主要是因为 $K_{NH_4}^{Na}$ 仅有 0.77。常用方法是先将失效阳树脂再生为 RH 型，再转变为 RNH_4 型。早期曾采用氨化法，即采用氨液（NH_4OH 溶液）循环的方式，将混入阴树脂中的并已被再生为钠型的阳树脂转变为铵型，其目的主要是减少混合后树脂层中的 RNa 型树脂含量。但由于弱电离度的 NH_4OH 解离出 NH_4^+ 浓度低，与钠型阳树脂的离子交换反应需很长时间才能完成，因此现在已很少使用。目前，转型是在氢型混床运行过程中，利用高 pH 值凝结水中的氨对混床中阳树脂进行氨化，使其从氢型转变为铵型，这也是本节所指的铵型混床。

二、铵型混床的工作机理

混床进入铵型阶段时，形成了阳树脂为 NH_4 型、阴树脂为 OH 型的混合状态。由于 NH_4 型阳树脂已饱和，不再交换凝结水中的 NH_4^+，因此树脂层内水的 pH 值始终保持与进水相同。此时，水的 pH 值由 H 型阶段的 7 左右变为 NH_4 型阶段的 9 左右，改变了水中 H^+ 和 OH^- 的浓度，所以铵型阶段的交换反应也与氢型阶段不同。

进入铵型阶段，由于水的 pH 值升高，OH^- 含量增加，此时的氢型阳树脂已不存在，树脂层内阳树脂（铵型和钠型）达到与水中 Na^+ 和 NH_4^+ 的交换平衡，阴树脂（氢氧型和氯型）也达到与水中 Cl^- 和 OH^- 的交换平衡。若将水中盐类杂质以 NaCl 表示，这时的交换平衡是

$$RNH_4 + ROH + NaCl \rightleftharpoons RNa + RCl + NH_4OH$$

从以上反应可看出：①凝结水中所含的杂质经与铵型阳树脂和氢氧型阴树脂反应后的产物为氢氧化铵；②当铵型和钠型阳树脂的比例一定时，进水中含氨量越大，出水中的钠离子含量也越大；当氢氧型和氯型阴树脂的比例一定时，进水中含氨量越大，出水中的氯离子含量也越大；在进水水质一定的条件下，出水水质不变。

进入铵型运行阶段的混床，水中 Na^+ 和 Cl^- 由于已与树脂相达到平衡，故失去了去除作用。但对于凝结水中的硬度等离子，仍能等摩尔地转化为 NH_4^+ 和 Na^+，从而对锅炉给水品质起着改善作用。

三、铵型混床对树脂再生度的要求

NH_4/OH 型混床与 H/OH 型混床相比，在离子交换平衡方面有较大的差异，NH_4/OH 型混床对树脂再生度的要求比 H/OH型混床高得多。下面以采用此两种混床来处理含有 NaCl 的水为例来说明。

例如某凝结水高速混床，当要求出水 Na^+ 含量为 1μg/L，Cl^- 含量为 1.5μg/L 时，求 H/OH 型混床和 NH_4/OH 型混床树

脂再生度的差别。

1. H/OH 型混床

H/OH 型混床的离子交换反应如式（8-1）：

$$RH + ROH + Na^{+} + Cl^{-} \longrightarrow RNa + RCl + H_2O \quad (8\text{-}1)$$

由式（8-1）可知，交换反应的最终产物为 H_2O，因此反应易向右进行，除盐较彻底。

在式（8-1）的离子交换反应中，令

$$X_H = \frac{[H^+]}{[H^+]+[Na^+]} \qquad X_{OH} = \frac{[OH^-]}{[OH^-]+[Cl^-]}$$

$$Y_H = \frac{[RH]}{[RH]+[RNa]} \qquad Y_{OH} = \frac{[ROH]}{[ROH]+[RCl]}$$

那么可推导出

$$\left.\begin{aligned} Y_H &= \left(K_H^{Na}\frac{1-X_H}{X_H}+1\right)^{-1} \\ Y_{OH} &= \left(K_{OH}^{Cl}\frac{1-X_{OH}}{X_{OH}}+1\right)^{-1} \end{aligned}\right\} \quad (8\text{-}2)$$

因为 H/OH 型混床中离子交换反应的产物为 H_2O，pH 值按 7 计，则$[H^+]=[OH^-]=0.1\mu mol/L$。由$[H^+]$和$[Na^+]$可求得 $X_H=0.1/(0.1+1/23)=0.70$；由$[OH^-]$和$[Cl^-]$可求得 $X_{OH}=0.1/(0.1+1.5/35.5)=0.70$。

若选择性系数 K_H^{Na} 取 1.5，K_{OH}^{Cl} 取 15，则

$$Y_H = \left(1.5\times\frac{1-0.70}{0.70}+1\right)^{-1} = 61\%$$

$$Y_{OH} = \left(15\times\frac{1-0.70}{0.70}+1\right)^{-1} = 13.4\%$$

即要求阳树脂的最低再生度为 61%，阴树脂的最低再生度为 13.4%。

H/OH 型混床运行时，不同出水水质要求相应的树脂最低再生度列于表 8-5 中。

表 8-5　　H/OH 型混床运行时，不同出水水质要求相应的树脂的最低再生度

要求达到的出水含钠量（μg/L）	阳树脂应达到的再生度（%）	要求达到的出水含氯量（μg/L）	阴树脂应达到的再生度（%）
5	23	7.5	3
1	61	1.5	13.4
0.1	94	0.15	62

2. NH_4/OH 型混床

NH_4/OH 型混床的离子交换反应如式（8-3）：

$$RNH_4 + ROH + Na^+ + Cl^- \rightleftharpoons RNa + RCl + NH_4OH \tag{8-3}$$

由式（8-3）可知，交换反应的最终产物为 NH_4OH，其交换反应进行的程度与混床出水 pH 值和树脂相中离子组成有关，水的 pH 值越高、树脂相中残留的 Na^+ 和 Cl^- 越大，则混床出水的离子漏过量越大。

对于式（8-3）的离子交换，可推导出

$$Y_{NH_4} = \left(K_{NH_4}^{Na}\frac{1-X_{NH_4}}{X_{NH_4}}+1\right)^{-1}$$

$$Y_{OH} = \left(K_{OH}^{Cl}\frac{1-X_{OH}}{X_{OH}}+1\right)^{-1} \tag{8-4}$$

因为 NH_4/OH 型混床中，离子交换反应的产物为 NH_4OH，所以 pH 值较高。例如，水的 pH 值为 9 时，$[H^+]=0.001\mu mol/L$，$[OH^-]=10\mu mol/L$。

对于含盐量很低的凝结水，NH_4OH 可视为完全电离，所以

$$[NH_4^+]=[OH^-]=10\mu mol/L$$

因此

$$X_{NH_4}=\frac{[NH_4^+]}{[NH_4^+]+[Na^+]+[H^+]}=\frac{10}{10+\frac{1}{23}+0.001}=0.9956$$

$$X_{OH}=\frac{[OH^-]}{[OH^-]+[Cl^-]}=\frac{10}{10+\frac{1.5}{35.5}}=0.9958$$

若选择性系数 $K_{NH_4}^{Na}$ 取 0.77，K_{OH}^{Cl} 取 15，则

$$Y_{NH_4}=\left(0.77\times\frac{1-0.9956}{0.9956}+1\right)^{-1}=99.66\%$$

$$Y_{OH}=\left(15\times\frac{1-0.9958}{0.9958}+1\right)^{-1}=94.05\%$$

即要求阳树脂的最低再生度为 99.66%，阴树脂的最低再生度为 94.05%。

不同 pH 值时，NH_4/OH 型混床要使出水 Na^+ 含量小于或等于 1μg/L 和 Cl^- 含量小于或等于 1.5μg/L，要求 RNH_4 和 ROH 的最低再生度列于表 8-6 中。

表 8-6　不同 pH 值所要求的 NH_4/OH 型混床树脂的最低再生度

pH 值	要求 RNH_4 的再生度（%）	要求 ROH 的再生度（%）
8.8	99.46	90.56
9.0	99.66	94.05
9.2	99.78	95.96

由上述计算可看出，要达到同样的出水水质，NH_4/OH 型混床与 H/OH 型混床相比，对树脂再生度的要求要高得多。

四、实现 NH_4/OH 型混床运行的基本条件

混床是否有必要按 NH_4/OH 型混床运行，应视给水的水化学工况而定。超临界机组采用联合水工况时，给水 pH 值为 8.0～9.0，相应凝结水氨含量小于 0.25mg/L，H/OH 型混床方式运行时间长，所以没必要按 NH_4/OH 方式运行。

超临界机组或亚临界直流炉采用挥发性水工况时，一般控制 pH 值较高（9.2～9.6），这时凝结水氨含量一般为 1.0mg/L 左右，H/OH 型混床方式运行时间大大缩短。为解决运行周期短、再生频繁、酸碱耗高的问题，混床可考虑按 NH_4/OH 方式运行。

混床在运行中利用凝结水中的氨使混床中 RH 型阳树脂转为 RNH_4 型树脂，称为“运行氨化”。实现 NH_4/OH 型混床运行必须具备以下基本条件。

1. 树脂必须有很高的再生度

运行经验表明，对于超临界机组，混床以 H/OH 方式运行，其出水水质都能满足 GB/T 12145—2016《火力发电机组及蒸汽动力设备水汽质量》的要求。但当混床以 NH_4/OH 方式运行时，要满足 $Na^+ \leqslant 1\mu g/L$，$Cl^- \leqslant 1\mu g/L$，就必须保证混床再生后残留 RNa 型树脂和 RCl 型树脂的含量非常低（见表 8-6）。若树脂再生度不够，如含有较多的 RNa 型树脂，由于阳树脂对 Na^+、NH_4^+ 的选择性相近（$K_H^{Na}=1.5$，$K_H^{NH_4}=2.5$），所以在混床漏 NH_4^+ 的同时也会漏 Na^+。在这种情况下，不能按 NH_4/OH 型混床运行，若要过渡到 NH_4/OH 型混床运行，则必须进行其他方式的氨化处理。

2. 良好的转型水质

为实现铵型混床运行，除保证树脂的深度再生外，还必须保证在树脂由 RH 转为 RNH_4 阶段良好的水质条件。目前，铵型混床一般都是借运行初期阶段凝结水中的氨来使之转型的。在 H/OH 运行阶段，混床中 RH 树脂在交换水中 NH_4^+ 的同时，也与 Na^+ 交换。由于水的 pH 值较高，所以以交换水中 NH_4^+ 为主，树脂主要转为 RNH_4。但若进水中 Na^+ 含量高，那么树脂转为 RNa 的量也增大，若超过 NH_4/OH 型混床允许的 RNa 型树脂浓度分率，那么，在混床漏 NH_4^+ 的同时，Na^+ 也泄漏，这种情况下混床就不能过渡到 NH_4/OH 型混床运行。

也就是说实现 NH_4/OH 型混床运行的另一个条件是在树脂由 RH 转为 RNH_4 阶段，凝汽器无泄漏，混床进水中 Na^+、Cl^- 含量应尽可能低。

转型时，凝结水（即混床进水）的允许含钠量还与凝结水的含氨量有关，计算结果列于表 8-7。

表 8-7　　转型期间混床入口凝结水中允许含钠量

凝结水的 pH 值	对应的含氨量（mg/L）	混床要求		混床进水允许含钠量（μg/L）
		再生度* RNH_4（%）	残留 RNa（%）	
8.8～9.0	0.2～0.3	95.10～96.84	3.16～4.90	<13.4～13.9
9.1～9.2	0.4～0.5	97.55～98.00	2.00～2.45	<13.6～13.8
9.3～9.4	0.6～1.2	98.39～98.72	1.28～1.61	<17.6～21.4

* 要求 NH_4/OH 型混床出水水质为 $Na^+ \leqslant 10\mu g/L$，$Cl^- \leqslant 5\mu g/L$。

五、NH_4/OH 型混床运行方式

铵型混床的运行可分为三个阶段，如图 8-18 所示。

1. 第一阶段：氢型阶段

混床阳、阴树脂分别用酸、碱再生后，按 H/OH 型混床方式运行（图 8-18 中 ab 段），此时的离子交换反应与前述氢型混床相同，其除盐反应为

$$RH + ROH + NaCl \longrightarrow RNa + RCl + H_2O$$

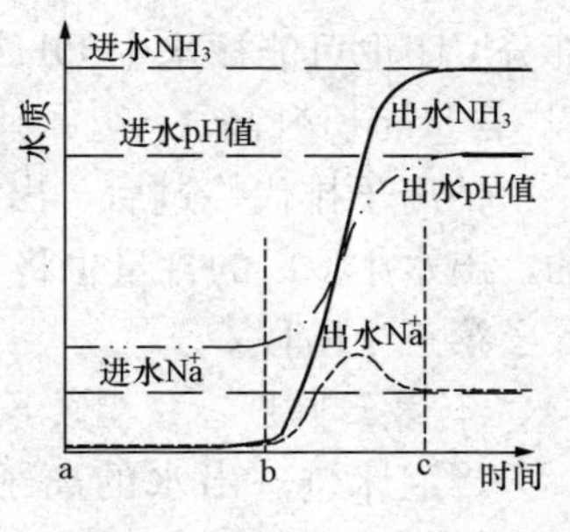

图 8-18　混床转型运行水质变化示意

在此阶段的运行中，阳树脂不仅交换 Na^+，更多的是交换 NH_4^+（见下述反应），所以阳树脂主要转为铵型树脂（RNH_4），交换至 NH_4^+ 穿透。

$$RH + NH_4OH \longrightarrow RNH_4 + H_2O$$

此阶段出水中 Na^+、NH_4^+、Cl^- 在整个周期中都很低，出水 pH 值呈近中性，出水中漏 Na^+ 量、漏 Cl^- 量主要取决于阳、阴树脂的再生度。

2. 第二阶段：转型阶段

此阶段混床出水开始漏氨，其含量逐渐升高，直至与进水含氨量相等（图 8-18 中 bc 段），漏氨的同时，出水 pH 值和电导

率也逐渐上升，这段时间称为转型阶段。

在此阶段中，随着阳树脂失效度的增加，阳树脂在第一阶段吸着的 Na^+ 被水中的 NH_4^+ 排代出来，出水中出现 Na^+ 含量升高的排代峰，之后逐渐回落，直至进、出水 Na^+ 含量相等。排代峰的大小主要取决于第一个阶段运行中生成的 RNa 型树脂的多少，在进水 pH 值高、Na^+ 含量少的情况下，排代峰会很小，甚至无排代峰，即使出现排代峰，其峰值对应的 Na^+ 含量也不一定超过允许值。

随阳树脂失效，树脂层中水的 pH 值上升，OH^- 含量增多，阴树脂交换 Cl^- 受抑制，甚至使交换反应逆向进行（$ROH + NaCl \longleftarrow RCl + NaOH$），不仅不再吸着 Cl^-，而且原来吸着的部分 Cl^- 也可能被水中 OH^- 排代而重新释放到水中，使出水中 Cl^- 含量有所升高。

钠离子排代峰过后，出水中 Na^+ 和 NH_4^+ 的含量将等于进水的，出水中 Cl^- 的含量也将等于进水的，此现象表明该混床已进入了第三个阶段。

3. 第三阶段：铵型阶段

当混床进、出水的离子含量相等时（图 8-18 中 c 点以后）即进入铵型运行阶段，此时出水中 NH_4^+/Na^+ 比值与树脂中 RNH_4/RNa 比值间达到平衡状态，即 $RNH_4 + Na^+ \rightleftharpoons RNa + NH_4^+$，混床进、出水水质相同。若进水 Na^+ 不变且在标准之内，那么，理论上讲混床可以无限期运行下去；若由于泄漏等原因混床进水 Na^+ 含量增大，那么上述平衡将向右移动，水中部分 Na^+ 被 RNH_4 型树脂交换，出水 Na^+ 有所降低。

综上所述，所谓铵型混床实际上包括上述三个阶段，混床运行的第一个阶段是 H/OH 型混床运行阶段，在此阶段中 RH 型树脂主要转为 RNH_4，也有少量转为 RNa，运行时间长短主要取决于进水氨含量。第二个阶段是 NH_4^+ 穿透后逐渐升高，以及树脂中 Na^+ 被 NH_4^+ 排代，并转为 RNH_4 型的阶段。第三个阶段是 NH_4/OH 型混床运行阶段。

混床在运行中氨化后，继续按 NH_4/OH 方式运行有以下好处。

（1）保留了水汽系统中的大部分氨，只需补充少量损失部分，从而减少了给水加氨量，降低了运行费用。

（2）转为 NH_4/OH 型后，可继续运行，从而延长了混床的制水周期，增大了周期产水量，降低了酸碱耗。

但凝结水铵型混床运行也有以下问题。

（1）在由 H/OH 方式转到 NH_4/OH 方式转型阶段，出水 Na^+、Cl^- 含量升高。

（2）在 NH_4/OH 方式运行阶段，出水的 Na^+、Cl^- 含量比 H/OH 方式运行时高。

（3）由于 NH_4/OH 方式运行时，对凝结水中 Na^+、Cl^- 的去除能力差，所以凝汽器泄漏或机组启动时，不能采用 NH_4/OH 方式运行。此外，NH_4/OH 型混床不能应付长时间进水水质恶化的情况，如遇进水水质恶化，应启动 H/OH 型混床运行。

第六节　树脂的分离技术

提高混床树脂再生度的前提之一就是再生前将失效的阴、阳树脂完全分离，这也是混床能否在运行中由 H/OH 型转为 NH_4/OH 型运行的关键。

一、混床树脂的分离机理

混床树脂的分离是基于阴、阳树脂的湿真密度不同而实现的。可用自下而上的水流将其悬浮起来，利用它们的沉降速度不同而分开，即水力筛分法；也可将其浸泡在密度介于它们之间的一种溶液中，利用它们浮、沉性能的不同而分开，即浮选分离法；或者用一种密度介于它们之间的另一种树脂将它们隔离开，即惰性树脂法。

在火力发电厂水处理中，目前都是用水力筛分法对阴、阳树脂进行反洗分层。这种方法就是借反洗的水力将树脂悬浮起来，使树脂层达到一定的膨胀高度，维持一段时间，然后停止进反洗水，树脂靠重力沉降。由于阴、阳树脂的湿真密度不同，所以沉降速度不等，从而达到分层的目的。阴树脂的密度较阳树脂的小，分层后阴树脂在上，阳树脂在下。但由于树脂颗粒的大小不可能完全相同，大颗粒的阴树脂和小颗粒的阳树脂（或碎粒）会因沉降速度相近而混杂，形成混脂层。

二、混床树脂的分离方法

（一）中间抽出法

中间抽出法因是将分离后的混脂从分离塔中抽出而得名，中间抽出法有三塔式和四塔式，这里介绍四塔式的中间抽出法。

1. 分离系统

该法的树脂分离是在由分离塔（兼作阳树脂再生塔，简称阳再生塔）、阴树脂再生塔（简称阴再生塔）、树脂贮存塔和混脂塔（兼树脂处理）组成的系统中进行的，如图 8-19 所示。在此系统中，尽管比三塔式多了一个树脂贮存塔，但该塔仅用于存放和输送树脂，塔中只有输送树脂用的水进出，不接触任何再生液，故可保证备用树脂安全可靠地贮存和输送。在分离塔中设定“混脂区”作为阳、阴树脂的隔离层，隔离层中的混脂体积约占树脂总体积的 15%～20%。当失效的混床树脂在分离塔中反洗分层后，

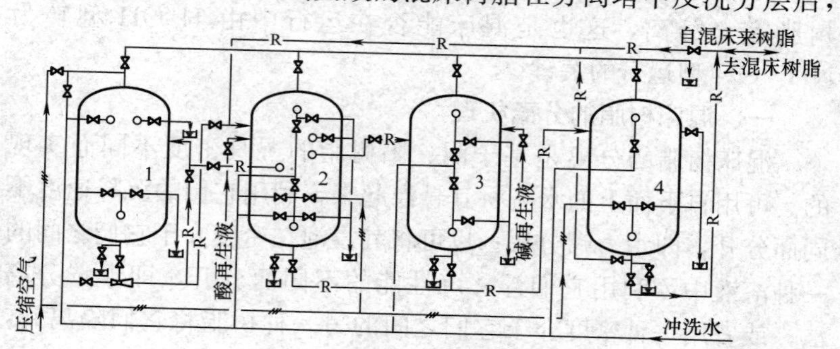

图 8-19　中间抽出法分离系统

1—混脂塔；2—分离/阳再生塔；3—阴再生塔；4—树脂贮存塔

上部是密度小的阴树脂层，下部是密度大的阳树脂层，在阳、阴树脂的界面处会有一混脂层。转移树脂时，先将混脂层上部的阴树脂送出至阴再生塔，再将中间的混脂层从分离塔中抽出，送入混脂塔，阳树脂留在分离塔中进行再生，树脂的转移是由水力输送完成的。

2. 分离步骤

树脂的分离、擦洗和再生操作步骤如下。

（1）凝结水混床中失效树脂送入分离塔，然后将上次分离时移在混脂塔中的混脂层树脂送回分离塔。

（2）将树脂贮存塔中已再生好的树脂送至空的混床中。

（3）在分离塔中，对失效的混脂进行反洗分层，然后将上部的阴树脂送至阴再生塔。

（4）将分界面上、下约 0.3m 的混脂层送至混脂塔存放。

（5）分别空气擦洗、再生、清洗在阳、阴再生塔中的阳树脂、阴树脂。

（6）将阳、阴再生塔中的阳树脂、阴树脂先后送到树脂贮存塔，用压缩空气使阳、阴树脂混合，然后用水正洗，洗至出水电导率小于 0.2μS/cm 后转入备用状态。

3. 细碎树脂的处理

混脂层的存在主要是树脂颗粒大小不均造成的，混入阳树脂中的阴树脂可在阳再生塔中经水反洗使其漂浮到阳树脂上面而随反洗水排去；但混入阴树脂中的小颗粒阳树脂或阳树脂碎粒，则不可能通过水反洗的方式去除，因为阳树脂的密度比阴树脂的密度大。因此，在中间抽出法系统中设有树脂处理塔，如图 8-20 所示。

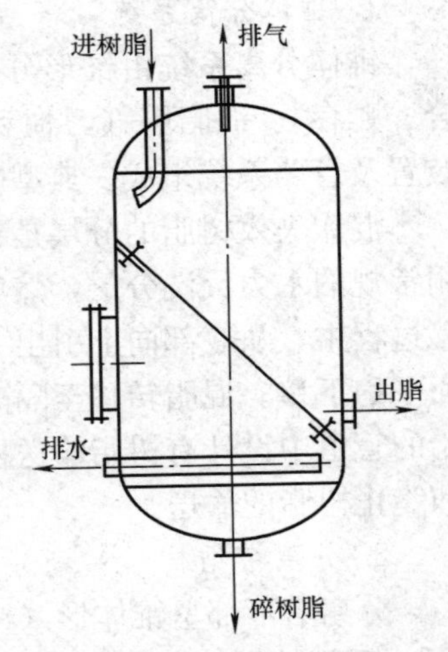

图 8-20 树脂处理塔

在树脂处理塔内设有斜状筛板，需要处理的树脂送入该塔后，在塔内进行循环，在树脂循环过程中筛去细碎树脂，并由筛板下方排除。但在筛脂过程中，树脂卡于网孔，堵塞筛网，同时斜状筛板上堆积树脂过多产生架桥，细碎树脂筛除率低，效果不理想。为避免树脂在筛板上架桥，将斜状筛板改为倒锥形筛管，树脂由锥形筛管下部切线方向进入，在沿筛管螺旋上升过程中筛除细碎树脂。

4. 中间抽出法的特点

这种分离技术在早期亚临界300MW机组采用较多，取得了一定的效果。采用将两种树脂交界面处的混脂单独储存，有效地解决了交叉污染对树脂再生度的影响；设置树脂处理塔，一定程度上解决了细碎树脂的去除。但分离塔直径大，导致混脂体积比增大；分离塔高度受限，使树脂层膨胀空间不够，影响分离效果；从分离塔侧壁卸出阴树脂，造成塔内树脂层表面不平。

（二）锥体分离法

锥体分离法是因分离塔底部设计成锥斗形而得名，是我国目前火力发电厂凝结水精处理中常用的树脂分离工艺之一。

1. 锥体分离系统

锥体分离系统由锥形分离塔（兼阴再生）、阳再生塔（兼混合、贮存）、混脂塔（习惯称隔离罐）、CO_2瓶、树脂界面检测装置及管路系统组成。典型的锥体分离系统，如图8-21所示。

混床失效树脂的分层是在锥形分离塔中进行的。该分离法是用常规的水力反洗分层，然后从底部进水下部转移阳树脂。在转移过程中，从底部向上引出一股水流，托住整个树脂层，维持界面平稳下移。混脂转移至隔离罐，阴树脂留在分离塔。在送出树脂的管道中设计有树脂输送检测装置，随时检测树脂界面的来到和终止树脂的输送。

2. 分离塔结构

分离塔下部呈锥体形（约占总高度的1/4），其夹角为20°～30°，采用碳钢橡胶衬里。底部配水装置为胶结石英砂和支母管

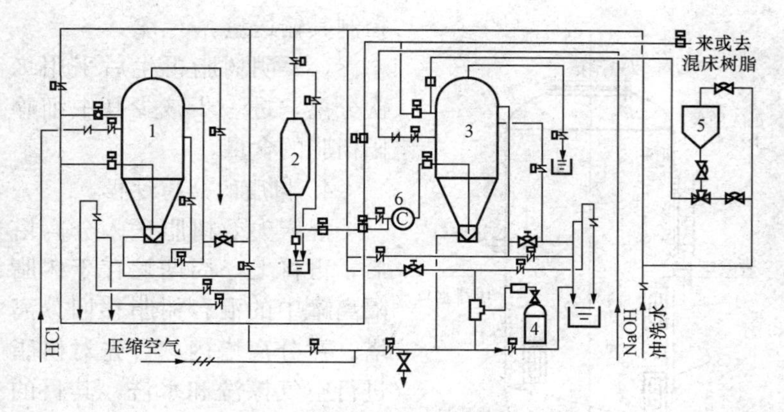

图 8-21　典型的锥体分离系统

1—阳再生塔；2—隔离罐；3—分离/阴再生塔；4—CO_2 瓶；
5—树脂装卸斗；6—树脂界面检测装置

埋于胶结石英砂中；上部布水装置为支母管式，支管 T 形绕丝，绕丝缝隙宽度 0.75mm；进碱分配装置支母管式。出脂管在锥体的中心，管口到塔底距离为 20mm。塔体上设有若干窥视窗和接口，如图 8-22 所示。该塔的作用除对树脂进行分离外，再就是对阴树脂进行空气擦洗及再生。

3. 锥体分离法的特点

（1）分离塔采用了锥体结构，树脂在下降的过程中，过脂断面直径不断缩小到 DN80，所以界面处的混脂体积小；锥形底较易控制反洗流速，避免树脂在输送过程中界面扰动。据介绍，该法分离后的混脂量仅占树脂总量的 0.3%。

（2）底部独特的胶结多孔结构更有利于树脂的分离。

（3）底部进水下部排脂系统，确保树脂面平整下降，从而减少混脂量。

（4）分离塔的树脂送出管上安装有“树脂界面检测装置”，利用阴、阳树脂具有不同的电导信号（阳树脂的电导大于阴树脂的电导）或光电信号（阳树脂的颜色深，阴树脂的颜色浅）来检测阴、阳树脂界面，能在很短的时间内捕捉到树脂界面的信号，

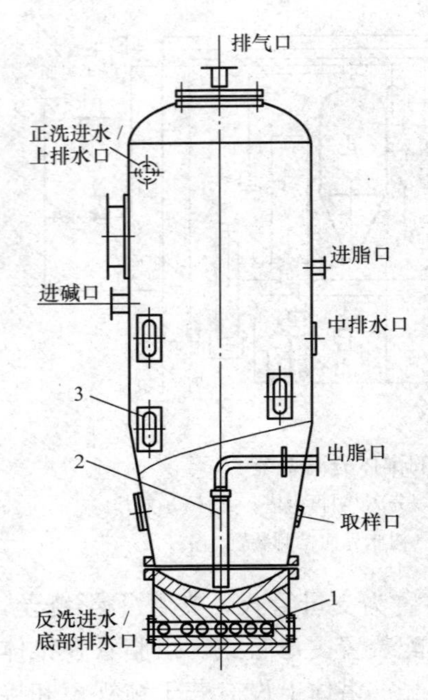

图 8-22　锥体分离塔
1—底部配水装置；2—出脂管；
3—窥视窗

控制其输送量。

（5）阴树脂再生后采用二次分离，进一步减少其中细碎阳树脂的含量。

4. 树脂的分离过程

混床失效树脂送入分离塔后，再将上一周期贮存于树脂隔离罐中的混合树脂移回分离塔。在分离塔内，首先对树脂进行空气擦洗和水洗，其目的是去除树脂上吸着的悬浮物和金属腐蚀产物。空气擦洗按下述步骤进行：排水及水位调整（至中排水门）—空气擦洗—正洗—排水—充水（至中排水门）—空气擦洗—补水（至上部排水门有水溢出）。其中，调整水位—空气擦洗—正洗可重复多次。

然后对树脂进行分层，树脂分层按下述过程进行。

（1）反洗分层。树脂反洗分层采用快慢进水方式，即由底部通入反洗水，先快速进水使全部树脂处于悬浮状约 20min，接着慢速进水反洗约 10min，使树脂层逐渐沉降，利用阳、阴树脂膨胀高度及沉降速度不同而分层。

（2）静置，使树脂自然沉降。

（3）阳树脂送出。从分离塔底部进水，将阳树脂从底部出脂管送至阳再生塔。在送出阳树脂的同时再引一向上的水流通过树脂层，使树脂交界面沿锥体平稳下移。

（4）留在分离塔中的树脂（阴树脂和混脂）用 NaOH 处理（阴树脂再生为 ROH 型，混脂中的阳树脂转为 RNa 型），增大阳、阴树脂密度差，然后进行第二次分离。

（5）将下部混脂送入隔离罐，参与下次分离。

（6）用水冲洗或空气吹洗树脂管道中可能残留的树脂。

为提高监测阴、阳树脂界面的灵敏度，在送出阳树脂的后期，往往在输送水中引入 CO_2 气体，用以降低输送阴树脂时的电导率。这是因为阴树脂遇到水中的 CO_2 时，将发生 $ROH+CO_2 \rightarrow RHCO_3$ 的交换反应，阴树脂由 ROH 型转为 $RHCO_3$ 型，其电导率降低。由于上述原因，所以一旦阴树脂经过检测装置时，电导率就急剧下降，此时立即停止阳树脂的输送。

树脂分离步骤及阀门状态，见表 8-8。

表 8-8　树脂分离步骤及阀门状态

阀门名称＼步骤	快速进水分层	慢速进水分层	静置	阳树脂送出 1	阳树脂送出 2	混脂送隔离塔	冲脂去隔离塔	冲脂去阴再生塔	冲脂去阳再生塔
反洗进水门（状态 1）		√			√	√			
反洗进水门（状态 2）	√			√					
出脂门				√	√	√		√	
进 CO_2 门					√				
排气门	√	√	√					√	
上部排水门（状态 1）		√							
上部排水门（状态 2）	√								
倒 U 排水门								√	
隔离罐树脂门						√	√		
隔离罐排气门						√	√		
树脂管道冲洗门							√	√	√
阳塔进脂门				√	√				√
阳塔倒 U 排水门				√	√				√
阳塔上部排水门				√	√				
阳塔排气门				√	√				√

注　√表示阀门呈开启状态。

5. 效果

应用该法分离后，可达到阳树脂中混入的阴树脂及阴树脂中混入的阳树脂（体积比）都能达到小于或等于0.1%。

（三）高塔分离法

高塔分离法又称完全分离法，是我国目前火力发电厂凝结水精处理中广泛采用的树脂分离工艺。

1. 高塔分离系统

高塔分离系统由树脂分离塔、阴再生塔、阳再生塔（兼贮存）、罗茨风机、压缩空气罐和冲洗水泵等设备，以及树脂输送管路、冲洗水管路、压缩空气管路和酸碱管路组成。混床失效树脂的分离是在分离塔中进行的，图 8-23 为典型的凝结水精处理高塔分离系统。

2. 高塔分离塔结构

该塔下部为一个直径较小的长筒体，上部为直径逐渐扩大的锥体，上、下段直径分别为 DN2100 和 DN1300，总高度 8m。塔体材质为碳钢衬胶，塔体上设有失效树脂进脂口和阳、阴树脂出脂口，及必要数量的窥视窗。塔内上部有布水装置，底部有配/排水装置。上部布水装置为梯形绕丝支母管形式，绕丝缝隙宽度一般为 0.4mm；底部配/排水装置为双盘蝶形板＋双速水帽形式，水帽缝隙宽度一般为 0.2mm。高塔分离塔结构，如图 8-24 所示。

在塔内设定一过渡区，即混脂区，高度不大于 1m，在此区内阴、阳树脂比例约 25∶75，即在阴、阳树脂的理论界面上 250mm 设阴树脂出脂口。高塔分离塔的反洗膨胀高度大于树脂层高度的 100%，以保证阴、阳树脂彻底分离。

3. 高塔分离塔的结构特点

（1）上部倒锥体的树脂收集区，提供了树脂充分膨胀的空间；下部直径相对较小且直段较长的柱体提供了树脂稳定的沉降区。沉降区的断面小，减少了树脂混脂区的容积。

（2）自下向上的水流速度在轴线方向上不断递减，树脂逐渐

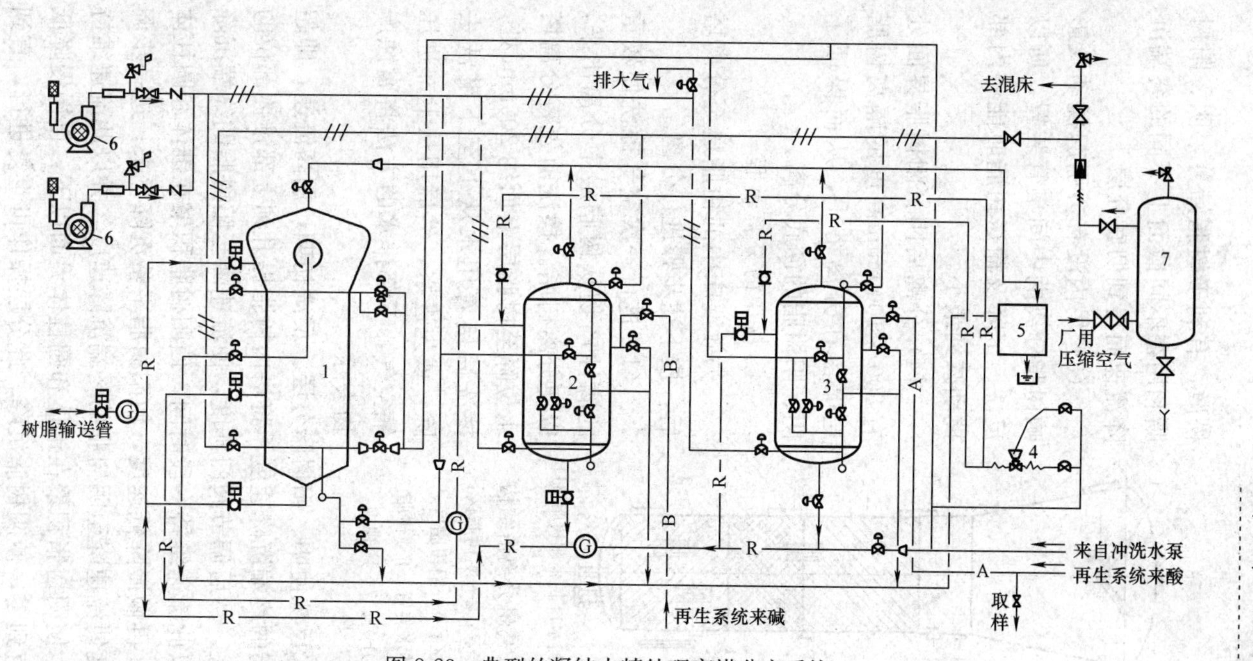

图 8-23　典型的凝结水精处理高塔分离系统

1—分离塔；2—阴再生塔；3—阳再生/贮存塔；4—树脂装卸斗；5—废水树脂捕捉箱；
6—罗茨风机；7—压缩空气贮罐

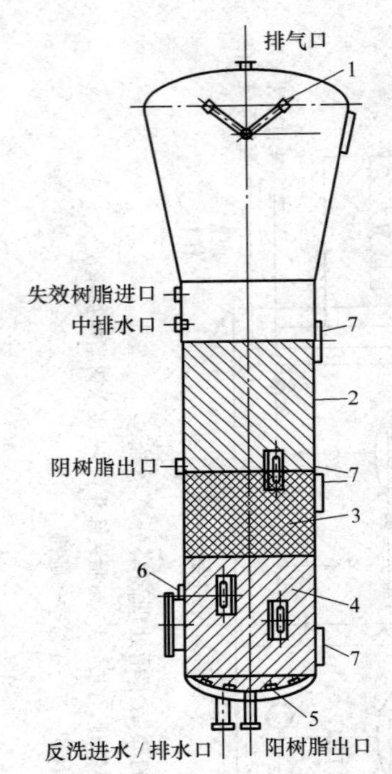

图 8-24　高塔分离塔结构

1—布水装置；2—阴树脂区；3—混脂区；4—阳树脂区；5—配/排水装置；6—树脂位控制开关；7—窥视窗

松散，有利于树脂筛分，阴、阳树脂利用在不同截面上不同的终端沉降流速而得到彻底分层。

（3）塔内没有会引起搅动及影响树脂分离的中间集管装置，所以反洗、沉降及输送树脂时能将内部搅动减到最小。

（4）分离后阴、阳树脂界面处有 800～1000mm 高度的隔离树脂层保留在分离塔中，从而保证了阴、阳树脂的彻底分离。

4. 树脂的分离过程

失效混床中的树脂送至分离塔后，按下述步骤进行分离。

（1）进行一次空气擦洗使较重的腐蚀产物从树脂层中分离出来，以便分离树脂。擦洗前先将分离塔水位降至树脂层上面约 200mm 处，擦洗后接着用水从上至下淋洗去除，或先进水，然后用从上部进压缩空气，下部排水的方法将腐蚀产物去除。

（2）水反洗使阴、阳树脂分层。反洗初期，用高流速，即超过两种树脂的终端沉降速度，将塔内树脂提升到上部锥体部位的树脂收集区，然后调节阀门开度，使流速降至阳树脂的终端沉降速度，并以此流速维持一段时间，使阳树脂积聚在锥体和圆柱体界面以下，再慢慢降低速度，使阳树脂平整沉降下来；进一步调整阀门开度使流速降至阴树脂的终端沉降速度，并以此流速维持一段时间，使阴树脂积聚在锥体和圆柱体界面以下，再慢慢降低流速，一直到零，使阴树脂沉降。此分层操作可重复进行，直到阳、阴树脂彻底分层为止。

在树脂的分离过程中，由阳树脂出脂门少量脉冲进水，对最底部的树脂进行扰动，以防形成树脂死角。

(3) 树脂的转移。待树脂沉降分离后，上部的阴树脂用水力输送，由阴树脂出脂管送至阴树脂再生塔，直至阴树脂出脂口底线界面以上的树脂已完全送出。分离塔中剩下的混脂及阳树脂再经第二次反洗分离后，再将下部的阳树脂用水力通过位于分离塔底部的阳树脂出脂管送至阳树脂再生塔。阳树脂的送脂量由位于分离塔内侧壁上适当位置的树脂位开关控制，当树脂面降至树脂位开关处时，即停止输送阳树脂。中部的“界面树脂（即混脂）”留在分离塔内参与下次分离。

在树脂从分离塔送出过程中，除从上部进水将树脂送出外，仍有部分水从底部进入，以维持树脂不乱层，并均匀稳定地将树脂送出。

5. 效果

分离后阳树脂中的阴树脂或阴树脂中的阳树脂（体积比）都能达到小于或等于 0.1%。

(四) 浮选分离法

用密度介于阳、阴树脂湿真密度之间的介质，依靠湿真密度大的阳树脂下沉和湿真密度小的阴树脂上浮特性，将两种树脂分开，这就是浮选分离法。

通常，强酸阳树脂的湿真密度为 1.24～1.26，强碱阴树脂的湿真密度为 1.09～1.10，若选用一种密度介于阳、阴树脂之间的溶液浸泡混合树脂，那么阳树脂会下沉，而阴树脂则上浮，从而实现将阳、阴树脂分离。

为分离阴树脂中夹杂的阳树脂，可用 NaOH 作浮选剂（注意：阳树脂中夹杂的阴树脂应用水反洗漂浮去除，而不能用 NaOH 作浮选剂，因为这样将会使全部阳树脂转为 RNa 型）。通常浮选剂都是选择14%～16%的 NaOH 溶液，对应其密度为 1.15～1.18，介于阳、阴树脂的湿真密度之间。

浮选分离过程为首先在分离塔中用水力反洗的方法使阳、阴树脂分层，然后在分离后的阴树脂和界面处的混脂中通入14%～16%的NaOH，这时阴树脂转为ROH型而上浮，混脂中的少量阳树脂转为RNa型而下沉，再将上浮的阴树脂送至阴再生塔或将下沉的阳树脂送至阳再生塔。

浮选分离法主要用于有细颗粒的阳树脂混杂在阴树脂中时，分离效果十分彻底。但混床树脂再生的碱耗较高，另外高浓度的碱液对普通凝胶型树脂产生渗透压，对其破坏程度较大，但有试验证实对均粒树脂及大孔型树脂的强度没有明显影响。

（五）惰性树脂分离法

在混床树脂中加入一种惰性树脂，其密度约为1.15g/cm³，刚好介于阴、阳树脂的湿真密度之间。这样，混床失效树脂在反洗分层时，由于密度及颗粒尺寸的合理选择使惰性树脂刚好处在阴、阳树脂分界面处，将阴、阳树脂的混杂转嫁到阴树脂与惰性树脂的混杂，以及阳树脂与惰性树脂的混杂，从而提高了阴、阳树脂的分离程度，减轻了树脂的交叉污染。

由于树脂反洗、沉降后分为三层，因此又称三层混床。为使树脂分层明显，对三种树脂的湿真密度和颗粒大小都有一定要求，如表8-9中所列数据。

表8-9　　三种树脂的密度和颗粒大小

树　脂	湿真密度（g/cm³）	颗粒范围（mm）
阳树脂	1.25～1.27	0.7～1.25
阴树脂	1.06～1.08	0.4～0.9
惰性树脂	1.14～1.15	0.7～0.9

惰性树脂分离法多用于体内再生混床，体外再生混床中也有使用，其中，惰性树脂主要用于树脂反洗分层时起隔离阴阳树脂的作用，层高一般采用200～300mm。

运行经验表明，惰性树脂并没有达到分离阴阳树脂的理想效果，原因是长期运行中树脂的密度有所改变。另外，惰性树脂减少了混床中阴阳树脂的体积，使混床的工作周期缩短。

三、树脂的输送

这里所述的树脂输送是指混床失效树脂送至体外再生单元、贮存塔中再生后混合好的树脂送入混床，以及分离塔中树脂的转移等。树脂的输送方式有上进水下排脂、下进水下排脂及上下进水下排脂。混床中树脂送至分离塔或贮存塔中树脂送入混床，一般由下述步骤完成：水力输送—水力/气力合送—冲洗树脂管道。不论水力输送，还是水/气合送，其机理都是提高床（塔）内的压力，使水和树脂颗粒形成流体后，一同流动被输送。

树脂的输送应彻底，尤其是混床中失效树脂的送出，其送出率要在99.9％以上，如果失效树脂送出去不彻底，那么，好的分离和再生也无济于事。为此：

（1）将混床底部的出脂装置设计得更合理，以减少混床内树脂的残留率：

1）碟盘型的结构形式。如图8-25所示，因为碟型的罐底有利于底部树脂的流动，蝶盘中心处设排脂管。

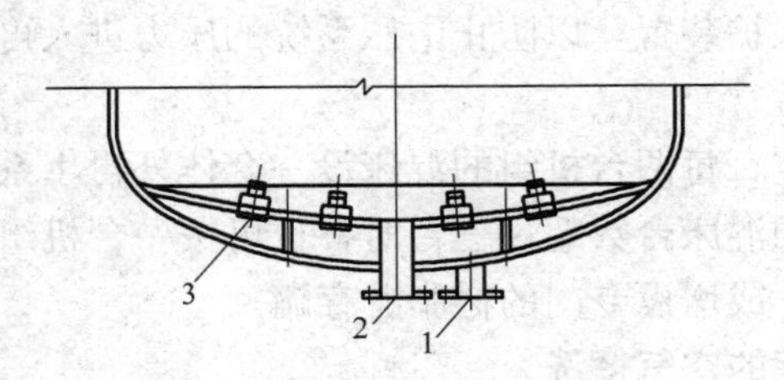

图8-25 混床底部结构

1—底部配水/排水口；2—树脂出口；3—双速水帽

2）碟盘上安装双流速水帽（如图8-12所示）。可使树脂在反向进水时更容易对树脂进行清扫，双流速水帽可贴近滤盘基座处射出的高流速反洗水，因而可彻底搅动罐底树脂。

3）在混床底部设置旋流喷水装置。利用喷出的水流将混床底部残留的树脂冲起，流向排脂口。

（2）无论从混床向分离塔输送，还是从贮存塔中向混床输送，都可采用从塔底部引入压缩空气，扰动树脂，帮助树脂流动。

（3）在树脂输送管系的尽头都设有冲洗阀，冲洗阀可从两个方向冲扫树脂到接受点，保证了管内没有残留树脂。

（4）输送管道内表面必须光滑（一般采用不锈钢管），采用大半径弯头和球阀，避免有隐藏树脂的凹坑和死角。

（5）维持合理的输送压力及树脂和输送水的比例。

（6）输送树脂应是连续的，因为中途中断传送介质（水或空气），可能出现树脂堵塞现象。

第七节　混床树脂的体外再生

体外再生是指将混床中的失效树脂外移到另一专用的设备中进行再生的一种再生方式，即分离后的阳、阴树脂分别在阳再生塔和阴再生塔中经空气擦洗、再生、清洗并混合后又送回混床运行。体外再生系统为低压系统，在与中压混床系统联络的管路上安装有超压保护装置，以防止中压系统的压力进入再生系统而破坏设备。

设计规定，每两台机组的混床设一套体外再生系统，但当一台机组所设的混床台数超过三台时，也可按一台机组设置一套体外再生系统，或增设专门的树脂贮存罐。

一、树脂的空气擦洗

树脂再生前，应先进行空气擦洗，以清除掉运行中截留吸附的金属腐蚀产物。对于设有前置过滤器的系统，空气擦洗可根据树脂吸附金属氧化物的量确定两次擦洗的间隔时间；而对于没有设置前置过滤器的系统，则每次再生前都必须对树脂进行空气擦洗。空气擦洗应在再生前进行，否则当树脂再生时，这些金属氧化物会在再生液（如 HCl、H_2SO_4）中溶解形成离子态杂质而被树脂吸着，增大了再生难度。

1. 空气擦洗的工作原理

在浸没于水中的树脂层中通入压缩空气，使树脂层流态化并膨胀，造成树脂颗粒间相互碰撞和摩擦，并借助于水与树脂颗粒相对移动的剪切力，将吸附在树脂颗粒表面的杂质松动、脱落，进入水中，然后用流动的水将洗脱下来的杂质带走。

由于金属腐蚀产物的密度相对较大，难以用反洗的方式将其排除，为此可用水从上向下淋洗的方式将洗脱的金属腐蚀产物从底部排走。

2. 空气擦洗条件

为取得良好的擦洗效果，应控制合适的擦洗条件，这些条件有：①擦洗强度；②擦洗时间；③擦洗次数；④淋洗水流速；⑤淋洗时间等。最佳参数应通过调整试验确定，或参照相同设备的经验值，并在实践中调整。

此外，为取得良好的擦洗效果，还应控制树脂层面以上的水层厚度，有资料认为，在树脂层高 1.0～1.2m 情况写下，树脂层面以上的水层厚度以 150～200mm 为宜。

3. 擦洗方式

（1）脉冲进气擦洗。此法是重复地用通压缩空气—水淋洗—通压缩空气—水淋洗的方法进行树脂的擦洗。从下向上通压缩空气的目的是疏松树脂层，并利用树脂颗粒的碰撞、摩擦，使树脂颗粒上的污物脱落；用水从上向下淋洗可使脱落下的腐蚀产物从底部排掉。通常，空气擦洗的用气强度为 3.4～4$m^3/(m^2 \cdot min)$（标准状态），空气压力约为 0.07MPa，反洗进气 1～2min，正洗进水 2～3min；重复擦洗次数应视树脂的污染程度而定，通常，机组启动时 30～40 次，正常运行时 10～20 次。

（2）泄压曝气擦洗。此法是先将再生塔中的水位调整至树脂层上面 150mm 左右处，然后由再生塔下部通入低压空气对树脂进行擦洗，使杂质从树脂表面分离，并进行反洗去除细小的杂质。之后从再生塔底部的配水装置进水，使塔内水位上升，并使树脂膨胀至 50％处，此时关闭塔顶的排气阀，并继续进水、进气，从而在塔内形成一个有一定压力的圆顶帽形空气室。空气室内达到一定气压（约0.4MPa）时，停止进空气和水，同时快速开启上部再生液分配装置的排水阀（中部排水阀）及底部配水装置的排水阀，由于塔上部空气室快速泄压，使带有杂质和细碎树脂的水从上、下两处急速排出。一般较大颗粒的杂质从塔底排出，而细小的杂质从中部排水阀排出。接着从底部进水对树脂进行反冲洗，冲洗结束后，开排气阀使塔内压力降低，进水使水位回升至树脂层上面150mm左右处，再重复下一次擦洗及冲洗，直至排水清澈为止。

（3）脉冲进气擦洗＋泄压曝气擦洗。即先进行脉冲进气擦洗，接着进行泄压曝气擦洗。

二、树脂的再生

1. 再生的交换反应

凝结水混床失效后，阳树脂转为铵型和钠型，大部分呈铵型，钠型只占很少部分，当用盐酸再生时，其离子交换反应为

$$RNH_4+HCl \longrightarrow RH+NH_4Cl$$

$$RNa+HCl \longrightarrow RH+NaCl$$

前者再生产物为NH_4Cl，属强酸弱碱盐，其水解反应（$NH_4Cl+H_2O \longrightarrow NH_4OH+HCl$）产物$NH_4OH$为弱电解质，电离度较低，从而降低了再生产物中$NH_4^+$浓度；后者再生产物NaCl为强电解质。显然，以铵型树脂为主的阳树脂再生比较容易，因此可获得较好的再生效果。

失效后的阴树脂主要是$RHCO_3$、$RHSiO_3$及少量RCl树脂，因树脂对HCO_3^-、$HSiO_3^-$的选择性较弱，而且混床中阴树脂的失效度也比较低，大部分仍保留ROH形态，所以阴树脂也可获得较好的再生效果。

但由于$RHSiO_3$树脂的再生过程中存在着聚合硅酸的解聚过程，而且解聚过程进行得也比较缓慢，因此，阴树脂的某些再生条件受硅酸型树脂这一特性的制约。

2. 再生条件

混床失效的阳、阴树脂都是采用顺流再生工艺，阳树脂的再生剂可选择盐酸或硫酸，阴树脂的再生剂通常选择氢氧化钠。为取得较高的再生度，必须满足良好的再生条件。

（1）再生剂用量。由于 $RHSiO_3$ 树脂的再生产物只能溶于高 pH 值的溶液中，而且聚合硅酸的溶出还要经过解聚过程，因此仍需较高的再生剂用量。不同混床工艺时，推荐的再生剂用量分别如下。

氢型混床运行时：HCl 为 $100kg/m^3$，H_2SO_4 为 $130kg/m^3$；NaOH 为 $100kg/m^3$。

氨型混床运行时：HCl 为 $200kg/m^3$，H_2SO_4 为 $260kg/m^3$；NaOH 为 $200kg/m^3$。

（2）再生液浓度。4%～6%HCl 和 4%NaOH。过高的再生液浓度，由于对树脂双电层的压缩作用，对再生不利。尤其是对硅酸型树脂，在再生剂用量一定的条件下，增加再生液浓度，意味着减少树脂与再生液的接触时间，硅酸型树脂解聚不完全，对硅的洗脱不利。

（3）再生液流速。阳树脂 4～6m/h；阴树脂 2～4m/h。同样道理，由于硅酸型树脂的再生过程中解聚过程较缓慢，所以阴树脂再生流速不宜过高，应保证再生液与树脂接触时间不少于 30min，而且随硅酸型树脂比例增大，接触时间也应增加。

（4）再生液温度。HCl、H_2SO_4 溶液常温，NaOH 溶液 40℃。试验结果表明，提高再生液温度有利于硅的洗脱。但过高的温度会造成强碱阴树脂降解，为此对强碱Ⅰ型阴树脂所用碱液的温度应不高于 40℃，对强碱Ⅱ型阴树脂所用碱液的温度应不高于 35℃。

（5）再生剂纯度。再生剂不纯直接影响着再生效果，再生剂不纯主要是指再生剂中 NaCl 的含量。工业盐酸中 Na^+ 含量很低，而工业液碱中 NaCl 含量较高，不同生产工艺制得的工业液碱中 NaCl 含量差别也较大。因此，凝结水混床阴树脂的再生，推荐选用离子膜法生产的高纯度氢氧化钠。

生产上，上述条件的最佳值应通过调整试验确定。

3. 再生液的配制和投加系统

再生液的配制和投加系统包括酸/碱贮存罐、计量箱、喷射器、热水罐和再生泵等设备，图 8-26 为某电厂凝结水混床体外再生系统。

该系统采用酸/碱贮存罐高位布置，喷射器投加。为提高阴树脂的再生效果，特别是为了有效除硅，再生时碱液的温度应控制在 40℃左右，为此，系统中设置了电热水箱，电热水箱采用电加热方式，以提高配制碱液用水的温度，用调节冷、热水的比例来达到控制进碱温度的目的。

4. 再生操作步骤

阳、阴树脂的再生是分别在阳再生塔和阴再生塔中完成的，其再生操作与单床顺流再生设备相同，包括进再生液、置换和清洗。

置换后的清洗是为了进一步清除残留在树脂中极少量的再生液，否则，残留的阳树脂再生液（如 HCl 中的 Cl^-）被阴树脂吸着，并消耗阴树脂的交换容量。同理，残留的阴树脂再生液（如 NaOH 中的 Na^+）被阳树脂吸着，并消耗阳树脂的交换容量。当然，清洗越彻底越好，但水耗也随之增加。

一般情况下，以清洗排水电导率不大于 5μS/cm 作为清洗终点。也有资料认为，以排水电导率不大于 10μS/cm 作为清洗终点，混合后再洗至电导率不大于 5μS/cm，这样的清洗，尽管多消耗了点树脂的交换容量，但可缩短总的清洗时间，大大节约清洗水量。

三、树脂的混合

再生后的阳、阴树脂分别用正洗的方式清洗至出水电导率不大于 5μS/cm(或不大于 10μS/cm)，然后进行混合。混合的方法如下。

（1）将再生好的阳、阴树脂送入同一交换器中。

（2）排水调整水位至树脂层面以上约 150mm 处。

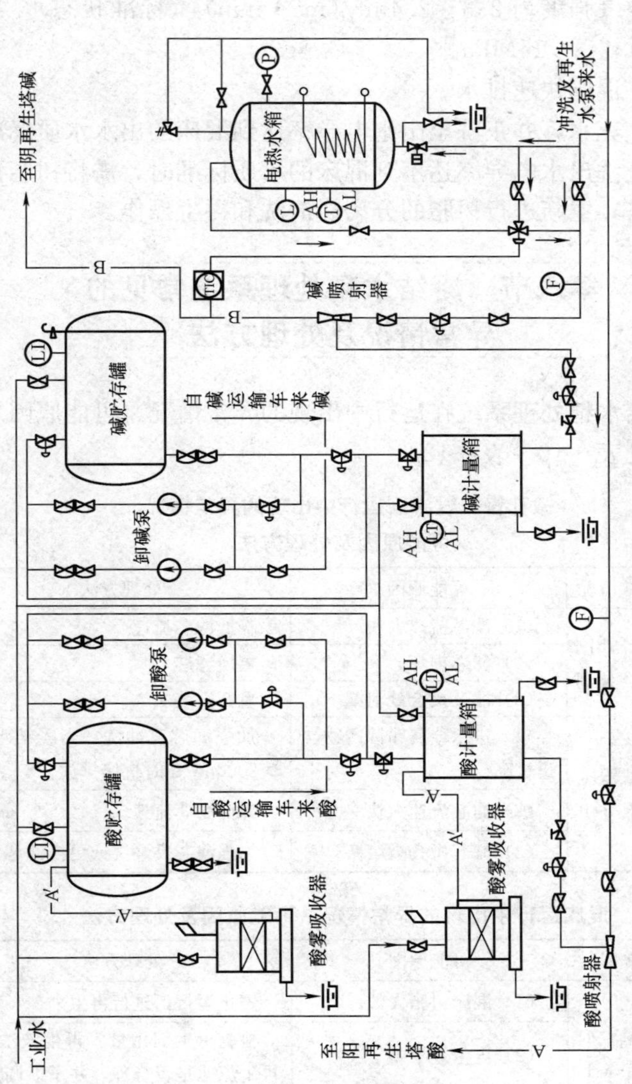

图 8-26　某电厂凝结水混床体外再生系统

（3）从底部进压缩空气，对阴、阳树脂进行混合，用于树脂混合的空气强度为2.3～2.4$m^3/(m^2 \cdot min)$（标准状态），空气压力为0.1～0.15MPa。

（4）混脂快速排水。

（5）充水，并正洗至出水电导率达到混床的出水水质标准。

当正洗出水电导率达不到混床的水质标准时，需将树脂再送回分离塔，重新进行树脂的分离、清洗和再生操作。

第八节　凝结水精处理系统常见的异常情况及处理方法

凝结水精处理系统在运行中出现的异常情况、可能原因及处理方法见表8-10～表8-12。

表8-10　微孔管式过滤器运行中出现的异常情况、可能原因及处理方法

序号	异常情况	可能原因	处理方法
1	过滤器出水Fe含量高	（1）滤芯流速太快	降低滤芯流速
		（2）滤芯损坏	更换滤芯
		（3）滤芯接合处泄漏	重新安装
2	过滤器压差上升快	（1）进水金属腐蚀产物含量过高	加强滤芯反冲洗，当凝结水Fe＞2000μg/L时直接排放
		（2）滤芯流速太快	降低滤芯流速
		（3）滤芯微孔被堵塞	加强滤芯反冲洗或更换滤芯

表8-11　混床运行中出现的异常情况、可能原因及处理方法

序号	异常情况	可能原因	处理方法
1	混床出水电导率不合格	（1）混床树脂失效	停止运行，进行再生
		（2）再生效果差	检查再生剂用量、再生液浓度、再生流速是否合理，并予以调整
		（3）阳、阴树脂混合不均匀	重新混合树脂

续表

序号	异常情况	可能原因	处理方法
2	混床出水 Cl^- 超标	碱液中 NaCl 含量高	选用纯度高的 NaOH
3	混床出水 pH 值偏低	（1）混床树脂混合不均匀	重新混合树脂
		（2）树脂热降解	水温高时凝结水旁路或选用热稳定性好的树脂
		（3）树脂被有机物污染	消除污染源或树脂复苏处理
4	混床运行周期短	（1）再生效果差	1）提高再生前树脂的分离效果，防止交叉污染。 2）校核再生流速、酸碱浓度及酸耗、碱耗
		（2）入口水水质变化	检查凝汽器是否泄漏，并予以清除
		（3）运行流速过高	调整运行流速
		（4）混床运行偏流	检查原因，清除偏流
		（5）树脂流失或阳、阴树脂比例失调	1）调整反洗强度。 2）检查混床内部装置有无树脂泄漏。 3）检查有无树脂破碎损失。 4）补充树脂或调整树脂比例
		（6）树脂被污染或树脂老化	清洗树脂或复苏树脂或更换树脂
5	混床运行压差大	（1）流速过高	降低流速
		（2）树脂层被压实	查找原因，并延长反洗时间
		（3）进水金属腐蚀产物较多	加强树脂的空气擦洗
		（4）破碎树脂过多	1）提高反洗强度，洗去树脂碎粒。 2）延长反洗时间。 3）确定树脂破碎原因，并予以消除
		（5）树脂污染	清洗、复苏，不能复苏时更换树脂

表 8-12　再生过程中出现的异常情况、可能原因及处理方法

序号	异常情况	可能原因	处理方法
1	再生液浓度低（或高）	（1）喷射器或计量泵故障	检查喷射器运行是否正常，调整喷射器喉管距离
		（2）计量箱出口阀门开度不够（或过大）	调整计量箱出口阀门开度
		（3）稀释水流量过高（或低）	校核稀释水流量，并按需要调整
		（4）酸、碱浓度计故障	校核酸、碱浓度计
2	碱再生液温度高（或低）	（1）稀释水流量不正确	调节稀释水流量
		（2）温度控制器故障	检修温度控制器
3	经再生、混合后树脂正洗出水达不到要求	（1）再生前阳、阴树脂分离不彻底，树脂交叉污染	重复树脂的分离及再生过程
		（2）再生不足	调整再生剂用量、再生液浓度及再生时间
		（3）树脂混合不均匀	选择合适的混合条件，重新混合
		（4）酸、碱的杂质含量高	分析酸、碱纯度，选择高纯度的酸、碱
4	空气混合时引起树脂携带	（1）混合时设备内水位过高	调整排水时间，排水至合适水位
		（2）空气流量过大	检查空气流量，调整空气门开度
5	树脂流失	（1）下部出水装置泄漏树脂	检查确定泄漏部位，并消除
		（2）反洗流速过高	降低反洗流速
		（3）树脂磨损	添加树脂至正常高度（长期运行损失一些树脂属正常现象）

第九章　循环冷却水处理

循环冷却水系统常因水质方面的原因发生腐蚀、结垢和微生物滋生。腐蚀可能造成凝汽器泄漏，导致较脏的冷却水直接进入锅炉，恶化汽水品质，甚至酿成爆管事故；结垢不仅引起凝汽器的真空度下降、传热端差升高，还会引起循环冷却水流量下降、循环水泵电耗上升，以及垢下腐蚀；微生物滋生可引起水流及传热的阻力增加，产生微生物腐蚀。为避免这些问题，需要对循环冷却水进行处理。本章第一～七节主要介绍循环冷却水系统的构成、污损生物、水质变化特征，以及控制腐蚀、结垢和微生物的化学方法，第八节简要介绍循环冷却水处理的物理化学方法。

第一节　冷却水系统

用水来冷却工艺介质的系统称作冷却水系统。冷却水系统通常有三种：直排式冷却水系统、密闭式循环冷却水系统和敞开式循环冷却水系统。

一、直排式冷却水系统

在直排式冷却水系统中，冷却水仅通过换热设备一次，用过后就被排放掉。因此，它的用水量大，水中各种矿物质和离子含量保持不变。该系统不需要冷却塔等冷却水处理构筑物，故投资少、操作简单，但是占据了大量水资源，不符合我国建设节水型社会的战略要求。

二、密闭式循环冷却水系统

密闭式循环冷却水系统又称封闭式循环冷却水系统。在此系统中，冷却水循环流动，不与大气接触。由于该系统密封得比较严密，所以冷却水水量损失很少，水质一般不发生变化。这种系统对冷却水水质要求高，故用水量越大，水处理费用越高。因此，它一般仅适用于冷却水量较小的空调、发电机、内燃机或有特殊要求的单台换热设备等。图 9-1(a) 是该系统流程。

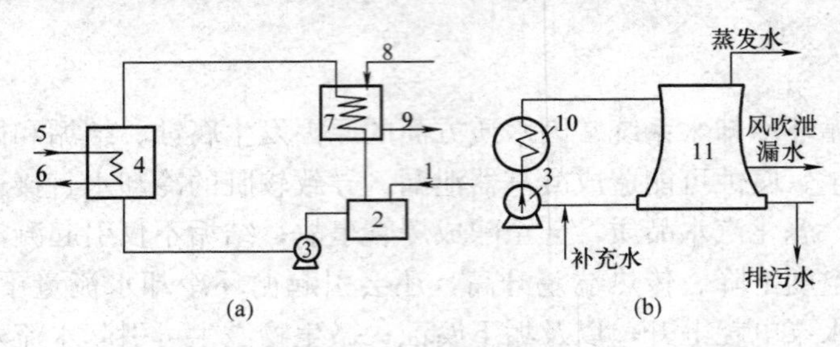

图 9-1　循环冷却水系统

(a) 密闭式循环冷却水系统；(b) 敞开式循环冷却水系统

1—补充水；2—密闭贮槽；3—水泵；4—冷却工艺介质的换热器；5—被冷却的工艺物料；6—冷却后的工艺物料；7—冷却热水的冷却器；8—来自冷却塔；9—送往冷却塔；10—凝汽器；11—冷却塔

三、敞开式循环冷却水系统

在敞开式循环冷却水系统中，冷却水循环流动。冷却水每次流入冷却塔的过程中都必须与空气接触。冷却塔是一种敞开于大气的换热设备，水在这里不断蒸发而损失掉部分水，因而水中各种物质包括离子不断浓缩；此外，冷却水在这里还会溶解大气中的灰尘和 O_2 等气体，损失掉部分 CO_2。由于冷却水反复流过冷却塔，水质不断变差，往往会导致系统的结垢、腐蚀和微生物繁殖。为阻止水质无限制地恶化下去，必须排放一部分浓水，补充一部分新鲜水。图 9-1 (b) 是该系统流程。

本章主要介绍电厂普遍应用的敞开式循环冷却水系统的水处理。

四、换热设备

在火力发电厂的循环冷却系统中，凝汽器是主要换热设备。

它的作用是将汽轮机的排汽冷却成凝结水，送回热力系统继续循环使用。凝汽器的传热性能可用凝汽器的真空度和端差表示。这两项指标常用来判断循环冷却水处理存在的问题，以便采取相应的改进措施。

1. 凝汽器的真空度

在正常情况下，凝汽器的真空度一般为0.005MPa（绝对压力）。影响真空度的因素有汽轮机的排汽量、凝汽器的抽气量、冷却水流量和温度、凝汽器传热面的沉积物多寡等。随着运行时间延长，若感觉到凝汽器真空度比投运初期明显下降时，当排除了其他因素影响后，则一般认为是凝汽器内可能生成了比较多的沉淀物。

2. 凝汽器的传热端差

汽轮机的排汽温度与凝汽器冷却水的出口温度之差称为端差。显然，凝汽器传热效果越好，冷却水出口温度就越高，端差越小；反之，端差上升。当凝汽器结垢较多时，端差就会明显上升。所以，根据端差的变化有助于循环冷却水系统的故障诊断。

清洁凝汽器的端差一般只有几度。

第二节　冷却水中的污损生物及其危害

循环冷却水中杂质可分为四类：悬浮物、胶体、溶解性物质和污损生物。前三类在第一章已介绍过，本节只介绍污损生物。

循环水系统中的污损生物种类繁多，但对冷却水系统有危害的污损生物主要有四类：藻类、细菌、真菌和大型污损生物。

一、藻类

冷却水中的藻类主要有蓝藻、绿藻和硅藻等，生长温度为18～40℃。藻类含叶绿素，能进行光合作用，其生长三要素是水、阳光和空气，三者缺一就会抑制生长。阳光照射的冷水塔或喷水池是藻类最易生长的区域。因为这些地方具备了藻类生长的三要素。

藻类的危害主要有：① 在冷却塔中填料层上大量繁殖，可能引起填料坍塌；② 死亡和脱落的藻类会变成冷却水中的悬浮物；③ 所形成的团块进入换热器中，会堵塞水流通道，降低冷却水的流量，从而恶化冷却效果；④ 沉积在系统中可引起沉积物下的腐蚀；⑤ 能捕捉水中有机物，为细菌和霉菌提供饵料。

二、细菌

在循环冷却水系统中可出现不同种类的细菌，下面介绍最常见的对循环水系统有危害的细菌。

1. 产黏泥的细菌

产黏泥的细菌又称黏液形成菌或黏液异养菌，是冷却水系统中数量最多的一类有害细菌，如假单胞菌、气单胞菌、微球菌、葡萄球菌和肠杆菌等。在冷却水中，它们产生一种胶状、黏性的或黏泥状的、附着力很强的沉积物，妨碍热交换和水流畅通。虽然这些细菌本身不直接腐蚀金属，但会引起沉积物下的腐蚀。

2. 硫酸盐还原菌

硫酸盐还原菌属厌氧微生物。它在无氧或缺氧条件下能将水中硫酸盐还原成 H_2S，故称硫酸盐还原菌。该菌广泛存在于水田、湖泊、沼泽、河川底泥、下水和石油矿床等厌氧性且有有机物聚集的地方。冷却水系统中黏泥内部缺氧，所以它常在那里生长繁殖。

硫酸盐还原菌对冷却水系统的危害如下。

（1）腐蚀金属。硫酸盐还原菌产生的 H_2S 对金属有腐蚀性。被腐蚀的金属主要是碳钢，其次是不锈钢、铜合金和镍合金等。有时它的腐蚀速度相当大，如硫酸盐还原菌曾在 60 天内使 0.4mm 厚的碳钢板腐蚀穿孔、在 90 天内使不锈钢、铜合金或镍合金换热器发生腐蚀事故。由硫酸盐还原菌引起的孔蚀速度可达 1.25～5.0mm/a。

（2）产生“黑水”现象。这是由于水中 S^{2-} 与 Fe^{2+} 和 Fe^{3+} 作用生成 FeS 和 Fe_2S_3 沉淀物所引起的。

（3）导致缓蚀剂失效。例如，它产生的 H_2S 能使缓蚀剂铬酸盐或锌盐从水中沉淀下来。

(4) 促进其他细菌繁殖。硫酸盐还原菌中的梭菌能产生甲烷(CH_4),为其周围的产黏泥细菌提供营养。

3. 硫杆菌

这种微生物可将水中可溶性硫化物(如 S^{2-} 和 SO_3^{2-})氧化成 H_2SO_4,在氧化区 H_2SO_4 浓度可高达10%,引起金属酸性腐蚀。

4. 铁细菌

铁细菌是铁沉积细菌的简称,它包括嘉氏铁杆菌、球衣细菌、鞘铁细菌和泉细菌等。它们具有以下特点:在含铁的水中生长,产物为红棕色黏性沉积物,通常包裹在铁化合物中,虽属好氧菌,但在氧含量小于0.5mg/L的水中也能生长。在冷却水系统中,铁细菌使 Fe^{2+} 氧化成 $Fe_2O_3 \cdot mH_2O$,并在细菌周围形成大量黏泥,造成局部区域缺氧,厌氧菌繁殖。当 Cl^- 渗入黏泥中,则发生点蚀,最终在钢铁表面形成锈瘤,瘤下隐藏着较大的腐蚀坑。

5. 硝化细菌

它是冷却水系统中常见的产酸细菌之一,它能将水中氨(NH_3)转变成硝酸(HNO_3),使水的pH值下降,导致金属的酸性腐蚀。在氮肥厂的冷却水系统中,往往存在氨渗漏,按理 NH_3 进入冷却水中使pH值升高,但是有硝化细菌存在时,有时反而会引起pH值的下降。

三、真菌

冷却水中真菌包括霉菌和酵母两类。它们往往生长在冷却塔的木材构件上、水池壁和换热器中。真菌不含叶绿素,不能进行光合作用,大多寄生在动植物遗骸上,分泌一种消化酶,菌丝则从动植物上吸收营养而生长,大量繁殖时可形成一些丝状物,附着在金属表面形成软泥,也可堵塞管道。真菌还可将木材纤维转化为葡萄糖和纤维二糖,引起木材朽蚀。

四、大型污损生物

大型污损生物是指固着或栖息在水下固体表面（如船舶、各种人工设施、用水设备），对人类经济活动产生不利影响的各种水生物的总称。以海水、咸水或淡水为冷却水源的冷却水系统，无论是直排式还是循环式都可能发生大型污损生物附着，但以海水冷却水系统最严重。大型污损生物一般靠鞭毛、足丝、分泌的黏液，黏附或抓住水下固体表面。

冷却水系统中最常见的大型污损生物是贝类，此外，还有藤壶、水螅属、沼蛤等。

大型污损生物的危害是：① 堵塞用水设备；② 导致局部腐蚀甚至穿孔。某调查报告显示，凝汽器由于生物污染导致3%的发电负荷损失，其中40%归因于贝壳类附着。

1. 贻贝

贻贝又称青口贝、海红、淡菜等，是最为常见的一种贝类，主要生长于近海海域。贝壳类生物附着比较牢固，当第一代死亡之后，其外壳不易脱落，第二代则在其硬壳上继续繁衍，附着层增厚。一般经两个繁殖旺季，附着层厚度可达4cm以上。

2. 藤壶

藤壶俗称海蛎子，因外形像马牙，故又称马牙。藤壶在每一次脱皮之后，就要分泌出一种黏性的初生胶，这种胶含有多种生化成分和极强的黏合力，从而保证了它极强的吸附能力。藤壶一年有两个繁殖高峰，即春季和夏季。在一个繁殖季节里，一只成体藤壶可以产出几千至23 000个幼体，6个月内长大为成体。

3. 水螅属

水螅属体呈指状，上端有口，周围生6～8条小触手，满布刺细胞，常附着于池沼水草枝叶和石块上。

4. 沼蛤

沼蛤别名淡水壳菜、湖沼股蛤、金色贻贝，俗名死不了、死不丢，是一种淡水污损贻贝。沼蛤属滤食性贝类，张开双壳过滤水流，截获水中硅藻、浮游生物、藻类等微小生物和有机碎屑作为食物，寿命可能在10年以上；沼蛤足丝发达，喜欢足丝相互缠绕簇拥，成片繁殖，沼蛤群集生长的密度可达10 000～20 000个/m²；沼蛤死后有恶臭。

沼蛤一般分布在常年最低水线之下，在水深十余米处也有分布，生活在水流较缓的流水环境，如湖泊、河流、工厂的沉淀池、工业冷却水设备及管道内。

第三节　循环冷却水的水质变化

一、浓缩倍数

在敞开式循环冷却水系统中，水在冷却塔中不断蒸发，而蒸发损失掉的水中又基本上不含盐分。所以，随着蒸发过程的进行，循环水中的含盐量会越来越高。为使循环冷却水中的含盐量维持在一定的浓度及维持循环水总量不变，必须排放一部分浓水，补充一部分含盐量低的新鲜水。

循环水比补充水的含盐量高，可用浓缩倍数表示循环水中盐类的浓缩程度。浓缩倍数的含义是指循环冷却水中的含盐量或某种离子的浓度与新鲜补充水中的含盐量或某种离子浓度的比值。因为水中Cl^-一般不会生成沉淀或氧化还原，更不会挥发，所以经常采用循环水中的氯离子浓度Cl_X^-与补充水中氯离子浓度Cl_{BU}^-的比值，表示循环水中含盐量的浓缩倍数，记作K。

$$K=\frac{Cl_X^-}{Cl_{BU}^-} \tag{9-1}$$

如果循环水采用的是氯化处理，则可考虑用K^+、总溶解固形物、电导率等的比值表示K。

对于使用多种水源作为循环冷却系统补充水的系统，往往难以得到各补充水源的准确水量而无法准确计算浓缩倍数。

二、排污水量、补充水量与浓缩倍数的关系

在循环冷却水系统中，冷却水的损失包括四个方面：蒸发损失、风吹损失、渗漏损失和排污损失。当循环系统中损失的水量

和补充水的水量相等时，循环水系统进入水流动态平衡状态，即有

$$B=E+F+X+P \tag{9-2}$$

式中：B 为补充水占循环水量的百分率，%；E 为蒸发损失占循环水量的百分率，%；F 为风吹损失占循环水量的百分率，%；X 为泄漏损失占循环水量的百分率，%；P 为排污损失占循环水量的百分率，%。

B、E、F、X 和 P 依次简称为补水率、蒸发损失率、风吹损失率、泄漏损失率和排污率。

1. 蒸发损失率 E

蒸发损失率可用式（9-3）计算，即

$$E=\frac{q_{V,E}}{q_{V,X}}\times 100\%=\frac{4.184(t_2-t_1)\theta}{i-4.184t_P}\times 100\% \tag{9-3}$$

式中：$q_{V,E}$为蒸发损失水量，m^3/h；$q_{V,X}$为冷却系统的循环水量，m^3/h；t_2、t_1 为冷却塔进口和出口的水温，℃；t_P为循环冷却水的平均水温，℃；i 为水温为 t_P时水的蒸发潜热，kJ/kg；θ 为冷却塔中因蒸发所散发的热量与全部热量的比值，设计中，夏季取 1.0，冬季取 0.5，春秋两季取 0.75。

2. 风吹损失率 F

风吹损失（包括溅洒和雾沫夹带）除与当地风速有关外，还与冷却塔的形式和结构有关。一般，自然通风冷却塔比机械通风冷却塔的风吹损失要大些。若塔中装有良好的收水器，则风吹损失明显下降。风吹损失率估计为

$$F=\frac{q_{V,F}}{q_{V,X}}\times 100\%=0.2\%\sim 0.5\% \tag{9-4}$$

式中：$q_{V,F}$为风吹损失水量，m^3/h。

3. 渗漏损失率 X

循环冷却水系统的管道连接处、泵的进口和出口处、水池等地方都难免存在渗漏，渗漏损失率 X 应视具体情况而定。

4. 排污率 P

排污率与冷却塔蒸发损失率 E 和浓缩倍数 K 有关，可按式(9-5)计算，即

$$P=\frac{E}{K-1}-F-X \tag{9-5}$$

三、循环冷却水的水质变化

1. 水质变化规律

循环冷却水系统运行时，随着不断排污和补水，水中物质的浓度也随运行时间的推移而发生变化。假设某物质在系统内不沉积也不发生化学反应，则该物质与时间的变化规律可表达成式(9-6)，即

$$c=\frac{Bc_{\mathrm{M}}}{P}+\left(c_0-\frac{Bc_{\mathrm{M}}}{P}\right)\exp[-P(t-t_0)/V] \tag{9-6}$$

式中：c 为循环水中某物质的浓度；c_{M} 为补充水同一物质的浓度；c_0 为起始时间（$t=t_0$）时排污水中同一物质的浓度；c 为经过时间 t 后排污水中同一物质的浓度；V 为循环冷却水的体积。

式(9-6)表明，无论系统中某物质的初始浓度是多少，随着时间的推移，其最终（$t\to+\infty$）浓度总是等于 Bc_{M}/P。由此可见，控制好补水率 B 和排污率 P，就能使冷却水中某些物质的浓度稳定在一个数值（Bc_{M}/P）上；减少排污率 P 固然可减少补充水量，但提高了冷却水的含盐量，也相应地增加了水对系统设备的危害程度，如当水中 $[Ca^{2+}]$ 和 $[CO_3^{2-}]$ 超过其浓度积后，就有可能生成 $CaCO_3$ 垢。

2. 水质变化特点

由于冷却水的蒸发浓缩及与空气的直接接触，补充水进入循环冷却系统后，水质将发生如下变化。

(1) 浊度增加。在冷却塔中水与空气反复接触，空气中的尘埃进入冷却水中，其中80%左右的尘埃沉积在冷却塔底部，通过底部排污带出系统，另外20%左右的尘埃仍悬浮于水中。

(2) CO_2 散失。冷却塔类似除碳器，在这里水中 CO_2 逸出。

由于失去了 CO_2，促进平衡 Ca（HCO_3）$_2$ $\rightleftharpoons$ $CaCO_3\downarrow + CO_2\uparrow + H_2O$ 向右移动，导致 $CaCO_3$ 垢的产生。

（3）含盐量增加。这也是水的蒸发浓缩引起的，冷却水含盐量约为补充水含盐量的 K 倍。

（4）pH 值增加。由于 CO_2 的损失和碱度的增加，冷却水的 pH 值总是高于补充水的 pH 值。敞开式循环冷却水的 pH 值一般为 8～9。

（5）溶解氧增加。由于水在冷却塔内喷射曝气，水中溶解氧大量增加，达到氧的饱和浓度，因而循环水对设备有较强的腐蚀性。

四、循环冷却水处理的任务

火力发电厂的冷却水用量占总用水量的 60%以上。例如，一台 300MW 的发电机组，冷却水量大约为 35000t/h。这么大的水量不可能像净化补给水那样深度处理。其实，循环冷却水的压力、温度远低于锅炉炉水，因此也没必要彻底去除冷却水中杂质。由上述冷却水水质变化的分析可知，循环冷却水的水质比补充水的水质差，表现为腐蚀和结垢倾向增强。由于循环水水温特别适宜细菌繁殖，微生物引起腐蚀和黏泥现象尤为突出。因此，循环冷却水处理的任务是阻垢、防腐和杀生。

第四节　冷却水系统中的沉积物及其控制

一、沉积物的种类

在循环冷却系统中的各个部位都有可能有物质沉积，但以换热器内的沉积物最多、危害最大，所以本节主要针对换热器（如凝汽器）讨论沉积物的问题。

凝汽器中的沉积物也称污垢，主要由水垢、淤泥、腐蚀产物和生物沉积物等组成。污垢根据其硬度，可分为硬垢和软垢。

1. 硬垢

硬垢又称水垢。在凝汽器中，最常见的硬垢是 $CaCO_3$，在某些特殊情况下也有可能出现 $Ca_3(PO_4)_2$、$CaSiO_3$、$CaSO_4$、$BaSO_4$、$SrSO_4$、CaF_2 等。硬垢形成的主要原因有（以 $CaCO_3$ 为例）：① 循环水的浓缩作用使水中碳酸盐硬度增加；② 循环水的二氧化碳散失使 CO_3^{2-} 浓度增加；③ 冷却水的温度上升降低了 $CaCO_3$ 的溶解度，促进水垢从水中析出。

2. 软垢

软垢一般是由颗粒细小的泥沙、尘土、不溶性盐类的泥状、胶状氢氧化物，杂物废屑，腐蚀产物，油污，菌藻的尸体及其黏性分泌物组成。由于这些污垢质地疏松稀软，故称软垢。软垢既是引起垢下腐蚀的主要原因，又是细菌（如厌氧菌）的生存与繁殖温床。软垢形成的主要原因是水质控制不当、补充水浊度太高、带入的细沙杂物冷却水中较多、杀菌灭藻不及时、腐蚀严重、漏油或其他工艺产物渗漏等。

二、结垢趋势的预测

1. 碳酸盐结垢趋势预测

可根据下列指标或指数预测循环冷却水系统中碳酸盐的结垢趋势。

（1）极限碳酸盐硬度。每种水在实际运行条件下，都有一个不结垢的碳酸盐硬度最大值（即极限值），这个值称为极限碳酸盐硬度，用 H'_{TX} 表示。显然：

$$\left.\begin{aligned} KH_{BX} < H'_{TX} \quad \text{不结垢} \\ KH_{BX} > H'_{TX} \quad \text{结垢} \end{aligned}\right\} \tag{9-7}$$

式中：H_{BX}为补充水的碳酸盐硬度；KH_{BX}为补充水浓缩 K 倍后应该达到的碳酸盐硬度；H'_{TX} 为循环冷却水的极限碳酸盐硬度，它只能通过模拟试验获取，难以理论计算，因为影响因素较多。

式（9-7）说明，为防止循环冷却系统不结垢，一是控制浓缩倍数（K），二是降低补充水碳酸盐硬度（H_{BX}）。降低 K 虽然可以防止结垢，但不利于节水；通过软化等方法可以降低 H_{BX}，但增加了运行成本。

（2）饱和指数。

1）郎格利尔(Langelier)指数：适用于 TDS＜10000mg/L、不含阻垢剂的水源，用符号 I_B表示，定义为

$$I_B = pH_{YU} - pH_B \tag{9-8}$$

式中：pH_{YU}为冷却水在运行条件下实际测得的 pH 值；pH_B为冷却水在使用温度下 $CaCO_3$ 饱和时的 pH 值。

pH_B可根据水的温度、钙硬度、碱度和总含盐量（近似 TDS），由图 9-2 查得相应的常数代入式（9-9）算出。

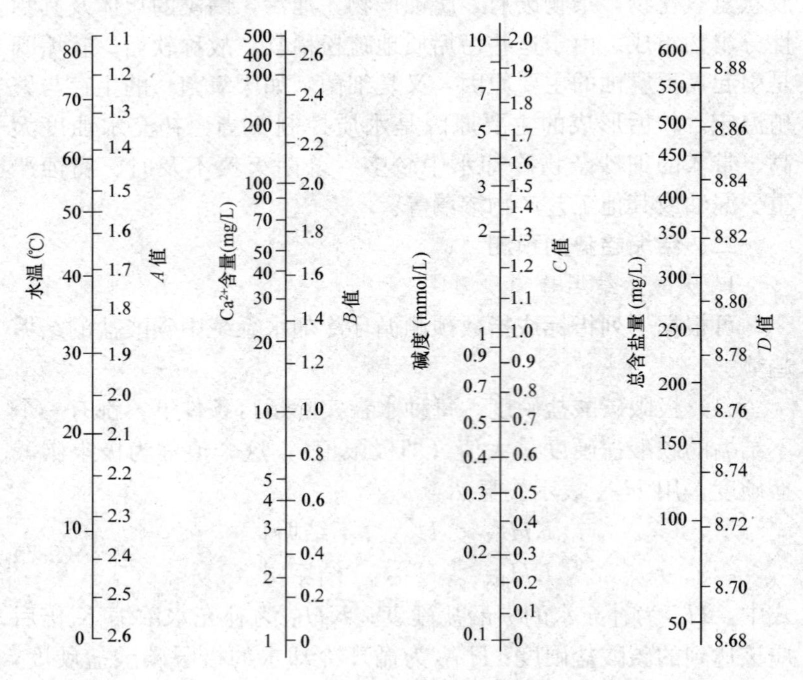

图 9-2 求 pH_B所用算图

$$pH_B = A - B - C + D \tag{9-9}$$

式中：A 为温度常数；B 为钙硬度常数；C 为碱度常数；D 为总含盐量常数。

pH_B也可用式（9-10）计算：

$$pH_B = 9.70 + \frac{\lg TDS - 1}{10} + e^{18.6943 - 7.278\lg(t+273.15)} - (\lg[Ca^{2+}] + \lg JD) \quad (9\text{-}10)$$

式中：TDS 为总溶解固形物，mg/L；t 为循环冷却水温，℃；$[Ca^{2+}]$、JD 为循环冷却水的 Ca^{2+} 浓度、碱度，均以 $CaCO_3$ 计，mg/L。

因为 pH 值与温度有关，如果 pH 表测定时电极杯水样温度与实际循环水温度不同，则应进行温度校正。

基于 I_B 的预测标准如下。

$I_B<0$：水中 $CaCO_3$ 未达到饱和状态，有溶解 $CaCO_3$ 的倾向，对钢材有腐蚀性，称腐蚀型水。

$I_B=0$：水中 $CaCO_3$ 正好达到饱和，既不结垢又不会产生腐蚀，称稳定型水。

$I_B>0$：水中 $CaCO_3$ 达到过饱和状态，有生成 $CaCO_3$ 水垢的倾向，称结垢型水。

一般情况下，I_B 值在 ±（0.25～0.30）内，可认为水是稳定的。

在实际使用中，用 I_B 判断循环冷却水系统是否有 $CaCO_3$ 析出，常出现误判，原因是：①循环冷却水系统中各处的温度不同，特别是换热设备的进出口端，有时相差几度甚至十几度；②I_B 未能反映结晶过饱和度的影响，生成 $CaCO_3$ 有一个结晶过程，只有当 Ca^{2+} 和 CO_3^{2-} 的浓度超过饱和浓度的几倍甚至几十倍时，才有可能析出 $CaCO_3$；③I_B 没有考虑动力学方面的影响，如水流速度、流态、管径、管壁材质及光滑度等对晶体析出过程的影响；也没有考虑其他共存物质对碳酸盐平衡的影响，如循环冷却水加入阻垢剂后，即使 I_B 达到 0.5～2.5，也不结垢。

2）史蒂夫-戴维斯（stiff-davis）饱和指数：适用于 TDS＞10000mg/L、不含阻垢剂的水源，用符号 S&DSI 表示，定义为

$$S\&DSI = pH_{YU} + \lg[Ca^{2+}] + \lg JD - K \quad (9\text{-}11)$$

式中：$[Ca^{2+}]$、JD 为循环冷却水的 Ca^{2+} 浓度、碱度，mmol/L；

K 为与水温、离子强度有关的修正系数，查图 9-3。

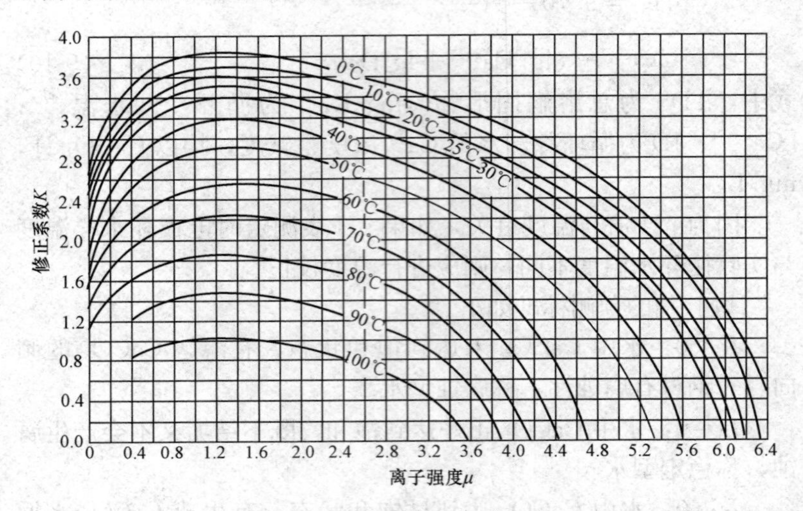

图 9-3　修正系数（K）与水温、离子强度（μ）的关系

基于 S&DSI 的预测标准如下。

S&DSI<0：腐蚀型水。

S&DSI=0：稳定型水。

S&DSI>0：结垢型水。

（3）结垢指数。结垢指数又称帕科拉兹（Puckorius）结垢指数，用符号 PSI 表示，定义为

$$\left.\begin{aligned}PSI &= 2pH_B - pH_{eq}\\ pH_{eq} &= 1.465\lg JD + 4.54\end{aligned}\right\}\qquad(9\text{-}12)$$

式中：JD 为循环冷却水的碱度（以 $CaCO_3$ 计），mg/L；pH_{eq} 为平衡 pH。

基于 PSI 的预测标准如下。

PSI<6：结垢型水。

PSI=6：稳定型水。

PSI>6：腐蚀型水。

（4）稳定指数。稳定指数又称 Ryznar 指数，用符号 I_W 表

示，定义为

$$I_W = 2pH_B - pH_{YU} \quad (9\text{-}13)$$

基于 I_W 的预测标准如下。

$I_W < 3.7$：严重结垢型水。

$I_W = 3.7 \sim 6.4$：结垢型水。

$I_W = 6.4 \sim 6.9$：稳定型水。

$I_W = 6.9 \sim 8.7$：中等腐蚀型水。

$I_W > 8.7$：严重腐蚀型水。

（5）临界 pH 值。只有当水中 Ca^{2+} 和 CO_3^{2-} 的浓度达到一定的过饱和度时，才开始析出沉淀。发生沉淀析出时的 pH 值称临界 pH 值，以 pH_C 表示。如果水的实际 pH 值超过它的 pH_C 值，就会结垢；反之，则不会结垢。临界 pH_C 值由试验测定，是该水结垢时的真正 pH_C 值，因为它反映试验条件诸多影响结垢的因素，故更接近实际情况。一般，$pH_C = pH_B +$（1.7～2.0）。

（6）ΔA。ΔA 定义为冷却水的浓缩倍数（Φ）与碱度浓缩倍数的差值，即

$$\Delta A = \Phi - \frac{A_X}{A_B} \quad (9\text{-}14)$$

式中：Φ 为循环冷却水的浓缩倍数，常以 Cl^- 浓度计算；A_X 和 A_B 为循环冷却水和补充水的碱度，mmol/L。

ΔA 越大，表明循环冷却水系统中沉积碳酸盐垢的可能性越大。一般认为，$\Delta A < 0.2$ 的循环冷却水系统，沉积碳酸盐垢的可能性不大。

生产实际中，经常出现“$\Delta A < 0$”的数据，这既违反常理，又说明基于 ΔA 预测结垢趋势，容易造成误判、错判。引起 ΔA 失真的原因主要有加氯灭藻、多水源补水，以及浓缩倍数、碱度的测定误差等。

2. 硫酸盐结垢趋势预测

可参照表 5-4，预测循环冷却水中 $CaSO_4$、$BaSO_4$、$SrSO_4$ 等硫酸盐的结垢趋势。另外，对于 $CaSO_4$，一般认为，如果循环

冷却水中[Ca^{2+}][SO_4^{2-}]>$5\times10^{5\sim6}$，则具有 $CaSO_4$ 结垢的趋势。这里，[Ca^{2+}]、[SO_4^{2-}] 分别为循环冷却水中 Ca^{2+} 、SO_4^{2-} 的浓度，mg/L。

3. 硅酸镁结垢趋势预测

如果循环冷却水中[Mg^{2+}][SiO_2]>15 000，则具有硅酸镁结垢的趋势。这里，[Mg^{2+}]、[SiO_2] 为循环冷却水中 Mg^{2+}（以 $CaCO_3$ 计）、硅酸（以 SiO_2 计）的浓度，mg/L。实践结果表明，有些 [Mg^{2+}] [SiO_2] <15 000 的循环冷却水系统，仍有硅酸镁结垢现象。因此，硅酸镁结垢除与浓度积有关外，还受其他条件（如 pH 值、水温、共存杂质等）的影响。

4. 磷酸钙结垢趋势预测

有人根据 $Ca_3(PO_4)_2$ 沉淀反应和 H_3PO_4 的三级电离平衡，建立了循环冷却水在使用温度下，$Ca_3(PO_4)_2$ 饱和时的 pH 值（记作 pH_S）与 Ca^{2+}、磷酸盐、水温的关系式，并制作成图表。使用时，根据循环冷却水质，从图表中查询数据，计算 pH_S，并得到 $I_P=pH_{YU}-pH_S$，进而得到类似 I_B的预测标准。

$I_P<0$：$Ca_3(PO_4)_2$ 溶解型水。

$I_P=0$：$Ca_3(PO_4)_2$ 稳定型水。

$I_P>0$：$Ca_3(PO_4)_2$ 结垢型水。

值得一提的是有些 $I_P\approx1.5$ 的循环冷却水系统，也没出现 $Ca_3(PO_4)_2$ 结垢现象，尤其是加入了阻垢剂的循环冷却水系统。因此，I_P存在 I_B类似的误判现象。

三、预防硬垢的方法

1. 投加阻垢剂

在循环冷却水中加入少量（一般为几毫克每升）阻垢剂，通过歪曲晶格、络合和分散等多种作用，阻止垢的生成。目前，加入的药剂除含阻垢成分外，还含有防腐成分，它具有防垢和防腐双重功效，这种药剂被更为普遍的称为水质稳定剂，这种处理称为水质稳定处理。阻垢原理见本章第五节。

2. 离子交换

一般用弱酸性阳离子交换树脂处理冷却水的补充水，去除水中的碱度和碳酸盐硬度，从而减少水中结垢的物质。其原理见第六章。

3. 药剂软化处理

药剂软化处理就是向补充水或循环冷却水中投加化学药剂（如石灰、纯碱、苛性碱等软化剂），去除碳酸盐碱度和硬度，避免循环冷却水系统沉积碳酸盐垢。下面以投加石灰为例，简要介绍这一水处理技术。

（1）原理。石灰处理包括消化生石灰、投加石灰乳、分离沉淀和调整 pH 值等四个步骤。

1）消化生石灰。消化生石灰是指生石灰（CaO）加水的反应过程，又称消化反应，即 $CaO+H_2O \rightleftharpoons Ca(OH)_2$。生成的 $Ca(OH)_2$ 称为熟石灰或消石灰，$Ca(OH)_2$ 与 H_2O 的混合物称为石灰乳。目前，可直接外购消石灰粉，直接从散装罐车气力输送到石灰筒仓储存，用此消石灰粉与水混合配制石灰乳。

2）投加石灰乳。投加石灰乳就是用石灰输送泵将石灰乳投加到被处理水中的过程，加药点一般位于澄清池的第一反应室。

3）分离沉淀。分离沉淀就是水中碳酸化合物与 $Ca(OH)_2$ 发生沉淀反应，并从水中沉淀出来的过程。主要沉淀反应为

$$CO_2+Ca(OH)_2 \rightleftharpoons CaCO_3\downarrow+H_2O$$

$$Ca(HCO_3)_2+Ca(OH)_2 \rightleftharpoons 2CaCO_3\downarrow+2H_2O$$

$$Mg(HCO_3)_2+2Ca(OH)_2 \rightleftharpoons 2CaCO_3\downarrow+Mg(OH)_2\downarrow+2H_2O$$

分离沉淀过程通常是在澄清池中完成的。

生产实际中，为提高沉淀速度、去除胶体和悬浮物，石灰处理通常是与混凝处理一起进行的，也就是说投加石灰乳的同时，还投加混凝剂和助凝剂。因为石灰处理水的 pH 值较高，故与石灰并用的混凝剂一般为铁盐或聚合电解质，而助凝剂则可选用聚丙烯酰胺。

4）调整 pH 值。调整 pH 值就是向石灰处理后的水中加入

酸（一般为硫酸），降低pH值的过程。加酸的目的是为了防止发生后沉淀和满足后续系统对水质的要求。因为如果不加酸，则高pH值的澄清池出水中一些来不及沉淀的物质，就会在后续系统结垢，以及高pH值的澄清水进入循环冷却水后发生新的沉淀反应，如 $Ca(HCO_3)_2 + 2OH^- \rightleftharpoons CaCO_3\downarrow + CO_3^{2-} + 2H_2O$，引起凝汽器结垢。

典型的石灰处理工艺为

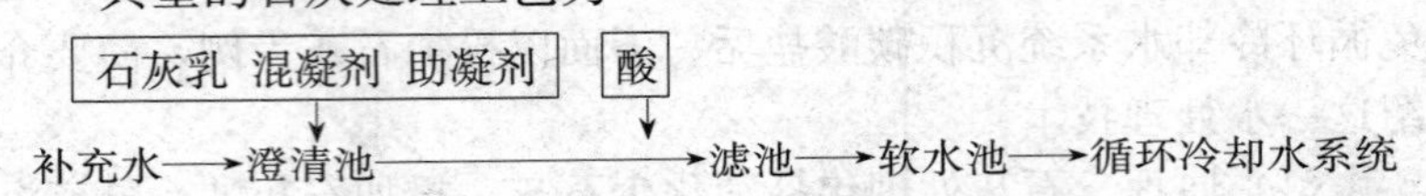

（2）技术要点。为取得较好地处理效果，应把握以下三项技术要点。

1）碱度的控制。应控制石灰用量，将澄清池出水碱度维持在一个合适的范围内，否则，石灰用量过小，处理效果差，石灰用量过大，残留钙硬度较高。设澄清池出水的酚酞碱度和全碱度（甲基橙碱度）分别为 c_P 和 c_M，则合适的碱度范围为

$$[OH^-] = 2c_P - c_M = 0.1 \sim 0.2\text{mmol/L},$$

$$c_M = 1.2 \sim 1.5\text{mmol/L},\ pH = 10.2 \sim 10.3$$

2）石灰乳制作与投加。石灰的消化及其投加系统容易飞扬粉尘、产生堵塞和磨损，因此对系统的严密性要求较高。为防止堵塞，应注意做好以下几项工作：定期冲洗管路和加药间排水沟；定期冲洗设备；定期对石灰乳搅拌箱排污；及时检查下灰情况，以及检查下料口和搅拌箱是否积灰，调整石灰筒仓振荡器的振幅和频率；长期停运前用清水将系统冲洗干净。为减轻磨损和减少废渣，尽量使用高纯度（>96%）的石灰。

3）加酸量的控制。为防止后续系统结垢和腐蚀，必须将加酸量控制在一个合适的范围内。否则，加酸量过大，澄清水的pH值过低，造成设备和水泥构筑物的腐蚀；加酸量过低，不能有效消除后沉淀现象。一般，加酸量以澄清水pH值调整至8.3～8.7为宜。

(3) 石灰处理的作用。因为生产实际中石灰处理通常是与混凝处理一并进行的，故石灰处理具有软化和混凝澄清的双重作用。石灰处理可有效地去除水中的碳酸盐硬度、CO_2、碱度、SO_4^{2-}、有机物、微生物、重金属、有机氮、磷、氟、悬浮物、胶体等物质。某生活污水经过石灰处理后类雌激素物质、类二恶英物质的去除率分别为76%和52%。

4. 膜分离

常与其他方法联合使用，可显著提高循环水的浓缩倍数，多用于高浓缩倍数的循环水系统。一般采用纳滤（NF）和反渗透（RO），将水中盐类包括结垢物质去除，这样不但能够防垢，而且能够减轻由于盐类浓缩产生的其他问题。膜分离的原理见第五章。

5. 加酸

向循环水中投入酸，将水中碳酸盐硬度转变为非碳酸盐硬度，而非碳酸盐硬度一般难以在循环水系统中转化为沉淀。通常用H_2SO_4，很少用HCl，因为H_2SO_4比较便宜，加之HCl中的Cl^-对系统有腐蚀性。加酸防垢的原理为

$$HCO_3^- + H^+ \rightleftharpoons CO_2\uparrow + H_2O$$

$$CO_3^{2-} + 2H^+ \rightleftharpoons CO_2\uparrow + H_2O$$

加入的酸（这里以H^+代表）使水中的HCO_3^-和CO_3^{2-}转化成CO_2，从而减少了水中参与结垢的阴离子（CO_3^{2-}）浓度。加酸后循环水pH值下降，如果加酸量太大，则可能引起设备的腐蚀和$CaSO_4$垢的生成。

四、预防软垢的方法

1. 胶球清洗

胶球清洗的原理见第十七章。

2. 投加分散剂

在对冷却水进行阻垢、防腐和杀生处理的同时，投加一定量的分散剂，也是控制污垢的好方法。分散剂能将黏合在一起的泥团杂质分散成微粒使之悬浮于水中，随同排污水排出而不至于在

系统沉积。

3. 做好冷却水的水务管理

例如，将冷却水的浓缩倍数控制在安全范围内，及时连续排污；做好冷却水的水质稳定处理，尽量减少结垢量，抑制腐蚀速度和防止菌藻大量滋生。

4. 旁滤循环水

即使上述三项工作做得比较好，循环水的浊度仍会不断升高，因为在冷却塔中，空气中的灰尘会被洗入水中，特别是工厂所在地沙尘暴频发和气候干燥时更加明显。此外，运行时形成的水渣、腐蚀产物脱落、菌藻繁殖及其尸体，也会使冷却水浊度增加。虽然通过排污可以排放部分悬浮物，但在所控制的浓缩倍数范围内，悬浮物浓度可能仍然比较高，这时可从系统中引出1%～5%的循环水量，用过滤的方法去除这部分悬浮物。这种从主系统中取出部分水进行过滤，滤出水重新返回主系统的过滤方式，称为旁流过滤，简称旁滤。

旁滤系统主要有过滤设备，如滤池、过滤水泵等，详见第四章。

5. 降低补充水浊度

补充水的浊度越低，带入循环系统中可形成污垢的杂质就越少。为此，GB/T 50050—2017《工业循环冷却水处理设计规范》中规定，循环冷却水中浊度应小于 20NTU。当换热器的形式为板式、翅片管式和螺旋板式时，补充水浊度应小于 10NTU。对于不能满足上述要求的补充水，必须进行预处理，降低其浊度。

第五节　阻垢处理

某些化学药剂只需添加少量到冷却水中，就可阻止水垢的生成，这称为阻垢处理，所用药剂称为阻垢剂。早期采用的阻垢剂有聚磷酸盐和天然的或改性的有机物，如丹宁、木质素和纤维素等。但是，目前已广泛地被人工合成的膦酸和聚羧酸等有机化合物代替。

一、阻垢剂的阻垢性能

各种阻垢剂虽具有不同的性能，但它们在阻垢方面有许多共性，这可用图 9-4 所示的实验结果加以说明。该实验用水的水质为溶解固形量：237mg/L，碱度：3.0～3.4mmol/L，Ca^{2+}：56mg/L，Mg^{2+}：8.0mg/L，Cl^-：12mg/L，SO_4^{2-}：32mg/L，pH 值：7.6，水温：45℃。

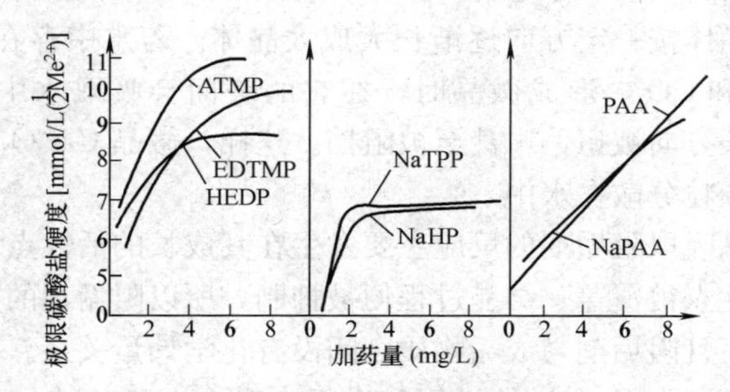

图 9-4 阻垢剂加药量与极限碳酸盐硬度的关系

ATMP—氨基三亚甲基膦酸；EDTMP—乙二胺四甲叉膦酸；

HEDP—羟基乙叉二膦酸；NaTPP—三聚磷酸钠；

NaHP—六偏磷酸钠；PAA—聚丙烯酸；

NaPAA—聚丙烯酸钠

图 9-4 说明，阻垢剂在其加药量很低时就可稳定水溶液中大量钙离子，而且它们之间不存在化学计量关系；当它们的剂量增至过大时，其稳定作用便不再有明显的增强。阻垢剂的此种性能称为阈限效应。

阻垢剂的阻垢效果除与其用量有关外，还与水温和水质有关。例如，随水温、碳酸盐硬度、[HCO_3^-]、[Ca^{2+}] 及 pH 值的增加，阻垢剂的防垢效果下降。

任何阻垢剂都受其最大阻垢能力的限制，当冷却水浓缩倍率过大，以致水中碳酸盐硬度超过它的容许极限时，仍会有$CaCO_3$沉积物生成。所以，通常要结合循环水的排污，以控制循环水的浓缩倍数。

二、阻垢原理

阻垢作用不能理解为单纯的化学反应，它包括若干物理化学过程，用以解释阻垢原理有晶格畸变、分散与络合等理论。

（1）晶格畸变理论。该理论认为阻垢剂干扰了成垢物质的结晶过程，从而抑制了水垢的形成。

现以成垢物质 $CaCO_3$ 为例加以说明。$CaCO_3$ 是结晶体，它的成长是严格按顺序进行，由 Ca^{2+} 和 CO_3^{2-} 相碰撞后彼此结合，从微小晶体按一定方向逐渐长大成大晶体。若水中存在阻垢剂，则 Ca^{2+} 和 CO_3^{2-} 形成微晶时，在它的表面会吸取水中阻垢剂，晶格成长方向被扭偏，甚至被阻挡。这样，微晶 $CaCO_3$ 长不大，呈微小颗粒分散在水中。

微晶吸取阻垢剂的反应主要发生在其成长的活性点上。只要这些活性点被覆盖，结晶过程便被抑制，所以阻垢剂的用量不需很多，而且阻垢剂与成垢物质之间没有化学计量关系。

当溶液中 $CaCO_3$ 的过饱和度很大时，由于其结晶的倾向加大，微晶可在那些没有吸取阻垢剂的慢发育表面上成长，进而把活性点上的阻垢剂分子覆盖起来，于是晶体又会增长。但此时生成的晶体受阻垢剂的干扰，会出现空位、错位或镶嵌构造等畸变。

（2）分散理论。有些阻垢剂在水中会电离。当它们吸附在某些小晶体的表面时，其表面形成新的双电层，从而它们像胶体那样稳定地分散在水体中。起这种作用的阻垢剂又称为分散剂。

分散剂不仅能吸附于颗粒上，而且也能吸附于换热设备的壁面上，因而阻止了颗粒在壁面上沉积；而且，即使发生沉积，但沉积物与接触面附着力比较小，沉积物比较疏松。

（3）络合理论。有些阻垢剂如有机膦酸在水中电离出 H^+，本身成为带负电荷的阴离子。这种阴离子能与水中成垢的金属阳离子 Ca^{2+} 和 Mg^{2+} 等形成稳定络合物，使它们不能参与结垢。

三、阻垢剂

阻垢剂的品种很多，而且还在不断地开发中，下面介绍一些常用品种。

1. 聚磷酸盐

常用三聚磷酸钠和聚偏磷酸钠，它们的共同点就是分子长链带负电荷。三聚磷酸钠的分子式为 $Na_5P_3O_{10}$；聚偏磷酸钠的链较长，约含 20～100 个 PO_3 单位。

链状聚磷酸钠阻垢原理为络合作用、晶格畸变作用，作为阻垢剂时的投加量为 2～3mg/L。

用聚磷酸钠作为阻垢剂的一个问题是它在冷却水中会逐渐水解，水解的结果是聚合度降低，最后形成正磷酸盐。虽然正磷酸盐也有阻垢作用，但效果不如聚磷酸盐，而且它会与 Ca^{2+} 反应，形成磷酸钙垢。此外，正磷酸根是微生物的营养物质，会促进冷却水中微生物滋长。

在常温、中性水溶液中，聚磷酸钠的水解速度很慢。水温升高时速度加快，特别是在水中有催化物质、$Fe(OH)_3$ 胶体和微生物分泌的磷酸酶存在时，水解速度非常快，在数小时内，甚至几分钟内就会发生显著的水解。

聚磷酸盐所能维持的极限碳酸盐硬度，应通过实验或运行调整确定，目前有些电厂的运行经验表明，此极限值为 7.0～8.0mmol/L。

2. 有机膦酸

有机膦酸种类很多，但它们的分子结构中都有稳定的“碳—磷(C—P)”键，这种键比聚磷酸中“磷—氧—磷(P—O—P)”键牢固稳定。因此，有机膦酸具有良好的化学稳定性，不易水解和降解，在高温下不易失效。

有机膦酸在低浓度（几毫克每升）下使用，就能阻止几百倍的钙垢；有机膦酸在高浓度（30mg/L 以上）下使用，对铁有良好的缓蚀作用。有机膦酸通常与聚丙烯酸等其他药剂复配使用，以便充分利用各种药剂之间的协同作用。所谓协同作用是指在药效相同的情况下，多个药剂所组成复合配方的总剂量比单独使用其中任何一个单体药剂的剂量小。有机膦酸能与铜形成稳定的络合物，引起铜及其合金的腐蚀。因此，在有铜材的冷却水系统使用时，应同时加入铜缓蚀剂。

常用的有机膦酸（盐）如下。

（1）氨基三亚甲基膦酸。简称ATMP，分子式为$N(CH_2PO_3H_2)_3$，相对分子质量为299.0。ATMP商品既有液体，也有固体。ATMP分解温度200～212℃，本身基本无毒。ATMP主要作为循环冷却水、锅炉用水、油田水处理中的阻垢剂（低浓度使用时）和缓蚀剂（高浓度使用时）。

固体ATMP外观为白色颗粒状固体，其他技术要求应符合HG/T 2840—2010《水处理剂　氨基三亚甲基膦酸（固体）》；液体ATMP外观为无色或微黄色透明液体，其他技术要求应符合HG/T 2841—2005《水处理剂　氨基三亚甲基膦酸》。

（2）羟基亚乙基二膦酸。简称HEDP，分子式为$C_2H_8O_7P_2$，相对分子质量为206.03。它对抑制碳酸钙、水合氧化铁等的析出或沉积都有较好的效果。其既有阻垢作用，也有分散作用，还能与铁、铜、铝、锌、钙和镁等多种金属形成稳定的络合物。另外，在高浓度使用时有良好的缓蚀作用。HEDP化学稳定性好，即使在200℃下也能保持良好的阻垢作用。

HEDP技术要求见GB/T 26324—2010《羟基亚乙基二膦酸》。

（3）乙二胺四亚甲基膦酸。又称亚乙基二胺四亚甲基膦酸，简称EDTMPA，分子式为$C_6H_{20}N_2O_{12}P_4$，相对分子质量为436.13。若用氢氧化钠中和，产品即为乙二胺四亚甲基膦酸钠（EDTMPS）。在实际使用中，多用EDTMPS。EDTMPS化学稳定性好，即使在200℃下也有良好的阻垢效果。EDTMPS具有较强的螯合能力，能与铁（Fe^{2+}和Fe^{3+}）、铜、铝、锌、钙、镁等离子形成稳定的络合物。它们既可阻止碳酸钙、硫酸钙成垢，又可阻止氧化铁（腐蚀产物）沉淀。在高浓度使用时，还具有缓蚀性能。

EDTMPS技术要求见HG/T 3538—2011《水处理剂　乙二

胺四亚甲基膦酸钠（EDTMPS）》。

（4）2-膦酸基-1,2,4-三羧基丁烷。简记 PBTCA，分子式为 $C_7H_{11}O_9P$，相对分子质量为 270.13。它适用于水温和 pH 值较高、硬度和碱度大的水质条件，既有较强的阻垢作用，也有较强的分散作用。

PBTCA 技术要求见 HG/T 3662—2010《水处理剂　2-膦酸基-1,2,4-三羧基丁烷》。

（5）2-羟基膦酰基乙酸。简记 HPAA，分子式为 $C_2H_5O_6P$，相对分子质量为 156.03。HPAA 中含有一个羟基、一个膦基和一个羧基，兼备阻垢缓蚀性能。HPAA 常用于低硬度水源的缓蚀阻垢处理。

HPAA 技术要求见 HG/T 3926—2007《水处理剂　2-羟基膦酰基乙酸（HPAA）》。

（6）多氨基多醚基亚甲基膦酸。简记 PAPEMP，分子式为 $C_7H_{22}O_{12}P_4N_5(C_3H_6O)_n$，相对分子质量约为 600，具体技术要求见 GB/T 27812—2011《水处理剂　多氨基多醚基亚甲基膦酸（PAPEMP）》。

PAPEMP 为 20 世纪 90 年代开发出来的水处理剂，具有较好的螯合分散性能、较高的钙容忍度和优良的阻垢性能，适用于硬度、碱度和 pH 值都高的循环冷却水系统。对碳酸钙、磷酸钙、硫酸钙的阻垢能力强，也可抑制硅垢的形成，对金属离子（如锌、锰、铁）具有良好的稳定作用。

3. 均聚物

（1）聚丙烯酸。简称 PAA，分子式为 $(C_3H_4O_2)_n$，相对分子质量小于 10 000。PAA 为低分子量聚电解质，具有优良的分散能力。PAA 外观为无色或淡黄色液体，具体技术要求见 GB/T 10533—2014《水处理剂　聚丙烯酸》。

（2）聚马来酸。简称 HPMA，分子式为 $(C_4H_4O_4)_n$，相对分子质量小于 2000。HPMA 无毒，易溶于水，分解温度在 330℃以上，对碳酸盐有良好的阻垢分散效果。

HPMA外观为浅黄色至棕红色透明液体，具体技术要求见GB/T 10535—2014《水处理剂 水解聚马来酸酐》。

4. 绿色阻垢剂

聚磷酸盐和有机膦酸的缺点是增加了水体营养，促进了微生物繁殖，可能引发水华和赤潮。因此，开发低磷甚至无磷的、环境友好的所谓绿色阻垢剂已成为国内外水处理工作者研究的重要课题。近三十余年来，绿色阻垢剂的开发与应用取得了重大进展。一些低毒甚至无毒，生物降解性好的有机药剂（如聚天冬氨酸和聚环氧琥珀酸等），被广泛研究，并得到一定应用。

（1）聚天冬氨酸。简记PASP，分子式为$C_4H_6NO_3(C_4H_5NO_3)_nC_4H_6NO_4$，相对分子质量为1000～5000。PASP无磷、无毒、无公害和可生物降解。PASP作为阻垢剂，能有效阻止$CaCO_3$、$Ca_3(PO_4)_2$、$CaSO_4$、$BaSO_4$和Fe_2O_3等结垢；PASP作为缓蚀剂，能与Ca^{2+}、Mg^{2+}、Cu^+、Fe^{3+}等形成螯合物，附着在金属表面，阻止腐蚀。

PASP技术要求见HG/T 3822—2006《聚天冬氨酸（盐）》。

（2）聚环氧琥珀酸。简记PESA，分子式为$HO(C_4H_2O_5M_2)_nH$，相对分子质量为400～5000。分子式中M代表H、Na、K、NH_4。PESA为一种无磷无氮、可生物降解的绿色阻垢剂，对水中的碳酸钙、硫酸钙、硫酸钡、氟化钙和硅垢有良好的阻垢分散性能；另外，它具有一定的缓蚀作用。

PESA技术要求见HG/T 3823—2013《聚环氧琥珀酸（盐）》。

5. 示踪型阻垢剂

为了对结垢故障进行"先知式"的处理，快速、准确测定阻垢剂浓度非常重要。传统测定方法基于PO_4^{3-}的显色反应，步骤多、耗时长、误差大，无法实时在线监测。近年来示踪型水阻垢剂的出现，提高了监测水平。

普通阻垢剂引入荧光物质后，成为容易检测的示踪型阻垢剂。引入荧光物质的方法有两种：①直接加入荧光物质；②将荧光基团聚合或接枝在阻垢剂上。例如，某公司制备了一种萘二甲酰亚氨基荧光化合物，在波长385～400nm或510～530nm下进行检测，使用浓度为100～400μg/L。早期的荧光物质具有疏水性，会削弱阻垢剂的功效，于是后来又出现了水溶性荧光物质，如二甲基氨基-甲基丙烯酰胺类荧光单体、具有三个磺酸基团含双键的吡啶荧光物质等。

第六节 冷却水系统的腐蚀及其控制

在结垢、腐蚀和微生物滋生三类故障中，腐蚀故障是不可逆的，一旦发生，则损害的设备不能修复，而结垢和微生物故障即使发生，也可采用清洗方法恢复设备性能。从这个意义讲，腐蚀性故障危害最大。预防腐蚀故障，必须知道腐蚀的原因，才能采取相应对策。

一、影响腐蚀的因素

影响冷却水系统中金属换热设备腐蚀的影响因素较多，分述如下。

(1) pH值。在冷却水中，pH值对于金属腐蚀的影响取决于该金属的氧化物或氢氧化物在水中的溶解度。例如，铁的氧化物属于两性氧化物，既溶于酸又溶于碱，所以它在低pH值或高pH值时腐蚀速度都快，而在中间的pH值范围内具有较强的耐蚀性；在pH＜9的水中，黄铜中锌的腐蚀速度比铜大得多，因而发生脱锌腐蚀，pH值对黄铜脱锌腐蚀的影响如图9-5所示。冷却塔、贮水池长期浸泡在pH值低的水中，混凝土和内壁涂料就会因腐蚀而脱皮、穿孔，混凝

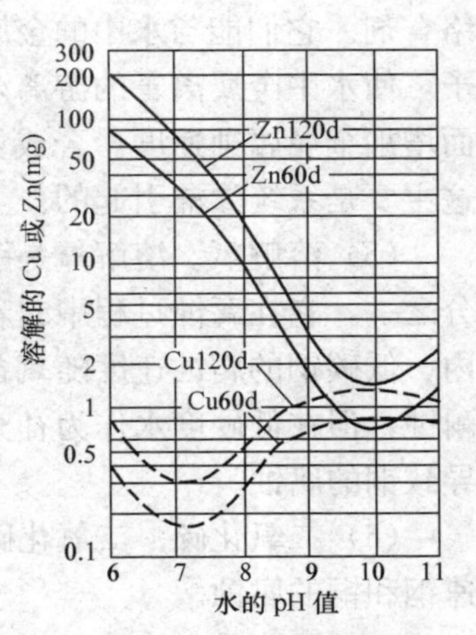

图9-5 pH值对黄铜(含60%Cu、40%Zn)脱锌腐蚀的影响

土面未除碱（基层混凝土表面 pH 值为 10～13）的混凝土耐蚀能力差。

（2）阴离子。水中的 Cl^- 和 Br^- 能破坏金属表面的钝化膜，引起局部腐蚀；而含 CrO_4^-、NO_3^-、SiO_3^- 和 PO_4^{3-} 的盐类则是钢的缓蚀剂。

（3）阳离子。水中 Ca^{2+}、Mg^{2+} 浓度太低时，碳钢腐蚀速度快，同时一些沉积型缓蚀剂（如磷酸盐）难以发挥作用；水中 Ca^{2+}、Mg^{2+} 浓度太高时，则可能生成钙镁垢，引起垢下腐蚀。水中 Cu^{2+}、Ag^+ 和 Pb^{2+} 等重金属离子则会加速钢、铝、镁和锌等的腐蚀。因为这些重金属离子可置换比它们活泼的基体金属，在基体表面形成许多微电池，使基体变成阳极而遭腐蚀。Fe^{3+} 在酸性溶液中可加速钢铁腐蚀，而 Fe^{2+} 在中性溶液中可抑制铜和铜合金的腐蚀，所以，亚铁盐普遍用于凝汽器铜管的预膜防腐处理。Zn^{2+} 在冷却水中对钢有缓蚀作用，锌盐是一种使用广泛的缓蚀剂。

（4）络合剂。NH_3、ATMP 和 HEDP 等是冷却水中常见的络合剂。它们能与水中的金属离子（如铜离子）生成可溶性络离子，使水中金属离子的游离浓度降低，金属的电极电位下降，从而增加金属腐蚀速度。合成氨厂的冷却水中氨含量一般比较高，这主要是系统渗漏引起的。

（5）溶解氧。溶解氧是引起循环用水系统腐蚀的主要化学成分之一，它在腐蚀过程中起着阴极去极化剂的作用。在一定范围内，低碳钢的腐蚀速度随氧含量递增。凝汽器铜管虽然比低碳钢耐蚀，但在低硬度水作为补充水的循环冷却水系统中，氧同样能导致铜的腐蚀。

（6）二氧化碳。二氧化碳溶于水中，使水的 pH 值下降，加速钢和铜的腐蚀。

（7）硫化物。水中硫化物来源于大气污染和硫酸盐还原菌（SRB）活动。硫化物会加速铜、钢和合金钢的腐蚀，尤其是加速凝汽器铜管的点蚀。另外，冷却水在喷淋式冷却塔中，会吸收

大气中的 SO_2，导致 pH 值下降，腐蚀性增加。

（8）氯。当用氯杀生时，冷却水中的氯水解成 HCl 和 HClO，因此，冷却水的 pH 值降低，腐蚀性增强。同时，电离出的 Cl^- 会促进碳钢、不锈钢、铜等的孔蚀。在循环冷却水中，当 Cl^- 浓度在 0～200mg/L 内时，碳钢点蚀坑密度随 Cl^- 浓度递增；当 Cl^- 浓度大于 500mg/L 时，碳钢表面出现溃疡状腐蚀。

（9）悬浮物。冷却水中往往存在由泥土、沙粒、尘埃、腐蚀产物、水垢、微生物黏泥等不溶性物质组成的悬浮物。这些悬浮物容易在流速较低的部位生成疏松的沉积物引起垢下腐蚀，在流速高的部位则引起冲刷磨蚀，特别是含沙量多的悬浮物，对设备的危害更大。图 9-6 是淤泥对铜管腐蚀的影响。图 9-6 还表明，铜管预膜可明显提高耐蚀能力。

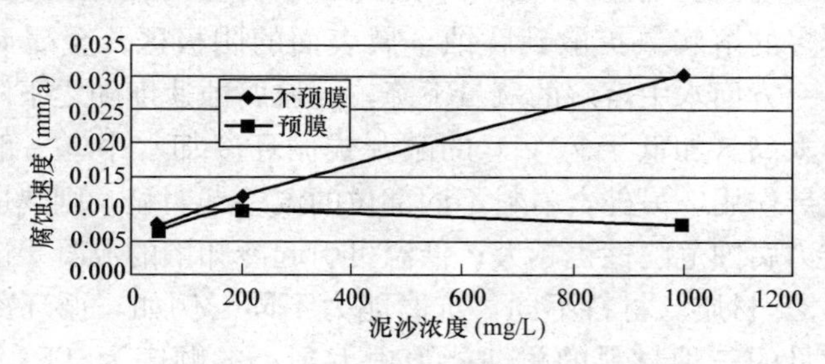

图 9-6 淤泥对铜管腐蚀的影响

（10）流速。提高流速有利于将更多的溶解氧输送到金属表面和将更多的腐蚀产物带离金属表面，使金属裸露于富氧的水中，因而腐蚀速度增加。由于水的湍流及水中气体或砂砾等异物的冲击磨削作用，使铜管表面保护膜的局部遭到破坏，膜破坏部位电位较低成为阳极，膜未破坏部位电位较高成为阴极，由此导致阳极部位金属的加速腐蚀。这种金属在腐蚀介质和机械冲刷共同作用下发生的局部腐蚀，称为冲刷腐蚀，也称磨损腐蚀或侵蚀腐蚀。铜材的冲刷腐蚀电化学反应为

阳极：$$Cu \longrightarrow Cu^{2+} + 2e$$

阴极：$$O_2 + 2H_2O + 4e \longrightarrow 4OH^-$$

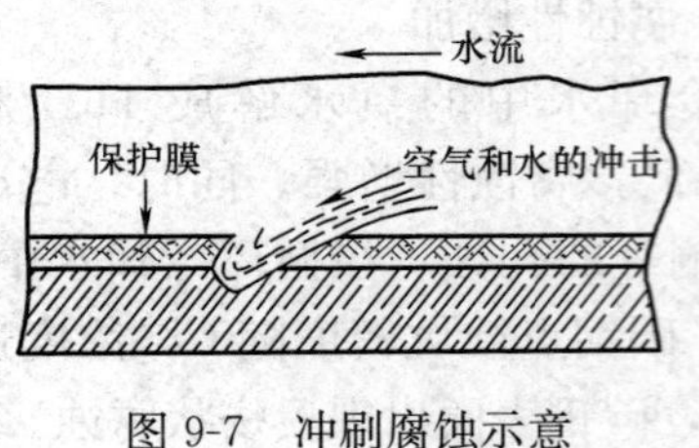

图 9-7　冲刷腐蚀示意

冲刷腐蚀坑呈倾斜状，面向冲刷水流，如图 9-7 所示。蚀坑内一般没有腐蚀产物，可见铜管本色。冲刷腐蚀通常发生在流速较高，特别是有湍流的部位，如距离铜管进水端 15cm 以内的管段。

（11）电偶。不同氧化还原电位的金属材料直接接触，电位低的材料成为阳极而遭受的腐蚀称为电偶腐蚀。在冷却水系统中，不同金属或合金材料间的接触或连接常常是不可避免的，尤其在复杂的设备或成套的装置中。

（12）温度。温度升高，一方面水中物质的扩散系数增大，能使更多的溶解氧扩散到腐蚀金属表面的阴极区，金属腐蚀加速；另一方面水中溶解的氧量下降，金属腐蚀速度随之下降。在水温不太高（如低于 70℃）的敞开式循环冷却水中，一般是前者起主导作用。另外，材料不同部位的温差越明显，则热应力越大，应力腐蚀危险性也越大；低温可引起冷却塔的混凝土冻害。

（13）材质。材料不同，抗腐能力不同。例如，循环冷却水系统常见的三种材料的耐蚀能力由大到小的顺序为 TP304（不锈钢）＞HSn70-1A（黄铜）＞Q235A（碳钢）。同种材料，质量不同，抗蚀能力也不同。例如，即使同一企业生产的铜管，不同批次的铜管残留碳膜量也可能不同。经验表明，当碳膜多到电位由初始的－40mV 升高到 100～170mV 时，则容易发生点蚀。目前，倾向用耐腐蚀的不锈钢管、钛管凝汽器。特别是近 20 年来，许多电厂选择了中水、工业废水作为水源，客观上要求使用不锈钢管凝汽器。由于钛管价格贵，安装费高，所以钛管凝汽器主要用于海滨电站和核电站。

（14）应力。凝汽器安装的残余应力、换热产生的热应力，以及振动产生的交变应力，都会增加腐蚀程度。

（15）微生物。微生物一般通过两条途径腐蚀金属：① 附着在器壁，使金属发生沉积物下腐蚀；② 伴随其生命活动产生腐蚀性介质，而引起金属腐蚀。例如，硫杆菌可将 S^{2-} 和 SO_3^{2-} 氧化成 H_2SO_4，在氧化区 H_2SO_4 浓度高达 10%，引起酸性腐蚀；硝化细菌能将水中 NH_3 转变成 HNO_3，使水的 pH 值下降，同样导致酸性腐蚀。

微生物及其代谢产物可在金属表面形成一层厚度大致为 50～150μm的生物膜，膜内微生物继续新陈代谢，造成膜内外环境（如溶解氧、盐类组成、离子浓度、pH 值等）的差异，膜内金属变成阳极，膜外金属变成阴极，构成腐蚀电池。这样，膜内金属不断溶解。所以，微生物腐蚀是一种借助电化学过程而引起的腐蚀行为。目前，主要有以下两种机理解释微生物的腐蚀现象。

第一种机理是阴极去极化机理。该机理是针对 SRB 而提出来的，认为铁的腐蚀可用两个半电池反应表示：

阳极： $Fe-2e \longrightarrow Fe^{2+}$

阴极： $H^+ + e \longrightarrow H$

在缺氧条件下，SRB 吸附阴极反应产物 H，促进 SO_4^{2-} 氧化 H，从而加快了阴极析氢反应和水的电离，SO_4^{2-} 的还原物（S^{2-}）与阳极产物（Fe^{2+}）生成黑色的硫化铁（FeS），即

阴极去极化：$SO_4^{2-} + 8H \xrightarrow{SRB} S^{2-} + 4H_2O$

水电离： $H_2O \longrightarrow H^+ + OH^-$

生成腐蚀产物：

$$Fe^{2+} + S^{2-} \longrightarrow FeS \quad Fe^{2+} + 2OH^- \longrightarrow Fe(OH)_2$$

SRB 引起腐蚀的总反应：

$$4Fe + SO_4^{2-} + 4H_2O \xrightarrow{SRB} FeS + 3Fe(OH)_2 + 2OH^-$$

第二种机理就是浓差电池机理。该机理认为，生物膜内外存在浓度差，形成浓差电池，因而引起腐蚀。例如，铁细菌利用 O_2 将 Fe^{2+} 转化为三氧化二铁的水合物（$Fe_2O_3 \cdot xH_2O$），即

$$2Fe^{2+} + 1/2O_2 + (x+2)H_2O \xrightarrow{铁细菌} Fe_2O_3 \cdot xH_2O + 4H^+$$

腐蚀产物（$Fe_2O_3 \cdot xH_2O$）沉积在管壁成为锈瘤，瘤内因

O_2 不断消耗而成为贫氧区，瘤外则因水与大气接触成为富氧区，从而建立起氧的浓差电池，瘤下金属不断腐蚀，如图 9-8 所示。

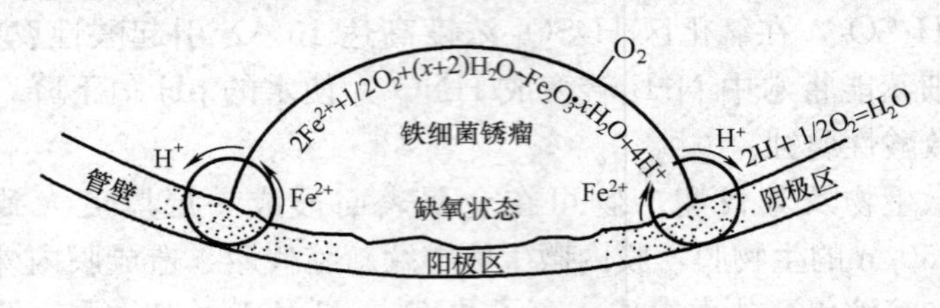

图 9-8　铁细菌建立的氧浓差电池示意

二、腐蚀的控制指标

工业冷却水系统中的金属设备有各种换热器、泵、管道和阀门等。由于换热器腐蚀后更换的费用较大，更重要的是由于换热器管壁腐蚀穿孔和泄漏造成的经济损失更大，因此，控制冷却水系统的腐蚀主要是控制各种换热器的腐蚀。

GB/T 50050—2017《工业循环冷却水处理设计规范》对循环冷却水系统中腐蚀控制指标规定为碳钢设备传热面水侧腐蚀速度应小于 0.075mm/a；铜合金和不锈钢换热器设备传热面水侧腐蚀速度应小于 0.005mm/a。由此可见，对冷却水系统中金属的腐蚀控制，并不是要求金属绝对不发生腐蚀（即腐蚀速度为零），而是要求把腐蚀速度控制在一定范围内，从而保障换热器有足够的使用寿命。因为要将腐蚀速度降低至零，所花代价太大。

控制循环冷却水系统中金属腐蚀的方法较多，可根据具体情况灵活应用。常用以下几种：① 添加缓蚀剂；② 控制冷却水的 pH 值，如将冷却水 pH 值控制在 8.0～9.0；③ 选用耐蚀材料的换热器，如凝汽器采取不锈钢管或钛管；④ 涂覆防腐涂料，如凝汽器端板涂膜；⑤ 电化学保护，如阴极保护法、牺牲阳极法；⑥ 成膜，如硫酸亚铁成膜、巯基苯并噻唑（MBT）成膜、苯并三唑（BTA）成膜和过硫酸盐成膜；⑦ 减少生物黏附，如旁流过滤、杀菌、胶球清洗。

目前，循环冷却水系统普遍采用添加缓蚀剂控制腐蚀。现场运行经验表明，这种方法成功的关键在于选择合适的缓蚀剂及其剂量。

1. 锌盐

常用硫酸锌（$ZnSO_4 \cdot 7H_2O$）。一般认为，锌盐是一种阴极性缓蚀剂，它能在阴极区迅速地生成 $Zn(OH)_2$ 沉淀，抑制金属腐蚀的阴极反应。

锌盐的优点是能迅速生成保护膜，价格低。它的缺点是单独使用时的缓蚀效果不太好，故需要与其他缓蚀剂联合使用；对水生物有毒；在 pH>8.0 时，$Zn(OH)_2$ 常悬浮于水中，而不在金属表面生成 $Zn(OH)_2$，失去缓蚀作用，故需要与稳锌剂一起使用。

2. 巯基苯并噻唑

巯基苯并噻唑简称 MBT，是铜及其合金的特效缓蚀剂。在冷却水系统中，少量（如 2mg/L）的 MBT 就可使铜及其合金的腐蚀速度降得很低。MBT 的优点是对控制铜和铜合金的腐蚀特别有效；用量少。它的缺点是耐氧化能力差。试验结果表明，在 20℃和余氯量 1mg/L 条件下，仅仅经过 6h 的氧化时间，它就分解了 86%。MBT 的氧化产物（二硫化物）没有缓蚀作用。

3. 苯并三唑

苯并三唑简称 BTA，是另一种铜及其合金的特效缓蚀剂。BTA 耐氯氧能力比 MBT 强得多。试验结果表明，在 60℃和余氯量 8mg/L 条件下，经过 48h 的氧化时间，其分解率为 18%。

4. 钼酸盐

常用钼酸钠（$Na_2MoO_4 \cdot 2H_2O$）。由于钼酸盐是一种氧化性较弱的缓蚀剂，因此，一般需要其他氧化剂帮助它在金属表面产生一层氧化性保护膜。在敞开式循环冷却水中，现成而又丰富的氧化剂就是水中的溶解氧。钼酸盐作为缓蚀剂单独使用时浓度约为 400～500mg/L，为降低用量，通常是与其他缓蚀剂复配使用。

钼酸盐的优点是低毒，对环境的污染很小。它的缺点是缓蚀效果不如铬酸盐；价格较贵。

5. 其他

许多阻垢剂如磷酸盐、聚磷酸盐、有机磷酸、聚天冬氨酸，同时具有缓蚀作用，因此，也是常用的缓蚀剂量组分。

三、生物防腐技术

由微生物的生命活动而引起或促进的材料腐蚀现象称为微生物腐蚀（MIC）。生物防腐技术就是利用友好微生物争夺有害微生物的生活空间和食物营养。具有应用前景的友好微生物主要有以下几种。

(1) 脱氮硫杆菌。它与硫细菌和硝化细菌竞争，在厌氧条件下，以 S^{2-} 为能源，将 S^{2-} 氧化成 SO_4^{2-}，NO_3^- 还原成 N_2，即 $5S^{2-}+8NO_3^-+8H^+\rightarrow5SO_4^{2-}+4N_2+4H_2O$。此外，脱氮硫杆菌消耗了 SRB 产生的 S^{2-}，减轻了 S^{2-} 对金属保护膜的破坏作用。

(2) 好氧成膜菌。当生物膜的屏蔽作用导致药剂杀生失效时，可用生物方法将膜内有害细菌驱逐出来，然后投加杀菌剂消灭。例如，芽孢杆菌可在生物膜内产生抗生素，既能抑制微生物的生长，也能驱赶有害细菌。

(3) 假单孢菌。珍耶那曼（Jayaramar）等人的研究表明，将假单孢菌加入水中，10 天后 SAE1018 钢试片的腐蚀失重降低了 29%。

(4) 化能营养型 Fe^{3+} 还原菌。Potekhina 等人的研究表明，化能营养型 Fe^{3+} 还原菌可将金属表面的腐蚀沉积物还原为可溶性的 Fe^{2+}，破坏了 SRB 的生存环境，消除了腐蚀电池。

第七节　冷却水系统中微生物的控制

循环水中微生物会产生黏泥和导致微生物腐蚀，统称生物性故障，简称生物故障。

一、生物故障的成因

生物故障是从生物体附着开始的。生物体附着是水—固界面普遍存在的现象，例如，与水接触的船舶、钻井台、养殖网箱、堤坝、码头、礁石、海底管道电缆、鲸、海龟、热交换器等，都会发生生物体附着。任何固体淹没水中，以蛋白质为主要成分的大分子就会沉淀或吸附在其表面上，形成覆盖膜，此膜提高了界面张力，吸引生物着床。附着的生物以水中营养为饵料，大量繁殖，排出细胞外聚合物（黏液），使界面黏着力提高，进一步增强了捕捉生物的能力。如此循序渐进，附着层增厚。除上述聚合物黏附作用外，像绿贝和藤壶那样的双壳纲软体生物，自身具有吸盘和分泌强力黏胶的能力，双重保障以免被水流冲走。

海水中大型生物较多，即使是直排冷却方式，也会发生绿贝和藤壶等附着故障；以淡水为水源的循环冷却水中微生物多、营养丰富、温度适宜、光照充足，普遍存在生物故障。

生物膜有很强的胶合力，可大量捕获水中泥沙、尘土、不溶性盐类、胶状氢氧化物、杂物废屑、腐蚀产物、油污和菌藻的尸体，吸附在器壁上形成污垢。

大型生物体如藤壶、绿贝、海葵和巨型海藻等的附着速度惊人。例如，贝类每年能生产10 000～40 000个幼体，夏季里，从附着到覆盖厚度为10mm只需20～30天。

在我国，生物体附着最早发现于海水中，现已蔓延到内陆水域，图9-9是以水库水为水源的凝汽器贝类附着。

(a)

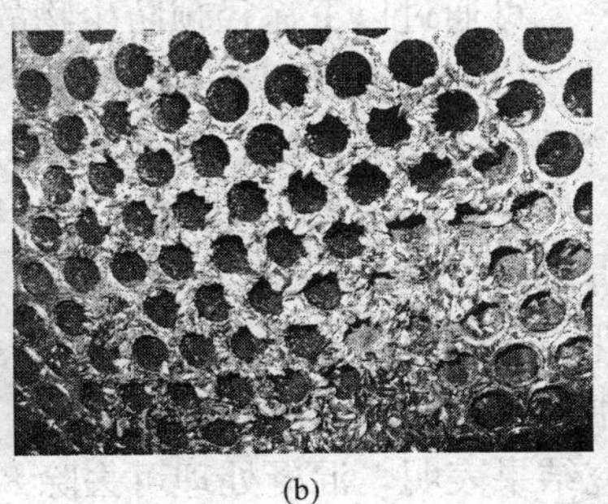
(b)

图9-9　以水库水为水源的凝汽器贝类附着

(a) 支撑柱；(b) 换热管板

生物故障与水源、水温、季节、杀菌剂等因素有关，水源生物多和杀菌灭藻不及时是生物故障的主要原因。

二、生物故障的特征

生物故障具有以下五个方面的特征。

（1）形貌特征。大型生物附着体物肉眼即可辨认，微生物附着物一般为黑色，也可能夹杂绿色藻类。

（2）时域特征。生物故障具有显著的时域特征，夏季旺盛，冬季衰退，属“季节病”。

（3）理化特征。生物附着物难溶于酸、碱，可燃烧，550℃灼烧减重明显，非金属元素含量高，有蛋白质存在。此特征与腐蚀产物和水垢明显不同。

（4）感官特征。生物附着物有臭味散发，手摸有滑溜感觉。

（5）水质特征。水体有漂浮丝状物、泛绿、发臭，生物黏泥量大于 $4mL/m^3$，异养菌数大于 5×10^4 个/mL。

三、生物故障的危害

生物体附着增加了水阻和热阻，所以生物故障的主要危害是降低传热效率、阻塞水道和腐蚀设备。某电厂凝汽器生物体附着后损失了3%的发电负荷。

四、生物故障的防治

1. 预防措施

可通过以下途径预防生物故障的发生。

（1）杀灭：即杀死微生物，常用方法有化学法（药剂杀菌）、物理法（加热消毒、紫外线消毒）。

（2）断“粮”：即断绝微生物饵料——有机物，常用方法有混凝、活性炭吸附、生物消化、氧化剂（O_3、Cl_2、$KMnO_4$）氧化、光催化降解、换热器堵漏、防止油和氨等物料漏入冷却水中、尽量使用无磷药剂。另外，超临界水氧化法也在研究中。研究结果表明，混凝处理可去除80%左右的微生物。

（3）滤除：即将微生物从水体中分离出来，常用活性炭过滤、UF过滤、旁流过滤。

(4) 驱赶：就是将大型生物从取水水域驱逐出去，常用声纳法。

(5) 隔离：就是设置障碍不让大型生物进入用水系统或附着在器壁上，常用设置栅栏和涂抹低表面能防污漆的方法。另外，因为藻类繁殖需要阳光，故应该避免阳光直接照射冷却水。为此，水池应加盖，冷却塔的进风口则可加装百叶窗等。

(6) 提高流速：就是将水流速度提高到 1.8m/s 以上，阻止贝类幼体着床。

(7) 选用耐蚀材料：在条件允许的情况下，可优先选择耐微生物腐蚀的金属材料。常用金属材料耐微生物腐蚀的优劣顺序大致为钛＞不锈钢＞黄铜＞纯铜＞碳钢。

(8) 涂抹杀生涂料：例如，用含有杀生剂 $CuCl_2$ 和 CuO 的涂料涂刷在冷却塔和水池的内壁上，可控制藻类的滋生。使用这一方法杀生时应注意防止涂料的脱落。

2. 消除措施

当器壁附着了生物后，可通过以下方法清除。

(1) 高压水冲洗，就是利用高压水的强大剪切力除掉生物黏泥。

(2) 杀菌液清洗，就是用消毒剂杀死生物，使其从器壁上掉落下来。

(3) 剥离剂清洗，就是通过药剂的渗透作用，削弱黏泥附着力。通过清洗可把冷却水系统中微生物生长所需的养料（如漏入冷却水中的油类）、微生物生长的基地（如黏泥）和庇护所（如腐蚀产物和淤泥），以及微生物本身，从冷却水系统中的金属设备表面去除。此外，清洗还可使隐藏的微生物直接暴露在外，从而为杀生剂直接达到微生物表面并杀死它们创造有利的条件。

(4) 人工刮除。

(5) 加热。就是将循环水吸入管加热到 95～105℃，生物死亡脱落。

五、杀生处理

为防止冷却水系统中的微生物滋长成污泥，必须进行抑制微生物的处理，此类处理常简称为杀生处理或杀菌处理。这种抑制微生物的药剂称为杀生剂，又称杀菌灭藻剂、杀微生物剂或杀菌剂等。添加杀生剂是目前控制冷却水系统中微生物最有效和最常用的方法之一。

1. 杀生剂

优良的杀生剂应具备以下一些条件：① 广谱：即它能有效地杀灭细菌、真菌和藻类，对生物黏泥有穿透性和分散性；② 相容性好：与阻垢缓蚀剂互不干扰；③ 污染小：在冷却水中完成杀生任务并排入环境后，容易生物降解而尽快消失；④ 低毒：对人畜应为低毒或无毒，且不会产生毒性积累；⑤ 价格便宜；⑥ 使用方便；⑦ 对水质适应性好。

杀生剂的品种较多，主要有：① 氧化型杀生剂：氯、氯胺、次氯酸钠、次氯酸钙、溴和臭氧等；② 非氧化型杀生剂：氯酚类、季铵盐类、丙烯醛、二硫氰基甲烷、大蒜素、乙基硫代磺酸乙酯、重金属盐、氨基甲酸酯和有机氮化物等。

（1）液氯。分子式为 Cl_2，相对分子质量为 70.91。氯在常温常压下是黄绿色气体，有刺激性、有毒。常温时将氯加压到 0.6～0.8MPa，它会转变成液态（如 20℃时，需加 0.65MPa）。氯的工业用品是装在钢瓶中的液态氯。为了保持液态，在钢瓶中有较高的压力，所以使用时要减压使之成为气态氯，再和水混合，制成含氯水后加以应用。液态氯变成气态时，需要吸收大量的热，所以当耗氯量较大时，在液态氯瓶的出口处易冻结，从而阻碍氯瓶的放氯过程。为解决这个问题，在放氯时可用温度不超过 40℃的水浇淋此氯瓶，使其保持一定的温度。氯是有毒的，而且常温下是气体，所以在加药时应不让氯气漏到大气中。为此，加氯的设备应该保证严密。工业用液氯应符合 GB/T 5138—2006《工业用液氯》。

（2）次氯酸钙。又称漂白精，主要成分为次氯酸钙[$Ca(OCl)_2$]，技术指标应符合 GB/T 10666—2008《次氯酸钙（漂粉精）》。

（3）漂白粉。又称氯化石灰，分子式是 $CaO \cdot 2Ca(OCl)_2 \cdot 3H_2O$，技术指标应符合 HG/T 2496—2006《漂白粉》。

（4）三氯异氰尿酸。分子式为 $C_3C_3N_3O_3$，分子量为 232.41。产品为白色结晶粉末，散发出次氯酸的刺激气味，技术指标应符合 HG/T 3263—2001《三氯异氰尿酸》。

（5）季铵盐。季铵盐是一种非氧化性杀菌剂，主要有十二烷基二甲基苄基氯化铵（洁尔灭）、十二烷基二甲基苄基溴化铵（新洁尔灭）、十六烷基二甲基苄基氯化铵和十八烷基二甲基苄基氯化铵等。洁尔灭的分子式为 $C_{21}H_{38}NCl$，相对分子质量为 340.00。洁尔灭属于阳离子型表面活性剂，水溶性好，对弱酸弱碱均稳定，技术指标应符合 HG/T 2230—2006《水处理剂　十二烷基二甲基苄基氯化铵》。

季铵盐杀菌的原因如下。

1）微生物在中性或碱性水中带负电荷，而季铵盐在水中电离出带正电荷的季铵离子，此阳离子通过静电吸引吸附在细菌表面，并与微生物细胞壁中的负电荷形成静电键。这样，破坏了微生物中磷脂类物质，引起细胞质的溶解，从而导致细菌死亡。

2）它还可透过细胞壁进入微生物体内，使蛋白质变性，导致微生物代谢异常，致使细胞死亡。

3）溶解损伤微生物表面的脂肪壁，使微生物死亡。

季铵盐杀灭水中硫酸盐还原菌、铁细菌和藻类效果较好。用量较高时，具有一定杀真菌的能力。它还可渗透到生物黏泥内部，剥落黏泥。季铵盐用量通常为 10～20mg/L，适宜 pH 值为 7～9。季铵盐类的缺点是投药量大；在尘埃、油类和碎屑等严重污染的系统中，往往失效；泡沫多，因此常要与消泡剂一起使用。

（6）氯酚。是一种非氧化性杀菌剂，常用五氯酚钠（C_6Cl_5ONa）和三氯酚钠$\left(C_6H_2Cl_3ONa \cdot \frac{3}{2}H_2O\right)$两种药品，它们都易溶于

水，两者混合使用，可起增效作用。然而，这类药剂对水生生物和哺乳动物有危害，且不易生物降解，易造成环境污染。氯酚是通过吸附与透过微生物的细胞壁后，与细胞质形成胶体溶液，并使蛋白质沉淀出来，以杀死微生物的。氯酚对杀灭藻类、真菌及细菌均有效。

（7）有机硫化合物。如二硫氰基甲烷（又称二硫氰酸甲酯），对于抑制藻类、真菌和细菌，尤其是硫酸盐还原菌有效。由于该药剂杀生广谱和水解产物残毒少，所以常常用于有严格排污限制或那些主要需要控制生物黏泥的冷却水系统。二硫氰基甲烷用量一般为 10～25mg/L，适宜的 pH 值为 6.0～7.0，当 pH 值超过 7.5 后，尤其是在高碱性的水中，它会迅速水解而失效。

（8）铜盐。常用硫酸铜（$CuSO_4$）。它是一种古老的杀生剂，能杀菌灭藻。即使硫酸铜用量为 1～2mg/L，也能有效地控制冷却塔中的藻类繁殖。铜盐不仅对生物的毒性较大，而且 Cu^{2+} 可引起碳钢的腐蚀。硫酸铜应符合 GB/T 665—2007《化学试剂 无水合硫酸铜（Ⅱ）（硫酸铜）》。

（9）异噻唑啉酮。常用异噻唑啉酮的衍生物，如 2-甲基-4-异噻唑啉-3-酮和 5-氯-2-甲基-4-异噻唑啉-3-酮。它们是一种广谱杀生剂，即使用量低至 0.5mg/L，也能有效地杀灭藻类、真菌和细菌。它是通过断开微生物中蛋白质的键而起杀生作用的。异噻唑啉酮的衍生物应符合 HG/T 3657—2017《水处理剂　异噻唑啉酮衍生物》。

2. 杀生处理工艺

下面以氯化处理为例，介绍杀生处理工艺。

水的氯化处理就是将氯（Cl_2）投入水中，杀灭微生物。氯是一种强氧化性杀生剂，在水中水解生成次氯酸（HClO），其化学反应为

$$Cl_2 + H_2O \rightleftharpoons HClO + H^+ + Cl^- \qquad (9\text{-}15)$$

次氯酸是消毒的有效成分。

次氯酸（HClO）是一种弱酸，在水中发生电离：

$$HClO \rightleftharpoons H^+ + ClO^- \tag{9-16}$$

HClO的杀菌能力比次氯酸根（ClO^-）要强20多倍。式（9-16）表明，降低水的pH值，平衡向左移动，即HClO相对含量增加，所以氯杀菌效果随水的pH值下降而上升。但是，pH值太低易引起冷却水系统的酸性腐蚀，所以一般认为pH值在6.5～7.5杀菌最合适。

水中NH_3、H_2S等还原性物质将氯还原成无杀菌能力的Cl^-，此时，氯的杀菌效率降低。此外，氯还能与水中许多有机物作用生成有毒的氯化有机物，使水的危害性增加。

氯化处理的药品，除液氯外，还有漂白精、漂白粉、三氯异氰尿酸和稳定性二氧化氯等，这些药剂加到水中和氯加到水中一样，这就是水解生成HClO，所以它们的杀生原理相同。

近几年来，氯化处理的药剂普遍采用现场制备，如安装次氯酸钠发生器、二氧化氯发生器，现场制备，就地投药。

3. 投药方法

有连续与间歇投加两种投药方法。连续投加可经常保持冷却水中一定的杀生剂浓度，将微生物总量持续控制在一个较低的水平之下，但费用大。间歇投加与连续投加不一样，在停止加药期间允许微生物总量有所升高，不过当它们总量还未达到危害程度时，一次冲击式大剂量投药，有利于迅速将其集中杀灭。视微生物繁殖情况，一般是每天或每隔数日投药一次，每次持续加药时间一般为1～3h。这种方法比较经济，也是目前普遍采用的一种杀生处理方法。

冷却水的杀菌问题比较复杂，因为生长在冷却水中的微生物种类甚多，同一种药剂对不同微生物的杀菌效果可能不相同；长期某种杀菌剂往往会使微生物渐渐产生抗药性；不同杀菌剂的混合使用可产生增效作用。因此，如果要求获得杀菌效果好且经济的方法，只有通过试验和实际运行调整来确定。

为消除微生物的抗药性，可交替使用不同的杀生剂。

杀生剂一般投于冷却水池或泵的吸水井中。

六、酶处理技术

生物黏泥是由微生物细胞分泌的黏性胞外聚合物捕捉黏土、腐蚀产物、淤泥、油污等颗粒物质，附着在器壁上的泥状物质。

在过去二十年中，技术人员较多地研究了酶剥离黏泥技术，但受成本高等因素的制约，很难实际应用。近年来，随着绿色环保概念的推广，酶处理技术又成为控制微生物故障的热门课题。

克里斯滕森·罗纳德（Christensen Ronald J.）等人用“戊聚糖酶＋己聚糖酶”配方［黑曲酶（Rhozyme）HP-150］处理模拟冷却塔内的黏泥，1h 后，64.8％的生物黏泥被转化。彼得森·丹尼尔（Pedersen Daniel E）等人开发出“常规杀菌剂＋多聚糖降解酶”生物黏泥控制剂，取得了较好的黏泥抑制效果。安德森·道格拉斯（Anderson Douglas G）等人则用菌素、乙二醇、pH 缓冲剂、杂多糖和表面活性剂复配成黏泥控制剂。赫尔南德斯·米娜罗伊（Hernandez-Mena Roy）等人提醒人们注意，鉴于黏泥微生物种类的多样性，使用一种或几种酶的效果值得怀疑，建议黏泥剥离可以是半乳糖酶、鼠李糖酶、木糖酶、岩藻糖苷酶、阿拉伯糖酶和 α—葡糖苷酶的混合物。霍利斯乔治（Hollis C George）等人认为应在配方中加入表面活性剂，通过渗透、分散作用，提高酶的作用效果。波纳文图拉西莉雅（Bonaventura Celia）等人不是将酶投入水中，而是涂抹在设备表面，以阻止黏泥的生成。

虽然关于酶技术的研究较多，但实际应用却很少。因为酶是一种特殊的蛋白质，它的催化作用具有高度专一性，其活力受许多因素的影响和调控，与之相矛盾的是水质条件的千变万化，同一配方在一个场合具有良好效果，条件改变则不适用。但是酶处理作为一种绿色环保的生物控制手段，值得人们继续研究。

第八节　冷却水处理的物理化学方法

一、物理水处理方法

循环冷却水处理的物理方法就是利用超声波、电场、磁场等手段，改变水垢形成和菌藻生存的环境，达到防垢、除垢、杀菌的目的。综合文献资料，物理水处理方法的基本原理可能是以下八个方面中的某一个或多个的集合。

（1）超声波空化、活化、剪切和抑制等综合效应阻止结垢或破坏垢胚的生长。

（2）水分子、带电粒子吸收电磁能，抑制方解石 $CaCO_3$ 等水垢的生成，助长霰石 $CaCO_3$ 等形成水渣。

（3）局部 pH 值升高，促使 $CaCO_3$ 结晶提前、转移，避免在工作面结垢；局部 pH 值下降，抑制菌藻生长。

（4）阳阴离子振动加剧，靠近器壁概率减少。

（5）产生的密度增加和渗透力上升 3～14 倍的活性水，从垢缝隙渗透溶解垢体，并逆变为原水后体积膨胀，使水垢龟裂和脱落。

（6）产生的氧化物 O_3 和 H_2O_2，具有杀菌作用。

（7）水为正极，吸引成垢阴离子使其远离器壁；器壁为负极，吸引 H^+ 溶解器壁上的垢物。

（8）产生的极化水分子包围结垢性阳离子（Ca^{2+}、Mg^{2+} 等）和结垢性阴离子（如 HCO_3^-、SO_4^{2-} 等），阻碍它们相互结合成垢。

物理水处理方法环境友好、简单易行、成本低、维护量小，深受用户欢迎。但是，循环冷却水处理的物理方法虽然经历了近 60 年的研究与推广，迄今仍未成为主流方法，主要原因是尚不十分清楚它的防垢杀菌机理，其使用效果不可预期，更无法管控。因此，生产应用中无法准确控制运行条件和消减不利因素，成败常见。

1. 超声波水处理技术

目前，超声波水处理技术已广泛应用于石油、化工、钢铁等诸多行业的小型循环冷却水系统，与静电水处理技术、磁场水处理技术相比，这一技术比较成熟，防垢效果比较确定。

（1）防垢除垢原理。超声波防垢除垢是空化、活化、剪切和抑制等四种效应综合作用的结果。

1）空化效应：超声波作用于水体，产生大量的空穴和气泡，它们湮灭瞬间，产生高压冲击波，撞击、粉碎垢物，使其悬浮于水中。计算结果表明，20kHz、50W/cm^2 的超声波处理 1cm^3 水体时，气泡生成速率为 5×10^4 个/s，局部压力峰值可达数百甚至上千大气压。

2）活化效应：水体微区吸收超声波后温度骤升数千度，水分子裂解为·H、·OH^-、H^+ 和 OH^- 等，从而水的溶垢能力增加。

3）剪切效应：超声波在水、垢和管壁的传播速度不同，其速度差在两相界面处形成剪切力，导致垢层疲劳松脱。

4）抑制效应：超声波改变了水的物理化学性质，缩短了成垢性离子结晶成核的诱导期，刺激水体生成更多的微小晶核。这些微小晶核比表面积大，相当于晶种，悬浮于水中，诱导成垢性离子在微小晶核上沉积，削减了成垢性离子在器壁上沉积的份额。

（2）超声波水处理装置。一般由超声波电源和超声波发射器（又称换能器）两部分组成，前者提供 10～35kV 的高压直流电流，通过高压电缆线传输给后者，后者通过转换输出频率为 20～50kHz 的超声波，并施加给水体。

（3）影响因素。主要因素包括声学特性（频率、声强、脉冲宽度、间歇比、辐照时间等）、流体特性（流速、水温、压力、黏度、表面张力等）、水质特性（pH 值、电导率、硬度、碱度等）、垢层特性（积垢程度、共振频率等）、器壁特性（结构、材料种类、器壁温度、表面光洁度、声波的吸收与反射系数、衰减系数，共振频率）。由此可知，超声波防垢除垢面对的是多变量复杂体系，涉及声学、物理化学、流体力学、材料学、传热学等多个学科，超声波水处理技术需要综合运用这些领域的相关知识。

有关超声波特性的研究结果表明：① 频率：防垢率随频率先增大后下降，最佳频率为 20～30kHz；② 声强：在有限范围内提高声强，防垢效果增强，最佳声强为 0.2～0.4W/cm^2；③ 脉冲宽度：防垢效果随脉冲宽度递增，最佳脉冲宽度大于10ms；④ 间歇比：间歇比表示一个周期内，在若干个超声波脉冲后介质质点停止振动的时间与脉冲时间之比，防垢率随间歇比升高而有所下降；间歇比过小，会导致换能器过热；一般，间歇比为3～5；⑤ 辐照时间：随着辐照时间的延长，防垢率升高，一般要求辐照时间大于 3min。

有关器壁特性的研究结果表明：① 管道直径越小，声吸收越强，即声衰减越快，故防垢率越低；与弯管、变截面管相比，直管的防垢率高；② 超声波对低温壁面有防垢作用，对高温壁面（如加热管）不但无防垢作用，反而加剧结垢。

（4）技术效果。在许多情况下，超声波具有明显的防垢除垢效果。但是，在超声波有效作用距离之外或超声波难以达到的部位，防垢效果很差。研究结果表明，在 ϕ500 管道中超声波的有效防垢距离大约为 700m。有关超声波的杀菌效果有截然不同的试验结果，多人试验结果表明超声波具有较好的杀菌效果。但是，有的文献报道，20kHz 的超声波灭菌效果较差，甚至出现超声波处理后异养菌数不降反增的现象。有人认为，超声波虽然能有效杀灭循环冷却水中的细菌，但是要达到工业应用中杀菌率接近 100%的要求，必然需要很大的超声功率，经济上并不合算。循环冷却水经过超声波处理后，通常是残余硬度、碱度下降，pH 值增加。

2. 静电水处理技术

静电水处理技术曾称为电子水处理技术，也称为静电极化水处理技术，因静电压通常较高，故又称高压静电极化技术。

（1）防垢杀菌原理。静电水处理是通过阴阳极，对水施加高压静电场，水分子被极化，偶极矩增大。极化的水分子包围结垢性阳离子（Ca^{2+}、Mg^{2+}等）和结垢性阴离子（如HCO_3^-、SO_4^{2-}等），阻碍它们相互碰撞结合成垢。同时，偶极矩增大的水分子能与器壁垢分子中的阳阴离子结合，增加了水垢的溶解度，最终使原有老垢龟裂、疏松、溶解和脱落。因此，静电水处理具有阻垢除垢功能。另外，水在高压静电化电场的极化作用下，产生强氧化性（O_2^-、H_2O_2、O_3 等）物质，这些物质可导致微生物细胞壁破裂、生物酶变性而死亡。因此，静电水处理具有杀菌功能。有人认为静电水处理具有缓蚀功能，这可能缘由菌藻被杀灭，生物腐蚀得到有效抑制；也有可能是H_2O_2、O_3 等氧化器壁，生成一层氧化膜具有保护作用；抑或是腐蚀性离子被极性水分子包围后活性降低的结果。

（2）循环冷却水静电极化装置。该装置主要由电源和极化器等两部分组成，前者为高压直流电源或脉冲高压直流电源，电压为1～20kV，脉冲频率为0～10kHz；后者实际上是能量转换器，将电能转换为电场能量，通常为两端带法兰的短管，管径与循环冷却水管相同；短管与循环冷却水管通过法兰连接。短管壁兼作阴极，短管内部安装阳极。阳极一般为不锈钢柱，外覆盖绝缘材料。有的静电极化装置配备有控制系统，自动控制电源输出电压和监控循环冷却水的温度、流量、极化率等指标。静电极化装置可安装在凝汽器或循环水泵的进水管道上。

（3）影响因素。影响静电极化的因素可能有电场强度、处理时间、流速、水温、水质、环境等。

（4）技术效果。这一技术在某些发电厂循环冷却水系统中尝试使用过。目前，尚缺乏有关静电水处理机理、影响因素的系统、深入地研究，没有得到公认的肯定性结论，这正是该技术没有大面积推广应用的根本原因之一。

3. 磁场水处理技术

磁场水处理技术就是利用磁化设备，对水施加磁场，通过改变水的物理化学性质，达到水处理的目的。目前，这一技术主要用于阻垢除垢。另外，一些文献报道，磁场水处理具有杀菌灭藻和缓蚀作用。

(1) 磁场水处理原理。

1) 阻垢除垢原理：关于阻垢，比较一致的看法是在磁场作用下，水的许多物理化学性质（如表面张力、黏度、氢键、折射率、电导率、介电常数、胶体颗粒的 ζ 电位、红外吸收光谱等）发生了改变，带电粒子（包括结垢性离子，如 Ca^{2+} 、CO_3^{2-} ）运动受到洛伦兹力的影响，从而改变了成垢性离子的结晶、成长过程，抑制水垢，促进结晶变成水渣。例如，磁化水中 $CaCO_3$ 难以形成水垢（方解石），而是形成水渣（霰石、球霰石、胶体碳酸钙）。有人从能量角度解释了磁场除垢原理，认为 $CaCO_3$ 晶体从磁场中得到能量后，特别是器壁方解石水垢化学势较低，获得能量后向能量较高的霰石方面转化，宏观结果是老垢脱落。

2) 杀菌灭藻缓蚀原理：有人认为水磁化时产生电解反应，产物含有自由基和氧化物（如 O_3、H_2O_2 等），具有杀菌灭藻效果；磁场中电子和质子受到洛伦兹力作用，促使铁和铁的氧化物在钢铁表面转化成具有保护作用的 Fe_3O_4，因而磁场处理具有缓蚀作用。

磁场水处理具有“记忆效应”，它是指磁场处理后撤掉磁场，磁化水的物理化学性质仍能保持一段时间。一般认为，在完全静止的水中，记忆时间大约为 48h；在剧烈鼓泡、搅拌或湍流作用下，记忆时间大约为 8h。

(2) 磁场水处理装置。一般使用市场销售的磁化器，名称诸如高频电磁场水处理器、内磁水处理器和强磁水处理器，其中，高频电磁场水处理器应符合 GB/T 26962—2011《高频电磁场综合水处理器技术条件》。实际使用和试验研究的磁场水处理器的磁场类型主要有恒定磁场、交变磁场、脉动磁场和脉冲磁场，磁场方向通常与水流方向正交，磁场强度一般为 300～40000Gs（0.03～4T）。

（3）影响因素。影响磁场水处理效果的因素有磁场特性、水力条件、水质条件、设备条件等。

1）磁场特性：包括磁场强度、磁化时间、磁场方向、频率等。

2）水力条件：包括流速、水温。

3）水质条件：包括 pH 值、含盐量、盐类种类等。

4）设备条件：包括水流通道的材料和几何形状。

虽然人们对这些因素进行了许多深入研究，但大都没有得出明确的结论。一般认为，磁场强度与流速的乘积存在一个最佳范围，磁场强度应达到 0.6～0.8T（$1T=10^4Gs$），流速为 1.5～3m/s；磁化时间与次数是影响阻垢除垢的重要因素之一，通常是循环磁化处理的效果较好；水流通道材料的性质（磁屏蔽、感应电流）、水温、水质等对阻垢除垢有重要影响。

（4）技术效果。在小型水系统中，成功使用这一技术阻垢除垢的用户不少，但也有失败的案例；在大型循环冷却水系统中，尚无这一技术的工程应用报道。

相对超声波、静电水处理技术，磁场水处理技术的研究比较活跃、深刻。尽管如此，迄今有关磁场水处理的机理、适用条件、技术效果等方面一直存有争议。例如，生产实际应用中阻垢除垢效果无法把握，有的用户取得了理想的阻垢除垢效果，有的用户则以失败告终。缺乏完整理论体系的指导、缺乏可靠实用效果的检验，正是磁场水处理没有普遍应用的原因所在。

二、电化学水处理技术

循环冷却水处理的电化学处理技术常称为电解水处理技术，又称 EST 电化学水处理技术、低压电子水处理技术，它是给水施加低压直流电场，利用阴极电解产物促进结垢性阴、阳离子在阴极区指定部位结垢，利用阳极电解产物的氧化性杀菌灭藻，之后使用刮刀等机械方法去除指定部位的水垢。

（1）防垢除垢杀生原理。循环冷却水在直流电场作用下发生电解反应：

阳极：$4OH^- - 4e = O_2 + 2H_2O$，$2Cl^- - 2e = Cl_2$

阳极反应的结果是阳极区循环冷却水的 pH 值下降。另外，阳极反应还有可能产生自由基（如·Cl、·OH），以及 O_3、H_2O_2 等强氧化性粒子。

阴极：　　　　　$2H^+ + 2e = H_2$

阴极反应的结果是阳极区循环冷却水的 pH 值上升，这会促进其他物质的电离与结晶，即

电离：$H_2O \rightleftharpoons H^+ + OH^-$，$CO_2 + OH^- \rightleftharpoons HCO_3^-$，$HCO_3^- + OH^- \rightleftharpoons CO_3^{2-} + H_2O$

结晶：$Ca^{2+} + 2OH^- \rightleftharpoons Ca(OH)_2$，$Mg^{2+} + 2OH^- \rightleftharpoons Mg(OH)_2$，$Ca^{2+} + CO_3^{2-} \rightleftharpoons CaCO_3$

因此，伴随电极反应，阴极区沉积碳酸盐等水垢，阳极区强氧化性粒子（包括 Cl_2）杀灭菌藻，极水 pH 值偏离中性（阴极水 pH≈13，阳极水 pH≈3.5）抑制菌藻的生长。

有的电解水处理装置采用 Zn 作阳极，阳极溶解释放的 Zn^{2+} 具有缓蚀作用。

（2）电解水处理装置。目前，市场上销售的电解水处理装置一般由直流电源、电解室、除垢系统、过滤室、控制系统、进出水口等组成。其中，电解室一般为圆筒容器，内装阳极和阴极，阳极材料为钛及其合金，阴极材料一般为不锈钢、碳钢；除垢系统主要由驱动电机、刮刀组成。电解水处理装置一般安装在循环冷却水管或其旁路上，工作过程大致为循环冷却水从进水口进入电解室，完成结垢和杀菌灭藻后，进入过滤室去除杂质，滤出水经出水口返回循环冷却水系统。当电解室内壁的结垢厚度达到一定程度（如 0.5mm）时，控制系统启动除垢系统工作，刮掉壁面水垢，并随冲洗水排出。

（3）影响因素。主要影响因素包括电压、电流、循环冷却水质、旁流处理水量等。

（4）技术效果。目前，我国循环冷却水系统正在尝试应用电解水处理技术，它的有效性、可靠性有待时间的检验。虽然这一技术具有自动运行、环境友好、维护简便、运行成本低廉等优点，但是它不能控制硫酸盐、磷酸盐、硅酸盐等与水电解无关的物质结垢，而防止这些物质结垢正是高浓缩倍数循环冷却水系统所面临的新问题。

第十章　火力发电厂废水处理

火力发电厂在生产过程中需要消耗大量的水，每个环节都排放废水。水在火力发电厂的生产使用过程中，不可避免地混进杂质和污染物，使一些水源的水质日趋恶化，产生了许多废水。因此，废水的处理和回收利用无疑成为火力发电厂控制污染、维持生态环境的重要内容。随着国家对环境保护的高度重视，加上水资源的日益紧缺，火力发电厂用水和排污费用的增加更是大大提高了发电厂的生产成本，所以，为降低成本，人们一直在探索新的处理模式，做到废水重复利用，直至实现“零排放”的目标。

第一节　火力发电厂废水及水质特性

一、火力发电厂废水来源

水是火力发电厂中重要的能量转换介质，大部分水是循环使用的。水除了用于水汽循环系统传递能量外，还用于很多设备的冷却和冲洗，如凝汽器、冷油器、水泵、风机等。在火力发电厂中，使用工业水的系统很多，对于不同的用途，污染物的种类和污染程度是不一样的。根据废水排放与时间的关系，火力发电厂废水可分为经常性排水和非经常性排水两类，经常性排水又有连续性排水和间断性排水之分。

1. 经常性排水

经常性排水包括循环冷却系统排污水、冲灰渣废水、化学水处理废水、烟气脱硫废水、锅炉排污水、生活污水等。其中，化学水处理废水、生活污水为间断性排水。

2. 非经常性排水

非经常性排水包括锅炉化学清洗废水、停炉保护排放废水、含煤废水、含油废水、锅炉向火侧和空气预热器的冲洗废水、凝汽器和冷却塔的冲洗废水等。

现代火力发电厂生产过程的各种排水，如图 10-1 所示。

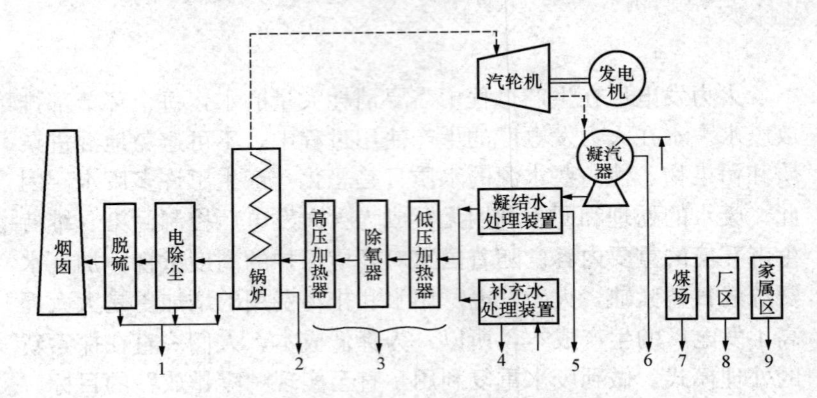

图 10-1　现代火力发电厂生产过程的各种排水

1—烟气脱硫和除尘排水，冲灰（渣）排水；2—锅炉化学清洗排水和停炉保护排水；3—主厂房排水，辅助设备冷却排水；4—锅炉补充水的化学水处理装置排水；5—凝结水处理装置排水；6—循环冷却水排污水；7—贮煤场排水；8—厂区雨水排水；9—生活污水

二、火力发电厂排放的废水及其特性

火力发电厂废水的种类很多，水质水量差异很大，间断性排水较多。废水中的污染成分以无机物为主；在生产过程中进入水体的有机污染物主要是油，其他有机成分较少。

（一）循环冷却系统排污水

火力发电厂冷却水循环的使用过程中，通过冷却构筑物传热与传质的交换，循环水中 Ca^{2+}、Mg^{2+}、Cl^{-}、SO_4^{2-} 等离子，溶解性固体、悬浮物相应增加，空气中污染物如泥土、杂物、可溶性气体，以及换热器物料渗漏等都可进入循环水系统，致使循环水中微生物繁殖、盐分含量增高和腐蚀、结垢性变强。投加阻垢剂、缓蚀剂和杀菌剂进行水质稳定处理后，为了维持循环水浓缩倍率的相对稳定，必须不断地进行循环水排污和补充新鲜水，以保持水质平衡。

循环冷却水的用水量和耗水量很大，约占电厂总用水量的70%以上。冷却水系统分为直流式和循环式两种，直流式冷却水系统指冷却水直接从水源引出，只经过凝汽器后就排回水体，除水温有所上升外，其水质指标变化并不大。对于冷却水排放引起水体升温的程度，则需要限制，否则会造成水体热污染。

循环冷却系统可分为密闭式和敞开式两种，应用较多的是敞开式。敞开式循环冷却系统指冷却水由循环水泵送入凝汽器，升温后的冷却水经冷却塔降温后返回循环水集水池进行循环使用，在循环过程中大量的水蒸发损失，水中杂质不断浓缩，一般需要补充的新鲜水量占循环水量的1%～2%。

采用循环冷却系统的电厂，排污水量与冷却系统的形式、水源水质、处理方式及冷却倍率等因素有关。在忽略风吹泄漏损失前提下，循环冷却水的排污水量可用式（10-1）计算，即

$$Q_p = \frac{Q_v}{\phi - 1} \tag{10-1}$$

式中：Q_p、Q_v 为排污水量和蒸发散失量，m^3/h；ϕ 为系统浓缩倍率。

蒸发损失量与换热器冷却水的进口水温和出口水温有关，可通过热平衡计算；风吹损失量与当地风速和循环水降温方式有关。如果没有相关资料，这两部分水可按工艺换热所需总水量的1.3%～2.0%估算。ϕ 值因厂而异，目前我国大部分火力发电厂的循环水系统浓缩倍率大于4。

对于一座4×300MW的火力发电厂，如果浓缩倍率维持在6左右，循环冷却水系统排污水总量一般为200～300t/h。如果浓缩倍率为4～5，则排污水总量大都在400～600t/h。随着循环冷却水浓缩倍数的增加，循环冷却水系统的补充水量和排污水量

都不断减少。但是，过多地提高浓缩倍数会使循环水中的硬度、碱度和浊度升得太高，水的结垢倾向增大很多，还会使水的腐蚀性离子含量增加，水的腐蚀性增强。

（二）化学水处理系统废水

化学水处理系统废水包括澄清设备的泥浆废水、过滤设备的反洗排水、离子交换设备的再生废水、凝结水精处理装置的再生废水、RO浓水、EDI的极水及浓水、其他水处理设备的工艺排水等。

1. 澄清池的排泥废水和滤池的反冲洗废水

沉淀池、澄清池排泥水的水量、水质随其处理工艺、原水水质变化而有较大波动，主要污染物是悬浮物和处理药剂残留物。沉淀池、澄清池排泥水悬浮固体含量相对较高；滤池反冲洗排泥水的水量变化幅度较小，悬浮固体含量相对较低。这些废水排入天然水体，会增加天然水体悬浮固体含量与浊度。

澄清设备的泥浆废水是原水在混凝、澄清、沉降过程中产生的，其废水量一般为处理水量的5%。澄清设备的泥浆废水水质与原水水质、加入的混凝剂种类等因素有关，当采用药剂软化时，泥浆含有 $CaCO_3$、$CaSO_4$、$Fe(OH)_3$、$Al(OH)_3$、$Ca(OH)_2$、$Mg(OH)_2$、$MgCO_3$ 的沉淀物、各种硅酸化合物和有机物等杂质。泥浆废水中固体杂质含量在1%～2%。

沉淀池排泥水和滤池反冲洗排水中含有如铝、铁、锰等金属沉淀物，至于脱硫废水处理系统的澄清过滤设备的排放废水中还含有重金属等。在零排放要求下，排泥水若不经过处理直接回用到净水工艺中去，则可能会产生重金属物质的循环浓缩和富集。

过滤设备反洗排出的废水量是处理水量的3%～5%，水中的悬浮固体含量可达300～1000mg/L，还可能含有过滤截留下的有害微生物。

2. 补给水处理系统中离子交换系统的再生废水

离子交换设备再生产生的酸碱废水是间断排放的，废水排放量在整个周期有很大变化，其废水量是处理水量的10%左右。排放水分为阳床、阴床、混床再生过程中排出的酸、碱再生废液、反洗水和正洗水等，有些还会产生活性炭冲洗排水。

在离子交换器再生、清洗阶段，排水的pH值变化相当大，酸性废水pH值变化范围为1～5，碱性废水pH值变化范围为8～13，具有很强的腐蚀性，还含有大量的溶解固形物、悬浮物和有机物、无机物等杂质，平均含盐量为7000～10000mg/L，故不能与其他类别的废水相同对待。目前，许多电厂常用中和池处理再生过程中排放的废酸、废碱液。

3. 凝结水精处理系统的再生废水

凝结水精处理设备排出的废水只占处理水量很少部分，含有一定量的杂质，这些杂质主要是再生剂（酸、碱），其次是再生产物，以及凝汽器泄漏物、汽水循环系统腐蚀产物等。

（三）烟气脱硫废水

为维持脱硫装置浆液循环系统物质的平衡，防止烟气中可溶部分即氯浓度超过规定值和保证石膏质量，必须从系统中排放一定量的废水。据统计，燃油火力发电厂脱硫废水量大约为0.5～1.0m^3/(MW·d)，燃煤火力发电厂约为0.7～2.3m^3/(MW·d)。另有资料显示，近年随着技术的进步，脱硫废水量已大大减少，如我国华北某电厂2×600MW燃煤发电机组，燃煤含硫量0.7%，设计脱硫废水水量仅为9.1m^3/h，即0.182m^3/(MW·d)。

脱硫废水主要是锅炉烟气湿法脱硫过程中吸收塔的排放水，包括吸收剂制备和输送、贮存设备的冲洗废水；石膏脱水设备（旋流器、真空皮带脱水机等）的排水和石膏冲洗水。前者由于其中的杂质以吸收剂为主，可直接返回再利用；后者含有大量的污染物，主要有悬浮物、过饱和的亚硫酸盐、硫酸盐及重金属，其中很多是国家环保标准中要求严格控制的第一类污染物，所以，所谓脱硫废水，实际指的是这部分水。

表10-1为我国某燃煤电厂的烟气脱硫废水平均水质。不同电厂的脱硫废水成分可能存在差异，但燃煤电厂烟气脱硫废水的

水质具有以下共同特点。

表 10-1　我国某燃煤电厂的烟气脱硫废水平均水质

水质指标	单位	数值	水质指标	单位	数值	水质指标	单位	数值
温度	℃	45	NH_4^+	mg/L	9.39	总铬	mg/L	0.11
pH 值		5.6	Ba^{2+}	mg/L	0.09	总砷	mg/L	0.04
悬浮物	mg/L	10 850	Cl^-	mg/L	5635	总铅	mg/L	0.15
COD_{Cr}	mg/L	732	SO_4^{2-}	mg/L	7123	总镍	mg/L	0.54
K^+	mg/L	73.6	HCO_3^-	mmo/L	1.437	总铜	mg/L	0.08
Na^+	mg/L	271.0	CO_3^{2-}	mmo/L	0	总锌	mg/L	0.97
Ca^{2+}	mg/L	1417.4	NO_3^-	mg/L	226.2	总铁	mg/L	4.80
Mg^{2+}	mg/L	2592.4	NO_2^-	mg/L	12.0	总汞	mg/L	0.11
Sr^{2+}	mg/L	4.23	OH^-	mmo/L	0	总镉	mg/L	0.25
Al^{3+}	mg/L	18.60	F^-	mg/L	40.0	硫化物	mg/L	1.34

（1）脱硫废水呈酸性。国内火力发电厂脱硫废水 pH 值一般为 4.1～6.5，明显低于 6～9 的排放标准。

（2）悬浮物含量高。主要是石膏颗粒、二氧化硅、铁和铝的金属氢氧化物，以及部分重金属氧化物，具有较强的黏附性和沉淀性，此类悬浮物杂质对环境的污染性强于普通废水杂质。

（3）脱硫废水中的主要阳离子为钙、镁等硬度离子，含量极高。钠、钾、铝、铁含量也较高，还含有汞、铅、铬、镍、锌等重金属。重金属离子含量不高，但离子种类多且浓度范围大，在呈弱酸性的脱硫废水中，此类重金属具有较好的溶解性。

（4）脱硫废水中的阴离子主要有 Cl^-、SO_4^{2-}、NO_3^-、F^- 等。Cl^- 对脱硫系统管道和本体钢结构有较强的腐蚀性，F^- 能与脱硫剂中的 $A1^{3+}$ 联合对脱硫剂产生屏蔽作用，阻碍二氧化硫的吸收。

（5）化学耗氧量（COD_{Cr}）超标。脱硫废水中化学耗氧量的物质以还原态的无机物连二硫酸盐和 SO_3^{2-} 等还原态无机离子为主，这类物质含量的高低与吸收塔的氧化程度等有关。

(四) 火力发电厂生活污水

1. 火力发电厂生活污水的来源

生活污水是指厂区职工在日常生活中产生的废水，据12家电厂水平衡数据推测，目前我国电厂生活污水量一般为每座电厂不超过30t/h，其用水量约占电厂总需水量的5%左右。生活用水包括厨房洗涤、沐浴、衣物洗涤、卫生间冲洗等废水。

2. 火力发电厂生活污水的水质特性

生活污水中的污染物成分较复杂，主要为生活废料和人的排泄物，其数量、成分和污染物浓度与职工的生活状况、生活习惯及用水量有关。生活污水往往含有大量的有机物，如蛋白质、油脂和碳水化合物、粪便、合成洗涤剂、病原微生物等。水质特点是化学耗氧量、生化需氧量和悬浮物含量高，此类废水排入受纳水体后会使水中有机物剧增，甚至引起受纳水体富营养化。厂区与生活区污水的主要水质指标，见表10-2。

表10-2 厂区与生活区污水的主要水质指标

项目		BOD_5 (mg/L)	SS (mg/L)	pH值
厂区生活污水		<100	<150	6～9
生活区生活污水	设化粪池	100～150	150～200	6～9
	未设化粪池	150～200	200～250	6～9

(五) 含煤、含油废水

1. 含煤废水

煤场及输煤系统排水包括煤场的雨水排水、灰尘抑制和输煤设备的冲洗水等。含煤废水是火力发电厂最差的废水之一，外观呈黑色，含有大量的煤粉、油等杂质，含硫量高的煤场排水呈酸性（pH值为1～3），溶解固形物和硫酸盐含量高，重金属浓度相当高，有时含有砷的化合物；含硫量低的煤场排水呈中性（pH值为6～8.5），全固形物含量较高，其中约85%是以细煤末为主的悬浮物，含有高浓度的重金属。所以，含煤废水的SS、 pH 值和重金属的含量超过国家排放标准。图 10-2 为煤系统废水产生过程示意。

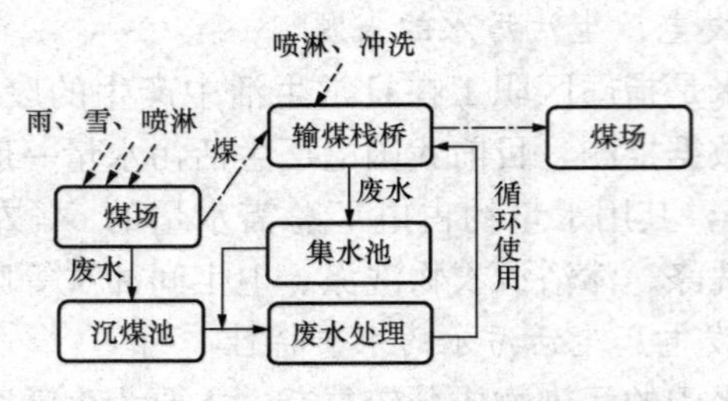

图 10-2　煤系统废水产生过程示意

取样分析表明，煤场废水的主要污染物为悬浮物（SS）和 COD_{Cr}值，其中 COD_{Cr}值随 SS 变化明显，沉淀后 SS 和 COD_{Cr}值均大幅降低，说明 COD_{Cr}值的主要来源是废水中煤粉的氧化过程，溶解性有机物较少。因此，悬浮物是煤场废水处理中最关键的污染物去除指标。

2. 含油废水

含油废水主要来自重油脱水、油罐区冲洗、含油雨水等。含油废水的产生区域包括卸油栈台、点火油泵房、汽机房油操作区、柴油机房等处的冲洗水。含油雨水主要包括油罐防火堤内含油雨水、卸油台的雨水等。

火力发电厂含油废水主要包含重油、润滑油、绝缘油、煤油和汽油等，电厂含油废水中含油量一般为 500～8000mg/L，特别是重油罐排污水中含有大量的重油，污染性很强，一般在储油场地设置专门的含油废水收集与处理系统。含油废水排放量大时，其水量每小时可达数十吨。含油废水中油的存在形式如下。

（1）悬浮油。以连续相漂浮于水面，形成油膜甚至油层。油滴粒径较大，一般大于 100μm。油罐排污和油库地面冲洗的废水中常见这种状态。

（2）分散油。以微细油滴悬浮于水中，不稳定，静止一段时间后往往会变成浮油，其油粒粒径为 10～100μm。在混有地面冲洗水的废水中，或者设备检修时排入沟道的废水中常见这种油的形态。

(3) 乳化油。水中往往含有表面活性剂使油成为稳定的乳化油，其油滴直径极其微小，一般小于 10μm，大部分为 0.1～2μm。

(4) 溶解油。溶解油是一种以化学方式溶解的微粒分散油，油粒直径比乳化油还要小，有时小到几纳米。

目前，电厂含油废水的主要问题是水中含油量和含酚量超标。

(六) 水力冲灰 (渣) 废水

除灰方式分为干除灰和湿法除灰，采用干除灰时，水灰比只有 0.2 左右。当采用湿式除尘器时，低浓度除灰工艺的水灰比往往接近 15，高浓度除灰工艺的水灰比接近 2.5；现在冲渣系统一般采用用水量少的刮板除渣机和干除渣。对于全部机组仍保留湿式除尘的电厂，冲灰废水的排放量约占全厂废水总量的 40%。

灰的主要化学成分有 CaO、SiO_2、Al_2O_3、Fe_2O_3、CuO、MgO、Na_2O、K_2O、F^- 等。此外，灰中还含有少量的 Ge、V、As、Hg、Cr 等重金属的化合物和燃料燃烧时形成的致癌物质。当采用水力除尘时，水中还含有从烟气中吸收的杂质 (CO_2、SO_2、SO_3、NO_x 等)。冲灰 (渣) 废水的水质特点可概括如下。

(1) 悬浮物含量高。灰水中的悬浮物主要由细小灰粒及漂浮在灰场表面的空心微珠 (又称漂珠) 组成，悬浮物的含量可高达 1000～10 000mg/L。

(2) pH 值超标。在干式除尘水力冲灰系统中，灰水普遍呈碱性，pH 值高达 9.5～11.5，这是因为灰中氧化钙溶解所至。在湿式除尘水力除灰系统中，灰水一般呈弱酸性或弱碱性，这是因为烟气与水接触的过程中，二氧化硫、三氧化硫等进入灰水中。

(3) 由悬浮物浓度高引起的化学耗氧量 COD_{Cr} 超标。

（4）含有氟、砷及重金属等有毒物质。

（七）热力设备化学清洗和停炉保护排放的废水

1. 锅炉化学清洗废液

（1）锅炉化学清洗废液的来源。锅炉化学清洗废液是新建锅炉启动清洗和运行锅炉定期清洗时排放的冲洗、碱煮、酸洗、漂洗和钝化等过程所产生废液的总称。

化学清洗废液通常含有清洗剂，包括酸、碱、缓蚀剂、钝化剂、表面活性剂及腐蚀产物等，所用各类药剂详见第十八章。

（2）锅炉化学清洗废液的水质特征。锅炉化学清洗废液水质与所采用的药剂组成，以及锅炉受热面上被清除脏物的化学成分和数量有关，主要有游离酸（如盐酸、氢氟酸、EDTA 和柠檬酸等）、缓蚀剂、钝化剂（如磷酸三钠、联氨、丙酮肟和亚硝酸钠等）、大量溶解物质（如 Fe、Cu、Ca 和 Mg 等盐类化合物）、有机毒物，以及重金属与清洗剂形成的各种复杂的络合物或螯合物等，呈 pH 值低、COD_{Cr}值高、重金属含量高等特征。表 10-3 是不同酸洗方法导致废水不符合标准的项目。

除表 10-3 中所列项目外，氨（联氨）、（溶解氧）DO 和（总溶解固体）TDS 也可能超出 GB 8978—1996《污水综合排放标准》。

表 10-3　　不同酸洗方法导致废水不符合标准的项目

酸洗方法	不符合排放标准的项目
氨化柠檬酸（AC）	pH 值、TSS、全铁、铜、铅、锰、镍、银和锌等
甲酸和羟基乙酸的混合酸（HAF）	pH 值、TSS、全铁、铜、砷、锰、镉、铬和镍等
盐酸（HCl）	pH 值、TSS、全铁、铜、铅、锰、汞、镍、银和锌等

（3）锅炉化学清洗废液量。锅炉化学清洗废液的排放量与锅炉的出力和类型、酸洗方法及所用的酸洗介质有关，可参照类似发电厂的运行数据确定。在无参考数据时，排水量宜按锅炉化学

清洗总排水量的1/3～2/5或清洗水容积的7～8倍确定。

根据DL/ T 5046—2006《火力发电厂废水治理设计技术规程》，不同锅炉化学清洗方案下的清洗容积可参见表10-4。

表10-4　不同锅炉化学清洗方案下的清洗容积

机（炉）容量	清洗介质		清洗范围	清洗容量（m^3）
50MW机组（220t/h锅炉）	HCl		本体	60～70
	EDTA			
100MW机组（410t/h锅炉）	HCl		本体	110～120
	EDTA			
125MW机组（400t/h锅炉）	$HCl+C_6H_8O_7$	HCl	本体	85～95
		$C_6H_8O_7$	炉前	50～60
200MW机组（670t/h锅炉）	$HCl+C_6H_8O_7$	HCl	本体	220～230
		$C_6H_8O_7$	炉前	70～80
	EDTA		本体、炉前	290～310
300MW机组（～1000t/h锅炉）	$HCl+C_6H_8O_7$	HCl	本体	300
		$C_6H_8O_7$	过热器、炉前	180～200
	EDTA		本体、炉前	480～500
600MW机组（～2000t/h锅炉）	$HCl+C_6H_8O_7$	HCl	本体	～650
		$C_6H_8O_7$	过热器(超临界)、炉前	
	EDTA		本体、炉前	
1000MW机组（～3000t/h锅炉）	$C_6H_8O_7$		本体、过热器(超临界)、炉前、再热器	～1784

注　$C_6H_8O_7$即柠檬酸。

2. 锅炉停炉保护排放的废水

(1) 锅炉停炉保护废水的产生。停炉保护是锅炉的主要防腐措施之一，它是利用停炉保护剂在锅炉设备停炉、备用期间，保护锅炉不发生锈蚀，是缩短机组的启动并网时间、提高机组效率、延长锅炉化学清洗的周期和设备使用寿命的必要措施。

（2）锅炉停炉保护废水的水质特性。停炉保护所采用的化学药剂大都是碱性物质，如联氨、氨水、磷酸盐及十八胺等，所以排放的废水都呈碱性，并含有少量的铁、铜等化合物杂质。

（3）锅炉停炉保护废水的水量。停炉保护这部分废水的排放量大体与锅炉的水容积相当。

以上两种废水大多呈黄褐色或深褐色，悬浮物含量从几百到近千毫克每升。酸性废液 pH 值一般小于 3～4，碱性废液 pH 值高达 10～11，化学耗氧量 COD_{Cr} 在几百到几千毫克每升范围。由于两种废水都是非经常性排水，具有排放集中、流量大、水中污染物成分和浓度随时都在变化的特点，所以处理起来比较困难，往往需要几步处理才能达到排放标准。

（八）火力发电厂的其他废水

1. 火力发电厂其他废水的来源

其他废水包括锅炉的排污水、锅炉向火侧和空气预热器的冲洗废水，凝汽器和冷却塔的冲洗废水，化学监督取样水和实验室排水、消防排水及轴承冷却排水等。

2. 火力发电厂其他废水的水质特性

因废水源和电厂的具体情况不同，其他废水的水质特性存在很大差别。锅炉排污废水的水质与锅炉补给水的水处理工艺及锅炉参数和停炉保护措施有很大关系，如对亚临界参数的锅炉，其排污水除 pH 值为 9.0～9.5（呈弱碱性），其余水质指标都很好，电导率大约为 10μS/cm，悬浮物小于 50mg/L，SiO_2＜0.2mg/L，Fe＜3.0mg/L，Cu＜1.0mg/L，所以这部分排水是完全可以回收利用的。

锅炉向火侧的冲洗废水含氧化铁较多，有的是以悬浮颗粒存在，有的溶解于水中。如在冲洗过程中采用有机冲洗剂，则废水中的 COD_{Cr} 较高，超过了 GB 8978—1996《污水综合排放标准》。

空气预热器的冲洗废水，其水质成分与燃料有关。当燃料中的含硫量高时，冲洗废水的 pH 值可降至 1.6 以下。当燃料中砷的含量较高时，废水中的砷含量增加，有时高达50mg/L以上。

凝汽器在运行过程中，可在铜管（或不锈钢管）内形成垢或沉积物，因此在停机检修期间用清洗剂，就会产生一定的废水，这部分废水的pH值、悬浮物、重金属、COD_{Cr}等指标往往不合格。

冷却塔的冲洗废水主要含有泥沙、有机物、氯化物、黏泥等，排入天然水体会使有机物含量增加，浊度升高。

第二节　火力发电厂排放废水的处理

火力发电厂是一个用水大户，同时也是一个排水大户，随着国家对废水排放的要求越来越高，以及水环境容量越来越小，火力发电厂废水排放面临严峻的环保限制。

火力发电厂废水处理系统一般分为两大类：一类是电厂全部废水按其所含污染物的性质分类集中处理，另一类是分散处理废水的方式，处理后的水一般回用或外排。下面分别介绍火力发电厂各类废水的处理方法，以及目前火力发电厂工业废水集中处理系统。

一、循环冷却排污水的处理

循环冷却排污水的处理是去除污水中的悬浮物、微生物和Ca^{2+}、Mg^{2+}、Cl^{-}、SO_4^{2-}等离子，处理后再返回冷却系统循环使用，或者作为锅炉补给水处理系统的水源，而浓缩水用于除灰和煤场喷洒等系统。去除悬浮物一般采用混凝、沉淀、过滤等方法，去除Ca^{2+}、Mg^{2+}、Cl^{-}、SO_4^{2-}等离子可使用石灰软化法、膜处理方法（包括纳滤及反渗透）及离子交换法。以下重点介绍旁流过滤＋反渗透处理、纳滤处理、弱酸阳离子交换树脂处理等工艺。

1. 旁流过滤＋反渗透处理

旁流过滤的目的是去除水中的悬浮物、尘埃，同时作为反渗透装置的预处理。旁流过滤的工艺流程一般采用“加药—澄清—

过滤（或微滤）”；反渗透的作用是除盐，所获淡水可返回循环冷却水系统，也可它用。图 10-3 为某电厂这一处理工艺的流程。

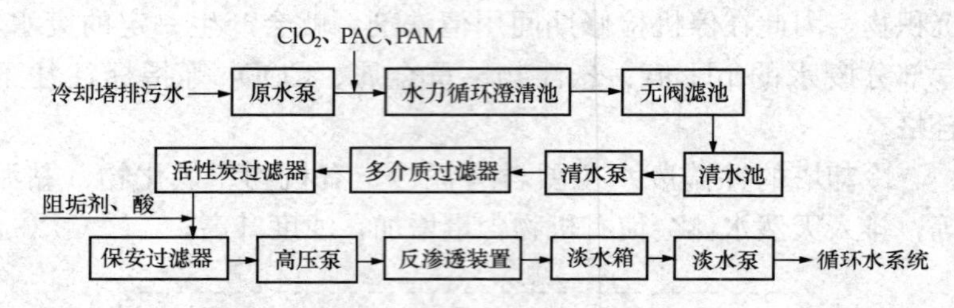

图 10-3 “旁流过滤＋反渗透”处理循环冷却排污水的工艺流程

图 10-3 所示工艺包括以下五个子系统。

（1）预处理系统。采用的是“澄清＋过滤＋活性炭吸附过滤＋保安过滤”工艺流程。澄清池中加入 ClO_2 作用是杀菌；加入 PAC、PAM 的作用是混凝；无阀滤池是变水头过滤，出水再经过多介质过滤器，进一步去除澄清水中残留悬浮物；活性炭过滤器的作用是去除水中有机物、余氯；保安过滤器的作用是进一步去除水中细小颗粒；加入阻垢剂和酸的作用是防止反渗透装置结垢。

（2）反渗透系统。一般为两段或三段系统，工作原理详见第五章。

（3）加药系统。加药系统包括自动加絮凝剂（PAC）装置、自动加助凝剂（PAM）装置、自动加酸装置、自动加阻垢剂装置。

（4）清洗系统。主要有多介质过滤器和活性炭过滤的反洗，反渗透装置的化学清洗和停机延时冲洗等，具体参见第四、五章。

（5）压缩空气系统。此系统是为气动阀门和过滤器反洗等提供气源。

2. 纳滤处理

纳滤可有效地去除循环排污水中的硬度、碱度，降低含盐量，详见第五章。与反渗透过程相比，纳滤过程的操作压力更小

(1.0MPa以下)，在相同的条件下可节能，是今后的发展方向之一。但是，目前使用不多，经验较少。另外，纳滤水的回收率一般为75%，大约产生处理水量25%的高含盐量废水。纳滤处理循环冷却排污水的工艺流程，如图10-4所示。

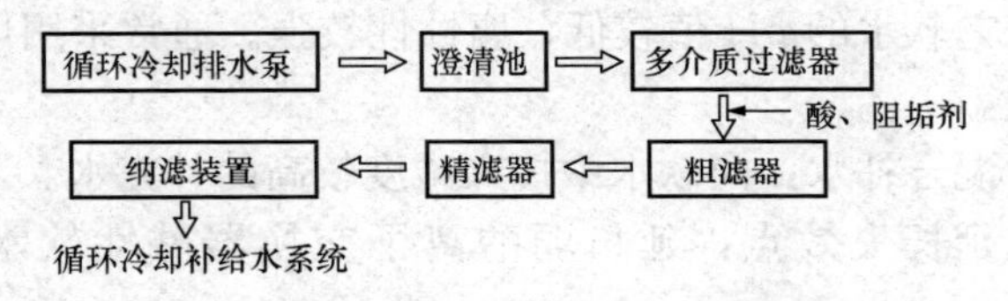

图10-4　纳滤处理循环冷却排污水的工艺流程

在图10-4工艺中，澄清池的作用是将循环排污水中悬浮物降低到10mg/L以下，水经过多介质过滤、粗滤、精滤后，满足纳滤进水SDI≤4的要求。

由于纳滤膜对一价离子的去除率不高，如果纳滤膜材质选择不当，循环水中的Cl^-可能会富集。解决的办法有两种：①选择耐Cl^-腐蚀的凝汽器管材；②选择除Cl^-效果更高的纳滤膜。不同的纳滤膜对NaCl的截留率不同。例如，NTR-729H膜对NaCl的截留率高达92%，对二价离子、HCO_3^-的截留率更高。

3. 弱酸阳离子交换树脂处理

对于缺水地区的循环冷却水系统，比较适宜用离子交换软化补充水，它可大幅提高循环水的浓缩倍率，节约补充水量，但投资较大，运行费用较高。一般，所用离子交换剂为弱酸性阳离子交换树脂，再生剂一般为H_2SO_4。

某电厂弱酸性阳离子交换树脂处理循环冷却排污水工艺流程如图10-5所示，其处理单元的工艺选择情况如下。

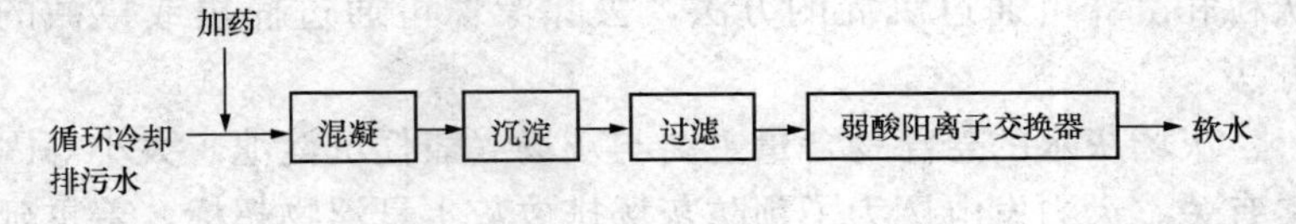

图10-5　弱酸性阳离子交换树脂处理循环冷却排污水工艺流程

（1）混凝所用絮凝剂为PAC，助凝剂为PAM。

（2）过滤采用无烟煤、稀土瓷砂构成的双层滤料，恒速过滤工艺。

（3）弱酸阳离子交换器中树脂为D113，层高800mm。

该工艺软水的pH值较低，腐蚀性较强。通常采用以下措施予以解决。

（1）混合补水：向软水中掺入碱度较高的补充水。

（2）延长失效点：延长弱酸离子交换器碱性软水的制水时间。

（3）更换耐蚀材料：如凝汽器换热管采用304、316L不锈钢管。

（4）加强循环冷却水水质稳定处理：例如，提高循环冷却水中唑类含量，保护铜材设备；添加锌盐，提高碳素钢的缓蚀效果。为防止pH值较低对进水构筑物及设备造成腐蚀，可先行与循环冷却排污水混合，提高其pH值。若需要处理氯离子含量很高的循环冷却水，可再增加阴离子交换系统或反渗透系统，这样含盐量可以大大降低。

二、灰水的处理

根据我国的有关规定，冲灰废水首先应该回收复用，其次经过经济、技术、环境综合评价认可后才准排放。但是，不管是复用还是排放，都需要进行处理，以满足复用或排放要求。灰水处理的主要任务是降低悬浮物、调整pH值，以及去除砷、氟等有害物质。

（一）悬浮物超标的治理

灰水中悬浮物主要是灰粒和微珠（包括漂珠和沉珠），去除灰粒和沉珠可通过沉淀的方法，去除漂珠可通过捕集或拦截的方法。

灰场灰水的悬浮物含量主要与灰场（兼任沉淀池）大小等因素有关。火力发电厂为了预防灰场排放灰水悬浮物超标，着重延长冲灰废水在灰场中停留的时间，即延长沉淀时间。为了加速悬浮颗粒沉降，还可投加混凝剂，从根本上降低排水悬浮物。此外，为了提高沉降效率，还可采取如下措施：加装挡板，减少入口流速；用出水槽代替出水管，以减小出水流速；在出口处安装下水堰、拦污栅等，防止灰粒流出；陕西某电厂在灰场排水竖井的周围堆放砾石，水经砾石过滤后流入竖井再外排，灰场排水悬浮物在10mg/L以下。

灰水经灰场沉降后，澄清水可返回电厂循环使用，循环使用的灰水通常需要添加阻垢剂，以防止回水系统结垢。

（二）灰水pH值超标的治理

灰水pH值是否超标，与粉煤灰特性（如游离CaO）、冲灰水质、除尘及冲灰工艺等存在直接的关系。我国灰水超标主要是pH>9.0的情况，为降低灰水pH值，可采用加酸、二氧化碳处理、吸收塔和直流冷却排水中和等方法。

1. 加酸处理

灰场排水加酸处理工艺简单，关键是酸源和加酸控制系统。一般采用工业盐酸、硫酸或邻近工厂的废酸，中和灰水碱度。

灰水量大，耗酸量多，加酸地点对耗酸量有影响。加酸点一般选择在灰场排放口或在灰浆泵入口，前者较为适宜。因为前者加酸量只需要中和灰场排水中的OH^-和$1/2CO_3^{2-}$，后者除中和上述碱度外，还需中和灰中的部分游离CaO。实践证明，前者耗酸量少且便于控制；后者耗酸量大，还有可能造成灰浆泵腐蚀。加酸量以控制排放灰水pH值在8.5左右为宜，相当于酚酞指示剂检测时，中和至无色为止。

有的灰场排水口pH值较难控制，尤其是在灰场澄清效果欠佳的场合，主要原因是残留于灰颗粒中游离CaO的溶解。

加酸处理灰水的缺点是除需要消耗大量的酸外，还增加灰水中SO_4^{2-}或Cl^-浓度，以及水体的含盐量；有时废酸中的杂质较多，可能混入少量有毒金属。

2. 灰水炉烟处理法

灰水炉烟处理法是利用炉烟中的碳氧化物（CO_2）和硫氧化

物（SO_2）降低灰水的碱度。该法适用于游离 CaO 含量较低的灰水。

根据 CO_2、SO_2 在水中的溶解特点，可使用不同的炉烟处理流程，包括以利用炉烟中的 CO_2 为主要目的可用灰沟（池）布气吸收法，以利用炉烟中的 SO_2 为主要目的可用吸收塔吸收法。

灰沟（池）布气法工艺流程，如图 10-6 所示，在灰沟（池）的底部安装布气装置（如穿孔管），用风机将除尘后的炉烟鼓入布气装置，在灰池内炉烟中的酸性氧化物（主要是 CO_2）被灰水溶解吸收，既降低了灰水 pH 值，又减缓了灰水系统结垢速度。鼓入的烟气量与粉煤灰的化学组成、灰水比、冲灰原水的水质有关，烟气与灰水的体积比一般控制在 3∶1～5∶1。经炉烟处理后，灰水在处理池出口的 pH 值可降低至 6.6 左右。灰水在输往灰场过程中，随着灰中游离 CaO 进一步溶解，pH 值又会上升。该法适用于灰中游离 CaO 含量较低的水力输灰系统。炉烟中的二氧化碳中和灰水中的氢氧根（OH^-）碱度和碳酸根（CO_3^{2-}）碱度及灰中部分游离氧化钙（CaO）的化学反应见式（10-2）～式（10-4）。

$$OH^- + CO_2 \rightleftharpoons HCO_3^- \quad (10\text{-}2)$$

$$CO_3^{2-} + CO_2 + H_2O \rightleftharpoons 2HCO_3^- \quad (10\text{-}3)$$

$$CaO + 2CO_2 + H_2O \rightleftharpoons Ca(HCO_3)_2 \quad (10\text{-}4)$$

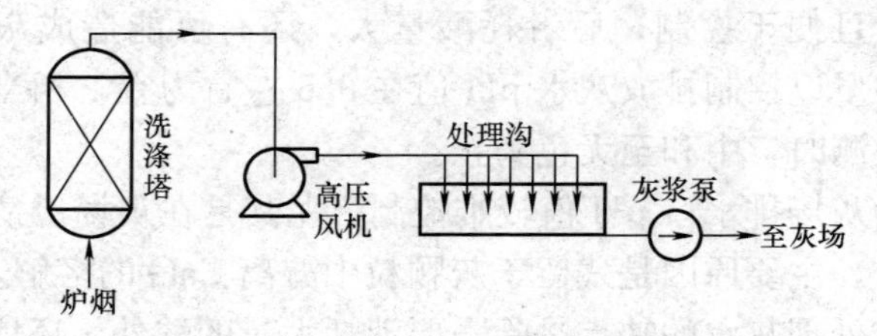

图 10-6　灰沟（池）布气法工艺流程

吸收塔法工艺流程，如图 10-7 所示，冲灰水在吸收塔内吸收炉烟中的 CO_2、SO_2 变成酸性水，然后在调节中和池内与灰水混合，中和灰水中碱度。降低了 pH 值的灰水经灰浆泵送到灰场。

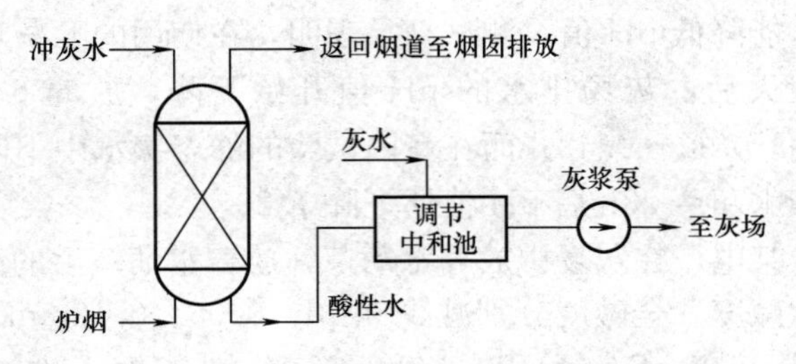

图 10-7　吸收塔法工艺流程

这种工艺的核心装置是吸收塔。炉烟从吸收塔下部引入，冲灰原水自塔顶喷淋而下，吸收烟气中的 SO_2，获得 pH 值较低的酸性水再去冲灰，达到中和灰水的碱度、降低灰水 pH 值和防止结垢的目的。用炉烟中 SO_2 处理冲灰水，要求烟气中 SO_2 一般应大于 4000mg/m^3（标准状态），此法适合于有一定含硫量的输灰系统，所发生的化学反应见式（10-5）和式（10-6）。此外，吸收塔气水比应该较大（几十到几百比一），即需要较多的烟气。

$$SO_2 + H_2O \rightleftharpoons H_2SO_3 \rightleftharpoons H^+ + HSO_3^- \rightleftharpoons 2H^+ + SO_3^{2-} \tag{10-5}$$

$$2HSO_3 + O_2 \rightleftharpoons 2H_2SO_4 \rightleftharpoons 4H^+ + 2SO_4^{2-} \tag{10-6}$$

3. 纯 CO_2 法

纯 CO_2 法就是使用商品 CO_2（即纯净 CO_2）中和灰水，处理效果取决于 CO_2 与灰水接触时间、气水比、搅拌程度、水温和液面上 CO_2 平衡分压。美国、日本使用此法较多，如美国 Lahadie 电厂（2000MW），用泵将灰浆池的灰水输送到密苏里河，CO_2 在泵入口处加入，经泵搅拌，与灰水混合，再流经长度 0.8km 的灰水管继续混合、中和，灰水管出水 pH 值合格。

4. 利用灰场植物的自净调节法

灰场上种植植被，利用灰场植物的自净作用，能降低灰水中的 pH 值，增加灰水中的养分含量，改善灰水中不利于植物生长的成分，进而对灰水进行调质。在流动的排灰水或静灰水中放植水葫芦，能降低 pH 值，测试结果表明，在使用的贮灰场中放养水葫芦 6 天后，灰场排水的 pH 值开始下降，放养 6～26 天，pH 值降低 0.12～0.42；而在室内试验的静态灰水中下降幅度更大，放养水葫芦 23h 后 pH 值便下降 1.20。

安徽某电厂在灰场中放养水葫芦，放养水葫芦后的结果为硬度、酚酞碱度、全碱度分别减少 0.10、0.05、0.12mmol/L，电导率减少 0.05mS/cm，F^-、钙、S^{2-} 分别减少了 0.01、2.0、0.11mg/L，pH 值下降了 0.25。

芦苇也是较好的灰水调质植物，灰水在灰场经芦苇根系吸收净化后再排放，加上大气中 CO_2 的溶入作用，可使排水 pH 值达标。

（三）其他有害物质的治理

火力发电厂使用的煤中都含有害物质 F、As，以及其他重金属元素，其含量与煤的种类与产地有关。火力发电厂含 F、As 废水具有水量大、F 和 As 浓度低等特点。这使灰水除去 F、As 具有一定难度，为找到技术经济上可行的方法，多年来人们进行了大量的探索研究工作。

1. 氟超标治理

除氟的方法有沉淀法、吸附法、电解凝聚法、离子交换法、反渗透法和活性氧化铝法等，综合考虑设备投资和运行费用，目前最实用的是以沉淀法和吸附法为基础形成的一些处理方法。

（1）混凝沉淀法。此法是先将氟转变成可沉淀的化合物，再加入混凝剂加速其沉淀。具体为向废水中投加石灰乳、氯化钙，中和废水酸度，提高废水 pH 值，石灰去除废水中 F^- 反应为

$$CaO + H_2O \rightleftharpoons Ca(OH)_2 \tag{10-7}$$

$$Ca(OH)_2 \rightleftharpoons Ca^{2+} + 2OH^- \tag{10-8}$$

$$Ca^{2+} + 2F^- \longrightarrow CaF_2 \downarrow \tag{10-9}$$

采用石灰沉淀法处理含氟废水，从理论上分析，在pH =11 时，F^- 的最高溶解度是 7.8mg/L，满足工业废水排放标准（$[F^-]<10mg/L$）的要求。但实际上，仅经石灰处理后水中残

余 F^- 的浓度往往达到 20～30mg/L，这可能是由于在 CaO 颗粒表面上很快生成的 CaF_2 使 CaO 的利用率降低，而且刚生成的 CaF_2 为胶体状沉淀，很难靠自身沉降达到分离的目的。因此，对经石灰乳或可溶性钙盐沉淀处理后的澄清水需要进一步地混凝处理，利用混凝剂在水中形成带正电的胶粒吸附水中的 F^-，使胶粒相互并聚为较大的絮状物沉淀，通过以上化学沉淀、络合、吸附絮凝等过程可最终将水中的 F^- 含量降至 10mg/L 以下。

常用的混凝剂主要采用铁盐和铝盐两大类，铁盐类混凝剂一般除氟效率不高，仅为 10%～30%。铁盐要达到较高的除氟率，需配合 $Ca(OH)_2$ 使用，要求在较高的 pH 值条件下（pH>9）使用，且排放废水需用酸中和反应调整才能达到排放标准，工艺较复杂。铝盐类混凝剂除氟效率可达 50%～80%，可在中性条件（一般 pH=6～8）下使用。常用的铝盐混凝剂有硫酸铝、聚合氯化铝、聚合硫酸铝，均能达到较好的除氟效果。研究表明，在灰水 F^- 为 10～30mg/L 时，硫酸铝投量为 200～400mg/L，最佳 pH 值范围为 6.5～7.5，除氟容量为 30～50mg/g。

（2）吸附法。吸附法是将含氟废水通过吸附柱，通过吸附剂与氟离子进行化学反应去除氟离子。根据所用的原料，可将氟离子吸附剂分为含铝吸附剂、天然高分子吸附剂、稀土吸附剂和其他类吸附剂。近年来，用粉煤灰、斜发沸石等处理含氟废水的研究受到重视。

粉煤灰主要由玻璃相及结晶相两大部分组成，玻璃相中主要为以无定形态存在的氧化硅和氧化铝，其活性较高；结晶相中以石英、莫来石、磁铁矿及赤铁矿为主，其化学活性在常温时较低。

粉煤灰由于多孔，比表面积大，含有 SiO_2、Al_2O_3 等活性基团，具有物理吸附、化学吸附附和吸附—絮凝沉淀协同作用能力。粉煤灰去除水中的氟主要是通过吸附和沉淀作用，吸附包括物理吸附和化学吸附，其比表面积越大，表面能越大，则物理吸附效果越好。化学吸附主要是由于粉煤灰表面有大量的 Si、Al

等活性点，能与吸附质通过化学键发生结合，溶液中的氟与粉煤灰中带正电荷的硅酸铝、硅酸钙和硅酸铁形成离子交换或离子对的吸附。粉煤灰处理含氟废水，工艺简单，处理效果好，具有“以废制废”的环境效益和处理成本较低的优点。

天然斜发沸石对含氟废水吸附效果好，具有成本低、可用硫酸铝钾再生的特点，再生后除氟效果较稳定。根据金·弗·史密斯（J·V·Smith）等人提出的沸石化学通式为 $M_pD_q[Al_{p+2q}Si_rO_{2p+4q+2r}]s\ H_2O$，式中，$M_p$、$D_q$分别代表一价和二价金属，通常指钾、钠、钙、镁等。设 $Z=[Al_{p+2q}Si_rO_{2p+4q+2r}]s\ H_2O$，沸石的化学通式可写成 $M_pD_q(Z)$。首次使用硫酸铝钾处理沸石的反应过程是 K^+ 与 M_pD_q发生交换，同时起到沸石改型和疏通沸石孔道的作用。在沸石中靠正电荷维系的$(M_pD_q)^+$被 K^+ 交换的同时，具有较强极性的铝的羟基络合物 $Al(OH)^{2+}$ 因富含正电荷，将借助 K^+ 在交换过程中进行电荷传递的功能而作为一种特殊的水合阳离子，在沸石表面发生吸附作用；而 SO_4^{2-} 则与铝的羟基络合物配位，以维持电价平衡：

$$M_pD_q(Z) + K^+ + Al^{3+} + SO_4^{2-} + H_2O \rightleftharpoons K(Z)Al(OH)SO_4 + (M_pD_q)^+ + H^+ \qquad (10\text{-}10)$$

沸石吸附氟的反应过程是当含氟废水与沸石接触时，电负性极强的 F^- 将取代 SO_4^{2-}，当达到平衡时，即交换吸附饱和；在 F^- 与 SO_4^{2-} 进行交换吸附反应的同时，含氟废水中 M_pD_q进入沸石的孔道中，与在沸石孔道中的 K^+ 发生一定程度的交换：

$$K(Z)Al(OH)SO_4 + 2F^- + (M_pD_q)^+ \rightleftharpoons M_pD_q(Z)\ Al(OH)F_2 + K^+ + SO_4^{2-} \qquad (10\text{-}11)$$

用硫酸铝钾溶液再生的反应过程是硫酸铝钾溶液浸入沸石，化学平衡被破坏，F^- 被高浓度正电荷的铝的羟基络合物吸引，随着硫酸铝钾溶液被排出，而硫酸铝钾溶液中的 K^+ 重新与 M_pD_q发生交换并进入沸石孔道中。过剩的铝的羟基络合物重新借助 K^+ 在交换过程中进行电荷传递的作用，在沸石表面吸附聚集：

$$M_pD_q(Z)\ Al(OH)F_2 + K^+ + Al^{3+} + SO_4^{2-} + H_2O \rightleftharpoons K(Z)Al(OH)SO_4 + Al(OH)F_2 + (M_pD_q)^+ + H^+ \tag{10-12}$$

某电厂使用的天然斜发沸石吸附剂，粒径为40～60目，在使用前进行活化处理。活化方法是将天然斜发沸石用2%的NaOH溶液浸泡2h，用水冲洗几次，再用2% $KAl(SO_4)_2$溶液交换，直至排出溶液pH<5。吸附饱和的沸石用硫酸铝钾溶液再生。由于再生剂硫酸铝钾的混凝作用，再生废液中氟浓度较低。

上述除氟方法，钙盐沉淀法除氟在用于处理高浓度含氟废水时是主要的方法，吸附法主要应用于低浓度含氟废水的处理。

2. 砷超标治理

灰水除砷的方法有混凝沉淀法、离子交换法、吸附法、萃取法、电凝聚法、膜分离技术、浮选法、生物技术。

(1) 混凝沉淀法。采用以投加适量铁盐混凝剂和氧化剂为核心的处理工艺，由于亚砷酸盐的溶解度一般都比砷酸盐高，先投加氧化剂将可能存在的三价砷氧化成五价砷，再投加铁盐混凝剂，形成胶体/絮体$Fe(OH)_3$，它在沉淀过程中吸附砷共沉，并借助形成的矾花絮体络合吸附五价砷。混凝除砷的pH值保持在6.5～8，其除砷效率与氧化剂的浓度、铁盐剂量、pH值和流量等因素有关，特别对pH值较为敏感，需要调节酸度促进沉淀。

工业上也常用石灰作为钙沉淀剂。石灰沉淀法处理含砷废水生成的沉淀物中存在多种砷酸钙化合物，对含砷较高的废水处理效果好，但在含砷废水处理过程中沉淀析出的砷酸钙稳定性较差，与空气中的CO_2接触会分解成碳酸钙和砷酸，使砷重新进入溶液中，造成二次污染。

(2) 吸附法。吸附技术是利用污染物与吸附材料间有较强的亲和力而达到净化除污的目的。常用的吸附材料有沸石、活性炭、活性氧化铝、活性铁粉、赤铁矿、氧化锆等。用 0.5mol/L $KAl(SO_4)_2$ 溶液、0.25mol/L $Al_2(SO_4)_3$ 溶液、0.5mol/L $CuCl_2$ 溶液和 0.5mol/L $CuSO_4$ 溶液浸泡改性沸石后，对砷有很高的吸附率，用 Ag^+ 和 Cu^{2+} 预处理过的活性炭也可使 As(Ⅲ)的吸附量增加。

含砷吸附材料的处置、处理是研究的难点。如果吸附材料与砷亲和力过强，砷的脱附就很困难，这就对含砷吸附材料的堆存提出了比较苛刻的要求；如果亲合力过小，砷的去除效果差。吸附法适用于处理含砷浓度不高、处理量较大的废水。

（3）电凝聚法。电凝聚是用电化学方法在电凝聚装置内直接产生铁或铝的氢氧化物，通过其凝聚作用吸附去除水中的污染物砷。pH 值对其去除效率有较大的影响。

（4）浮选法。浮选法处理重金属废水是选矿技术在环保事业中较为重要的应用领域之一。采用铁或铝的氢氧化物作共沉剂，用十二烷基硫酸钠浮选脱除废水中的砷，用 Fe(Ⅲ) 作共沉剂，浮选脱砷的最佳 pH 值为 4～5，Al(Ⅲ) 作共沉剂的浮选最佳 pH 值为 7.5～8.5，可将水中的砷含量降至 0.1mg/L。

（5）生物技术。砷对于绝大多数生物来说是一种毒物，但是也能被某些生物氧化、吸收和转化，微生物治理砷污染物的作用机理是利用菌种在培养基上培养，产生一种类似于活性污泥的絮凝结构的物质，与砷结合进行絮凝沉降，然后分离，达到除砷效果。生物吸收转化的过程也是砷解毒的过程，解毒过程的同时水体也得到了净化。但生物法菌种培养周期长，对环境要求苛刻，使其应用受到限制。

各种除砷方法和工艺的适用性都不同程度受水源水质条件、地域物产条件、经济发展水平的影响，离子交换技术处理多种污染离子共存的水体就显得不经济，运用膜分离技术大规模治理水体砷污染的时机还不成熟，寻求一种高效价廉的除砷材料将成为未来研究的主要方向。

三、脱硫废水的处理

脱硫废水含有的污染物种类多，是火力发电厂各种排水中处理项目最多的特殊排水，主要处理项目有 pH 值、悬浮物（SS）、氟化物、重金属、COD 等。对不同组分的去除原理分别是重金属离子——化学沉淀；悬浮物——混凝沉淀；还原性无机物——曝气氧化、絮凝体吸附和沉淀；氟化物——生成氟化钙沉淀。

目前，脱硫废水的处理基本上有两种方式，一种是将脱硫废水直接输送至电厂的水力除灰系统，与灰浆液一同处理；另一种方式是单独设置一套脱硫废水处理系统。

（一）单独的脱硫废水处理

单独的脱硫废水处理系统通常选用化学沉淀法、流化床法和化学沉淀-微滤膜法工艺，也有用粉煤灰处理脱硫废水。

1. 化学沉淀法

化学沉淀法采用传统处理工艺，主要包括中和、沉降、絮凝、澄清、脱水等工序，化学沉淀法处理脱硫废水的流程，如图 10-8 所示。

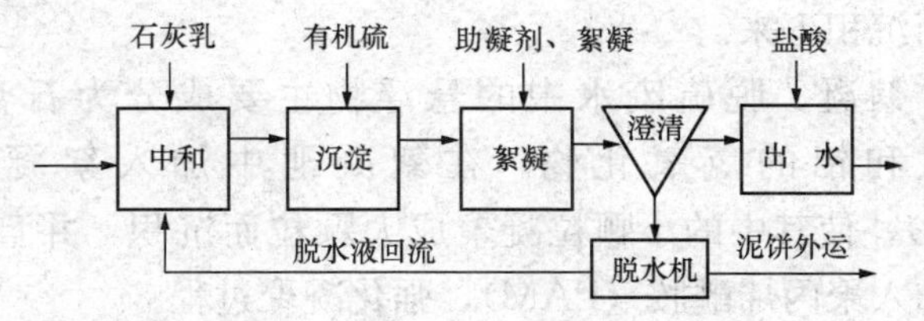

图 10-8　化学沉淀法处理脱硫废水的流程

（1）中和。在中和池加入 5%左右的石灰乳，理论上金属离子沉淀所需的 pH 值见表 10-5。将废水的 pH 值提高至 8.5～9.0，大多数重金属离子将生成难溶的氢氧化物沉淀。

表 10-5　　金属离子沉淀所需的 pH 值

金属离子	氢氧化物	K_{SP}	排放标准[①] (mg/L)	达标 pH 值	排放标准[②] (mg/L)	达标 pH 值
Cd^{2+}	$Cd(OH)_2$	2.5×10^{-14}	0.1	10.22	0.1	10.22

续表

金属离子	氢氧化物	K_{SP}	排放标准①（mg/L）	达标pH值	排放标准②（mg/L）	达标pH值
Cr^{3+}	$Cr(OH)_3$	6.3×10^{-31}	1.5	5.45	1.5	5.45
Cu^{2+}	$Cu(OH)_2$	2.2×10^{-20}	0.5	6.72	—	—
Pb^{2+}	$Pb(OH)_2$	1.2×10^{-15}	1.0	9.20	1.0	9.20
Ni^{2+}	$Ni(OH)_2$	2.0×10^{-15}	1.0	9.03	1.0	9.03
Zn^{2+}	$Zn(OH)_2$	1.2×10^{-17}	5.0	7.60	2.0	7.40
Hg^{2+}	$Hg(OH)_2$	3×10^{-26}	0.05	4.54	0.05	4.54

① 选自 GB 8978—1996《污水综合排放标准》。

② 选自 DL/T 997—2006《火电厂石灰石-石膏湿法脱硫废水水质控制指标》。

（2）沉降。在重金属离子形成难溶氢氧化物的同时，石灰乳中的 Ca^{2+} 与废水中的部分 F^- 反应，生成难溶 CaF_2，从而达到除氟的目的。经中和处理后，在沉降池中加入硫化剂 Na_2S、TMT-15 等，使其与残余的离子态 Ca^{2+}、Hg^{2+} 反应生成难溶的硫化物而沉积下来。

（3）絮凝。脱硫废水中的悬浮物主要成分为石膏颗粒、SiO_2、铁和铝的氢氧化物。在絮凝池中加入絮凝剂（如 $FeClSO_4$），使其中的小颗粒凝聚成大颗粒而沉积，并且在澄清池入口加入聚丙烯酰胺（PAM），强化凝聚过程。

（4）澄清、脱水。絮凝后的出水进入澄清池中，絮凝物沉积在底部浓缩成污泥，上部则为系统出水。大部分污泥经泵输送进入脱水机，小部分污泥返回中和反应箱，提供絮凝体形成所需的晶核。

2. 流化床法

流化床法工艺最早由丹麦的克鲁格（Kruger）提出，用于研究去除水溶液中溶解性重金属，如地下水和灰场渗滤液，该工艺目前已在丹麦爱屋德电厂投入实际运行。流化床处理脱硫工艺由缓冲池、流化床和循环池组成，流化床以石英砂为填料，其具体流程如图 10-9 所示。其原理为脱硫废水经过缓冲池，从底部进入流化床后，向流化床加入二价锰、亚铁离子和氧化剂（如 $KMnO_4$、H_2O_2），二价锰和亚铁离子吸附在金属载体上，在氧化剂的作用下被氧化成二氧化锰和氢氧化铁，在金属表面形成一层覆盖层，二氧化锰和氢氧化铁对无机溶解性离子具有很强的吸附特性。通过连续增加这层覆盖层，被吸附的可溶性金属离子凝聚成颗粒物沉降形成块状污泥。脱硫废水在缓冲池，利用泵从底部进入流化床，同时添加 NaOH、$KMnO_4$ 溶液和循环池回流液等废水在流化床中进行充分混合反应，上清液进入循环池后排出。

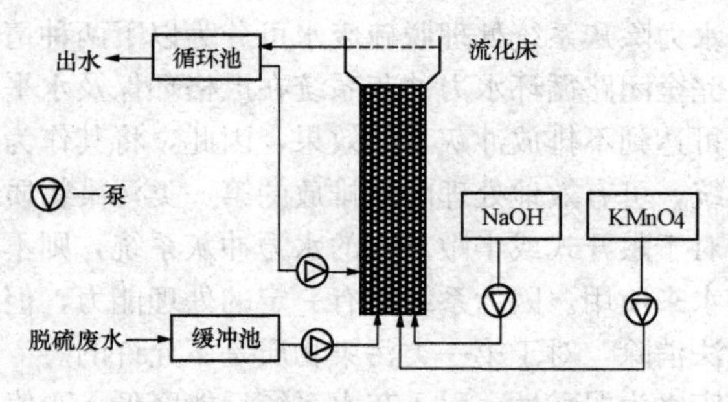

图 10-9 流化床处理脱硫废水工艺

脱硫废水流速、pH 值会影响重金属的去除率，在最佳状态条件下，该工艺对 Ni、Cd、Zn 等重金属离子的去除率分别为 89%、82%、90%；由于脱硫废水中含有大量 Cl^-，其能与汞离子形成复杂的络合物，因此对汞去除率较低。

3. 化学沉淀-微滤膜法

化学沉淀-微滤膜法主要是通过微滤膜对化学沉淀后的脱硫废水进行深度处理，让化学沉淀后的上清液进入微滤池，在微滤池中截留剩余的悬浮物和金属化合物，穿过微滤膜的清水进入清水池，没穿过微滤膜的浓水回流至澄清池。该法对脱硫废水中的悬浮物、重金属的去除有效，经过微滤处理后的脱硫废水，悬浮物含量低于 1mg/L、砷、镉、汞、镍浓度分别低于 4.0、0.5、

1.0、3.0μg/L。

4. 粉煤灰处理脱硫废水

利用电厂的粉煤灰处理脱硫废水是一种以废治废的治理途径，由粉煤灰制成的脱硫剂比纯的石灰脱硫剂脱硫效率高，这是因为粉煤灰制成的脱硫剂比表面积大、多孔，具有很好的吸附性和沉降作用，反应效率快，粉煤灰制成的脱硫剂脱硫率可高达90%。

粉煤灰处理脱硫废水所形成的污泥量较多，处理后的沉淀粉煤灰应单独存放或处置。

（二）利用水力冲灰系统处理脱硫废水

采用水力除灰系统处理脱硫废水可分为以下两种情况。

（1）完全闭路循环水力冲灰系统在严格环保及水平衡管理的条件下，可达到不排放冲灰水的效果，因此，将其作为脱硫废水的处理系统，可有效地处理限制排放的第一类污染物质。

（2）对于敞开式或半敞开式的水力冲灰系统，则不能作为处理脱硫废水来使用。因为系统虽有一定的处理能力，但稀释排放的因素无法消除，对于第一类污染物质是不允许的。

脱硫废水为弱酸性，引入灰水系统后能降低pH值，有利于活性氧化钙的溶出，增大了$CaCO_3$、$CaSO_4$的溶解量，因此将脱硫废水引入冲灰系统后，可减轻原系统的水质和结垢倾向。同时脱硫废水中本身含有大量的Ca^{2+}和SO_4^{2+}，引入冲灰系统，存在$CaSO_4$结垢风险；为保证管道的正常运行，应考虑管道表面结垢问题。但脱硫废水量一般都比较小，而冲灰水则用量比较大，将脱硫废水引入冲灰系统后对管道的结垢影响不大。

四、化学水处理系统废水

化学水处理系统废水具有较强的腐蚀性，一般不与其他类别的废水混合处理。处理该类废水的目的是要求处理后的pH值在6～9，并使杂质的含量减少，满足回用或排放标准。处理酸碱废水的主要方法是中和法，利用酸废液和碱废液相互中和，也有利用石灰石中和废酸的方法。

1. 酸碱废液中和处理

将酸碱废水直接排入中和池，中和池的容积应能容纳1～2次再生时所排出的废液量，用压缩空气或排水泵循环搅拌，以达到废酸、碱相互中和的目的（称作自中和）。如果自中和后pH值仍超过6～9，则需要向中和池补加酸、碱；如果自中和后仍为酸性，则还可以排入冲灰系统，再次与碱性灰水自中和。

中和系统由中和池、搅拌装置、排水泵、加酸加碱装置、pH值计等组成。中和池也称作pH值调整池，大都是水泥构筑物，内衬防腐层；搅拌装置位于池内，一般为叶轮、多孔管；排水泵主要作用是排放中和后合格的废水，兼作循环搅拌；加碱加酸装置的作用是向中和池补加酸或碱，以弥补酸碱废水相互中和不足的酸、碱量。

2. 酸性、碱性废水的再利用

除盐设备再生时，通常是废酸液排放量大于废碱液排放量，经混合中和后，排水仍呈微酸性，而电厂灰水一般呈碱性，因此，将再生废液排至冲灰系统，可以中和灰水的部分碱度，减轻冲灰管道结垢。采用这种排放方式，必须根据排出液残存的酸量及冲灰水的水量、水质，计算出冲灰水酸性水的中和能力，以便调整pH值，使其达标排放。

此外，可利用废碱液洗涤烟气。

3. 利用石灰石中和废酸

利用石灰石中和废酸的方式较多，分别介绍如下。

（1）石灰石中和滤池。该设备是将直径为0.5～3mm的石灰石放在滤池中，欲处理的废水自下而上通过滤池，使石灰石在悬浮状态下与废液进行反应（膨胀率为10%～15%）。所以，该滤池又叫膨胀中和滤池。石灰石中和滤池在运行中产生一些不溶于水的杂质，浮游在滤料的表层，这些杂质可定期用压缩空气提升器抽去。

（2）石灰石中和滚筒。将石灰石粒装在滚筒内，废酸水经水箱流入卧式中和滚筒，使废酸水与石灰石中和，再从另一端流出。这种设备虽然具有处理效果好和成本低的优点，但设备复杂，运动中噪声大和设备磨损严重。

（3）利用电石渣中和废酸。电石渣的主要成分是 $Ca(OH)_2$，所以可用来中和废酸。该法具有处理效果好和成本低等特点，但使用电石渣时，需要配成电石渣浆投加，工作条件差，操作麻烦。

4. 利用弱酸离子交换树脂处理

该方法是将酸性废水和碱性废水交替通过弱酸离子交换树脂，当废酸液通过弱酸树脂时，它就转为 H 型，去除废液中的酸；当废碱液通过时，弱酸树脂将 H^+ 放出，中和废液中的碱性物质，树脂本身转变为盐型。通过反复交替处理，不需要还原再生。反应方程为

酸性废水通过树脂层：

$$H^+ + RCOOM \rightleftharpoons RCOOH + M^+ \tag{10-13}$$

碱性废水通过树脂层：

$$MOH + RCOOH \rightleftharpoons RCOOM + H_2O \tag{10-14}$$

式中：M^+ 为碱性废水中的阳离子。

弱酸树脂处理废水具有占地面积小、处理后水质好等优点，但因投资较大，故较少采用。

五、含煤、含油废水

（一）含煤废水

含煤废水中悬浮固体、pH 值、重金属的含量都可能超标。火力发电厂输煤系统冲洗水比较污浊，带有大量煤粉。国外电厂处理煤场排水的工艺流程如图 10-10 所示：从煤场排水汇集来的水，先进入煤水沉淀调节池，然后泵入废水处理装置，同时加入高分子凝聚剂进行混凝沉淀处理，澄清水排入受纳水体或再利

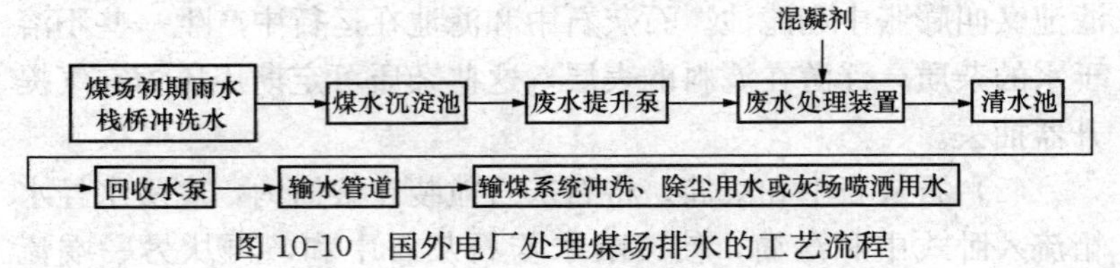

图 10-10　国外电厂处理煤场排水的工艺流程

用，沉淀后的煤泥用泵送回煤场。

我国火力发电厂除采用图 10-10 的工艺流程外，还采用混凝、曝气、膜式过滤的工艺流程，如图 10-11 所示。

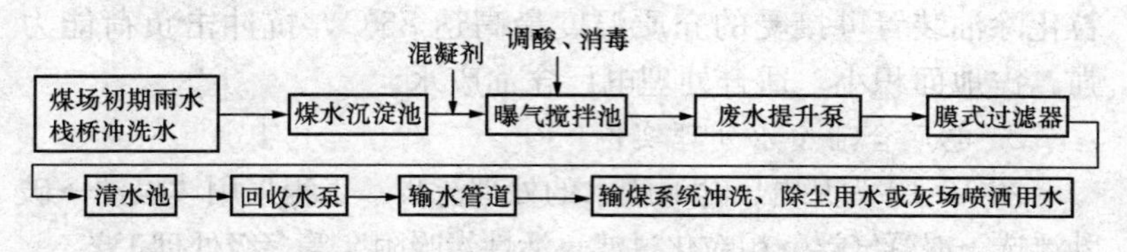

图 10-11　处理含煤废水的混凝、曝气、膜式过滤工艺流程

该系统的主要设备有膜式过滤器（包括滤元、滤袋）、控制装置等。对于重金属含量高的煤场废水，还应同时添加石灰乳中和到 pH 值为 7.5～9.0，使排水中的重金属生成氢氧化物沉淀。

（二）含油废水

1. 含油废水的处理方法

电厂含油废水主要以悬浮油、分散油、乳化油和溶解油四种形式存在，通常采用重力分离（隔油）、气浮、粗粒化、吸附等方法去除，简要介绍如下。

（1）重力分离法。重力分离法是通过水的密度差来实施分离，主要适用于高于 60μm 的固体颗粒与油粒。隔油池是最为常用的设施，通常应用于破乳以后的乳化油或浮油。

（2）气浮法。气浮法是通过大量微细气泡吸附在需要除去的油滴上面，利用气泡本身的浮力，使污染物能够浮出水面，通常用于去除分散油。为使废水中的油分及其他污染物抱团、沉淀，易于分离，废水进入气浮池前一般加入絮凝剂。运行时需要根据进水水质的变化，调整溶气压力、混凝剂投加量、溶气量、气油比、气浮时间、含油废水流量等运行参数。

（3）吸附法。吸附法是通过亲油性材料来吸附水中的溶解油，以此来进行分离。常采用比表面积较大的活性炭作为吸附剂，该法对含油废水的处理效果好，但其价格贵，再生难度大。

（4）粗粒化法。粗粒化法是利用一种亲油、耐油、疏水性的物质作滤料，当经过破乳后的含油废水流经时，悬浮在水中的微小油滴在其表面附着并不断相互碰撞，凝聚成大颗粒油珠而形成油膜，当油膜所受浮力大于附着力时，这些油膜被分离去除。粗粒化除油装置可接受的介质温度最高达 85℃，抗冲击负荷能力强，占地面积小，适合处理电厂含油废水。

2. 电厂含油废水处理实例

图 10-12 为某电厂含油废水的处理流程，工程采用“隔油→破乳浮选→混凝气浮→粗粒化过滤→活性炭吸附”等多级处理工艺。

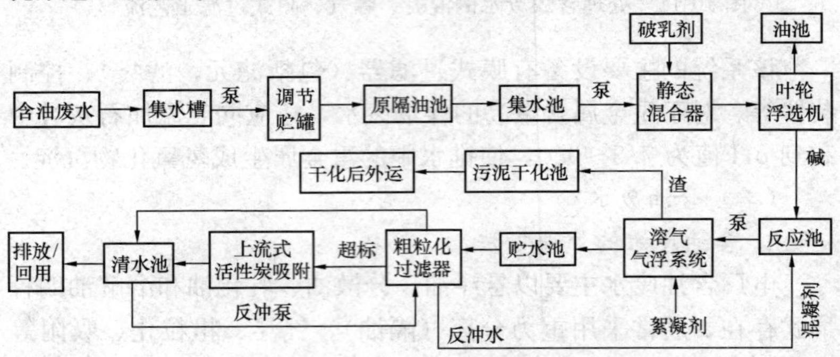

图 10-12　某电厂含油废水的处理流程

先用泵将废水抽到两个原贮油罐收集贮存，然后通过隔油池，先分离大部分的浮油；接着通过静态混合器投加破乳剂，用叶轮式浮选机将油水分离，破乳除油率达 90%左右，分离出来的浮油回用。出水经调节 pH 值，投加混凝剂和絮凝剂，用泵送入溶气气浮系统，脱稳后的乳化油与从释放器放出的微小气泡相接触，并黏附气泡上升到液面形成浮渣，与水分离，大部分污染物质被去除。

为进一步去除废水中残留的油分，降低 COD，出水进入粗粒化过滤器处理，利用滤料的拦截和凝集作用，提高除油效率。出水一般可达标排放。考虑到废水成分复杂、水质波动大，为确保达标，特别是去除废水中前面工艺单元难以去除的残余表面活性剂带来的 COD_{Cr}成分，最后经上流式活性炭吸附器处理，废水中油含量可降至 5mg/L 以下。

隔油池和浮选机分离出来的油收集后回用或外卖处理，气浮浮渣排到污泥干化场处理，干泥运走。

六、锅炉化学清洗废水

锅炉化学清洗废水可在贮存池中先初步处理，然后再批量处理。常用的处理方法有焚烧法/喷洒燃烧法、中和沉淀法、吸附法、氧化还原法，废液中盐酸、柠檬酸、EDTA、羟基乙酸-甲酸、氢氟酸、氨基磺酸、联氨有机酸的处理详见第十八章第四节。此处，重点讲述废水中亚硝酸钠的处理。

用 $NaNO_2$ 作钝化剂时，其废液不应直接与排出的酸洗废液混合，应单独处理，以免 $NaNO_2$ 在 pH 值低于 5 的溶液中，分解成有毒的 NO_2 和 NO 气体，反应为

$$2NO_2^- + 2H^+ \longrightarrow H_2O + NO_2\uparrow + NO\uparrow \quad (10\text{-}15)$$

亚硝酸钠废液的处理有以下三种方法：

(1) 氯系氧化剂处理法。在常温碱性条件下，加入过量氯系氧化剂（如次氯酸钙），并通入压缩空气搅拌，则 $NaNO_2$ 氧化分解。

(2) 酸性尿素法。向 $NaNO_2$ 废液通入压缩空气搅拌，并加入酸性尿素，则 $NaNO_2$ 氧化分解为无毒气体，反应为

$$2NaNO_2 + 2HCl \longrightarrow 2HNO_2 + 2NaCl \quad (10\text{-}16)$$

$$2HNO_2 + CO(NH_2)_2 \longrightarrow 2N_2\uparrow + CO_2\uparrow + 3H_2O \quad (10\text{-}17)$$

其处理效果与加药量、温度、搅拌速度等有关。实验表明，处理温度以 50℃为宜，酸的加入量应为 1.25～1.5 倍，若加酸过多，HNO_2易分解成有毒气体 NO_2 和 NO 而逸出，若加酸过少又会影响氧化反应速度。为避免有毒气体的逸出，除严格控制加酸量外，最好能增设一个尿素溶液淋洗装置，进行二次处理以吸收 NO_x，反应为

$$CO(NH_2)_2 + NO + NO_2 \longrightarrow 2H_2O + 2N_2\uparrow + CO_2\uparrow \quad (10\text{-}18)$$

在盐酸过量 25%～30%、温度 25℃、充分搅拌 5～8min 的

条件下，废液中 $NaNO_2$ 分解率为 95%～100%，废气中 NO_x 体积百分数为 10%～15%，此废气再进入吸收塔与喷淋的酸性尿素液接触反应，可大大减少废气中的 NO_x 量，排气口看不出有红棕色气体，在处理现场闻不到强烈的刺激性气味。处理后的 NO_2^- 接近零，残留尿素产生的 COD_{Cr} 值为 11.8mg/L，酸度在排入灰场后与灰中碱性物中和。

（3）WT-1 法。近年来开发研究了一种亚硝酸钠还原剂 WT-1，WT-1 与 $NaNO_2$ 的药耗质量比为 1.64∶1。该药剂的特点是与亚硝酸钠反应快，在常温下 5～10min 反应完毕，生成物为氮气和水分，反应后排出气体中 NO_x 为 650mg/m³，处理后溶液中 NO_2^- 含量为零，不生成 NO_3^-，基本没有二次污染，设备少，操作方便。

表 10-6 是 DL/T 794—2012《火力发电厂锅炉化学清洗导则》有关锅炉清洗废液处理方法简介。

表 10-6　锅炉清洗废液处理方法简介

<table>
<tr><th>编号</th><th colspan="2">项目</th><th colspan="3">处理方法概要</th></tr>
<tr><td rowspan="4">1</td><td rowspan="4">重金属</td><td rowspan="2">铁</td><td rowspan="2">pH 值为 10.5～11.0 时产生沉淀</td><td>pH=10 破坏铁的柠檬酸络合物</td><td>pH=11 破坏 Fe^{3+} 的 EDTA 络合物；
pH=13 破坏 Fe^{2+} 的 EDTA 络合物</td></tr>
<tr><td colspan="2">为使铁彻底沉淀必须加入氧化剂 $Ca(ClO)_2$ 将 Fe^{2+} 转化为 Fe^{3+}</td></tr>
<tr><td rowspan="2">铜、锌</td><td rowspan="2">pH 值为 10.5～11.0 时产生沉淀</td><td>pH>11 破坏铜、锌的柠檬酸络合物；pH>13 形成易溶于水的化合物，溶液中这些离子又全部被还原</td><td></td></tr>
<tr><td colspan="2">为使铜、锌离子沉淀，可用硫化钠与这些离子作用形成难溶硫化物，$K_{CuS}=6.3\times10^{-36}$，$K_{ZnS}=1.6\times10^{-24}$</td></tr>
</table>

续表

编号	项目	处理方法概要
2	联氨	(1) 用 $Ca(ClO)_2$ 处理。 (2) 用 NaClO 处理。 (3) 对于燃烧固体燃料的火力发电厂，建议将含 N_2H_4 的溶液排入水力除灰系统，而对燃烧天然气、重油的火力发电厂，建议在曝气池内使溶液氧化。 (4) 臭氧氧化法。向联氨废液中通入臭氧处理
3	氨	(1) 用 $Ca(ClO)_2$ 处理。 (2) 溶液加热时鼓空气可有效地除氨
4	亚硝酸钠	(1) NH_4Cl 处理。 (2) $Ca(ClO)_2$ 处理。 (3) 复合铵盐法处理。 (4) 尿素分解法处理。 (5) WT-1 处理。 (6) 酸处理法
5	氟化物	(1) CaO、$Ca(OH)_2$、$Al_2(SO_4)_3$ 处理。 (2) 石灰-磷酸盐法处理
6	化学耗氧量 COD	(1) 柠檬酸酸洗废液可与煤粉一起送入炉膛进行焚烧，也可将废液与煤灰混合，排至灰场。 (2) 采用过氧化物分解 O_2。 (3) 氧化法：空气氧化、臭氧氧化和氧化剂氧化
7	生化 BOD 耗氧量	废水经过曝气池和生物过滤器进行生化处理
8	pH 值	利用盐酸或 NaOH 中和清洗后的废液至 pH 值为 6～9 排放
9	EDTA 回收	(1) 采用直接硫酸法回收。 (2) 采用 NaOH 碱法回收
10	酸性处理	(1) 将酸洗废液与碱洗废液相互中和，使 pH 值达到 6～9。 (2) 常用的中和药剂有纯碱、烧碱、氨水、石灰乳、碳酸钙等
11	碱性处理	(1) 将碱洗废液与酸洗废液相互中和，使 pH 值达到 6～9。 (2) 采用投药中和法。常用的中和药剂为工业用硫酸、盐酸和硝酸。 (3) 可用烟气中的 CO_2 和 SO_2 进行中和处理

续表

编号	项目	处理方法概要
12	油分处理	（1）破乳处理：常用的药剂有氯化钙、氯化钠、氯化镁等。常用的混凝剂和助凝剂有硫酸铝、聚合氯化铝、硫酸亚铁、三氯化铁、活化硅酸、聚丙烯酰胺等。 （2）油水分离：通过破乳、凝聚处理，油珠和杂质生成絮凝。然后通过物理的方法使油水分层，油泥刮出，达到油水分离的效果。 （3）水质净化：经破乳、油水分离后，再通过吸附、过滤

七、火力发电厂生活污水处理

火力发电厂生活污水的超标项目主要为大量的悬浮物、有机物、微生物等，其成分与城市污水类似，火力发电厂生活污水的处理设施要求占地小，处理过程不散发臭味，同时具有较强的抗冲击负荷能力。由于生活污水的有机质含量高，污水处理适宜采用以生物法处理工艺为主的复合技术。根据反应过程中氧气是否参与，污水生物处理法可分为好氧生物处理和厌氧生物处理；根据微生物在废水中所处的状态或存在的形式，又可分为悬浮生长和固定生长两大类。火力发电厂的生物处理技术有活性污泥、生物转盘、生物接触氧化、曝气生物滤池等。

（一）火力发电厂生活污水的处理方法

1. 活性污泥法

活性污泥法是向废水中连续通入空气，经一定时间后因好氧性微生物繁殖而形成的污泥状絮凝物。其上栖息着以菌胶团为主的微生物群，具有很强的吸附与氧化有机物的能力，并易于沉淀分离，从而得到澄清的处理出水。活性污泥在外观上呈絮绒颗粒状，因此又称为“生物絮凝体”，它略带土壤的气味，其颜色根据污水水质不同而不同，一般为黄色或褐色，其含水率很高，一般在99％以上，其比重因含水率不同而异，介于1.002～1.006。活性污泥具有较大的比表面积，每毫升活性污泥的表面积介于20～100cm^2。

活性污泥法基本流程如图 10-13 所示，活性污泥法处理系统以曝气池作为核心处理单元，此外还有二次沉淀池、污泥回流、剩余污泥排放等系统。

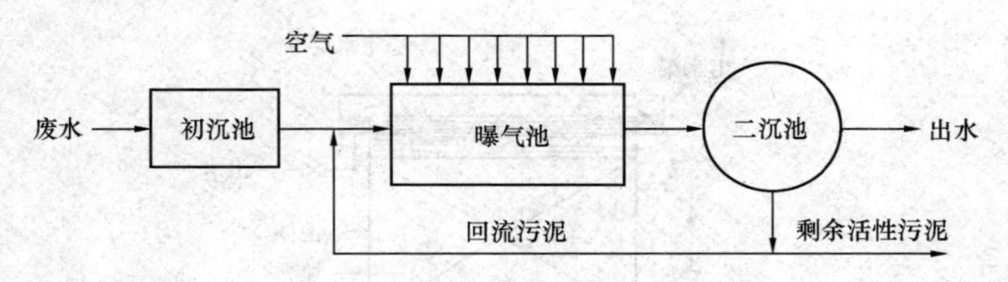

图 10-13　活性污泥法基本流程

2. 生物转盘

生物转盘属生物膜法，它由许多平行排列浸没在一个水槽中的塑料圆盘组成。如图 10-14 所示，生物转盘的主要组成单元有盘片、接触反应槽、转轴与驱动装置等。

废水处于半静止状态，而微生物则在转动的盘面上；转盘 40% 的面积浸没在废水中，盘面低速转动；盘面上生物膜的厚度与废水浓度、性质及转速有关，一般为 0.1～0.5mm。生物转盘的转速一般为 18m/min；有一轴一段、一轴多段及多轴多段等形式；废水的流动方式，有轴直角流与轴平行流。

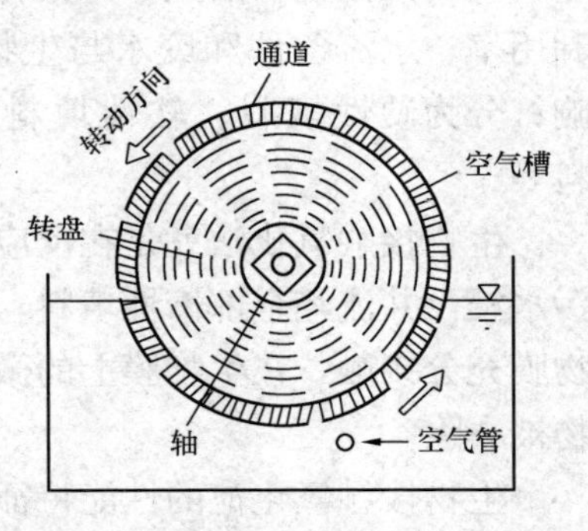

图 10-14　生物转盘构造

生物转盘对污水中污染物的浓度要求与活性污泥法相比有所降低，更适合处理火力发电厂生活污水，但当污水浓度太低时，系统运转困难。

3. 生物接触氧化法

生物接触氧化是一种以生物膜法为主，兼有活性污泥法的生物处理工艺，兼有两者优点，又称为浸没式生物滤池。由池体、填料、布水系统和曝气系统等组成，如图 10-15 所示。填料高度一般为 3.0m 左右，填料层上部水层高约为 0.5m，填料层下部布水区的高度一般为 0.5～1.5m。

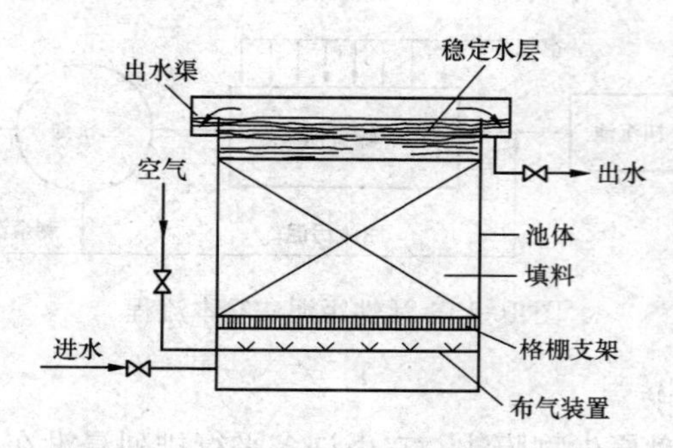

图 10-15　生物接触氧化池的基本构造

填料是微生物的载体，其特性对接触氧化池中生物量、氧的利用率、水流条件和废水与生物膜的接触反应情况等有较大影响；分为硬性填料、软性填料、半软性填料及球状悬浮型填料等。

生物接触氧化法就是在反应器中添加惰性填料，已经充氧的污水浸没并流经全部惰性填料，污水中的有机物与在填料上的生物膜充分接触，在生物膜上的微生物新陈代谢作用下，有机污染物被去除。

生物接触氧化池的性能特征：①具有较高的微生物浓度，一般可达 10～20g/L；②生物膜具有丰富的生物相，含有大量丝状菌，形成了稳定的生态系统，污泥产量低；③具有较高的氧利用率；④具有较强的耐冲击负荷能力；⑤生物膜活性高；⑥没有污泥膨胀的问题。

在生物接触氧化池日常运行管理中，一般应控制溶解氧浓度为 2.5～3.5mg/L，避免过大的冲击负荷，防止填料堵塞，注意点为：①加强前处理，降低进水中的悬浮固体浓度；②增大曝气强度，以增强接触氧化池内的紊流；③采取出水回流，以增加水流上升流速，以便冲刷生物膜。

（二）火力发电厂生活污水处理的工艺流程

目前火力发电厂的生活污水采用两级处理，一级处理限于物理法、二级处理多用生物法，经两级处理后已符合排放标准。电厂采用活性污泥法处理生活污水的运行效果较差，可能是水务管理的原因致使进入系统的生活污水有机物含量过低，未能达到设计要求的指标；而生物转盘对污水中污染物的浓度要求比活性污泥法有所降低，但当污水浓度太低时，系统运转也困难；由于生物接触氧化法较好地解决了一般活性污泥曝气在污水浓度低时难以维持而处理效果下降的缺点，其在火力发电厂生活污水系统中有一些应用实例。

目前电厂常采用地埋组合式生活污水处理设备，它是将污水处理设施中的主体构筑物埋在地下或半地下的污水处理技术，其具有占地面积小、噪声低、无异味、受气候影响小、管理方便、处理效率高等特点。地埋式生活污水处理一体化装置是以缺氧/好氧（A/O）生化工艺为主，集生物降解、污水沉降、氧化消毒等工艺于一体，其流程如图 10-16 所示。

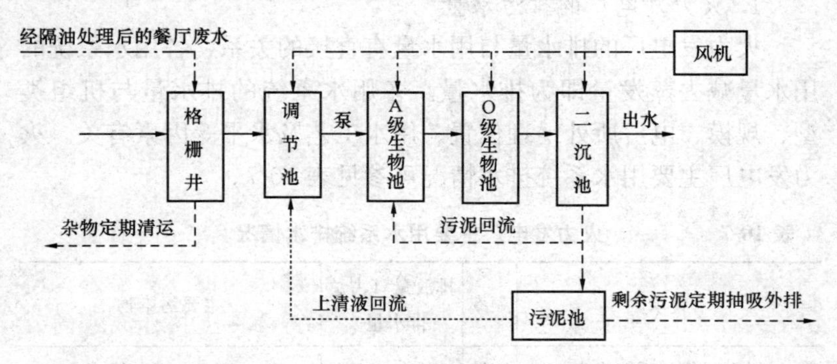

图 10-16　地埋式污水处理装置工艺流程

生活污水首先流经格栅井，通过格栅井中格栅截留污水中较大的悬浮杂质，以减轻后续构筑物的负荷；接着由提升泵定量提升至调节池进行水质水量的调节，经调节后的污水通过缺氧/好氧（A/O）生物接触氧化池，接触氧化时间长达6h，内部设高比表面积弹性填料，填充率为70%，比表面积近600m^2/m^3，利用生物膜的作用使有机污染物先转化为氨氮，同时，通过好氧硝化和缺氧反硝化过程既去除了有机物，又去除了氨氮。在缺氧池内溶解氧控制在0.5mg/L左右；在好氧生化池内溶解氧控制在3mg/L以上，气水比为15∶1。生化池的出水进入二沉淀池进行固液分离，二沉淀池出水进入消毒池，经消毒处理后能确保各项指标达标。沉淀池沉淀下来的污泥由气提装置，一部分提升至A级生物池，进行内循环；另一部分提升至污泥池；污泥池内的污泥定期采用粪车外运作农肥处理。调节池、缺氧池、好氧池、二沉池等的产气均由ABS管排入高空落水管，以免造成二次污染。

另外，也可利用粉煤灰处理生活污水，当粉煤灰与生活污水体积比为1∶1.25时，COD_{Cr}去除率可达84.2%，在处理柱中粉煤灰与污水接触得越充分，COD_{Cr}去除率越高，适宜处理浓度较低的生活污水。

八、火力发电厂废水的集中处理

1. 火力发电厂的排污水量

火力发电厂的排水量与用水量有直接的关系，各用水系统的用水量减去蒸发量即为排水量。各用水系统的排水量与机组类型、规模、电厂所处地理位置、用水工艺及水平等因素有关。火力发电厂主要用水系统排水情况可参见表10-7。

表10-7　火力发电厂主要用水系统排水情况

废水	频率	排放量（占总排水量）	主要污染物
凝汽器冷却系统排污	连续	30%～60%	盐类、Cl^-等
其他冷却系统排污	连续	10%～20%	盐类、Cl^-、少量油污等
化学水处理系统排污	间断	3%～6%	盐类、pH值、TSS等
锅炉排污	连续	1%～4%	pH值、TSS、Fe、Cu等

续表

废水	频率	排放量（占总排水量）	主要污染物
锅炉及设备清洗废水	间断	1.5%～3.5%	pH值、TSS、Fe、Cu、油脂等
冲灰废水	连续	20%～50%	pH值、TSS、F^-、重金属等
煤场及输煤系统排污	间断	0.5%～3%	TSS等
车间冲洗等其他杂用水系统排污	间断	1%～2%	pH值、TSS、油脂等
生活污水	连续	1.5%～4.5%	BOD、TSS等
储油系统的含油污水	间断	0.1%～0.5%	油污等

以上所述的排水量是指各用水系统的排水量，与整个电厂的外排废水量有着不同的含义。外排废水量与电厂各用水系统对废水的重复使用程度有关，只有当所有用水系统的排水都没有重复使用时，外排废水量才等于各用水系统的排水量之和。通过对废水的重复使用和最终处置，可以做到整个电厂没有外排废水的零排放。

2. 排污水的收集

废水的收集应遵循清污分流的原则，特别对于工厂废水的收集，应根据所排放废水的清浊程度及废水处理的工艺要求，尽量分类收集。由于火力发电厂废水种类很多，将每种废水都进行分类收集是不现实的，因此火力发电厂的废水收集系统有混合收集和单独收集两种方式。

有些水质特殊，不能混合收集、设备位置偏僻不便于收集或废水要循环使用，需要单独收集。单独收集的经常性废水有冲灰（渣）废水、含油废水、煤系统废水、生活污水、化学再生废水，一般单独处理。混合收集是将水质相似的排水收集在一起进行集中处理。一般将某些水量较小或间断性排水、水质相似的废水合并收集进行处理。例如，将锅炉排污、蒸汽系统排放的疏水、主厂房地面冲洗、设备冷却排水等集中收集，进行处理。

3. 排污水的集中处理

废水集中处理系统由于处理系统完善，能处理电厂各类废水和污水，有利于实现系统自动化和设备集中管理，处理效果好，处理后的水可回收利用。目前，废水集中处理技术已日趋成熟，基本工艺是酸碱中和、氧化分解、凝聚澄清、过滤和污泥浓缩脱水。图 10-17 是某电厂工业废水集中处理的工艺流程，是将排污水送到排水贮槽 A，然后采用混凝沉淀、过滤、酸碱中和及污泥脱水等方法对排水进行连续性处理。对于非经常性排水，由于其一次排放量大，通常是先送到排水贮槽 B（$3000m^3$）中储存，然后根据各类排水的不同性质进行适当的预处理（如进行特殊氧化分解，调节 pH 值，以及自身产生絮状沉淀物等），最后按处理经常性排水的流程进行连续处理，使其达到废水排放标准。

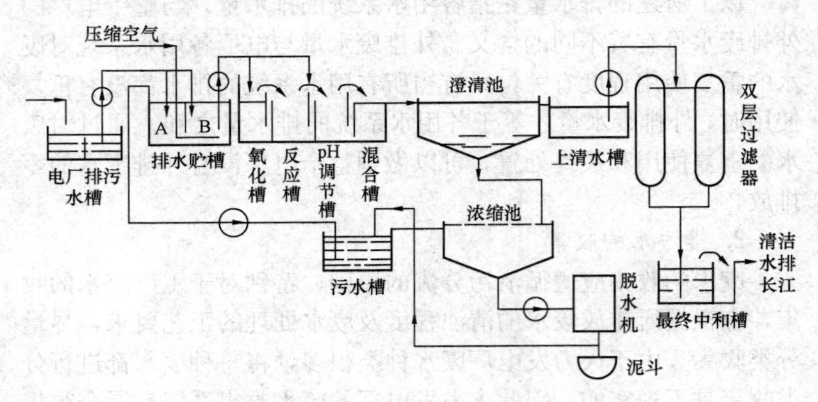

图 10-17　某电厂工业废水集中处理的工艺流程

工业废水集中处理系统的选择与机组容量、废水量、废水水质、外部排入的水体条件等有关，其原则性的工艺流程大同小异。

第三节　火力发电厂节水技术与零排放

电力工业是用水的大户，随着水资源日益紧缺和环保要求的严格，节水技术改造势在必行。火力发电厂废水零排放是指电厂不向地面水域排放任何形式的水（排出或渗出），所有离开电厂的水都是以湿气的形式，如蒸发到大气中或是包含在灰及渣中。电厂将其产生的废水通过处理后回用，可以替代火力发电厂30%以上的新鲜水；同时又可减少电厂的废水外排量，具有很好的环境效益和经济效益。

一、循环冷却水系统节水技术

循环冷却水系统是全厂用水量最大的单元，约占全厂用水的70%以上。循环冷却水的损失主要由三部分构成：蒸发损失、风吹泄漏损失和排污损失，针对不同的损失均有不同的控制和处理措施。

（一）降低蒸发损失

蒸发损失是指循环冷却水在冷却塔配水区从喷头喷出，经淋水填料直到落入塔底水池的整个过程中，与空气进行热交换，均以分子状态散发到空气中用于空气增湿的水量。蒸发损失约为循环水流量的1.2%～1.6%，占电厂耗水总量的30%～55%，是电厂耗水的主要组成部分。降低蒸发损失的方法主要有以下三种。

1. 热泵回收余热

循环冷却水带入冷却塔的热负荷越低，蒸发损失越少。热泵-循环水供热系统是利用循环冷却水作为热泵的低温热源，热泵吸取热量（余热），制作热水或暖风，供应给热用户。由于降低了进入冷却塔的循环冷却水温，因而减少了冷却塔的蒸发损失。热泵是利用一部分高位能从低位热源中吸取一部分热量，并把这两部分能量一起输送到需要较高温度的环境或介质的设备。根据驱动方式的不同，热泵分为压缩式热泵和吸收式热泵，以下以压缩式热泵为例，介绍其工作原理。

（1）压缩式热泵的组成与工作原理。压缩式热泵的组成与热力循环过程如图10-18所示，低温低压的制冷剂（常用氟利昂类R12、R134a等工质）通过蒸发器从低位冷源吸热蒸发升温后进入压缩机，被绝热压缩成高温高压蒸汽，然后进入冷凝器向高位热源放热冷凝后，经过节流膨胀阀绝热节流降温降压成低干度的

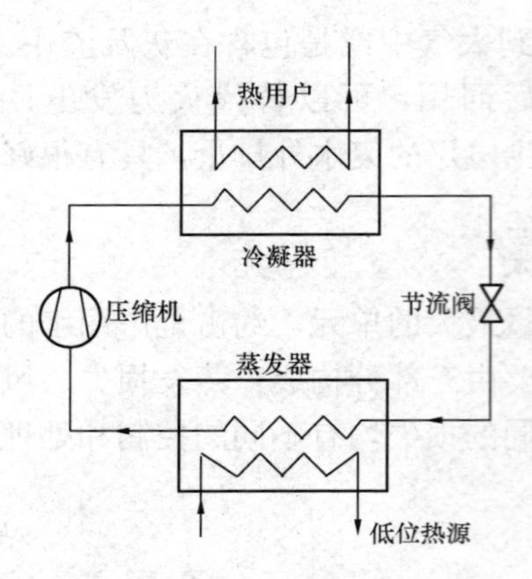

图 10-18 压缩式热泵的组成与热力循环过程

湿蒸汽，再通过蒸发器从冷源吸热蒸发，如此循环。

吸收式热泵以蒸汽为驱动热源，包括蒸发器、吸收器、冷凝器、发生器、热交换器、屏蔽泵（冷剂泵、溶液泵）和其他附件等，它是采用工质对的溶液循环实现压缩机的功能，其他热力循环过程与压缩式热泵一样。

（2）应用实例。图 10-19 是某电厂回收循环冷却水余热的热泵-暖风器系统示意。它利用从凝汽器出来的循环冷却水作为低温热源，由蒸发器、压缩机、冷凝器及膨胀阀组成的封闭系统内充有适量的制冷剂，制冷剂首先在蒸发器内吸收循环冷却水的热量蒸发形成蒸汽，压缩机吸入蒸汽压缩至规定的压力后进入布置在锅炉进风风道中的冷凝器内冷凝，凝结放热加热风道中的冷

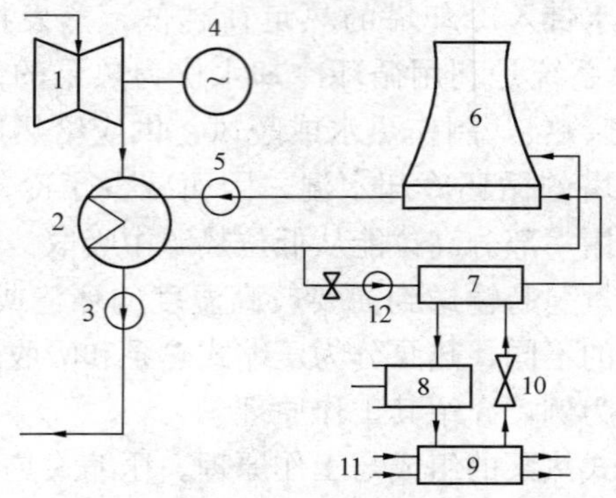

图 10-19 回收循环冷却水余热的热泵-暖风器系统示意

1—汽轮机；2—凝汽器；3—凝结水泵；4—发电机；
5—循环水泵；6—冷却塔；7—蒸发器；8—压缩机；
9—冷凝器；10—膨胀阀；11—锅炉进风；12—水泵

空气，冷凝液则经膨胀阀后回到蒸发器继续重复上述过程。通过热泵回收利用循环冷却水余热，降低了冷却塔进塔热负荷，减少了蒸发损失。

以 300MW 机组为例进行计算，其循环水中的热量 20% 被利用，其区域供热面积可达 81.4 万～122.1 万 m^2，循环水中蕴藏的热量能够提供区域供暖的面积是非常巨大的，但尚未对其节水效益进行量化。

2. 预降温

减少冷却塔蒸发损失的另一种方法是对循环冷却水与空气进行传热传质之前预降温。改进湿式逆流冷却塔装置，如图 10-20 所示，即在收水器上部设置干式换热器，在塔侧壁开设专用空气引风口，在换热器中利用这股空气对循环水预降温，换热器分担

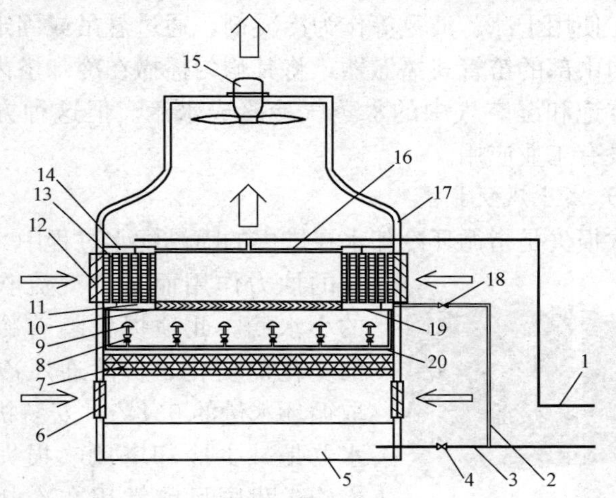

图 10-20 预降温冷却塔示意

1—循环冷却水进水管；2—旁通管；3—循环冷却水回水管；4—控制阀；5—贮水池；6—进风百叶窗；7—填料层；8—控制阀；9—布水器；10—收水器；11—下集水箱；12—进风百叶窗；13—空气换热器；14—上集水箱；15—风机；16—配水管；17—塔体；18—旁通阀；19—固定支架；20—空气换热器出水管

部分冷却任务，以减小填料层的冷却负荷，即减少水的蒸发量，从而达到节水的目的。由于在收水器上方设置了干式换热器，经过填料层升温后的饱和湿空气从收水器上升后，与从换热器出来的温度较高、相对湿度较低的空气混合，然后从风机排出，此时排出的气体与普通纯湿式冷却塔排出的气体相比，相对湿度及露点要小很多，从而较大地降低了产生水雾的程度。

3. 饱和湿空气降温

针对抽风式逆流湿式冷却塔，在冷却塔内用水作冷凝剂，直接冷凝水蒸气而形成水。通过安装在冷却塔内的自动冷凝装置，其空心形状的喷射器均匀地把冷凝剂喷淋成雾状的细小水滴与热蒸汽接触，使其遇冷凝结。此外，对冷却塔收水器上方饱和湿空气降温，也可使湿气凝结，回收凝结水。在闭式循环冷却塔节水装置中，使用干冰、液氮等作为冷凝剂，通过悬吊或固定在冷却塔塔筒内中部的笛管式播撒器，将其均匀播撒在冷却塔内，使收水器上方饱和湿空气中的水蒸气冷凝成水滴。但这种方法成本高，故没有工业应用。

（二）减少风吹损失

风吹损失是指循环冷却水在塔内的喷淋配水过程中，由于风筒的抽力作用而被空气流吹出塔外的小水滴。此项损失随着冷却水量的变化而变化，自然通风冷却塔可取循环水量的0.1%。安装机械式收水器是减少冷却塔风吹损失的通用措施。我国目前常用在冷却塔内的收水器多为波纹板式或S形收水器（图10-21），收水器安装在冷却塔淋水填料顶部，可回收因风吹带走的部分水量。

图10-21　S形收水器

通常未加收水器时，风吹损失约占循环水量的0.5%；而加装机械式收水器后，其损失约为循环水量的0.1%。某电厂4台200MW湿冷机组采用4座自然通风湿冷塔，每座塔均装上了收水器，共节水约 138m³/h。

（三）提高浓缩倍数

为降低排污损失，一般采用提高循环冷却水浓缩倍率的方法，这也是火力发电厂最常用的冷却塔节水技术。提高浓缩倍数的相关技术详见第九章。

（四）回收利用排污水

目前，缺水地区循环冷却排污水回收利用较为普遍，主要技术有弱酸离子交换-RO（见本章第二节）、软化-澄清-UF-RO，以及高浓度排污水使用的多效蒸发，在此重点介绍软化-澄清-UF-RO 技术。

循环冷却排污水中含有胶体、悬浮物及病菌等有害成分，在进入反渗透膜之前，必须通过合适的预处理工艺去除有害成分。先通过石灰/苏打/氯化铁的软化澄清处理，随后通过盘式过滤器，再进行超滤、反渗透处理后回用。某电厂工程设计处理规模为 9600 m³/d，以 UF-RO 为主体工艺对循环排污水进行去浊除盐，循环冷却排污水软化-澄清-UF-RO 处理及回用工艺流程如图 10-22 所示。

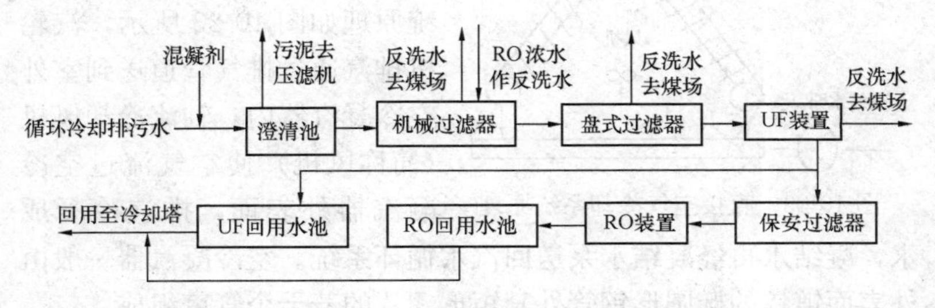

图 10-22　循环冷却排污水软化-澄清-UF-RO 处理及回用工艺流程

图 10-22 系统的核心元器件均选用过滤精度高的设备，盘式过滤器为内源清洗模式，UF 装置为内压式，RO 装置采用美国科氏膜。从表 10-8 可见，超滤装置对碱度、硬度、Cl^- 去除效果一般，而 RO 装置对它们的去除效果显著，去除率均大于 93%。处理后的水回用改变了原系统的浓缩倍数，可使水的循环利用率

进一步提高，节水效果显著。

表 10-8　　循环冷却排污水 UF-RO 处理效果

项目	碱度（mmol/L）	硬度（mmol/L）	Cl^-（mg/L）
进水	7～8.5	8～9	163～170
UF 产水	6.5～7	5～6	160～170
RO 产水	0.4～0.6	0.3～0.5	5～5.5

二、干式空冷系统节水技术

目前，发电厂应用的干式空气冷却系统有：①直接空冷系统；②间接空冷系统：包括哈蒙式和海勒式，前者采用表面式凝汽器，后者采用混合式凝汽器。

1. 直接空冷系统

直接空冷是指汽轮机的排汽直接用空气冷凝，即蒸汽在散热器中与外界空气进行热交换。散热器兼任凝汽器，又称空冷凝汽器。直接空气冷却系统原理如图 10-23 所示，汽轮机排汽通过排气管道送到室外空冷凝汽器内，轴流冷却风机（简称风机）使空气流过空冷凝汽器外表面，排汽冷凝成水，凝结水再经凝结水泵送回汽水循环系统。空冷凝汽器一般由外表面镀锌的椭圆形钢管外套矩形翅片的若干个管束组成。

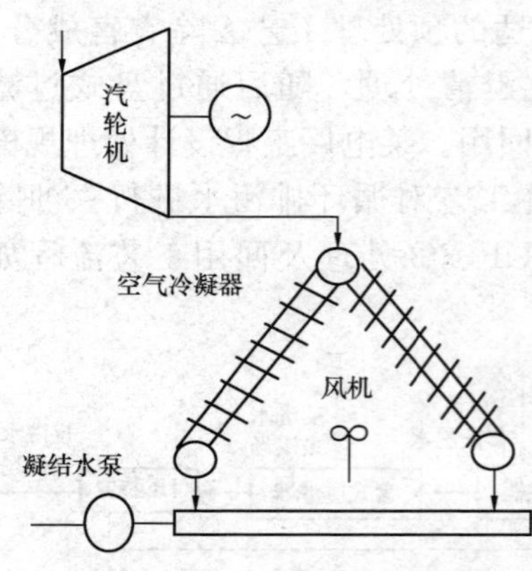

图 10-23　直接空气冷却系统原理

这种系统的主要优点是只有一个凝汽冷却设备，通过翅片管束加大了空气流速，减少了管束数量；冬季运行防冻性能好。它的缺点是对风向、风速和上游建筑物对空气环流的影响敏感，特别是高温天气汽轮机背压增高，造成汽轮机出力下降；真空系统庞大，容易泄漏且不易查找，检修维护工作量较大；风机群噪声较大。

2. 间接空冷系统

间接空冷系统又分为带表面式凝汽器（哈蒙式）和带混合式凝汽器（海勒式）的两种系统。

（1）带表面式凝汽器间接空冷系统（哈蒙式）。表面式凝汽器间接空冷系统由表面式凝汽器与干式空冷塔构成。与常规湿冷（循环冷却水）系统相仿，不同之处是用表面式对流换热的空冷塔代替混合式蒸发冷却换热的湿冷塔，通常用不锈钢管凝汽器代替铜管凝汽器，用碱性除盐水代替循环冷却水，用密闭式循环冷却水系统代替敞开式循环冷却水系统。该系统采用自然通风冷却，即散热器装在自然通风冷却塔中。系统流程如图 10-24 所示，汽轮机排汽进入表面式凝汽器内，经循环水冷却后，由凝结水泵送入汽水循环系统，水温升高的循环水经循环水泵送入空冷塔内部的表面散热器中，经空气冷却后返回表面式凝汽器循环使用。

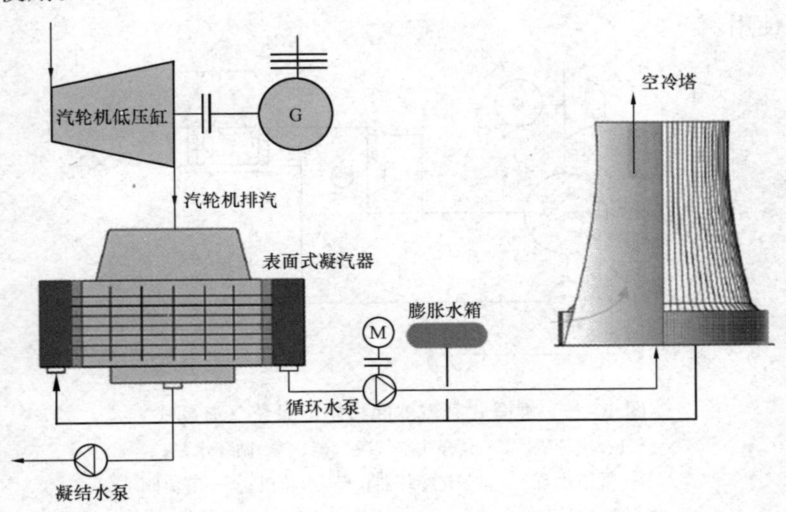

图 10-24　表面式凝汽器间接空冷系统（哈蒙式）系统流程

该系统采用自然通风方式冷却，将散热器装在自然通风冷却塔中，耗电少。系统的优点是循环冷却水与凝结水分为两个系统，两水质可按各自的要求分别处理，耗电少；缺点是因两侧换热，热效率相对较低，需要大量的冷却面积，需设大型冷却塔，因此基建投资高。

（2）带混合式凝汽器间接空冷系统（海勒式）。海勒式空冷系统中汽轮机排汽与冷却水在喷射式凝汽器中直接进行热交换，冷却水升温后进入散热器（空冷塔）与环境空气进行热交换。前者热交换属于混合式换热，后者热交换属于表面式换热。混合式凝汽器间接空冷系统如图 10-25 所示，其工艺流程是汽轮机排汽排至混合式凝汽器内与喷射成细小水滴的循环冷却水直接接触冷凝，汽轮机排汽的凝结水与循环冷却水混合在一起，其中一小部分（约 2%）经精处理后由凝结水泵送至汽水循环系统，绝大部分（约 98%）经循环水泵升压后回至散热器空冷塔，进入安装在塔底部的表面式换热器内，与空气进行表面式换热冷却，冷却后的循环水通过水轮机或节流阀调压返回混合式凝汽器循环使用。

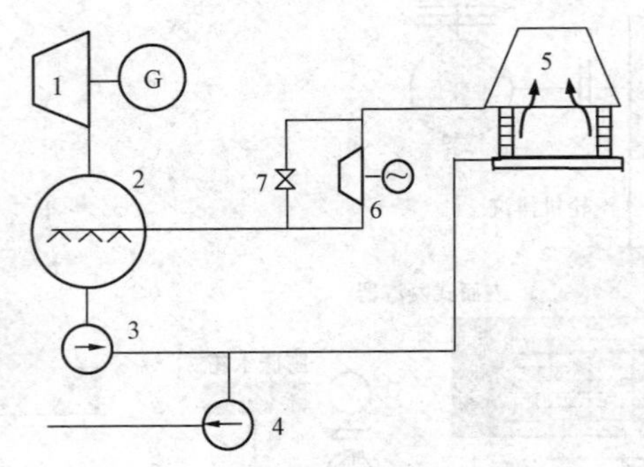

图 10-25　混合式凝汽器间接空冷系统（海勒式）

1—汽轮机；2—混合式空气凝汽器；3—循环水泵；

4—凝结水泵；5—空气冷却器；6—水轮机；7—节流阀

该系统的缺点是两次换热、凝结水与循环冷却水混合；系统复杂，占地面积大，防冻性能差；需设大型冷却塔，初次投资费用较大。其优点是年平均背压较低。

直接空冷系统具有一次性投资低、占地面积小、冬季防冻性能好等特点。因此，直接空冷系统无论在单机容量还是在应用上都发展较快，间接空冷系统的发展较为缓慢。目前，我国已投运的单机容量大于或等于100MW的空冷机组总装机容量中，直接空冷机组、海勒式空冷机组和哈蒙式空冷机组大约分别占42%、33%和25%。

空冷系统的缺点是投资比湿法高2～3倍；供电煤耗率同比增加3%～5%；在夏季和冬季，冷却空气的温度对其影响很大。但空冷系统特别适用于我国西北部煤炭资源丰富但水资源匮乏地区的火力发电厂，山西大同第二电厂二期工程（2×600MW）是我国首次在600MW大型火力发电机组上采用直接空冷技术，水耗仅为0.194m^3/(GW·s)，日耗水量仅两万多吨，是湿冷机组的20%，耗水费用大大降低。以600MW机组为例，空冷机组与湿冷机组耗水量比较结果见表10-9，从表中可看出采用空冷技术节水效果明显。

表10-9　　空冷机组与湿冷机组耗水量比较

项目	空冷机组	湿冷机组
耗水指标（年平均）[m^3/(GW·s)]	约0.13	约0.68
耗水流量（年平均）(m^3/h)	608	2370
年总用水量（万m^3）	356	1398
年节约水量（万m^3）	1042	

三、除灰（渣）系统的节水技术

我国大部分电厂采用干式输灰除渣，少量电厂保留机组湿除灰。若采用水力除灰，灰水尽量做到闭路循环；当灰水闭路循环确有困难时，则使用高浓度水力除灰。由于水冲灰系统的水灰比不同，灰渣水损失可占电厂水损失的10%～45%，主要是灰渣水的渗漏、蒸发损失，于是减少冲灰渣水的用量和排放量是节水中很重要的一环。冲灰渣水对水质的要求不高，有时为防止结垢，可用低碳、微酸性水，这就可利用其他系统的排水，为零排放创造了条件。

（一）干式除灰（渣）

干式除灰包括气力除灰和机械除灰，气力除灰系统又分正压和负压两类。

1. 正压气力除灰系统

目前干式除灰较多的是正压气力除灰系统，灰在高于大气压的压缩空气推动下，送入指定的灰库。它利用设置在省煤器、电除尘器灰斗下的仓泵，用压缩空气将收集的灰通过管道输送至灰库储存。正压气力除灰系统如图 10-26 所示，由于气灰混合气流进入灰库后速度突然降低，造成气灰分离，空气经滤袋式过滤器直接或经吸风机排入大气。主要设备有仓泵、压力风机和锁气装置。

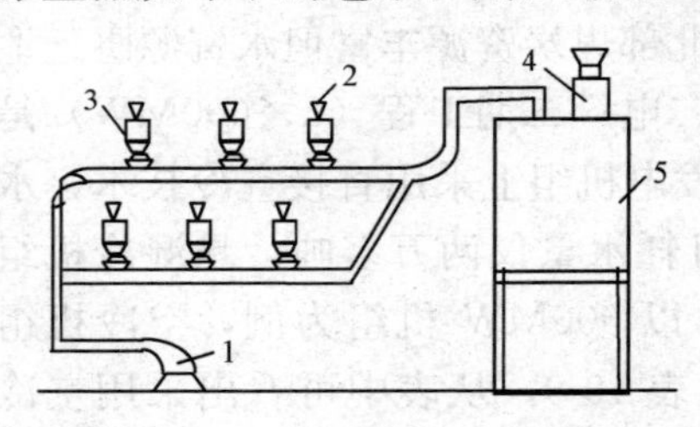

图 10-26　正压气力除灰系统

1—压力风机；2—灰斗；3—给灰装置；4—排气过滤器；5—灰库

正压气力除灰系统输送距离长，最经济安全的输送距离为 500～1000m，最大可达 1500m，采用 0.8MPa 压缩空气，输送浓度可达 30kg(灰)/kg(气)以上，但对密封要求严格，要严防发生泄漏。

2. 负压气力除灰系统

在抽气设备的抽吸作用下，空气和集灰斗中的灰一起被吸入输送管道，送至卸灰设施处，经收尘装置将气灰分离，灰经排灰装置被送入灰库，净化后的空气通过抽气设备排入大气。负压气力除灰系统的整个输送过程均在低于大气压力下进行，主要设备是负压风机或水环式真空泵，这种系统能防止飞灰泄漏，构造简单，出力可达 30～40t/h，输送距离 100～200m，输送浓度20～25kg(灰)/kg(气)，输送气压－0.06～－0.04MPa。

由于系统出力和输送距离受负压条件的限制，负压气力除灰系统的缺点是运距短、投资较大、维护工作量大，调试周期长。

3. 机械除灰系统

机械除灰系统的设备有空气斜槽、螺旋输送机、埋刮板输灰机等。其中，空气斜槽输灰系统在灰层中充气使灰流态化，以自流方式输送，一般作为除尘器灰斗上干灰集中输送装置用。

4. 干式除渣

干式除渣是自然风在锅炉炉膛负压的吸引下，通过干式排渣机进入锅炉喉部区域，在此冷空气逆向与热渣相混，加热后的空气进入炉膛，高温渣被冷却并由不锈钢输送带输出。

意大利某公司设计的锅炉炉底干除渣技术，它采用一种特制钢带取送，同时引入适量的自然风有效冷却炽热的炉底粗渣，再用碎渣机将粗渣粉碎成小于 50mm 的颗粒，经再冷却、输送至贮渣仓贮存。

干式除灰（渣）技术在火力发电厂的广泛应用大大降低了电厂的单位发电量的取水量。

（二）高浓度水力除灰

我国部分电厂仍采用水力除灰，当采用湿式贮灰场时，为实现灰渣综合利用、节水或在远距离输送情况下为节省投资与运行费用而采用高浓度输送。当电厂与贮灰场之间的距离较远、高差较大时，采用高浓度水力除灰较为经济。

除灰系统采用浓浆输灰，浓浆水力除灰不仅减少了厂区水补给量，且减少了排放量。图 10-27 为某电厂除灰系统为油隔离泵高浓度水力除灰系统，2×330MW 机组采用浓浆冲灰，冲灰用

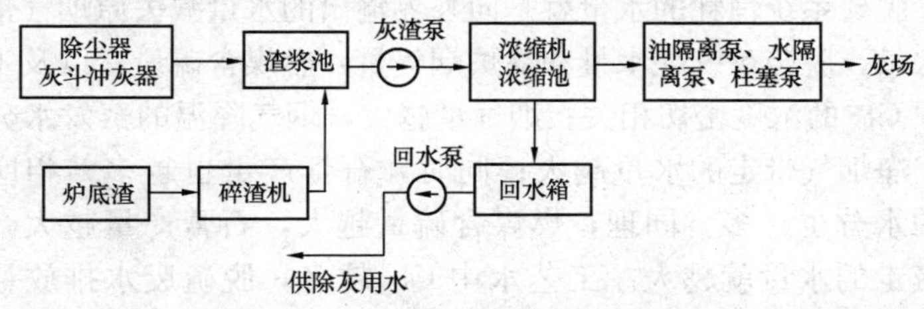

图 10-27　某电厂除灰系统为油隔离泵高浓度水力除灰系统

柱塞泵的流量由原来的100t/h减小到75t/h，使灰水比从1∶3.45减小至1∶2.5左右，相应减少了冲灰水用量。

四、湿法烟气脱硫系统的节水技术

石灰石-石膏湿法烟气脱硫技术是国内外应用最为广泛和成熟的技术，湿法脱硫系统的用水可分为四大类：石灰石制浆用水、设备冲洗用水、设备冷却用水和废水处理系统排水。石灰石制浆用水主要是指加工成质量分数为15%～30%的石灰浆水，制浆本身并不消耗任何形式的水。

（一）脱硫系统向系统外输出的水量

1. 净烟气带走的水蒸气量及烟气携带液态水滴量

净烟气中以气态形式排放的水分包含两个部分：一部分为饱和水，水量为原烟气流量乘以净烟气中饱和水质量浓度（原烟气中的水蒸气为非饱和状态，经过石灰石浆液洗涤后，水蒸气达到饱和状态）；另一部分蒸发水，水量为烟气加热而蒸发的水分，包括烟气喷淋降温所蒸发的水。净烟气经除雾器后，排放的液态微滴质量浓度小于$75mg/m^3$，因此，这部分水量很小。

2. 石膏结晶水及其附着水

石膏（$CaSO_4 \cdot 2H_2O$）中的结晶水来自脱硫系统水，石膏还含有10%的游离态水分，即附着水，这部分水量和石膏量成正比。

3. 排放的脱硫废水

为维持吸收塔内浆液Cl^-等处于合适的浓度水平，保证石膏正常结晶，需要不断向外排放高浓度废水。

脱硫系统消耗的水量就是向外界输出的水量减去原烟气带入的水量，脱硫系统耗水量和锅炉烟气量、燃煤含硫量，以及工艺水中Cl^-的浓度密切相关。烟气量越大，烟气降温的蒸发水分越多，净烟气带走的水量越大；同时，石膏产量也越多，相应带走的水分也越多。同理，燃煤含硫量越大，石膏产量越大，石膏带走的水量就越大。工艺水中Cl^-越多，脱硫废水排放量也越多。

（二）脱硫系统的节水技术与措施

1. 加装气-气换热器（GGH）

气-气换热器（GGH）是石灰石-石膏湿法脱硫装置（FGD）的重要设备，它是采用高温锅炉原烟气加热湿法烟气脱硫装置排出低温净气。采用这种换热装置降低了进入湿法脱硫系统装置烟气的温度，从而降低了吸收塔出口烟温，进一步减少了整个脱硫装置排入大气中的汽态水。以内蒙古某电厂为例，无 GGH 时烟囱排烟温度约为 49℃，加装 GGH 后烟囱排烟温度达到 88℃以上，这样整个 FGD 装置进出口温差减小至 39℃左右，因此省水 35t/h 以上。

2. 加装烟气余热利用节能装置、降低吸收塔入口烟温

吸收塔入口烟温越高，脱硫系统蒸发的水量越大，因此应设法降低吸收塔入口烟温。在脱硫装置烟气入口加装低温省煤器是降低入口烟温的措施之一，它不但降低入口烟温，还利用烟气余热，因而降低了发电煤耗。某电厂 600MW 机组安装低温省煤器后，脱硫系统蒸发水量由 192t/h 降至 119t/h，降低了 38％。

3. 其他措施

（1）在脱硫废水排放出口加装流量计，统计脱硫废水排放量，根据吸收塔浆液化验数据，指导脱硫废水系统运行。

（2）改变真空泵常规运行方案，真空泵工作用水循环使用，为此可考虑设置专门的循环水箱和水泵，减少进入脱硫系统的水量。

（3）在保证脱硫效率的前提下，可通过提高石灰石品质、根据不同工况调整浆液循环泵数量，适当维持一定的浆液密度（$1100kg/m^3$）等措施优化脱硫系统。可根据吸收塔除雾器压差情况优化运行，在保证除雾效果的前提下，减少塔内蒸发水耗。

（4）提高脱水机脱水效果，减少石膏含水率，防止含水率过大。当石膏含水率较大时，应及时调整石膏脱水系统运行状态。

（5）尽量使用石膏过滤水制浆，使用过滤水进行除雾器冲洗，可采用石膏过滤水冲洗一层或两层除雾器，但相关设备及管

道应采取防腐措施。同时，使用石膏过滤水冲洗滤布。

（6）收集烟囱冷凝水，用于制浆和除雾器冲洗等，但相应管道设备应采取防腐措施。

五、火力发电厂“废水零排放”

（一）火力发电厂零排放发展状况

1. 火力发电厂零排放概念的起源

所谓废水零排放，主要是指污染物的零排放，即采取措施不向外界排出对环境有任何不良影响的水，进入电厂的水最终以蒸汽的形式进入大气，或是以污泥等适当的形式封闭、填埋处置。实现零排放，电厂必然可以最大限度地提高水的利用率，减少电厂的总用水量，同时最大限度的保护水环境，最终实现电厂经济效益、社会效益的全面改善。

火力发电厂“废水零排放”（zero liquid discharge，ZLD）是电厂用水的最高水平，是20世纪70年代末、80年代初美国西南地区兴起的一种用水模式。美国、日本在火力发电厂废水零排放领域一直处于领先地位，从70年代就开始对火力发电厂水务管理的理论研究和实践，80年代初零排放系统在一些电厂中得到了应用，实现了废水的真正零排放。中国火力发电厂“废水零排放”启动较晚，在2000年仅西柏坡火力发电厂一家完成了“废水零排放”的科研项目。由于严格意义的“废水零排放”实施难度大、成本高，目前国内只有极少数电厂建设了严格意义上的全厂废水零排放系统。

2. 火力发电厂废水零排放经历的阶段

作为用水大户的火力发电厂，实现废水零排放一般经过以下四个阶段。

（1）用水流程优化配置。

（2）减少各用水系统外排水量，对于湿冷机组主要为减少循环水外排水量。

（3）废水处理回用。

（4）末端废水处置。

火力发电厂废水零排放不同阶段的投资及运行费用对比见表10-10。由表10-10可见，火力发电厂废水零排放是通过多种技术工艺的组合而实现的，而且应根据各电厂的具体情况分步骤实施。随着废水零排放工作的逐步进行，其投资和运行费用越来越高，但节水效果却越来越小。

表10-10　火力发电厂废水零排放不同阶段的投资及运行费用对比

项目	主要工作内容	投资估算［万元/(m^3·h)］	运行费用估算（元/m^3）
用水流程优化配置	全厂用水梯级和循环使用	1.5	0.1
减少系统外排水量	提高循环水浓缩倍数及减少其他水系统废水排放	3～4	0.5
废水处理回用	对循环排污水、生活污水、含煤废水等进行处理	2～6	1.5～2.5
末端废水	脱硫废水、再生废水等进行蒸发结晶处置	250	40～100

3. 火力发电厂废水零排放的目标

火力发电厂“废水零排放”技术的实施是一项战略性任务，需要实现以下目标。

（1）合理地选择和利用水资源，做到既保证满足计划发电容量的用水需要（参见GB/T 18916.1—2012《取水定额　第1部分：火力发电》），又要尽量少用水、不排或少排水，排水水质不污染环境。

（2）采用高、新技术设备，合理循环处理、重复使用水源，即合理地安排各工艺系统的生产用水及排水，减少电厂的用水量和排水量。

（3）研究各用水系统的排水量和水质，以经济合理地满足下一级系统的用水水质要求。

（4）准确检测和控制排水水质。

（二）火力发电厂废水零排放系统设计

1. 火力发电厂废水零排放系统的水量平衡

废水的零排放是火力发电厂用水、节水、排水的系统工程，在零排放系统中要求不向环境排放废水，在一定时间内电厂整个用水系统和各个用水子系统水量的输入、输出保持平衡，图 10-28 为零排放系统的水量平衡，该系统的水量平衡关系为

$$V_p + V_1 = V_r + V_w \tag{10-19}$$

式中：V_p为排水量；V_1为生产过程损失水量；V_r为重复利用水量；V_w为补充水量。

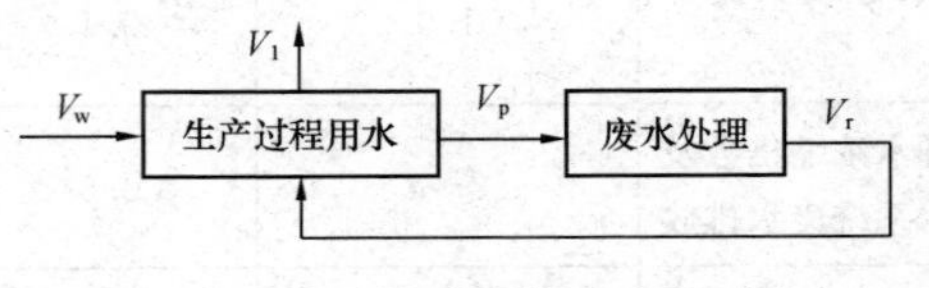

图 10-28　零排放系统的水量平衡

在零排放系统中要求不向环境排出污水，其水量关系为 $V_w = V_1$，即新鲜水仅用于补充水系统中的各种损失。

火力发电厂全厂废水零排放既包括各水处理系统之间的相关关系，又包括火力发电厂全厂水系统的水量平衡。很显然，不能把火力发电厂全厂废水零排放技术简单地理解为水处理技术，也不能把某个子系统实现了回用就误认为是全厂废水零排放。判断标准只能是全厂废水外排量与湿贮灰场外渗灰水量之和与取水量之比为零，才是真正意义上的全厂废水零排放。

2. 火力发电厂零排放典型系统的组成

国外发达国家开展废水零排放的研究和应用已有三十多年历史，目前已基本形成了一套较完整的设计和应用的经验体系。美国某火力发电厂废水零排放系统如图 10-29 所示，其废水零排放工艺主要是根据各用水系统的工艺要求，改进水质处理工艺，加强水务管理，减少生产过程用水量和废水排放量，并通过用水系统闭路循环、废水回收重复利用和蒸发池等方法，最终达到废水零排放。该工艺的关键技术是在十分复杂的用水系统中建立严格的水量平衡，并解决因使用水质改变而引起的火力发电厂冷却水、除灰等系统的结垢、腐蚀和微生物生长问题。

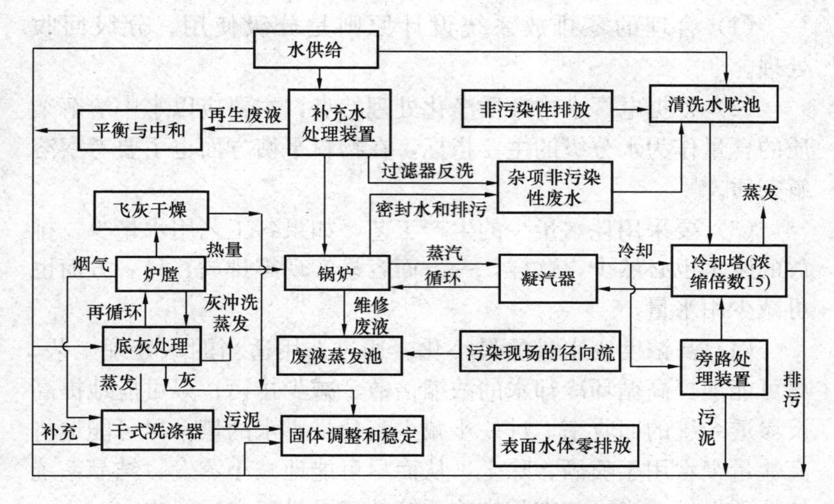

图 10-29　美国某火力发电厂废水零排放系统

零排放系统一般包含下列子系统：①汽轮机冷却系统；②锅炉除灰排渣系统；③循环冷却水和锅炉补水处理系统；④辅机水系统；⑤输煤系统；⑥工业水系统；⑦杂用水系统；⑧生活水系统。特别是耗水量大的冷却和除灰渣系统用、排水应尽量采用无水工艺，其余系统则根据水质要求进行回用。

3. 零排放系统设计原则

零排放系统的建设费用和运行费用均较高，有时甚至是昂贵的，同时各子系统工艺之间高度互相影响，技术要求很高。因此，零排放系统的设计普遍被高度重视。

在零排放系统设计阶段，一般均需进行系统物料平衡计算，即根据不同的工艺选择计算出详细的水量和盐量平衡图表（发达国家的一些大型水处理专业公司已开发出零排放物料平衡计算软件，输入必需的基础资料和数据，即可得出详细的计算结果）。在经过充分论证、选定处理工艺后，根据物料平衡数据进行各子系统的设计。

以下原则在进行零排放系统设计时被普遍遵循。

（1）合理的零排放系统设计原则是分级使用、分级回收处理。

（2）根据电厂水中杂质净化处理特点，主要应以水中溶解杂质的含量作为水分级的主要指标，在物料平衡方面也主要考察溶解杂质。

（3）要采用耗水量少的生产工艺，如果各工艺用水量少，排放的废水也必然少，这样，一方面容易实现零排放，另一方面也可减少用水量。

（4）高浓度废水量的最小化。通过选用适当的水处理工艺，尽可能地提高循环冷却水的浓缩倍数、减少排污；尽可能地提高反渗透系统的回收率，进一步减少高盐量废水的量；尽可能地将高盐量废水用于喷洒、除尘，从而尽可能地减小蒸发、结晶系统的处理量。这样可节省零排放系统的建设投资和运行成本。

（5）限制使用化学品。尽可能地避免或减少人工合成有机化学品的使用（如有机阻垢、缓蚀、杀菌剂等），因为这些化学品可能给最后阶段的蒸发、结晶系统带来危害，而且可能最终随固体废弃物排出而对环境造成危害。必要时石灰、无机酸碱等无机化学品被优先推荐使用。

（6）经过技术经济分析优化处理工艺。采用最合理的给水与废水处理工艺，尽可能地避免选用机械压缩强制蒸发、结晶工艺，因为这些设备造价昂贵，运行、维护工作量大，且容易因结垢、污染、腐蚀而损坏。在可能的条件下，尽量采用自然蒸发或循环蒸发塔工艺。

（7）在注意考察处理效果、经济指标的同时，要特别重视工艺系统的可靠性、系统运行的灵活性。

（三）末端处理工艺——高浓度废水蒸发结晶技术

火力发电厂零排放的技术内容主要是废水处理、污泥处理与处置，技术关键是各种处理技术或工艺的优化组合，技术难点是高浓度废水处理。

蒸发结晶技术是通过一系列方法将废水浓缩，浓缩液蒸发结晶，蒸汽经冷凝回收，而盐结晶干燥成工业盐，从而达到废水零排放的目的。目前，废水蒸发结晶技术主要有以下三种。

1. 多效蒸发技术

常规蒸发结晶技术为多效蒸发（MED）结晶技术，该技术一般分为四个单元：热输入单元、热回收单元、结晶单元和附属系统单元，如图 10-30 所示。以生蒸汽进入的那一效作为第一效，第一效出来的二次蒸汽作为加热蒸汽进入第二效……依次类推。多效蒸发技术是将蒸汽热能进行循环并多次重复利用，以减少热能消耗，降低运行成本。常规处理后的废水经过多级蒸发室的加热浓缩后成为盐浆，盐浆经离心、干燥后成为工业盐，并运输出厂出售或掩埋。

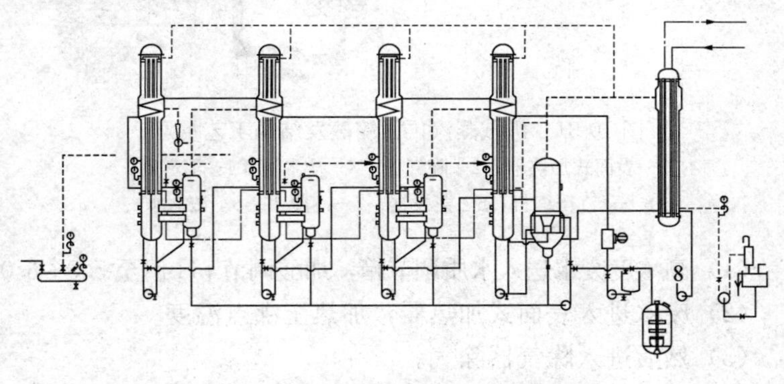

图 10-30　四效蒸发结晶工艺流程

2. 机械蒸汽再压缩技术

机械蒸汽再压缩（MVR 或 MVC）技术是将二次蒸汽经绝热压缩后送入加热室，压缩后的蒸汽温度升高，可重新作为热源使用，从而降低了蒸汽用量，降低了能耗，产生的浓缩液进入结晶系统处理。

常用的降膜式蒸汽机械再压缩蒸发结晶系统，由蒸发器和结晶器两单元组成，废水首先送到机械蒸汽再压缩蒸发器中进行浓缩，经蒸发器浓缩后，浓盐水再送到强制循环结晶器系统进一步浓缩结晶，将水中高含量的盐分结晶成固体，出水回用，固体盐分经离心分离、干燥后外运回用。图 10-31 是其工艺示意，工艺流程如下。

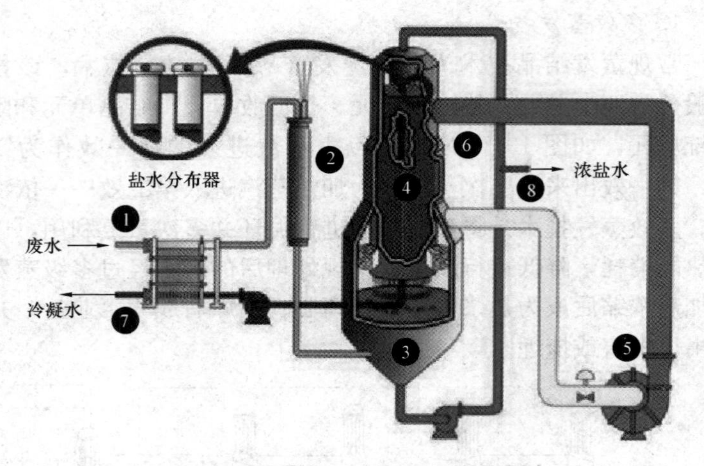

图 10-31 机械蒸汽再压缩蒸发结晶工艺示意

1—表面式加热器；2—除气器；3—盐水槽；4—消雾器；5—蒸汽压缩机；6—蒸发器；7—冷凝水；8—浓盐水

（1）高浓度废水送入水质调节箱，加酸调节 pH 值至 5.5～6.0。

（2）废水进入表面式加热器，加热至沸点温度。

（3）然后进入除气器除气。

（4）最后送入 MVR 蒸发器。

MVR 盐水浓缩蒸发器包括结晶反应部分和热交换部分，其浓缩蒸发过程由以下六个步骤组成。

（1）废水在盐水槽中与含有晶种的盐水混合并反应。

（2）盐水通过循环泵从盐水池送至热交换器管束顶端的配水箱，在盐水分布器上均匀布水。

（3）盐水沿管内壁向下流动并在管末端跌落，形成液膜使部分盐水得以蒸发。

（4）蒸发的蒸汽通过消雾器进入蒸汽压缩机，蒸汽温度和压力均被提高。

（5）蒸汽送回热交换器的外侧，使内壁流动的盐水升温，蒸汽冷凝成纯水。

（6）凝结的水再用泵打回表面式加热器，以利用余热。

运行过程中，应避免局部干烧，保持循环流动；为保持盐水的浓度，要排放少量浓缩盐水，这部分浓缩盐水可用于煤场喷淋、干灰调湿、水力冲灰与除渣等对水质要求很低的场合。

3. 低温常压蒸发结晶工艺

低温常压蒸发结晶工艺示意如图10-32所示，废水首先经过换热器被加热至一定温度（40～80℃），然后进入蒸发系统，水分蒸发形成水蒸气，在循环风的作用下被移至冷凝系统，含有饱和水蒸气的热空气与冷凝系统内的冷水（20～50℃）相遇而凝结成水滴，并被输送至系统外。经蒸发后的废水浓度不断升高，达到饱和溶解度的盐从溶液中析出形成固体颗粒，并最终从水中分离出去。

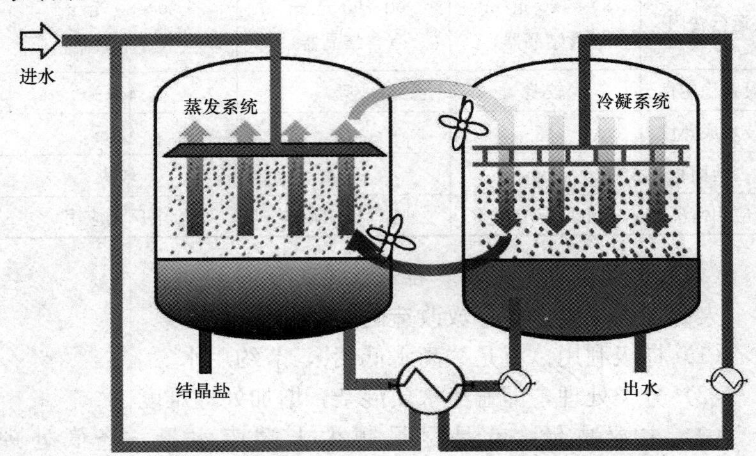

图10-32　低温常压蒸发结晶工艺示意

以上三种蒸发结晶处理技术容易出现以下问题：①浓缩蒸发设备在高含盐量水条件下材料的腐蚀问题；②浓缩过程中蒸发面的结垢问题；③低溶解度盐（如硫酸钙、二氧化硅）的饱和度限制了蒸发系统水的转化率；④投资及运行成本高。

三种蒸发结晶处理技术的对比，见表10-11。

表10-11　　三种蒸发结晶处理技术的对比

蒸发方式	多效强制循环蒸发结晶	机械蒸汽再压缩蒸发结晶	低温常压蒸发结晶
工艺特点	热利用率高，消耗蒸汽	热利用率高，消耗电能	蒸发温度低，能耗低，消耗电能
进水要求	较高	高	较低
结垢、堵塞	较严重	严重	轻微
运行可靠性	平均5～15天清洗一次	平均7～20天清洗一次，压缩机定期维护	平均3～6个月清洗一次，压缩机定期维护
投资费用	较低	一般	较高
运行费用	80～120元/m^3（含结晶器）	60～90元/m^3（含结晶器）	20～80元/m^3（含结晶器）
设备稳定性	较差	差	较好
技术成熟度	高	高	较低
占地面积	较小	一般	较大
应用情况	电厂有应用	电厂应用较少	电厂无应用

（四）火力发电厂废水零排放改造工程

火力发电厂废水零排放改造的原则如下。

（1）梯级利用，就是“高水低用”，节约用水。

（2）分类处理，即避免水质混杂，增加处理难度。

（3）末端减量，就是尽量减少末端废水量，降低处理成本。

（4）一厂一策，就是根据水源条件、燃煤条件等确定改造方案。

火力发电厂水资源经过梯级利用后，会产生一定量水质条件极差、不能直接回用的末端废水，这部分末端废水的处理回用是实现全厂废水“零排放”的关键点。经过梯级利用及浓缩减量后的末端废水中含有高浓度的氯离子，需要进行脱盐处理后才能回用。

末端废水的处理方法有灰场喷洒、蒸发塘蒸发、蒸发-结晶、烟道蒸发等，其本质均为通过末端废水的物理性蒸发实现盐与水的分离。末端废水蒸发处理技术的选择需要根据电厂末端废水的水量及所在地的气候条件、场地条件等进行确定。灰场喷洒和蒸发塘由于受气候条件影响较大，并存在污染地下水的风险，其应用受到限制。蒸发结晶技术是较为成熟的高盐水脱盐技术，开始了在电力行业的应用；烟道蒸发处理技术目前在脱硫废水处理中有应用，也可用于全厂末端废水的处理。

1. 蒸发-结晶技术应用及案例

以某 2×600MW 机组电厂废水零排放改造为例，电厂水源为城市中水，经过水资源梯级利用、分类处理后产生 120m^3/h 高盐废水。对高盐废水进行预处理和减量处理后的末端废水进行蒸发-结晶处理。

（1）高盐废水的预处理。高盐废水预处理提出两种处理工艺：化学软化-沉淀-超滤处理工艺及化学软化-管式微滤处理工艺，两种预处理工艺比较见表 10-12。管式微滤膜具有强度好、耐摩擦、可在极高悬浮固体浓度下稳定运行、可耐受进水水质波动等优良性能，采用错流方式运行，在运行和反冲洗时并无水的损耗。所以选用管式微滤处理系统作为高盐废水预处理工艺。

表 10-12　化学软化-管式微滤与化学软化-沉淀-过滤-超滤预处理工艺比较

项目	化学软化-管式微滤处理系统	化学软化-沉淀-过滤-超滤处理系统
过滤孔径（μm）	0.05～1.2	0.002～0.1
抗污染能力	抗腐蚀，耐酸碱，抗氧化	抗腐蚀，耐酸碱，抗氧化

续表

项目	化学软化-管式微滤处理系统	化学软化-沉淀-过滤-超滤处理系统
清洗方式	正向清洗	反向清洗
占地面积	较小	较大
使用寿命	5～7年	2～3年

化学软化-管式微滤处理工艺流程如图10-33所示，首先在调节池内添加次氯酸钠用于抑制微生物生长；将调节池出水先后进入第一反应池和第二反应池，分别投加NaOH和Na_2CO_3溶液，使水中的硬度离子和硅等易结垢成分形成沉淀；之后水溢流到管式微滤膜的浓缩池内，用管式微滤膜进行固液分离；高盐水在废水浓缩池和管式膜之间循环去除悬浮固体，部分膜透过水经pH值调整后进入中间水池，送往后续处理系统。

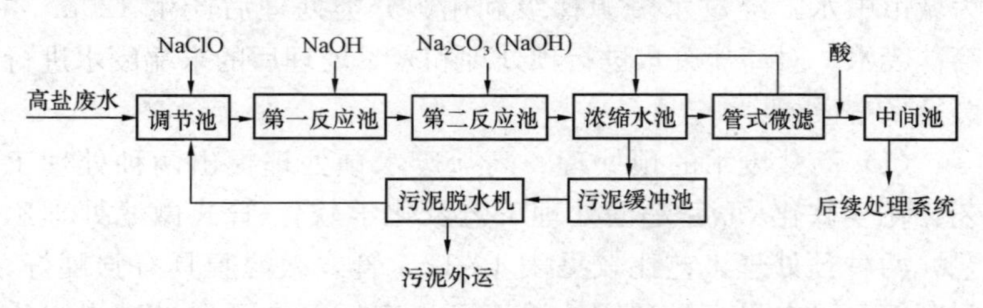

图10-33　化学软化-管式微滤处理工艺流程

（2）高盐废水的浓缩减量处理。某电厂对高盐废水浓缩减量处理提出了电渗析与纳滤-反渗透两种处理技术。纳滤膜（NF）可有效地去除二价和多价离子及分子量大于200的各类物质（截留率可达90%以上），也可部分去除单价离子和分子量低于200的物质。纳滤对疏水型胶体、油、蛋白质和其他有机物有较强的抗污染性，具有操作压力低、水通量大等特点。纳滤膜的操作压力一般低于1MPa，操作压力低使分离过程动力消耗低，对于降低设备的投资费用和运行费用是有利的。采用纳滤去除废水中的有机物和部分盐分，纳滤产水进入高压反渗透系统，反渗透浓水进入后续处理系统。两种高盐废水浓缩减量处理工艺比较见表10-13，电厂最终选择纳滤-反渗透工艺对高盐废水的浓缩减量处理。

表10-13 电渗析和纳滤-海水反渗透两种高盐废水浓缩减量处理工艺比较

项目	电渗析（EDR）工艺	纳滤-海水反渗透（NF-RO）工艺
工艺说明	预处理出水进精滤器，精滤器产水去脱盐处理	预处理出水进NF，NF产水去高压海水反渗透进行脱盐处理
回收率	55%	总体75%
脱盐率	50%～85%	98%以上
预处理要求	较低，预处理流程短，常规预处理即可达到要求	较高，预处理流程相对较长
产水去处	产水含盐量较高，不能作为工业用水和循环水补水	产水含盐量低，不含二价离子，可作为循环水补水、工业用水
技术可行性	通过增加级数和段数可提高系统回收率和脱盐率，系统可实现模块化运行	运行稳定，产水品质高
经济可行性	投资较低，但运行费用较高。产水氯根较高，水回收率较低，末端废水量较大	运行费用低，但设备投资相对较高，水回收率较高，末端废水产量较小

（3）蒸发结晶处理。高盐废水经过预处理和浓缩减量处理后产生的反渗透浓水水量为33m³/h，经过碟管式反渗透（DTRO）进一步浓缩减量处理，浓水即为末端废水，水量为15.7m³/h。经过对前述几种蒸发结晶处理工艺的比选，选择采用蒸汽机械再压缩蒸发结晶技术，设计处理规模为20m³/h。

某2×600MW机组电厂采用此法，全厂废水“零排放”改造费1.5亿元，年运行成本3000万元，年减排高盐废水109万t，发电水耗可降低9%。

末端高盐废水的蒸发-结晶处理技术具有技术成熟、可靠性高等优点，但是也存在投资运行成本高、产生盐饼销售难度大等问题，制约了其在电厂的推广应用。需要提高核心设备国产化率，降低投资成本，并优化工艺设计，降低运行成本，以促进其广泛应用。

2. 烟道蒸发技术应用及案例

脱硫废水是一种高盐废水，烟道蒸发处理技术处理脱硫废水的实施案例如下：将末端废水雾化后喷入除尘器入口前烟道内，利用烟气余热将雾化后的废水蒸发；也可引出部分烟气到喷雾干燥器中，利用烟气的热量对末端废水进行蒸发。在烟道雾化蒸发处理工艺中，雾化后的废水蒸发后以水蒸气的形式进入脱硫吸收塔内，冷凝后形成纯净的蒸馏水，进入脱硫系统循环利用。同时，末端废水中的溶解性盐在废水蒸发过程中结晶析出，并随烟气中的灰进入除尘器中，最终被捕集。

以某2×300MW机组电厂为例，采用烟道蒸发工艺处理高盐末端废水的流程如图10-34所示。此厂以水库为水源，水质条件优良，经过梯级利用后产生的末端废水量为15m^3/h，主要为经过预处理及浓缩处理后的脱硫废水及化水车间废水，水中氯离

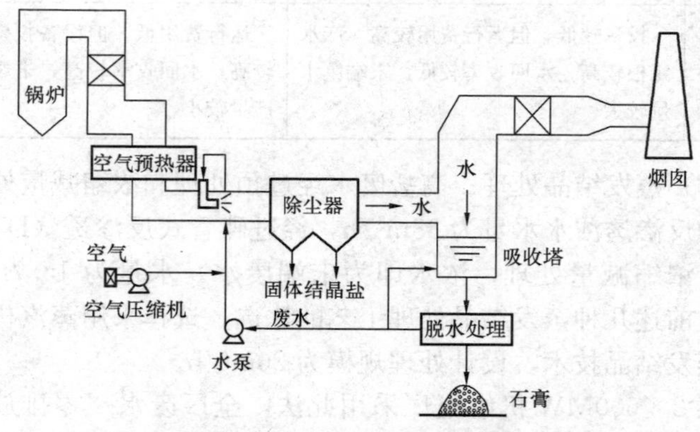

图10-34 烟道蒸发工艺处理高盐末端废水

子含量为 18 000mg/L。

机组除尘器入口烟气量为 109 万 m^3/h（60%负荷），烟气温度为 130℃，含尘量为 37.6g/m^3。经过计算，末端废水完全蒸发后烟气温度降低 8℃，烟气湿度增加 0.5%。末端废水蒸发后盐分结晶进入灰中，灰中氯含量为 0.25%，灰的品质较好。

烟气温度降低至 122℃，仍远高于酸露点，不会对烟道、除尘器的运行造成影响。末端废水蒸发形成的水蒸气在脱硫吸收塔冷凝成新鲜水，由于其水量较小，不会对脱硫水平衡造成影响。根据烟道蒸发技术处理脱硫废水的运行经验，没有出现烟道腐蚀的问题。

此 2×300MW 机组电厂采用该法，全厂废水“零排放”改造费 4850 万元，年运行成本 743 万元，年减排高盐废水 8 万 t，发电水耗可降低 5%。

末端高盐废水的烟道雾化蒸发处理技术具有投资运行成本低、无盐饼产生等优点，但是作为一种新的处理技术，需要进一步优化设计和运行参数，积累工程实施、运行经验，提高系统的有效性和可靠性。

第四节　污泥的处理与处置

污泥是一种由无机颗粒、胶体、有机残片、细菌体等组成的非均质体，其体积约为处理水量的 0.5%～1.0%。污泥一般富含有机物、病菌及重金属等，若不加处理随意堆放，则会污染周围环境。

污泥的处理和处置，就是采用适当的技术措施，使污泥得到再利用或以某种不损害环境的形式重新返回到自然环境中。在排水工程中，将改变污泥性质称为处理，安排污泥出路称为处置。

一、污泥的来源

根据废水处理工艺的不同，也即污泥的来源不同，污泥可分为：

（1）初次沉淀污泥。来自初次沉淀池，以无机物为主。

（2）化学污泥。经混凝、沉淀、酸碱废水中和等处理后，除含有原废水中的悬浮物外，还含有化学药剂所产生的沉淀物，易于脱水与压实。

（3）腐殖污泥。来自生物膜法后的二次沉淀池的污泥。

（4）剩余活性污泥。来自活性污泥法后的二次沉淀池的污泥。

（5）消化污泥。生污泥（初次沉淀污泥、腐殖污泥、剩余活性污泥等）经厌氧消化处理后产生的污泥。

二、污泥的特性

1. 含水率与含固率

污泥中所含水重量与污泥总重量之比称为污泥含水率，含固率是污泥中固体或干泥的重量与污泥总重量的百分比，湿泥量与含固率的乘积就是干污泥量。污泥含水率一般都很高，密度接近于水。不同污泥，含水率差别很大。湿污泥的体积、质量及所含固体物浓度之间的关系，可用式（10-20）表示：

$$\frac{V_1}{V_2}=\frac{c_2}{c_1}\approx\frac{m_1}{m_2}=\frac{100-p_2}{100-p_1} \tag{10-20}$$

式中：p_1、p_2 为污泥的两种含水率；V_1、m_1、c_1 为含水率是 p_1 的污泥体积、质量与固体物浓度；V_2、m_2、c_2 为含水率是 p_2 的污泥体积、质量和固体物浓度。

式（10-20）适用于含水率大于 65%的污泥。因为含水率低于 65%后，体积内出现很多气泡，体积与重量不再符合式（10-20）的关系。

【例 10-1】 污泥的原始含水率为 99.5%，第一次脱水至含水率为 98.5%，第二次由含水率 98.5%脱水至 97.5%，求两次脱水后污泥体积降低的百分比（V_1/V_2）。

解： 由式（10-20）计算两次脱水后的污泥体积，分别为

$$\frac{V_1}{V_2}=\frac{100-98.5}{100-99.5}=3$$

$$\frac{V_1}{V_2}=\frac{100-97.5}{100-98.5}=1.67$$

由以上计算可知，污泥含水率越高，降低污泥的含水率对减容的作用则越大。不同含水率下的污泥状态见表 10-14。

表 10-14　不同含水率下的污泥状态

含 水 率	污泥状态	含 水 率	污泥状态
90%以上	几乎为液体	60%～70%	几乎为固体
80%～90%	粥状物	50%	黏土状
70%～80%	柔软状		

2. 挥发性固体和灰分

挥发性固体又称灼烧减量，是指污泥在 550℃燃烧炉中燃烧，以气体逸出的那部分固体，近似等于有机物含量；灰分又称灼烧残渣，表示在 550℃燃烧后的残渣量，即污泥中无机物含量。

3. 污泥的脱水性能与污泥比阻

污泥中的水分包括毛细水、间隙水、附着水和内部水，如图 10-35 所示。间隙水又称游离水，是存在于污泥颗粒间隙中的水，约占水分的 70%，一般用浓缩法去除；毛细水存在于污泥颗粒间的毛细管中，约占水分的 20%，去除方法一般采用高速离心、负压或正压过滤；附着水是指黏附于颗粒或细胞表面的

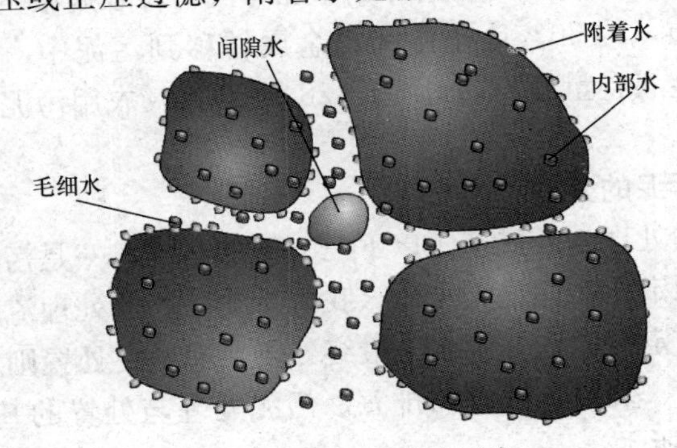

图 10-35　污泥水分示意

水，约占水分的 7%，是比毛细水更难分离的水，此类水分需采用电解质混凝剂辅助分离或加热脱除；内部水是存在于污泥颗粒内部的水（包括细胞内的水），约占水分的 3%，可采用生物法破坏细胞膜，然后去除细胞内水，或者采用高温加热法、冷冻法去除。

污泥处理方法的选择常取决于污泥的含水率和最终处置的方式。

污泥的脱水性能与污泥性质、调理方法及条件等有关，还与脱水机械种类有关。常用污泥过滤比阻抗值（γ）和污泥毛细管吸水时间（CST）等两项指标评价污泥的脱水性能，国内更常用前者，简称污泥比阻，计算公式为

$$\gamma = \frac{2pA^2b}{\mu\omega} \tag{10-21}$$

式中：γ 为污泥比阻，m/kg；p 为过滤压力，Pa；A 为过滤面积，m^2；b 为污泥性质系数，s/m^6；μ 为滤液动力黏度，Pa·s；ω 为单位体积滤液产生的滤饼干重，kg/m^3。

污泥比阻可用于确定最佳的混凝剂及其投加量、最合理的过滤压力及计算过滤产率等。

4. 有毒有害物质

污泥的毒害性主要因其含有毒性有机物、致病微生物和重金属三类物质，约 50%废水中的重金属转移到污泥中，污泥作为肥料，重金属含量应不超过 GB 4284—2018《农用污泥中污染物控制标准》。

三、污泥的处理

污泥的处理与处置基于以下三方面的考虑：一是污泥的减量化，二是稳定化，三是无害化。我国污泥一般的处理流程为污泥→浓缩→稳定→调理→脱水→最终处置，而最终处置则主要包括农用、填埋、焚烧、热解和排海。污泥处理与处置的基本流程，如图 10-36 所示。

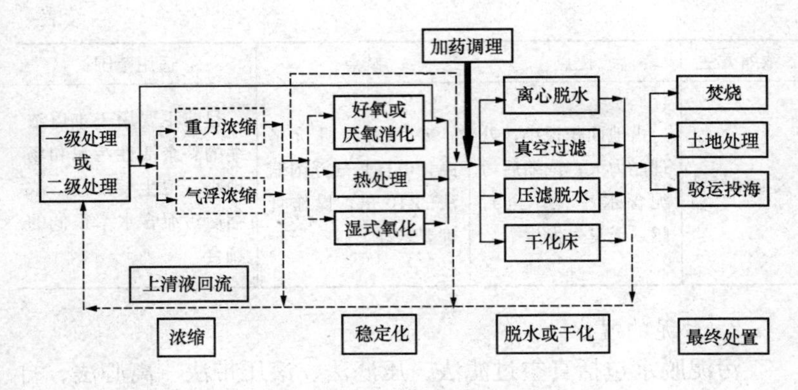

图 10-36　污泥处理与处置的基本流程

1. 污泥的浓缩

污泥浓缩是降低污泥含水率、减少污泥体积的有效方法。污泥浓缩主要是减少污泥的间隙水。经浓缩后的污泥近似糊状，仍保持流动性。主要的浓缩方法有重力浓缩法、气浮浓缩法和离心浓缩法等三种。常用污泥浓缩方法及比较见表 10-15。

表 10-15　常用污泥浓缩方法及比较

浓缩方法	优点	缺点	适用范围
重力浓缩法	贮泥能力强，动力消耗小；运行费用低，操作简便	占地面积较大；浓缩效果较差，浓缩后污泥含水率高；易发酵产生臭气	主要用于浓缩初沉污泥；初沉污泥和剩余活性污泥的混合污泥
气浮浓缩法	占地面积小；浓缩效果较好，浓缩后污泥含水率较低；能同时去除油脂，臭气较少	占地面积、运行费用小于重力浓缩法；污泥贮存能力小于重力浓缩法；动力消耗、操作要求高于重力浓缩法	主要用于浓缩初沉污泥；初沉污泥和剩余活性污泥的混合污泥。特别适用于浓缩过程中易发生污泥膨胀、易发酵的剩余活性污泥和生物膜法污泥

续表

浓缩方法	优点	缺点	适用范围
离心浓缩法	占地面积很小；处理能力大；浓缩后污泥含水率低，全封闭，无臭气发生	专用离心机价格高；电耗是气浮浓缩法的10倍；操作管理要求高	目前主要用于难以浓缩的剩余活性污泥和场地小、卫生要求高、浓缩后污泥含水率很低的场合

2. 污泥的脱水

污泥脱水包括真空过滤法、压滤法、滚压带法、离心法、自然干化法、干燥与焚烧法，其中前四种方法为机械脱水，本质上都属于过滤脱水的范畴，其基本原理相同，都是依靠过滤介质（多孔性物质）两面的压力差作为推动力，使水分强制通过过滤介质，固体颗粒被截留在介质上，达到脱水的目的；干燥与焚烧法主要脱除附着水与内部水。不同脱水方法的效果见表10-16。

表10-16　不同脱水方法的效果

脱水方法		脱水装置	脱水后含水率（%）	脱水后状态
浓缩法		重力浓缩、气浮浓缩、离心浓缩	95～97	近似糊状
自然干化法		自然干化场	70～80	泥饼状
机械脱水	真空过滤法	真空转鼓，真空转盘等	60～80	泥饼状
	压滤法	板框压滤机	45～80	泥饼状
	滚压带法	滚压带式压滤机	78～86	泥饼状
	离心法	离心机	80～85	泥饼状
干燥法		各种干燥设备	10～40	粉状、粒状
焚烧法		各种焚烧设备	0～10	灰状

（1）污泥的自然干化。污泥的自然干化是一种简便经济的脱水方法，曾经广泛采用，有污泥干化床和污泥塘两种类型。它们都是利用自然力量进行污泥脱水的，适用于气候比较干燥、用地

不紧张，以及环境卫生条件允许的地区。

污泥干化床是一片平坦的场地，污泥在干化床上由于水分的自然蒸发和渗透逐渐变干，体积逐渐减小，流动性逐渐消失。污泥的含水率可降低到65%。目前，污泥塘的使用较少。尽管这种方法需要大量的场地和劳动力，但仍有不少中小规模的污水处理厂采用。

（2）真空过滤法。真空过滤法是目前使用最广泛的一种机械脱水方法，主要用于初沉池污泥和消化污泥的脱水，特点是连续运行、操作平稳、处理量大、能实现过程操作自动化，缺点是脱水前必须预处理，附属设备多、工序复杂、运行费用高、再生与清洗不充分、易堵塞。

图10-37是应用最广的转鼓式真空过滤机。过滤介质覆盖在空心转鼓表面，转鼓部分浸没在污泥贮槽中，并被径向隔板分割

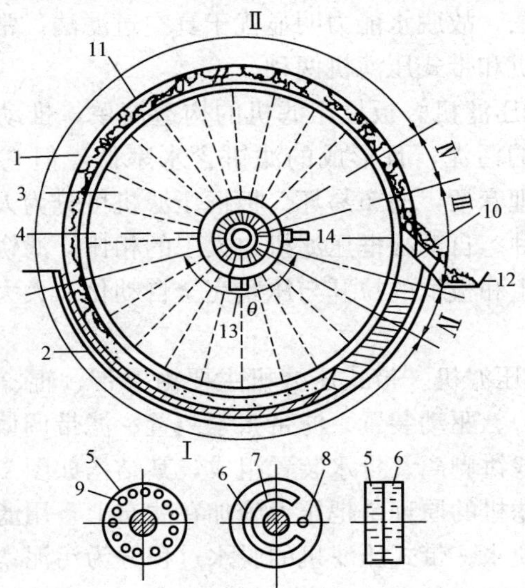

图10-37 转鼓式真空过滤机

1—空心转鼓；2—污泥贮槽；3—扇形间格；4—分配头；5—转动部件；6—固定部件；7—固定部件的缝；8—固定部件的孔；9—转动部件的孔；10—刮刀；11—滤饼；12—皮带输送器；13—真空管路；14—压缩空气管路

成许多扇形间格，每个间格有单独的连通管与分配头相接。分配头由转动部件和固定部件组成，固定部件有缝与真空管路相通，孔与压缩空气管路相通；转动部分有许多孔，并通过连通管与各扇形间格相连。转鼓旋转时，由于真空的作用，将污泥吸附在过滤介质上，液体通过过滤介质沿真空管路流到气水分离罐。吸附在转鼓上的滤饼转出污泥槽的污泥面后，若扇形间格的连通管在固定部件的缝范围内，则处于滤饼形成区与吸干区，继续吸干水分。当管孔与固定部件的缝相通时，便进入反吹区，与压缩空气相通，滤饼被反吹松动，然后用刮刀剥落经皮带输送器运走。之后进入休止区，实现正压与负压转换时的缓冲作用。这样，就完成了一个工作周期。

（3）压滤法。压滤法与真空过滤法基本理论相同，只是它的推动力为正压。压滤法的压力可达 0.4～0.8MPa，推动力远大于真空过滤法，故脱水能力明显优于真空过滤法。常用的压滤机有板框压滤机和带式压滤机两种。

1）板框压滤机。板框压滤机的构造简单，推动力大，适用于各种性质的污泥，且形成的滤饼含水率低，但它只能间断运行，操作管理麻烦，滤布易坏。板框压滤机可分为人工和自动板框压滤机两种。自动板框压滤机与人工的相比，滤饼的剥落、滤布的洗涤再生和板框的拉开与压紧完全自动化，大大减小了劳动强度。

2）带式压滤机。带式压滤机主要由滤带、辊、絮凝反应器（污泥混合筒）、驱动装置、滤带张紧装置、滤带调偏装置、滤带冲洗装置、滤饼剥离及排水装置组成，其结构如图 10-38 所示。

带式压滤机的原理是把压力施加在滤布上，用滤布的压力和张力使污泥脱水。带式压滤机的脱水过程分为污泥絮凝、重力脱水、楔形脱水和压榨脱水四步进行。

带式压滤机的特点是可连续生产，进泥的含水率一般为 96%～97%，脱水后滤饼的含水率为 70%～80%。机械设备较简单，可维持稳定的运转，脱水效果主要取决于滤带的速度和张

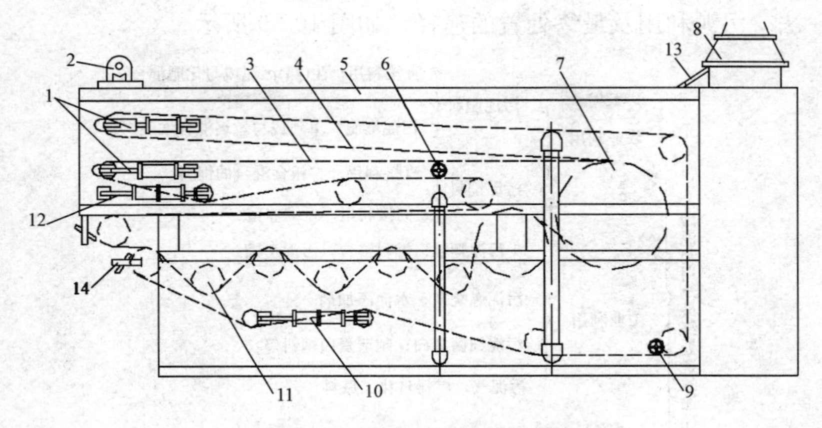

图 10-38　带式压滤机结构示意

1—上下滤带气动张紧装置；2—驱动装置；3—下滤带；4—上滤带；5—机架；6—下滤带清洗装置；7—预压辊；8—絮凝反应器；9—上滤带冲洗装置；10—上滤带调偏装置；11—高压辊系统；12—下滤带调偏装置；13—布料口；14—滤饼出口

力；处理能力高、耗电少，允许负荷有较大范围的变化；无须设置高压泵或空气压缩机，在国外已被广泛用于污泥的机械脱水。

(4) 离心法。离心法的推动力是离心力，推动的对象是固相，离心力的大小可控制，比重力大得多，因此脱水的效果比重力浓缩好。它的优点是设备占地小，效率高，可连续生产，自动控制，卫生条件好；缺点是对污泥预处理要求高，一般需要使用高分子聚合电解质作为调理剂，设备易磨损。

应用离心沉降原理进行泥水浓缩或脱水的机械叫离心脱水机。根据离心机的形状，可分为转筒式离心机和盘式离心机等，转筒式离心机主要由转筒、螺旋输送器及空心轴等组成，它在污泥脱水中应用广泛。

四、污泥的利用与最终处置

污泥处理处置原则是无害化、节能减排与资源利用，处理后可作堆肥、燃料、建材。污泥的处置途径很多，土地利用、卫生填埋、焚烧和水体消纳（排入江河湖海）是许多国家常用的方法。污泥利用及最终处置的途径，如图 10-39 所示。

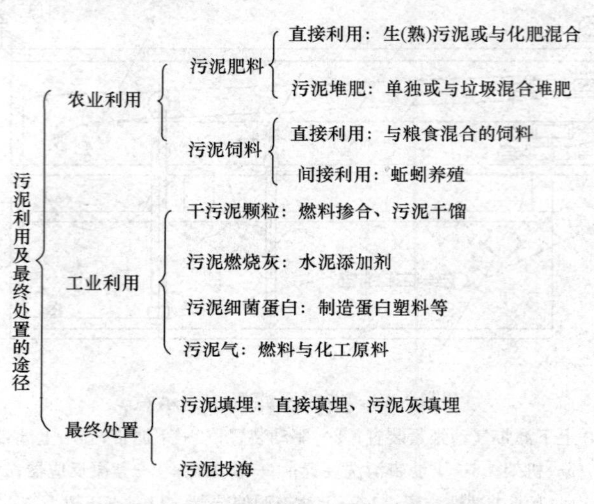

图 10-39　污泥利用及最终处置的途径

1. 污泥利用实例

青岛某污水处理厂将污泥稳定消化，消化后产生的沼气用于发电机发电，经变压后并网，能满足厂内 66％的用电。沼气发电机并网发电，不仅解决了多年困扰污水处理厂的污泥处置难题（减轻了污泥的臭气、使固体废物减量大约三分之一），实现了污泥资源化再利用。

2. 污泥处置实例

混烧是指将污泥在既有炉型中与其他燃料混合燃烧，如在燃煤电厂锅炉中与煤混烧、在工业锅炉中与煤混烧等。混烧的特点是可充分利用现有装置和技术，运用现有燃烧装置的巨大潜能，实现污泥的焚烧过程。

热干化＋电厂焚烧方法已在广州某电厂实施，基本工艺流程如图 10-40 所示。其主要技术流程和工艺是以电站锅炉产生的蒸汽或烟气为热源，将污泥（含水率 80％左右）干化至含水率 30％左右，干泥以一定方式与煤混合后在电站煤粉炉中混烧。干化过程与焚烧过程分开实施，在污水处理厂不具备热源时，干化过程可在电厂内实施。

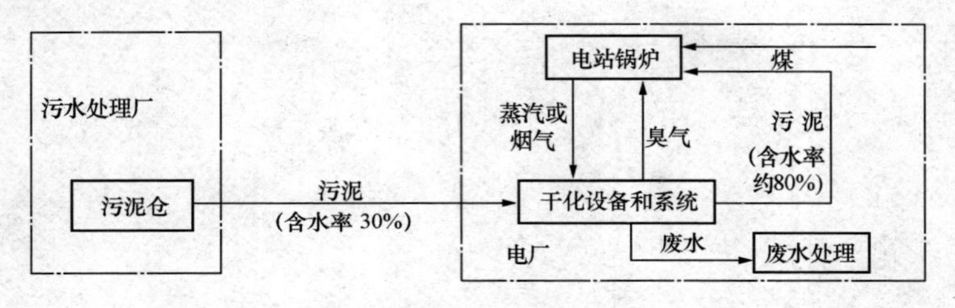

图 10-40　热干化+电厂焚烧方案基本工艺流程

热力发电厂水处理

（第五版）下册

武汉大学水质工程系　周柏青　陈志和　主编

内 容 提 要

本书共十八章，分上、下册。上册内容为水的净化，共十章，主要内容包括电厂用水的水质概述，水的混凝，沉淀与澄清，过滤，反渗透、渗透和纳滤，离子交换除盐，电除盐及电吸附技术，凝结水精处理，循环冷却水处理，火力发电厂废水处理；下册内容为金属的腐蚀及其防止，共八章，主要内容包括给水系统的腐蚀及其防止，汽包锅炉的结垢、积盐及其防止，锅炉的腐蚀及其防止，汽包锅炉的水、汽质量监督，直流锅炉机组的水化学工况，汽轮机和发电机内冷水系统的腐蚀及其防止，凝汽器的腐蚀及其防止，化学清洗和停用保护。

本书主要供从事电厂化学工作的工人、技术人员阅读，可作为电厂化学专业的培训教材，还可供从事水质科学技术、环境工程、水务工程、给水排水等专业人员参考。

图书在版编目(CIP)数据

热力发电厂水处理/武汉大学水质工程系，周柏青，陈志和主编. —5版. —北京：中国电力出版社，2018.11(2023.7重印)

ISBN 978-7-5198-2703-8

Ⅰ.①热… Ⅱ.①武… ②周… ③陈… Ⅲ.①热电厂-水处理 Ⅳ.①TM621.4

中国版本图书馆CIP数据核字(2018)第280609号

出版发行：中国电力出版社
地　　址：北京市东城区北京站西街19号(邮政编码100005)
网　　址：http://www.cepp.sgcc.com.cn
责任编辑：何　郁　徐　超　韩世韬
责任校对：黄　蓓　李　楠　郝军燕
装帧设计：郝晓燕
责任印制：吴　迪

印　　刷：三河市百盛印装有限公司
版　　次：1976年9月第一版　2019年3月第五版
印　　次：2023年7月北京第四次印刷
开　　本：880毫米×1230毫米　32开本
印　　张：32
字　　数：847千字
印　　数：3001—3600册
定　　价：**108.00**元

前　言

《热力发电厂水处理》（上、下册）自1976年第一版发行以来，历经了1984年第二版、1996年第三版和2009年第四版，深受广大读者的欢迎。为了适应目前电厂水处理技术的发展，满足读者的需要，现对第四版进行了修订。在这次修订中，补充了许多近年发展起来的新技术、新工艺，并删除了一些陈旧的内容。

本书仍分上、下两册，上册主要讲述水质净化处理，下册主要讲述以控制热力发电厂水汽系统的腐蚀为主要目的的水质调节处理。

与第四版相比，本书增加的主要内容包括电混凝、磁混凝、微电解混凝、氧化混凝，高效澄清池，渗透、纳滤，电吸附，超声波、静电、磁场、电化学循环水处理，硫酸盐、硅酸盐、磷酸盐水垢析出的判断，闭式循环冷却水系统的氧腐蚀及其防止，火力发电厂节水技术与零排放等；删减的主要内容包括泥渣悬浮澄清池，反渗透膜元件的组装等。

本书由武汉大学周柏青、陈志和主编。第一、六、八章由陈志和编写，第二至四章由周柏青与中国人民解放军海军工程大学王晓伟合编，第五、九章由周柏青编写，第七章由周柏青与原武汉艺达水处理工程有限公司邹向群合编，第十章由武汉大学刘广容编写，第十一、十二、十五、十七章由武汉大学李正奉编写，第十三、十四、十六章由武汉大学谢学军编写，第十八章由湖北省电力试验研究院喻亚非编写。全书由周柏青、陈志和统稿。原中国电力企业联合会标准化中心杜红纲担任了本书的审稿工作，并提出了许多宝贵的意见，在此谨表诚挚的感谢！

本书内容涉及面较广，并限于编者水平，疏漏之处，敬请读者批评指正。

编　者

2018年10月15日

于武汉大学

第四版前言

《热力发电厂水处理》（上、下册）自1976年第一版、1984年第二版和1996年第三版发行以来，深受广大读者的欢迎。为了符合目前电厂水处理发展，满足读者的需要，又对第三版进行了重新修订。在这次修订中，增添了许多近年来发展起来的新技术，并删除了一些陈旧的内容。

本书第四版仍分上、下两册，上册主要讲述水质净化处理，下册主要讲述以控制热力发电厂水汽系统的腐蚀为主要目的的水质调节处理。

与第三版相比，第四版在内容编排上做了大幅调整，并进行了一些内容的增减。增补的主要内容包括微滤，超滤，纤维过滤，盘式过滤，自清洗过滤，电除盐，废水处理，给水处理方式及其运行控制，直流锅炉的水化学工况及其运行控制，汽包锅炉炉水的低磷酸盐处理、平衡磷酸盐处理和氢氧化钠处理，锅炉烟气侧的腐蚀与防护，汽轮机的腐蚀及其防止，发电机内冷水系统的腐蚀与防护等；删减的主要内容包括沉淀软化、连续床离子交换、蒸馏、闪蒸、电渗析、协调pH-磷酸盐处理、水处理系统设计等。

《热力发电厂水处理》（上、下册）由武汉大学周柏青、陈志和主编，具体分工为武汉大学陈志和编写第一、六、八章；武汉大学周柏青和海军工程大学王晓伟合作编写第二～四章；武汉大学周柏青编写第五、九章；武汉艺达水处理工程有限公司邹向群和武汉大学周柏青合作编写第七章；武汉大学黄梅编写第十章；武汉大学李正奉编写第十一、十二、十五、十七章；武汉大学谢学军编写第十三、十四、十六章；湖北省电力试验研究院喻亚非编写第十八章。全书由周柏青、陈志和统稿。

大唐国际发电股份有限公司安洪光审阅了本书的编写提纲，中国电力企业联合会标准化部杜红纲审稿，他们都提出了许多宝贵的意见，在此谨表诚挚的感谢！

本书涉及面较广，加之编者水平所限，错漏之处，敬请读者批评指正。

作　者

2008年10月23日

于武汉大学

第三版前言

《热力发电厂水处理》(上、下册)自1976年第一版和1984年修订版发行以来，受到广大读者的欢迎。今为了满足读者的需要，重新作了修订，作第三版出版。在这次修订中，采用了我国法定计量单位，增添了许多近年发展起来的新技术，并删除了一些陈旧的内容。

本书第三版仍分上、下两册，上册主要讲述水质的净化，下册主要讲述热力发电厂机炉系统水处理。修订中，力求内容简明易懂，切合实际；阐述原理，尽量说明物理与化学性能，避免繁复的公式推导；对于常用的水处理方法、系统、设备和数据，以及某些实践经验，都做了必要的介绍，以供读者参考。

本书内容的选材和安排，以我国现实情况为主，适当选用了一些对我国有一定参考价值的国外资料。

本书修订工作的分工如下：上册第一、二、三和七章：施燮钧，第四、五和六章：王蒙聚，第八章：肖作善，上册由施燮钧统稿；下册第十五章：施燮钧，第十六章：王蒙聚，其余各章均由肖作善修订，并由肖作善统稿。

本书第一版部分章节是由杨炳坤同志编写的。在修订第二版的过程中，陈绍炎、钱达中、黄锦松、赵连璞等校内外诸同志曾对一些章节提出了宝贵的意见。这次第三版经窦照英同志全文审阅，他提供了许多宝贵的建议。作者谨对上列同志表示衷心的感谢。

由于我们水平有限，书中一定尚有疏漏和欠妥之处，诚恳希望读者批评指正。

作　者

写于武汉水利电力大学

1994 年 12 月

第二版前言

能源是发展国民经济的重要物质基础，为了适应工农业生产的需要和节约燃料，我国热力发电厂今后仍将向高参数大容量的汽轮发电机机组发展。为了保证这些机组的安全经济运行，对电厂水处理将有更为严格的技术要求。因此，提高电厂化学水处理工作人员的业务水平，也就成为当务之急。

我们教研室编写的《热力发电厂水处理》（上、下册），自 1976 年出版以来，受到了广大读者的欢迎，这对我们是一个极大的鼓舞。在这次修订中，我们除勘正了原书中的一些错误外，还删除了烦琐的内容，增添了近年来水处理工作中发展起来的新技术，以满足读者的需要。

本书修订本仍分上下两册，上册主要讲述水的净化，下册主要讲述热力发电厂机炉系统内的水处理。修订中，力求内容简明易懂，切合实际；阐述原理，尽量说明其物理与化学的性能，避免繁复的公式推导；关于常用的水处理方法、系统、设备和数据，以及某些实践经验，都作了必要的介绍，以供读者参考。

本书内容的选材和安排，以我国现实情况为主，适当选用了一些对我国有一定参考价值的国外资料。

本书第一版由我室施燮钧、肖作善、王蒙聚和杨炳坤同志编写，施燮钧同志统编。这次修订本的修改工作具体分工如下：上册第五、六两章和第四章部分内容由王蒙聚同志修订，其余各章由施燮钧同志修订，并由施燮钧同志统编；下册第十五章由施燮钧同志修订，第十六章由王蒙聚同志修订，其余各章由肖作善同志修订，并由肖作善同志统编。

本书在修订过程中，中南电力设计院黄锦松同志和吉林电力试验研究所赵连璞同志以及我室陈绍炎同志和钱达中同志等对一些章节提出了可贵的意见，对此表示衷心感谢。

由于我们水平有限，书中一定还有错漏和欠妥之处，诚恳希望读者批评指正。

武汉水利电力学院电厂化学教研室

1983年6月

目　录

下　册

第十一章　给水系统的腐蚀及其防止

锅炉给水系统是指给水及其主要组成部分（如汽轮机凝结水、加热器疏水）的输送管道和加热设备，其中包括凝结水泵、轴封加热器、低压加热器、除氧器、高压加热器和疏水箱等。在给水系统中流动的水，一般比较纯净，不会发生盐类从水中析出而在管壁上形成沉积物；但是，由于水中存在一定量的溶解氧和游离二氧化碳，给水系统的金属可能发生氧腐蚀和二氧化碳腐蚀。给水系统中大部分设备和管道都是由碳钢或低合金钢制成的，只有低压加热器中的换热管束采用黄铜或不锈钢制成，所以本章主要讨论给水系统中碳钢和黄铜的腐蚀。

给水系统的腐蚀可能严重影响火力发电机组的安全、经济运行。给水系统金属的局部性腐蚀，如省煤器管因腐蚀而穿孔、给水泵的腐蚀损伤等，可导致给水系统设备受到严重的破坏，甚至可能造成事故停炉。给水系统金属的全面腐蚀虽然不致立即引起运行故障，但它不仅缩短了设备寿命，而且在系统内产生大量腐蚀产物。这些腐蚀产物被给水带入锅炉，不仅会在炉水冷壁炉管内壁上沉积而加剧锅炉结垢和腐蚀，而且可能被蒸汽携带到汽轮机中沉积，从而严重影响机组的安全、经济运行。因此，给水系统金属腐蚀的危害性很大，防止给水系统的金属腐蚀是火力发电厂一项重要的工作。

本章在简要介绍金属腐蚀的基本原理基础上，重点介绍给水系统的氧腐蚀和二氧化碳腐蚀；然后，介绍通过给水处理控制给水系统金属腐蚀的原理及运行控制方法。

第一节　金属腐蚀的基本原理

一、金属腐蚀的基本概念

1. 腐蚀的定义

金属材料是广泛应用的一类工程材料，它们在使用过程中由于周围环境的影响可能遭到不同形式的破坏，其中最常见的破坏形式有断裂、磨损和腐蚀。断裂是指金属构件因受力超过其弹性极限而发生的破坏；磨损是指金属表面与其相接触的物体或环境介质发生相对运动，因摩擦而产生的损耗或破坏；腐蚀是金属受环境介质的化学或电化学作用而引起的破坏或变质。

上述腐蚀定义明确地指出了金属腐蚀是包括金属材料和环境介质两者在内的一个具有反应作用的体系。从热力学的观点看，绝大多数金属都具有被环境介质中的氧化剂氧化的倾向。因此，金属发生腐蚀是一种自然的趋势和普遍的现象。例如，钢铁生锈和铜长"铜绿"都是腐蚀的结果。金属腐蚀的原因主要是金属与环境介质中的氧化剂发生了氧化还原反应。许多腐蚀过程中还可能同时存在机械作用（如应力和磨损）或生物作用，但单纯机械应力和磨损引起的金属材料的破坏分别属于断裂和磨损的范畴，而不属于腐蚀的范畴。腐蚀的结果包括金属材料化学成分的改变（如铁变成铁锈）、金相组织发生变化（如碳钢的脱碳等）和机械性能的下降（如氢脆和晶间腐蚀导致的材料脆化）。

对腐蚀的研究已发展成一门独立的学科——金属腐蚀学。它是在金属学、物理化学、工程力学等学科基础上发展起来的边缘性学科，它主要研究金属材料腐蚀的普遍规律，以及典型环境下金属腐蚀的原因及控制措施。

2. 腐蚀的分类

由于腐蚀领域涉及的范围极为广泛，发生腐蚀的金属材料和环境，以及腐蚀的机理也是多种多样的，所以腐蚀的分类有多种方法。下面只介绍几种常用的分类方法。

（1）按腐蚀环境分类。根据腐蚀环境的不同，金属的腐蚀大致可分为以下几类。

1）干腐蚀。干腐蚀是金属在干燥气体介质中发生的腐蚀，它主要是指金属与环境介质中的氧反应而生成金属氧化物，所以常称为金属的氧化。过热器和再热器管在干蒸汽中的汽水腐蚀也可归入此类。

2）湿腐蚀。湿腐蚀主要指金属在潮湿环境和含水介质中的腐蚀。它又可分为：① 自然环境中的腐蚀，如大气腐蚀、土壤腐蚀、海水腐蚀等；② 工业介质（如酸、碱和盐的溶液，以及工业水等）中的腐蚀。热力设备的腐蚀绝大部分属于湿腐蚀，其中热力设备与空气接触的外表面腐蚀属于大气腐蚀；热力设备运行中各种水（如给水、冷却水等）系统内部的腐蚀都可归为工业水腐蚀；但是，在热力设备停用过程中，特别是解体检修期间，水汽系统内部也可能因空气进入而发生严重的大气腐蚀，这种腐蚀又称停用腐蚀。

3）熔盐腐蚀。熔盐腐蚀是指金属在熔融盐中的腐蚀，如锅炉烟侧的高温腐蚀。

4）有机介质中的腐蚀。此类腐蚀是指金属在无水的有机液体和气体（非电解质）中的腐蚀，如铝在四氯化碳、三氯甲烷、乙醇中的腐蚀，镁和钛在甲醇中的腐蚀等。

显然，按腐蚀环境分类的方法是不够严格的。但是，这种方法可帮助我们大体上按照金属材料所处的周围环境去认识其腐蚀规律。

（2）按腐蚀机理分类。根据腐蚀过程特点，腐蚀可分为化学腐蚀和电化学腐蚀两大类。

1）化学腐蚀。化学腐蚀是指金属表面与非电解质直接发生纯化学作用而引起的破坏。在化学腐蚀过程中，非电解质中的氧化剂在一定条件下直接与金属表面的原子发生氧化还原反应而生成腐蚀产物，反应中电子的传递是在金属与氧化剂之间直接进行的，所以没有电流产生。单纯化学腐蚀的实例较少，金属在有机介质中的腐蚀属于化学腐蚀，但这种腐蚀往往因介质含有少量水分而转变为电化学腐蚀。

2）电化学腐蚀。电化学腐蚀是指金属表面与电解质发生电化学作用而引起的破坏。在电化学腐蚀过程中，金属的氧化（阳极反应）和氧化剂的还原（阴极反应）在被腐蚀的金属表面不同的区域同时进行，电子可通过金属从阳极区流向阴极区，从而产生电流。例如，碳钢在酸中腐蚀时，在阳极区铁被氧化为Fe^{2+}，所放出的电子通过钢的基体由阳极（Fe）流至钢中的阴极（Fe_3C）表面，被H^+吸收而产生氢气，即

阳极反应： $$Fe \longrightarrow Fe^{2+} + 2e \qquad (11\text{-}1)$$

阴极反应： $$2H^+ + 2e \longrightarrow H_2 \qquad (11\text{-}2)$$

总反应： $$Fe + 2H^+ \longrightarrow Fe^{2+} + H_2 \qquad (11\text{-}3)$$

可见，电化学腐蚀实际上是一种短路原电池反应的结果，这种短路原电池称为腐蚀电池。由于阴极与阳极短路，腐蚀电池反应所释放出来的化学能，不能对外界做任何有用功。

电化学腐蚀的实例很多，各种湿腐蚀及熔盐腐蚀皆属此类，热力设备的腐蚀绝大部分属于电化学腐蚀。因此，本节主要介绍电化学腐蚀的一些基本概念和原理。

（3）按腐蚀形态分类。根据腐蚀在金属表面上的分布情况可把腐蚀分为全面腐蚀和局部腐蚀两大类。

金属发生全面腐蚀时，整个与介质接触的金属表面都发生程度（腐蚀深度）相近或相同的腐蚀。此时，如果各点腐蚀深度相同，则称为均匀腐蚀，如钢铁在盐酸等非氧化性酸溶液中的腐蚀。但是，多数情况下腐蚀表面会呈现出凹凸不平的形态，如碳钢在海水等中性水溶液中腐蚀。全面腐蚀，尤其是均匀腐蚀的危险性较小，因为它们不仅容易发现和预测，而且容易控制。例如，向腐蚀介质中添加缓蚀剂就是一种控制全面腐蚀的非常有效的方法；另外，我们能比较容易而准确地测量全面腐蚀速率，并据此适当增大结构部件的尺寸，即可保证设备

的使用寿命。

金属发生局部腐蚀时，腐蚀主要集中于金属表面某些局部区域，而表面的其他部分则几乎未被破坏。局部腐蚀有多种形态，但大都具有隐蔽、难以预测、发展快、破坏性大等特点，所以其危险性较大。它主要有下列八种。

1）电偶腐蚀。由于两种不同金属在腐蚀介质中互相接触，导致电极电位较负的金属在接触部位附近发生局部加速腐蚀称为电偶腐蚀。例如，凝汽器铜管胀口附近的碳钢管板，因碳钢的电极电位较负而发生电偶腐蚀。

2）点蚀。点蚀又可称为孔蚀，它是一种典型的局部腐蚀。其特点是腐蚀主要集中在金属表面某些活性点上，并向金属内部纵深发展，通常蚀孔深度显著大于其孔径，严重时可使设备穿孔。热力设备中的点蚀主要发生在不锈钢和铜合金部件上。例如，凝汽器不锈钢管或铜管水侧管壁与含氯离子的冷却水接触，在一定条件下都可能发生点蚀；汽轮机停运时保护不当，不锈钢叶片也有可能发生点蚀。

3）缝隙腐蚀。金属表面上由于存在异物或结构上的原因形成缝隙而引起的缝隙内金属的局部腐蚀，称为缝隙腐蚀。在热力设备中，金属构件采用胀接或螺栓连接的情况下，接合部的金属与金属（如凝汽器不锈钢管和管板）间形成的缝隙，金属与保护性表面覆盖层、法兰盘垫圈等非金属材料（如涂料、塑料、橡胶等）接触所形成的金属与非金属间的缝隙，以及腐蚀产物、泥沙、脏污物、生物等沉积或附着在金属（如凝汽器不锈钢管或铜管）表面上所形成的缝隙等，在含氯离子的腐蚀介质中都可能导致严重的缝隙腐蚀。其中，沉积物下发生的缝隙腐蚀又称为沉积腐蚀。

4）晶间腐蚀。这种腐蚀首先在晶粒边界上发生，并沿着晶界向纵深处发展。这时，虽然从金属外观看不出有明显的变化，但其机械性能却已大为降低了。晶间腐蚀常见于奥氏体不锈钢（304 等），特别容易在奥氏体不锈钢的焊缝附近发生。

5）选择性腐蚀。合金腐蚀时其各种成分不按合金的比例溶解，而是发生其中电位较低的成分的选择性溶解，从而造成另一组分富集于金属表面上，这种腐蚀称为选择性腐蚀。例如，黄铜的脱锌腐蚀就是一种典型的选择性腐蚀。

6）磨损腐蚀。磨损腐蚀是在腐蚀性介质与金属表面间发生相对运动时，由介质的电化学作用和机械磨损作用共同引起的一种局部腐蚀。例如，凝汽器管水侧、特别是入口端，因受液体湍流或水中悬浮物的冲刷作用而发生的冲刷腐蚀就是一种典型的磨损腐蚀，其腐蚀部位常具有明显的流体冲刷痕迹特征。另外，在高速旋转的给水泵叶轮表面的液体中不断有汽泡形成和破灭。汽泡破灭时产生的冲击波会破坏金属表面的保护膜，从而加快金属的腐蚀。这种磨损腐蚀又称为空泡腐蚀或空蚀。

7）应力腐蚀。金属构件在腐蚀介质和机械应力的共同作用下产生腐蚀裂纹，甚至发生断裂，称为应力腐蚀，这是一类极其危险的局部腐蚀。根据所受应力的不同，应力腐蚀又可分为应力腐蚀破裂（stress corrosion cracking，SCC）和腐蚀疲劳。应力腐蚀破裂是金属在特定腐蚀介质和拉应力的共同作用下产生的一种应力腐蚀。例如，奥氏体不锈钢在含氯离子的水溶液中、碳钢在浓碱溶液中、铜或铜合金在含氨的水溶液中，受到拉应力的作用时都可能发生 SCC。腐蚀疲劳不需要特定的腐蚀介质，只要存在交变应力的共同作用，大多数金属都可能发生腐蚀疲劳。应力腐蚀在热力设备水汽系统中广泛存在，如水冷壁炉管，过热器、再热器、汽轮机叶片和叶轮，以及凝汽器管，在不同情况下都可能发生应力腐蚀破裂或腐蚀疲劳。

8）氢脆。在某些介质中，因腐蚀或其他原因产生的原子氢扩散进入钢等金属内部，使金属材料的塑性和断裂强度显著降低，并可能在应力的作用下发生脆性破裂或断裂，这种腐蚀破坏称为氢脆或氢损伤。在金属发生酸性腐蚀或进行酸洗时都可能有原子氢产生。在高温下，钢中的原子氢可与钢中的 Fe_3C 发生反应生成甲烷气体（$Fe_3C + 4H \longrightarrow 3Fe + CH_4 \uparrow$），并使钢发生脱碳。对于热力设备，在锅炉酸洗或锅炉发生酸性腐蚀时，碳钢炉管都可能发生氢脆。

3. 腐蚀速度的表示方法

在均匀腐蚀的情况下，常用失重法和深度法来表示金属的平均腐蚀速度。

（1）失重法。失重法是根据腐蚀前后金属试件重量的减小来表示金属的腐蚀速度。当金属表面上的腐蚀产物比较容易除净，且不会因为清除腐蚀产物而损坏金属基体时常用此法。此时，金属的平均腐蚀速度可通过下式计算：

$$v^{-}=\frac{m_0-m_1}{St} \tag{11-4}$$

式中：v^{-}为金属的失重腐蚀速度，g/(m^2・h)；m_0为腐蚀前试件的质量，g；m_1 为经过腐蚀，并去除腐蚀产物后试件的质量，g；S 为试件暴露在腐蚀环境中的表面积，m^2；t 为试件腐蚀的时间，h。

（2）深度法。对于密度相同或相近的金属，可用上述方法比较其耐蚀性能。但是，对于密度相差较大的金属，尽管单位表面积的重量变化相同，其腐蚀深度却可能大不相同。此时，用单位时间内的腐蚀深度表示金属的腐蚀速度更为合适。失重腐蚀速度可通过下式换算为年腐蚀深度：

$$v_{\mathrm{t}}=\frac{v^{-}\times 365\times 24}{10^4\rho}\times 10=\frac{8.76}{\rho}v^{-} \tag{11-5}$$

式中：v_{t}为年腐蚀深度，mm/a；ρ为金属材料的密度，g/cm^3。

用重量法和深度法表示腐蚀速度时，除上述单位外，在国外的文献、资料中还常用到 mdd［mg/(dm^2・day)，即毫克/(分米^2・天）的缩写］、ipy（inchs per year，即英寸/年的缩写）和 mpy（mils per year，即密耳/年的缩写）。这些单位之间可相互换算，表 11-1 列出了一些常用的腐蚀速度单位的换算因子。

表 11-1　一些常用的腐蚀速度单位的换算因子

腐蚀速度单位	换算因子				
	g/(m^2·h)	mdd	mm/a	ipy	mpy
g/(m^2·h)	1	240	$8.76/\rho$	$0.354/\rho$	$354/\rho$
mdd	4.17×10^{-3}	1	$3.65\times10^{-2}/\rho$	$1.44\times10^{-3}/\rho$	$1.44/\rho$
mm/a	0.114ρ	274ρ	1	3.94×10^{-2}	39.4
ipy	2.9ρ	696ρ	25.4	1	10^3
mpy	$2.9\times10^{-3}\rho$	0.696ρ	2.54×10^{-2}	10^{-3}	1

二、电极与电极电位

1. 电极与电极反应

在电化学中，电极可能有两种不同的含义。第一种含义是指电子导体（主要是金属）和离子导体（主要是电解质溶液）相接触而组成的体系，常用“金属｜电解质溶液”来表示。如“Cu｜$CuSO_4$”表示金属铜与 $CuSO_4$ 溶液组成的电极体系，称为铜电极。电极的第二种含义仅指上述电极体系中的电子导体，此时铜电极仅指金属铜。此外，常说的铂电极、汞电极和石墨电极也都是第二种含义。

电极反应是在电极两相界面上发生的得、失电子的电化学反应。一般情况下，一个电极反应可表示为

$$O + ne \underset{\text{氧化}}{\overset{\text{还原}}{\rightleftharpoons}} R \tag{11-6}$$

式中：O 为可得到电子而被还原的氧化态物质；R 为可失去电子而被氧化的还原态物质；n 为反应的得失电子数。

式（11-6）表示，同一个电极反应有两个方向，其中反应物得到电子（从左向右进行）的反应称为还原反应，反应物失去电子（从右向左进行）的反应称为氧化反应。

在很多情况下，电极反应是构成电极体系的金属的氧化（溶解）及其逆反应，如 Cu｜$CuSO_4$ 体系的电极反应：$Cu^{2+} + 2e \rightleftharpoons Cu$，此类电极称为金属电极。但有时电极材料（如惰性金

属等）并不参与电极反应，在电极上反应的物质是溶液中的某种组分。如果电极反应是溶液中溶解氧的还原，则相应的电极体系称为氧电极；如果电极反应是溶液中的 H^+ 或 H_2O 被还原为 H_2，则相应的电极体系称为氢电极。

2. 电极电位

金属具有独特的晶体结构，它由整齐排列的金属正离子和在整个金属晶体中自由运动的电子（自由电子）组成。例如，将某种金属（如铁）浸入纯水中，由于极性水分子与构成晶格的铁离子相互吸引而发生水合作用，金属表面部分铁离子与金属中其他铁离子间的结合力减弱，甚至会离开金属表面，以水化亚铁离子的形式进入金属表面附近的水层中，发生式（11-7）中的“溶解”反应：

$$Fe + nH_2O \underset{\text{沉积}}{\overset{\text{溶解}}{\rightleftharpoons}} Fe^{2+} \cdot nH_2O + 2e \tag{11-7}$$

结果，若干铁离子转入水中，而在金属表面上留下了等电量的电子。因此，金属表面带负电荷，溶液则带正电荷。由于金属表面电子的吸引，转入水中的大部分铁离子聚集在金属表面附近的水层中，从而在金属表面和溶液之间形成了双电层，如图 11-1(a) 所示。在双电层中，带负电荷的金属表面对铁离子有吸引作用，带正电荷的溶液层对铁离子又有排斥作用，这些作用不仅会阻碍金属的继续溶解，而且会促使已溶入水中的铁离子再沉积到金属表面上，即发生式（11-7）中的“沉积”反应。当溶解和沉积的速度相等时，达到一种动态平衡。这样，在金属和溶液两相之间

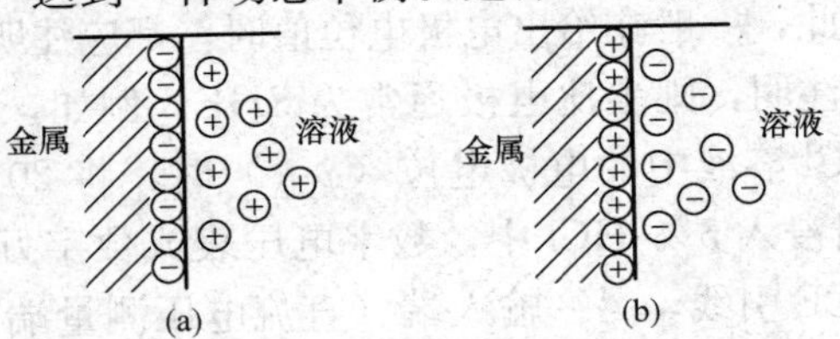

图 11-1　金属/溶液界面双电层示意

（a）金属带负电荷；（b）金属带正电荷

由于电荷不均等而产生了电位差（相间电位差）。

当金属浸入其盐溶液中时，也会发生相同的溶解和沉积过程，即电极反应。此时，由于溶液中已存在该金属的离子，沉积过程比在纯水中时要快。如果金属离子比较容易进入溶液，则金属（如比较活泼的锌）表面仍可带负电荷，只是比在纯水中时所带的负电荷要少；如果金属离子不容易进入溶液，则一开始其沉积速度可能超过金属的溶解速度，从而使金属（如比较稳定的铜）带正电荷，溶液带负电荷，并形成如图 11-1（b）所示的双电层，最终可在一定的相间电位差下建立平衡。该电位差的大小和符号取决于金属的种类和溶液中原有该金属离子的浓度。

通过上述分析可知，由于电极反应的发生，在构成金属电极的金属和溶液两相之间形成了双电层，从而产生电位差，这种相间电位差称为该金属电极的绝对电极电位。显然，这一概念可推广到一般的电极体系，即所谓绝对电极电位是指构成该电极的电子导体和离子导体两相之间的电位差。必须指出的是如同空间中某点的绝对高度，绝对电极电位也是无法直接测量的，但实际上也是不需要知道的。

我们通常使用的电极电位都是相对电极电位，即被测电极与参比电极组成的原电池的电动势，常用 φ 来表示。参比电极是电极电位基本上保持恒定不变的一类电极，如标准氢电极（SHE）、饱和甘汞电极（SCE）等。我国目前常用的参比电极是 SCE，25℃时它相对于 SHE 的电极电位为 +0.2412V。显然，测量或计算电极电位所用的参比电极不同，所得电极电位的数值就不同。因此，一般在给出电极电位值时，都应注明所用的参比电极；如不注明，则参比电极通常为 SHE。例如，测量 20A 碳钢在 5% HCl 溶液中的电极电位（φ_{20A}）时，将 20 号碳钢电极和 SCE 同时浸入 5% HCl 中，数字电压表或数字万用表的“公共端”接 SCE 引线，另一输入端（直流电压测量端）接 20A 电极引线。如果此时表上显示的电压值为 −0.500V，则 $\varphi_{20A}=-0.500V(SCE)$，即 20A 钢在 5% HCl 溶液中的电极电位相对于 SCE 为－0.500V，而相对于 SHE 则约为－0.259V。

3. 平衡电位

对于任意一个电极反应，当氧化反应与还原反应速度相等时，电极反应达到平衡状态。此时，电极体系不仅满足电荷平衡条件（氧化反应所释放的电子恰好为还原反应所吸收），而且满足物质平衡条件（氧化态物质和还原态物质的数量不变）。因此，电极表面和溶液所带电荷的数量都不再变化，故电极电位将会达到一个稳定值。电极反应达到平衡状态时建立的稳定电极电位称为平衡电极电位，简称为“平衡电位”。对于式（11-8）表示的电极反应，其平衡电位（φ_e）可用下面的能斯特（Nernst）公式计算：

$$\varphi_e = \varphi^\theta + \frac{RT}{nF}\ln\frac{a_O}{a_R} \tag{11-8}$$

式中：R 为气体常数，8.314J/(K・mol)；F 为法拉第常数，96485.3C/mol；T 为绝对温度，K；a_O 和 a_R 为氧化态物质 O 和还原态物质 R 的活度（对于金属电极，R 为金属，$a_R=1$）；φ^θ 为 $a_O=a_R=1$ 时的平衡电位，即标准电位，V。

常见电极反应的标准电位（电动序），见表 11-2。

表 11-2　　常见电极反应的标准电位（电动序）

电　极	电极反应	φ^θ (25℃)（V）	温度系数 (mV/K)
Au^{3+} | Au	$Au^{3+} + 3e \rightleftharpoons Au$	+1.498	—
Cl^- | Cl_2，Pt	$Cl_2 + 2e \rightleftharpoons 2Cl^-$	+1.359	−1.260
H^+ | O_2，Pt	$O_2 + 4H^+ + 4e \rightleftharpoons 2H_2O$	+1.229	—
Pt^{2+} | Pt	$Pt^{2+} + 2e \rightleftharpoons Pt$	+1.19	—
Ag^+ | Ag	$Ag^+ + e \rightleftharpoons Ag$	+0.799	+1.000
Fe^{3+}，Fe^{2+} | Pt	$Fe^{3+} + e \rightleftharpoons Fe^{2+}$	+0.771	+1.188
OH^- | O_2，Pt	$O_2 + 2H_2O + 4e \rightleftharpoons 4OH^-$	+0.401	−0.44
Cu^{2+} | Cu	$Cu^{2+} + 2e \rightleftharpoons Cu$	+0.337	+0.008

续表

电　极	电极反应	φ^{θ}（25℃）（V）	温度系数（mV/K）
H^{+} | H_2，Pt	$2H^{+}+2e \rightleftharpoons H_2$	0.000	＋0.000
Pb^{2+} | Pb	$Pb^{2+}+2e \rightleftharpoons Pb$	－0.126	－0.451
Sn^{2+} | Sn	$Sn^{2+}+2e \rightleftharpoons Sn$	－0.136	－0.282
Ni^{2+} | Ni	$Ni^{2+}+2e \rightleftharpoons Ni$	－0.250	＋0.06
Fe^{2+} | Fe	$Fe^{2+}+2e \rightleftharpoons Fe$	－0.440	＋0.052
Cr^{3+} | Cr	$Cr^{3+}+3e \rightleftharpoons Cr$	－0.744	＋0.468
Zn^{2+} | Zn	$Zn^{2+}+2e \rightleftharpoons Zn$	－0.763	＋0.091
OH^{-} | H_2，Pt	$2H_2O+2e \rightleftharpoons H_2+2OH^{-}$	－0.828	—
Ti^{2+} | Ti	$Ti^{2+}+2e \rightleftharpoons Ti$	－1.628	—
Al^{3+} | Al	$Al^{3+}+3e \rightleftharpoons Al$	－1.662	＋0.504
Mg^{2+} | Mg	$Mg^{2+}+2e \rightleftharpoons Mg$	－2.363	＋0.103

平衡电位的高低反映了电极反应的倾向。它越正（越高），电极上越倾向于发生还原反应；越负（越低），则电极上越倾向于发生氧化反应。由表11-2可见，不同电极的 φ^{θ} 值可能相差很大；而由式（11-8）可知，对数作用使浓度变化对 φ_e 影响相对较小。因此，可以比较方便地利用表11-2来粗略地判断金属腐蚀倾向。例如，根据锌和铜的标准电位（分别为－0.763V和＋0.337V）可判断，当锌和铜在稀硫酸溶液中接触时，锌将发生氧化反应而被腐蚀。

4. 非平衡电位与腐蚀电位

实际的电极，如发生腐蚀的金属电极表面上，即使是最简单的情况，也至少有两个反应在同时进行。例如，对于碳钢在酸溶液中的腐蚀，如果溶液中除氢离子外，不存在溶解氧等其他氧化剂，则只有铁的阳极溶解反应式（11-1）和氢离子的阴极还原反应式（11-2）同时在铁表面上进行。当这两个反应的速度相等时，阳极反应所产生的电子恰好被阴极反应全部消耗，该腐蚀体系达到电荷平衡状态。此时，金属表面和溶液所带电荷的数量都不再变化，从而建立一个稳定的电极电位。但是，根据总反应式（11-3）可知，腐蚀反应使溶液中 Fe^{2+} 不断产生，而 H^+ 不断消耗，所以该腐蚀体系中不可能达到物质平衡。因此，该稳定电位为非平衡电极电位，所以它不服从能斯特公式，它通常只能通过实验的方法来测定。由于上述电极反应导致电极金属材料发生腐蚀，该电极体系称为腐蚀金属电极，其稳定电位称为腐蚀电位（φ_{corr}）。研究腐蚀问题时，腐蚀电位有着重要的意义。

三、电化学腐蚀过程

1. 基本过程与速度控制过程

如前所述，电化学腐蚀实际上是腐蚀电池反应的结果。因此，要弄清电化学腐蚀过程，首先必须了解腐蚀电池的组成和工作原理。下面，以图 11-2 所示的铜-锌腐蚀电池为例来分析这一问题。如图 11-2 所示，将一块纯铜片和一块纯锌片用导线连接后，同时浸入无氧稀硫酸溶液，从而形成一种铜-锌腐蚀电池。然后，我们会发现锌片逐渐溶解，但其表面上几乎没有气泡析出；铜片不溶解，但其表面上有大量的氢气泡不断地析出。这些现象表明，在锌片上主要发生锌的溶解反应，即锌失去电子的氧化反应：

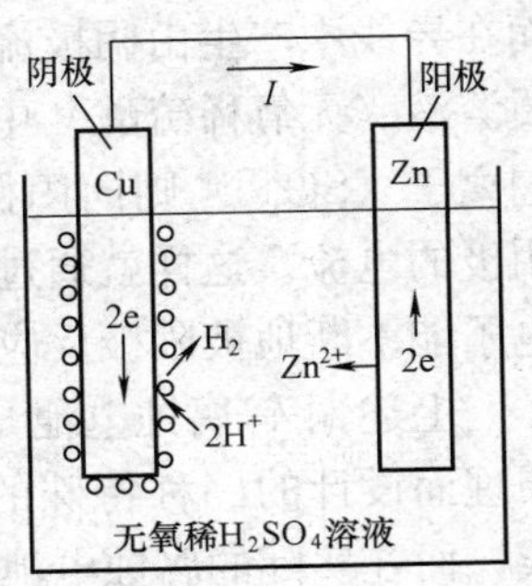

图 11-2　铜-锌腐蚀电池示意

$$Zn \longrightarrow Zn^{2+} + 2e \tag{11-9}$$

同时，在铜片上只发生析氢反应，即氢离子得到电子的还原反应：

$$2H^+ + 2e \longrightarrow H_2 \tag{11-10}$$

在原电池中，发生氧化反应的电极称为阳极，阳极上的氧化反应称为阳极反应；发生还原反应的电极称为阴极，阴极上的还原反应称为阴极反应。因此，在该腐蚀电池中，锌电极（锌片）

为阳极，式（11-9）为阳极反应；铜电极（铜片）为阴极，式（11-10）为阴极反应。这两个电极反应既相互独立，又有通过电子的传递紧密地联系起来。它们组成的电池反应（即腐蚀反应）可表示为

$$Zn + 2H^+ \longrightarrow Zn^{2+} + H_2 \tag{11-11}$$

根据可逆电池的热力学原理，发生腐蚀反应式（11-11）的必要条件是氢还原反应的平衡电位（$\varphi_{e,H}$）高于锌氧化反应的平衡电位（$\varphi_{e,Zn}$），即 $\varphi_{e,H} > \varphi_{e,Zn}$。根据表 11-2 中的标准电位值可知，在无氧稀硫酸中，这一条件是满足的，并且铜电极电位显著高于锌电极电位，即阴、阳极分别为电池的正、负极。因此，阳极反应产生的电子必然通过导线（外电路）从阳极流向阴极，从而在导线中产生由阴极流向阳极的电流（I）；与此同时，在电解质溶液（无氧稀硫酸）中，阳离子（H^+ 和 Zn^{2+}）向阴极迁移，阴离子（SO_4^{2-}）则向阳极迁移，从而在溶液中产生由阳极流向阴极的电流。这样就通过形成一个电流回路，使阳极反应产生的电子能不断地被阴极反应消耗，腐蚀反应得以持续进行。

上述铜-锌腐蚀电池是为了便于理解腐蚀电池的组成和工作原理而设计的一种特殊的腐蚀电池，其外电路是人为连接的导线，而在实际的腐蚀电池中外电路通常就是被腐蚀金属的基体。但是，它们所起的作用都是使阴极和阳极短路。显然，这种差别并不会改变腐蚀电池中发生的过程。因此，如果将铜片和锌片直接接触后浸入无氧稀硫酸溶液中，将发生与上述铜-锌腐蚀电池同样的变化，如图 11-3 所示。即使是将一块锌片单独浸入无氧稀硫酸溶液中，也将发生类似的变化。因为实际上金属锌中不可避免地含有少量电极电位较高的阴极性杂质（如铜、铁等），它们可与锌形成很多微小的腐蚀电池，即微电池，如图 11-4 所示。

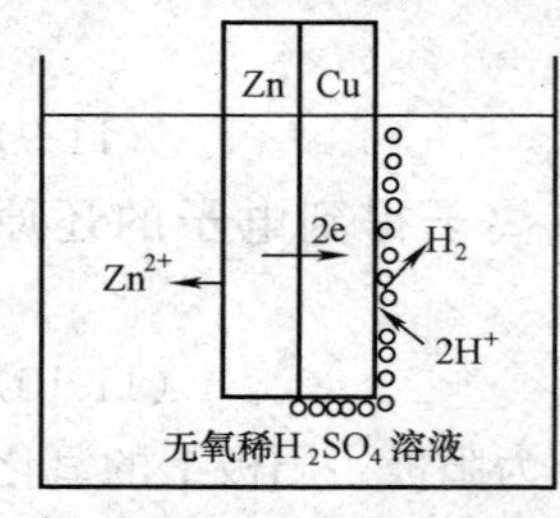

图 11-3 铜锌接触腐蚀示意

当其他金属材料与腐蚀介质相接

触时，也会形成类似的腐蚀电池。例如，由于氧还原反应的平衡电位（$\varphi_{e,O}$）高于铁氧化反应的平衡电位，在含氧的中性水溶液中铁可能通过微电池作用发生腐蚀。当铁与含氧水接触时，由于种种原因，铁表面各部位的电极电位不相等，从而形成很多微电池。其中，电位较高部位为局部阴极，电位较低部位为局部阳极。图 11-5 所示为其中一个微电池的工作历程，垂直分界线的右边是电解质溶液（含氧中性水溶液），左边的阴影部分表示金属（铁）。在金属相中，水平分界线上为阳极，水平分界线之下为阴极。在阳极区表面上，主要发生铁的氧化反应：

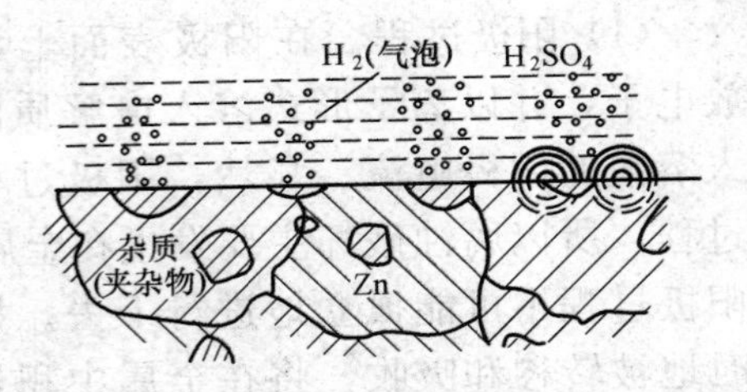

图 11-4 稀硫酸中锌自腐蚀过程示意

$$Fe \longrightarrow Fe^{2+} + 2e \tag{11-12}$$

在阴极区表面上主要发生氧还原反应：

$$O_2 + 2H_2O + 4e \longrightarrow 4OH^- \tag{11-13}$$

由于阴极电位高于阳极电位，阳极反应产生的电子必然通过金属基体从阳极区流向阴极区，并在阴极区表面上被氧还原反应消耗；与此同时，溶液中的阳离子（Fe^{2+}）向阴极迁移，阴离子（OH^-）则向阳极迁移，从而通过形成一个电流回路，使腐蚀过程得以持续进行。

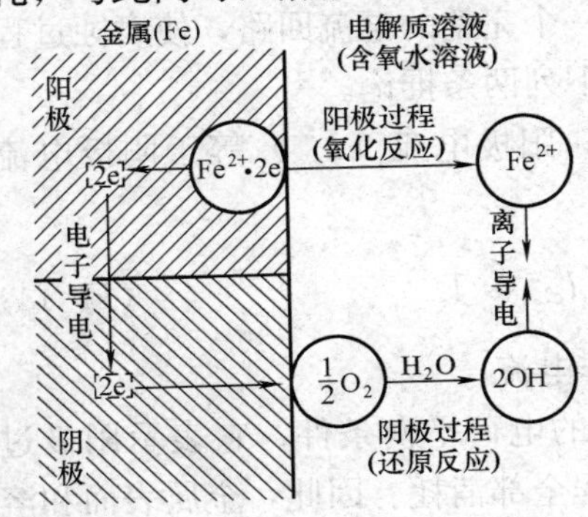

图 11-5 含氧中性水中铁腐蚀过程

综上所述，腐蚀电池由阳极、阴极、电解质溶液和外电路（通常就是被腐蚀金属的基体）四个不可分割的部分组成。相应地，腐蚀电池的工作历程包括下面四个基本过程。

（1）阳极过程。在阳极表面上，金属发生氧化反应，释放电子，并以离子形式溶入电解质溶液，从而产生由金属流入溶液的阳极电流。显然，阳极过程是直接导致金属腐蚀的过程，所以腐蚀破坏主要发生在金属表面上的阳极区。但是，阳极过程不可能孤立地进行下去。如果它产生的电子不能及时地被转移和吸收，将在金属中积累，从而阻碍阳极过程的继续进行。

（2）阴极过程。如果电解质溶液中存在着某种氧化剂，并且它在阴极上发生还原反应的平衡电位（φ_{ec}）高于金属在阳极上发生氧化反应的平衡电位（φ_{ea}），它就可能在阴极表面上吸收从阳极迁移过来的电子而发生还原反应，从而产生由溶液流入金属的阴极电流，并使阳极过程可能进行下去。因此，金属发生电化学腐蚀的必要条件是 $\varphi_{ec}>\varphi_{ea}$。

（3）电子导电过程。由于阴极电位高于阳极电位，阳极过程产生的电子必然通过金属基体从阳极流向阴极，从而在金属中产生由阴极流向阳极的电流。

（4）离子导电过程。在电解质溶液中，阴、阳极间的电位差使阳离子向阴极迁移，阴离子则向阳极迁移，从而在溶液中产生由阳极流向阴极的电流。

腐蚀电池工作时，上述四个基本过程同时进行。它们既相互独立，又彼此串联，共同构成一个完整的电流回路，使腐蚀过程得以持续进行。据此，可做出下列两条推论。

（1）腐蚀过程达到稳态时，阳极电流（$I_{a,s}$）等于阴极电流（$I_{c,s}$），即

$$I_{a,s} = I_{c,s} = I_s \tag{11-14}$$

式中：I_s为腐蚀电池的稳态工作电流。

式（11-14）也是腐蚀体系的电荷平衡条件，它表示阳极过程所产生的电子恰好被阴极过程全部消耗。因此，金属表面和溶液所带电荷的数量都不再变化，从而建立一个稳定的电极电位，

即腐蚀电位（φ_{corr}）。

如上所述，是阳极过程直接导致了金属的腐蚀，所以电化学腐蚀速度可用稳态阳极电流密度（$i_{a,s}$）表示，后者又称为腐蚀电流密度（i_{corr}）。如果阳极区的面积为A_a，则有

$$i_{corr}=i_{a,s}=I_{a,s}/A_a=I_s/A_a \tag{11-15}$$

对于均匀腐蚀，$A_a=A_c$（阴极区的面积），由式（11-14）得

$$i_{corr}=i_{a,s}=i_{c,s} \tag{11-16}$$

式中：$i_{c,s}$为稳态阴极电流密度。

式（11-16）为均匀腐蚀体系的稳态条件（电荷平衡条件）。

（2）电化学腐蚀速度（即腐蚀电流密度）取决于腐蚀电池中阻力最大、最缓慢的基本过程——速度控制过程。因此，如果我们能增大速度控制过程的阻力，就可有效地减小金属的腐蚀速度。例如，停炉保护时经常采用的“热炉放水、余热烘干”方法就是通过增加离子导电过程的阻力来控制锅炉金属的腐蚀。

2. 次生过程与保护膜

在腐蚀过程中，阴、阳极反应的产物还可能在金属表面附近的液层中发生一系列变化，并可能对腐蚀过程产生显著的影响。下面就以铁在含氧中性水溶液中腐蚀为例加以说明。

由式（11-12）和式（11-13）可知，铁在含氧中性水溶液中的腐蚀首先引起金属表面阳极区和阴极区附近溶液成分的变化。在阳极区附近，Fe^{2+}浓度不断增高；在阴极区附近，OH^-浓度不断增高，因而溶液 pH 值逐渐升高。于是，溶液中出现了Fe^{2+}和OH^-浓度不同的区域，从而产生浓度差引起的扩散作用。

在扩散和电迁移的作用下，Fe^{2+}向阴极方向移动，而OH^-向阳极方向移动。这样，两者有可能在阴极和阳极中间的某个区域相遇而发生反应，生成难溶性的金属氢氧化物 Fe（OH）$_2$：

$$Fe^{2+}+2OH^- \longrightarrow Fe(OH)_2 \tag{11-17}$$

由于该反应在 pH＞5.5 的条件下即可发生，在中性，特别是在碱性条件下（如锅炉给水的 pH 值条件下），水中原有的 OH^- 也可能参加该反应。

在腐蚀过程中，阳极反应产生的金属离子与阴极反应产物或介质中的某种物质之间进一步发生的反应，称为腐蚀的次生过程或次生反应，其产物称为腐蚀的次生产物。

在某些情况下，腐蚀的次生过程可能更为复杂。如果金属的腐蚀产物存在更高价态，并且水溶液中存在溶解氧等氧化剂，低价腐蚀产物可能发生进一步的氧化。例如，式（11-17）所产生的 $Fe(OH)_2$ 在含氧水中极不稳定，很容易被氧化为氢氧化铁，并且它还可与氢氧化铁反应而转化为 Fe_3O_4：

$$4Fe(OH)_2 + O_2 + 2H_2O \longrightarrow 4Fe(OH)_3$$

$$Fe(OH)_2 + 2Fe(OH)_3 \longrightarrow Fe_3O_4 + 4H_2O$$

其中，$Fe(OH)_3$ 表示三价铁的氢氧化物，但其化学组成实际上并非如此简单，常常是各种含水氧化铁($Fe_2O_3 \cdot nH_2O$)或羟基氧化铁(FeOOH)的混合物。因此，铁最终的腐蚀产物可能主要是 Fe_3O_4 和 Fe_2O_3 或 FeOOH。

在一般情况下，难溶的腐蚀次生产物并非直接在金属表面的阳极区生成。因此，如果溶液的 pH 值较低，并且金属表面上阴极区和阳极区相距甚远，则次生反应难以发生，腐蚀产物主要以离子状态存在，次生产物对金属腐蚀速度的影响不大。但是，如果溶液的 pH 值较高或阴极和阳极相距较近，甚至直接交界，则次生产物可能直接在金属表面上形成一层金属氧化物薄膜。如果这种氧化膜稳定、牢固、完整、致密，则它必将阻滞腐蚀过程的进行，从而对金属起到保护作用，则这种氧化膜可称为表面保护膜；否则，可能导致金属的局部腐蚀。

四、腐蚀电池的类型及成因

根据腐蚀电池电极的大小，可将腐蚀电池分为宏观腐蚀电池和微观腐蚀电池两大类。

1. 宏观腐蚀电池

宏观腐蚀电池的阳极区和阴极区可由肉眼分辨，且其极性能长时间保持稳定，从而引起阳极区表面发生明显的局部腐蚀。常见宏观腐蚀的电池有以下三种。

（1）电偶腐蚀电池。两种电极电位不同的金属在电解质溶液中相接触所构成的腐蚀电池称为电偶腐蚀电池。在电偶腐蚀电池中，电位较正的金属表面为阴极区，腐蚀减慢，得到一定程度的保护（阴极保护作用）；而电位较负的金属表面为阳极区，腐蚀加快，这种腐蚀称为电偶腐蚀或接触腐蚀。在各种工业设备中，不同金属的组合件（如凝汽器水侧碳钢管板和铜管）常形成电偶腐蚀电池。金属发生电偶腐蚀时，两种金属在腐蚀介质中的电位差越大，阴极和阳极的面积比越大，腐蚀介质的电导率越高，电偶腐蚀越严重。

（2）浓差腐蚀电池。由于同一金属的不同部位所接触的介质浓度不同而形成的腐蚀电池称为浓差腐蚀电池。其中，最常见的浓差腐蚀电池是氧浓差电池，又称差异充气电池。

当金属表面不同区域所接触的介质中溶解氧浓度不同时，就会产生电位差从而形成氧浓差电池。在氧浓度较高的区域，金属因电极电位较正而成为阴极；而在氧浓度较低区域，金属因电极电位较负而成为阳极。在腐蚀电池的作用下，富氧的阴极区主要发生溶解氧的还原反应，而贫氧的阳极区主要发生金属溶解反应。阴极区的氧还原反应所产生的 OH^- 不仅可提高溶液的 pH 值，而且对溶液中 Cl^- 等腐蚀性阴离子具有排斥作用；而阳极区的金属溶解反应所产生的金属离子不仅可通过水解反应使溶液的 pH 值降低（酸化），而且可吸引 Cl^- 等腐蚀性阴离子向阳极区富集。这样，阴极区溶液的腐蚀性逐渐减弱，使金属溶解反应因阻力的增大而减速；而阳极区溶液的腐蚀性逐渐增强，使金属溶解反应因阻力减小而加速，即产生所谓的“自催化效应”。于是，腐蚀破坏将集中在金属表面氧浓度较低的区域。

如果在腐蚀介质中的金属表面上存在狭小的缝隙，缝隙内外的溶液不能对流，缝隙外的溶解氧只能通过缝口向缝内缓慢地扩散，这样缝隙内的溶解氧将很快被缝隙内的腐蚀反应耗尽。于是，在缝隙内外就形成了一种非常典型的氧浓差电池。由于缝隙内外的溶液不能对流，并且缝隙内溶液很少，在氧浓差电池作用下，缝隙内金属溶解的自催化效应必然更加显著，从而导致严重的局部腐蚀——缝隙腐蚀。因此，金属的缝隙腐蚀通常是由氧浓差电池引起的。

（3）温差电池。如果浸入电解质溶液的金属各部分的温度不同，也可能产生电位差，从而形成温差电池。它引起的腐蚀常常发生在热交换器及其他类似的设备中。例如，在检修碳钢换热器时，可发现其高温端比低温端腐蚀严重。

2. 微观腐蚀电池

微观腐蚀电池，简称为微电池，其电极尺寸极其微小，可与金属晶粒的尺度相近（0.1μm～1mm）。在腐蚀介质中，金属表面各部位的物理和化学性质常存在差异，使金属表面各部位的电极电位不相等。这种现象称为金属表面的电化学不均匀性，它是形成微电池的原因。金属表面电化学不均匀性的原因是多方面的，但主要有以下四方面。

（1）化学成分的不均匀性。由于含有各种杂质或合金元素，工业用金属材料的化学成分在微观上都是不均匀的。当金属与电解质溶液接触时，金属表面的杂质微粒就会作为微电极，并与基体金属构成了许多微电池。因此，电位较正的阴极性杂质可能加速基体金属的腐蚀。例如，Cu、Fe 等杂质对锌在硫酸溶液中的腐蚀会起强烈的加速作用；电位较正的硫化物夹杂（MnS 等）会使碳钢在含氧水中发生点蚀。此外，合金元素及其化合物也可能具有类似的作用。例如，碳钢中的 Fe_3C 因其电极电位比铁正而成为微阴极，从而可加快碳钢的腐蚀。

（2）金相组织的不均匀性。因为工业用金属材料一般都是由很多晶粒组成的，所以其表面必然存在大量的晶界。金属的晶界是金属原子排列比较疏松、紊乱的区域，容易富集杂质原子和产生晶体缺陷。因此，晶界比晶粒内部更为活泼，电极电位更负，在腐蚀介质中常成为优先溶解的阳极区。例如，奥氏体不锈钢在焊接过程中，由于 $Cr_{23}C_6$ 沿晶界析出，使晶界附近贫铬而成为微电池的阳极区，从而引起不锈钢的晶间腐蚀。

（3）物理状态的不均匀性。在机械加工或装配过程中，常常造成金属构件各部分变形和内应力的不均匀性。一般情况下，变形较大和应力集中的部位成为阳极。例如，铁板弯曲处容易腐蚀就是这个原因。另外，金属结构在使用过程中也可能承受各种负荷的作用。实践证明，在锅炉、桥梁等金属设备和结构上，往往是拉应力集中的部位首先发生腐蚀。

（4）金属表面膜的不完整性。如果金属表面膜不完整、有孔隙或破损等缺陷，则这些缺陷部位的电极电位相对较低，成为微电池的阳极而首先发生腐蚀。例如，碳钢、特别是不锈钢在含 Cl^- 的介质中，常因 Cl^- 对钝化膜的局部破坏作用而发生点蚀。

五、电位-pH 图

在腐蚀过程中，电极电位是金属阳极溶解过程的控制因素，而溶液 pH 值则是金属腐蚀产物稳定性的控制因素。应用这两个参数，以电极电位为纵坐标，以溶液的 pH 值为横坐标，可把金属-水溶液体系中各种反应在给定条件下的平衡关系，简单而直观地表示出来。这就是金属-水溶液体系的电位-pH 图。根据电位-pH 图可了解金属腐蚀的可能性和腐蚀产物的稳定性，用它来研究金属在水溶液中的腐蚀极为方便。

1. 绘制步骤

绘制金属-水溶液体系（如 $Fe-H_2O$ 体系）电位-pH 图的步骤如下。

（1）列出有关物质的存在状态及其 25℃下的标准化学位（用于计算相关电极反应的标准电位或化学反应的标准平衡常数）。

（2）列出各类物质的相互反应，并通过能斯特公式和化学平衡关系式建立反应平衡条件。这些反应可分成三类（参见表 11-3），其平衡关系均可反映在电位-pH 图上。

表 11-3　$Fe-H_2O$ 体系中的反应类型及其平衡条件

反应类型	反应式	平衡条件及其电位-pH 图	偏离平衡状态时的变化趋势
有电子，无 H^+ 参加	$Fe^{2+}+2e \rightleftharpoons Fe$	$\varphi_e=-0.440+0.0296\lg a_{Fe^{2+}}$ 平行于 pH 轴的水平直线，如图 11-6 中直线①所示	φ 上升，则 $a_{Fe^{2+}}$ 增大，即铁溶解
有 H^+，无电子参加	$Fe_2O_3+6H^+ \rightleftharpoons 2Fe^{3+}+3H_2O$	$\lg a_{Fe^{3+}}=-0.723-3pH$ 平行于 φ 轴的垂直直线，如图 11-6 中直线②所示	pH 值提高，则 $a_{Fe^{3+}}$ 减小，并生成 Fe_2O_3
电子和 H^+ 均参加	$Fe_2O_3+6H^++2e \rightleftharpoons 2Fe^{2+}+3H_2O$	$\varphi_e=0.728-0.177\lg a_{Fe^{2+}}-0.592pH$ 斜率小于 0 的直线，如图 11-6 中直线③所示	φ 上升或 pH 值提高，则 $a_{Fe^{2+}}$ 减小，并生成 Fe_2O_3

（3）选定要考虑的平衡固相（如铁的氧化物或氢氧化物），在电位-pH 坐标系中画出有关反应的平衡线。

图 11-6 为有关离子浓度均取 10^{-6} mol/L、以铁的氧化物为平衡固相时，$Fe-H_2O$ 体系的电位-pH 图。图中的 a 线和 b 线分别是氢气和氧气的分压为标准压力（100kPa）时氢电极和氧电极反应的平衡线。

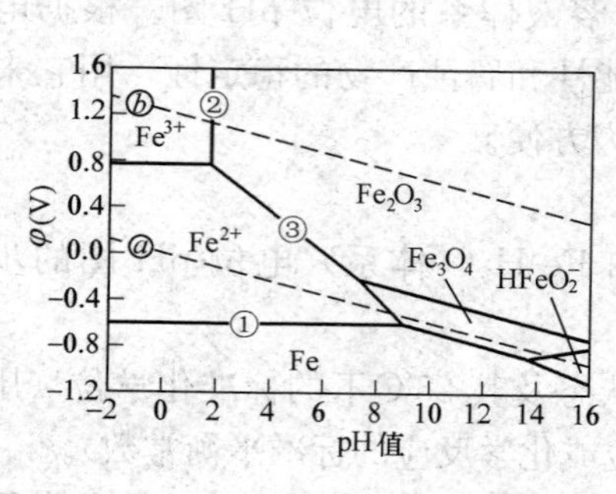

图 11-6　$Fe-H_2O$ 体系的电位-pH 图（平衡计算中有关离子的浓度均取 10^{-6} mol/L）

2. 点、线、面的意义

电位-pH 图中的任一条线都表示两种物质间的反应平衡关系（或反应平衡的电位和 pH 值条件）。电位和 pH 值偏离平衡线，则平衡被破坏，反应将向一定方向进行直至达到新的平衡（参见表 11-3 的最后一列）。电位-pH 图中三条线的交点表示三种物质（如 $Fe—Fe^{2+}—Fe_3O_4$）间平衡的电位和 pH 值条件。电位和 pH 值偏离交点则必有一种物质趋于消失。电位-pH 图中由若干条线（包括坐标轴）所包围的区域为某种物质能稳定存在的电位-pH 范围，即热力学稳定区。图 11-6 中，标示有 Fe、Fe_3O_4、Fe_2O_3、Fe^{2+}、Fe^{3+} 和 $HFeO_2^-$ 的热力学稳定区。此外，a 线和 b 线之间为水（或 H^+ 和 OH^-）的热力学稳定区，a 线以下为氢气的热力学稳定区，b 线之上为氧气的热力学稳定区。

3. 在金属腐蚀与防护中的应用

（1）确定腐蚀区、免蚀区和钝化区。为了判断金属的腐蚀倾向，通常取 10^{-6} mol/L 作为金属发生腐蚀与否的界限。也就是说，当金属或其化合物（覆盖在金属表面上）的溶解度小于 10^{-6} mol/L 时，则可认为该金属在水溶液中实际上没有发生腐蚀；否则，可认为该金属被腐蚀了。倘若平衡计算中有关离子的浓度均取 10^{-6} mol/L，则可得一种简化了的电位-pH 图。图 11-6 实际上就是这样简化后画出的 $Fe-H_2O$ 体系的电位-pH 图。

根据图 11-6 中不同区域内物质的稳定存在状态，可将 $Fe-H_2O$ 体系的电位-pH 图划分为下列三类不同的区域（如图 11-7 所示）。

1）免蚀区，即图 11-6 中 Fe 的热力学稳定区。当 $Fe-H_2O$ 体系的电位和 pH 值处于该区域内时，即使铁暴露在溶液中，也不会发生腐蚀。

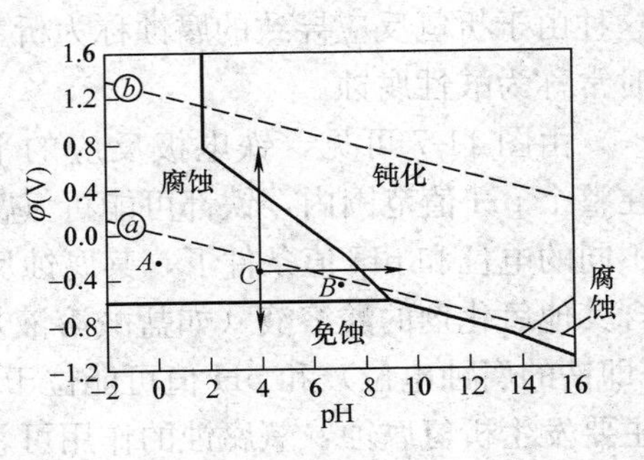

图 11-7　$Fe-H_2O$ 体系的电位-pH 图中的腐蚀、免蚀、钝化区

2）腐蚀区，即图 11-6 中 Fe^{2+}、Fe^{3+} 或 $HFeO_2^-$ 的热力学稳定区。当 $Fe-H_2O$ 体系的电位和 pH 值处于这

些区域内时，铁将被溶解并变成Fe^{2+}、Fe^{3+}或$HFeO_2^-$，从而发生腐蚀。其中，Fe^{2+}和Fe^{3+}的稳定区合并为一个腐蚀区。

3）钝化区，即Fe_3O_4或Fe_2O_3的热力学稳定区。当Fe-H_2O体系的电位和pH值处于这两个区域内时，铁表面上可能形成完整、致密的氧化物保护膜，从而使铁的溶解受到强烈的抑制，铁的腐蚀速度降到极低的程度，即发生钝化。但是，铁实际上是否发生钝化取决于水质等具体条件。

（2）判断腐蚀的可能性。根据金属发生电化学腐蚀的必要条件，当金属氧化反应的平衡电极电位$\varphi_{e,M}<\varphi_{e,O}$（金属电极反应的平衡线在b线下）时，腐蚀电池的局部阴极上就会发生氧还原反应。在酸性溶液中，其反应式为

$$O_2+4H^++4e\longrightarrow 2H_2O \tag{11-18}$$

在中性或碱性溶液中，其反应式为

$$O_2+2H_2O+4e\longrightarrow 4OH^- \tag{11-19}$$

这种由于氧还原反应导致的腐蚀称为耗氧腐蚀或氧腐蚀。

当$\varphi_{e,M}<\varphi_{e,H}$（金属电极反应的平衡线在a线下）时，腐蚀电池的局部阴极上就会发生析氢反应。在酸性溶液中，反应式为

$$2H^++2e\longrightarrow H_2 \tag{11-20}$$

在中性或碱性溶液中，其反应式为

$$2H_2O+2e\longrightarrow H_2+2OH^- \tag{11-21}$$

这种由于析氢反应导致的腐蚀称为析氢腐蚀，当腐蚀介质呈酸性时常称为酸性腐蚀。

由图11-7可见，铁电极反应的平衡线在a线以下。因此，在整个pH值范围内，铁都可能析氢腐蚀和耗氧腐蚀。但是，在不同的电位和pH值条件下，其腐蚀反应和腐蚀产物不同。在不含其他氧化剂的酸溶液（如盐酸溶液）中，Fe-H_2O体系的电位（即铁的腐蚀电位）和pH值可能位于图11-7中的A点，此时铁主要发生析氢腐蚀，氧腐蚀的作用可忽略。在中性溶液（如冷却水）中，Fe-H_2O体系的电位和pH值可能位于图11-7中的B点，此时铁主要发生氧腐蚀，析氢腐蚀的作用可忽略。在一定条

件下，如在流动的水中，铁的腐蚀电位可能高于 $\varphi_{e,H}$，此时铁只发生氧腐蚀。但是，在含氧的弱酸性溶液中，$Fe-H_2O$ 体系的电位和 pH 值可能位于图 11-7 中的 C 点，此时这两种腐蚀作用都不能忽略。在酸性 pH 值范围内，腐蚀产物是 Fe^{2+} 和 Fe^{3+}；在中性和弱碱性 pH 值范围内，腐蚀产物可能是 Fe_3O_4 和 Fe_2O_3（或 FeOOH）。

（3）了解防止金属腐蚀的可能途径。如果要将铁从 C 点移出腐蚀区，从图 11-7 来看，可以采取以下三种措施。

1）使铁的电极电位负移（降低）到免蚀区，这可通过阴极保护的方法来实现。

2）使铁的电极电位正移（升高）到钝化区，这可通过阳极保护或化学钝化的方法来实现。化学钝化方法是向溶液中添加钝化剂（如重铬酸钾、亚硝酸钠、氧气、过氧化氢等氧化剂），通过金属与钝化剂的自然作用使金属的电位正移到钝化区而钝化，如给水的加氧处理。

3）提高溶液的 pH 值，使溶液呈碱性，也可使铁进入钝化区，如给水的 pH 值调节。

六、腐蚀电池的极化

将一块铜片和一块锌片插入 3%NaCl 溶液中，构成的一种铜-锌腐蚀电池，如图 11-8 所示。为测量该电池的工作电流，在其两极间串接一电流表。通过测量可得，阴极（铜电极）的稳定开路电位 $\varphi_{c,o}=0.05V$，阳极（锌电极）的稳定开路电位 $\varphi_{a,o}=-0.83V$，两极间溶液电阻为 90Ω，电流表内阻为 110Ω。如果在腐蚀过程中其工作电压（两极电位差，E）不变，即保持 $E=E_o=\varphi_{c,o}-\varphi_{a,o}=0.05-(-0.83)=0.88V$，则根据欧姆定律可估算出电池工作电流为 $0.88/(110+90)\approx 4.4mA$。

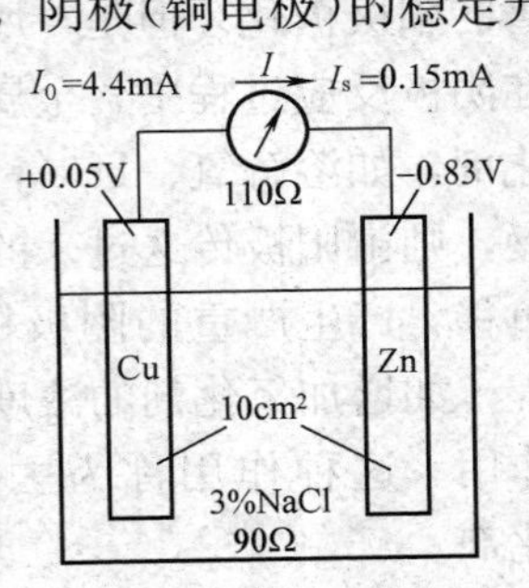

图 11-8　3%NaCl 中的铜-锌腐蚀电池

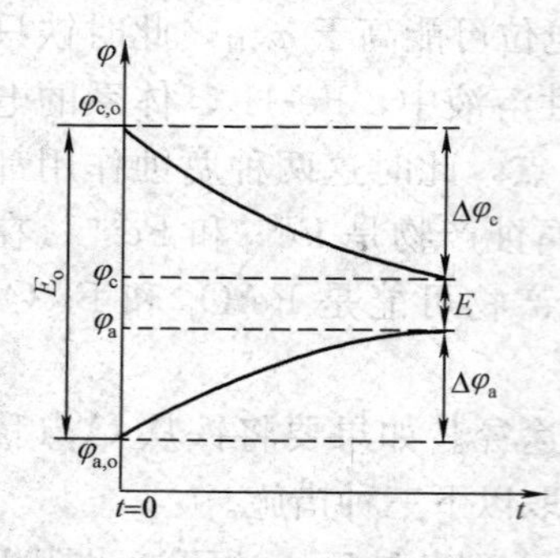

图 11-9　腐蚀电池的极化现象

实际测量发现，在该电池接通后的瞬间，其初始工作电流（I_0）约为 4.4mA；但是，随着时间的延长，其工作电流（I）迅速衰减，最后的稳定值（I_s）只有 0.15mA。为什么 I_s 与 I_0 会有如此大的差别？由于溶液电阻和电流表内阻都不可能发生较大的变化，导致 I 减小的原因只可能是 E 的减小，同时进行的电极电位的测量结果（如图 11-9 所示）证明了这一推断。如上所述，电池接通后，两极均通过较大的电流，结果是阳极电位（φ_a）正移，阴极电位（φ_c）负移，故 E 减小。这种由于通过电流而使电池工作电压减小的现象称为电池的极化；其中，阴极电位的负移，称为阴极极化，其程度可用阴极极化值 $\Delta\varphi_c=\varphi_{c,o}-\varphi_c$ 表示；阳极电位的正移，称为阳极极化，其程度可用阳极极化值 $\Delta\varphi_a=\varphi_a-\varphi_{a,o}$ 表示。

显然，腐蚀电池的极化使电化学腐蚀速度减小，从而有利于对腐蚀的控制。通常，在腐蚀电池中阳极极化的程度不大，只有当金属表面因形成某种保护膜而钝化的情况下，才显示出比较显著的阳极极化。但是，腐蚀电池中的阴极极化程度却往往较大。在阴极反应过程中，金属传送电子的速度很快，如果反应物（氧化剂，如溶解氧、H^+ 等）向电极表面或产物向溶液中的扩散较慢，则由阳极传送过来的电子就会在阴极表面积累，使阴极电位负移，产生严重的阴极极化；相反，如果设法加快上述扩散过程，如增加氧化剂的浓度、搅拌溶液等，将起到减弱阴极极化的作用。这种作用称为去极化，起去极化作用的物质称为去极化剂。

七、防止金属腐蚀的方法

影响金属腐蚀的因素可分为金属材料和腐蚀介质两方面。因此，防止金属腐蚀主要是从提高材料的耐蚀性和减小介质的侵蚀性两方面来考虑。防止金属腐蚀的方法主要有合理选材与设计、表面保护技术、介质处理和电化学保护技术。

1. 合理选材与设计

为保证设备的长期安全运行，必须将合理选材、正确设计、精心施工制造及良好的维护管理等几方面的工作密切结合起来。其中，合理选材和防腐蚀设计是首要环节。合理选材主要是根据材料所要接触的介质性质和条件，材料的耐蚀性能，以及材料的价格，选择在这种介质中比较耐蚀、满足设计和经济性要求的材料。

这里，防腐蚀设计主要是防蚀结构设计和防蚀强度设计。防蚀结构设计的原则包括结构件的形状应尽可能简单，防止残余水分和冷凝液的腐蚀，防止电偶腐蚀、缝隙腐蚀（如以焊接代替铆接）、应力腐蚀、环境差异（温差、浓差）引起腐蚀、液体流动形式（湍流、涡流等）造成的腐蚀等。防蚀强度设计主要是对全面腐蚀的腐蚀裕量的选择，即根据材料在使用的腐蚀介质中的腐蚀速度、构件使用部位的重要性，以及使用年限适当加大构件的尺寸，以保证对使用寿命的要求。

2. 表面保护技术

表面保护技术就是利用覆盖层尽量避免金属和腐蚀介质直接接触而使金属得到保护。保护性覆盖层可分为金属镀层和非金属涂层。金属镀层的制造方法主要有热镀（如镀锌钢管）、渗镀（也称表面合金化）、电镀等；非金属涂层可分为无机涂层（包括搪瓷或玻璃涂层及化学转化涂层，如金属表面的氧化膜和磷化膜等）和有机涂层（包括塑料、橡胶、涂料和防锈油等）。在发电厂中，表面保护技术常用于热力设备的外部防护。例如，用有机涂层和电镀层防止设备外表面的大气腐蚀、对水冷壁管外壁渗铝防止高温腐蚀等。另外，表面保护技术还常用于一些工作温度较低的热力设备的内部防护。例如，炉外水处理设备及管道内壁的衬胶保护等。

3. 介质处理

介质处理是为了降低介质的腐蚀性或促使金属表面形成保护膜。为此，通常可采用下列方法。

（1）控制介质中溶解氧等氧化剂的浓度。例如，为控制直流锅炉给水系统热力设备的氧腐蚀，不仅可采取给水除氧的方法，而且可采取给水加氧（钝化）的方法；锅炉酸洗过程中，为了抑制 Fe^{3+} 的腐蚀作用，可向酸洗液中添加适量的还原剂以控制 Fe^{3+} 浓度。

（2）提高介质的 pH 值。提高介质的 pH 值（如给水的 pH 值调节）一方面可中和介质中的酸性物质，防止金属的酸性（如凝结水系统的游离二氧化碳腐蚀）；另一方面，可使溶液呈碱性，促进金属的钝化。

（3）降低气体介质中的湿分。例如，在热力设备干法停用锅炉保护过程中，使用干燥剂吸收空气中的湿分。

（4）向介质中添加缓蚀剂。在腐蚀介质中加入少量某种物质就能大大降低金属的腐蚀速度，这种物质称为缓蚀剂。例如，锅炉酸洗缓蚀剂和循环冷却水缓蚀剂等。

4. 电化学保护技术

电化学保护技术就是利用外部电流使金属的电极电位发生改变从而防止其腐蚀的一种方法。它又包括阴极保护和阳极保护两种方法。

（1）阴极保护。阴极保护是在金属表面上通入足够大的外部阴极电流，使金属的电极电位负移、阳极溶解速度减小（此时，腐蚀电池阴极反应所需要的电子绝大部分由外部阴极电流提供），从而防止金属腐蚀的一种电化学保护方法。这种保护方法又可分为牺牲阳极保护和外加电流阴极保护两种方法。牺牲阳极保护是在被保护金属上连接一个电位较负的金属（牺牲阳极），使被保护金属成为它与牺牲阳极所构成的短路原电池的阴极，从而以牺牲阳极的溶解为代价来防止被保护金属的腐蚀。外加电流阴极保护是将被保护金属与直流电源（或恒电位仪）的负极相连，该电源的正极与在同一腐蚀介质中的另一种电子导体材料（辅助阳极）相连，这样被保护金属在它与辅助阳极构成的电解池中作为阴极，发生阴极极化，电极电位被控制在阴极保护的电位范围内，从而以消耗电能为代价来防止被保护金属的腐蚀。例如，凝汽器水侧管板和管端部、地下取水管道外壁等均可采用牺牲阳极或外加电流阴极保护（参见第十七章第四节）。

（2）阳极保护。阳极保护是在金属表面上通入足够大的阳极电流，使金属的电极电位正移，达到并保持在钝化区内，从而防止金属腐蚀的一种电化学保护方法。阳极保护通常是将被保护的金属与直流电源（或恒电位仪）的正极相连，而该电源的负极与在同一腐蚀介质中的另一种电子导体材料（辅助阴极）相连，这样被保护金属在它与辅助阴极构成的电解池中作为阳极，发生阳极极化，电极电位被控制在钝化区的电位范围内而得到保护。此时，由于金属表面可形成在腐蚀介质中非常稳定的保护膜（金属表面发生钝化），从而使金属的腐蚀速度大为降低。因此，阳极保护只适用于可能发生钝化的金属，如碳钢浓硫酸贮槽的阳极保护。

总而言之，为防止火力发电机组热力设备的腐蚀，首先应尽可能地选用在使用介质中耐蚀的金属材料，并按防腐蚀的要求合理地进行热力设备的设计、制造和安装。机组投运之前，必须进行化学清洗。机组投运之后，在运行中不仅要注意保持热力设备正确的运行方式，而且采取合理的给水和炉水处理方式，并严格控制水汽品质；在机组停、备用期间，进行适当的保护；另外，还应安排适当的定期检修，并在必要时进行运行锅炉的化学清洗。

第二节　给水系统的腐蚀

本节主要讨论给水系统碳钢的腐蚀；此外，对给水系统中黄铜制件的腐蚀问题也要给以简要介绍。

一、氧腐蚀

氧腐蚀是热力设备腐蚀中较常见的一种腐蚀形式。热力设备在运行和停用期间都可能发生氧腐蚀。本节主要介绍热力设备在运行中的氧腐蚀。

（一）腐蚀过程

由于表面保护膜的缺陷、硫化物夹杂等原因，当碳钢与含氧水接触时，碳钢表面各部位的电极电位不相等，从而形成微腐蚀电池，电极电位较负的部位为阳极区，电极电位较正的部位为阴极区；另外，根据 $Fe\text{-}H_2O$ 体系的电位-pH 图可知，在中性或碱性水中，碳钢主要发生氧腐蚀。因此，在腐蚀电池的作用下，阴极区表面上主要发生溶解氧的阴极还原反应：

$$O_2 + 2H_2O + 4e \longrightarrow 4OH^-$$

而在阳极区表面上发生铁的阳极溶解反应：

$$Fe \longrightarrow Fe^{2+} + 2e$$

如前所述，阳极反应产生的 Fe^{2+} 在遇到水中的 OH^- 和 O_2 时将发生一系列次生反应，最终生成 Fe_3O_4 和 Fe_2O_3 或 FeOOH。如果钢表面光洁，水流速度较快，这些次生产物难以在钢表面上沉积；但是，如果钢表面比较粗糙，水流速度较慢，特别是钢表面有水垢等沉积物，水处于静止状态，这些次生产物比较容易在微电池的阳极区表面上沉积。在一般条件下，这种次生产物的沉积物常常是疏松的，没有保护性，不能阻止腐蚀的继续进行。但是，它们会妨碍水中溶解氧向金属表面的扩散，使其下面的溶解氧浓度低于其周围钢表面的溶解氧浓度，从而形成氧浓差腐蚀电池。这样，次生产物下面的钢表面又成为氧浓差腐蚀电池的阳极区，溶液的 pH 值降低，Cl^- 浓度提高，铁的阳极溶解反应加快，从而形成腐蚀坑。与此同时，腐蚀产生的部分 Fe^{2+} 会不断地通过疏松的次生产物层向外扩散，并在遇到水中的 OH^- 和 O_2 时发生上述次生反应，产生越来越多的次生产物。这样，次生产物逐渐在腐蚀坑上堆积，结果形成鼓包，如图 11-10 所示。

（二）一般特征

当钢铁在水中发生氧腐蚀时，常常在其表面形成许多小鼓包。这些鼓包的大小差别很大，其直径从1mm到20、30mm不等。鼓包表层的颜色可能呈黄褐色、砖红色或黑褐色，里层是黑色粉末状物，这些都是次生腐蚀产物。除去这些腐蚀产物后，便可看到一些大小不一的腐蚀坑，呈“溃疡”状。因此，这种腐蚀又称为溃疡腐蚀。

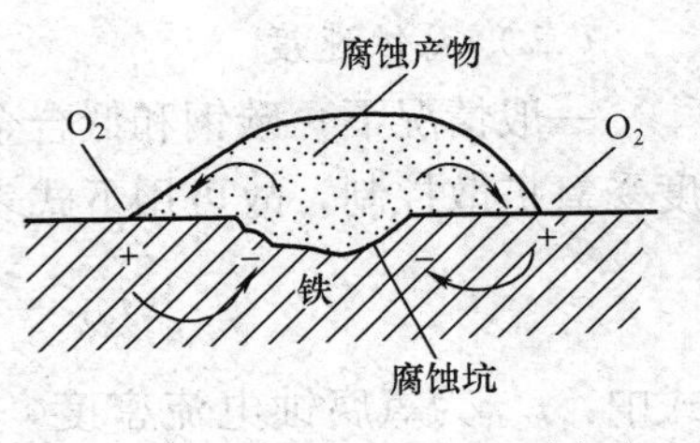

图 11-10　氧腐蚀过程示意

各层腐蚀产物的颜色不同，是因为它们的组成或晶态不同，参见表11-4。表层的腐蚀产物，在较低温度下主要是铁锈（即FeOOH），颜色较浅，以黄褐色为主；在较高温度下主要是Fe_3O_4和Fe_2O_3，颜色较深，为黑褐色或砖红色。因为沉积的腐蚀产物内部缺氧，所以由表及里腐蚀产物的价态降低。因此，里层的黑色粉末通常是Fe_3O_4，而在紧靠金属表面的里层还可能有黑色的FeO。

表 11-4　　各种铁腐蚀产物的特性

组成	颜色	磁性	密度（g/cm^3）	热稳定性
$Fe(OH)_2$①	白	顺磁性	3.40	在100℃时分解为Fe_3O_4和H_2
FeO	黑	顺磁性	5.4～5.73	在1371～1424℃时熔化，低于570℃时分解为Fe和Fe_3O_4
Fe_3O_4	黑	铁磁性	5.20	在1597℃时熔化
α-FeOOH	黄	顺磁性	4.20	约200℃时失水生成α-Fe_2O_3
β-FeOOH	淡褐	—	—	约230℃时失水生成α-Fe_2O_3
γ-FeOOH	橙	顺磁性	3.9	约200℃时转变为α-Fe_2O_3
γ-Fe_2O_3	褐	铁磁性	4.88	在大于250℃时转变为α-Fe_2O_3
α-Fe_2O_3	砖红	顺磁性	5.25	在0.098MPa、1457℃时分解为Fe_3O_4

① $Fe(OH)_2$在有氧的环境中是不稳定的，在室温下可转变为γ-FeOOH、α-FeOOH或Fe_3O_4。

（三）腐蚀速度

一般情况下，碳钢和低合金钢在中性和碱性水中的氧腐蚀速度受氧扩散控制，故可用下式表示：

$$i_{corr} = 4FD\frac{c}{\delta} \tag{11-22}$$

式中：i_{corr}为氧腐蚀电流密度，A/cm^2；D 为氧在水中的扩散系数，cm^2/s；c 为水中溶解氧的浓度，mol/cm^3；δ 为扩散层厚度，cm。

这里，扩散层是指与金属表面接触，并基本处于静止状态的一薄层液体。式（11-22）表明，碳钢和低合金钢在中性和碱性水中的氧腐蚀速度与水中溶解氧的浓度成正比，与扩散层厚度成反比。

（四）影响因素

1. 溶解氧浓度

溶解氧对水中的碳钢具有腐蚀或钝化双重作用。在高水温条件下（如给水），溶解氧实际所起的作用主要取决于水的纯度（电导率）、溶解氧浓度、pH 值等因素。当水中杂质较多，氢电导率 $\kappa_H > 0.3\mu S/cm$ 时，溶解氧主要起腐蚀作用。此时，碳钢的腐蚀速度随溶解氧浓度的提高而增大；因此，为控制氧腐蚀，应尽可能除尽水中的溶解氧。但是，在高纯水中，当 $\kappa_H < 0.15\mu S/cm$ 时，溶解氧主要起钝化作用。此时，随溶解氧浓度的提高，碳钢表面氧化膜的保护性加强，所以碳钢腐蚀速度降低。实验结果表明，在流动的高温水中[250℃，pH＝9.0(加 NH_3 调节)，0.5m/s]，当溶解氧的浓度提高到 25μg/L 时，低碳钢表面上即可形成良好的 Fe_3O_4-Fe_2O_3 双层保护膜，使低碳钢的腐蚀速度由除氧条件下的 10.7mg/(dm^2 · d)降低到 1.7mg/(dm^2 · d)。

2. pH 值

图 11-11 所示为 pH 值对室温下敞开软水中铁腐蚀的影响。由图可见，当水的 pH 值小于 4 时，钢铁开始发生酸性腐蚀（有氢气析出），所以随着 pH 值的降低，腐蚀速度迅速增大；当水

的 pH 值介于 4～9 时，水中 H^+ 浓度很低，铁主要发生氧腐蚀，腐蚀速度随溶解氧浓度的增大而增大，而与水的 pH 值基本无关；当水的 pH 值在 9～13 时，铁表面发生钝化，从而抑制了氧腐蚀，且 pH 值越高，钝化膜越稳定，所以铁的腐蚀速率越低。

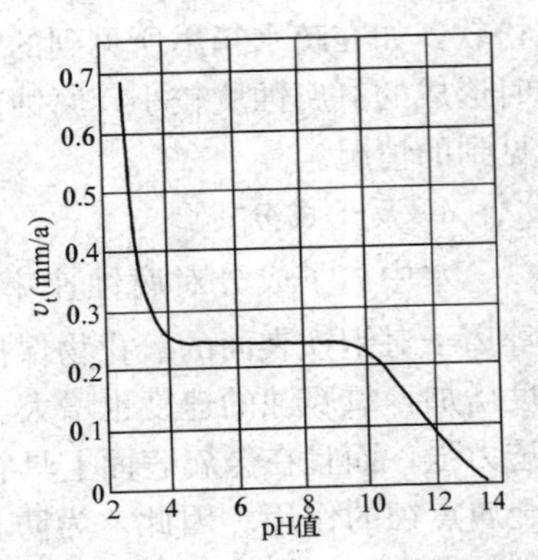

图 11-11　pH 值对室温下敞开软水中铁腐蚀的影响

图 11-12 是低碳钢在 232℃、含氧量低于 0.1mg/L 的高温水中的动态腐蚀试验结果。显然，它与图 11-11 中曲线的变化规律有所不同。它表明在 pH＝6.5～10.5 时，pH 值越低，低碳钢的腐蚀速度越高；特别是当 pH＜7.5 时，低碳钢的腐蚀速度随 pH 值的降低而迅速上升。因此，为控制低碳钢的腐蚀，至少应将给水的 pH 值提高到 7.5 以上，最好在 9.5 以上。但应当注意是当水的 pH 值大于 13 时，特别是在较高的温度和除氧的条件下，低碳钢的腐蚀产物为可溶性的亚铁酸盐，因而腐蚀速度又将随 pH 值的提高而急剧上升。

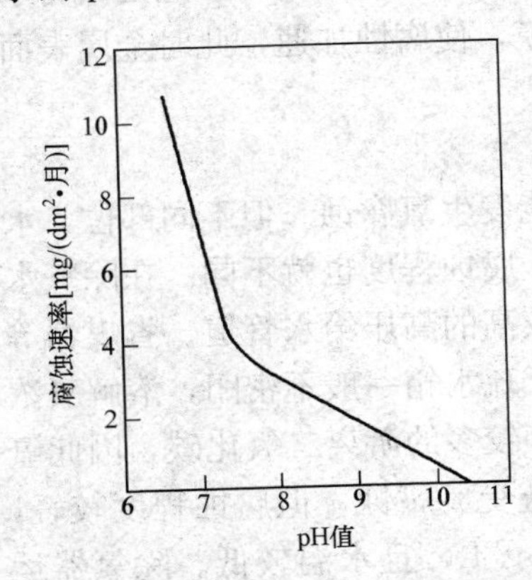

图 11-12　低碳钢在 232℃含氧量低于 0.1mg/L 的高温水中的动态腐蚀试验结果

3. 温度

在密闭系统内，当溶解氧浓度一定时，水温升高，铁溶解反应和氧还原反应的速度加快。因此，温度越高，碳钢氧腐蚀速度越快。

温度对腐蚀形态及腐蚀产物的特征也有影响。在敞口系统中，常温或温度较低的情况下，钢铁的氧腐蚀坑较大，腐蚀产物松软，如在疏水箱里所见到的情况；而在密闭系统中，温度较高时形成的氧腐蚀坑较小，腐蚀产物也较坚硬，如在给水系统中所见到的情况。

4. 离子成分

水中离子成分对腐蚀速率的影响很大。水中的 Cl^-、SO_4^{2-} 等离子对钢铁表面的氧化物保护膜具有破坏作用，故随它们的浓度增加，氧腐蚀的速度也增大。特别是 Cl^- 不仅离子半径小、穿透力强，而且在金属表面上具有很强的吸附能力，所以具有促进金属点蚀的作用。因此，为防止凝结水-给水系统的氧腐蚀，特别是在进行加氧处理时，必须严格保证凝结水和给水的纯度。

5. 水流速

在一般情况下，水的流速增大，钢铁的氧腐蚀速度提高。因为随着水流速增大，扩散层厚度减小，由式（11-22）可知，钢的腐蚀速度将因此而提高。但是，当水流速增大到一定程度时，钢铁表面氧浓度的增加可能使钢铁的电极电位正移到钝化区内，从而促使钢表面发生钝化，氧腐蚀速度又会下降。水流速度进一步增大到一定程度后，腐蚀速度又将开始迅速上升。这是因为水的冲刷作用破坏了钢表面的钝化膜，使腐蚀加速，此时金属表面呈现出冲刷腐蚀的特征。

（五）腐蚀的部位

凡有溶解氧的部位，都有可能发生氧腐蚀。但不同部位，水质条件（氧浓度、温度等）不同，腐蚀程度也就不同。在除氧水工况下，氧腐蚀主要发生在温度较高的高压给水管道、省煤器等部位。另外，在疏水系统中，由于疏水箱一般不密闭，溶解氧浓度接近饱和值，并且水中还溶解有较多的游离二氧化碳，因此氧腐蚀比较严重。凝结水系统也会遭受氧腐蚀，但腐蚀程度较轻，因为凝结水中正常含氧量低于 $30\mu g/L$，且水温较低。除氧器运行正常时，给水中的氧一般在省煤器中就耗尽了，所以水冷壁系统不会遭受氧腐蚀，但当除氧器运行不正常或锅炉启动初期，溶解氧可能进入水冷壁系统，造成水冷壁管的氧腐蚀。锅炉运行时，省煤器入口段的腐蚀一般比较严重。

二、二氧化碳腐蚀

水汽系统中的二氧化碳腐蚀是指溶解在水中的游离二氧化碳导致的析氢腐蚀。

1. 二氧化碳的来源

补给水中所含的碳酸化合物是水汽系统中二氧化碳的主要来源。当凝汽器发生泄漏时，漏入凝结水的冷却水也会带入碳酸化合物，其中主要是碳酸氢盐。另外，水汽系统中有些设备是在真空状态下运行的。当这些设备的结构不严密时，外界空气会漏入，这也会使系统中二氧化碳的含量有所增加。例如，从汽轮机低压缸接合面、汽轮机端部的汽封装置，以及凝汽器汽侧均可漏入空气。尤其是在凝汽器汽侧负荷较低，冷却水的水温也较低，抽汽器的出力又不够时，凝结水中氧和二氧化碳的量就会增加。此外，凝结水泵、疏水泵泵体及吸入侧管道不严密处也会漏入空气，使凝结水中二氧化碳和氧的含量增加。

碳酸化合物进入给水系统后，在高压除氧器中，碳酸氢盐会受热分解一部分，碳酸盐也会部分水解，放出二氧化碳，这两个反应可表示为

$$2HCO_3^- \longrightarrow CO_3^{2-} + H_2O + CO_2\uparrow$$

$$CO_3^{2-} + H_2O \rightarrow 2OH^- + CO_2\uparrow$$

除氧工况下的运行经验表明，热力除氧器能除去水中的大部分二氧化碳。但是，碳酸氢盐和碳酸盐的分解需要较长的时间。因此，在除氧器之后的给水中碳酸化合物主要是碳酸氢盐和碳酸盐。当它们进入锅炉后，随着温度和压力的提高，分解速度加快，几乎能完全分解成二氧化碳。生成的二氧化碳随着蒸汽进入汽轮机和凝汽器。在凝汽器中会有一部分二氧化碳被凝汽器抽汽器抽出，但仍有相当一部分二氧化碳溶入凝结水，使凝结水受到二氧化碳污染。但是，如果凝结水精处理系统的运行状况良好，可将凝结水中的二氧化碳除去。

2. 腐蚀的部位和特征

二氧化碳腐蚀比较严重的部位是在凝结水系统中。因为凝结水中难免受到二氧化碳污染，并且其水质较纯，缓冲性很小，即使溶入少量二氧化碳，凝结水的pH值也会显著降低。例如，室温时，纯水中溶有1mg/L二氧化碳，pH值即可由7.0降至5.5。同理，如果除氧器后的给水中仍有少量二氧化碳，水的pH值也会明显下降，使除氧器之后的设备（如给水泵）遭受二氧化碳腐蚀。例如，采用二次除盐水作补给水的火力发电厂中，有些给水泵的铸钢或碳钢叶轮、导叶和卡圈曾发生了严重的腐蚀，其中就有二氧化碳的作用。另外，疏水系统中也会发生二氧化碳腐蚀。

碳钢和低合金钢在流动介质中受二氧化碳腐蚀时，在温度不太高的情况下，其特征是材料的均匀减薄。因为在这种条件下生成的腐蚀产物的溶解度较大，易被水流带走。因此，一旦设备发生二氧化碳腐蚀，往往出现大面积的损坏。

3. 腐蚀过程

碳钢在无氧的二氧化碳水溶液中的腐蚀速度主要取决于钢表面上氢气的析出速度。氢气的析出速度越快，则钢的溶解（腐蚀）速度也就越快。研究发现，含二氧化碳的水溶液中析氢反应是通过下面两个途径同时进行的：①水中二氧化碳分子与水分子结合成碳酸分子，它电离产生的氢离子迁移到金属表面上，得电子还原为氢气；②水中二氧化碳分子向钢铁表面扩散，被吸附在金属表面上，在金属表面上与水分子结合形成吸附碳酸分子，直接还原而析出氢气。

由于碳酸是弱酸，在水溶液中存在下面的电离平衡：

$$H_2CO_3 \rightleftharpoons H^+ + HCO_3^-$$

这样，在腐蚀过程中被消耗的氢离子，可由碳酸分子的继续电离而不断得到补充，在水中游离二氧化碳没有消耗完之前，水溶液的pH值维持不变，腐蚀速率基本保持不变。但是，在具有相同

pH 值的强酸溶液中，由于强酸完全电离，溶液中的氢离子被腐蚀反应消耗后无以补充，溶液的 pH 值随着腐蚀反应的进行而不断地降低，腐蚀速率逐渐减小。另一方面，水中游离二氧化碳又能通过吸附，在钢铁表面上直接得电子还原，从而加速了腐蚀反应的阴极过程，这样促使铁的阳极溶解（腐蚀）速度增大。因此，二氧化碳水溶液对钢铁的腐蚀性比相同 pH 值、完全电离的强酸溶液更强。

4. 影响因素

二氧化碳腐蚀的速率与金属材质、游离二氧化碳的含量，以及水的温度和流速有关。

（1）金属材质。从金属材质方面看，发生二氧化碳腐蚀的金属材料主要有铸铁、铸钢、碳钢和低合金钢。随着合金元素铬（Cr）含量的增加，钢材对二氧化碳腐蚀的耐蚀性提高；当含铬量大于或等于 12.5%时，则不再发生二氧化碳腐蚀。

（2）游离二氧化碳的含量。水中游离二氧化碳的含量对腐蚀速度的影响很大。在密闭的热力系统中，压力随温度的升高而增大，二氧化碳溶解量随其本身分压的上升而增大，所以钢铁腐蚀速度也增加。图 11-13为 25℃时碳钢的腐蚀电流与水中二氧化碳含量的关系。

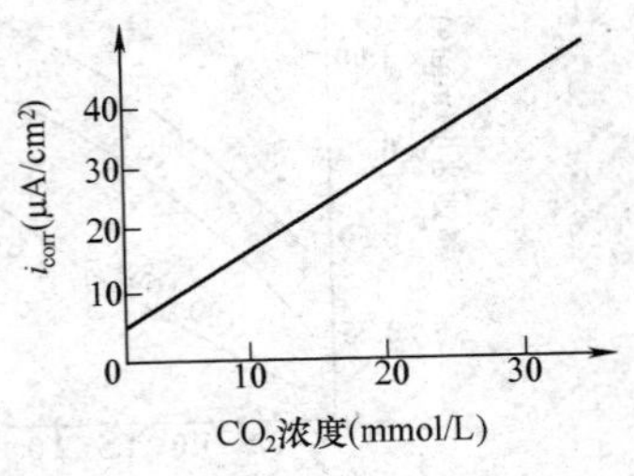

图 11-13　25℃时碳钢的腐蚀电流与水中 CO_2 含量的关系

（3）水的温度。水温对钢铁的二氧化碳腐蚀影响较大，它不仅影响碳酸的电离程度和腐蚀速度，而且对腐蚀产物的性质有很大的影响。温度较低时，碳钢、低合金钢的二氧化碳腐蚀速度随温度的升高而增大。原因是碳酸的一级电离常数随温度的升高而增大，使水中氢离子浓度提高；另外，此时金属表面上只沉积少量较软、无黏附性的腐蚀产物，难于形成保护膜。当温度提高到 100℃附近时，腐蚀速度达到最大值。此时，钢铁表面上形成的碳酸铁膜不致密，且孔隙较多，不仅没有保护性，还使钢铁发生点腐蚀的可能性增大。温度更高时，钢铁表面上又生成了比较薄，但致密、黏附性好的碳酸铁保护膜，因而腐蚀速度反而降低。

（4）水的流速。水的流速对二氧化碳腐蚀也有一定影响，随着流速的增大，腐蚀速度增加，但当流速增大到紊流状态时，腐蚀速度不再随流速的变化而改变。

三、溶解氧和二氧化碳共同作用下的腐蚀

如果给水中除含溶解氧外，同时还含二氧化碳，碳钢的腐蚀将更加严重。图 11-14 为在含不同浓度 O_2 和 CO_2 的水中，碳钢的腐蚀试验结果，它表明 O_2 和 CO_2 的浓度及水温的升高均会加剧碳钢的腐蚀。

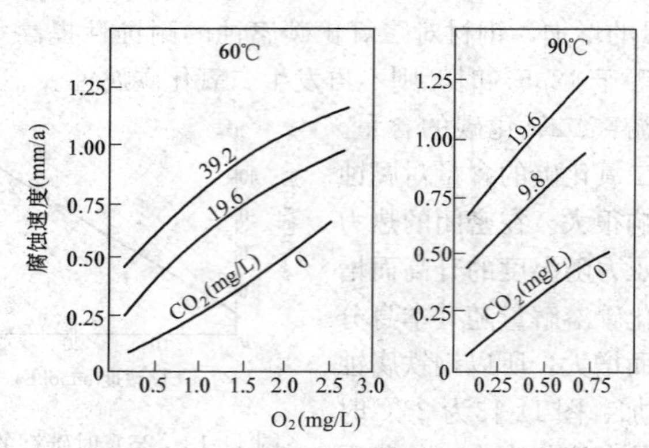

图 11-14　O_2 和 CO_2 的浓度及水温对碳钢腐蚀速度的影响

这种腐蚀之所以更加严重，是因为此时碳钢除发生氧腐蚀外，还发生二氧化碳腐蚀；并且，二氧化碳的存在使水呈酸性，原来的保护膜容易被破坏，新的保护膜不易生成。这种腐蚀除具有酸性腐蚀的一般特征，即表面往往没有或只有很少腐蚀产物外，还具有氧腐蚀的特征，即腐蚀表面呈溃疡状，有腐蚀坑。

在凝结水系统、疏水系统和热网水系统中，都可能发生这种腐蚀。对于给水泵，因其是除氧器之后的第一个设备，所以当除氧不彻底时，更容易发生这类腐蚀，因为在这里还具备两个促进腐蚀的条件——高温和高转速，都会使保护膜不易形成。在用除盐水作补给水时，由于给水的碱度低、缓冲性小，所以一旦有 O_2 和 CO_2 进入给水中，给水泵就会发生这种腐蚀。此时，在给水泵的叶轮和导轮上均会发生腐蚀，一般腐蚀是由泵的低级部分至高级部分逐渐增强的。

凝汽器、射汽式抽气器的冷却器和加热器等设备常用黄铜管作为传热管件，这些铜管在含有 O_2 和游离 CO_2 的水中也会发生腐蚀。在低压加热器铜管的汽侧，由于常常有 O_2 和游离 CO_2，所以最易遭到腐蚀，使管壁均匀变薄，并有密集的麻坑，这种腐蚀往往集中在靠近疏水水面的部位，特别是温度较低的进水端和设有抽气管的地方，如图 11-15 所示。因为在这些部位的汽侧铜管表面上容易形成一层水膜，这种水膜因其温度常低于饱和温度而成为过冷水膜，故 CO_2 含量特别大。试验证明，立式加热器汽侧不同部位汽水中的 CO_2 含量有很大差别。如图 11-16 所示，

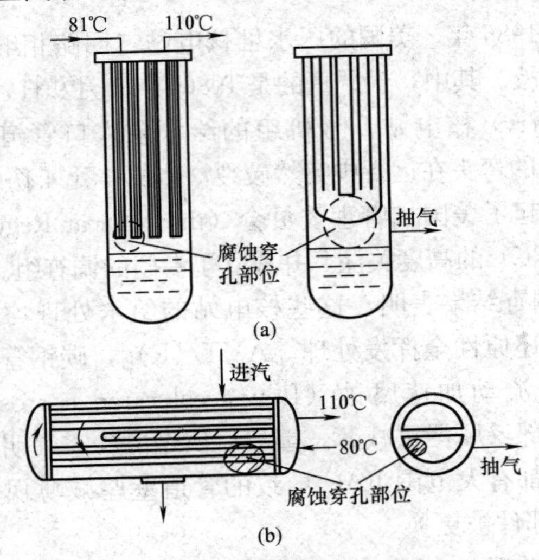

图 11-15　加热器铜管的腐蚀部位

(a) 立式加热器；(b) 卧式加热器

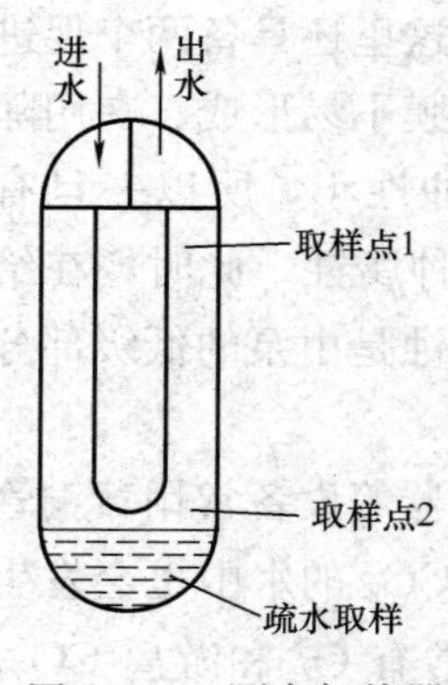

图 11-16　测定加热器气侧 CO_2 分布的取样点

当进汽中 CO_2 含量为 18～20mg/L 时，在靠近疏水水面处的取样点 2 取得的抽汽样品中，CO_2 含量最高可达 600～700mg/L，而疏水中 CO_2 含量只有 1mg/L 左右。由此可推知，在取样点 2 处铜管壁上那些过冷水膜中，和从铜管上面流下的冷凝水中，必溶有大量的 CO_2。

当加热器铜管汽侧受到腐蚀时，其疏水中 Cu 含量就会增加。实验结果表明，疏水中 Cu 含量随着其 CO_2 含量的增大而加大。疏水中 Cu 的来源是疏水水滴在铜管壁上腐蚀铜材后带下来的，并不是加热器下部积存的疏水腐蚀铜管造成的，因为铜管并未浸泡在下部的疏水中。

四、流动加速腐蚀

1. 历史背景

1985～1986 年，美国的压水堆核电站二回路相继发生了碳钢管道破裂事故。其中，最严重的是 1986 年 12 月 9 日，宾夕法尼亚州萨里（Surry）核电站 2 号机组的给水泵入口管道上一个 18in（0.4572m）的弯头在运行中突然破裂，造成 4 死 4 伤的严重后果。这些事故引起了美国核管理委员会（the Nuclear Regulatory Commission，NRC）的高度关注，并成立了专门的调查组。

NRC 调查结果表明，这些核电站的给水处理均采用同时加氨和联氨的还原性全挥发处理［AVT（R）］，碳钢管道破裂事故主要是由于流动加速腐蚀（flow-accelerated corrosion，FAC）导致管道局部壁厚严重减薄。事故后所做的检查表明，萨里核电站 2 台机组都有大范围 FAC 导致的管道壁厚减薄现象，最后有 190 个管道部件被更换。

2. 腐蚀机理

在 AVT（R）水工况下，水呈还原性，凝结水和给水系统中（水温直到约300℃）碳钢表面的保护膜几乎完全由黑色的磁性氧化铁（magnetite，即 Fe_3O_4）组成，其厚度一般小于30μm。

如图11-17所示，上述 Fe_3O_4 保护膜由内伸层和外延层构成。内伸层是铁素体的氧化由碳钢表面逐渐向基体内部延伸而形成的，比较致密；而外延层是通过铁的腐蚀及一系列次生反应逐渐向外延展而形成的，比较疏松。

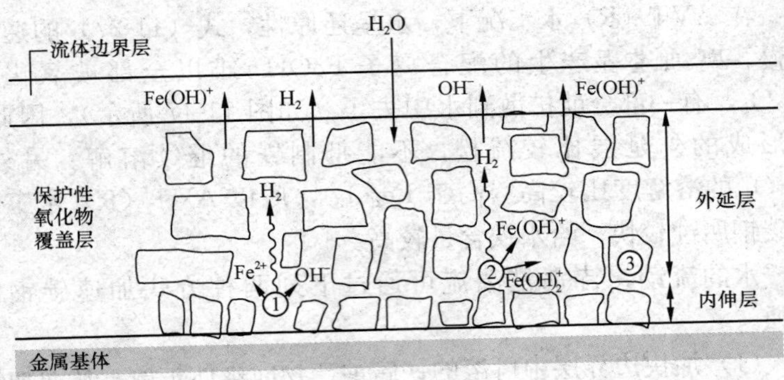

图11-17 AVT（R）水工况下碳钢表面保护膜的生长和结构示意

外延层生长过程的总反应为

$$3Fe + 4H_2O \longrightarrow Fe_3O_4 + 4H_2 \tag{11-23}$$

该过程大致可分成下面两个同时进行的反应步骤。

（1）铁在还原性水中腐蚀，并生成 $Fe(OH)_2$。其反应如下。

阳极反应： $$Fe \longrightarrow Fe^{2+} + 2e \tag{11-24}$$

阴极反应： $$2H_2O + 2e \longrightarrow 2OH^- + H_2 \tag{11-25}$$

总反应： $$Fe + 2H_2O \longrightarrow Fe(OH)_2 + H_2 \tag{11-26}$$

$$Fe^{2+} \underset{-OH^-}{\overset{+OH^-}{\rightleftharpoons}} FeOH^+ \underset{-OH^-}{\overset{+OH^-}{\rightleftharpoons}} Fe(OH)_2 \tag{11-27}$$

由式（11-27）可知，水中同时存在 Fe^{2+}、$FeOH^+$ 和 $Fe(OH)_2$ 三种不同形态的腐蚀产物。

（2）$Fe(OH)_2$ 通过席科尔（Schikorr）反应转化为 Fe_3O_4。该反应如下：

$$3Fe(OH)_2 \longrightarrow Fe_3O_4 + H_2 + 2H_2O \qquad (11\text{-}28)$$

在碱性水中，Fe^{2+}倾向于转化为 $FeOH^+$，所以席科尔反应可能通过下列反应完成：

$$Fe^{2+} + OH^- \longrightarrow FeOH^+ \qquad (11\text{-}29)$$

$$2FeOH^+ + 2H_2O \longrightarrow 2Fe(OH)_2^+ + H_2 \qquad (11\text{-}30)$$

$$FeOH^+ + 2Fe(OH)_2^+ + 3OH^- \longrightarrow Fe_3O_4 + 4H_2O \qquad (11\text{-}31)$$

在 AVT（R）水工况下，水呈还原性，式（11-27）的速度较慢，腐蚀过程产生的配合离子 $FeOH^+$ 难以全部被氧化成 Fe_3O_4，有一部分就扩散到水中去了（如图 11-17 所示），因此，所形成的外延层比较疏松，不能抑制铁的继续溶解。另外，Fe_3O_4 的溶解度比较高（高于 Fe_2O_3），所以 AVT（R）水工况下碳钢腐蚀较快，给水铁含量较高。

水的流动，特别是湍流可通过下列两种方式加速碳钢的腐蚀。

（1）加快边界层中可溶的铁腐蚀产物向本体扩散，从而加快 Fe_3O_4 保护膜的溶解；同时，还会加快膜中 $FeOH^+$ 的扩散，从而促进铁的溶解。

（2）对 Fe_3O_4 保护膜产生散裂和剥离作用，使氧化物以颗粒形态进入水流，从而加强对保护膜的侵蚀作用。

在低流速下，水流为层流，与表面平行，表面流速为零。此时，氧化膜生长速度能与溶解速度相匹配，其厚度可保持不变；然而，在高流速下，边界层中将产生强烈的湍流。这不仅会加速氧化膜的溶解，而且会产生散裂和剥离作用，使氧化物以颗粒形态加速“溶解”。此时，氧化膜生长速度难以与“溶解”速度相匹配，其厚度减薄，保护性降低。其结果必将导致腐蚀加速，碳钢管壁持续减薄，并可能在运行压力的作用下破裂。

3. 影响因素

通过上面的机理分析可知，FAC 的速度主要取决于水的流速和影响表面保护膜稳定性的因素，包括水的 pH 值及溶解氧和联氨的浓度。

（1）水的流速。水的流速越高，边界层中可溶腐蚀产物向本体的扩散越快，FAC越严重。因此，FAC特别容易发生在产生湍流的部位，如管道弯头、不同直径管道不合理连接等处。

（2）pH值。实验室试验数据表明，在180℃和148℃下，水的pH_T值（at-temperature pH，即在实际水温下的pH值）从6.7提高到7.0后，FAC分别降低9倍和6.7倍。现场测量结果也显示，pH_T值提高0.3，使水中铁浓度降低2～3倍。可见，提高pH_T值可明显降低FAC速率。

（3）溶解氧和联氨的浓度。美国核电站二回路的运行经验表明，水中溶解氧浓度过低（$<1\mu g/L$）反而会加速FAC；但是，即使存在大量过剩的联氨（$50\sim90\mu g/L$），水中存在微量溶解氧（$2\sim7\mu g/L$）也可有效地抑制FAC，使给水铁含量显著降低。

溶解氧的作用可用电位-pH图来解释。水中添加微量溶解氧可使碳钢的电位提高150～300mV，而当碳钢的电位高于氢电极反应的平衡线150mV时就会进入Fe_2O_3稳定区，从而减轻FAC。

联氨可提高水的pH_T，所以对FAC具有一定的抑制作用。但是，如果联氨使水中溶解氧含量低于抑制FAC所需的水平，增加联氨将会促进FAC。

4. 控制腐蚀的方法

防止热力设备FAC应在保证凝结水和给水纯度的前提下，进行水的pH值调节和溶解氧浓度的控制。在凝结水和给水系统中，溶解氧浓度的控制是抑制FAC的可行途径，但必须注意保证汽包锅炉炉水，特别是核电站蒸汽发生器（SG）中的水完全呈还原性。在溶解氧浓度很低的部位（如疏水系统中），调节pH_T值是控制FAC唯一可行的水化学措施。

目前，国内特别是火力发电机组pH值调节一般都是采用挥发性较强的无机氨（NH_3）。但是，必须注意的是在汽液两相共存的部位（如回热加热器的汽侧、核电站蒸汽除湿再热器中等），碱化剂的挥发性（分配系数）越大，液相（疏水）的 pH_T 值越低。因此，加氨往往难以有效提高疏水的 pH_T 值。此时，可采用挥发性较小的吗啉、乙醇胺等有机胺代替无机氨。

第三节　防止给水系统腐蚀的方法

防止给水系统的腐蚀主要是要控制可能发生的流动加速腐蚀、氧腐蚀和二氧化碳腐蚀。为此，根据上节的分析可知，可采取提高 pH 值、除氧或加氧等给水处理措施。

一、给水的 pH 值调节

给水的 pH 值调节就是往给水中加一定量的碱性物质，使给水的 pH 值保持在适当的弱碱性范围内，从而将给水系统中钢和铜合金材料的腐蚀速度都控制在较低的范围，以保证给水中铁和铜的含量符合规定的标准。目前，火力发电厂中用来调节给水 pH 值的碱化剂一般采用氨（NH_3）。给水加氨处理的实质就是用氨中和给水中的游离二氧化碳，并把给水的 pH 值提高到水质标准规定的碱性范围。

1. 给水加氨处理的原理

在常温常压下，NH_3 是一种有刺激性气味的无色气体，极易溶于水，其水溶液称为氨水。一般商品浓氨水的浓度约为 28%，密度为 0.91g/cm^3。在常温下加压，氨很容易液化成液氨，液氨的沸点为 −33.4℃。由于 NH_3 在高温高压下不会分解、易挥发、无毒，因此可在各种压力等级的机组及各种类型的电厂中使用。

给水加氨后，氨在水中按下式电离产生 OH^-：

$$NH_3 \cdot H_2O \rightleftharpoons NH_4^+ + OH^-$$

因此，它可以中和游离二氧化碳产生的碳酸，并使水呈碱性。由于碳酸是二元弱酸，该中和反应有以下两步：

$$NH_3 \cdot H_2O + H_2CO_3 \rightleftharpoons NH_4HCO_3 + H_2O$$

$$NH_3 \cdot H_2O + NH_4HCO_3 \rightleftharpoons (NH_4)_2CO_3 + H_2O$$

计算结果表明，若氨恰好将 H_2CO_3 中和成 NH_4HCO_3 时，水的

pH 值约为 7.9；中和成$(NH_4)_2CO_3$时，水的 pH 值约为 9.2。

当对给水进行氨处理时，NH_3随给水进入锅炉后会随蒸汽挥发出来，并随蒸汽通过汽轮机后排入凝汽器；在凝汽器中，一部分NH_3被抽气器抽走，余下的NH_3则溶入凝结水；当凝结水进入除氧器后，NH_3又会随除氧器排汽而损失一些，剩余的NH_3则进入给水中继续在水汽系统中循环。试验结果表明，NH_3在凝汽器和除氧器中的损失率约为 20%～30%。如果机组设置有凝结水净化处理系统，则NH_3将被该系统全部除去。因此，在加氨处理时，估计加氨量的多少，要考虑氨在水汽系统中的实际损失情况。一般通过加氨量调整试验来确定。

在水汽系统中，NH_3的流程和CO_2基本相同，但这两种物质的分配系数相差很大。所谓“分配系数（K_F）”是指某种物质在相互接触的汽水两相中含量的比值。显然，分配系数越大，则该物质在汽相中的含量越大，而在液相中的含量越小。分配系数除决定于该物质的本性外，还与水汽温度有关。NH_3和CO_2的分配系数都大于 1，但在相同的温度下CO_2的分配系数远远大于NH_3的分配系数。因此，当蒸汽凝结时，在最初形成的凝结水中NH_3和CO_2含量的比值要比蒸汽中的大；而当水蒸发时，在最初形成的蒸汽中NH_3和CO_2含量的比值要比水中的小。于是，在发生蒸发和凝结过程的热力设备中，水汽中NH_3和CO_2含量的比值和 pH 值就会发生变化，其大致情况如下。

（1）在热力除氧器中，出水 pH 值大于进水 pH 值，因为排汽带出的CO_2比NH_3多。

（2）在凝汽器中，凝结水 pH 值大于蒸汽 pH 值，因为抽气器抽走的CO_2比NH_3多。

（3）在射汽式抽气器中，蒸汽凝结水 pH 值小于汽轮机凝结水 pH 值，因为抽气器内的蒸汽中NH_3和CO_2含量的比值要比汽轮机凝结水中的小。

（4）在加热器中，进汽的 pH 值小于疏水的 pH 值，且大于汽相的 pH 值，因为疏水中NH_3含量多，而蒸汽中CO_2含量多。

这样，对给水进行氨处理时，会出现某些地方 NH_3 过多，另一些地方 NH_3 过少的矛盾。因此，不能用氨处理作为解决游离 CO_2 问题的唯一措施，而应该首先尽可能地降低给水中碳酸化合物的含量，这样加氨处理才会有良好的效果。

2. 给水 pH 值的控制范围

在确定给水 pH 值的控制范围时，首先要考虑水的 pH 值对金属表面保护稳定性的影响。图 11-18 为不同温度下 Fe-H_2O 体系的电位-pH 图。可见，Fe_3O_4 保护膜稳定的 pH 值范围与温度有关。随着温度的上升，Fe_3O_4 的稳定区逐渐向酸性区移动，而 $HFeO_2^-$ 的稳定区随之向酸性区扩展。另外，Fe_3O_4 保护膜稳定性还明显地与 pH 值有关。根据图 11-12，从减缓碳钢的腐蚀考虑，应将给水的 pH 值调整到 9.5 以上为好。

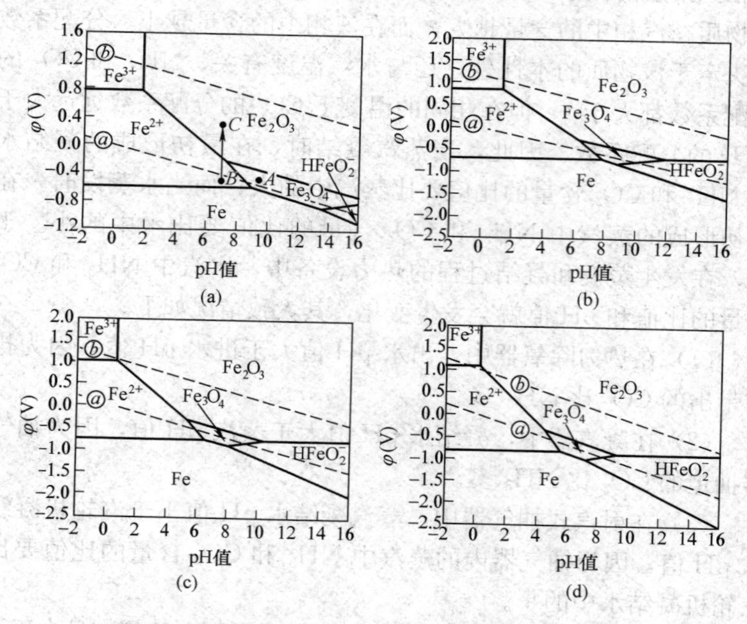

图 11-18　不同温度下 Fe-H_2O 体系的电位-pH 图

(a) 25℃；(b) 100℃；(c) 200℃；(d) 300℃

但是，目前很多热力系统中的凝汽器、低压加热器等都使用了铜合金材料，所以还必须考虑到pH值对铜合金的腐蚀影响。图11-19是水温90℃时，用氨碱化的水中铜合金的腐蚀试验结果，图11-19中，水中铜含量间接表示铜材腐蚀速度。从图中可看出，当pH值在8.5～9.5时，铜合金的腐蚀最小；pH值高于9.5，或低于8.5，尤其是低于7时，铜合金的腐蚀都会迅速增大。因此，目前在采用除氧处理时，对钢铁和铜合金混用的热力系统，为兼顾钢铁和铜合金的防腐蚀要求，一般将给水的pH值控制在8.8～9.3；如果仅凝汽器管为黄铜管的机组，应将给水的pH值调节到9.1～9.4；对无铜热力系统，一般是将给水的pH值控制在9.2～9.6。另一方面，控制给水pH值在这个范围，对发挥凝结水净化系统中的离子交换设备的最佳效能是不利的，因为这将使精处理混床的运行周期缩短。

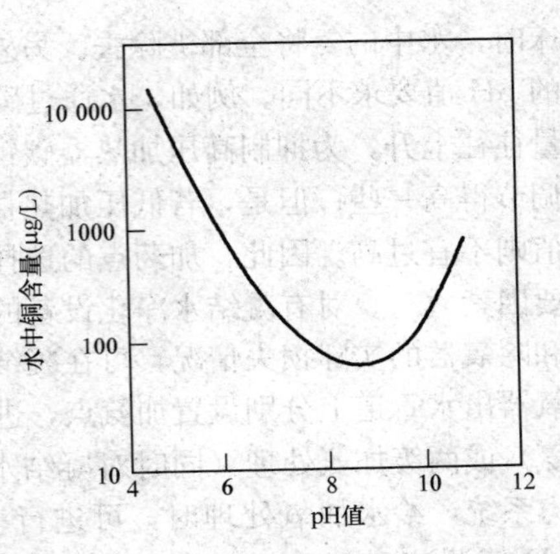

图11-19　水中铜含量与pH值的关系

3. 给水加氨处理的方法

（1）化学药品。加氨处理的药品通常为液体无水氨，它应符合GB/T 536—2017《液体无水氨》中优等品的质量要求：NH_3 ≥99.9%、残留物小于或等于0.1%、H_2O≤0.1%、油小于或等于5mg/kg（重量法）、铁含量小于或等于1mg/kg。加药前，应先将液氨在加药箱中配成0.3%～0.5%的稀溶液。

（2）加药点。因为氨是挥发性很强的物质，不论在水汽系统的哪个部位加入，整个系统的各个部位都会有氨，但在加入部位附近的设备及管道中，水的pH值会明显高一些。而经过凝汽器或除氧器后，水中的氨含量将会显著降低，通过凝结水精处理混床时，水中的氨将全部被除去。另外，不同设备的金属材料对水的 pH 值要求不同。例如，水通过碳钢制的高压加热器后，含铁量往往上升，为抑制高压加热器碳钢管的腐蚀，要求给水 pH 值调节得高一些；但是，若低压加热器传热管是铜管，给水的 pH 值则不宜过高。因此，加药点的选择也是保证加氨处理效果的重要因素之一。对有凝结水净化设备的系统，考虑到水通过该系统和除氧器的实际损失情况，可在凝结水净化装置的出水母管及除氧器出水管道上分别设置加氨点，进行一级加氨（只对凝结水加氨）或两级加氨处理（同时对凝结水和给水加氨）。对于无铜热力系统，给水加氧处理时，可进行一级加氨，一次性将给水的 pH 值调节到 9.2～9.6；给水除氧处理时，则宜进行两级加氨，以弥补通过除氧器时水中氨的损失，保证高压给水的 pH 值达到 9.2～9.6。对于有铜给水系统（低压加热器传热管是铜管），则必须进行两级加氨，第一级加氨将凝结水的 pH 值调节到 8.8～9.0，第二级加氨将给水的 pH 值提高到 9.0～9.3。另外，也可按调整试验结果确定不同加药点的 pH 值控制范围，以使系统中铜和铁的腐蚀均较低。

（3）加药控制信号。在 25℃、加氨的纯水中，水的 pH 值和水中氨的浓度（A，mg/L）与电导率（κ，μS/cm）之间的关系分别符合式（11-32）和式（11-33）：

$$\mathrm{pH} = \lg\kappa + 8.57 \tag{11-32}$$

$$A = 0.001(13.1\kappa^2 + 62.5\kappa) \tag{11-33}$$

由于正常情况下，相对水中所加的氨来说，凝结水和给水中杂质是很少的，对水电导率值的影响完全可以忽略，所以凝结水和给水的 pH 值和氨浓度与 κ 的关系也应近似符合式（11-32）和式（11-33）。由式（11-32）可知，κ 是 pH 值的指数函数，给水或凝结水自动加氨的反馈信号采用 κ，与采用 pH 值相比，不仅信号的测量更加简单、可靠，而且更加灵敏、精确。另外，测得给水或凝结水的 κ，即可用式（11-32）和式（11-33）计算其

pH 值和氨浓度，从而达到间接测量这两个水质指标的目的。

（4）加药系统。目前，在我国的火力发电机组中，通常每台机组配置一套组合加氨装置，可进行给水和凝结水的自动加氨。这种加氨装置中的加氨泵采用变频电机，可通过变频器自动调节加药量。凝结水自动加氨通过除氧器入口电导率信号表及凝结水流量表送出的模拟信号与加凝结水加氨泵连锁实现；给水自动加氨通过省煤器入口电导率信号表及给水流量表送出的模拟信号与给水加氨泵连锁实现。某电厂给水加氨系统，如图 11-20 所示。

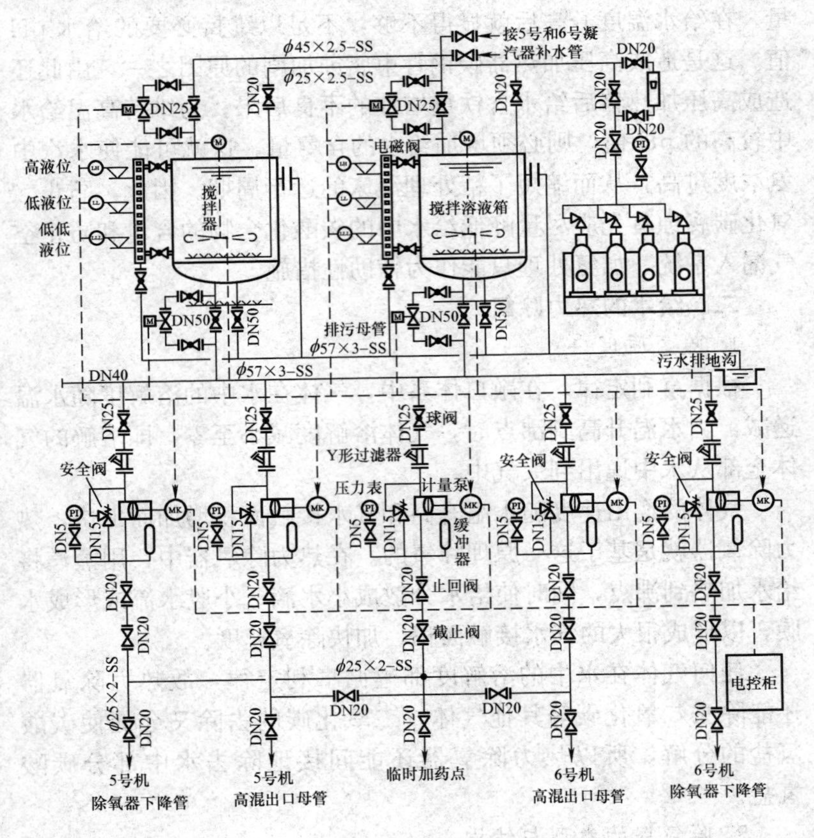

图 11-20　某电厂给水加氨系统

4. 给水加氨处理存在的问题

给水加氨处理的防腐效果十分明显，但因氨本身的性质和热力系统的特点，它也存在不足之处。如前所述，由于 NH_3 的分配系数较大，NH_3 在水汽系统各部位的分布不均匀，对给水进行氨处理时，会出现某些地方 NH_3 过多，另一些地方 NH_3 过少的矛盾。另外，NH_3 的电离平衡常数随水温的升高而显著降低，如温度从 25℃升高到 270℃，NH_3 的电离平衡常数则从 1.8×10^{-5}降到 1.12×10^{-6}。这样，给水温度较低时比较合适的加氨量，在给水温度升高后就显得不够，不足以维持必要的给水 pH 值。这是造成高压加热器碳钢管束腐蚀加剧的原因之一，由此还造成高压加热器后给水含铁量增加的不良后果。为维持高温给水中较高的 pH 值，则必须增加给水的含氨量，这就可能使水汽中氨浓度过高，从而缩短了精处理混床的运行周期。因此，防止二氧化碳腐蚀首先应尽量降低给水中的碳酸化合物的含量和防止空气漏入系统，加氨处理只能作为辅助性措施。

二、给水的热力除氧

1. 除氧原理

根据亨利定律，在敞口体系中，气体在水中的溶解度随水温递减，当水温升高到沸点时，气体溶解度减小至零，即溶解的气体全部从水中逸出到大气中。

气体的逸出速度随水温升高和气水接触面积增加而加快，热力除氧器就是基于这一原理除氧的。在热力除氧器中，用蒸汽将给水加热到沸点，同时使给水分散成小水滴、小股水流或形成水膜，以形成很大的气水接触面积，加快除氧速度。

任何气体在水中的溶解度都遵循亨利定律，故热力除氧器还能除去二氧化碳等其他气体。二氧化碳的去除又会促使碳酸氢盐的分解，所以热力除氧器还能间接地除去水中部分碳酸氢盐。

2. 除氧器的类型与结构

根据热力除氧原理可知，热力除氧器必须具备加热和分散水流两种功能。电厂的热力除氧器通常采用混合加热方式，这就是使给水在除氧器内与加热蒸汽直接接触受热，直到加热到除氧器工作压力下的沸点，这种除氧器又称混合式除氧器。

按除氧器工作压力分类，混合式除氧器有真空式、大气式和高压式三种，其工作压力依次为低于大气压力（如具有真空除氧作用的凝汽器）、稍高于大气压力（～0.12MPa）和明显高于大气压力（一般大于0.5MPa）。大气式和高压式除氧器又分别称为低压除氧器和高压除氧器。高压除氧器的压力随机组参数的提高而增大，高压和超高压机组除氧器的工作压力约为0.59MPa；亚临界机组除氧器的工作压力约为0.78MPa；600MW超临界机组除氧器的工作压力常在1MPa以上，如哈尔滨锅炉厂有限责任公司制造的YYW-2000型除氧器的工作压力为1.13MPa，工作温度为185.3℃。

混合式除氧器按水流分散装置的基本构造可分为淋水盘式、喷雾填料式和喷雾淋水盘式等。我国中压机组常用淋水盘式除氧器；高压和超高压机组主要采用喷雾填料式除氧器；现代亚临界和超临界机组多采用卧式喷雾淋水盘式除氧器。此外，在高参数、大容量机组中，通常补给水是进入凝汽器，而非除氧器。这不仅充分利用凝汽器的除氧作用，而且可提高除氧器运行的稳定性，从而进一步改善了除氧效果，可使给水达到“无氧”状态。

（1）淋水盘式除氧器。这种除氧器的主要构成为除氧头和贮水箱，如图11-21所示。其除氧过程主要是在除氧头中进行的，凝结水、各种疏水和补给水，分别由上部的管道12、13、14进入除氧头，经过配水盘和若干层筛状多孔盘，分散成许多股细小的水流，层层下淋。加热蒸汽从除氧头下部引入，穿过淋水层向上流动。这样，水在与蒸汽逆向流动、反复接触的过程完成加热和除氧过程。从水中逸出的氧和其他气体随同一些多余的蒸汽自上部排汽阀排走，已除氧的水进入下部贮水箱中。

从理论上讲，水经过热力除氧后，水中的氧是可以除尽的，

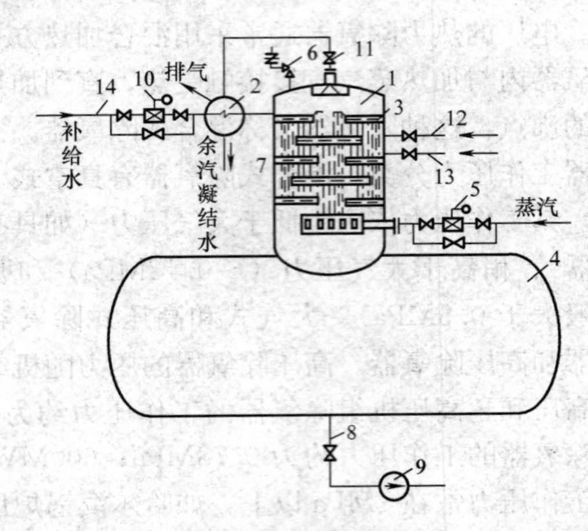

图 11-21　淋水盘式除氧器结构示意

1—除氧头；2—余汽冷却器；3—多孔盘；4—贮水箱；5—蒸汽自动调节器；6—安全门；7—配水盘；8—降水管；9—给水泵；10—水位自动调节器；11—排汽阀；12—主凝结水管；13—高压加热器疏水管；14—补给水管

但实际上难以做到，特别是采用淋水盘式除氧器时，因为其运行条件不能一直保证水中氧扩散到蒸汽中的过程进行完毕。

为增强除氧效果，有时在贮水箱内的下部装一根蒸汽管，管带有小孔或喷嘴，压力较高的蒸汽经小孔或喷嘴喷出，使箱内的水一直保持沸腾状态，这种装置称为再沸腾装置。再沸腾用汽量一般为除氧器加热用蒸汽总量的 10%～20%。如果运行条件许可，也可以更大一些。

采用了再沸腾装置后，不仅可使贮水箱内水长时间地保持剧烈沸腾，促进了碳酸氢盐的分解，减少碳酸化合物的总量，而且蒸汽泡穿过水层的搅拌作用进一步降低了水中残余气体含量。此外，若运行中某种原因造成有氧漏过除氧头时，则再沸腾装置的除氧作用也可保持低的出水含氧量。但是，设置再沸腾装置后，会使运行控制难度增大，易发生振动和除氧器并列运行时水位波动大等异常现象。

（2）喷雾填料式除氧器。喷雾填料式除氧器通过喷嘴使水雾化。呈雾状的水具有很大的表面积，非常有利于氧的逸出。但实际上，单独依靠喷雾往往不能获得良好的除氧效果，出水一般仍有 50～100μg/L 的含氧量。原因在于水在除氧过程中，大约有 90％的溶解气体变成小气泡逸出，其余的 10％则只能通过扩散，自水滴内部迁移到水滴表面后，才能被水蒸气带走。雾化水非常有利于水中小气泡的逸出，因为气泡穿过的水层很薄，但微小的雾滴具有很大的表面张力，溶解气体不容易穿透雾滴表面。为此，喷雾应与其他措施相结合，方能保证除氧效果良好。

喷雾填料式除氧器如图 11-22 所示。进汽管 1 位于喷嘴 3 之上，在填料层 13 的下面为进汽室 9。通过喷嘴 3 雾化的水滴与进汽管 1 喷出的加热蒸汽混合后，完成水的加热和初步除氧过程。经过初步除氧的水往下流动时和填料层 13 接触，在填料表面形成水膜，经进汽室 9 向上喷出的蒸汽在填料层内部与向下流动的水膜相遇，完成深度除氧过程。某电厂中多年使用的经验表明，一台负荷为 220t/h 锅炉的给水除氧设备，即使进水溶解氧接近饱和并在室温进水，仍能维持出水溶解氧经常小于 7μg/L。

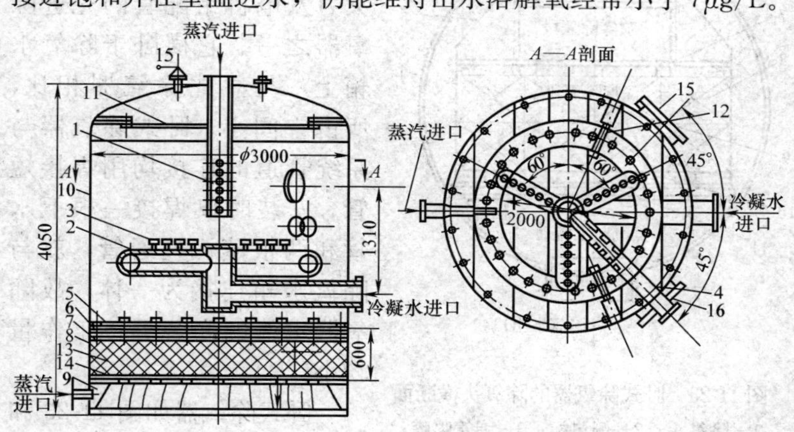

图 11-22　喷雾填料式除氧器

1—进汽管；2—环形配水管；3—10L/h 喷嘴；4—疏水进水管；5—淋水管；6—支撑管；7—滤板；8—支撑卷；9—进汽室；10—筒身；11—挡水板；12—吊攀；13—Ω 形填料不锈钢；14—滤网；15—弹簧安全阀；16—人孔

喷雾填料式除氧器中所用的填料有Ω形、圆环形和蜂窝式等多种，用耐腐蚀、不会污染水质的材料制成。目前的经验是Ω形不锈钢填料的效果较好。

这种除氧器具有下列优点：①除氧效果好，能适应很大范围内的负荷和水温的变动；②结构简单，检修方便；③与同样出力的其他形式热力除氧器相比，体积较小；④水和蒸汽的混合速度很快，所以不易产生水击现象。由于它有这些显著的优点，故用户越来越多。但要使这种设备保持良好的除氧效果，在运行中要注意以下两点：负荷应维持在额定值的50%以上，负荷过低会使雾化效果变差；为适应负荷的变动，工作压力不宜低于0.08MPa表压力（除氧器压力表指示的压力，它是除氧器内真正的压力与外界大气压力的差值）。

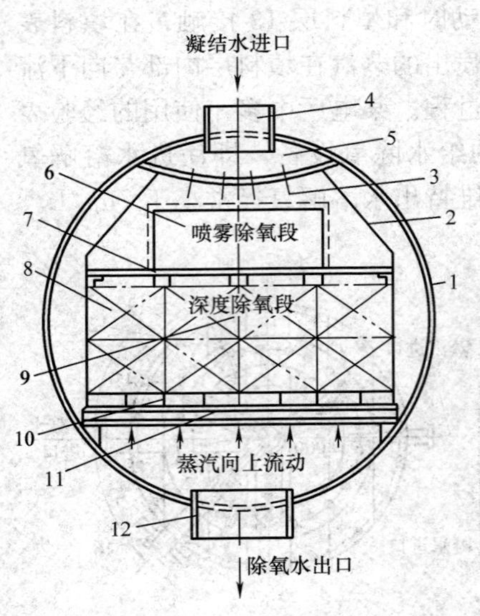

图11-23　卧式除氧器的除氧头横断面
1—除氧头；2—侧包板；3—弹簧喷嘴；4—进水管；5—进水室；6—喷雾除氧段空间；7—布水槽钢；8—淋水盘箱；9—深度除氧段空间；10—栅架；11—工字架托架；12—除氧水出口管

（3）卧式喷雾淋水盘除氧器。这是目前国内外大型火力发电机组配套的先进除氧器之一。它横卧于除氧水箱上，与立式除氧器相比，所占空间小。卧式除氧器与系统管道的连接均用焊接短管。安装时仅焊接一根下水管和两根蒸汽连通管，就与除氧水箱连接为一体，故除氧器本体的安装焊接工作量较小。

卧式除氧器如图11-23和图11-24所示。除氧器本体由圆形筒身和两只椭圆封头焊接而成，本体材料采用复合钢板（20g＋1Cr18Ni9Ti），

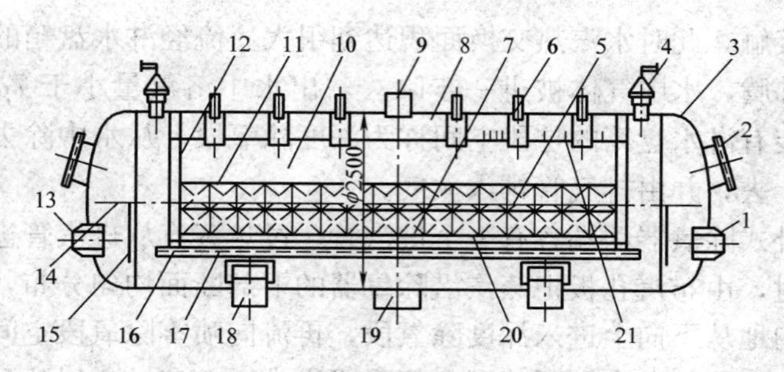

图 11-24 卧式除氧器的除氧头纵剖面

1—进汽管；2—搬物孔；3—除氧器本体；4—安全阀；5—淋水盘箱；6—排汽管；7—淋水盘箱栅架；8—进水室；9—进水管；10—喷雾除氧空间；11—布水槽钢；12—内部人孔门；13—进汽管；14—钢板平台；15—布汽孔板；16—搁栅架工字梁；17—基面角钢（承工字梁）；18—蒸汽连通管；19—除氧器出水室；20—深度除氧段；21—弹簧喷嘴（多个）

所有内部构件与管接头材料均为1Cr18Ni9Ti，以防止金属腐蚀、减少除氧水的含铁量。凝结水通过进水管引入除氧器的进水室。进水室由一个弓形不锈钢罩板与两端的两块挡板焊在筒体上。弓形罩板上沿除氧器长度方向均布着数十只弹簧喷嘴 3（如图 11-23 所示）和几只排气管的套管。整个除氧空间由两侧的两块侧包板 2（如图 11-23 所示）与两端密封板焊接后组成，上部空间是喷雾除氧段空间，下部空间是装满淋水盘箱的深度除氧段。

由图 11-23 可知，凝结水进入进水室 5 后，因凝结水的压力高于除氧器内汽侧的压力，使喷嘴 3 上的弹簧被压缩，喷嘴打开，凝结水由喷嘴中喷出，成为细小的水滴，进入喷雾除氧段。雾化的凝结水滴在喷雾除氧段中与过热蒸汽充分接触，凝结水被加热到沸点，水中绝大部分气体在这里被除掉。穿过喷雾除氧段的水喷洒在布水槽钢 7 中，从槽钢两侧均匀地流出分配给许多淋水盘箱。淋水盘箱由多层一排排小槽钢上下交错布置而成。水从上层小槽钢两侧分别流入下层的小槽钢中，层层交错的小槽钢共有 19 层，使水在淋水盘箱中有足够的停留时间。当水均匀分布在许许多多小槽钢上，形成无数水膜向下流动时，就与过热蒸汽充分接触，此时水汽热交换面积达到很大。流经淋水盘箱的水不断再沸腾，水中气体被进一步除去，出水中溶氧量小于 7μg/L，所以装有淋水盘箱的这段空间称为深度除氧段。从水中除去的气体向上去，并由排气管排入大气。

卧式除氧器两端各有一个进汽管，过热蒸汽从进汽管进入除氧器时，由布汽孔板把蒸汽沿除氧器的下部断面均匀分布，使蒸汽均匀地从下向上进入深度除氧段，再流向喷雾除氧段空间。这样蒸汽向上流，水向下喷淋，便形成汽水逆向流动，以达到良好的除氧效果。卧式除氧器用出水管和蒸汽连通管直接与除氧水箱连成一体。出水管把除过氧的水送进水箱，蒸汽连通管的作用是平衡除氧器与水箱之间的工作压力。

（4）凝汽器的真空除氧。凝汽器总是在真空条件下运行，而凝结水温通常处于凝汽器工作压力的沸点，所以凝汽器相当于真空除氧器。为利用凝汽器的这种运行条件，使它起到良好的除氧作用，除在运行方面要保证凝结水不要过冷（水温低于相应压力下的沸点）外，还应在凝汽器中安装使水流分散成小股水流或小水滴的装置。图 11-25 为设在凝汽器集水箱中的一种真空除氧装置，凝结水自入口 2 进入淋水盘 3，因淋水盘上有小孔，故水自小孔流出时表面积增大，这可促使除氧；从小孔流出的水流遇到角铁 4 溅成小水滴，再次除氧。不能凝结的气体通过集水箱和设于凝汽器上的除气联通管，进入空气冷却区的低压区，最后由抽气器抽走。

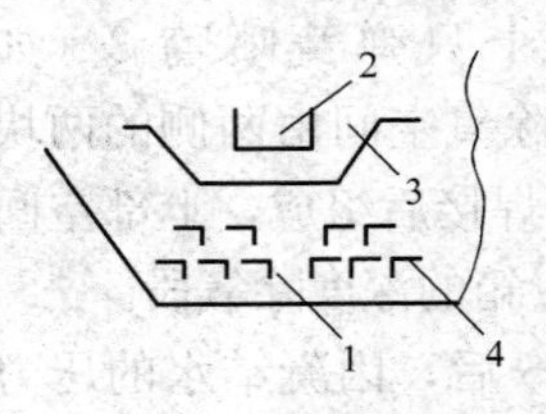

图 11-25 凝汽器中的真空除氧装置

1—集水箱；2—凝结水入口；3—淋水盘；4—角铁

为了利用凝汽器真空除氧的能力，还可将补给水引至凝汽器中，使它也在这里除氧。图 11-26 所示为一种将补给水引入凝汽器的装置，在喷淋管 1 的侧面向下开有许多孔，水从孔中喷出；在喷淋管上部装设一个罩子 2，以防水滴上溅。

3. 运行要点

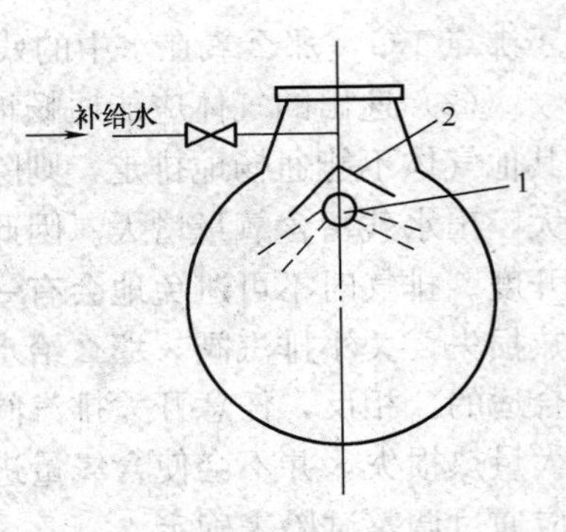

图 11-26　将补给水引入凝汽器的装置
1—喷淋管；2—罩子

除氧器的除氧效果是否良好，决定于设备的结构和运行工况。除氧器的结构主要应能使水和汽在除氧器内分布均匀、流动通畅及水汽之间有足够的接触面积和接触时间。这些因素由于在设计此种设备时已经考虑了，所以除发生异常情况外，通常不做检查。除氧器的运行人员需要经常从以下几方面注意除氧器的运行工况。

(1) 水应加热至沸点。热力除氧器的除氧过程必须在沸点下进行，所以必须将水加热到沸点。因为沸点随水面上压力变化，所以除氧器在运行中应根据除氧器内的压力查对沸点。应当注意，除氧器压力表指示的压力是表压力，所以除氧器内真正的压力是表压力加上外界大气压。

在除氧器的运行过程中，应该注意调节汽量和水量，确保除氧器内的水保持沸腾状态。实际上用人工进行调节很难保证除氧效果始终良好。为此，除氧器通常有进汽与进水的自动调节装置。

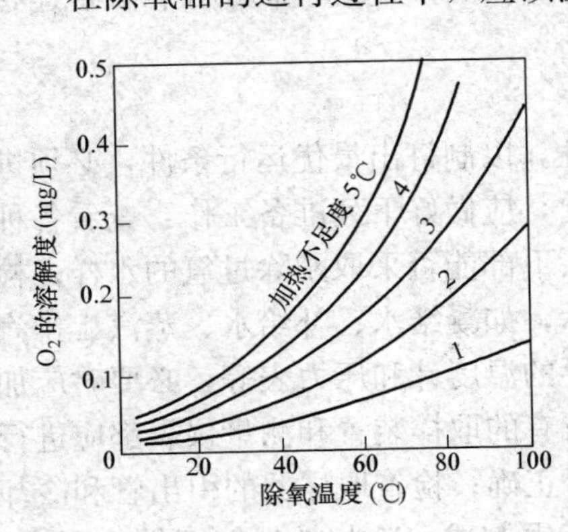

图 11-27　水温低于沸点时水中氧的溶解度

这里，将实际水温低于沸点的温差称为加热不足度。图 11-27 表明，加热不足度越大，氧的溶解度越大，故除氧效果越差。由图可知，当沸点为 100℃ 时，如果水只加热到 99℃，即低于沸点 1℃，那么氧在水中的残留量可达 0.1mg/L。

（2）逸出的气体应能通畅地排走。如果除氧器中逸出的氧和其他气体不能通畅地排走，则除氧器内气相中氧气等气体分压增大，出水残留含氧量增大。因此，除氧器的排气阀应保持适当的开度。排气时不可避免地会有一些蒸汽排出，如果片面强调减少热损失，关小排汽阀，那么给水中残余氧含量就会增大，这是不合适的。相反，任意开大排汽阀也是不必要的，因为这只能造成大量热损失，并不会使含氧量进一步降低。因此，排汽阀的开度应通过调整试验来确定。

（3）送入的补给水量应稳定。补给水温度通常低于 40℃，含氧量高达 7～8mg/L 或更高。当突然有大量补给水送入除氧器时，则有可能恶化除氧效果。因此，补给水应连续均匀地进入，不宜间断。但对于喷雾填料式除氧器，因它对负荷和水温的适应范围广，所以补给水量波动的影响不显著。

（4）并列运行的各台除氧器负荷应均匀。当若干台同样容量的除氧器并列运行时，它们之间水和汽的分配应均匀，以免个别除氧器因负荷或补给水量过大等因素造成含氧量剧增。为使水汽分布均匀，各贮水箱的蒸汽空间和容水空间都要用平衡管连接起来。

4. 调整试验

为摸清除氧器的运行特性，以制订出最优运行条件，必须进行除氧器的调整试验。试验前，应做好下列准备工作：查看各种水样是否都能采取，如除氧头下部能否采取刚除过氧的水样；检查各种水流是否都有表计指示，如凝结水、补给水、蒸汽、排汽等有无流量表，以及其他必要的温度计和压力表等，必要时应加装取样装置和测量仪表；对所有的取样装置和测量仪表都应进行校检，检查各表计的指示是否正确；检查取样器的引出管和冷却管是否用耐腐蚀的不锈钢或紫铜制成，冷却效果能否符合要求。试验前，还应拟订好具体的试验计划和组织好人员，准备好试验用的药品和仪器。

对于淋水盘式除氧器，除氧器调整还应能保证不发生水击现象。水击就是由于除氧器内水汽的流动不通畅，或者因水温变动过剧而发生的冲击现象。水击易使设备遭到损伤。

调整试验通常所要确定的运行条件如下。

（1）除氧器内的温度和压力。除氧器内的温度与压力和进汽量有关，可在额定负荷下（除氧器的负荷就是它每小时处理的水量）进行试验，求取除氧器内温度和压力的允许变动范围。

（2）负荷。在允许的温度和压力范围内，求取除氧器最大和最小允许负荷。

（3）进水温度。在除氧器的允许温度、压力和额定负荷下，变动其进水温度，以求取最适宜的进水温度范围。

（4）排汽量。在允许的温度和压力下，求取其不同负荷下的排汽阀开度，以寻求合适的排汽量。

（5）补给水率。在允许的温度、压力和额定负荷下，求取其最大的允许补给水率。

此外，还可对进水含氧量和贮水箱水位的允许值进行试验。

各电厂在进行上述工作时，可根据本电厂设备和系统的特点，制定具体的试验方案。

三、给水的化学除氧

高参数锅炉给水的化学除氧所使用的药品，长期以来一直是广泛地采用联氨。但是，由于联氨对操作人员有一定的毒性和侵害作用，近些年来国内外先后开发出若干新型化学除氧剂，如二甲基酮肟、异抗坏血酸钠等。其中，二甲基酮肟已在国内一些机组上取代了联氨。因此，下面主要介绍给水的联氨处理和二甲基酮肟处理。

1. 联氨处理

（1）理化性质。联氨（N_2H_4）又称肼，在常温下是一种无色液体，易溶于水，它和水结合成稳定的水合联氨（$N_2H_4 \cdot H_2O$），水合联氨在常温下也是一种无色液体。在25℃时，联氨的密度为1.004g/cm^3，100%的水合联氨的密度为1.032g/cm^3，24%的水合联氨的密度为1.01g/cm³。在101.3kPa的大气压力下，联氨和水合联氨的沸点分别为113.5℃和119.5℃；凝固点分别为2.0℃和−51.7℃。

联氨容易挥发，但当溶液中N_2H_4的浓度不超过40%时，常温下联氨的蒸发量不大。空气中联氨蒸汽对呼吸系统和皮肤有侵害作用，所以空气中的联氨蒸汽量不允许超过1mg/L。联氨能在空气中燃烧，当空气中联氨的体积百分率达到4.7%时，遇火便发生爆炸。无水联氨的闪点为52℃，85%的水合联氨溶液的闪点为90℃，水合联氨的浓度低于24%时则不会燃烧。

联氨水溶液呈弱碱性，因为它在水中会发生下面的电离反应而产生OH^-：

$$N_2H_4 + H_2O \rightleftharpoons N_2H_5^+ + OH^-$$

25℃时联氨的电离常数为8.5×10^{-7}，它的碱性比氨的水溶液略弱。

联氨受热分解，分解反应为

$$3N_2H_4 \longrightarrow N_2 + 4NH_3$$

在没有催化剂的情况下，联氨的分解速度主要取决于温度。113.5℃时，每天的分解率只有0.01%～0.1%；而当温度达250℃时，分解速度可达每分钟10%。

联氨是还原剂，它可和水中溶解氧直接反应，反应如下：

$$N_2H_4 + O_2 \longrightarrow N_2 + 2H_2O$$

另外，联氨还能将金属的高价氧化物还原为低价氧化物，如将Fe_2O_3还原为Fe_3O_4，从而促进钢铁表面上生成Fe_3O_4保护膜。

(2) 除氧条件。联氨除氧反应速度受温度、pH值和联氨过剩量的影响。为保证除氧效果，应维持以下条件。

1）必须保持足够的水温。给水的温度和联氨除氧的反应速度有密切的关系。如图 11-28 所示，温度越高，反应越快，故残留溶解氧越低；低于 50℃时，N_2H_4 和 O_2 的反应速度很慢，除氧效果很差；当水温超过 150℃时，反应速度很快。

2）必须将 pH 值维持在一定的碱性范围内。联氨在一定的碱性范围才有较强的还原性，pH 值超过这一范围，则还原性明显减弱，如图 11-29 所示，当 pH 值在 9～11 时，出现反应速度最大值。

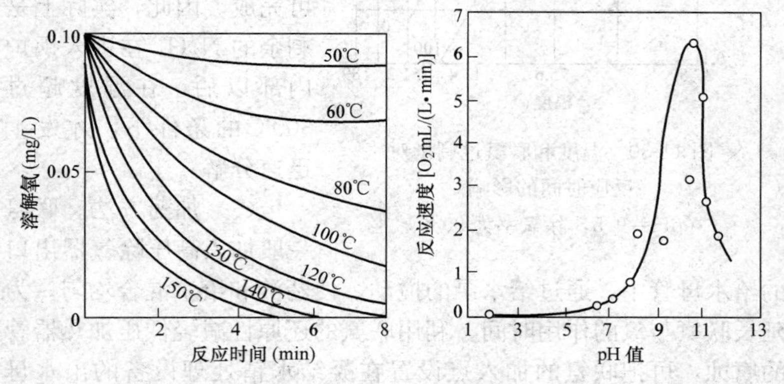

图 11-28 水温和反应时间对残留溶解氧的影响

图 11-29 pH 值对联氨除氧反应速度的影响

3）必须保持足够的联氨过剩量。在 pH 值和温度相同的情况下，N_2H_4 过剩量越大，除氧反应速度越快，除氧效果越好，如图 11-30 所示。但在实际运行中，N_2H_4 过剩量应适当，不宜过多，因为过剩量太大不仅多消耗药品，而且可能有残留联氨带入蒸汽中。

综上所述，联氨除氧的合理条件为水温大于或等于 150℃，pH＝9～11，适当过剩量。对于高压及高压以上发电厂，高压除氧器出水温度一般大于 150℃，给水 pH 值在 9.0 以上，所以上述条件均可满足；加药时，一般控制省煤器入口给水中的 N_2H_4 含量小于或等于 30μg/L。

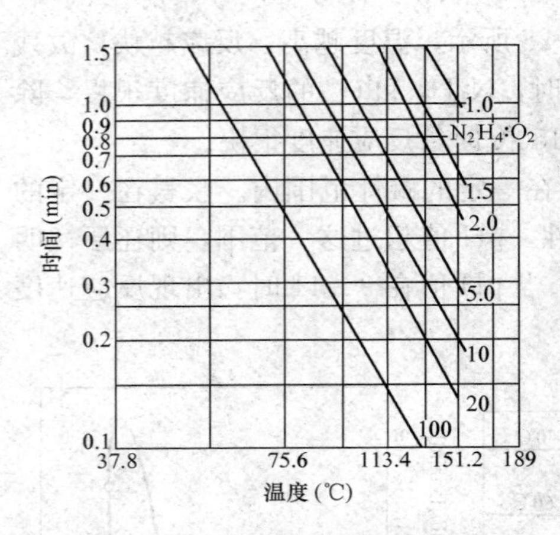

图 11-30　温度和联氨过剩量对反应时间的影响（pH＝9.5，除氧率为 90％）

通常，联氨的热分解速度比它与氧和铜、铁的氧化物的反应速度要小得多。例如，在 300℃ 和 pH＝9 时，N_2H_4 完全分解需要 10min，而 N_2H_4 与氧的反应在几秒钟内便可完成。因此，实际上是剩余的 N_2H_4 在进入锅炉内部以后，在温度超过 300℃的条件下，才发生迅速分解。

（3）加药方法。联氨一般加入高压除氧器出口的给水母管中，通过给水泵的搅动，使药液和给水混合均匀。为延长联氨与氧的作用时间，利用联氨的还原性减轻低压加热器管的腐蚀，可把联氨的加入点设置在凝结水精处理设备的出水母管上。

试验研究和运行经验表明，在 100％的凝结水除盐净化条件下，在低压加热器之前的凝结水中添加联氨，可提高铜合金的稳定性。与将联氨加入高压除氧器后的给水中相比，前者可降低水中的含铜量。苏联热力设备水化学工作者已经确认，当给水中溶解氧量低于 10μg/L 时，氧不会和联氨起作用，而优良的除氧器调整在最佳工况下运行时，给水中的溶解氧一般可低于 10μg/L，所以他们认为，有必要将联氨加至亚临界压力和超临界压力机组的低压加热器之前。

联氨处理所用药剂一般为含 40％联氨的水合联氨溶液，也可能用更稀一些的水合联氨溶液，如 24％的水合联氨。某电厂给水联氨加药系统，如图 11-31 所示。

为尽量避免操作人员接触浓联氨，该系统设有浓联氨计量

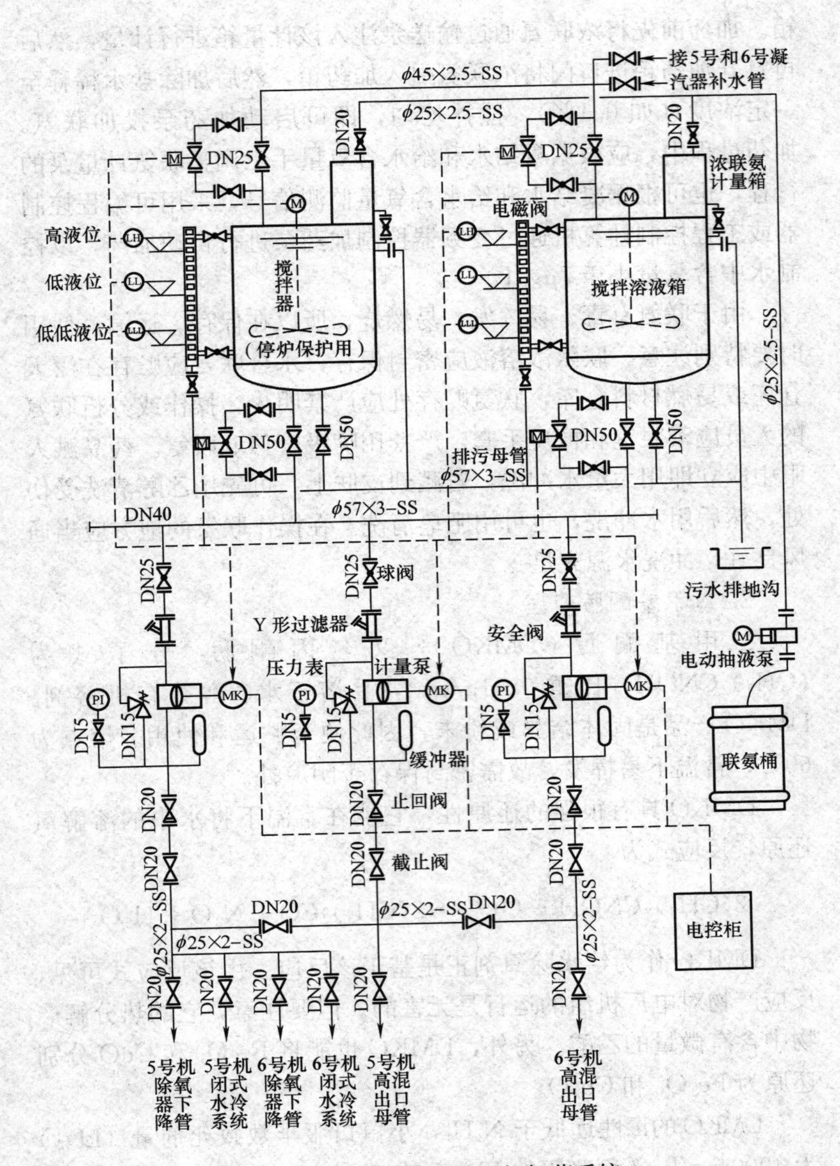

图 11-31　某电厂给水联氨加药系统

箱。加药前先将浓联氨通过输送泵注入该计量箱进行计量，然后再打开加药箱进口门将浓联氨引入加药箱，然后加除盐水稀释至一定浓度（如0.1%），搅拌均匀，即可启动加药泵投加联氨。加药过程中，应根据凝结水和给水含氧量手工调整联氨计量泵的行程，也可根据凝结水和给水含氧量监测信号，采用可编程控制器或工程控制计算机通过变频器控制加药泵进行自动加药，以控制水中含氧量小于7μg/L。

由于联氨有毒、易挥发、易燃烧，所以在保存、运输、使用时要特别注意。联氨浓溶液应密封保存，水合联氨应贮存在露天仓库或易燃材料仓库，联氨贮存处应严禁明火，操作或分析联氨的人员应戴眼镜和橡皮手套，严禁用嘴吸管移取联氨。药品溅人眼中应立即用大量水冲洗，若溅到皮肤上，可先用乙醇清洗受伤处，然后用水冲洗，也可用肥皂清洗。在操作联氨的地方应当通风良好，冲洗水源充足。

2. 二甲基酮肟处理

二甲基酮肟（DMKO），又名丙酮肟，分子式为$(CH_2)_2CNOH$，比重0.91g/cm^3，易溶于水、醇等有机溶剂。DMKO产品是固体结晶或粉末，因此便于贮运和使用。熔点为60℃，常温下易挥发，故需密封保存于阴凉处。

DMKO具有很强的还原性，它能在常温下将水中的溶解氧还原，反应式为

$$2(CH_3)_2CNOH + O_2 \longrightarrow 2(CH_3)_2CO + N_2O + H_2O$$

DMKO作为给水除氧剂正是基于该反应。由该反应式可见，反应产物对电厂机组的运行是无害的。但要注意，它的热分解产物中含有微量的乙酸。另外，DMKO也能将Fe_2O_3和CuO分别还原为Fe_3O_4和Cu_2O。

DMKO的毒性远低于N_2H_4，小鼠口服半数致死剂量（LD_{50}）为4000mg/kg，而联氨的LD_{50}只有59mg/kg。另外，DMKO对皮肤和眼黏膜无明显的刺激和损害作用，所以使用上更安全。

根据试验结果，DMKO的加药量以40～100μg/L为宜。它的加药系统可沿用原有的联氨加药系统，加药部位与联氨相同。

四、给水加氧处理

1. 基本原理

从图11-18（a）可看出，在给水除氧和pH值在9.0～9.5的条件下，铁的电极电位在－0.5V附近（如图中A点），正处于Fe_3O_4钝化区，所以钢铁不会受到腐蚀；然而，当给水pH值下降到约为7时，若Fe的电极电位仍在－0.5V左右（如图中B点），则铁处于腐蚀区而被腐蚀。但是，如果向高纯水中加入氧或过氧化氢，使铁的电位由B点升高到0.3～0.4V，则进入Fe_2O_3钝化区（如图中C点），这样钢铁就得到了保护。

在水中含有微量氧的情况下，碳钢腐蚀产生的Fe^{2+}和水中的氧反应，能形成Fe_3O_4氧化膜：

$$3Fe^{2+} + 1/2O_2 + 3H_2O \longrightarrow Fe_3O_4 + 6H^+$$

但是，这样产生的氧化膜中Fe_3O_4晶粒间的间隙较大，水可通过这些晶粒间隙渗入钢材表面而引起腐蚀，所以这样的Fe_3O_4膜保护效果较差，不能抑制Fe^{2+}从钢材基体溶出。

如果向高纯水中加入了足量的氧化剂（如气态氧），不仅可加快上述反应的速度，而且可通过下列反应在Fe_3O_4膜的孔隙和表面生成更加稳定的α-Fe_2O_3：

$$4Fe^{2+} + O_2 + 4H_2O \longrightarrow 2Fe_2O_3 + 8H^+$$

$$2Fe_3O_4 + H_2O \longrightarrow 3Fe_2O_3 + 2H^+ + 2e$$

这样，在加氧水工况下碳钢形成的表面膜具有双层结构，一层是紧贴在钢表面的磁性氧化铁（Fe_3O_4）内伸层，其外层是尖晶石型的三氧化二铁（Fe_2O_3）层。氧的存在不仅加快了Fe_3O_4内伸层的形成速度，而且在Fe_3O_4层和水相界面处又生成一层Fe_2O_3，使Fe_3O_4表面孔隙和沟槽被封闭，而且Fe_2O_3的溶解度远比Fe_3O_4低，所以形成的保护膜更致密、更稳定。如果由于某些原因使保护膜损坏，水中的氧化剂能迅速地通过上述反应修复保护膜。因此，与除氧工况相比，加氧工况可使钢表面上形成更稳定、更致密的 Fe_3O_4-Fe_2O_3 双层保护膜。这种膜表层呈红色，厚度一般小于 10μm，晶粒尺寸多数小于 1μm。

2. 水质要求

给水加氧处理的控制指标主要是给水的氢电导率（κ_H）、pH 值和溶解氧浓度（DO）。我国不同时期给水加氧处理省煤器入口给水 κ_H、pH 值和 DO 的控制标准（无铜给水系统）见表 11-5。

表 11-5　不同时期给水加氧处理省煤器给水 κ_H、pH 值和 DO 的控制标准（无铜给水系统）

标准编号	标准名称	适用炉型	控制指标		
			κ_H（μS/cm，25℃）	pH 值（25℃）	DO（μg/L）
GB/T 12145—2016	火力发电机组及蒸汽动力设备水汽质量	无限制	≤0.15（0.10）	8.5～9.3	10～150
GB/T 12145—2008		直流炉	≤0.15（0.10）	8.0～9.0	30～150
GB/T 12145—1999		直流炉	≤0.20（0.15）	8.0～9.0	30～200
DL/T 805.1—2011	火电厂汽水化学导则　第 1 部分：锅炉给水加氧处理导则	直流炉	<0.15（0.10）	8.0～9.0	30～150（30～100）
		汽包炉	≤0.15（0.12）	8.8～9.1	20～80（30～80）
DL/T 805.1—2002	火电厂汽水化学导则　第 1 部分：直流锅炉给水加氧处理	直流炉	≤0.15（0.10）	8.0～9.0	30～300
DL/T 805.4—2016	火电厂汽水化学导则　第 4 部分：锅炉给水处理	直流炉	<0.10（≤0.08）	8.5～9.3	10～150

续表

标准编号	标准名称	适用炉型	控制指标		
			κ_H (μS/cm，25℃)	pH 值 (25℃)	DO (μg/L)
DL/T 805.4—2004	火电厂汽水化学导则　第 4 部分：锅炉给水处理	汽包炉	≤0.15 (0.10)	8.5～9.3	10～80 (20～30)
		直流炉	<0.15 (0.10)	8.0～9.0	30～300
DL/T 912—2005	超临界火力发电机组水汽质量标准	超临界直流炉	≤0.15 (0.10)	8.0～9.0	30～150

注　1. 括号中的数值为期望值，括号前面的数值为标准值，下同。

2. DO 接近下限时，pH 值应大于 9.0。

（1）氢电导率。如上节所述，只有在纯水中氧才可能起钝化作用，所以给水保持足够高的纯度是实施加氧处理的前提条件。在 κ_H＝0.1μS/cm 的水中，DO＞100μg/L 时，碳钢腐蚀速率极低；但当水的 κ_H＞0.3μS/cm 时，碳钢的腐蚀速率随 DO 的增加而显著加大。因此，加氧处理一般要求给水 κ_H≤0.15μS/cm（参见表 11-5）。通常，300MW 及以上机组均设有凝结水精处理系统，若对凝结水进行 100％的精处理，则完全可以保证给水 κ_H≤0.1μS/cm，完全满足加氧处理的要求。但是，由于汽包锅炉炉水的 κ_H 远高于 0.3μS/cm，在对汽包锅炉给水进行加氧处理时，不仅要求省煤器入口给水 κ_H≤0.15μS/cm，还必须控制汽包下降管炉水的 κ_H＜1.5μS/cm，且基本上不含氧，以避免加氧导致锅炉的严重氧腐蚀。

（2）pH 值。从原理上讲，加氧处理可在给水基本呈中性（pH＝7.0～8.0）的条件下进行，即中性水处理（neutral water treatment，NWT）。但是，此时给水的缓冲性差，pH 值难以控制，微量酸性杂质即可使 pH 值小于 7.0，从而使碳钢遭受强烈的腐蚀（参见图 11-12）。因此，实际上目前国内外大都采用碱性加氧处理，通过加氨将给水的 pH 值控制在 8.0 以上的弱碱性范围，这就是加氧-加氨联合处理，又称为联合水处理（combined water treatment，CWT）。由表 11-5 可见，CWT 的给水 pH 值控制范围与锅炉类型和给水 DO 有关。为了有效地抑制腐蚀，pH 值应随 DO 的降低而在控制范围内提高。为此，GB/T 12145—2016《火力发电机组及蒸汽动力设备水汽质量》将 CWT 的 pH 值提高至 8.5～9.3，以适应氧浓度控制值降低的需要；当 DO 接近下限时，pH 值应大于 9.0。但是，pH 值越高对凝结水精处理混床的运行是越不利的。对于不同机组，最佳的加氧处理给水 pH 值范围应该根据实际情况通过试验确定，不应机械地执行标准。

对于有铜给水系统，实际运行中 pH 值控制范围对给水中铜含量影响很大。我国有铜机组的加氧处理运行经验表明，控制给水中铜含量不超过除氧工况水平的关键在于 pH 值的控制范围，这个范围相当窄。例如，某 300MW 直流锅炉发电机组给水加氧处理的 pH 值控制在 8.7～8.9。

（3）溶解氧浓度。在对给水进行加氧处理时，给水 DO 不能过低，否则难以形成稳定、致密的 Fe_3O_4-Fe_2O_3 双层保护膜。但是，如果氧浓度过高，不仅钢铁在少量氯化物杂质的作用下容易发生点蚀，而且可能导致过热器或汽轮机低压缸不锈钢部件的应力腐蚀。研究发现，当水中 DO 提高到 100μg/L 后，奥氏体不锈钢部件的应力腐蚀开始加快。另外，国内一些采用 CWT 的超临界机组出现过热器内壁氧化生成大量氧化皮，并且后者脱落后在过热器管下弯头、蒸汽调节阀等部位沉积，严重时可引起过热器管堵塞、蒸汽调节阀卡涩等故障。因此，近些年来，直流锅炉给水加氧处理的给水 DO 上限时有调整，由表 11-5 可见，其变化过程大致为 200μg/L（GB/T 12145—1999）→300μg/L（DL/T 805.1—2002）→150μg/L（DL/T 912—2005）→150（100）μg/L（DL/T 805.1—2011）。

目前，国内对进一步降低超临界机组给水加氧处理 DO 的控制范围仍存在着两种不同意见：①为防止过热器氧化皮的生成，应采取低氧浓度控制，进一步降低给水 DO，如 10～100μg/L（上限期望值 50μg/L）；②按 DL/T 805.1—2011 的控制标准，不会发生过热器氧化皮生长带来的问题，给水 DO 控制范围，特别是上限不宜再降低，以保证加氧处理的效果。另外，国内电厂对超临界机组 CWT 的运行控制也有一些不同的做法。例如，有些电厂为防止过热器生成氧化皮，在运行中进行低氧浓度控制——过热器中 DO<10μg/L；但是，另一些电厂在运行中进行高氧浓度控制——过热器中 DO≤80μg/L，运行几年也未发生过热器氧化皮生长导致的故障。

在最新的 GB/T 12145—2016 标准中，将锅炉（包括直流炉和汽包炉）给水 CWT 的 DO 控制范围统一为 10～150μg/L。这对于直流炉而言，兼顾了高、低两种氧浓度控制需求，并通过降低 DO 下限而与 AVT（O）衔接，以便启动阶段给水处理方式的自然转换；但是，对于汽包炉来说，DO 上限较以前的 80μg/L 提高了近一倍，在运行控制中应注意确保汽包下降管炉水 DO ≤10（5）μg/L。为避免氧浓度过高可能引起的腐蚀问题，在实际运行过程中，当钢表面已形成良好的钝化膜，给水中铁含量下降到期望值以下且稳定后，水中 DO 只要能保持给水铁含量基本稳定即可。因此，电厂应根据机组的实际情况确定适宜的给水 DO 控制范围。

3. 加氧系统

碱性加氧处理是同时向凝结水-给水系统中加氨和气态氧，将水的 pH 值和溶解氧含量控制在适当的范围内，以促使碳钢表面形成稳定的钝化膜。加氨方法已在前面做过介绍，下面主要介绍气态氧的加入方法，即加氧系统及其使用和维护方法。

（1）概况。为保证凝结水和给水系统的溶解氧浓度，通常设置两个加氧点：一点设置在凝结水处理装置出口的凝结水管道，另一点设置在除氧器出口的给水管道。气态氧通过专门的加氧系统加入水汽系统，图 11-32 为某超临界机组加氧系统示意。

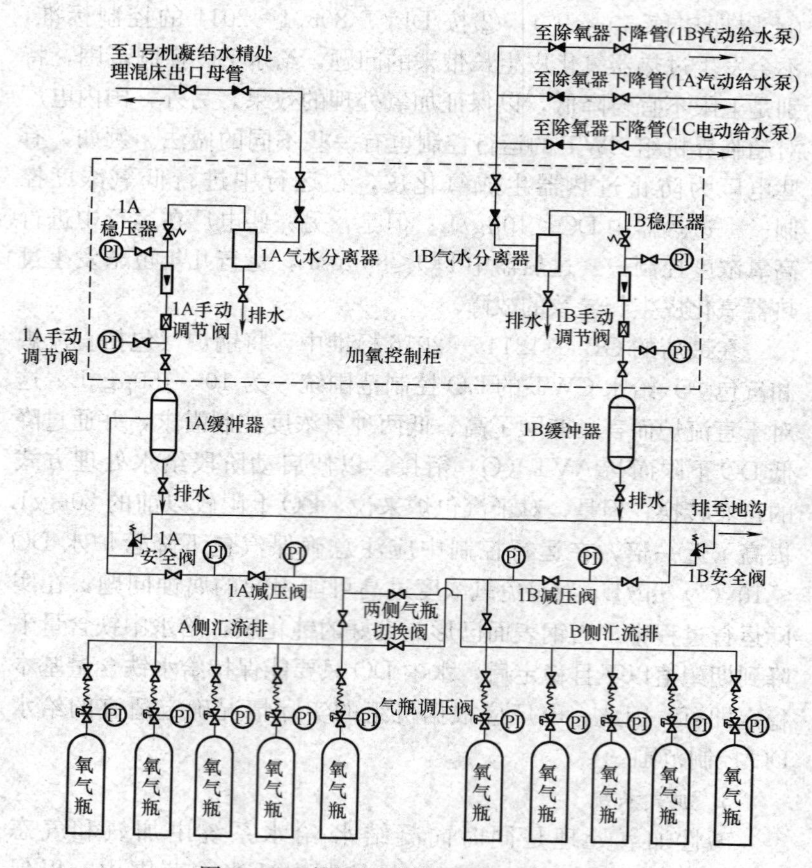

图 11-32 某超临界机组加氧系统示意

该系统采用汇流排，其主要作用是将多个氧气瓶并联，以便使这些气瓶输出的氧气汇集在一起，经过减压处理后集中提供给系统。该汇流排分 A、B 两侧，分别向凝结水和给水系统加氧。每侧可并联 5 个氧气瓶，每瓶氧气可用 3 天左右，5 瓶氧气可用约15天。为提高系统的安全性和耐用性，将减压阀设在汇流排出口母管上，使后续输氧管道具有低、中压的耐压性即可，可防止氧气在高压状态下长距离输送而产生泄漏等事故。操作柜作为加氧装置的控制柜，布置于主厂房加药间内，可以方便地对加氧流量进行控制。

（2）使用方法。

1）开始加氧。在氧气瓶阀全部关闭的情况下，将A侧或B侧汇流排加氧母管上的高、低压截止阀打开；先微量开启该侧一个氧气瓶阀，使该侧减压阀入口的压力缓缓上升到不再上升时，再将该侧其他气瓶阀完全打开；然后，顺时转动减压阀调节螺杆，将其出口压力调至3.8MPa左右（A侧）或1.8MPa左右，开启凝结水或给水加氧二次门开始加氧。

2）加氧量的调节。加氧量可通过控制柜面板上给水或凝结水加氧流量计下的手动调节阀调节（为实现自动控制，有些加氧系统设有氧气质量流量控制器，并在其旁路中设置一个手动调节阀，用于手动调节）。最终加氧量应通过加氧试验确定。注意：由于加氧量较小，有时加氧流量计无指示（加氧流量小于流量计的最低刻度），这是正常情况。

3）气瓶组切换。由于给水加氧点设在给水泵入口侧，系统内部压力较低，给水加氧瓶中的氧气可得到比较充分利用。但是，凝结水加氧点设在凝结水泵出口侧，系统内部压力较高，当A侧氧气瓶组的压力下降至约4.0MPa时，就不能继续向凝结水系统加氧了。此时，为避免氧气浪费，可将汇流排的A侧与B侧进行相互切换，利用A侧氧气瓶组中剩余的氧气向给水系统加氧，而用B侧氧气瓶组向凝结水系统加氧；但是，若B侧氧气瓶组的压力已低于4.0MPa，切换后应更换B侧氧气瓶。

4）停止加氧。当正常加氧运行的机组遇到某些异常情况（如给水氢电导率大于或等于2.0μS/cm）时，必须停止加氧。此时，应依次关闭凝结水和给水加氧的二次阀、减压阀和氧气瓶出口阀。有些加氧系统在凝结水和给水加氧母管上分别设置一个电动阀，它们分别与凝结水和给水的氢电导率信号连锁，当水质不满足要求时，电动阀自动关断，停止加氧。

（3）安装、维护及安全注意事项。

1）减压阀的高压腔和低压腔都装有安全阀，当压力超过许用值时，自动打开排气，压力降到许用值即自行关闭。平时切勿扳动安全阀。安装时，应注意连接部分的清洁，切忌杂物进入减压阀。连接部分漏气一般是由于螺纹扳紧力不够或垫圈损坏。发现漏气时，应适当扳紧或更换密封垫圈。发现减压阀有损坏或漏气、低压表压力示值不断上升，或者压力表不能回零等现象，应及时进行修理。

2）汇流排应按规定使用一种介质，不得混用，以免发生危险。汇流排严禁接触油脂，以免发生火灾。汇流排不得安装在有腐蚀性介质的地方。不得通过汇流排逆向向气瓶内充气。汇流排投入使用后，应进行日常维护，严禁敲击管件。正常使用中，应每年对压力表进行计量检测。

3）氧气瓶出口阀开启速度不得过快，防止有可燃物进入时，造成静电打火引起燃爆，在气体骤然膨胀时而炸管伤人。另外，气瓶出口高压软管安全使用期一般为1.5～2年，在安全使用期后应及时更换。氧气瓶出口高压软管不可过量弯曲，应尽量在自然状态下连接。

第四节　给水处理方式及其运行控制方法

一、给水处理方式与水化学工况概述

1. 给水处理的不同方式

火力发电厂锅炉给水处理（水质调节）就是通过调节给水的pH值和溶解氧浓度来控制给水系统的全面腐蚀和流动加速腐蚀(FAC)，保证给水铁、铜含量合格。这不仅可减少给水带入锅炉的腐蚀产物和其他杂质，而且可防止采用给水作为减温水时引

起过热器、再热器和汽轮机的积盐。

根据DL/T 805.4—2004《火电厂汽水化学导则 第4部分：锅炉给水处理》，给水处理主要有下列几种方式。

（1）全挥发处理：在对给水进行热力除氧的同时，向给水中加氨和还原剂（又称除氧剂，如联氨等），或者只向给水中加氨（不再加任何其他药品）的给水水质调节处理方式。因其所用药品（氨和联氨）都是挥发性的，此类给水处理方式称为全挥发处理（all volatile treatment，AVT）。其中，前者因还原剂（联氨等）的加入使给水具有较强的还原性，通常给水的氧化还原电位ORP＜－200mV，故称为还原性全挥发处理，简称AVT（R）；而后者因不加还原剂，给水具有一定的氧化性，通常给水的ORP在0～＋80mV，故称为氧化性全挥发处理，简称AVT（O）。

（2）加氧处理（oxygenated treatment，OT）：向给水中加微量氧（不对给水进行热力除氧）的给水水质调节处理方式。此时，给水中因含有微量的溶解氧而具有较强的氧化性，通常给水的ORP＞＋100mV。加氧处理又可分为中性处理和碱性处理两种，即NWT和CWT（参见本章第三节之四）。

上述不同给水处理方式下给水的ORP都是以Ag-AgCl电极为参比电极（25℃时，它相对SHE的电位为＋208mV），在密闭流动的给水中测量的铂电极的电极电位。ORP越高，水的氧化性越强，铁越容易被氧化成较高价态的氧化物，如Fe_2O_3。

2. 水化学工况及其命名

火力发电机组的水化学工况是指锅炉给水和炉水的水质调节方式及其所控制的水汽质量标准。对于直流炉机组，由于只进行给水的水质调节，其水化学工况就是按照给水水质调节方式来命名。例如，超临界机组锅炉给水水质调节采用AVT（O）或AVT（R）时的水化学工况可统称为全挥发处理水化学工况，简称AVT水化学工况；采用CWT或NWT时的水化学工况则可统称为加氧处理水化学工况，简称为CWT水化学工况或NWT水化学工况。但是，对于汽包炉机组，炉水和给水可能采取不同的水质调节方式，其水化学工况通常是按照炉水水质调节的方式来命名。当炉水水质调节采取磷酸盐（或氢氧化钠）处理时，汽包炉机组的水化学工况称为磷酸盐（或氢氧化钠）处理水化学工况。

3. 给水处理方式的比较

（1）如前所述，AVT（R）是一种还原性处理。对于有铜给水系统，它兼顾了抑制铁、铜腐蚀的作用，给水含铜量和汽轮机中铜的沉积量通常小于AVT（O）和OT方式下的相应值；对于无铜给水系统，适当提高给水的pH值可进一步提高抑制铁腐蚀的效果。但是，在AVT（R）方式下，机组的给水和湿蒸汽系统易发生FAC，而通过更换材料或改变给水处理方式可消除或减轻FAC。

（2）对于无铜给水系统，给水处理采用AVT（O）后通常给水含铁量会有所降低，省煤器和水冷壁管的结垢速率相应降低。

（3）采用OT可使给水系统FAC现象减轻或消除，给水含铁量明显降低，因而省煤器和水冷壁管的结垢速率降低，锅炉化学清洗周期延长；同时，由于给水pH值控制在较低范围内，可使凝结水精处理混床的运行周期明显延长。但是，OT对水质要求严格，对于没有凝结水精处理系统或凝结水精处理系统运行不正常的机组，给水的氢电导率难以达到水质标准的要求，不宜采用OT。

4. 给水处理方式的选择

首先，应根据水汽系统热力设备的材质和给水水质选择适宜的给水处理方式。对于运行机组，在目前的给水处理方式下，如果机组无腐蚀问题，可按此方式继续运行；如果机组存在腐蚀问题，则应通过图11-33所示的流程选择其他给水处理方式，主要步骤如下。

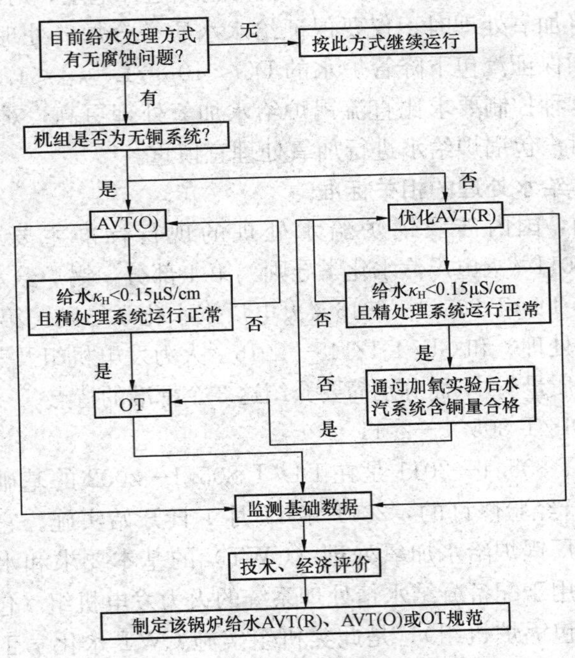

图 11-33　选择给水处理方式的流程

（1）对于无铜给水系统，应优先采用AVT（O)方式。在AVT（O)方式下，如果给水氢电导率κ_H<0.15μS/cm，且精处理系统运行正常，宜转为OT方式；否则，应按原处理方式继续运行。

（2）对于有铜给水系统，应采用AVT（R）方式，并进行优化。在AVT（R）方式下，如果给水κ_H<0.15μS/cm，且精处理系统运行正常，可进行加氧试验。在试验过程中，如能保持水汽系统含铜量合格，可转为OT方式；否则，应按原处理方式继续运行。

对于汽包锅炉，由于浓缩作用，炉水中杂质含量比给水中高得多，如果给水加氧控制不当，使溶解氧进入水冷壁，必将导致水冷壁管发生严重的氧腐蚀。因此，汽包锅炉给水加氧处理比直流锅炉给水加氧处理危险性更大。为避免这种危险，对汽包锅炉给水进行加氧处理时不仅要保证给水水质符合加氧处理的要求，而且必须保证汽包下降管炉水的 DO<10μg/L、κ_H<1.5μS/cm。显然，这种控制要求比直流锅炉给水加氧处理更高，难度更大。因此，对汽包锅炉给水进行加氧处理宜慎重。

二、给水处理的相关标准

目前，国内涉及锅炉给水处理的现行标准主要有 DL/T 805.1—2011《火电厂汽水化学导则　第 1 部分：锅炉给水加氧处理导则》、DL/T 805.4—2016《火电厂汽水化学导则　第 4 部分：锅炉给水处理》和 GB/T 12145—2016《火力发电机组及蒸汽动力设备水汽质量》。下面分别简要介绍这 3 个标准的特点。

1. DL/T 805.1—2011

DL/T 805.1—2011 是在 DL/T 805.1—2002 的基础上结合 CWT 运行经验修订的，2011 年 11 月 1 日开始实施。它规定了火力发电厂锅炉给水加氧处理（CWT）的基本要求和水汽控制指标，适用于配备凝结水精处理系统的火力发电机组（包括直流锅炉和汽包锅炉机组），是此类机组实施 CWT 水化学工况的全面性指导规范。它给出了有关加氧系统的规定，说明了直流锅炉和汽包锅炉给水加氧处理的先决条件、pH 值控制方式、机组启动时水质控制的方法、给水处理方式转换的方法（包括准备工作、加氧量控制、除氧器和高压加热器排气门的调整、给水 pH 值的调整）、运行中的监督措施（包括机组正常运行时水汽质量标准及其监测方法、给水水质异常时的处理原则），以及机组的停（备）用保养措施。其中，正常运行时对各种水汽的监控更全面，除 GB/T 12145—2016 规定的主要水汽质量外，还有除氧器入口凝结水、高压加热器疏水的 DO 等水质指标，这样更加便于给水加氧的运行控制。但是，它所采用的水汽质量标准与 GB/T 12145—2016 中 CWT 的水汽质量标准不尽相同，参见表 11-5。

2. DL/T 805.4—2016

DL/T 805.4—2016 代替 DL/T 805.4—2004，2016 年 7 月

1 日实施。它适用于过热蒸汽压力 3.8MPa（表压）及以上的汽包锅炉和 5.9MPa（表压）及以上的直流锅炉给水的全挥发处理和加氧处理，包括给水处理方式选用的基本原则、锅炉启动和正常运行时的给水质量标准、给水质量劣化时的处理方法、给水加药和水质指标检测方法。DL/T 805.4—2004 首次引入了 AVT（R）和 AVT（O）的概念，并可指导电厂根据机组的材料特性、锅炉类型和给水纯度正确选用给水处理方式。但是，该标准没有凝结水、蒸汽等其他水汽的质量标准及凝结水质量劣化时的处理方法，难以全面指导火力发电机组水化学工况的实施。DL/T 805.4—2016是 DL/T 805.4 的首次修订版，主要变化如下。

（1）对给水 CWT 的调节指标进行了修改，统一了直流锅炉和汽包锅炉给水 pH 值控制范围（8.5～9.3）和 DO 标准值下限（10μg/L），并将汽包锅炉给水 DO 期望值修改为 20～30μg/L。

（2）首次以总有机碳离子（total organic carbon ion，TOCi）指标取代给水的 TOC 指标，以更好地防止汽轮机低压缸的酸性腐蚀。

TOCi 是指有机物中总的含碳量及可氧化产生阴离子的其他杂原子含量之和，称为总有机碳离子。当给水受到含卤素、硫等杂原子的有机物污染时，这些有机物在高温下分解，除产生甲酸、乙酸等低分子有机酸及二氧化碳外，还会产生 Cl^-、SO_4^{2-} 等强酸阴离子。与低分子有机酸相比，这些强酸阴离子不仅导电性更强、分配系数更小，而且腐蚀性要强得多，故更容易引起蒸汽 κ_H 超标和汽轮机低压缸中蒸汽初凝区部件的酸性腐蚀。根据国内多年的运行经验，对于超临界及以上机组，蒸汽 $\kappa_H > 0.10\mu S/cm$ 时，就有发生上述腐蚀的风险；而且，许多电厂在运行中都发现，在给水 TOC 并未超标的情况下，其 TOCi 却已严重超标，并伴随蒸汽 κ_H 超标和汽轮机上述部位的严重酸性腐蚀。因此，要更有效地抑制汽轮机的酸性腐蚀，必须严格监测和控制给水及补给水的 TOCi 指标。

3. GB/T 12145—2016

GB/T 12145—2016 是在 GB/T 12145—2008 的基础上结合最新

的科研成果和运行经验修订的，2016 年 9 月 1 日开始实施，适用于锅炉出口压力不低于 3.8MPa（表压）的火力发电机组和蒸汽动力设备，规定了其正常运行和停（备）用机组启动时的各种水汽质量标准及水汽质量劣化时的处理方法，包括实施 AVT、CWT 及 NWT 水化学工况时的各种水汽质量标准，基本上涵盖了 DL/T 912—2005 的主要内容。就给水质量标准而言，该标准与 DL/T 805.4—2016 基本相同。但是，该标准缺乏关于 CWT 水化学工况实施方法的指导性内容，也没有 AVT（O）方式下给水 DO 异常时的处理规定。该标准中给水质量指标的主要变化如下。

（1）不区分汽包锅炉和直流锅炉，统一给出加氧处理时给水 κ_H、pH 值和 DO 的控制标准（参见本章第三节对给水加氧处理水质要求的讨论）。

（2）增加给水和精处理后凝结水氯离子控制指标。国内运行经验表明，凝结水精处理混床漏氯离子，会造成汽包锅炉水冷壁的腐蚀，以及汽轮机低压缸的酸性腐蚀。因此，DL/T 912—2005 和 DL/T 805.1—2011 先后做了这项改进；此后，DL/T 805.4—2016 也增加了亚临界汽包锅炉和直流锅炉给水的氯离子控制指标。

总而言之，由于技术进步和运行水平的提高，GB/T 12145—2016、DL/T 805.4—2016 等新标准对超临界和亚临界机组水汽质量提出了更高的要求，以更有效地控制水汽系统的腐蚀，进一步提高我国火力发电机组运行的经济性。

根据上述规范与标准的特点，建议在实际工作中将 DL/T 805.1—2011、DL/T 805.4—2016、GB/T 12145—2016 有机结合，取长补短。在选择给水处理方式时，可参考 DL/T 805.4—2016 和本节第一条相关内容。在运行控制中，给水处理一般应执行 GB/T 12145—2016 规定的水汽质量标准；当给水处理采用 CWT 时，则还应遵循 DL/T 805.1—2011 所确立的规范。

表 11-6 全面归纳了 GB/T 12145—2016 规定的汽包锅炉和直流锅炉的给水处理采用 AVT 和 OT 时的给水质量标准。其

中，“有（或无）铜给水系统”是指与水汽接触的部件和设备（不包括凝汽器）含（或不含）铜或铜合金材料的给水系统。

表 11-6 锅炉给水质量标准（GB/T 12145—2016）

项目		过热蒸汽压力（MPa）					
		汽包锅炉				直流锅炉	
		3.8～5.8	5.9～12.6	12.7～15.6	＞15.6	5.9～18.3	＞18.3
κ_H（μS/cm，25℃）	AVT	—	⩽0.30	⩽0.30	⩽0.15（0.10）①	⩽0.15（0.10）	⩽0.10（0.08）
	OT	—	—	—	⩽0.15（0.10）		
pH 值（25℃）	AVT	8.8～9.3	8.8～9.3（有铜给水系统）或 9.2～9.6②（无铜给水系统）				
	OT	—	—	—	8.5～9.3（CWT）或 7.0～8.0（NWT）		
DO（μg/L）	AVT	⩽15	⩽7（还原性）或⩽10（氧化性）				
	OT	—	—	—	10～150③（CWT）或 50～250（NWT）		
N_2H_4（μg/L）	AVT	—	⩽30（还原性）或不加（氧化性）				
Fe（μg/L）		⩽50	⩽30	⩽20	⩽15（10）	⩽10（5）	⩽5（3）
Cu（μg/L）		⩽10	⩽5	⩽5	⩽3（2）	⩽3（2）	⩽2（1）
Na（μg/L）		—	—	—	—	⩽3（2）	⩽2（1）
SiO_2（μg/L）		应保证蒸汽 SiO_2 符合标准			⩽20（10）	⩽15（10）	⩽10（5）
H（μmol/L）		⩽2.0	—	—	—	—	—
Cl^-（μg/L）		—	—	—	⩽2	⩽1	⩽1
TOCi（μg/L）		—	⩽500	⩽500	⩽200	⩽200	⩽200

① 无凝结水精除盐装置的水冷机组，给水 κ_H⩽0.30μS/cm。

② 凝汽器管为铜管，给水 pH 值宜为 9.1～9.4，并控制凝结水 Cu＜2μg/L；无凝结水精除盐装置、无铜给水系统的直接空冷机组，给水 pH 值应大于 9.4。

③ DO 接近下限时，pH 值应大于 9.0。

三、给水处理的运行控制方法

这里主要介绍汽包锅炉给水处理，特别是加氧处理的运行控制方法，但其中 GB/T 12145—2016 的有关规定和水汽质量标准则不限于此。直流锅炉的相关内容将在第十五章专门介绍。

1. 停备用机组启动时的控制方法

（1）GB/T 12145—2016 对水汽质量控制的一般要求。无论是直流锅炉，还是汽包锅炉；是 AVT，还是 OT，机组启动时都应尽快投运凝结水精处理设备，并按 GB/T 12145—2016 的规定进行冷态和热态清洗。

锅炉启动时，给水质量应符合表 11-7 的规定，在热启动时 2h 内或冷启动时 8h 内应达到表 11-6 的标准值。锅炉启动后，并汽或汽轮机冲转前的蒸汽质量可按表 14-2 控制，且应在机组并网后 8h 内达到表 14-1 的标准值。

表 11-7　锅炉启动时给水质量标准（GB/T 12145—2016）

锅炉过热蒸汽压力(MPa)	汽包锅炉			直流锅炉
	3.8～5.8	5.9～12.6	>12.6	—
H(μmol/L)	≤10.0	≤5.0	≤5.0	≈0
κ_H(μS/cm)	—	—	≤1.00	≤0.50
Fe(μg/L)	≤150	≤100	≤75	≤50
DO(μg/L)	≤50	≤40	≤30	≤30
SiO_2(μg/L)	—	—	≤80	≤30

机组启动时，还应监督凝结水和疏水质量。无凝结水精处理装置的机组，凝结水应排放至满足表 11-7 规定的给水水质标准方可回收；有凝结水精处理装置的机组，凝结水的回收质量应符合表 11-8 的规定，处理后的水质应满足给水水质要求。疏水回收至除氧器时，应确保给水质量符合表 11-7 的要求；有凝结水精处理装置的机组，疏水 Fe≤1000μg/L 时，可回收至凝汽器。

表 11-8　　机组启动时凝结水回收标准（GB/T 12145—2016）

凝结水处理方法	外观	H（μmol/L）	Cu（μg/L）	Fe（μg/L）	Na（μg/L）	SiO_2（μg/L）
过滤	无色透明	≤5.0	≤30	≤500	≤30	≤80
精除盐				≤1000	≤80	≤200
过滤＋精除盐						

（2）给水处理方式及运行控制方法。无论是汽包锅炉、还是直流锅炉，对于给水处理采用 AVT 的机组，启动时给水处理方式及运行控制方法与正常运行时相同；对于给水处理采用 OT 的机组，启动时给水处理宜采用 AVT（O）方式，待机组带负荷稳定运行，且水质符合加氧要求时方可转换为 OT 方式，控制方法参见第十五章第三节（CWT 水化学工况启动时的控制方法）。

在给水加氧处理的汽包锅炉启动时，还应充分利用锅炉排污，以尽快使下降管炉水 $\kappa_H<1.5\mu S/cm$。为此，锅炉启动时应全开连续排污，加强定期排污，并根据下降管炉水 κ_H 和汽包炉水 pH 值增加或减少锅炉连续排污量，尽可能维持下降管炉水 $\kappa_H<1.3\mu S/cm$，汽包炉水 pH 值为 9.1～9.4。

2. 汽包锅炉机组正常运行时的控制方法

汽包锅炉机组正常运行时要同时进行给水和炉水的水质调节处理，并按 GB/T 12145—2016 规定进行水汽质量的监督。其中，炉水处理方式及其运行控制方法详见第十三章第二节，汽包锅炉机组水、汽质量的监督详见第十四章，这里主要讨论给水处理方式及运行控制方法。

在汽包锅炉机组正常运行时，给水处理应根据所选择的处理方式，控制热力除氧器和加热器的运行状态，并进行适当的给水加药处理，使给水水质调节的指标（pH 值、DO、N_2H_4）符合表 11-6 规定的相应标准，从而有效控制给水系统的腐蚀，保证给水中铁、铜含量也符合上述标准。

采用AVT方式运行时，运行控制方法与直流锅炉基本相同，参见第十五章第三节有关内容。采用OT方式运行时，应同时对给水进行加氧和加氨处理，并使除氧器排气门保持微开状态、高压加热器的排气门保持关闭状态。在运行中，应按表11-9监测和控制机组的水汽质量，使各项指标达到相应的期望值；若关闭排气门影响高压加热器的换热效率，可根据机组的运行情况微开或定期开启排气门。

表11-9　汽包锅炉给水加氧处理正常运行水汽质量标准（DL/T 805.1—2011）

取样点	监督项目	项目单位	控制值	期望值	监测频率
凝结水泵出口	κ_H(25℃)	μS/cm	≤0.3	≤0.2	连续
	DO	μg/L	≤30	≤20	连续
	Fe	μg/L	—	—	每周一次
	Cl^-	μg/L	—	—	根据需要
凝结水精处理出口	κ_H(25℃)	μS/cm	≤0.12	≤0.10	连续
	SiO_2	μg/L	≤15	≤10	连续
	Na^+	μg/L	≤5	≤3	连续
	Fe	μg/L	≤5	≤3	每周一次
	Cl^-	μg/L	≤3	≤1	根据需要
除氧器入口	κ(25℃)	μS/cm	1.8～3.5	2.0～3.0	连续
	DO	μg/L	30～150	30～100	连续
省煤器入口	κ(25℃)	μS/cm	1.8～3.5	2.0～3.0	连续
	pH值(25℃)		8.8～9.1①	—	连续
	κ_H(25℃)	μS/cm	≤0.15	≤0.12	连续
	DO	μg/L	20～80②	30～80	连续
	Fe	μg/L	≤5	≤3	每周一次
	Cl^-	μg/L	≤3	≤1	根据需要

续表

取样点	监督项目	项目单位	控制值	期望值	监测频率
下降管炉水	κ_H(25℃)	μS/cm	≤1.5	≤1.3	连续
	DO	μg/L	≤10	≤5	连续
	Cl^-	μg/L	≤120	≤100	根据需要
汽包炉水	κ(25℃)	μS/cm	4～12	4～8	连续
	pH值(25℃)		9.0～9.5	9.1～9.4	连续
	SiO_2	μg/L	≤150	≤120	—
	Fe	μg/L	—	—	每周一次
	Cl^-	μg/L	—	—	根据需要
主蒸汽	κ_H(25℃)	μS/cm	<0.15	<0.10	连续
	DO	μg/kg	≥10	—	根据需要
	SiO_2	μg/kg	≤15	≤10	连续
	Na^+	μg/kg	≤5	≤2	连续
	Fe	μg/kg	≤5	≤3	每周一次
高压加热器疏水	DO	μg/L	≥5	≥10	根据需要
	Fe	μg/L	≤5	≤3	每周一次

① 由于直接空冷机组的空冷凝汽器存在腐蚀问题，其给水pH值应通过试验确定。

② 给水DO的控制值应通过锅炉下降管炉水允许的DO值与给水DO值的关系试验确定。

锅炉给水加氧处理的汽包锅炉机组停运与停备用保养方法与直流锅炉基本相同，详见第十五章第三节有关内容。

3. 水汽质量劣化时的处理方法

（1）水汽质量劣化情况的处理原则。在火力发电机组的运行过程中，给水可能受到污染（如发生凝汽器泄漏，冷却水漏入而引起的污染等）而发生水质劣化，导致水汽系统发生腐蚀、结垢、积盐等水化学故障。给水水质劣化越严重，所引起的故障危害越大，越需要尽快查明原因，使水质恢复正常。为及时、有效的处理水汽质量劣化现象，GB/T 12145—2016 规定了水汽质量劣化情况的处理原则，见表 11-10。

表 11-10　水汽质量劣化情况的处理原则（GB/T 12145—2016）

处理等级	水化学故障	处理原则
一级	可能发生	应在 72h 内恢复至相应的标准值；否则，应采取二级处理
二级	正在发生	应在 24h 内恢复至相应的标准值；否则，应采取三级处理
三级	快速发生	4h 内水汽质量不好转，应立即停炉

水汽质量劣化时，应迅速检查取样是否具有代表性、测量结果是否准确，并综合分析水汽系统中水汽质量的变化。确认劣化判断无误后，应立即按照表 11-10 的规定采取相应处理措施，在规定时间内找到并消除导致水质劣化的原因，使水质恢复到标准值的范围内。

（2）给水水质的异常处理。锅炉给水水质异常时，一般应按 GB/T 12145—2016 的规定来处理，详见表 11-11。但是，对于汽包锅炉给水的加氧处理，当凝结水精处理出口母管凝结水 κ_H>0.12μS/cm，并且省煤器入口给水 κ_H>0.15μS/cm 或下降管炉水 κ_H>1.3μS/cm 时，应按表 11-12 及时采取相应的处理措施。

表 11-11　锅炉给水水质异常的处理值（GB/T 12145—2016）

项目	给水处理方式及相关条件		标准值	处理等级		
				一级	二级	三级
κ_H（μS/cm，25℃）	有精处理除盐		≤0.15	>0.15	>0.20	>0.30
	无精处理除盐		≤0.30	>0.30	>0.40	>0.65
pH[①]值（25℃）	AVT	有铜给水系统	8.8～9.3	<8.8 或 >9.3	—	—
		无铜给水系统[②]	9.2～9.6	<9.2 或 >9.6	—	—
	CWT		8.5～9.3	<8.5	—	—
DO[③]（μg/L）	AVT（R）		≤7	>7	>20	—

① 直流锅炉给水 pH 值低于 7.0，按三级处理。

② 凝汽器管为铜管时，pH 标准值为 9.1～9.4，则一级处理值为 pH<9.1 或 pH>9.4。

③ DL/T 805.4—2016 规定 AVT（O）方式下，DO 异常的一、二级处理值大于 10μg/L、大于 20μg/L。

表 11-12　　汽包锅炉给水加氧处理时给水或下降管炉水 κ_H 异常的处理措施（DL/T 805.1—2011）

等级	κ_H（μS/cm，25℃）		应采取的措施
	省煤器入口	下降管炉水	
一级	0.15～0.20	1.3～3.0	适当减小加氧量，并增加锅炉排污，检查并控制凝结水精处理出水水质，使给水和下降管炉水尽快满足表 11-9 的要求
二级	>0.20	>3.0	停止加氧，加大凝结水精处理出口的加氨量，使给水 pH＝9.2～9.5，并维持炉水 pH＝9.1～9.4。查找给水和下降管炉水 κ_H 高的原因，加大锅炉排污，使水质尽快满足加氧处理的要求

（3）凝结水水质标准及其水质异常处理。对凝结水泵出口的凝结水进行监测，可及时发现凝汽器渗漏迹象和泄漏事故，掌握凝汽器的运行状态。水质异常时的处理值见表 11-13。

表 11-13　　凝结水泵出口凝结水水质异常的处理值（GB/T 12145—2016）

项目		标准值	处理等级		
			一级处理	二级处理	三级处理
κ_H（μS/cm，25℃）	有精处理除盐	≤0.30①	>0.30①	—	—
	无精处理除盐	≤0.30	>0.30	>0.40	>0.65
Na②（μg/L）	有精处理除盐	≤10	>10	—	—
	无精处理除盐	≤5	>5	>10	>20

① 主蒸汽压力大于 18.3MPa 的直流锅炉，凝结水 κ_H 的标准值为不大于 0.2μS/cm，一级处理值为大于 0.2μS/cm。

② 用海水冷却的电厂，当凝结水精处理装置出水的含钠量大于 400μg/L 时，应紧急停机。

第十二章　汽包锅炉的结垢、积盐及其防止

汽包锅炉水汽系统如图 12-1 所示。给水经省煤器提高温度后进入汽包，然后由炉墙外的下降管经下联箱进入上升管（常称水冷壁管或炉管）。在上升管中，水吸收炉膛中的热量，蒸发成为汽水混合物后又回到汽包中。这些汽水混合物在汽包内进行汽水分离，分离出的饱和蒸汽导入过热器内被加热成过热蒸汽后送往汽轮机高压缸；分离出的水汇同加入的给水进入下降管并重复上述过程。在汽包锅炉的水汽系统中，由“汽包→下降管→下联箱→上升管→汽包”所组成的回路，称为汽包锅炉的水循环系统。

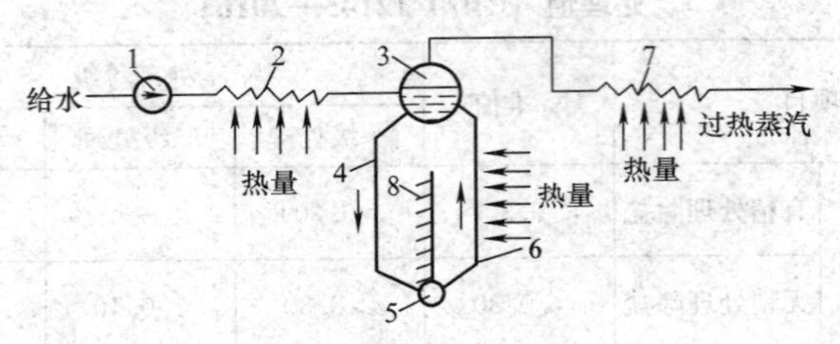

图 12-1　汽包锅炉水汽系统示意

1—给水泵；2—省煤器；3—汽包；4—下降管；5—下联箱；6—上升管；7—过热器；8—炉墙

在汽包锅炉的运行过程中，如果水质不良，不仅会引起锅炉水汽系统的结垢和金属腐蚀等故障，而且会引起蒸汽的污染，从而导致汽轮机等设备发生积盐等故障，影响整个机组的安全、经济运行。

第一节　水垢和水渣的特性

汽包锅炉运行实践表明，如果炉水水质不良，经过一段时间运行后，就会在受热面与炉水接触的管壁表面上生成一些固态附着物，这种现象通常称为结垢，这些附着物称为水垢。另外，在炉水中析出的固体物质，有的还会悬浮在炉水中或沉积在汽包和下联箱底部等水流缓慢处而形成沉渣，这些呈悬浮状态和沉渣状态的固体物质称为水渣。

一、水垢的特性

1. 水垢的组成和分类

水垢是由多种化合物组成的混合物，其化学组成往往比较复杂。水垢的化学成分可通过化学分析来确定，一般用重量百分率表示，表12-1是某超高压锅炉炉管内水垢成分的化学分析结果。水垢中各种化学成分确切的化学形态可采用X射线衍射等物理化学方法确定。

表12-1　某超高压锅炉炉管内水垢成分的化学分析结果

垢样部位	外观	化学组成（%）								
		Fe_2O_3	Al_2O_3	CuO	MgO	Na^+	SiO_2	P_2O_5	酸不溶物	灼烧增量
后墙左数第28根水冷壁管标高15.8m处	黑褐色	53.75	9.75	17.51	8.76	1.97	0.09	7.79	0.57	2.86
后墙右数第28根水冷壁管标高15.8m处	黑褐色	76.08	2.50	8.37	13.36	2.56	0.14	3.43	0.37	2.87

水垢中虽然常含有多种不同的化学成分，但通常是以某种化学成分为主。为了便于研究水垢形成的主要原因，以及防止和消除水垢的方法，通常是按水垢的主要化学成分将水垢分成钙镁水垢、硅酸盐水垢、氧化铁垢、铜垢等。

（1）钙镁水垢。钙镁水垢钙、镁盐的含量很大，可能高达

90%左右。此类水垢按其主要化合物又可分成碳酸钙水垢（$CaCO_3$），硫酸钙水垢（$CaSO_4$、$CaSO_4 \cdot 2H_2O$、$2CaSO_4 \cdot H_2O$）、硅酸钙水垢（$CaSiO_3$、$5CaO \cdot 5SiO_2 \cdot H_2O$），以及镁垢[$Mg(OH)_2$、$Mg_3(PO_4)_2$]等。表 12-2 为某电厂锅炉和热力系统中各种钙镁水垢的化学分析结果，其中混合水垢含硫酸钙、碳酸钙和硅酸钙。

表 12-2　某电厂锅炉和热力系统中各种钙镁水垢成分的化学分析结果

水垢种类	化学成分（%）						
	Fe_2O_3	CaO	MgO	SiO_2	SO_3	CO_2	灼烧减量
硫酸钙水垢	6.6	35.7	0.9	10.3	43.7	0.3	2.8
碳酸钙水垢	9.8	36.4	2.50	12.3	2.7	24.7	31.2
硅酸钙水垢	4.9	43.0	1.1	41.9	微量	5.4	8.8
混合水垢	2.8	35.2	3.7	19.6	12.5	16.7	21.0

（2）硅酸盐水垢。硅酸盐水垢的化学成分较复杂，它主要由铝、铁的硅酸化合物组成，通常二氧化硅含量可达 40%～50%，铝和铁的氧化物为 25%～30%，另外还有 10%～20%的钠的氧化物，而钙、镁化合物含量很少，两者含量之和一般不超过百分之几。表 12-3 列出了某中压锅炉炉管内硅酸盐水垢成分的化学分析结果。

表 12-3　某中压锅炉炉管内硅酸盐水垢成分的化学分析结果

垢样部位	化学成分（%）							
	SiO_2	Al_2O_3	Na_2O	Fe_2O_3	CaO	MgO	P_2O_5	灼烧减量
水冷壁管	47.2	24.58	17.00	0.60	1.30	0.20	1.0	8.3

这种水垢的化学成分和结构常与某些天然矿物如锥辉石（$Na_2O \cdot Fe_2O_3 \cdot 4SiO_2$）、方沸石（$Na_2O \cdot Al_2O_3 \cdot 4SiO_2 \cdot 2H_2O$）、钠沸石（$Na_2O \cdot Al_2O_3 \cdot 3SiO_2 \cdot 2H_2O$）、黝方石（$4Na_2O \cdot 3Al_2O_3 \cdot 6SiO_2 \cdot SO_3$）等相同。

（3）氧化铁垢。氧化铁垢的主要成分为铁的氧化物，其含量可达70%～90%。表12-1和表12-4分别为某超高压和高压锅炉炉管内水垢成分的化学分析结果。氧化铁垢的表面呈黑褐色，内层为黑色或灰色，垢下与金属接触处常有少量的白色盐类沉积物。

表12-4　某高压锅炉炉管内水垢成分的化学分析结果

垢样部位	外观	化学组成（%）						
		$R_2O_3$①	CuO	CaO	MgO	P_2O_5	酸不溶物	灼烧增量
前墙左数第37根水冷壁管标高13.5m处	黑褐色	91.2	3.0	7.8	3.33	5.56	0.4	5.6
左侧墙前数第51根水冷壁管标高10m处	黑褐色	83.8	14.8	3.2	2.46	2.32	0.44	5.8

① $Fe_2O_3+Al_2O_3$。

（4）铜垢。如果水垢中金属铜的含量达到20%～30%或更高，则这种水垢称为铜垢。铜垢中的金属铜主要分布在水垢的上层，即受炉水冲刷的表层，含铜百分率很高，常达70%～90%，但越接近金属管壁处，含铜百分率越小，一般靠近管壁处的含铜量为10%～25%。这与氧化铁垢中铜的分布情况不一样，铜在氧化铁垢层中的分布大致是均匀的，即水垢的上层和与管壁金属接触的垢层中含铜百分率大体相同。表12-5是某中压燃油锅炉炉管内铜垢成分的化学分析结果。对这台锅炉进行割管检查时发现，垢层表面有较多金属铜的颗粒。

表12-5　某中压燃油锅炉炉管内铜垢成分的化学分析结果

垢样的地点	化学成分（%）					
	Cu	R_2O_3	Fe_2O_3	SiO_2	CaO	MgO
炉管向火侧平均试样	51.84	24.50	18.80	15.40	1.12	1.71
炉管背火侧平均试样	35.52	39.30	33.20	3.40	1.12	1.21

2. 水垢的物理性质

各种水垢的物理性质都不相同。有的水垢很坚硬，有的较软；有的水垢致密，有的多孔；有的水垢牢固地黏附在金属表面，有的与金属表面的联系较疏松。通常表征水垢物理性质的指标有坚硬度、孔隙率和导热性等。

（1）坚硬度。它表征水垢的坚硬程度，表明水垢是否容易用机械方法（如刮刀、铣刀、金属刷等）清除。

（2）孔隙率。它表征水垢中孔隙占水垢体积的百分率。一般情况下，水垢孔隙率越大，水垢的导热性越差。

（3）导热性。水垢的导热性一般都很差，但不同的水垢因其组成、孔隙率等不同而各不相同。各种水垢的导热系数见表 12-6。水垢与钢材相比，热导率相差几十到几百倍，即结有 1mm 厚的水垢时，其传热效能相当于钢管管壁加厚了几十到几百毫米，所以金属管壁上形成水垢会严重地阻碍传热。

表 12-6　钢和各种水垢的特征和平均导热系数（λ）

名称	特征	λ[W/(m·℃)]	生成部位
低碳钢		46.40～69.60	
氧化铁垢	坚硬	0.116～0.232	锅炉炉管
硅酸盐水垢（SiO_2 含量大于 20%～25%）	坚硬	0.058～0.232	锅炉炉管
硫酸钙水垢	坚硬、密实	0.58～2.90	锅炉炉管和蒸发器
钙、镁的碳酸盐水垢	硬度与孔隙率大小不一	0.58～6.96	凝汽器、加热器等

3. 水垢的危害

锅炉炉管结垢后，往往因传热不良导致管壁温度大幅度上升，当管壁温度超过了金属所能承受的最高温度时，就会引起鼓包，甚至造成爆管事故。水垢的厚度和导热系数对金属管壁温度有很大的影响，如图 12-2 所示。图 12-2 中的管壁温度是按下列条件计算出来的：燃烧室温度为 1100℃，炉水温度为 200℃，管壁厚 5mm，炉管导热系数 58.11W/(m·℃)，受热面热负荷 167 400W/m^2。我们知道，水冷壁管是用优质低碳钢或低合金钢制造的，这些材料所能承受的最高管壁温度在 450～580℃。但从图 12-2可看出，即使炉管内附着一层薄垢，也可能使炉管管壁温度大大超过金属材料的最高允许值。

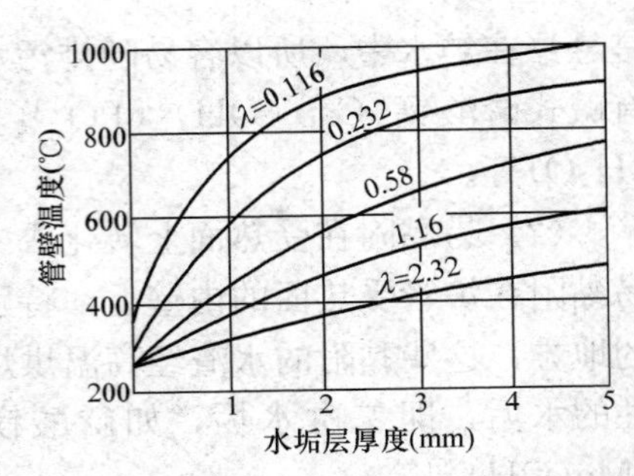

图 12-2 水垢的厚度和导热系数对金属管壁温度的影响

此外，水垢还会引起沉积物下的介质浓缩腐蚀。这种腐蚀发展速度很快，腐蚀速度可达 1.5～5.0mm/a，使锅炉运行 5000～30 000h 就发生腐蚀穿孔，甚至发生炉管爆破。

二、水渣的特性

1. 水渣的组成和分类

水渣的化学组成往往也非常复杂，并且随水质的不同而变化。以除盐水作补给水的锅炉中，水渣的主要成分是金属的腐蚀产物，如铁的氧化物（Fe_2O_3、Fe_3O_4）和铜的氧化物（CuO、Cu_2O），碱式磷酸钙［$Ca_{10}(OH)_2(PO_4)_6$］和蛇纹石（$3MgO \cdot 2SiO_2 \cdot 2H_2O$）等。表 12-7 是某锅炉水渣化学成分的分析结果，可知该水渣的主要组成物质是碱式磷酸钙。

表 12-7 某锅炉水渣化学成分的分析结果

取样部位	化学成分（%）							
	R_2O_3	CaO	MgO	CuO	P_2O_5	SiO_2	有机物	其他
汽包	25.56	40.62	0.20	0.50	30.90	0.10	0.81	1.31
下联箱	5.37	51.75	0.00	0.74	39.82	0.11	0.55	1.66

根据水渣性质的不同，可将水渣分为以下两类。

（1）不会黏附在受热面上的水渣。这类水渣比较松软，通常是悬浮在炉水中，所以容易随排污水从锅内排出，此类水渣主要有碱式磷酸钙[$Ca_{10}(OH)_2(PO_4)_6$]和蛇纹石($3MgO \cdot 2SiO_2 \cdot 2H_2O$)等。

（2）易黏附在受热面上转化成二次水垢的水渣。这种水渣容易黏附在炉管受热面的内壁上，特别容易黏附在水流缓慢或停滞的地方，这些黏附的水渣经高温烘焙后，会转变成较松软并有黏性的水垢，即二次水垢，如磷酸镁[$Mg_3(PO_4)_2$]和氢氧化镁[$Mg(OH)_2$]等。

2. 水渣的危害

如果炉水中水渣太多，不仅会影响锅炉的蒸汽品质，而且还有可能堵塞炉管，对锅炉的安全运行造成威胁。因此，应通过锅炉排污的方式及时将炉水中的水渣排出锅炉。另外，还要尽可能避免生成黏附性的磷酸镁和氢氧化镁水渣，以防止生成二次水垢。

第二节　水垢的形成及其防止

一、钙镁水垢

1. 形成的部位和原因

碳酸盐水垢往往在省煤器、加热器、给水管道及凝汽器冷却水通道和冷水塔中生成，而硫酸钙和硅酸钙水垢则主要在锅炉炉管等热负荷较高的受热面上形成。

形成钙镁水垢的原因主要是水中钙、镁盐类的离子浓度乘积超过了这些盐类在水中的溶度积，从而导致这些盐类会从水中结晶析出，并附着在受热面上。水中析出物之所以能附着在受热面上，是因为受热面的金属表面粗糙不平，有许多微小、凸起的小丘，它们能成为从溶液中析出固体时的结晶核心。此外，因金属受热面上常常覆盖着一层氧化物（即所谓氧化膜），这种氧化物有相当大的吸附能力，能成为金属壁和溶液中析出物的黏结层。

在锅炉和各种热交换器中，水中钙、镁盐类的离子浓度积大于溶度积的原因主要有以下几个方面。

（1）某些钙、镁化合物在水中的溶解度随着水温的升高而下降。图 12-3 所示为几种钙盐在水中溶解度与温度的关系。

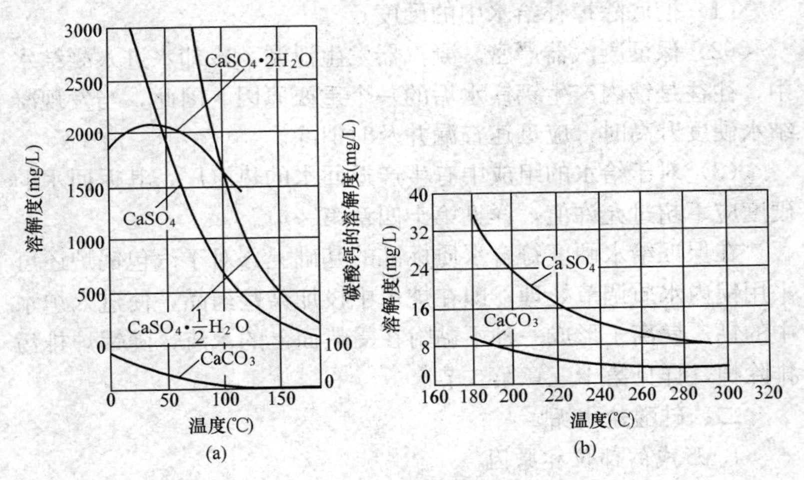

图 12-3　几种钙盐在水中溶解度与温度的关系

（a）低温时；（b）高温时

（2）水中盐类在水不断受热蒸发的过程中被逐渐浓缩。

（3）水中某些钙、镁盐类受热分解，变成了难溶的物质而析出。例如，碳酸氢钙和碳酸氢镁在水中受热，可发生如下热分解反应：

$$Ca(HCO_3)_2 \longrightarrow CaCO_3 \downarrow + H_2O + CO_2 \uparrow$$

$$Mg(HCO_3)_2 \longrightarrow Mg(OH)_2 \downarrow + 2CO_2 \uparrow$$

这些盐类物质从水中析出后，是形成水垢，还是形成水渣，取决于其化学成分和结晶形态，以及析出时的条件。例如，在省煤器、给水管道、加热器、凝汽器冷却水通道和冷水塔中，析出的碳酸钙往往结成坚硬的水垢；而在锅炉中，由于水的碱性较强，并且处于剧烈的沸腾状态，析出的碳酸钙往往形成海绵状的松软水渣。

2. 防止方法

为防止锅炉受热面上形成钙镁水垢，首先应尽量降低给水硬度，保证给水硬度符合水质标准。这应从以下几方面着手。

（1）彻底除掉补给水中的硬度。

（2）保证凝汽器严密。凝汽器发生泄漏，冷却水进入凝结水中，往往是锅内产生钙镁水垢的一个重要原因。因此，当发现凝结水硬度升高时，应迅速查漏并及时消除。

（3）对于给水的组成中有生产返回水的热电厂，其返回水的硬度应不超过允许值，详见第十四章第一节。

在保证给水硬度符合水质标准的基础上，对于汽包锅炉还可采用锅内水质调节处理，即在炉水中投加某些药品，使进入炉水中的钙、镁离子形成一种不黏附在受热面上的水渣，随锅炉排污排除掉，详见第十三章第二节。

二、硅酸盐水垢

1. 形成的部位和原因

锅炉中形成的硅酸盐水垢，或疏松、多孔，或致密、坚硬，常常匀整地覆盖在热负荷很高或炉水循环不良的炉管内壁上。其主要原因是给水中铝、铁和硅的化合物含量较高。例如，以地表水作为补给水的水源时，如果预处理不当或发生凝汽器泄漏，就会使给水中含有一些极微小的黏土和较多的铝、硅化合物，它们进入锅内就可能形成硅酸盐水垢。

关于硅酸盐水垢的形成过程，目前尚不很清楚。现有两种说法：一种认为，在水中析出并附着在受热面上的一些物质，在高热负荷的作用下，相互发生化学反应，就形成这种水垢。例如，在受热面上的硅酸钠和氧化铁能相互作用生成复杂的硅酸盐化合物：

$$Na_2SiO_3 + Fe_2O_3 \longrightarrow Na_2O \cdot Fe_2O_3 \cdot SiO_2$$

对于更复杂的硅酸盐水垢，认为是由高热负荷的受热面上析出的钠盐、熔融状态的苛性钠及铁、铝的氧化物互相作用而生成的；另一种说法认为，某些复杂的硅酸盐水垢，是在高热负荷的管壁上从高度浓缩的炉水中直接结晶出来的。

2. 防止方法

为防止产生硅酸盐水垢，应尽量降低给水中硅、铝及其他金属氧化物的含量。为此，一方面要求对补给水进行除硅处理，并保证优良的补给水水质；另外，要严防凝汽器泄漏。运行经验证明，凝汽器的泄漏往往也会产生硅酸盐水垢。

三、氧化铁垢

1. 形成的部位和原因

氧化铁垢最容易在高参数和大容量的锅炉内生成，但在其他锅炉中也可能产生。这种铁垢的生成部位主要在热负荷很高的炉管管壁上，如喷燃器附近的炉管；对敷设有燃烧带的锅炉，在燃烧带上下部的炉管；燃烧带局部脱落或炉膛结焦处裸露的炉管等。

关于氧化铁垢的形成过程，目前主要有以下几种看法。

(1) 炉水中铁的化合物沉积在管壁上形成氧化铁垢。炉水中铁化合物的形态主要是胶态氧化铁，也有少量较大颗粒的氧化铁和呈溶解状态的氧化铁。在炉水中，胶态氧化铁带正电。当炉管上局部区域的热负荷很高时，该部位的金属表面与其他各部分的金属表面之间会产生电位差。热负荷很高的区域，金属表面因电子集中而带负电。这样，带正电的氧化铁微粒就向带负电的金属表面聚集，结果便形成氧化铁垢。至于颗粒较大的氧化铁，在炉水急剧蒸发浓缩的过程中，在水中电解质含量较大和pH值较高的条件下，它也逐渐从水中析出并沉积在炉管管壁上成为氧化铁垢。

上述看法可解释以下现象：高参数锅炉内较容易生成氧化铁垢。通常是锅炉的参数越高，容量也越大，这样，炉膛内的热负荷也就越大；另外，高参数锅炉内的锅炉水温较高，而铁的氧化物在水中的溶解度随温度的升高而下降，结果使炉水中有更多的铁以固态微粒存在而不以溶解状态存在，所以比较容易生成氧化铁垢。

研究证明，当炉管的局部热负荷达到 $3.50\times10^{5}\ W/m^{2}$ 时，炉水含铁量只要超过 $10\mu g/L$，就会产生氧化铁垢。

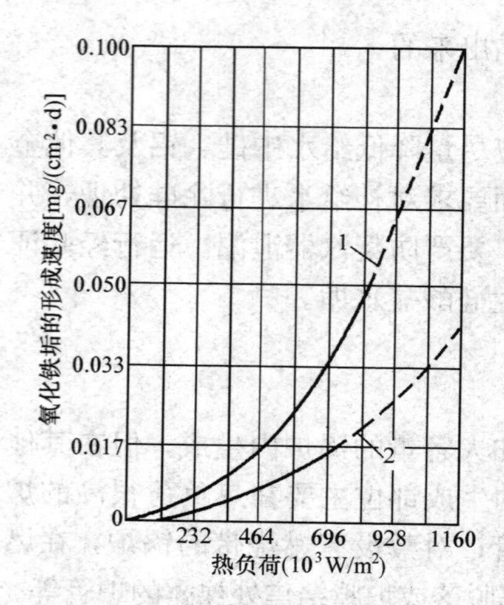

图 12-4　氧化铁垢的形成速度与热负荷和给水含铁量的关系

1—给水含铁量为 50μg/L；

2—给水含铁量为 20μg/L

由上述可知，形成氧化铁垢的主要原因是炉水含铁量和炉管上的热负荷太高。炉水的含铁量主要决定于给水的含铁量，炉管腐蚀对炉水含铁量的影响往往较小。氧化铁垢的形成速度与热负荷和给水含铁量的关系，如图 12-4 所示。从图中可看出，热负荷越大，给水含铁量越高，氧化铁垢的形成速度越快。

（2）炉管上的金属腐蚀产物转化成氧化铁垢。锅炉运行时，如果炉管内发生碱性腐蚀或汽水腐蚀，其腐蚀产物附着在管壁上就成为氧化铁垢；锅炉制造、安装或停用时，若保护不当，由于大气腐蚀在炉管内会生成氧化铁等腐蚀产物，这些腐蚀产物有的附着在管壁上，锅炉运行后，也会转化成氧化铁垢。

2. 防止方法

防止氧化铁垢的基本办法是减少炉水中的含铁量。为此，应减少给水含铁量和防止锅炉金属的腐蚀。

为减少给水含铁量，除应进行防止给水系统金属腐蚀的给水处理外，还必须减少给水各组成部分（包括补给水、汽轮机凝结水、疏水和生产返回凝结水等）的含铁量。

此外，有人试验往炉水中加聚合物，使铁的氧化物成稳定的分散体系，以减缓或防止氧化铁垢的生成。

四、铜垢

1. 形成的部位和原因

在各种压力的锅炉中都可能生成铜垢，经常超铭牌负荷运行的锅炉或炉膛内燃烧工况变化引起局部热负荷过高的锅炉，更容易形成铜垢。铜垢的生成部位主要是局部热负荷很高的炉管，有时在汽包和联箱内的水渣中也发现有铜，这些铜是从局部热负荷很高的管壁上脱落下来，被水流带到水流速度较缓慢的汽包和联箱中，与水渣一起积聚在那里而形成的。

关于铜垢形成的原因，目前的看法是热力系统中铜合金制件遭到腐蚀后，铜的腐蚀产物随给水进入锅内。在沸腾着的碱性炉水中，这些铜的腐蚀产物主要是以络合物形式存在。这些络合物和铜离子成离解平衡，所以炉水中铜离子的实际浓度与这些铜的络合物的稳定性有关。在高热负荷的部位，一方面，炉水中部分铜的络合物会被破坏变成铜离子，使炉水中的铜离子浓度升高；另一方面，由于高热负荷的作用，炉管中高热负荷部位的金属氧化保护膜被破坏，并且使高热负荷部位的金属表面与其他部分的金属表面之间产生电位差，局部热负荷越大时，这种电位差也越大。结果，铜离子就在带负电量多的局部热负荷高的地区获得电子而析出金属铜($Cu^{2+}+2e \rightarrow Cu$)；与此同时，在面积很大的邻近区域上进行着铁释放电子的过程($Fe \rightarrow Fe^{2+}+2e$)，所以铜垢总是形成在局部热负荷高的管壁上。开始析出的金属铜呈一个个多孔的小丘，小丘的直径约为0.1～0.8mm，随后许多小丘逐渐连成片，形成多孔海绵状沉淀层，炉水则充灌到这种孔中，由于热负荷很高，孔中的这些炉水很快就被蒸干而将氧化铁、磷酸钙、硅化合物等杂质留下，这种过程一直进行到杂质将孔填满为止。杂质填充的结果就使垢层中铜的百分含量比刚形成的垢层中铜的百分含量小。铜垢有很好的导电性，不妨碍上述过程的继续进行，所以在已生成的垢层上又按同样的过程产生新的铜垢层，结垢过程便这样继续下去。

研究证明，当受热面热负荷超过$2.0\times10^5 W/m^2$时，就会产生铜垢；铜垢的形成速度与热负荷有关，它随着热负荷的增大而加快。在热负荷最大的管段，往往形成的铜垢最多。

2. 防止方法

为防止铜垢，在锅炉运行方面，应尽可能避免炉管局部热负荷过高；在水质方面，应尽量减少给水的含铜量，防止给水和凝结水系统中铜合金部件的腐蚀。

第三节 蒸汽的污染

从汽包出来的蒸汽不可避免地含有少量杂质，这些杂质主要是钠盐和硅酸等。所谓蒸汽品质的好坏，就是指蒸汽中这些杂质含量的多少。

此外，蒸汽中还常常带有氨（NH_3）、二氧化碳（CO_2）等气体杂质。如果蒸汽中的这些气体杂质过多，就可能导致热力设备的腐蚀。为防止蒸汽中这些气体杂质过多，应严格控制给水的总二氧化碳量和 pH 值。

蒸汽污染通常是指蒸汽中含有硅酸、钠盐等物质（统称为盐类物质）的现象。这些物质会沉积在蒸汽通过的各个部位（常称为积盐），如过热器和汽轮机内积盐，从而影响机组的安全、经济运行。因此，研究蒸汽污染、蒸汽通流部位的积盐和获得清洁蒸汽的方法等问题是很重要的。

一、过热蒸汽的污染

在汽包锅炉中，当过热蒸汽减温器运行正常时，过热蒸汽的品质取决于由汽包送出的饱和蒸汽。所以要使锅炉送出的过热蒸汽品质好，关键在于保证饱和蒸汽的品质。当然，如果汽包送出的饱和蒸汽是清洁的，但它在过热器系统中的减温器内遭受污染，那么过热蒸汽品质仍然会不良。防止过热蒸汽的污染，以保证减温水水质（对于喷水减温器而言）或防止减温器泄漏（对于表面式减温器而言）为主要措施。此外，还应防止过热蒸汽被安装、检修期间残留在过热器系统中的其他杂质（如金属腐蚀产物、水压试验用的含盐类杂质的水）污染。对于无凝结水精处理系统的机组，特别是滨海电厂中采用海水冷却的机组，防止凝汽器泄漏对保证喷水用减温水水质和过热蒸汽品质是至关重要的。

二、饱和蒸汽的污染

饱和蒸汽被污染的原因是蒸汽带水和蒸汽溶解杂质。

1. 蒸汽带水

从汽包送出的饱和蒸汽常夹带一些炉水的水滴，这样炉水中的钠盐、硅化合物等各种杂质都以水溶液状态进入蒸汽。这种现象称为饱和蒸汽的水滴携带或机械携带，它是饱和蒸汽被污染的原因之一。

饱和蒸汽的带水量常用湿分 w 来表示，它是水滴重量占汽、水总重量的百分率。在实际工作中，我们常用机械携带系数 K_J 来表示饱和蒸汽机械携带的大小，它可表示为

$$K_J = \frac{S^i_{B,J}}{S^i_L} \tag{12-1}$$

式中：$S^i_{B,J}$ 为物质 i 的机械携带量（单位质量饱和蒸汽因机械携带而含物质 i 的量）；S^i_L 为炉水中物质 i 的含量。

显然，$w=K_J$，所以也可用 K_J 表示饱和蒸汽带水量的多少。

汽包内水滴的形成有以下两种情况。

（1）蒸汽泡在通过汽、水分界面进入汽空间时，发生的破裂会产生和溅出一些大小不等的水滴。

（2）当汽水混合物直接引入汽空间时，由于汽流冲击水面而喷溅炉水、汽水混合物撞击汽包壁和汽包内部装置，或者汽流的相互冲击，都会形成许多大小不同的水滴。

上述过程产生的水滴具有一定的动能，能飞溅。对于那些较大水滴，当它们飞溅到汽空间的某一高度后，便会因自身的重力而下落；而那些微小水滴，由于自身重量很轻，重力小于汽流对它们的摩擦力与蒸汽对它们的浮力，结果它们就随蒸汽流一起上升，最后被蒸汽带出汽包；另外，也还有些水滴直接飞溅到汽包蒸汽引出管口附近，因这里蒸汽流速很大，所以也就直接被蒸汽流带走。由此可知，形成的水滴越多、越小，汽包内蒸汽流速越大，蒸汽的带水量越大。

2. 蒸汽溶解杂质

蒸汽具有溶解某些物质的能力，蒸汽压力越高，溶解能力越大。例如，压力为2.94～3.92MPa的饱和蒸汽，已有明显的溶解硅酸的能力，并且这种能力随压力的提高而增大；当饱和蒸汽的压力大于12.74MPa时，它还能溶解NaOH、NaCl等各种钠化合物。饱和蒸汽通过溶解方式携带水中某些物质的现象，叫作蒸汽的溶解携带。它是蒸汽污染的另一原因。实践证明，饱和蒸汽中物质i的溶解携带含量$S_{B,R}^{i}$（单位质量饱和蒸汽因溶解携带而含物质i的量）与S_{L}^{i}成正比，可表示为

$$S_{B,R}^{i}=K^{i}S_{L}^{i} \tag{12-2}$$

式中：K^{i}为物质i的溶解携带系数。

由上述可知，饱和蒸汽中物质i的含量S_{B}^{i}为水滴携带量与溶解携带量之和。因此，由式（12-1）和式（12-2）可得

$$S_{B}^{i}=S_{B,J}^{i}+S_{B,R}^{i}=(K_{J}+K^{i})S_{L}^{i}=K_{Z}^{i}S_{L}^{i} \tag{12-3}$$

式中：K_{Z}^{i}为物质i的总携带系数。

不同压力的汽包锅炉，蒸汽携带盐类物质的情况不同，大体可归纳成下列几种情况。

（1）低压锅炉（出口压力[1]小于2.45MPa）。在这种锅炉中，因为饱和蒸汽对各种物质的溶解携带量都很小，所以蒸汽污染主要是由于水滴携带。

（2）中压锅炉（出口压力为2.45～5.78MPa）。在这种锅炉中，蒸汽中的各种钠盐，主要是由于水滴携带所致；蒸汽中的含硅量为水滴携带与溶解携带之和，且溶解携带量明显超过水滴携带量（压力越高时越明显）。

（3）高压锅炉（出口压力为5.88～12.64MPa）。在这种锅炉中，

[1] 此压力是指锅炉过热器出口蒸汽表压力，通常简称为锅炉压力。对于低、中压锅炉，它比汽包内的饱和蒸汽压力低0.49MPa左右；对于高压和超高压锅炉，它比汽包内的饱和蒸汽压力低0.98～1.47MPa。

蒸汽中的含硅量主要取决于溶解携带，因为溶解携带量远大于水滴携带量。至于蒸汽中的各种钠盐，主要是由于水滴携带所致。

（4）超高压锅炉（出口压力大于 12.74MPa）。在这种锅炉中，饱和蒸汽的硅酸溶解能力很大，蒸汽的含硅量主要取决于溶解携带。因为超高压蒸汽能溶解携带 NaCl 和 NaOH，所以蒸汽中 NaCl 和 NaOH 的含量为水滴携带与溶解携带之和。至于蒸汽中的 Na_2SO_4、Na_3PO_4 及 Na_2SiO_3，因它们的溶解携带很小，所以它们主要是由于蒸汽携带水滴所致。

（5）亚临界压力锅炉（出口压力大于 16.7MPa）。这种锅炉的饱和蒸汽压力一般都大于 17.64MPa，饱和蒸汽溶解硅酸的能力非常大，蒸汽的含硅量主要取决于溶解携带。这种锅炉的饱和蒸汽对各种钠化合物都有较大的溶解能力，蒸汽中的含钠量为溶解携带与水滴携带之和。

三、影响蒸汽带水的因素

饱和蒸汽的带水量与锅炉的压力、结构类型（主要是汽包内部装置的类型）、运行工况及炉水水质等因素有关。由于影响因素很多，所以不仅不同类型锅炉的蒸汽带水情况常常不一样，而且相同锅炉的带水情况也不会完全相同。现将影响蒸汽带水的各种因素叙述如下。

1. 锅炉压力

锅炉压力越高，蒸汽越容易带水，原因有以下两个方面。

（1）提高锅炉压力，汽包的汽空间中小水滴数目增多。因为随着锅炉压力提高，炉水的表面张力降低，容易形成小水滴。表面张力降低的原因在于一方面，锅炉压力提高，锅炉水温（即沸点）升高，水分子的热运动加强，削弱了水分子之间的作用力；另一方面，锅炉压力提高，蒸汽密度增加，与水面接触的蒸汽对水分子的引力增大。

（2）锅炉压力的提高，会使蒸汽中的水滴更难以分离出来。因为随着锅炉压力的提高，蒸汽的密度增大，汽和水两者的密度差减小，汽流运载水滴的能力增强。对于高参数锅炉，为减少蒸汽带水，应在汽包内装设更有效的汽水分离装置。

2. 锅炉结构特点

汽包的内径、汽水混合物引入汽包的方式、蒸汽从汽包引出的方式、汽包内汽水分离装置的结构等，对蒸汽带水量都有很大的影响。

汽包内径的大小决定了汽空间的高度。如果汽空间高度较小，蒸汽泡破裂时就会有很多水滴溅到蒸汽引出管附近，由于这里的蒸汽流速较高，所以会有较多的水滴被蒸汽带走；反之，当汽空间高度较大时，有些水滴上升到一定高度后，依靠自身重量落回汽包水室中，会减少蒸汽带走的水滴量。因此，对于靠水、汽重量差进行水、汽分离的锅炉，汽包内径对蒸汽湿分有较大的影响。汽包内径大时，汽空间高度就会较大，有利于水、汽分离。但汽包直径不宜过大，因为当汽空间高度达到 1～1.2m 后，再增加高度并不能明显降低蒸汽湿分，只会增加汽包制造成本。仅靠这种利用水滴重量的自然分离，不能把蒸汽中微小水滴分离出来。

汽包内如有局部蒸汽流速过高，也会使蒸汽品质不良。例如，只用少数几根管子将汽水混合物引入汽包[参见图 12-5(a)、(b)]，或者蒸汽从汽包的引出是不均匀的[参见图 12-5(c)]，都会造成

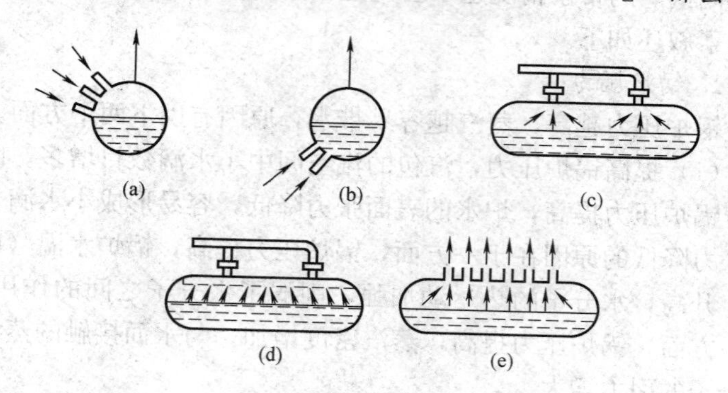

图 12-5　蒸汽引出汽包和汽水混合物进入汽包的方式

(a) 汽水混合物直接引入汽包的汽空间；(b) 汽水混合物引入汽包水层下面；(c) 蒸汽不均匀引出汽包；(d)、(e) 蒸汽均匀引出汽包

汽包内局部地区的蒸汽流速很高，使蒸汽大量带水。因此，制造锅炉时，应力求蒸汽沿汽包整个长度和宽度均匀流动，如图 12-5(d)、(e)所示。

当锅炉汽包内的汽水分离装置不同时，因汽水分离的效果不同，蒸汽带水量也必然会有差别。

3. 锅炉的运行工况

汽包水位、锅炉负荷（蒸发量）及这些参数的变化速度，对蒸汽带水都有很大影响。

（1）汽包水位。我们知道，汽包水位是按锅炉水位计的指示值控制的。水位计上显示的水位，比汽包的真实水位略低一些。因为，在汽包内水面以下的水实际上是汽水混合物，水中有大量蒸汽泡，越是接近水面，汽泡越多，而水位计中的水，因受大气冷却，温度较低，随水带入的蒸汽泡已冷凝成水，所以不含汽泡。因此，汽包中水的密度小于水位计中水的密度，汽包内汽水分界面比水位计中观察到的水位略高一些，这种现象称为水位膨胀现象，如图 12-6 所示。显然，穿过汽包水层的蒸汽泡越多，汽水混合物的含汽量就越多，水位膨胀越剧烈。

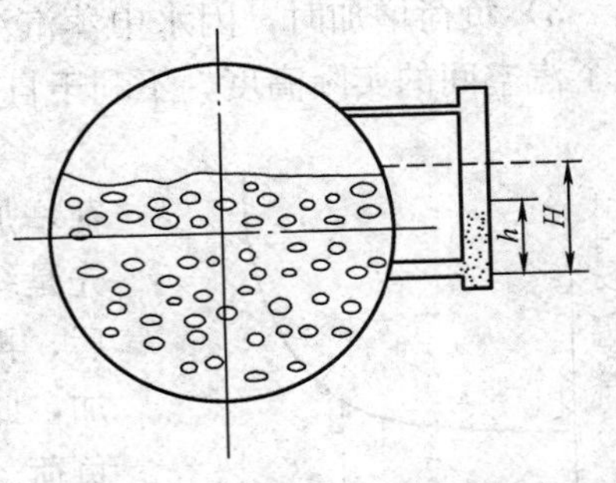

图 12-6　汽包内水位膨胀现象示意
h—水位计中的水位；
H—汽包内的真实水位

汽包内的水、汽分界面不仅比水位计的水位高，而且强烈波动，不像水位计指示的水位那样平静。这是因为许许多多蒸汽泡不断地穿过水层上升，并在汽水分界面处破裂，而且来自上升管的汽水混合物有很大的动能，不断地冲击着汽包炉水。

汽包水位过高，会使蒸汽带水量增大。对于一台锅炉来说，汽包直径大小是固定的，若水位上升，汽包上面的汽空间高度就必然减小。这就会缩短水滴飞溅到蒸汽引出管口的距离，不利于自然分离，使蒸汽带水量增大。

（2）锅炉负荷。锅炉负荷的增加会使蒸汽带水量增大，原因如下。

1）负荷增加时，来自上升管的蒸汽量增多。如果上升管的汽水混合物是从水层下面引入汽包的［如图 12-5（b）所示］，那么由于穿出汽水分界面的蒸汽泡增多，以及汽泡动能的增大，汽泡水膜破裂产生的水滴量和水滴的动能增加。如果汽水混合物是从汽空间进入汽包的［如图 12-5（a）所示］，则当负荷增加时，汽水混合物的动能增大，机械撞击、喷溅所形成水滴的量和动能也增大。

2）负荷增加时，蒸汽引出汽包的流量增大，所以蒸汽运载水滴的能力也增大。

3）负荷增加时，因水中蒸汽泡增多，加剧了水位膨胀，降低了汽空间的实际高度，不利于自然分离。

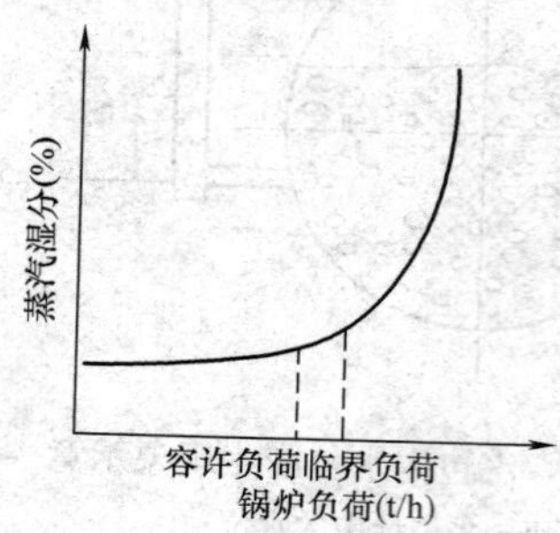

图 12-7　蒸汽湿分与锅炉负荷的关系

实践证明，蒸汽湿分随锅炉负荷增加，如图 12-7 所示，蒸汽湿分先是缓慢增大，当增加到某一数值后，再增加负荷，蒸汽湿分急剧增加，此转折点的锅炉负荷称为临界负荷。显然，锅炉运行的容许负荷应低于临界负荷。

（3）锅炉的负荷、压力或水位的骤变。锅炉的负荷、压力或水位的变化太剧烈，也可使蒸汽带水量增大。例如，锅炉压力骤然下降，炉水因沸点骤降而发生急剧的沸腾，瞬间产生大量蒸汽泡，水位剧烈膨胀，从而蒸汽带水量显著增加。

4．炉水含盐量

炉水含盐量增加，但未超过某一临界值时，蒸汽带水量（即蒸汽湿分 w）较小，且基本不变；当炉水含盐量超过该临界值后，蒸汽带水量开始随炉水含盐量的增加而迅速增大。这种规律可从蒸汽含盐量[1]与炉水含盐量的关系（图 12-8）中看出，当炉水含盐量低于临界值时，$K_Z^{Na}=K_J^{Na}+K^{Na}=w+K^{Na}$ 基本不变（K^{Na} 与炉水含盐量无关），所以蒸汽含盐量与炉水含盐量成正比；当炉水含盐量超过临界值后，由于蒸汽带水量迅速增大，所以蒸汽含盐量随炉水含盐量增加的速度明显加快。蒸汽含盐量开始急剧增加时的炉水含盐量，称为临界含盐量。对这种现象有以下两种解释。

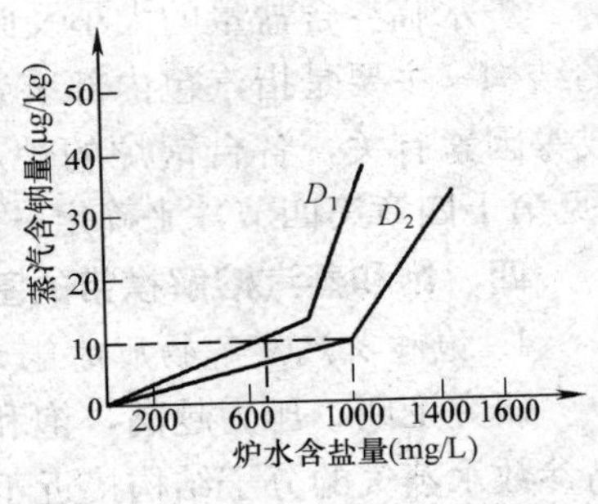

图 12-8　蒸汽含盐量与炉水含盐量的关系（锅炉负荷 $D_1>D_2$）

（1）随着炉水含盐量的增加，其黏度变大，使炉水中的小汽泡不易合并成大汽泡，因此，汽包内炉水中便充满着小汽泡，而小汽泡在水中上升速度较慢，结果是水位膨胀加剧和汽空间高度减小，不利于汽水分离。另一方面，炉水含盐量的增加，还会使蒸汽泡水膜的强度提高，汽泡穿出蒸发面后，当其水膜变得很薄时才会破裂。而汽泡越薄，破裂形成的水滴越小，所以更容易被蒸汽带走。当炉水含盐量提高到一定程度时，这两方面的因素就会产生明显的影响，因此蒸汽的含盐量急剧增加。

（2）当炉水中杂质含量增高到一定程度时，在汽、水分界面处会形成泡沫层，它使蒸汽大量带水。因为炉水中杂质含量增加时，蒸汽泡的水膜强度提高，所以当汽泡从水层下面浮升到水、汽分界面处时并不立刻破裂，而是需要一定的时间，这就使汽泡破裂的速度小于汽泡的上升速度，于是蒸汽泡在汽、水分界面处堆积起来，形成泡沫层。当炉水中含有油脂、有机物或较多的水渣，或者较多的 NaOH 和 Na_3PO_4 等碱性物质时（因为这些杂质会妨碍汽泡水膜

[1] 目前在电厂中，蒸汽的含盐量通常是用含钠量表征的。

的破裂），更易形成泡沫层。泡沫层会导致汽空间高度减小，影响汽水分离。当泡沫层很高时，蒸汽甚至能直接把泡沫带走，所以泡沫层会引起蒸汽大量带水，造成蒸汽含盐量急剧增加。

炉水临界含盐量的大小及此时蒸汽品质劣化的程度，与锅炉的结构（主要是指汽包内部装置）、负荷、水位及炉水中杂质组成等因素有关，各台锅炉的炉水临界含盐量只能由热化学试验（见第十四章第四节）来确定。

四、饱和蒸汽溶解携带的基本规律

1. 饱和蒸汽溶解物质的能力

研究证明，压力越高，饱和蒸汽的性能越接近于水的性能，高参数水蒸气的分子结构接近于液态水，所以高参数蒸汽也像水那样能溶解某些物质。在汽包内，同时存在水和饱和蒸汽两个相，它们相当于互不相混的两种溶剂。这样，按照溶质在两种互不相混的溶剂中分配的规律可知，饱和蒸汽对某种物质的溶解能力可用分配系数 K_F 表示，它表示溶解平衡时某物质在饱和蒸汽与水中的溶解含量的比值，如式（12-4）所示：

$$K_F = \frac{S_B}{S_L} \tag{12-4}$$

式中：S_B 为某种物质溶解在饱和蒸汽中的浓度；S_L 为与饱和蒸汽相接触的炉水中该物质浓度。

由式（12-4）可知，某种物质的分配系数越大，则饱和蒸汽溶解该物质的能力越大。

研究得知，各种物质的分配系数与汽、水密度比值之间有如下关系：

$$K_F = \left(\frac{\rho_B}{\rho_L}\right)^n \tag{12-5}$$

式中：ρ_B 为饱和蒸汽的密度；ρ_L 为炉水的密度。

指数 n 取决于溶解物质的本性，对于某种物质来说，它是一个常数。几种物质的 n 值见表 12-8。由于 $\rho_L > \rho_B$，所以 K_F 随 n 值的增大而减小。

表 12-8　几种常见物质的 n 值

化合物	SiO_2	NaOH	NaCl	Na_2SO_4
n	1.9	4.1	4.4	8.4

2. 饱和蒸汽溶解携带的特点

(1) 有选择性。当饱和蒸汽压力一定时，不同物质的分配系数 K_F 不一样，也就是说，饱和蒸汽对不同物质的溶解能力不相同，这便是溶解携带的选择性，溶解携带也称为选择性携带。

炉水中常见物质按其在饱和蒸汽中溶解能力的大小，可划分为三大类：第一类为硅酸（H_2SiO_3、$H_2Si_2O_5$、H_4SiO_4 等，通式为 $xSiO_2 \cdot yH_2O$，简记 SiO_2），n 值最小，K_F 最大；第二类为 NaCl、NaOH 等，n 值和 K_F 居中，它们的 n 值明显高于 SiO_2 的，但明显低于 Na_2SO_4 的，在蒸汽中的溶解度介于 SiO_2 与 Na_2SO_4 之间；第三类为 Na_2SO_4、Na_3PO_4 和 Na_2SiO_3 等，n 值最大，K_F 最小，它们在饱和蒸汽中很难溶解。

(2) 溶解携带量随压力的提高而增大。因为 n 是常数，ρ_L 基本上不随压力变化，但 ρ_B 随压力的提高而显著增大，所以根据式（12-5），饱和蒸汽的压力越高，物质的分配系数就越大，如图 12-9 所示。

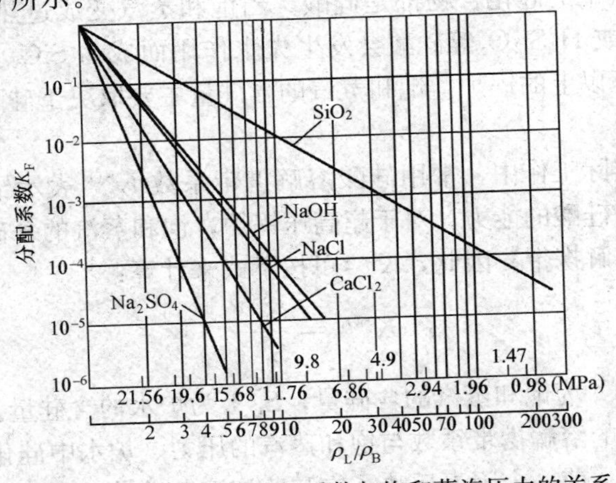

图 12-9　各种物质的分配系数与饱和蒸汽压力的关系

以 NaCl 为例，当饱和蒸汽压力为 10.78MPa 时，分配系数 K_F^{NaCl} 为 0.006%；当压力为 13.72MPa 时，K_F^{NaCl} 为 0.01%，此值与超高压锅炉的机械携带系数大体相同；当饱和蒸汽压力为 17.64MPa 时，K_F^{NaCl} 为 0.3%，此值已大于机械携带系数。因此，当锅炉工作压力超过 12.74MPa 时，第二类物质的分配系数已明显增大，必须考虑它们的溶解携带问题。至于 Na_2SO_4，在饱和蒸汽压力高达 19.6MPa 时，其分配系数为 0.01%，所以只对压力很高的亚临界压力汽包锅炉才考虑它们的溶解携带。

3. 饱和蒸汽对硅酸的溶解携带

（1）饱和蒸汽中硅酸的溶解特性。饱和蒸汽中的硅化合物来源于炉水，但饱和蒸汽中硅化合物的形态与炉水中硅化合物的形态不同。炉水中硅化合物的存在形态比较复杂。在汽包锅炉内的高温、碱性炉水中，硅化合物都是溶解态的。其中，一部分是硅酸盐，另一部分是硅酸（H_2SiO_3、$H_2Si_2O_5$、H_4SiO_4 等）。本章中所讲的水的含硅量都是指水中各种硅化合物的总含量，即全硅量，通常以 SiO_2 表示。

饱和蒸汽溶解上述硅化合物的能力是不一样的，它主要是溶解硅酸，对硅酸盐的溶解能力很小（通常可以不考虑）。因此，饱和蒸汽中的硅化合物都是硅酸。当饱和蒸汽变成过热蒸汽时，H_2SiO_3 或 $H_2Si_2O_5$ 等硅酸会发生失水作用而成为 SiO_2。对于高压和高压以上的锅炉，饱和蒸汽的含硅量主要取决于硅酸的溶解携带。

在实际工作中，常用硅酸溶解携带系数 K^{SiO_2} 表示饱和蒸汽溶解携带硅酸的能力。对于超高压锅炉，饱和蒸汽的含硅量主要取决于溶解携带。因此，K^{SiO_2} 可按下式来计算：

$$K^{SiO_2} = \frac{S_B^{SiO_2}}{S_L^{SiO_2}} \tag{12-6}$$

式中：$S_B^{SiO_2}$ 为饱和蒸汽的含硅量；$S_L^{SiO_2}$ 为炉水的含硅量。

硅酸的溶解携带系数与饱和蒸汽的压力、炉水中硅化合物的形态有关。前一个因素反映了饱和蒸汽溶解携带的共同规律，即饱和蒸汽的压力越高，溶解硅酸的能力越大；后一因素反映了硅酸溶解的特殊规律，因为饱和蒸汽溶解的主要是硅酸，对硅酸盐的溶解能力很小，所以硅酸的溶解携带系数与锅炉水中硅化合物的形态有关。硅酸的 K^{SiO_2} 与硅酸的分配系数 $K_F^{SiO_2}$ 不同，它们之间有如下关系：

$$K^{SiO_2} = XK_F^{SiO_2}$$

式中：X 为炉水中分子形态硅酸含量与全硅量之比，称为硅酸盐的水解度。

（2）炉水 pH 值对硅酸溶解携带系数的影响。炉水中硅化合物的形态及其所占比例，与炉水的 pH 值有关，所以 pH 值对硅酸溶解携带系数有影响。

在炉水中，硅酸与硅酸盐之间存在下列水解平衡：

$$SiO_3^{2-} + H_2O \rightleftharpoons HSiO_3^- + OH^-$$

$$HSiO_3^- + H_2O \rightleftharpoons H_2SiO_3 + OH^-$$

所以，若提高炉水的 pH 值，炉水中的 OH^- 浓度提高，平衡将向生成硅酸盐的方向移动，炉水硅酸减少。因此，随着炉水 pH 值的提高，饱和蒸汽的硅酸溶解携带系数减小。反之，若降低炉水的 pH 值，炉水硅酸增多，饱和蒸汽的硅酸溶解携带系数增大。硅酸的溶解携带系数与炉水 pH 值的关系如图 12-10 所示。

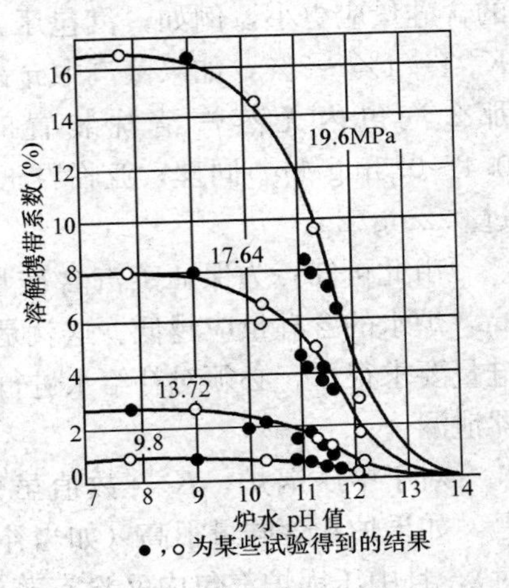

图 12-10　硅酸溶解携带系数与炉水 pH 值的关系

（3）硅酸溶解携带系数与蒸汽压力的关系。前面已提到，硅酸的溶解携带系数与饱和蒸汽的压力有关。在中压、高压和超高压汽包锅炉上测得的硅酸溶解携带系数，见表 12-9。这些数据表明，当炉水 pH 值一定时，随着饱和蒸汽压力的提高，硅酸的溶解携带系数迅速增大。

表 12-9　硅酸的溶解携带系数（炉水 pH=9～10）实测值

饱和蒸汽压（MPa）	3.92	5.88	7.84	10.78	12.74	13.72	15.19	16.66	17.64	19.6
K^{SiO_2}（%）	0.05	0.2	0.5～0.6	1	2.8	3.5	4.5～5	6	8	>10

因为在高参数锅炉中硅酸的溶解携带系数很大，所以只有当炉水含硅量很低时，它蒸汽中的含硅量才较小。以汽包压力为 10.78MPa 的高压锅炉为例，$K^{SiO_2}=1\%$，如果蒸汽中允许的含硅量为不超过 0.02mg/kg，那么当汽包内无蒸汽清洗装置时，炉水的含硅量应不超过 2mg/L；当锅炉压力更高时，炉水中允许的含硅量应更小，例如，汽包压力为 15.19MPa 的超高压锅炉，$K^{SiO_2}=4\%\sim5\%$，如果蒸汽中允许的含硅量不超过 0.02mg/kg，那么汽包内无蒸汽清洗装置时，炉水的含硅量应不超过 0.4～0.5mg/kg。同理，亚临界压力汽包锅炉炉水含硅量应不超过 0.2mg/kg。

由此可知，为保证蒸汽含硅量不超过允许值，锅炉压力越高，炉水的含硅量应越低。这就是说，对于高参数锅炉的给水含硅量要求很严，必须对补给水进行彻底除硅，并且还要严防凝汽器泄漏。

对于中压锅炉，K^{SiO_2} 数值虽然较低（一般为 0.05%），但是，如果炉水含硅量很高（如当补给水未除硅或凝汽器泄漏严重时），且中压锅炉汽包内又没有蒸汽清洗装置，蒸汽含硅量也会超过规定的标准（参见第十四章中的表 14-1），并因此引起汽轮机内沉积 SiO_2。

第四节 蒸汽流程中的盐类沉积物

从汽包送出的饱和蒸汽所含有的盐类物质，有的会沉积在过热器内，有的则被过热蒸汽带到汽轮机中沉积。对于中、低压锅炉，一般来说，饱和蒸汽中的钠化合物主要沉积在过热器内；硅化合物主要沉积在汽轮机内，生成不溶于水的 SiO_2 沉积物。对于高压、超高压锅炉，一般来说，饱和蒸汽中的各种盐类物质，除 Na_2SO_4 能部分沉积在过热器外，都沉积在汽轮机中。对于亚临界压力锅炉，无论是饱和蒸汽所含有的盐类物质还是减温水带入的盐类物质，都被亚临界压力过热蒸汽溶解带走，并沉积在汽轮机中，因而会严重地影响汽轮机的运行。

一、过热器内的盐类沉积物

1. 形成原因

我们知道，从汽包送出的饱和蒸汽携带的盐类物质，处于两种状态：一种是呈蒸汽溶液状态，这主要是硅酸；另一种是呈液体溶液状态，即含有各种盐类物质（主要是钠盐）的小水滴。

当饱和蒸汽被加热成过热蒸汽时，小水滴会发生下述两种过程。

（1）蒸发、浓缩直至被蒸干，水滴中的某些物质结晶析出。

（2）因为过热蒸汽比饱和蒸汽具有更大的溶解能力，小水滴中的某些物质会溶解到过热蒸汽中，使蒸汽中溶解物含量增加。

因此，饱和蒸汽盐类物质在过热器中会发生两种情况：当饱和蒸汽中某种物质的携带量大于该物质在过热蒸汽中的溶解度时，该物质就会沉积在过热器中，因为沉积的大都是盐类，故常称为过热器积盐；反之，如果饱和蒸汽中某种物质的携带量小于该物质在过热蒸汽中的溶解度，那么该物质就会完全溶于过热蒸汽而带往汽轮机。

2. 沉积情况

饱和蒸汽所携带的各种物质，在过热器内的沉积情况是不一样的，现分述如下。

（1）硫酸钠和磷酸钠（Na_2SO_4、Na_3PO_4）。硫酸钠和磷酸钠在饱和蒸汽中，只有水滴携带的形态。这两种盐类在高温水中的溶解度较小（水温越高，溶解度越小）。在过热器内由于小水滴的蒸发，它们容易变成饱和溶液，由于该饱和溶液的沸点比过热蒸汽的温度低得多，故它们在过热器内会进一步蒸干而析出结晶。加之这两种盐类在过热蒸汽中的溶解度很小，所以当它们在饱和蒸汽中的含量大于在过热蒸汽中的溶解度时，就可能沉积在过热器内。

但是从水滴中析出的物质并不全部都沉积下来，而是一部分沉积下来，一部分被过热蒸汽带走。因为蒸汽携带的水滴非常细小，在蒸发过程中变得越来越小，所以往往有少量水滴在汽流中就被蒸干（而不是在过热器管壁上被蒸干），这时析出的盐类会呈固态微粒被过热蒸汽带走。

（2）氢氧化钠（NaOH）。在过热器内，蒸汽携带的水滴被蒸发时，水滴中的 NaOH 逐渐被浓缩。因为 NaOH 在水中的溶解度非常高（水温越高，溶解度也越大），而且各种不同水温的 NaOH 饱和溶液的蒸汽压❶都很低（最大值仅为 0.059MPa），所以在过热器内，NaOH 不可能从溶液中以固相析出，只能形成浓度很高的 NaOH 液滴。

在高压锅炉中，由于过热蒸汽的压力和温度较高（$p>9.8$MPa，450℃$<t<$550℃），NaOH 在过热蒸汽中的溶解度较大，它远远超过了饱和蒸汽所携带的 NaOH 量，所以 NaOH 全部被过热蒸汽溶解，带往汽轮机中，不沉积在过热器内。

对于中、低压锅炉，因为 NaOH 在过热蒸汽中的溶解度很小，饱和蒸汽所携带的 NaOH 量远大于 NaOH 在过热蒸汽中的溶解度，所以它们在过热器内形成 NaOH 的浓缩液滴，这种液滴虽然有的能被过热蒸汽流带往汽轮机，但大部分会黏附在过热器管壁上。此外，

❶ 溶液在一定温度下具有一定的蒸汽压力，当溶液的蒸汽压于等于外界压力时，该溶液才会沸腾。

NaOH 液滴还可能与蒸汽中的 CO_2 发生化学反应，生成 Na_2CO_3 沉积在过热器中。黏附在过热器内的 NaOH，当锅炉停运后，也会吸收空气中的 CO_2 而变成 Na_2CO_3：

$$2NaOH + CO_2 \longrightarrow Na_2CO_3 + H_2O$$

另外，当过热器内 Fe_2O_3 较多时，NaOH 会与它发生反应：

$$2NaOH + Fe_2O_3 \longrightarrow 2NaFeO_2 + H_2O$$

生成的 $NaFeO_2$ 会沉积在过热器中。

（3）氯化钠（NaCl）。在高压锅炉（压力大于 9.8MPa）内，饱和蒸汽所携带的 NaCl 总量（水滴携带与溶解携带之和），常常小于它在过热蒸汽中的溶解度，所以它一般不会沉积在过热器中，而是溶解在过热蒸汽中，带往汽轮机。

在中压锅炉中，饱和蒸汽质量较差时，往往因其携带的 NaCl 量超过它在过热蒸汽中的溶解度，而有固体 NaCl 沉积在过热器中。

（4）硅酸。饱和蒸汽携带的硅酸（H_2SiO_3 或 H_4SiO_4），在过热蒸汽中会失水变成 SiO_2。因为 SiO_2 在过热蒸汽中的溶解度很大，而且饱和蒸汽所携带的硅酸总量总是远远小于它在过热蒸汽中的溶解度，所以饱和蒸汽中的水滴在过热器内蒸发时，水滴中的硅酸全部转入过热蒸汽中，不会沉积在过热器中。

综上所述，可将汽包锅炉过热器中的盐类沉积情况，按锅炉压力的不同区分如下。

（1）低压和中压锅炉。在这类锅炉的过热器中，盐类沉积物的主要组成物是 Na_2SO_4 和 Na_3PO_4，以及 Na_2CO_3 和 NaCl。表 12-10列出的是某中压锅炉（蒸汽压力 3.43MPa）过热器内盐类沉积物的组成。

表 12-10　某中压锅炉（蒸汽压力 3.43MPa）过热器内盐类沉积物的组成　%

组成物	Na_2SO_4	Na_3PO_4	Na_2CO_3	NaCl
过热器前半部	55.5	19.0	10.0	15.5
过热器后半部	25.3	7.0	12.7	55.0

（2）高压锅炉。在这类锅炉的过热器中，盐类沉积物主要是Na_2SO_4，其他钠盐一般含量很小，表 12-11 中列出的是某高压锅炉（蒸汽压力 11.76MPa）过热器内盐类沉积物的组成。

表 12-11　某高压锅炉（蒸汽压力 11.76MPa）过热器内盐类沉积物的组成　%

组成物	Na_2SO_4	Na_3PO_4	Na_2SiO_3	NaCl
含量	94.88	5.00	0.08	0.04

（3）超高压及亚临界压力的锅炉。在这类锅炉的过热器中，盐类沉积物较少，因为这种锅炉的过热蒸汽溶解杂质的能力很大，饱和蒸汽中的杂质大都转入过热蒸汽中而带往汽轮机。

在锅炉运行中，过热器常超温运行，使过热器内管壁发生汽水腐蚀而产生氧化皮（铁的氧化物）。由于这些金属腐蚀产物与管壁金属基体的热膨胀率不同，当温度发生急剧变化时，它们会从金属表面剥落下来，并沉积在过热器中。在氧化皮剥落后的表面，还会由于超温运行而再发生汽水腐蚀，“剥落—氧化”的循环往复造成过热器管壁不均匀减薄和金属腐蚀产物增多。因此，在各种压力汽包锅炉的过热器内，除可能沉积有盐类外，还可能沉积铁的氧化物。铁的氧化物在过热蒸汽中的溶解度很小，所以它们的绝大部分沉积在过热器内。也有极少部分能以固态微粒的形式被过热蒸汽带往汽轮机。

二、汽轮机内的沉积物

1. 形成过程

锅炉过热蒸汽中的杂质一般有以下几种形态：一种是呈蒸汽溶液，这主要是硅酸和各种钠化合物；另一种呈固态微粒状，这主要是没有沉积下来的固态钠盐及铁的氧化物。此外，中、低压锅炉的过热蒸汽中还有微小的氢氧化钠浓缩液滴。实际上过热蒸汽的杂质大都呈第一种形态，后两种形态的量通常是很少的。过热蒸汽进入汽轮机后，这些杂质会沉积在它的蒸汽通流部分，这种现象常称作汽轮机积盐，沉积的物质称为盐类沉积物。

汽轮机内形成沉积物的过程主要是带有各种杂质的过热蒸汽

进入汽轮机后，由于压力和温度降低，钠化合物和硅酸在蒸汽中的溶解度随压力的降低而减小。当其中某种物质的溶解度下降到低于它在蒸汽中的含量时，该物质就会以固态析出，并沉积在蒸汽通流部分。此外，蒸汽中那些微小的 NaOH 浓缩液滴及一些固态微粒，也可能黏附在汽轮机的蒸汽通流部位，形成沉积物。

在汽轮机中，过热蒸汽中的各种杂质具有各自不同的沉积特性，下面分别做一简要介绍。

（1）钠化合物。过热蒸汽带入汽轮机的钠化合物，有 Na_3PO_4、Na_2SiO_3、Na_2SO_4、NaCl 和 NaOH 等，它们在过热蒸汽中的溶解度随着蒸汽压力的下降而迅速减小。因此，在汽轮机中，当蒸汽压力稍有降低时，它们在蒸汽中的含量就会超过溶解度，并开始从蒸汽中析出。其中，Na_3PO_4、Na_2SiO_3、Na_2SO_4 等的溶解度较小，最先析出，在汽轮机的高压级即开始沉积；NaCl、NaOH 等的溶解度较大，主要在汽轮机的中压级沉积。

在汽轮机内，蒸汽中的 NaOH 还能发生下述变化。

1）与蒸汽中 H_2SiO_3 反应，生成 Na_2SiO_3，沉积在高、中压级内。反应式为

$$2NaOH + H_2SiO_3 \longrightarrow Na_2SiO_3 + 2H_2O$$

2）与汽轮机蒸汽通流部分金属表面上的氧化铁反应，生成难溶的铁酸钠。反应式为

$$2NaOH + Fe_2O_3 \longrightarrow 2NaFeO_2 + H_2O$$

至于汽轮机内沉积的 Na_2CO_3，则是由下述反应生成的：

$$2NaOH + CO_2 \longrightarrow Na_2CO_3 + H_2O$$

（2）硅酸。硅酸在蒸汽中的溶解度较大，因此当汽轮机中蒸汽的压力降到较低时，才能从蒸汽中析出。因此，它们主要在汽轮机的中压和低压级内沉积，并且在低压级中的沉积量最大。硅酸在汽轮机中以 SiO_2 的形式从蒸汽中析出，所形成的沉积物不溶于水、质地坚硬，并且常有不同的结晶形态。不同结晶形态的二氧化硅在低压级内沉积的先后次序是结晶态的 α-石英、方石英，无定形的（非晶态）二氧化硅。这是因为在温度高时结晶过

程较快，所以最初析出的 SiO_2 会形成结晶状态的石英；在温度较低时结晶过程缓慢，而且因蒸汽压力和温度的迅速降低，硅酸在蒸汽中的溶解度急剧减小，所以在低温区域 SiO_2 来不及结晶析出，故易呈非晶体状态。

(3) 铁的氧化物。铁的氧化物主要以固态微粒状存在于过热蒸汽中，它们在汽轮机各级中都可能沉积，沉积情况主要与微粒的大小、蒸汽流动工况及蒸汽通流部位金属表面的粗糙程度有关，但在汽轮机各级中的沉积量相当。因此，一般情况下，在蒸汽压力较高的部位，沉积物中铁氧化物的含量较高，因为此处蒸汽中其他物质的沉积量较小。

应该注意，随过热蒸汽进入汽轮机的杂质，并不是全部沉积在汽轮机内的。因为，从汽轮机排出的蒸汽，尽管参数很低，但仍然具有溶解微量物质的能力，而且排汽中含有的湿分也能带走一些杂质。

2. 分布

由于上述各种原因，在汽轮机的不同级中，生成沉积物的情况各不相同，基本规律可归纳成以下几点。

(1) 不同级中沉积物量不一样。在汽轮机中除第一级和最后几级积盐量极少外，低压级的积盐量总是比高压级的多些。图 12-11是某高压汽轮机各级中的沉积物量。

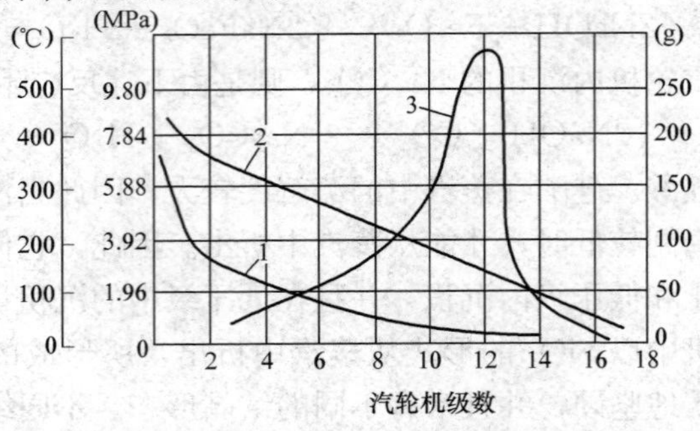

图 12-11 某高压汽轮机各级中的沉积物量

1—蒸汽压力；2—蒸汽温度；3—沉积物量

在汽轮机最前面的一级中，由于蒸汽参数仍然很高，而且蒸汽流速很快，杂质尚不会从蒸汽中析出或来不及析出，因此往往没有沉积物。在汽轮机的最后几级中，由于蒸汽中已含有湿分，杂质就转入湿分中，且湿分能冲洗掉汽轮机叶轮上已析出的物质，所以在这里往往也没有沉积物。

(2) 不同级中沉积物的化学组成不同。图 12-12 为某超高压汽轮机各级叶轮上沉积物的化学组成。

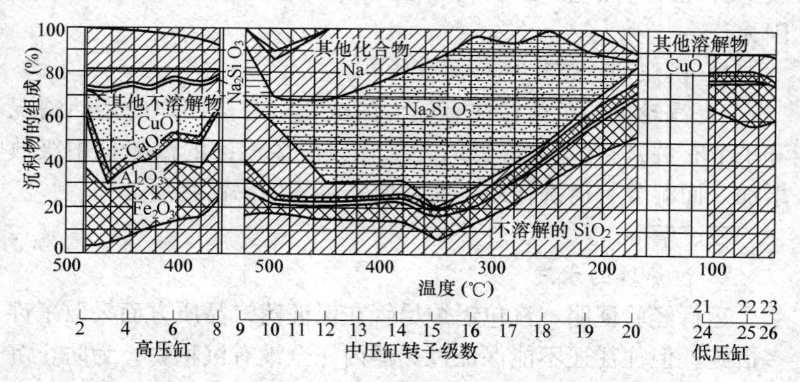

图 12-12　某超高压汽轮机各级叶轮上沉积物的化学组成

一般来说，汽轮机高压级中的沉积物主要是易溶于水的 Na_2SO_4、Na_2SiO_3、Na_3PO_4 等；中压级中的沉积物主要是易溶于水的 NaCl、Na_2CO_3 和 NaOH 等，这里还可能有难溶于水的钠化合物，如 $Na_2O \cdot Fe_2O_3 \cdot 4SiO_2$（钠锥石）和 $NaFeO_2$（铁酸钠）等；低压级中的沉积物主要是不溶于水的 SiO_2。

铁的氧化物（主要是 Fe_3O_4，部分是 Fe_2O_3）在汽轮机各级中（包括第一级）可能沉积。通常在高压级的沉积物中，它所占的百分率要比低压级多些。实际上，往往沉积在各级中铁的氧化物重量大致相同，但因低压级中沉积物的量增加，所以铁的氧化物所占的百分率减少。

(3) 在各级隔板和叶轮上分布不均匀。汽轮机中的沉积物不仅在不同级中的分布不均匀，即使在同一级中，部位不同，分布也不均匀。例如，在叶轮上叶片的边缘、复环的内表面、叶轮孔、叶轮和隔板的背面等处积盐量往往较多，这可能与蒸汽的流动工况有关。

（4）供热机组和经常启、停的汽轮机内的沉积物量较少。在汽轮机停机和启动时，都会有部分蒸汽凝结成水，这对于易溶的沉积物有清洗作用，所以在经常停、启的汽轮机内，往往积盐量较少。此外，热电厂的供热汽轮机内，积盐量也往往较少，这是因为：

1）供热抽汽带走了许多杂质。

2）汽轮机的负荷往往有较大的变化（与热用户的用热情况和季节有关），在负荷降低时，工作在湿蒸汽区的汽轮机中级数增加，而湿分有清洗作用，能将原来沉积的易溶物质冲去。

三、清除

1. 过热器的水洗

运行经验证明，汽包锅炉尽管在保证蒸汽品质方面采取了许多措施，但往往还不能保证过热器内完全没有沉积物。为防止沉积物积累过多，以至危害过热器的安全运行，当锅炉停炉或检修时，应将这些沉积物清除掉。过热器中的沉积物，主要是易溶于水的钠盐，采用水洗可清除。

过热器水洗一般使用凝结水，为提高冲洗效果、减少冲洗水耗，水温应尽可能高（最少应不低于70～80℃）。在不可能用凝结水的情况下，也可用除盐水或给水（含盐量应不超过100～150mg/L）冲洗。

过热器水洗通常是对整个过热器管簇同时进行水洗，称为公共式冲洗。对于低压小容量锅炉，还可逐根水洗过热器管，称为单元式冲洗。

（1）公共式冲洗。这种冲洗通常采用反冲洗，就是将冲洗水送进过热器的出口联箱，流经所有管子后，由过热器的进口联箱流出。进口联箱上有泄水管时，冲洗水直接由此管排放；否则，从过热器流出的冲洗水应送进汽包，由汽包上的泄水管排放。冲洗时，先将冲洗水充满过热器，浸泡1～2h后再使水流动，进行动态冲洗。冲洗过程中，应经常（一般是每隔15～20min）监督冲洗排水的电导率或含钠量，一直冲洗到进出水水质接近为止，为保证每根过热器管内有冲洗水流过，保证冲洗干净，冲洗水流量应按每根管中的平均流速为1～1.5m/s估算。

（2）单元式冲洗。低压小容量锅炉的过热器管根数较少，而且联箱上往往有许多手孔，所以可采用每根过热器管单独水洗的方法。用这种方法冲洗前，将冲洗水泵、清洗水箱、软管、带橡皮接头的连接管等，与一根过热器管连接成循环回路，如图12-13所示。冲洗时，用泵使冲洗水循环流动，当冲洗水中杂质浓度（如电导率或含钠量）不再上升时，表示该管已洗好，然后清洗另一根管，直到所有管子冲洗干净。若过热器积盐较多，则应更换几次冲洗水，以保证清洗效果。

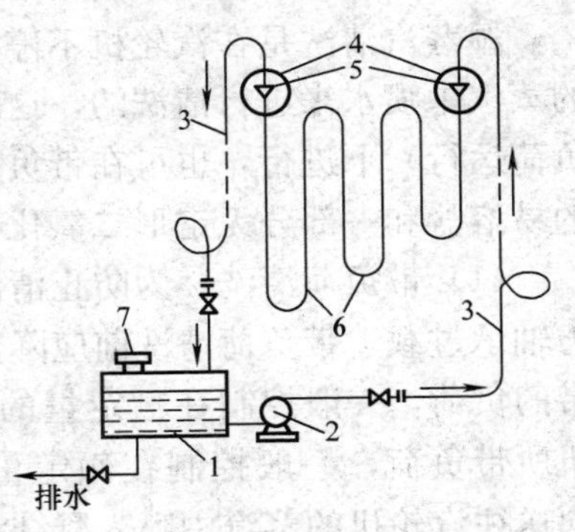

图12-13　过热器管单元式冲洗示意
1—清洗水箱；2—冲洗水泵；
3—软管；4—过热器联箱；
5—带橡皮接头的连接管；
6—过热器管；7—手孔盖

单元式冲洗虽然效果较好，而且可查明各管沉积物的量，但整个冲洗时间长，冲洗时要打开联箱手孔，操作麻烦，故只有在过热器积盐很多时才采用。

上述水洗的方法，主要用于除掉过热器内的易溶盐。当需要清除金属腐蚀产物及其他难溶沉积物时，应在锅炉进行化学清洗时，将过热器一并进行清洗。

2. 汽轮机沉积物的清除

如汽轮机内有沉积物，应及时清除，以免积累过多，影响汽轮机的安全、经济运行。

沉积在汽轮机内的易溶盐，可用湿蒸汽清除；沉积在汽轮机内的不溶沉积物，一般是在汽轮机大修时，用机械方法清除，如用喷砂法清除汽轮机的转子和隔板上的沉积物；对于有 SiO_2 沉积的中压汽轮机，可将转子吊出汽缸，放入 3%～5%的 NaOH 溶液内，通入蒸汽煮，煮后用水冲洗干净。

湿蒸汽清洗是在汽轮机不停止运行的情况下，向送往汽轮机的蒸汽中喷水来进行清洗的。这既可在汽轮机空载运行（即不带负荷运行）下进行，也可在带负荷下进行。这种清洗能除去所有的易溶盐和一部分无定形二氧化硅，方法如下。

（1）带负荷清洗。为防止清洗时产生较大的轴向推力而使推力轴承过载，带负荷清洗前应降低汽轮机负荷：冲动式汽轮机所带的负荷，一般控制在额定量的 30%～35%以下；反动式汽轮机所带负荷，一般控制在额定量的 50%～55%以下。清洗时，向送往汽轮机的蒸汽中喷入凝结水，使汽轮机有易溶盐沉积的各级中，最前列一级内的蒸汽湿度为 2%。蒸汽湿度不能太大，以防推力轴承过载。应按进口蒸汽温度每分钟下降 0.5～1℃的速度控制喷水过程，不可使蒸汽温度下降太快。因为，蒸汽温度下降太快，会使汽轮机转子的冷却不均匀，并使汽轮机通流部分的部件产生过大的热应力，引起转子和叶轮弯曲变形。在降低蒸汽温度的过程中，应监视推力轴承的油温。若轴承出口油温比进口油温增高 20℃，就不要再降低蒸汽温度，以免推力轴承过载。清洗过程中，应经常监督汽轮机凝结水的含钠量，当含钠量与喷入凝结水的相同时，可认为已将易溶物清洗干净。此后，逐渐减少喷入的凝结水量，使蒸汽温度回升，升温速度每分钟不超过 1.5℃，直至汽轮机恢复正常运行。汽轮机带负荷清洗的时间（包括蒸汽降温和升温所需时间），一般是中压汽轮机 4～10h、高压汽轮机 10～15h。

（2）空载运行清洗。空载运行清洗时，应先将汽轮机转速降至 800～1000r/min，并尽可能降低汽轮机进口蒸汽的压力。然后逐渐喷入凝结水直至蒸汽温度降到饱和蒸汽的温度，在此条件下运行即可起到清洗作用。降低蒸汽温度的速度每分钟应不超过1.5℃。清洗时，应经常监督汽轮机凝结水中的含钠量。当含钠量与喷入的凝结水相同时，可认为易溶物已清洗干净。此后，以每分钟不超过2℃的速度逐渐升高蒸汽温度，直至汽轮机恢复正常运行。

第五节 获得洁净蒸汽的方法

为获得清洁的蒸汽，应尽量减少炉水中杂质的含量，以及设法减少蒸汽带水量和降低杂质在蒸汽中的溶解量。为此，应采取下述措施：减少进入炉水中的杂质量、进行锅炉排污、采用适当的汽包内部装置和调整锅炉的运行工况等。

一、减少进入炉水中的杂质量

炉水中的杂质主要来源于给水，至于锅炉本体的腐蚀产物，除新安装的锅炉外，一般很少。因此，要减少进入炉水中的杂质，主要应保证给水水质优良。保证给水水质优良的办法如下。

(1) 减少热力系统的汽水损失，降低补给水量。

(2) 采用“一级除盐＋混合床除盐”等深度除盐的水处理工艺，降低补给水中杂质的含量。

(3) 防止凝汽器泄漏，以免汽轮机凝结水被冷却水污染。

(4) 采取给水和凝结水系统的防腐措施，减少给水中的金属腐蚀产物。

(5) 对凝结水进行100％的精处理，除掉汽轮机凝结水中的各种杂质。

(6) 对于新安装的锅炉进行启动前的化学清洗、蒸汽吹管等工艺步骤，以除掉锅炉水汽系统内的各种杂质。新安装的锅炉，在制造、贮运和安装过程中，锅内常常会沾有氧化皮、铁屑、焊渣、腐蚀产物和硅化合物等杂质，启动投运后，这些杂质会不断转入锅炉水中，而使炉水水质（特别是含硅量）长期不合格，以致引起蒸汽品质长期不良。因此，新锅炉在启动前应进行化学清洗，以减少启动后炉水中各种杂质（如含硅量等）的含量，使蒸汽品质较快合格。

（7）对于运行锅炉要做好停炉保护工作。

二、锅炉排污

锅炉运行时，给水带入锅内的杂质，只有很少一部分会被饱和蒸汽带走，而绝大部分都留在炉水中。如果不采取适当的措施，随着运行时间的延长，炉水中的杂质将会不断地增多，当炉水中的含盐量或含硅量超过容许数值时，就会导致蒸汽品质不良。此外，当炉水中的水渣积累较多时，不仅会影响蒸汽质量，而且还可能造成炉管堵塞，危及锅炉的安全运行。因此，为使炉水的含盐量和含硅量能保持在容许值以下，以及排除水渣，在锅炉运行中，必须经常排放掉一部分炉水，并补入相同量的给水，这种操作过程叫作锅炉排污。

1. 排污方式

锅炉排污有连续排污和定期排污两种方式。

（1）连续排污（简称“连排”）。这种排污方式是连续地从汽包中排放炉水。排污的目的主要是防止炉水中的含盐量和含硅量过高；其次是排除炉水中细微的或浮悬的水渣。连续排污水之所以从汽包中引出，是因为锅炉运行时，这里的炉水含盐量较大。

（2）定期排污（简称“定排”）。这种排污方式是定期地从炉水循环系统的最低点（如从水冷壁的下联箱处）排放部分炉水。定斯排污主要是为了排除水渣，因为水渣大部分沉积在水循环系统的下部，所以定期排污点应设在水循环系统的最低部分，且排放速度应很快。

定期排污每次排放的时间应该很短，一般不超过0.5～1min，因为排放时间过长会影响锅炉水循环的安全。每次定期排污的水量，一般约为锅炉蒸发量的0.1%～0.5%；也有的中、低压锅炉因锅炉水质较差，且锅炉蒸发量小，故每次排走的水量约为1%或更多一些。定期排污的间隔时间应根据炉水水质决定：当炉水水渣较多时，间隔时间应短些；水质较好时，间隔时间较长（如有的锅炉每8h排放一次，有的锅炉每24h排放一次）。定期排污最好在锅炉低负荷时进行，因为此时水循环速度低，水渣下沉，故排放的效果较好。

定期排污也可用来作为迅速降低炉水含盐量的措施，以弥补连续排污的不足；汽包水位过高时，还可利用定期排污使之迅速下降。新安装的锅炉在投入运行的初期或旧锅炉在启动期间，往往需要加强定期排污，以排除炉水中的铁锈和其他水渣。

2. 排污装置

连续排污点应设置在炉水含盐量较大的地方，以减少排污水量。排污装置应能沿着汽包长度方向均匀地排水，以免引起锅炉各部分炉管中水质不均匀。常用的装置是装在汽包水室内的排污取水管，它是一根沿着汽包长度水平安装的管子。如图 12-14（a）所示，沿管子的长度均匀地开有许多小孔。炉水从这些小孔进入取水管后通过导管引出。安装这种排污取水管，要注意下列各点。

（1）取水管的位置和开孔部位，应避开给水管和磷酸盐加药管，以免吸入给水和磷酸盐溶液。

（2）管上小孔要不易堵塞。

（3）能放出含盐量较大的炉水。

现在常采用直径为 28～60mm 的管子作排污取水管，管上开有直径为 5～10mm 的小孔。开孔数目以保证小孔入口处水速为排污取水管内水速的 2～2.5 倍为宜。排污取水管安装在汽包正常水位下 200～300mm 处，以免吸入蒸汽泡。对于汽包内有旋风分离器的锅炉，排污取水管可装在旋风分离器底部附近，以利排除含盐量较大的炉水。

连续排污的管道上除装有切断水流用的阀门外，还应装有节流孔板、调节排污水流量的针形阀和排污流量表，有的还装有排污自动调节装置。

连续排污的自动调节装置能保证炉水水质稳定，能避免因排污过多而造成水量和热量的额外损失，也能防止排污过少而影响蒸汽品质，所以在高参数锅炉上一般都有这样的装备。

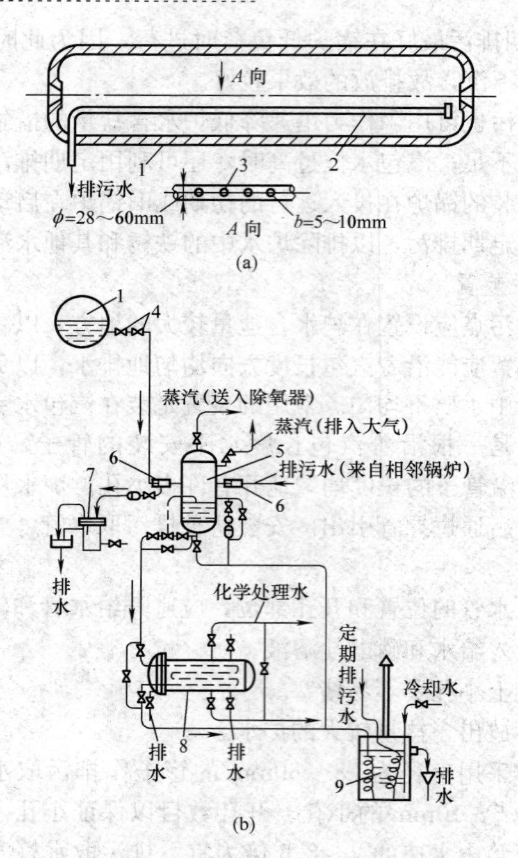

图 12-14　汽包连续排污装置及其利用系统

（a）汽包内连续排污取水管；（b）排污水管路及其利用系统

1—汽包；2—排污取水管；3—排污取水管上的小孔；

4—排污阀门；5—扩容器；6—节流调节门；

7—炉水取样冷却器；8—表面式冷却器；9—扩散器

为回收排污水的水量和热量，一般将连续排污水引进专用的扩容器。排污水进入扩容器后，由于压力的突然降低，部分排污水变成蒸汽，这些蒸汽可加以利用（如送往除氧器），剩下的排污水还可通过表面式热交换器，加热补给水，最后将通过热交换器的排污水排至地沟。图 12-14（b）是排污水管路及其利用系统示意。

3. 排污率

锅炉的排污水量，应根据炉水水质监督的结果调整。锅炉的排污水量占锅炉蒸发量的百分率，称为锅炉排污率（P），它可用下面的公式表示：

$$P = \frac{D_{P}}{D} \times 100\% \tag{12-7}$$

式中：D_{P}为锅炉排污水量，t/h；D 为锅炉蒸发量，t/h。

但是，实际上锅炉的排污率，一般不按式（12-7）计算，而是根据水质分析的结果计算，计算方法如下。

如果某物质仅由给水带入锅炉内且不会从炉水中析出，那么当炉水水质稳定时，由物量平衡关系和图 12-15 可知，该物质随给水带入锅炉内的量等于随排污水排掉的量与饱和蒸汽带走的量之和，如式（12-8）所示：

$$D_{G}S_{G} = DS_{B} + D_{P}S_{P} \tag{12-8}$$

式中：D_{G} 为锅炉给水量，t/h；S_{G}为给水中某物质的含量，mg/L；S_{B}为饱和蒸汽中该物质的含量，mg/L；S_{P}为排污水中该物质的含量，mg/L。

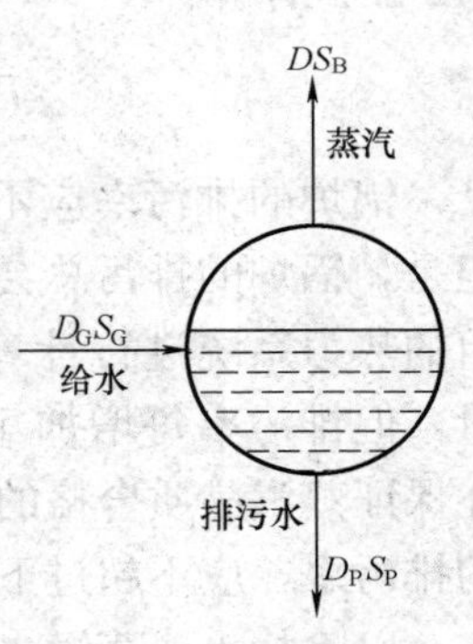

图 12-15　锅炉排污原理示意

此外，由于进、出锅炉的水、汽量是平衡的，可得

$$D_{G} = D + D_{P} \tag{12-9}$$

由式（12-7）～式（12-9），可得

$$P = \frac{S_{G} - S_{B}}{S_{P} - S_{G}} \times 100\% \tag{12-10}$$

因为排污水是排除的锅炉水，所以 S_{P}可用炉水中某物质的含量（S_{L}）代替，故式（12-10）可写成式（12-11）：

$$P = \frac{S_{G} - S_{B}}{S_{L} - S_{G}} \times 100\% \tag{12-11}$$

对于以除盐水或蒸馏水为补给水的锅炉，应用日常水汽质量监测所测定的给水、炉水和蒸汽中的含硅量，代入式（12-11）计算锅炉的排污率。不能用含钠量计算排污率，因为炉水含钠量和含盐量主要来源于炉水处理所加的磷酸盐，这在推导式（12-11)时未考虑，也很难加以校正。

对于以软化水为补给水的锅炉，可用含钠量或氯离子含量计算排污率。因为以软化水为补给水的锅炉，给水、锅炉水的含钠量（或氯离子含量）较大，磷酸盐处理所加入汽包内的钠盐量可忽略不计。此外，考虑到蒸汽中的含盐量（或氯离子含量）远远小于给水中的，所以可略去式（12-11）中的 S_B，排污率可按式（12-12）计算：

$$P=\frac{S_G}{S_L-S_G}\times 100\% \tag{12-12}$$

锅炉的排污率应不小于 0.3%，以防止锅炉内有水渣积聚。但是，锅炉的排污总会损失一些热量和水量。例如，对超高压机组的热力系统进行计算得知，即使能较好地利用连续排污的热量，但排污率每增加 1%，燃料消耗量增加 0.3%左右。所以，在保证蒸汽品质合格的前提下，应尽量减少锅炉的排污率。锅炉的排污率，应不超过下列数值：

以除盐水或蒸馏水为补给水的凝汽式电厂：1%。

以除盐水或蒸馏水为补给水的热电厂：2%。

以软化水为补给水的凝汽式电厂：2%。

以软化水为补给水的热电厂：5%。

如果锅炉排污率超过了上述标准，应采取措施使其降低。例如，改进补给水处理工艺以改善给水水质，或者在汽包内安设更好的汽水分离装置。

三、采用适当的汽包内部装置

为获得清洁的蒸汽和保证蒸汽品质合格，可在汽包内装设汽水分离装置、蒸汽清洗装置及分段蒸发装置等汽包内部装置。不同的锅炉，汽包内部装置也不同。锅炉压力越高，汽、水分离越困难，而且蒸汽溶解携带杂质的能力也越大，因而汽包内部装置也应越完善。在高压及以上压力等级的汽包锅炉中，通常在汽包内安设有高效率的汽水分离装置和蒸汽清洗装置。现将常用的汽包内部装置简单介绍如下。

1. 汽水分离装置

汽水分离装置的主要作用是减少饱和蒸汽带水。它的结构形式虽然很多，但工作原理都是利用离心力、黏附力和重力等进行水与汽的分离。常见的汽水分离装置有旋风分离器、多孔板、波形板百叶窗等几种，而且在锅炉汽包内往往同时安设有几种分离装置，相互配合，以达到良好的分离效果。以下简要叙述几种典型的汽水分离装置的工作过程。

（1）有旋风分离器的汽水分离装置。有旋风分离器的汽水分离装置是高压和超高压锅炉常用的汽包内部装置，它主要由旋风分离器、百叶窗和多孔板及蒸汽清洗装置等组成，如图 12-16 所

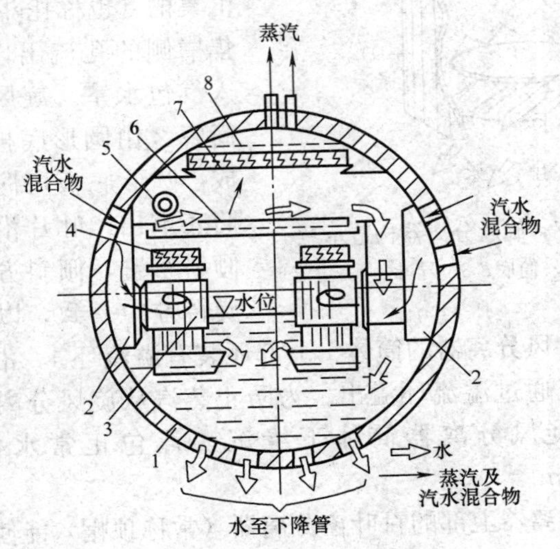

图 12-16　锅炉汽包内部装置

1—汽包；2—汽水混合物分配室；3—旋风分离器；4—旋风分离器顶帽；5—给水管；6—清洗装置；7—百叶窗分离器；8—多孔顶板

示。这种汽包内部装置中的汽水流程为由上升管来的汽水混合物先进入分配室，使它们均匀地进入各旋风分离器，在旋风分离器中分离出的水进入水室，分离出的蒸汽经分离器上部的百叶窗进入汽空间，然后依次通过清洗装置、汽包上部的百叶窗分离器和多孔顶板，由蒸汽引出管引出。

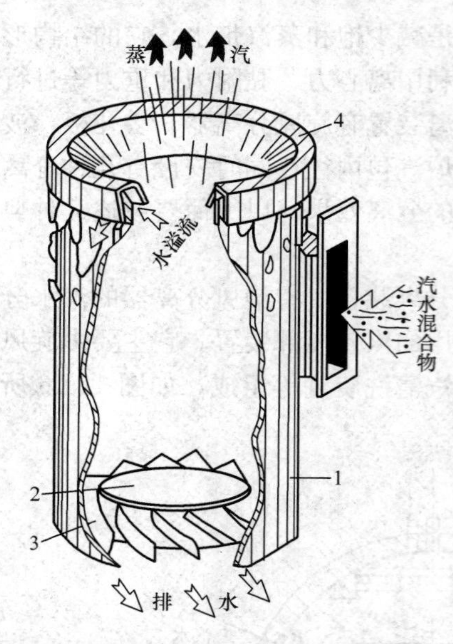

图 12-17　旋风分离器构造示意
1—筒体；2—筒底；3—导叶；4—溢流环

旋风分离器是一圆筒形设备，构造如图 12-17 所示。汽水混合物沿着圆筒的切线方向导入筒内，利用汽流在筒内快速旋转产生的离心力，使汽水混合物中的水滴抛向旋风分离器的内壁，形成水膜向下流动，水经筒底导向叶片（简称“导叶”）3 流入汇集槽（也称托斗），再从汇集槽侧的孔流出，平稳地进入汽包水室。旋风分离器的筒底 2 由圆形底板与导叶组成，圆形底板可防止蒸汽由筒底窜出，叶片沿底板四周倾斜布置，倾斜方向与水流旋转方向一致，以便水能平稳流出。旋风分离器的筒体 1 上部还装有溢流环 4，沿筒体旋转上升的水流通过溢流环溢出。为防止蒸汽从旋风分离器顶部窜出，应将旋风分离器筒体下缘沉入汽包正常水位线以下 180～200mm。

旋风分离器上部的百叶窗分离器（常称顶帽）能使蒸汽流出速度均匀，并进一步分离蒸汽携带的湿分。高压和超高压饱和蒸汽经这种旋风分离器后，便引出汽包（汽包内无清洗装置时），机械携带系数（K_J）一般为 0.005%～0.01%。

百叶窗分离器由许多波形钢板平行组装而成，构造如图 12-18所示。各个波形钢板间有间隙。当蒸汽流进波形板时，由于在板间迂回曲折流动，汽流中的水滴便因离心力而被抛出来，附着在钢板表面形成水膜，并顺着波形板面向下流入汽包水室，波形板可呈立式布置，也可呈卧式布置。

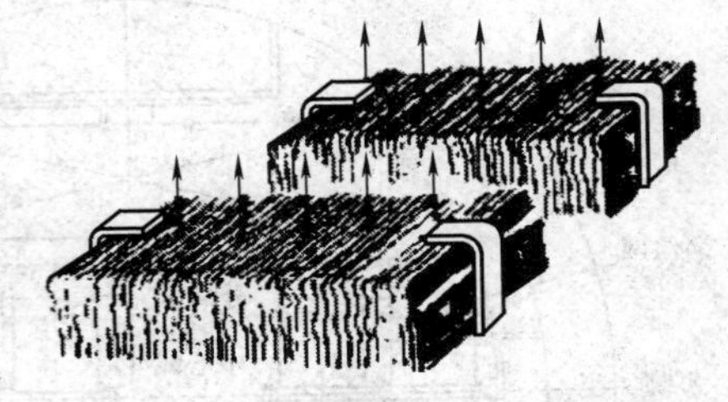
图 12-18　卧式布置的百叶窗分离器

多孔顶板装设在蒸汽引出管的前面，它可使沿汽包长度方向整个截面的蒸汽流速均匀，避免因汽空间内局部蒸汽流速过高而使自然分离的效果恶化。

在中压锅炉中，也常采用图 12-16 所示的这种汽包内部装置，只是往往不装设蒸汽清洗装置。

自然循环亚临界压力锅炉的汽包内部装置通常只用旋风分离器和波形板分离器两种分离器件。汽包内设有多个旋风分离器，沿汽包长度方向分左右两排布置（也有分右、中、左三排布置的），旋风分离器的上部有波形板百叶窗顶帽。

旋风分离器对引入的汽水混合物进行有效的分离，从旋风分离器顶帽引出来的饱和蒸汽进入汽包汽空间。在汽空间上部，布置了两排波形板分离器（也称为第二级百叶窗分离器）。第二级百叶窗分离器对饱和蒸汽中的细小水滴再次进行细分离。这样，当饱和蒸汽由引出管离开汽包时，亚临界压力饱和蒸汽中的机械携带系数（K_J）就可降低到小于 0.5%以下（通常为0.05%～0.3%）。从上述可知，亚临界压力锅炉汽包内是不装设蒸汽清洗装置的，以便留有较大的汽空间，保证足够的汽水分离效率。

图 12-19 所示为 DG2030/17.6-Ⅱ3 型亚临界压力、一次中间再热、自然循环汽包锅炉的汽包内部装置布置简图。该汽包内部

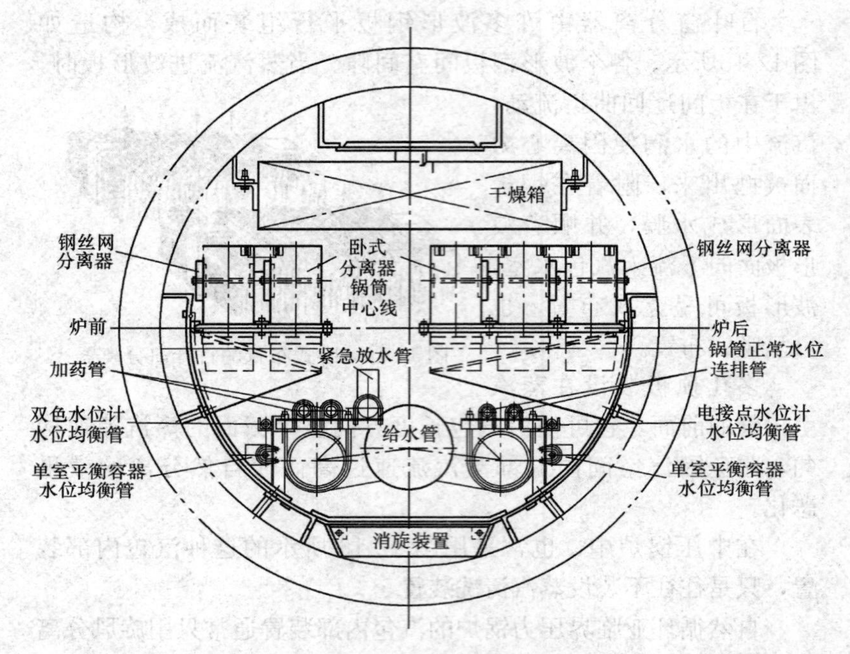

图 12-19　DG2030/17.6-Ⅱ3 型亚临界锅炉汽包内部装置布置简图

的内夹套几乎沿整个汽包长度布置，来自水冷壁的汽水混合物先进入汽包的内夹套，然后通过 406 只卧式旋风分离器首次分离汽水。当湿蒸汽通过分离器曲线形体时，较重的水颗粒被甩向外侧，并通过泄水槽排出，然后通过金属丝网进入汽包水空间。金属丝网可降低排出水的速度，并且可使水夹带的蒸汽逸出。分离出来的蒸汽从每个分离器的中心孔流出，经钢丝网分离器再次分离后，进入 81 个干燥箱中。蒸汽以很低的速度在 W 形波形板组成的干燥箱中流向发生几次急剧的变化，使蒸汽中的水分黏附于波形板表面，然后形成水膜，在重力作用下流入汽包水室。分离出的蒸汽流入干燥室，然后通过汽包顶部的蒸汽连接管进入过热器系统。

（2）有轴流式旋风分离器的汽水分离装置。这种分离器常用于强制循环亚临界压力锅炉。轴流式旋风分离器又叫涡轮式分离器，构造如图 12-20 所示。

轴流式旋风分离器的工作过程是汽水混合物由底部进入，在向上流动的过程中，沿筒内的旋转导向叶片强烈旋转，由此产生的离心力使水与汽分离。分离出的水贴着内筒壁旋转到顶部，穿出集汽短管与内筒间的环缝，再经内筒与外筒间的夹层流入汽包水室。蒸汽则从筒体中心上升，经波形板顶帽进入汽空间。

控制循环汽包锅炉汽包内部装置，如图 12-21 所示。汽包内汽水流程为来自水冷壁管的汽水混合物由引入管 1 进入汇流箱 5，然后均匀地从底部进入各个分离器 4，分离出的水进入水室，分离出的蒸汽进入汽空间。进入汽空间的蒸汽再经过上部的波形板百叶窗 3，再次分离出细小水滴后，由饱和蒸汽引出管 2

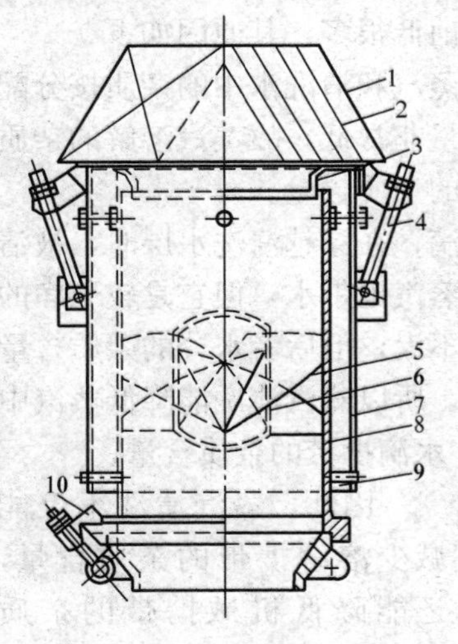

图 12-20　涡轮式分离器

1—梯形顶帽；2—波形板；3—集汽短管；4—钩头螺栓；5—旋转导向叶片；6—芯子；7—外筒；8—内筒；9—夹层；10—支撑螺栓

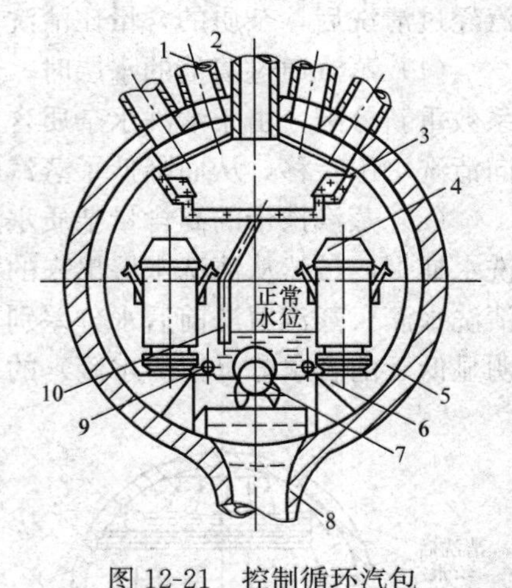

图 12-21　控制循环汽包锅炉汽包内部装置

1—汽水混合物引入管；2—饱和蒸汽引出管；3—波形板百叶窗；4—涡轮式分离器；5—汽水混合物汇流箱；6—加药管；7—给水管；8—下降管；9—连续排污管；10—疏水管

引出。汽包内还有给水管 7、加药管 6、事故放水管和连续排污管 9 等。

应该指出，亚临界压力下，水、汽密度已没多大差别，难以依靠离心力作用彻底分离水和蒸汽。这时，饱和蒸汽的机械携带系数（K_J）降低至 0.05%～0.1%，就可认为分离效果较好。

2. 蒸汽清洗装置

汽水分离装置只能减少蒸汽带水，不能减少溶解携带，所以高压和超高压锅炉汽包内仅仅有汽水分离装置，往往不能获得良好的蒸汽品质。为减少蒸汽的溶解携带，高压和超高压锅炉的汽包内通常装设有蒸汽清洗装置。

蒸汽清洗就是使饱和蒸汽通过杂质含量很少的清洁水层。蒸汽经过清洗后，杂质的含量比清洗前低很多，其原因如下。

（1）蒸汽通过清洁的水层时，蒸汽和清洗水中的杂质按分配系数重新分配，由于清洗水杂质含量非常低，故蒸汽溶解的杂质向清洗水中转移，从而降低了蒸汽的杂质含量。

（2）蒸汽携带的高含量杂质水滴，在穿越清洗水层时，被清洗水捕捉，虽然从清洗水层出来的蒸汽也带水，但它是较干净的清洗水滴。蒸汽清洗前后水分差别不大，但后者水分的杂质含量明显低于前者水分（锅炉水滴）的，所以蒸汽清洗能降低蒸汽中水滴携带的杂质含量。

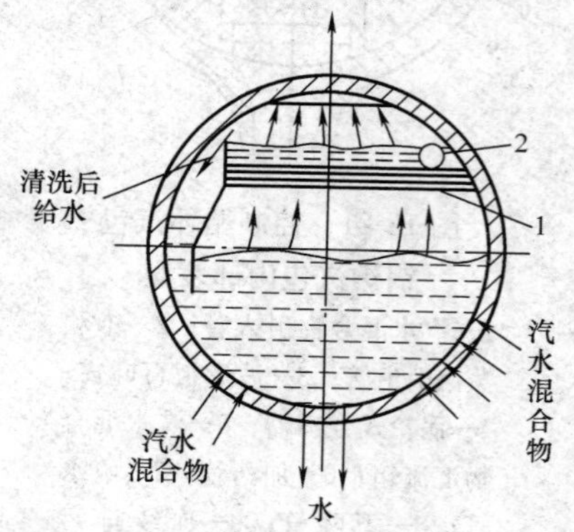

图 12-22　蒸汽清洗设备工作原理示意
1—蒸汽清洗装置；2—给水管

因此，蒸汽清洗不仅能减少溶解携带的杂质含量，还能降低机械携带的杂质含量。

通常采用的清洗装置为水平孔板式，它以给水作清洗水，如图 12-22 所示。清洗装置安装在汽空间，将部分给水（一般为给水总量的 40%～50%）引至清洗装置

1上面形成一定厚度（一般为30～50mm）的流动清洗水层，蒸汽经板孔向上穿过清洗水层，出来的洁净蒸汽进入汽空间，然后经过多孔顶板或百叶窗分离器等汽水分离装置，最后由蒸汽引出管引出。清洗蒸汽后的给水则流入水室。

清洗后蒸汽中杂质含量的降低值占清洗前蒸汽中杂质含量的百分率，通常称为清洗效率，用式（12-13）计算。一般以硅或钠作为杂质代表，代入式（12-13）计算。目前清洗装置的清洗效率为60%～75%（以硅为代表计算）。

$$\eta_{XI}=\frac{S_{B,Q}-S_{B,H}}{S_{B,Q}}\times 100\% \qquad (12\text{-}13)$$

式中：η_{XI}为清洗效率，%；$S_{B,Q}$和$S_{B,H}$为清洗前和清洗后的饱和蒸汽含硅量或含钠量，μg/kg。

清洗效率与清洗水中杂质的含量关系较大，清洗水中杂质含量越少，清洗后蒸汽中杂质含量也越少。应该指出，清洗水中的杂质含量一般大于进入清洗装置前的给水杂质含量，因为在清洗装置中蒸汽中的杂质不断地转入给水中。

由于蒸汽清洗改良了蒸汽汽质，所以与不进行清洗相比，在同样的饱和蒸汽品质要求的前提下，采用蒸汽清洗时炉水的含盐量和含硅量可允许高些。

但是，亚临界压力锅炉没有必要设置蒸汽清洗装置，因为亚临界压力锅炉给水水质很纯，炉水杂质较少，洗汽效果不明显，反而由于洗汽装置挤占了汽包空间，不利于汽水分离，影响蒸汽纯度。

3. 分段蒸发

锅炉运行时，降低锅炉的排污率和提高蒸汽品质是有矛盾的。因为降低排污率，锅炉水质变差，蒸汽品质下降。因此，为了能在较低的排污率下，保证良好的蒸汽品质，必须采取其他措施，分段蒸发就是在锅炉结构方面采取的一种措施。

分段蒸发是用隔板将汽包的水室分隔成几段，每段与同它相连的上升管和下降管组成独立的水循环回路。给水全部送入汽包

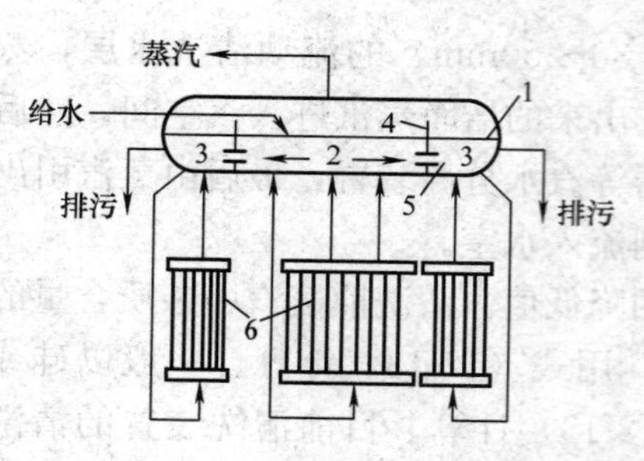

图 12-23　两段蒸发锅炉示意
1—汽包；2—净段；3—盐段；
4—隔板；5—水连通管；6—水冷壁

的某一段（称为第一段）。水经第一段的循环回路蒸发浓缩后，通过装在隔板上的连通管，送到下一段（称为第二段），再进行第二次循环蒸发浓缩。由于第二段中的炉水是经过两级蒸发浓缩的，所以它的含盐量比第一段高得多。在两段蒸发的锅炉中，习惯上把第一段称为净段，第二段称为盐段。图 12-23 为两段蒸发锅炉示意。

图 12-23 所示的两段蒸发汽包中，靠近汽包两端安装的两块隔板将水室分隔成三室，中间水室为净段，左、右两室为盐段。通常以炉膛两侧墙水冷壁的中间部分作为盐段的上升管，其他水冷壁作为净段的上升管。在分段蒸发锅炉中，净段水容积及其水循环回路都比盐段大，大部分蒸汽产自净段。

为减少蒸汽带水以确保蒸汽品质，汽包的净段与盐段内部装有旋风分离器等汽水分离装置。为改善盐段的蒸汽品质，有的锅炉还将盐段蒸汽引入净段汽空间，以便在这里进一步汽水分离，然后引出汽包。

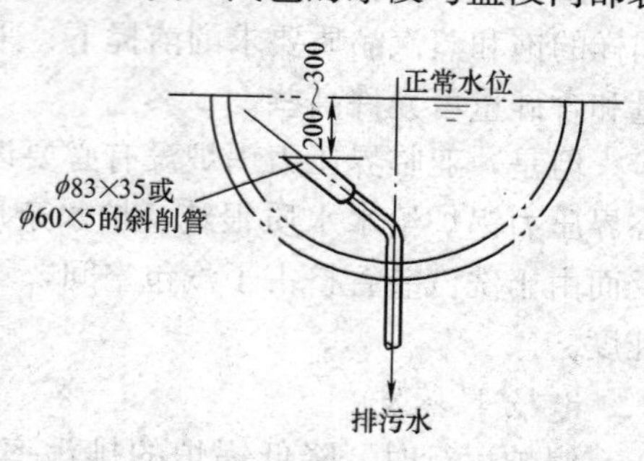

图 12-24　分段蒸发锅炉排污取水管

分段蒸发锅炉的排污取水管装在盐段（参见图 12-24），它是一根末端呈斜口状的管子，位于正常水位下 200～300mm 处，且应远离净段与盐段的水连通管。分段蒸发锅炉的排污率仍可按式（12-11）计算。计算时，排污水中杂质含量用盐段炉水中杂质含量。

如果将分段蒸发与不分段蒸发相比，当给水含盐量（或含硅量）和排污率相同时，排污水含盐量（或含硅量）也必然相同。也就是说，分段蒸发的盐段炉水与不分段蒸发炉水的含盐量（或含硅量）相同，但净段炉水的含盐量（或含硅量）却比不分段蒸发的低得多，也即盐段与不分段蒸发锅炉的饱和蒸汽杂质含量相同，但净段饱和蒸汽杂质含量明显低于不分段蒸发锅炉的。由于分段蒸发锅炉的80%～95%饱和蒸汽产自净段，所以蒸汽品质优于不分段蒸发锅炉的。

若从另一角度比较分段与不分段锅炉，当给水水质和蒸汽品质相同，则前者可允许较高的炉水含盐量（或含硅量），根据含盐量（或含硅量）的物料平衡可知，分段锅炉的排污率较低。

分段蒸发主要用于补给水率较大的高、中压热电厂，因为这种热电厂的给水水质一般较差。中压热电厂中的分段蒸发锅炉，汽包内的净段和盐段都装有旋风分离器；高压热电厂中的分段蒸发锅炉，汽包内除装有旋风分离器外，还装有蒸汽清洗装置。

两段蒸发锅炉的盐段炉水含盐量与净段炉水含盐量之比，称为盐浓倍率（$C_{\text{Ⅰ-Ⅱ}}$）。参照图12-25，列出盐段进、出水室的盐量（或钠含量、氯离子含量、磷酸根含量）的平衡式（略去盐段蒸汽带走的少量盐类），可求得盐浓倍率，如式（12-14）和式（12-15）。

$$(N_{\text{Ⅱ}}+P)S_{\text{L,Ⅰ}}=PS_{\text{L,Ⅱ}} \tag{12-14}$$

$$C_{\text{Ⅰ-Ⅱ}}=\frac{S_{\text{L,Ⅱ}}}{S_{\text{L,Ⅰ}}}=1+\frac{N_{\text{Ⅱ}}}{P} \tag{12-15}$$

式中：$N_{\text{Ⅱ}}$为盐段蒸发量占锅炉总蒸发量的百分数，%；P为锅炉排污率，%；$S_{\text{L,Ⅰ}}$和$S_{\text{L,Ⅱ}}$为净段和盐段炉水的含盐量。

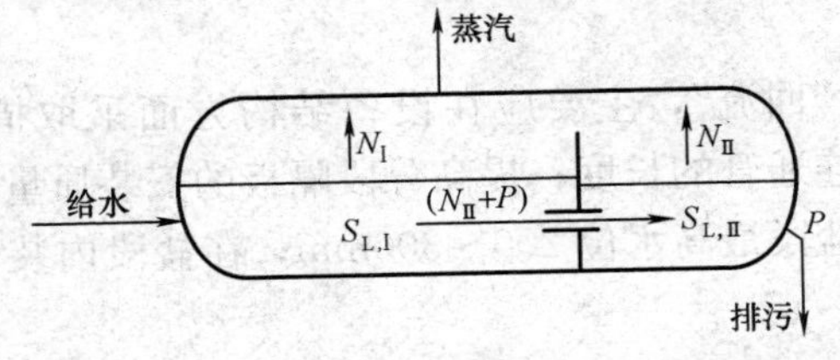

图12-25　两段蒸发锅炉盐段的平衡示意

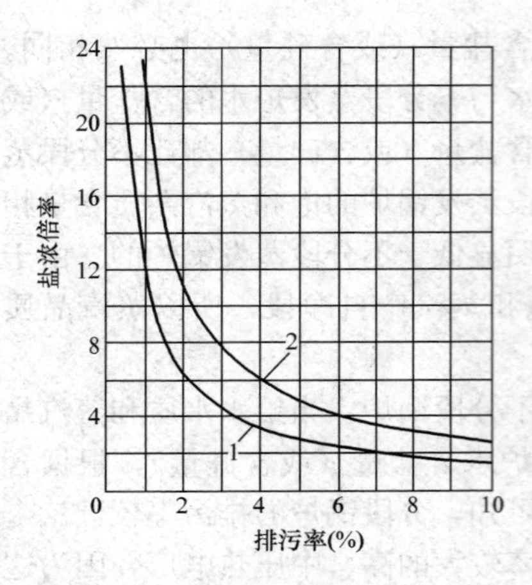

图 12-26　分段蒸发锅炉的盐浓倍率与排污率的关系

1—盐段蒸发量占锅炉总蒸发量的 10%；
2—盐段蒸发量占锅炉总蒸发量的 20%

N_{II}是锅炉制造时已经确定下来的（一般为 5%～20%），所以盐浓倍率与锅炉排污率有关，如图 12-26 所示，排污率越小，盐浓倍率就越大。盐浓倍率一般应控制在 4～8，如果过大，盐段炉水的磷酸根和铁含量都会超标，引起不良后果，所以分段蒸发锅炉的排污率也不宜过小。

在分段蒸发锅炉的运行过程中，有时会发生盐段炉水“回流”到净段的现象，使净段炉水含盐量升高，影响蒸汽品质。产生“回流”现象的原因主要有以下几个。

（1）运行中盐段水位发生急剧膨胀或盐段形成泡沫层，以致盐段炉水经分段隔板顶部溢流到净段。

（2）运行中炉膛火焰中心偏向盐段受热面，使盐段蒸汽压力瞬时升高，将盐段锅炉水压回净段，造成倒流。

（3）盐段蒸汽带水过多，此蒸汽流经净段汽空间时，汽水分离出的水滴落入净段炉水中。

（4）分段隔板不严密，盐段杂质通过不严密处向净段扩散，净段含盐量增高。这种情况，与少量盐段炉水倒流到净段所造成的后果相同。

为防止“回流”，主要应在设备结构方面采取措施，例如，适当增加水连通管的长度；提高分段隔板的安装质量；使分段隔板上缘高出盐段最高水位 200～300mm；在盐段内装设旋风分离器等。

四、调整锅炉的运行工况

锅炉的负荷、负荷变化速度和汽包水位等运行工况对饱和蒸汽的带水量有很大影响，因而也是影响蒸汽品质的重要因素，即使汽包内部装置很完善也不例外。例如，锅炉负荷过大时，汽包内蒸汽流速太大，超越了旋风分离器等汽水分离极限，蒸汽中的细小水滴不能充分分离而影响蒸汽品质。又如，某些汽包装有清洗装置，如果负荷过低，则洗汽的给水量明显减少，蒸汽品质下降。

锅炉的运行工况不当还会引起“汽水共沸”现象，这就使饱和蒸汽大量带水，蒸汽品质非常差，而且往往因带水太多而造成过热蒸汽温度下降。锅炉运行中，若汽包水位过高、锅炉负荷超过临界负荷或突然变化，都容易引起这种现象。

应通过专门的试验确定蒸汽品质锅炉的最佳运行工况，这种试验称为热化学试验（参看第十四章第四节）。在运行中，应根据锅炉热化学试验的结果，调整好锅炉的运行工况，使锅炉的负荷、负荷变化速度、汽包水位等不超过热化学试验确定的允许范围，以确保蒸汽品质合格。

第十三章　锅炉的腐蚀及其防止

第一节　水汽系统的腐蚀及其防止

现代电站锅炉运行时，锅炉内水汽温度和压力很高，炉管管壁温度更高，设备各部分的应力很大；由于给水中杂质在锅炉内发生浓缩和析出，在锅炉内常集积有沉积物。这些因素都会促进腐蚀，并使腐蚀问题复杂化。所以，虽然进入锅炉的水都是经过除氧的，pH 值也比较高，但仍然会发生腐蚀。

如果锅炉水汽系统发生了较严重的腐蚀，则在锅炉内高温高压作用下容易发生爆管事故。所以，防止锅炉水汽系统的腐蚀是一个很重要的问题。下面按水汽系统中可能发生的腐蚀类型，分述如下。

一、氧腐蚀及其防止

1. 锅炉运行氧腐蚀及其防止

在正常运行情况下，不会有大气侵入锅炉内，进入锅炉的给水已经过除氧，即使给水中带有微量的氧，也往往在省煤器中就消耗完了，所以锅炉内不会发生氧腐蚀。但当除氧器运行不正常时，锅炉内有可能发生氧腐蚀。如送入除氧器的蒸汽量调节不及时，除氧器负荷变动过大，间断性向除氧器中添加大量补给水等；而且，有时还可能发生因溶解氧的测定不正确或测定是间断进行的，以致在运行记录中还没有发现除氧器运行不正常，而腐蚀却已很严重的情况。当给水中的含氧量不是很大时，腐蚀首先发生在省煤器的进口端，随着含氧量的增大，腐蚀可能延伸到省煤器的中部和尾部，直至锅炉的下降管。在锅炉的上升管（沸腾管内），通常不会发生氧腐蚀，因为在这里氧集中在汽包中，不易到达金属表面。

防止运行时锅炉内发生氧腐蚀的关键是保证除氧器运行正常，保证给水含氧量合格。

2. 锅炉在基建和停用期间的氧腐蚀及其防止

锅炉在基建和停用期间，如果不采取适当的保护措施，大气就会侵入锅炉内。由于大气中含有氧和湿分，故锅炉会发生氧腐蚀。基建期间的氧腐蚀产物虽然在启动前的酸洗过程中可以清除，但腐蚀造成的陷坑在以后的运行中仍会成为腐蚀电池的阳极，继续发生腐蚀。如果腐蚀产物过多，不但酸洗负担重，还不易洗净，所以在基建期间应有防腐蚀措施。

锅炉停用时整个水汽系统都有可能发生氧腐蚀，特别是残存积水的部位更易发生，这与运行中氧腐蚀常常局限于某些部位不同。

为防止基建期间锅炉的腐蚀，可采取以下一些防护措施。

（1）制造厂在锅炉设备出厂时，对炉管、联箱等采取必要的防腐蚀措施，使金属表面形成合适的保护膜；对所有开口部位加罩和封闭，防止泥沙、灰尘等进入。

（2）各类容器及各类管件在存放保管时，应保证内部和外界空气隔绝，防止水分侵入，保持内部相对湿度不大于65%或内部封入气相缓蚀剂。各类管件的端口应盖有聚氯乙烯盖。汽包、联箱等设备的开口处，均应密封。

露天存放的金属结构和设备，均应防止积水。对于设备本身能够积水的孔洞，均应用防雨盖或防雨帽封盖。设备的槽形件应借助调整位置的办法防止积水。对于无法消除积水的部位，可根据设备结构情况，留排水孔。

设备和管道要放置在木台上，并经常检查其外罩的情况。发现外罩脱落或设备管道内进水时，应及时处理。

（3）锅炉在组装前，各部件都要进行清理，注意保管；在安装施工时，应严格按照要求进行操作。

（4）水压试验合格后，应继续让水压试验用水充满锅炉。值得注意的是水压试验用水的质量必须合乎要求。

为减少锅炉在水压试验中和其后停放过程中的腐蚀，水压试验要采用加氨和联胺（200～500mg/L）的除盐水，将pH值调节至10，并要求每月检查一次水质。若过热器是用奥氏体不锈钢制成的，水压试验用水还必须不含氯离子。

有关锅炉在停用期间的防腐蚀措施，详见第十八章第五节。

值得注意的是有些发电机组的锅炉等热力设备，需要长期保护。如基建锅炉酸洗后、运行锅炉停运后，由于汽轮机等方面的问题一时得不到解决，机组不能投入运行，必须长期保护。由于不能密封和循环，充高纯氮气除氧、加联胺除氧和加氨水提高pH值、加高温成膜缓蚀剂、干燥等方法都不适用，需要开发新的低温长期停用保护方法，以适于与除盐水和空气接触的锅炉等热力设备内表面的防腐。

3. 闭式循环冷却水系统的氧腐蚀及其防止

冷却热力系统辅机设备的密闭循环水，称为闭式循环冷却水。闭式循环冷却水的补充水可以用除盐水、凝结水等。

闭式循环冷却水的质量标准见表13-1。

表13-1　闭式循环冷却水的质量标准（GB/T 12145—2016）

材质	电导率（25℃，μS/cm）	pH值（25℃）
含铁系统	≤30	≥9.5
含铜系统	≤20	8.0～9.2

一般一台机组配一套闭式循环冷却水系统，包括两台100%容量的闭式冷却水泵和闭式冷却水热交换器（管式表面式冷却器），一个大气式高位事故膨胀水箱和一个氢气分离罐。闭式冷却水从被冷却设备吸收热量后，通过表面式冷却器将热量传给另一水温较低的冷却水（如江河水），温度下降后又循环进入需要冷却的设备（闭式冷却水用户）。闭式循环冷却水的基本流程为

冷却水→闭式冷却水箱→闭式冷却水泵→闭式冷却水热交换器→闭式冷却水用户→闭式冷却水泵进口。

为了防腐，有的闭式循环冷却水系统通过加 Na_3PO_4 来提高和维持闭式冷却水的 pH 值在 9.5～11.0，试图使钢铁自然钝化形成完整保护膜，但实际情况表明其防腐蚀效果较差。如某电厂4号机组B修检查时，发现闭式循环冷却水系统的高位事故膨胀水箱内氧腐蚀严重，腐蚀厚度约 2mm，内壁均匀分布 2cm 左右的鼓包，除掉腐蚀产物后可看到小坑，底部有泥状红色沉积物，为铁的氧化物，管道内壁也均匀分布许多 1～2mm 的腐蚀鼓包；腐蚀产物导致闭式循环冷却水系统启动时冷却水长时间浑浊，已造成部分管道堵塞。究其原因是冷却水中氧含量和电导率比较高，只提高 pH 值，碳钢等金属表面不会形成保护膜，也不会钝化；如果 pH 值不够高，则 OH^- 不足以把金属表面都覆盖住。因而，氧腐蚀仍然发生，甚至由于大阴极、小阳极，局部腐蚀更严重。因此，应研究开发出适于防止闭式循环冷却水系统腐蚀的方法，如添加缓蚀剂方法。据报道，目前已研究开发出能防止碳钢等金属在除盐水中腐蚀的咪唑啉类缓蚀剂。

二、沉积物下腐蚀及其防止

当锅内金属表面附着有沉积物（如水垢、水渣）时，沉积物下面的金属会发生腐蚀，称为沉积物下腐蚀。

1. 原理

发生沉积物下腐蚀的必要条件是锅炉水冷壁管上有沉积物和炉水有侵蚀性。

在正常运行条件下，水冷壁金属表面上常覆盖着一层 Fe_3O_4 膜，这是金属表面在高温炉水中形成的，其反应为

$$3Fe+4H_2O \xrightarrow{\text{约大于 300℃}} Fe_3O_4+4H_2$$

这样形成的 Fe_3O_4 膜是致密的，具有良好的保护性能，金属不会遭到腐蚀。但是，如果此 Fe_3O_4 膜遭到了破坏，那么金属表面就会暴露在高温炉水中，非常容易受到腐蚀。促使 Fe_3O_4

膜破坏的一个最重要因素，就是炉水的 pH 值不合适。

图 13-1 所示为钢在水溶液中的腐蚀速度和 pH 值的关系。这是模拟锅炉的工作条件（310℃和 10.13MPa）测得的，其中水溶液的 pH 值用 HCl 和 NaOH 调节，在 25℃测定。

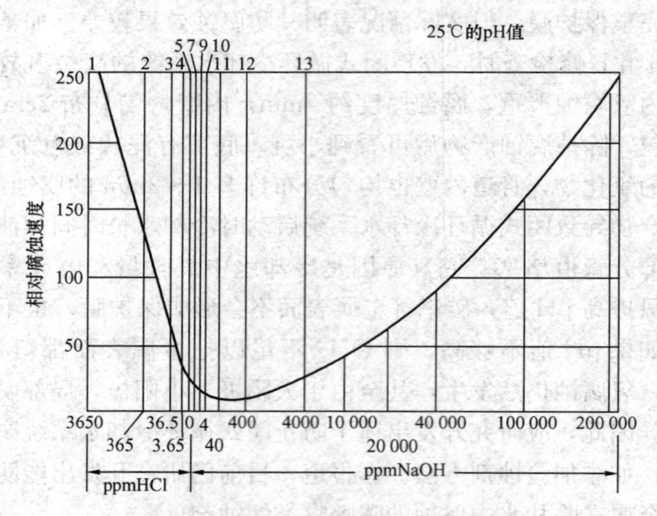

图 13-1 钢在水溶液中的腐蚀速度与 pH 值的关系

从图 13-1 中可看出，pH 值在 10～12 内时钢的腐蚀速度最小，而不在此范围时腐蚀加快。

在低 pH 值（pH＜8）下腐蚀加快的原因是 H^+ 起了去极化作用，而且此时反应产物都是可溶性的，不易形成保护膜。在高 pH 值（pH＞13）下腐蚀加快的原因，一方面是金属表面的 Fe_3O_4 保护膜由于溶解而遭到破坏：

$$Fe_3O_4 + 4NaOH \longrightarrow 2NaFeO_2 + Na_2FeO_2 + 2H_2O$$

另一方面是铁与 NaOH 直接反应：

$$Fe + 2NaOH \longrightarrow Na_2FeO_2 + H_2$$

亚铁酸钠（Na_2FeO_2）在高 pH 值的溶液中是可溶的。所以，当 pH>13 后，随着 pH 值的增高，钢的腐蚀速度迅速增大。

在正常运行条件下，由于炉水的 pH 值常保持在9.0～11.0，金属表面的保护膜是稳定的，所以不会发生腐蚀。但当金属表面上有沉积物时，情况就发生了变化。由于沉积物的传热性很差，沉积物下金属管壁的温度升高，渗透到沉积物下面的炉水会急剧蒸浓。浓缩的炉水由于沉积物的阻碍，不易和处于炉管中线部位的炉水混匀，故沉积物下炉水中各种杂质的浓度变得很高，具有很强的侵蚀性，使金属遭到腐蚀。实践证明，给水带有结垢物质（主要是铁的腐蚀产物）是引起锅内发生沉积物下腐蚀的一个重要因素。在运行中，这些结垢物质容易沉积在管壁的向火侧，所以向火侧是腐蚀的多发部位。

例如，在炉水中有游离 NaOH 时，沉积物下炉水因高度浓缩，pH 值可能超过 13，以致沉积物下发生碱对金属的腐蚀。这里，游离 NaOH 是指炉水中除磷酸盐水解所产生的 NaOH 外的其余 NaOH。

又如，当炉水中有 $MgCl_2$ 和 $CaCl_2$（主要是由于凝汽器泄漏，随冷却水进入水汽系统中的杂质）时，处于沉积物下蒸发浓缩的 $MgCl_2$ 和 $CaCl_2$ 发生以下反应：

$$MgCl_2 + 2H_2O \longrightarrow Mg(OH)_2 + 2HCl$$

$$CaCl_2 + 2H_2O \longrightarrow Ca(OH)_2 + 2HCl$$

反应生成物 $Mg(OH)_2$ 和 $Ca(OH)_2$ 会形成沉淀物，而浓缩的炉水变成了强酸(HCl)溶液，以致在沉积物下发生酸对金属的腐蚀。

2. 腐蚀类型

（1）根据以上分析，沉积物下腐蚀可分为以下两种情况。

1）酸性腐蚀。如图 13-2（a）所示，在高温浓缩条件下，沉积物下炉水中的 $MgCl_2$ 和 $CaCl_2$ 等物质水解产生 H^+，导致金属的酸性腐蚀：

阳极反应：$Fe \longrightarrow Fe^{2+} + 2e$

阴极反应：$2H^+ + 2e \longrightarrow 2H \longrightarrow H_2$

生成的 H_2 受到沉积物的阻碍不能很快扩散到汽水混合物区域，而在金属和沉积物之间积累。这些氢有一部分可能扩散到金属内部，和碳钢中的碳化铁（渗碳体）发生反应：

$$Fe_3C + 2H_2 \longrightarrow 3Fe + CH_4$$

因而造成碳钢脱碳，金相组织受到破坏。同时，CH_4 会在金属内部产生压力，致使金属组织出现裂纹。

2）碱性腐蚀。炉水中的游离 NaOH 在沉积物下会浓缩形成高浓度的 OH^-，导致金属的碱性腐蚀。由于沉积物外部的炉水（即汽水混合物）和沉积物下的炉水相比，OH^- 浓度小，H^+ 浓度大，所以阴极反应不是发生在沉积物下面，而是发生在没有沉积物的背火侧管壁上，如图 13-2（b）所示。这时生成的 H_2 没有任何东西阻拦，可以很快进入汽水混合物中，最终随蒸汽流向汽轮机，所以不会发生钢的脱碳现象，只是在沉积物下形成腐蚀坑。生产实际中，蒸汽中的 H_2 是反映金属腐蚀的一个特征信息。

炉水中的游离 NaOH 是从哪里来的呢？我们知道，进入锅内的给水中总含有少量的碳酸盐。例如，以单纯“钠离子交换法”制得的软化水作为补给水时，给水中含有碳酸氢钠；以“石灰处理-钠离子交换法”制得的软化水作为补给水时，给水中含有碳酸钠；即使以除盐水或蒸馏水作为补给水时，因凝汽器的渗漏，冷却水中的碳酸盐进入给水中，因而给水中也总含有少量的碳酸盐。这些碳酸盐进入锅炉内后，由于锅炉内水温高，会发生下列化学反应而产生 NaOH：

$$2HCO_3^- \longrightarrow CO_2\uparrow + H_2O + CO_3^{2-}$$

$$CO_3^{2-} + H_2O \longrightarrow CO_2\uparrow + 2OH^-$$

$$HCO_3^- \longrightarrow CO_2\uparrow + OH^-$$

上述碳酸盐的分解是锅炉内游离 NaOH 的主要来源。

另外，当离子交换器的进碱门关闭不严时，再生剂 NaOH 可能随补给水进入炉水中。

（2）上述沉积物下的碱性腐蚀和酸性腐蚀还可根据其损伤特

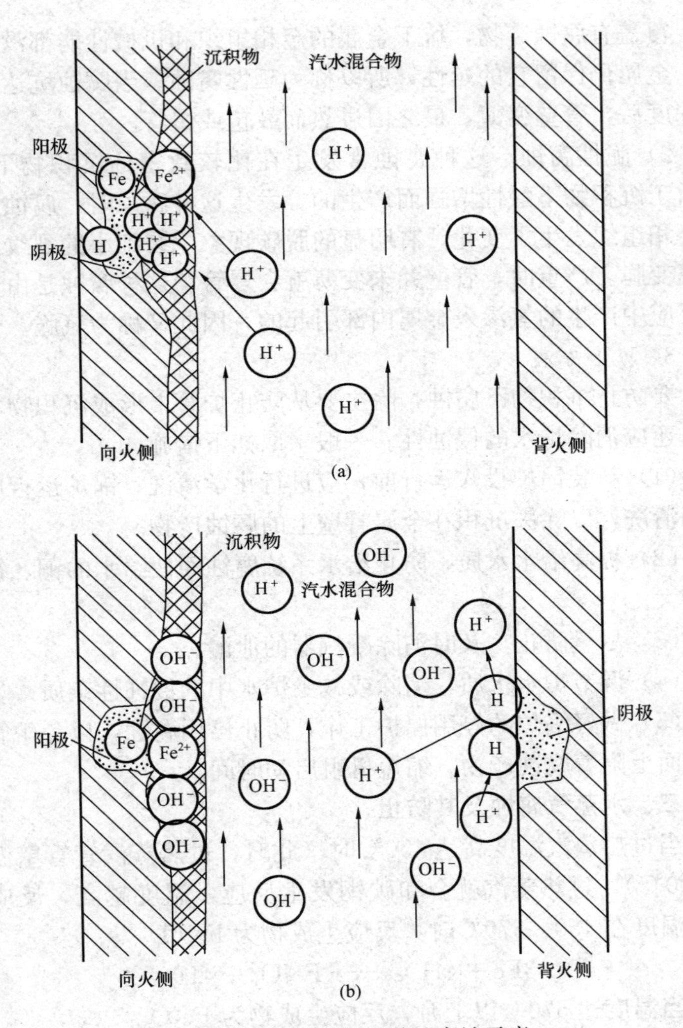

图 13-2　酸性腐蚀和碱性腐蚀示意

（a）酸性腐蚀；（b）碱性腐蚀

点分为延性腐蚀和脆性腐蚀。

1）延性腐蚀。这种腐蚀常发生在多孔沉积物的下面，是由于沉积物下的碱性增强而产生的。腐蚀特征是腐蚀坑凹凸不平，坑上覆盖有腐蚀产物，坑下金属的金相组织和机械性能都没有变化，金属仍保留它的延性，所以称为延性腐蚀。当腐蚀坑达到一定深度后，管壁变薄，最终因过热而鼓包或爆管。

2）脆性腐蚀。这种腐蚀常发生在比较致密的沉积物下面，是由于沉积物下酸性增强而产生的。发生这种腐蚀时，腐蚀部位的金相组织发生了变化，有明显的脱碳现象，有细小的裂纹，使金属变脆。严重时，管壁并未变薄就会爆管。这种腐蚀是由于腐蚀反应中产生的氢渗入金属内部引起的，因此又称为氢脆。

3. 防止方法

要防止沉积物下腐蚀，除主要从防止炉管上形成沉积物着手外，还应消除炉水的侵蚀性。一般采取如下措施。

（1）新装锅炉投入运行前，应进行化学清洗；锅炉运行后要定期清洗，以除去沉积在金属管壁上的腐蚀产物。

（2）提高给水水质，防止给水系统腐蚀而使给水的铜、铁含量增大。

（3）尽量防止、及时消除凝汽器的泄漏。

（4）调节炉水水质，消除或减少炉水中的侵蚀性杂质。

（5）做好锅炉的停用保护工作，防止停用腐蚀，以免炉管金属表面上附着腐蚀产物，缩短机组启动时间。

三、水蒸气腐蚀及其防止

当过热蒸汽温度高达450℃时（此时，过热蒸汽管管壁温度约500℃），过热蒸汽就会和碳钢发生反应，温度越高，反应越快。温度在450～570℃时，反应生成物为Fe_3O_4：

$$3Fe + 4H_2O \longrightarrow Fe_3O_4 + 4H_2$$

当温度达570℃以上时，反应生成物为Fe_2O_3：

$$Fe + H_2O \longrightarrow FeO + H_2$$

$$2FeO + H_2O \longrightarrow Fe_2O_3 + H_2$$

上述反应引起的腐蚀都属于化学腐蚀。当产生这种腐蚀时，管壁均匀变薄，腐蚀产物常常呈粉末状或鳞片状。

在锅炉内，发生汽水腐蚀的部位，一般是以下两个部位。

（1）汽水停滞部位。当锅炉内有水平的或倾斜度较小的管段，以致水循环不畅，运行中发生汽塞或汽水分层时，就可能因蒸汽严重过热而产生汽水腐蚀。

（2）蒸汽过热器中。过热蒸汽的温度，一般在450～605℃。正常情况下，如运行良好，过热器管壁上会形成一层黑色的Fe_3O_4保护膜，从而防止了腐蚀。如果在运行中过热器的热负荷和温度波动很大，使保护膜遭到破坏，那么过热器管壁就会遭受严重的汽水腐蚀。

防止汽水腐蚀的方法是消除锅炉中倾斜度较小的管段；对于过热器，如温度过高，应采用特种钢材制成。因为超高压及以上压力锅炉的过热蒸汽温度已达550℃以上，在力学性能（高温下发生蠕变）或耐蚀性能方面，普通碳钢都不能承受，必须用其他材料，如耐热的奥氏体不锈钢。

随着超临界、超超临界机组的投运，由于过热器管、再热器管内表面氧化皮脱落导致的过热超温甚至爆管事故日渐增多，究其原因，主要是材料的耐温性能和耐温度变化的性能有待提高。因为过热蒸汽、再热蒸汽的温度越来越高，温度变化越来越大，特别是频繁启停时，如果材料的性能稍差，其表面的保护膜就会变成氧化皮脱落。脱落下来的氧化皮在管弯处积累，蒸汽通流量减小，可导致过热超温甚至爆管。有人认为，过热器管、再热器管内表面氧化皮脱落导致过热超温甚至爆管事故日渐增多的原因是蒸汽中含氧，如与加氧工况相关。

四、应力腐蚀及其防止

金属在应力和腐蚀介质共同作用下产生的腐蚀，称为应力腐蚀。根据金属发生应力腐蚀时所受应力的不同，应力腐蚀分为应力腐蚀破裂和腐蚀疲劳。

锅炉遭受的应力腐蚀既有腐蚀疲劳，又有应力腐蚀破裂，分述如下。

1. 腐蚀疲劳及其防止

腐蚀疲劳是金属在腐蚀介质和交变应力（方向变换的应力或

周期应力）同时作用下产生的破坏。它所产生的裂纹，有的是穿晶的，有的是晶间的，也有两种都有的。这是由于金属材料在受到方向不同、大小不一的应力作用时，与水相接触的金属表面上的保护膜会被这种交变应力所破坏，导致电化学不均一性，因而发生局部腐蚀。

在锅炉汽包的管道结合处，如给水管接头处、加磷酸盐药液的管道及定期排污管与下联箱的结合处等，因金属局部受到交变冷热应力的作用，会发生腐蚀疲劳。这是因为当管道中水流的温度低于锅炉内水的沸点时，结合处发生冷却现象，随后，如停止加药致水流停止时，结合处又被炉水加热，使金属受到很大的应力。

在钢表面时干时湿、管道中汽水混合物的流速时快时慢，以及其他产生交变应力的情况下，也会产生腐蚀裂纹。

防止腐蚀疲劳的措施可从消除应力方面着手，如在汽包的给水管接头处加以特殊的保护套管，使汽包壁上管孔处的金属不与给水管直接接触，而在其间隔着一层蒸汽或炉水，以消除温度的剧变。

2. 不锈钢的应力腐蚀破裂及其防止

应力腐蚀破裂是金属在应力（特别是拉伸应力）和特定腐蚀介质共同作用下引起的断裂现象。对这种腐蚀的原理和过程，目前研究得还不够充分。但是，已经确认氯化物、氢氧化钠和硫化物等物质对奥氏体不锈钢有很强的侵蚀性。

在锅炉制造、安装或检修过程中，过热器和再热器的管子经焊接或弯管后，管材内部可能有些残余应力；水压试验或锅炉化学清洗时，含有氯化物、硫化物、氢氧化物的水溶液进入或残留在过热器或再热器内。当锅炉启动时，这种残存水很快被蒸发掉，水中杂质被浓缩到很高的浓度，于是在这种侵蚀性浓溶液和内应力的双重作用下，奥氏体钢材产生腐蚀裂纹。所以，应力腐蚀破裂是发生在高参数锅炉的过热器和再热器等奥氏体钢部件上的一种特殊应力腐蚀故障。

为防止应力腐蚀破裂，在制造、安装和检修时都应尽可能地消除钢材的内应力；在进行锅炉化学清洗或部件水压试验时，要避免含有氯化物、硫化物、氢氧化物的水溶液进入或残留在过热器、再热器管子中，对于U形弯头处更应特别留意。

3. 苛性脆化及其防止

苛性脆化属于应力腐蚀破裂。引起这种腐蚀的主要因素是金属所受的拉应力和水中的苛性钠（即NaOH）。因为腐蚀时金属发生脆化，故称苛性脆化；又因为这种腐蚀的结果是金属晶粒间产生裂纹，所以也有称晶间应力腐蚀破裂的。

实践证明，锅炉发生苛性脆化时，必定有三个因素同时存在：①炉水含有一定量的游离碱而具有侵蚀性；②锅炉是铆接或胀接的，而且在这些部位有不严密的地方，炉水可渗透进去而发生局部浓缩；③金属中有很大的应力（接近其屈服点）。

（1）原理。苛性脆化可看作是一种特殊的电化学腐蚀，是由于晶粒和晶粒边缘在高应力下发生电位差、形成腐蚀微电池而引起的。此时，晶粒边缘的电位比晶粒本身的低得多，因而此边缘为阳极，遭到腐蚀。当侵蚀性溶液（如含有游离NaOH的溶液）和应力下的金属相作用时，可将处于晶粒边缘的原子除去，因而使腐蚀沿着晶粒间发展。

苛性脆化的发生除有上述电化学过程外，阴极部分放出的氢对于腐蚀的发展也起很大作用。因为氢容易扩散到金属中间，并与钢材中的碳、碳化物和其他杂质反应，生成气体。这些气体物质在金属中不易扩散，因而产生附加应力，使金属的结构疏松，促使裂缝发展。

（2）腐蚀特征。苛性脆化常发生在锅炉的铆钉口和胀管口处，此时在铆钉头部产生脆化裂纹；有时铆钉头甚至基本断裂，用榔头稍微敲打就会脱落下来。在锅炉的钢板上或铆接用的覆板上发生苛性脆化时，裂纹在铆钉孔周围呈放射状，有的由一个铆钉孔连到另一个铆钉孔。这种裂纹不只是在金属的表面，而且会深入金属内部，以至穿过金属壁。

苛性脆化在发生初期不容易发现，因为它不会形成溃疡点，也不会使金属变薄。但一旦有这种腐蚀，金属遭到破坏的速度会加速进行。当能察觉到有裂纹时，金属的损伤可能已达到严重的程度。锅炉金属苛性脆化的结果，轻者使锅炉不能应用，重者会发生锅炉爆炸，造成严重事故。

（3）防止。由于现代兴建的电厂锅炉都是焊接的，所以还没有发现苛性脆化的事故。但对于那些已建的铆接或胀接的锅炉，为防止这种腐蚀，应消除炉水的侵蚀性，如维持一定的相对碱度。相对碱度是炉水中游离 NaOH 的量和总含盐量的比值，即游离 NaOH 量/总含盐量。低压和中压锅炉的长期运行经验证明，控制锅炉水相对碱度小于 0.2，就不会发生苛性脆化。但这个数值是一个经验数据，无严格的理论根据。相对碱度保持小一点，对于防止苛性脆化更有保证。一般在选择水处理方案时，应按给水的相对碱度不超过 20%考虑。

第二节　汽包锅炉炉水处理

一、炉水的磷酸盐处理

为防止在汽包锅炉中产生钙镁垢，除保证给水水质外，通常还需要在炉水中投加某些药品，使给水带进入锅炉的钙镁离子形成水渣随锅炉排污排除。对于发电锅炉，曾广泛用作锅炉内加药处理的药品是磷酸盐。向炉水中投加磷酸盐（其总含量用 PO_4^{3-} 表示）的处理方法，统称为磷酸盐处理。

磷酸盐处理始于 20 世纪 20 年代，至今已应用发展了 90 多年。起初，机组容量较小，锅炉补给水为软化水，汽包内还分盐段与净段，磷酸盐处理应用起来比较省事、简单。近几十年来，锅炉补给水由软化水改为除盐水，水质很纯，同时机组容量增长较快。为适应水质变化和大机组发展需要，经过试验研究与不断实践，磷酸盐处理得到了很大发展，人们对磷酸盐处理的特点、工艺及存在的问题有了更深刻的认识，并研究出了具体对策，关键是合理应用。

磷酸盐处理除可防止在汽包锅炉中产生钙、镁水垢外，还可增强炉水的抗污染能力，即为炉水提供适当碱性，对炉水中酸或碱的污染具有较强的缓冲能力，从而防止水冷壁管的酸性和碱性腐蚀，尤其是当遇到偶然的凝汽器泄漏和机组启动时的给水污染时，磷酸盐处理的适应能力强；另外，炉水中存在磷酸盐，由于共沉积作用，可降低蒸汽对二氧化硅的携带，也可减少蒸汽对氯化物和硫酸盐等离子的携带，从而改善了汽轮机沉积物的化学性质，减少了汽轮机腐蚀。因此，时至今日，磷酸盐处理仍然是汽包锅炉主要的炉内化学处理工艺。

DL/T 805.2—2016《火电厂汽水化学导则　第2部分：锅炉炉水磷酸盐处理》将磷酸盐处理划分为磷酸盐处理（PT）、低磷酸盐处理（LPT），下面分别加以介绍。

（一）磷酸盐处理（PT）

1. 原理

磷酸盐处理（PT）是为防止水冷壁管内壁生成钙镁水垢，增加炉水的缓冲性，减少水冷壁管的腐蚀，降低蒸汽对二氧化硅的溶解携带，改善汽轮机沉积物的化学性质，减少汽轮机的腐蚀，向炉水中加入适量磷酸三钠的处理。由于炉水处在沸腾条件下，而且它的碱性较强（炉水的pH值一般在9～11内），因此，炉水中的钙离子与磷酸根会发生下列反应：

$$10Ca^{2+} + 6PO_4^{3-} + 2OH^- \longrightarrow \underset{\text{（碱式磷酸钙）}}{Ca_{10}(OH)_2(PO_4)_6 \downarrow}$$

生成的碱式磷酸钙是一种松软的水渣，易随锅炉排污排除，且不会黏附在锅炉内转变成水垢。

因为碱式磷酸钙是一种非常难溶的化合物，它的溶度积很小，所以当炉水中保持有一定量的过剩 PO_4^{3-} 时，可将炉水中 Ca^{2+} 的含量降低到非常小，以至它的浓度与 SO_4^{2-} 浓度或 SiO_3^{2-} 浓度的乘积不会达到 $CaSO_4$ 或 $CaSiO_3$ 的溶度积，这样锅炉内就不会有钙垢形成。

随给水进入锅炉内的Mg^{2+}的量通常较少，在沸腾着的碱性炉水中，它会和随给水带入的SiO_3^{2-}发生下述反应：

$$3Mg^{2+} + 2SiO_3^{2-} + 2OH^- + H_2O \rightarrow 3MgO \cdot 2SiO_2 \cdot 2H_2O \downarrow$$

（蛇纹石）

蛇纹石呈水渣形态，易随炉水的排污排除。

磷酸盐处理的常用药品为磷酸三钠（$Na_3PO_4 \cdot 12H_2O$）。对于以钠离子交换水作补给水的热电厂，有时因为补给水率大，炉水碱度很高。为降低炉水的碱度，可使用磷酸氢二钠（$Na_2HPO_4 \cdot 12H_2O$），以消除一部分游离的NaOH，其反应式如下：

$$NaOH + Na_2HPO_4 \longrightarrow Na_3PO_4 + H_2O$$

2. 炉水中的磷酸根含量标准

由以上叙述可知，为防止钙镁水垢，在炉水中要维持足够的PO_4^{3-}含量。这个含量和炉水中的SO_4^{2-}、SiO_3^{2-}含量有关，从理论上讲可根据溶度积算出，但实际上因为没有钙、镁化合物在高温炉水中的溶度积数据，而且锅炉内生成水渣的实际反应过程也很复杂，所以还估算不了炉水中应维持PO_4^{3-}的合适含量，而主要凭实践经验确定。根据锅炉的长期运行实践，为保证锅炉磷酸盐处理的防垢效果，目前炉水中应维持的PO_4^{3-}含量见表13-2和表13-3。

表13-2　磷酸盐处理时的控制标准（摘自DL/T 805.2—2016）

锅炉汽包压力（MPa）	二氧化硅（mg/L）	氯离子（mg/L）	磷酸根（mg/L）	pH值（25℃）	电导率（25℃，μS/cm）
3.8～5.8	—	—	5～15	9.0～11.0	—
5.9～12.6	≤2.0	—	2～6	9.0～9.8	＜50
12.7～15.8	≤0.45	≤1.5	1～3	9.0～9.7	＜25

表13-3　炉水中应维持的PO_4^{3-}含量（摘自GB/T 12145—2016）

锅炉汽包压力（MPa）	3.8～5.8	5.9～10.0	10.1～12.6	12.7～15.8	＞15.8
磷酸根（mg/L）	5～15	2～10	2～6	≤3*	≤1*

* 控制锅炉水无硬度。

对于汽包压力为5.9～15.8MPa的锅炉，如果凝汽器泄漏频繁，给水硬度经常波动，那么PO_4^{3-}的含量应控制得高一些，可按表13-2中锅炉汽包压力低一档次的标准进行控制。

但炉水中的PO_4^{3-}也不能太多，太多了不仅随排污水排出的药量会增多，使药品的消耗增加，而且还会引起下述不良后果。

(1) 增加炉水的含盐量，影响蒸汽品质，引起过热器管内表面和汽轮机叶片积盐。

(2) 当炉水中PO_4^{3-}过多时，可能生成$Mg_3(PO_4)_2$。$Mg_3(PO_4)_2$在高温水中的溶解度非常小，能黏附在炉管内形成二次水垢。这种二次水垢是一种导热性很差的松软水垢。

(3) 容易在高压及以上压力锅炉中发生磷酸盐"隐藏"现象，导致水冷壁管发生酸性磷酸盐腐蚀。

3. 加药方式

磷酸盐溶液一般在发电厂的水处理车间配制，配制系统如图13-3所示。在磷酸盐溶解箱1中用补给水将固体磷酸盐溶解成浓磷酸盐溶液（质量分数一般为5%～8%），然后用泵2将此溶液通过过滤器3送至磷酸盐溶液贮存箱4内。过滤是为了除掉磷酸盐溶液中的悬浮杂质，以保证溶液的纯净和减轻对加药设备的磨损。

磷酸盐溶液加入锅炉内的方式是用高压力（泵的出口压力略高于锅炉汽包压力）、小容量的活塞泵，连续地将磷酸盐溶液加

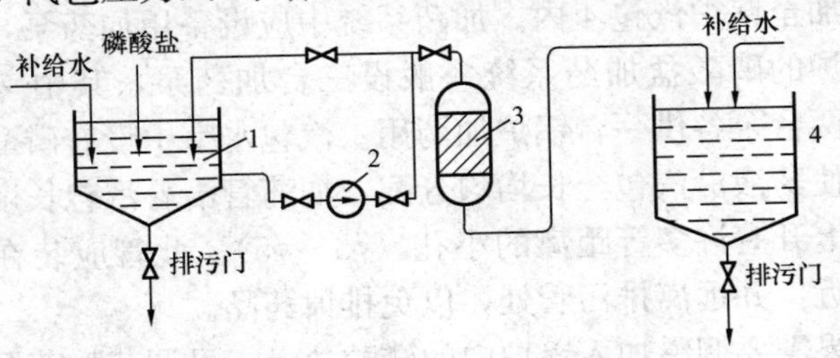

图13-3　磷酸盐溶液配制系统

1—磷酸盐溶解箱；2—泵；3—过滤器；4—磷酸盐溶液贮存箱

至汽包内的炉水中，加药系统如图 13-4 所示。汽包内的加药管沿汽包轴向水平布置，比锅炉连续排污管低 100～200mm。药液从加药管的中部进入，加药管的出药孔沿汽包长度方向向下布置。

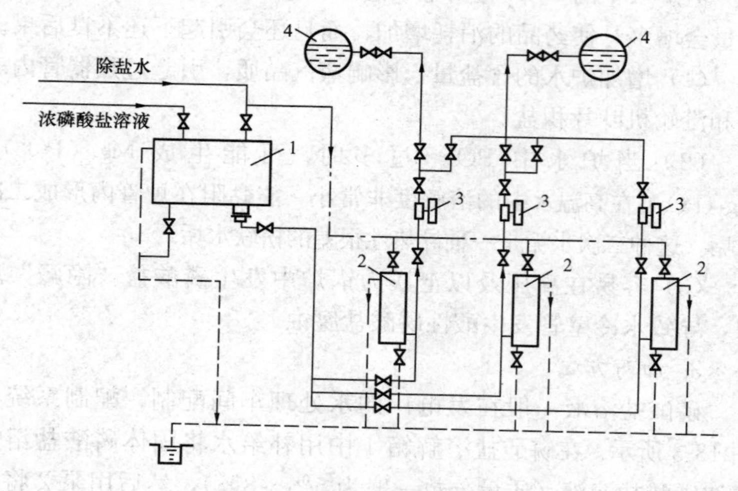

图 13-4　磷酸盐溶液加药系统

1—磷酸盐溶液贮存箱；2—计量箱；3—加药泵；4—锅炉汽包

加药时，先用补给水稀释磷酸盐溶液贮存箱 1 里的浓磷酸盐溶液。稀释后磷酸盐的质量分数视加药泵的容量和需加剂量而定，一般为 1%～5%。然后将稀溶液引入计量箱 2 内，再用加药泵 3 加至锅炉汽包 4 内。加药系统中应设备用加药泵，两台同参数锅炉的磷酸盐加药系统一般设三台加药泵，其中一台作备用，另两台泵各供一台锅炉加药用。汽包水室中设有磷酸盐加药管，为使药液沿汽包全长均匀分配，加药管沿着汽包长度方向铺设，管上开有许多等距离的小孔（$\phi3$～$\phi5$）。此管应装在下降管管口附近，并远离排污管处，以免排掉药品。

如果需要调整加入锅炉内的磷酸盐量，可调节加药泵的活塞冲程、频率或改变磷酸盐溶液贮存箱里浓磷酸盐溶液的稀释倍数，从而改变加入的磷酸盐溶液质量分数。

在锅炉运行中，如发现炉水中 PO_4^{3-} 浓度过高，则可暂停加药泵，待其在炉水中的含量正常后，再启动加药泵。

目前，不少电厂已实现磷酸盐的自动加药，如设置炉水 PO_4^{3-} 含量的自动调节设备，利用炉水 PO_4^{3-} 测试仪表的输出信号，通过改变频率控制加药泵的转速，自动、精确地维持炉水中 PO_4^{3-} 含量。采用这种设备还可减轻磷酸盐处理的工作量。

4. 加药量估算

磷酸盐处理的加药量与以下几个方面有关：①与 Ca^{2+} 生成水渣所消耗的磷酸盐；②为保证生成水渣反应彻底和维持炉水 pH 值，也即为了使炉水中的 PO_4^{3-} 含量达到规定的标准值所需加入的磷酸盐；③排污损失的磷酸盐。由于生成水渣的实际化学反应很复杂，前面所述的生成 $Ca_{10}(OH)_2(PO_4)_6$ 的反应，只不过是主要反应，所以不能精确地计算加药量，实际加药量只能根据炉水应维持的 PO_4^{3-} 含量，通过调整求得。另外，在设计磷酸盐加药系统时，为方便起见，不是按给水中 Ca^{2+} 的量而是按给水硬度估算加药量。下面介绍具体的估算方法。

（1）锅炉启动时的加药量。锅炉启动时，炉水中还没有 PO_4^{3-}，为使炉水中的 PO_4^{3-} 含量达到规定的标准值，需要加入的磷酸三钠量可按式（13-1）计算：

$$G_{LI}=\frac{1}{0.25}\times\frac{1}{\varepsilon}\times\frac{1}{1000}\times(V_G I_{LI}+28.5HV_G) \tag{13-1}$$

式中：G_{LI}为磷酸三钠的加药量，kg；0.25 为磷酸三钠中 PO_4^{3-} 的分率；ε 为磷酸三钠的纯度；V_G为炉水系统的容积，m^3；I_{LI}为炉水中应维持的 PO_4^{3-} 含量，根据各参数机组执行标准查表 13-2 或表 13-3 求得，mg/L；28.5 为使 1mol（$1/2Ca^{2+}$）变为 $Ca_{10}(OH)_2(PO_4)_6$所需的 PO_4^{3-}，g；H 为给水硬度，mmol/L。

（2）锅炉运行时的加药量。锅炉投入运行后，磷酸盐的加药量包括上述①、②、③三部分，可按式（13-2）计算，即

$$D_{LI}=\frac{1}{0.25}\times\frac{1}{\varepsilon}\times\frac{1}{1000}\times(28.5HD_{GE}+D_P I_{LI})\text{kg/h} \tag{13-2}$$

式中：D_{LI}为磷酸三钠的加药量，kg/h；D_{GE}为锅炉给水量，t/h；D_P为锅炉排污水量，t/h。

5. 注意事项

磷酸盐处理是汽包锅炉最早使用的炉水处理技术，适于汽包压力低于15.8MPa、用软化水或除盐水作锅炉补给水的锅炉采用，因而广泛用于低压、中压、高压、超高压及亚临界压汽包锅炉上。为保证处理效果且不影响蒸汽品质，必须注意以下几个问题。

（1）一般给水硬度应不大于2.0μmol/L；对于水的净化工艺比较简单的低压锅炉或工业用锅炉，给水最大硬度不应大于35μmol/L。否则，生成的水渣太多，锅炉排污增加，甚至恶化蒸汽品质。

（2）应将炉水中的PO_4^{3-}含量维持在表13-2或表13-3规定的范围内。另外，加药要均匀，速度不可太快，以免炉水含盐量骤然增加，影响蒸汽品质。

（3）及时排除水渣，以免因水渣太多而影响炉水循环、恶化蒸汽品质和堵塞管道。

（4）对于已经结垢的锅炉，在进行磷酸盐处理时，必须先将水垢清除掉。因为PO_4^{3-}能与钙垢作用，使其脱落或转化为水渣，导致锅炉水垢、渣大量增加而影响蒸汽品质，严重时脱落的垢块会堵塞炉管，导致水循环故障。

（5）药品应比较纯净，以免杂质进入锅炉内。药品质量一般应符合下述要求：$Na_3PO_4 \cdot 12H_2O$含量不小于95%，不溶性残渣不大于0.5%。对于汽包压力为5.9～15.8MPa的锅炉，使用的磷酸盐纯度应为化学纯或以上级别；汽包压力大于15.8MPa的锅炉，使用的磷酸盐纯度应为分析纯或以上级别。

另外，在水质条件恶化时，如凝汽器发生泄漏或机组处在启动阶段，要及时排污换水，将磷酸盐软垢排掉，以防沉积。即使在正常水质条件下，也要保证一定的排污量，尤其是定排一定要按期进行。

6. 易溶盐“隐藏”现象

有的汽包锅炉在运行时会出现一种炉水水质异常的现象，即当锅炉负荷增高时，炉水中某些易溶钠盐（Na_2SO_4、Na_2SiO_3 和 Na_3PO_4）的浓度明显降低；而当锅炉负荷减少或停炉时，这些钠盐的浓度重新增高，这种现象称为盐类“隐藏”现象，也称盐类暂时消失现象，主要是磷酸盐发生“隐藏”现象。

这种现象的实质是在锅炉负荷增高时，炉水中某些易溶钠盐有一部分从水中析出，沉积在炉管管壁上，结果使它们在炉水中的浓度降低；而在锅炉负荷减少或停炉时，沉积在炉管管壁上的钠盐又被溶解下来，使它们在炉水中的浓度重新增高。由此可知，出现盐类“隐藏”现象时，在某些炉管管壁上必然有易溶盐的附着物形成。

(1)“隐藏”原因。发生盐类“隐藏”现象的原因与下列情况有关。

1）易溶盐的特性。在高温水中，某些钠化合物在水中的溶解度随着水温的升高而下降，如图 13-5 所示。例如，Na_2SO_4、Na_2SiO_3 和 Na_3PO_4 的溶解度先随水温的升高而增大，当温度超过某一数值后溶解度则下降。这种变化以 Na_3PO_4 最为明显，当水温超过 120℃后，它的溶解度随着水温的升高而急剧下降。

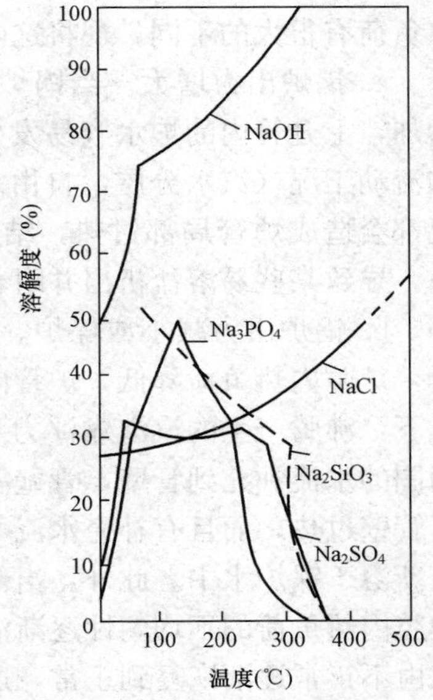

图 13-5 钠化合物在水中的溶解度与温度的关系

在中压及以上压力锅炉中，炉水的温度都很高，由于上述几种钠化合物在高温水中的溶解度较小，如果炉管内发生炉水的局部蒸发浓缩，则它们就容易在此局部区域达到饱和浓度而“隐藏”起来。

上述几种钠盐的饱和溶液的沸点较低，当炉管局部过热使其内壁温度较高时，这些钠盐的水溶液能完全蒸干而形成固态附着物。研究得知，Na_2SO_4、Na_2SiO_3 或 Na_3PO_4 单独形成溶液时，饱和溶液的沸点比纯水的沸点稍高，但两者温差不太大。例如，压力为 9.8MPa 时，对于 Na_2SO_4，其饱和溶液的沸点只比纯水的沸点高 10℃（在其他压力下，这种温差也在 10℃左右）；对于 Na_3PO_4，这种温差还要小些。当水溶液中多种钠盐共存时，这种温差比单一钠盐存在时要稍高一点，但差异并不大。如果炉管内壁的温度高于纯水沸点的数值超过了上述温差，就会有钠盐析出并附着在管壁上，其中，Na_3PO_4 最容易形成这种附着物。

2）炉管热负荷。炉管的热负荷不同时，炉管内水的沸腾和流动工况也不同。在锅炉的出力增大和减小两种情况下，炉管的热负荷有很大的不同，现将这两种情况分述如下。

a. 锅炉出力增大。当锅炉出力增大时，由于炉膛内热负荷增加，上升管内的炉水容易发生不正常的沸腾工况（膜态沸腾）和流动工况（汽水分层、自由水面和循环倒流等）。这些异常工况都会造成炉管局部过热，结果使管内锅炉水发生局部蒸发浓缩，导致某些易溶盐析出并附着在管壁上。

b. 锅炉出力减小或停炉。当锅炉出力减小或在停炉过程中时，炉膛内热负荷降低，炉管内恢复汽泡状沸腾工况。在这种工况下，沸腾产生的汽泡靠浮力和水流冲力离开管壁；与此同时，周围的水流补充到管壁，管壁能得到及时冷却。这样，不仅消除了管壁过热，而且有补充水流不断冲刷管壁，原来附着的钠盐可重新溶于锅炉水中。此外，当出力减小或在停炉过程中时，由于炉膛内热负荷的不均匀性逐渐消失，上升管中炉水的流动工况随之由不正常逐渐恢复到正常，这也有助于附着的易溶钠盐重新溶于水中。

3）炉管沉积物的量。生产实际中发现，不同厂（或同一厂）

的同型号锅炉，炉水磷酸盐含量相同，但有的锅炉经常发生“隐藏”现象，有的则不发生。究其原因，可能与炉管沉积物的多寡有关。

（2）危害。炉管上附着的易溶盐的危害性和水垢相似，包括以下几个方面。

1）易溶盐能与炉管上的其他沉积物，如金属腐蚀产物、硅化合物等发生反应，变成难溶的水垢。

2）易溶盐附着物的导热能力差，可能导致炉管严重超温，甚至烧坏。

3）引起沉积物下的金属腐蚀。研究得知，当 Na_3PO_4 发生“隐藏”现象时，在高热负荷的炉管管壁上会形成 $Na_{2.85}H_{0.15}PO_4$ 的固相易溶盐附着物，反应式为

$$Na_3PO_4 + 0.15H_2O \longrightarrow Na_{2.85}H_{0.15}PO_4 \downarrow + 0.15NaOH$$

反应结果是炉管管壁边界层的液相中含有游离 NaOH，这可能引起炉管的碱性腐蚀。

4）破坏 Fe_3O_4 保护膜。有以下两种观点对此解释。

a. Na_3PO_4 和 Fe_3O_4 交换离子。Na^+ 可能置换 Fe_3O_4 中的 Fe^{2+}，因为 Na^+ 的半径（9.8nm）比 Fe^{2+} 的半径（8.3nm）大18%，故置换会扭曲 Fe_3O_4 晶格，破坏 Fe_3O_4 保护膜的致密性。

b. 磷酸盐和 Fe_3O_4 反应，生成酸性磷酸盐，即发生所谓酸性磷酸盐腐蚀。反应具有以下特征：反应发生需要的磷酸盐浓度超过其溶解度；反应产物随炉水中 Na^+/PO_4^{3-} 摩尔比（R）值的不同而有所变化，当 R 值超过一定值时，磷酸盐和 Fe_3O_4 不反应；反应可逆，负荷升高时反应发生，磷酸盐优先沉积下来，水相碱度升高，负荷降低时，磷酸盐释放，产生酸性大的溶液，使 Fe_3O_4 保护膜的破坏加快。

酸性磷酸盐腐蚀的关键产物是磷酸亚铁钠（$NaFePO_4$）。发生酸性磷酸盐腐蚀时，炉管水侧保护性磁性氧化铁层将被破坏，形成槽蚀区，表现出很快的腐蚀速度（可达

100mm/a）。槽蚀区内，腐蚀产物分为2层或3层，外层为白色，为给水腐蚀产物，内层为灰色磷酸亚铁钠，上面还覆盖有红色氧化铁斑点。容易发生酸性磷酸盐腐蚀的部位是管内表面水循环受干扰的地方，如焊接接口处，管子锻打搭接处，沉积物残留处，管子方向骤变处，管子内径改变处，接于燃烧器、下联箱及汽包的弯管处；高热通量区域；热力或水力流动受影响的位置，如发生核沸腾的管段、从上面或下面加热的水平管段与倾斜管段。而在正常生产蒸汽的管子上，在正常的、发生可恢复的磷酸盐“隐藏”现象的管子上，并不发生酸性磷酸盐腐蚀。

综上所述，磷酸盐不能消除氧化铁垢和氧化铜垢，相反会促进铁、铜等金属离子的磷酸盐沉积，增加高热负荷区水冷壁管损坏的可能性。

（二）低磷酸盐处理（LPT）

目前，对于高参数汽包锅炉，随给水进入锅炉内的Ca^{2+}、SO_4^{2-}、SiO_3^{2-}及致酸物（如在锅炉内分解出有机酸的有机物、蒸发浓缩产生强酸的微量强酸阴离子）等杂质的量非常少，原因如下：①普遍采用纯度极高的二级除盐水作为锅炉补给水；②随着不锈钢管凝汽器的推广应用，凝汽器严密性较好，渗漏到凝结水中的冷却水量非常少，加之普遍设置有凝结水精处理装置，凝结水水质很好。

随着给水水质的提高，生成水渣及中和酸性物所需要的磷酸盐必然减少，因此，具备了降低炉水磷酸盐浓度的水质条件。低磷酸盐处理就是顺应给水水质的这种变化而提出的炉水水质调节技术，是为防止锅炉内生成钙镁水垢和减少水冷壁管腐蚀，向炉水中加入少量磷酸三钠的处理。其特征是炉水PO_4^{3-}含量远低于磷酸盐处理（PT）和协调pH-磷酸盐处理的控制值。表13-4是DL/T 805.2—2016《火电厂汽水化学导则 第2部分：锅炉炉水磷酸盐处理》规定的低磷酸盐处理的控制标准。

表 13-4　　低磷酸盐处理的控制标准（摘自 DL/T 805.2—2016）

锅炉汽包压力（MPa）	二氧化硅（mg/L）	氯离子（mg/L）	磷酸根（mg/L）	pH 值（25℃）	电导率（25℃，μS/cm）
5.9～12.6	≤2.0	—	0.5～2.0	9.0～9.7	<20
12.7～15.8	≤0.45	≤1.0	0.5～1.5	9.0～9.7	<15
15.9～19.3	≤0.20	≤0.3	0.3～1.0	9.0～9.7	<12

低磷酸盐处理适于汽包压力大于 15.8MPa、用除盐水作锅炉补给水、给水无硬度或氢电导率合格的锅炉采用。用除盐水作锅炉补给水、给水长期无硬度、采用磷酸盐处理或协调 pH-磷酸盐处理时磷酸盐“隐藏”现象严重的锅炉，推荐采用低磷酸盐处理。低磷酸盐处理对于防止钙垢和维持炉水的 pH 值有较好效果，采用低磷酸盐处理的锅炉很少发生酸性磷酸盐腐蚀，仍可能发生磷酸盐“隐藏”现象，但发生“隐藏”的程度会减轻。

采用低磷酸盐处理的锅炉，当发现凝汽器出现泄漏时，应及时增加磷酸盐的加药量。因此，凝汽器严密性较差（即渗漏量较大）或泄漏频繁的机组，不宜采用低磷酸盐处理。

二、NaOH 处理（CT）

英国 20 世纪 70 年代即开始采用低浓度纯 NaOH 调节汽包锅炉炉水水质，距今已有 40 余年的成功经验；德国、丹麦等国在磷酸盐处理运行中发现磷酸盐“隐藏”造成腐蚀后也放弃了磷酸盐处理而改为用 NaOH 调节汽包锅炉炉水水质，并都相应制定了运行导则。至今，英国、俄罗斯、德国、丹麦和中国等，已在除盐水作补给水的高压及以上压力汽包锅炉机组（包括压力为 16.5～18.5MPa 的 500MW 汽包锅炉机组）上成功应用了炉水 NaOH 处理。

1. 必要性和可行性

（1）炉水磷酸盐处理本是为防止结钙镁水垢的。正常运行时，如果凝汽器不发生泄漏，现代补给水处理设备和凝结水处理设备能保证给水硬度在国家标准允许范围内，因而磷酸盐的防垢作用减退。这种高纯给水进入锅炉，因为其硬度一般很小，即使有浓缩，也达不到形成水垢的溶度积，因而对这种高纯炉水没有必要进行预防性处理，即加较多的磷酸盐来处理微量的钙、镁硬度。而且，磷酸盐在高温、高压锅炉水中的副作用表现得越来越充分，如负荷变化时发生磷酸盐“隐藏”现象、产生酸性磷酸盐腐蚀等。另外，还可能由于磷酸盐药品的纯度低而人为地将杂质带入炉内，使水冷壁管的沉积量增大，造成沉积物下介质浓缩腐蚀。

炉水处理如果主要着眼于正常运行水质，现阶段只需进行一些微量的调节和控制。如采用不挥发性碱进行炉水处理，理论上用 LiOH 最好，实际上是 NaOH 最实用。

（2）以前人们对采用 NaOH 进行炉水处理的担心是害怕发生碱性腐蚀和苛性脆化。但是，随着现代锅炉由铆接改为焊接，给水水质变纯，发生这两类腐蚀破坏的可能性越来越小。而除盐水和凝结水的缓冲性很弱，微量的杂质可对水质产生明显影响，如少量的氢离子就可使水的 pH 值有明显偏低；而且当前水源的污染日趋严重，污染物中很大一部分是有机物，它们随生水一起进入补给水处理系统，大部分都不能被过滤器全部截留，进入给水管道后在 102℃就开始分解，当水温达 210℃时分解加剧，在炉水中分解产生酸，引起炉水的 pH 值下降，导致水冷壁管严重腐蚀，也使炉水、蒸汽中的铁化合物含量增加，氧化铁垢形成加剧，硅沉积物增多。

（3）提高水的 pH 值最简单的方法是对水进行加氨处理，这对低温的凝结水和给水很有效。但是，高温时氨的电离常数随温度的升高而降低，因而加氨不能保证炉水必要的碱性；而且在两相介质条件下，加入的氨有相当一部分随饱和蒸汽一起从炉水中释放出来而被蒸汽带走，因而可能使炉水的 pH 值甚至低于给水的 pH 值，在强烈沸腾的近壁层还可能出现酸性介质。

研究表明，存在潜在酸性化合物的条件下，不论氨的剂量有多大，氨处理时在强烈沸腾的近壁层都会不可避免的出现异常介质，引起水冷壁管内表面上 Fe_3O_4 膜的破坏和形成过程交替进行，形成多孔层状的 Fe_3O_4 膜，不具有保护性。如果这时在此处有酸性介质浓缩，金属就会强烈腐蚀，首先遭到破坏的是高热负荷区的水冷壁管。所以，传统的挥发性水工况通过给水加氨调节炉水 pH 值的方法不能消除“腐殖酸盐”进入锅炉后造成的不良后果，解决的最佳办法是采用不挥发性碱——NaOH 处理。

（4）采用海水作冷却水的机组，凝汽器发生泄漏时，$MgCl_2$、$CaCl_2$ 等会随冷却水一起漏入汽轮机凝结水，之后进入给水管道和锅炉，在温度高于 190℃时水解形成盐酸。在这种情况下，高热负荷区域疏松沉积物层下的 pH 值会降到 5 以下，因而金属会遭受严重的局部腐蚀。如果炉水采用 NaOH 调节 pH 值，则可防止水冷壁管的这种破坏。和磷酸盐相比，NaOH 没有反常溶解度，不会发生“隐藏”现象。

2. 原理和目的

NaOH 处理的原理是炉水中 NaOH 由于与氧化铁反应生成铁的羟基络合物而在金属表面形成致密的保护膜。目的是在溶液中保持适量的 OH^-，抑制炉水中 Cl^-、机械力和热应力对氧化膜的破坏作用。炉水采用 NaOH 处理也是解决炉水 pH 值降低的有效方法之一。

研究结果表明，浓度适中的 NaOH 溶液不同于氨溶液，它能显著提高膜的稳定性。与流动中性水相接触的碳钢表面形成的 Fe_3O_4 膜的抗腐蚀性能比在低浓度 NaOH 溶液中形成的膜差得多，因为 NaOH 存在时，金属表面不仅有自身的氧化层，而且还有一层羟基铁氧化物覆盖该层，它也对金属起保护作用。这层膜越牢固和致密，则防腐蚀的效果越好。但是，直到目前，对 NaOH 处理下高温水中金属表面氧化膜的状况和性能的研究还不够，还需要进一步研究和探讨。

3. 控制标准

对于单纯采用 NaOH 处理的锅炉，炉水中 NaOH 的浓度有人主张小于 1mg/L，也有人认为可略高于 1mg/L。对于大容量机组，炉水中 NaOH 的量可适当低一些。

表 13-5 给出了 DL/T 805.3—2013《火电厂汽水化学导则 第 3 部分：汽包锅炉炉水氢氧化钠处理》规定的氢氧化钠处理的

控制标准。

表 13-5　NaOH 处理的控制标准（摘自 DL/T 805.3—2013）

锅炉汽包压力（MPa）	pH 值①（25℃）	电导率	氢电导率②	氢氧化钠	氯离子②	钠	二氧化硅
		25℃（μS/cm）		(mg/L)			
12.7～15.8	9.3～9.7	5～15	≤5.0	0.4～1.0	≤0.35	0.3～0.8	≤0.25
15.9～18.3	9.2～9.6	4～12	≤3.0	0.2～0.6	≤0.2	0.2～0.5	≤0.18

注　分段蒸发汽包锅炉氢氧化钠处理炉水质量标准在参考本表的基础上通过试验确定。

① pH 值为 25℃时锅炉水实测值，含氢氧化铵的作用。

② 汽包炉应用给水加氧处理时，炉水氢电导率和氯离子含量应调整为控制值的 50%。

4. 实施方法

（1）炉水 pH 值、氢氧化钠和氨浓度的关系。炉水 pH 值、NaOH、氨浓度的理论关系如图 13-6 所示。

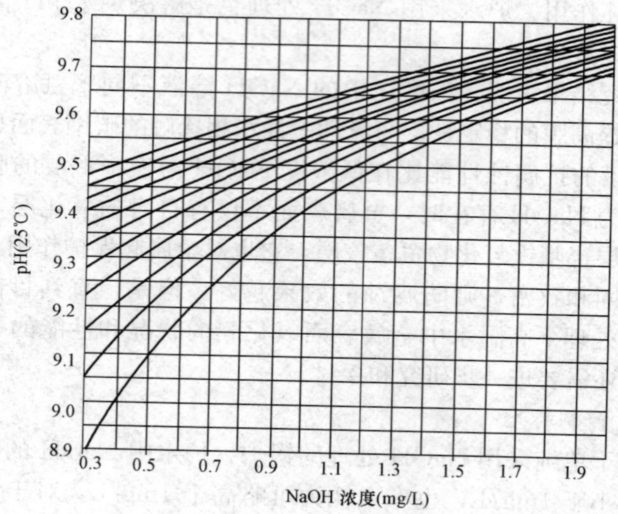

图 13-6　炉水 pH 值与 NaOH、氨浓度的理论关系

图中曲线自下而上表示不同的氨浓度（mg/L）：0、0.1、0.2、0.3、0.4、0.5、0.6、0.7、0.8、0.9、1.0。

(2) 机组启动时的加药处理。机组正常启动时，给水加氨的同时也应向炉水中加入适量的氢氧化钠。启动过程中的氢氧化钠加入量可为运行时的 1～2 倍，通过锅炉排污使其达到运行控制值。

(3) 运行与监控。

1) 水汽质量监测。采用氢氧化钠处理时，热力系统运行中监测的水汽质量项目按 GB/T 12145—2016（参见第十四章）的规定执行。

2) 炉水控制指标。炉水控制指标应符合表 13-5 的规定。

5. 适用条件

实施 NaOH 处理的机组，不仅要求水冷壁管管壁保持洁净、无孔状腐蚀，而且给水也应保持较高的纯度，其中氢电导率 (25℃) 应小于 0.20μS/cm。因为含盐量高的给水用 NaOH 碱化，尽管可有效地抑制金属全面腐蚀，但局部腐蚀和碱性腐蚀的可能性却大大增加了。所以要求给水纯度较高，并且还要定期对机组进行排污。当水冷壁管的垢量大于 150g/m^2 时，在采用氢氧化钠处理前必须对锅炉进行化学清洗。当水冷壁管的垢量不大于 150g/m^2 时，可直接实施氢氧化钠处理。

一般采用 NaOH 处理的锅炉，NaOH 只添加到炉、无孔状水中，凝结水、给水的碱化仍需要加氨。但有的国家建议将 NaOH 溶液同氨溶液一起添加到省煤器前的除氧水中，即 NaOH 也加到除氧器后的给水管道中，这样可达到最佳混合，消除直接向汽包内添加时造成局部 pH 值偏高的现象。氢氧化钠的量只需维持炉水要求的碱性即可。

国外的经验表明，汽包锅炉采用 NaOH 处理后，解决了以前氨调节炉水 pH 值时存在的问题。如德国采用全挥发处理的燃油汽包锅炉经常遭受脆性损坏，当向给水中投加 NaOH 后，水冷壁管遭受的腐蚀停止了。美国专家对高压锅炉内部腐蚀的广泛研究指出，在新产生蒸汽的管子内表面足够清洁的条件下，存在 NaOH 不会引起腐蚀，并且还能防止由于凝汽器泄漏使炉水 pH

值下降所引起的腐蚀。英国电厂广泛采用 NaOH 处理的原因是炉水中存在 OH^- 离子有利于在锅炉金属表面恢复损坏的保护膜。有一台机组，进行全挥发处理时，锅炉水铁含量在 100μg/L 左右，蒸汽中的氢含量大约为 12μg/L，尽管采取经常排污的措施，仍无法解决铁浓度上升的问题，造成用来监测铁含量的膜式过滤器的颜色变成了黄色，这表明大部分铁是在锅炉内腐蚀过程中形成的。在用 70μg/L 左右的 NaOH 对给水进行补充处理后，炉水的铁含量降到了 10～20μg/L。运行几年后的检查表明，水冷壁管和汽包均处于完好状态，并消除了水冷壁管的结垢和腐蚀问题。

因此，采用 NaOH 处理时，要求锅炉热负荷分配均匀，水循环良好；给水氢电导率(25℃）小于0.20μS/cm。采用 NaOH 处理前视结垢情况对锅炉进行化学清洗，如果水冷壁的结垢量小于 150g/m²，可直接转化为氢氧化钠处理；结垢量大于 150g/m² 时，需经化学清洗后方可转化为氢氧化钠处理。水冷壁有孔状腐蚀的锅炉应谨慎使用。

6. NaOH 处理的优点

（1）水、汽质量明显改善。NaOH 处理时炉水的缓冲能力较强，能中和游离酸生成中性盐，不增加水的电导率，可有效防止锅炉水冷壁管的酸性腐蚀；NaOH 处理时金属管壁膜的保护性能强，NaOH 在提高 pH 值、重建表面膜的效果上很好，可减少炉水中的铁含量，降低氧化铁垢的形成速度；采用 NaOH 处理时，由于 NaOH 和 SiO_2 可形成可溶性的硅酸钠而通过排污排掉，因此，水冷壁管内沉积物中硅酸盐化合物的百分含量降低，如某机组采用 NaOH 处理前硅酸盐含量为 14%～21%，而采用 NaOH 处理后下降为 0.6%～2.5%。

（2）和磷酸盐处理相比，NaOH 处理避免了因负荷升降而频繁发生的磷酸盐“隐藏”现象及与此相关的炉水 pH 值波动问题，炉水参数容易控制。因为与磷酸盐相比，NaOH 有分子量小、电离度大、水溶性好等特点，在锅炉负荷波动、启动或停运时，不会因 NaOH 的溶解性能变化而导致其在锅炉管壁上沉积；采用 NaOH 处理的炉水缓冲性好，不会造成炉水 pH 值、PO_4^{3-} 的忽高忽低，避免了管壁上的酸式磷酸盐沉积，不仅现场操作省时省力，而且从根本上减少了在水冷壁管上的沉积，尽可能地降低了锅炉的介质浓缩腐蚀。

某机组实施 NaOH 处理三年多后对整个水汽系统进行了检查，发现汽包颜色比原来的褐色发黑，内壁干净、光洁，无腐蚀、沉积，以前加药管口、下降管口沉积多的状况彻底改观；过热器管、再热器管、省煤器管和水冷壁管内部干净，水冷壁管原来（采用协调 pH－磷酸盐处理时）已有的腐蚀状态（1～2mm 的小腐蚀坑）基本如故，一个大修周期未见明显向深发展；除氧器水箱、凝汽器铜管等部位的腐蚀、结垢情况良好；汽轮机的中、低压级隔板、叶片成灰蓝色，基本无积盐、腐蚀；高压级隔板、叶片上有疏松的灰蓝色积盐，除掉积盐后未见腐蚀。

（3）NaOH 处理带来了经济效益和社会效益。采用 NaOH 处理后，锅炉水质得到优化。由于水质的大幅度提高，带来以下一系列改观：加药量少，补水率低，排污率减小，水冷壁管沉积率降低，化学废水排放量减少，炉水排污无磷化，有利于环境保护，节水节煤，延长化学清洗周期，改善水汽系统环境，降低了现场运行人员的劳动强度，减少了高压阀门因频繁操作引起的检修和更换次数，有效提高了发电机组的安全性、可靠性和经济性。

7. 实施 NaOH 处理应注意的一些问题

对于在磷酸盐处理或全挥发水工况下运行而频繁发生盐类“隐藏”或炉水 pH 值偏低问题的汽包锅炉机组，NaOH 处理不失为一个很好的选择。尤其对于采用海水冷却的机组，用 NaOH 处理更有极大的优越性。但是，实施 NaOH 处理时应注意以下一些问题。

（1）机组在转向 NaOH 处理前，必要时应对水冷壁系统进行化学清洗，以防止多孔沉积物下 NaOH 浓缩引发碱性腐蚀。

（2）凝汽器的渗漏在运行中是不可避免的，必须严格执行化学监督的三级处理制度，设法杜绝或将泄漏消灭在萌芽状态。运行中发现微渗、微漏（凝结水硬度小于3μmol/L），需尽快查漏、堵漏，短时间内不必向炉水中另加药剂，加大排污换水即可。实践证明，锅炉水质优化后，由于炉水含盐量很低，短时间的微渗达不到各种离子的溶度积，故对水冷壁构不成大的威胁。国外有关资料提出，高压锅炉相应的无垢工况是总含盐量为30mg/L时，可维持炉水钙硬不大于20μmol/L。

高纯水情况下，只有给水中出现硬度时才可适当添加磷酸三钠，待硬度消失后，应停止加磷酸盐。

（3）采用NaOH调节炉水，要求炉水在线仪表配备pH计和电导率表，蒸汽系统在线仪表配备钠表和氢电导率表，以便随时监测水汽的瞬间变化情况，有条件的最好炉水也加装在线钠表。

8. 水质异常时的处理

当水质异常时，首先应检查取样的代表性和化验结果的准确性，并进行综合水质分析，确认无误后，迅速查找原因、采取措施、消除缺陷。具体分析及处理措施见表13-6。

表13-6　水质异常处理措施（摘自DL/T 805.3—2016）

现象	危害	原因	处理措施
凝结水有硬度或氢电导率超标	有污染给水的可能	凝汽器泄漏	及时进行查漏、堵漏，并按GB/T 12145中凝结水异常的三级处理执行
		回收水超标	立即化验各回收水，不合格的水立即停止回收
		补充水超标	补充合格的除盐水

续表

现象	危害	原因	处理措施
给水有硬度或氢电导率超标	可能引起腐蚀、结垢	凝结水水质超标； 回收水水质超标； 凝结水精处理混床失效； 补充水水质超标； 给水系统被污染	按 GB/T 12145 中锅炉给水异常的三级处理执行
炉水 pH 值低于下限	可能引起酸性腐蚀	氢氧化钠加入量不足； 给水受酸性水或有机物等污染	加大氢氧化钠加入量，迅速恢复炉水 pH 值。炉水 pH 值小于 8，采取措施后在 4h 内仍无法恢复到正常值时，应立即停机
炉水 pH 值超过上限	可能引起碱性腐蚀	氢氧化钠加入量过多； 给水受碱性水或生水等污染	加大锅炉排污，调整氢氧化钠加入量，迅速恢复炉水 pH 值至正常值
炉水氢氧化钠消耗异常	可能在受热面浓缩	由于热分布不均和局部热流量过高引起的干烧	停止加入氢氧化钠。 停炉检查干烧的部位，消除引起干烧的有关因素
饱和蒸汽钠含量超标	可能引起过热器和再热器腐蚀，以及蒸汽系统或汽轮机积盐	炉水钠含量偏高； 汽包水位偏离或汽水分离装置有问题	查明炉水钠含量偏高原因或减少氢氧化钠加药量。进行热化学试验，调整汽包水位或消除汽水分离装置缺陷。正常运行时，蒸汽含钠量应小于 1μg/kg

三、汽包锅炉炉水处理方式的选择

只有汽包锅炉才会采用磷酸盐或氢氧化钠进行炉水处理，统称为固体碱化剂处理。

1. 锅炉点火启动期间的炉水处理方式

锅炉点火启动期间应优先使用磷酸盐处理（PT）方式。

2. 锅炉运行期间的炉水处理方式

（1）锅炉运行期间，可根据机组的特点选择不同的炉水处理方式。

（2）当锅炉采用磷酸盐处理（PT）时，如果有轻微的磷酸盐“隐藏”现象，但没有引起腐蚀，可按此方式继续运行。

（3）如果磷酸盐“隐藏”现象严重，但水冷壁的结垢量在 $150g/m^2$ 以下，可直接采用低磷酸盐处理或 NaOH 处理，或者对锅炉进行化学清洗后再采用低磷酸盐处理或 NaOH 处理。如果暂时不能对锅炉进行化学清洗，则应对目前的磷酸盐处理进行优化；如果水冷壁的结垢量在 $150g/m^2$ 以上，则必须在化学清洗后再采用低磷酸盐处理或 NaOH 处理。

评价磷酸盐“隐藏”程度的方法是，首先分析原始数据的可靠性，并进行有关检测复查，然后排污全关且不加药，如果在 2h 内炉水中磷酸盐的浓度在高、低负荷时相差 30%以上，认为“隐藏”现象严重。

第三节　锅炉烟气侧腐蚀

典型汽包锅炉的烟风系统示意，如图 13-7 所示。

由燃料燃烧产生的热烟气流经水冷壁、过热器、再热器、省煤器后进入空气预热器，最后进入除尘器，流向烟囱，排向大气。水冷壁管、过热器管、再热器管、省煤器管和空气预热器的烟气侧，受烟气或悬浮于其中的灰分作用，会发生腐蚀。

锅炉烟气侧腐蚀包括高温氧化、熔盐腐蚀和露点腐蚀。由于高温氧化和熔盐腐蚀是在高温下进行的，因此统称为高温腐蚀；

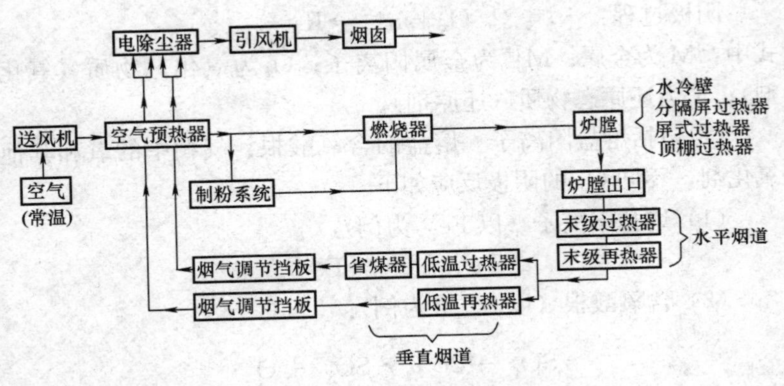

图 13-7 典型汽包锅炉的烟风系统示意

因为露点腐蚀是在低温下进行的，所以又称为低温腐蚀。由于烟气的高温氧化会在钢表面形成一层保护性氧化膜，使钢的氧化速度受到一定限制，不会引起管壁的严重破坏；而熔盐腐蚀和低温腐蚀则不同，它们破坏了保护膜，所引起的腐蚀比较严重，因此下面仅介绍这两种腐蚀。

一、熔盐腐蚀

烟气温度较高，含有较多的呈熔融状态的盐（简称熔盐），这些盐有很高的导电性，对金属有腐蚀作用，这种腐蚀称为熔盐腐蚀。

熔盐腐蚀有两种形式：①金属溶解于熔盐之中，这是一个直接溶解过程，不伴随氧化作用，如铝浸在 $PbC1_2$ 熔盐中，会生成一种络盐；②金属氧化，以离子状态溶解。它与水溶液中的腐蚀相类似，属于电化学腐蚀，这是熔盐腐蚀的主要形式，我们所讨论的熔盐腐蚀属于这种。这种熔盐腐蚀又包括硫腐蚀和钒腐蚀，将在下面专门讨论。

尽管熔盐的温度、电导率与水溶液不同，但熔盐所引起腐蚀的电化学过程和水溶液的相似，也可区分为阳极过程和阴极过程：

阳极过程： $$M \longrightarrow M^{n+} + ne$$

阴极过程：

$$O_x + ne \longrightarrow R$$

式中：M 为金属；M^{n+} 为金属阳离子；O_x 为氧化态物质（氧化剂）；R 为还原态物质（还原剂）。

O_x 包括熔盐阳离子、熔盐的含氧酸根、气相中的氧和其他氧化剂，不同 O_x 的阴极反应如下。

（1）熔盐阳离子（以 Fe^{3+} 为例）：

$$Fe^{3+} + e \longrightarrow Fe^{2+}$$

（2）含氧酸根（以 SO_4^{2-} 为例）：

$$SO_4^{2-} + 2e \longrightarrow SO_3^{2-} + O^{2-}$$

$$SO_4^{2-} + 6e \longrightarrow S + 4O^{2-}$$

$$SO_4^{2-} + 8e \longrightarrow S^{2-} + 4O^{2-}$$

（3）气相中的氧化剂（如 O_2、H_2O）：

$$O_2 + 4e \longrightarrow 2O^{2-}$$

$$H_2O \rightleftharpoons H^+ + OH^-$$

$$H^+ + e \longrightarrow H$$

与水溶液体系相比，熔盐体系的电导率高，对电极反应的阻力小。所以，在相同电位差下，熔盐引起的腐蚀速度大。在熔盐体系中，氧化剂的迁移速度往往是整个腐蚀的控制步骤。

（一）硫腐蚀

硫腐蚀包括硫酸盐腐蚀和硫化物腐蚀。

1. 水冷壁管烟气侧的硫酸盐腐蚀

国内外研究表明，引起水冷壁管烟气侧硫酸盐腐蚀的物质是正硫酸盐 M_2SO_4 和焦性硫酸盐 $M_2S_2O_7$（M 代表钾和钠），两者的腐蚀机理不同。

（1）M_2SO_4 的腐蚀机理。炉膛水冷壁管温度在 310～420℃，管壁上有层 Fe_2O_3。燃料燃烧时产生的气态碱金属氧化物 Na_2O 和 K_2O 凝结在管壁上，会与烟气中的 SO_3 反应生成 K_2SO_4 和 Na_2SO_4，即

$$M_2O + SO_3 \longrightarrow M_2SO_4$$

M_2SO_4 在水冷壁管温度范围内，有黏性，可捕捉灰粒黏结成灰层。于是灰表面温度上升，灰层的外面变成渣层，最外面变成流层。烟气中的 SO_3 能穿过灰渣层，在管壁表面与 M_2SO_4、Fe_2O_3 反应，生成复合硫酸盐 $M_3Fe(SO_4)_3$，反应式为

$$3M_2SO_4 + Fe_2O_3 + 3SO_3 \longrightarrow 2M_3Fe(SO_4)_3$$

然后，管壁再形成新的 Fe_2O_3 层。这样，管壁不断遭到腐蚀。

（2）$M_2S_2O_7$的腐蚀机理。管壁灰层中的 M_2SO_4 和 SO_3 反应，生成焦性硫酸盐（$M_2S_2O_7$）：

$$M_2SO_4 + SO_3 \longrightarrow M_2S_2O_7$$

$M_2S_2O_7$在 310～420℃成熔化状态，腐蚀性很强，和管壁的 Fe_2O_3 发生如下反应：

$$3M_2S_2O_7 + Fe_2O_3 \longrightarrow 2M_3Fe(SO_4)_3$$

根据研究结果，在灰渣层的硫酸盐中，只要有 5%的 $M_2S_2O_7$存在，管壁就将受到严重腐蚀。$M_2S_2O_7$的量与排渣方式有关，对于固态排渣炉，水冷壁附近气体中的 SO_3 不多，不易形成 $M_2S_2O_7$，因而 $M_2S_2O_7$ 的腐蚀不严重；对于液态排渣炉，虽然水冷壁附近 SO_3 也不多，但炉温比较高，灰渣层中的 $M_3Fe(SO_4)_3$可分解出 SO_3，这样，形成的 $M_2S_2O_7$就多。所以，液态排渣炉水冷壁容易发生这种腐蚀。

2. 过热器和再热器烟气侧的硫酸盐腐蚀

研究表明，引起过热器和再热器烟气侧腐蚀的物质是 $M_3Fe(SO_4)_3$。$M_3Fe(SO_4)_3$ 在温度低于 550℃时为固态，不熔化，在温度高于 710℃时分解生成 M_2SO_4 和 $Fe_2(SO_4)_3$，在 550～710℃时成熔化状态。熔融状态的 $M_3Fe(SO_4)_3$ 可穿透腐蚀产物层到达金属表面，与金属基体反应。反应可能是先生成 FeS，FeS 再和氧作用生成 SO_2 和 Fe_3O_4；反应产物 SO_2 可氧化为 SO_3，所生成的 SO_3 又和飞灰中的 Fe_2O_3、反应产物 M_2SO_4 反应生成 $M_3Fe(SO_4)_3$，继续腐蚀金

属，其过程为

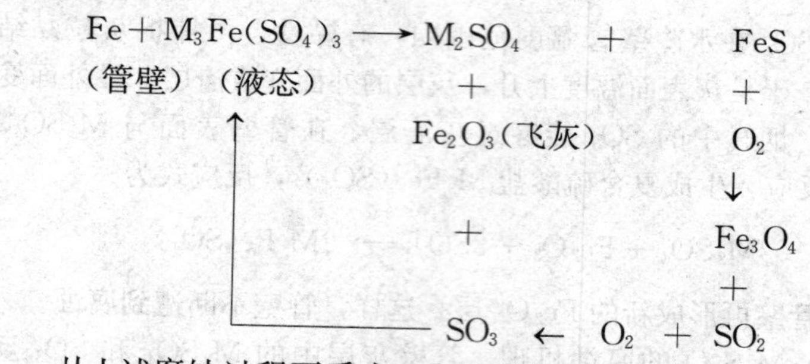

从上述腐蚀过程可看出，少量腐蚀剂——液态 $M_3Fe(SO_4)_3$，在有氧供给的情况下，可腐蚀大量的金属，最终的腐蚀产物为 Fe_3O_4。

$M_3Fe(SO_4)_3$ 的腐蚀特征是大部分腐蚀在迎风面，管壁腐蚀处的最内层为 Fe_3O_4 及硫化物，中间层为碱金属硫酸盐，最外层为沉积的飞灰。

3. 硫化物腐蚀

燃料中的 FeS_2 在燃烧过程中引起的锅炉管壁腐蚀称为硫化物腐蚀。这时 FeS_2 分解产生 FeS 和 S，即

$$FeS_2 \longrightarrow FeS+S$$

S 和 Fe 反应生成 FeS 而使管壁遭受腐蚀：

$$Fe+S \longrightarrow FeS$$

同时，FeS 在温度较高的条件下与氧反应：

$$3FeS+5O_2 \longrightarrow Fe_3O_4+3SO_2$$

所生成的 SO_2 可加速硫酸盐腐蚀。

另外，燃料中的 S 在燃烧时可生成 H_2S，H_2S 可透过疏松的 Fe_2O_3 层，与致密的 Fe_3O_4 层中的 FeO（Fe_3O_4 可看成为 $FeO\cdot Fe_2O_3$）反应：

$$FeO+H_2S \longrightarrow FeS+H_2O$$

结果是 Fe_3O_4 保护层被破坏，引起腐蚀。

4. 防止硫腐蚀的方法

（1）水冷壁硫腐蚀的防止方法。

1）改善燃烧条件，防止过剩空气系数过小，从而防止火焰直接接触管壁。

2）控制管壁温度，防止管内结垢和水冷壁热负荷局部过高。

3）引入空气，使炉膛贴壁处有一层氧化性气膜，以便冲淡管壁处烟气中的 SO_3 浓度，并且使灰渣层分解出来的 SO_3 向炉膛扩散而不向管壁扩散。

4）采用渗铝管作水冷壁管。因为渗铝管表面有层 Al_2O_3 保护膜，具有抗高温硫腐蚀的作用。

（2）防止过热器和再热器硫腐蚀的方法。可采取措施控制管壁温度，使复合硫酸盐不呈熔化状态。目前，国内外采用的主要办法是限制过热蒸汽温度。对于超高压和亚临界压力机组，趋向于把过热蒸汽和再热蒸汽的温度限制在 540℃。在设计、布置过热器和再热器时，应注意不要把蒸汽出口段布置在烟温过高的区域。也可将镁、铝等氧化物作为添加剂喷入炉膛中，以提高腐蚀剂的熔点。

此外，还可采用各种实用的耐蚀合金材料，如目前超临界压力机组过热器和再热器所采用的材料，因为超临界压力机组过热蒸汽和再热蒸汽的温度已超过 550℃。

目前，随着超临界、超超临界机组的投运，过热器管、再热器管外表面的高温熔盐腐蚀越来越多，原因是过热蒸汽和再热蒸汽的温度早已突破 540℃，且有继续增高的趋势，因此，应开发相应的耐高温硫腐蚀材料。

（二）钒腐蚀

锅炉燃烧含钒、钠较高的油时，在过热器和再热器的管壁上，可能出现 V_2O_5 含量较高的高温积灰，它可腐蚀受热面的金属，这种腐蚀称为钒腐蚀，也是一种高温腐蚀。

1. 腐蚀机理

钒腐蚀的机理是燃油中的含钒化合物燃烧后，变为 V_2O_5，其熔点为 670℃。熔化的 V_2O_5 能溶解金属表面的氧化膜，也能穿过氧化物层和铁反应生成 V_2O_4 及铁的氧化物，而且 V_2O_4 可

再次被氧化为 V_2O_5，继续引起腐蚀，反应式为

$$V_2O_5 \longrightarrow V_2O_4 + [O]$$

$$Fe + [O] \longrightarrow FeO$$

$$V_2O_4 + 1/2O_2 \longrightarrow V_2O_5$$

在600～650℃，V_2O_5 与烟气中的 SO_2 及 O_2 反应：

$$V_2O_5 + SO_2 + O_2 \longrightarrow V_2O_5 + SO_3 + [O]$$

其中 V_2O_5 只起催化作用，产生的原子氧[O]对铁有腐蚀性。

油燃烧时，钠的氧化物和 SO_3 反应生成 Na_2SO_4，并掺杂到 V_2O_5 中，会使 V_2O_5 的熔点降低到550～660℃，加剧腐蚀。当 V_2O_5/Na_2O（摩尔比）接近3时，熔点会降至400℃，腐蚀速度明显增加。

2. 防止方法

防止钒腐蚀可采取的措施有：

（1）控制管壁温度，使其低于含钒化物的熔点。一般控制过热蒸汽温度不超过540℃为宜。

（2）将易受钒腐蚀的部件尽可能布置在低温区。

（3）采用低氧燃烧。因为低氧燃烧可降低烟气中的氧浓度，防止金属的氧化和 V_2O_5 的生成。

（4）使用添加剂。例如，向炉膛中喷加白云石或把白云石加入油中，可使高铬钢过热器管的腐蚀速度降低1/3～1/2，但受热面可能积灰。

（5）进行燃料处理，除掉硫、钒等有害物质。

二、低温腐蚀

烟气尾部受热面的壁温低于烟气露点时，遭受低温腐蚀。对于中压以上压力锅炉，低温腐蚀主要发生在空气预热器，它是影响电厂锅炉安全经济运行的重要因素之一。

1. 低温腐蚀的特点

低温腐蚀的原因是燃料中的S燃烧生成 SO_2，其中一部分进一步氧化变为 SO_3，SO_3 在低温区和水蒸气作用凝聚成 H_2SO_4，使受热面遭受酸性腐蚀。产生低温腐蚀的条件是烟气中存在

SO_3，而且 SO_3 和水蒸气结合成 H_2SO_4 蒸气，并在受热面的管壁上凝结。H_2SO_4 蒸气凝结的条件是壁温低于烟气的露点，实质上是低于 H_2SO_4 蒸气的凝结温度。

烟气尾部受热面的材料一般是碳钢，所以，低温腐蚀一般是碳钢的硫酸腐蚀。影响腐蚀的因素有：①烟气露点；②管壁凝结的酸量；③管壁凝结的酸浓度；④管壁温度。

由于管壁凝结的酸量和酸浓度与管壁温度有关，因此后面把三者结合起来进行讨论。

2. 烟气露点与低温腐蚀的关系

烟气的露点随烟气中 SO_3 含量的增加而升高。当烟气中的 SO_3 含量为 0 时，烟气露点等于纯水的沸点，它仅取决于烟气中的水蒸气分压。对于燃油锅炉，烟气中的水蒸气分压仅为 0.0078～0.014MPa，相应的水蒸气凝结温度为 41～52℃。图 13-8所示为 H_2SO_4-H_2O 蒸气混合物的相平衡图。

在图 13-8 中，最下方的曲线表示 0.0098MPa 下溶液的沸点和 H_2SO_4 浓度的关系。很明显，H_2SO_4 浓度越小，溶液沸点越

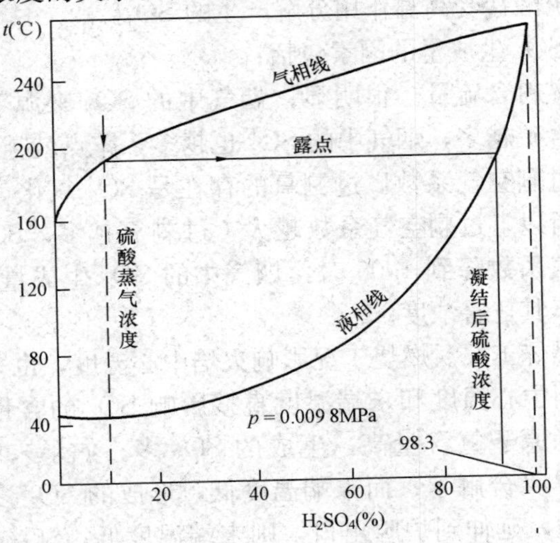

图 13-8　H_2SO_4-H_2O 蒸汽混合物的相平衡图

低，当 H_2SO_4 浓度为 0 时，溶液的沸点等于纯水的沸点，为 45.45℃。图 13-8 中最上方的曲线表示 H_2SO_4 蒸气和蒸汽混合物的凝结温度（露点）与 H_2SO_4 浓度的关系。显然，H_2SO_4 浓度增加，露点上升，这条曲线称为气相线或凝结线。从图中可看出，当蒸汽中 H_2SO_4 的浓度为 10%时，露点为 190℃，凝结下来的 H_2SO_4 浓度却高达 90%。所以，烟气中只要含有少量的 H_2SO_4 蒸汽，就会使其露点大大超过纯水的露点，这时必须提高排烟温度或采取其他措施，否则会引起受热面的严重腐蚀。因此，烟气露点是一个可以清楚表征低温腐蚀是否发生的重要指标，并在一定程度上表示腐蚀的严重程度。

烟气中 SO_3 的来源包括：

（1）烟气中的 SO_2 和新生态氧结合生成 SO_3 或在催化剂作用下生成 SO_3。新生态氧可以是分子氧在炉膛高温下分解产生的，也可以是燃烧反应生成的原子氧。因为燃烧反应是一个链式反应，在反应过程中会出现很多原子氧。催化剂是对流受热面积灰中的 Fe_2O_3 等物质。

（2）硫酸盐受高温作用分解产生的 SO_3。

影响 SO_3 生成量的因素包括：

（1）燃料含硫量。很明显，烟气中的 SO_3 来源于燃料中的硫，燃料含硫越多，烟气中的 SO_3 也越多，露点就越高。

（2）过剩空气系数。过剩氧的存在是 SO_2 氧化为 SO_3 的基本条件。所以，过剩空气系数越大，过剩氧越多，SO_3 也越多。当过剩空气系数降到 1.05 时，烟气中的 SO_3 生成量显著减少，接近或小于其危害浓度。

（3）燃烧工况。燃烧工况影响火焰中心温度，也影响火焰末端温度，而中心温度和末端温度直接影响 SO_3 的含量。如果中心温度高，原子氧含量高，生成的 SO_3 多。如果末端温度高，形成的 SO_3 又分解了；而末端温度低，形成的 SO_3 多。如果火焰拖得过长，延伸到炉膛出口，则末端温度低，SO_3 生成量多。所以，为降低 SO_3 含量，火焰中心温度不宜过高，火焰不宜拖得过长。

(4) 燃烧方式。在燃料含硫量相同的条件下，燃油炉的烟气露点要比煤粉炉高，这是因为燃油炉飞灰少的缘故。

3. 管壁温度对低温腐蚀的影响

在讨论管壁温度对腐蚀的影响之前，先分析管壁凝结的酸量和酸浓度对腐蚀的影响。

硫酸是一种氧化性酸，其浓度对碳钢腐蚀速度的影响与非氧化性酸不同，有它的特殊性。当硫酸浓度较低时，碳钢的腐蚀速度随酸浓度的增大而上升；当酸浓度为56%时，腐蚀速度最高；当酸浓度进一步增加时，腐蚀速度变得非常低。出现这种现象的原因，主要是由于硫酸较稀时呈非氧化性酸的性质；硫酸浓度较高时呈氧化性酸的性质，会在碳钢表面形成一层钝化膜，从而使腐蚀速度大大下降。

除浓度外，单位时间在管壁上凝结的酸量也是影响腐蚀速度的因素之一。当管壁上凝结的酸量很少时，酸分布在很小的范围内，腐蚀电池的电阻很大，腐蚀过程为电阻控制，腐蚀速度很小，随着酸量增加，腐蚀电池的电阻减小，腐蚀速度上升。

烟气尾部受热面管壁温度变化时，管壁凝结酸的数量、浓度发生改变，从而低温腐蚀的速度随之改变。当然，管壁温度除直接影响凝结的酸量和浓度外，还直接影响腐蚀反应的速度。因为按照化学动力学的观点，壁温升高，腐蚀反应的速度增大。图13-9所示为锅炉低温腐蚀速度随壁温的变化规律，但实际上是管壁凝结酸量、酸的浓度和温度综合作用的结果。

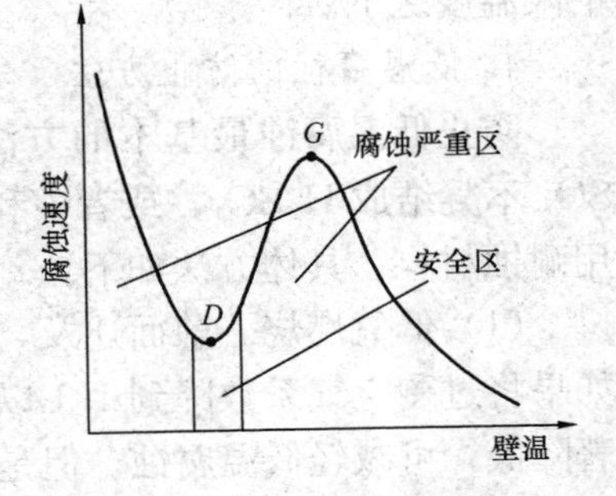

图13-9　锅炉低温腐蚀速度随壁温的变化规律

当壁温较高时，壁面上凝结的酸量很少，腐蚀速度低。因为此时酸量的多少成为影响腐蚀速度的主要因素，而壁温较高时酸量少。随着壁温的降低，凝结的酸量增加，腐蚀速度上升，在 G 点达到最大。通常最大腐蚀点的壁温比露点低 20～45℃。

当壁温进一步下降，凝结的酸量足够时，酸量就不再成为控制腐蚀速度的因素。但在这种情况下，酸的浓度仍大于临界浓度（56%），因而浓度变化对腐蚀速度没有影响。此时，反应温度成为腐蚀速度的控制因素。所以，壁温的降低使腐蚀速度下降，在 D 点腐蚀速度降到最低点。

D 点以后，随着壁温的降低，酸的浓度继续下降，此时已低于临界值，在这种情况下，酸浓度的降低使腐蚀速度上升；温度的下降，从动力学角度讲，将使腐蚀反应的速度下降，但前者所起的作用超过后者。所以，随着温度的下降，腐蚀速度升高。当温度进一步降低时，酸的浓度也进一步下降，腐蚀速度应当下降。但是，烟气中氯化物会以盐酸形式沉积在受热面上，同时，当温度低于水蒸气露点后，部分 SO_2 也会溶解于水中生成 H_2SO_3，并很快氧化为 H_2SO_4。所以，此时的腐蚀速度仍然继续加快。

由图 13-9 和上面的讨论可知，在酸露点以下，存在两个腐蚀区和一个安全区。对于高含硫燃料，安全区的上限为 100～105℃，它的下限温度比水蒸气的露点高 20～30℃。腐蚀区中的一个处于酸露点和安全区的上限温度之间，另一个处于安全区的下限温度之下。

4. 低温腐蚀的防止方法

防止低温腐蚀最基本的方法是降低 SO_3 的生成量，或者使 SO_3 不凝结成 H_2SO_4，或者中和已经生成的 SO_3。此外，还可采用耐蚀材料。具体方法如下。

（1）低氧燃烧。前面述及，低氧燃烧可降低 SO_3 的生成量。如果将过剩空气系数降到 1.1 以下，SO_3 的含量会下降，露点显著降低，可减轻低温腐蚀。但是，低氧燃烧只能使最大腐蚀点附近的腐蚀速度明显降低，而对低于下限温度时的腐蚀速度却影响很小。因为前者是由于硫酸的凝结量下降了，后者则是由于起腐

蚀作用的不仅是 H_2SO_4 蒸气的大量凝结，而且有水蒸气的大量凝结，形成硫酸或亚硫酸。所以，即使在低氧燃烧情况下，也不应使受热面壁温降低。

（2）使用添加剂。目前国内使用的添加剂主要是白云石粉，它能中和 SO_3，降低露点和腐蚀速度，其添加量约为每吨油4～8kg，颗粒度多在40μm以下，并以粉末直接喷入炉膛或以浆状注入油中。也可加镁石灰即菱镁矿石（含65%～80%的MgO、15%～30%的CaO），可直接喷入炉膛，也可喷入尾部烟道。

此外，可以加氨中和 SO_3，降低烟气露点。由于氨是气体，在烟气中的扩散和化学反应很快，所以它的用量小，且注入装置简单。但要注意喷射地点的选择，以免尾部受热面积灰。因为氨在600℃以上开始分解，在150℃以下和 SO_2 反应，所以氨喷射点的温度应在200～600℃。由于 NH_4HSO_4 与硫酸盐的混合物易熔，当喷氨点的受热面壁温超过一定值后，将形成熔化的液态化合物，造成受热面严重积灰；而且熔化的 NH_4HSO_4 活性强，它能在壁温高于露点的情况下腐蚀金属。所以，应提高加氨量，以免形成 NH_4HSO_4。

（3）提高受热面壁温，使壁温在烟气露点以上。对于空气预热器，壁温 t_b 可用式（13-3）表示，即

$$t_b = t_k + (t_y - t_k)/(1 + \alpha_k A_k/\alpha_y A_y) \tag{13-3}$$

式中：t_k 为进口冷空气温度，℃；t_y 为排烟温度，℃；$\alpha_k(\alpha_y)$ 为空气（烟气）侧传热系数，W/(m^2·℃)；$A_y(A_k)$ 为烟气（空气）侧受热面积，m^2。

由式（13-3）可知，要提高 t_b，就要提高 t_y、t_k 及 $\alpha_y A_y/(\alpha_k A_k)$ 的比值。但提高 t_y 会增加排烟损失，降低锅炉效率；而要提高 t_k，如无其他措施，也要相应提高 t_y，否则温差太低，传热不良。因此，只能将壁温保持在烟气露点以上。一般在提高 t_y 的同时，采用热风再循环及暖风器来提高空气预热器入口的空气温度。

（4）采用耐蚀的金属或非金属材料，以及非金属的敷层材

料，以提高受热面的耐蚀性能。例如，国内试用硼硅耐热玻璃代替钢管作低温段空气预热器。

综上所述，当锅炉使用含硫量低的燃料时，适当提高排烟温度，使壁温不低于70℃，就可防止低温腐蚀。当然也可采用低氧燃烧，以降低SO_3的生成数量。当锅炉使用中等含硫量的燃料时，首先必须进行低氧燃烧，将过剩空气系数控制到1.1以下，最好是1.05。还可使用耐蚀材料，提高空气预热器入口风温。当锅炉燃烧高含硫燃料时，还可考虑使用添加剂防止低温腐蚀。

第十四章　汽包锅炉的水、汽质量监督

为防止热力系统结垢、腐蚀和积盐，水、汽质量应达到一定标准。水、汽质量监督就是用仪表或化学分析的方法测定各种水、汽质量，看其是否符合标准，以便必要时采取措施。本章主要介绍汽包锅炉的水、汽质量标准、监督方法，水、汽质量劣化时的应对措施，以及锅炉热化学试验等。

第一节　水、汽质量标准

各种水、汽质量标准，在 GB/T 12145—2016《火力发电机组及蒸汽动力设备水汽质量》中都做了规定。

一、蒸汽

为防止蒸汽通流部分，特别是汽轮机内积盐，必须对锅炉产生的蒸汽，包括饱和蒸汽和过热蒸汽的质量进行监督，原因如下。

（1）便于查找蒸汽质量劣化的原因。例如，若饱和蒸汽质量较好而过热蒸汽质量不良，则表明蒸汽在减温器内被污染。

（2）用于判断饱和蒸汽中盐类在过热器中的沉积量。

汽包锅炉的过热蒸汽和饱和蒸汽质量标准，见表 14-1。

表 14-1 中各个项目的意义如下。

（1）含钠量。因为蒸汽中的盐类主要是钠盐，所以蒸汽中的含钠量可以表征蒸汽含盐量的多少，故含钠量是蒸汽质量的指标之一。为便于及时发现蒸汽质量劣化问题，应连续测定（最好是自动记录）蒸汽的含钠量。

表 14-1　　汽包锅炉的过热蒸汽和饱和蒸汽质量标准（GB/T 12145—2016）

汽包锅炉压力（MPa）	钠（μg/kg）		氢电导率（25℃，μS/cm）		二氧化硅（μg/kg）		铁（μg/kg）		铜（μg/kg）	
	标准值	期望值	标准值	期望值	标准值	期望值	标准值	期望值	标准值	期望值
3.8～5.8	≤15	—	≤0.30	—	≤20	—	≤20	—	≤5	—
5.9～15.6	≤5	≤2	≤0.15①	—	≤15	≤10	≤15	≤10	≤3	≤2
15.7～18.3	≤3	≤2	≤0.15①	≤0.10①	≤15	≤10	≤10	≤5	≤3	≤2
＞18.3	≤2	≤2	≤0.10	≤0.08	≤10	≤5	≤5	≤3	≤2	≤1

① 表面式凝汽器、没有凝结水精处理除盐装置的机组，蒸汽的脱气氢电导率标准值不大于 0.15μS/cm，期望值不大于 0.10μS/cm；没有凝结水精处理除盐装置的直接空冷机组，蒸汽的氢电导率标准值不大于 0.3μS/cm，期望值不大于 0.15μS/cm。脱气氢电导率是水样经过脱气处理后的氢电导率。

（2）氢电导率。蒸汽凝结水（冷却至 25℃）通过氢型强酸阳离子交换树脂处理后的电导率，简称氢电导率，可用来表征蒸汽含盐量的多少。氢型强酸阳离子交换树脂的作用是去除蒸汽中的 NH_4^+，提高电导率监测的灵敏度。之所以将氢电导率作为监督蒸汽质量的一个指标，是因为：①氨是为了提高水汽 pH 值而加入的，不属于盐分；②水中 NH_4^+ 被 H^+ 等摩尔替代后，增强了对应的阴离子含量对电导率的贡献，也即提高了电导率对含盐量变化响应的灵敏度。

（3）含硅量（以二氧化硅表征）。蒸汽中的硅酸会在汽轮机内形成难溶于水的二氧化硅沉积物，从而危及汽轮机的安全、经济运行。因此，必须将含硅量作为蒸汽品质的重要指标加以严格控制。

（4）铁和铜的含量。为防止汽轮机中沉积金属氧化物，应检查蒸汽中铁和铜的含量。

由表14-1可知，参数越高的机组，对蒸汽质量的要求越严格。因为在高参数汽轮机内，高压级的蒸汽通流截面很小（这是由于蒸汽压力越高，蒸汽比体积越小的缘故），所以即使在其中沉积少量盐类，也会使汽轮机的效率和出力显著降低。

压力小于5.8MPa的汽包锅炉，当其蒸汽送给供热式汽轮机时，与送给凝汽式汽轮机相比，蒸汽的含钠量可允许大一些，其原因如下。

（1）供热式汽轮机的供热蒸汽会带走一些盐分，因此沉积在汽轮机内的盐量较少。

（2）供热式汽轮机的负荷波动较大，当它的负荷波动时，会产生自清洗作用，洗下来的盐类能被抽汽或排汽带走，也使汽轮机内沉积的盐量减少。

当锅炉检修后启动时，由于锅炉水质较差，蒸汽中杂质含量较大。如果要求蒸汽质量符合表14-1的标准后再向汽轮机送汽，则需要锅炉长时间排汽。这不仅延长启动并网时间，而且增加热损失和水损失。所以，机组启动阶段的蒸汽质量适当放宽。锅炉启动后，并汽或汽轮机冲转前的蒸汽质量按表14-2给出的汽轮机冲转前的标准控制，并在机组并网后8h内达到表14-1的标准值。

表14-2　汽轮机冲转前的蒸汽质量标准（GB/T 12145—2016）

汽包锅炉过热蒸汽压力（MPa）	电导率（25℃，μS/cm）	二氧化硅	铁	铜	钠
		（μg/kg）			
3.8～5.8	≤3.00	≤80	—	—	≤50
＞5.8	≤1.00	≤60	≤50	≤15	≤20

二、炉水

为防止锅炉内结垢、腐蚀和产生不良蒸汽质量等问题，必须对炉水水质进行监督。汽包锅炉炉水水质标准，见表 14-3。

表 14-3　　汽包锅炉炉水水质标准（GB/T 12145—2016）

锅炉汽包压力（MPa）		pH 值（25℃）		磷酸根（mg/L）	二氧化硅	氯离子	电导率（25℃，μS/cm）	氢电导率（25℃，μS/cm）
		标准值	期望值	标准值	（mg/L）			
3.8～5.8	炉水固体碱化剂处理	9.0～11.0	—	5～15	—	—	—	—
5.9～10.0		9.0～10.5	9.5～10.0	2～10	≤2.0②	—	＜50	—
10.1～12.6		9.0～10.0	9.5～9.7	2～6	≤2.0②	—	＜30	—
12.7～15.6		9.0～9.7	9.3～9.7	≤3①	≤0.45②	≤1.5	＜20	—
＞15.6（炉水固体碱化剂处理）		9.0～9.7	9.3～9.6	≤1①	≤0.10	≤0.4	＜15	＜5③
＞15.6（炉水挥发性处理）		9.0～9.7	—	—	≤0.08	≤0.03	—	＜1.0

① 控制炉水无硬度。

② 汽包内有蒸汽清洗装置时，其控制指标可适当放宽；炉水二氧化硅浓度指标应保证蒸汽二氧化硅浓度符合标准。

③ 仅适用于炉水氢氧化钠处理。

表 14-3 中各水质项目的意义如下。

（1）含硅量和电导率。限制炉水中的含硅量和含盐量（通过电导率表征），是为了保证蒸汽质量。炉水的最大允许含硅量和含盐量不仅与锅炉的参数、汽包内部装置的结构有关，而且还与运行工况有关。对于压力小于 5.9MPa 的汽包锅炉，含硅量和电导率未做统一规定，必要时应通过锅炉热化学试验来确定。

（2）氯离子。炉水的氯离子含量超标时，一方面可能破坏水冷壁管的保护膜，并引起腐蚀（在水冷壁管热负荷高的情况下，更易发生这种现象）；另一方面可能使蒸汽中氯离子含量增大，引起汽轮机高级合金钢的应力腐蚀。

（3）磷酸根。当炉水进行磷酸盐处理时应维持有一定量的磷酸根，这主要是为了防止在水冷壁管生成钙、镁水垢及减缓其结垢的速率；增加炉水的缓冲性，防止水冷壁管发生酸性或碱性腐蚀；降低蒸汽对二氧化硅的溶解携带，改善汽轮机沉积物的化学性质，减少汽轮机腐蚀。正如第十三章中已经指出的，炉水中磷酸根的含量不能太少或过多，应该控制在一个适当的范围内。

（4）pH 值。炉水的 pH 值应不低于 9，原因如下。

1）pH 值低时，水对锅炉的腐蚀性增强。

2）炉水中 PO_4^{3-} 与 Ca^{2+} 的反应只有在 pH 值足够高的条件下，才能生成容易排除的水渣；

3）为了抑制炉水中硅酸盐的水解，减少硅酸在蒸汽中的溶解携带量。

但是，炉水的 pH 值也不能太高，因为当炉水磷酸根浓度符合规定时，若炉水 pH 值很高，就表明炉水中游离氢氧化钠较多，容易引起碱性腐蚀。

炉水水质异常时，按表 14-4 进行三级处理。

表 14-4　汽包锅炉炉水水质异常等级标准（GB/T 12145—2016）

锅炉汽包压力（MPa）	处理方式	pH 标准值（25℃）	处理等级		
			一级	二级	三级
3.8～5.8	炉水固体碱化剂处理	9.0～11.0	<9.0 或 >11.0	—	—
5.9～10.0		9.0～10.5	<9.0 或 >10.5	—	—
10.1～12.6		9.0～10.0	<9.0 或 >10.0	<8.5 或 >10.3	—

续表

锅炉汽包压力（MPa）	处理方式	pH标准值（25℃）	处理等级		
			一级	二级	三级
>12.6	炉水固体碱化剂处理	9.0～9.7	<9.0或>9.7	<8.5或>10.0	<8.0或>10.3
	炉水挥发性处理	9.0～9.7	<9.0	<8.5	<8.0

注 炉水pH值（25℃）低于7.0，应立即停炉。

三、给水

为防止锅炉给水系统腐蚀、结垢，降低锅炉排污率，对给水水质必须进行监督。汽包锅炉给水水质标准见，表14-5。

表14-5　　汽包锅炉给水水质标准（GB/T 12145—2016）

过热蒸汽压力（MPa）		标准值或期望值	3.8～5.8	5.9～12.6	12.7～15.6	>15.6
氢电导率（25℃，μS/cm）		标准值	—	≤0.30	≤0.30	≤0.15[①]
		期望值				≤0.10
硬度（μmol/L）		标准值	≤2.0	—	—	—
溶解氧（μg/L）	AVT（R）	标准值	≤15	≤7	≤7	≤7
	AVT（O）	标准值	≤15	≤10	≤10	≤10
全铁（μg/L）		标准值	≤50	≤30	≤20	≤15
		期望值	—	—	—	≤10
全铜（μg/L）		标准值	≤10	≤5	≤5	≤3
		期望值	—	—	—	≤2
钠（μg/L）		标准值	—	—	—	≤20
		期望值	—	—	—	≤10
二氧化硅（μg/L）		标准值	应保证蒸汽二氧化硅符合标准			
		期望值				
氯离子（μg/L）		标准值	—	—	—	≤2
TOCi（μg/L）		标准值	—	≤500	≤500	≤200

续表

过热蒸汽压力（MPa）		标准值或期望值	3.8～5.8	5.9～12.6	12.7～15.6	＞15.6
pH值（25℃）		标准值	8.8～9.3	8.8～9.3（有铜给水系统）或9.2～9.6②（无铜给水系统）		
联胺（μg/L）	AVT（R）	标准值	≤30			
	AVT（O）	标准值	—			

① 没有凝结水精处理除盐装置的水冷机组，给水氢电导率应不大于0.30μS/cm。

② 凝汽器管为铜管和其他换热器管为钢管的机组，给水pH值宜为9.1～9.4，并控制凝结水铜含量小于2μg/L。无凝结水精处理除盐装置、无铜给水系统的直接空冷机组，给水pH值应大于9.4。

表14-5中各水质项目的意义如下。

(1) 氢电导率、含钠量和含硅量。炉水中的各种杂质主要来自给水，保证给水的氢电导率、含钠量和含硅量合格，即可保证炉水的这些指标也合格，并使锅炉的排污率不超过规定值。

(2) 硬度。为防止热力系统结钙、镁水垢，减少锅炉内磷酸盐处理的用药量，避免炉水中产生过多的水渣，应监控给水硬度。

(3) 溶解氧。监督给水中的溶解氧，可掌握给水的除氧效果，特别是除氧器的除氧效果，防止给水系统和锅炉发生氧腐蚀。

(4) 铁和铜。监督给水中铁和铜的含量，主要是防止在水冷壁管结垢，也可作为评价热力系统金属腐蚀情况的依据。

(5) pH值。为防止给水系统腐蚀，给水pH值应控制在规定的范围内，以保证热力系统铁、铜腐蚀产物最少。给水的最佳pH值控制范围就是以此为原则，通过加氨处理调整试验确定的。对有铜部件的热力系统，加氨调整的给水pH值不能太高。若给水的pH值在9.3以上，虽对防止钢材的腐蚀有利，但水、汽系统中的含氨量较多，在氨容易集聚的地方会引起铜部件的氨蚀，如凝汽器空气冷却区、射汽式抽气器的冷却器汽侧等处。

(6) 联氨。为确保彻底消除热力除氧后给水中残留的溶解氧和在给水泵不严密等异常情况下漏入给水中的氧，必须通过化学监督调整联氨的加药量，以使给水的联氨有一定过剩量。

（7）总有机碳离子（TOCi）。有机物中总的碳含量与氧化后产生阴离子的其他杂原子含量之和。TOCi 代替的是总有机碳（TOC：以有机物中的主要元素碳的量来表示的水中有机物含量）。监测给水的 TOCi，可以更准确地反映给水中有机物的含量。

锅炉启动时，给水质量应符合表 14-6 给出的锅炉启动时的标准，并在热启动时 2h、冷启动时 8h 内达到表 14-5 的标准值。

表 14-6　　汽包锅炉启动时的给水水质标准（GB/T 12145—2016）

锅炉过热蒸汽压力（MPa）	硬度（μmol/L）	氢电导率（25℃，μS/cm）	铁	二氧化硅
			（μg/L）	
3.8～5.8	≤10.0	—	≤150	—
5.9～12.6	≤5.0	—	≤100	—
＞12.6	≤5.0	≤1.00	≤75	≤80

给水水质异常时，按表 14-7 进行三级处理。

表 14-7　　汽包锅炉给水水质异常等级标准（GB/T 12145—2016）

项目		标准值	处理等级		
			一级	二级	三级
pH 值（25℃）	无铜给水系统①	9.2～9.6	＜9.2	—	—
	有铜给水系统	8.8～9.3	＜8.8 或＞9.3	—	—
氢电导率（25℃，μS/cm）	无铜给水系统	≤0.30	＞0.30	＞0.40	＞0.65
	有铜给水系统	≤0.15	0.15	＞0.20	＞0.30
溶解氧（μg/L）	还原性全挥发处理	≤7	＞7	＞20	—

① 凝汽器为铜管、其他换热器管均为钢管的机组，给水 pH 标准值（25℃）为 9.1～9.4，一级处理为 pH 值（25℃）小于 9.1 或大于 9.4。

四、给水的组成

锅炉给水的组成有补给水、凝结水、疏水箱疏水及生产返回水等。为保证锅炉给水水质，对这几种水质也应监督。现代发电锅炉的补给水普遍用除盐水，其水质监督见本书上册，现将凝结水、疏水箱疏水和返回水的水质标准分述如下。

1. 凝结水

凝结水泵出口水质标准见表14-8，表中各水质项目的意义如下。

表14-8 凝结水质标准（GB/T 12145—2016）

锅炉过热蒸汽压力（MPa）	硬度（μmol/L）	溶解氧[①]（μg/L）	氢电导率（25℃，μS/cm）		钠（μg/L）
			标准值	期望值	
3.8～5.8	≤2.0	≤50	—		—
5.9～12.6	≈0	≤50	≤0.30	—	—
12.7～15.6	≈0	≤40	≤0.30	≤0.20	—
15.7～18.3	≈0	≤30	≤0.30	≤0.15	≤5[②]
>18.3	≈0	≤20	≤0.20	≤0.15	≤5

① 直接空冷机组凝结水溶解氧浓度标准值应小于100μg/L，期望值小于30μg/L。配有混合式凝汽器的间接空冷机组凝结水溶解氧浓度宜小于200μg/L。

② 凝结水有精处理除盐装置时，凝结水泵出口的钠浓度可放宽至10μg/L。

（1）硬度。冷却水渗漏进入凝结水中，会使凝结水的硬度升高。为监督凝汽器泄漏，防止凝结水中的钙、镁盐含量过大，导致给水硬度不合格，应对凝结水的硬度进行监督。

（2）含钠量。近年来，工业钠度计用于监测凝结水水质受到广泛重视。运行经验表明，在监测水中微量盐分方面，钠度计比电导率仪更为灵敏和直观，可迅速及时地发现凝汽器的微小泄漏，对于冷却水含盐量高的电厂，尤为适用。

（3）溶解氧。凝汽器和凝结水泵的不严密处漏入空气是凝结水中含有溶解氧的主要原因。凝结水含氧量较大，会引起凝结水系统腐蚀，腐蚀产物还会随凝结水进入给水系统，影响给水水质，所以应监督凝结水中的溶解氧。

（4）电导率。凝结水的电导率能比较敏感地响应凝汽器的泄漏。如发现电导率比正常值明显偏高，则表明凝汽器发生了泄漏，所以每台机组都应安设凝结水电导率的连续测定装置。为提高测定的灵敏度，通常是测定凝结水的氢电导率。

随着淡水冷却不锈钢管和海水冷却钛管凝汽器机组的投运，凝汽器管腐蚀泄漏冷却水对凝结水水质造成的影响甚至事故越来越少，但凝结水水质比给水水质较差（超临界和超超临界凝结水的氧含量和氢电导率的控制值都比其给水的高），因而凝结水系统碳钢的腐蚀不可避免，但是目前水汽质量标准没有考虑监测凝结水的铁含量，因而凝结水系统碳钢的腐蚀没有反映出来，用户可自行考虑监测其铁含量，以了解凝结水系统碳钢的腐蚀情况。

凝结水经高速混床处理后的水质标准见第八章第四节。

机组启动时，无凝结水精处理装置的机组，凝结水应排放至满足表 14-6 启动时的给水水质标准方可回收；有凝结水精处理装置的机组，凝结水的回收质量应符合表 14-9 的凝结水回收标准。

表 14-9　机组启动时凝结水回收水质标准（GB/T 12145—2016）

凝结水处理形式	外观	硬度（μmol/L）	钠	铁	二氧化硅	铜
			（μg/L）			
过滤	无色透明	≤5.0	≤30	≤500	≤80	≤30
精除盐	无色透明	≤5.0	≤80	≤1000	≤200	≤30
过滤＋精除盐	无色透明	≤5.0	≤80	≤1000	≤200	≤30

凝结水（凝结水泵出口）水质异常时，按表 14-10 进行三级处理。

表 14-10 凝结水（凝结水泵出口）水质异常等级标准（GB/T 12145—2016）

项目		标准值	处理等级		
			一级	二级	三级
氢电导率（25℃，μS/cm）	有精处理除盐	≤0.30	>0.30		
	无精处理除盐	≤0.30	>0.30	>0.40	>0.65
钠①（μg/L）	有精处理除盐	≤10	>10		
	无精处理除盐	≤5	>5	>10	>20

① 用海水或苦咸水冷却凝汽器的电厂，当凝结水中含钠量大于 400μg/L 时，应紧急停机。

2. 疏水箱疏水

热力系统中各种蒸汽管道和附属设备中的蒸汽冷凝水或排放水，常称为疏水。凡用专用管道汇集于疏水箱中的叫疏水箱疏水。疏水箱疏水一般由疏水泵送入锅炉的给水系统。为保证给水水质，这种疏水在送入给水系统以前，应监督其水质，按规定，回收至凝汽器的疏水含铁量应不大于 100μg/L，硬度应不大于 2.5μmol/L；回收至除氧器的热网疏水的含铁量和含硅量均应不大于 20μg/L，氢电导率（25℃）应不大于 0.30μS/cm。若发现其水质不合格，必须对进入此疏水箱的各路疏水取样测定，找出不合格的水源。

机组启动时，应监督疏水质量。疏水回收至除氧器时，应确保给水质量符合表 14-6 启动时的给水水质标准；有凝结水处理装置的机组，疏水含铁量不大于 1000μg/L 时，可回收至凝汽器。

3. 返回水

在热用户的用热过程中，蒸汽往往受到污染，致使从热用户返回的供热蒸汽冷凝水（返回水）含有许多杂质。一般说来，返回水中的含铁量、硬度和含油量较大，不经过适当处理不能回收作为锅炉给水的组成部分。返回水先收集于返回水箱中。为保证给水水质，应定时取样检查，监督返回水箱中的水质，确认水质符合规定后，方可送入锅炉的给水系统。按规定，回收至凝汽器的返回水含铁量应不大于 100μg/L，硬度应不大于 5.0μmol/L，TOCi 应不大于 400μg/L。

第二节　水、汽取样方法

进行水、汽质量监督时，从热力系统的各个部位取出具有代表性的水、汽样品很重要，这是正确进行水、汽质量监督的前提。所谓有代表性的样品，就是说这种样品能反映设备和系统中水、汽质量的真实情况，否则，即使采用很精密的测定方法，测得的数据也不能真正说明水、汽质量是否达到了标准，不能用来作为评价系统内部结垢、腐蚀和积盐等情况的可靠资料。为取得有代表性的水、汽样品，必须做到以下几方面。

（1）合理地选择取样地点。

（2）正确地设计、安装和使用取样装置（包括取样器和取样冷却装置）。

（3）正确地保存样品，防止已取得的样品被污染。

一、水的取样

热力系统中的水大都温度较高，在取样时应加以冷却。因为高温水既不便于取样也不便于测定，所以应将取样点的样品引至取样冷却器内进行冷却。一般冷却到 25～30℃（南方地区夏季不超过 40℃）。

取样的导管要用不锈钢管制成，不能用普通钢管和黄铜管，以免样品在取样过程中被取样导管中的金属腐蚀产物所污染。取样导管上，靠近取样冷却器处，装有两个阀门：前面一个为截止阀，后面一个通常为针形节流阀（对于低压水取样，也可用截止阀）。取样器在工作期间，前一个阀门应全开，用后一个阀门调节样品的流量，一般调至 350～500mL/min。样品的温度用改变冷却水流量的办法调整。将样品的流量和温度都调好后，就可使样品不断地流着，取样时不再调动。

为保证样品的代表性，机组每次启动时，必须冲洗取样器。冲洗时，把两个阀门全部打开，让样品大流量地流出，冲洗取样装置干净后方可将样品流量调至正常流量。在机组正常运行期间，也应定期进行这样的冲洗。冲洗完后，使样品不断地流着，取样时不再调动。

1. 炉水取样

炉水样品一般是从汽包的连续排污管中取出的，为保证样品的代表性，取样点应尽量靠近排污管引出汽包的出口，并尽可能安装在引出汽包后的第一个阀门之前。对于分段蒸发锅炉，盐段炉水也是从排污水引出管上取样；净段炉水由安装在汽包净段的专用取样管取出，此取样管可采用均匀钻孔的细钢管，水平装设在汽包内正常水位下 200～300mm 处，并应尽量远离给水管和加药管，与盐段也应保持一定的距离，以免水样受盐段回流炉水的影响。

2. 给水取样

给水取样点一般设在锅炉给水泵之后、省煤器以前的高压给水管上，最好安装在垂直的给水管管路上。为监督除氧器的运行情况，除氧器出口给水也应取样。为保证样品的代表性，取样点应设在离出口不大于 1m 的水流通畅处，从取样点引至水样冷却器的导管长度应不大于 5～8m。

3. 凝结水取样

凝结水取样点一般设在凝结水泵出口的凝结水管道上。凝结水泵的入口因压力低于大气压，故不宜安装取样管。

对设置有凝结水精处理系统的机组，为监督精处理后的水质，应在除盐设备后的管道上取样。

4. 疏水取样

一般在疏水箱中取疏水样，取样点通常在距箱底 200～300mm 处。

二、蒸汽的取样

为便于测定，应将蒸汽样品通过取样冷却器，使其凝结成凝结水。蒸汽取样器中蒸汽的流量一般为 20～30kg/h。对样品引出导管及冷却器的要求与水的取样相同。为取得真实的蒸汽样品，避免取样管中附着的杂质污染，在机组启动时也应大流量、长时间冲洗蒸汽取样装置。发现取样装置污染严重时，应进行排汽冲洗。取样装置投入工作后，取样阀门平时应保持打开的状态不变，使蒸汽凝结水不断流出。下面分别介绍饱和蒸汽与过热蒸汽的取样方法。

1. 饱和蒸汽的取样

（1）取得具有代表性样品的条件。锅炉所产生的饱和蒸汽中，常携带着少量的炉水水滴。当饱和蒸汽沿着管道流动时，这些水滴在管内不一定分布得很均匀。如蒸汽流速较低时，其携带的水滴便有一部分黏附在管壁上，形成水膜。饱和蒸汽的这种流动特点使其取样比较困难。如果将取样管口位于蒸汽管道的中心或管壁，都不能取得代表性的样品。因为前者取出的蒸汽样品湿度较低，含钠量（或含硅量）偏低；后者则相反，取得的样品湿度较大，含钠量（或含硅量）偏高。

为取得有代表性的饱和蒸汽样品，其取样过程必须同时满足以下几个条件。

1）饱和蒸汽中的水分在管内应均匀分布。实践证明，当管道内饱和蒸汽的流速快到一定数值时，管壁上的水膜就会被汽流扯碎，此流速称为饱和蒸汽的破膜速度。破膜速度随饱和蒸汽压力升高而减小，如图 14-1 所示。当管道内饱和蒸汽流速超过破膜速度 5～6 倍时，饱和蒸汽中的水分就会均匀分布。所以，应将取样点设置在具有这样流速的管道中。

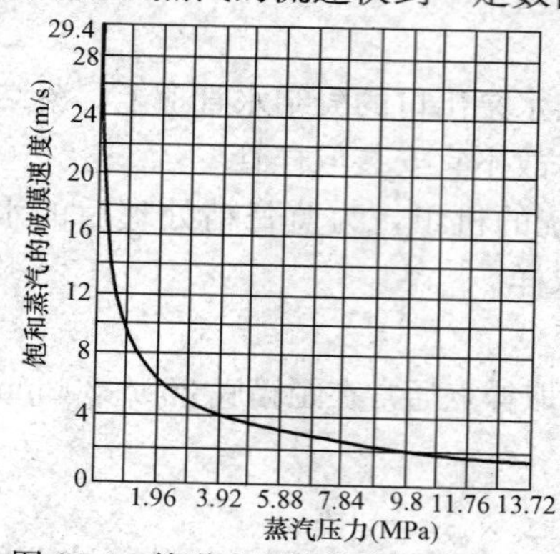

图 14-1　管道内饱和蒸汽的破膜速度与蒸汽压力的关系

2）取样器进口的蒸汽流速应与管道内的流速相等。

如果两者流速不相等，那么饱和蒸汽在取样器进口附近会发生汽流转弯现象，汽流中一些惯性较大的水滴将被甩出或抽入取样器，使取出样品的杂质含量偏低或偏高。所以，只有当两者流速相等时，取出的样品才有代表性。

3）取样器应装设在蒸汽流动稳定的管道内，并且应远离阀门、弯头等部位。此外，取样器入口部分应光滑，以减少取样器本身对汽流的干扰。这是为了避免管道内蒸汽流动不稳定而使水分分布不均匀，以及防止取样器入口处附着水滴。如有可能，应将取样点装设在垂直下行的蒸汽管道上，位置距离上方弯头 $10D_i$以上、距离下方弯头 $5D_i$以上（D_i为蒸汽管道内径）；如无可能，则应安装在蒸汽流动自下向上的部位；只有在不得已的情况下，才安装在水平管道上。取样器进口必须对着蒸汽流动方向。

（2）取样器的结构形式。饱和蒸汽取样器有以下几种。

1）探针式取样器（如图 14-2 所示）。它是用一根较细的不锈钢管制成的，取样管 1 的进样管口被削成与管横截面成 60° 的针尖状。这种取样器是直接安装在汽包 4 的饱和蒸汽管 3 中的，取样管 1 与饱和蒸汽管 3 的纵轴重合。定位支架 5 的作用是定位固定取样管 1，以防止振动。因为饱和蒸汽刚刚从汽包内引出，它携带的水分分布较均匀，所以这种

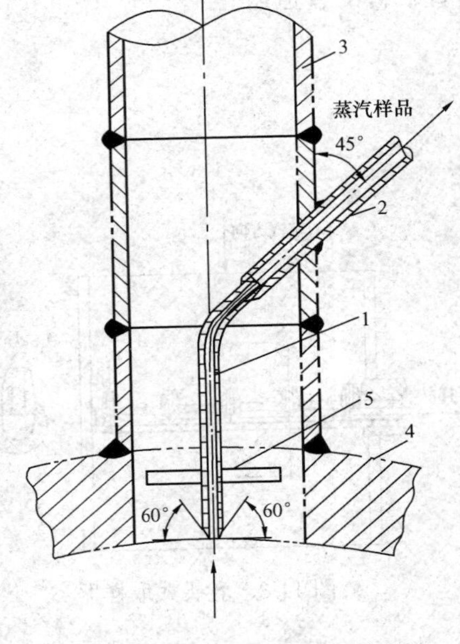

图 14-2　探针式饱和蒸汽取样器

1—取样管；2—取样导管；3—饱和蒸汽管；4—汽包；5—定位支架

取样器能取得有代表性的样品。

2）乳头式取样器（如图 14-3 所示）。这种取样器的本体是一根不锈钢管，管上开有几个小孔，孔上焊着不锈钢乳头。蒸汽由乳头上的小孔进入取样管。乳头的孔径应大于 2mm，以免被杂质堵塞；乳头的个数随蒸汽管道直径的增加而增多，目的是使蒸汽进入乳头孔中的流速与蒸汽管道中的汽流速度相等。

3）带混合器的单乳头取样器（如图 14-4 所示）。这种取样器是由渐缩管、混合室、单乳头取样管和渐扩管组成。由于这种取样器有渐缩管提高饱和蒸汽的流速，又有一段直径较细的管道作为混合室，因此，水分与蒸汽的混合较均匀。渐扩管可使取样后的蒸汽恢复到取样前的流动状态。这种取样器即使装于水平的饱和蒸汽管道内，也可取得有代表性的样品，但一般仍宜安装在垂直下行的管道内。

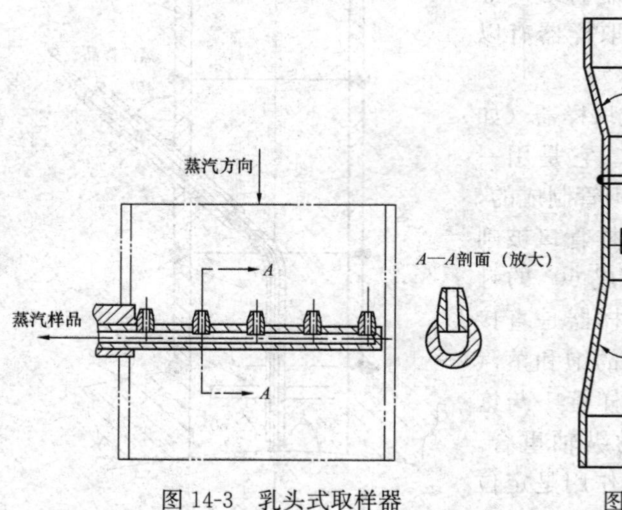

图 14-3　乳头式取样器

图 14-4　带混合器的单乳头饱和蒸汽取样器
1—渐缩管；2—混合室；3—单乳头取样管；4—渐扩管

4）缝隙式取样器（如图14-5所示）。缝隙式取样器的结构是在一支不锈钢管上焊上两块平行的不锈钢板，使钢板间形成一条缝隙，缝口宽度为3～5mm。缝中的管壁上开有许多进汽小孔，孔径为2mm，孔距为10～20mm。

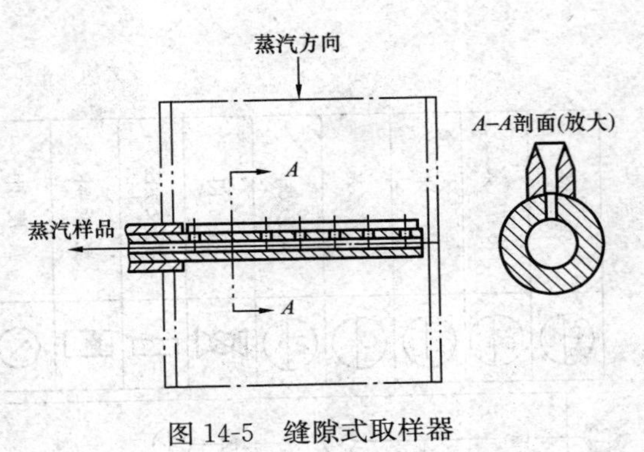

图14-5 缝隙式取样器

2. 过热蒸汽的取样

过热蒸汽与饱和蒸汽不同，它不含水分，属单相介质，所以较容易取得有代表性的样品。它的取样点可设在过热蒸汽母管上，一般采用乳头式取样器，也有采用缝隙式的。取样时只要保证取样孔中的蒸汽流速与装取样器的管道中的蒸汽流速相等，就可取得有代表性的样品。

三、水汽取样分析装置

近年来，许多电厂水汽取样采用了成套水汽取样分析装置，一台机炉配置一套。水汽取样分析装置一般采用除盐水进行闭式冷却。

1. 装置的特点

（1）将不同参数的样品集中进行减温减压处理，使样品的压力、温度等参数适合人工取样及满足分析仪表的要求，便于运行监督。

（2）对进入某些在线仪表的水样提供恒温装置，提高表计测量精确度。

（3）由于各类分析仪表、记录表都集中在此装置上，能够连续取样、连续监测，并自动记录。

（4）人工取样盘可作人工取样分析之用。

2. 装置的主要部件

（1）取样系统。某机组水汽取样系统如图14-6所示，它由高

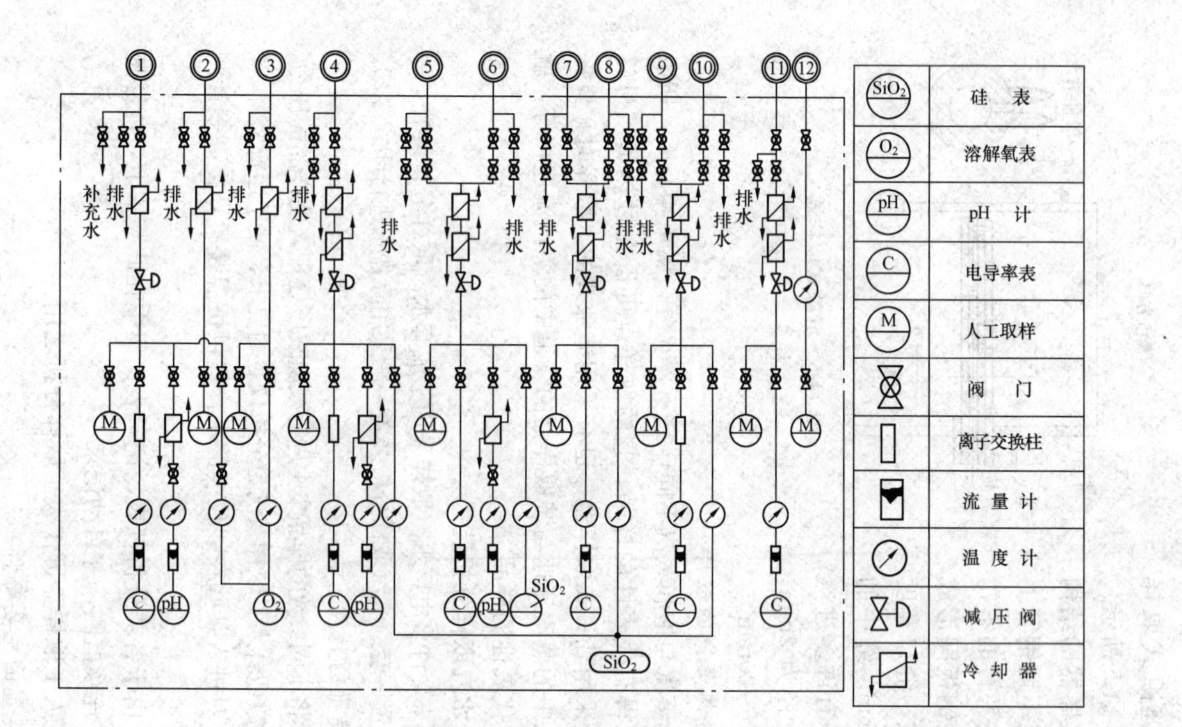

图 14-6　某机组水汽取样系统

1—凝结水泵出口水；2—除氧器进口水；3—除氧器出口水；4—给水省煤器入口水；5—汽包左侧炉水；6—汽包右侧炉水；7—左侧饱和蒸汽；8—右侧饱和蒸汽；9—左侧过热蒸汽；10—右侧过热蒸汽；11—再热器入口蒸汽；12—除盐冷却水

压阀、减压阀、中压阀、恒温热交换器、冷却器、离子交换树脂柱、温度计、流量计等组成。视样品的参数不同，所用的器件也有所不同。

（2）监测系统。监测系统包括各类在线化学分析仪表，如硅含量表（记作 SiO_2）、钠含量表（记作 Na)、电导率表（记作 C)、pH 表（记作 pH)、溶解氧表（记作 O_2）等，还有记录仪表。样品送入监测系统中进行分析、监测和记录。

3. 主要技术指标

（1）环境温度：5～40℃。

（2）冷却水参数：流量 25t/h，压力 0.2～0.7MPa，温度小于 33℃。

（3）经减压、减温后的样品参数：压力小于 0.1MPa，温度小于 35℃。

（4）恒温后的样品温度：25℃±1℃。

4. 使用方法

（1）首先投运冷却水系统，开启所有冷却器冷却水流路阀门，观察该系统，特别是观察各冷却水流量监测器有无泄漏，如发现泄漏，应及时处理。

（2）取样装置设置有前排污管和后排污管，前排污管主要排放人工取样台及化学仪表排放的样水，后排污管用于系统取样管路清洗时排水，前、后排污管之间一般有一个阀门连接，防止在用高温、高压水汽冲洗取样管时把高温、高压水汽导入前部仪表排水系统中去。因此，在冲洗取样管路前应首先关闭此阀门，然后打开取样管路的排水阀进行管路冲洗。此时应是单路或两路同时进行，不得全部同时冲洗。冲洗结束后，应及时打开前、后排污管路的连接阀。

（3）依次缓慢打开样水管路入口阀，调整减压阀使各管路的流量符合设计要求，人工取样水样流量为 500mL/min，各化学分析仪表流量以表计给定的流量为准。

（4）监视各样水管路的温度，不得高于 45℃；如有超温，应检查冷却水的温度、流量是否符合技术指标。当温度超过50℃时，超温保护系统动作，即其电接点温度计节点闭合，超温保护电磁阀启动，关断水样，同时安全阀打开，从安全阀排出管路中的水样，实现对水样的超温保护。

（5）当系统中取样部分运行正常时，各取样管路在水样冲洗2h后即可投入在线分析仪表，但对pH计、Na表和电导率表等需要恒温的，要待恒温系统工作正常后投运。投运分析仪表前，应仔细阅读仪表使用说明书，按其规定投运仪表，以免产生误差，甚至损坏表计。

5. 注意事项

（1）高压针型阀不宜频繁操作。

（2）冷却器中冷却水不得中断，以防水样温度过高而损坏设备。

（3）运行中若水样流量下降，则关闭一次阀门，拆开螺旋减压阀，清除垢物。若除垢后流量仍未恢复，则需要查找其他原因。

（4）运行中应对所有分析仪表（包括在线的和离线的，以及实验室用的）进行定期检查，对不合格的仪表要进行校正或更换，确保分析结果准确、可靠。

在停运及检修过程中，各种在线化学分析仪表的测量系统，应保持有水流或保持电极部分浸泡在水中，防止电极干枯，以免重新启动时发生故障。

第三节　水、汽质量劣化时的处理

当水、汽样品的监测结果显示水、汽质量不良时，应首先检查其取样和测定操作是否正确，必要时应再次取样测定，进行确认。当确认水、汽质量劣化时，分析原因，采取措施，使其恢复正常。

水、汽质量与热力系统的设备结构和运行工况等有关，各种情况下造成劣化的原因不一，表14-11～表14-17为常见的原因及其处理方法，仅供参考。

表 14-11　　蒸汽质量劣化的原因及其处理方法

劣化现象	一般原因	处理方法
含钠量或含硅量不合格	(1) 炉水的含钠量或含硅量超过极限值。 (2) 锅炉的负荷太大，水位太高，蒸汽压力变化过快。 (3) 喷水式蒸汽减温器的减温水水质不良或表面式减温器泄漏。 (4) 锅炉加药浓度过大或加药速度太快。 (5) 汽水分离器效率低或各分离元件的接合处不严密。 (6) 洗汽装置不水平或有短路现象	(1) 参见表 14-12 中第 2 种劣化现象的处理方法。 (2) 根据热化学试验结果，严格控制锅炉的运行方式。 (3) 参见表 14-14，当表面式减温器泄漏时，应停用减温器或停炉检修。 (4) 降低锅炉加药的浓度或速度。 (5) 消除汽水分离器的缺陷。 (6) 消除洗汽装置的缺陷

表 14-12　　炉水水质劣化的原因及其处理方法

劣化现象	一般原因	处理方法	备　注
外状浑浊	(1) 给水浑浊或硬度太大。 (2) 锅炉长期没有排污或排污量不够。 (3) 新炉或检修后锅炉在启动的初期	(1) 参见表 14-13 中第 1 种劣化现象的处理方法。 (2) 严格执行锅炉的排污制度。 (3) 增加锅炉排污量直至水质合格为止	
含硅量、含钠量（或电导率）不合格	(1) 给水水质不良。 (2) 锅炉排污不正常	(1) 参见表 14-13 中第 3 种劣化现象的处理方法。 (2) 增加锅炉排污量或消除排污装置的缺陷	

续表

劣化现象	一般原因	处理方法	备注
磷酸根不合格	（1）磷酸盐的加药量过多或不足。 （2）加药设备存在缺陷或管道被堵塞	（1）调整磷酸盐的加药量。 （2）检修加药设备或疏通堵塞的管道	（1）炉水磷酸根过高时，可暂停磷酸盐加药泵或调小冲程、频率，并检查加药箱中的磷酸盐溶液浓度是否偏高；注意加强蒸汽质量监督，并加大排污，直至锅炉水磷酸根合格。 炉水磷酸根过低时，可调大磷酸盐加药泵或调小冲程、频率，并检查加药箱中的磷酸盐溶液浓度是否偏低。 （2）如因锅炉给水硬度过高引起炉水磷酸根不足时，应首先降低给水硬度
炉水 pH 值低于标准	（1）给水夹带酸性物质进入锅炉内。 （2）磷酸盐的加药量过低或药品错用。 （3）锅炉排污量太大	（1）增加磷酸盐加药量，必要时投加化学纯 NaOH 溶液。 （2）调整磷酸盐的加药量或药品配比，检查药品是否错用。 （3）调整锅炉排污	查明凝汽器是否泄漏，再生系统酸液是否漏入除盐水中，除盐水是否夹带树脂等，杜绝酸性物质的来源

表 14-13　给水水质劣化的原因及其处理方法

劣化现象	一般原因	处理方法	备注
硬度不合格或外状浑浊	(1) 组成给水的凝结水、补给水、疏水或生产返回水的硬度太大或浑浊。 (2) 生水渗入给水系统	(1) 查明硬度高或浑浊的水源，并将此水源进行处理或减少其使用量。 (2) 消除生水渗入给水系统的可能性	应加强炉水和蒸汽质量的监督
溶解氧不合格	(1) 除氧器运行不正常。 (2) 除氧器内部装置存在缺陷	(1) 调整除氧器的运行。 (2) 检查除氧器	装有再沸腾管的除氧器，应将再沸腾管投入运行
含钠量（或电导率）、含硅量不合格	(1) 组成给水的凝结水、补给水、疏水或生产返回水的含钠量或电导率、含硅量不合格。 (2) 锅炉连续排污扩容器送出的蒸汽严重带水（此蒸汽通向除氧器时）	(1) 查明不合格的水源，并采取措施使此水源水质合格或减少其使用量。 (2) 调整锅炉连续排污扩容器的运行	应加强炉水水质和蒸汽质量的监督
含铁量或含铜量不合格	组成给水的凝结水、补给水或生产返回水的含铁量或含铜量不合格	查明含铁量或含铜量大的水源，并将此水源进行处理或减少其使用量	

表 14-14　喷水式减温器减温水水质劣化的原因及其处理方法

劣化现象	一般原因	处理方法	备注
含钠量、含硅量不合格	(1) 减温水用凝结水水质不良。 (2) 软化水或生水漏入减温水系统	(1) 参见表 14-13 中第 3 种劣化现象的处理方法。 (2) 查明漏入原因，并采取措施消除	如因给水系统运行方式不当而造成减温水质量劣化时，应调整给水系统的运行方式

表 14-15　凝结水水质劣化的原因及其处理方法

劣化现象	一般原因	处理方法
硬度或电导率不合格	凝汽器泄漏	查漏和堵漏
溶解氧不合格	（1）凝汽器真空部分漏气。 （2）凝汽器的过冷却度太大。 （3）凝结水泵运行中有空气漏入（如盘根漏气时）	（1）查漏和堵漏。 （2）调整凝汽器的过冷却度。 （3）换用另一台凝结水泵，并检修有缺陷的凝结水泵

表 14-16　疏水箱内疏水水质劣化的原因及其处理方法

劣化现象	一般原因	处理方法	备注
硬度、含钠量或含硅量不合格	水质差的水漏入此疏水系统	查明渗漏的地点，进行堵漏	将不合格的疏水暂时排掉
含铁量或含铜量不合格	（1）有含铁量或含铜量很大的疏水进入疏水箱。例如，来自除氧器的余汽冷却器或汽轮机抽气器的疏水，它们含铁量或含铜量往往过多。 （2）疏水箱腐蚀严重	（1）查明引起不合格的疏水水源，采取专门措施，使此疏水水质合格。 （2）对疏水箱涂防腐漆，实行疏水箱的定期排污和清扫	将不合格的疏水排掉，不让此疏水进入疏水箱。例如，除氧器余汽冷却器的疏水含铜量太大，可暂时将此疏水排入地沟

表 14-17　供热机组生产返回水水质劣化的原因及其处理方法

劣化现象	一般原因	处理方法	备注
硬度、含钠量或含硅量不合格	热用户有水质不合格的水或其他液体漏入蒸汽或冷凝水系统	要求热用户查漏和堵漏	将水质不合格的生产返回水暂时排掉

续表

劣化现象	一般原因	处理方法	备　注
含铁量不合格	（1）热用户的有关设备及管道腐蚀。 （2）生产返回水箱腐蚀	（1）要求热用户对有关设备和管道采取防腐措施。 （2）对生产返回水箱涂防腐漆，并实行定期排污和清扫。 （3）进行返回水的除铁处理	将水质不合格的生产返回水暂时排掉
含油量不合格	（1）热用户的水汽系统内被油质污染，水中油含量超过原设计标准。 （2）返回水除油设备的运行不正常	（1）要求热用户将水中含油量降至 10mg/L 以下。 （2）调整返回水除油设备的运行工况	应将水质不合格的生产返回水暂时排掉

第四节　汽包锅炉的热化学试验

一、热化学试验的目的

汽包锅炉热化学试验的目的是按照预定的计划，使锅炉在各种不同工况下运行，寻求获得良好蒸汽质量的最优运行条件。因为锅炉的蒸汽质量受锅炉结构和锅炉运行工况等许多因素的影响，所以获得良好蒸汽质量的运行条件无法预测，只有通过试验来决定。通过热化学试验能查明炉水水质、锅炉负荷及负荷变化速度、汽包水位等运行条件对蒸汽质量的影响，从而可确定下列运行标准。

（1）炉水水质标准，如含盐量（或含钠量）、含硅量等。

（2）锅炉最大允许负荷和最大负荷变化速度。

（3）汽包最高允许水位。

此外，通过热化学试验还能鉴定汽包内汽水分离装置和蒸汽清洗装置的效果，确定有没有必要改装或调整这些装置。

热化学试验并不是经常进行的，只有在遇到下列情况之一时才需进行。

（1）新安装的锅炉投入运行一段时间后。

（2）锅炉改装后，如汽水分离装置、蒸汽清洗装置和锅炉的水汽系统等有变动时。

（3）锅炉的运行方式有很大的变化时，例如：① 需要锅炉超铭牌负荷（也叫超出力）运行；② 改变锅炉负荷的变化特性，如从稳定负荷改为经常变动的负荷；③ 锅炉燃烧工况变化，如从燃煤改为燃油，从燃油改为燃煤，或者改变煤种；④ 给水水质发生变化，如补给水的处理方法有改变、用 Na^+ 交换水作补给水时补给水率有很大变化。

（4）已经发现过热器和汽轮机积盐，需要查明蒸汽质量不良的原因时。

在同一发电厂中，各台锅炉都应单独地进行热化学试验。但如果有几台同型号锅炉的运行工况和给水水质等大体相同，当其中一台进行了热化学试验后，可将已求得的运行条件在另几台锅炉上进行检验性试验，确证可行后，才能按此条件进行；如不行，就需另做热化学试验。

二、热化学试验的准备工作

为保证热化学试验能顺利进行，试验前的准备工作是很重要的。其准备工作大致有下述几个方面。

1. 弄清设备的情况

为了及时弄清蒸汽质量劣化的原因和处理试验中发生的问题，试验前应先详细了解锅炉的结构和有关的热力系统。例如，应了解锅炉受热面的布置特点、过热蒸汽调温系统、给水系统及汽包内汽水分离装置、分段蒸发和蒸汽清洗装置的结构。

此外，在热化学试验前，应对锅炉及热力系统中有关设备进行检查并消除其缺陷，如凝汽器的严密性是否良好，除氧器的运行是否可靠，汽包锅炉的排污装置是否正常等。

2. 掌握试验前的蒸汽质量、水质

为了拟订好试验计划，在试验过程中做到心中有数，应先查看水、汽监督的记录及有关技术档案，以弄清试验以前的汽、水质量［包括蒸汽质量，锅炉水、给水及给水的各种组成部分（如补给水、汽轮机凝结水等）的水质］和蒸汽通流部分积盐的状况。

3. 增设必要的取样点

根据热化学试验的要求，在试验前，有时需要加装一些取样点。例如，增设几个饱和蒸汽取样点，以便对锅炉蒸汽质量有较全面的认识，便于互相核对，确定蒸汽样品的代表性。有时为了研究汽包内部装置净化蒸汽的效果，要在汽包内蒸汽空间的不同高度处，以及沿汽包长度的不同地点安装取样器。

4. 检查和调整各取样装置

热化学试验以前，对各取样点均应进行仔细的检查。检查内容包括取样器是否选用适当、取样器的安装位置是否合理、取样标记牌是否挂得正确、取样冷却器有无泄漏和污染等。检查时如发现问题，应及时解决。

在预备试验开始前1～2天，各取样器应先投入工作。新安装的取样装置（包括取样器及导管、取样冷却器等），应进行长时间、大流量地冲洗；有必要时应进行排汽冲洗，以免遗留污物或发生堵塞现象，影响正确取样。

检查和调整各取样装置，对于保证取得的水、汽样品具有代表性，热化学试验的结果正确可靠，是一个很重要的环节。

5. 检查和校正所有仪表

为使试验结果可靠，在热化学试验以前，应检查的仪表包括热工仪表（如锅炉蒸汽流量表、过热器出口压力表及过热蒸汽温度表、给水和排污水的流量表、汽包压力表、汽包水位计等）和测定水质、蒸汽质量的在线仪表（如钠表、硅表、pH计、电导率表及溶解氧表等）。对不合格的仪表要进行校正或更换。

必须对这项工作给予重视，因为仪表发生故障或有很大偏差，试验结果就会不可靠，甚至使试验不能进行。例如，汽包水位计未经校验，有很大的偏差，在试验中水可能浸没汽水分离装置或露出水下分离装置，试验就不能进行。

6. 准备好化验用品

水、汽取样和进行测定所需要的各种试剂、仪器和仪表等，应先准备好。例如，在化验工作中需要应用的无钠水和无硅水，应先将其制备装置安装好，并通过试用确证其水质合格方可使用。

7. 绘制必要的系统图

需用的图包括热化学试验的取样点分布图（图上最好标明测定项目）、水汽系统图、汽包内部装置系统图等。

8. 拟好试验计划

根据试验要求，制定热化学试验工作大纲和计划。计划中应详细阐明进行每项试验时锅炉的运行工况，试验持续的时间，试验中水和汽的取样地点、次数及测定的项目、方法等。

由于在试验中要将锅炉控制在一定的条件下运行，所以试验前应向有关部门提出试验计划，以便早做安排。

9. 其他准备工作

试验前要安排好试验场地，以便将取得的水、汽样品集中进行测定，并及时地分析、讨论和处理试验中发生的问题；试验场地的水源、照明等都应有保证。此外，在人员方面也应组织好，一方面要建立起领导机构，统一指挥，另一方面工作人员应有明确分工。

只有当上述各项工作准备就绪，而且锅炉负荷可以按计划进行调度时，才能开始进行试验。

三、热化学试验的内容

在进行正式的热化学试验以前，为了检查准备工作，并训练参加试验的工作人员，应先进行预备试验。

预备试验是在锅炉一般的负荷和正常运行条件下，按热化学试验的组织形式和规定的取样间隔时间，进行1～2昼夜的测定和记录。如同正式试验一样，仔细地进行监测并详细地记录锅炉的工况。一般每隔 10～15min 记录和监测一次，记录锅炉送出的蒸汽量、过热器出口压力、过热蒸汽温度、汽包水位、汽包压力、锅炉的排污量等；监测蒸汽的含钠量、电导率和含硅量，炉水和给水的含钠量、含硅量、电导率、pH 值、氯离子、磷酸根等。

通过预备试验，如发现锅炉、监督仪表、取样和分析仪器等有缺陷，应消除，然后开始有步骤地进行正式试验。

影响锅炉蒸汽质量的因素很多，在做热化学试验时，只能对这些因素逐一进行研究。为此，每进行一次试验，仅研究一个因素的变化对蒸汽质量的影响，其他因素维持不变。由于试验内容根据每次试验目的不同而有所侧重和差异，所以下面介绍的几项试验内容只能是原则性的，供各电厂拟订热化学试验具体计划时参考。

1. 炉水含盐量对蒸汽质量的影响试验

此试验应在维持锅炉额定压力、额定蒸发量和中间水位（汽包正常水位线±50mm 范围内的水位称中间水位）的运行条件下进行。试验方法如下。

（1）提高炉水含盐量。从炉水含盐量最低开始逐渐提高，直到使蒸汽质量发生严重劣化时。

提高炉水含盐量的办法有几种，可视具体情况选用。对于以除盐水或蒸馏水作补给水的锅炉，要提高炉水的含盐量，除停止锅炉排污外，还需要利用磷酸盐加药系统直接向炉水中加各种盐类，如氯化钠、硫酸钠、氢氧化钠等。最好将这些盐类混合加入，它们的比值应与它们在炉水中的比值大体相当。加药时应注意药品的纯度，且配好的药液先要进行过滤，然后再加入炉水中，以免将其他物质带入锅炉内。加药时，单独加一种盐类也可以，但此时炉水电导率与含盐量的关系与正常情况相比，会有较大差别。对于以钠离子交换水作补给水的锅炉，可用停止排污、增加补给水率等办法来提高炉水的含盐量。但是，对于以给水作为过热蒸汽喷射减温水的锅炉，因增加补给水率使给水中的含盐量增多，会直接影响过热蒸汽的质量，所以不能采用增加补给水率的办法来提高炉水的含盐量。

提高炉水含盐量的速度，依汽包内部装置的不同而异：对于不分段蒸发锅炉，汽包内的汽水分离装置简单的每小时增高不超过 30mg/L，汽水分离装置完备的每小时增高不超过 50mg/L；对于分段蒸发锅炉，盐段炉水含盐量每小时增高不超过 100mg/L。

在进行此项试验时，应根据蒸汽质量的变化趋势来掌握试验的进程。当蒸汽质量已明显变坏后，如继续提高炉水含盐量，就很容易发生“汽水共沸”现象，所以若没有足够的经验，不要把炉水的浓度升得太高、太快。

（2）测定与记录。在提高炉水含盐量的过程中，应测定蒸汽质量和炉水水质。蒸汽的测定项目为含钠量、电导率、含硅量；炉水的测定项目为含钠量、电导率和含硅量。除应用在线仪表连续测定（最好能自动记录）外，应在取样后分别用化验室的精密分析仪器进行测定。每隔 10～15min 取样一次；在每次取样的同时，应记录蒸汽温度、蒸汽压力、水位、流量（蒸汽流量、给水量、排污水量和减温水量等）。当发现蒸汽质量已明显变坏时，测定和记录时间间隔要缩短至每隔 3～5min 一次。

（3）求临界含盐量。当蒸汽质量严重劣化时，停止提高炉水含盐量，记录此时的蒸汽含钠量、电导率、含硅量和此时的炉水含钠量、电导率和含硅量。以此时的炉水含盐量为临界含盐量。然后，用增大连续排污的办法（必要时可进行底部排污）降低炉水的含盐量，直到蒸汽质量恢复正常。

（4）求允许含盐量。求得炉水临界含盐量后，再以临界含盐量的 80％、70％、60％、50％、40％等不同浓度的炉水含盐量，做蒸汽质量试验。在每种含盐量下，进行较长时间的试验（一般 4h，也有 8h 的），试验过程中每隔一定时间（一般为 10～15min）取样测定一次。通过这个试验可求得能够保证蒸汽质量合格的最高允许含盐量，并可求得蒸汽质量与炉水含盐量的关系。

根据上述试验结果，选择能保证蒸汽质量且排污率较小的炉水含盐量，作为运行中的控制标准。

2. 蒸汽含硅量与炉水含硅量的关系试验

进行这项试验有以下两种方法。

（1）与试验1同时进行，不另做专门试验。这种方法是在进行试验1的过程中，每次取得的水、汽样品，除测定含钠量等指标外，还测定其含硅量。这样就可求得饱和蒸汽含硅量与炉水含硅量的关系。由此可确定炉水的最高允许含硅量及运行中炉水含硅量的控制标准。

（2）当需要求得锅炉饱和蒸汽的硅酸携带系数时，或者要鉴定汽包内蒸汽清洗装置的效率时，应进行专项试验。其原因是高压锅炉的补给水都是经过除硅处理的，含硅量较低，在进行试验1时，用改变补给水率和停止锅炉排污等办法，都不可能较大幅度地提高炉水的含硅量，这样就不可能得到准确的数据。

这一专项试验，应在锅炉保持额定负荷和中间水位的条件下进行。试验中为提高炉水含硅量，要用磷酸盐加药设备直接向炉水中添加硅酸钠溶液。炉水含硅量的提高速度，对于高压及中压锅炉每小时不超过1mg/L，对于超高压锅炉每小时不超过0.3mg/L。

对于有蒸汽清洗装置的锅炉，为确定其清洗效率，应测定清洗前后蒸汽的含硅量。

为保证试验结果可靠，在进行这项试验时，饱和蒸汽含硅量可以允许高一些，如有的使其高达30～50μg/L，以减少测定含硅量的相对误差。

3. 锅炉负荷对蒸汽质量的影响试验

这项试验应在锅炉额定压力和中间水位的条件下进行，炉水含盐量和含硅量可用控制排污量的办法调整，使其保持为试验1所确定的最高允许含盐量和含硅量的70％～80％。

从锅炉额定负荷的 70%～80%开始，逐渐增加到 80%、90%、100%、120%等。在每个负荷下，运行 3～4h，以确定其蒸汽质量。对于额定负荷小于 200t/h 的锅炉，负荷增加的间距通常以 20t/h 为宜。容量很小的锅炉，可根据情况另行选定，但应有明显的间距。在每种负荷的试验过程中，应尽量维持负荷稳定，其变动幅度不应大于负荷间距的±1/4。进行这项试验时，锅炉负荷的上限和下限，可视具体情况而定。如果锅炉确有必要超铭牌负荷运行，而且在锅炉安全运行方面又有可靠的根据（如经过锅炉热力和强度校核计算），那么进行这项试验时，锅炉负荷的上限可适当提高。当试验中发现在高负荷下蒸汽质量不良时，可将炉水含盐量和含硅量适当降低后再进行试验。

锅炉负荷的增高速率是每隔 30min 或更长时间增加5～10t/h；在超过额定负荷后，每隔 30min 或更长时间增加 3～5t/h。

通过本试验可确定能保证蒸汽质量合格的允许锅炉负荷，还可了解汽水分离装置在不同负荷下的分离效果。

4. 锅炉负荷变化速度对蒸汽质量的影响试验

这项试验应在锅炉额定压力、中间水位和炉水含盐量为最高允许含盐量的 70%～80%的条件下进行。

试验时，选定几种锅炉负荷的变化速度，通常每分钟变动量在额定负荷的 5%～15%。蒸发量在 400t/h 以上的锅炉，宜在 5%～10%内选取；小于 100t/h 的锅炉，宜在 10%～15%内选取。以每种选定的速度升降负荷 1～2 次。

试验时，锅炉先按选定的速度由最小负荷升到试验 3 所确定的锅炉最大负荷，在此最大负荷下维持一段时间后，又以原来速度减至最小允许负荷。每分钟记录一次负荷和蒸汽的含钠量，并且每分钟进行一次蒸汽取样，测定蒸汽的含硅量。当发现以某一速度升降负荷会使蒸汽质量劣化时，应降低变化速度并再做试验，直到求得一个不会使蒸汽质量劣化的最大负荷变化速度。

如果试验求得的负荷变化速度的数值很小，不能实际应用，应将炉水含盐量降低一些再试验，以求得合理的变化速度。

因为在锅炉负荷剧烈变动时，常常会发生蒸汽质量的严重劣化，所以，对于汽包内部装置，不仅要根据稳定工况下所进行的蒸汽质量试验来评价，而且还应根据锅炉负荷变化时的试验结果进行评价。

5. 锅炉的最高允许水位试验

此试验应在锅炉额定压力和额定负荷的条件下进行，炉水的含盐量应维持为试验 1 所确定的最高允许含盐量的 70%～80%。

此试验应从低水位开始，逐渐地、均匀地、分阶段地提升水位。水位提升的幅度一般为每次 20mm；提升的速度应缓慢，一般以每 20min 提升 10mm 左右为宜。因为水位上升太快，会引起蒸汽质量劣化。每次将水位升高到指定的位置时，应稳定运行 3～4h。

当水位提升到某一位置，发现蒸汽质量严重劣化时，应开始降低水位，降低水位的速度与提升时相同。当水位降低到指定位置时，也应将锅炉稳定运行 3～4h，测定蒸汽含钠量。如此逐步将水位降低，直到蒸汽质量合格，这时的水位便是该锅炉的最高允许水位。

6. 锅炉水位的允许变化速度试验

此试验在确定了锅炉的最高允许水位后进行，试验应在锅炉额定压力和额定负荷的条件下进行，炉水的含盐量应维持为试验 1 所确定的最高允许含盐量的 70%～80%。

通常水位的允许变化速度在 10～30mm/min，所以可在此范围内选取几个数值进行试验。先以较低的速度进行，如对蒸汽汽质无影响，再更换另一较高的速度进行。每次试验从允许的最低水位开始，以指定的变化速度等速提高锅炉水位，当达到最高允许水位后，维持稳定运行一段时间，然后再按此变化速度等速下降。以后再按另外的速度进行试验，直到求得不会引起蒸汽质量劣化的允许变化速度。

上述各项试验不是每次热化学试验时都需要进行，可根据每次试验目的的不同，选做其中几项。另外，有时需做其他项目的试验，其方法与上列方法大体相似，这里不一一列举。

在试验的过程中，对每个试验数据都应重视。如果出现异常数据，先取样品瓶中的样品再测定一次，如果确证测定无问题，立即重新取样测定，进行核对。确证有异常现象时，应迅速查找原因。有时出现异常数据，是因为取得的样品被污染或因取样冷却系统有渗漏造成的。

四、热化学试验结果的整理

每项试验结束后，应立即将试验所得的数据汇总，并整理成表格或曲线图，研究该项试验是否正常、结果是否正确，从而决定是继续往下进行试验，还是应该对这个项目补做一些试验，甚至重做。

热化学试验后，应提出试验报告。在报告上，除说明试验经过和所得结论外，必要时应提出一些改进措施。例如，如果试验结果指出，能保证蒸汽质量合格的锅炉水含盐量很小，以致迫使锅炉排污率要超过允许值时，应建议改装汽包内部装置；如果炉水含硅量达到允许值时，炉水的含盐量尚比其允许值低得多，这说明若将补给水进行更完善的除硅处理，或者在汽包内加装蒸汽清洗装置，则可进一步降低锅炉的排污率；如果热化学试验求得的锅炉允许负荷低于锅炉的额定负荷，则应提出改善蒸汽质量的措施，如改进水处理工艺或改良汽包内汽水分离装置，以及蒸汽清洗装置等。

第十五章　直流锅炉机组的水化学工况

直流锅炉机组的水化学工况是指其给水水质调节处理的方式及其水汽质量标准。直流锅炉水汽系统的工作原理、结构和运行工况都与汽包锅炉有很大不同，因此直流锅炉机组对水化学工况有特殊要求。根据目前我国已投运直流锅炉火力发电机组的现状，本章主要讨论超临界机组（包括超超临界机组）的水化学工况。

第一节　直流锅炉机组水汽系统概述

一、水汽系统及其流程

对于采用直流锅炉的各种大型火力发电机组而言，其水汽循环系统及其流程大体上是相同的。目前，我国的直流锅炉机组大部分是 600MW 等级的超临界火力发电机组。图 15-1 为某 600MW 超临界机组水汽系统流程示意。

该机组的锅炉为超临界参数、变压运行、一次中间再热、单炉膛、Π 形燃煤锅炉，BMCR 工况下过热蒸汽流量为 1964t/h、过热器出口蒸汽压力和温度分别为 25.4MPa 和 571℃，给水温度为 294℃；汽轮机为 600MW 超临界一次中间再热、四缸四排汽、凝汽式汽轮机，TRL 工况下主蒸汽压力为 24.2MPa、主蒸汽和再热蒸汽的温度均为 566℃。下面简要介绍水汽系统概况。

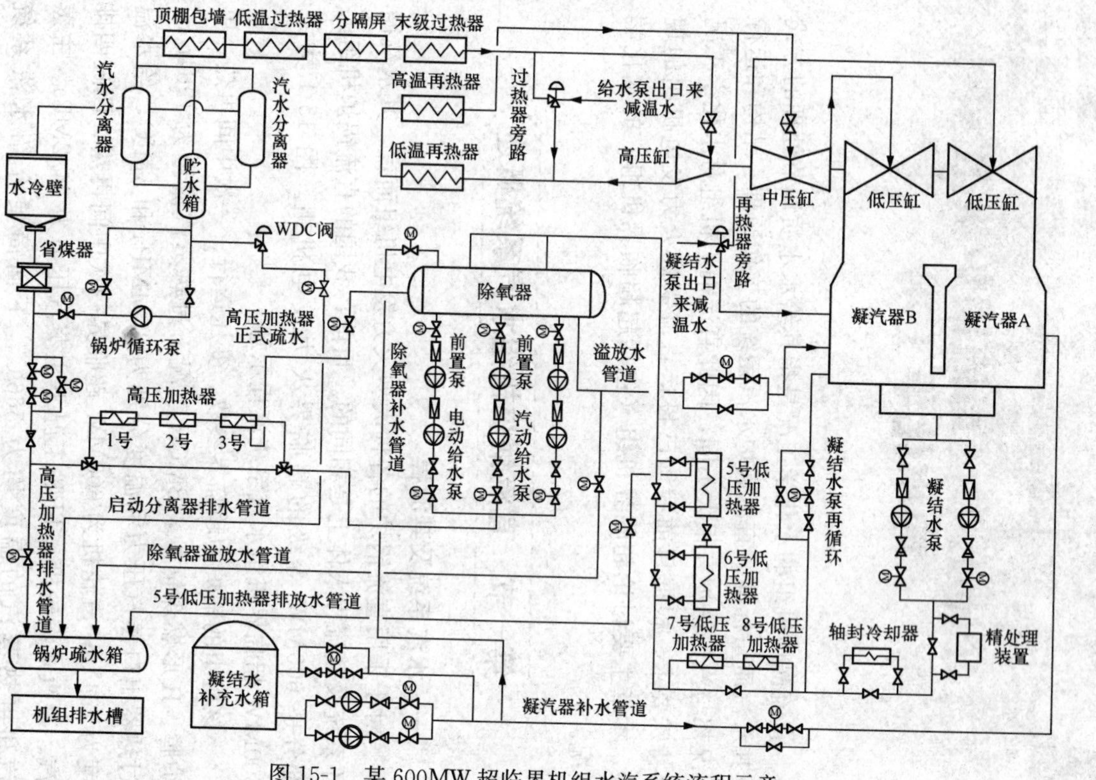

图 15-1 某 600MW 超临界机组水汽系统流程示意

1. 锅炉水汽系统

锅炉水汽系统包括省煤器、水冷壁、过热器和再热器四个子系统。水冷壁和过热器系统以启动分离器为分界点，从水冷壁入口集箱到启动分离器为水冷壁系统；从分离器出口到过热器出口集箱为过热器系统。过热器系统按蒸汽流程分为顶棚包墙过热器、低温过热器、分隔屏过热器和末级过热器。再热器系统按蒸汽流程分为低温再热器和高温再热器。过热器系统设两级四点减温器来保证在所有负荷变化范围内对蒸汽温度的控制要求。低温再热器及末级再热器之间设有事故减温器，在正常运行时通过尾部烟气调节挡板调节再热蒸汽温度，事故时采用事故减温器。

2. 启动系统

启动系统为内置式带再循环泵系统，起主要作用是在锅炉启动过程中和低负荷运行时，维持锅炉水冷壁管内工质流量高于最小流量，避免管壁过热超温。启动系统的回路设置为水从省煤器入口集箱进入，经过省煤器、水冷壁到汽水分离器，分离下来的水通过分离器下部的贮水箱由再循环泵再次送入省煤器；分离出的蒸汽进入过热器系统，最后由主蒸汽管道引出。当机组负荷达到直流负荷以上（30%BMCR 负荷）时，启动系统将被关闭进入热备用状态，锅炉处于直流运行状态。此时进入锅炉的给水量与进入汽轮机的蒸汽量相等。

在点火之前，给水品质应符合标准的要求。如果给水品质不符合要求（如在首次启动或长时间停炉之后启动时），可用给水泵将水经省煤器、水冷壁送入汽水分离器，再由分离器引至疏水扩容器。然后，根据水质不同，可经凝汽器送入精处理设备，或者直接排入地沟。

3. 凝结水和给水系统

每台机组配 2 台卧式、双壳体、单流程凝汽器。凝结水系统设 2 台 100%容量的立式凝结水泵，4 台低压加热器（5 号～8 号），1 台汽封冷却器和 1 台除氧器。该系统将凝汽器热井中的凝结水加热并输送至除氧器，另外还向辅助蒸汽系统、低压旁路、疏水扩容器等提供减温水和杂用水。5 号和 6 号低压加热器、凝结水除盐装置、汽封冷却器均设有各自的凝结水旁路，7 号和 8 号低压加热器设有大旁路。汽封冷却器出口凝结水管道上有一路最小流量再循环管至凝汽器。5 号低压加热器出口凝结水管路上接一路排水管道，用于机组启动清洗时排放水质不合格的凝结水。

给水系统将给水加热后输送至锅炉省煤器，并向锅炉过热器的减温器、再热蒸汽事故减温器及汽轮机高压旁路提供减温水。该系统设有 2 台 50% BMCR 容量的汽动给水泵和 1 台 30% BMCR 容量的电动给水泵，每台汽动给水泵配有同容量的前置泵。汽动给水泵的汽源在正常运行工况下来自第四级抽汽，低负荷和启动工况下来自冷再热蒸汽与启动锅炉。高压加热器采取单列设置，设 3 台卧式、U 形管、双流程高压加热器，其水侧采用电动三通阀的给水大旁路。再热蒸汽的减温水自给水泵中间抽头接出，高压旁路减温水从给水泵出口母管接出。

4. 回热系统

该机组共有八级非调整抽汽。其中，一、二、三级抽汽分别供给 1 号、2 号、3 号三台高压加热器；四级抽汽供给除氧器、给水泵汽轮机和辅助蒸汽系统等（驱动给水泵汽轮机的备用汽源采用冷再热蒸汽或辅助蒸汽及主蒸汽，启动初期供汽由启动锅炉来汽）；五、六、七、八级抽汽分别供给 5 号、6 号、7 号、8 号四台低压加热器。

在正常运行时，高压加热器疏水采用逐级串联的疏水方式，3 号高压加热器疏水进入除氧器。低压加热器疏水同样采用逐级串联的疏水方式，最后进入凝汽器。每台加热器均设有单独的事故疏水接口，其疏水管道单独接至凝汽器。

5. 汽轮机旁路系统

汽轮机旁路容量为 BMCR 工况的 30%。它是高压旁路、低压旁路（双路）两级串联系统。低压旁路排汽经减压、减温后接入凝汽器。

该超临界火力发电机组水汽循环系统及其水汽流程，如图15-2所示。

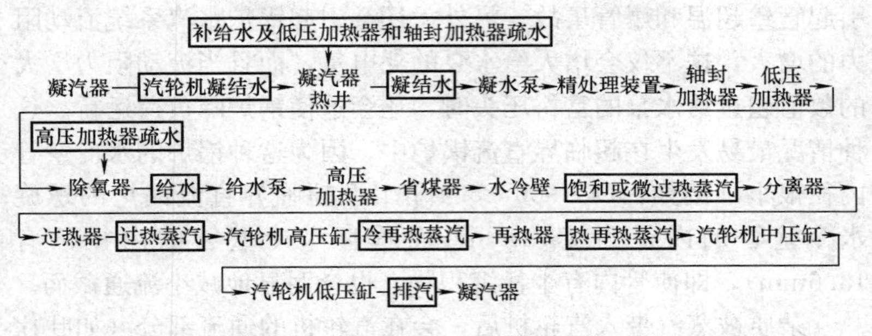

图 15-2 超临界火力发电机组水汽循环系统及其水汽流程

二、直流锅炉的工作原理

在直流锅炉中，给水依靠给水泵产生的压力，一次性顺序流经省煤器、水冷壁、过热器等受热面，完成水的加热、蒸发和过热过程，全部变成过热蒸汽送出锅炉，如图15-3所示。在超临界压力下运行时，当水被加热到相应压力下的相变点温度即全部汽化，不再出现汽水混合物的两相区。

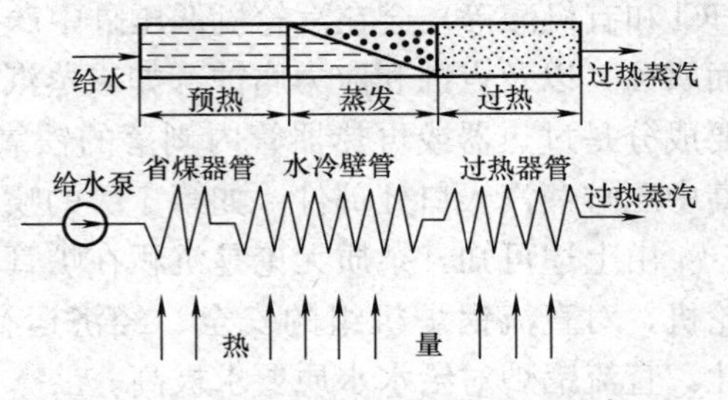

图 15-3 直流锅炉的工作原理示意

可见，直流锅炉的基本特点是没有汽包，这也是直流锅炉与汽包锅炉的基本差别。这样，在直流锅炉中炉水无须反复循环多次才完成蒸发过程，即没有循环着的炉水。直流锅炉不像汽包锅炉那样可以进行锅炉排污，以排除炉水中杂质；也不能进行炉水处理，以防止水中结垢物质沉积。因没有排污，直流锅炉的蒸发量等于给水流量。

三、直流锅炉水质的重要性

根据直流锅炉的工作原理可知，给水若将杂质带入直流锅炉，这些杂质不是在水冷壁炉管内沉积，就是被蒸汽带往汽轮机。

杂质在直流锅炉的炉管内沉积（结垢），会促进炉管的腐蚀，引起管壁超温和爆管事故；另外，还会引起锅炉水汽系统流动阻力的增大，这不仅会增大给水泵的耗电量，而且当流动阻力增大的数值超过给水泵的富裕压头时，还会迫使锅炉降负荷运行。这种情况最易发生在超临界直流锅炉中，因为这种锅炉的水冷壁管内径很小（例如，DG1900/25.4-Ⅱ1 型超临界直流锅炉的螺旋水冷壁管的内径为 23.1mm，而垂直水冷壁管的内径只有 13.6mm)，即使管内有少量沉积物，也会明显地减小流通截面。

杂质被蒸汽带入汽轮机后，会在汽轮机的通流部分（如叶片上）沉积（积盐），从而使机组的效率和可靠性降低，甚至可能严重破坏汽轮机内部的零件。覆盖在叶片上的沉积物还会引起和加速叶片的腐蚀。蒸汽中的腐蚀性杂质（如 NaOH、NaCl、Na_2SO_4、HCl 和有机酸等）会在汽轮机低压缸中产生初凝水的区域引起全面腐蚀，以及点蚀和应力腐蚀。如果蒸汽中含有固体微粒（其主要成分是过热器或再热器管内剥落的铁氧化物），会造成汽轮机高中压缸蒸汽入口处部件（如第 1 级的喷嘴、叶片等）的磨蚀。

由上述可知，杂质无论是沉积在炉管内，还是被蒸汽带入汽轮机，对直流锅炉机组的安全、经济运行都有很大的危害。因此，直流锅炉对给水水质要求极高。

第二节　直流锅炉中杂质的溶解与沉积特性

为了阐明直流锅炉对给水水质的要求，首先必须弄清给水带入的杂质在直流锅炉内沉积和被蒸汽带出的情况。这与各种杂质在给水中的含量和它们在蒸汽中的溶解度有关，因为随给水带入锅炉内的杂质，除被蒸汽带走的外，其余的部分就沉积在炉管中，而被蒸汽带走的量主要与它在蒸汽中的溶解度有关。

一、杂质在过热蒸汽中的溶解度

由给水带入锅炉内的杂质有钙、镁化合物，钠化合物，硅酸化合物和金属腐蚀产物等，它们在过热蒸汽中的溶解度与蒸汽参数（压力和温度）有关，如图 15-4～图 15-11 所示。从图中可看出，蒸汽压力越高，杂质在蒸汽中的溶解度越大。

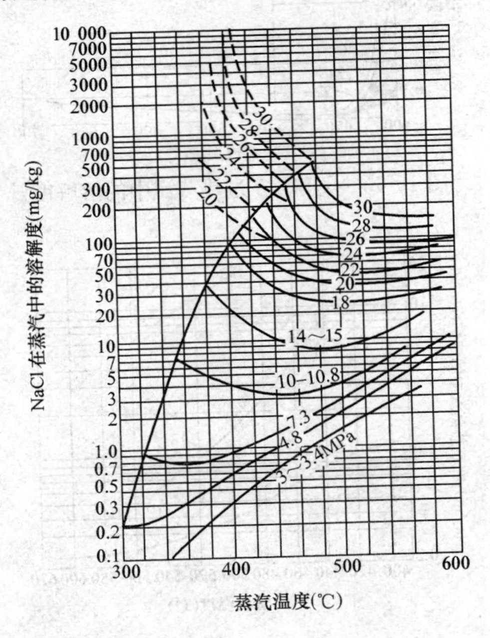

图 15-4　NaCl 在过热蒸汽中的溶解度

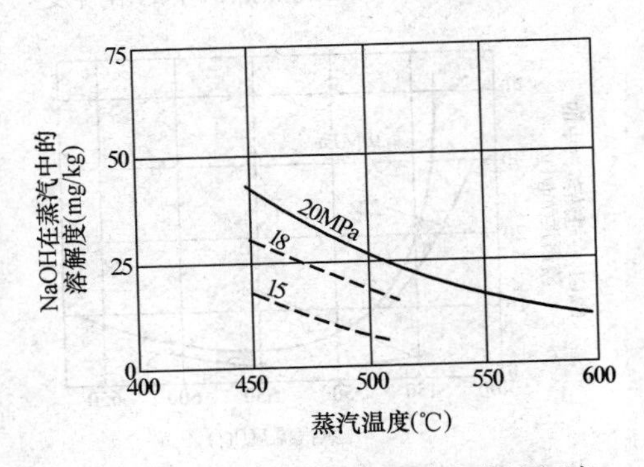

图 15-5　NaOH 在过热蒸汽中的溶解度

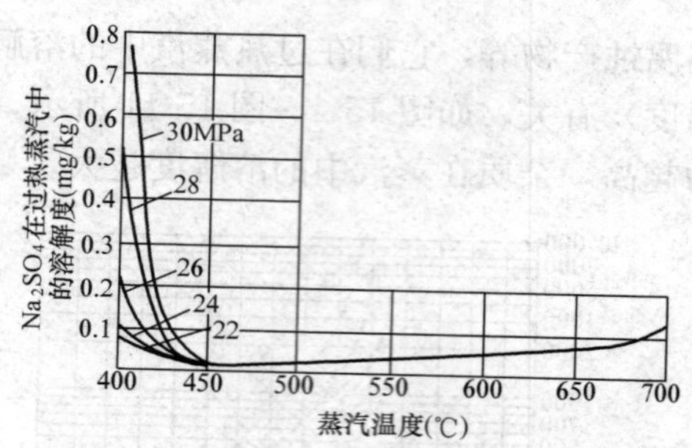

图 15-6　Na_2SO_4在过热蒸汽中的溶解度

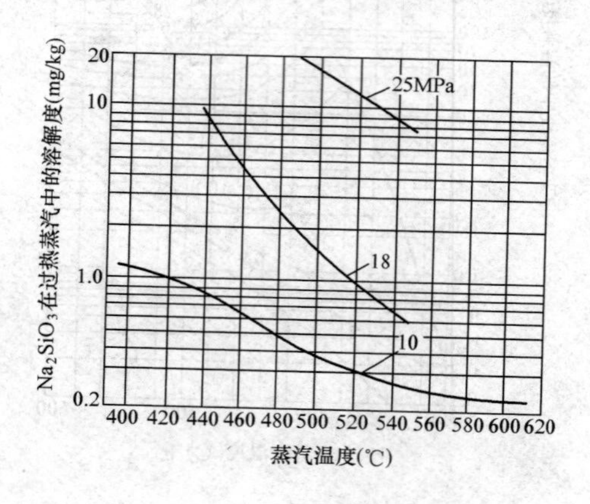

图 15-7　Na_2SiO_3在过热蒸汽中的溶解度

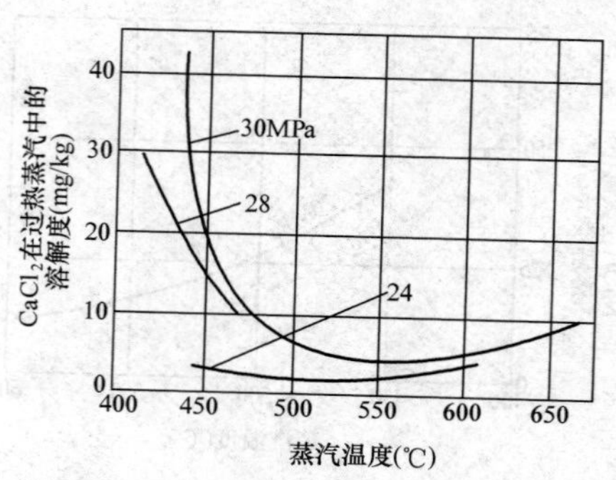

图 15-8　$CaCl_2$在过热蒸汽中的溶解度

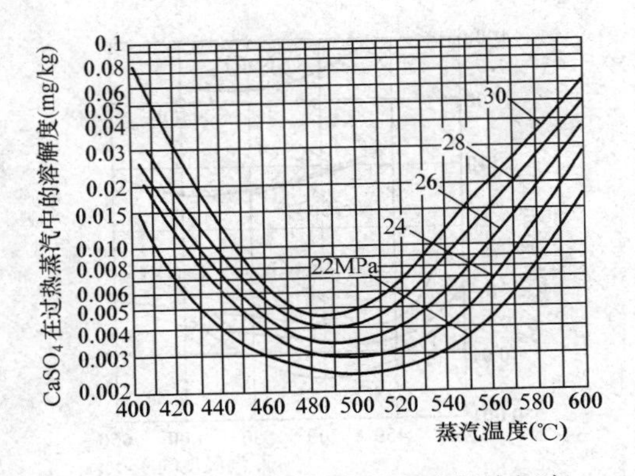

图 15-9　$CaSO_4$在过热蒸汽中的溶解度

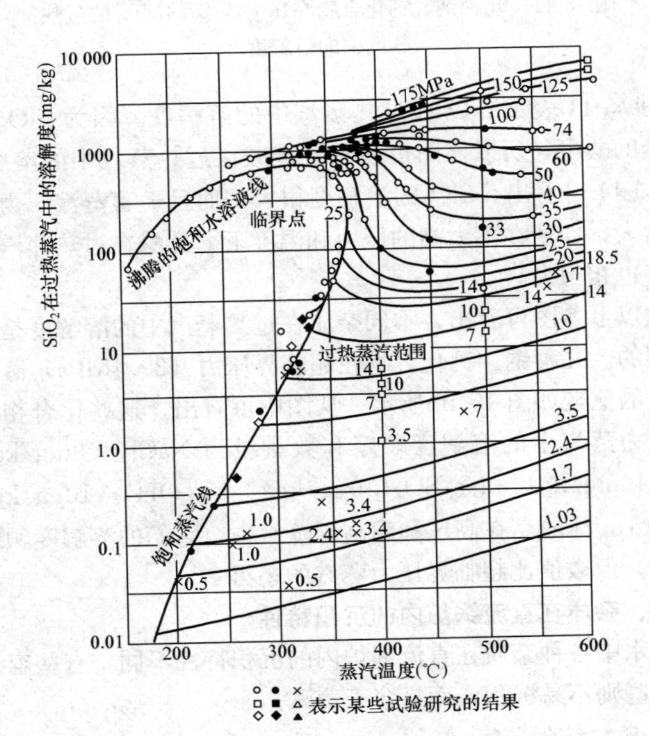

图 15-10　SiO_2在过热蒸汽中的溶解度

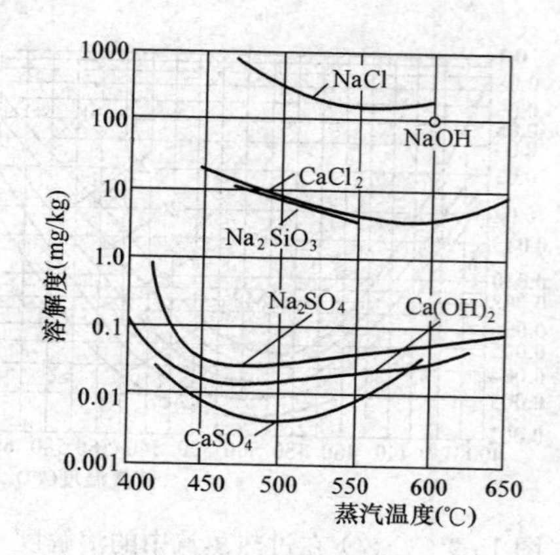

图 15-11　几种钠、钙化合物在压力为 29.4MPa 的过热蒸汽中的溶解度

图 15-11 表示 SiO_2 在过热蒸汽中的溶解度。因为 SiO_2 可看成硅酸的酸酐，所以该图也表示了硅酸在过热蒸汽中的溶解性。由图 15-11 可看出，SiO_2 的溶解度很大，而且随着蒸汽压力的增高而增大，即使在不太高的压力和温度下，硅酸在过热蒸汽中的溶解度也相当大。

从以上各图可看出，不同杂质在过热蒸汽中的溶解度是有很大差别的。几种钠、钙化合物在超临界压力（29.4MPa）蒸汽中溶解度的比较如图 15-10 所示。从图中可看出，这些化合物在超临界压力蒸汽中的溶解度顺序和数量级为 NaCl（100mg/kg）＞$CaCl_2$（10mg/kg）＞ Na_2SO_4（10μg/kg）＞$Ca(OH)_2$（10μg/kg）＞$CaSO_4$（1μg/kg）。在高压和超高压蒸汽中，它们的溶解度顺序也是如此，但数值比超临界压力蒸汽的小得多。

二、杂质在直流锅炉内的沉积特性

给水中各种杂质在直流锅炉内的沉积特性不同，有些容易沉积；有些则不易沉积，而易溶于蒸汽。

1. 钙、镁化合物

$CaSO_4$ 在蒸汽中的溶解度很小，对于压力小于 29.4MPa 的直流锅炉，给水带入直流锅炉内的 $CaSO_4$ 几乎全部沉积在炉管中。$CaCO_3$ 在高温蒸汽中分解，生成 $Ca(OH)_2$，$Ca(OH)_2$ 接着失水变成 CaO。$CaCl_2$ 在高温蒸汽中会水解，生成 $Ca(OH)_2$、CaO 和 HCl。上述反应生成的 $Ca(OH)_2$ 和 CaO 在蒸汽中的溶解度很小。因此，给水带入锅炉的各种钙化合物大部分沉积在炉管中。这一结论得到图 15-12 所示试验结果的证实，该试验是在过热蒸汽参数为 21.07MPa 和 575℃的直流锅炉中进行的。由于钙化合物发生上述化学变化，所以锅炉内沉积物中钙化合物的组成与给水中的钙盐不同。

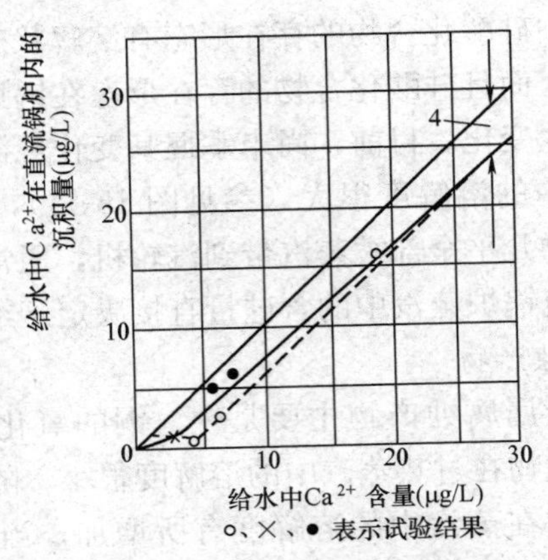

图 15-12　给水中 Ca^{2+} 含量与其在直流锅炉中沉积量的关系

各种镁盐也几乎完全沉积在锅炉内。沉积物的形式是 $Mg(OH)_2$ 和 $Mg(OH)_2 \cdot MgCO_3 \cdot 2H_2O$，这是镁盐在高温过热蒸汽中发生水解的结果。

2. 钠化合物

NaCl 在蒸汽中的溶解度很大，所以它主要是被蒸汽溶解并带往汽轮机中，沉积在直流锅炉内的量很少。

Na_2SO_4 在蒸汽中溶解度很小。由图 15-6 可知，在临界和超临界压力下，Na_2SO_4 在 450℃的过热蒸汽中的最小溶解度仅为

20μg/kg。因此，即使在超临界压力锅炉中，当给水中 Na_2SO_4 含量大于 20μg/kg 时，Na_2SO_4 也会沉积在锅炉内。在远低于临界压力的蒸汽参数下，能被蒸汽带走的 Na_2SO_4 极少，因为 Na_2SO_4 在蒸汽中的溶解度更小，所以给水中 Na_2SO_4 主要沉积在锅炉内。

至于 NaOH，虽然它在蒸汽中的溶解度较大，但是由于它能与管壁上的金属氧化物作用形成 Na_2FeO_2（亚铁酸钠），所以有可能部分沉积在直流锅炉中。

3. 硅酸化合物

常温下水中硅酸化合物的存在形态有溶解状态、胶体状态和悬浮微粒状态，而且硅酸化合物的存在形态在锅炉内的高温高压条件下还会发生变化。目前，尚未掌握其变化规律，但已知硅酸化合物在蒸汽中的溶解度很大（参见图 15-11），直流锅炉给水中的硅酸化合物几乎全部被蒸汽带到汽轮机，通常不在锅炉中沉积。因此，直流锅炉蒸汽中的含硅量直接决定于给水的含硅量。

4. 金属腐蚀产物

给水中的金属腐蚀产物主要是铁、铜的氧化物。由表 15-1 可知，铁的氧化物在过热蒸汽中的溶解度很小。随着蒸汽压力增高，铁的氧化物在蒸汽中的溶解度有所增加；当蒸汽压力一定时，随着过热蒸汽温度的提高，铁的氧化物在蒸汽中的溶解度降低。在亚临界和超临界锅炉的过热蒸汽中，氧化铁的溶解度大致为 10～15μg/kg（具体数值取决于蒸汽的压力和温度）。因为能被过热蒸汽带走的铁氧化物量很少，所以当给水含铁量增高时，沉积在炉管中的铁量就增加。图 15-13 是超临界压力直流锅炉（p=24.5MPa，t=550℃）中铁的沉积量与给水含铁量的关系。

表 15-1　　铁的氧化物在过热蒸汽中的溶解度

蒸汽参数							
蒸汽参数	p（MPa）	23.52	12.74	8.82	0.20	0.044	0.025
	t（℃）	580	565	535	120	80	70
溶解度（μg/kg）		13.8	10	8.5	9.5	6.8	5.5

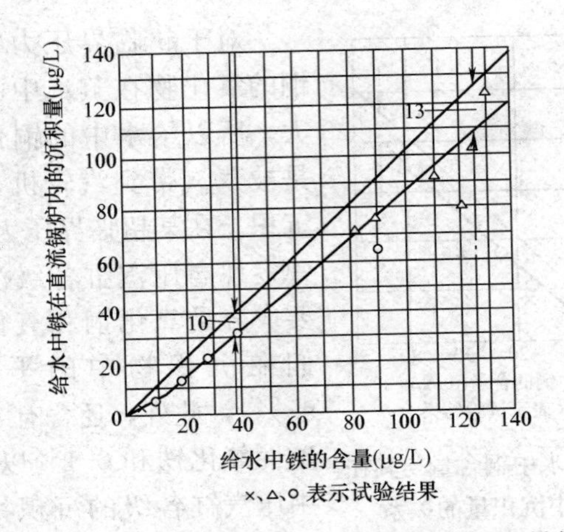

图 15-13　给水中铁含量与其在直流锅炉中沉积量的关系

铜的氧化物在过热蒸汽中的溶解度，如图 15-14 所示。由图可见，在亚临界压力以下的直流锅炉蒸汽中，铜的氧化物的溶解度很小。因此，对于亚临界压力以下的直流锅炉，给水中铜的氧化物主要沉积在锅炉内，被蒸汽带到汽轮机中的量较少，图 15-15是给水中铜含量与其在直流锅炉中沉积量的关系。

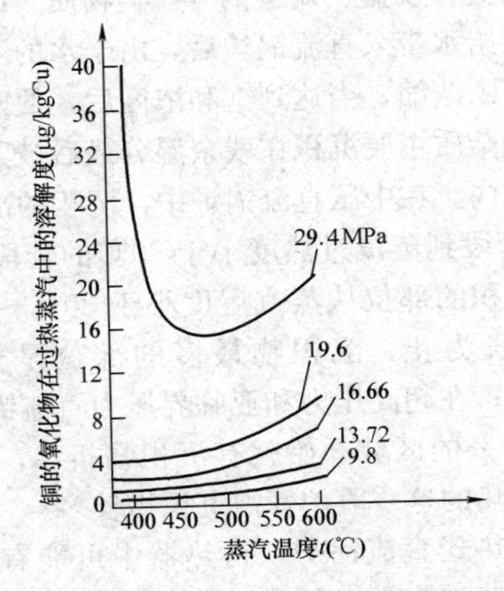

图 15-14　铜的氧化物在过热蒸汽中的溶解度

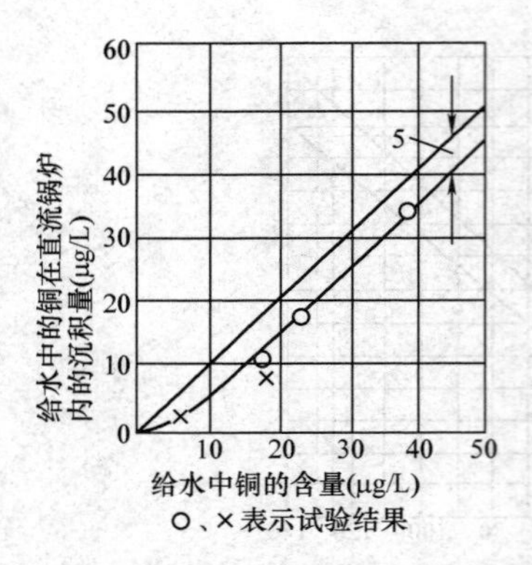

图 15-15　给水中铜含量与其在直流锅炉中沉积量的关系

对于超临界压力锅炉，因为铜的氧化物在蒸汽中的溶解度较大，所以给水中的铜化合物主要是被蒸汽带到汽轮机，并在那里沉积。在某超临界压力汽轮机内，曾发现高压汽缸各级沉积物的主要成分是氧化铜和氧化亚铜（它们在沉积物中的平均含量为95%），此外，还含有3%～8%的磁性氧化铁和0.1%以下的硅酸；中压汽缸各级的沉积物中也含有5%～10%的氧化铜。因为过热蒸汽中铜的溶解度对压力比较敏感，即使压力少许下降，蒸汽溶铜能力就会大大降低，所以蒸汽中溶解的铜主要沉积在汽轮机高压汽缸的各级中。

三、杂质在直流锅炉中的沉积部位

如上所述，随给水带入锅炉内的杂质可能沉积在直流锅炉炉管中的主要是钙盐、镁盐、硫酸钠等盐类物质，以及金属腐蚀产物。这些杂质随给水带入直流锅炉后，由于水的不断蒸发，在尚未汽化的水中不断浓缩，当达到饱和浓度后，便开始在管壁上析出。因此，这些杂质主要沉积在残余湿分最后被蒸干和蒸汽微过热的这一段炉管内。在中压直流锅炉中，沉积的部位是从蒸汽湿度小于20%的管段到蒸汽过热度小于30℃的管段为止；在高压直流锅炉中，沉积的部位从蒸汽湿度小于30%～40%的管段到蒸汽微过热管段为止，沉积物最多的部位是蒸汽湿度小于5%～6%的管段；在超高压力和亚临界压力直流锅炉中，从蒸汽湿度为50%～60%的区域开始就有沉积物析出，在残余湿分被蒸干和蒸汽微过热的这一段炉管内沉积物较多。

对于中间再热式直流锅炉，再热器中可能有铁的氧化物沉积。各种杂质在蒸汽中的溶解度大都是随蒸汽温度的升高而增大，所以当蒸汽在再热器内升温时，它们一般不会沉积。但是，铁的氧化物在蒸汽中的溶解度却随着蒸汽温度的升高而降低，这就是在再热器中只有铁的氧化沉积的原因。铁的氧化物在再热器进、出口过热蒸汽中的溶解度见表15-2，可看出，铁的氧化物在再热器出口蒸汽中的溶解度显著低于进口蒸汽中的溶解度。如果汽轮机高压汽缸排出的蒸汽中，铁的氧化物含量大于它在再热蒸汽的溶解度，它就会在再热器中沉积，并且一般是沉积在再热器出口管段，因为这里的再热蒸汽温度最高。除再热蒸汽中铁的氧化物可能沉积在再热器中外，再热器本身的腐蚀也会使再热器中沉积铁的氧化物。由于沉积铁的氧化物可能导致再热器管烧坏，对于中间再热式机组，应该考虑防止再热器中铁的氧化物的沉积问题。解决这一问题的根本途径是降低锅炉给水的含铁量和防止锅炉本体与热力系统的腐蚀。

表 15-2　铁的氧化物在再热器进、出口蒸汽中的溶解度

部　位		进口	出口	进口	出口	进口	出口
蒸汽参数	p（MPa）	2.45	2.06	3.92	3.43	3.43	3.04
	t（℃）	346	565	327	565	274	565
溶解度（μg/kg）		8.5	3.2	12	4.3	15.5	4.0

四、影响杂质沉积的因素

在直流锅炉中，生成沉积物的情况是很复杂的，如它的分布区较长、不同部位沉积物的组成不同、锅炉工况变动时某些沉积物的沉积部位会发生改变等。这些情况的规律尚未完全掌握，但已知道许多影响杂质沉积过程的因素。除前面介绍的几个因素（给水的杂质含量、蒸汽中杂质的溶解度和锅炉内的物理化学变化等）外，还有下列三个因素。

1. 杂质在高温水中的溶解度

在高温水中，钙盐、镁盐和硫酸钠的溶解度随水温的升高而降低（参见图12-3和图13-5）。因此，直流锅炉的参数越高，炉管内水温也越高，水中杂质越容易达到饱和浓度，于是在蒸汽湿分较高的区域中，它们就能析出而成为沉积物。

对于在高温水中溶解度很小的杂质，当它在给水中含量较高时，甚至可能沉积在沸点以前的炉管中。如氧化铁，它在水中的溶解度随水温的升高而降低，如图 15-16 所示。某电厂在一台亚临界压力直流锅炉的运行中曾发现，当含铁量较大的疏水进入给水系统使给水含铁量大增时，炉膛下辐射区水冷壁管及以前的炉管内，有铁的氧化物沉积。

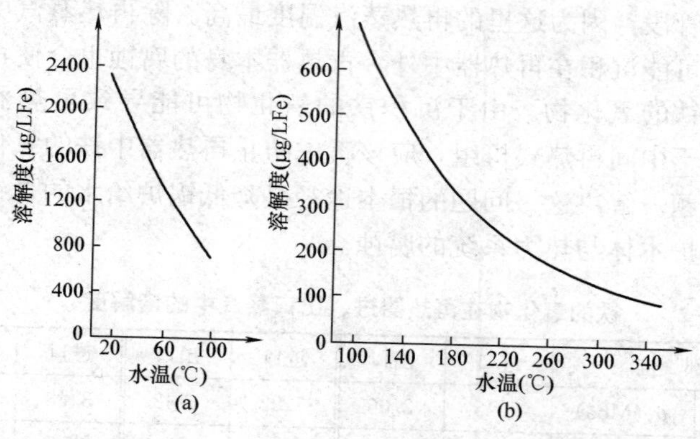

图 15-16　氧化铁（Fe_3O_4）在水中的溶解度随水温的变化

(a) 低温水；(b) 高温水

各种杂质在水中的溶解度各不相同，它们在给水中的含量也不一。因此，在实际运行中，不同的杂质达到饱和浓度的次序有先有后，这就使杂质的沉积过程绵延得很长。

2. 蒸发管的热负荷及管内传质过程

锅炉炉膛各部分的热负荷不可能非常均匀，因而各根炉管内生成沉积物的情况也不相同。在热负荷很高的炉管内，靠管壁的液流边界层因强烈受热而急剧蒸发、浓缩，杂质很快超过饱和浓度而在管壁析出，尽管此时炉管中心仍有大量水分。随着炉管中心含杂质的水不断补充到边界层而被蒸干，一方面析出的沉积物不断增加，另一方面原先未达到饱和的其他杂质也逐渐过饱和而陆续析出。由此推论，沉积物最先在热负荷最高的炉管内析出。

这也是高参数直流锅炉中沉积物析出过程开始得较早的一个原因。

值得注意的是，上述过程还可能使某些在给水中含量小于它在蒸汽中溶解度的杂质也能在炉管上析出。

3. 锅炉运行工况

直流锅炉运行工况的变化，也会影响沉积过程，例如，它可使已沉积在炉管内的 Na_2SO_4 等钠盐，又被蒸汽溶解携带，最后沉积在汽轮机中。发生这种情况的原因为直流锅炉的加热、蒸发、过热区不是截然分开的，它们之间并没有明确界线，由于运行工况的改变，蒸发区的末端会前后移动，如当燃烧工况发生变化使水冷壁管的热负荷降低时，加热区和蒸发区就要延长，这样蒸发区的末端就向前推进。这时含水量较多的汽水混合物就进到工况变化前为蒸干过程快结束和微过热区的炉管内，将先前沉积在管壁上的钠盐溶解下来，带入工况变化前为过热区的炉管内。在那里水分被蒸干，一部分钠盐又沉积在管壁上，另一部分被蒸汽溶解带走。当燃烧工况正常后，这部分沉积在过热区的钠盐，会陆续被过热蒸汽溶解带走。因此，如果给水水质长期不良，致使炉管中沉积的钠盐较多以后，在给水水质已改善的初期，由于直流锅炉的运行工况会发生上述变化，有时可能会发生蒸汽含钠量高于给水含钠量的情况。

第三节　水化学工况及其运行控制方法

一、水化学工况概述

1. 水化学工况的基本要求

通过前面两节对直流锅炉水汽系统的工作原理和结构特点、直流锅炉中杂质的来源及其理化过程的分析，可提出直流锅炉水化学工况所必须满足的基本要求如下。

（1）有效抑制水汽系统内部的腐蚀。直流锅炉的炉前给水系统及锅炉本体的金属材料主要是碳钢和低合金钢，这些材料在高温、高压的给水，特别是炉水中耐蚀性较差，可能发生严重的腐蚀。其结果，一方面是热力设备的使用寿命缩短，严重时可能因热力设备的腐蚀损坏（如水冷壁爆管等）而导致事故停炉；另一方面是大量炉前给水系统的腐蚀产物被给水带入锅炉，导致锅炉的严重结垢和汽轮机的大量积盐。因此，必须采取有效的防护措施来控制炉前给水系统及锅炉本体的腐蚀。

目前，最为经济、有效的防护措施就是根据机组特点（如材料特性等）和给水水质，选择最佳的水质调节处理方式，控制给水的 pH 值和溶解氧含量，使金属表面形成良好的保护性氧化膜，从而保证机组在稳定工况和变工况运行时都能有效地抑制炉前给水系统及锅炉本体的全面腐蚀（氧腐蚀和酸性腐蚀）和流动加速腐蚀（FAC）。同时，也应注意所采取的给水处理方式应有利于防止后续热力设备（包括过热器、再热器和汽轮机通流部件）金属的局部腐蚀，特别是不锈钢部件的点蚀和应力腐蚀，以保证机组的安全、经济运行。

（2）减少锅炉结垢，延长化学清洗周期。在直流锅炉炉管中，可能沉积的杂质主要是金属腐蚀产物及钙、镁盐。因此，为减少结垢，除保证给水无硬度外，还要防止给水系统腐蚀，尽可能降低给水中铁和铜的含量。但是，在直流锅炉内，特别是下辐射区水冷壁管内，总是不可避免地会附着沉积物（主要是氧化铁垢），为了清除这些沉积物，应定期对直流锅炉进行化学清洗。直流锅炉的水化学工况必须能使化学清洗周期与机组大修周期相适应。从经济角度考虑，机组容量越大，越希望延长大修周期，所以对水化学工况的要求也就越高。

（3）减少汽轮机积盐。直流锅炉，特别是超临界直流锅炉，蒸汽参数往往很高，蒸汽溶解杂质的能力很大，给水中钠和硅的化合物几乎全部被蒸汽带入汽轮机；另外，蒸汽还可能从锅炉中将微量的腐蚀产物带入汽轮机。为减少汽轮机的积盐，首先，应尽可能降低给水含盐量（氢电导率），保证给水的高纯度；其次，应防止给水系统腐蚀。

另外，超临界压力蒸汽溶解铜化合物的能力也很强，铜化合物在压力超过 24MPa 的蒸汽中的溶解度远远超过亚临界压力蒸汽中的溶解度。在汽轮机的最前面几级中，蒸汽压力从 24MPa 降低到 20～17MPa 时，蒸汽溶解的铜化合物就会因过饱和而析出。为了彻底解决汽轮机内的铜沉积问题，目前超临界机组的给水系统一般不用铜或铜合金材料，即设计成无铜给水系统。但是，对有铜给水系统，使给水铜含量达到水质标准、防止铜沉积也是超临界机组水化学工况的基本要求之一。

为满足上述要求，直流锅炉对给水纯度和给水水质调节处理都提出了非常高的要求。

2. 直流锅炉对给水纯度的要求

给水的高纯度不仅是减少水汽系统内沉积物的需要，而且是实施各种水化学工况的前提条件，所以直流锅炉的水化学工况首先要求保证给水的高纯度（$\kappa_H < 0.15\mu S/cm$）。为此，必须做好补给水制备和凝结水精处理工作。

（1）补给水制备。直流锅炉对补给水水处理系统和设备的选用要求很高。要求该系统有完善的预处理设备和至少两级除盐装置（如 H→OH→H/OH、RO→EDI 等除盐系统），以彻底除去水中各种悬浮态、胶态和离子态杂质及有机物，并且应采取有效措施防止水处理系统内部污染（如树脂粉末、微生物、腐蚀产物等被补给水携带）。另外，对系统运行的管理要求也非常严格，以确保补给水水质。

（2）凝结水精处理。由图 15-2 可知，从凝汽器热井出来的凝结水汇集了除高压加热器疏水之外的所有给水的组成部分，包括汽轮机凝结水、补给水及低压加热器和轴封加热器的疏水，由此可见凝结水精处理对保证直流锅炉给水水质的意义。直流锅炉要求凝结水 100%地经过精处理，完全除去进入凝结水中的各种杂质，包括盐类物质和腐蚀产物。因此，凝结水精处理系统通常包括去除不溶性微粒的设施（如各类前置过滤器）和去除溶解性杂质的高速混床。

就目前的补给水和凝结水处理技术而言，上述要求是完全可以达到的。这样，因给水纯度原因引起的结垢和积盐是可以得到有效控制的，而给水系统的腐蚀及由此引起的结垢等问题则凸现出来，成为制约机组安全、经济运行的“瓶颈”。因此，对于直流锅炉，以防腐蚀为主要目的的给水处理尤为重要。

3. 给水处理方式与水汽质量标准

（1）给水的处理方式与水化学工况。目前，直流锅炉常用的给水处理方式有 AVT(R)、AVT(O)和 CWT，相应直流锅炉机组的水化学工况分别称为还原性全挥发处理水化学工况[简称 AVT(R)水化学工况]、氧化性全挥发处理水化学工况[简称 AVT(O)水化学工况]和加氧-加氨联合处理水化学工况（简称 CWT 水化学工况）。其中，前两种水化学工况可统称为全挥发处理水化学工况，简称 AVT 水化学工况。

（2）水汽质量标准。目前，国内超临界机组锅炉给水水质调节处理一般应执行 GB/T 12145—2016《火力发电机组及蒸汽动力设备水汽质量》对过热蒸汽压力大于 18.3MPa 的火电机组规定的水汽质量标准。采用 CWT 时，还应遵循 DL/T 805.1—2011《火电厂汽水化学导则　第 1 部分：锅炉给水加氧处理导则》所确立的规范。这两个标准的适用范围等特点详见第十一章第四节。

根据离子交换的选择性可知，当 $\kappa_H \leqslant 0.15\mu S/cm$ 时，给水和凝结水中一般无硬度，但可能含有微量的 SiO_2 和 Na；此外，即使采取了有效的水质调节措施，水汽系统金属腐蚀及腐蚀产物的溶出也不可能完全避免，所以水汽中通常还含有微量的铁、铜等腐蚀产物。因此，正常运行时，水汽纯度一般可用 κ_H 及 Fe、Cu、SiO_2 和 Na 来表征。为便于比较，表 15-3 按照 GB/T 12145—2016《火力发电机组及蒸汽动力设备水汽质量》的规定，同时列出超临界机组正常运行时主蒸汽、给水和凝结水的质量（纯度）标准。其中，给水的水质调节指标（pH 值、DO、N_2H_4）及 TOCi 还应符合表 11-6 中的相应标准。

表 15-3　　超临界机组给水纯度及蒸汽和精处理后凝结水的质量标准（GB/T 12145—2016）

项　目	主蒸汽	给　水	精处理出口凝结水	凝结水泵出口凝结水
κ_H（μS/cm，25℃）	≤0.10（0.08）	≤0.10（0.08）	≤0.10（0.08）	≤0.20（0.15）
Fe（μg/L）	≤5（3）	≤5（3）	≤5（3）	硬度约为 0μmol/L；DO≤20μg/L
Cu（μg/L）	≤2（1）	≤2（1）	—	
SiO_2（μg/L）	≤10（5）	≤10（5）	≤10（5）	
Na（μg/L）	≤2（1）	≤2（1）	≤2（1）	≤5
Cl^-（μg/L）	—	≤1	≤1	—

根据直流锅炉的工作原理和直流锅炉中杂质的溶解与沉积特性可知，直流锅炉主蒸汽的纯度取决于给水的纯度，而给水纯度又主要取决于精处理后凝结水的纯度。为保证主蒸汽的品质，应根据主蒸汽的质量标准确定给水的纯度标准；而为了保证给水的纯度，又应根据给水纯度标准确定精处理后凝结水的质量标准。因此，由表 15-3 可知，给水的纯度标准与蒸汽和精处理后凝结水的质量标准几乎完全相同。不同之处主要是 GB/T 12145—2016《火力发电机组及蒸汽动力设备水汽质量》根据运行经验（精处理除盐后铜浓度不会超标）删除了精处理出水 Cu 指标，并增加了精处理出水和给水的 Cl^- 指标，以防止因精处理再生问题、氨化运行方式等原因导致的精处理出水 Cl^- 超标及其引起的水冷壁和汽轮机低压缸的腐蚀。

凝结水泵出口凝结水的各项水质指标主要是用于监测凝汽器的严密性。通过 κ_H 和 Na 的在线监测及水样硬度的实验室测定，可及时发现冷却水渗漏，特别是泄漏；通过 DO 的在线监测可及时掌握凝汽器、凝结水泵等设备及相关管道系统的气密性，以及凝汽器的抽气及真空除氧的效果，防止在水质不良（κ_H>0.30μS/cm）的条件下因 DO 超标引起上述设备及管道的氧腐蚀。

在正常运行中，为保证给水的纯度，除控制凝结水的质量外，还应根据所采取的给水处理方式，按照表 11-6 中规定的相应标准调节给水水质（pH 值、DO、N_2H_4），以有效控制给水系统的腐蚀，使给水铁、铜含量合格。铁的氧化物在亚临界压力及超临界压力锅炉的过热蒸汽中的溶解度，为 10～15μg/kg。GB/T 12145—2016《火力发电机组及蒸汽动力设备水汽质量》规定过热蒸汽压力大于 18.3MPa 的直流锅炉给水含铁量不超过 5μg/L，争取不超过 3μg/L，这不仅可防止铁的氧化物在水冷壁管内沉积，而且可防止其在汽轮机和再热器中沉积。对于超临界机组，铜氧化物主要是被蒸汽带到汽轮机，并在那里沉积。GB/T 12145—2016《火力发电机组及蒸汽动力设备水汽质量》规定过热蒸汽压力大于 18.3MPa 的直流锅炉给水含铜量不超过 2μg/L，争取不超过 1μg/L，主要是为了防止铜氧化物在汽轮机内沉积。因为，对于超临界机组，在水处理方面已采取了许多措施，热力系统的水汽中其他杂质很少，从而使汽轮机内铜的沉积变成一个突出问题。为彻底解决这一问题，并为采用给水加氧处理创造有利条件，目前超临界机组不仅采用无铜给水系统，而且凝汽器也多用不锈钢管或钛管，这样整个热力系统就成为一个无铜系统。

锅炉补给水的质量应能保证给水质量符合标准，可按表 15-4 的规定控制。由于补给水是补加到凝汽器热井中，与汽轮机凝结水汇合后一同进行精处理，所以允许补给水质量稍低于给水质量。

表 15-4　　锅炉补给水质量（GB/T 12145—2016）

锅炉过热蒸汽压力（MPa）	κ（μS/cm，25℃）		SiO_2（μg/L）	TOCi[①]（μg/L）
	除盐水箱进口	除盐水箱出口		
5.9～12.6	≤0.20		—	—
12.7～18.3	≤0.20（0.10）	≤0.40	≤20	≤400
>18.3	≤0.15（0.10）		≤10	≤200

① 必要时监测。对于供热机组，补给水 TOCi 应保证给水 TOCi 合格。

二、AVT 水化学工况

直流锅炉水汽系统的特点要求直流锅炉给水处理应采用挥发性药剂。因此，AVT 水化学工况应运而生。AVT 水化学工况是在对给水进行热力除氧的同时，向给水中加入氨、联氨等适宜的挥发性药剂，以维持一个除氧、碱性水化学工况，使钢表面上形成比较稳定的 Fe_3O_4 保护膜，从而达到抑制水汽系统金属腐蚀的目的。

1. 运行控制方法

超临界机组实施 AVT 水化学工况时，应执行 GB/T 12145—2016《火力发电机组及蒸汽动力设备水汽质量》中相应的水汽质量标准。正常运行时，水汽质量应符合表 11-6（过热蒸汽压力大于 18.3MPa），以及表 15-3 和表 15-4 的规定。此时，给水除氧主要由除氧器完成，应使除氧器的排气阀保持适当的开度，并同时进行给水化学加药处理。采用 AVT（O）方式运行时，只需向给水中加氨；而采用 AVT（R）方式运行时，则要同时向给水中加氨和联氨。除氧器的运行要点和加药方法详见第十一章第三节。

在运行过程中，当水汽质量异常（劣化）时，应迅速检查取样是否具有代表性，测量结果是否准确，并综合分析水汽系统中水汽质量的变化。确认劣化判断无误后，应立即根据表 11-10 确立的原则，按照表 11-11 和表 11-13，采取相应的处理措施，在规定的时间内找到并消除引起水汽质量劣化的原因，使水汽质量恢复到标准值。

2. 存在的问题

AVT 水化学工况主要存在以下两个方面的问题。

（1）给水含铁量较高，且锅炉下辐射区局部产生铁的沉积物多。前苏联某电站两台超临界机组实施 AVT 水工况，给水水质标准为 $DD_H \leqslant 0.3\mu S/cm$（25℃），pH＝9.1±0.1（25℃），DO≤10μg/L，NH_3＝20～60μg/L，Fe≤10μg/L，Cu≤5μg/L，Na≤5μg/L，$SiO_2 \leqslant 15\mu g/L$。这两台机组的直流锅炉下辐射区管材是

珠光体低合金钢，这种钢材允许的极限温度是595℃，超过这个温度就会引起金属的破坏。因此，当锅炉下辐射区管壁因结垢温度上升到590～595℃，就必须进行化学清洗。

这两台超临界压机组的主蒸汽和给水年平均水质见表15-5。显然，这两台机组给水的水质是合格的。但是，它们连续运行时间很少能超过6000h，一般运行4500h就需要进行一次化学清洗。化学清洗前割管检查得知，两台机组的下辐射区中的沉积物量分别为250～400g/m²和270～390g/m²，主要成分为铁的氧化物。这主要是给水带入的铁的氧化物在锅炉内沉积的结果，也与下辐射区管子的腐蚀有关。

表15-5　前苏联某电厂两台超临界直流机组的主蒸气和给水年平均水质（AVT水工况）

机组编号	年份	给水（μg/L）						主蒸汽（μg/L）		
		NH_3	O_2	Fe	Cu	SiO_2	pH值	Fe	Cu	SiO_2
5号	1973	831	5	8.2	0.9	6.3	9.0	6.5	5.3	1.0
	1974	970	5	8.2	1.1	6.6	9.03	7.5	5.9	1.0
	1975	934	5	8.1	2.1	6.9	9.1	6.1	6.6	2.1
7号	1973	695	5	9.6	1.4	10.9	8.9	8.0	9.6	1.4
	1974	727	5	8.0	1.7	7.9	8.9	6.8	6.9	1.8
	1975	808	5	8.0	2.1	9.0	9.5	6.4	8.2	2.2

在AVT水化学工况下，水汽系统中铁化合物含量变化的特征是高压加热器至锅炉省煤器入口这部分管道系统中，由于FAC和腐蚀，水中含铁量是上升的；在下辐射区，由于铁化合物在受热面上沉积，水中含铁量下降。在过热器中，由于汽水腐蚀结果，含铁量有所上升。锅炉本体水汽系统中铁的氧化物含量的变化如图15-17所示。虽然锅炉的省煤器、悬吊管等水预热区域的受热面积大、热负荷低、容许的沉积物量大，而且危险性极小，但从图中可看出，水中铁的氧化物实际上却不沉积在省煤器和悬吊管中，而主要沉积在下辐射区。下辐射区受热面积较小，

热负荷很高，沉积物聚集使管壁温度上升，例如，上述这两台直流锅炉大约每运行 1000h，管壁温度上升14～20℃。从图15-17中还可看出，流经上辐射区后铁化合物的浓度有所增加。这表明锅炉上辐射区的炉管内并没有形成良好的防蚀保护膜。

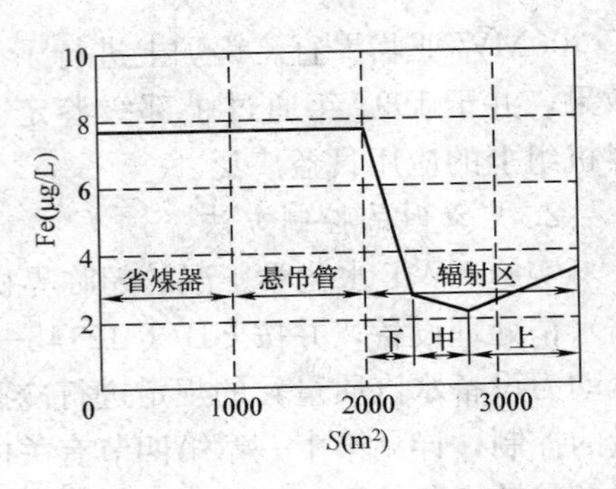

图 15-17　ATV 水工况下超临界锅炉水汽系统中铁氧化物含量的变化

(2) 精处理混床运行周期缩短。在 AVT 水化学工况下，凝结水精处理混床中阳树脂的交换容量，有相当多的一部分被凝结水中的氨消耗掉了。因此，混床运行周期缩短、再生频率提高、再生剂用量增加、再生废液增多。为解决这一问题，有的机组采用了氨化混床，即 NH_4-OH 型混合床，但氨化混床难再生、出水水质差、操作复杂，限制了它的应用。

三、CWT 水化学工况

1. 给水加氧水化学工况的发展

为解决 AVT 水工况存在的问题，德国 20 世纪 70 年代中叶首先提出了对直流锅炉给水进行加氧的中性水处理（NWT）。虽然 NWT 在直流锅炉上的应用取得了显著的效果，给水含铁量显著降低，凝结水精处理混床运行周期大大延长。但是，在 NWT 水化学工况下，给水缓冲性很小，pH 值难以控制，加氧引起严重腐蚀的风险较大。为解决采用 NWT 时给水 pH 值难以控制的问题，德国又在 NWT 的基础上，同时向给水中加氨，适当地提高给水的 pH 值，使给水具有一定的缓冲性，从而提出给水的联合水处理（CWT），并在 1982 年将 CWT 正式确立为一种直流锅炉给水处理的新技术。目前，CWT 已在欧洲及亚洲的许多国家和美国的直流机组上得到了应用。我国 1988 年首先在望亭电厂 300MW 亚临界直流锅炉上进行了 CWT 试验，取得了较好的效果，并于 1991 年通过了部级鉴定。现在，CWT 在国内超临界机组上的应用日益广泛。

2. 启动时的控制方法

实施 CWT 水化学工况的超临界机组启动时，应尽快投运凝结水精处理设备，并按 GB/T 12145—2016《火力发电机组及蒸汽动力设备水汽质量》的规定进行冷态和热态清洗，以及水汽质量的控制，详见第十一章第四节有关内容。启动时的给水处理方式及其转换条件和运行控制方法如下。

（1）启动时的给水处理方式。由于在机组启动阶段锅炉给水 κ_H 达不到加氧处理的标准，并且随负荷的增加而变化，从锅炉冷态循环冲洗（见本章第四节）直到机组稳定运行，给水处理都应采用 AVT（O）方式。通过加氨将给水 pH 值提高到 9.2～9.6（无铜系统）。

机组启动时，加氨通常采用手动控制。此时，应将自动加氨系统的控制方式设为手动；然后，启动加氨泵，根据机组凝结水流量的变化手动调节加氨泵变频器的转速，将除氧器入口水的电导率（κ）控制在 7.0μS/cm（pH≈9.42）左右。机组并网稳定运行后，加氨采用自动控制。此时，应将加氨系统控制方式改为自动；然后，将加氨泵变频器的控制反馈信号设定为除氧器入口给水 κ，设定值为 7.0μS/cm。这样，控制系统会根据机组除氧器入口给水 κ 的变化，通过自动调节加氨泵的转速来调节加氨量，将除氧器入口给水 κ 控制在设定值附近，从而保证给水 pH 值在控制标准范围内。

（2）加氧条件及加氧量的控制。机组带负荷稳定运行后，当凝结水精处理出口母管凝结水 κ_H<0.12μS/cm，省煤器入口给水 κ_H<0.15μS/cm，并有继续降低的趋势，且热力系统的其他水汽品质指标均正常时，方可开始加氧，使给水处理由 AVT（O）方式向 CWT 方式转换。在转换初期，为了加快水汽系统钢表面保护膜的形成和溶解氧的平衡，可通过增大加氧流量来适

当提高给水含氧量，但最高不得超过 300μg/L。此时，应注意给水 κ_H 的变化；如给水 κ_H 随加氧流量的提高而上升，则应适当调低加氧流量，确保给水 $\kappa_H \leqslant 0.15\mu S/cm$。加氧 8h 后，将除氧器入口给水 κ 设定值由 7.0μS/cm 调至 1.0～2.7μS/cm，以将给水 pH 值降低到 8.0～9.0（对于汽包锅炉给水加氧处理，加氧 8h 后，将除氧器入口给水 κ 设定值由 7.0μS/cm 调至 2.0～3.0μS/cm，以将给水 pH 值降低到 8.8～9.1）。

（3）除氧器和加热器的运行方式。机组启动时，应打开除氧器和高压加热器的排气门。投入加氧系统后，应根据给水 DO 监测结果调节加氧流量及除氧器和高压加热器的排气阀开度，将除氧器入口和省煤器入口的给水 DO 控制在 30～150μg/L。开始加氧后 4h 内，关闭除氧器排气门至微开状态；同时，关闭高压加热器排气门，保持高压加热器疏水 DO＞5μg/L。

3. 正常运行的控制方法

在正常运行中，应同时对给水进行加氧和加氨处理，并使除氧器排气门保持微开状态、高压加热器的排气门保持关闭状态，自动加氨的设定值保持不变。同时，应根据机组运行状态，及时调整加氧流量，以确保机组稳定运行和负荷变动时，都能将给水 DO 控制在标准范围内。在运行中，应按表 15-6 监测和控制机组的水汽质量，使各项指标达到相应的期望值；若关闭排气门影响高压加热器的换热效率，可根据机组的运行情况微开或定期开启排气门。

表 15-6　直流锅炉给水加氧处理正常运行水汽质量标准（DL/T 805.1—2011）

取样点	监督项目	项目单位	控制值	期望值	监测频率
凝结水泵出口	κ_H（25℃）	μS/cm	＜0.3	＜0.2	连续
	DO	μg/L	≤30	≤20	连续
	Na^+①	μg/L	≤5①	—	连续
	Cl^-	μg/L	—	—	根据需要

续表

取样点	监督项目	项目单位	控制值	期望值	监测频率
凝结水精处理出口	κ_H（25℃）	μS/cm	＜0.10	＜0.08	连续
	SiO_2	μg/L	≤10	≤5	连续
	Na^+	μg/L	≤3	≤1	连续
	Fe	μg/L	≤5	≤3	每周一次
	Cu	μg/L	≤2	≤1	每周一次
	Cl^-	μg/L	≤3	≤1	根据需要
除氧器入口	κ（25℃）	μS/cm	0.5～2.7	1.0～2.7	连续
	DO	μg/L	30～150	30～100	连续
省煤器入口	pH 值（25℃）		8.0～9.0②	—	连续
	κ_H（25℃）	μS/cm	＜0.15	＜0.10	连续
	DO	μg/L	30～150	30～100	连续
	SiO_2	μg/L	≤15	≤10	根据需要
	Na^+	μg/L	≤5	≤2	—
	Fe	μg/L	≤5	≤3	每周一次
	Cu	μg/L	≤3	≤2	每周一次
	Cl^-	μg/L	≤3	≤1	根据需要
主蒸汽	κ_H（25℃）	μS/cm	＜0.15	＜0.10	连续
	DO	μg/kg	≥10	—	根据需要
	SiO_2	μg/kg	≤15	≤10	根据需要
	Na^+	μg/kg	≤5	≤2	连续
	Fe	μg/kg	≤5	≤3	每周一次
	Cu	μg/kg	≤3	≤2	每周一次
	Cl^-	μg/kg	—	—	根据需要
高压加热器疏水	DO	μg/L	≥5	≥10	根据需要
	Fe	μg/L	≤5	≤3	每周一次
	Cu	μg/L	—	—	每周一次

① DL/T 805.1—2011《火电厂汽水化学导则 第1部分：锅炉给水加氧处理导则》建议对凝结水泵出口 Na^+ 含量进行连续监测，但却未给出标准，这是 GB/T 12145—2016《火力发电机组及蒸汽动力设备水汽质量》推荐的标准（过热蒸汽压力大于 18.3MPa）。

② 由于直接空冷机组的空冷凝汽器存在腐蚀问题，其给水 pH 值应通过试验确定。

4. 水质异常的处理原则

只有在高纯水中氧才可能起钝化作用，所以给水保持高纯度是实施CWT水化学工况的前提条件。因此，在CWT水化学工况下水质的各项监督项目中，最重要的是凝结水和给水的κ_H（25℃），通过对其监测可及时、准确地发现水质的变化。当凝结水和给水κ_H偏离控制指标时，应迅速检查取样的代表性、确认测量结果的准确性，然后根据表15-7采取相应的措施，分析水汽系统中水汽质量的变化情况，查找并消除引起污染的原因，以保持CWT所要求的高纯水质。

表15-7　水质异常处理措施（DL/T 805.1—2011）

水质异常情况	应采取的措施
凝结水$\kappa_H>0.3\mu S/cm$	查找原因，并按GB/T 12145—2016的要求采取三级处理
凝结水精处理出口$\kappa_H>0.12\mu S/cm$；除氧器入口$\kappa_H>0.2\mu S/cm$	停止加氧，转换为AVT（O）方式运行。此时，应打开除氧器启动排气门和高压加热器运行连续排气一、二次门；将除氧器入口κ控制值改为$7.0\mu S/cm$，将给水pH值提高至9.3～9.6；待省煤器入口κ_H合格后，再恢复加氧处理工况

5. 非正常运行时给水处理方式的转换

CWT向AVT切换的条件：① 机组非计划停运时；② 正常停运前4h；③ 除氧器入口$\kappa_H>0.2\mu S/cm$；④ 加氧装置因故障无法加氧时；⑤ 机组发生MFT时。

CWT向AVT切换的操作：① 关闭凝结水和给水加氧二次门，退出减压阀，关闭氧气瓶；② 增大自动加氨装置的控制值，提高给水pH值至9.3～9.6；③ 加大除氧器、高压加热器和低压加热器的排气门开度。保持AVT（O）方式至停机保护或机组正常运行。

6. 停（备）用保养

（1）中、短期停机。停机前应调整给水pH值为9.3～9.6。

锅炉需要放水时，应执行 DL/T 956《火力发电厂停（备）用热力设备防锈蚀导则》的相关规定；锅炉不需要放水时，锅炉应充满 pH 值为 9.3～9.6 的除盐水。

（2）长期停机。应提前 4h 停止加氧。汽轮机跳闸后，应建立分离器回凝汽器的循环回路，旁路凝结水精处理设备，提高凝结水精处理出口加氨量，调整给水 pH 值为 9.6～10.0。然后，按照 DL/T 956 的相关规定，停炉冷却，当锅炉压降至 1.0～2.4MPa时，热炉放水，打开锅炉受热面所有疏放水门和空气门。

注意：给水加氧处理的机组不可进行成膜胺保护。

7. 注意事项

实行 CWT 水化学工况必须注意以下事项：① 凝结水必须 100%经过深度除盐处理，给水水质应保持高纯度；② 防止凝汽器和凝结水系统漏入空气，否则，漏进的 CO_2 会引起凝结水电导率增加、pH 值下降。在这种条件下，加入的氧反而加速金属腐蚀，导致凝结水 Fe、Cu 增加；③ 实行 CWT 水工况时，不能停止或间断加药，因为钢表面保护膜只有在连续加药的条件下才能不间断地进行“自修补”；④ 实行 CWT 水工况时，除氧器的排气阀应保持微开状态，以使给水保持一定的含氧量。在这种情况下，除氧器作为一种混合式给水加热器，以及承接高压加热器疏水、汇集热力系统其他疏水和蒸汽等还是必要的；其次，它还可除去水汽系统中部分不凝结气体，有利于机组变负荷运行时给水 DO 的控制。

8. 应用效果

国内外的应用情况表明，直流锅炉机组实施 CWT 水化学工况有以下效果。

（1）给水含铁量降低，下辐射区水冷壁管铁沉积量减少，锅炉化学清洗周期延长。

（2）凝结水除盐设备的运行周期延长。

（3）机组启动时间缩短。超临界机组事故停机后启动所需要的时间，CWT约为1.5h，AVT为3～4h。CWT工况的运行经验表明，系统清洗时水中腐蚀产物含量低得多，所以机组清洗时间缩短，机组的启动过程加快。

第四节　直流锅炉启动时的清洗与化学监督

在机组停运期间，直流锅炉本体的水汽系统和给水-凝结水系统（常称为炉前系统）不可避免地会产生一些腐蚀产物、硅化合物等杂质。即使是在化学清洗（包括新机组启动前的化学清洗）之后，上述水汽系统中也仍存在少量杂质。由于直流锅炉没有排污功能，如果在机组启动时，不将这些杂质除去，必然影响水汽品质，甚至在水汽系统沉积，因此，为保证直流锅炉受热面内表面的清洁，新机组或停运时间超过150h以上的运行机组，必须对锅炉进行水清洗，包括冷态清洗和热态清洗。

一、冷态清洗

冷态清洗就是在直流锅炉点火前，用除盐水（或凝结水）清洗包括凝汽器、低压加热器、除氧器、高压加热器、省煤器、水冷壁、启动分离器和贮水罐在内的水汽系统设备和相关输水管道。清洗过程可按凝结水泵出口、除氧器出口、高压加热器出口、汽水分离器贮水罐出口的顺序逐级开式冲洗和闭式循环清洗，逐步扩大冲洗范围。但是，必须保证在每个清洗阶段水质合格后，方可进行下一阶段的清洗。

开式冲洗合格的水质标准为Fe<500μg/L或浊度小于或等于3NTU，油脂小于或等于1mg/L，pH=9.2～9.6。当冲洗排水水质达到这一标准后，即可开始循环清洗。循环清洗合格的水质标准为$\kappa_H \leqslant 1\mu S/cm$，Fe<100μg/L，pH=9.2～9.6。

1. 低压给水系统的清洗

低压给水系统是指给水泵之前的水汽系统，包括凝汽器、凝结水泵、凝结水精处理装置、低压加热器、除氧器等设备及相关输水管道。清洗过程一般包括下列步骤。

（1）凝汽器循环清洗。首先，进行凝汽器上水；然后，按下面的回路对凝汽器进行循环清洗：凝汽器→凝结水泵→凝汽器。在清洗过程中，应监测凝结水泵出口水质，必要时可排水和换水，以使清洗水 Fe<500μg/L，浊度小于或等于 3NTU。

（2）低压给水系统开式冲洗。在完成凝汽器循环清洗后，启动凝结水泵，通过凝结水精处理装置对低压给水系统进行开式冲洗，直到除氧器出口水 Fe<500μg/L，浊度小于或等于 3NTU。

（3）低压给水系统闭式循环清洗（常称小循环）。循环清洗回路：凝汽器→凝结水泵→前置过滤器→混床→低压加热器→除氧器→凝汽器。清洗时，启动凝结水泵，使水流在回路中循环流动，直到除氧器出口水 Fe<200μg/L 后，即可结束小循环，开始清洗高压给水系统。

2. 高压给水系统的清洗

高压给水系统主要包括高压加热器等设备及相关给水管道，其清洗过程包括开式冲洗和闭式循环清洗。

（1）开式冲洗。在完成低压系统清洗后，启动凝结水泵和一台给水前置泵，通过凝结水精处理装置和低压系统对高压加热器进行开式冲洗，直到高压加热器出口水 Fe<500μg/L，浊度小于或等于 3NTU。

（2）闭式循环清洗。循环清洗回路：凝汽器→凝结水泵→前置过滤器→混床→低压加热器→除氧器→给水前置泵→高压加热器→凝汽器。清洗时，启动凝结水泵和一台给水前置泵，使水流在回路中循环流动。当高压加热器出口水 Fe<200μg/L 后，即可结束循环清洗，开始锅炉的清洗。

3. 锅炉的冷态清洗

锅炉的冷态清洗主要是对省煤器、水冷壁、启动分离器及贮水罐等设备和相关输水管道进行清洗，其清洗过程包括开式冲洗和闭式循环清洗。

（1）冷态开式冲洗要点。

1）接受开始锅炉清洗的指令后，开启汽水分离器贮水罐水位控制阀（WDC阀）及其出口至锅炉疏水扩容器电动闸阀。

2）用辅助蒸汽加热除氧器，保证除氧器出口水温在80℃左右。

3）打开高压加热器旁路阀，启动锅炉汽动给水泵的前置泵，通过高压加热器旁路向锅炉进行冲洗。

4）在清洗过程中，锅炉疏水扩容器至凝汽器电动闸阀关闭，清洗水通过锅炉疏水扩容器排到机组排水槽，直至贮水罐出口水 Fe＜500μg/L、SiO_2＜200μg/L。

（2）冷态闭式循环清洗要点

1）开启锅炉疏水扩容器至凝汽器电动闸阀，使清洗水进入凝汽器，从而形成如下循环回路（常称大循环）：凝汽器→凝结水泵→前置过滤器→混床→低压加热器→除氧器→给水前置泵→高压加热器→省煤器→水冷壁→启动分离器及贮水罐→锅炉疏水扩容器→凝汽器。

2）当锅炉冷态循环冲洗开始后，应及时投入凝汽器真空泵建立真空，并维持25%BMCR的清洗流量，直至省煤器入口给水质量达到表11-11中直流锅炉启动时的给水质量标准，即可结束冷态循环清洗。

在上述过程中，增加清洗水的循环流量，可提高流速，改善清洗效果，但这将受到除盐水制备能力的限制。为改善清洗效果，也可采用变流速冲洗方式，即突然增大流速，或按“启动—停止—启动”的方式运行，这样增强了水流冲刷作用，可得到更好的清洗效果。

二、热态清洗

锅炉冷态清洗结束后，即可点火。点火后，水在水汽系统内流动的过程中，因吸收了来自炉膛的热量而不断升温，随着启动过程的进行，水的温度和压力逐渐升高，于是又会把残留在水汽系统内的杂质（主要是铁的腐蚀产物和硅化合物）冲洗出来，使水中杂质含量增加，这些杂质同样会影响锅炉启动后的水汽质量，所以应在启动过程中设法将其排除。

在直流锅炉启动过程的前期阶段，水在水汽系统中的流程与锅炉冷态闭式循环清洗时的流程相同，水从锅炉水冷系统中带出的杂质，可通过凝结水处理系统除掉。因此，在锅炉启动过程中，当水温升高到一定数值后，应暂时停止升温，并在一段时间维持锅炉内水温，使水流从锅炉本体水汽系统中带出的杂质在循环过程中不断被凝结水处理系统除去，这就是热态清洗。要点如下。

（1）在升温过程中，维持水冷壁最小循环流量25%BMCR。

（2）通过控制油量和WDC阀开度将水冷壁出口温度控制在150～170℃，对锅炉进行热态冲洗。

（3）锅炉点火后，应加强系统的取样分析。热态清洗至启动分离器出口含铁量小于100μg/L为止。

热态清洗后，可继续升温、升压，控制升温速度为2℃/min。当锅炉起压后，通过旁路系统进行过热器和再热器系统的冲洗。当主蒸汽和再热蒸汽的蒸汽品质符合表15-8的标准时，可以进行汽轮机冲转。表15-9为某超临界机组冷态启动时各阶段水汽的质量标准，供参考。

表15-8　汽轮机冲转前的蒸汽质量标准（GB/T 12145—2016）

炉型	κ_H（μS/cm）	Fe（μg/L）	Cu（μg/L）	SiO_2（μg/L）	Na（μg/L）
直流锅炉	≤0.50	≤50	≤15	≤30	≤20

表15-9　某超临界机组冷态启动时各阶段水汽的质量标准

取样点	pH值	κ_H	DO	Fe	N_2H_4	SiO_2
	25℃	μS/cm	μg/L	μg/L	μg/L	μg/L
机组点火至安全阀试验结束（升压过程）						
省煤器入口	9.0～9.5	≤0.5	≤10	≤50	20～50	≤30
贮水箱出口	9.0～9.5		≤10	≤100	20～50	≤30

续表

取样点	pH值	κ_H	DO	Fe	N_2H_4	SiO_2
	25℃	μS/cm	μg/L	μg/L	μg/L	μg/L
汽轮机冲转至负荷试验						
凝结水泵出口	9.0～9.5	≤0.5	≤50	≤50	≤30	
除氧器入口	9.0～9.5	≤0.5			20～50	
除氧器出口	9.0～9.5		≤10	≤50		≤20
省煤器入口	9.0～9.5	≤0.5		≤50	20～50	≤30
主蒸汽		≤0.2		≤10		≤20
空负荷整套调试						
省煤器入口	9.0～9.5	≤0.5	≤10	≤50	20～50	≤30
启动分离器出口				≤100		
主蒸汽		≤0.2		≤10		≤20
凝结水泵出口（凝结水回收）	9.0～9.5	≤0.5		≤500		≤30

取样点	pH值	κ_H	DO	Fe	N_2H_4	Na^+	SiO_2
	25℃	μS/cm	μg/L	μg/L	μg/L	μg/L	μg/L
机组带负荷调试							
省煤器入口	9.0～9.5	≤0.2	≤5	≤10	20～50	≤10	≤20
主蒸汽		≤0.2				≤10	≤20
凝结水泵出口		≤0.3	≤50			≤10	

注　以上项目每小时分析一次。

第五节　直流锅炉的热化学试验

一、目的

直流锅炉热化学试验的主要目的是：①查明不同给水水质和各种锅炉运行工况（如不同的锅炉负荷、负荷升降速度、蒸汽参数等）下，锅炉产生蒸汽的品质；②查明给水中各种杂质在炉管内沉积的部位和数量。总之，通过试验，确定给水水质和合适的锅炉运行工况。在下列情况下，有必要进行热化学试验：①新安装的直流锅炉；②锅炉的工作条件有很大变化（如改变了给水水质或燃料品种），或者要超额定负荷运行。

二、准备工作

为保证热化学试验顺利进行，应做好以下准备工作：①弄清锅炉结构、熟悉水汽系统及其各主要部件的特点，掌握试验前的水、汽质量；②必要时应增设一些取样点，原则上应使各段受热面前后均有取样点，并绘出各取样点的分布图；③检查和调整各取样装置，以保证样品的代表性；④准备好各种试验用品，校正和检查所有仪表（包括热工仪表和水质分析仪表）；⑤拟定试验计划。

三、试验方法

正式试验前，应进行预备试验。预备试验就是在锅炉正常的运行工况和给水水质条件下，和正式试验的情况一样，按规定的取样点和取样间隔时间，取样测试和记录锅炉运行工况。预备试验要进行1～2昼夜。通过预备试验，如发现锅炉、监督仪表和取样、测试设备等有缺陷，应将其消除，然后才可开始正式试验。

热化学试验的项目包括改变给水水质、改变锅炉负荷、改变蒸汽参数（压力和温度）等。按每项试验的目的不同，可对某些项目有所侧重。虽然试验项目较多，但各项试验的方法大体相同。现将试验方法简略介绍如下。

进行每项试验前，应使锅炉的其他运行工况符合该项试验的要求，并稳定地运行8h以上。以改变给水水质的试验为例，先使锅炉在额定负荷、额定参数的工况下运行8h以上，然后采用改变锅炉的供水系统或在锅炉给水中添加不同盐类的办法，改变给水水质，使之得到各种不同水质的给水。在每种给水水质条件下，进行1～2昼夜的试验。

每次试验时，都应从省煤器前的给水管、过热器出口的主蒸汽管和水汽系统各段受热面取水样，根据所测定的数据，研究给水中各种杂质在锅炉中沉积的数量、部位和蒸汽带出的情况。水汽测定的项目包括硬度、Na^+、Fe、Cu、SiO_2、pH 值，以及给水中的溶解氧。取样的间隔时间通常为 10～15min。此外，试验时还要记录锅炉的运行工况，如给水量、减温水喷水量、送出的蒸汽量、锅炉水汽系统各部分受热面前后和锅炉出口的蒸汽压力、温度等。

试验结束后，应立即将所得到的数据汇总，整理成表格或曲线图，进行仔细的分析研究，最后提出试验报告。试验报告中除阐明试验结论外，必要时还应提出改进水质、汽质的措施。

第十六章　汽轮机和发电机内冷水系统的腐蚀及其防止

第一节　汽轮机的腐蚀及其防止

进入汽轮机的过热蒸汽中可能含有以下四种形态的杂质：①气态杂质，是蒸汽溶解的硅酸和各种钠化合物等；②固态杂质，主要是剥落的氧化铁微粒，对于高压及以下压力锅炉，进入汽轮机的过热蒸汽可能携带在过热器中蒸干析出但未沉积的固态钠盐；③液体杂质，是中、低压锅炉的过热蒸汽中含有的微小氢氧化钠浓缩液滴；④气体杂质，是少数水工况不良的锅炉引出的蒸汽中甚至可能有的 H_2S、SO_2、有机酸和氯化氢等气体杂质。

蒸汽中的杂质进入汽轮机后，会引起磨蚀和其他腐蚀、积盐，影响汽轮机运行的经济性和可靠性，增加维护费用，缩短其使用寿命。

一、磨蚀及其防止

1. 磨蚀的原因与部位

这里的磨蚀是指蒸汽携带的氧化铁固体微粒进入汽轮机所引起的蒸汽通流部件，包括喷嘴和叶片等部位的损伤，称为固体微粒磨蚀。在机组启动过程中，由于加热升温时金属温度的剧烈变化，过热器管、再热器管和主蒸汽管内壁上铁的氧化物，有些会剥落下来并崩碎成为小颗粒，随蒸汽流动而进入汽轮机。

固体微粒磨蚀不能与水分侵蚀相混淆，这两者是完全不同的现象。前者发生在汽轮机的高压区，后者则发生在低压区。固体微粒磨蚀通常在高压蒸汽入口处最为严重，向汽流下游逐渐减轻。有时，这种损伤在汽轮机的抽汽点处中止，因为微粒在此处受到离心力作用而脱离蒸汽流，通过环形抽汽通路排出汽轮机外。

现代再热式汽轮机经常遭受固体微粒磨蚀而损坏的部位如下。

（1）截止阀、调节阀等。

（2）第1级喷嘴，特别是最先开启的调节阀后的喷嘴组。

（3）第1级叶片、围带和轮缘。

（4）蒸汽再热后的第1、2级喷嘴、叶片、围带、轮缘和汽封调节装置。

固体微粒磨蚀使喷嘴和叶片表面变得很粗糙，甚至可引起叶片、喷嘴通流截面形状发生变化，因而大大降低汽轮机的效率。磨蚀部位容易发生裂缝，也容易使裂缝扩展，甚至出现断裂。如果磨蚀导致大块碎片脱落，则它被汽流带至下游段，还可能发生更严重的碰撞、磨蚀，导致设备的重大损坏。

固体微粒磨蚀所引起的损伤程度与机组的启动次数、负荷变化的大小和速度，以及汽轮机组有无旁路系统等有很大关系。许多设有旁路系统的汽轮机组甚至运行10万小时以上也没有出现固体微粒磨蚀的迹象，而无旁路系统的汽轮机则仅运行几千小时就出现明显的磨蚀。带有旁路系统的机组启动时，高压旁路（主蒸汽与冷再热蒸汽系统之间的蒸汽管道）阀也应稍微开启，使再热器内有一定量的蒸汽通过，这样可避免再热器管子过热和氧化皮的形成；而且带有旁路系统的机组启动时，在最初一段时间内蒸汽通过旁路排入凝汽器，因此可避免固体微粒带入汽轮机。

亚临界压力机组和超临界压力机组发生固体微粒磨蚀的情况不一样。亚临界压力机组，尤其是配汽包锅炉的机组启动时，很快就有足够流量的蒸汽流过过热器，以避免过热器干烧、过热而生成氧化皮；在超临界压力锅炉里，第2级过热器和再热器可能是氧化皮微粒的产地。因此，超临界压力汽轮机高压缸和中压缸里都有固体微粒磨蚀，而亚临界压力汽轮机则仅在中压缸内有固体微粒磨蚀。

2. 磨蚀的防止方法

（1）在主蒸汽管道中设置蒸汽滤阀，防止固体大颗粒进入汽轮机。但是，即使使用细眼滤网也不能将全部微粒截止。另外，固体大颗粒在滤网上反复撞击，尺寸减小后就能通过细眼滤网。因此，根本性的措施是减少过热器及主蒸汽管道中氧化物的生成与剥落。

（2）采用抗氧化性能较好的钢材制造高温管道。目前，许多现代化锅炉均采用奥氏体不锈钢制的过热器和再热器，这可减少蒸汽中固体微粒的产生。

（3）应避免机组频繁启停，以及负荷和温度的快速变化。

（4）酸洗锅炉和主蒸汽管道，消除壁面的附着氧化物。

（5）新机组组装投运前，应进行锅炉的蒸汽冲管工作。

此外，在热力系统的设计方面应做些改进，如设置旁路管，当由于某种原因使蒸汽中杂质浓度很高时，也可使用此旁路。再如，在给水系统中设置电磁过滤器，减少随给水进入锅炉的铁微粒，从而减少蒸汽携带的固态微粒，减轻汽轮机的固体微粒磨蚀。

二、其他腐蚀及其防止

蒸汽中有些杂质（如氢氧化钠、氯化钠、硫酸钠、氯化氢和有机酸等）在汽轮机中会引起均匀腐蚀、点蚀、应力腐蚀破裂、腐蚀疲劳，以及这几种情况组合的复杂故障。均匀腐蚀虽然不至于造成什么大问题，但点蚀、应力腐蚀破裂、腐蚀疲劳而引起的汽轮机部件损坏，常会造成很大损失，而且会延长停机时间。

1. 汽轮机低压缸的酸性腐蚀

采用除盐水作锅炉补给水后，水汽品质变得很纯，对减轻热力设备的结垢和腐蚀起了很大作用，但对酸的缓冲能力减弱了。在这种情况下，如有物质加入或漏入水汽系统，则水汽品质会发生明显变化。当用氨调节给水的pH值时，水中某些酸性物质的阴离子如果进入炉水并转化为酸性物质，则容易进入汽轮机，引发汽轮机的酸性腐蚀。因此，一些电厂在以除盐水作为锅炉的补给水后，汽轮机的某些部位出现了酸性腐蚀现象。

汽轮机发生酸性腐蚀的部位主要有低压缸的入口分流装置、隔板、隔板套、叶轮及排汽室缸壁等。受腐蚀部件的表面保护膜被破坏，金属晶粒裸露完整，表面呈现银灰色，类似钢铁被酸浸洗后的表面状况。隔板导叶根部常形成腐蚀凹坑，严重时，蚀坑深达几毫米，以致影响叶片与隔板的结合，危及汽轮机的安全运行。出现酸性腐蚀的部件，其材质均是铸铁、铸钢或普通碳钢，而合金钢部件没有酸性腐蚀。

上述部位发生酸性腐蚀的原因与这些部位接触的蒸汽和凝结水的性质有关。通常，过热蒸汽携带挥发性酸的含量是很低的，每升仅有几微克。而蒸汽中同时存在较大量的氨，约有 200～2000μg/L。这种汽轮机蒸汽凝结水的 pH 值一般为 9.0～9.6。如果汽轮机低压缸汽流通道中的金属材料接触的是这样的水，则不至于发生严重的腐蚀。

在低于临界温度下的蒸汽和水之间，只有在极慢的加热或冷却条件下，处于平衡过程时，才会在相应的饱和温度和压力下完成汽-液相的相变过程。在汽轮机中，蒸汽因迅速膨胀而过冷，因而其成核、长大成水滴的时间滞后。因此，汽轮机实际运行时，蒸汽凝结成水并不是在饱和温度和压力下进行的，而是在相当于理论（平衡）湿度 4%附近的湿蒸汽区发生的，这个区域称为威尔逊线区。所以，在汽轮机运行的蒸汽膨胀做功过程中，在威尔逊线区才真正开始凝结形成最初的凝结水。在再热式汽轮机中，产生最初凝结水的这个区域是在低压段的最后几级；在非再热式的汽轮机中，这个区域的位置略靠前，在中压段的最后及低压段的开始部分。由于汽轮机运行条件的变化，这个区域的位置也会有一些变动。

汽轮机酸性腐蚀发生的部位恰好是在产生初凝水的部位，因而它与蒸汽初凝水的化学特性密切相关。在威尔逊线区附近形成初凝水的结果是工质由单相（蒸汽）转变为两相（汽、液），过热蒸汽所携带的化学物质在蒸汽和初凝水中重新分配，如果进入初凝水中的酸性物质比碱性物质多，则可能引起酸性腐蚀。若某物质的分配系数大于1，则该物质在蒸汽中的浓度将超过它在初凝水中的浓度，也即该物质溶于初凝水的倾向小；反之，该物质溶于初凝水的倾向大，或者说该物质会在初凝水中浓缩。过热蒸汽中携带的酸性物质的分配系数通常都小于1。例如，100℃时，HCl、H_2SO_4等的分配系数均在3×10^{-4}左右；甲酸（HCOOH）、乙酸（C_2H_5COOH）、丙酸（CH_3COOH）的分配系数分别为0.20、0.44和0.92。因此，当蒸汽中形成初凝水时，它们将被初凝水“洗出”，造成酸性物质在初凝水中富集和浓缩。试验数据表明，初凝水中CH_3COOH的浓缩倍率在10以上，Cl^-的浓缩倍率达20以上；而对增大初凝水的缓冲性、消除酸性物质阴离子影响有利的Na^+的浓缩倍率却不大，初凝水中Na^+的浓度只比过热蒸汽中Na^+的浓度略高一点。由于Na^+比酸性物质阴离子的分配系数大，导致这两类物质不是等摩尔进入初凝水中（如甲酸不能全部以HCOONa，而是有部分以HCOOH的形式进入初凝水中），故初凝水呈酸性。采用氨作为碱化剂来提高水汽系统介质的pH值时，由于氨的分配系数大，在汽轮机生成初凝水的湿蒸汽区，它大部分留在蒸汽中，少量进入初凝水。即使给水氨量足够，湿蒸汽区凝结水中氨的含量也相对不足，加之氨是弱碱，因此，氨只能部分地中和初凝水中的酸性物质。

所以，初凝水与蒸汽相比，pH值低，可能呈中性，甚至为酸性。这种低pH值的初凝水对所附着部位具有侵蚀性。当空气漏入水汽系统使蒸汽中氧含量增大时，也使初凝水中的溶解氧含量增大，从而增强了初凝水对金属材料的侵蚀性。随着蒸汽流向更低压力的部位，蒸汽凝结的比例增加，氨最终会全部溶解在最后凝结水中，即凝汽器空冷区的凝结水中，凝结水的pH值升高。

2. 汽轮机叶片的应力腐蚀破裂

随着现代高参数汽轮机部分采用新合金材料，增加了汽轮机叶片对应力腐蚀破裂的敏感性。应力腐蚀破裂的三要素是敏感性材料、应力和腐蚀性环境。汽轮机选用的材料和应力水平是设计和制造时已确定了的，因此，环境即蒸汽中杂质的组分与含量决定着是否发生应力腐蚀破裂。当蒸汽在汽轮机内凝结时，蒸汽中的杂质或者形成侵蚀性的水滴，或者形成腐蚀性沉积物。研究表明，只要每千克蒸汽中含有微克数量级的氢氧化物、氯化物或有机酸，就会引起应力腐蚀破裂。还有的研究报告指出，在汽轮机内，Na_2SO_4和 NaCl 也会引起汽轮机腐蚀。现场经验表明，汽轮机叶片的运行条件处在焓熵图（i-s 图）上接近饱和线的区域，即汽轮机在湿蒸汽区域工作的最先几级的通流部分，最易发生应力腐蚀破裂。

蒸汽中微量（μg/kg）有机酸和 HCl 引起汽轮机腐蚀损坏的事例很多。例如，国外有一台汽轮机工作还不到一年，就发现低压缸转子叶片有腐蚀损坏。腐蚀主要发生在 7～10 级叶片的围带处，该处有腐蚀裂纹。热力学计算表明，这里是最初凝结小水滴的区域。研究人员在第 10 级的蒸汽中检测出了酸，这些酸是几种有机酸的混合物，包括 97％的醋酸、2.2％的丙酸和 0.3％的丁酸。在某些中间再热式汽轮机中，曾发现了低压级转子后几排叶片的开裂或裂缝。对开裂的叶片进行检验，查明这是应力腐蚀裂纹，是由无机酸引起的。在靠近叶片损坏部位，检测到 $FeCl_2$ 和 $FeSO_4$。鉴于这两种化合物只能在酸性环境中存在，在碱性或中性溶液中会水解，表明汽轮机运行时该区域的液相呈酸性。此外，还曾在一台海水冷却的凝汽器机组中发现了汽轮机叶片的腐蚀损坏，经检测，确定腐蚀损坏是由蒸汽中的 HCl 引起的。

3. 汽轮机零部件的点蚀和腐蚀疲劳

蒸汽中的氯化物还可使汽轮机的叶片和喷嘴表面发生斑点腐蚀，这种腐蚀有的还出现在叶轮和汽缸本体上。这种点腐蚀是由于 Cl^- 破坏了合金钢表面的氧化膜所致，它大多出现在湿蒸汽区域的沉积物下面。同理，当汽轮机停机时，若蒸汽漏入冷态汽轮机中，所有叶片上都可能会发生点腐蚀。

众所周知，零部件受交变应力作用且环境中有腐蚀性物质存在时，材料的疲劳极限就下降。多年来的试验研究证实，在氯化物溶液中，汽轮机叶片的腐蚀疲劳强度大为下降。

喷嘴和叶片表面的点蚀坑会增大粗糙度而使摩擦力增加，以致降低效率，更为严重的是，点蚀坑的缺口作用会促进腐蚀疲劳裂纹的形成，直接影响汽轮机的使用寿命。

4. 腐蚀的防止

为防止汽轮机的腐蚀，重要的是应该保证蒸汽纯度。此外，还应注意以下几点。

（1）锅炉补给水处理系统的选择，不仅要考虑水中盐类、硅化合物的含量，还应注意除去有机物。在水处理设备的运行中，不仅要调整除盐设备的运行，而且要力求预处理装置处于最佳运行工况，以除去有机物和各种胶态杂质，保证补给水的电导率小于0.2μS/cm（25℃）。此外，应防止生水中的有机物和离子交换树脂漏入热力系统水汽中，以免它们在锅炉内的高温高压条件下分解，影响汽水中离子间的平衡，形成有利于腐蚀的环境。还应提高汽轮机设备的严密性，防止空气漏入。

（2）热力设备进行化学清洗时，应注意避免污染汽轮机。用酸性或碱性化合物清洗热力设备中的沉积物时（如清洗锅炉、蒸汽管道、给水加热器和凝汽器等），若把热的化学药品溶液排入凝汽器，很容易引起汽轮机低压部分进腐蚀性蒸汽。为此，应采用隔离汽轮机的措施，如在凝汽器喉部安置不透水蒸汽的薄膜。

（3）提高汽轮机内最初凝结的水滴的pH值，即在热力设备的水汽系统中加入分配系数较小的挥发性碱性药剂。

有人已提出并试验了几种方法，如往汽轮机低压缸中喷注联氨或其他挥发性碱（如吗啉等），喷注地点大约选在蒸汽绝热膨胀尚未到达 $i—s$ 图上饱和线的地方。在低压蒸汽条件下，联胺具有非常有利的分配系数值，80℃时为0.27。此时若蒸汽中含20μg/L联胺，则金属表面的初凝水膜中，联胺浓度可达700μg/L以上，这样的碱性水膜对金属有很好的保护作用，联胺不但使水膜的pH值增高、碱性增加，还可使金属表面的保护膜稳定。在汽轮机低压缸出现空气漏入的情况时，联胺又能除氧。因此，可考虑采用将联胺或催化联胺喷入汽轮机低压缸的导气管，以减轻汽轮机中初凝区的酸性腐蚀。还有人试用几种挥发性胺联合处理，调节给水或凝结水的 pH 值，如吗啉与环己胺或氨配合使用。汽液分配系数低的胺（如吗啉）将溶解在初凝水中，提高 pH 值，分配系数高的挥发性碱将溶解在从汽轮机引出的蒸汽中，这样可使整个热力系统中各部位水汽的 pH 值都提高。在 0.5～0.6MPa 的压力下，吗啉的分配系数为 0.48，环己胺的分配系数为 2.6，氨的分配系数为 10。不过有机胺有高温热解的问题，而且药品昂贵，不经济。

（4）消除蒸汽中杂质混合物的腐蚀性。在 1981 年美国联合发电会议上，发表了一些有关应力腐蚀的研究论文。有研究人员指出，采用挥发性药剂处理的 44 台锅炉，与之配套的汽轮机中有 22 台发现了应力腐蚀；22 台磷酸盐处理的锅炉，与之配套的汽轮机只有 9 台发现了应力腐蚀。还有研究人员认为，采用挥发性药剂处理的锅炉，蒸汽中的钠化合物主要是能引起汽轮机金属腐蚀的氯化钠和氢氧化钠；采用协调 pH一磷酸盐处理的汽包锅炉，蒸汽中的钠化合物主要是磷酸盐，它不是引起汽轮机腐蚀的有害物质，而是一种有益的缓蚀剂。由此看来，使汽轮机内蒸汽中的杂质或沉积物的混合物不具备腐蚀性，也能防止汽轮机部件的应力腐蚀。不过，对于现代高参数机组，这并不容易实现。

（5）增强酸性腐蚀区域材质耐蚀性能，如采用等离子喷镀或电涂镀在金属表面镀覆一层耐蚀材料层。

第二节　发电机内冷水系统的腐蚀及其防止

一、发电机的水内冷

发电机在运转过程中有部分动能转换成热能。这部分热能如不及时导出，容易引起发电机定子、转子绕组过热甚至烧毁，因此，需要用冷却介质冷却发电机定子、转子和铁芯。

发电机所用冷却介质主要有以下四种：空气、油、氢气、水。

空气的冷却能力小，摩擦损耗大，不适于大容量机组，因此，空气冷却的发电机正逐渐被淘汰。

油黏度大，通常为层流运动，表面传热比较困难，因此，被冷体得不到及时冷却，且易发生火灾。

氢气的热导率是空气的 6 倍以上，而且它是最轻的气体，对发电机转子的阻力最小，所以大型发电机广泛采用氢气冷却方式。但氢冷需要有严密的发电机外壳、气体系统及不漏氢的轴密封，需增设油系统和制氢设备，对运行技术和安全要求都很高，给制造、安装和运行带来了一定的困难。

纯水的绝缘性较高，热容量大，不燃烧。此外，水的黏度小，在实际允许的流速下，其流动是紊流，冷却效率高，可保证及时带走被冷体的热量。

因此，目前普遍用氢气和水作为发电机的冷却介质。

发电机的冷却方式通常是按定子绕组、转子绕组和铁芯的冷却介质区分的。例如，定子绕组水内冷、转子绕组氢冷和铁芯氢冷的冷却方式称为水-氢-氢的冷却方式，简记为水-氢-氢；同理，定子绕组水内冷、转子绕组水内冷和铁芯空冷的冷却方式称为水-水-空的冷却方式，简记为水-水-空。水内冷是指将发电机定子或转子线圈的铜导线做成空芯、水在里面通过的闭式循环冷却方式。水连续地流过空芯铜导线，带走线圈热量。进入空芯铜导线的水来自内冷水箱，内冷水箱内的水通过耐酸水泵升压后送入管式冷却器、过滤器，然后再进入定子或转子线圈的汇流管，进入空芯铜导线，将定子或转子线圈的热量带出来再回到内冷水箱。内冷水箱的水（包括补水）一般是直接引来的合格二次除盐水，也有的是凝结水或高混（高速混床）出水。开机前，管道、阀门等所有元件和设备要多次冲洗排污，直至水质取样化验合格后方可向定子或转子线圈充水。

随着发电机单机容量越来越大，要求不断改善冷却方式。水的冷却能力大，允许发电机的定子、转子的线负荷和电流密度大，这为提高单机容量、减轻单机重量创造了条件。所以，现代大型发电机均采用水冷却。可以说，水内冷发电机技术的应用为发电机的发展开辟了一条新的道路。

二、水内冷存在的问题

虽然水内冷发电机有众多优点，也得到了广泛应用，但空芯铜导线的腐蚀问题比较突出。空芯铜导线的腐蚀产物，只有少量附着在腐蚀部位的管壁表面上，大部分进入冷却介质中。被带入空芯铜导线冷却介质中的腐蚀产物，在定子线棒中会被发电机磁场阻挡而沉积。因此，空芯铜导线的腐蚀会产生极其严重的后果。

目前，大型发电机内冷水水质及运行方面存在的主要问题是空芯铜导线腐蚀速率高，水质指标难以合格（包括内冷水 pH 值控制不稳，电导率、铜离子含量超标严重），从而使泄漏电流增大、电气绝缘性能降低，沉积物阻塞水回路造成线圈温升增加；系统密闭性较差，造成补水频繁、运行操作量大、水量损失较大等。一些电厂曾发生因内冷水水质不理想引起频繁跳机、降负荷运行，甚至烧毁发电机等事故，对发电机的安全运行构成了严重威胁。

三、发电机内冷水水质标准

由于发电机内冷水是在高压电场中做冷却介质，因此，水质的优劣直接影响机组的安全、经济运行。为此，内冷水应满足下列基本要求。

（1）有足够的绝缘性（即较低的电导率），以防止发电机绕组对地短路而导致泄漏电流和损耗增加，特别是闪络事故导致的严重后果。

（2）对发电机铜导线和内冷水系统应无侵蚀性，以防止铜导线的腐蚀产物（主要是铜氧化物）颗粒在空芯铜导线内沉积。

内冷水水质标准就是根据上述要求及内冷水中铜导线腐蚀的

规律制定的。水质指标包括电导率、pH值、铜离子含量、硬度等。现行的内冷水水质标准主要有GB/T 12145—2016《火力发电机组及蒸汽动力设备水汽质量》和DL/T 801—2010《大型发电机内冷却水质及系统技术要求》，见表16-1。

表16-1　　发电机内冷水水质标准

<table>
<tr><th colspan="2" rowspan="2">标准代号、名称</th><th rowspan="2">电导率（25℃，μS/cm）</th><th colspan="2">pH值（25℃）</th><th colspan="2">含铜量（μg/L）</th><th rowspan="2">溶解氧（μg/L）</th></tr>
<tr><th>标准值</th><th>期望值</th><th>标准值</th><th>期望值</th></tr>
<tr><td rowspan="3">GB/T 12145—2016</td><td rowspan="2">定子空芯铜导线</td><td rowspan="2">≤2.0</td><td>8.0～8.9</td><td>8.3～8.7</td><td rowspan="2">≤20</td><td rowspan="2">≤10</td><td>—</td></tr>
<tr><td>7.0～8.9</td><td>—</td><td>≤30</td></tr>
<tr><td>双水内冷水</td><td><5.0</td><td>7.0～9.0</td><td>8.3～8.7</td><td>≤40</td><td>≤20</td><td></td></tr>
<tr><td rowspan="4">DL/T 801—2010</td><td rowspan="2">定子空芯铜导线</td><td rowspan="2">0.4～2.0</td><td>8.0～9.0</td><td>—</td><td rowspan="2">≤20</td><td>—</td><td>—</td></tr>
<tr><td>7.0～9.0</td><td>—</td><td>≤30</td><td>—</td></tr>
<tr><td>双水内冷</td><td><5.0</td><td>7.0～9.0</td><td>8.0～9.0</td><td>≤40</td><td>≤20</td><td>—</td></tr>
<tr><td>定子不锈钢空芯导线</td><td>0.5～1.2</td><td>6.5～7.5</td><td>—</td><td>—</td><td>—</td><td>—</td></tr>
</table>

DL/T 801—2010是专门针对发电机内冷水制定的电力行业标准，该标准同时规定新投运机组应采用下列配置（已投运的机组宜在大修和技改中逐步实施和完善）：宜采用水箱全密闭充气式系统，推荐充以微正压的纯净氮气；进水端应设置有5～10μm的滤网；应设置有旁路小混合床或其他有效的净化处理装置，按水质指标要求进行运行中的具体调控，系统设计或混床结构应能

严格防止树脂在任何运行工况下进入发电机；定子、转子的内冷水应有进出水压力、流量、温度测量装置，定子还应有直接测量进、出发电机水压差的测量装置；内冷水系统应设置完整的反冲洗回路；内冷水系统的管道法兰和所有接合面的防渗漏垫片，不得使用石棉纸板及抗老化性能差（如普通耐油橡胶等）、易被水流冲蚀或影响水质的密封垫材料，应采用加工成型的成品密封垫；内冷水系统在发电机绕组的进出口处设置进、出水压力表和进、出水压差表；在发电机出水端管段的适当位置设置就地取样点，取样测量水样的电导率、pH 值、铜含量等应有电导率、pH 值的在线测量装置，并传送至集控室显示。另外，原国家电力公司《防止电力生产重大事故二十五项重点要求》对发电机内冷水水路堵塞问题做了进一步规定，指出 125MW 及以下机组允许运行中添加缓蚀剂，但必须控制 pH 值大于 7.0。

四、发电机空芯铜导线的腐蚀机理

发电机空芯铜导线的材质为紫铜（工业纯铜），紫铜在不含氧水中的腐蚀速率很低，数量级仅为 10^{-4} g/（m^2·h）。当水中同时含有游离二氧化碳和溶解氧时，铜的腐蚀速率大大增加。

大多数火力发电厂以除盐水作为内冷水的补充水，所以铜导线按下述反应发生腐蚀。

阳极反应（铜被氧化）：

$$Cu \longrightarrow Cu^{+} + e$$

$$Cu \longrightarrow Cu^{2+} + 2e$$

$$2Cu + H_2O - 2e \longrightarrow Cu_2O + 2H^{+}$$

阴极反应（溶解氧被还原）：$O_2 + 2H_2O + 4e \longrightarrow 4OH^{-}$

进一步反应：

$$4Cu^{+} + O_2 + 4e \longrightarrow 2Cu_2O$$

$$2Cu^{+} + O_2 + 2e \longrightarrow 2CuO$$

$$2Cu_2O + O_2 + 4e \longrightarrow 4CuO$$

反应结果是铜表面形成一层覆盖层。

由于覆盖在铜表面上氧化物的保护，铜的溶解受到阻滞，因而铜的腐蚀不单取决于铜生成的固体氧化物的热力学稳定性，还与氧化物能否在铜表面上生成黏附性好、无孔隙且连续的膜有关。若能生成这样的膜，则保护作用好，可防止铜基体与腐蚀性介质直接接触；若生成的膜是多孔的或不完整的，则保护作用不好。同时，保护膜的稳定性还与介质的性质有关，如果介质具有侵蚀性，可使生成的保护膜溶解，则此保护膜也不具有阻止金属腐蚀的作用。除盐水的纯度很高，但缓冲性很小，易受空气中二氧化碳和氧的干扰，如它的 pH 值会因少量二氧化碳的溶入而明显下降。pH 值的下降会引起 Cu_2O 和 CuO 的溶解度增加，从而破坏空芯铜导线表面的初始保护膜，加剧空芯铜导线腐蚀，反应式为

$$CO_2+H_2O \rightleftharpoons H_2CO_3$$

$$H_2CO_3 \rightleftharpoons H^++HCO_3^-$$

$$CuO+2H^+ \longrightarrow Cu^{2+}+H_2O$$

$$Cu_2O+2H^+ \longrightarrow 2Cu^++H_2O$$

五、铜导线腐蚀的影响因素

1. 电导率

电导率对内冷水系统的影响主要表现在电流泄漏损失上。电导率大，水的绝缘性差。由于冷却水系统的外管道和设备外壳是接地的，因此会引起较大的泄漏电流，造成电流损失，并使聚四氟乙烯等绝缘引水管老化，导致发电机相间闪络，甚至破坏设备。电导率越大、定子电压越高、冷却水系统电阻越小，泄漏电流越高。随着机组容量的提高，对电导率的要求也越来越高。所以，从减小电流泄漏损失考虑，认为电导率越低越好。

电导率对内冷水系统铜的腐蚀也会产生一定影响，主要表现在低电导率条件下腐蚀严重。有关文献介绍了电导率对铜腐蚀的影响：电导率降低，腐蚀速度上升；电导率由 1.0μS/cm 减小到 0.5μS/cm 时，铜的腐蚀速度上升 1.8 倍；如果电导率降低到 0.2μS/cm，铜的腐蚀速度上升 35 倍。因此，一般认为电导率的低限为 1.0μS/cm，个别电压等级较高的机组也不应低于0.5μS/cm。因为纯水能溶解很多物质，包括金属。与金属的化合物相比，除

铂、金外，其他金属都具有比较高的自由能，需要通过反应形成氧化物和其他化合物，达到稳定状态。当电导率不大于 1.0μS/cm 时，水的介电常数减小，铜的溶解度增加。所以，从防腐蚀的角度看，电导率过低并非好事。

另外，电导率越高，水中导电离子的含量越多，溶液电阻越小，阴、阳极电极反应的阻力也越小，铜的腐蚀加快。

2. 溶解氧

水中溶解氧具有双重性质：一方面，溶解氧作为阴极去极化剂会引发空芯铜导线的腐蚀，促进不稳定的氧化物生成；另一方面，在一定的条件下，氧与铜反应，在铜导线表面形成一层保护膜，阻止铜导线的进一步腐蚀。但是，如果氧含量太高，则铜腐蚀速度仍较大，因而不能指望通过提高内冷水氧含量来抑制空芯铜导线的腐蚀。内冷水系统的运行温度通常为 20～85℃（空芯铜导线部位水温常在 40℃以上），内冷水与空气接触后溶解氧的饱和浓度为每升几毫克，铜的腐蚀速度较高。为避免腐蚀，国外规定内冷水溶解氧含量的上限值为 20μg/L 或 50μg/L，我国发电机内冷水的水质指标中规定，有条件的定子内冷水溶解氧含量应小于 30μg/L。因为溶解氧是引起空芯铜导线腐蚀的根本因素，应加强监测和控制。

3. pH 值

pH 值对铜在水中腐蚀的影响，可借助于铜-水体系的电位-pH 平衡图进行分析。

电位-pH 平衡图是热力学平衡图，在金属-水体系的电位-pH 图上汇集了水溶液中金属腐蚀体系的重要热力学数据，比较直观地显示了金属在不同电位和 pH 值条件下可能产生的各种物质及其热力学稳定性。通过电位-pH 图可推断发生腐蚀的可能性，并可启发人们用控制电位或改变介质 pH 值的方法来防止金属腐蚀。

假如金属在一个原来没有它的离子存在的溶液中发生溶解，当该离子含量超过某一数值时，可认为该离子发生了腐蚀。通常，以 10^{-6}mol/L 作为腐蚀发生与否的界限，也就是说，当金属可溶性离子的浓度小于 10^{-6}mol/L 时，认为金属没有腐蚀；反之，认为金属发生了腐蚀。但是，根据内冷水控制标准，应该以可溶性铜离子总和等于 $10^{-6.2}$ 或 $10^{-6.5}$ 甚至 $10^{-6.8}$mol/L（即 40 或 20 甚至 10μg/L）作为腐蚀发生与否的界限。

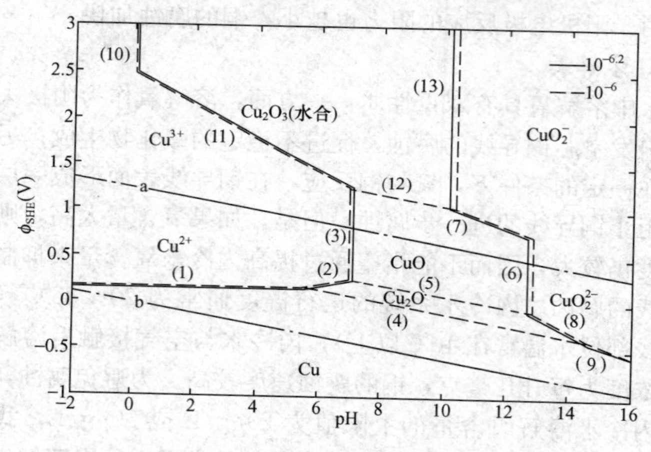

图 16-1　铜水体系的电位-pH 图

下面取 $10^{-6.0}$、$10^{-6.2}$mol/L，即 64、40μg/L 作为铜发生腐蚀与否的界限浓度，列出 25℃时铜水体系的反应和平衡条件关系式，以 Cu、Cu_2O、CuO 和 Cu_2O_3 为平衡固相绘出铜-水体系的简化电位-pH 平衡图（25℃），如图 16-1 所示。

（1）$Cu^{2+}+2e \longrightarrow Cu$

$$\varphi_e = 0.337 + 0.0295\lg a_{Cu^{2+}}$$

（2）$2Cu^{2+} + H_2O + 2e \longrightarrow Cu_2O + 2H^+$

$$\varphi_e = 0.203 + 0.0591pH + 0.0591\lg a_{Cu^{2+}}$$

（3）$CuO + 2H^+ \rightleftharpoons Cu^{2+} + H_2O$

$$\lg a_{Cu^{2+}} = 7.89 - 2pH$$

（4）$Cu_2O + 2H^+ + 2e \longrightarrow 2Cu + H_2O$

$$\varphi_e = 0.471 - 0.0591pH$$

(5) $2CuO+2H^{+}+2e \longrightarrow Cu_2O+H_2O$

$$\varphi_e=0.669-0.0591pH$$

(6) $CuO+H_2O \rightleftharpoons HCuO_2^{-}+H^{+}$

$$\lg a_{HCuO_2^-}=-18.83+pH$$

(7) $CuO+H_2O \longrightarrow CuO_2^{-}+2H^{+}+e$

$$\varphi_e=2.609-0.1182pH+0.0591\lg a_{CuO_2^-}$$

(8) $2CuO_2^{2-}+6H^{+}+2e \longrightarrow Cu_2O+3H_2O$

$$\varphi_e=2.560-0.1773pH+0.0591\lg a_{CuO_2^{2-}}$$

(9) $CuO_2^{2-}+4H^{+}+2e \longrightarrow Cu+2H_2O$

$$\varphi_e=1.515-0.1182pH+0.0295\lg a_{CuO_2^{2-}}$$

(10) $Cu_2O_3+6H^{+} \rightleftharpoons 2Cu^{3+}+3H_2O$

$$\lg a_{Cu^{2+}}=-6.09-3pH$$

(11) $Cu_2O_3+6H^{+}+2e \longrightarrow 2Cu^{2+}+3H_2O$

$$\varphi_e=2.114-0.1773pH-0.0591\lg a_{Cu}^{2+}$$

(12) $Cu_2O_3+2H^{+}+2e \longrightarrow 2CuO+H_2O$

$$\varphi_e=1.648-0.0591pH$$

(13) $Cu_2O_3+H_2O \rightleftharpoons 2CuO_2^{-}+2H^{+}$

$$\lg a_{CuO_2^-}=-16.31+pH$$

在图16-1中，铜及其氧化产物的等溶解度线（$10^{-6.0}$mol/L、$10^{-6.2}$mol/L）把电位-pH平衡图划分为腐蚀区、免蚀区和钝化区；铜-水体系的电位和pH值共同决定铜的状态，即铜处于哪个区域。

由图16-1可知，在电位大于0.1V、pH值低于6.94所围成的区域中，出现铜的离子的是铜的腐蚀区；在电位大于0.1V、pH值高于6.94所围成的区域中，存在Cu_2O和CuO的部分，铜表面可能形成膜，是铜的钝化区；存在CuO_2^{-}和CuO_2^{2-}的可溶性化合物的两个稳定区域，也是铜的腐蚀区。

从化学热力学的观点看，水中铜的电极电位低于氧的电极电位，因此铜能被氧所腐蚀。但是，腐蚀反应能否持续下去，取决于腐蚀产物的性质，如果产物在铜表面沉积快而致密，就能形成保护膜；反之，腐蚀持续进行。内冷水系统中，氧腐蚀铜导线的产物是氧化铜和氧化亚铜，属于两性氧化物，pH 值过高或过低都会导致它们溶解，因而使铜导线发生腐蚀，这可结合图 16-1 加以解释。例如，在 $pH<6.94$ 的区域，水偏酸性，氧化铜和氧化亚铜作为碱性氧化物被溶解，即铜导线表面很难形成保护膜，此时铜处于图中所示的铜的离子区域，即腐蚀区；在 $6.94<pH<12.8$ 的区域，水呈碱性，氧化铜和氧化亚铜的溶解度很小，即它们会在铜表面形成保护膜；在 $pH>12.8$ 的区域，水呈强碱性，氧化铜和氧化亚铜作为酸性氧化物而被溶解，此时铜处于图中所示的 CuO_2^{2-} 或 CuO_2^- 区域，即腐蚀区。

对于发电机内冷水系统，若不考虑空芯铜导线的电位，只考虑提高 pH 值防止空芯铜导线的腐蚀，并以 $10^{-6.2}$mol/L 作为发生腐蚀与否的界限，则铜稳定存在的 pH 值区间为 7.04～12.63。因此，单纯从控制铜离子含量不大于 40μg/L、电导率不超过 2.0μS/cm 考虑，发电机内冷水 pH 值的控制范围宜为 7.04～8.89（用 NaOH 调节 pH 值）或 8.85（用氨水调节 pH 值）。这里将 pH 值控制范围的上限调至 8.89 或 8.85，是因为对于纯水，当 pH 值为 8.89（用 NaOH 调节 pH 值）或 8.85（用氨水调节 pH 值）时，理论计算的电导率为 2.0μS/cm，这是 DL/T 801—2010《大型发电机内冷却水质及系统技术要求》和 GB/T 12145—2016《火力发电机组及蒸汽动力设备水汽质量》中规定的发电机定子内冷水电导率的控制上限。

4. 二氧化碳

内冷水中二氧化碳对铜导线腐蚀的影响主要表现在两个方面：①二氧化碳溶于水后降低水的 pH 值，破坏表面保护膜，使铜进入腐蚀区；②在有氧的情况下，它可直接参与化学反应，使保护膜中的 Cu_2O 转化为碱式碳酸铜［即 $CuCO_3 \cdot Cu(OH)_2$］，该物质比较脆弱，在水中的溶解度也比较大，在水流冲刷下极易剥落而堵塞空芯铜导线，还会造成内冷水含铜量上升。

5. 水温

对于密闭性不好的内冷水系统，一方面水温上升，铜的腐蚀加快；另一方面温度影响系统的漏气量，从而影响铜的腐蚀。因为水温上升到一定数值后，溶解的腐蚀性气体（如 O_2、CO_2）减少，故腐蚀速度反而下降。文献指出，一台 125MW 机组采用补凝结水的内冷水处理方式，内冷水含铜量夏季的比冬季的低。这是因为凝结水的水温在冬、夏两季存在着 20℃左右的温差，补充到内冷水系统后，引起转子回水盒处动静间隙的季节性变化，夏季动静间隙缩小，回水携带的空气量减小，因而内冷水的侵蚀性减小，铜导线腐蚀程度减轻，内冷水含铜量减小。需要说明的是，人们对于温度影响铜腐蚀规律的认识目前尚未统一。有的试验结果表明，在 30～80℃时，铜离子含量随温度的升高而降低；有的人认为，随着温度的升高，铜离子含量有先降后升的趋势，在 60℃附近存在一个极小值。

6. 流速

内冷水的流动对腐蚀产生两方面的影响。

（1）水的流速越高，机械磨损越大。有人用电解铜空芯导线进行过内冷水的流速试验。结果表明，流速为 0.2m/s 和 1.65m/s 时，铜的月腐蚀量约为 0.7mg/cm^2 和 2mg/cm^2；流速超过 5m/s，还会产生气蚀现象。在设计发电机时，空芯铜导线内水流速度一般小于 2m/s。与其他腐蚀相比，水流的机械磨损并不重要。

（2）水的流速越高，腐蚀速度越大。一方面水的流动加快了水中腐蚀性物质向金属表面迁移，另一方面水中的各种金属和金属氧化物颗粒（如腐蚀产物、磨损产物、外界带入的颗粒）加速磨损并破坏铜导线表面的保护膜，特别是在水流转变处、非均匀磁场处和线棒从定子槽伸出的部位，这种磨损加速腐蚀最为严重。

六、发电机内冷水处理与空芯铜导线防腐

目前，我国发电机内冷水处理方式和空芯铜导线防腐蚀措施

主要有中性处理（包括补换除盐水、小混床旁路处理、保持系统密闭处理、除氧法等）、碱性处理（包括加碱化剂、补换碱性水、钠型小混床旁路处理等）和缓蚀剂处理等。

（一）中性处理

1. 补换除盐水

目前，我国一部分125MW机组采用溢流排水的方式调节内冷水水质，即连续向内冷水箱补充除盐水，同时不断有水从水箱溢流管流出。采用溢流换水方式，电导率能满足要求，铜含量能基本稳定，但pH值偏低。另外，部分200MW及300MW机组采用频繁换水方式调节内冷水水质，监控内冷水的铜含量和电导率，当两者中有一项超标时就更换内冷水箱中的水。

这种处理方式简单易行，内冷水的电导率容易满足要求，不需设备投资和维护，但却是一种消极的处理方式。因为换水的稀释作用降低了铜浓度，掩盖了铜的腐蚀程度；稀释降低了腐蚀产物浓度，增大了铜的腐蚀反应速度；除盐水的pH值较低，换水后内冷水的pH值难以合格；浪费大量除盐水。

例如，某600MW亚临界机组，发电机冷却方式为水-氢-氢。定子冷却水的补水为疏水，经定子冷却水除盐装置除盐后补充到内冷水系统。运行结果是pH值（25℃）一般为6.6～7.0，在3～4天内电导率由0.66μS/cm升至1.5μS/cm，难以维持电导率小于1.5μS/cm的发电机制造厂家标准。某电厂一台300MW机组，发电机内冷水的处理方式是当电导率或铜含量超标时，用除盐水更换内冷水箱中的水。水质监测结果表明，内冷水的pH值和铜含量长期超标，只有电导率的合格率较高，铜含量均在100μg/L以上，有的甚至超过400μg/L，说明铜导线的腐蚀较严重。上述两例说明，单纯的换水溢流方式不能减缓发电机空芯铜导线的腐蚀。

2. 小混床旁路处理

200MW及以上发电机均在内冷水旁路上配备了H/OH型小混床。小混床中填充的是H/OH型树脂，运行中部分内冷水

(一般不超过内冷水流量的10%）连续通过小混床以除去内冷水中的杂质，出水返回到内冷水中。

这种处理方式能保证内冷水电导率和铜含量合格。但是混床出水偏酸性，内冷水 pH 值偏低；铜含量的降低仅仅是离子交换的结果，并不是腐蚀被抑制的结果。例如，某双水内冷机组安装 H/OH 型小混床后，出水的 pH 值在 6.5 左右，造成内冷水铜含量急剧上升，树脂被污染呈绿色；某 300MW 水-氢-氢冷却机组的小混床投运后，内冷水的 pH 值呈降低趋势，最低达到 5.8，水质偏酸性，加重了铜导线的腐蚀；另一台 300MW 水-氢-氢冷却机组，内冷水系统为密闭系统，补加除盐水，旁路上装有小混床，处理 2%～10%的内冷水流量，内冷水的 pH 值经常在 6.6～6.8 的偏低范围，电导率很快超过发电机制造厂家的运行控制标准值（1.5μS/cm）而需要换水，换水周期为 3～5 天。

目前使用的小混床可能存在的问题有：①偏流、漏树脂；②树脂强度低，易破碎，粉末树脂经常泄漏到内冷水中；③出水的 pH 值偏低；④需要体外再生，费时费力。因此，我国 300MW 及以上发电机组配备的小混床投运的不多，单独运行的更少，总是和其他内冷水处理方式联合运用，如某水-氢-氢冷却机组，采用内冷水系统全密封（氢气充当密封气体）和小混床旁路处理相结合的方式，运行时内冷水电导率小于 0.5μS/cm，pH 值不高，铜含量合格。

3. 保持系统密闭处理

由于空芯铜导线在内冷水中的腐蚀由氧引起、二氧化碳促进，而这两种物质都来自空气，所以密闭内冷水系统可降低内冷水中氧和二氧化碳的含量，有效减缓铜导线的腐蚀。

密闭措施还有以下几条：①充氮密封；②充氢密封；③在内冷水箱排气孔上安装除 CO_2 呼吸器；④将溢流管改成倒 U 形管水封。

如果内冷水补水为除盐水，需要保证补水系统包括除盐水箱和补水管道等的密封性，以减少补水带入的溶解氧和二氧化碳含量，或者补充高混出水。例如，某300MW水-氢-氢冷却机组，内冷水箱容积为$2m^3$，在线监测内冷水的电导率、pH值需要连续取样，取样流量为500～700mL/min，每天需补水0.72t，补水来自高混出水。高混出水不含NH_4^+，电导率小于或等于0.2μS/cm，pH值为7.03～7.10，溶解氧为20～30μg/L。内冷水运行水质为电导率小于或等于0.2μS/cm、pH值为7.00～7.11、铜含量为9.85～16.4μg/L。应注意的是除盐水和高混出水都是中性水，水的缓冲能力小，如果系统密封性不好，少量漏入的二氧化碳就会将内冷水的pH值降到7以下，引起铜导线腐蚀。

4. 除氧法

德国开发了一种去除发电机内冷水溶解氧的技术，即向内冷水箱上部空间充氢气，使内冷水中溶解一定量的氢气，在内冷水循环系统的旁路系统中，以钯树脂作接触媒介，使水中溶解氧还原为H_2O。这种方法可将内冷水的氧含量控制在30μg/L以下，能有效地控制空芯铜导线的腐蚀。但是由于使用氢气存在安全隐患，再加上钯树脂价格较贵，且对系统气密性要求高等原因，目前国内没有应用。

中性处理方式具有简单易行和电导率容易合格等优点，目前应用较多，但实际运行中存在的问题不少。例如：①pH值难以合格，原因是内冷水系统和补水系统密闭不严，导致二氧化碳溶入内冷水；经计算，纯水与空气长期接触后，pH值可降低至5.66（25℃）；②铜含量超标严重，原因是除盐水的氧含量高，pH值低，引起和促进了铜导线的腐蚀。根据文献报道和现场调研结果，采用除盐水作为内冷水水源的电厂普遍存在铜含量很高的现象，一般为300μg/L，有时甚至超过500μg/L。

（二）碱性处理

碱性处理是基于铜表面保护膜在微碱性条件下比较稳定而提出的。维持内冷水pH值在微碱性范围的方法有直接加碱处理、补换碱性水处理和钠型小混床旁路处理。

1. 直接加碱处理

直接加碱处理即向内冷水中加入一定量的某种碱性物质（通常为氨、NaOH），调节内冷水 pH 值在 7.0～9.0。

虽然通过加碱容易做到内冷水的 pH 值合格，但难以保证电导率和铜含量同时合格，因为加入的碱可同时提高内冷水的电导率和 pH 值。加碱量偏低，电导率容易合格，但 pH 值可能偏低，不能有效抑制铜腐蚀，铜含量可能超标；反之，铜含量容易合格，但电导率可能超标。这种电导率与铜含量相互矛盾的制约关系，使这种方法难以控制加碱量。

有的机组采用向补加除盐水或高混出水的内冷水中直接加氨来调节内冷水的 pH 值。但由于发电机入口和出口处内冷水的温度不同，氨的分配系数受温度的影响较大，因此氨的加入量较难控制，且操作频繁（2～3 天/次）。如某双水内冷国产 125MW 机组采用直接加氨处理，电导率超过 2.0μS/cm，只能控制不大于 10μS/cm，铜含量超过 40μg/L，只能控制不大于 200μg/L。

采用直接加氢氧化钠调节内冷水的 pH 值必须监督内冷水的钠含量，以防内冷水的钠含量过高。如果加药量和加药时间控制不好，则有可能导致电导率在短时间内严重超标，直接威胁机组的安全运行。加药点设在内冷水箱顶部或内冷水旁路处理小混床出口处。

2. 补换碱性水处理

为维持内冷水的微碱性，可用凝结水和除盐水的混合水作为内冷水系统的补充水，或者用凝结水和除盐水的混合水置换内冷水系统中的水，这便是补换碱性水处理。

由于凝结水中含有一定量的氨，因此向内冷水补加凝结水相当于向内冷水中加氨。也由于凝结水的 pH 值较高，含氧量小，因此补入内冷水系统既可防止氧腐蚀，又可与二氧化碳发生中和反应使内冷水的 pH 值升高。所以用凝结水和除盐水以适当比例混合作为内冷水的补充水，既可调节内冷水的 pH 值在标准范围之内，又不至于造成氨蚀，因为凝结水中含有的氨可被除盐水稀释。一般采用连续补入凝结水，并连续排水或回收的方法。此法很方便，只需在凝结水管路上引出一段管接到内冷水箱上即可，不用投入其他设备，可节约成本。

补凝结水与除盐水的混合水，对于定子独立冷却密闭系统，可控制 pH 值在 7.0～9.0，电导率不超过 2.0μS/cm，铜含量不超过 40μg/L。

实际应用中存在的问题如下。

（1）现场凝结水与除盐水的来水压力不同，配比控制较难，且最佳配比需通过现场调试确定。由于现场运行的种种限制，现场试验不好开展。

（2）水量损失较大。如果将回水直接排放，则需补充较多的凝结水或除盐水，从而损失的水量较大，经济性差。如某电厂 1 台机组每天将损失约 10t 以上的除盐水，年损失约 3000t 以上。

（3）控制较难。凝结水的电导率受给水加氨调整的影响大，如给水加氨量不严格，波动大，造成电导率不易控制，具体实施时可操作性差；内冷水对凝汽器泄漏而造成的水质恶化没有免疫力，凝结水水质一旦恶化，就得立即采用其他方式处理。

（4）操作较复杂。水质一旦超标，就必须换除盐水来降低内冷水的电导率，待电导率合格后再用凝结水来调节其 pH 值，使其达到水质标准。

3. 钠型小混床旁路处理

钠型小混床旁路处理是以钠型小混床代替 H/OH 型小混床对内冷水进行旁路处理。

钠型小混床为 Na/OH 型混床，内冷水流过该床时，阳离子（主要是 Cu^{2+} 和 Fe^{3+}）转化为 Na^{+}、阴离子（主要是 HCO_3^{-}）转化为 OH^{-}，因此，Na/OH 型混床的出水呈碱性。这一方面相当于向内冷水中投加了 NaOH，将内冷水的 pH 值维持在微碱性，即 pH 值在 7.0～9.0；另一方面也降低了内冷水的电导率和铜含量。这样，同步实现了内冷水 pH 值、电导率和铜含量三项指标的协调控制。目前，这种处理方法已被广泛使用。实践证明，内冷水系统密闭性好时，Na/OH 型混床处理具有水质稳定、换水周期长、运行工作量少等优点。

（三）缓蚀剂处理

缓蚀剂是一种用于腐蚀介质（如水）中抑制金属腐蚀的添加剂。对于一定的金属腐蚀介质体系，只要在腐蚀介质中加入少量缓蚀剂，就能有效降低金属的腐蚀速度。缓蚀剂的使用浓度一般很低，故添加缓蚀剂后腐蚀介质的基本性质不发生变化。缓蚀剂的使用不需要特殊设备，也不需要改变金属设备或构件的材质或进行表面处理。因此，使用缓蚀剂是一种经济有效且适应性较强的金属腐蚀防护措施。

内冷水采用除盐水作补充水，为防止铜腐蚀，可加入铜缓蚀剂，使金属表面形成致密的保护膜从而达到防止腐蚀的目的。电厂用过和目前还在用的铜缓蚀剂有 MBT、BTA、TTA，以及以它们为主要组分的复合缓蚀剂，下面分别加以介绍。

1. MBT

MBT 的学名为 2-巯基苯并噻唑（Mercaptobenzothiazole），是一种淡黄色粉末，微臭、有苦味，溶于氢氧化钠、氨等碱性溶液，不溶于水，是一种优良的铜缓蚀剂，在很低的剂量下能对铜和铜合金产生良好的防腐蚀作用。其缓蚀机理是分子中巯基在水中解离出氢离子后带负电荷，与铜离子之间通过电化学吸附而形成十分牢固的络合物保护膜。水的 pH 值较高时，30s 内即可形成保护膜。20 世纪 80 年代初，许多电厂采用 MBT 处理发电机内冷水，具体做法是用氢氧化钠溶解 MBT，再用除盐水稀释后加入内冷水箱，MBT 的加入量为 5～10mg/L，内冷水中含铜量低，在 30μg/L 以下，换水周期在一周以上。

MBT 作为铜缓蚀剂的缺点在于：①该药品有异味，使人感觉不适；②MBT 在低温纯水中的溶解度很低，需要用氢氧化钠溶解并加温，使内冷水的电导率上升较大，难以控制；③适用的 pH 值范围窄，且随 pH 值下降 MBT 易析出，有时会沉积在冷却水系统死角处，大部分电厂使用 MBT 后发现冷却水系统沉积有淡黄色的松软物，像油泥一样，这是否会对发电机安全运行带来不利，是一个令人担心的问题；④MBT 浓度很小时反而会加速铜的腐蚀。有文献报道，当 MBT 质量浓度在 1mg/L 以下时，会促进腐蚀，MBT 质量浓度为 0.5mg/L 时，铜的腐蚀速度比不含 MBT 的大三倍，原因是 MBT 浓度很低时，铜基体大部分表面未被 MBT 覆盖，而在 MBT 覆盖的部分，Cu 与 MBT 作用生成的 Cu－MBT 膜中含有较多的空隙，空隙中的铜发生局部腐蚀，生成黑色的 CuO，局部腐蚀的出现致使铜腐蚀速度增大；⑤橡胶会大量吸附 MBT，因此在实施 MBT 处理前，应将系统中的橡胶部件全部换成塑料或其他部件。

2. BTA

BTA 的学名为苯并三氮唑（Benzotriazole），是一种常用的有效铜缓蚀剂，为白色到亮黄色的絮状、针状晶体，溶于乙醇，微溶于水，在中性冷水中的溶解度约为 1.0g/L，溶于水后基本不增加水的电导率，每增加 1mg/L BTA，溶液电导率仅增加约 0.005μS/cm。BTA 能与铜原子作用，在铜表面生成一层聚合直线结构的 Cu－BTA 膜。Cu-BTA 膜也能生长在铜表面原有的 Cu_2O 膜上。温度升高时，Cu－BTA 膜的形成速度也增高。在应用中有单纯 BTA 法、BTA＋ETA（乙醇胺）法、BTA＋NaOH 法、BTA＋NH_3法和 BTA 复合缓蚀剂法。以前应用得较多的是 BTA＋ETA 法。

ETA 是一种有机碱。加入 ETA 后，与 BTA 产生协同效应，大大增加紫铜的阴阳极极化率，促进紫铜表面保护膜的形成，从而防止铜的腐蚀。内冷水中加入 BTA＋ETA 后，铜导线内表面被一层聚合成链状结构的 Cu－BTA 络合物覆盖，其中铜原子置换 BTA 分子上的氢原子形成共价键，同时它又与另一 BTA 分子上的氮原子的一对未饱和电子结合成配位键，从而构成链状络合物。这种链状络合物能起钝化保护作用。Cu－BTA 膜厚随 BTA 浓度的增加而加大，但是当 BTA 浓度增加到一定程度时膜厚不再显著增加。

向内冷水中加入 BTA＋ETA 存在的问题是铜表面形成的保护膜层薄，易破损，必须保持水中有一定量的 BTA。当停止补充 BTA 使内冷水中 BTA 的浓度过低，起不到修复保护膜的作用时，保护膜的性能下降，内冷水的铜浓度增大，从而很难使电导率、pH 值、铜含量几项指标同时合格，给运行操作造成一定的难度，存在一定的安全隐患，如铜的腐蚀产物在空芯铜导线内沉积形成污垢，严重时阻塞水流，使线棒超温，最终烧毁线棒，等等。

3. TTA

TTA 的学名为甲基苯并三氮唑，又称甲苯基三氮唑（$C_7H_7N_3$），分子量为 133.13，纯品为白色至灰白色颗粒或粉末，熔点为 74～85℃，易溶于醇、苯、甲苯、氯仿等有机溶剂，也可溶于稀碱，难溶于水。TTA 对铜的缓蚀机理与 BTA 相似，由于 TTA 比 BTA 多一个甲基，缓蚀效率大为提高，相同效果下，TTA 的用量仅为 BTA 的 1/3。据报道，除盐水中加入 10mg/L TTA，电导率仅增加 0.1μS/cm，pH 值下降 0.1，说明 TTA 对发电机内冷水的电导率、pH 值影响很小，有利于水质控制。另外，TTA 对铜的缓蚀效率随 pH 值的增大而增高，因此，加入少量碱液，使内冷水的 pH 值提高，有利于降低内冷水铜含量，延长换水周期。但是 TTA 应用于发电机内冷水系统仍处于工业性试验阶段，还有待进一步完善。

4. 复合缓蚀剂

复合缓蚀剂一般为水溶性有机复合配方，由特效铜缓蚀剂及助剂组成。特效铜缓蚀剂与铜原子作用在铜表面，生成一层聚合直线结构的膜，此膜具有双层结构，吸附在铜的表面，致密稳定，使金属得到很好的保护，助剂对膜的形成具有协同效应。复合缓蚀剂依靠特效铜缓蚀剂功能的充分发挥，最大限度地利用多组分间的协同效应达到增加缓蚀效果的目的。国内一些资料介绍，某些新型复合缓蚀剂的缓蚀效率可较缓蚀剂单体有较大提高，能满足发电机内冷水系统运行中的防腐蚀要求，并且使用方便、经济、安全、可靠。

总之，机组容量不同、冷却方式不同，发电机内冷水系统就不同；即使容量相同的机组，内冷水系统也不一定完全相同；即使内冷水系统相同，系统漏气或漏水的部位、日补水量、内冷水水源或补水水源也可能不同。对于双水内冷机组和转子独立循环冷却系统，由于冷却水系统的特殊性，主要采用敞开系统。对于定子独立冷却系统，主要采用密闭系统，但不同机组的密闭性有差异。因此，目前没有一种内冷水处理方法可以成功地应用在所有的发电机内冷水系统中。

影响定子独立冷却系统内冷水处理方法应用的因素有很多，如内冷水系统的密封性、日补水量、水质控制标准等。例如，两台直流机组的给水均采用加氧联合水工况，凝结水的 pH 值控制在 8.5 左右。采用补加凝结水时，一台机组未取得很好的效果，而另一台机组内冷水的水质均能合乎标准，其原因是前一台机组内冷水系统的严密性较差，另一台机组的内冷水系统采用了充氮密封。一热电厂的内冷水系统把凝结水引入离子交换柱的入口，交换掉水中的铵离子，以避免氨与铜反应，运行效果很好。但是这种处理方式应用到另一电厂的内冷水系统没有取得好的效果，其原因是该电厂的内冷水取样装置连续监测 pH 值和电导率，日补水量很大，使离子交换柱的失效周期缩短。缓蚀剂的加入会导致电导率升高，调查发现，添加缓蚀剂时内冷水电导率在 2.4～4.5μS/cm 波动，所以添加缓蚀剂的机组很难满足内冷水电导率小于 2.0μS/cm 的要求，即执行内冷水电导率小于 2.0μS/cm 的机组不能采用添加缓蚀剂处理内冷水。

定子独立冷却系统机组应根据内冷水系统的实际情况选用合适的内冷水处理方法。双水内冷机组和转子独立循环冷却系统，至今还没有一种方法能较长时间有效解决空芯铜导线腐蚀和内冷水水质问题，还需继续研究。

最后注意，发电机空芯铜导线的化学清洗，也是清除导线内腐蚀产物及恢复空芯铜导线内表面良好保护状态的必要措施。对已有严重腐蚀和沉积的空芯铜导线应进行化学清洗。一般采用的清洗剂有盐酸、硫酸、柠檬酸及有机络合剂等。例如，可采用5%的盐酸或硫酸清洗，也可采用三乙醇胺调节 pH 值至 3.5 的3%～4%的柠檬酸溶液清洗，或者用乙二胺四乙酸二钠溶液清洗。采用柠檬酸（3%～4%）加三乙醇胺调节 pH 值到 3.5 清洗时，控制温度为 35～40℃、流速为 0.8～1.2m/s，循环清洗10～12h,然后用二级除盐水冲洗。清洗后可使用 MBT 等药剂再对空芯铜导线内表面进行钝化处理，以增强表面膜的保护性能。

第十七章 凝汽器的腐蚀及其防止

凝汽器是火力发电厂的重要辅助设备之一，凝汽器的热交换管通常用铜合金（黄铜或白铜）、不锈钢或工业纯钛制成，分别简称铜管、不锈钢管或钛管。为减小热阻，凝汽器管的壁厚都设计得很薄，铜管的壁厚一般为 1mm 左右，不锈钢和钛管的壁厚一般为 0.5mm 或 0.7mm。因此，如果凝汽器铜管或不锈钢管因防护不当而遭受局部腐蚀时，很容易发生管壁穿孔。这样，冷却水就会大量漏到凝结水中，从而使给水水质恶化。凝汽器中管子的数量很多（例如，某 600MW 超临界机组凝汽器装有不锈钢管四万余根），如果发生大范围的腐蚀穿孔，将造成严重的泄漏事故。因此，防止凝汽器（主要是凝汽器管）的腐蚀是保证机组安全、经济运行的一项重要工作。本章首先介绍各种凝汽器管材的腐蚀形态、原因及影响因素，然后介绍凝汽器管的选材和防护方法。

第一节 凝汽器管材

一、铜合金管

铜合金具有优良的导热性、良好的塑性和一定的强度，易于机械加工，价格也不太贵。因此，在热交换器中使用得最多。由于凝汽器的热交换容量很大，所以使用的铜管数量也很多，平均每 10MW 发电量所需铜管的质量为 4～5t。

根据主要合金元素种类的不同，铜合金可分为黄铜、白铜和青铜等。凝汽器主凝结区的管材主要采用黄铜，而凝汽器空冷区和顶部几层管束常采用白铜。

黄铜就是以铜和锌元素为主要成分的合金。根据化学成分的不同，它又可分为普遍黄铜和特殊黄铜两大类。普通黄铜是指简单的铜-锌合金。随着铜中锌含量的不同，铜-锌体系中可形成六种固溶体，常称为α、β、γ、δ、ε、η相。用作凝汽器和低压加热器传热管材的普通黄铜材料一般都是α相黄铜。α相黄铜通常不用于高温介质中，这是由于在300～700℃内，α相黄铜的机械性能变脆。普通黄铜具有一定的耐腐蚀性，但随着锌含量的增加，发生应力腐蚀脆性破裂的倾向明显增大。含锌量在20%以下的黄铜，在自然环境中一般不会发生应力腐蚀破裂。我国规定的普通黄铜牌号是由字母H加数字组成。字母H是黄铜的代号，其后的数字表示含铜量。如H68表示含68%Cu、32%Zn的普通黄铜。

在普通黄铜中再加入少量的锡、铝、砷等合金元素后，制成的黄铜称为特殊黄铜。添加这些合金元素是为了提高黄铜的机械性能和耐蚀性能。特殊黄铜的牌号命名是这样规定的：在代表黄铜的字母H后列出除锌外的主要添加元素符号，接着是含铜量数字，最后标出添加元素的量。例如，HSn70-1是指含铜约70%、锌约29%、锡约1%的锡黄铜。为防止黄铜的脱锌腐蚀，目前所使用的各种黄铜材料中一般都添加了0.03%～0.06%的砷。

白铜是铜和镍的合金。当镍含量较高时，材料常呈银白色金属光泽，故一般称为白铜。这类材料耐蚀性能强，在淡水和海水中都比较稳定，耐氨腐蚀的性能也优于黄铜。白铜牌号的命名是以字母B表示白铜，字母B后的数字表示含镍量。例如，B30表示是含镍30%、铜70%的铜镍合金。现在凝汽器中常用牌号为BFe30-1-1和BFe10-1-1的白铜。

国产铜合金管应符合GB/T 8890《热交换器用铜合金无缝管》的规定。常用牌号黄铜管和白铜管的化学成分应分别符合表

17-1 的规定。

表 17-1　　常用牌号铜管的化学成分对照（DL/T 712—2010）

类别	牌号	化学成分质量百分含量（%）							
		Cu	Al	Sn	B	Ni	Fe	Mn	Zn
黄铜	H68A	67.0～70.0	—	—	—	—	—	—	余量
	HSn70-1	69.0～71.0	—	0.8～1.3	—	—	—	—	余量
	HSn70-1B	69.0～71.0	—	0.8～1.3	0.001 5～0.02	—	—	—	余量
	HSn70-1AB	69.0～71.0	—	0.8～1.3	0.001 5～0.02	0.05～1.00	—	0.02～2.00	余量
	HAl77-2	76.0～79.0	1.8～2.3	—	—	—	—	—	余量
白铜	BFe30-1-1	余量	—	—	—	29.0～32.0	0.5～1.0	0.5～1.2	—
	BFe10-1-1	余量	—	—	—	9.0～11.0	1.0～1.5	0.5～1.0	—

注　表中各种黄铜管材均需添加 0.03%～0.06%的砷（As），以防止脱锌腐蚀。

二、不锈钢管

自 20 世纪 80 年代末 90 年代初，我国 7 大江河水系都发生了不同程度污染，加之节水原因，电厂循环冷却水浓缩倍率大大提高，许多电厂冷却水质变得越来越差，对凝汽器等热交换器管的耐蚀性能也提出更高要求。不锈钢管与铜合金管相比较，不仅具有较高的机械强度和弹性模量，而且具有更好的抗污染水体腐蚀和抗冲刷腐蚀能力；另外，就单位长度价格而言，目前的薄壁焊接不锈钢管也明显低于黄铜管。因此，薄壁焊接不锈钢管具有明显的竞争优势，在我国内陆电厂凝汽器上的应用逐渐普及。

不锈钢的牌号很多，凝汽器上多数使用奥氏体不锈钢。奥氏体不锈钢从 1913 年在德国问世后，在随后的 70 多年内，其成分在 18-8 不锈钢（Cr18Ni8，相当于 304 不锈钢）的基础上有以下几方面的重要发展：①增加不锈钢中合金元素 Mo 的含量，以有效地提高不锈钢在含 Cl^- 介质中耐缝隙腐蚀和点蚀的能力；②降低不锈钢中的碳含量或加稳定化元素 Ti、Nb、Ta，以减小焊接时发生晶间腐蚀的倾向；③在不锈钢中添加 N 元素，以提高强度，补偿降低碳带来的强度降低，还可增进耐点蚀性能和相的稳定性能；④增加 Ni 含量以提高强度，并改善抗应力腐蚀和高温氧化的性能。

在淡水、微咸水、咸水中使用的奥氏体不锈钢主要是 Fe-Cr-Ni 系合金。国产不锈钢管的质量应符合 GB/T 20878《不锈钢和耐热钢　牌号及化学成分》的规定。常用牌号不锈钢管的化学成分应符合表 17-2 的规定。

表 17-2　常用牌号不锈钢管的化学成分对照（DL/T 712—2010）

<table>
<tr><th rowspan="2">统一数字代码</th><th rowspan="2">牌号</th><th rowspan="2">简称</th><th colspan="5">化学成分质量百分含量（%）</th></tr>
<tr><th>C</th><th>Cr</th><th>Ni</th><th>Mo</th><th>其他元素</th></tr>
<tr><td>S30408</td><td>06Cr19Ni10</td><td>304</td><td>0.08</td><td rowspan="2">18.00～20.00</td><td>8.00～11.00</td><td>—</td><td rowspan="7">Mn：2.00
Si：1.00
P：0.045
S：0.03
此外，321 还含 Ti：5C～0.70</td></tr>
<tr><td>S30403</td><td>022Cr19Ni10</td><td>304L</td><td>0.030</td><td>8.00～12.00</td><td>—</td></tr>
<tr><td>S31608</td><td>06Cr17Ni12Mo2</td><td>316</td><td>0.08</td><td rowspan="2">16.00～18.00</td><td rowspan="2">10.00～14.00</td><td rowspan="2">2.00～3.00</td></tr>
<tr><td>S31603</td><td>022Cr17Ni12Mo2</td><td>316L</td><td>0.030</td></tr>
<tr><td>S31708</td><td>06Cr19Ni13Mo3</td><td>317</td><td>0.08</td><td rowspan="2">18.00～20.00</td><td rowspan="2">11.00～15.00</td><td rowspan="2">3.00～4.00</td></tr>
<tr><td>S31703</td><td>022Cr19Ni13Mo3</td><td>317L</td><td>0.030</td></tr>
<tr><td>S32168</td><td>06Cr18Ni11Ti</td><td>321</td><td>0.08</td><td>17.00～19.00</td><td>9.00～12.00</td><td>—</td></tr>
</table>

不锈钢管的强度和弹性模量均比铜管和钛管高，允许应力是HSn70－1的1.6倍，是钛管的1.5倍，所以允许的跨距大、抗振能力强；与铜管相比，不锈钢管的热膨胀系数与钢材的比较接近；不锈钢管导热系数与钛管差不多，比铜合金管低得多，但由于强度高、耐蚀性好，可通过减小管壁厚度来减小管壁的热阻。为降低成本和管壁的热阻，主凝结区通常采用$\phi25\times0.5$的薄壁焊接不锈钢管，但顶部三层管则选用较厚的$\phi25\times0.7$薄壁焊接不锈钢管，以增加管材的强度，减小蒸汽冲击引起的振荡。

三、钛管

在采用海水作为冷却水的电厂中，由于海水含盐量高，铜合金管水侧经常出现严重的腐蚀；当海水中含有大量泥沙时，铜管内壁和管端会发生冲刷腐蚀、点蚀等而引起凝汽器泄漏，严重地影响了电厂的安全、经济运行。国外电厂的运行经验表明，在海水中铝黄铜管的使用寿命不到10年，白铜管的使用寿命也仅有10年左右。而在我国某些海滨电厂，白铜管的使用寿命只有3年左右。因此，对设计使用30年的机组来说，在机组的有效使用期内需要更换9次凝汽器管，为此要花费大量的人力、物力和财力。可见，铜合金管已不能适应海滨电厂的要求，300系列的不锈钢管在海水中的耐蚀性较差，而焊接钛管以其优异的耐腐蚀、抗冲刷、高强度、比重轻和良好的综合机械性能，已成为采用海水冷却的电厂凝汽器的理想管材。目前，我国钛管凝汽器的应用，已从沿海和海水倒灌水域发展到部分内陆水域，特别是高含盐量或高含沙量的水域。

高纯钛（杂质含量不大于0.05%）是一种强度低、塑性好的金属材料，其抗拉强度一般低于255MPa，延伸率大于50%。在防腐蚀工程中，耐蚀性是最重要的，所以主要采用工业纯钛。工业纯钛含有少量铁、硅、碳、氮、氢、氧等杂质，因此强度大大提高，塑性显著降低。例如，二级工业纯钛TA2（厚度0.3～2.0mm）的抗拉强度为440～620MPa，延伸率大于或等于18%。钛管热导率为17W/(m·K)，与不锈钢管差不多，比铜合金管低得多，但由于其强度高、耐蚀性好，可通过减小管壁厚度来减小管壁的热阻。

目前，可供凝汽器选用的国产钛管主要有 TA1 和 TA2 工业纯钛无缝管和焊接管。但是，实际上多选用日本、美国、法国、英国等国符合 ASTM SB 338 Gr. 2 标准的焊接钛管。

第二节 凝汽器管的腐蚀形态

一、铜管的腐蚀形态

铜管的腐蚀与铜管表面保护膜的性能和状态密切相关。如图 17-1 所示，在除盐水或含盐量不是很高的冷却水中，铜合金表面在溶解氧的作用下发生均匀腐蚀而生成一种具有双层结构的氧化膜，其底层是氧化亚铜层，表层是氧化亚铜和氧化铜混合层。氧化膜的底层是铜合金被直接氧化而形成的，反应如下：

阳极反应：$4Cu + 2H_2O \longrightarrow 2Cu_2O + 4H^+ + 4e$

阴极反应：$O_2 + 2H_2O + 4e \longrightarrow 4OH^-$

总 反 应：$4Cu + O_2 \longrightarrow 2Cu_2O$

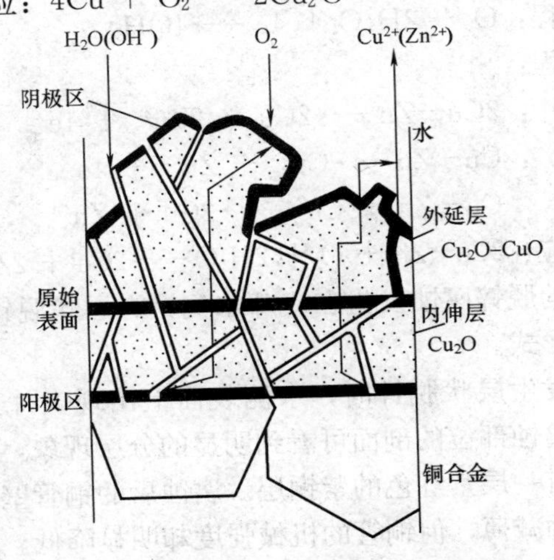

图 17-1 水中铜合金表面保护膜结构示意

它是由铜合金材料的原始表面向金属内部逐渐生长的，故被称为内伸层。而氧化膜的表层是腐蚀产生的金属离子（Cu^{+}）通过氧化层中孔隙液相迁移到内伸层表面后，发生次生反应，向水中延伸生长而形成的，故称为外延层。

这种氧化膜在新铜管投运初期一段时间内（约一周至一个月左右）即可形成，它均匀、致密，对铜合金基体具有保护作用。但是，如果水中含盐量较大，特别是氯离子、氨等腐蚀性成分含量较高时，在铜合金表面上难以形成良好的保护膜，已形成的保护膜液也很容易被破坏，从而导致凝汽器铜管发生多种形态的腐蚀。

1. 脱锌腐蚀

脱锌腐蚀是指黄铜中电位较低、比较活泼的锌因电化学作用而被选择性溶解的现象。对于脱锌腐蚀的机理，目前有两种说法，一种说法认为脱锌腐蚀是黄铜中的锌被选择性地单独溶解下来；另一种说法认为，腐蚀开始时铜和锌一起溶解下来，然后水中的铜离子与黄铜中的锌发生置换反应，重新沉积到合金表面上。根据上述机理，脱锌腐蚀反应可表示如下：

阴极过程：$O_2 + 2H_2O + 4e \longrightarrow 4OH^-$

阳极过程：

机 理 一：$2Cu-Zn \longrightarrow 2Cu + 2Zn^{2+} + 4e$

机 理 二：$Cu-Zn \longrightarrow Cu^{2+} + Zn^{2+} + 4e$

$Cu-Zn + Cu^{2+} \longrightarrow 2Cu + Zn^{2+}$

总 反 应：$2Cu-Zn + O_2 + 2H_2O \longrightarrow 2Cu + 2Zn^{2+} + 4OH^-$

黄铜管的脱锌腐蚀发生在冷却水侧，有层状脱锌和塞（栓）状脱锌两种形式。

黄铜管发生层状脱锌时，水侧表面上出现大片发红的紫铜层。从铜管腐蚀部位的剖面可看到明显的分层现象，在金黄色铜合金基体上有一层紫红色的紫铜层。腐蚀后的铜管壁厚没有变化或只有很小的减薄，但铜管的机械强度却明显降低。层状脱锌腐蚀多发生在硬度和 pH 值较低、含盐量较大，尤其是氯化物含量较高的水中，如咸水和海水中。

黄铜管的塞状脱锌腐蚀是一种更加典型的局部腐蚀，它可沿垂直于管壁的方向发展到相当的深度，甚至穿透管壁，造成凝汽器泄漏。因此，它比层状脱锌腐蚀更危险。在塞状脱锌腐蚀的部位，往往有腐蚀产物堆积的白色小鼓包，这些白色的产物主要是氯化锌、碳酸锌和氢氧化锌。清除小鼓包后，可看到嵌在铜管管壁中海绵状的紫铜塞，其直径大约1～2mm。塞状脱锌多发生在硬度较大的碱性水中，如天然淡水中，特别容易在铜管表面保护性的氧化膜不完整或表面上有多孔的沉积物的部位发生。此外，铝黄铜产生塞状脱锌的倾向要比锡黄铜大。

黄铜的脱锌腐蚀与合金成分、介质条件等因素有关。含锌15％以上的铜管容易发生脱锌，且锌的含量越高，脱锌的倾向越大。黄铜中的铁和锰加速脱锌过程，砷、锑和磷抑制脱锌过程。若黄铜中未加砷，脱锌腐蚀的起点容易发生在晶间、金属表面保护膜破裂处、金属组织有缺陷处等部位。冷却水的流速过低、管壁温度高、管内表面有疏松的附着物等都可能促进黄铜脱锌。

水的 pH 值对普通黄铜（含 40％Zn）脱锌腐蚀的影响如图17-2 所示，它表明在 pH＝7 左右的水中，黄铜中锌的腐蚀速度比铜大得多，脱锌明显。

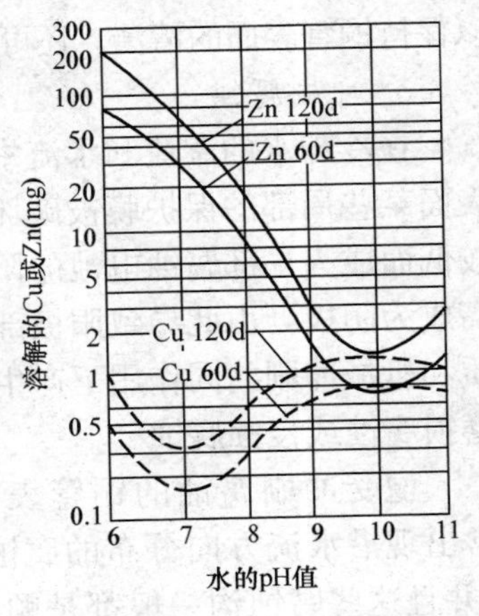

图 17-2　水的 pH 值对普通黄铜（含 40％Zn）脱锌腐蚀的影响

为防止凝汽器铜管的脱锌腐蚀，一般是向合金中添加0.03％～0.06％的砷。此外，还应注意防止铜管中产生沉积物，并且在凝汽器停运期间应采取干燥保养；对于循环冷却水，添加缓蚀剂也是抑制脱锌腐蚀的一项有效措施。

2. 点蚀

点蚀是危害较大的一种腐蚀形式。它发展速度很快，可在相当短的时间内造成凝汽器管壁的穿孔损坏。铜管点蚀坑主要出现在铜管的底部，点蚀坑呈半球形。点蚀坑中腐蚀产物可分为三层，底层有白色的氯化亚铜，中层是疏松的红色氧化亚铜，表层往往是覆盖一层绿色的碱式碳酸铜和白色的碳酸钙，如图 17-3 所示。

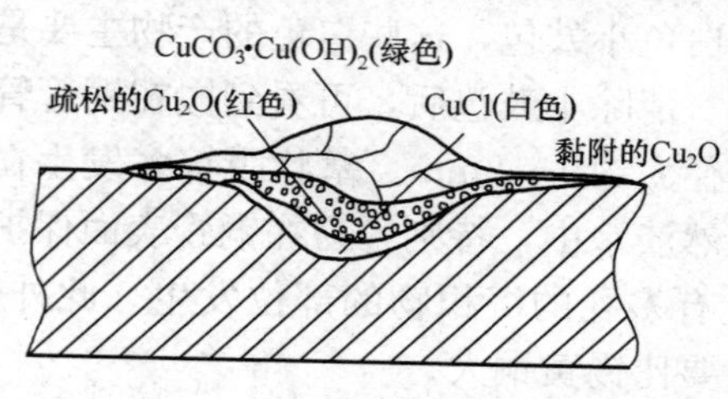

图 17-3　冷却水中铜管点蚀坑内腐蚀产物的分布

铜管点蚀的产生与水质和铜管表面状况有关。铜管内有污泥沉积或有多孔沉积物，当沉积物下保护膜被破坏时，便会诱发点蚀。冷却水中的硫化物会破坏铜管上保护膜，因而也会引发铜管的点蚀。此外，铜管表面的残碳膜（残留的铜管表面润滑剂在光亮退火过程中的分解产物）也会促进点蚀的发展。

因此，为防止铜管的点蚀，应设法除去铜管内表面的残碳膜。另外，还应注意保持管内冷却水的流速不低于 1m/s，适时地对凝汽器铜管水侧表面进行胶球清洗，以及对冷却水采用氯化处理，以保持铜管表面的清洁。还可采用硫酸亚铁成膜或阴极保护。

3. 冲刷腐蚀

在冷却水的湍流和水流中的气体或砂砾等冲刷作用下，铜管表面某些局部的保护膜被破坏，这些部位的金属在冷却水中电位较低而成为局部腐蚀电池的阳极，保护膜未被破坏的部位电位较高成为阴极，由此导致阳极部位金属的加速腐蚀。这种在腐蚀介质和机械冲刷共同作用下产生的局部腐蚀，称为冲刷腐蚀，也称磨损腐蚀或侵蚀腐蚀。

遭受冲刷腐蚀的铜管表面常常出现沿水流方向分布的腐蚀沟，并且这些腐蚀沟一般都是顺着水流方向的，如图 17-4 所示。这些腐蚀沟里基本上无腐蚀产物，并

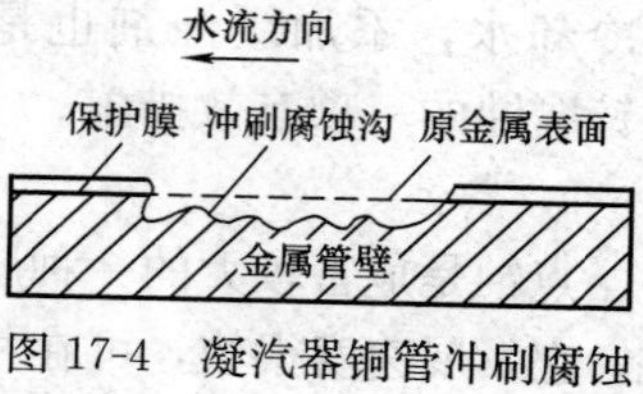

水流方向
保护膜　冲刷腐蚀沟　原金属表面
金属管壁

图 17-4　凝汽器铜管冲刷腐蚀

可能呈铜合金的本色。

水的流速越高，冲刷作用越强。因此，冲刷腐蚀通常发生在水流速度高，特别是不断形成湍流的部位，如凝汽器铜管的入口端。水中含沙量越高，冲刷腐蚀越严重；但是含沙量低于20mg/L时，冲刷腐蚀不明显。

防止凝汽器冲刷腐蚀的首要措施是限制冷却水的流速。对黄铜管，管内流速不得超过2～2.2m/s。这样，在悬浮物和沙含量小于50mg/L的清洁海水中，可采用铝黄铜管；在悬浮物和沙含量小于300mg/L的淡水中，可使用锡黄铜管。对铜管进行硫酸亚铁成膜保护可有效地抑制冲刷腐蚀，提高铜管适用的悬浮物和沙含量范围。

对凝汽器铜管入口端（大约10～15cm以内的管段）的冲刷腐蚀，可采用涂层或衬套管保护。套管必须紧贴管壁，否则发生振动，反而引起腐蚀。这种套管可用聚氯乙烯等塑料制成，图17-5为某种套管。此外，阴极保护法也可有效地抑制入口端的冲刷腐蚀。

4. 氨腐蚀

图17-5 铜管管端的防腐套管

由于给水采用加氨调节pH值和加联氨除氧，蒸汽中含有大量的氨。在凝汽器的空冷区和抽出区还会发生氨的局部富集，并且此处蒸汽凝结量很少，所以凝结水中的氨浓度可能大大超过主蒸汽中的氨浓度。若凝结水中同时有溶解氧存在，就会导致该区域铜管的汽侧表面在氨性环境中的络合溶解：$Cu + 4NH_3 \rightarrow [Cu(NH_3)_4]^{2+} + 2e$，这种腐蚀称为铜管的氨腐蚀。

由于铜管氨腐蚀的产物为可溶性的络离子，其特征往往表现为管外壁的均匀减薄，但有时也可能在铜管支承隔板两侧的管壁上形成横向的条状腐蚀沟。

根据氨腐蚀的机理可知，氨腐蚀的速度取决于水中氨和氧的含量。当水中氨的浓度在10mg/L以下时，氨的络合作用很弱，铜管不仅不会产生氨腐蚀，而且由于水的pH值随氨浓度的增大而提高，铜和铜合金的腐蚀速率将会显著降低。但是，当氨含量超过 10mg/L 时，黄铜的腐蚀将出现增大的趋势，在氧含量较高的条件下这种趋势更明显，腐蚀速率也更大，如图 17-6 所示。实验研究和对凝汽器的观察结果表明，凝结水中的氨含量超过 100mg/L 时，空抽区的黄铜管才会产生较明显的氨腐蚀。凝汽器空冷区的结构会影响空冷区中氨的富集程度，所以也将影响铜管氨腐蚀的程度。如果空冷区上部是开放的，氨腐蚀程度一般较轻；如果空冷区上部有隔板覆盖，氨腐蚀比较严重，若空抽区位于凝汽器中部，氨腐蚀将更加严重。汽轮机低负荷运行时，空冷区氨浓度增加，所以氨腐蚀加剧。

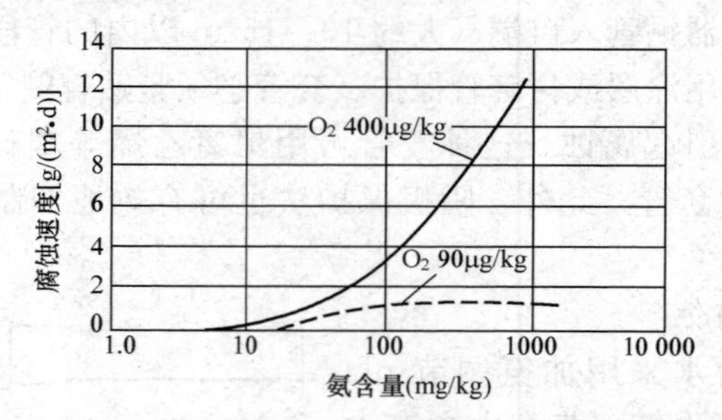

图 17-6　水中氨和氧的含量对黄铜腐蚀速度的影响

统计结果表明，在黄铜凝汽器中，氨腐蚀导致的凝汽器泄漏事故约占事故总数的 10%～20%。因此，防止铜管的氨腐蚀非常重要。要做好这一工作，可考虑采取下列措施：①合理设计凝汽器空冷区的结构，如不设置分离隔板，以尽可能地降低氨在此处的富集程度；②注意汽轮机低压缸和凝汽器的严密性，防止在机组运行过程中漏入空气；还要注意防止给水 pH 值调节时过量加氨；③在空冷区加装喷水装置，以喷入少量凝结水，冲淡管壁水膜中的氨浓度，使其低于 10mg/L；④在凝汽器空冷区装设耐氨腐蚀性能较好的白铜管。

5. 应力腐蚀

黄铜管在含氧和氨的环境中，受到拉应力的作用将会发生应力腐蚀破裂；受到交变应力的作用将会发生腐蚀疲劳。

在运行条件下，凝汽器空冷区和空抽区的凝结水中的氨浓度通常比较高，并由于空气的漏入而含有溶解氧，这就形成了铜管发生应力腐蚀破裂的特定环境。导致铜管应力腐蚀破裂的拉应力，一方面来自在铜管生产、运输和安装过程中，由于铜管发生变形而产生的残余应力；另一方面，来自运行中产生的内应力，例如，铜管在自重和冷却水重量的作用下弯曲、铜管与凝汽器壳体材料线膨胀系数的不同、汽轮机排汽和凝结水的冲击作用等可产生内应力。在发生力腐蚀破裂的黄铜管上，往往有一些纵向或横向的裂纹，严重时甚至破裂或断裂。这些裂纹的方向垂直于铜管所受拉应力的方向，它们主要沿晶发展，但也可能发展成穿晶开裂。

凝汽器铜管发生腐蚀疲劳后，常常在铜管的两个支撑隔板的中段出现横向裂纹。这些裂纹一般较短，无分支或分支较少，一般是穿晶发展。通常可发现裂纹起源于一些点蚀或铜管表面的某些薄弱点。铜管管束在运行中受汽轮机高速排汽的冲击而发生振动，从而使铜管受交变应力的作用。另外，腐蚀介质温度的周期性变化也可能引起铜管内交变应力的产生。在这些交变应力的作用下，铜管的表面保护膜发生破裂，产生点蚀等局部腐蚀。由于应力集中在点蚀坑处，使点蚀坑常成为腐蚀疲劳的疲劳源，在水中 NH_3、O_2 等的侵蚀下逐渐扩展，直至破裂。

为防止铜管的应力腐蚀，从选材的角度考虑，可在凝汽器的空冷区安装耐应力腐蚀性能较好的白铜管；从应力来源考虑，应设法消除铜管内残余应力，并尽可能地减小铜管在运行中产生的内应力和交变应力。为此，除应对凝汽器进行合理的设计和安装，以及防止管束温度的剧烈波动外，在铜管安装前，应通过氨熏试验对铜管进行应力检查，若残余应力过大，必须通过退火消除残余应力；从介质方面考虑，则应尽可能减小凝汽器空冷区氧和氨的含量，特别应注意防止空气漏入汽轮机和凝汽器。

二、不锈钢管的腐蚀形态

1. 点蚀和缝隙腐蚀

不锈钢管的点蚀和缝隙腐蚀具有相同或类似的规律，影响因素包括材质和介质两个方面。其中，材质因素主要是合金元素和表面状态。在合金元素中，Mo是提高不锈钢耐点蚀和缝隙腐蚀性能最主要的合金元素。例如，在304中加入2%的Mo制成的316不锈钢，耐点蚀和缝隙腐蚀性能可大大提高。Mo不仅可提高钝化膜的稳定性，从而提高了合金的点蚀电位，此外，它还可以MoO_4^{2-}的形式溶解在溶液中，并以MoO_4^{2-}的形式吸附在缝隙内的活性金属表面，从而抑制了缝隙腐蚀。添加0.1%～0.3%的N也可使不锈钢耐点蚀性能明显提高。表面状态对不锈钢的点蚀和缝隙腐蚀也有影响。为减少金属表面的不均匀性，钝化处理是有效的。因此，酸洗不锈钢管后必须进行钝化处理。另外，钢表面越光洁，异物越难以附着，发生点蚀和缝隙腐蚀的概率越小。

在冷却水中，影响不锈钢管点蚀和缝隙腐蚀的环境因素主要有Cl^-、SO_4^{2-}、pH值、溶解氧量、流速和温度。Cl^-的含量越高，pH值越低，不锈钢管越容易发生点蚀和缝隙腐蚀。然而，实验结果表明，当溶液中的SO_4^{2-}浓度为Cl^-浓度的二倍以上即可抑制点蚀，因此，SO_4^{2-}量少时，钝化电流密度增大，结果缝隙腐蚀量增加。增加溶解氧浓度或流速，均能提高金属表面的氧浓度。这在未发生腐蚀的情况下，有利于金属钝化；但腐蚀发生后，将加快缝隙和蚀孔外部阴极反应，局部腐蚀速度增大。然而，流速过低时，冷却水中的悬浮物或泥沙容易在金属表面沉积，从而导致沉积物下的局部腐蚀（缝隙腐蚀和点蚀）。实验结果表明，304不锈钢电极在动态NaCl溶液中的点蚀电位高于静态。因此，从耐蚀角度考虑，不锈钢管凝汽器应尽可能在较高流速下运行。水温提高，将加速离子的迁移过程和阳极反应速度，一般会引起点蚀电位降低，从而增加点蚀倾向，加速缝隙腐蚀。

沉积物下腐蚀是不锈钢管最常见的腐蚀形态之一。普通不锈钢在淡水中很耐蚀，但也不能忽视沉积物下腐蚀。影响沉积物下腐蚀的因素很复杂，主要有 Cl^- 浓度、水质工况、沉积物形成的缝隙尺寸、温度、不锈钢品种，等等。35℃时，304、316 不锈钢在极窄的缝隙中发生腐蚀的 Cl^- 浓度约为 1×10^{-3} mol/L，Cl^- 为 2×10^{-2} mol/L 时各种缝隙都会产生腐蚀；有的凝汽器 304、316 不锈钢管在保持清洁的条件下 Cl^- 浓度高达 2×10^{-3} mol/L 也能长期运行而不腐蚀，但也有凝汽器，Cl^- 浓度不高，但由于运行中短时过热，然后长期停用，残留水蒸发浓缩，加之其他原因，304 不锈钢管发生了点蚀。普通不锈钢管（304 等）发生点蚀和缝隙腐蚀，一般是由于长期停用，沉积物下 Cl^- 因水的蒸发浓缩而引起的。因此，应特别注意凝汽器水侧的停用保护。

2. 晶间腐蚀

奥氏体不锈钢经高温处理（1050～1150℃）后，迅速冷却可获得单相组织。但是，这种组织处于不稳定状态，当再次升温到 427～816℃时（敏化处理，如焊接时），由于碳原子迁移速率增大和含铬量很高的 $Cr_{23}C_6$ 沿晶界析出，引起邻近的晶界区域铬的贫化，从而导致晶间腐蚀。因此，影响奥氏体不锈钢晶间腐蚀的关键元素是碳，其他合金元素的影响也与碳的溶解度和碳化物的析出有关。降低奥氏体不锈钢中的碳含量是控制晶间腐蚀的重要措施。实验结果表明，0Cr18Ni9 不锈钢中的含碳量大于 0.03% 时，腐蚀将迅速增加，所以超低碳奥氏体不锈钢（如 304L 等）的碳含量小于或等于 0.03%。此外，向奥氏体不锈钢中加入稳定化元素 Ti 或 Nb，也可有效地抑制晶间腐蚀。因为 Ti 或 Nb 与碳的亲合力很强，稳定化处理后将形成 Ti 或 Nb 的碳化物，使固溶体中碳含量降到很低，在随后的敏化过程中，很少或不析出 $Cr_{23}C_6$，所以不易发生晶间腐蚀。

3. 应力腐蚀

在含 Cl^- 的溶液中，应力腐蚀破裂（SCC）是奥氏体不锈钢一种常见的腐蚀形态。在冷却水中，它主要与氯化物种类、Cl^-

含量和水温有关。一般认为，凡是可水解产生酸的氯化物，如 CaCl、MgCl、NH_4Cl等，均能引起奥氏体不锈钢的SCC，并且 Cl^- 含量和水温越高，发生SCC的倾向越大。但是，常温下这种倾向很小。因此，在凝汽器正常运行的冷却水温度下，不锈钢管一般不会发生SCC。

材料的抗拉强度、耐蚀性和晶粒度是影响腐蚀疲劳强度的主要因素。一般，增加抗拉强度、提高耐蚀性和减小晶粒度，均有利于提高材料耐腐蚀疲劳性能。奥氏体不锈钢的腐蚀疲劳还受环境介质的腐蚀性和交变应力幅值的影响。介质的腐蚀性越强，水温越高，交变应力幅值越大，越容易发生腐蚀疲劳。另外，点蚀可成为疲劳源而诱发腐蚀疲劳。实验结果表明，常用的304、304L、316、316L的腐蚀疲劳性能差别很小。

4. 其他腐蚀

不锈钢只有在较浓的酸溶液中才会发生均匀腐蚀，而在各种中性和碱性溶液中则具有良好的耐蚀性。因此，不锈钢管在凝汽器的运行工况下不会发生均匀腐蚀，包括氨腐蚀。

由于不锈钢管具有较高的机械强度和钝化性能，所以具有良好的耐冲刷腐蚀性能，可大幅度提高管内冷却水流速。

在淡水中，与不锈钢管连接的碳钢管板的电偶腐蚀问题并不突出。但是，为了最大程度减小胀管或焊接部位腐蚀导致冷却水泄漏的可能性，新凝汽器可采用碳钢-不锈钢的复合材料管板，由于这种复合管板的水侧为与管材材质相同或相近的不锈钢（如某凝汽器采用的是Q235-A/1Cr18Ni9Ti复合管板），这样就避免了管子对管板的电偶腐蚀。

另外，在不锈钢管安装中采用胀接与焊接结合的方法。为防止管板和水室的腐蚀，还可采用阴极保护。

三、钛管的耐蚀性

钛的耐蚀性，与铝一样，起因于钛表面一层稳定的、保护性好、接合力强的氧化膜。钛的新鲜表面一旦暴露在大气或水中，立即会自动形成新的氧化膜。在室温大气中，该膜的厚度为

1.2～1.6nm；随着时间的延长，该膜自动地逐渐增厚到几百纳米。钛表面的氧化膜通常不是单一结构，而是多层结构的氧化膜，它从表面的 TiO_2 逐渐过渡到中间的 Ti_2O_3，最后到金属界面处 TiO。

钛在天然水（如海水）和高温水蒸气（>300℃）中几乎不会发生任何形式的腐蚀。在热水或高温水蒸气中，钛的外观可能失去光泽，但不会发生腐蚀。因此，钛是所有天然水中最理想的耐蚀材料，在海水中尤其突出。

钛在温度高达 260℃海水中还是很耐蚀的。钛管凝汽器在污染海水中使用了 16 年，只发现稍有变色而没有任何腐蚀迹象。工业纯钛在不同深度的海水中暴露多年后也未明显腐蚀。即使钛表面有沉积物，也不发生缝隙腐蚀和点蚀。海水中的硫化物也不影响钛的耐蚀性。在海洋大气、飞溅区和潮差区，钛都不存在腐蚀问题。钛也能抗高速海水的冲蚀，水速高达 36.6m/s 时也只引起冲刷腐蚀速度稍有增加。海水中固体悬浮物颗粒（如砂粒）对于铜或铝合金十分有害，但对钛的影响不大。钛也是公认海水中最佳抗空泡腐蚀的金属材料之一。

工业纯钛在海水中基本上不发生应力腐蚀开裂。但含氧量高的工业纯钛，如果存在预裂纹的话，则在某些条件下有应力腐蚀敏感性。钛在海水中的疲劳性能不会明显下降。

由于钛对于海生物没有毒性，海生物在钛表面附着比较普遍，但不会引起腐蚀，如海生物下面的钛不发生缝隙腐蚀和点蚀，表面仍保持抗腐蚀氧化膜的完整性。为减轻钛制热交换器表面的海生物附着，可将海水流速提高到 1.2m/s。在海水流速较低时，加氯或次氯酸钠也不失为一个减少海生物附着的有效方法。另外，若钛在海水中的电极电位低于－0.70V（SCE），则可能析氢而发生氢脆，这可能发生在凝汽器的阴极保护、钛管与电极电位较低的金属（如铜合金管板）偶合等场合。对此，应予以足够的重视。

第三节　凝汽器管的选用

一、凝汽器管材选用的基本原则

为防止凝汽器铜管腐蚀，管材的选取是首先应考虑的一个重要问题。如本章第一节所述，凝汽器管的腐蚀不仅与管材特性有关，而且在很大程度上取决于冷却水的水质。由于不同电厂的冷却水水质可能差别很大，有海水、咸水、淡水等，并且它们又会受到不同程度的污染，目前尚无一种管材既经济又能耐各种冷却水腐蚀。这样，设计新机组凝汽器管和更换老机组凝汽器管时，都存在选取管材的问题。

为做好凝汽器管选材工作，我国于 1984 年首次制定颁布了 SD 116—1984《火力发电厂凝汽器管选材导则》；2000 年，为适应大容量、高参数机组对凝汽器严密性和安全性的要求，根据电厂循环冷却水的运行方式和水质变化，以及我国新型凝汽器管材的研发成果和试用经验，对上述导则进行了修订，编制了 DL/T 712—2000《火力发电厂凝汽器管选材导则》；2010 年，为适应不锈钢管的普及，以及使用城市污水（中水）、工业废水等劣质水作为冷却水的电厂逐渐增多的情况，又在 DL/T 712—2000 的基础上，编制了 DL/T 712—2010《发电厂凝汽器及辅机冷却器管选材导则》，并从 2011 年 5 月 1 日开始实施。

DL/T 712—2010 要求，在一定的冷却水水质条件下，凝汽器管的选材应根据管材的耐蚀性和设计使用年限（不应低于 20 年）等进行技术经济比较确定。

二、凝汽器管材选用的水质条件

根据上述基本原则，在选取凝汽器管材时，首先应了解冷却水水质。为更好地划分和说明凝汽器管材适用的水质范围及其耐蚀性，根据水中各种成分对管材耐蚀性的影响程度，目前主要以下列三方面的水质指标作为选材的技术依据。

1. 溶解固体和氯离子含量

冷却水中的溶解固体（TDS）、氯离子（Cl^-）和硫酸根离子（SO_4^{2-}）等可能会严重影响凝汽器管材的腐蚀。在冷却水的各种溶解固体中，氯化物对凝汽器管材的腐蚀影响最大。根据水中的溶解固体含量及氯离子含量，可将天然水分为四类，见表17-3。

表17-3　　选用管材的天然水水质分类

水质分类	淡水	微咸水	咸水	海水
TDS（mg/L）	＜500	500～2000	＞2000	～35000
Cl^-（mg/L）	＜200	200～1000	＞1000	～15000

注　水中溶解固体的测定按照GB/T 14415《工业循环冷却水和锅炉用水中固体物质的测定》规定的方法进行。

在选择凝汽器管材时，应取得历年的四季水质分析资料，并应符合下列规定：① 对靠近海边的江河水，应有海水倒灌期的水质资料；② 应按最差时期的水质考虑；③ 对开式循环冷却水系统，应按提高浓缩倍率后的水质考虑；④ 在选择不锈钢管时，应先按DL/T 712—2010附录A测定管材的点蚀电位后再考虑选择适宜的牌号。

2. 悬浮物和含沙量

对于凝汽器管材，冷却水的悬浮物和泥沙是促进冲击腐蚀和引起沉积腐蚀的重要因素。在选择管材时，应充分考虑各种可能因素对水中悬浮物和泥沙含量的影响，并应符合下列规定：① 对新建电厂，应考虑实际运行时冷却水中悬浮物和泥沙含量可能远远超过设计时的测定值；② 对靠近海边的江河水，应同时考虑海水倒灌和吸入口位置；③ 对内陆地区使用地表水的电厂，应详细了解水源上游的情况。

在确定冷却水水质时，应有洪水或雨季时悬浮物含量数据。对含沙量，除测定其含量外，还应注意泥沙的粒径及形状特性。测定水中的悬浮物含量时，应注意水样的代表性，测定方法按照GB/T 14415规定的方法进行。测定水中泥沙的粒径分布测定方法参见 DL/T 712—2010 附录 B。

3. 水质污染指标

冷却水中的污染物可引起或加剧管材的点蚀、应力腐蚀、冲刷腐蚀及微生物腐蚀等，尤其是铝黄铜管和白铜管。因此，选材时必须了解水的污染程度。水的污染程度可用硫离子含量（S^{2-}）、氨含量（NH_3）、氨-氮含量（NH_3-N）和化学耗氧量（COD_{Mn}）四个指标衡量。铜合金管只适用于表 17-4 中规定的水质。

表 17-4　　水污染程度评价指标及铜合金管适用值

水质指标	S^{2-}	NH_3	NH_3-N	COD_{Mn}
铜合金管适用值（mg/L）	<0.02	<1	<1	<10
测定方法	—	DL/T 502.16	DL/T 502.16	DL/T 502.22

三、凝汽器管材选用的技术规定

1. 钛管和铜合金管

滨海电厂或有季节性海水倒灌的电厂，凝汽器管应选用钛管。对于使用严重污染的淡水水源，也可选用钛管。

对于铜合金管，可根据水质条件，按照表 17-5 的规定选用我国现有的各种管材或参考选用对应的国外管材。表 17-5 中列出的各种管材所允许的冷却水悬浮物和含沙量，是指在悬浮物中含沙量较高的水质。对于含沙量较少、含细泥较多的水，其允许含量可适当放宽。

表 17-5　　凝汽器铜管所适应的水质及允许流速（DL/T 712—2010）

管材	水质（mg/L）			允许流速（m/s）	
	TDS	Cl^-③	悬浮物和含沙量	最低	最高
H68A	<300；短期②，<500	<50；短期，<100	<100	1.0	2.0
HSn70-1	<1000；短期，<2500	<400；短期，<800	<300	1.0	2.2

续表

管材	水质（mg/L）			允许流速（m/s）	
	TDS	Cl^-③	悬浮物和含沙量	最低	最高
HSn70-lB	＜3500；短期②，＜4500	＜400；短期，＜800	＜300	1.0	2.2
HSn70-lAB	＜4500；短期，＜5000	＜1000；短期，＜2000	＜500	1.0	2.2
BFe10-1-1	＜5000；短期，＜8000	＜600；短期，＜1000	＜100	1.4	3.0
HAl77-2A①	＜35 000；短期，＜40 000	＜20 000；短期，＜25 000	＜50	1.0	2.0
BFe30-1-1	＜35 000；短期，＜40 000	＜20 000；短期，＜25 000	＜1000	1.4	3.0

① HAl77-2 只适合于水质稳定的清洁海水。

②“短期”是指一年中累计运行不超过 2 个月。

③ 表中的氯离子浓度仅供参考。

另外，国产凝汽器铜合金管对水质的要求还应符合表 17-4 的规定，同时应采取杀菌处理和胶球清洗等措施。对于黄铜管还应进行成膜处理。如果确认冷却水将长期遭受污染或污染情况有恶化趋势而又无法改善时，宜选用不锈钢管或钛管。

当凝汽器的主凝结区选用黄铜管时，其空抽区的管材宜选用抗氨腐蚀的不锈钢或 BFe10-1-1。

2. 不锈钢管

（1）选择原则。应以管材在冷却水中不发生点蚀为主要依据，并应通过试验验证。

（2）选用方法。

1）直接根据点蚀电位的测定结果选材。在具有代表性的冷却水中或在设计时选取的冷却水工况条件下，按照 DL/T 712—2010 附录 A.1 测定不锈钢的点蚀电位（φ_b），并用式（17-1）或式（17-2）计算氧电极反应的平衡电位（φ_O）。如果 $\varphi_b \geqslant \varphi_O$（通常冷却水中没有比溶解氧更强的氧化剂，此时 $\varphi_{corr} < \varphi_O < \varphi_b$），则认为该型号管材在该冷却水中不会发生点蚀，可以选用。

$$\varphi_O = \varphi_O^\theta + \frac{2.303RT}{4F}\lg p_{O_2} - \frac{2.303RT}{F}\mathrm{pH} - 7.6 \times 10^{-4}(t - 25) \tag{17-1}$$

式中：φ_O为氧电极相对于SCE的平衡电位，V（SCE）；φ_O^θ 为氧电极相对于SCE的标准电位，SCE的电位为0.241 2V，则 φ_O^θ=1.229－0.241＝0.988V（SCE）；p_{O_2} 为氧气分压，atm；T 为冷却水的绝对温度，K；t 为冷却水的摄氏温度，℃；pH为冷却水的pH值。

当 t＝25℃，p_{O_2}＝0.21atm时，式（17-1）可简化为

$$\varphi_O \approx 0.978 - 0.059\mathrm{pH} \tag{17-2}$$

2）按冷却水中的 Cl^- 浓度选材。根据水质条件，按表17-6初选合适等级的管材后，再按上述方法测定管材的 φ_b，进行选材验证。但是，冷却水 Cl^- 浓度小于100mg/L，且不加水处理药剂时，可直接选用S30403、S30408或对应牌号的不锈钢管。另外，选择管材时还应注意，该表内同一栏中，排在下面的不锈钢耐点蚀性能明显优于排在上面的不锈钢，但对耐蚀性能较低的管板的电偶腐蚀也更强。

四、凝汽器管板的选用

管板材料的选择应遵循下述基本原则：应根据管板的耐蚀性、使用年限、价格及维护费用等方面要求进行全面的技术、经济比较；同时，还应考虑管板易于与管子胀接或焊接，并应尽量避免管板发生电偶腐蚀或采取有效的防腐措施，以确保凝汽器整体的严密性。

在黄铜管与碳钢管板配合的情况下，碳钢管板的电位比黄铜管的电位低得多，电偶使碳钢管板腐蚀加快。但由于碳钢管板较厚（一般为25～40mm），所以在较清洁淡水中，电偶腐蚀对使用安全性的影响很小。但在受污染淡水中，碳钢管板特别胀口处

表 17-6 常用凝汽器不锈钢管适用水质的参考标准（DL/T 712—2010）

Cl^- (mg/L)	中国 GB/T 20878—2007	美国 ASTM A959-04	日本 JIS G4303—1998 JIS G4311—1991	国际标准 ISO/TS 15510：2003	欧洲 EN 1008：1—1995 EN 10095—1999 等
<200	S30408	S30400，304	SUS304	X5CrNi18-10	X5CrNi18-10，1.4301
	S30403	S30403，304L	SUS304L	X2CrNi19-11	X2CrNi19-11，1.4306
	S32168	S32100，321	SUS321	X6CrNiTi18-10	X6CrNiTi18-10，1.4541
<1000	S31608	S31600，316	SUS316	X5CrNiMo17-12-2	X5CrNiMo17-12-2，1.4401
	S31603	S31603，316L	SUS316L	X2CrNiMo17-12-2	X2CrNiMo17-12-2，1.4404
<2000① <5000②	S31708	S31700，317	SUS317	—	—
	S31703	S31700，317L	SUS317L	X2CrNiMo19-14-4	X2CrNiMo18-15-4，1.4438

① 可用于再生水（对污水处理厂出水、工业排水和生活污水等非传统水源进行回收，经过适当处理后达到一定水质标准，并在一定范围内重复利用的水）。

② 适用于无污染的咸水。

的腐蚀可能非常严重，并可能造成凝汽器泄漏。另外，在海水中，由于含盐量和电导率比淡水高得多，如果仍选用碳钢管板，电偶作用将造成碳钢管板的严重腐蚀，大大缩短使用寿命。

因此，对于 TDS＜2000mg/L 的冷却水（淡水和微咸水），如果凝汽器管材为黄铜，可选用碳钢板，必要时采取其他防腐措施，如涂层或涂层＋阴极保护；如果凝汽器管材为不锈钢，管板应采用不锈钢管板或复合不锈钢板，管与管板宜采用“胀接＋焊接”方式连接；对于咸水，可根据管材和水质情况选用碳钢管板、不锈钢管板或复合不锈钢管板，但是，选用碳钢板时，应采取有效的防腐措施。对于海水，凝汽器常用钛管，管板应采用钛板或碳钢板包覆薄钛板（0.3～0.5mm）的复合管板，管与管板宜采用“胀接＋焊接”方式连接；对于胀接的凝汽器，为防止胀口的渗漏，可采用有效的凝汽器防腐、防渗漏涂料。

第四节　凝汽器腐蚀的防止

为防止凝汽器的腐蚀，除合理选用管材和冷却水的缓蚀剂处理外，还可采取胶球清洗、成膜处理、阴极保护等防护措施。

一、胶球清洗

1. 原理

胶球清洗是用发泡橡胶制成的圆球对铜管水侧表面进行清洗。这种胶球多孔，吸满水后的密度与水相近，所以将其投入冷却水中后，可随冷却水流通过铜管。由于其直径比凝汽器铜管的内径大约 1mm 且能压缩，故在通过铜管时对管壁有连续的擦洗作用，可将管壁附着物除去，如图 17-7 所示。因此，胶球清洗对恢复凝汽器的真空度和防止凝汽器管的沉积腐蚀非常有效。

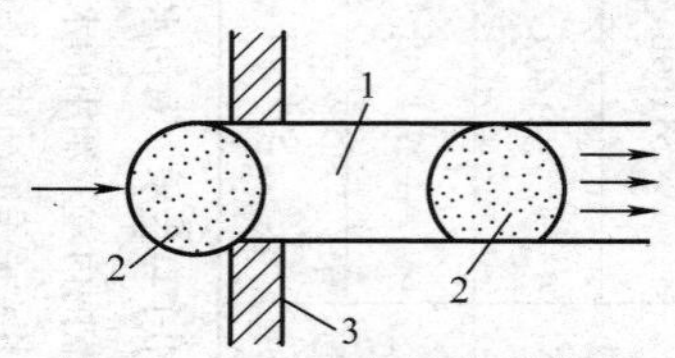

图 17-7　胶球在凝汽器管内移动的情况

1—铜管；2—胶球；3—管板

采用胶球清洗还可间接减少

冷却水氯化处理中的加氯量，有时甚至可以不再加氯。此外，在用化学药剂（如硫酸亚铁）进行铜管表面保护处理时，同时加胶球清洗，可改善表面保护膜的质量，使化学药剂成膜效果更好。

2. 清洗系统

胶球清洗系统由循环泵、加球室、胶球回收器和凝汽器等组成一个循环回路，如图 17-8 所示。该系统通过循环泵形成一个单独的循环回路，胶球在循环水流的带动下，循环反复擦洗凝汽器管。

最初使用的胶球回收器为固定式结构，呈锥形。当清洗系统不运行时，由于回收网产生阻力，便白白地消耗能量。现将它做成活动板式结构（如图 17-9 所示），在系统不运行时，活动板合上，可减少水流阻力。这样，胶球清洗系统所增加水流阻力仅约为 6～8kPa。

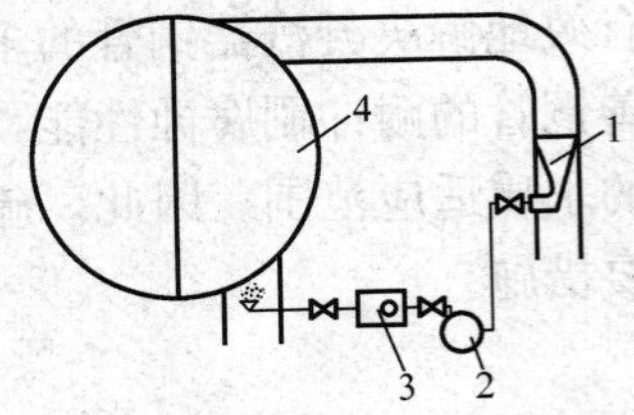

图 17-8　凝汽器胶球连续清洗系统
1—胶球回收器；2—循环泵；
3—加球室；4—凝汽器

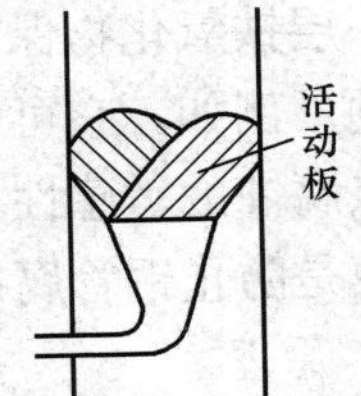

图 17-9　活动板式回收器

3. 工艺条件

胶球清洗的频率、每次清洗的持续时间和投球量应根据凝汽器管内附着沉积物的种类及沉积速度等具体情况，通过试验来确定。一般，每台凝汽器所需胶球数量为凝汽器管总数的 5%～10%；每清洗一次，可持续 0.5h 左右，平均每根管通过 3～5 个胶球；清洗的频率可从每天一次到每周一次。

4. 注意事项

（1）清除死角。使用胶球清洗方法时，应采取安置导向板等措施，消除冷却水流动死角，防止海绵球滞留在这些部位。在有关的截止阀上应装保护装置，以防止它被胶球卡住。

（2）消除水中垃圾。冷却水中颗粒较大的杂质（垃圾）会使胶球卡在铜管中，导致水流中断。防止方法是在凝汽器冷却水入口处加装滤网，即所谓二次滤网。

（3）不过度清洗。进行胶球清洗应选择适宜的清洗条件，清洗频率不宜过高，否则会损害铜管保护膜，反而促进腐蚀。

（4）慎用金刚砂球。如果凝汽器管壁污脏很严重或新铜管表面有碳膜等有害膜，则可根据情况采用表面粘有碳化硅磨料的胶球清洗。这种胶球俗称金刚砂球。但在运行中应当慎重使用这种球。因为它可能擦伤铜管表面保护膜，特别是铜管表面有点蚀坑时，若使用时间较长，则它会“撕裂”蚀坑下较薄的管壁，造成泄漏。

二、成膜处理

成膜处理通常就是通过硫酸亚铁溶液处理在铜管水侧表面上形成一层铁氧化物保护膜。它可有效地解决凝汽器铜管的多种腐蚀问题。例如，它可以明显地改善铜管的耐冲刷腐蚀性能，减小铜管点腐蚀的敏感性，扩大铜管的水质适应范围。因此，硫酸亚铁成膜是防止铜管腐蚀的一项重要措施。

1. 原理

硫酸亚铁处理在铜管表面上形成的表面保护膜实际上是由两层氧化膜组成的，外层是水中亚铁离子氧化生成的无定形或微晶的羟基氧化铁（FeOOH）膜，厚度大约50μm；内层是铜管自身的氧化膜，主要是氧化亚铜和少量锌的氧化物或氢氧化物，仅有极少量的水合氧化铁，厚度大约10～15μm。内外层交界处铁、铜、锌等元素交错分布，紧密将两层联系在一起。

在硫酸亚铁成膜过程中，FeOOH很可能是通过下面的反应生成的。

$$2Fe2++4OH^{-}+0.5O_2 \longrightarrow 2FeOOH+H_2O$$

要在铜管表面形成良好的水合氧化铁膜，则铜管表面有一层新鲜、完整、清洁的氧化亚铜膜是很重要的，因为氧化亚铜膜表面带正电荷，有利于带负电荷的FeOOH胶体的沉积。因此，如果铜管表面比较清洁，则不须酸洗，只需胶球清洗；有时，在胶球清洗后也可以1%NaOH循环清洗2h，排放后再用冷却水冲洗。若铜管表面较脏，则必须酸洗。酸洗后应先水冲洗，然后用0.5%～1%NaOH循环清洗2h，再用水冲洗。制定成膜方案时，可通过小型试验，寻找合适的成膜条件。

2. 影响因素

影响硫酸亚铁成膜的因素主要有亚铁离子浓度、水解氧化时间、水温、pH值、溶解氧含量和水的流速等。

由上面反应可知，水中Fe^{2+}浓度越大，生成的FeOOH量越多，如图17-10所示；但是，若加入水中的Fe^{2+}量过大，则水的pH值降低很多，这又不利于FeOOH的生成。由图17-11可知，该反应过程需要一定时间，但并不需很长的时间。因此，硫酸亚铁的加药点应设置在离铜管远近适当的位置。另外，FeOOH形成速度随水温的提高而加快，在一定范围内随水pH值的提高而增大。但是，水温和pH值的过高或过低，对成膜都不利。

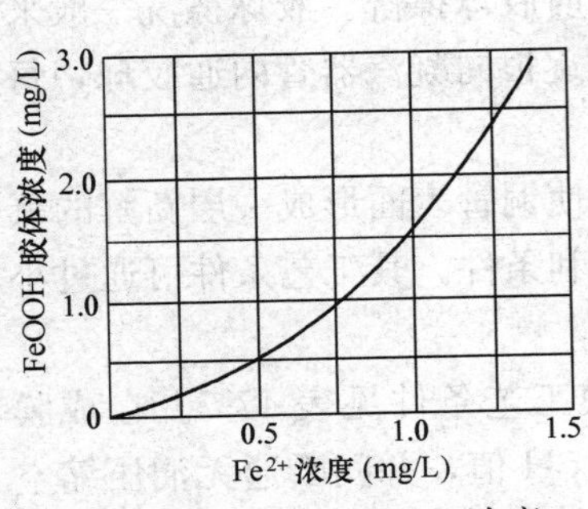

图17-10　水中FeOOH浓度与Fe^{2+}浓度的关系

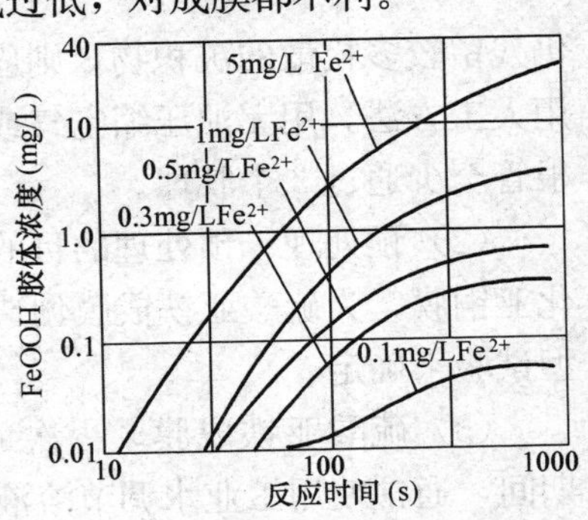

图17-11　水中FeOOH浓度与反应时间的关系

3. 工艺

硫酸亚铁成膜可采用一次成膜工艺或运行中成膜工艺。

一次成膜工艺就是新机组投产前或停机检修时，设置专门的清洗成膜系统（如图17-12所示），用大剂量的硫酸亚铁溶液对清洗后的铜管直接进行循环成膜处理。主要工艺步骤如下。

（1）胶球擦洗。如果酸洗后的水冲洗完成后，铜管水侧表面

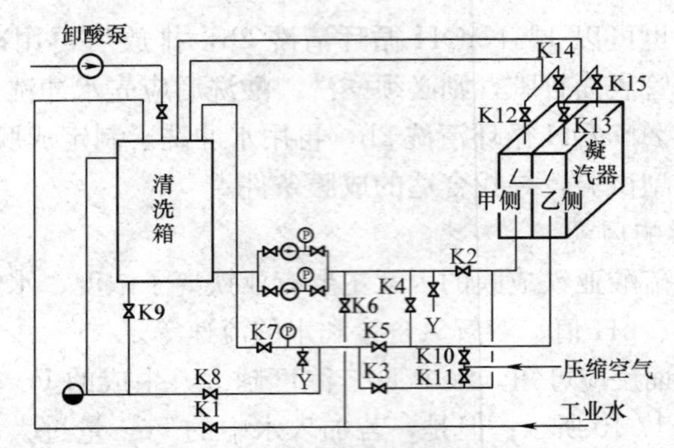

图 17-12　某凝汽器酸洗成膜系统

K1—工业水补水阀；K2—甲侧进水阀；K3—甲侧回水阀；K4—乙侧进水阀；K5—乙侧回水阀；K6—工业水进水阀；K7—回水总阀；K8—系统排污阀；K9—酸箱排污阀；K10、K11—压缩空气进气阀；K12、K13、K14、K15—空气门；◒—地沟；Y—取样阀门；Ⓟ—压力表

注：正循环时，K2、K5、K7 阀门开，K3、K4 关；逆循环时，K3、K4、K7 阀门开，K2、K5 关。

仍残留较多松散的沉积物，则应及时胶球擦洗。胶球擦洗一般采用人工方法，用无油压缩空气或水逐根向凝汽器管内通胶球，每根管至少通过 2 个胶球。

（2）预处理。预处理的目的是使铜管表面形成一层新鲜的氧化亚铜膜，为硫酸亚铁成膜创造有利条件。其工艺条件可通过小型试验来确定。

（3）硫酸亚铁成膜。一次成膜工艺条件见表 17-7。在成膜期间，通常使用工业水调节溶液的 pH 值，并间断通无油压缩空气或结合现场情况进行曝气处理；另外，还应定时切换系统，进行正反方向循环。

表 17-7　　硫酸亚铁成膜工艺条件（DL/T 957—2005）

工　艺	Fe^{2+} (mg/L)	pH 值	温度 (℃)	流速 (m/s)	循环时间 (h)
一次成膜	10～100	5.0～6.5	15～35	≥0.1	72～96
运行中成膜	0.5～2.0	7.0～9.0	15～35	1.0～2.0	45～60

(4) 通风干燥。成膜至预定时间后，可结合监视管的成膜情况确定成膜结束时间。成膜结束后，应尽快排空成膜液，并打开凝汽器所有人孔，通风干燥。

运行中成膜就是在机组运行中向循环冷却水中投加小剂量的硫酸亚铁对铜管进行成膜处理。该工艺通常采用胶球清洗和成膜相结合的方式，运行中成膜工艺条件见表 17-7。运行中成膜一般是在凝汽器运行正常后进行，每天按上述工艺条件向冷却水中补加一次硫酸亚铁（加药前配合投胶球 1h），每次 1h，连续处理 45～60d。如果运行中还需要对冷却水进行加氯处理，则硫酸亚铁成膜与加氯处理不应同时进行，应错开 1h 以上。

必须指出的是，硫酸亚铁处理也会造成一些不利的影响。一方面，成膜后会使铜管的热导率降低，所以成膜不宜过厚；另一方面，对开式循环冷却的机组运行中成膜还会造成环境污染，因为加入的药剂大部分都排入了冷却水的水源中。

三、阴极保护

如本章第二节所述，阴极保护可有效地防止凝汽器管板的电偶腐蚀和铜管端部的点蚀、冲刷腐蚀等局部腐蚀，并且短期即能见效。因此，它是防止凝汽器腐蚀的一项重要措施。

凝汽器的阴极保护可采取牺牲阳极保护法或外加电流保护法。对凝汽器实施牺牲阳极保护时，只需在凝汽器水室内壁和水侧管板表面上安装一定数量的牺牲阳极（通常是具有一定形状的锌合金、镁合金或铝合金材料），并保证牺牲阳极与被保护金属可靠接触即可。因此，牺牲阳极保护系统的安装比较简单，不需要外电源，也不需在凝汽器外壁上开孔。但是，它不仅输出电流有限、不能调节，而且输出电压低，故只能用于电阻率比较低的水中（如海水），一般只在小型的凝汽器上使用。

对凝汽器实施外加电流阴极保护时，需要某种具有控制电位功能的外部直流电源（如磁饱和式或晶体管式的恒电位仪）。直流电源的正极与安装在凝汽器内的辅助阳极相连，负极与被保护凝汽器的外壳相连（注意：辅助阳极必须严格地与被保护凝汽器的外壳绝缘）。这种阴极保护系统输出电流大、可调节，对被保护金属的电位可自动控制，所以常用于大型凝汽器的保护；但是，它系统比较复杂，设计和维护要求较高。

在外加电流阴极保护系统中，辅助阳极的作用是使外电源输出的电流经阳极通过冷却水传输到作为阴极的被保护金属表面上。目前，可采用的辅助阳极有三类：①可溶性阳极，如碳钢等，其年消耗率为9kg/a；②微溶性阳极，如硅铸铁、铅银合金等，其年消耗率为0.05～1.0kg/a；③不溶性阳极，如铂钛、铂铌等，其年消耗率仅为6mg/a。其中，铂钛和铂铌阳极具有体积小、重量轻、外形可塑性大、输出电流密度（排流量）大、寿命长等优点，可在各种海水和淡水冷却的凝汽器中使用。

例如，我国某热电厂有四台海水冷却的凝汽器，管材为HAl77-2；管板材料为HSn62-1；水室材质为A3钢，内衬环氧玻璃钢。该电厂投运不久，就有三台凝汽器的铜管遭受严重的腐蚀。其中，凝汽器A和B的铜管不到两年就因腐蚀而全部更换。更换后，对铜管进行了胶球清洗和硫酸亚铁成膜保护。但是，运行一段时间后，又发现新铜合金管的入口端仍有较严重的腐蚀。于是，在胶球清洗和硫酸亚铁成膜的基础上，对凝汽器A进行了外加电流阴极保护，保护系统如图17-13所示。其中，辅助阳

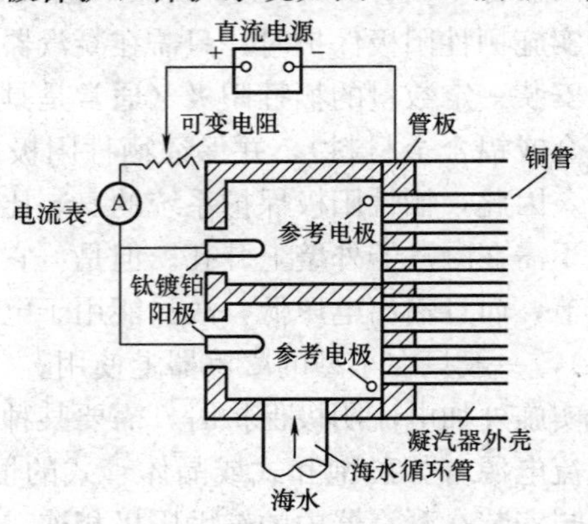

图17-13　凝汽器的外加电流阴极保护系统示意

极为镀铂钛阳极，参比电极为 Ag/AgCl 电极。在保护过程中，将铜管管端的电位控制在－0.9～－1.0V（相对于 Ag/AgCl 电极），铜管的保护电流密度为 150mA/m^2，水室的保护电流密度为 10mA/m^2。运行四年半后，仅有三根铜管泄漏，年泄漏率降低到 0.012%，可见保护效果非常显著。

在淡水冷却的凝汽器上实施阴极保护难度较大。经过多年努力，目前已在 600、300MW 和 125MW 机组的凝汽器上成功地设计、安装、投运了外加电流式阴极保护系统，并取得明显效果。例如，在一台 600MW 机组上，凝汽器阴极保护系统投入运行十个月后停机检查时，已看到原先管板上，尤其是铜管区严重的局部腐蚀已经被抑制，铜管内壁也不再出现斑点状腐蚀；在一台 125MW 机组上，凝汽器阴极保护系统投运后明显地延缓了凝汽器出现泄漏的时间，延长了铜管的使用寿命，提高了机组运行的经济性和安全性。

采用阴极保护时，应同时在水室及管板上刷涂防蚀涂层。这样，一方面具有良好绝缘性的涂层将金属表面与腐蚀介质隔离，不仅可有效地控制被保护金属的全面腐蚀，而且可大幅度地减小阴极保护电流密度；另一方面，阴极保护可有效地抑制涂层缺陷（这是难以避免的）部位发生更为危险的局部腐蚀。因此，两种保护方法联合应用，相辅相成，既可显著降低阴极保护的费用，又可获得更好的保护效果。

对凝汽器实施外加电流阴极保护时，若系统设计合理、设备性能可靠、安装质量有保证，则投运后的运行管理及维护工作量很小，几乎不增加运行人员的负担。另外，一次性设备投资、运行和维护费用不大，却能取得极其明显的效果。因此，这项技术有很大的推广应用价值。

第十八章　化学清洗和停用保护

为保证锅炉运行中有良好的水汽质量和避免锅炉受热面的结垢与腐蚀，除要做好锅炉补给水的净化和机组运行中的水质调整处理外，锅炉的化学清洗和停用保护也是重要的工作。

锅炉化学清洗就是用某些化学药品的水溶液，通过一定的清洗工艺，清除锅炉水汽系统中的腐蚀产物、沉积物和污染物，保持锅炉受热面的内表面清洁，并在金属表面形成良好的保护性钝化膜。化学清洗过程实际上是以化学和电化学反应为主，以机械能剥离为辅的过程。锅炉的化学清洗一般包括水冲洗、碱洗（或碱煮）、碱洗（或碱煮）后的水冲洗、酸洗、酸洗后的水冲洗、漂洗和钝化等几个工艺步骤。

锅炉停用保护大体上可分成湿法保护和干法保护两类，主要是通过控制锅炉金属表面的氧、水分、金属在水溶液中的电位，来实现防锈蚀保护。

第一节　化学清洗的必要性和清洗范围

随着锅炉参数和容量的日益提高，对受热面清洁度和锅炉内水质的要求更加严格，锅炉化学清洗技术也日趋完善，锅炉的化学清洗现在已成为保证锅炉安全、经济运行的重要措施之一。新建锅炉在投产启动前都应进行化学清洗，已投入运行的锅炉也应在必要时进行化学清洗。

一、机组化学清洗的必要性

通过化学清洗，可除掉新建锅炉设备在制造过程中形成的高温氧化皮，在贮运、存放、安装过程中生成的腐蚀产物，焊渣及设备出厂时涂覆的防护剂（如油脂类物质）等各种附着物，同时还可除去在锅炉制造和安装过程中进入或残留在设备内部的杂质，如沙子、尘土、水泥和保温材料的碎渣等，它们大都是含有硅的化合物。

运行锅炉在生产过程中，设备本身所产生的腐蚀产物、锅炉补给水带入和凝汽器发生泄漏带入的结垢性物质，当积累到一定量或运行一定时间后，会在锅炉蒸发受热面发生垢沉积，甚至引起垢下腐蚀，一般利用锅炉大修期间进行化学清洗，去除锅炉管内表面积聚的腐蚀产物和沉积物（氧化铁垢、钙镁水垢、铜垢、硅酸盐垢和油垢等）。

实践证明，如果新建锅炉启动前不进行化学清洗，水汽系统内的各种杂质和附着物在锅炉投运后会产生以下几种危害。

（1）直接妨碍炉管管壁的传热或导致水垢的产生，使燃料消耗量增加，并能引起炉管金属过热和损坏。

（2）促使锅炉在运行中发生沉积物下腐蚀，以致炉管变薄、穿孔而引起爆管。

（3）在锅炉内底部和管道弯头部位积累固体物或沉渣，增加了水流阻力，从而堵塞炉管或破坏正常的水汽流动。

（4）炉水的含硅量等水质指标长期不合格，以致蒸汽品质不良，危害汽轮机的正常运行。

新建锅炉启动前的化学清洗，不仅有利于锅炉的节能降耗和安全运行，而且还因为能改善锅炉启动期间的水、汽质量，使之较快达到正常标准，从而大大缩短新机组启动到正常运行的时间。例如，某台超高压汽包锅炉，由于启动前进行了化学清洗，在启动后炉水的含硅量下降较快，经过约 1 个月的运行后，蒸汽品质即达到了正常标准；而另一台同参数的汽包锅炉，因启动前未进行化学清洗，启动后炉水连续两三个月发浑、呈褐色、含硅量很高，蒸汽品质严重不良，一年后机组停运检查，发现汽轮机叶片上有沉积物，锅炉汽包内有铁锈等沉渣，汽包内个别管孔被堵死。由此可知，新建锅炉启动前的化学清洗是十分必要的。

二、运行机组化学清洗周期的确定

运行锅炉化学清洗的目的在于除掉锅炉运行过程中生成的水垢、金属腐蚀产物等沉积物，以免锅炉内沉积物过多而影响锅炉的安全运行。

锅炉在运行了一段时期后是需要进行化学清洗的，但究竟在什么时候需要清洗，却不能一概而论，主要应根据各台锅炉炉管内沉积物的附着量、锅炉的类型（是汽包锅炉还是直流锅炉）、工作压力和燃烧方式（燃用的是煤、油，还是天然气），以及锅炉水质异常等因素确定。

因为在锅炉不同部位的炉管中沉积物量有较大的差别，为查明炉管内沉积物的量，通常采用割管检查的方法。因为炉管的向火侧比背火侧热负荷大得多，产生的沉积物量也多些，炉管的腐蚀、过热和爆管等故障往往发生在向火侧，所以按炉管向火侧沉积物量决定锅炉是否需要化学清洗。

目前，我国电力行业规定，当锅炉水冷壁管内的沉积物量或锅炉化学清洗的间隔时间超过表 18-1 中的数值时，就应安排化学清洗。锅炉化学清洗的间隔时间，还可根据运行水质的异常情况和大修时锅炉内的检查情况，做适当的调整。

表 18-1　　确定锅炉化学清洗的条件

炉　型	汽　包　锅　炉				直流锅炉
主蒸汽压力（MPa）	＜5.9	5.9～12.6	12.7～15.6	＞15.6	
垢量（g/m^2）	＞600	＞400	＞300	＞250	＞200
清洗间隔年限（a）	10～15	7～12	5～10	5～10	5～10

注　1. 垢量是指在热负荷最高处的水冷壁管向火侧 180°范围割管取样，用洗垢法测定垢量。

2. 燃烧方式以燃煤为主，若是燃油或燃用天然气的锅炉或液态排渣炉，可按表中出口主蒸汽压力高一级的数值考虑。

三、割管检查的方法

正确的选择和确定运行锅炉的割管部位，才能反映出锅炉实际的结垢、腐蚀状态，对已割取的样管需要再制备才能方便进行垢量测量、化学清洗的小型试验，割管和制备试验样管的一般要求如下。

1. 割管部位及要求

新建锅炉采集试验样管可从锅炉水冷壁、省煤器的组件上割取，这样做代表性好，但这种取样方法增加了锅炉的焊口数。一般是选取与锅炉水冷壁、省煤器、过热器等部件同时供货的相同材质的备用管。它们生产日期相近，锈蚀程度相近，同样也具有一定的代表性。对于大面积改造或更换的锅炉，采集样管的方法与新建锅炉相同。

运行锅炉应该挑选在最容易发生结垢和腐蚀的地方割管检查。这些地方一般是在锅炉热负荷最高、易产生沉积、结垢和腐蚀的区段（如喷燃器附近；对于有燃烧带的锅炉，则为燃烧带上部距炉膛火焰中心最近处），冷灰斗，水循环最差和焊口处等。

水冷壁管样一般选择在燃烧器上方 2～3m 热负荷最高的部位或怀疑循环不良的部位、炉管已经产生鳙胀的部位，或者在前次割管部位相邻的管排处割取管样。

省煤器样管一般选择在各级进口区域迎烟气侧的管段，这个区域的氧腐蚀较为厉害。

过热器管样应在迎烟气侧，并带有下弯头的部位割取管样。割取的管样需标明割管位置、介质流动方向、向火侧和背火侧，每处总割管长度应大于 1100mm。

2. 试验样管制备

用电动砂轮切割机采集样管较好，割口平整，对样管内表面基本没有影响。如果是用气焊枪火焰割取的样管，割口部位因受到高温的影响，端头约 300mm 管段不能用于小型试验。

将取回的样管在台钳上用手锯从管样上割取中部 600mm 长的管段作为试验管样。然后从试验管样截下 100mm 长的管段

（简称测垢管样），在车床上将其壁厚车薄至1mm左右，用于测量垢量；余下的试验管样（简称清洗管样）用于化学清洗的小型试验。

3. 样管检查

对于割取的锅炉样管，先做外观检查，记录样管是否发生蠕胀、管内附着物状态及颜色；酸洗去除附着物后，检查并记录管内壁表面状态，包括是否有腐蚀坑、裂纹及其腐蚀深度、测量壁厚、管径等；数码照相存档。

4. 测定垢量

采用洗垢法测定含垢管样的垢量，具体方法如下。

（1）取管样。将割下的炉管截取长约30mm一段，在车床上切削其外壁，使管样壁厚为0.5～1.0mm。

（2）称重和测量面积。称管样质量 m_1，测量管样内表面积 S。

（3）溶垢。将试样浸入加有0.2%～0.5%缓蚀剂的5%～6%HCl溶液中，加热至（60±1）℃，并用塑料棒搅动酸液，直至试样内表面的垢均已清洗掉为止。一般在酸液中浸泡时间小于10h，记录酸洗时间，立即将管样取出，用除盐水冲洗，再将管样放在无水乙醇中荡涤取出，放入干燥器内干燥1h后称量，记录此质量 m_2。由式（18-1）计算出总垢量 G。

$$G(\mathrm{g/m^2})=\frac{m_1(\mathrm{g})-m_2(\mathrm{g})}{S(\mathrm{m^2})} \tag{18-1}$$

（4）洗铜垢。若管样表面可见紫红色镀铜时，可将称重后的管样放入1%～2%的 NH_4OH 和0.3%的 $(NH_4)_2S_2O_8$ 溶液中洗铜，洗至铜全部溶下，然后用除盐水冲洗，再浸入无水乙醇中，取出蒸发干燥后，称量（m_3）。由式（18-2）计算出铜垢含量 G_2。

$$G_2(\mathrm{g/m^2})=\frac{m_2(\mathrm{g})-m_3(\mathrm{g})}{S(\mathrm{m^2})} \tag{18-2}$$

（5）空白试验。试验管段切削后经酸浸会有微量的腐蚀，在做此试验时，应同时放入一块空白试片，求出腐蚀量（g/m^2），然后减去空白试片的腐蚀量，校正管样的垢量 G。

5. 测定垢的理化性能

采用挤压法或刮垢法从管样内壁收集垢样，然后参照 DL/T 1151—2012《火力发电厂垢和腐蚀产物分析方法》分析垢的理化性能，包括灼烧减量、氧化铁、氧化铜等。也可采用能谱法定性和定量分析带垢管中垢的元素组成。

6. 化学清洗试验

对清洗管样进行小型化学清洗试验，可参照 DL/T 794—2012《火力发电厂锅炉化学清洗导则》附录中提供的方法进行各种试验和测试。

上述割管检查方法可参照 DL/T 1115—2009《火力发电厂机组大修化学检查导则》进行。

第二节 化学清洗的常用药品

化学清洗通常包括几个工艺过程，而每个工艺过程可采用的药品有多种，所以化学清洗所用的药品种类较多。其中，以酸洗工艺过程中所用药品的选择和使用最为重要。

酸洗工艺所用的清洗液中，除要有具有清洗作用的清洗剂、减缓清洗剂对金属腐蚀的缓蚀剂外，还要有提高清洗效果的添加剂，现将这些药品介绍如下。

一、清洗剂

酸是最常用的锅炉清洗剂。酸的种类较多，可根据以下几个方面要求择优选择：① 去除沉积物（或新设备内的附着物）的能力强；② 对被清洗设备的金属材料腐蚀性不强，或者有可供使用的高效缓蚀剂；③ 经济；④ 使用方便；⑤ 容易获得；⑥ 清洗废液容易处理。

常用的酸洗清洗剂包括无机酸和有机酸等两类。

（一）无机酸

适用于锅炉化学清洗的无机酸主要有盐酸、氢氟酸、硫酸和氨基磺酸。

1. 盐酸

长期实践使人们认识到，盐酸（HCl）是一种较好的清洗剂，它大体上可满足上述几方面的要求。主要优点是清洗能力很强；添加适当的缓蚀剂，就可将它对锅炉腐蚀速度降低到很小的程度；价格便宜；容易掌握清洗操作；容易解决货源，输送简便；废液处理简单。

盐酸的清洗反应不完全是酸对附着物的溶解作用，还有将附着物从金属表面剥落的作用。

现以清除金属表面的氧化皮为例加以说明。钢材表面的氧化皮一般为两层，内层（紧靠金属基体）的主要成分为FeO，外层的主要成分为Fe_3O_4和Fe_2O_3。这些铁的氧化物均能与HCl发生反应，反应式为

$$FeO + 2HCl \longrightarrow FeCl_2 + H_2O$$

$$Fe_2O_3 + 6HCl \longrightarrow 2FeCl_3 + 3H_2O$$

$$Fe_3O_4 + 8HCl \longrightarrow FeCl_2 + 2FeCl_3 + 4H_2O$$

铁的氧化物特别是FeO溶解下来后，破坏了氧化皮与金属的连接，这样氧化皮层不需要HCl的溶解而直接从金属表面脱落下来。

此外，夹杂在氧化皮中的铁微粒（Fe）也会与HCl发生置换反应，放出氢气（H_2）。

$$Fe + 2HCl \longrightarrow FeCl_2 + H_2\uparrow$$

盐酸清洗过程中还会发生金属的腐蚀。这是由于清洗掉附着物后，裸露金属（以Fe表示）与清洗液中的$FeCl_3$和HCl发生了下列反应：

$$2FeCl_3 + Fe \longrightarrow 3FeCl_2$$

$$Fe + 2HCl \longrightarrow FeCl_2 + H_2\uparrow$$

所以需要向清洗液中加入缓蚀剂和还原剂，以抑制上述腐蚀

反应。

上述铁微粒的置换反应和金属受酸腐蚀所产生的 H_2，自金属表面和氧化皮中生成逸出时发生体积膨胀并形成膨胀力，将铁的氧化物从金属表面上剥离下来，从而加速盐酸清除氧化皮和沉积附着物。总之，盐酸具有酸溶解和气体剥离等两个清洗功能。

由于铁微粒和基体金属（均以 Fe 表示）的还原作用，加之清洗液的 pH 值较低，故盐酸清洗液所溶解的铁主要以 Fe^{2+} 形态存在。

盐酸清除铁锈和锅炉内氧化铁垢的过程和上述原理基本相同。

盐酸还具有较强的溶解某些垢类的能力，例如，

$$CaCO_3 + 2HCl \longrightarrow CaCl_2 + H_2O + CO_2\uparrow$$

$$MgCO_3 \cdot Mg(OH)_2 + 4HCl \longrightarrow 2MgCl_2 + 3H_2O + CO_2\uparrow$$

因盐酸能通过垢的孔隙渗透到金属基体表面，从垢层内部溶解某些物质，这样削弱了垢与基体附着力，使水垢脱落下来。

盐酸清洗剂也有局限性，主要有：① 不能清洗奥氏体钢（如亚临界压力及以上锅炉的某些部件），因为 Cl^- 能促使奥氏体钢发生应力腐蚀；② 酸洗沉渣较多，酸洗后应进行大流量水冲洗，以排除沉渣；③ 清洗以硅酸盐为主要成分的水垢效果差，需要加入氟化物等添加剂，以提高除硅能力。

2. 氢氟酸

氢氟酸（HF）也是一种很好的锅炉化学清洗剂。氢氟酸属弱酸，存在 $HF \rightleftharpoons H^+ + F^-$ 解离平衡，它比盐酸、柠檬酸、硫酸等酸类具有更强的溶解铁垢和硅垢的能力，因为 HF 具有 F^- 的络合和 H^+ 的酸溶等双重作用。氢氟酸溶解铁氧化物的速度很快，即使在较低的含量（如 1%）和较低的温度（如 30℃）条件下，也有较好的溶解能力。

氢氟酸清洗的主要化学反应为

溶硅：$$4HF + SiO_2 \longrightarrow SiF_4 + 2H_2O$$

$$4H^+ + 6F^- + SiO_2 \longrightarrow SiF_6^{2-} + 2H_2O$$

除铁氧化物：$Fe_3O_4 + 8HF \longrightarrow 2Fe^{3+} + Fe^{2+} + 8F^- + 4H_2O$

$$Fe_2O_3 + 6HF \longrightarrow 2Fe^{3+} + 6F^- + 3H_2O$$

$$2Fe^{3+} + 6F^- \longrightarrow Fe(FeF_6)\text{（铁-铁-冰晶石）}$$

$$3Fe^{2+} + 6F^- \longrightarrow Fe(Fe_2F_6)$$

用氢氟酸清洗时，通常采用开式（也可采用半开半闭式和循环式）酸洗，将清洗液一次流过清洗的设备，无须像盐酸清洗那样，要将清洗液在清洗系统中反复循环流动，所以清洗液与金属接触的时间很短，加上酸的含量少、温度低，而且还可添加缓蚀剂，所以对金属的腐蚀较轻。若添加的缓蚀剂恰当，清洗时某些钢材的腐蚀速度可小于 $1g/(m^2 \cdot h)$。

氢氟酸可用于清洗多种钢材制作的锅炉部件，不宜用于奥氏体钢设备的清洗。由于它对金属的腐蚀性较小，所以清洗时可不必拆卸锅炉水汽系统中的阀门等附件，这样，清洗的临时装置也很简单。

此外，氢氟酸清洗锅炉还有水和药品消耗量少、清洗后的金属表面清洁等优点。用氢氟酸清洗锅炉后的废液，经过简单的处理即可成为无毒、无侵蚀性的液体。

氢氟酸除单独用作锅炉的清洗剂外，还可与其他的无机酸或有机酸按一定比例组成复合清洗剂，提高清洗铁氧化物和硅化合物的能力。

3. 硫酸

硫酸（H_2SO_4）是使用广泛的一种工业酸，多用于处理钢铁表面的氧化皮、铁锈。工业上常用 5%～15% H_2SO_4 作清洗剂，清洗温度在 50～80℃，当垢中钙含量少、铁化合物多时，可使用硫酸。硫酸清洗的化学反应为

$$3H_2SO_4 + Fe_2O_3 \longrightarrow Fe_2(SO_4)_3 + 3H_2O$$

$$H_2SO_4 + FeO \longrightarrow FeSO_4 + H_2O$$

$$4H_2SO_4 + Fe_3O_4 \longrightarrow FeSO_4 + Fe_2(SO_4)_3 + 4H_2O$$

$$H_2SO_4 + CaCO_3 \longrightarrow CaSO_4 + H_2O + CO_2\uparrow$$

$$H_2SO_4 + MgCO_3 \longrightarrow MgSO_4 + H_2O + CO_2\uparrow$$

虽然硫酸的清洗反应速度仅相当于盐酸的60%左右，它对氧化铁皮和垢的清洗强度明显低于盐酸，但是可利用硫酸比盐酸的腐蚀性弱的特性，通过提高流速增强清洗效果。在常规的清洗条件下，添加缓蚀剂的硫酸清洗液的清洗流速允许达到2m/s，其腐蚀速率仍可低于5g/(m^2·h)。在实际应用中，在50℃条件下，采用3.0%硫酸+0.4%氢氟酸清洗1080t/h亚临界直流锅炉（与330MW汽轮发电机组配套），取得了满意的效果。

硫酸清洗应注意三个问题：① 放热问题，因为硫酸加入水中会大量放热，故应缓慢向水中加酸，防止急剧放热，避免爆沸腾；② 沉淀问题，硫酸与钙镁垢反应会产生盐溶解度小（如难溶$CaSO_4$）的硫酸盐沉淀，此沉淀覆盖垢表面阻碍溶垢反应，还有可能重新附着在清洗干净的炉管表面形成硫酸盐垢，严重时甚至堵塞管道影响清洗液循环，因此硫酸不适用于清洗钙镁含量多的水垢（一般出现在水处理较差的工业锅炉）；③ 氢脆问题，1个分子的硫酸在水溶液中释放出2个氢离子，它比盐酸在锅炉酸洗过程中在金属表层发生渗氢引起氢脆的倾向性更大，因此使用硫酸酸洗时控制总酸洗时间不超过10h显得更为重要。

4. 氨基磺酸

氨基磺酸（NH_2SO_3H）是一种无机固体酸，有效含量大于98%（质量分数）；稳定性很高，室温下存放多年性质不变；不挥发；不吸潮；分解温度高达207～260℃；属于低毒性物质，使用较安全。

氨基磺酸对金属腐蚀性很小，溶入水后，可同金属氧化物垢、硫酸盐垢等反应，生成溶解度很大的氨基磺酸的铁、钙、镁等盐类，化学反应为

$$Fe_3O_4 + 8NH_2SO_3H \longrightarrow Fe(NH_2SO_3)_2 + 2Fe(NH_2SO_3)_3 + 4H_2O$$

$$Fe_2O_3 + 6NH_2SO_3H \longrightarrow 2Fe(NH_2SO_3)_3 + 3H_2O$$

$$FeO + 2NH_2SO_3H \longrightarrow Fe(NH_2SO_3)_2 + H_2O$$

$$CaCO_3 + 2NH_2SO_3H \longrightarrow Ca(NH_2SO_3)_2 + H_2O + CO_2\uparrow$$

$$CaSO_4 + 2NH_2SO_3H \longrightarrow Ca(NH_2SO_3)_2 + H_2SO_4$$

$$Ca_3(PO_4)_2 + 6NH_2SO_3H \longrightarrow 3Ca(NH_2SO_3)_2 + 2H_3PO_4$$

氨基磺酸去除铁的高温氧化皮的能力比盐酸、氢氟酸、柠檬酸弱，可复配低浓度的硫酸等强酸，提高清洗能力。还可在清洗溶液中加适量的NaCl，使之缓慢产生盐酸，从而提高溶解铁垢的能力。

氨基磺酸清洗的优点主要有：① 药品易于运输和存放；② 适用的金属材质范围广，可用于碳钢、不锈钢、奥氏体钢、铜、铝等材质的清洗；③ 腐蚀速度小，5%～10%的氨基磺酸（质量分数）加有缓蚀剂后，在50～60℃的温度下清洗，碳钢腐蚀速度在1g/(m^2·h) 左右。

（二）有机酸

用于锅炉化学清洗的有机酸有柠檬酸、乙二胺四乙酸(EDTA)、羟基乙酸、甲酸、酒石酸、顺丁烯二酸、邻苯二甲酸等，以柠檬酸、EDTA最为常用。

与无机酸清洗剂相比，有机酸清洗剂具有以下特点：① 不单单是利用它的酸性溶解水垢，而主要是利用它的络合能力溶解水垢；② 除垢过程不会产生大量沉渣或悬浮物，不致堵塞管道，有利于清洗结构和系统复杂的高参数、大容量机组；③ 可用于清洗奥氏体钢或其他特种钢设备；④ 残留清洗液危害性小，例如构造复杂的锅炉和炉前系统，清洗后完全排干废液非常困难，如用有机酸清洗，是因为残留的有机酸在高温下分解成水和危害性小的二氧化碳。

1. 柠檬酸

柠檬酸是目前化学清洗中用得较广的有机酸，它是一种白色结晶体，分子式为$H_3C_6H_5O_7$，是一种三元酸。

柠檬酸与Fe_3O_4的反应较缓慢，与Fe_2O_3反应生成的柠檬酸铁溶解度较小，易产生沉淀：

$$Fe_2O_3 + 2H_3C_6H_5O_7 \longrightarrow 2FeC_6H_5O_7\downarrow + 3H_2O$$

为解决上述问题，通常在柠檬酸清洗液中加氨，将溶液pH值调至3.5～4。因为在这样的条件下，绝大部分柠檬酸转化为柠檬酸单铵（$NH_4H_2C_6H_5O_7$），而$NH_4H_2C_6H_5O_7$可与铁垢作

用生成易溶络合物，故除去金属表面腐蚀产物效果好，而柠檬酸对铁垢的溶解只起辅助作用，清洗时总化学反应为

$$Fe_3O_4 + 3NH_4H_2C_6H_5O_7 \longrightarrow NH_4FeC_6H_5O_7 + 2NH_4FeC_6H_5O_7OH + 2H_2O$$

上述络合反应，减少了游离状态 Fe^{3+} 的量，所以还能减轻 Fe^{3+} 对金属的腐蚀性。

$NH_4H_2C_6H_5O_7$ 也有一定的去除其他水垢作用，化学反应为

$$CaCO_3 + NH_4H_2C_6H_5O_7 \longrightarrow NH_4CaC_6H_5O_7 + H_2O + CO_2\uparrow$$

$$Mg(OH)_2 + NH_4H_2C_6H_5O_7 \longrightarrow NH_4MgC_6H_5O_7 + 2H_2O$$

实践经验证明，用柠檬酸清洗时，应保证以下条件：柠檬酸用量应当一次加足，清洗后期剩余柠檬酸的质量分数不能小于1%，最好不小于2%；温度不能低于80℃，pH 值不能大于4.5也不宜低于3.5，总 Fe 离子含量不应大于1%，否则，容易产生柠檬酸铁和柠檬酸亚铁的沉淀。另外，清洗过程结束后，不能将清洗液直接排放，应使用50℃以上的热水将其顶排掉。因为在清洗溶液中含有许多胶态柠檬酸铁铵的络合物，如直接排放或用冷水顶排，它们会附着在金属表面上，干燥后形成很难冲洗掉的红褐色膜状物质。

柠檬酸清洗也有一些缺点：① 除垢能力比盐酸小，主要是清除铁垢和铁锈，溶解钙镁垢的能力有限，不能清除铜垢和硅酸盐垢；② 清洗温度较高；③ 流速较大；④ 价格较贵。所以，通常是在不宜使用盐酸的情况下，才考虑用柠檬酸或其他有机酸。

2. 乙二胺四乙酸（EDTA）

EDTA 分子式为 $C_{10}H_{16}N_2O_8$，属于四元酸，简写为 H_4Y。在水中可逐级电离，生成 H^+、H_3Y^-、H_2Y^{2-}、HY^{3-} 和 Y^{4-}，其中，Y^{4-} 有时又称为络合基本单元。作为清洗剂，通常使用 EDTA 的钠盐或铵盐。EDTA 清洗是指用 EDTA 或其钠盐、铵盐进行化学清洗过程的总称。

如果用 EDTA 钠盐做清洗液，则清洗液的起始 pH 值范围为4.5～5.5；如果用 EDTA 铵盐做清洗液，则高温清洗液的起

始 pH 值范围为 9.0～9.5，低温清洗液的起始 pH 值范围为 4.5～5.5，清洗终点 pH 值都应达到 9.0～9.5。

EDTA 属于广谱型络合剂，能与许多二价及以上金属离子（如水垢中常见的 Fe^{2+}、Fe^{3+}、Cu^{2+}、Ca^{2+}、Mg^{2+} 等）形成稳定络合物；EDTA 与 1～4 价金属离子的络合比与 EDTA 的形态无关，都是 1∶1；各种络合物稳定的共同 pH 值范围为 7.0～10.5。EDTA 清洗的主要化学反应为

溶解反应：$Fe_2O_3+6H^+\longrightarrow 2Fe^{3+}+3H_2O$

络合反应：$Fe^{3+}+Y^{4-}\longrightarrow [FeY]^-$

EDTA 二钠盐（铵盐）的络合反应：

$$Fe^{3+}+H_2Y^{2-}\longrightarrow FeY^-+2H^+$$

$$Fe^{2+}+H_2Y^{2-}\longrightarrow FeY^{2-}+2H^+$$

$$Ca^{2+}+H_2Y^{2-}\longrightarrow CaY^{2-}+2H^+$$

$$Mg^{2+}+H_2Y^{2-}\longrightarrow MgY^{2-}+2H^+$$

与其他有机酸清洗剂相比，EDTA 及其钠盐、铵盐清洗剂具有以下特点：① 清除铁垢、铜垢、钙镁垢的能力强；② 对金属的腐蚀性较小，碱性条件下清洗液能在金属表面生成良好的防腐保护膜，可无须另行钝化处理，因此，清洗和钝化一步完成；③ 清洗的临时系统比较简单；④ 可从清洗后的废液回收 EDTA，降低了药剂费用；⑤ 不宜清洗含硅量高的水垢。

3. 羟基乙酸

羟基乙酸（$HOCH_2COOH$）易溶入水，具有腐蚀性低、不易燃、无臭、毒性低、生物分解性强、不挥发等特点，使用方便。

羟基乙酸对钙、镁化合物有较好的溶解能力，适合于清洗钙、镁水垢，化学反应为

$$CaCO_3+2HOCH_2COOH\longrightarrow Ca(HOCH_2COO)_2+H_2O+CO_2\uparrow$$

$$MgCO_3+2HOCH_2COOH\longrightarrow Mg(HOCH_2COO)_2+H_2O+CO_2\uparrow$$

$$Mg(OH)_2+2HOCH_2COOH\longrightarrow Mg(HOCH_2COO)_2+2H_2O$$

$$Ca_3(PO_4)_2+6HOCH_2COOH\longrightarrow 3Ca(HOCH_2COO)_2+2H_3PO_4$$

羟基乙酸与铁的腐蚀产物反应为

$$Fe_2O_3 + 6HOCH_2COOH \longrightarrow 2Fe(HOCH_2COO)_3 + 3H_2O$$

$$FeO + 2HOCH_2COOH \longrightarrow Fe(HOCH_2COO)_2 + H_2O$$

若锈垢占比例较大时，单一的羟基乙酸溶解效果不显著，可改用2%～4%（质量分数）的羟基乙酸加1%～2%（质量分数）甲酸的混合酸，其清洗效果良好，但甲酸具有强刺激性，在应用上受到限制。当垢成分主要是铁化合物时，为提高清洗能力，采用在85～95℃较高温度下循环清洗，并加入0.3%二邻甲苯硫脲作为缓蚀剂或加入其他合适的缓蚀剂。

羟基乙酸与EDTA和柠檬酸相比，有更强的溶垢清洗能力。它对材质的腐蚀性低，不会产生有机酸铁的沉淀；由于化学成分中不含氯离子，适用于有奥氏体钢及水冷壁管已有裂纹的锅炉清洗。

酸洗液组成一般采用一种酸，但有时根据锅炉材质、垢成分而采用两种或两种以上的酸复配成酸洗溶液，以改进清洗工艺，提高清洗效果，如盐酸＋氢氟酸、硫酸＋氢氟酸、氨基磺酸＋硫酸、羟基乙酸＋甲酸或柠檬酸等。

在规定的试验条件下，不同酸洗溶液对锈垢去除能力的对比可参考表18-2，对Fe_3O_4的溶解能力可参考表18-3，各种清洗剂适用的垢型和材质见在表18-4。

表18-2　不同酸溶液对锈垢去除能力的对比（锈垢厚0.125～0.25mm）

酸洗溶液及试验条件	酸洗时间（h）							
	1/4	1/2	1	2	3	4	5	6
5%盐酸，71～77℃，0.6m/s	P	C	C	—	—	—	—	—
3%磷酸，100℃，0.6m/s	—	—	—	U	U	C	—	—
3%柠檬酸铵，94～105℃，0.6m/s	—	—	—	—	U	U	P	C
2%羟基乙酸—1%甲酸，0.6m/s	—	—	—	U	P	C	—	—
3% EDTA 铵盐，135～149℃，0.6m/s	—	—	—	U	U	P	C	C
15% EDTA 钠盐，94～105℃，0.6m/s	—	—	—	—	—	—	—	U

注　C、P和U分别代表去除率为95%～100%、20%～95%和10%以下。

表 18-3　不同酸溶液对 Fe_3O_4 的溶解能力

酸洗溶液	溶解能力（Fe_3O_4，g/L）	酸洗溶液	溶解能力（Fe_3O_4，g/L）
5%盐酸	39.55	3% EDTA 铵盐	3.0
3%磷酸	0.96	6% EDTA 铵盐	5.99
1% 氢氟酸	9.86	12% EDTA 钠盐	6.23
3%柠檬酸铵	8.63	2%羟基乙酸＋1%甲酸	13.42

表 18-4　各种清洗剂适用的垢型和材质

清洗剂	适用垢型及除垢特点	适用材质
盐酸	除硅垢外，对其他垢的溶解速度很快，无再沉积现象	适用碳钢、铜；不可用于不锈钢和奥氏体钢
硫酸	除铁锈、氧化皮、含钙量很低的垢及铝的氧化物较理想，不适合去除含钙量较高的垢	碳钢、低合金钢、不锈钢
硝酸	除硅垢外的所有垢	碳钢、铜、不锈钢
氢氟酸	钙垢、镁垢、铁垢、硅垢	碳钢、铜、不锈钢、合金钢
硝酸-氢氟酸	钙、镁、铁垢、硅垢	碳钢、铜、不锈钢、合金钢
氨基磺酸	钙垢、镁垢、碳酸盐垢、氢氧化物垢，除高温氧化铁垢稍差	碳钢、铜、不锈钢、合金钢
柠檬酸	以清除氧化铁垢为主，对硅垢、钙垢、镁垢无效，氨化后在碱性条件可除铜垢	碳钢、不锈钢、合金钢、奥氏体钢
甲酸	除铁的氧化物及氧化铁垢	碳钢、铜、不锈钢、合金钢、奥氏体钢

续表

清洗剂	适用垢型及除垢特点	适用材质
EDTA	络合除铁的氧化物、铁垢及垢中的金属离子	碳钢、铜、不锈钢、合金钢、奥氏体钢
羟基乙酸-甲酸	除铁的氧化物、铁垢及垢中的金属离子	碳钢、铜、不锈钢、合金钢、奥氏体钢

二、缓蚀剂

酸洗过程中，在去除水垢和锈垢的同时，酸会对金属基体产生腐蚀，严重时伴生出现氢脆现象。因此，在酸洗液中必须加入缓蚀剂，以最大限度地抑制金属基体遭受酸的腐蚀。不同种类缓蚀剂的作用机理是大不相同的。有的缓蚀剂可吸附在金属表面形成连续的薄膜阻隔清洗介质对金属的腐蚀；有的与金属或溶液中的其他离子反应，反应生成物覆盖在金属表面，阻滞了腐蚀过程；有的缓蚀剂阻滞了金属腐蚀的阳极过程或阴极过程，即抑制了金属溶解和析氢（又称放氢）等。

缓蚀剂是一种当它以适当的浓度和形式存在于环境（介质）时，可防止或减缓腐蚀的化学物质或复合物。良好的化学清洗缓蚀剂应具备以下性能。

（1）高效。加入极少量（千分之几或万分之几），就能大大地降低酸对金属的腐蚀速度，一般要求在试验温度条件下，静态试验腐蚀率小于 $1g/(m^2 \cdot h)$，缓蚀效率大于96%。对于金属的焊接部位、有残余应力的地方及不同金属接触处，都有良好的抑制腐蚀的能力。

（2）水溶性好，不溶物少，不含能附着在金属壁表面沉积物，不会降低清洗液去除沉积物的能力。

（3）在清洗条件下（包括清洗剂浓度、温度、时间、流速）不分解，缓蚀性能好而稳定，也不降低清洗效果。

（4）不会扩大和加深原始腐蚀斑痕，不存在产生点蚀的危险；用于清洗奥氏体钢设备的缓蚀剂应不含氯离子；不促进应力腐蚀和晶间腐蚀；对金属的机械性能和金相组织没有任何影响。

（5）无毒性，使用安全、方便，排放废液不会污染环境。

（6）通过组分调配，可同时保护多种金属。

（7）在金属表面吸附速度快、覆盖率高；酸洗后，不残留有害薄膜，以免影响后续清洗工艺。

（8）与其他添加剂（如还原剂、掩蔽剂）兼容；不易与酸洗介质发生化学反应；不削弱酸的溶垢能力；具有辅助溶垢去污能力；不分解变质；可长期存放。

目前，酸洗常用缓蚀剂见表 18-5，它们大多是硫脲、噻唑、炔醇和烯醇、咪唑啉等的衍生物，属于有机缓蚀剂。

表 18-5　　酸洗常用缓蚀剂

清洗介质	常用缓蚀剂
盐酸	IS-129、IS-156、SH-369、SH-416、Lan-826、MC-5、CM-911、TSX-04 和若丁[①]等
柠檬酸	若丁、SH-369、SH-416、Lan-826、CM-911、DDN-001 和邻二甲苯硫脲等
氢氟酸	F-102、MC-5、Lan-826、若丁、CM-911、SH-416、TPRI-Ⅲ、DDN-001 等
氨基磺酸	Lan-826、TPRI-7、若丁、CM-911、SH-416、DDN-001 等
EDTA	TPRI-6、Lan-826（90℃）、MBT＋联氨＋硫脲＋乌洛托平等
羟基乙酸-甲酸	TPRIY6、XD-245、Lan-826、天津若丁等

① 若丁是一种缓蚀剂的工业产品名称，其组成物因生产厂家而异。所以在使用若丁之前，应先了解化学组成、溶解性能和缓蚀效率等；含有氯化物的若丁，不能用于清洗有奥氏体钢的设备。

缓蚀效率按式（18-3）计算：

$$\eta=\frac{\omega_g-\omega_0}{\omega_g}\times 100\% \tag{18-3}$$

式中：η 为缓蚀效率，%；ω_g 为试片在无缓蚀剂酸洗液中的腐蚀速度，$g/(m^2 \cdot h)$；ω_0 为试片在有缓蚀剂酸洗液中的腐蚀速度，$g/(m^2 \cdot h)$。

如表 18-5 所示，可用于某种清洗介质的缓蚀剂品种较多，一般需要通过小型动态模拟试验择优选用和确定缓蚀剂的用量。模拟试验条件主要有材质、酸的浓度、添加剂量、温度、流速、时间、缓蚀剂量、有害物（如 Fe^{3+}）的浓度，从腐蚀速度、缓蚀效率、溶解分散性和热稳定性几方面评价缓蚀剂的性能。

三、添加剂

若沉积物含有较多的酸不溶物，则单用酸洗介质清洗效果往往不好。另外，清洗铁垢和铜垢时，Fe^{3+} 和 Cu^{2+} 进入清洗液中，因其具有氧化性，从而引起金属的腐蚀。解决这些问题的方法是向清洗液中加入添加剂。酸洗添加剂可分为以下三类。

1. 络合还原剂

这类添加剂是通过络合作用或还原作用消除氧化性离子 Fe^{3+}、Cu^{2+} 的影响。

Fe^{3+}、Cu^{2+} 腐蚀钢铁的反应如下：

$$Fe + 2Fe^{3+} \longrightarrow 3Fe^{2+}$$

$$Fe + Cu^{2+} \longrightarrow Fe^{2+} + Cu$$

通常，当清洗液中 $\rho(Fe^{3+}) + \rho(Cu^{2+}) > 1000mg/L$，则钢铁腐蚀速度较快。$Fe^{3+}$、$Cu^{2+}$ 腐蚀可造成钢铁表面粗糙，甚至点蚀。

从 Cu^{2+} 腐蚀钢铁的反应可知，金属铜（Cu）析出，而且一般是在钢铁表面析出，即在钢铁表面镀金属铜，简称镀铜。因为所镀铜层不连续，所以镀铜在钢铁表面形成许多腐蚀微电池，镀铜部位为阴极，非镀铜部位为阳极，造成金属腐蚀。

值得注意的是，Fe^{3+} 和 Cu^{2+} 所引起的钢铁腐蚀不能靠缓蚀剂防止，绝大多数缓蚀剂对它们的抑制作用较差，这是由于 Fe^{3+} 和 Cu^{2+} 具有较强的去极化作用，吸附在金属表面的缓蚀剂膜不能有效阻止 Fe^{3+} 和 Cu^{2+} 在金属表面阴极区得到电子而完成还原反应，与此同时发生阳极区金属腐蚀。所以，有人建议将清洗液中 $\rho(Fe^{3+})+\rho(Cu^{2+})$ 控制在 1000mg/L 以下。目前，常用添加络合剂、还原剂的方法降低 Fe^{3+}、Cu^{2+} 的含量。

（1）添加还原剂。当清洗液中 Fe^{3+} 较多时，可往清洗液中添加还原剂，使 Fe^{3+} 还原为 Fe^{2+}。

盐酸清洗常用的还原剂有氯化亚锡（$SnCl_2$）、D-异抗坏血酸钠（$C_6H_7O_6Na$）或异抗坏血酸（$C_6H_8O_6$）、亚硫酸钠（Na_2SO_3）等，反应如下：

$$2Fe^{3+} + Sn^{2+} \longrightarrow 2Fe^{2+} + Sn^{4+}$$

$$C_6H_7O_6Na + 2Fe^{3+} \longrightarrow C_6H_6O_6 + 2Fe^{2+} + Na^{+} + H^{+}$$

$$2Fe^{3+} + SO_3^{2-} + H_2O \longrightarrow SO_4^{2-} + 2Fe^{2+} + 2H^{+}$$

一般，若清洗液中 $\rho(Fe^{3+}) > 300mg/L$ 时，则添加还原剂，使清洗液中还原剂的质量分数为 0.1%～0.2%。

用有机酸清洗时，还可用联氨、草酸等作为还原剂。

（2）络合剂。当清洗液中 Cu^{2+} 较多时，可往清洗液中添加络合剂（也称隐蔽剂），如硫脲、六亚甲基四胺等，反应如下：

$$Cu^{2+} + 2(NH_2)_2CS \longrightarrow Cu[(NH_2)_2CS]_2^{2+}$$

$$Cu^{2+} + (NH_2)_6N_4 \longrightarrow Cu[(NH_2)_6N_4]^{2+}$$

清洗液中硫脲的质量分数一般为 0.2%～1.0%，六亚甲基四胺的质量分数一般为 0.2%～0.5%。

2. 助溶剂

这里，将清洗液中能加快溶垢速度的添加剂称为助溶型添加剂，通称助溶剂，又称助洗剂。

在酸洗液中，硅酸盐垢、铜垢不易溶，氧化铁的溶解速度也不快，所以需要向清洗液中添加助溶剂。例如，向酸洗液中添加氟化物，利用 F^- 和 Fe^{3+} 的络合作用，降低 Fe^{3+} 含量，这不但促进了酸与氧化铁的反应，而且减轻了 Fe^{3+} 对钢铁的腐蚀。

用盐酸清洗时，若水垢中含有硅垢，因盐酸不溶硅垢，所以有必要添加氟化氢铵或氟化钠，利用氟化物在盐酸中生成的氢氟酸促进硅垢溶解。一般，氟化物的添加剂量为 0.2%～0.5%。

3. 表面活性剂

表面活性剂又称界面活性剂，是一类在溶液中浓度很低时就可显著降低溶剂表面张力的物质。

表面活性剂分子具有双亲结构：亲油基和亲水基。如常用的肥皂，它的主要化学成分是硬脂酸钠（$C_{17}H_{35}COONa$），其亲油基是 $C_{17}H_{35}$—，亲水基是—COONa。表面活性剂的亲油基吸引油排斥水，亲水基则相反——吸引水排斥油。这里所述的油是疏水物质的代表。表面活性剂的亲油基主要是长链烃基（包括芳香基），对水有排斥作用，故又称憎水基、疏水基。

表面活性剂有很多种，根据亲水基电离特性将表面活性剂分为阳离子型、阴离子型、非离子型和两性离子型等四类，化学清洗常用前三类表面活性剂。

（1）阳离子型。这类表面活性剂在水中电离成亲水性的阳离子，如新洁尔灭。

（2）阴离子型。这类表面活性剂在水中电离成亲水性的阴离子，如烷基磺酸钠和肥皂。

（3）非离子型。这类表面活性剂在水中不电离成离子，分子中的亲水基大都为羟基或聚氧乙烯基等，如脂肪醇聚氧乙烯醚（平平加）、OP－15、TX－10。

阳离子型表面活性剂价格较高，锅炉清洗中一般不用，但它大都具有杀菌能力，常用于清洗循环水系统的生物黏泥。锅炉化学清洗中常用阴离子型和非离子型表面活性剂，这两类表面活性剂还可和缓蚀剂配制成混合缓蚀剂。

清洗实践结果表明，只有亲油性和亲水性之间保持一定平衡的表面活性剂，才能增强清洗效果。格里芬（Griffin）提出用亲水亲油平衡值（hydrophile lipophilic balance，HLB）表示表面活性剂的亲水性。表面活性剂的 HLB 值越大，亲水性越强；反之，疏水性（亲油性）越强，HLB 值反映了表面活性剂溶解分散于水的能力。表面活性剂都是难溶于水的物质，清洗中都是选用已配置好的液体。

表面活性剂在清洗液中的作用有：① 润湿渗透作用，表面活性剂降低了清洗液与垢表面之间的接触角，帮助清洗液渗透到垢的内部；② 乳化作用，表面活性剂的亲油基吸附在油和垢微粒周围，亲水基伸入水中，这种被表面活性剂包裹的油、垢在水流的冲击作用下，离开锅炉表面，稳定分散于清洗液中，形成水包油型（O/W）乳状颗粒；③ 悬浮分散作用，表面活性剂吸附在固体污垢和锅炉表面上，加大污垢颗粒与锅炉表面间的距离，削弱了垢与锅炉表面的附着力，在水流作用下污垢颗粒离开锅炉表面；由于污垢颗粒吸附了一层表面活性剂，导致颗粒之间不能相互聚集，而呈稳定分散状态；④ 发泡作用，表面活性剂增加了水流产生气泡的数量和气泡的稳定性，增强了清洗剂的去污效果；⑤ 增溶作用，表面活性剂可增加难溶性或不溶性物质的溶解度，提高了清洗效果。

化学清洗锅炉时，应用表面活性剂的目的主要有：

（1）作为洗涤剂。在碱洗或碱煮中，一般将表面活性剂与氢氧化钠、磷酸三钠和磷酸氢二钠等具有去污能力的药品混合使用，洗净锅炉内的油污，以利于下一步化学清洗。常用于这一目的的药剂是合成洗涤剂，如 401 和 601 洗涤剂等，用量为 0.02％～0.05％。

（2）作为润湿剂。在酸洗时作为润湿剂加在清洗液中，由于它能显著地降低水的表面张力，使清洗液容易在金属或沉积物表面上展开和渗透到垢的内部，增加了清洗液与垢的接触面积。常用于这一目的的表面活性剂有平平加-20 等多种。

（3）作为乳化剂。当选用的混合缓蚀剂配方中有难溶组分时，可在配方中添加适当的表面活性剂，使混合缓蚀剂形成乳状液，以利使用。常用于这一目的的表面活性剂有 OP-15、农乳 100 等。

当表面活性剂作为润湿剂或乳化剂时，应选用泡沫少的表面活性剂，否则，需要在清洗液中添加消泡剂，避免泡沫过多。

从上述可知，化学清洗所用的药品中有许多是有机物，为便于了解这些有机物的性质与用途，现将它们列于表 18-6 中。

表 18-6 锅炉化学清洗中使用的有机药剂

序号	名称	结构式	用途	性质
1	柠檬酸	$HO-C(COOH)(CH_2-COOH)_2$	清洗剂（做成柠檬酸单铵使用）	无色结晶，易溶于水和乙醇
2	EDTA（乙二胺四乙酸）	$(HOOC-CH_2)_2N-CH_2-CH_2-N(CH_2-COOH)_2$	清洗剂（常做成EDTA铵盐或钠盐使用；也有将EDTA与其他有机酸组合使用的）	白色结晶，在240℃分解，略溶于水，不溶于普通有机溶剂
3	甲酸（蚁酸）	$H-C(=O)-O-H$	清洗剂（常与氢氟酸共用，有与羟基乙酸组合使用的）	无色而有刺激性的液体，沸点100.5℃，能与水互溶
4	邻苯二甲酸	$C_6H_4(COOH)_2$（苯环邻位两个COOH）	清洗剂	白色结晶，加热至200～230℃时失水成为邻苯二甲酸酐。酸酐为白色固体，不易溶于水，但溶于乙醇

续表

序号	名称	结构式	用途	性质
5	酒石酸	HOOC—CH(OH)—CH(OH)—COOH	清洗剂（可与EDTA组合使用）	透明结晶，极易溶于水
6	顺丁烯二酸（俗称失水苹果酸）	CH—COOH ‖ CH—COOH	清洗剂	无色晶体，密度1.59g/cm³（20℃），熔点130.5℃，在135℃时分解，溶于水、乙醇和乙醚。受热时易失水而成顺丁烯二酸酐
6	顺丁烯二酸酐（俗称失水苹果酸酐）	CH—C(=O) ‖ O CH—C(=O)（环状酸酐）	清洗剂（常与EDTA组合使用）	无色结晶粉末，有强烈刺激气味，密度1.48g/cm³，熔点52.8℃，沸点200℃，易升华，溶于水、乙醚和丙酮。与热水作用而成顺丁烯二酸
7	羟基乙酸	CH_2—COOH（CH_2上连OH）	清洗剂（常与其他有机酸混合使用）	无色易潮解的晶体，密度1.49g/cm³，熔点79～80℃，易溶于水和乙醇

续表

序号	名称	结构式	用途	性质
8	乌洛托平（六次甲基四胺）		缓蚀剂（用于盐酸中）	白色结晶粉末或无色有光泽的晶体，能溶于水和乙醇，对皮肤有刺激作用，密度 1.27g/cm³（25℃），在约 263℃时升华并部分分解
9	硫脲	$H_2N-\overset{\overset{S}{\|}}{C}-NH_2$	缓蚀剂（用作混合缓蚀剂的组分）	白色而有光泽的晶体，味苦，密度 1.405g/cm³，熔点 180～182℃，溶于水，加热时能溶于乙醇
10	二邻甲苯基硫脲	$(o\text{-}CH_3C_6H_4)-NH-\overset{\overset{S}{\|}}{C}-NH-(C_6H_4CH_3\text{-}o)$	缓蚀剂（用于柠檬酸中）	白色结晶粉末，难溶于水，在酸中微溶，易溶于冰醋酸中
11	吡啶		缓蚀剂（用作混合缓蚀剂的组分）	无色或微黄色液体，有特殊的臭味，密度 0.978g/cm³，熔点 −42℃，沸点 115.56℃，易溶于水和乙醇，溶于水后显弱碱性

续表

序号	名称	结构式	用途	性质
12	巯基苯并噻唑	（苯并噻唑环，2位 —SH）	清洗剂（可用于柠檬酸或盐酸中，也用作混合缓蚀剂的组分）	淡黄色粉末，有微臭和苦味，不溶于水，溶于乙醇、氨水、NaOH 等碱性溶液中
13	苯并三唑	（苯环并 N=N—N(H) 环）	缓蚀剂（用作混合缓蚀剂的组分）	为淡黄色或白色针状结晶，熔点 90～95℃，在 98～100℃升华，水溶液呈弱酸性，易溶于甲醇、乙醚、丙酮，难溶于水
14	烷基磺酸钠	RSO_3Na	洗涤剂	白色或淡黄色粉末，易溶于水，溶于水后形成半透明溶液
15	烷基苯磺酸钠	$R—CH(CH_3)—C_6H_4—SO_2Na$	洗涤剂	白色或淡黄色粉状或片状固体，易溶于水，溶于水后形成半透明溶液

续表

序号	名称	结构式	用途	性质
16	烷基萘磺酸钠	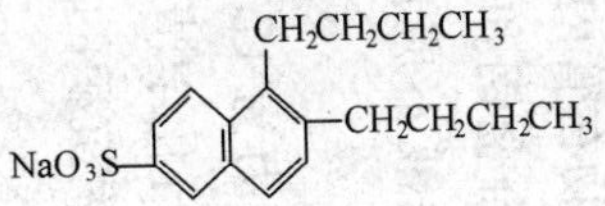 NaO_3S-萘环-$(CH_2CH_2CH_2CH_3)_2$（1位：$CH_2CH_2CH_2CH_3$；2位：$-CH_2CH_2CH_2CH_3$；6位：NaO_3S-）	润湿剂、洗涤剂	米黄色（微黄色）粉末，或乳白色粉末，易溶于水
17	无水乙醇	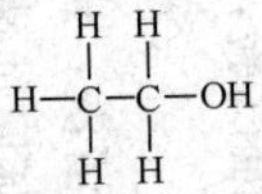 $H-\underset{H}{\overset{H}{C}}-\underset{H}{\overset{H}{C}}-OH$	溶剂	无色易流动的液体，具有芬芳气味，沸点 78.3℃，密度 $0.789g/cm^3$，可与水任意混溶
18	丙酮	$CH_3-\overset{O}{\overset{\|\|}{C}}-CH_3$	溶剂	无色而有特殊气味的液体，沸点 56℃，容易挥发，密度 $0.792g/cm^3$，能和水任意混溶
19	草酸	$\underset{COOH}{\overset{COOH}{\|}}$	还原剂（用于有机酸清洗剂中）	无色透明晶体，有毒，溶于水和乙醇，通常含 2 分子结晶水，密度 $1.653g/cm^3$、熔点 101～102℃

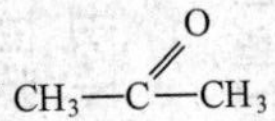

第三节　化学清洗方案的制定

一、化学清洗的范围

锅炉化学清洗的范围因锅炉的类型、参数和清洗种类（新建锅炉清洗、运行锅炉清洗）的不同而有所差别。因为在不同条件下，锅炉水汽系统污染物种类、分布不一样，所以在每次清洗时，首先应确定清洗范围。

1. 新建锅炉

（1）直流锅炉和过热蒸汽出口压力为9.8MPa及以上汽包锅炉的省煤器、水冷壁，在投产前必须进行化学清洗。压力在9.8MPa以下的汽包锅炉，当垢量和腐蚀产物量小于150g/m^{2}时，可以不进行酸洗，但必须进行碱洗或碱煮。

（2）过热器管中垢量或铁的腐蚀产物量大于100g/m^{2}时，可选用化学清洗法，但必须有防止气塞和腐蚀产物在管内沉积的措施，保持管内清洗流速在0.2m/s以上。有高合金钢和奥氏体钢材质的过热器清洗应做应力腐蚀试验，清洗液不应产生应力腐蚀。

（3）再热器一般不进行化学清洗，出口压力为17.4MPa及以上机组的锅炉再热器可根据实际腐蚀情况进行化学清洗，但必须有消除立式管内的气塞和防止腐蚀产物在管内沉积的措施，应保持管内清洗流速在0.2m/s以上。

（4）容量为200MW及以上机组的凝结水及高压给水管道系统的金属氧化物量大于150g/m^{2}时，必须化学清洗（腐蚀产物较少时也可只采用碱洗），低于此值的可不化学清洗，只进行水冲洗，但冲洗流速应大于0.5m/s。

（5）600MW及以上机组的凝结水及高压给水管道至少应进行碱洗，凝汽器、低压加热器和高压加热器的汽侧及其疏水系统也应进行碱洗或水冲洗。

2. 运行锅炉

(1) 运行汽包锅炉的化学清洗范围，一般只包括锅炉本体的省煤器、水冷壁、汽包及其下降管和分配管等水系统。过热蒸汽系统是否化学清洗要根据结垢和腐蚀情况确定。

(2) 运行后的直流锅炉，化学清洗范围一般只包括锅炉本体的省煤器、水冷壁和过热器系统，再热器一般不参加化学清洗。

运行锅炉何时需要化学清洗，由受热面的腐蚀和结垢程度，以及运行年限确定。如主蒸汽压力大于 15.6MPa 的汽包锅炉，当水冷壁管向火侧垢量大于 $250g/m^2$ 时或清洗间隔年限达到 5～10 年的就应进行化学清洗。

当对过热器和再热器化学清洗时，应当注意的是一定要有防止立式 U 形管产生气塞和被清洗下来的腐蚀产物在管内沉积的措施，保证冲通每根管束。防止锅炉启动后，由于积渣引起蒸汽流通不畅造成管道金属壁温过热而爆管。

对于凝汽器及高、低压加热器的汽侧，以及各种疏水管道，一般都不化学清洗，只用蒸汽或水冲洗。

锅炉化学清洗是一项技术要求较高的工作，要求清除沉积物等杂质的效果好，对设备的腐蚀性小，并且应力求缩短清洗时间和节省药品等费用。为此，首先应选取合适的清洗药品和制定一个较好的化学清洗方案，做好清洗的准备工作。化学清洗方案的主要内容是拟定化学清洗的工艺条件和确定清洗系统，现介绍如下。

二、化学清洗工艺

化学清洗时，清洗液中虽然有缓蚀剂等药品，但是因为锅炉及其热力系统的零件和部件往往由多种钢材制成，所以清洗液对这些金属的腐蚀情况如何，仍然是需要考虑的问题，如清洗的工艺条件选择得不好，不仅清洗效果不良，而且缩短设备使用寿命，甚至造成设备损坏。

选择化学清洗药品时，主要应考虑清洗液对化学清洗范围内各种设备、部件等金属材料的腐蚀性，以及它对沉积物的清洗效果。为此，首先应详细了解这些设备和部件的制作材料，查明锅炉内沉积物的状况。根据这些资料，挑选出一种或几种合适的清洗药品。

为确定清洗药品，探求最合适的清洗条件，应进行专门的试验（常称小型试验）。方法为将清洗管样在不同组分、剂量和温度的清洗溶液中静态浸泡（静态试验）或动态循环（动态试验），记录将垢和腐蚀产物完全清洗干净所需要的时间，然后检查清洗效果及测定腐蚀速度。通过比较，选定最适宜的清洗药品和最优的工艺条件。对于清洗有奥氏体钢的锅炉，还应当进行清洗药品和缓蚀剂对材料的应力腐蚀和晶间腐蚀试验。

下面简要说明清洗方式和工艺条件。

1. 清洗方式

化学清洗有动态闭式循环、静态浸泡、开路清洗和半开半闭四种方式。通常采用动态闭式循环清洗方式，较少采用其他方式。动态闭式循环清洗有以下优点。

（1）被洗系统各部位的液温、药品浓度和壁温都很均匀，不致因温差和浓度差而造成清洗效果不同。

（2）容易根据出口清洗液的分析结果，判断清洗的进度及终点。

（3）流动的溶液具有搅动、冲刷作用，有利于清除沉积物。

静置浸泡法的效果不如流动清洗好，但准备工作比较简单、药品用量少，所以当经小型试验证实的确有效，且锅炉短时间内就要投入运行或只需要清洗汽包锅炉的水冷壁管时，也可采用。静态清洗要考虑的主要因素有腐蚀产物和其他沉积物是否容易从金属表面去除；根据锅炉结构，被去除的腐蚀产物和沉渣是否容易从锅炉中排出；能否由系统底部通气搅拌，以提高清洗效果；酸洗过程中是否容易取得有代表性的水样监测酸、铁等浓度的变化及对清洗终点的判断等。

2. 药品剂量

清洗剂、缓蚀剂和表面活性剂等药品的剂量，随锅炉内沉积物状况的不同而异。合适的剂量主要应由小型试验确定。缓蚀剂的剂量应以保证腐蚀速度最小为原则，一般在0.3%左右，不宜超过0.5%。

3. 清洗液温度

清洗液的温度对清洗效果有较大影响。例如，液温高对清除铁的氧化物等沉积物有利，因为它们的溶解度和溶解速度随温度的升高而增大。当液温下降时，已溶解的沉积物还可能再沉淀。但缓蚀剂抑制腐蚀的能力却随液温的上升而下降，当超过一定液温时，缓蚀作用可能完全失效。EDTA 和氨基磺酸超过选定的清洗温度也会增加它们的分解，降低有效浓度。

4. 清洗流速

采用循环清洗方式时，应适当控制清洗液的流速，不宜过大和过小。流速大，虽然沉积物的溶解速度增快，但缓蚀剂抑制腐蚀的能力下降；流速过小，不能保证清洗液在系统各部分充分流动，清洗效果差。允许的最大和最小流速可通过动态小型试验确定，一般在0.2～1.0m/s。

5. 清洗时间

清洗时间通常是指清洗液在清洗系统中循环流动的时间。因为清洗的化学反应速度随清洗剂的不同而异，所以清洗所需时间也随清洗液的种类而不同，实际时间应根据化学监督的数据掌握。用盐酸和硫酸清洗时，不宜超过10h，避免在水冷壁管发生渗氢或氢脆的危害。

6. 常用酸洗工艺条件

（1）盐酸酸洗。一般，酸洗液组成为4%～7%的 HCl、0.3%～0.4%的缓蚀剂、0.2%～0.4%的氟化物；酸洗温度为50～60℃；流速为0.2～1.0m/s；酸洗时间通常约为6h，不宜超过10h，防止发生氢脆。如果沉积物中铜垢含量小于10%，可采用酸洗一步除铜工艺，即在酸洗液中添加约0.5%～1.0%的硫脲等络合剂。

（2）硫酸酸洗。一般，酸洗液组成为3%～9%的 H_2SO_4、

0.3%～0.4%的缓蚀剂、0.2%～0.4%的氟化物；酸洗温度为50～60℃；流速为0.2～0.5m/s，最高允许达到1.5m/s；酸洗时间通常为6～8h，不宜超过10h，防止发生氢脆。

（3）柠檬酸酸洗。一般，酸洗液组成为3%～8%的柠檬酸、0.3%～0.4%的缓蚀剂、加氨调整pH值至3.5～4.0；0.2%～0.4%的氟化物；酸洗温度为85～95℃；流速为0.3～1m/s；酸洗时间通常小于24h。

（4）氢氟酸酸洗。一般，酸洗液组成为1.0%～2.0%的HF、0.3%～0.4%的缓蚀剂；酸洗温度为45～55℃；流速为0.15～1.0m/s；酸洗时间为2～3h。大多采用开路清洗和半开半闭清洗。

（5）EDTA清洗。目前有两种清洗工艺可选用。

1）EDTA－钠清洗：一般，酸洗液组成为4%～8%的EDTA钠盐（除垢后剩余浓度在0.5%～1%为宜）、1500～2000mg/L联氨、0.3%～0.5%的复合缓蚀剂；清洗温度为120～140℃；清洗开始时的pH值为4.5～5.5，随着清洗进程，EDTA与垢中金属离子络合，溶液pH值逐渐上升，清洗结束时，溶液的pH值升到8.5～9.5；清洗时间为12～15h。如果清洗结束时pH值仍不能上升到8.5以上，可添加适量NaOH调节溶液的pH值升到8.5～9.5，保证钝化效果。

2）EDTA铵清洗：一般，酸洗液组成为3%～7%EDTA铵（除垢后剩余浓度在0.5%～1%为宜）、1500～2000mg/L联氨、0.3%～0.5%的复合缓蚀剂；在实际清洗中采用EDTA酸加氨调节pH值生成EDTA铵。EDTA高温清洗温度为120～140℃，起始pH值9.0～9.5达到控制条件后清洗时间约为10h；EDTA低温清洗温度为85～95℃，起始pH值为4.5，循环清洗过程中逐步加氨调整pH值到9.0～9.5，流速为不小于0.3m/s，适用于清洗新建机组的铁的氧化物。

（6）氨基磺酸清洗。一般，酸洗液组成为5%～10%的氨基磺酸、0.3%的缓蚀剂、0.2%～0.4%的氟化物；清洗温度为

50～60℃；流速为 0.2～1.0m/s；酸洗时间通常为 6～8h。为提高清洗铁氧化物的能力，可添加 1%的硫酸或其他助剂。

(7) 羟基乙酸—甲酸清洗。一般，酸洗液组成为 3%～4%的羟基乙酸 + 1%～2%的甲酸、0.3%～0.4%的缓蚀剂；酸洗温度为 85～95℃；流速为 0.3～0.6m/s；酸洗时间通常小于 24h。

三、清洗系统

应根据锅炉的结构特点、沉积物的状况及热力系统和现场设备等具体情况，拟定化学清洗系统。拟定清洗系统时，应以系统简单，操作方便，临时管道、阀门和设备少，安全可靠等为原则。图 18-1 是汽包锅炉循环清洗系统示意，图 18-2 某 300MW 亚临界机组汽包锅炉及炉前水系统循环清洗系统示意，图 18-3 是直流锅炉循环清洗系统示意，图 18-4 是锅炉静置酸洗系统示意。

在拟定化学清洗系统时，一般应考虑以下问题。

(1) 应保证清洗液流速在清洗系统各部位符合清洗要求，清洗后废液能排干净。为此，应特别注意设备、管道的弯曲和存水底部等流动不畅、不易排干的部位，避免这里流速太小而沉积杂质。例如，清洗过热器或再热器时，由于其横断面的通流总面积很大，所以要特别注意保证一定的流速，使平行布置的每根管子中都有足够流量的清洗液通过，防止沉积物堵塞或产生气塞。过热器通常与锅炉本体蒸发受热面系统串联清洗，再热器按另外的清洗回路清洗。当再热器有可以放水的部位时，清洗液的流向应从不能放水的部位流往可放水部位，以免洗下的铁锈等堵塞不能放水的部位。

(2) 清洗泵应有足够的扬程和流量。如果清洗泵的容量不够或清洗箱的容积太小，可将整个化学清洗系统分成几个独立的清洗回路，依次进行清洗，以保证有一定的清洗流速。

现以图 18-2 所示的锅炉及炉前水系统循环清洗系统为例加以说明。

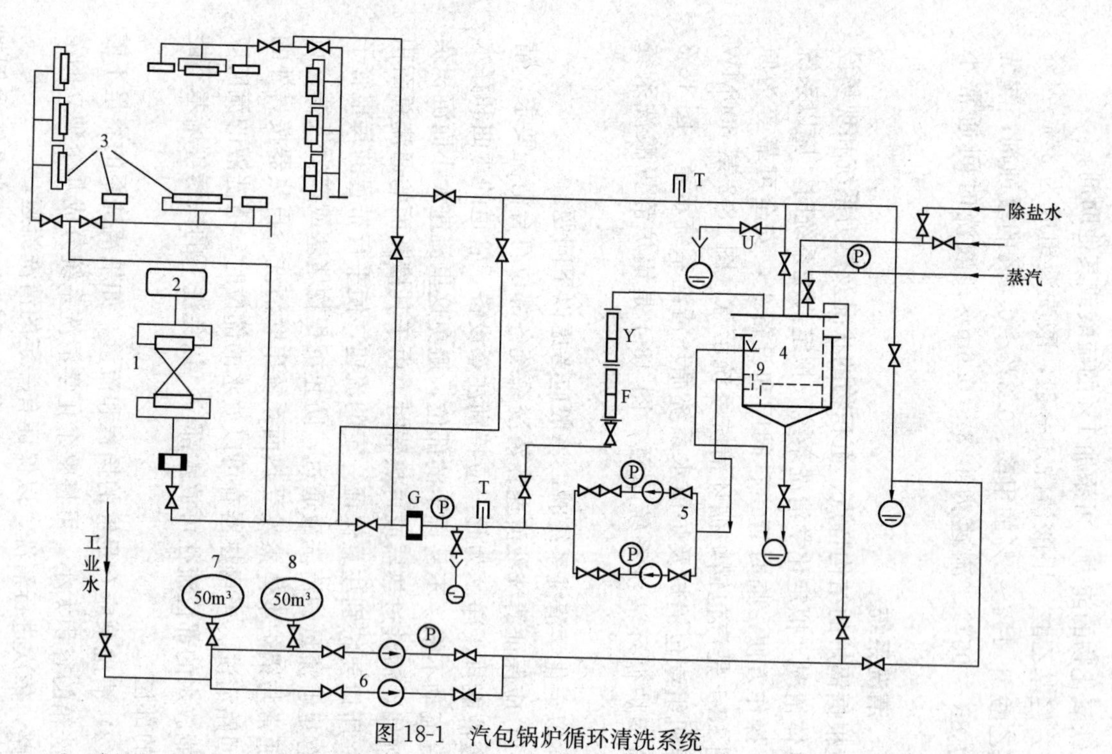

图 18-1　汽包锅炉循环清洗系统

G—流量表；P—压力表；T—温度计；U—取样点；Y—腐蚀指示片安装处；F—转子流量计；⊜—排放点；
1—省煤器；2—汽包；3—水冷壁下联箱；4—清洗箱；5—清洗泵；6—浓药泵；7—浓碱箱；8—浓酸箱；9—滤网

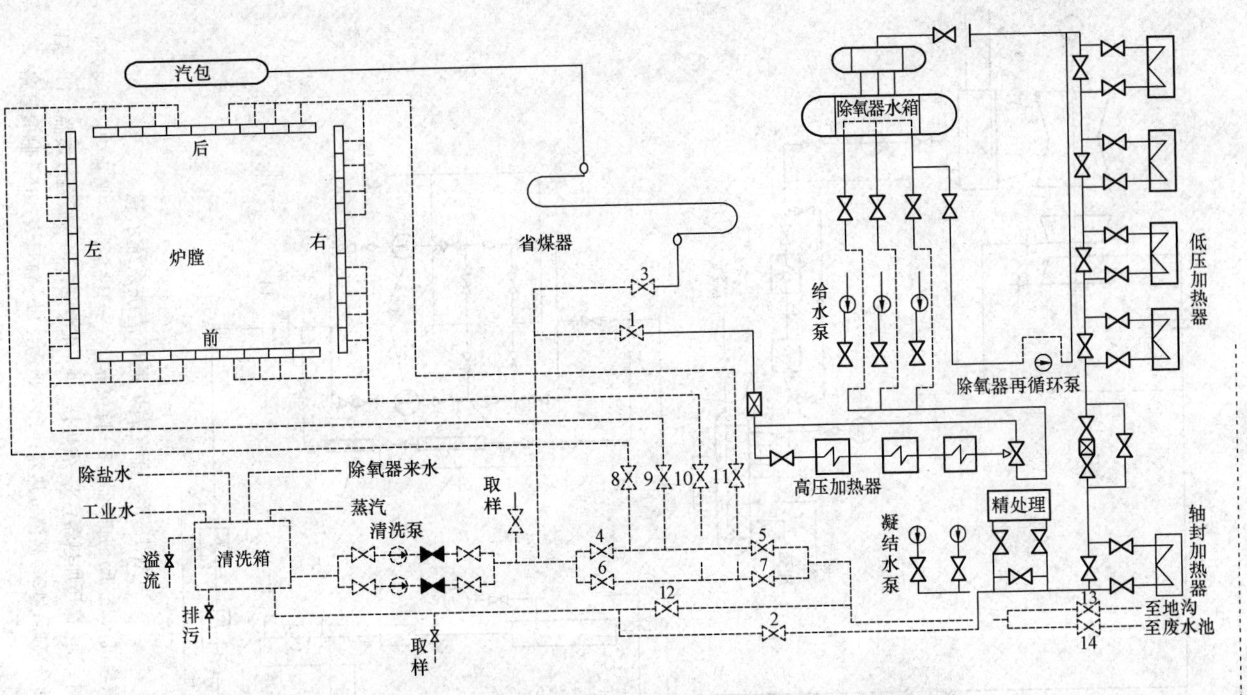

图 18-2 某 300MW 亚临界机组汽包锅炉及炉前水系统循环清洗示意

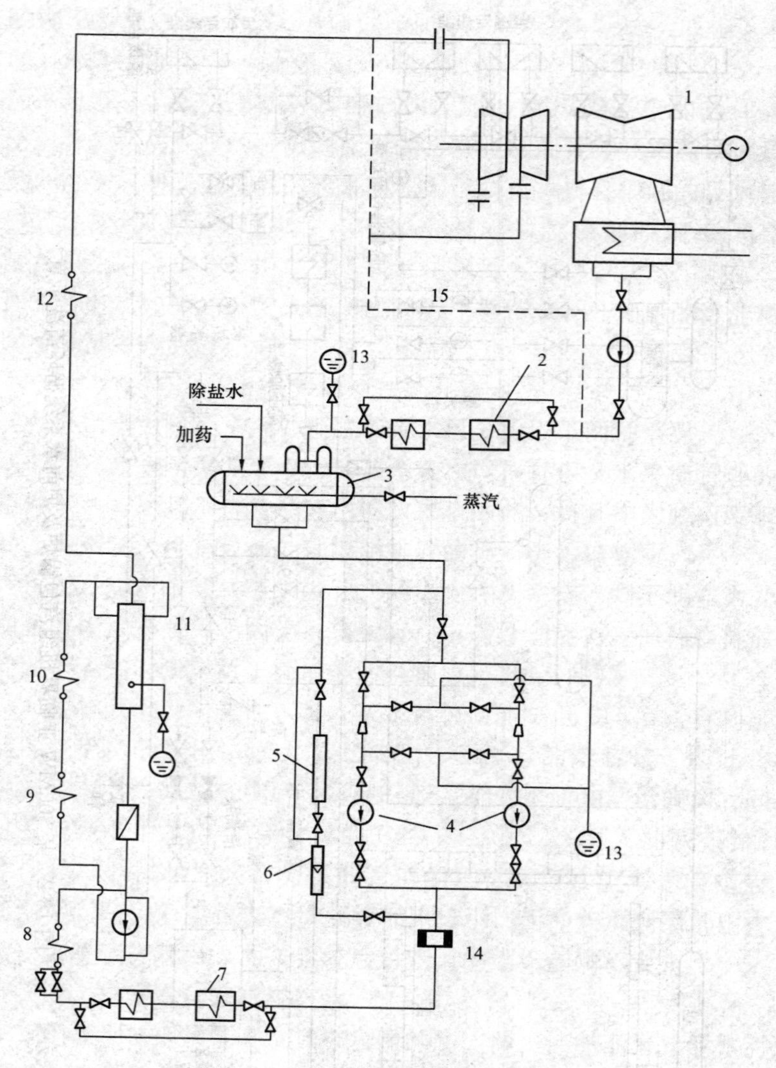

图 18-3　直流锅炉循环清洗系统示意

1—汽轮机；2—低压加热器；3—除氧器；4—清洗泵；5—监视管；6—转子流量计；7—高压加热器；8—省煤器；9—水冷壁；10—低温过热器；11—启动分离器；12—高温过热器；13—地沟；14—流量表；15—临时管路

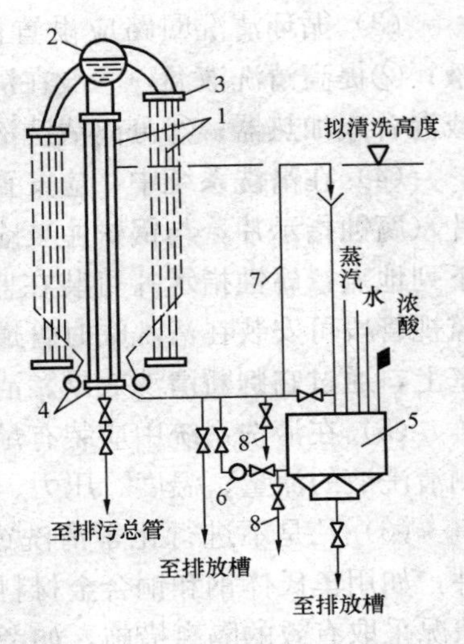

图 18-4　锅炉静置酸洗系统示意
1—水冷壁管；2—汽包；3—上联箱；4—下联箱；5—清洗箱；6—清洗泵；7—溢流管；8—取样点

该锅炉清洗系统分成两个主要回路：① 第一回路（整体循环）：清洗箱 → 清洗泵 → 清洗进水总管 → 省煤器 → 汽包 → 四周水冷壁及其联箱 → 清洗回水总管 → 清洗箱；② 第二回路（分组循环）：清洗箱 → 清洗泵 → 清洗进水总管 → 左侧水冷壁（左墙加前墙和后墙的左半部分）→ 汽包 → 右侧水冷壁（右墙加前墙和后墙的右半部分）→ 清洗回水总管 → 清洗箱。汽包锅炉水冷壁的循环清洗一般都是将清洗液从某一边侧墙水冷壁管组下联箱手孔处送入水冷壁管中，流经水冷壁管后进入汽包，从汽包进入另一侧墙水冷壁管中，再从此水冷壁管下联箱手孔处引出返回到清洗箱或清洗泵入口。

可通过控制清洗系统阀门组的开闭状态实现多组循环、反向循环等清洗方式，提高清洗能力。

该锅炉的炉前系统清洗流程为清洗箱 → 清洗泵 → 临时管道 → 省煤器入口给水管 → 高压加热器旁路 → 给水泵旁路 → 除氧器下水管 → 除氧器旁路 → 低压加热器旁路 → 凝结水管 → 凝结水精处理装置旁路 → 凝结水泵出口管 → 临时管道 → 清洗箱。

当使用临时清洗泵实现自然循环汽包锅炉的循环清洗时，为使水冷壁各管中清洗流量均匀，在汽包下降管入口处应加装临时性的节流孔板（清洗后拆除），其孔径为下降管内径的 1/7～1/8 或 45～50mm，目的是将大口径的下降管截面缩小到相当于一根或两根水冷壁管的流通截面，防止短流。

（3）循环清洗回路应设置清洗箱。作用为：①配制清洗溶液；②提高清洗液温，一般在清洗箱里装有用蒸汽加热的表面式或混合式加热器；③分离清洗液中的沉渣。

（4）在清洗系统中，应安置监视管样（附着有沉积物）和试片（腐蚀指示片，与锅炉主要金属材质相同）。它们一般安装在下列地点：腐蚀指示片可装在监视管段内、清洗箱内和汽包内；监视管段可安装在清洗临时管道系统的旁路上，也可安装在水冷壁上，通过它判断清洗效果、清洗终点和监视酸洗腐蚀速率。

（5）在清洗系统中应装有足够的监视表计及取样点，以便监测清洗液的流量、温度、压力、铁铜含量等。

（6）凡是不进行化学清洗或不能和清洗液接触的系统和部件，如用奥氏体钢和铜合金材料制成的设备和部件，应根据具体情况采取有效的隔离措施，如考虑拆除、隔离或绕过它们。当清洗汽包锅炉时，为防止清洗液进入过热器等不拟清洗的部件。可采取下述措施：① 用 pH 值为 10.0～10.5 的氨-联氨保护溶液充满过热器；② 用木塞或特制塑料塞将汽包蒸汽引出管口堵死；③ 控制汽包内的液位：就是在原水位计管座（原有水位计已拆下）上，安装透明塑料管指示液位；将汽包内事故放水管加高到比最高清洗水位高 100mm，作为临时酸液溢流管用。可采用调节清洗回水总管阀门开度，控制汽包水位。汽包的酸洗水位一般要比正常运行水位高 200mm 左右或不低于汽包的中心线，碱洗和漂洗水位在酸洗水位之上，水冲洗和钝化水位控制最高，相互间的高度差为 100mm 左右。此外，为防止酸碱液进入，与清洗系统连接的各种仪表管、加药管、连续排污管及洗汽装置的给水管等，必须有效隔离。

（7）清洗系统中应有引至室外的排氢管，以排除酸洗时产生的氢气，避免爆炸事故，或者产生气塞而影响清洗。为了排氢通畅，排氢管上应尽量减少弯头。当清洗汽包锅炉时，排氢管装在汽包顶部，通常利用汽包原有的向空排汽管，将其接长至锅炉顶部以上。

第四节　化学清洗的实施及监督

一、化学清洗的准备工作

化学清洗是一项技术要求很高的工作，而且大都是隔若干年进行一次，应事先做好准备。首先应将参加清洗工作的有关人员组织起来，熟悉清洗方案和设备系统，明确分工，然后进行清洗用品和场地等的准备，主要有以下几方面。

1．清洗用药

在化学清洗工作开始前，应准备齐全、数量充足的所需药品，如清洗用酸，以及中和废酸用碱等，应有一些富裕量，运抵清洗现场的主要药品（如酸和缓蚀剂）应取样抽检做质量验证试验。但清洗工作应在保证清洗质量的前提下，尽可能减少化学药剂用量，以降低清洗成本，减轻排放废液对环境的污染。

2．清洗用水

化学清洗过程中，有时在短时间内需要大量的清水和除盐水，若在清洗过程中供水中断，就会严重影响清洗效果，延长整个清洗时间。所以，在化学清洗工作开始前，应准确掌握清洗用水的水质和水量，如补给水（除盐水或软水）、清水（自来水或工业水）等的水质、消耗量和可供给量，特别是应根据除盐装置的制水能力和除盐水箱的贮水量，事先拟定出除盐水制备和消耗计划。

3．热源

由于清洗液需要加热，所以必须保障热源供应。清洗时，常用的热源为蒸汽，一般要求加热蒸汽压力不低于0.6MPa。应对蒸汽的压力、温度、用量和取用点等计划周到。当EDTA清洗需要锅炉点火时，应监测炉墙四周的金属壁温，及时调整油枪的投入和燃烧强度，保证四周水冷壁受热均匀，并控制在所要求的清洗温度范围内。

4. 电源和清洗泵

要了解清洗泵对电源电压、负荷的需求和供电情况，防止供电中断。清洗泵的出力和扬程要满足锅炉清洗要求，并有备用泵。清洗泵应具备耐酸碱腐蚀的性能。

5. 废液的排放

应严格管理清洗废液的排放，并且要特别注意不至于产生灾害（如腐蚀沟道、污染水源）。为此，应准备好处理废液的设施和制定废液处理的措施，排放的废液应符合环境保护的规定。

6. 安装好清洗系统

按既定的清洗方案安装好清洗系统后，应仔细检查系统的严密性，特别要注意临时管道和设备的严密性，以防酸洗时泄漏。在正式清洗前，要对清洗系统中的各台泵试运行，合格后方可使用；要对整个清洗系统进行严密性试验，发现泄漏处应立即加以消除，以免在酸洗过程中发生泄漏。因为在酸洗过程中，若发生泄漏，则容易造成事故，造成清洗中断、耽误清洗进程。

为保证清洗过程中的安全，在安装清洗系统时，还应注意以下几点。

（1）清洗箱不宜布置在电缆沟道上面及其附近。

（2）重要部件和设备的上面最好没有酸洗系统管道的焊口，焊接部位应在容易看到的地方，以便检查、发现和补焊泄漏处。

（3）临时管道下面的设备要用塑料布或尼龙布盖上。

7. 安全措施

为保护操作人员和设备的安全，防止发生人身与设备事故，应制定安全措施和反事故措施，包括：

（1）清洗现场各处必须有充分的照明设施，并有必要的通信联络设备。

（2）若通道在临时管道上，应设临时架桥式通道。

（3）有关设备、阀门上应挂标示牌。

（4）操作人员应熟悉清洗工艺及技术要求，了解安全规定和所用药品的性能。

(5) 准备好一些必要的安全用具（如工作服、口罩、面罩、橡胶手套）、医用药品（如0.5%碳酸氢钠溶液、0.2%硼酸溶液、医用凡士林等）和处理泄漏的器具（如毛毡、胶皮垫、塑料布、铁丝和专用卡子等）。

(6) 酸洗过程中因有氢气产生，应挂“严禁烟火”等警示牌。

(7) 应将酸洗工序安排在白天。

二、化学清洗的步骤

化学清洗应该按一定的步骤进行，一般包括水冲洗、碱洗或碱煮、碱洗后的水冲洗、酸洗、酸洗后的水冲洗、漂洗和钝化等步骤，典型工艺流程如图18-5所示。按图18-5，可有多种组合方案来有针对性地对需要清洗的具体设备或系统进行化学清洗，现分述如下。

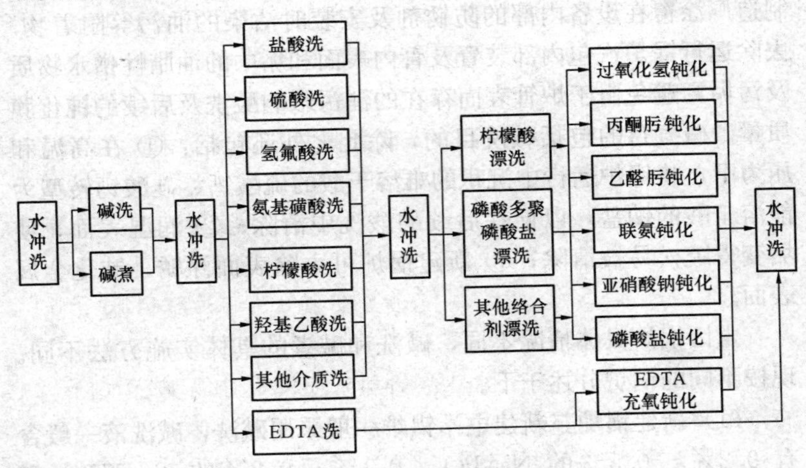

图18-5 化学清洗工艺流程示意

1. 水冲洗

在用化学药品清洗前，应先用清水冲洗清洗系统。做这项工作的目的：对于新建锅炉，是为了除去新锅炉安装后脱落的焊渣、铁锈、尘埃和氧化皮等；对于运行后的锅炉，是为了除去运行中产生的某些可被冲掉的沉积物。此外，水冲洗还有检验清洗设备的可靠性、阀门操作是否灵活、系统是否有泄漏的作用。水冲洗的流速越大越好，因为流速大，可提高冲洗效果，节省冲洗时间，节约清洗用水。实际冲洗水流速往往受到现场条件（如泵的出力）的限制，但一般应大于0.5m/s。

当清洗系统比较复杂时，为保证有足够的水流速度和更好的冲洗效果，可将其分成几部分进行。

水冲洗到排水清澈透明就可结束。

2. 碱洗或碱煮

碱洗就是用碱液在常压下清洗，碱煮就是在锅炉内加碱液后，锅炉点火，在一定的温度压力状态下清洗。碱洗的目的是利用碱对油脂的皂化作用，利用表面活性剂的乳化作用使矿物油乳化成细小颗粒分散在水溶液中，清除锅炉在制造和安装过程中，制造厂涂覆在设备内部的防锈剂及安装时沾染的油污等附着物。去除运行锅炉汽包内部装置及管内表面和垢中的油脂性憎水物质及污垢，避免由于炉管表面存在的油污影响酸洗及后续的钝化膜质量。碱煮目的包括碱洗目的，除此之外还包括：① 在高温和压力下，将锅炉运行中沉积的难溶于酸的硫酸钙、硅酸钙转型为能溶于酸的钠盐，以便在后续的酸洗中清除；② 润湿表面，使垢变得疏松易被清除；③ 新建锅炉可去除表面浮锈，钝化金属表面。

常因锅炉具体情况不同，碱洗和碱煮的具体实施方法不同。现按不同的锅炉分述于下。

（1）新建锅炉。新建电站锅炉一般采用碱洗，碱洗液一般含有0.2%～0.5%的Na_3PO_4、0.1%～0.2%的Na_2HPO_4和0.05%左右的洗涤剂或表面活性剂。工业锅炉可采用0.2%～0.3%的NaOH或0.3%～0.5%的Na_2CO_3、0.2%～0.4%的Na_3PO_4进行碱煮。因为游离NaOH对奥氏体钢有腐蚀作用，对于清洗范围内有用奥氏体钢制成的部件，碱洗或碱煮时一般不用NaOH。

碱洗液应采用除盐水或软化水配制。一般按边循环边加药方式进行配制，即在清洗系统内充以除盐水并进行循环，同时将除盐水加热到50～60℃，然后连续地、慢慢地往清洗溶液箱内加入药品。这种方式可保证药液混合均匀。碱洗时，流速一般应大于0.3m/s，碱液应在90～95℃条件下循环清洗10～24h。碱洗结束后，放尽清洗系统内的碱洗废液，然后分两步冲洗系统：先用清水或软化水（含奥氏体钢的系统须用除盐水）冲洗系统，一直到出水pH≤9.0；再用除盐水冲洗系统，冲洗至水质清澈为止。

(2）运行后的汽包锅炉。运行后的汽包锅炉一般采用碱洗。当锅炉内沉积物较多或含硅量较大时，应采用碱煮；当锅炉内沉积物中铜垢含量较多时，在碱洗后还应进行氨洗。碱煮和氨洗工艺如下。

1）碱煮。碱煮可除硅是因为SiO_2能与NaOH作用生成易溶于水或酸的Na_2SiO_3：

$$SiO_2 + 2NaOH \longrightarrow Na_2SiO_3 + H_2O$$

碱煮使用的药品主要是Na_2CO_3和Na_3PO_4，这两种药品大都混合使用。对于以硫酸盐为主或以硫酸盐和硅酸盐混合的水垢，应进行碱煮转型，根据水垢厚度和成分，将配成溶液的0.3%～0.6%的Na_2CO_3、0.5%～1.0%的Na_3PO_4混合液加入锅炉内。碱液中药品的总剂量可为1%～2%，有时还含有0.05%～0.2%的合成洗涤剂（如烷基磺酸钠等）。

碱煮时，除油脂和垢转型的主要化学反应如下。

$$(RCOO)_3C_3H_5 + 3NaOH \longrightarrow 3RCOONa + C_3H_5(OH)_3$$

$$CaSiO_3 + 2NaOH \longrightarrow Ca(OH)_2 + Na_2SiO_3$$

$$CaSiO_3 + Na_2CO_3 \longrightarrow CaCO_3 + Na_2SiO_3$$

$$CaSO_4 + 2NaOH \longrightarrow Ca(OH)_2 + Na_2SO_4$$

$$CaSO_4 + Na_2CO_3 \longrightarrow CaCO_3 + Na_2SO_4$$

$$3CaSO_4 + 2Na_3PO_4 \longrightarrow Ca_3(PO_4)_2 + 3Na_2SO_4$$

$$3MgSO_4 + 2Na_3PO_4 \longrightarrow Mg_3(PO_4)_2 + 3Na_2SO_4$$

$$MgSO_4 + 2NaOH \longrightarrow Mg(OH)_2 + Na_2SO_4$$

$$3Mg(OH)_2 + 2Na_3PO_4 \longrightarrow Mg_3(PO_4)_2 + 6NaOH$$

$$3CaCO_3 + 2Na_3PO_4 \longrightarrow Ca_3(PO_4)_2 + 3Na_2CO_3$$

碱煮方法：当锅炉内加入碱煮液后，将锅炉点火，使锅炉内蒸汽压力升到 0.98～1.96MPa，在维持压力和排汽量为额定蒸发量 5%～10%的条件下，煮炉 12～48h（时间长短根据锅炉内部的脏污程度确定）。碱煮过程中应进行几次“底部排污—补水”。

当碱煮液中药剂浓度下降了一半时，应补加药剂。碱煮后待水温降到 70～80℃时，即可将碱煮废液全部排出，然后进行必要的锅内检查，清除掉堆积于汽包和联箱等处的沉积污物。检查、清渣完毕后，接好酸洗系统，先水冲洗，接着酸洗。

锅炉碱煮应考虑在碱煮液中添加 0.015%的 Na_2SO_3 除氧，降低氧腐蚀，化学反应为

$$2Na_2SO_3 + O_2 \rightarrow 2Na_2SO_4$$

高压及以上锅炉碱煮压力可参照图 18-6 确定。

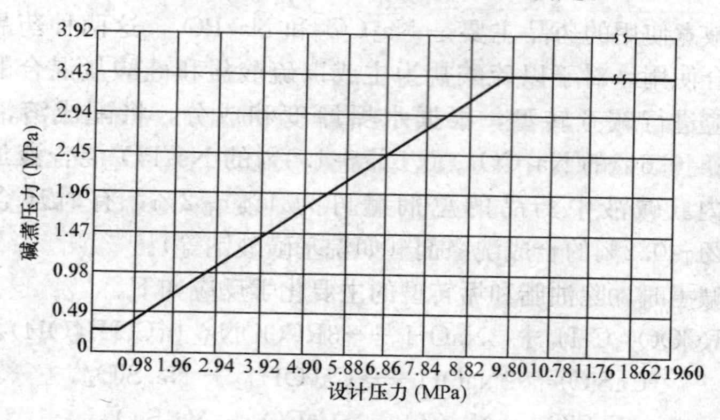

图 18-6　碱煮压力与锅炉额定压力关系曲线

2）氨洗。氨洗的目的是为了除铜，因为如不将这些铜除去，酸洗时就会产生镀铜现象，从而促进金属的腐蚀。当沉积物中铜垢含量较高时（如大于 20%），应通过小型试验确定是一步除铜

还是两步除铜（酸洗前一次，酸洗中或酸洗后再一次）。

氨洗除铜原理主要在于铜离子与氨生成稳定的络离子而被除去。由于沉积物中铜主要以金属铜的形式存在，而氨不能络合金属铜，所以通常要在 NH_4OH 溶液中添加氧化剂过硫酸铵 $[(NH_4)_2S_2O_8]$，氧化反应如下：

$$(NH_4)_2S_2O_8 + H_2O \longrightarrow 2NH_4HSO_4 + [O]$$

$$Cu + [O] \longrightarrow CuO$$

$$CuO + H_2O + 4NH_3 \longrightarrow [Cu(NH_3)_4]^{2+} + 2OH^-$$

氨洗工艺条件：用含1.3%～1.5%的 NH_3、0.5%～0.75%的 $(NH_4)_2S_2O_8$ 溶液，在温度为25～30℃，循环清洗1～1.5h。氨洗后用除盐水冲洗系统。

（3）运行后的直流锅炉。对于运行后的直流锅炉，一般采用碱洗。当锅炉内沉积物中含铜较多时，在碱洗后，应考虑进行除铜清洗工艺。

3. 酸洗

酸洗是最主要的工艺步骤，浓度、温度、流速及金属腐蚀速率是主要控制指标。

酸洗液的配制方式主要有两种。

（1）边循环边加药。这种方法是用碱洗后水冲洗合格留在清洗系统中的除盐水配酸洗液。具体做法是用清洗泵将除盐水在清洗系统中循环，并将它加热到所需温度，然后在循环过程中慢慢地将事先配好的浓药液或药品加入。加药顺序为先加缓蚀剂，待循环均匀后再加清洗剂，如盐酸、柠檬酸等。此法一般用于高参数的锅炉。

（2）在清洗箱中配制清洗液。这种方法是将清洗用的所有药品按一定的比例都加到清洗箱中溶解配制成一定浓度的溶液（也可另设溶解加药装置，先在小溶药箱溶解后再用泵送到清洗箱，如溶解EDTA、柠檬酸），然后用清洗泵（耐酸泵）将它注入清洗系统中，一箱一箱的配制。这种方法常用于EDTA清洗或小容量的锅炉。

在酸洗过程中，应从各取样点采集清洗液样品，定时（一般每30min取样一次，开始时可适当增加次数）测定液温、酸浓度、含铁量；用柠檬酸清洗时，还应测定pH值。若酸的剩余浓度太低（如盐酸低于3%，EDTA低于1%），可补加适量的酸和缓蚀剂。当循环清洗达到既定时间或清洗液中Fe^{2+}、Fe^{3+}、酸浓度含量连续两次以上测量无明显变化，并检查酸洗监视管已清洗干净时，就可结束酸洗。

4. 排酸及水冲洗

酸洗结束后，不应直接用放空的方式将废酸液排走，因为酸洗后的金属表面非常活泼，空气进入锅炉内会很快引起金属表面的严重氧腐蚀（常称为二次锈）。正确的排废酸方法是用除盐水（若无除盐水也可用软化水）或纯度大于98%的氮气置换出废酸，并进行水冲洗。

为提高水冲洗效果，应尽可能提高冲洗流速。当冲洗水pH<4.5时，金属表面铁的溶出速度高于氧化腐蚀速度，此时一般不会产生二次锈蚀。在冲洗的后期还可加入少量柠檬酸，以维持排水pH值在3.0～4.0为宜；要尽可能缩短冲洗时间，以防酸洗后的金属表面生成二次锈。冲洗终点（冲洗合格标准）：冲洗排水的电导率小于50μS/cm，含铁量小于50mg/L，pH值为4.0～4.5。冲洗合格后立即建立整体大循环，并用氨水将pH值迅速提高至9.0以上。

冲洗用水量约为酸洗水容积的3～4倍。当冲洗水量不足时，可采用反复上水和排空的方法冲洗，直至排水pH值下降至4～4.5为止。在采用此方法冲洗后，必须对锅炉进行漂洗以消除生成的二次锈。必要时，第一次冲洗排水后，用0.2%～0.5%的Na_3PO_4溶液循环，中和残留酸度，排出中和溶液后，再进行钝化。如果排水方式采用氮气顶排，可不进行漂洗，直接进入钝化工艺。

对垢量较多的运行锅炉，酸洗后如有较多未溶解的沉渣堆积在清洗系统及设备内，可在冲洗至排水pH值为4～4.5后排尽水，然后人工清理汽包和酸箱内的沉渣，最后须经漂洗才能进行钝化。

5. 漂洗

酸洗结束并用除盐水（或软化水）冲洗后，一般要再用稀柠檬酸溶液或磷酸-多聚磷酸钠溶液进行一次清洗，这种工艺通常称为漂洗。这是利用这些药品络合铁离子的能力，以除去酸洗和水冲洗后残留在清洗系统内的铁离子，以及水冲洗时在金属表面可能产生的铁锈。漂洗可使酸洗后的金属表面很清洁，从而为钝化处理创造有利条件。

通常，稀柠檬酸漂洗条件为0.2%～0.3%的柠檬酸、0.05～0.1%的缓蚀剂、pH值为3.5～4.0（用氨水调节），漂洗液温度为50～80℃，循环漂洗时间为2h。磷酸-多聚磷酸钠漂洗条件为0.15%的磷酸+0.2%的多聚磷酸钠，漂洗温度为43～47℃，漂洗时间为1～2h。

漂洗到既定时间后，当漂洗水中的总铁含量大于300mg/L，可采用部分更换漂洗水方式降低铁的含量，这是因为总铁离子含量大于300mg/L后，会在钝化液（pH值为9～11）中形成较多的氢氧化铁，它们附着在金属表面会影响钝化膜质量或钝化液排放后附着在表面的氢氧化铁胶体经空气氧化转变成锈，影响外观。当漂洗水中的总铁含量小于300mg/L，无须水冲洗直接加氨，迅速将漂洗水的pH值升高到9～10，并按下面介绍的方法进行钝化。

6. 钝化

经酸洗、水冲洗或漂洗后的金属表面，在大气中非常容易腐蚀。因此，应立即进行防锈蚀处理，就是使用某种药液（即钝化液）循环处理金属表面，使金属表面生成保护膜，这种处理通常称为钝化。由漂洗进入钝化，中间有一个用氨水将pH值快速调节至9～10的过渡过程，从电化学角度来讲，这是一个将整个被清洗的锅炉金属体系从腐蚀环境快速转变到钢的稳定环境的过程（pH值为9.5～10时，实测碳钢的E_{sce}在－860mV左右）。其实氨水本身也属于钝化剂之一。

目前常用的钝化方法有以下几种。

（1）过氧化氢钝化法。先用氨水调整溶液 pH 值至 9.5～10.0，溶液中全 Fe 含量小于 200mg/L，按 0.4%～0.5%的量加入 H_2O_2，在 45～55℃下循环钝化 4～6h，利用 H_2O_2 的氧化性使金属表面上形成致密的钢灰色或银灰色保护膜。该方法的最大优点是药品环境友好。

（2）联氨钝化法。就是用除盐水、联氨和氨水配制联氨浓度为 300～500mg/L、pH 值为 9.5～10（用氨水调节）的钝化液，在 90～95℃条件下，循环钝化 24～50h，利用联氨的还原性在金属表面生成铁灰色或棕褐色的保护膜。这种方法钝化的温度较高、钝化时间较长，钝化的效果往往较好。

钝化结束后，可将钝化液放干净，也可留在设备中作为防腐剂（直到机组启动）。由于此钝化液含有除氧剂联氨，且 pH 值较高，因而可防止金属表面锈蚀。

（3）多聚磷酸钠钝化法，又称多聚磷酸钠漂洗钝化法。在用 0.15%～0.2%的 H_3PO_4 和 0.2%～0.3%的 $Na_5P_3O_{10}$ 混合溶液完成循环漂洗后，加入氨水将 pH 值提高至 9.5～10，并升温至 75～85℃，再循环钝化 2h，利用磷酸盐与金属的反应在金属表面生成钢灰色或灰黑沉积保护膜，虽然这种膜的耐蚀性不及其他几种方法的好，但废液处置、排放较简单，适用于清洗后短时间内就启动的超高压及以下汽包锅炉。

（4）丙酮肟（或乙醛肟）钝化法。钝化液为浓度为 500～800mg/L 的丙酮肟或乙醛肟水溶液，pH 值为 10.0～10.6（用氨水调节），在 90～95℃条件下，循环钝化 12～24h，利用其还原性在金属表面生成钢灰色保护膜。

（5）磷酸盐钝化法。钝化液是 1%～2%的 Na_3PO_4 水溶液，这种溶液还可将可能残留在孔隙中的酸液中和掉，这对已发生有明显腐蚀坑的锅炉是很有作用的。具体钝化方法：先用氨水将 pH 值调节至 9～10，然后边循环边加入磷酸盐，在 80～90℃条件下，循环钝化10～24h，利用磷酸盐与金属的反应在金属表面生成铁灰色或灰黑色沉积保护膜。这种方法形成的保护膜膜质较粗，故一般多用于高压及以下的汽包锅炉。

（6）亚硝酸钠钝化法。一般是先往系统中加氨水，将水的pH值迅速提高到9～10，然后加入$NaNO_2$直到浓度为1.0%～2.0%，在50～60℃条件下循环钝化6～8h，利用其氧化性在金属表面生成钢灰色或银灰色保护膜。循环结束后排放钝化液。

排放钝化液之后，一般锅炉采取干燥状态备用。为避免清洗下的沉积物和钝化药品残留在锅炉内，影响锅炉启动运行的水质，可用氨调pH>10的除盐水冲洗。

过热器不应采用含磷酸盐或其他非挥发性盐类的钝化剂钝化，因为残留钝化液会影响水汽质量。

上述钝化工艺形成的钝化膜防大气锈蚀能力除亚硝酸钠钝化法较强外，其他的防锈蚀约为20天，因此，当锅炉化学清洗结束停放20天后还不能投入启动运行，应选择本章第五节所列的方法进行锅炉的防锈蚀保护。

三、化学清洗废液的处理

进行化学清洗时，需要连续大量地外排废液。未经处理的废酸、废碱及其他有害废液，严禁采用排地沟、渗坑、渗井和漫流等方式直接外排。为此，电厂都设计有足够容量的废液处理设施。

清洗废液处理常用技术主要有中和处理、沉淀处理、氧化还原处理、焚烧处理、吸附处理等方法。现将常见的有害废液的处理方法简述如下。

1. 盐酸废液

盐酸废液用中和法处理，反应式如下：

$$HCl + NaOH \longrightarrow NaCl + H_2O$$

$$FeCl_3 + 3NaOH \longrightarrow Fe(OH)_3 \downarrow + 3NaCl$$

2. 柠檬酸、EDTA、羟基乙酸-甲酸废液

（1）焚烧法。把柠檬酸、EDTA或羟基乙酸-甲酸废液排至

煤场，与燃煤混合后送入锅炉焚烧。

$$2H_3C_6H_5O_7 + 9O_2 = 12CO_2\uparrow + 8H_2O\uparrow$$

$$2FeC_6H_5O_7 + 9O_2 = 12CO_2\uparrow + 5H_2O\uparrow + Fe_2O_3$$

$$C_{10}H_{16}N_2O_8 + 12O_2 = 10CO_2\uparrow + 2NO_2\uparrow + 8H_2O\uparrow$$

$$2C_2H_4O_3 + 3O_2 = 4CO_2\uparrow + 4H_2O\uparrow$$

$$2HCOOH + O_2 = 2CO_2\uparrow + 2H_2O\uparrow$$

（2）粉煤灰吸附法。将柠檬酸或 EDTA 废液排到邻炉的冲灰系统，随燃烧后的煤灰一起输送到贮灰场。柠檬酸或 EDTA（有机物）及其他杂质在输送过程通过与灰浆的中和、吸附等共同作用达到处理效果。

（3）氧化法。氧化法的具体步骤为：① 向收集到废水池的有机酸废液中加入过氧化氢或次氯酸钠，氧化有机物，同时将废液中的 Fe^{2+} 氧化成 Fe^{3+}；② 向废液中加入适量烧碱、石灰乳等中和剂，调节 pH 值至 10～12，通入压缩空气搅拌，进一步氧化有机物，同时 Fe^{3+} 生成 $Fe(OH)_3$ 沉淀；③ 调节废液 pH 值至 7～8，向废液中投入凝聚剂（明矾、聚丙烯酰胺、硫酸亚铁等），使 $Fe(OH)_3$、$Cu(OH)_2$ 及悬浮物絮凝沉降，沉降后废液的 COD_{Cr} 应小于 300mg/L；④ 按 1.2kg/m^3 投放量加入氧化剂过硫酸铵［$(NH_4)_2S_2O_8$］，通入压缩空气搅拌，进一步氧化残留有机物，至此 COD_{Cr} 可降至 100mg/L 以下；⑤ 最后用盐酸将废液 pH 值调至 6～9，澄清后排放。

（4）回收利用。EDTA 废液可用硫酸或盐酸进行酸法回收，根据废液中 EDTA 残留浓度，估算硫酸或盐酸加入量，确保溶液 pH$<$0.3，当反应完全，形成的 EDTA 结晶沉淀时，排出上部液体，收集沉淀的 EDTA 结晶物，完成初步回收，再经提纯工艺处理后就可再次使用了。EDTA 废水中钙垢含量高时宜使用盐酸回收，H_2SO_4 容易产生硫酸钙沉淀，会对 EDTA 的回收质量造成影响。EDTA 废液也可用氢氧化钠碱法回收，即在 EDTA 回收箱内投加氢氧化钠，根据 EDTA 各种形态在不同 pH 值溶液中的分配比例，当溶液 pH$\geqslant$12 时，Y^{4-} 的分配常数为 1，

EDTA 以 Na_4Y 的形式存在于溶液中，溶液中同时存在下列平衡反应：

$$FeY^- = Fe^{3+} + Y^{4-}$$

$$Fe^{3+} + 3OH^- = Fe(OH)_3 \downarrow$$

$$FeY^- + 3OH^- = Y^{4-} + Fe(OH)_3 \downarrow$$

第三个反应式的平衡常数 $K=1.99\times10^{12}$，反应强烈向右进行，生成难溶的 $Fe(OH)_3$，在溶液中加入沉淀助剂后，$Fe(OH)_3$胶体脱稳沉淀完全，溶液中就只存在 Na_4Y，抽取回收箱上部的 EDTA 清液，检测浓度，补充适量新的 EDTA，调整 pH 值后，就可再次利用了。该方法适用于处理清洗铁氧化物为主的 EDTA 废液。

在干燥多风地区，也可把中和后的柠檬酸、EDTA 或羟基乙酸的清洗废液作为防尘用水喷洒在煤场抑尘，随燃煤一起燃烧处理。

3. 氢氟酸废液

将氢氟酸废液排入废液处理池内，然后开始投加石灰粉或石灰乳，并用专用泵或搅拌空气充分混合废液与石灰粉，边混合边用石灰乳或石灰粉调节废液 pH 值至 6.5～8.0，这时 HF 生成 CaF_2沉淀：

$$2HF + CaO = CaF_2 \downarrow + H_2O$$

$$2HF + Ca(OH)_2 \longrightarrow CaF_2 \downarrow + 2H_2O$$

然后投加絮凝剂（铝盐或铁盐），通过混凝作用除去悬浮的 CaF_2 微小颗粒。这时，澄清废液中 F^- 含量可小于 10mg/L。

石灰粉（CaO）的理论加入量为 HF 的 1.4 倍，实际加入量一般为 HF 的 2.0～2.2 倍，所用石灰粉中的 CaO 含量应大于 70％。

4. 氨基磺酸废液

处理氨基磺酸废液时，可按等莫尔量向废液处理池中加入亚硝酸钠，利用亚硝酸钠的氧化性，将氨基磺酸氧化成无害的硫酸氢钠，自身还原成氮气，反应如下：

$$HNH_2SO_3 + NaNO_2 \longrightarrow NaHSO_4 + N_2\uparrow + H_2O$$

但应注意处理后的废水中应不残留有过量的亚硝酸钠。

5. 亚硝酸钠废液

亚硝酸钠废液不能与废酸液排入同一池内，否则，会生成大量黄色氮氧化物 NO_x 气体，严重污染空气。

亚硝酸钠废液的处理方法有下列几种：

（1）次氯酸钙或次氯酸钠氧化法。将亚硝酸钠废液排入废液池，缓慢加入次氯酸钙［Ca（ClO)$_2$］或次氯酸钠（NaClO），反应如下：

$$Ca(ClO)_2 + 2NaNO_2 \longrightarrow CaCl_2 + 2NaNO_3$$

$$NaClO + NaNO_2 \longrightarrow NaCl + NaNO_3$$

Ca（ClO)$_2$加药量应为 $NaNO_2$ 的 2.6 倍。此法可在常温、压缩空气搅拌的条件下进行。

（2）氯化铵还原法。将亚硝酸钠废液排入废液池内，缓缓地加入氯化铵（NH_4Cl）和 HCl（起调节 pH 作用），在弱酸性条件下亚硝酸钠被还原产生氮气（N_2），反应如下：

$$NaNO_2 + NH_4Cl \longrightarrow NaCl + N_2 + 2H_2O$$

NH_4Cl 的实际加药量应为理论量的 3～4 倍。为加快反应速度，可向废液池内通入加热蒸汽，维持液温在 70～80℃。为防止 $NaNO_2$ 在低 pH 值时分解产生毒性较强的 NO_2 气体，造成二次污染，应将 pH 值控制在 5.5～9。

（3）尿素分解法。用含尿素［CO（NH_2)$_2$］的微酸性溶液处理亚硝酸钠废液，在 pH 值 5.5 左右的微酸性条件下，$NaNO_2$ 氧化分解而转化为氮气，反应如下：

$$2NaNO_2 + CO(NH_2)_2 + 2HCl \longrightarrow 2N_2\uparrow + CO_2\uparrow + 2NaCl + 3H_2O$$

理论加入量为每千克亚硝酸钠投加 0.44kg 尿素，加药后向废液通气充分搅拌混合，静置过夜后排放。

6. 联氨废液

联氨废液可用次氯酸钠在 pH 值 7～9 分解处理，反应如下：

$$N_2H_4 + 2NaClO \longrightarrow N_2\uparrow + 2NaCl + 2H_2O$$

联氨与次氯酸钠反应只需10min，处理至水中残留氯含量小于0.5mg/L时即可排放。

在实际化学清洗废液处理时，除需要特别处理柠檬酸或EDTA废液会单独收集外，往往并不是单独处理每个工艺排出的废水，而是集中收集，一起处理：①首先将碱洗、酸洗、钝化等废水（因亚硝酸钠废液在酸液中会分解出NO_2应单独收集，在第③个步骤中处理）收集到一个或两个废水池中，把它们自身具有的酸碱进行混合中和，此时混合的废液中仍含有较多的残酸；②在废水池中加碱，对酸性废水进行预中和至pH值为6～8，为下一步处理做准备；③针对不同的废液成分，选用合适的处理剂在合适的pH值范围，进行氧化、分解、混凝沉淀处理；④静置沉淀后，监测池内上部清液中杂质含量和pH值；如果达到合格可直接排放；如果pH值不合格，将上部清液转移到另一个处理池中进行再中和处理，合格后排放；⑤将池中沉淀物进行脱水、压块后集中掩埋。

化学清洗废水处理流程，如图18-7所示。

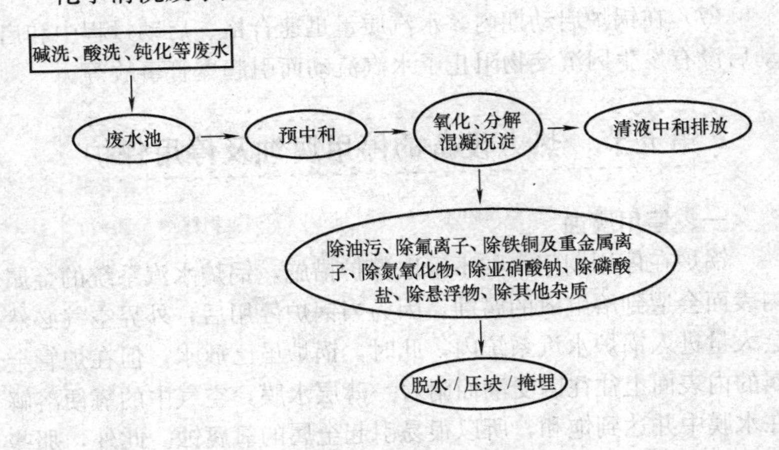

图18-7　化学清洗废水处理流程

四、化学清洗效果的检查

锅炉经化学清洗后，应依据相关行业标准评定清洗效果。清洗质量检查内容包括监视管、腐蚀指示片、汽包、水冷壁下联箱和直流锅炉的启动分离器等能打开和可见的部分，并应清除沉积在其中的沉渣。必要时可做割管检查，以观察炉管是否洗净、管壁是否形成了良好的保护膜等。检查后，拆除化学清洗用的临时管道和设备，使锅炉等设备恢复正常。清洗后的锅炉应立即投入运行，以减少停用腐蚀，否则应采取停用防锈蚀措施。

锅炉及热力系统化学清洗质量，应达到以下要求。

（1）清洗后的金属表面应清洁，基本上无残留氧化物和焊渣。

（2）除垢率不小于90%。

（3）不应有二次锈蚀和点蚀，不应有镀铜现象。

（4）腐蚀指示片的平均腐蚀速度小于$6g/(m^2 \cdot h)$、腐蚀总量不大于$80g/m^2$。

（5）清洗后的表面有良好的钝化保护膜。

（6）相关设备上的阀门、仪表等未受到腐蚀损伤。

（7）在锅炉启动期内，水汽质量迅速合格、启动过程中和启动后没有发生因沉淀物阻止了水汽流动而引起爆管事故等。

第五节　热力设备的停用腐蚀及停用保护

一、停用腐蚀

锅炉在停用期间，如不采取保护措施，锅炉水汽系统的金属内表面会遭到溶解氧的腐蚀。因为当锅炉停用后，外界空气必然会大量进入锅炉水汽系统内，此时，锅炉虽已放水，但在炉管金属的内表面上往往因受潮而附着一薄层水膜，空气中的氧便溶解在水膜中并达到饱和，所以很易引起金属的氧腐蚀。此外，那些有残留水的部位同样会遭到溶解氧腐蚀。

当停用锅炉的金属表面上还有沉积物或水渣时，停用期间的腐蚀更快。这是因为有些沉积物和水渣具有吸收空气湿分的能力，水渣本身也常含有一些水分，故沉积物（或水渣）下面的金属表面上仍然会有水膜。在未被沉积物（或水渣）覆盖的金属表面上或沉积物的孔隙、裂缝处的金属表面上，水膜中的含氧量较高（空气中的氧容易扩散进来），为富氧区，在无孔隙、无裂缝处的沉积物（或水渣）所紧密覆盖的金属表面为贫氧区（空气中的氧不易扩散进来），这便形成了氧的浓差电池，导致贫氧区的金属腐蚀。此外，沉积物（或水渣）中有些盐类还会溶入水膜，使水膜中的含盐量增加，因而加速了溶解氧的腐蚀。所以在沉积物和水渣的下面最容易发生停用腐蚀。

锅炉停用腐蚀与运行中发生溶解氧腐蚀（如给水除氧不彻底）的情况一样，属于电化学腐蚀，腐蚀损伤呈溃疡状，但是前者往往较后者的腐蚀严重得多。这不仅是因为停用期间进入锅炉内的氧量多，而且因为停用期间锅炉的各个部位都能发生腐蚀。为区别停用腐蚀与运行中的氧腐蚀，现将它们发生的部位对比如下：运行期间过热器管不会发生氧腐蚀，但停用期间立式过热器下弯头处常常积水，引起的腐蚀往往很严重；运行期间的氧腐蚀只是在省煤器的进口管段较严重，而停用期间整个省煤器管内均会腐蚀；运行期间仅在除氧器工作失常的情况下，氧腐蚀才会扩展到汽包和下降管中，而水冷壁管是不会发生氧腐蚀的，但发生停用腐蚀时，这些部位的金属表面都会遭到腐蚀。

停用腐蚀的危害性主要表现在两个方面：一是短期内就会使大面积的金属发生严重损伤；二是在锅炉投入运行后继续产生不良影响，原因如下：① 停用期间温度低，故腐蚀产物大都是呈疏松状态的 Fe_2O_3，与管壁附着力小，很容易被水流带走；所以，机组启动时，大量腐蚀产物转入锅炉内水中，使锅炉内水中的含铁量增大，加剧了锅炉炉管中铁沉积物的形成；② 停用腐蚀产物的堆积和金属的损伤，造成金属表面凹凸不平，既增加了水流阻力，又促进了运行中腐蚀。例如，从电化学观点看，腐蚀溃疡点的坑底电位比坑壁及其周围金属的电位更低，因此，运行中它将作为腐蚀电池的阳极而继续遭到腐蚀；停用腐蚀产物是高价氧化铁，在运行时能起阴极去极化作用，同样促使金属继续遭到腐蚀，电化学反应如下：

阴极：$Fe_2O_3 + 2e + H_2O \longrightarrow 2FeO + 2OH^-$

阳极：$Fe \longrightarrow Fe^{2+} + 2e$

假如锅炉经常停用、启动，则运行中腐蚀所生成的亚铁化合物，就会在下次停用时又被氧化为高铁化合物，这样，腐蚀过程就会反复地进行下去。所以经常启动、停用的锅炉，腐蚀尤为严重。

由上述可知，停用腐蚀的危害性非常大，防止锅炉水汽系统的停用腐蚀，对锅炉的安全运行有重要意义。为此，在锅炉停用期间，必须采取保护措施。

二、停用保护方法

防止锅炉水汽系统发生停用腐蚀的方法较多，但都是根据以下基本原则拟定的。

（1）阻止空气进入停用锅炉的水汽系统内。

（2）降低水汽系统的相对湿度，保持水汽系统金属内表面干燥。实践证明，当停用设备内部相对湿度小于50%时，就能明显减缓腐蚀。

（3）在金属表面形成具有防腐蚀作用的薄膜，如钝化膜、憎水膜。

（4）除去水中的溶解氧，使金属表面浸泡在含有除氧剂或其他保护剂的水溶液中。

（5）加缓蚀剂。

从停用锅炉表面的干湿状态，可将停用保护的方法分成湿法保护和干燥保护等两类。

1. 湿法保护法

这类方法是用具有保护性的水溶液充满锅炉，一是使空气（包括氧）无法进入锅炉内；二是使金属在水溶液中处于钝化状态或稳定状态。根据所用水溶液组成的不同，有以下几种保护方法。

(1) 氨-联氨法。就是用氨（调节 pH 值）和联氨（除氧）配成保护性水溶液充满锅炉，具体做法如下。

锅炉停运放水后，用除盐水、氨和联氨配制保护液，其中，联氨含量为 200～300mg/L，pH 值（25℃）为 10.0～10.5。用泵将保护液从过热器疏水管、减温水管或反冲洗管充入过热器，直到过热器空气门溢出保护液为止。过热器充满后，再经省煤器放水门和锅炉反冲洗管同时向锅炉充保护液，对于汽包锅炉直到汽包最高可见水位，排空气门溢出保护液，对于直流锅炉直到启动分离器最高可见水位，最高处空气门溢出保护液为止。

无论是汽包锅炉还是直流锅炉，采用这一方法停用保护时，应注意以下问题：① 加入联氨和氨前，应检查所有相关阀门、其他附件的严密性，以免药液泄漏；②锅炉内充满保护性溶液后，应关闭所有阀门，再次检查水汽系统的严密性，或者在锅炉最高位置加装水封箱，箱中装有保护溶液，以便判断是否渗漏，补充微渗保护液，保证锅炉各部分均充满保护溶液；③ 若保护时期较长，则应定期（如每隔 3～7 天）取样，分析水汽系统各部分的联氨浓度和 pH 值，发现联氨浓度或 pH 值下降时，应补加联氨或氨水；④在气温低的冬季，锅炉内有可能冰冻，故应有防冻措施，如锅炉间断升火，使锅炉内水保持一定温度；⑤联氨有毒，排放时应集中存放处理，排放后应冲洗锅炉内，在锅炉点火后汽轮机暖机前，锅炉应先向空排汽，直到蒸汽中含氨量小于 2mg/L 时才可送汽，以防止凝汽器等设备的铜管被高温高压下联氨的分解产物——氨腐蚀。

氨-联氨法宜用于停用时间较长或备用的锅炉，保护范围为锅炉本体、过热器和炉前热力系统。给水采用氧化性全挥发处理和加氧处理工艺的机组，不应采用氨-联氨溶液法或氨-联氨钝化法保护。对于再热器，不宜采用联氨法或其他满水保护法，因为再热器与汽轮机系统连接在一起，汽轮机内有进水的危险，故一般用干燥的热空气保护再热器。

（2）氨液法。它是基于在含氨量较高（500～700mg/L）的水中，钢铁呈稳定状态，不会被氧腐蚀，而保护锅炉的。氨液法的具体操作步骤与氨-联氨法相同，不同的是保护液中不含联氨。

因为氨对铜制件有腐蚀作用，所以，事先应拆除或隔离可能与氨液接触的铜制件。氨液容易蒸发，故水温不宜过高，系统要严密。

液氨法适用于保护长期停用的锅炉。若冬季炉水有冰冻可能时，也应有防冻措施。

（3）保持给水压力法。就是在锅炉停运后，保持汽包内最高可见水位，自然降压至给水温度对应的饱和蒸汽压力时，用符合运行水质要求的给水置换炉水，当炉水用磷酸盐处理时，置换至炉水磷酸根小于1mg/L，水质澄清即可停止换水。锅炉内充满着除氧合格的给水后，用给水泵顶压，使锅炉内水的压力为0.5～1.0MPa，然后关闭水汽系统所有阀门，以防止空气渗入锅炉内而达到防腐目的。保护期间应严密监督锅炉内的压力，每天分析一次水中溶解氧。若含氧量超过给水标准允许值，则应更换含氧量合格的给水。

此法一般适用于短期停用或热备用的锅炉。若冬季炉水有冰冻可能时，也应有防冻措施。

（4）保持蒸汽压力法。锅炉在停用后，保持锅炉汽包水位和运行水质，用炉膛余热、引入邻炉蒸汽加热或间断点火的方法保持锅炉蒸汽压力为0.4～0.6MPa，以防止空气渗入锅炉水汽系统内。在保护期间，炉水应维持运行时的标准，并记录锅炉压力。

此法操作简单、启动方便，适用于热备用的锅炉。

（5）成膜胺法。汽包锅炉停炉前，停止给水加联氨，停止向炉水加磷酸盐，将炉水pH值控制在9.2～9.6。在机组滑参数停机过程中，当锅炉压力、温度降至合适的条件，如主蒸汽温度小于500℃，向机组水系统连续均匀加入适量的成膜胺，药液加完后尽可能在此热力参数下运行约2h，使成膜胺在水汽系统中均匀分布。机组随后滑停，热炉放尽炉水。直流锅炉在停炉前，停止给水加联氨，将给水 pH 值控制在 9.2～9.6，其他要求与汽包锅炉方法基本相同。

成膜胺随着水汽介质在整个热力系统中流动，在锅炉及热力系统（水冷壁、过热器、再热器、汽轮机、凝汽器、各级加热器及除氧器等）金属内表面均匀形成一层单分子或多分子的憎水保护膜，并隔绝空气。它适用于机组中长期停用防锈蚀保护，也适用于空冷机组的停用保护。

超临界机组和配备有凝结水精除盐设备的机组不宜采用成膜胺保护，加药前凝结水精处理装置应退出运行，相关仪表、取样装置应隔离。给水加氧处理的机组不宜采用成膜胺法。

2. 干燥保护法

这类方法是使锅炉金属表面保持干燥，以防腐蚀。有以下几种方法。

（1）烘干法。锅炉停运前，适当增加给水加氨量，调高给水 pH 值到运行控制值的上限，锅炉停运后，当压力降至规定值（0.6～1.6MPa）时，迅速放水（常称热炉放水）。当水放尽后，利用锅炉余热或利用点火设备在炉内点微火，或者将部分热风引入炉膛中，将锅炉内金属表面烘干。放水过程全开空气门、排汽门和放水门，以便自然通风顺畅，排出锅炉内湿气，直至锅炉内空气相对湿度达到小于 70%或等于环境相对湿度为止。

（2）干风干燥法。锅炉停运后，放尽锅炉内存水，烘干锅炉，采用经过除湿机的干风，通入热力设备，控制或维持锅炉各排气点的相对湿度小于 50%。可采用开路式干风干燥，也可采用循环式干风干燥。此方法比前面介绍的烘干法保护效果更好。

（3）充氮法。就是将氮气充入锅炉水汽系统内，并保持一定的正压（大于外界的大气压），以阻止空气渗入。由于氮气很不活泼，无腐蚀性，所以可防止锅炉的停用腐蚀。具体方法为在锅炉停炉降压至 0.5MPa 时，开始由氮气罐或氮气瓶经充氮临时管路向锅炉汽包和过热器等处送氮气。所用氮气的纯度应大于

98%。充氮时，可将锅炉水汽系统中的水用氮气置换放掉，也可不放水。充氮后，锅炉水汽系统中氮气的压力应维持在 0.03～0.05MPa。对于未放水的锅炉或锅炉中不能放尽水的部位，充氮前最好在锅炉内存水中加入一定剂量的联氨，用氨将水的 pH 值调至 10 以上（参见联氨法），并定期监督水中溶解氧和过剩联氨量等。充氮时，锅炉水汽系统的所有阀门应关闭，并应严密不漏，以免泄漏使氮气消耗量过大和难以维持氮气压力。

在充氮保护期间，要经常监督锅炉水汽系统中氮气的压力和锅炉的严密性。若发现氮气消耗量过大，应查找泄漏点，并堵漏。

锅炉启动时，在上水和点火过程中即可将氮气排入大气中。充氮法具有操作简便、启动方便的优点，适用于短期和中长期停用锅炉。

（4）干燥剂法。就是采用吸湿能力很强的干燥剂，使锅炉水汽系统保持干燥，防止腐蚀。具体方法为锅炉停用后，当锅炉水温降至 100～120℃时，将锅炉各部分的水彻底放空，并利用锅炉内余热或点火设备在锅炉内点微火将金属表面烘干，清除掉沉积在锅炉水汽系统内的水垢和水渣，然后在锅炉内放入干燥剂，之后关严相关阀门，以防外界空气进入。

常用的干燥剂有无水氯化钙（粒径为 10～15mm）、生石灰或硅胶（硅胶应先在 120～140℃干燥），单位锅炉容积干燥剂的用量可参考表 18-7。

表 18-7　单位锅炉容积干燥剂的用量

药品名称	用量（kg/m^3）
工业无水 $CaCl_2$	1～2
生石灰	2～3
硅胶	1～2

放置干燥剂的方法是将干燥剂分装在几个搪瓷盘中（以防药品潮解成稀泥状，但硅胶也可放入布袋中），沿汽包（又称锅筒）

长度均匀排列放置在汽包内，各个联箱内也应放入干燥剂，然后封闭汽包和联箱，关严相关阀门。7～10d 后检查干燥剂的情况，如已经失效，应换新的干燥剂。此后，每隔一定时间（一般为 1 个月）检查或更换一次失效的药品。

此法防腐效果良好，但只适用于环境空气相对湿度小于 70%，低参数、小容量的汽包锅炉和汽轮机的长期停用保护。因为高压、大容量汽包锅炉的水汽系统结构较复杂，汽包容积在整个锅炉水容积中所占的比例较小，锅炉内各部分的水往往难以完全放尽等，干燥效果难以保证，故一般不用此法。

（5）气相缓蚀剂法。此法在锅炉停运并用余热烘干后实施。应根据锅炉的容量、结构和材质等，选用合适的气相缓蚀剂。要采用适当的工艺，使气相缓蚀剂挥发出的气体均匀分布在被保护部分的金属表面上。对于小型锅炉，可将气相缓蚀剂分装在若干个纱布袋内，放入汽包中的不同位置，然后关闭汽包，任其自然挥发。对于大型锅炉，则将压缩空气加热至 50℃左右，以此热风作为缓蚀剂的载体，由锅炉底部排放水管充入，经下联箱将气相缓蚀剂引入锅炉内，充满锅炉各部分金属内表面。在充入气相缓蚀剂时，定时从锅炉炉顶空气门或排气门处抽出气体，测定气相缓蚀剂的含量，当气相缓蚀剂的含量达到 $30g/m^3$ 时，停止充气，迅速封闭锅炉。停用保护期间，每周测定一次气相缓蚀剂的含量，保证气相缓蚀剂的含量大于 $30g/m^3$。

三、停用保护方法的选择

综上所述，锅炉停用保护方法较多，用户可参照下述条件内容选择最合适的方法。

（1）给水和炉水的处理工艺。保护方法不应影响机组正常运行时在热力系统所形成的保护膜，不应影响机组启动和正常运行时的汽水品质。

（2）锅炉的结构。对于直流锅炉和工作压力高于 12.74MPa 的汽包锅炉，因水汽系统复杂，特别是过热器系统往往难以将水完全放尽，故一般采用充氮法、氨-联氨法或成膜胺法，也有采用氨液法的，但启动前应特别注意彻底冲洗水汽系统。

（3）停用时间的长短。对于短期停运的锅炉，采用的保护法应能满足在短时间内启动的要求，如采用保持蒸汽压力法、保持给水压力法等。长期停运或封存的锅炉，应采用干法、成膜胺法或氨-联氨法等。

（4）环境温度。在冬季应估计锅炉内存水或溶液是否有冰冻的可能性，如锅炉车间温度低于0℃，就不宜采用氨-联氨等湿法保护。

（5）现场的设备条件。如能否利用相邻的锅炉热风进行烘干，过热器有无反冲洗装置等。

（6）水的来源和质量。采用满水保护法时，若没有质量合格的给水或除盐水，则停用保护的效果往往不够理想。

（7）环境保护。应优先选用对环境友好、人体无害的方法，选用易于处理的药品。

参考文献

[1] 施燮钧，王蒙聚，肖作善，等．热力发电厂水处理[M]. 3版．北京：中国电力出版社，1996.
[2] 李培元．火力发电厂水处理及水质控制[M]. 北京：中国电力出版社，2008.
[3] 周柏青．全膜水处理技术[M]. 北京：中国电力出版社，2006.
[4] 陈志和．电厂化学设备及系统[M]. 北京：中国电力出版社，2006.
[5] 龚洵洁．热力设备的腐蚀与防护[M]. 北京：中国电力出版社，1998.
[6] 肖作善．热力设备水汽理化过程[M]. 北京：水利电力出版社，1987.
[7] 魏宝明．金属腐蚀理论及应用[M]. 北京：化学工业出版社，2008.
[8] 刘希波．火电厂水务管理[M]. 北京：中国电力出版社，1997.
[9] 章非娟．工业废水污染防治[M]. 上海：同济大学出版社，2001.
[10] 杨宝红，汪德良，王正江，等．火力发电厂废水处理与回用[M]. 北京：化学工业出版社，2006.
[11] 缪应祺．水污染控制工程[M]. 南京：东南大学出版社，2002.
[12] 唐受印，戴友芝，汪大翚．废水处理工程[M]. 北京：化学工业出版社，2004.
[13] 杨岳平，徐新华，刘传富．废水处理工程及实例分析[M]. 北京：化学工业出版社，2003.
[14] 胡大锵．废水处理及回用工艺流程实用图例[M]. 北京：水利电力出版社，1992.
[15] 陈杰，杨东方．锅炉水处理技术问答[M]. 北京：化学工业出版社，2003.
[16] 发电厂热力设备化学清洗单位资质评定委员会．火电厂热力设备化学清洗培训教材[M]. 北京：中国电力出版社，2007.
[17] 杜巍，等．纳滤膜在北京阿苏卫填埋场渗滤液改扩建工程中的应用[J]. 膜科学与技术，2010(1).
[18] 沈叔云，冯向东，施国忠．电吸附技术在火电厂循环冷却水处理中的应用可行性研究[J]. 浙江电力，2015，(11)：90-91.
[19] 刘江，谢凤龙，张鹏．电吸附技术在电厂废水处理中的试验研究[J]. 工业水处理，2015，35(4)：69-71.

[20] 杨胜武，顾军农，李京．超滤—纳滤组合工艺降低地下水硬度的研究[J]．城镇供水，2008(2)：27-29.
[21] 王薇，张旭，赖芳芳，等．纳滤技术处理垃圾渗滤液国内应用实例[J]．污染与防治，2009(21)：130.
[22] 吕建国，王文正．纳滤膜在苦咸水淡化工程中的应用[J]．供水技术，2008，2(5)：53-55.
[23] 郑雅梅，成怀刚，王铎，等．纳滤软化海水配制驱油聚丙烯酰胺溶液的研究[J]．石油炼制与化工，2009，40(1)：65-68.
[24] 邱实，吴礼光，张林，等．纳滤分离机理[J]．水处理技术，2009，35(1)：15-19.
[25] 王志海，姜红，李波，等．“GAC-NF”工艺用于直饮水处理的研究[J]．供水技术，2009，3(3)：33-36.
[26] 宋锡来．纳滤处理管道直饮水的阐述[J]．煤矿现代化，2008(6)：87-94.
[27] 杨庆娟，魏宏斌，王志海，等．饮用水中无机离子的中试研究[J]．中国给水排水，2009，25(5)：52-55.
[28] 陈利，沈江南，林龙，等．纳滤分离机理及应用于高含盐溶液脱盐的进展[J]．过滤与分离，2009，19(4)：9-12.
[29] 张立卿，王磊，王旭东，等．膜特性对纳滤膜性能的影响[J]．膜科学与技术，2009，29(5)：102-106.
[30] 张显球，薛莉娉，杜明霞，等．卷式纳滤膜的结构参数和荷电特性参数[J]．南京师范大学学报(工程技术版)，2008，8(2)：46-50.
[31] 李晓明，王铎，柴涛，等．纳滤海水软化的实验研究[J]．高校化学工程学报，2009，23(4)：582-585.
[32] 李刚，李雪梅，王铎，等．正渗透膜技术及其应用[J]．化工进展，2010，29(8)：1388-1397.
[33] 方彦彦，田野，王晓琳．正渗透的机理[J]．膜科学与技术，2011，31(6)：95-99.
[34] 施人莉，杨庆峰．正渗透膜分离的研究进展[J]．化工进展，2011，30(1)：66-72.
[35] 王亚琴，徐铜文，王焕庭．正渗透原理及分离传质过程浅析[J]．化工学报，2013，64(1)：252-258.
[36] 边丽霞，方彦彦，王晓琳．正渗透过程中水与溶质的传递现象[J]．

化工学报，2014，65(7)：2813-2819.
[37] 薛念涛，潘涛．正渗透浓差极化与膜污染特征的研究进展[J]．膜科学与技术，2015，35(5)：109-112.
[38] 韩隶传，汪德良．热力发电厂凝结水处理[M]．北京：中国电力出版社，2010.
[39] 张澄信，陈志和．离子交换水处理试验研究原理[M]．武汉：华中理工大学出版社，1997.
[40] 喻亚非．锅炉化学清洗[M]．北京：中国电力出版社，2013.
[41] 王汝武．电厂节能减排技术[M]．北京：化学工业出版社，2008.
[42] 李晓芸，张华，席兵．火电厂用水与节水技术[M]．北京：中国水利水电出版社，2008.
[43] 马义伟，发电厂空冷技术现状与进展[J]．电力设备，2006，7(3)：5-7.
[44] 陈世玉，李学栋．湿法脱硫系统水量平衡及节水方案[J]．中国电力，2014，47(1)：151-154.
[45] 肖婷，夏克非．火电厂废水“零排放”技术研究与实践[J]．三峡环境与生态，2011，33(6)：23-26.
[46] 王佩璋．火力发电厂全厂废水零排放[J]．电力环境保护，2003，19(4)：25-29.
[47] 姜小栋，陈红兵，何怀明．火电厂废水零排放技术及应用[J]．上海电力学院学报，2016，32(3)：177-179.
[48] 张江涛，曹红梅，董娟，郭鹏飞，魏继林，王宏宾．火电厂废水零排放技术路线比较及影响因素分析[J]．中国电力，2017，50(6)：120-124.
[49] 莫广付．电吸附技术在造纸废水深度处理中的应用[J]．中华纸业，2015，34(3)：8-9.
[50] 曹志豪．电吸附法污水处理回用中试研究[J]．山东化工，2017，46(4)：148-149.